PHYSIQUE PTSI

Sous la direction de **Stéphane Cardini**
Damien Jurine | **Bernard Salamito**
Valérie Bouland | Rachel Comte | François Crépin
Luc Gauthier | Tom Morel | Marie-Noëlle Sanz

PHYSIQUE PTSI

TOUT-EN-UN

3e édition

DUNOD

Couverture : création Hokus Pokus, adaptation Studio Dunod

Retrouvez nos ouvrages pour les prépas scientifiques ici

http://dunod.link/prepassc

NOUS NOUS ENGAGEONS EN FAVEUR DE L'ENVIRONNEMENT :

PAPIER CERTIFIÉ

Nos livres sont imprimés sur des papiers certifiés pour réduire notre impact sur l'environnement.

Le format de nos ouvrages est pensé afin d'optimiser l'utilisation du papier.

Depuis plus de 30 ans, nous imprimons 70 % de nos livres en France et 25 % en Europe et nous mettons tout en œuvre pour augmenter cet engagement auprès des imprimeurs français.

Nous limitons l'utilisation du plastique sur nos ouvrages (film sur les couvertures et les livres).

11 rue Paul Bert, 92240 Malakoff
www.dunod.com
ISBN 978-2-10-087620-4

Les auteurs

Stéphane Cardini

Ancien élève de l'ENS (Paris-Saclay, ex-Cachan), agrégé de sciences physiques, professeur de chaire supérieure. Depuis plus de 20 ans, il enseigne en seconde année de CPGE à Saint-Cyr-l'École et participe à des jurys de concours, tant à l'écrit qu'à l'oral. Il a notamment dirigé cet ouvrage. Il est chevalier des Palmes académiques et président honoraire de la Société des agrégés.

Damien Jurine

Ancien élève de l'ENS (Paris Sciences Lettres, ex-Ulm), il est titulaire d'un doctorat de géophysique interne de l'Université Paris VII et professeur agrégé de sciences physiques. Depuis 18 ans, il enseigne avec passion la physique dans la filière PCSI au lycée Saint-Louis, à Paris.

Bernard Salamito

Ancien élève de l'ENS (Paris Sciences Lettres, ex-Ulm), il est professeur de chaire supérieure enseignant au lycée François 1er, à Fontainebleau, en classe de seconde année MP. Il a participé aux jurys de plusieurs concours, à l'écrit et à l'oral.

Valérie Bouland

Diplômée de Télécom SudParis, ancienne élève de l'ENS (Paris-Saclay, ex-Cachan), agrégée de sciences physiques et docteure en télécommunications de Télécom Paris. Elle a enseigné en PTSI, MPSI et PT et est actuellement en poste en PC au lycée Janson de Sailly, à Paris. Elle est également membre de jury de concours.

Rachel Comte

Ancienne élève de l'ENS (Paris-Saclay, ex-Cachan), elle est agrégée de sciences physiques. Après une année de médiation au Palais de la découverte, elle a enseigné 6 ans en première année de CPGE au lycée Janson de Sailly à Paris. Elle est maintenant professeure en première année de CPGE au lycée Marcelin Berthelot, à Saint-Maur-des-Fossés. Elle a co-écrit le livre d'annales *Physique-Chimie, sujets portant sur le programme de 1re année* chez Dunod. Elle participe à des jurys de concours, tant à l'écrit qu'à l'oral.

François Crépin

Ancien élève de l'ENS Lyon, il est professeur agrégé de sciences physiques. Après avoir soutenu une thèse de physique théorique à l'Université Paris Sud (aujourd'hui Paris-Saclay), il a été chercheur en Allemagne et en France. Il enseigne aujourd'hui en PCSI au lycée Saint-Louis, à Paris.

Luc Gauthier

Diplômé de l'École nationale supérieur des industries chimiques (ENSIC), élève de l'ENS (Paris-Saclay, ex-Cachan), agrégé de sciences-physiques. Après avoir enseigné au lycée La Fayette de Clermont-Ferrand en seconde année de CPGE, il enseigne en première année de CPGE à Saint-Cyr-l'École et participe à des jurys de concours.

Tom Morel

Agrégé de sciences physiques, il enseigne en MPSI au lycée Marcelin Berthelot, à Saint-Maur-des-Fossés, et participe aux jurys des concours ENS et CCINP, tant à l'écrit qu'à l'oral. Il a co-écrit le livre d'annales *Physique-Chimie, sujets portant sur le programme de 1re année* chez Dunod.

Avant-propos

La nouvelle édition du *Tout-en-un* reprend les fondamentaux qui ont assuré, édition après édition, le succès de l'ouvrage, tout en évoluant pour rester le plus proche, tant de la formation initiale des lycéens que des attentes des jurys de concours.

Les exercices et problèmes ont ainsi été remaniés. Certains, devenus obsolètes, ont été remplacés par d'autres, plus formateurs et plus en phase avec les énoncés de concours actuels.

Les étudiants des classes préparatoires, des universités et des préparations aux concours de recrutement trouveront dans cet ouvrage :

- un cours complet qui respecte les programmes officiels, afin de les guider dans leur apprentissage ;
- une méthodologie systématique, qui souligne les méthodes classiques, indispensables pour comprendre comment appréhender un problème de physique, puis le résoudre au mieux ;
- le programme officiel et le sommaire des exercices ;
- de très nombreux exercices de niveaux variés, en fin de chapitres, certains issus de problèmes de concours, parfois extrêmement récents, et de sujets d'oraux très actuels. La longue expérience au sein de jurys de concours des auteurs a permis de confronter les différentes pratiques et de sélectionner les exercices et problèmes les plus formateurs, adaptés à tous les étudiants et dont le niveau de difficulté est signalé :
  - ⋆ exercices de cours, dont la maîtrise est indispensable ;
  - ⋆⋆ exercices simples et formateurs ;
  - ⋆ ⋆ ⋆ exercices de niveau ambitieux ;
  - ⋆ ⋆ ⋆⋆ exercices de niveau très élevé, pour se préparer aux classes étoilées les plus exigeantes.

  Le livre rassemble un très grand nombre d'exercices, afin que les étudiants les plus rapides trouvent à s'exercer efficacement. Néanmoins, un étudiant de niveau intermédiaire n'aura pas le temps pendant son année de tous les traiter, ce qui n'est pas rédhibitoire pour un passage en seconde année puis une belle intégration.

Les auteurs remercient tous les collègues et lecteurs qui ont pris le temps de nous adresser leurs remarques et leurs encouragements.

Pour finir, puisse ce livre être un compagnon qui vous aidera à vous épanouir dans vos études et à apprécier cette introduction au noble travail d'ingénieur !

Stéphane Cardini

« Mode d'emploi » d'un chapitre

Une introduction présente le sujet traité et le plan suivi.

Oscillateur harmonique 6

DANS ce chapitre, on introduit un modèle physique qui produit un signal sinusoïdal appelé l'**oscillateur harmonique**. Les adjectifs harmonique et sinusoïdal sont synonymes : on rencontre parfois les expressions « signal harmonique » ou « oscillateur sinusoïdal ».

Les définitions importantes sont placées dans un encadré gris, les remarques et les exemples comportent un filet vertical sur la gauche.

On appelle **profondeur de champ** l'étendue de la zone de netteté obtenue sur la photographie. Il s'agit alors de la distance entre les premiers et les derniers éléments nets d'une image.
Si une photo comporte de nombreux éléments nets, on parlera d'une grande profondeur de champ. Si à l'inverse seuls quelques plans de l'objet apparaissent nets, on parlera d'une courte (ou faible) profondeur de champ.

Remarque

Les conséquences de la loi d'Ohm qui ont été vues en courant continu sont valables en régime variable, notamment les formules des diviseurs de tension et de courant.

Exemple

La résistance de sortie R_s d'un générateur de fonction est de l'ordre de 50 Ω. Branché aux bornes d'une résistance de l'ordre du kΩ, donc très supérieure à R_s, il se comporte pratiquement comme un générateur idéal.

À la suite du cours, dans chaque chapitre, sont placées différentes questions de méthodologie entièrement traitées.

MÉTHODOLOGIE

Comment utiliser la loi des nœuds ?

▷ *Les intensités entrantes sont égales aux intensités sortantes :* $i_1 = i_2 + i_3$.

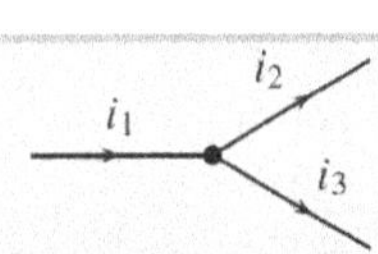

Le programme officiel pour chaque thématique et le sommaire des exercices sont proposés à la fin de chaque cours.

PROGRAMME OFFICIEL ET SOMMAIRE DES EXERCICES

NOTIONS ET CONTENUS	CAPACITÉS EXIGIBLES
Oscillateur harmonique. Exemples du circuit LC et de l'oscillateur mécanique.	Établir et reconnaître l'équation différentielle qui caractérise un oscillateur harmonique ; la résoudre compte tenu des conditions initiales. ► 6.C1 6.C2 Caractériser le mouvement en utilisant les notions d'amplitude, de phase, de période, de fréquence, de pulsation. ► 6.C3 ▷ 6.1 6.2 6.3 6.4 6.5 Réaliser un bilan énergétique. ► 6.C4 ▷ 6.6 6.7 6.8

Des exercices, dont la difficulté est traduite par des étoiles, sont proposés en fin de chapitre. On distinguera :

- **les exercices de cours, qui reprennent les capacités exigibles du programme et classés 1 étoile ;**

EXERCICES ★ (LE COURS)

11.C1 Signaux physiques

Quelles sont les grandeurs physiques correspondant à un signal acoustique ? à un signal électromagnétique ? à un signal électrique ?

- **les autres exercices, classés de 2 à 4 étoiles.**

1.1 Doublage de fréquence

Le rayon laser utilisé à l'observatoire du CERGA pour mesurer la distance Terre-Lune est obtenu par doublage de fréquence à partir d'un laser de longueur d'onde $\lambda_1 = 1{,}064$ µm.

1) Quelle est la longueur d'onde λ_2 de la lumière envoyée vers la Lune ? Quelle est sa couleur ?

2) On envoie en fait des impulsions durant 0,1 ns. Calculer le nombre d'oscillations du signal lumineux dans une impulsion.

Tous les exercices sont entièrement corrigés.

CORRIGÉS

7.C1

1) C'est la sortie du montage quand l'entrée est nulle pour $t < 0$ et est une constante positive pour $t > 0$.

2) Plus la résistance est importante, plus les pertes Joule sont importantes, donc plus le système est amorti : ξ_2 (qui correspond à R_2) $> \xi_1$ (qui correspond à R_1) ou $Q_2 < Q_1$. Le graphe de gauche oscille beaucoup, le système est peu amorti, il correspond à R_1, résistance la plus faible ; le graphe de droite est très amorti, il correspond à R_2, résistance la plus forte.

Table des matières

Induction et forces de Laplace 753

Sources lumineuses, modèle de l'optique géométrique

1

LES phénomènes lumineux peuvent être étudiés grâce à la théorie de l'optique ondulatoire, faisant intervenir la notion d'onde. L'optique géométrique, fondée sur la notion de rayons lumineux, présente une autre approche plus simplifiée.

1 Description et propriétés de la lumière

1.1 Nature de la lumière

La question de la nature de la lumière est présente en sciences, depuis plusieurs millénaires. Encore aujourd'hui, notre compréhension de la lumière est loin d'être complète et satisfaisante. Entre le XVIIe siècle, début de la physique moderne, et le début du XIXe, deux théories *a priori* fondamentalement opposées existaient :

- la théorie corpusculaire, défendue par Newton notamment, où la lumière est représentée par des corpuscules, modélisés par des rayons qui se propagent rectilignement ;
- la théorie ondulatoire, initiée par Hooke et Huygens, selon laquelle la lumière est caractérisée par une onde.

La renommée de Newton, liée à ses travaux sur la gravitation, a permis à la théorie corpusculaire de s'imposer parmi les scientifiques de l'époque. Mais à partir du XIXe siècle, les nombreuses expériences d'interférences d'Young et les théories sur les ondes de Fresnel et de Maxwell ont finalement imposé la théorie ondulatoire : la lumière est une onde électromagnétique.

Mais l'avènement de la physique quantique a remis en question la nature de la lumière. Certaines expériences, réalisées au début du XXe siècle, ont conduit à remettre en question la nature ondulatoire de la lumière : la lumière présente à la fois un comportement ondulatoire et un comportement corpusculaire.

1.2 Spectre de la lumière

La lumière fait partie d'un ensemble plus vaste d'ondes appelées ondes électromagnétiques. Les diverses valeurs de l'énergie de rayonnement, dont la fréquence varie théoriquement entre zéro et l'infini, constituent le **spectre électromagnétique**.

Une onde électromagnétique sinusoïdale, c'est-à-dire dont le spectre ne contient qu'une seule fréquence, est appelée **onde monochromatique**.

> La lumière est composée d'une infinité d'ondes monochromatiques de fréquence bien définie.

Une onde monochromatique n'a pas de réalité physique : il s'agit d'un modèle théorique. En effet, une onde monochromatique sinusoïdale n'a ni début ni fin, ce qui est physiquement impossible. En revanche, n'importe quelle onde peut se décomposer en une infinité d'ondes monochromatiques.

La lumière est un phénomène ondulatoire et est donc caractérisée par une double périodicité : temporelle et spatiale. Le spectre peut donc être représenté en fonction soit de la fréquence f, soit de la longueur d'onde λ. En effet, pour une onde monochromatique qui se propage avec une célérité c, on a la relation : $\lambda = \frac{c}{f}$.

Chaque couleur est associée à une fréquence donnée. Dans la partie suivante, on montre que la longueur d'onde dépend du milieu de propagation contrairement à la fréquence. Il est donc important de spécifier le milieu dès lors que l'on donne le spectre de la lumière en fonction de la longueur d'onde. Le tableau ci-dessous donne quelques valeurs approchées associées à une couleur du spectre :

Couleur	bleu	vert	jaune	rouge
λ_0(nm)	450 – 500	500 – 550	550 – 600	650 – 800

Les couleurs perçues ne sont pas caractéristiques de la lumière elle-même mais sont une manifestation de notre œil et de notre cerveau. Les valeurs indiquées ci-dessus sont donc des valeurs approximatives. Par exemple, il est commode d'associer à la couleur rouge toute lumière de longueur d'onde dans le vide comprise entre 620 nm et 780 nm.

> La lumière a un spectre constitué de longueurs d'onde dans le vide situées entre 400 nm (violet) et 800 nm (rouge), c'est-à-dire de fréquences entre 4×10^{14} Hz (rouge) et 8×10^{14} Hz (violet).

1.3 Propagation de la lumière

Dès lors que la nature ondulatoire de la lumière est posée, il est nécessaire de spécifier les caractéristiques et le milieu de propagation de cette onde.

La lumière se propage **dans le vide** avec une célérité indépendante de la fréquence et du référentiel d'étude. Depuis la conférence générale des poids et mesure de 1983, la célérité c_0 de la lumière dans le vide est fixée à :

$$c_0 = 2{,}99792458 \times 10^8 \text{ m.s}^{-1}.$$

Avec une bonne approximation, il faut retenir la valeur approchée suivante :

La lumière se propage dans le vide avec une célérité constante c_0 de valeur

$$c_0 = 3{,}00 \times 10^8 \text{ m.s}^{-1}.$$

Contrairement aux ondes sonores, dans un milieu matériel transparent, la lumière se propage à une célérité c inférieure à c_0. Afin de quantifier cette diminution, on introduit l'indice optique n du milieu.

L'indice optique (ou indice de réfraction) n est le rapport de la célérité c_0 dans le vide sur la célérité c dans ce milieu :

$$n = \frac{c_0}{c}.$$

On donne dans le tableau ci-dessous quelques ordres de grandeur de l'indice optique :

Milieu :	vide	air	eau	plexiglas	diamant
$n =$	1	$1{,}00029 \simeq 1$	1,3	1,5	2,4

On note que :

- par définition, l'indice optique est nécessairement supérieur ou égal à 1 ;
- les valeurs données dans ce tableau sont des valeurs approchées. L'indice optique varie avec les conditions physiques du milieu : pureté, pression, etc. ;
- *a priori*, l'indice optique varie aussi en fonction de la fréquence de la lumière. On parle alors de **milieu dispersif**.

La fréquence f de la lumière ne dépend pas du milieu matériel étudié. Par conséquent, la modification de la célérité de la lumière dans un milieu d'indice optique n engendre une modification de la longueur d'onde. Notons λ_0 (respectivement λ_n) la longueur d'onde de la lumière dans le vide (respectivement dans le milieu d'indice optique n). Dans ces deux milieux, $c_0 = \lambda_0 f$ et $c = \lambda_n f$; avec $c = \dfrac{c_0}{n}$, le rapport des deux relations précédentes impose $\lambda_n = \dfrac{\lambda_0}{n}$.

Dans un milieu d'indice optique n, la longueur d'onde λ_n de la lumière est reliée à celle du vide λ_0 par :

$$\lambda_n = \frac{\lambda_0}{n}.$$

2 Les sources lumineuses

2.1 Sources thermiques

Tout corps de température non nulle émet un **rayonnement thermique** induit par le mouvement continu et désordonné des particules qui le constituent. Ce rayonnement est caractérisé notamment par un **spectre continu et large**. Le spectre, dont l'allure est représentée ci-dessous pour différentes températures, possède un maximum à une longueur d'onde précise dépendant seulement de la température du corps.

Le corps humain est naturellement à une température d'environ 37 °C (environ 310 K) dont le maximum d'émission se situe pour une longueur d'onde d'environ 9 µm. Le corps rayonne essentiellement dans l'infra-rouge : ce rayonnement est invisible pour les yeux.

D'après la figure ci-contre, on remarque que plus la température du corps augmente, plus le maximum se déplace vers les longueurs d'onde faibles. À partir de 1200 K, une partie de ce rayonnement se situe dans le domaine visible et nos yeux le captent. Pour 6000 K, le maximum se situe dans le domaine visible. C'est notamment le cas du Soleil dont la température externe avoisine 6000 K.

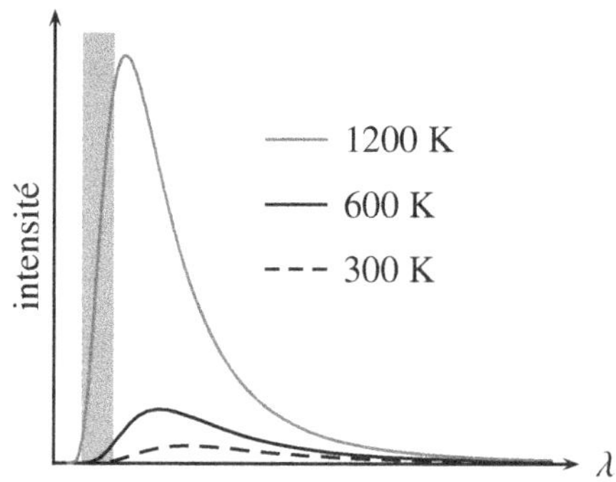

Figure 1.1 – Intensité lumineuse d'un corps chauffé à différentes températures en fonction de la longueur d'onde. La partie grisée représente le spectre de la lumière visible.

Les lampes à incandescence (ou lampes à filament) se fondent sur ce phénomène : on porte un filament de tungstène à une température d'environ 2800 K, placé dans une atmosphère inerte pour ralentir sa vaporisation. Cependant, une grande partie de l'énergie rayonnée par le filament se situe dans l'infra-rouge : seulement 5 % de l'électricité fournie à l'ampoule sert à émettre de la lumière visible, d'où leur remplacement par des LED.

> Une lampe à incandescence fonctionne à partir du rayonnement thermique émis par un corps chauffé. Le spectre est un spectre d'émission **continu**.

2.2 Sources spectrales

Le fonctionnement d'une lampe spectrale est différent de celui d'une lampe à incandescence : il ne repose pas sur les mêmes principes physiques.

Dans une lampe spectrale, un gaz est placé dans une ampoule et est soumis à une décharge électrique, c'est-à-dire à un flux d'électrons énergétiques. Cette décharge vient exciter les atomes du gaz, c'est-à-dire augmenter leur énergie.

D'après la théorique quantique, l'énergie d'un atome ne peut prendre que certaines valeurs bien déterminées (dépendantes de l'atome étudié) : on parle de **quantification de l'énergie**. Lorsqu'un atome est excité, ce dernier passe d'un niveau d'énergie à un autre niveau d'énergie plus élevé. Au bout d'un certain temps, l'atome revient à son état fondamental en émettant une onde électromagnétique à une fréquence donnée : le spectre de l'atome est un spectre d'émission **discontinu** (voir figure ci-contre).

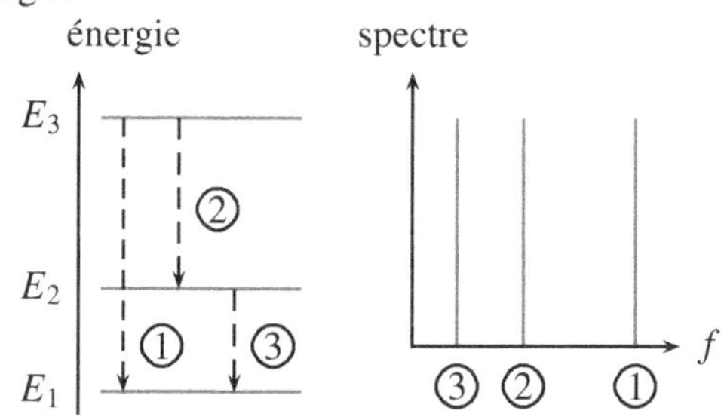

Figure 1.2 – Lien entre les transitions énergétiques et le spectre émis.

Une lampe spectrale émet un rayonnement discontinu constitué de plusieurs fréquences bien précises. Le spectre est **discret** et contient des pics fins appelés **raies spectrales**.

2.3 Sources laser

Une source laser (Light Amplification by Stimulated Emission of Radiation) fonctionne sur les mêmes principes physiques que les lampes spectrales à la différence près que le dispositif fait en sorte de désexciter tous les atomes en même temps.

Le rayonnement émis par les atomes de la source laser est confiné entre deux miroirs. Dans une source laser, l'onde effectue alors des allers-retours entre les deux miroirs : le spectre est **discontinu** et ne contient qu'une seule fréquence.

Un faisceau laser présente une unique raie spectrale beaucoup plus fine qu'une raie de lampe spectrale : la lumière laser constitue ainsi la forme la plus proche du modèle de la source lumineuse monochromatique.

Les sources laser sont très directives et sont des sources de faible puissance lumineuse : quelques milliwatts. Le diamètre du faisceau à la sortie du tube est d'environ 1 mm. L'éclairement reçu sur un écran est d'environ 1 $mW.mm^{-1}$. Cependant, le faisceau laser non étalé est dangereux pour l'œil : l'éclairement est sensiblement le même que celui reçu sur Terre par le Soleil mais il est focalisé sur la rétine sur une surface plus petite. Il est nécessaire de prendre des précautions dès que l'on utilise cette source lumineuse.

3 Modèle géométrique de la lumière

3.1 Cadre de l'approximation géométrique

De nombreuses expériences simples d'optique géométrique peuvent être étudiées et expliquées sans faire référence à la nature ondulatoire de la lumière, c'est-à-dire sans évoquer les effets d'interférence et de diffraction. L'optique géométrique est donc en soit une approximation de la théorie ondulatoire. Et comme toute approximation, elle n'est valable que si certaines conditions sont vérifiées.

Si l'on examine d'un peu plus près une expérience de diffraction. Un faisceau laser de longueur d'onde λ arrive sur une fente de largeur a réglable. Lorsque la largeur est « suffisamment grande », une fraction de la lumière incidente traverse la fente pour arriver sur l'écran : la tache observée est plus petite.

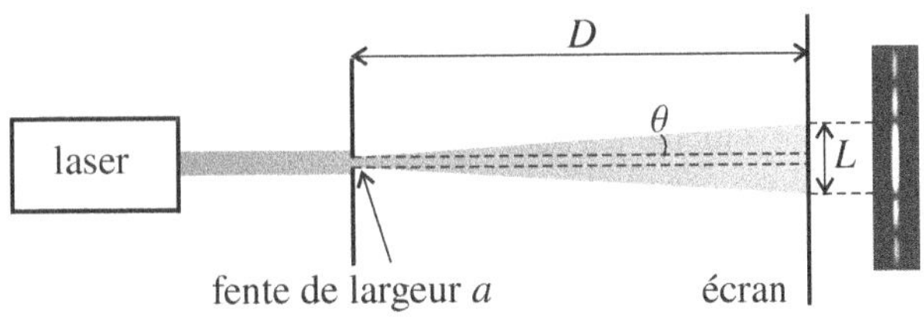

Figure 1.3 – Diffraction d'un faisceau laser par une fente fine.

Cependant, lorsque la largeur a est de l'ordre de quelques longueurs d'onde, la tache s'étale et est constituée de plusieurs fragments (voir figure 1.3).

L'optique géométrique est applicable lorsque les effets ondulatoires peuvent être ignorés, c'est-à-dire lorsque la taille a, caractéristique du milieu de propagation, est très grande devant la longueur d'onde de la lumière. Le critère souvent retenu est

$$a > 1000\,\lambda.$$

Pour une longueur d'onde de la lumière visible de l'ordre de 500 nm, l'approximation géométrique est valable si la taille caractéristique du milieu de propagation est supérieure à 0,5 mm.

3.2 Notion de rayon lumineux

L'optique géométrique se construit autour de la notion de rayon lumineux. Cette notion est assez intuitive : il suffit d'imaginer la propagation d'un laser dans l'air pour se convaincre de la présence de rayons qui se propagent en ligne droite sans encombre. La direction de propagation de la lumière laser correspond à la direction de propagation de l'énergie.

L'optique géométrique introduit la notion de **rayons lumineux**, lignes le long desquelles l'onde lumineuse, c'est-à-dire son énergie, se propage.

Dans le cadre de l'approximation géométrique, la propagation d'un rayon lumineux n'est pas affectée par celle des autres.

3.3 Propagation rectiligne

Dans le vide, la lumière se propage **rectilignement** mais ce n'est *a priori* pas le cas dans un milieu matériel quelconque.

Il existe des milieux particuliers où la lumière se propage rectilignement : il s'agit des milieux **homogènes** et **isotropes** :

- milieu homogène : les propriétés sont identiques en tout point de l'espace ;
- milieu isotrope : les propriétés sont indépendantes de la direction de l'espace.

Afin de mieux visualiser ces définitions, prenons l'exemple d'une autoroute. *A priori* sur chaque portion d'autoroute les voitures peuvent choisir de rouler à n'importe quelle vitesse. En chaque point de cette autoroute les propriétés générales sont les mêmes : le milieu est homogène. En revanche, le milieu n'est pas isotrope car les voitures ne peuvent aller que dans deux directions possibles.

La lumière se propage rectilignement dans un milieu homogène.

Lorsque le milieu n'est pas homogène, notamment parce que l'indice optique varie en fonction de la température, la lumière ne se propage plus en ligne droite. Cela explique par exemple les mirages optiques observés dans des milieux où la température varie fortement en fonction de l'altitude (désert, zone glaciaire, etc.).

4 Lois de Snell-Descartes

Lorsqu'il y a un changement brusque de milieu, par exemple entre l'air et l'eau, la lumière **incidente** se sépare en deux parties :

- un rayon **réfléchi** qui se propage dans le même milieu que le rayon incident ;
- un rayon **réfracté** qui se propage dans l'autre milieu.

4.1 Définitions

Par définition,

- la surface entre les deux milieux transparents est appelée **dioptre** ;
- le point de contact entre le rayon incident et le dioptre est appelé point d'incidence ;
- la normale au dioptre et le rayon incident forment le **plan d'incidence** ;
- les angles i_1, r, i_2 sont respectivement les angles d'incidence, de réflexion et de réfraction. **Ces angles sont algébrisés et orientés par rapport à la normale**.

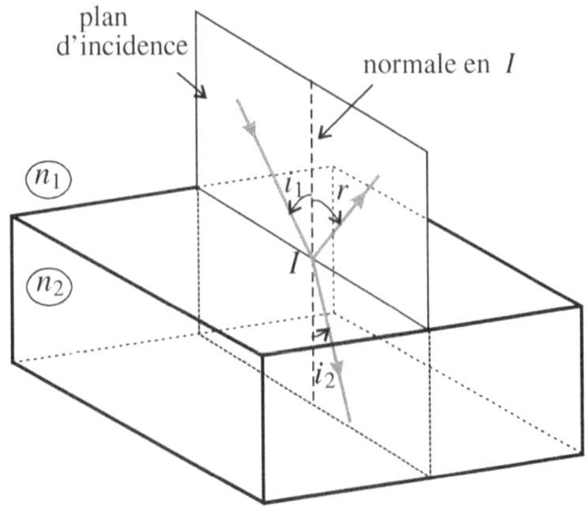

Figure 1.4 – Réflexion et réfraction sur un dioptre.

4.2 Énoncé des lois

On note n_1 l'indice optique du milieu de propagation du rayon incident et n_2 l'indice optique du milieu de propagation du rayon réfracté.

> Lois de Descartes :
> - les rayons réfléchi et réfracté sont situés dans le plan d'incidence ;
> - loi de la réflexion : $i_1 = -r$;
> - loi de la réfraction : $n_1 \sin i_1 = n_2 \sin i_2$.

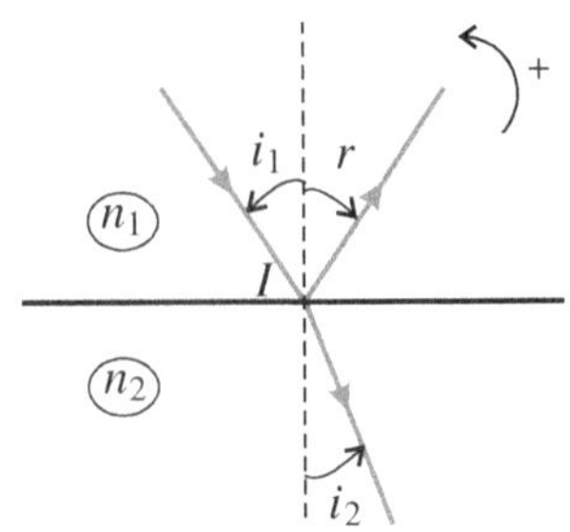

Figure 1.5 – Représentation dans le plan d'incidence.

On prêtera attention à l'algébrisation des angles ! Sur la figure ci-contre : $i_1 > 0$, $r < 0$ et $i_2 > 0$.

4.3 Détails sur la réfraction

D'après la loi de la réflexion, les rayons incident et réfléchi sont symétriques par rapport à la normale, indépendants du milieu d'indice n_2.

D'après la loi de réfraction, l'angle de réfraction peut se calculer : $\sin i_2 = \frac{n_1}{n_2} \sin i_1$. Deux cas apparaissent : $n_2 > n_1$ et $n_2 < n_1$:

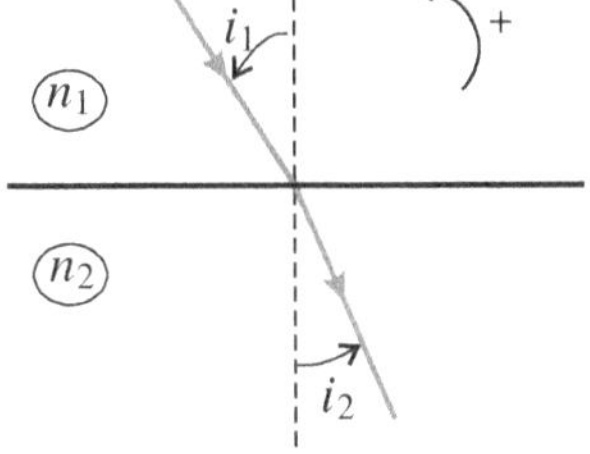

Figure 1.6 – Réfraction avec un milieu (2) plus réfringent.

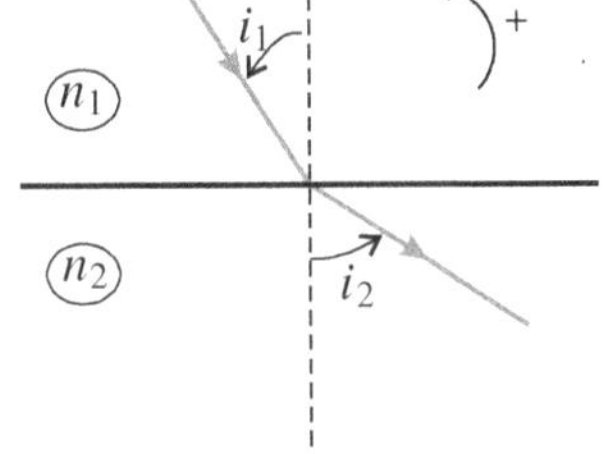

Figure 1.7 – Réfraction avec un milieu (2) moins réfringent.

- pour $n_2 > n_1$, le deuxième milieu est plus réfringent que le premier. On a alors :
$$\sin i_2 = \frac{n_1}{n_2} \sin i_1 < \sin i_1,$$
c'est-à-dire $i_2 < i_1$: le rayon réfracté se rapproche de la normale (figure 1.6) ;
- pour $n_1 > n_2$, le deuxième milieu est moins réfringent que le premier. On a alors :
$$\sin i_2 = \frac{n_1}{n_2} \sin i_1 > \sin i_1,$$
c'est-à-dire $i_1 < i_2$: le rayon réfracté s'écarte de la normale (figure 1.7).

4.4 Réflexion totale

Pour un angle d'incidence i_1 donné, compris entre 0 et $\pi/2$, existe-t-il toujours un rayon réfracté ?

Dans le cas $n_1 > n_2$, on représente l'évolution de l'angle de réfraction lorsque l'angle d'incidence augmente :

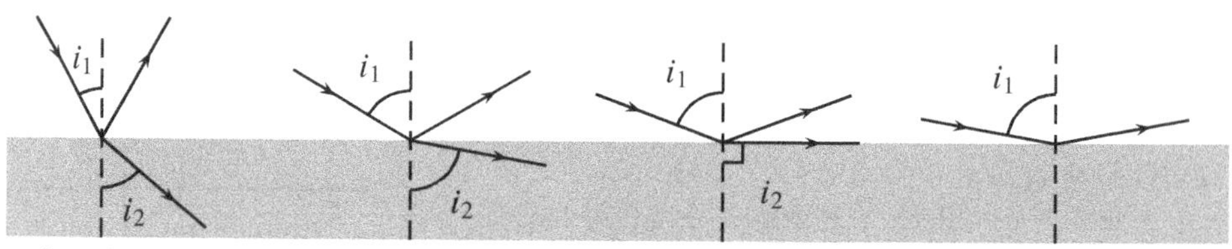

Figure 1.8 – Évolution des rayons en fonction de l'angle d'incidence dans le cas $n_1 > n_2$.

Dans cette situation, la loi de réfraction impose $i_2 > i_1$. L'angle de réfraction peut atteindre la valeur de $\pi/2$ avant i_1. Cependant, i_2 ne peut pas dépasser cette valeur, de sorte que le rayon réfracté disparaît à partir d'un angle d'incidence limite noté $i_{1,\lim}$. Pour cette situation, la loi de la réfraction s'écrit
$$\sin i_{1,\lim} = \frac{n_2}{n_1} \sin\left(\frac{\pi}{2}\right) = \frac{n_2}{n_1} < 1.$$
Lorsque $i_1 > i_{1,\lim}$, le rayon réfracté n'existe plus et toute l'intensité du rayon initialement réfracté se transmet au rayon réfléchi : on parle de **réflexion totale**.

Il y a réflexion totale lorsque les deux conditions suivantes sont vérifiées :
- le milieu incident est plus réfringent que le milieu réfracté ($n_2 < n_1$) ;
- l'angle d'incidence i_1 vérifie l'inégalité $i_1 \geqslant i_{1,\lim}$ avec :
$$i_{1,\lim} = \arcsin\left(\frac{n_2}{n_1}\right).$$

La réflexion totale est utilisée dans le guidage de la lumière par les fibres optiques, étudiée dans le chapitre suivant.

MÉTHODOLOGIE

Comment sont définis les angles d'incidence, de réflexion et de réfraction ?
▷ *Toujours définis par rapport à la normale au dioptre (et non par rapport au dioptre).*

Y a-t-il toujours réflexion totale ?
▷ *Non. Seulement si l'onde se propage d'un milieu moins réfringent à un milieu plus réfringent.*

Comment établir l'angle de réfraction limite ?
▷ *Écrire la loi de la réfraction et prendre un angle de réfraction de valeur $\frac{\pi}{2}$.*

Programme officiel et sommaire des exercices

Notions et contenus	Capacités exigibles
Modèle de la source ponctuelle monochromatique. Spectre.	Caractériser une source lumineuse par son spectre. Relier la longueur d'onde dans le vide et la couleur. ► 1.C3 ▷ 1.3 1.4 1.7
Modèle de l'optique géométrique. Notion de rayon lumineux. Indice d'un milieu transparent.	Définir le modèle de l'optique géométrique. Indiquer les limites du modèle de l'optique géométrique. ► 1.C1
Réflexion, réfraction. Lois de Snell-Descartes.	Établir la condition de réflexion totale. ► 1.C2 1.C4 ▷ 1.1 1.2 1.5 1.6 1.8

EXERCICES ★ (LE COURS)

1.C1 Approximation géométrique À partir d'un calcul d'ordre de grandeur, déterminer si on peut appliquer les lois de l'optique géométrique dans les cas suivants :

1) un faisceau lumineux se propage à l'intérieur d'un objectif de téléphone portable ;

2) un laser rouge rencontre un cheveu.

1.C2 Lois de Snell-Descartes

Énoncer les lois de Snell-Descartes.

1.C3 Réfraction Un rayon lumineux de longueur d'onde dans le vide $\lambda_0 = 600$ nm se propage dans l'air d'indice optique $n_a \simeq 1{,}0$ et arrive à la séparation avec un milieu constitué d'eau d'indice $n_e \simeq 1{,}3$.

L'onde transmise et l'onde réfléchie ont-elles la même longueur d'onde que l'onde incidente ? De même pour la fréquence ? Ont-elles la même couleur ?

1.C4 Réflexion totale

1) Définir la notion de réflexion totale.

2) À quelles conditions y a-t-il réflexion totale ? Établir l'expression de l'angle d'incidence limite.

EXERCICES ★★

1.1 Doublage de fréquence

Le rayon laser utilisé à l'observatoire du CERGA pour mesurer la distance Terre-Lune est obtenu par doublage de fréquence à partir d'un laser de longueur d'onde $\lambda_1 = 1{,}064$ µm.

1) Quelle est la longueur d'onde λ_2 de la lumière envoyée vers la Lune ? Quelle est sa couleur ?

2) On envoie en fait des impulsions durant 0,1 ns. Calculer le nombre d'oscillations du signal lumineux dans une impulsion.

1.2 Incidence de Brewster

Un rayon lumineux arrive à l'interface plane séparant l'air d'un milieu d'indice n. Il se scinde en un rayon réfléchi et un rayon réfracté.

Trouver l'angle d'incidence i_B, appelé angle de Brewster, pour lequel ces deux rayons sont perpendiculaires entre eux. Faire l'application numérique dans le cas de l'eau d'indice $n = 1{,}33$, puis d'un verre d'indice 1,5.

1.3 Absorption de la lumière par l'eau

Lorsqu'une lumière monochromatique de longueur λ traverse une épaisseur L d'eau, la puissance lumineuse est multipliée par le facteur de transmission : $T(\lambda) = \exp(-\alpha(\lambda)L)$, où $\alpha(\lambda)$ est appelé coefficient d'absorption. La figure page suivante représente le coefficient d'absorption de l'eau en fonction de la longueur d'onde pour le spectre visible.

1) Quelle est d'après cette courbe la couleur de la radiation la plus absorbée par l'eau ? Pour cette radiation, quel est le facteur de transmission lorsque l'épaisseur traversée vaut 10 cm ? 2 m ? Quel est le facteur de transmission pour la longueur d'onde la moins absorbée ?

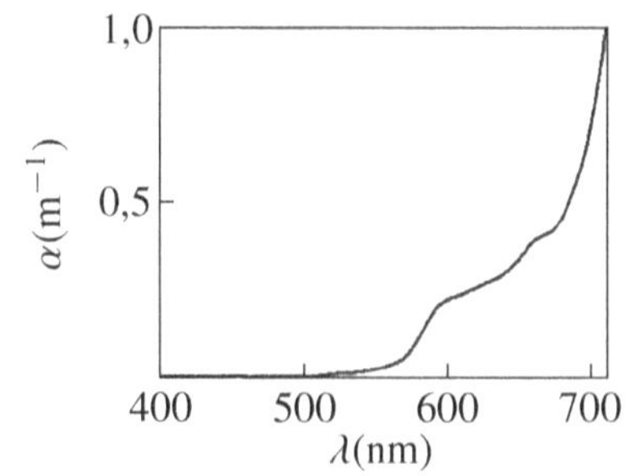

2) Un poisson rouge et blanc est photographié sous l'eau, à quelques mètres de profondeur. Quelles sont les couleurs du poisson sur la photo si elle a été prise sans flash ? avec flash ?

1.4 Réflectivité d'un métal

Lorsqu'une lumière monochromatique de longueur d'onde λ est réfléchie par un métal, la puissance lumineuse est multipliée par $R(\lambda)$. La figure ci-contre compare les coefficients de réflexion $R(\lambda)$ de divers métaux en fonction de la longueur d'onde.

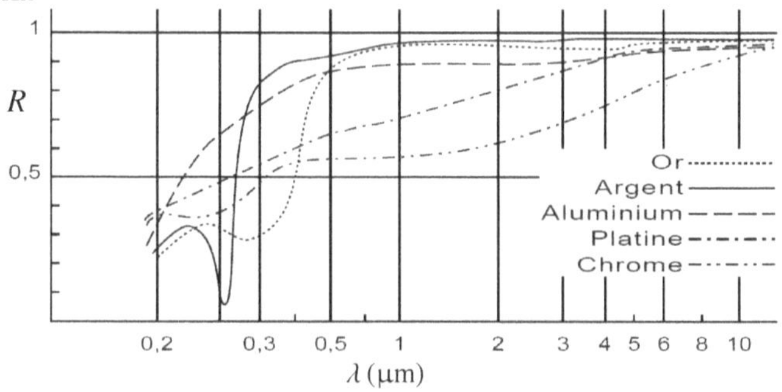

1) Quel est le métal qui vous semble le plus adapté à la réalisation d'un bon miroir dans le domaine visible ? Estimer son coefficient de réflexion sur l'ensemble du visible.

2) Interpréter la couleur d'un miroir obtenu par dépôt d'une couche d'or.

EXERCICES ★★★

1.5 Détection de pluie sur un pare-brise

On modélise un pare-brise par une lame de verre à faces parallèles, d'épaisseur $e = 5$ mm, d'indice $n_v = 1,5$. Un fin pinceau lumineux issu d'un émetteur situé en E arrive de l'intérieur du verre sur le dioptre verre/air en I avec un angle d'incidence $i = 60°$.

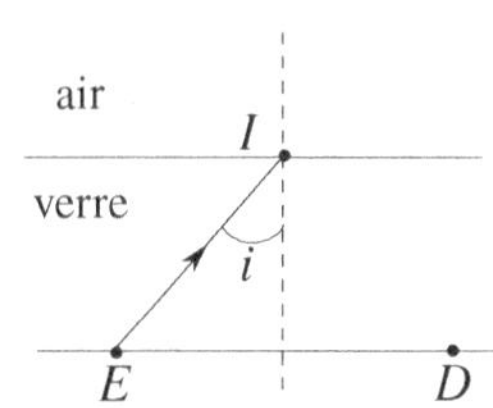

1) Montrer que le flux lumineux revient intégralement sur le détecteur situé en D et déterminer la distance ED.

2) Lorsqu'il pleut, une lame d'eau d'indice $n_e = 1,33$ et d'épaisseur $e' = 1$ mm se dépose sur le pare-brise. Représenter le rayon lumineux dans ce cas. À quelle distance du détecteur arrive-t-il ?

1.6 Erreur sur le positionnement d'un objet

Un observateur de taille $t = 1,8$ m regarde un objet au fond d'un bassin depuis le bord. Le bassin de hauteur $h = 1,5$ m contient une épaisseur $e = 1,0$ m d'eau (indice $n = 1,33$). L'objet semble situé à une distance $d = 1$ m du bord. Déterminer la véritable position de l'objet.

1.7 Décalage vers le rouge

Soit un détecteur D fixe en un point O de l'espace, une source S se déplace à la vitesse algébrique V sur un axe (Ox) orienté du détecteur vers la source. L'abscisse $x(t)$ représente la distance entre D et S. La source S émet un signal de période T ; la célérité du signal dans le milieu qui sépare S de D est c.

1) Soient t (respectivement t') et $t + T$ (respectivement $t' + T'$) les instants correspondant à l'émission par la source (respectivement la réception par le détecteur) du début et de la fin d'une période du signal. Calculer t' et $t' + T'$ en fonction des données.

2) Si on suppose que le temps caractéristique de variation de la vitesse de la source est très grand devant T, exprimer T' en fonction de T, V et c. Dans le cas où $V \ll c$, exprimer ν' la fréquence mesurée par le détecteur en fonction de la fréquence émise ν, de V et de c.

3) On constate que le spectre de la lumière reçue des étoiles est décalé vers le rouge par rapport à celui que l'on obtiendrait sur Terre avec une source composée d'atomes identiques à ceux constituant les étoiles observées. Quelle information peut-on en déduire ?

EXERCICES ★★★★

1.8 Dispersion de la lumière solaire lors d'un arc-en-ciel

Un milieu dispersif est un milieu dont l'indice optique dépend de la longueur d'onde de la lumière. Dans ce problème on s'intéresse à une conséquence du caractère dispersif de l'eau : le phénomène d'arc-en-ciel. L'indice optique de l'eau est donné par la loi de Cauchy : $n = a + \frac{b}{\lambda^2}$, où a et b sont des constantes positives caractéristiques du milieu et λ la longueur d'onde.

1) Rappeler les lois de Descartes pour la réfraction d'un rayon lumineux passant de l'air (milieu d'indice unité) vers un milieu d'indice n. On fera un schéma en notant i l'angle d'incidence et r l'angle de réfraction. Exprimer la dérivée $\frac{\mathrm{d}r}{\mathrm{d}i}$ exclusivement en fonction de l'indice n et du sinus ($\sin i$) de l'angle d'incidence.

2) Exprimer, en fonction de i et de r, la valeur de la déviation du rayon lumineux, définie par l'angle entre la direction incidente et la direction émergente, orientées dans le sens de propagation.

3) Exprimer aussi, à l'appui d'un schéma, la déviation d'un rayon lumineux dans le cas d'une réflexion.

4) Lorsque le soleil illumine un rideau de pluie, on peut admettre que chaque goutte d'eau se comporte comme une sphère réceptionnant un faisceau de rayons parallèles entre eux.

Dans tout ce qui suit, on considérera que l'observation est faite par un œil accommodant à l'infini, c'est-à-dire assimilable à une lentille convergente (cristallin) capable de focaliser sur un écran (rétine) tout faisceau de lumière parallèle issu d'une goutte d'eau.

On recherche, dans un premier temps, les conditions pour que la lumière émergente, issue d'une goutte d'eau, se présente sous forme d'un faisceau de lumière parallèle. Pour cela on fait intervenir l'angle de déviation D de la lumière à travers la goutte d'eau, mesuré entre le rayon émergent et le rayon incident. Cet angle de déviation D est une fonction de l'angle d'incidence i.

Exprimer la condition de parallélisme des rayons émergents en la traduisant mathématiquement au moyen de la dérivée $\frac{dD}{di}$.

Une goutte d'eau quelconque, représentée par une sphère de centre O, est atteinte sous des incidences i variables comprises entre 0° et 90°. Son indice, pour une radiation donnée, sera noté n tandis que celui de l'air sera pris égal à l'unité.

On considère les trois cas représentés sur la figure ci-dessous :

1. lumière directement transmise ;
2. lumière transmise après une réflexion partielle à l'intérieur de la goutte ;
3. lumière transmise après deux réflexions partielles à l'intérieur de la goutte.

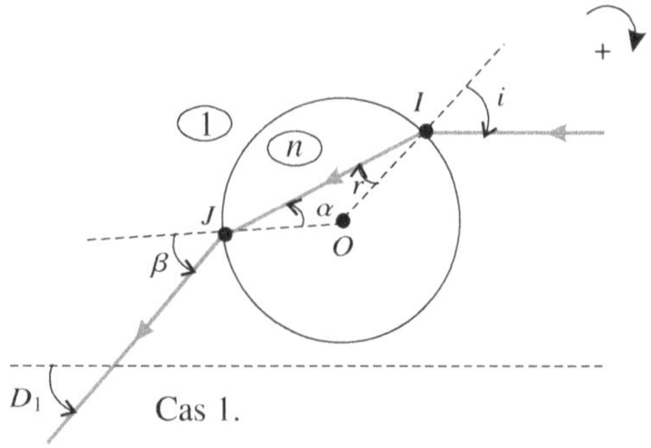

Cas 1.

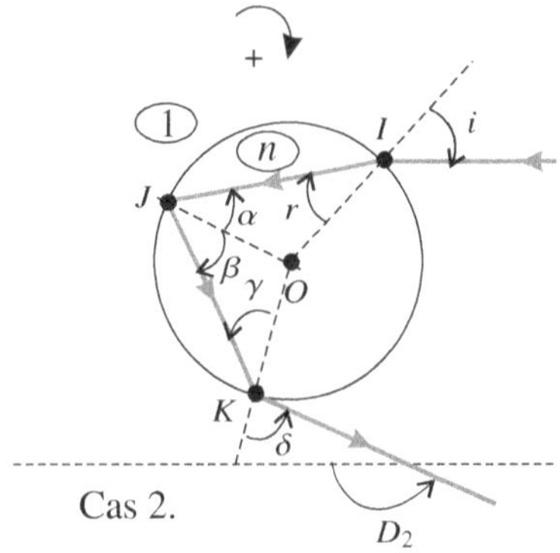

Cas 2.

5) Pour le cas 1 :

a. Exprimer, en fonction de l'angle d'incidence i ou de l'angle de réfraction r, tous les angles marqués de lettres grecques.

b. En déduire l'angle de déviation D propre à chaque cas, en fonction de i et de r.

c. Rechercher ensuite, si elle existe, une condition d'émergence d'un faisceau parallèle, exprimée par une relation entre le sinus ($\sin i$) de l'angle d'incidence et l'indice n de l'eau.

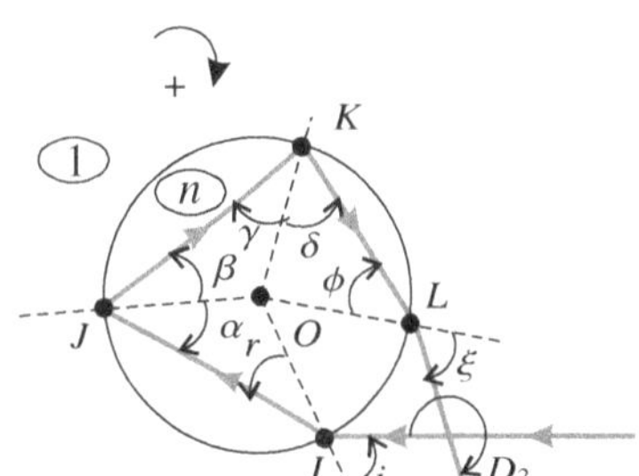

Cas 3.

6) Mêmes questions dans le cas 2.

7) Mêmes questions dans le cas 3.

8) Le Soleil étant supposé très bas sur l'horizon, normal au dos d'un observateur, montrer que celui-ci ne pourra observer la lumière transmise que si la goutte d'eau se trouve sur deux cônes d'axes confondus avec la direction solaire et de demi-angles au sommet $\theta_2 = 180° + D_2 = 180° - |D_2|$ (justification de l'arc primaire) et $\theta_3 = D_3 - 180°$ (justification de l'arc secondaire).

9) Les angles θ_2 et θ_3 dépendant de l'indice n de l'eau, on observe un phénomène d'irisation dû au fait que cet indice évolue en fonction de la longueur d'onde.

Calculer ces angles pour le rouge et le violet, sachant que pour le rouge l'indice vaut 1,3317 tandis que pour le violet il est égal à 1,3448.

En admettant que l'observateur se trouve face à un rideau de pluie, dessiner la figure qui apparaît dans son plan d'observation en notant la position respective des rouges et des violets.

Corrigés

CORRIGÉS

1.C1 **1)** $\lambda \simeq 500$ nm et $d \simeq 1$ mm : $\frac{d}{\lambda} \simeq 2000$. On peut utiliser l'optique géométrique.
2) $\lambda \simeq 600$ nm et $d \simeq 50\,\mu$m : $\frac{d}{\lambda} \simeq 80$. On ne peut pas utiliser l'optique géométrique.

1.C2 *Cf.* p. 27.

1.C3 Même fréquence, et donc même couleur, mais pas même longueur d'onde, *cf.* p. 23.

1.C4 **1)** *Cf.* p. 28. **2)** *Cf.* p. 28.

1.1 Doublage de fréquence

1) La relation entre la longueur d'onde λ et la fréquence f est $\lambda = \frac{c}{f}$ où c est la vitesse de la lumière. Si la fréquence est doublée, la longueur d'onde est divisée par deux. Donc : $\lambda_2 = \frac{1}{2}\lambda_1 = 532\,\text{nm}$. Cette longueur d'onde correspond à une couleur verte.

2) La période de l'onde est $T_2 = \frac{\lambda_2}{c} = 1{,}77.10^{-15}\,\text{s}$. Le nombre d'oscillations dans une impulsion durant $\tau = 0{,}1.10^{-9}\,\text{s}$ est $\frac{\tau}{T_2} \simeq 6.10^4$.

1.2 Incidence de Brewster

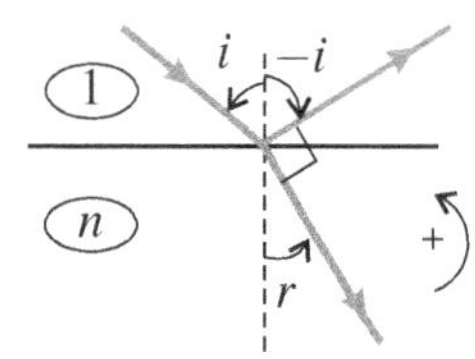

D'après la figure, $r + \frac{\pi}{2} + i = \pi$, soit $r = \frac{\pi}{2} - i$. La loi de la réflexion, $\sin i = n \sin r$, impose $\sin i = n \cos i$, soit $\tan i = n$. L'angle d'incidence de Brewster est : $i_B = \arctan(n)$.
Pour l'eau $i_{B,\text{eau}} = 53°$ et pour le verre $i_{B,\text{verre}} = 56°$.

1.3 Absorption de la lumière par l'eau

1) L'absorption est d'autant plus forte que $\alpha(\lambda)$ est grand. Les longueurs d'onde les plus absorbées par l'eau sont au-dessus de 600 nm et correspondent à la couleur rouge.

Pour $\lambda_1 \simeq 710\,\text{nm}$ (plus grande longueur d'onde sur le graphe), $\alpha(\lambda_1) \simeq 1\,\text{m}^{-1}$. Pour une épaisseur d'eau traversée de 10 cm, $T(\lambda_1) \simeq \exp(-0{,}1) = 0{,}90$ et pour une épaisseur de 2 m, $T(\lambda_1) \simeq \exp(-2) = 0{,}14$.

Pour les longueurs d'onde les plus faibles (couleur bleue), l'eau n'absorbe pas : $\alpha(\lambda) \simeq 0$ $T(\lambda) \simeq 1$.

2) Les parties rouges du poisson réfléchissent dans le rouge. Mais à quelques mètres de profondeur la lumière du soleil est fortement appauvrie en rouge, elles apparaîtront donc noires sur la photo. Les parties blanches réfléchissent tout le spectre, elles apparaîtront vertes (couleur complémentaire du rouge absent de la lumière reçue par le poisson). Ainsi, le poisson sera noir et vert sur la photo en lumière solaire.

Si on utilise un flash, on éclaire le poisson avec un spectre complet (on peut négliger l'absorption par la dizaine de centimètres d'eau entre l'appareil et le poisson) et le poisson aura ses véritables couleurs sur la photo.

1.4 Réflectivité d'un métal

1) Le meilleur métal pour faire un miroir est l'argent car il a le plus fort pouvoir réflecteur et ce pouvoir réflecteur est assez uniforme sur le spectre visible. Le coefficient de réflexion moyen est environ de 0,9.

2) L'or ne réfléchit pas bien les longueurs d'onde les plus petites du spectre visible (entre 400 et 450 nm). Il réfléchit donc peu la lumière bleue, ce qui explique sa couleur jaune (couleur complémentaire du bleu).

1.5 Détection de pluie sur un pare-brise

1) Il peut y avoir réflexion totale en I, car le rayon passe du verre à l'air qui est moins réfringent. On calcule l'angle de réfraction limite en I : $R_{\text{lim},v} = \arcsin \frac{1}{n_v} = 41{,}8°$ (on a pris 1 pour l'indice de l'air). Il y a réflexion totale en I si $i > R_{\text{lim},v}$, ce qui est le cas pour $i = 60°$. Le flux lumineux est donc entièrement réfléchi.

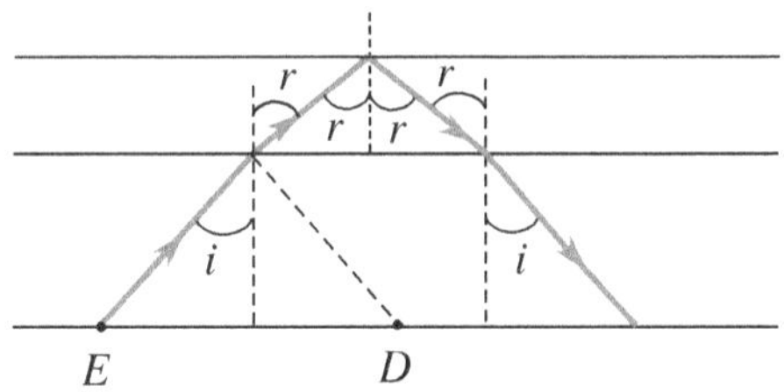

Pour trouver la position du détecteur, on applique la loi de réflexion en I : le rayon est réfléchi symétriquement par rapport à la normale. La distance entre l'émetteur E et le détecteur D doit donc être : $ED = 2e \tan i = 1{,}7$ cm.

2) Les deux dioptres sont maintenant verre-eau et eau-air. Dans les deux cas, il peut y avoir réflexion totale. On calcule les deux angles de réfraction limite : pour le dioptre verre-eau, $n_v \sin R_{\text{lim},1} = n_e \sin \pi/2$, soit $R_{\text{lim},1} = 62{,}5°$, et pour le dioptre eau-air : $n_e \sin R_{\text{lim},2} = \sin \pi/2$, soit $R_{\text{lim},2} = 48{,}75°$.

L'angle i est inférieur à $R_{\text{lim},1}$, il y a donc réfraction sur le premier dioptre. On calcule l'angle r après réfraction : $n_v \sin i = n_e \sin r$ donc $r = 77{,}6°$.

L'angle r est aussi l'angle d'incidence sur le deuxième dioptre, il y a donc réflexion totale sur ce dioptre puisque $r > R_{\text{lim},2}$. On obtient la marche du rayon lumineux représenté sur la figure. On constate que le rayon lumineux ne tombe plus sur le détecteur mais à distance $2e' \tan r = 0{,}9$ cm de celui-ci. Un système de commande relié au détecteur peut alors déclencher les essuie-glaces.

1.6 Erreur sur le positionnement d'un objet

L'observateur a l'impression que l'objet est dans la direction du rayon qu'il reçoit. On voit sur la figure que le rayon provenant de l'objet s'est éloigné de la normale au dioptre (air-eau) puisque $n > 1$. On note A la position réelle de l'objet et B sa position apparente ; puis :

- dans le triangle TOB : $d = OB = (h + t) \tan i$ d'où $i = 16{,}9°$;
- dans le triangle $TO'I$: $O'I = (h - e + t) \tan i$;
- dans le triangle $II'A$: $AI' = e \tan r$;
- loi de Descartes en I : $\sin i = n \sin r$.

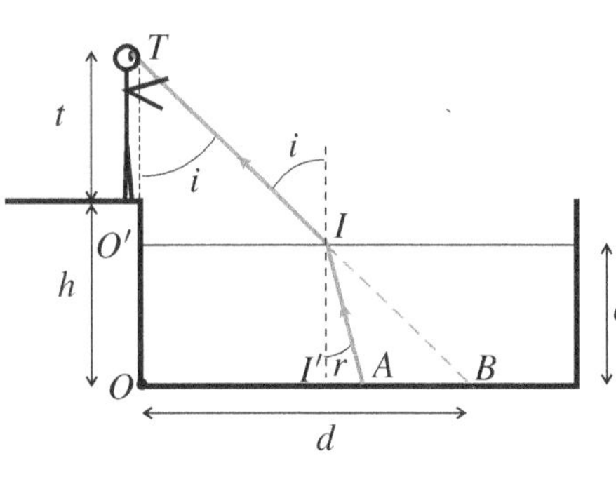

D'autre part, les angles sont inférieurs à $\frac{\pi}{2}$ donc : $\cos r = \sqrt{1-\sin^2 r} = \sqrt{1-\left(\frac{\sin i}{n}\right)^2}$. On en déduit que : $OA = O'I + I'A = e\tan r + (h-e+t)\tan i$ donc :

$$OA = e\frac{\sin i}{n}\frac{1}{\sqrt{1-\left(\frac{\sin i}{n}\right)^2}} + (h-e+t)\tan i = 0{,}92\ \text{m}.$$

1.7 Décalage vers le rouge

1) Le signal de début de période, émis à l'instant t, doit parcourir jusqu'au détecteur la distance $x(t)$; il est donc reçu à l'instant : $t' = t + \frac{x(t)}{c}$. Le signal de fin de période, émis à l'instant $t+T$, doit parcourir jusqu'au détecteur la distance $x(t+T)$; il est donc reçu à l'instant : $t' + T' = t + T + \frac{x(t+T)}{c}$.

2) Si la vitesse V de la source varie peu entre les instants t et $t+T$, on a : $x(t+T) \simeq x(t) + VT$. On a alors : $T' = \left(t + T + \frac{x(t+T)}{c}\right) - \left(t + \frac{x(t)}{c}\right) = T + \frac{1}{c}(x(t+T) - x(t)) \simeq \left(1 + \frac{V}{c}\right)T$.
On en déduit la fréquence f' mesurée par le détecteur :

$$f' = \frac{1}{T'} = \left(1+\frac{V}{c}\right)^{-1}\frac{1}{T} = \left(1+\frac{V}{c}\right)^{-1} f \simeq \left(1-\frac{V}{c}\right) f,$$

en faisant l'approximation $(1+\varepsilon)^{-1} \simeq 1-\varepsilon$ pour $\varepsilon = \frac{V}{c} \ll 1$. Ce changement de fréquence est une manifestation de l'effet Doppler.

3) Le décalage vers le rouge, nommé *redshift* en anglais, correspond à une augmentation des longueurs d'onde, par l'effet Doppler, donc à une diminution des fréquences. Le calcul précédent montre que c'est ce qui se passe si la distance entre la source et le détecteur augmente au cours du temps On peut donc déduire de cette observation que les étoiles lointaines s'éloignent de nous, phénomène dû à l'expansion de l'Univers.

1.8 Dispersion de la lumière solaire lors d'un arc-en-ciel

1) Loi de Descartes pour la réfraction : le rayon réfracté appartient au plan d'incidence et $\sin i = n\sin r$. On dérive cette loi par rapport à i sachant que n est indépendant de i :

$$\cos i = n\cos r\frac{\mathrm{d}r}{\mathrm{d}i} \quad \Rightarrow \quad \frac{\mathrm{d}r}{\mathrm{d}i} = \frac{1}{n}\frac{\cos i}{\cos r}.$$

Les angles sont dans l'intervalle $\left[-\frac{\pi}{2},\frac{\pi}{2}\right]$, donc le cosinus est positif ; on peut utiliser la formule $\cos = \sqrt{1-\sin^2}$ pour trouver : $\frac{\mathrm{d}r}{\mathrm{d}i} = \frac{1}{n}\frac{\sqrt{1-\sin^2 i}}{\sqrt{1-\sin^2 r}} = \frac{1}{n}\frac{\sqrt{1-\sin^2 i}}{\sqrt{1-\left(\frac{\sin i}{n}\right)^2}}$.

2) La déviation est l'angle dont a tourné le rayon lumineux par rapport à la direction incidente. Dans le cas de la réfraction (figure ci-dessous, à gauche), la déviation D est égale à $r - i$.

3) Dans le cas de la réflexion (figure page suivante à droite), la déviation vaut $D = \pi - 2i$.

4) Les rayons émergents sont parallèles quel que soit l'angle d'incidence i si la déviation D est indépendante de i, soit $\frac{\mathrm{d}D}{\mathrm{d}i} = 0$.

5) **a.** Le triangle OIJ est isocèle, donc $\alpha = -r$. Dans ce cas, la loi de Descartes en J s'écrit $\sin\beta = n\sin(-r) = -n\sin r = -\sin i$ donc $\beta = -i$.

b. La déviation en I est $D = r - i$, et celle en J est $D' = \beta - \alpha = r - i$, soit globalement : $D_1 = D + D' = 2(r-i)$.

c. On calcule la dérivée de D_1 par rapport à i : $\dfrac{\mathrm{d}D_1}{\mathrm{d}i} = 2\dfrac{\mathrm{d}r}{\mathrm{d}i} - 2 = 2\dfrac{1}{n}\dfrac{\sqrt{1-\sin^2 i}}{\sqrt{1-\left(\frac{\sin i}{n}\right)^2}} - 2.$

La dérivée est nulle si $\sqrt{1-\sin^2 i} = n\sqrt{1-\left(\frac{\sin i}{n}\right)^2}$. En élevant au carré et en simplifiant, on trouve $n = 1$, ce qui n'a pas d'intérêt. Dans ce cas, il n'est pas possible d'avoir des rayons émergents parallèles.

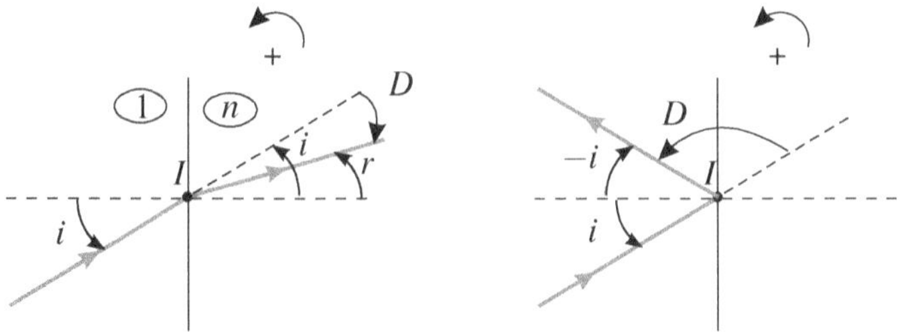

6) **a.** L'application de la loi de Descartes pour la réflexion en J donne $\beta = -\alpha$. D'autre part, les triangles OIJ et OJK sont isocèles donc $r = \beta = -\alpha = -\gamma$. Alors, l'application de la loi de Descartes en K donne $\sin\delta = n\sin\gamma = -n\sin r = -\sin i$, soit $\delta = -i$.

b. Pour la déviation, on a la somme de trois termes : la déviation en I, $D = r - i$; la déviation en J, $D' = \pi - 2\alpha = \pi + 2r$; la déviation en K, $D'' = \delta - \gamma = -i + r$. Donc : $D_2 = D + D' + D'' = \pi + 4r - 2i$.

c. On dérive D_2 : $\dfrac{\mathrm{d}D_2}{\mathrm{d}i} = 4\dfrac{\mathrm{d}r}{\mathrm{d}i} - 2 = 4\dfrac{\mathrm{d}r}{\mathrm{d}i} - 2 = 4\dfrac{1}{n}\dfrac{\sqrt{1-\sin^2 i}}{\sqrt{1-\left(\frac{\sin i}{n}\right)^2}} - 2$. Cette dérivée s'annule si : $\sin^2 i = \dfrac{4-n^2}{3}$.

7) **a.** De manière analogue : $r = \beta = \delta = -\alpha = -\gamma = -\phi$ et $\xi = -i$.

b. $D_3 = (r - i) + (\pi - 2\alpha) + (\pi - 2\gamma) + \xi - \phi = (r - i) + (\pi + 2r) + (\pi + 2r) + (-i + r)$, soit : $D_3 = 2\pi + 6r - 2i$.

c. On dérive D_3 : $\dfrac{\mathrm{d}D_3}{\mathrm{d}i} = 6\,\dfrac{\mathrm{d}r}{\mathrm{d}i} - 2 = 6\dfrac{1}{n}\dfrac{\sqrt{1-\sin^2 i}}{\sqrt{1-\left(\frac{\sin i}{n}\right)^2}} - 2$. Cette dérivée s'annule si : $\sin^2 i = \dfrac{9-n^2}{8}$.

8) Le Soleil étant très bas sur l'horizon, on peut supposer que les rayons incidents sont horizontaux. La figure ci-dessous représente les deux cas possibles. Les angles θ_2 et θ_3 entre les rayons incidents pour l'œil et les rayons provenant du Soleil valent :

$$\begin{cases} \theta_2 = \pi + D_2 = \pi - |D_2| \\ \theta_3 = D_3 - \pi. \end{cases}$$

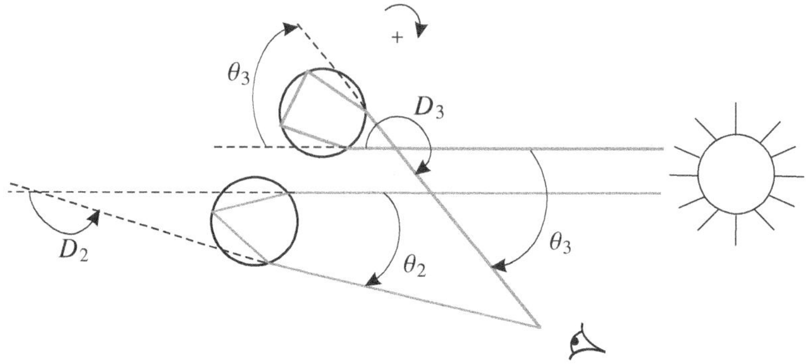

9) Pour l'arc primaire, on calcule i avec la relation $\sin^2 i = \frac{4-n^2}{3}$, on en déduit r avec la loi de Descartes puis D_2 avec la relation $D_2 = D + D' + D'' = \pi + 4r - 2i$. On procède de même pour D_3 avec les relations $\sin^2 i = \frac{9-n^2}{8}$ et $D_3 = 2\pi + 6r - 2i$.

	i	r	$\lvert D_2\rvert$	θ_2(rad)	θ_2(°)
rouge	1,0382	0,7035	2,4039	0,7377	42,2675
violet	1,0250	0,6887	2,4366	0,7050	40,3927
	i	r	D_3	θ_3	θ_3(°)
rouge	1,2546	0,7948	4,0238	0,8823	50,5494
violet	1,2473	0,7825	4,0830	0,9414	53,9363

L'angle θ_2 est plus grand pour le rouge que pour le violet. Les rayons rouges observés par l'œil proviennent donc de gouttes de plus haute altitude, car dans ce cas les rayons violets « passent au-dessus de l'œil », et ce sont les rayons violets des gouttes de plus basse altitude qui entrent dans l'œil. On voit donc le violet en dessous du rouge pour l'arc primaire.

En ce qui concerne l'arc secondaire, il n'est pas toujours visible car beaucoup moins intense (il y a deux réflexions dans la goutte). On remarque que $\theta_3 > \theta_2$, donc les gouttes donnant l'arc secondaire visible par l'œil seront à plus haute altitude que celles donnant l'arc primaire. L'arc secondaire est donc vu au-dessus de l'arc primaire. D'autre part, les couleurs sont inversées car θ_3 est plus grand pour le violet que pour le rouge.

Les figures suivantes récapitulent l'ordre des couleurs.

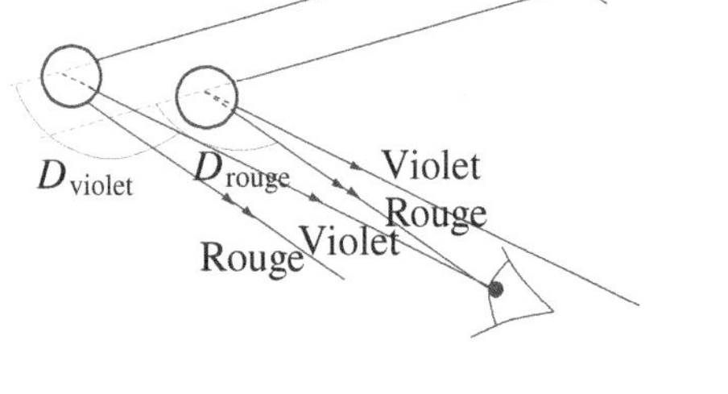

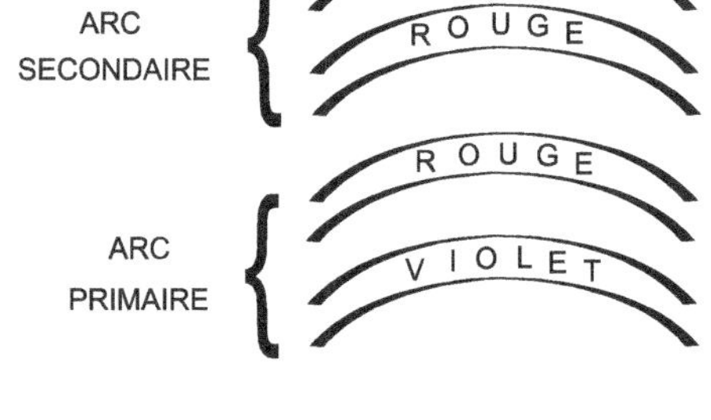

Optique géométrique

2

Ce chapitre est consacré à la formation d'images par des systèmes optiques, c'est-à-dire un ensemble de composants optiques (dioptres ou miroirs) rencontrés successivement par les rayons lumineux. Le système optique le plus simple est le miroir plan, que nous étudierons en première partie. Puis nous étudierons les lentilles minces.

1 Miroir plan

1.1 Image d'un point objet par un miroir plan

Un **miroir plan** est une surface réfléchissante plane. Comme chacun sait, on « se voit » dans un miroir. L'optique géométrique explique cette constatation en termes de rayons lumineux.

a) Image par un miroir plan d'un point objet réel

> Un **point objet réel** est un point d'où partent les rayons lumineux qui arrivent sur un système optique.

On considère un point objet réel A situé devant un miroir plan. Un observateur reçoit les rayons lumineux issus de A après qu'ils ont été réfléchis par (M) (voir figure 2.1). La loi de la réflexion fait que ces rayons semblent provenir du point A' symétrique de A par rapport au plan de (M) (voir figure 2.1).

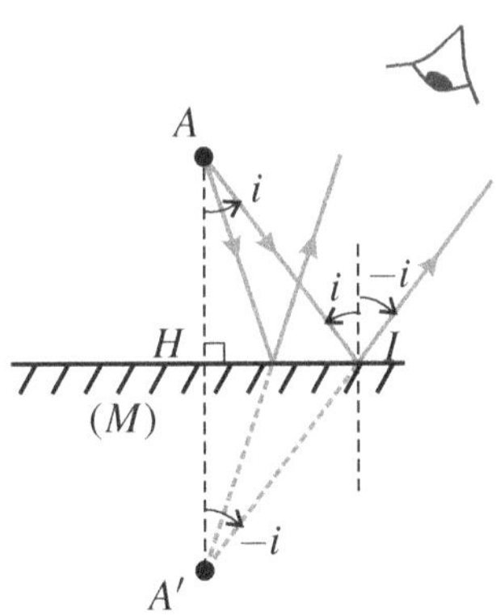

Figure 2.1 – Image d'un point objet réel par un miroir plan.

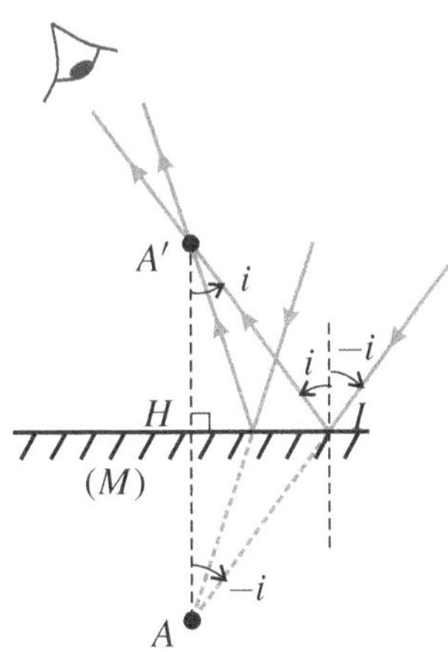

Figure 2.2 – Image d'un point objet virtuel par un miroir plan.

On prouve maintenant ce résultat. Soit un rayon issu de A se réfléchissant sur (M) en I avec un angle d'incidence quelconque i et soit A' le point d'intersection du prolongement du rayon réfléchi avec la droite normale au miroir passant par A. Sur la figure 2.1 on retrouve l'angle i en A par la propriété des angles alterne-interne et l'angle $-i$ en A'. Il vient alors :

$$\tan i = \frac{HI}{HA} = \frac{HI}{HA'} \quad \text{donc} \quad HA' = HA.$$

Ainsi, A' est le symétrique de A par rapport au plan du miroir. Il en est ainsi quel que soit l'angle d'incidence i donc tous les rayons réfléchis semblent venir de A'.

Pour l'œil qui reçoit les rayons réfléchis, tout se passe comme si ces rayons provenaient de A'. On dit que A' est l'image de A dans le miroir. C'est une image virtuelle.

Un **point image virtuel** A' est un point d'où semblent provenir les rayons lumineux sortant d'un système optique. Le prolongement des rayons au-delà de la surface du système passe par A'.

b) Image par un miroir plan d'un point objet virtuel

Un **point objet virtuel** A est un point vers lequel convergent les rayons lumineux arrivant sur un système optique. Le prolongement des rayons au-delà de la surface du système passe par A.

Sur la figure 2.2, le point A est un point objet virtuel pour le miroir (M). La géométrie est la même que sur la figure 2.1 avec des rayons lumineux parcourus dans l'autre sens. Les rayons réfléchis passent tous par le symétrique A' de A par rapport au plan du miroir. On dit que A' est l'image de A par le miroir. C'est une image réelle.

Un **point image réel** est un point par lequel passent les rayons lumineux sortant d'un système optique.

En plaçant un écran perpendiculaire aux rayons en A', on voit un point lumineux net. Une image réelle peut être recueillie sur un écran.

1.2 Image d'un objet par un miroir plan

Un objet est un ensemble de points images. L'objet le plus simple que l'on puisse envisager est un vecteur $\overrightarrow{AB}$. Son image est le vecteur $\overrightarrow{A'B'}$ symétrique par rapport au miroir, soit un vecteur de même taille et de même sens. Le **grandissement** d'un miroir plan est égal à 1.

Un miroir plan donne de tout objet une image symétrique par rapport au plan du miroir.

2 Systèmes centrés et approximation de Gauss

2.1 Systèmes optiques centrés

Un **système optique centré** est un système optique dont les éléments constitutifs (dioptres, miroirs) ont un axe de symétrie commun. Cet axe est appelé **axe optique**. Il est orienté dans le sens de propagation de la lumière.

Les plans perpendiculaires à l'axe optique sont appelés **plans de front** (voir figure 2.4).

2.2 Approximation de Gauss

a) Exemple d'une lentille demi-boule

La figure 2.3 montre des **rayons incidents** parallèles traversant une demi-boule transparente d'indice $n = 1{,}5$, placée dans l'air d'indice optique $n_{\text{air}} = 1$. Les rayons sortant de la demi-boule sont les **rayons émergents**.

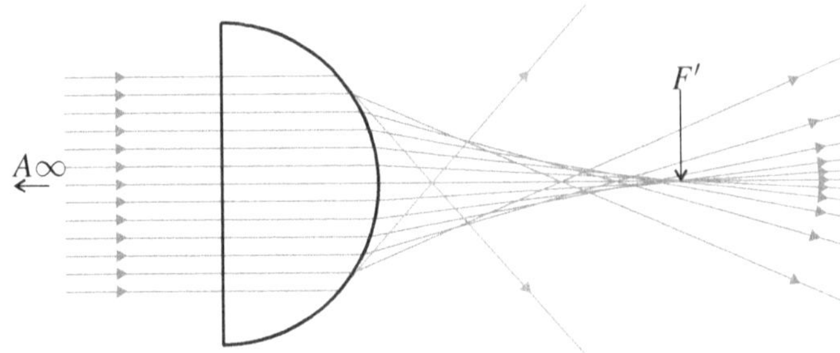

Figure 2.3 – Lentille demi-boule éclairée par un faisceau parallèle.

La demi-boule est un système centré. Les rayons incidents sont parallèles à son axe de symétrie, c'est-à-dire son axe optique. Ces rayons proviennent d'un point objet réel A situé à distance infinie dans la direction des rayons. On constate que les rayons émergents ne passent pas tous par un point image. Cependant, les cinq rayons les plus proches de l'axe optique passent quasiment par le point F' indiqué par la flèche sur la figure. La demi-boule ne donne pas une image rigoureuse comme le miroir plan, mais une image approchée *si l'on se restreint aux rayons proches de l'axe*.

b) Rayons paraxiaux, conditions de Gauss

Un rayon incident sur un système centré est dit **paraxial** quand les deux conditions suivantes sont respectées :

- le rayon est proche de l'axe optique du système ;
- le rayon est peu incliné par rapport à l'axe optique.

Un système centré est utilisé dans les **conditions de Gauss** si tous les rayons incidents sont des rayons paraxiaux.

2.3 Propriétés d'un système centré dans les conditions de Gauss

Les systèmes centrés s'utilisent toujours dans les conditions de Gauss. Ils ont alors les propriétés de **stigmatisme** et d'**aplanétisme** approchés.

a) Stigmatisme approché

On admet le résultat suivant :

Un **système centré** utilisé **dans les conditions de Gauss** donne de tout point objet (pouvant être réel ou virtuel) une image ponctuelle approchée (pouvant être réelle ou virtuelle).

Ceci est représenté sur la figure 2.4 dans le cas de points objets réels et de points images réels. L'image de tout objet A appartenant à l'axe optique est un point A' appartenant aussi à l'axe optique.

Les points objet et image sont dits **conjugués** par le système optique.

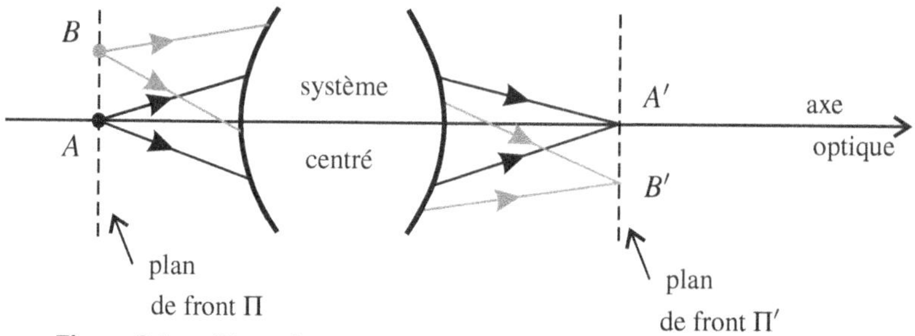

Figure 2.4 – Stigmatisme et aplanétisme dans les conditions de Gauss.

b) Aplanétisme approché

Un point B du plan de front passant par A a son image B' dans le plan de front passant par A' (voir figure 2.4).

Les plans de front Π et Π′ passant par A et par A' sont conjugués par le système optique.

De plus, par symétrie, les vecteurs $\overrightarrow{A'B'}$ et $\overrightarrow{AB}$ sont colinéaires. On peut montrer qu'il existe un nombre sans dimension γ tel que $\overrightarrow{A'B'} = \gamma\overrightarrow{AB}$. γ est appelé **grandissement linéaire** et on le définit traditionnellement par la relation :

$$\gamma = \frac{\overline{A'B'}}{\overline{AB}}.$$

Les mesures algébriques sont prises le long de deux axes orientés dans le même sens. Le grandissement γ est indépendant du point B mais *il dépend des plans* Π *et* Π′ *conjugués.*

La signification physique du grandissement γ est la suivante :

- si $|\gamma| > 1$, l'image est plus grande que l'objet ; si $|\gamma| < 1$, l'image est plus petite que l'objet ;
- si $\gamma > 0$, l'image est droite, c'est-à-dire de même sens que l'objet ; si $\gamma < 0$, l'image est renversée par rapport à l'objet.

c) Le stigmatisme approché est-il suffisant ?

Les systèmes centrés dans les conditions de Gauss n'ont qu'un stigmatisme approché. Ainsi, lorsqu'on recueille l'image réelle d'un point sur un écran, on obtient non un point, mais une tache lumineuse plus ou moins grosse. Est-ce que cela peut être satisfaisant ? Quelle taille maximale de la tache peut-on accepter ?

Pour répondre à ces questions, il faut réfléchir à l'utilisation de l'image. Par exemple, dans le cas d'un appareil photographique, l'objectif forme l'image sur le capteur CCD qui est le récepteur photosensible de l'appareil. Ce capteur est une mosaïque de cellules élémentaires correspondant chacune à un pixel, c'est-à-dire un « point » sur l'image finale. Ces cellules ont une taille non nulle, de l'ordre de quelques micromètres. Le capteur ne fait pas la distinction entre un point parfait et une tache plus petite que la cellule élémentaire. En effet, si deux photons arrivent sur la même cellule élémentaire, ils sont identifiés comme arrivant au même point. Le stigmatisme approché de l'objectif est donc suffisant si la taille des taches images est inférieure à la taille d'une cellule élémentaire du capteur.

2.4 Foyer objet, foyer image

a) Point à l'infini

Un point à l'infini est un point situé à distance infinie du système. Les rayons passant par un point à l'infini sont parallèles entre eux. Le point est localisé à l'infini, dans la direction commune aux rayons.

b) Foyers principaux

On appelle **foyer image principal** l'image du point objet situé à l'infini dans la direction de l'axe optique. Ce point est noté F'. Les rayons incidents parallèles à l'axe optique donnent des rayons émergents qui passent tous par F' (voir figure 2.5).

On appelle **foyer objet principal** le point objet dont l'image est située à l'infini dans la direction de l'axe optique. Ce point est noté F. Les rayons incidents issus de F donnent des rayons émergents tous parallèles à l'axe optique (voir figure 2.6).

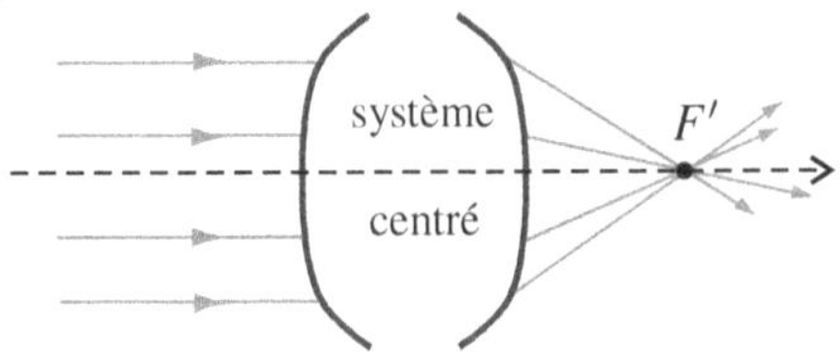

Figure 2.5 – Foyer image principal.

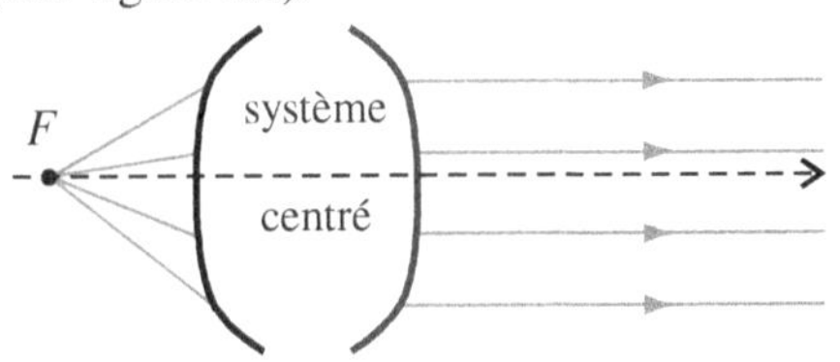

Figure 2.6 – Foyer objet principal.

⚠ Contrairement à ce que les notations pourraient laisser croire, le foyer principal image F' **n'est pas** le point conjugué du foyer image F !

c) Foyers secondaires

Par aplanétisme, tout point objet à l'infini mais hors de l'axe optique a son image dans le plan de front passant par F'. Ce plan est appelé **plan focal image**. Les points du plan focal image sont des **foyers images secondaires** et notés F'_s. Un faisceau incident de rayons parallèles entre eux, mais non parallèles à l'axe optique, est transformé en un faisceau convergent vers un foyer image secondaire (voir figure 2.7).

De même, on appelle **plan focal objet** le plan de front passant par F. Les points F_s de ce plan sont des **foyers objets secondaires**. Un faisceau incident issu d'un foyer objet secondaire donne un faisceau de rayons parallèles entre eux, mais non parallèles à l'axe optique (voir figure 2.8).

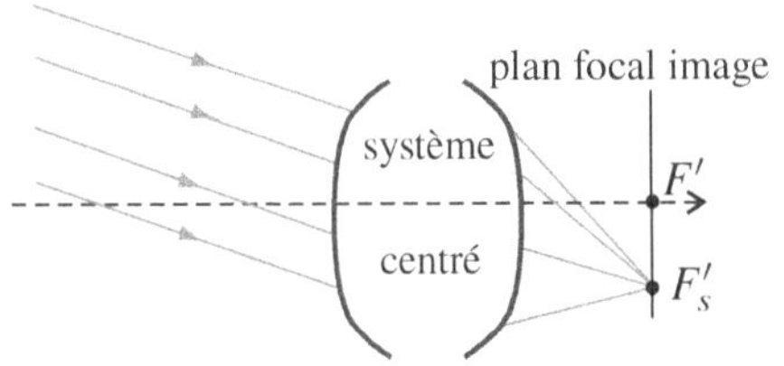

Figure 2.7 – Foyer image secondaire.

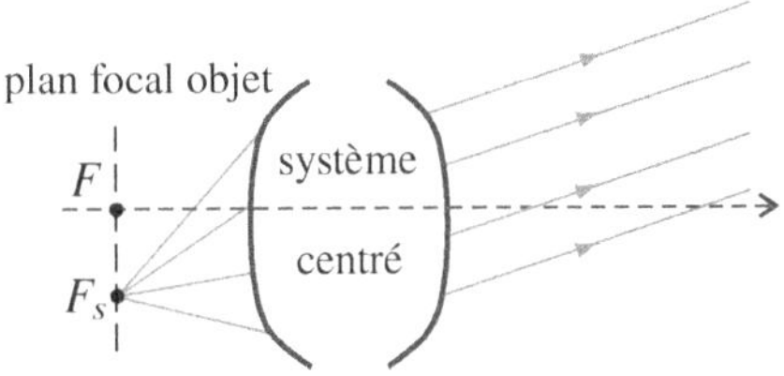

Figure 2.8 – Foyer objet secondaire.

d) Système afocal

Un système qui transforme un faisceau incident parallèle en un faisceau émergent parallèle conjugue un point objet à l'infini avec un point image à l'infini. Il n'a donc pas de foyers et est qualifié de **système afocal** (voir figure 2.9).

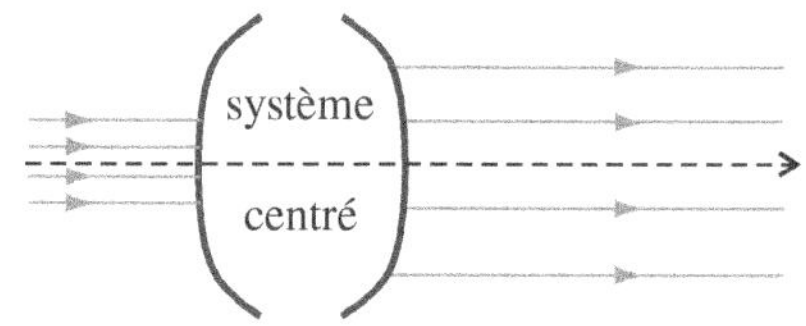

Figure 2.9 – Système afocal.

3 Lentilles minces

Les lentilles minces sont les composants élémentaires de la plupart des systèmes centrés.

3.1 Présentation des lentilles

a) Les différentes sortes de lentilles

Une **lentille** est un composant optique constitué par un milieu transparent, homogène et isotrope, délimité par deux dioptres sphériques ou un dioptre sphérique et un dioptre plan (voir figures 2.10 et 2.11).

Les lentilles sont des systèmes centrés. On distingue deux types de lentilles :

- les **lentilles convergentes**, qui sont les lentilles à bords minces (voir figure 2.10) ;
- les **lentilles divergentes**, qui sont les lentilles à bords épais (voir figure 2.11).

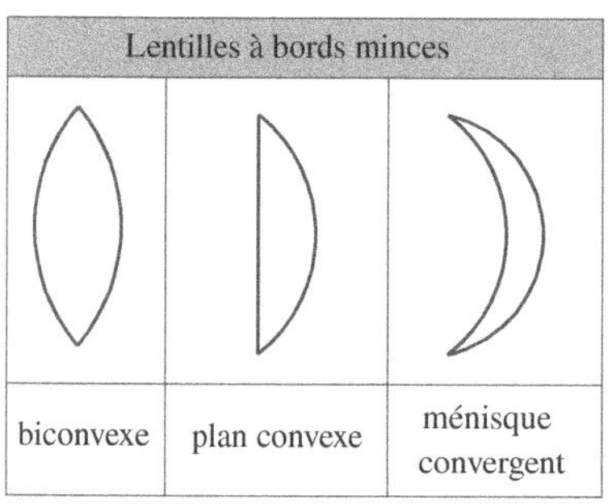

Figure 2.10 – Différentes lentilles à bords minces, convergentes.

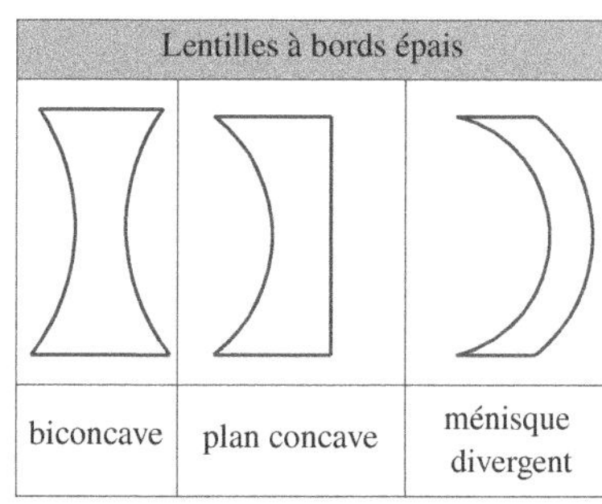

Figure 2.11 – Différentes lentilles à bords épais, divergentes.

Dans les conditions normales d'utilisation de la lentille, il existe un point O situé sur l'axe optique tel que, pour tout rayon passant par O à l'intérieur de la lentille, le rayon sortant de la lentille est parallèle au rayon entrant (voir figure 2.12). Ce point est appelé **centre optique** de la lentille.

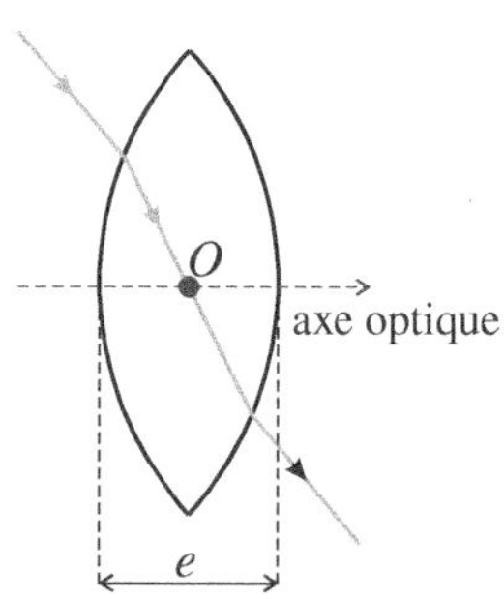

Figure 2.12 – Centre optique d'une lentille.

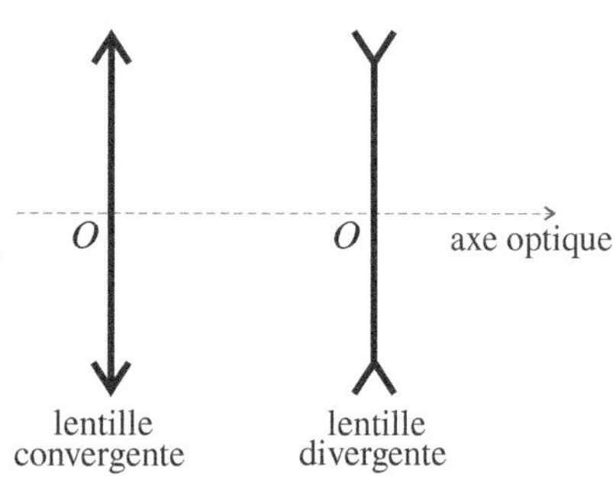

Figure 2.13 – Symbole des lentilles minces.

Une **lentille mince** est une lentille dont l'épaisseur e sur l'axe est petite comparée aux rayons de courbure de ses faces. Dans ce cas, on néglige complètement cette épaisseur et on représente les lentilles par un trait sur lequel on fait seulement figurer le centre optique O. Les symboles des lentilles convergente et divergente sont donnés sur la figure 2.13.

b) Lentilles convergentes

Si on éclaire une lentille convergente par un faisceau parallèle à l'axe optique, on observe que les rayons réfractés convergent en un point de l'espace image qui est donc le foyer principal image F' (voir figure 2.15). De même, si on place une source ponctuelle au point F, symétrique de F' par rapport à O, on observe qu'après la lentille, le faisceau est parallèle à l'axe, donc F est le foyer principal objet (voir figure 2.14).

Pour une **lentille convergente**, les foyers principaux objet et image sont symétriques par rapport au centre optique. Le foyer objet est situé avant le centre optique O et le foyer image après O dans le sens de propagation de la lumière.

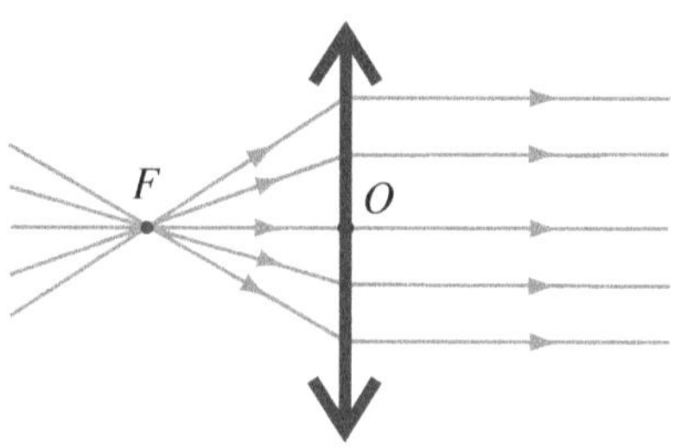

Figure 2.14 – Foyer principal objet d'une lentille convergente.

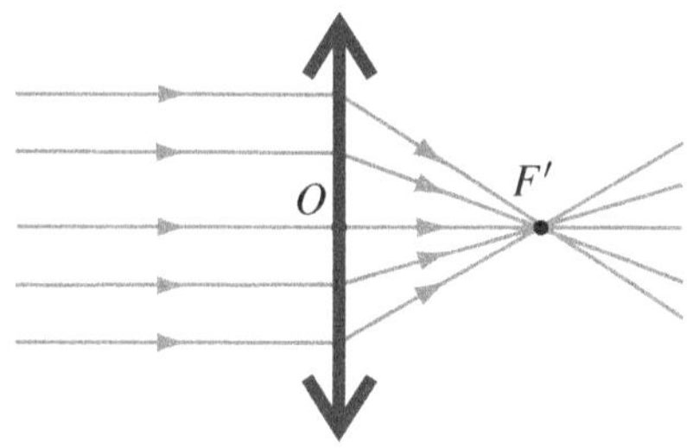

Figure 2.15 – Foyer principal image d'une lentille convergente.

On définit les distances focales :

- la **distance focale objet** $f = \overline{OF}$, qui est négative pour une lentille convergente ;
- la **distance focale image** $f' = \overline{OF'}$, qui est positive pour une lentille convergente.

Les distances focales f et f' sont l'opposée l'une de l'autre.

On définit aussi la **vergence** V d'une lentille par :

$$V = \frac{1}{f'} = -\frac{1}{f}. \tag{2.1}$$

La vergence d'une lentille convergente est positive. La vergence est homogène à l'inverse d'une distance et l'unité de la vergence est la **dioptrie** (symbole δ) qui correspond à des m^{-1}. Ainsi une lentille de distance focale image $f' = 50$ cm a une vergence de $2\ \delta$.

c) Lentilles divergentes

Si l'on éclaire une lentille divergente avec un faisceau parallèle à l'axe, on observe que le faisceau diverge après passage à travers la lentille (voir figure 2.17). Si on prolonge les rayons du faisceau divergent, ils semblent provenir d'un point de l'espace objet qui est donc l'image du faisceau parallèle. Ce point est le foyer principal image F' de la lentille. C'est un point image virtuel.

Si l'on éclaire la lentille par un faisceau convergent (voir figure 2.16), dont les prolongements de rayon se croisent au point symétrique de F' par rapport à la lentille, le faisceau émergent est parallèle à l'axe. Ce point est donc le foyer principal objet F. C'est un point objet virtuel.

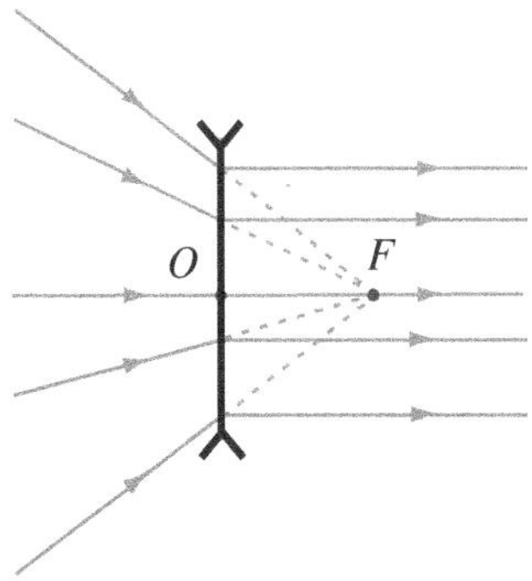

Figure 2.16 – Foyer objet d'une lentille divergente.

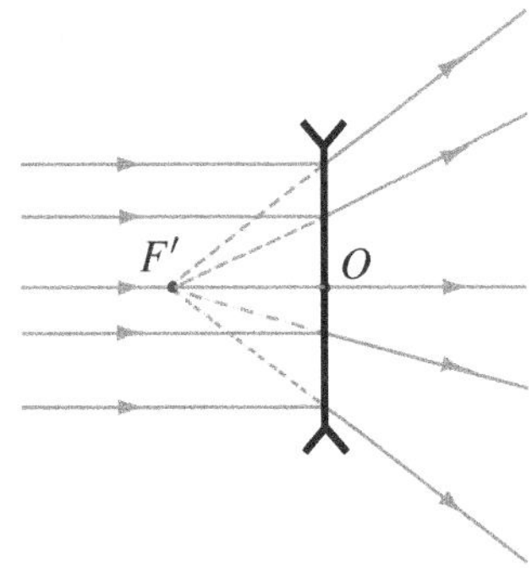

Figure 2.17 – Foyer image d'une lentille divergente.

Pour une **lentille divergente** les foyers principaux objet et image sont symétriques par rapport au centre optique. Ce sont des points *virtuels* : le foyer objet est situé après le centre optique O et le foyer image avant O dans le sens de propagation de la lumière. On note : $f = \overline{OF} > 0$, $f' = \overline{OF'} < 0$, $f = -f'$ et $V < 0$.

3.2 Constructions géométriques

Pour trouver l'image d'un objet par une lentille on peut procéder graphiquement, en réalisant une construction géométrique. Il est important de maîtriser cette méthode qui est présentée dans ce paragraphe.

a) Les règles de construction

On connaît le rayon émergent d'une lentille mince pour trois types de rayons incidents remarquables :

1. un rayon incident passant par le centre optique O n'est pas dévié ;
2. un rayon incident parallèle à l'axe donne un rayon émergent qui passe (réellement ou virtuellement) par le foyer image F' ;
3. un rayon incident passant (réellement ou virtuellement) par le foyer objet F donne un rayon émergent parallèle à l'axe optique.

De plus, d'après la définition des foyers secondaires :

4. deux rayons incidents parallèles donnent des rayons émergents qui se croisent (réellement ou virtuellement) dans le plan focal image ;
5. deux rayons incidents qui se croisent (réellement ou virtuellement) dans le plan focal objet donnent des rayons émergents parallèles entre eux.

Dans les deux paragraphes suivants, on appliquera la méthode « Comment construire l'image d'un objet par une lentille ? » (voir page 53).

b) Application à une lentille convergente

Les figures 2.18 à 2.21 montrent les constructions géométriques dans les quatre cas possibles.

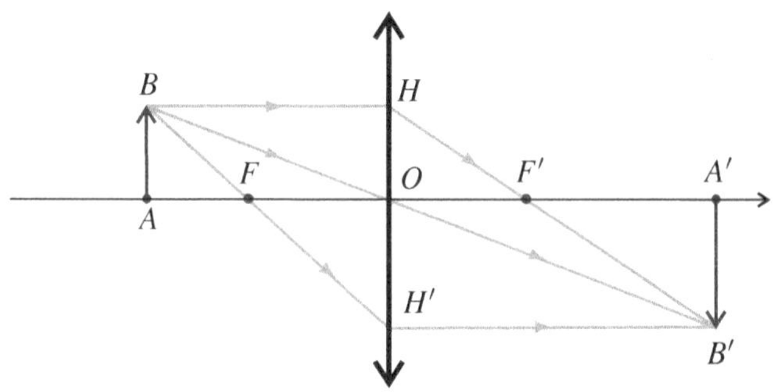

Figure 2.18 – L'objet réel est situé avant le foyer objet. L'image est réelle, renversée, agrandie.

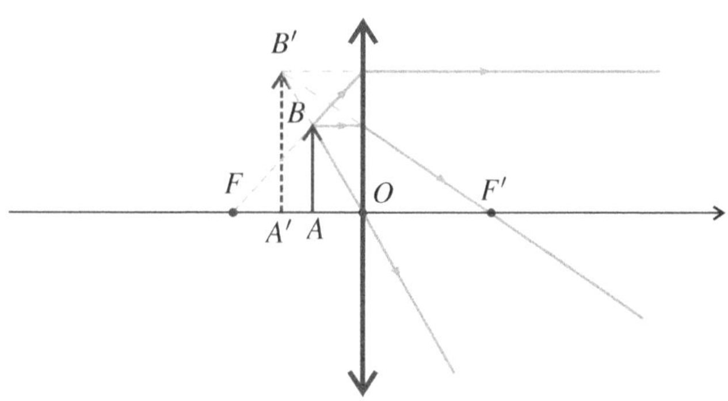

Figure 2.19 – L'objet réel est situé entre le foyer objet et le centre. L'image est virtuelle, droite, agrandie.

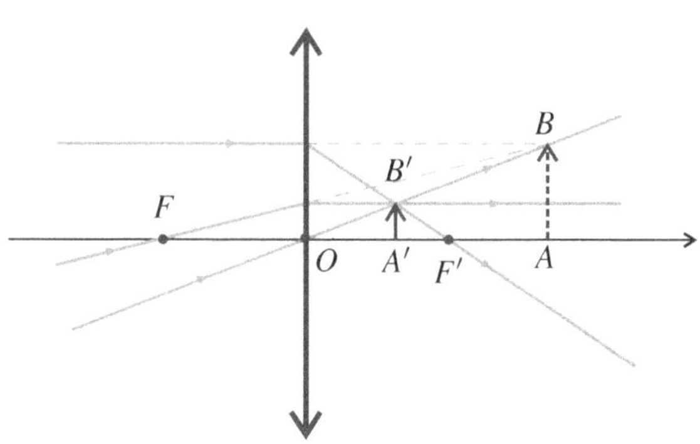

Figure 2.20 – L'objet virtuel est situé après le centre. L'image est réelle, droite, rétrécie.

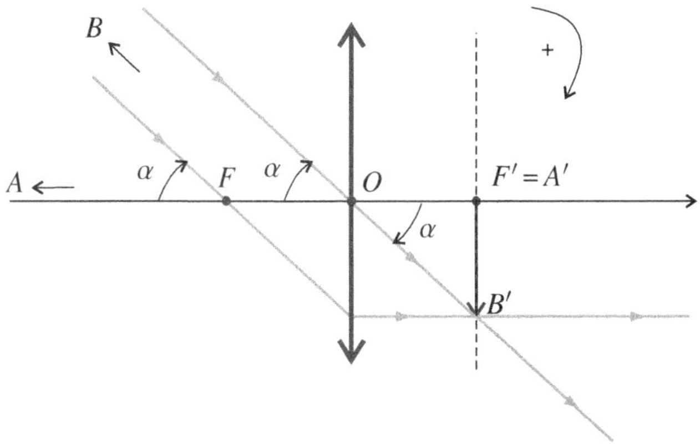

Figure 2.21 – L'objet réel est à l'infini. L'image est réelle, renversée.

Dans le cas où l'objet est à l'infini, figure 2.21, on ne peut tracer que deux rayons remarquables venant de B. Ils sont parallèles entre eux et inclinés d'un angle α par rapport à l'axe optique. B' appartient au plan focal image, ce qui est normal puisque B est à l'infini. Dans le triangle $OF'B'$, on peut écrire :

$$\tan\alpha = -\frac{\overline{A'B'}}{\overline{OF'}} \quad \text{soit} \quad \overline{A'B'} = -f'\tan\alpha \simeq -f'\alpha,$$

puisque, dans les conditions de Gauss, l'angle α est très petit.

c) Application à une lentille divergente

Les figures 2.22 à 2.25 montrent les constructions géométriques dans les quatre cas possibles.

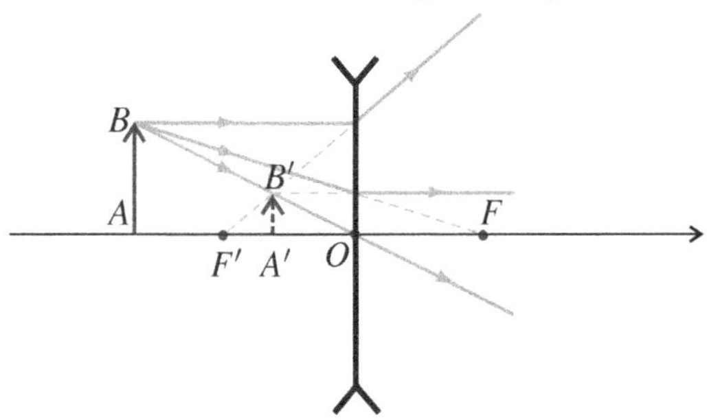

Figure 2.22 – L'objet réel est situé avant le centre. L'image est virtuelle, droite, rétrécie.

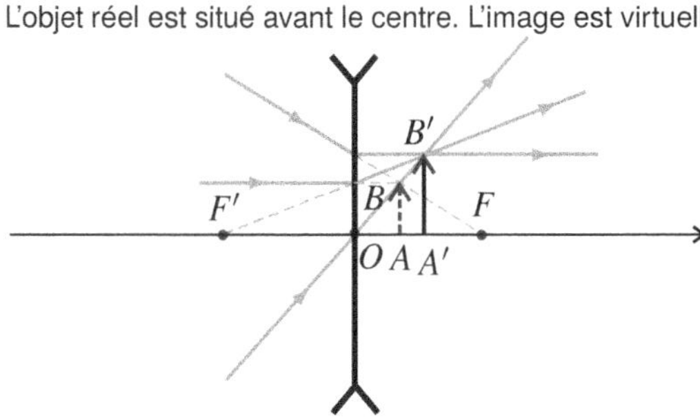

Figure 2.23 – L'objet virtuel est situé entre le centre et le foyer objet. L'image est réelle, droite, agrandie.

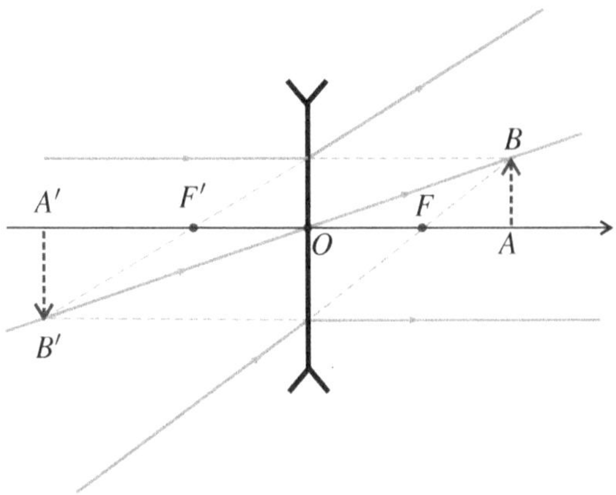

Figure 2.24 – L'objet virtuel est situé après le foyer objet. L'image est virtuelle, renversée, agrandie.

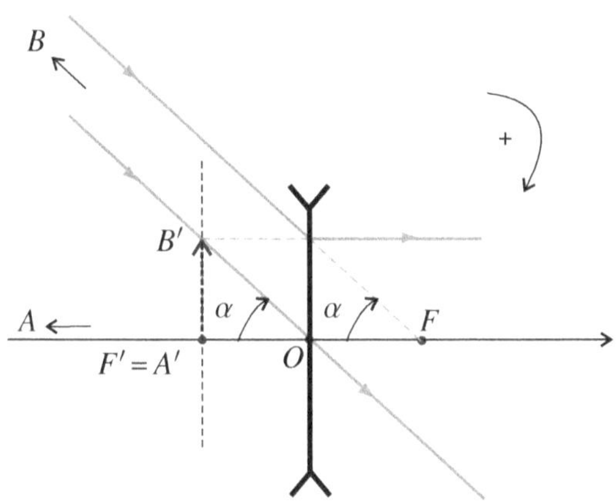

Figure 2.25 – L'objet réel est à l'infini. L'image est virtuelle, droite.

> À la différence de la lentille convergente, une lentille divergente ne peut pas donner une image réelle d'un objet réel.

Dans le cas où l'objet (figure 2.25) est à l'infini on ne peut tracer que deux rayons remarquables venant de B. Ils sont parallèles entre eux et inclinés d'un angle α par rapport à l'axe optique. B' appartient au plan focal image, ce qui est normal puisque B est à l'infini. Dans le triangle $OF'B'$, on peut écrire :

$$\tan\alpha = -\frac{\overline{A'B'}}{\overline{OF'}} \quad \text{soit} \quad \overline{A'B'} = -f'\tan\alpha \simeq -f'\alpha,$$

puisque, dans les conditions de Gauss, l'angle α est très petit ($\alpha \ll 1$ rad).

3.3 Relations de conjugaison

a) Principe

Les images trouvées par les constructions géométriques peuvent se calculer en utilisant les **formules de conjugaison**. Ces formules vont par deux :

- une **formule de position** liant les positions de deux points A et A' conjugués appartenant à l'axe optique ;
- une **formule du grandissement** exprimant le grandissement $\gamma = \dfrac{\overline{A'B'}}{\overline{AB}}$ entre les plans de front conjugués passant par A et A' qui permet de positionner l'image B' d'un point B quelconque du plan de front passant par A.

Les formules de conjugaison ne sont pas à apprendre par cœur. Elles doivent être fournies aux candidats lors des épreuves de concours.

b) Relations avec origine aux foyers, dites relations de Newton

Ces relations font apparaître les mesures algébriques $\overline{FA}$ et $\overline{F'A'}$ qui repèrent les positions du point objet A et du point image A' respectivement par rapport au foyer objet F et au foyer image F'.

La formule de position est :

$$\overline{F'A'} \times \overline{FA} = -f'^2 = -f^2 = ff', \tag{2.2}$$

et la formule du grandissement :

$$\gamma = -\frac{\overline{F'A'}}{f'} = -\frac{f}{\overline{FA}}. \tag{2.3}$$

c) Relations avec origine au centre, dites relations de Descartes

Ces relations font apparaître les mesures algébriques $\overline{OA}$ et $\overline{OA'}$ qui repèrent les positions du point objet A et du point image A' par rapport au centre optique O de la lentille.

La formule de position est :

$$\frac{1}{\overline{OA'}} - \frac{1}{\overline{OA}} = \frac{1}{f'} = V, \tag{2.4}$$

et la formule du grandissement :

$$\gamma = \frac{\overline{A'B'}}{\overline{AB}} = \frac{\overline{OA'}}{\overline{OA}}. \tag{2.5}$$

4 Projection d'une image par une lentille

4.1 Position du problème

On veut projeter l'image d'un objet rétroéclairé sur un écran (diapositive par exemple). On souhaite avoir une image agrandie le plus possible, aussi lumineuse et nette que possible, avec une distance D entre l'objet et l'écran qui est imposée par les conditions extérieures.

Pour cela on doit utiliser une lentille nécessairement convergente car il faut obtenir une image réelle d'un objet réel. Comment choisir la distance focale de cette lentille ? Comment obtenir une image lumineuse et uniformément éclairée ?

4.2 Choix de la lentille

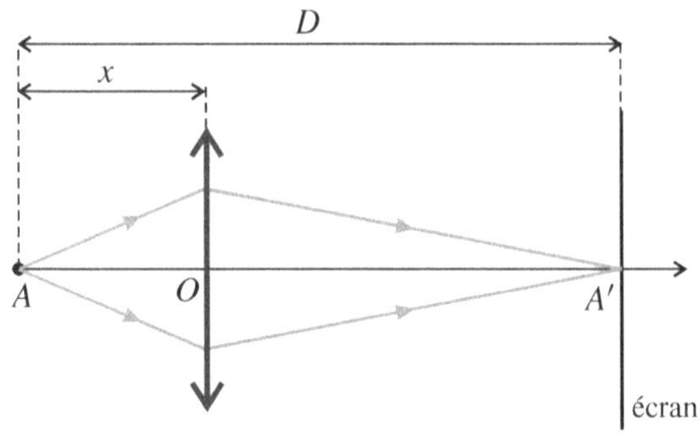

Figure 2.26 – Principe de la projection sur un écran.

Condition pour avoir une image nette On voit une image nette si la lentille forme l'image de l'objet exactement sur l'écran. Pour cela il faut placer la lentille convergente au bon endroit entre l'objet et l'écran. La figure 2.26 illustre cette situation : A est un point de l'objet conjugué avec le point A' sur l'écran.

Pour calculer la bonne distance x entre l'objet et la lentille, on peut appliquer la formule de conjugaison de Descartes. On trouve en observant la figure (en faisant attention aux signes des mesures algébriques) : $\overline{OA} = -x$ et $\overline{OA'} = D - x$. Il vient :

$$\frac{1}{\overline{OA'}} - \frac{1}{\overline{OA}} = \frac{1}{f'} \quad \Leftrightarrow \quad \frac{1}{D-x} + \frac{1}{x} = \frac{1}{f'}.$$

Ceci conduit à l'équation du second degré en x : $x^2 - xD + Df' = 0$. Cette équation n'a de solution que si son discriminant Δ est positif, or : $\Delta = D^2 - 4f'D = D(D - 4f')$. On en déduit une condition sur la distance focale de la lentille :

> Pour projeter un objet sur un écran avec une lentille convergente, il faut que la distance D entre l'objet et l'écran et la distance focale image f' de la lentille vérifient :
>
> $$D \geqslant 4f'.$$

Condition pour avoir un grandissement suffisant D'après la formule du grandissement :

$$\gamma = \frac{\overline{OA'}}{\overline{OA}} = \frac{D-x}{-x} = -\left(\frac{D}{x} - 1\right).$$

Ce grandissement est négatif : l'image sur l'écran est renversée (ceci apparaît sur la figure 2.18). La taille de l'image est proportionnelle à $|\gamma|$ qui augmente si x diminue : *pour avoir une grande image il faut que la lentille soit le plus près possible de l'objet.*

L'équation du second degré précédente a pour solutions :

$$x_1 = \frac{1}{2}\left(D - \sqrt{D^2 - 4Df'}\right) \quad \text{et} \quad x_2 = \frac{1}{2}\left(D + \sqrt{D^2 - 4Df'}\right).$$

Ces deux racines correspondent à des positions de la lentille de part et d'autre du milieu entre l'objet et l'écran. Pour une image agrandie, il faut choisir la plus petite des deux, soit x_1. En effet, dans l'autre position, l'écran est plus près de la lentille que l'objet et donc l'image est réduite, d'après la formule $|\gamma| = \dfrac{OA'}{OA}$. D'autre part, x_1 diminue si f diminue.

> Pour avoir une image agrandie, il faut placer la lentille plus près de l'objet que de l'écran.
>
> Pour une distance objet-écran fixée, l'image est d'autant plus grande que la distance focale de la lentille convergente utilisée est petite.

Prise en compte des conditions de Gauss Pour que l'image soit de bonne qualité, il faut respecter les conditions de Gauss : les rayons doivent être proches de l'axe optique de la lentille et peu inclinés par rapport à cet axe. Or, en diminuant la distance objet-lentille, pour une taille de lentille donnée, on augmente l'angle d'inclinaison des rayons qui frappent la lentille sur ses bords. Il y a donc un compromis à trouver entre la taille de l'image et sa netteté.

La lentille doit avoir une distance focale suffisamment petite pour avoir un grandissement suffisant mais pas trop petite pour respecter les conditions de Gauss.

Par ailleurs on améliore la qualité des conditions de Gauss en utilisant, si nécessaire, un diaphragme circulaire qui arrête les rayons trop éloignés de l'axe optique. Ce dispositif est visible sur la figure 2.27 ci-dessous.

4.3 Éclairage de l'objet

Pour éclairer l'objet de manière optimale, on utilise une lanterne munie d'un **condenseur**. Un condenseur est une lentille convergente (ou un ensemble de lentilles) permettant de concentrer les rayons de la source de lumière vers l'objet pour qu'il soit plus lumineux (voir figure 2.27).

Le meilleur réglage du condenseur est celui pour lequel la lumière converge sur la lentille de projection. On a ainsi un éclairage de l'objet uniforme et une grande quantité de lumière qui traverse la lentille.

Le montage de projection complet est montré avec son réglage sur la figure 2.27.

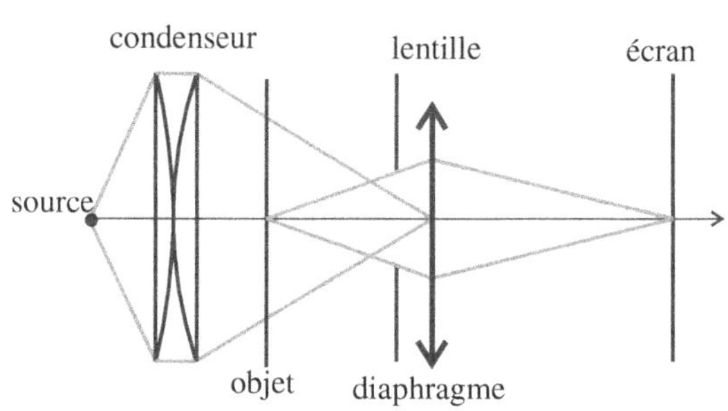

Figure 2.27 – Montage pratique pour la projection d'une image.

MÉTHODOLOGIE

Comment construire l'image d'un objet par une lentille ?

▷ *Soit un objet AB pris dans un plan perpendiculaire à l'axe optique avec A appartenant à l'axe. Il faut tracer deux des trois rayons incidents sur la lentille provenant de B :*

- *représenter la lentille avec son axe, son centre optique et ses deux foyers (dans le bon ordre !) ;*
- *placer dans la zone choisie un objet $\overrightarrow{AB}$ avec A sur l'axe optique et B dans le plan de front passant par A ;*
- *le rayon passant par le centre optique qui n'est donc pas dévié ;*
- *le rayon parallèle à l'axe qui émerge en passant par le foyer image de la letille ;*
- *le rayon passant par le foyer objet qui émerge parallèlement à l'axe optique ;*
- *à la croisée des rayons émergents se trouve le point image B' de l'objet B ;*
- *enfin, par aplanétisme approché de la lentille, l'image A' est le projeté orthogonal du point B' sur l'axe optique.*

On tracera les parties virtuelles de ces rayons en pointillé.

Rapport du Jury (CCINP) : « les constructions géométriques manquent souvent de clarté. Il convient de préciser le sens de la lumière incidente, la position des foyers des lentilles et de soigner la construction des rayons lumineux. »

Rapport du Jury (Mines) : « il serait bon que les candidats mettent des flèches sur les rayons ne serait-ce que pour les distinguer des autres traits du tracé. »

Comment appliquer les formules de conjugaison ?

▷ *Ces formules font intervenir des mesures algébriques. Lorsqu'on les applique il faut contrôler les signes en observant une figure. Prenons l'exemple de la figure 2.22 :*

- *préciser clairement sur la figure les orientations positives de l'axe optique et de l'axe qui lui est perpendiculaire : axe optique orienté positivement de gauche à droite et l'axe qui lui est perpendiculaire orienté positivement de bas en haut ;*
- *faire l'inventaire des grandeurs connues et inconnues : ici $\overline{AB}$ et $\overline{OA}$ connues et $\overline{A'B'}$ et $\overline{OA'}$ inconnues ;*
- *appliquer les formules de conjugaison (par exemple de Descartes) ;*
- *la formule de position de Descartes : $\frac{1}{\overline{OA'}} - \frac{1}{\overline{OA}} = \frac{1}{f'}$ permet d'obtenir l'inconnue $\overline{OA'}$;*
- *la formule du grandissement de Descartes : $\gamma = \frac{\overline{A'B'}}{\overline{AB}} = \frac{\overline{OA'}}{\overline{OA}}$ permet d'obtenir l'inconnue $\overline{A'B'}$;*
- *en déduire la nature de l'image : dans le cas de la figure 2.22, $\overline{OA'} < 0$ alors l'image est **virtuelle**, et $\overline{A'B'} > 0$ dans le même sens que $\overline{AB}$ alors l'image est **droite** (on dira qu'elle est renversée dans le cas contraire).*

On tracera les parties virtuelles de ces rayons en pointillé.

Rapport du Jury (Mines) : « certains candidats ont du mal à faire la différence entre distance et distance algébrique. »

Comment choisir entre relations de conjugaison de Descartes et de Newton ?

▷ *En analysant les données de l'énoncé et les grandeurs demandées :*

- *données ou résultat par rapport au centre ⇒ relation de conjugaison de Descartes ;*
- *données ou résultat par rapport aux foyers ⇒ relation de conjugaison de Newton.*

Les formules de conjugaison de Newton impliquent souvent des calculs plus simples. On pourra aisément passer d'une origine aux foyers à une origine au centre optique par application d'une relation de Chasles.

Comment reconnaître rapidement la nature d'une lentille ?

▷ *En pratique on peut savoir facilement si une lentille est convergente ou divergente :*

- *lorsqu'on regarde à travers une lentille divergente, on voit, quelle que soit la position de l'objet (qui est réel bien sûr), une image à l'endroit de taille réduite : c'est le cas 1 du paragraphe c) page 48 ;*
- *lorsqu'on regarde à travers une lentille convergente un objet lointain, l'image est le plus souvent floue, il faut éloigner la lentille de son œil pour voir une image nette de taille réduite et à l'envers : c'est le cas 1 étudié à la page 47. Si la distance focale de la lentille est trop grande, on ne trouve pas d'image nette.*

Dans le cas d'une lentille convergente, on peut déterminer rapidement une valeur approchée de sa distance focale. Il faut pour cela regarder à travers la lentille un objet placé assez près de la lentille : on voit une image droite et agrandie, c'est le cas 2 du paragraphe b) page 47 qui correspond à l'utilisation de la lentille comme loupe. Lorsqu'on éloigne la lentille de l'objet, l'image s'agrandit de plus en plus puis devient floue. À ce moment on est à la limite du cas 2 et du cas 1 : la distance entre l'objet et la lentille est égale à la distance focale f'.

Programme officiel et sommaire des exercices

Notions et contenus	Capacités exigibles
Conditions de l'approximation de Gauss et applications. Stigmatisme. Miroir plan. ► 2.C1 ▷ 2.4 2.6	Construire l'image d'un objet par un miroir plan.
Conditions de l'approximation de Gauss. ► 2.C2 ▷ 2.6	Énoncer les conditions de l'approximation de Gauss et ses conséquences. Relier le stigmatisme approché aux caractéristiques d'un détecteur.
Lentilles minces dans l'approximation de Gauss. ► 2.C3 2.C4 2.C5 2.C6 2.C7 2.C8 ► 2.C9 2.C10 2.C11 2.C12 2.13 ▷ 2.1 2.2 2.3 2.5	Définir les propriétés du centre optique, des foyers principaux et secondaires, de la distance focale, de la vergence. Construire l'image d'un objet situé à distance finie ou infinie à l'aide de rayons lumineux, identifier sa nature réelle ou virtuelle. Exploiter les formules de conjugaison et de grandissement transversal de Descartes et de Newton. Établir et utiliser la condition de formation de l'image réelle d'un objet réel par une lentille convergente.

EXERCICES ★ (LE COURS)

2.C1 Miroir plan Construire l'image des points A_1 (réel) et A_2 (virtuel) par le miroir. On tracera des rayons lumineux qui vont vers l'œil d'un observateur.

2.C2 Conditions de Gauss Énoncer les conditions de Gauss et leurs conséquences.

2.C3 Centre optique Quelle est la propriété du centre optique ?

2.C4 Vergence Définir la vergence. Quelle est son unité ? Quel est son signe ?

2.C5 Foyers Définir, au moyen d'une construction, les foyers objet et image d'une lentille convergente ; d'une lentille divergente.

2.C6 Mesures algébriques Mesurer, sur les schémas de lentilles de l'exercice 2.C8, les longueurs $\overline{OF}$, $\overline{FO}$, $\overline{OF'}$ et $\overline{F'F}$.

2.C7 Projection sur un écran Établir la condition entre D et f' pour projeter un objet sur un écran, distants d'une distance D, au moyen d'une lentille de focale f'.

2.C8 Constructions (1) Construire l'image de l'objet réel AB à travers la lentille $\mathcal{L}$.

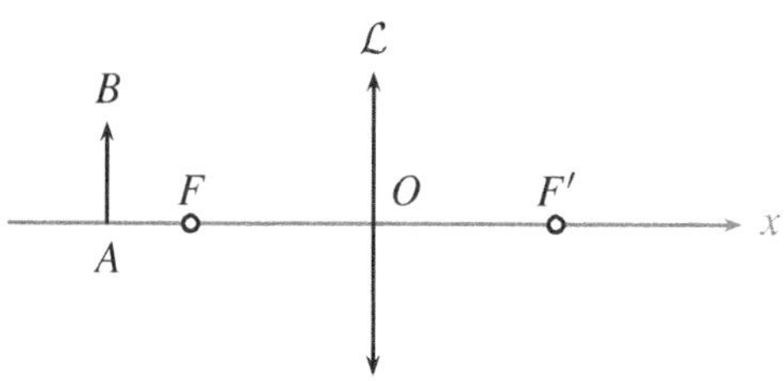

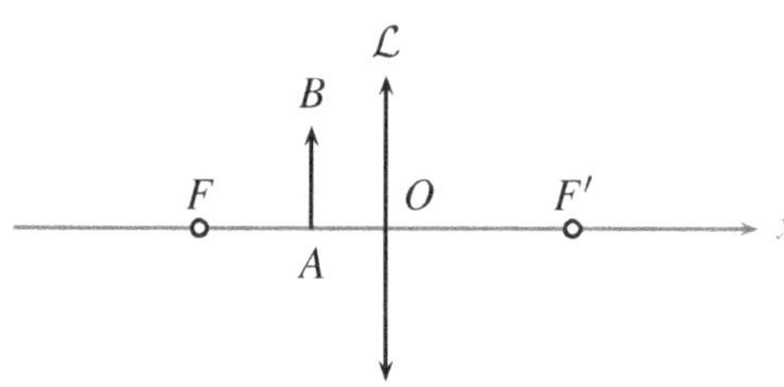

2.C9 Constructions (2) Construire l'image de l'objet virtuel AB à travers la lentille $\mathcal{L}$, ci-dessous à gauche.

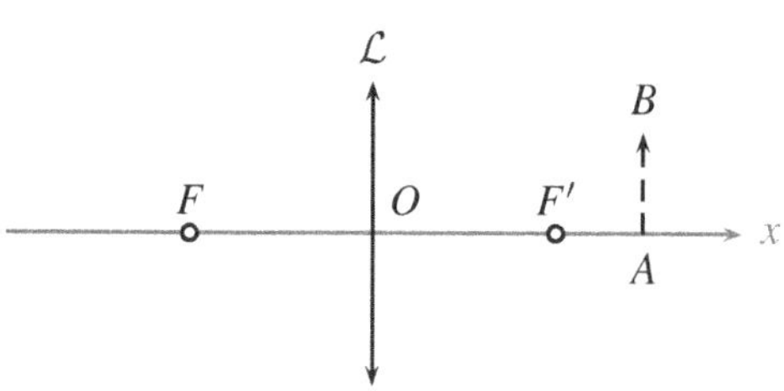

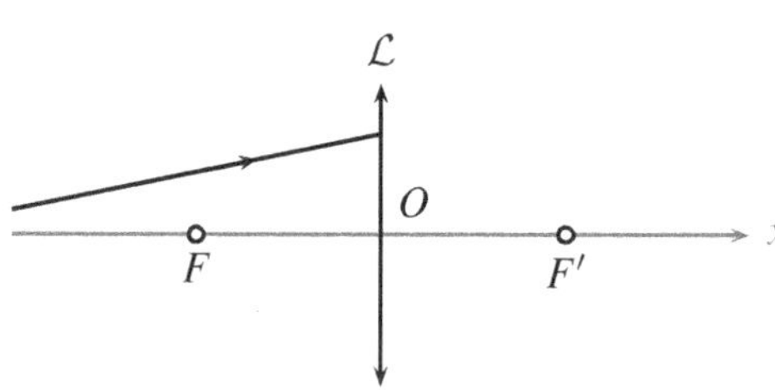

2.C10 **Constructions (3)** Construire le trajet du rayon lumineux à travers la lentille $\mathcal{L}$, ci-dessus à droite.

2.C11 **Constructions (4)** Construire l'image de l'objet réel AB à travers la lentille $\mathcal{L}$, ci-dessous à gauche.

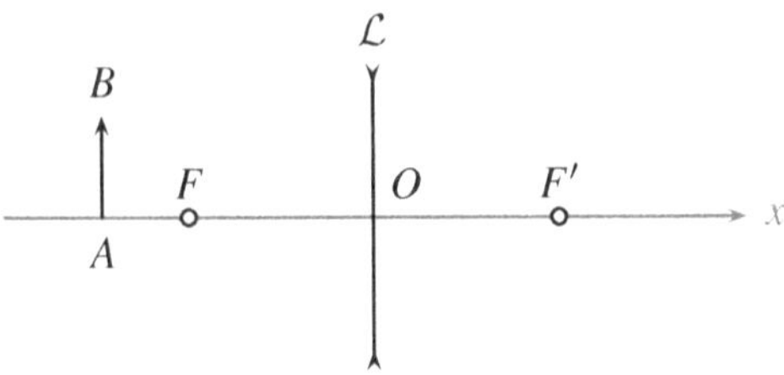

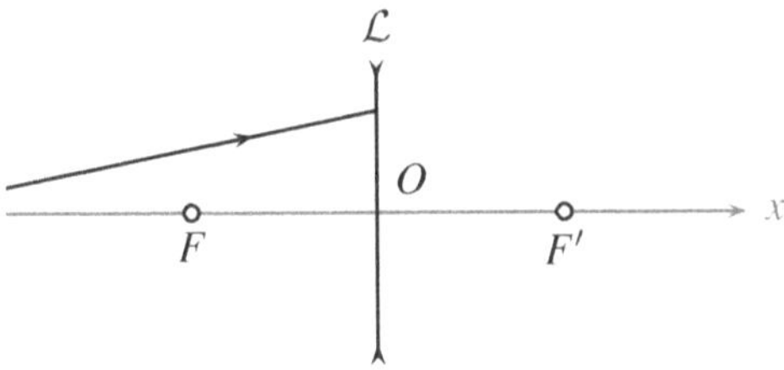

2.C12 **Constructions (5)** Construire le trajet du rayon lumineux à travers la lentille $\mathcal{L}$, ci-dessus à droite.

2.C13 **Constructions (6)** Construire l'image de l'objet virtuel AB à travers la lentille $\mathcal{L}$.

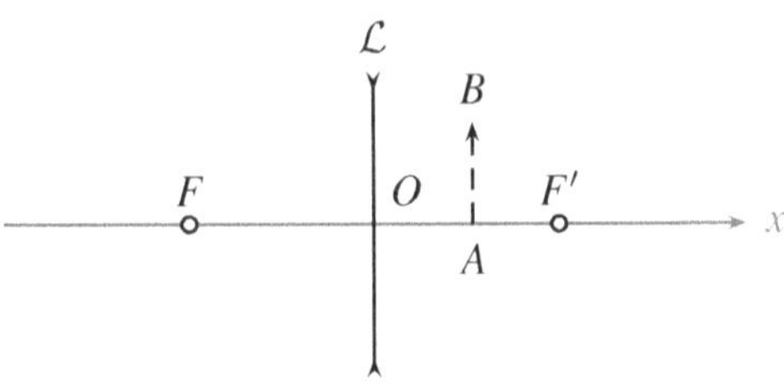

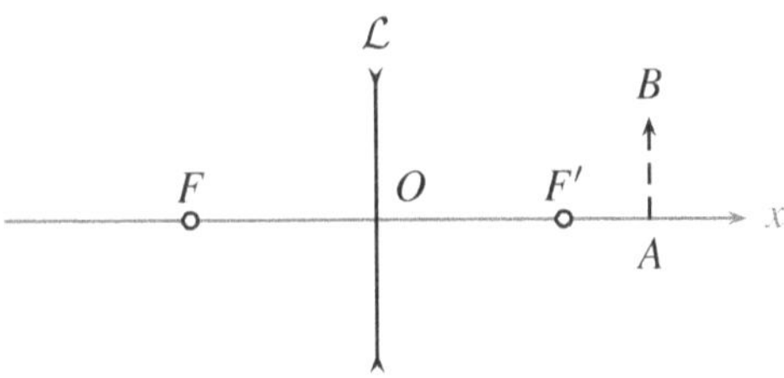

EXERCICES ★★

2.1 Caractéristiques d'une lentille

Une lentille mince sphérique donne d'un objet réel situé à 60 cm avant son centre une image droite réduite d'un facteur 5. Déterminer par le calcul et par une construction géométrique la position de l'image et les caractéristiques de la lentille.

2.2 Image virtuelle avec une lentille

1) Déterminer les positions des objets ayant une image virtuelle par une lentille convergente.

2) Déterminer les positions des objets ayant une image virtuelle par une lentille divergente.

2.3 Utilisation d'une lentille divergente

Une lentille mince divergente a pour distance focale image $f' = -30$ cm.

1) Déterminer l'image d'un point A situé à 30 cm devant la lentille mince.

2) Si un objet AB dans le plan de front passant par A a pour taille 1 mm, quelle est la taille de son image ?

EXERCICES ★★★

2.4 Champ de vision dans un miroir

1) Montrer que l'on voit un point A dans un miroir si et seulement si la droite $O'A$, où O' est le symétrique du point O où se trouve l'œil, coupe la surface du miroir.

2) En déduire quelle est la taille minimale d'un miroir dans lequel un homme de taille h peut se voir en entier. On assimilera le corps à un segment rectiligne vertical TP contenant la position O de l'œil. Comment ce miroir doit-il être placé ?

2.5 La loupe

Un observateur emmétrope, c'est-à-dire ayant un œil normal, peut voir distinctement de l'infini à une distance minimale d_m. On dit que l'observateur accommode si l'objet qu'il observe n'est pas à l'infini.

Cet observateur regarde à l'œil nu un tout petit objet plan que l'on assimilera à un segment AB de longueur ℓ, perpendiculaire à l'axe optique.

1) Déterminer α_m, angle maximal sous lequel l'objet peut être vu.

2) L'observateur regarde AB à travers une lentille mince convergente de distance focale f' et de centre O (loupe). Son œil est situé à une distance a de la loupe ($a < d_m$).
Déterminer les positions de l'objet rendant possible l'observation d'une image nette par l'observateur emmétrope. Faire une construction géométrique de l'image. L'image est-elle droite ou renversée ?

3) Pour quelle position de l'objet l'observation se fait-elle sans accommodation ? Exprimer l'angle α sous lequel l'œil voit l'image. Application numérique : que vaut le grossissement de la loupe $G = \alpha/\alpha_m$? On donne $d_m = 0{,}25$ m et $f' = 50$ mm.

2.6 Miroir domestique

Les miroirs domestiques sont des lames de verre dont la face arrière, recouverte d'un dépôt métallique d'argent, est une surface réfléchissante.

1) Représenter la trajectoire d'un rayon lumineux arrivant sur la lame de verre avec un angle d'incidence i. On note e l'épaisseur de la lame de verre et n son indice. Montrer que le rayon émergent du système est le même que si l'on avait uniquement une surface réfléchissante, et exprimer la distance d entre cette surface et la face avant de la lame en fonction de e, i et r, angle de réfraction dans le verre correspondant à l'angle d'incidence i.

2) Montrer que dans les conditions de Gauss d ne dépend pas de i. Conclure.

CORRIGÉS

2.C1 *Cf.* figures 2.1 et 2.2 p. 39.

2.C2 *Cf.* p. 41, puis stigmatisme et aplanétisme approchés (p. 41 et suivante).

2.C3 Un rayon lumineux passant par le centre optique n'est pas dévié.

2.C4 *Cf.* p. 45, puis $V > 0$ pour une lentille convergente et $V < 0$ pour une lentille divergente.

2.C5 Lentille convergente : *cf.* figures 2.14 et 2.15 p. 45; lentille divergente : *cf.* figures 2.16 et 2.17 p. 46.

2.C6 $\overline{OF} = -1{,}5$ cm, $\overline{FO} = +1{,}5$ cm, $\overline{OF'} = +1{,}5$ cm et $\overline{F'F} = -3$ cm.

2.C7 *Cf.* p. 51 : $D \geqslant 4f'$.

2.C8 *Cf.* figures 2.18 et 2.19 p. 47.

2.C9 *Cf.* figure 2.20 p. 47.

2.C10 On fait comme si le rayon lumineux appartenait à un faisceau parallèle, qui converge donc en un point du plan focal image. On trace, en pointillé gris, le rayon incident parallèle qui passe par O, et qui n'est donc pas dévié; il intercepte le plan focal image au foyer secondaire I. Tous les rayons parallèles émergent donc de la lentille en passant par I.

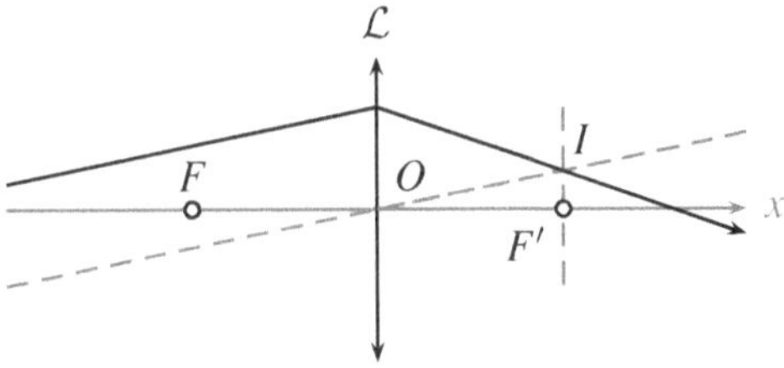

2.C11 *Cf.* figure 2.22 p. 48.

2.C12 On fait comme si le rayon lumineux appartenait à un faisceau parallèle, qui converge donc en un point du plan focal image. On trace, en pointillé gris, le rayon incident parallèle qui passe par O, et qui n'est donc pas dévié; il intercepte le plan focal image au foyer secondaire I. Tous les rayons parallèles émergent donc de la lentille en passant par I.

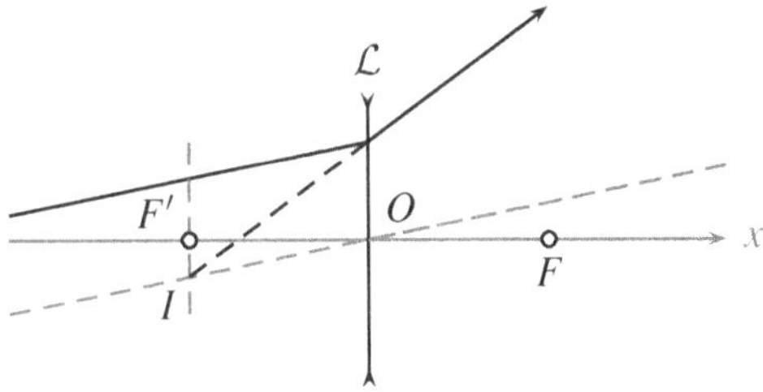

2.C13 *Cf.* figures 2.23 et 2.24 p. 48.

2.1 Caractéristique d'une lentille

Par le calcul, on utilise la formule de conjugaison avec origine au centre $\frac{1}{\overline{OA'}} - \frac{1}{\overline{OA}} = \frac{1}{f'}$ et l'expression du grandissement avec origine au centre $\gamma = \frac{\overline{OA'}}{\overline{OA}}$. L'image se trouve en A' tel que $\overline{OA'} = \gamma\overline{OA} = -12$ cm et la distance focale est $f' = \left(\frac{1}{\overline{OA'}} - \frac{1}{\overline{OA}}\right)^{-1} = \frac{\gamma}{1-\gamma}\overline{OA}$, soit $f' = -15\,\text{cm}$. La lentille est donc divergente.

Pour la construction, on place l'objet AB et la lentille (dont on ne connaît pas encore la nature) et on trace le rayon BO qui est non dévié. L'image étant droite et 5 fois plus petite, on place facilement B' sur ce rayon (on constate que $OA' = \frac{1}{5}OA$, ce qui provient du théorème de Thalès). On trace ensuite le rayon émergent parallèlement à l'axe semblant venir de B' : le prolongement de ce rayon avant la lentille passe par le foyer objet F que l'on détermine ainsi.

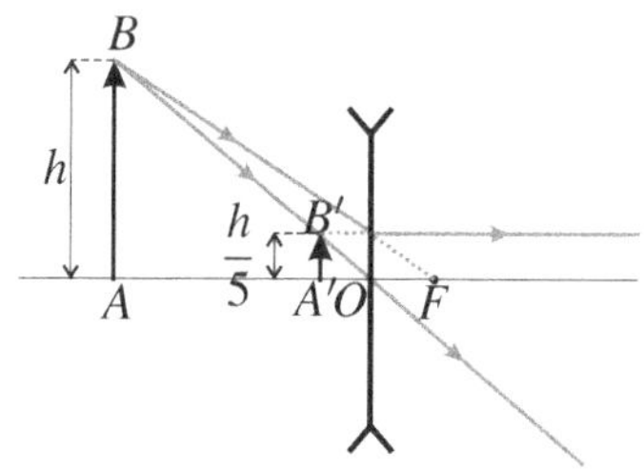

2.2 Image virtuelle avec une lentille

On note O le centre optique de la lentille, A l'objet, A' l'image et f' la distance focale image de la lentille.

Si l'image est virtuelle, cela signifie que $\overline{OA'} < 0$. Puisque dans l'exercice on impose une condition sur $\overline{OA}$, on a intérêt à utiliser la relation de conjugaison de Descartes (avec origine en O) : $\frac{1}{\overline{OA'}} - \frac{1}{\overline{OA}} = \frac{1}{f'}$. La condition $\overline{OA'} < 0$ est équivalente à $\frac{1}{f'} + \frac{1}{\overline{OA}} < 0$, soit $\frac{1}{f'} < \frac{1}{\overline{AO}}$.

1) Pour la lentille convergente, comme f' est positive, on en déduit que $\overline{AO}$ est aussi positive donc A est réelle et $AO < f'$: A est entre F et O. Cette situation correspond à l'usage de la lentille convergente en loupe.

2) Pour la lentille divergente, f' est négative. Il y a donc deux possibilités :

- si $\overline{AO} > 0$, l'inégalité est toujours vérifiée : tout objet réel donne une image virtuelle ;
- si $\overline{AO} < 0$ et (en faisant attention aux signes) $OA > -f'$: A est situé après la lentille et au-delà du foyer objet F (pour une lentille divergente le foyer objet est après la lentille).

2.3 Utilisation d'une lentille divergente

1) On remarque que l'objet A est confondu avec le foyer image de la lentille. Pour trouver l'image A', on applique par exemple la relation de conjugaison de Newton : $\overline{F'A'} \cdot \overline{FA} = -f'^2$. Avec $\overline{FA} = 2f'$, on trouve : $\overline{F'A'} = -\frac{1}{2}f' = \frac{1}{2}\overline{F'O}$. Ainsi A' est à mi-distance de F' et O.

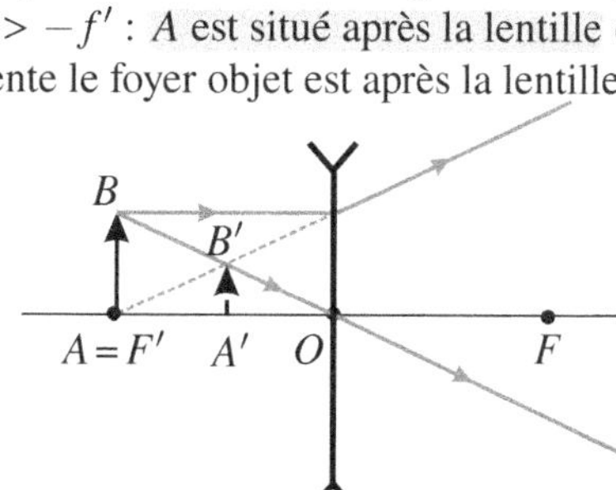

2) Pour répondre à cette question il faut calculer le grandissement entre les plans de front conjugués passant par A et A'. La formule avec l'origine au centre découle directement de la relation de Thalès dans le triangle OAB : $\gamma = \frac{\overline{A'B'}}{\overline{AB}} = \frac{\overline{OA'}}{\overline{OA}} = \frac{1}{2}$. D'où $\overline{A'B'} = 0{,}5$ mm.

2.4 Champ de vision dans un miroir

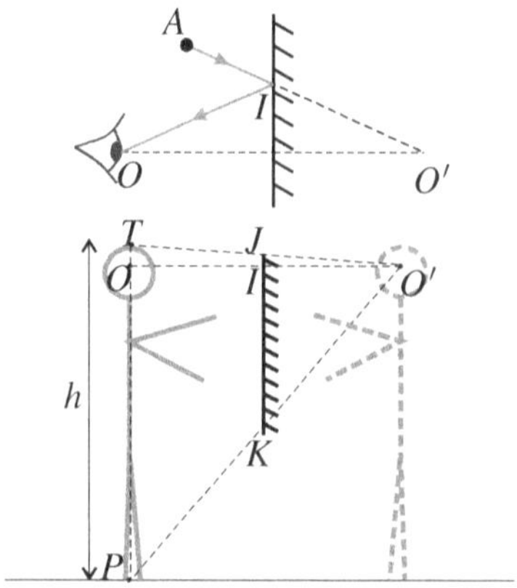

1) L'œil voit le point A « dans le miroir » s'il y a un rayon partant de A qui arrive en O après réflexion sur le miroir en I. Ce rayon peut aussi être parcouru dans l'autre sens et dans ce cas, après la réflexion, il semble provenir de O'. Ainsi la droite $O'A$ coupe le miroir en I.

2) On applique le résultat de la question précédente. La figure montre le miroir le plus petit permettant à l'homme de se voir en entier. D'après le théorème de Thalès : $\frac{JK}{TP} = \frac{O'I}{O'O} = \frac{1}{2}$. La hauteur de ce miroir est donc $JK = \frac{1}{2}TP = \frac{h}{2}$. Le bas du miroir doit être à une hauteur égale à la moitié de la hauteur des yeux au-dessus du sol.

2.5 Loupe

1) À l'œil nu, un objet à une distance d_m et de taille ℓ est vu sous l'angle α_m tel que : $\tan\alpha_m = \dfrac{\ell}{d_m}$ avec $\tan\alpha_m \simeq \alpha_m$ dans l'approximation de Gauss. Alors : $\alpha_m = \dfrac{\ell}{d_m}$.

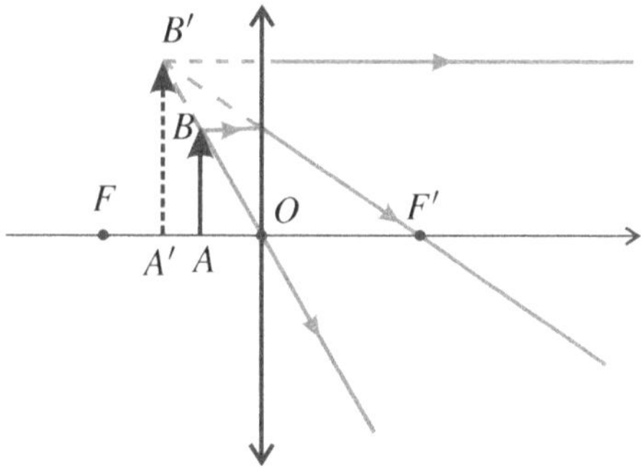

2) La lentille est utilisée en loupe, donc l'objet est placé entre le foyer objet F et le centre optique O. On note $x = \overline{OA}$ et $y = \overline{OA'}$, A' étant l'image de A. La relation de conjugaison de Descartes donne : $\dfrac{1}{y} - \dfrac{1}{x} = \dfrac{1}{f'}$ d'où $y = \dfrac{xf'}{f'+x}$.

On note O_b la position de l'œil de l'observateur. Pour que l'image soit vue nette il faut que : $O_bA' \geq d_m$, soit en valeur algébrique : $-a + y \leq -d_m$.

Avant de chercher l'intervalle des positions x de l'image, il faut connaître les variations de y en fonction de x. On calcule la dérivée : $\dfrac{\mathrm{d}y}{\mathrm{d}x} = \dfrac{1}{(f'+x)^2}(f'(f'+x) - xf') = \dfrac{(f')^2}{(f'+x)^2}$. Elle est positive donc y est une fonction croissante de x : à l'objet le plus proche correspond l'image la plus proche, et à l'objet le plus lointain ($A = F$) correspond l'image la plus lointaine (à l'infini).

L'objet le plus proche vu net par l'œil est tel que $y = a - d_m$, soit : $\dfrac{1}{a-d_m} - \dfrac{1}{x} = \dfrac{1}{f'}$ d'où $x = \dfrac{f'(a-d_m)}{f'-a+d_m}$. En conclusion, la zone possible pour les objets donnant une vision nette est l'intervalle $\left[-f' \,;\, \dfrac{f'(a-d_m)}{f'-a+d_m}\right]$.

3) L'œil n'accommode pas si l'image A' est à l'infini, donc l'objet doit être dans le plan focal de la lentille : $A = F$.

Corrigés

D'après la figure ci-contre : $\tan\alpha \simeq \alpha = \dfrac{\ell}{f'}$. On déduit de ce qui précède le grossissement de la loupe :

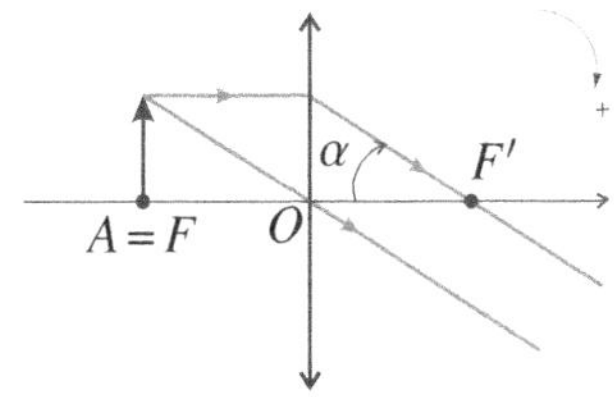

$$G = \frac{\alpha}{\alpha_m} = \frac{\ell}{f'}\frac{d_m}{\ell} \quad \Rightarrow \quad G = \frac{d_m}{f'} = 5.$$

2.6 Miroir domestique

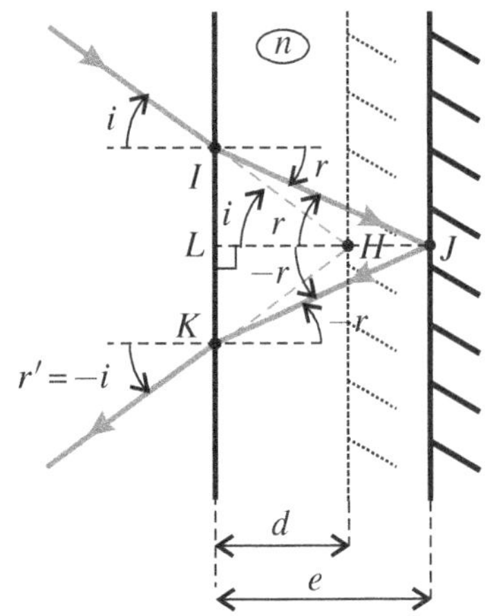

1) Le rayon est réfracté à son entrée dans le verre d'indice n. L'angle de réfraction est r tel que : $n\sin r = \sin i$ (en prenant l'indice de l'air égal à 1. Le rayon réfracté rencontre avec un angle d'incidence égal à r (d'après la propriété des angles alterne-interne) la face arrière sur laquelle il est réfléchi. Il revient sur la surface du verre, avec un angle d'incidence égal à $-r$ (propriété des angles alterne-interne) et est réfracté avec un angle de réfraction r' tel que $\sin r' = n\sin(-r) = -n\sin r = -\sin i$, soit $r' = -i$.

Le système donne le même rayon émergent qu'une surface réfléchissante plane parallèle aux faces de la lame et située à l'intersection des prolongements du rayon incident et du rayon émergent (représentée en pointillé sur la figure). La distance d entre ce miroir équivalent et la face avant de la lame est :

$$d = HL = IL\tan i = \left(\frac{LI}{\tan r}\right)\tan i = e\frac{\tan r}{\tan i}.$$

2) Dans les conditions de Gauss, $i \ll 1$ donc $\tan i \simeq i$. De plus $\sin r = \frac{\sin i}{n} \simeq \frac{i}{n} \ll 1$ donc $r \ll 1$ et $r \simeq \sin r \simeq \frac{i}{n}$; enfin $\tan r \simeq r \simeq \frac{i}{n}$. Il vient alors : $d \simeq \frac{e}{n}$, valeur indépendante de i. Ainsi, dans les conditions de Gauss, tous les rayons émergents semblent avoir été réfléchis par une surface réfléchissante plane située à $\frac{e}{n}$ derrière la face avant. Le miroir domestique a donc les propriétés de stigmatisme et d'aplanétisme approchées dans les conditions de Gauss.

Modèles de dispositifs optiques

3

On étudie dans ce chapitre des dispositifs optiques courants, tels que l'œil, le modèle de l'appareil photographique ou un type de fibre optique.

1 L'œil

1.1 Description et modèle optique

La figure 3.1 montre une coupe de l'œil et la figure 3.2 son schéma optique équivalent.

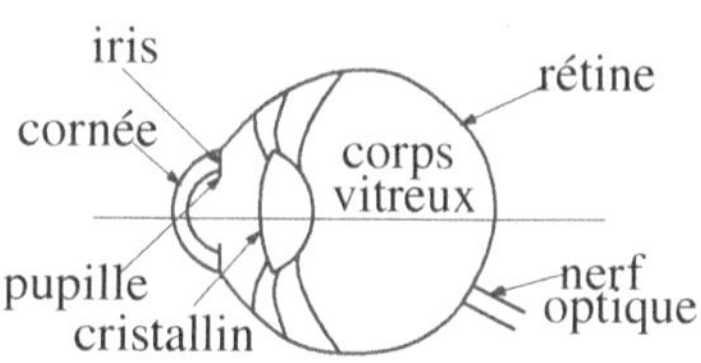

Figure 3.1 – Structure de l'œil.

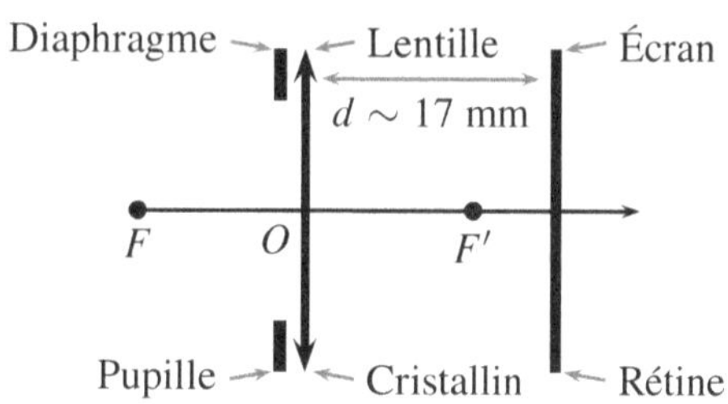

Figure 3.2 – Schéma optique équivalent.

- L'**iris** (partie colorée) est percé de la **pupille** dont le diamètre D est variable (de 2 à 8 mm) et qui joue le rôle de **diaphragme** : la pupille limite la puissance lumineuse pénétrant dans l'œil.
- Le **cristallin** est modélisé par une **lentille** mince biconvexe, donc convergente, et dont la distance focale f' varie lorsque le **muscle ciliaire** se contracte.
- La **rétine** est constituée de cellules sensibles à la lumière (les cônes et les bâtonnets) et est assimilable à un écran, situé à une distance $d \sim 17$ mm fixe par rapport au cristallin.

On modélise l'œil par une lentille mince convergente de vergence variable (correspondant au cristallin) formant une image sur un écran (correspondant à la rétine) situé à une distance fixe de la lentille.

1.2 Fonctionnement de l'œil

a) Phénomène d'accomodation

L'œil ne peut voir une image nette que si elle se forme sur la rétine. Lorsqu'il est au repos (cristallin non contracté), il voit à sa distance maximum. Pour voir les objets plus proches, la distance cristallin-rétine étant fixe, le cristallin doit se contracter pour augmenter sa vergence : on dit que l'œil **accommode**.

Le Punctum Remotum (P.R.) est le point le plus éloigné qu'un œil peut voir (lorsqu'il est au repos) et le Punctum Proximum (P.P.), le point le plus proche (lorsqu'il accomode au maximum).

Pour un œil normal, le P.R. est à l'infini et le P.P. à environ 25 cm pour un adulte. Les figures 3.3 et 3.4 représentent la formation de l'image d'un objet au P.R. et au P.P. pour un œil normal.

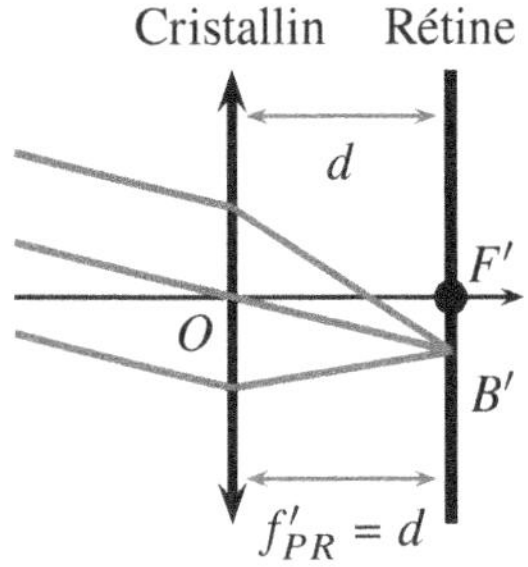

Figure 3.3 – Formation de l'image d'un objet au P.R.

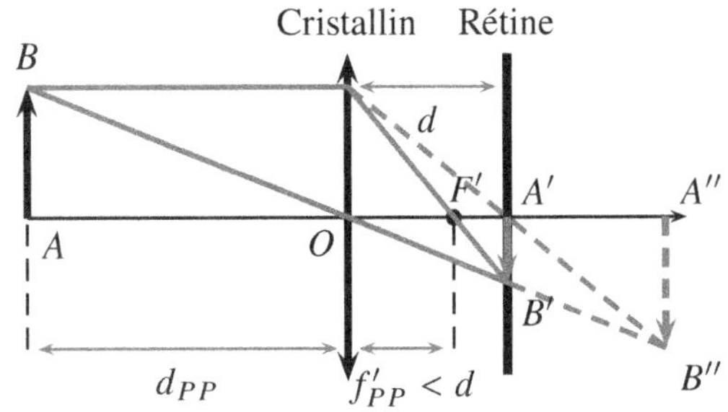

Figure 3.4 – Formation de l'image d'un objet au P.P.

On constate que l'image sur la rétine est toujours inversée : le P.P. est très loin devant le foyer-objet de la lentille. Par ailleurs, si l'œil n'accommodait pas, l'image d'un objet proche se formerait derrière la rétine (image $A''B''$) : il faut donc que l'œil devienne plus convergent.

Lorsque l'œil est au repos, la distance focale du cristallin est égale à la distance d et sa vergence est minimale :

$$V_{min} = \frac{1}{f'_{PR}} = \frac{1}{d}.$$

Lorsque l'œil accomode au maximum, la formule de Descartes donne la vergence maximum :

$$V_{max} = \frac{1}{d} - \frac{1}{-d_{PP}}.$$

La plage d'accomodation est donc :

$$\Delta V = V_{max} - V_{min} = \frac{1}{d_{PP}} = 4\delta.$$

b) Limite de résolution angulaire

Pour que l'œil distingue deux points différents d'un objet, il faut que leurs images se forment sur deux cellules différentes de la rétine.

La **limite de résolution** ou **pouvoir séparateur** de l'œil est l'angle minimum sous lequel il peut distinguer deux points.

Dans de bonnes conditions d'éclairement (ni trop sombre, ni trop lumineux), l'œil distingue des détails d'environ 1 minute d'arc, soit 3.10^{-4} rad.

2 L'appareil photo numérique

2.1 Principe de fonctionnement

a) Modélisation

Un appareil photo est constitué d'un **objectif**, modélisé par une lentille convergente de distance focale f' (appelée aussi **focale**), d'un **diaphragme**, ouverture de forme proche d'un cercle de diamètre D réglable, modélisé par une ouverture circulaire placée juste devant la lentille mince précédente et d'un capteur CCD qui enregistre l'image, modélisé par un écran placé à une distance d réglable derrière la lentille (voir figure 3.5).

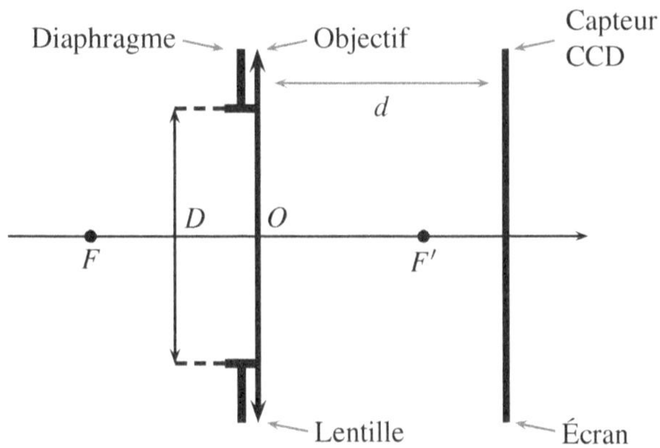

Figure 3.5 – Schéma optique d'un appareil photo.

Le schéma optique de l'appareil photographique est le même que celui de l'œil. Cependant, pour l'œil, la distance d entre le cristallin et la rétine est fixe et la distance focale f' du cristallin est variable (accommodation), tandis que, pour l'appareil photo, la focale f' de l'objectif est fixe et la distance d entre l'objectif et le capteur est variable (mise au point).

b) Mise au point

Pour obtenir une image nette il faut que l'image du sujet photographié se forme sur le capteur. Lorsqu'on fait **la mise au point** à l'infini (pour former une image nette d'un sujet très éloigné), la distance d est égale à la focale de l'appareil. Si on souhaite obtenir une image d'un sujet plus proche, on augmente la distance d.

Sur la figure 3.6, on visualise le réglage de l'appareil photo tel que l'objet ponctuel A et A' soient conjugués l'un de l'autre par l'objectif. Tout objet dans le plan orthogonal à l'axe optique passant par A aura son image sur le capteur et sera donc nette.

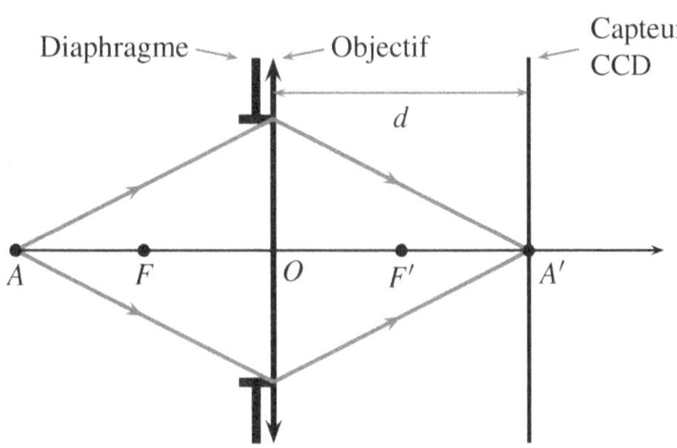

Figure 3.6 – Mise au point afin de que l'objet A ait une image A' sur le capteur CCD.

c) Profondeur de champ

Une fois la mise au point réalisée sur l'objet ponctuel A, la photographie ainsi obtenue montre que des objets en amont et en aval du point A produisent des images nettes.

On appelle **profondeur de champ** l'étendue de la zone de netteté obtenue sur la photographie. Il s'agit alors de la distance entre les premiers et les derniers éléments nets d'une image.

Si une photo comporte de nombreux éléments nets, on parlera d'une grande profondeur de champ. Si à l'inverse seuls quelques plans de l'objet apparaissent nets, on parlera d'une courte (ou faible) profondeur de champ.

Sur la figure 3.7, la mise au point est faite sur le point A : son image A' se forme exactement sur le plan du capteur. L'image B' du point B, situé avant A, se forme devant le capteur, tandis que l'image C' du point C, situé après A, se forme derrière le capteur.

Les faisceaux issus de B et C sont limités par le diaphragme et forment une tâche de diamètre δ sur le capteur.

Or le capteur CCD est formé de pixels de longueur caractéristique ϵ. Si le diamètre δ de la tâche sur le capteur formée par un objet ponctuel est inférieur à ϵ, alors son image sera nette sur la photo.

Cela signifie que, pour une distance de mise au point donnée d, l'intersection du faisceau issu d'un objet ponctuel avec le plan du capteur doit avoir une taille inférieure à δ.

Un objet est perçu net sur la photo si l'image de chaque point de l'objet par l'objectif est une tâche de diamètre inférieur à une taille δ limite dépendant des conditions de visualisation de l'image (soit environ trois fois la taille d'un pixel de l'image finale).

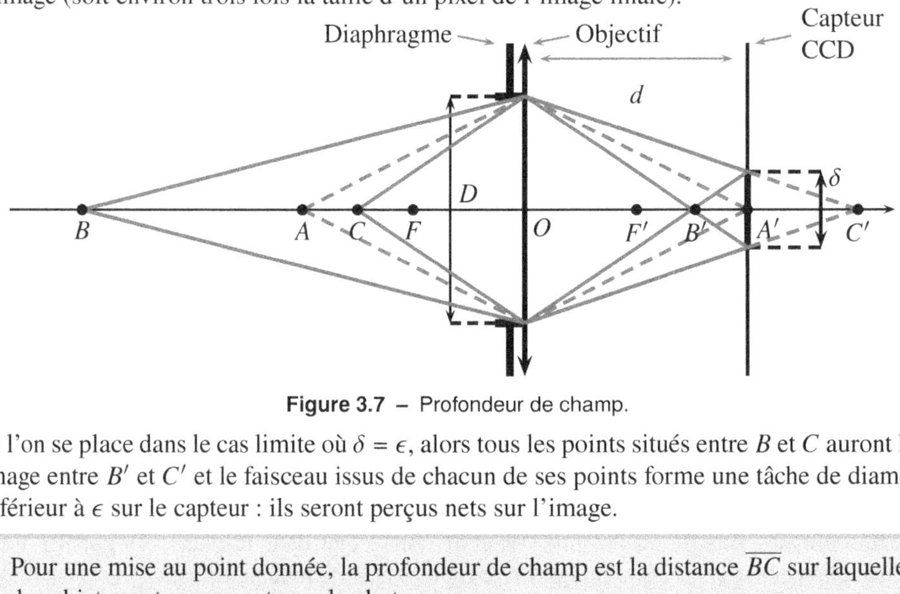

Figure 3.7 – Profondeur de champ.

Si l'on se place dans le cas limite où $\delta = \epsilon$, alors tous les points situés entre B et C auront leur image entre B' et C' et le faisceau issus de chacun de ses points forme une tâche de diamètre inférieur à ϵ sur le capteur : ils seront perçus nets sur l'image.

Pour une mise au point donnée, la profondeur de champ est la distance $\overline{BC}$ sur laquelle des objets sont perçus nets sur la photo.

On détermine alors la profondeur de champ $\overline{BC}$:

- d'après le théorème de Thalès appliqué aux triangles de base δ et D et de sommet commun B' : $$\frac{\delta}{D} = \frac{\overline{B'A'}}{\overline{OB'}} = \frac{\overline{B'O} + \overline{OA'}}{\overline{OB'}} = -1 + \frac{d}{\overline{OB'}} \quad \Leftrightarrow \quad \overline{OB'} = \frac{d}{1 + \frac{\delta}{D}} ;$$

- un calcul analogue donne $\overline{OC'} = \dfrac{d}{1 - \frac{\delta}{D}}$;
- on utilise le grandissement γ pour relier $\overline{OB}$ et $\overline{OB'}$: $\gamma = \dfrac{\overline{OA'}}{\overline{OA}} = \dfrac{\overline{OB'}}{\overline{OB}} = \dfrac{\overline{OC'}}{\overline{OC}}$, d'où $\overline{OB} = \frac{1}{\gamma}\overline{OB'}$ et de même pour $\overline{OC}$;
- on en déduit :
$\overline{BC} = -\overline{OB} + \overline{CO} = \dfrac{1}{\gamma}\left(\dfrac{d}{1 - \frac{\delta}{D}} - \dfrac{d}{1 + \frac{\delta}{D}}\right)$, soit, après calculs : $\overline{BC} = \dfrac{2d}{\gamma}\dfrac{\frac{\delta}{D}}{1 - \frac{\delta^2}{D^2}}$.

2.2 Influence de la durée d'exposition

On étudie ici l'influence de la durée d'exposition, du diaphragme et de la focale sur la formation des images. Les photos 3.8, 3.9 et 3.10 sont des images de la même scène prises avec des paramètres différents.

Figure 3.8 – $f' = 35$ mm, $N = 8$, $\tau = \frac{1}{125}$ s.

Figure 3.9 – $f' = 35$ mm, $N = 8$, $\tau = \frac{1}{30}$ s.

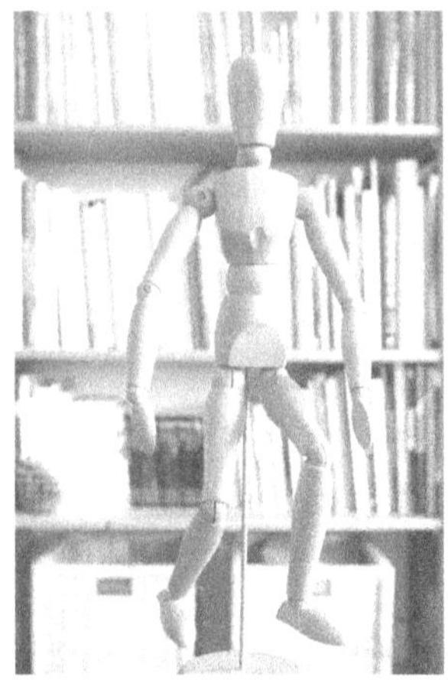

Figure 3.10 – $f' = 35$ mm, $N = 8$, $\tau = \frac{1}{4}$ s.

La **durée d'exposition** τ est la durée pendant laquelle la lumière arrive sur le capteur et détermine l'énergie E reçue par chaque cellule. Plus la durée d'exposition est importante, plus l'énergie lumineuse traversant le diaphragme est importante (elle est proportionnelle à τ).

Les photos 3.8, 3.9 et 3.10 sont prises avec des durées d'exposition différentes (tous les autres paramètres étant constants).

L'échelle des gris, du noir au blanc, correspond à une énergie reçue variant entre E_{min} et E_{max} (ces valeurs dépendent de la **sensibilité** du capteur) ; pour $E < E_{\text{min}}$ (respectivement $E > E_{\text{max}}$) le pixel sur l'image est noir (respectivement blanc). Si trop de capteurs reçoivent une énergie inférieure à E_{min}, l'image est sous-exposée, donc trop noire (photo 3.8), et si trop de capteurs reçoivent une énergie supérieure à E_{max}, l'image est surexposée, donc trop blanche (photo 3.10).

> Les autres paramètres étant fixés, la luminosité de l'image augmente avec τ, durée d'exposition.

2.3 Influence du diamètre du diaphragme

Le diamètre D du diaphragme est défini par le *nombre d'ouverture* $N = \dfrac{f'}{D}$.

a) Exposition

L'exposition est la combinaison de la durée d'exposition (ou temps de pose) et de l'ouverture du diaphragme.

Plus le diaphragme est ouvert (plus D est grand et N petit), plus le capteur reçoit de lumière. La luminosité de l'image est proportionnelle à la surface d'ouverture du diaphragme donc à D^2.

Les photos 3.10 et 3.12 ont été prises avec une même durée d'exposition ($\tau = \frac{1}{4}$ s), une même focale ($f' = 35$ mm) mais des ouvertures différentes. On remarque alors que plus N est grand, plus la photo est sombre, cela revient à dire (puisque $N = f'/D$) que plus le diamètre du diaphragme est grand, plus la photo obtenue est lumineuse.

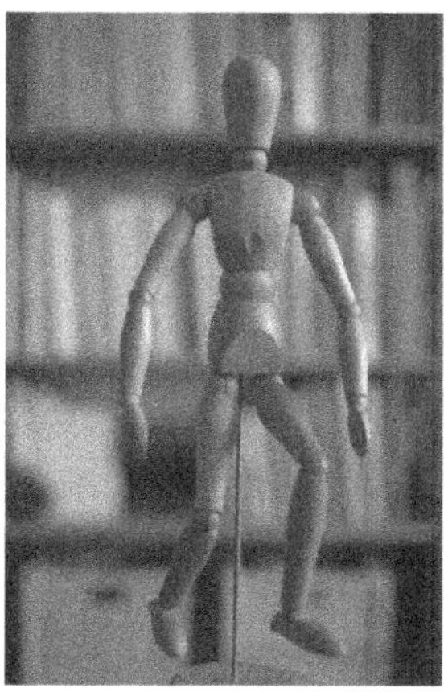

Figure 3.11 – $f' = 35$ mm, $N = 2$, $\tau = \frac{1}{500}$ s.

Figure 3.12 – $f' = 35$ mm, $N = 22$, $\tau = \frac{1}{4}$ s.

Plus le diamètre du diaphragme est grand, à temps de pose et focale constants, plus l'exposition est grande, plus la photo sera lumineuse.

D'après le paragraphe précédent, l'exposition est de plus proportionnelle à la durée d'exposition τ. En combinant l'influence du diamètre et du temps de pose, elle est donc proportionnelle au produit $D^2\tau$.

Les trois photos 3.9, 3.11 et 3.12 présentent la même exposition. Le produit $\left(\dfrac{D}{f'}\right)^2 \tau = \dfrac{\tau}{N^2}$ est effectivement quasiment le même dans les trois cas (environ $5{,}1.10^{-4}$).

La qualité de l'exposition est déterminée par le produit $D^2\tau$ donc le rapport $\dfrac{\tau}{N^2}$ à focale constante.

b) Profondeur de champ

On observe les photos 3.11, 3.9 et 3.12 prises respectivement avec les nombres d'ouverture 2, 8 et 22, et la même focale. On constate que l'arrière-plan de la photo 3.11 est complètement flou, donc la profondeur de champ est faible. L'arrière-plan est plus net sur la photo 3.9 et parfaitement net sur 3.12 : la profondeur de champ est plus grande sur ces images où le diamètre d'ouverture est plus faible.

La profondeur de champ augmente lorsque le diamètre D du diaphragme diminue, donc le nombre d'ouverture N augmente.

On retrouve ce résultat en prenant l'expression de la profondeur de champ précédemment établie pour laquelle $\overline{BC}$ est une fonction décroissante du diamètre D (en prenant en compte que $\delta < D$).

2.4 Influence de la distance focale

Les photos 3.13 et 3.14 ont été prises toutes les deux du même endroit en faisant la mise au point sur l'infini, mais en utilisant deux objectifs différents, respectivement un objectif grand-angle de distance focale $f' = 24$ mm et un téléobjectif de distance focale $f' = 70$ mm. Le nombre d'ouverture N est le même dans les deux cas.

Figure 3.13 – $f' = 24$ mm, $N = 4$.

Figure 3.14 – $f' = 70$ mm, $N = 4$.

a) Champ angulaire

Le champ angulaire d'une photo est l'angle α sous lequel est vue la scène photographiée. En observant les photos 3.13 et 3.14, on constate que le champ angulaire est nettement plus large sur la photo prise avec la courte focale.

Les figures 3.15 et 3.16, page suivante, montrent que le champ angulaire est fonction notamment de la taille du capteur et de la focale.

En effet, lorsque la mise au point est faite sur l'infini, le capteur est à la distance $d = f'$. On peut donc calculer :

$$\tan\frac{\alpha}{2} = \frac{\ell}{2f'}.$$

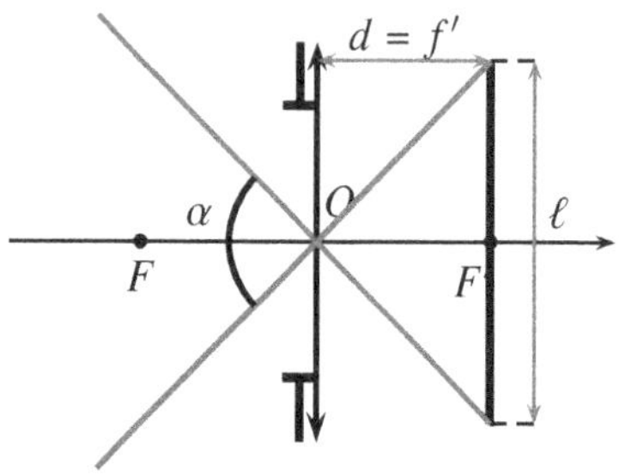

Figure 3.15 – Champ angulaire.

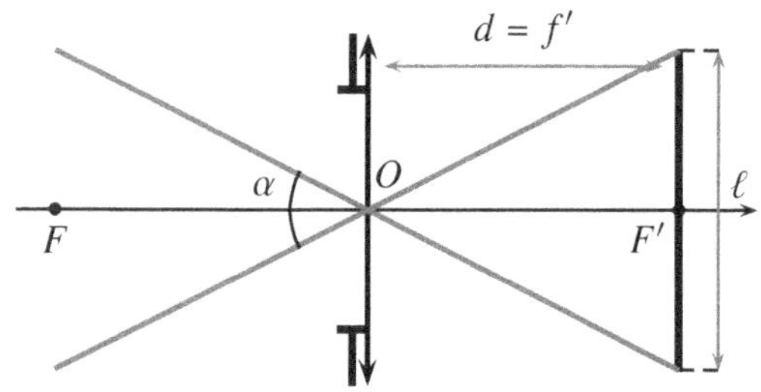

Figure 3.16 – Influence de la distance focale sur le champ angulaire.

Pour une mise au point donnée, le champ angulaire augmente lorsque la focale diminue.

b) Profondeur de champ

En observant de nouveau les photos 3.13 et 3.14, on constate que le premier plan est net pour la photo 3.13 et flou pour la photo 3.14 : la profondeur de champ est plus grande lorsque la focale de l'objectif est plus faible.

Par exemple, dans le cas où la mise au point est faite sur l'infini ($d = f'$), on cherche la position du point C le plus proche que l'on plus puisse percevoir net (le point le plus éloigné se trouvant à l'infini). Son image se forme en C' derrière le capteur (figure 3.17), et :

$$\overline{OC'} = \frac{d}{1 - \frac{\delta}{D}} = \frac{f'}{1 - \frac{\delta}{D}}.$$

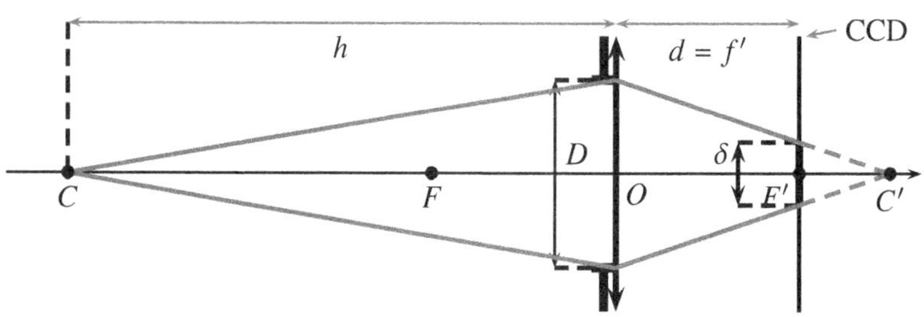

Figure 3.17 – Influence de la focale sur la profondeur de champ.

Avec la formule de Descartes :

$$\frac{1}{\overline{OC'}} - \frac{1}{\overline{OC}} = \frac{1}{f'} \quad \Leftrightarrow \quad \frac{1}{\overline{OC}} = \frac{1}{\overline{OC'}} - \frac{1}{f'} = \frac{1}{f'}\left(1 - \frac{\delta}{D} - 1\right) = -\frac{\delta}{Df'}.$$

Ainsi, pour une mise au point à l'infini, l'objet le plus proche que l'on puisse photographier net se trouve à la distance $h = OC = \dfrac{Df'}{\delta} = \dfrac{f'^2}{N\delta}$ de l'objectif. Cette distance, appelée *distance hyperfocale*, est proportionnelle à f'^2 lorsque le nombre d'ouverture est fixé. Plus h est petit, plus la profondeur de champ est grande.

Pour une mise au point et un nombre d'ouverture donnés, la profondeur de champ augmente lorsque la focale diminue.

3 La fibre à saut d'indice

Une fibre optique à saut d'indice est constituée d'un cœur cylindrique transparent de rayon r_1 et d'indice n_1 entouré par une gaine coaxiale également transparente, de rayon r_2 et d'indice n_2. Le tout est entouré par une enveloppe de protection mécanique et optique. Le but de la fibre est de guider les rayons lumineux de sa face d'entrée vers sa face de sortie de telle sorte à minimiser les pertes. On note $n_0 \sim 1$ l'indice de l'air. On peut schématiser cette fibre selon la figure 3.18.

La fibre à saut d'indice doit permettre de guider les rayons lumineux de sa face d'entrée vers sa face de sortie en minimisant les pertes. Cela entraîne les conséquences suivantes :

- pour qu'un rayon soit effectivement guidé dans la fibre, il faut que sa direction à l'entrée soit comprise dans un cône appelé **cône d'acceptance** ;
- un rayon guidé doit subir une réflexion totale sur le dioptre séparant le cœur de la gaine afin de minimiser les pertes ;
- tous les rayons lumineux appartenant au cône d'acceptance ne parcourent pas le même trajet au sein du cœur de la gaine, ce qui implique une **dispersion intermodale**.

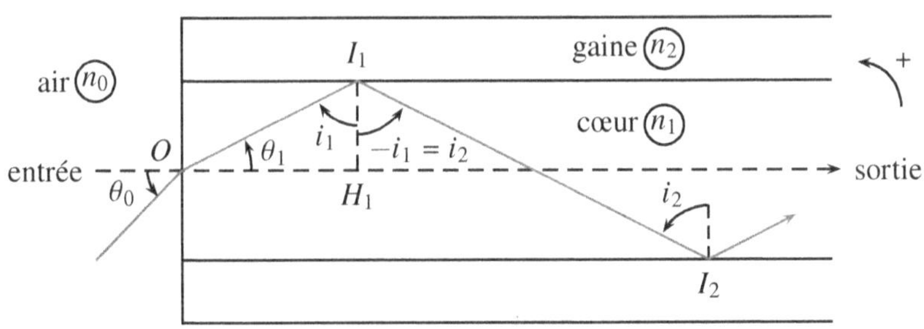

Figure 3.18 – Schéma de principe de la fibre optique à saut d'indice.

3.1 Cône d'acceptance

Soit un rayon lumineux arrivant sur la face d'entrée de la fibre au point O avec un angle θ_0 avec la normale.

En O, comme $n_1 > n_0$, le rayon lumineux arrive d'un milieu moins réfringent (l'air) sur un milieu plus réfringent (le cœur), il existe alors un rayon réfracté quel que soit l'angle θ_0. Le rayon réfracté fait alors un angle θ_1 avec la normale au dioptre vérifiant la loi de Descartes pour la réfraction :

$$n_0 \sin\theta_0 = n_1 \sin\theta_1.$$

De O à I_1 : le milieu étant homogène, le rayon se propage de manière rectiligne entre O et I_1 et en I_1 :

- en I_1, le rayon arrive en faisant un angle $i_1 < 0$ avec la normale au dioptre tel que :

$$|i_1| + \theta_1 + \frac{\pi}{2} = \pi \Rightarrow |i_1| = \frac{\pi}{2} - \theta_1 \ ;$$

- pour éviter une perte d'énergie, on désire obtenir une réflexion totale (aucun rayon lumineux réfracté dans la gaine), ce qui n'est possible que si $n_2 < n_1$. Dans ce cas, la loi de Descartes pour la réfraction impose :
$$\frac{n_1}{n_2} \sin |i_1| > 1 \Rightarrow \sin |i_1| > \frac{n_2}{n_1}.$$

Les angles $|i_1|$, θ_1 et θ_0 sont reliés :
$$\sin |i_1| = \sin\left(\frac{\pi}{2} - \theta_1\right) = \cos(\theta_1) = \sqrt{1 - \sin^2(\theta_1)} = \sqrt{1 - \frac{n_0^2}{n_1^2} \sin^2(\theta_0)}.$$

On applique la condition de réflexion totale :
$$1 - \frac{n_0^2}{n_1^2} \sin^2(\theta_0) > \frac{n_2^2}{n_1^2} \Rightarrow \sin\theta_0 < \sqrt{\frac{n_1^2}{n_0^2}\left(1 - \frac{n_2^2}{n_1^2}\right)} = \frac{\sqrt{n_1^2 - n_2^2}}{n_0}.$$

En conclusion, on obtient une réflexion totale en I_1 et plus généralement en tout point I_i si et seulement si $\theta_0 < \theta_{0,\max} = \arcsin \frac{\sqrt{n_1^2 - n_2^2}}{n_0}$.

Tout rayon lumineux appartenant au **cône d'acceptance**, c'est-à-dire faisant un angle θ_0 avec la normale à la face d'entrée tel que $-\theta_{0,\max} < \theta_0 < \theta_{0,\max}$, subira alors des réflexions successives totales sur le dioptre cœur/gaine. $\theta_{0,\max}$ est appelé angle d'acceptance.

3.2 Dispersion intermodale

Les fibres à saut d'indice classiques sont dites multimodales : elles permettent la propagation de plusieurs rayons empruntant des trajets différents appelés modes selon l'angle d'incidence à l'entrée de la fibre. À chaque mode correspond un temps de parcours légèrement différent. Plus l'angle d'incidence en entrée est grand, plus son trajet au sein de la fibre est long, plus il mettra de temps à atteindre la sortie de la fibre.

De ce fait, pour un même rayon lumineux en entrée, les différents rayons le composant n'atteindront pas la sortie au même instant. On parle alors de dispersion entre les différents modes, il s'agit du phénomène de **dispersion intermodale**.

On peut mettre en équation cette dispersion intermodale, en introduisant le retard intermodal défini par le temps de retard à l'arrivée entre le rayon le plus lent (rayon noir de la figure 3.19) et le rayon le plus rapide, celui d'incidence nulle en entrée (rayon axial).

La dispersion intermodale d'une fibre à saut d'indice est définie par la différence de temps de parcours de la fibre entre le rayon le plus lent et le rayon le plus rapide :
$$\delta t = t_{\max} - t_{\min}.$$

Le temps de trajet le plus court est obtenu pour le rayon axial qui parcourt une longueur L correspondant à la longueur totale de la fibre à la vitesse $v_1 = \frac{c}{n_1}$: $t_{\min} = \frac{L}{v_1} = \frac{n_1 L}{c}$.

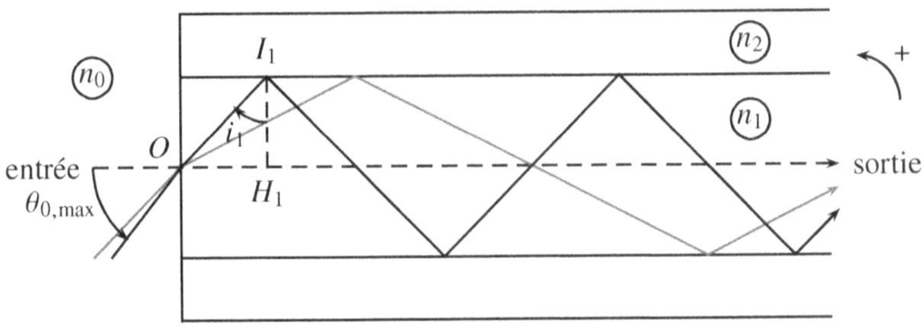

Figure 3.19 – Visualisation de deux modes : en noir, le mode correspondant à un rayon d'angle $\theta_{0,\max}$, mode d'ordre supérieur, et en gris un mode correspondant à un angle $\theta < \theta_{0,\max}$, dit mode inférieur.

Le temps de trajet le plus long est obtenu pour le rayon d'angle d'incidence en entrée égal à l'angle d'acceptance $\theta_{0,\max}$ qui parcourt une longueur ℓ à la vitesse $v_1 = \frac{c}{n_1}$:

$$t_{\max} = \frac{\ell}{v_1}.$$

On considère alors la longueur ℓ_1 du trajet parcouru par le rayon entre O et I_1 (avec les notations de la figure 3.19), $\ell_1 = OI_1 = \frac{OH_1}{\sin|i_1|}$. Or on est dans le cas limite de la réflexion totale pour laquelle $\sin|i_1| = \frac{n_2}{n_1}$, d'où :

$$\ell_1 = \frac{n_1 OH_1}{n_2}.$$

En répétant le calcul lors de chaque réflexion au sein de la fibre, on a $\ell = \frac{n_1 L}{n_2}$. D'où $t_{\max}$, que l'on trouve bien supérieur à $t_{\min}$ puisque $n_1 > n_2$:

$$t_{\max} = \frac{n_1^2 L}{n_2 c}.$$

On obtient alors : $\delta t = t_{\max} - t_{\min} = \dfrac{n_1^2 L}{n_2 c} - \dfrac{n_1 L}{c} = \dfrac{n_1 L}{c}\left(\dfrac{n_1}{n_2} - 1\right).$

On remarque que cette expression ne dépend que des indices de la gaine et du cœur et de la longueur de la fibre. Elle sera d'autant plus faible que les indices optiques du cœur et de la gaine sont proches. Prenons un cas concret où $n_1 = 1{,}500$ et $n_2 = 1{,}485$. Alors pour une longueur de fibre optique $L = 10{,}0$ km, on obtient $\delta t = 0{,}505$ µs.

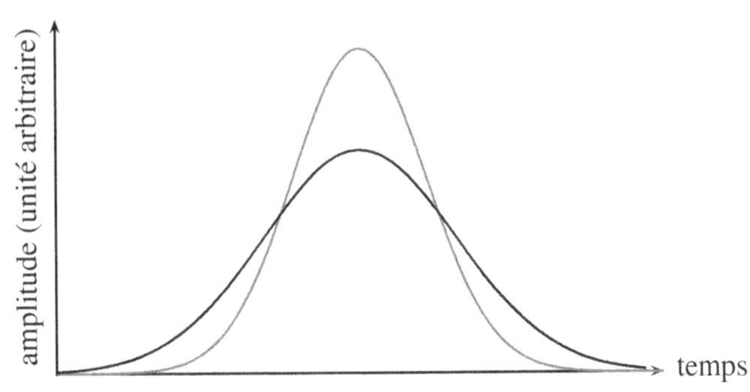

Figure 3.20 – Impulsion lumineuse : en gris en entrée de la fibre optique, en noir en sortie de la fibre optique.

En plus de la dispersion intermodale se rajoute la dispersion chromatique qui intervient quand le faisceau entrant est polychromatique (chaque longueur d'onde n'ayant alors pas la même vitesse de propagation dans le cœur).

La fibre à saut d'indice est donc une fibre multimodale impliquant une dispersion intermodale qui peut être gênante lors de la propagation d'information codée sous forme d'impulsions lumineuses. Les impulsions risquent alors de se déformer (en s'étalant, voir figure 3.20) voire de se superposer les unes aux autres si elles sont trop rapprochées dans le temps.

MÉTHODOLOGIE

Comment déterminer si un objet AB est visible à l'œil nu ?

▷ *Soit un objet AB non ponctuel délimité par les points A et B de longueur caractéristique notée d et placé à la distance D de l'œil. Pour déterminer si l'objet est vu distinctement par l'œil, il faut :*

- *représenter la situation sur un schéma clair où l'œil est placé en O ;*
- *déterminer l'angle sous lequel est vu l'objet* $\tan\alpha = d/D$ *;*
- *comparer au pouvoir de résolution de l'œil* $\alpha_o = 3.10^{-4}$ *rad :*
  - *si* $\alpha < \alpha_0$ *alors l'image de AB par l'œil sera ponctuelle, les points A et B apparaîtront confondus,*
  - *si* $\alpha > \alpha_0$ *alors l'œil pourra distinguer les points A et B.*

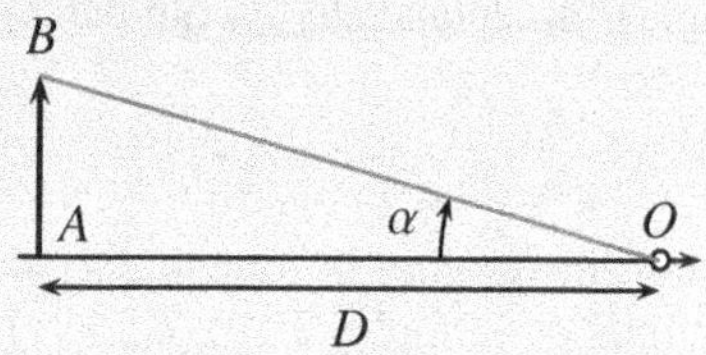

Comment construire la profondeur de champ pour un réglage donné ?

▷ *On se référera à la figure 3.7 :*

- *représenter le modèle de l'appareil photo composé du diaphragme, de la lentille et du capteur tel qu'il soit régler pour visualiser sur le capteur A' l'image de A ;*
- *représenter sur le capteur CCD le pixel centré sur A', de longueur caractéristique ϵ (notée δ sur le schéma) ;*
- *tracer le rayon qui part du bord supérieur du diaphragme et qui arrive sur le bord inférieur du pixel et inversement, les deux rayons émergents de la lentille ainsi tracés se coupent sur l'axe optique en B' image d'un objet B sur l'axe optique, point le plus éloigné que l'on verra net sur la photo ;*
- *il suffit alors de tracer les rayon incidents sur la lentille correspondant aux rayons émergents précédents (on utilisera le principe du retour inverse de la lumière) ;*
- *on procède de même pour les points C' et C, point le plus proche que l'on verra sur la photo ;*
- *la profondeur de champ est alors obtenue comme étant la portion de l'axe optique de B à C.*

Comment étudier l'influence d'un paramètre (diaphragme, focale, durée d'exposition) sur la formation de l'image par un appareil photographique à partir d'une série de photos ?

▷ *Sélectionner une série de photos réalisées avec le même réglage pour deux des trois paramètres, le troisième variant d'une photo à l'autre ; en déduire l'influence de ce paramètre sur l'exposition, la profondeur de champ ou le champ angulaire.*

Comment établir l'expression du cône d'acceptance ?

▷ *Partir du schéma de la fibre optique de la figure 3.18 :*

- *on trace un rayon d'incidence quelconque sur la face d'entrée ;*
- *il subit une réfraction en O, le rayon réfracté se rapproche alors de la normale (la lumière passe d'un milieu moins réfringent à un milieu plus réfringent) ;*
- *il subit une réflexion en I_1, puis en I_2 et ainsi de suite ;*
- *on applique la condition pour avoir une réflexion totale en I_1 et ainsi annuler l'énergie perdue par une éventuelle réfraction dans la gaine, ce qui donne une condition sur $|i_1|$:* $\sin|i_1| > \dfrac{n_2}{n_1}$;
- *on exprime alors* $\sin|i_1|$ *en fonction de θ_1 puis en fonction de θ_0 en appliquant les propriétés trigonométriques dans le triangle OI_1H_1 ainsi que la loi de Descartes pour la réfraction en O :* $\sin|i_1| = \sqrt{1 - \left(\dfrac{n_0}{n_1}\right)^2 \sin^2(\theta_0)}$;
- *on applique la condition de réflexion totale* $\sin|i_1| > \dfrac{n_2}{n_1}$, *qui implique une condition sur θ_0 : $\theta_0 < \theta_{0,max} = \arcsin \dfrac{\sqrt{n_1^2 - n_2^2}}{n_0}$ qui définit l'angle du cône d'acceptance.*

Comment calculer la dispersion intermodale d'une fibre optique à saut d'indice ?

▷ *Déterminer $\delta t = t_{max} - t_{min}$ pour une fibre de longueur L et d'indice de cœur n_1 et de gaine n_2 présentée en figure 3.19, en procédant comme suit :*

- *on exprime t_{min}, temps de trajet le plus court correspondant au rayon axial :* $t_{min} = \frac{L}{v_1} = \dfrac{n_1 L}{c}$;
- *on exprime t_{max}, temps de trajet le plus long correspondant au rayon d'angle d'incidence en entrée de la fibre $\theta_{0,max}$:*
  - *chaque réflexion de ce rayon particulier est totale telle que* $\sin|i_1| = \dfrac{n_2}{n_1}$,
  - *on calcule le trajet entre le point d'entrée dans le cœur de la fibre et la première réflexion : $\ell_1 = OI_1 = \dfrac{OH_1}{\sin|i_1|}$,*
  - *en combinant les deux résultats précédents et en répétant sur la longueur totale de la fibre, on obtient $t_{max} = \dfrac{n_1^2 L}{n_2 c}$;*
- *on obtient alors : $\delta t = t_{max} - t_{min} = \dfrac{n_1 L}{c}\left(\frac{n_1}{n_2} - 1\right)$.*

PROGRAMME OFFICIEL ET SOMMAIRE DES EXERCICES

NOTIONS ET CONTENUS	CAPACITÉS EXIGIBLES
Modèles de quelques dispositifs optiques	
L'œil.	Modéliser l'œil comme l'association d'une lentille de vergence variable et d'un capteur fixe.
Punctum proximum, punctum remotum. ► 3.C1 ▷ 3.1 3.2 3.6 3.11	Citer les ordres de grandeur de la limite de résolution angulaire et de la plage d'accommodation.
L'appareil photographique. ► 3.C2 ▷ 3.4 3.5 3.9	Modéliser l'appareil photographique comme l'association d'une lentille et d'un capteur. Construire géométriquement la profondeur de champ pour un réglage donné. TP : étudier l'influence de la focale, de la durée d'exposition, du diaphragme sur la formation de l'image.
La fibre optique à saut d'indice. ► 3.C3 ▷ 3.3 3.8	Établir les expressions du cône d'acceptance et de la dispersion intermodale d'une fibre à saut d'indice.

Les exercices suivants étudient des systèmes optiques à deux lentilles :

▷ 3.7 3.10 3.12

▷ 3.13 3.14 3.15

EXERCICES ★ (LE COURS)

3.C1 L'œil

1) Par quoi modélise-t-on l'œil ?

2) Quels sont les ordres de grandeur de la limite de résolution angulaire et de la plage d'accommodation ?

3.C2 L'appareil photographique

1) Par quoi modélise-t-on un appareil photographique ?

2) Qu'est-ce que la profondeur de champ ?

3) Proposer une construction qui indique la profondeur de champ pour une ouverture du diaphragme donnée.

3.C3 La fibre optique

1) Établir l'expression du cône d'acceptance.

2) Établir l'expression de la dispersion intermodale.

EXERCICES ★★

3.1 Pouvoir séparateur de l'œil

Déterminer la distance minimale séparant deux point objets pour que leurs images puissent être vues séparément lorsqu'ils se trouvent à 30 m et 60 m.

3.2 Observation de la Lune à l'œil nu

La Lune est vue de la surface de la Terre sous un angle apparent de 0,009 rad. Quelle est la taille de l'image de la Lune sur la rétine ?

3.3 Propriétés d'une fibre optique

Déterminer, pour une fibre optique à saut d'indice caractérisée par l'indice optique du cœur 1,500, l'indice optique de la gaine 1,489 et sa longueur 1,000 km, le cône d'acceptance et la longueur du trajet maximal d'un rayon y subissant des réflexions totales. En déduire la dispersion intermodale de cette fibre par unité de longueur.

3.4 Appareil photo

On dispose d'un appareil photo composé d'un objectif de distance focale $f' = 5{,}0$ cm et d'un capteur de dimension 24 mm $\times$ 36 mm. On désire photographier une personne de taille 1,80 m située à 40 m. Quel est le réglage à effectuer pour faire la mise au point sur la personne ? Quelle est alors la taille de l'image de la personne sur le capteur ?

3.5 Photo à exposition constante

Le réglage d'un appareil photo permettant d'obtenir une bonne exposition est fixé par un nombre d'ouverture $N = 2{,}8$ et une durée d'exposition de $1/120$ s avec $N = f'/D$ où D est le diamètre du diaphragme. Le photographe désire, tout en gardant la même exposition et la même focale, augmenter la profondeur de champ, il hésite entre un nombre d'ouverture $N = 8$ et $N = 1$. Que peut-on lui conseiller comme nouveau réglage ?

3.6 Cratères sur la Lune

On désire observer les cratères Copernic, de diamètre 96 km, et Clavius, de diamètre 240 km, situés à la surface de la Lune. On dispose d'une lunette de Galilée composée d'un objectif de focales $f_1' = 20$ cm et $f_2' = -5$ cm, de grossissement $G = \alpha/\alpha' = -f_1'/f_2'$. L'utilisation de la lunette est-elle indispensable pour distinguer ces cratères ? La distance de la Terre à la Lune est de 380.10^3 km.

3.7 Encombrement d'un microscope optique

Un microscope optique est composé de deux lentilles convergentes : un objectif L_1 et un oculaire L_2. L'ensemble est réglé pour donner une image $(A'B')$ à l'infini d'un objet (AB) perpendiculaire à l'axe optique. On prendra $f_1' = 5$ mm et $f_2' = 25$ mm. Sachant qu'un point objet placé à 0,10 mm avant F_1 est vu net par l'observateur lorsqu'il n'accommode pas, déterminer l'expression de la longueur optique Δ du microscope, c'est-à-dire la distance entre l'objectif et l'oculaire.

3.8 Fibre optique à saut d'indice

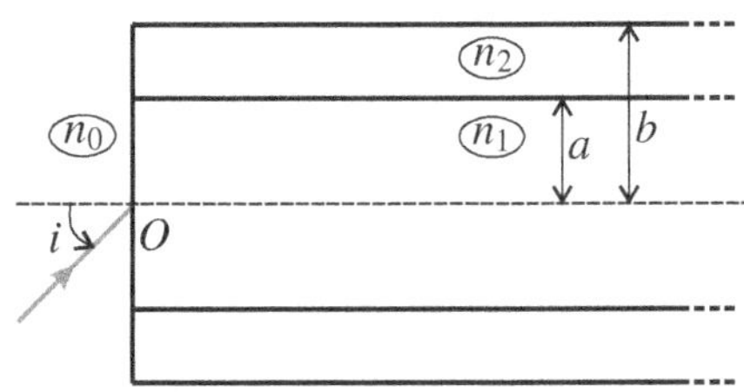

Le guidage de la lumière peut être assuré par des fibres optiques. Une fibre optique est constituée d'un cylindre de verre (ou de plastique) appelé cœur, entouré d'une gaine transparente d'indice de réfraction plus faible. La gaine contribue non seulement aux propriétés mécaniques de la fibre mais évite aussi les fuites de lumière vers d'autres fibres en cas de contact. Actuellement le diamètre du cœur d'une fibre varie de 3 à 200 μm selon ses propriétés, et le diamètre extérieur de la gaine peut atteindre 400 μm.

On considère une fibre optique constituée d'un cœur cylindrique de rayon a et d'indice n_1 entouré d'une gaine d'indice n_2 inférieur à n_1 et de rayon b. Les faces d'entrée et de sortie sont perpendiculaires à l'axe du cylindre (Oz) formé par la fibre. L'ensemble, en particulier la face d'entrée, est en contact avec un milieu d'indice n_0 qui sera pris égal à l'indice de l'air pour les applications numériques.

1) Un rayon lumineux arrive en O. On appelle i l'angle d'incidence sur la surface d'entrée de la fibre. Déterminer en fonction de n_0, n_1 et n_2 la condition que doit satisfaire i pour que le rayon réfracté ait une propagation guidée dans le cœur. On appelle angle d'acceptance i_a de la fibre la valeur maximale de i. Donner l'expression de i_a.

2) On appelle ouverture numérique ON de la fibre la quantité $ON = n_0 \sin i_a$. Exprimer ON en fonction de n_1 et n_2. Application numérique : calculer la valeur de ON pour $n_1 = 1{,}456$ (silice) et $n_2 = 1{,}410$ (silicone).

3) On envoie dans la fibre un faisceau lumineux avec tous les angles d'incidence i compris entre 0 et i_a. Calculer la différence $\delta\tau$ entre la durée maximale et la durée minimale de propagation d'un bout à l'autre de cette fibre. On exprimera le résultat en fonction de la longueur L de la fibre, des indices n_1 et n_2 et de la vitesse de la lumière dans le vide c. Application numérique : $L = 1{,}00$ km, donner la valeur de $\delta\tau$.

4) Le signal transporté par la fibre est constitué d'impulsions lumineuses d'une durée T_1 à intervalle régulier T. Quelle valeur minimale de T faut-il choisir pour que les impulsions soient distinctes à la sortie de la fibre ? Proposer une définition de la bande passante en bits (ou nombre d'impulsions) par seconde. Comparer la valeur de la bande passante obtenue ici avec celle d'un téléphone portable (64 bits par seconde) et celle de la télévision (100 Mbits par seconde).

3.9 Mise au point d'un appareil photographique

On désire photographier un individu, debout, de taille 1,80 m à l'aide d'un objectif EF 50 mm 1 : 1.2 L USM, assimilable à une lentille mince convergente (L), de distance focale image fixe $f' = 50{,}0$ mm, associée à une diaphragme de rayon R réglable, supposé placé dans le plan de la lentille mince. Le capteur d'image du boîtier EOS 600 D est une matrice rectangulaire de longueur 22,3 mm et de hauteur 14,9 mm, contenant 18,7 millions de pixels, des carrés identiques de côté a. Le sujet, photographié de face, est situé à une distance D du capteur et à une distance d de la lentille (L). Lorsque le photographe effectue la mise au point sur ce sujet, son image occupe toute la hauteur du capteur.

1) Déterminer numériquement les distances d, D et a.

2) La latitude de mise au point est la distance, comptée sur l'axe optique, qui sépare les deux positions extrêmes de la lentille (L) entre lesquelles l'image d'un point objet formée sur le récepteur garde une netteté acceptable, c'est-à-dire ici telle qu'elle soit de taille inférieure à a, taille caractéristique d'un pixel.
Le nombre d'ouverture N_O de l'objectif est défini par la relation $N_O = f'/(2R)$. Pour l'objectif considéré, il est variable dans l'intervalle [1,2 ; 16].
Comment faire varier N_O en pratique ?

3) Exprimer littéralement la latitude de mise au point en fonction de f', N_O et a. Calculer sa valeur numérique pour les valeurs minimale et maximale de N_O. Commenter.

4) La profondeur de champ, quant à elle, désigne la distance, comptée sur l'axe optique, qui sépare les deux positions extrêmes d'un point objet situé sur cet axe pour lesquelles l'image reste nette. On montre que la profondeur de champ est d'autant plus grande que le nombre d'ouverture est grand. Pour réaliser le portrait de l'individu, la latitude de mise au point doit-elle être grande ou faible ?

EXERCICES ★★★

3.10 Lunette astronomique

Une lunette astronomique est schématisée par deux lentilles minces convergentes de même axe optique Δ :

- l'une L_1 (objectif) de distance focale image $f_1' = \overline{O_1F_1'}$;
- l'autre L_2 (oculaire) de distance focale image $f_2' = \overline{O_2F_2'}$.

On rappelle qu'un œil normal voit un objet sans accommoder si celui-ci est placé à l'infini.

On souhaite observer la planète Mars, qui est vue à l'œil nu sous un diamètre apparent α.

1) Pour observer la planète avec la lunette, on forme un système afocal.
Que signifie l'adjectif afocal ? En déduire la position relative des deux lentilles.

2) Faire le schéma de la lunette pour $f'_1 = 5f'_2$. Dessiner sur ce schéma la marche à travers la lunette d'un faisceau lumineux (non parallèle à l'axe) formé de rayons issus de l'astre. On appelle $\overline{A'B'}$ l'image intermédiaire.

3) On souhaite photographier cette planète. Où faut-il placer le capteur CCD ?

4) On note α' l'angle que forment les rayons émergents extrêmes en sortie de la lunette. L'image est-elle droite ou renversée ?

5) La lunette est caractérisée par son grossissement $G = \frac{\alpha'}{\alpha}$. Exprimer G en fonction de f'_1 et f'_2.

6) On veut augmenter le grossissement de cette lunette et redresser l'image. Pour cela, on interpose entre L_1 et L_2 une lentille convergente L_3 de distance focale image $f'_3 = \overline{O_3F'_3}$. L'oculaire L_2 est déplacé pour avoir de la planète une image nette à l'infini à travers le nouvel ensemble optique.

Quel couple de points doit conjuguer L_3 pour qu'il en soit ainsi ?

7) On appelle γ_3 le grandissement de la lentille L_3. En déduire $\overline{O_3F'_1}$ en fonction de f'_3 et γ_3 .

8) Faire un schéma (on placera O_3 entre F'_1 et F_2 et on appellera $\overline{A'B'}$ la première image intermédiaire et $\overline{A''B''}$ la seconde image intermédiaire).

9) En déduire le nouveau grossissement G' en fonction de G et γ_3 . Comparer G' à G en signe et valeur absolue.

3.11 Optique de l'œil

Le cristallin de l'œil est assimilable à une lentille mince de centre optique O. On modélise l'œil par une lentille mince convergente de centre optique O, dont la vergence V est variable. L'image se forme sur la rétine, qui dans la réalité est à la distance $d_{réel} = 15$ mm de O mais que l'on considérera égale à $d = 11$ mm pour compenser le fait qu'on néglige la présence du corps vitreux entre le cristallin et la rétine.

1) Un observateur doté d'une vision « normale » regarde un objet $\overrightarrow{AB}$ placé dans un plan de front à 1 m devant lui, et tel que $\overline{AB} = 10$ cm.

Préciser si l'image formée par le cristallin est réelle ou virtuelle, droite ou renversée.

2) On note $\overrightarrow{A'B'}$ l'image de $\overrightarrow{AB}$ sur la rétine. Calculer le grandissement $\gamma = \dfrac{\overline{A'B'}}{\overline{AB}}$, et en déduire la taille de l'image $\overline{A'B'}$.

3) Calculer la vergence V du système.

4) L'observateur regarde maintenant un objet placé à 25 cm devant lui.

Préciser si l'image est réelle ou virtuelle, droite ou renversée.

5) Calculer la variation de la vergence par rapport à celle de la question 3 ainsi que la taille de l'image.

6) On s'intéresse maintenant à un sujet myope possédant donc un cristallin trop convergent. Lorsqu'il regarde à l'infini, l'image se forme à 0,5 mm en avant de la rétine (située à $d = 11$ mm de O). Pour corriger ce problème, cette personne est dotée de lunettes dont chaque verre est assimilé à une lentille mince de vergence V' constante et de centre optique O', placé à $\ell = 2$ cm de O.

Calculer la vergence V' des verres de lunettes.

7) L'individu observe un objet situé à 1 m devant lui. Calculer la position de l'image intermédiaire ainsi que le grandissement de l'ensemble (lunette-cristallin).

3.12 Doublet de Huygens

On appelle doublet un ensemble de deux lentilles minces de même axe optique. En appelant L_1 et L_2 les deux lentilles (la première lentille rencontrée par la lumière est L_1), on note O_1 et O_2 leurs centres optiques, F_1 et F_2 leurs foyers objets, F'_1 et F'_2 leurs foyers images. Un doublet est caractérisé par les distances focales images des deux lentilles f'_1 et f'_2 et son épaisseur $e = \overline{O_1O_2}$.

Le doublet de Huygens est tel que : $f'_1 = 3a$, $e = 2a$ et $f'_2 = a$, où a est une longueur quelconque. On peut le désigner par le triplet (3,2,1).

1) Déterminer graphiquement la position du foyer image F' du doublet de Huygens (on pourra prendre l'échelle $a = 2$ cm).

2) Retrouver ce résultat par un calcul en déterminant l'expression de $\overline{F'_2F'}$.

3) Déterminer graphiquement la position du foyer objet F du doublet de Huygens.

4) Retrouver ce résultat par un calcul en déterminant l'expression de $\overline{F_1F}$.

3.13 Focale équivalente

Montrer que, si on accole deux lentilles, la vergence totale du système est égale à la somme des vergences des lentilles accolées.

3.14 Étude d'un photocopieur

Les procédés de reprographie requièrent la formation de l'image du document sur une surface photosensible par l'intermédiaire d'un objectif de reproduction. On désire reproduire un document de format A4 en A4 (même format), en A3 (format double en surface) ou en A5 (format moitié en surface). On réalise ces différents tirages à l'aide d'un objectif en modifiant la position respective des lentilles à l'intérieur du système.

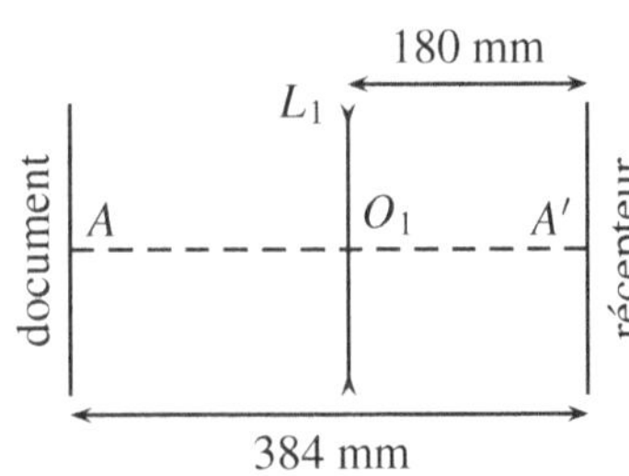

La distance entre le document et le récepteur photosensible est de 384 mm et l'on positionne une première lentille mince divergente (L_1) de distance focale image $f'_1 = -90$ mm à 180 mm du récepteur.

1) La lentille (L_1) peut-elle donner une image du document sur le récepteur ? Justifier votre réponse.

2) On ajoute une lentille mince (L') devant la lentille (L_1), à 180 mm du document.
La lentille (L') peut-elle être divergente ? Justifier votre réponse.

3) Calculer la distance focale image f' de cette lentille (L') pour obtenir une image réelle du document sur le récepteur. Pour cela, on utilisera deux relations de Descartes.

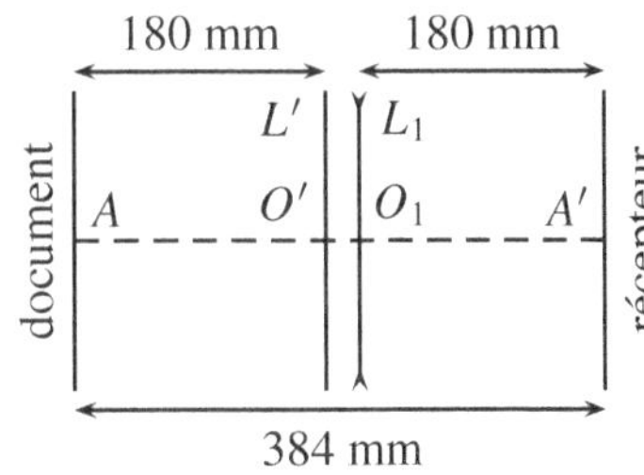

4) En déduire le grandissement γ de l'association des deux lentilles et indiquer quel type de tirage permettra cet objectif : transformer du A4 en A3 ou du A4 en A5 ?

5) En fait la lentille (L') est constituée de deux lentilles accolées (L_2) et (L_3), la lentille (L_2) étant identique à (L_1). Calculer la distance focale image f'_3 de la lentille (L_3).

6) Un mécanisme motorisé permet de translater la lentille (L_3) et de l'accoler à présent à la lentille (L_1). Montrer que l'image du document reste sur le récepteur et calculer le grandissement γ_2 correspondant à l'association de ces trois lentilles. En déduire le type de tirage obtenu avec ce réglage.

3.15 Système afocal

1) On dispose un objet $\overrightarrow{A_0B_0}$ orthogonalement à l'axe optique d'une lentille divergente L_1 de distance focale $f'_1 = -20$ cm. Où doit se trouver l'objet par rapport à la lentille pour que le grandissement transversal soit égal à 0,5 ?

2) Quelle est alors la position de l'image $\overrightarrow{A_1B_1}$?

3) On place après la lentille L_1 un viseur constitué d'une lentille convergente L_2 de même axe optique que L_1 et de distance focale $f'_2 = 40$ cm. On dispose également un écran perpendiculairement à l'axe optique à une distance $\overline{O_2E} = 80$ cm du centre du viseur. Calculer la distance $\overline{O_1O_2}$ entre les deux lentilles pour qu'on obtienne une image sur l'écran de l'objet initial.

4) On souhaite utiliser le dispositif précédent pour transformer un faisceau cylindrique de rayons parallèles à l'axe optique et de diamètre d en un faisceau cylindrique de rayons parallèles à l'axe optique et de diamètre D. Calculer la distance $\overline{O_1O_2}$ entre les deux lentilles pour obtenir un tel résultat.

5) Calculer dans ce cas le rapport entre les deux diamètres $\dfrac{D}{d}$.

CORRIGÉS

3.C1

1) *Cf.* fig. 3.2 p. 63 : lentille de vergence variable et capteur plan fixe.

2) *Cf.* p. 64 : 3.10^{-4} rad, PR ∞ et PP 25 cm .

3.C2

1) *Cf.* fig. 3.5 p. 65 : lentille et capteur **2)** *Cf.* p. 66 **3)** *Cf.* fig. 3.7 p. 66.

3.C3

1) *Cf.* paragraphe 3.1, p. 71 **2)** *Cf.* paragraphe 3.2, p. 72.

3.1 Pouvoir séparateur de l'œil

Soient D la distance entre l'objet et l'œil et d la distance entre les deux points. L'ensemble des deux points sera vu par l'œil sous l'angle α tel que $\tan\alpha = d/D$. On se place alors dans le cas limite où l'œil voit l'objet : $\alpha = \alpha_0 = 1'$ d'arc $= 3.10^{-4}$ rad. Alors $d = D\tan\alpha_0 \approx D\alpha_0$ (car $\alpha_0 \ll 1$ rad). Pour $D = 60$ m, on obtient $d_{\text{min}} = 1{,}8$ cm et moitié moins pour $D = 30$ cm, soit 0,9 cm.

3.2 Observation de la Lune à l'œil nu

On pose $\theta = 0{,}009$ rad et $d = 17$ mm la distance entre le cristallin et la rétine. On prend les rayons extrêmes provenant de la Lune et passant par le centre optique du cristallin : ils ne sont pas déviés. Ils traversent le corps vitreux sur la distance d avant d'arriver sur la rétine. La distance entre les points d'impact de ces deux rayons sur la rétine vaut donc $d_r = d\theta$, d'où $d_r = 17.10^{-3} \times 0{,}009 = 0{,}15$ mm.

3.3 Propriétés d'une fibre optique

Le cône d'acceptance est défini par l'angle $\theta_{0,\text{max}}$. En reprenant le résultat du cours $\theta_{0,\text{max}} = \arcsin\dfrac{\sqrt{n_1^2 - n_2^2}}{n_0}$ (à démontrer), avec $n_1 = 1{,}500$, $n_2 = 1{,}489$ et $n_0 = 1{,}000$, alors $\theta_{0,\text{max}} = 0{,}1823$ rad $= 10{,}45°$.

La longueur maximale de parcours au sein du cœur est obtenue pour un rayon en incidence d'angle $\theta_{0,\text{max}}$ d'où, d'après la démonstration du cours (à établir), $\ell = \frac{n_1 L}{n_2}$ avec $L = 1000$ m donc $\ell = 1007$ m.

Les ondes lumineuses à l'intérieur du cœur se propagent à la vitesse $\frac{c}{n_1}$, où $c = 3.10^8$ m.s^{-1}. D'où $\delta t = \frac{n_1}{c}(\ell - L)$, ce qui donne $\delta t = 36{,}94$ nm, soit, par unité de longueur de fibre, 36,94 ps.

3.4 Appareil photo

On connaît la position de l'objet A par rapport à l'objectif noté $\mathcal{L}$ de centre optique O tel que $\overline{OA} = -40$ m, il suffit de connaître la position de l'image A' et ainsi positionner le capteur au niveau de A'. On utilise la relation de conjugaison de Descartes : $\frac{1}{\overline{OA'}} - \frac{1}{\overline{OA}} = \frac{1}{f'}$ d'où $\overline{OA'} = \frac{\overline{OA}f'}{f' + \overline{OA}}$, soit $\overline{OA'} = 5{,}006$ cm. Il faut donc déplacer, en toute rigueur, le capteur de 0,006 cm par rapport à une mise au point sur un objet à l'infini, ce qui est infime (en considérant les chiffres significatifs, on obtient $\overline{OA'} = 5{,}0$ cm).

La taille de l'image est obtenue par la formule du grandissement $\gamma = \frac{\overline{OA'}}{\overline{OA}} = \frac{\overline{A'B'}}{\overline{AB}}$ où $\overline{AB} = 1{,}80$ m et $\overline{A'B'}$ la taille de l'image, soit $\overline{A'B'} = \overline{AB}\frac{\overline{OA'}}{\overline{OA}}$, ce qui donne $\overline{A'B'} = -2{,}3$ mm, ce qui est compatible avec les dimensions du capteur.

3.5 Photo à exposition constante

La profondeur de champ augmente lorsque le diamètre du diaphragme diminue, on conseille au photographe de prendre un nombre d'ouverture le plus grand d'où $N' = 8$.

L'exposition étant une fonction croissante du diamètre du diaphragme et donc décroissante de N, il faut compenser par une augmentation de la durée d'exposition τ.

L'exposition est proportionnelle à $D^2\tau = \frac{f'}{N^2}\tau$. Pour garder la même exposition, la nouvelle durée d'exposition τ' doit vérifier : $\tau' = \tau\frac{N'^2}{N^2}$, soit $\tau' \approx 8 \times \frac{1}{120} = \frac{1}{15}$ s.

3.6 Cratères sur la Lune

L'observation de ces deux cratères à l'œil nu est-elle envisageable ? On compare pour cela l'angle sous lequel est vu chaque cratère au pouvoir de résolution de l'œil : $\alpha \approx \tan\alpha = d/D$ où d est le diamètre du cratère et D la distance entre la Terre et la Lune que l'on compare à $\alpha_0 = 3.10^{-4}$ rad.

Pour le cratère Copernic : $\alpha = 2{,}5.10^{-4}$ rad $< \alpha_0$, il n'est pas visible à l'œil nu.

Pour le cratère Clavius : $\alpha = 6{,}3.10^{-4}$ rad $> \alpha_0$, il est donc visible à l'œil nu.

En utilisant la lunette de Galilée, les objets sont grossis. Il faut dans un premier temps déterminer le grossissement $G = \alpha/\alpha' = -f_1'/f_2' = 4$. Avec la lunette, le cratère Copernic est donc vu par l'œil sous un angle $\alpha' = G\alpha = 10{,}1.10^{-4}$ rad $> \alpha_0$, le cratère Clavius est donc visible à la lunette de Galilée (et *a fortiori* le cratère Copernic).

3.7 Encombrement d'un microscope optique

D'après l'énoncé, $\overline{F_1A} = -\ 0{,}10$ mm. Afin d'observer une image finale à travers l'oculaire, l'image intermédiaire A_1, formée par L_1, doit se situer sur le plan focal objet de L_2. On a alors $\overline{F_1'A_1} = \overline{F_1'F_2}$. D'après la formule de conjugaison de Newton, $\overline{F_1'A_1} = -\frac{f_1'^2}{\overline{F_1A}}$. Finalement :

$$\Delta = f_1' + \overline{F_1'A_1} + f_2' = f_1' + -\frac{f_1'^2}{\overline{F_1A}} + f_2' = 280\,\text{mm}.$$

3.8 Fibre optique

1) Le rayon est guidé le long de la fibre s'il y a réflexion totale sur la surface de séparation cœur - gaine, ce qui est possible puisque $n_2 < n_1$. Pour cela il faut que θ, angle d'incidence du rayon sur ce dioptre, vérifie $|\sin\theta| > \frac{n_2}{n_1}$ (attention : θ est négatif sur la figure). Or $\theta = r - \frac{\pi}{2}$ où r est l'angle de réfraction à l'entrée du rayon dans le cœur, donné par la loi de Descartes : $n_1 \sin r = n_0 \sin i$.

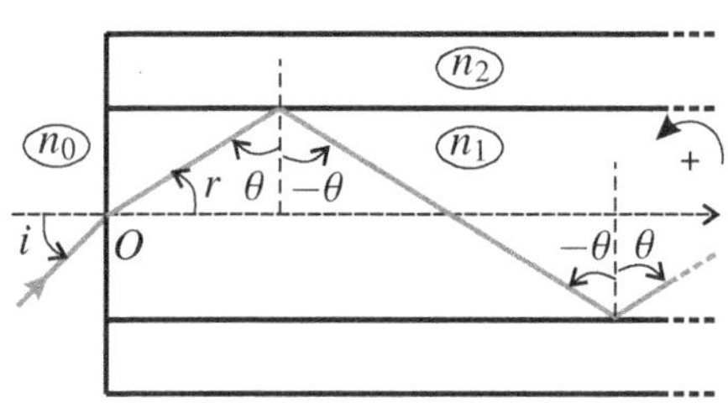

On a donc : $|\sin\theta| = \cos r = \sqrt{1-\sin^2 r} = \sqrt{1-\left(\frac{n_0 \sin i}{n_1}\right)^2}$. La condition de réflexion totale devient : $\frac{n_0^2}{n_1^2}\sin^2 i < 1 - \frac{n_2^2}{n_1^2}$, soit : $-i_a < i < i_a$ avec $i_a = \arcsin\frac{\sqrt{n_1^2-n_2^2}}{n_0}$.

2) D'après la définition, $ON = \sqrt{n_1^2 - n_2^2}$. L'application numérique donne $ON = 0{,}363$.

3) Le temps le plus court est celui obtenu en se déplaçant sur l'axe. On obtient comme valeur $\frac{Ln_1}{c}$. Le temps le plus long correspond à l'angle d'acceptance i_a, soit $\frac{Ln_1}{c\sin\theta}$. On en déduit $\delta\tau = \frac{Ln_1}{c}\left(\frac{1}{\sin\theta} - 1\right)$. L'application numérique donne $\delta\tau = 0{,}158$ µs.

4) Il faut que $T > \delta\tau$, soit $f < \frac{1}{\delta\tau} = \Delta f = 6{,}3.10^6$ bits par seconde. La fibre étudiée convient pour le téléphone mais pas pour la télévision.

3.9 Mise au point d'un appareil photographique

1) La surface d'un pixel est a^2. Il y a $n = 18{,}7 \times 10^6$ pixels répartis sur une surface $L \times h = 332\,\text{mm}^2$. Par conséquent, $a = \sqrt{\frac{L\,h}{n}} = 4{,}21$ µm.

Le grandissement γ s'écrit $\gamma = \frac{\overline{OA'}}{\overline{OA}} = \frac{\overline{OA'}}{-d}$. Estimons la valeur numérique de γ. L'énoncé dit que l'image de l'individu de taille $\ell = 1{,}80$ m occupe la hauteur du capteur $h = 14{,}9$ mm, d'où $\gamma = -\frac{h}{\ell} = -8{,}28 \times 10^{-3}$. D'après la relation de conjugaison de Descartes, $\frac{1}{\overline{OA'}} - \frac{1}{\overline{OA}} = \frac{1}{f'}$ donc $\overline{OA} = \frac{f'\,\overline{OA'}}{f' - \overline{OA'}}$. Avec $\overline{OA'} = -\gamma d$ et $\overline{OA} = -d$, $d = f'\left(1 - \frac{1}{\gamma}\right) = 6{,}09$ m. On en déduit $D = \overline{AA'} = d - \gamma d = 6{,}14$ m.

2) En pratique, le nombre d'ouverture peut être modifié avec la taille du diaphragme R.

3) D'après les valeurs numériques de l'énoncé et de celle obtenue à la question 1, $D \gg f'$. On peut considérer pour simplifier que l'objet se situe en $-\infty$. Dans cette approximation, les deux positions de la lentille qui forme une image de netteté acceptable sur le capteur correspond aux trois cas ci-dessous.

Le cas limite correspond au cas où le faisceau est limité par le rayon R du diaphragme. D'après le schéma, $\tan\theta = \frac{R}{f'} = \frac{a/2}{\Delta x/2}$. D'où $\Delta x = \frac{af'}{R} = 2aN_0$.

Numériquement, $\Delta x_{\max} = 0{,}13$ mm et $\Delta x_{\min} = 10$ µm. On remarque que ce sont des valeurs qui semblent difficilement réalisables à la main, d'où l'intérêt de la mise au point automatique.

4) Pour réaliser un portrait, le paysage derrière l'individu ne doit pas être net. On doit donc avoir une petite profondeur de champ, c'est-à-dire minimiser la latitude.

3.10 Lunette astronomique

1) Un système est dit afocal s'il conjugue l'infini avec l'infini, c'est-à-dire si un objet à l'infini a une image à l'infini.

L'image d'un objet à l'infini par L_1 est dans le plan focal image de L_1. Cette image est un objet pour L_2, qui en donne une image à l'infini, donc elle doit être dans le plan focal objet de L_2, d'où la série des conjugaisons : $\infty \xrightarrow{L_1} F_1' = F_2 \xrightarrow{L_2} \infty$.

2) Le schéma est sur la figure ci-dessous. Pour le tracer, on utilise la règle d'après laquelle les rayons émergeant de L_2 et provenant de B' sont tous parallèles entre eux et donc parallèles au rayon non dévié $B'O_2$.

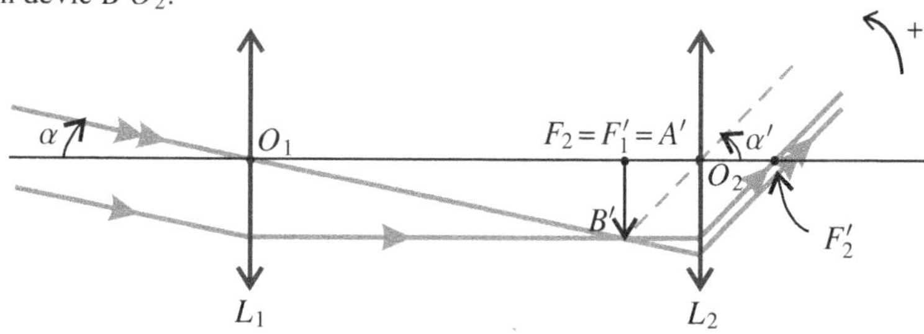

3) La lentille oculaire L_2 est nécessaire pour observer directement à l'œil (qui observe à l'infini pour ne pas accommoder). Si l'on souhaite prendre une photo, on la supprime et on place le capteur CCD dans le plan focal image de l'objectif L_1.

4) Sur la figure ci-dessus, on remarque que, pour un faisceau lumineux incident provenant du haut, le faisceau émergent semble provenir du bas : l'image est donc renversée, ce qui est confirmé par le sens différent des angles α et α'.

5) Dans les triangles $O_1A'B'$ et $O_2A'B'$ (on rappelle que $A' = F_2 = F_1'$), on écrit : $\tan\alpha = \dfrac{\overline{A'B'}}{\overline{O_1A'}} = \dfrac{\overline{A'B'}}{f_1'}$ et $\tan\alpha' = -\dfrac{\overline{A'B'}}{\overline{A'O_2}} = -\dfrac{\overline{A'B'}}{f_2'}$. On note que $\alpha < 0$, $\alpha' > 0$ et $\overline{A'B'} < 0$.

Dans l'approximation de Gauss, $\tan\alpha \simeq \alpha$ et $\tan\alpha' \simeq \alpha'$, soit $G = \dfrac{\alpha'}{\alpha} = -\dfrac{f_1'}{f_2'} = -5$.

6) Par la lunette, on a toujours un objet à l'infini dont l'image par l'objectif L_1 est dans le plan focal image de L_1 et une image finale à l'infini dont l'antécédent par l'oculaire L_2 est dans le plan focal objet de L_2. Il faut donc que la lentille intermédiaire L_3 conjugue les points F_1' et F_2, soit : $F_1' \xrightarrow{L_3} F_2$.

7) La formule du grandissement avec origine au centre optique de L_3 pour F_1' et F_2 s'écrit : $\gamma_3 = \dfrac{\overline{O_3F_2}}{\overline{O_3F_1'}}$ d'où $\overline{O_3F_2} = \gamma_3\overline{O_3F_1'}$. On reporte dans la relation de conjugaison avec origine au centre pour L_3 : $\dfrac{1}{\overline{O_3F_2}} - \dfrac{1}{\overline{O_3F_1'}} = \dfrac{1}{f_3'}$ soit $\dfrac{1}{\overline{O_3F_1'}}\left(\dfrac{1}{\gamma_3} - 1\right) = \dfrac{1}{f_3'}$, d'où : $\overline{O_3F_1'} = f_3'\left(\dfrac{1-\gamma_3}{\gamma_3}\right)$.

8) Le schéma avec les trois lentilles est page suivante.

9) En utilisant les notations de la figure, on obtient, pour L_1, $\tan\alpha \simeq \alpha = \dfrac{\overline{A'B'}}{f_1'}$; puis pour L_3, $\gamma_3 = \dfrac{\overline{A''B''}}{\overline{A'B'}}$; puis pour L_2, $\tan\alpha'' \simeq \alpha'' = -\dfrac{\overline{A''B''}}{f_2'}$.

On vérifie les signes des expressions : les deux angles sont négatifs ainsi que $\overline{A'B'}$ et γ_3, les autres grandeurs étant positives. En combinant ces équations, on obtient alors : $G' = \frac{\alpha''}{\alpha} = \gamma_3\left(-\frac{f_1'}{f_2'}\right)$.

Puisque γ_3 est négatif (voir figure), G' est bien positif et l'image est à l'endroit. En ce qui concerne la valeur absolue de G', cela dépend de celle de γ_3. Si $|\gamma_3| > 1$ alors $G' > |G|$.

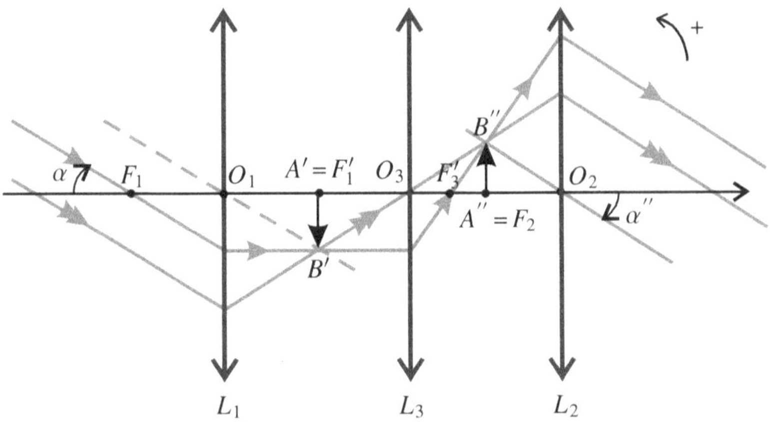

3.11 Optique de l'œil

1) L'objet est réel et l'image se formant sur la rétine (qui joue le rôle d'écran) est donc réelle elle aussi. La seule possibilité d'objet réel donnant une image réelle correspond au cas d'une lentille convergente (ici le cristallin de l'œil), avec l'objet avant F et l'image après F' et dans ce cas l'image est renversée.

2) On connaît les distances de l'objet ($\overline{OA} = -D$) et de l'image au centre optique, donc on utilise la formule de grandissement avec origine en O : $\gamma = \frac{\overline{A'B'}}{\overline{AB}} = \frac{\overline{OA'}}{\overline{OA}} = \frac{d}{-D} = -11.10^{-3}$. On en déduit la taille de l'image : $\overline{A'B'} = \gamma\overline{AB} = 1{,}1$ mm.

3) Pour calculer la vergence du système, on applique la relation de Descartes :

$$V = \frac{1}{\overline{OA'}} - \frac{1}{\overline{OA}} = \frac{1}{d} - \frac{1}{-D} = 95\,\delta.$$

4) On ne peut se servir des résultats des questions précédentes. Le fait que la position de la rétine (position de l'image) soit inchangée alors que la position de l'objet a changé implique que la vergence V de la lentille a évolué. Le raisonnement est le même qu'à la question (1) : image réelle renversée puisqu'elle se forme sur un écran (la rétine) et que l'objet est réel.

5) On applique de nouveau la relation de conjugaison de Descartes :

$$V = \frac{1}{\overline{OA'}} - \frac{1}{\overline{OA}} = \frac{1}{11.10^{-3}} - \frac{1}{-25.10^{-2}} = 491\,\delta.$$

On trouve que le cristallin s'est contracté (la vergence a augmenté) pour voir plus près. La taille de l'image est obtenue par l'expression du grandissement :

$$\overline{A'B'} = \gamma\,\overline{AB} = \frac{\overline{OA'}}{\overline{OA}}\,\overline{AB} = \frac{0{,}011}{-0{,}25}\,0{,}10 = -4{,}4 \text{ mm}.$$

6) On calcule tout d'abord la vergence V du cristallin de l'œil myope. L'image d'un objet à l'infini se forme dans le plan focal image de la lentille donc à une distance f' de O, soit $f' = 11 - 0{,}5 = 10{,}5$ mm, soit $V = 95{,}2\,\delta$. On appelle L_D le verre de lunette et R le point d'intersection de l'axe optique avec la rétine. Pour que le myope voie net l'objet à l'infini, on doit avoir la suite de conjugaisons suivante : $\infty \xrightarrow{L_D} F_D' \xrightarrow{\text{cristallin}} R$. Il s'agit donc de trouver la position de l'antécédent de R par le cristallin. Avec $\overline{OR} = d$, la relation de Descartes donne :

$$V = \frac{1}{d} - \frac{1}{\overline{OF_D'}} \quad \Rightarrow \quad \overline{OF_D'} = \frac{d}{1 - Vd} = -23{,}3 \text{ cm}.$$

On remarque que F'_D est à 23,3 cm avant O donc à 21,3 cm avant L_D, ce qui correspond bien à une lentille divergente de distance focale image $f'_D = -21{,}3$ cm, donc de vergence $V' = 1/f'_D = -4{,}7\ \delta$.

7) Dans ce cas, la vergence du cristallin a changé par rapport à la question précédente, puisque l'œil n'observe plus à l'infini. On sait cependant que l'image finale A' est sur la rétine ($\overline{OA'} = d$). On calcule la position de l'image intermédiaire A_i par la formule de Descartes appliquée à L_D : $\frac{1}{\overline{O'A_i}} - \frac{1}{\overline{O'A}} = V'$ donc $\overline{O'A_i} = \frac{\overline{O'A}}{1 + \overline{O'A}\,V'} = -17{,}5$ cm. On en déduit $\overline{OA_i} = -19{,}5$ cm. Le grandissement de l'ensemble est le produit des grandissements : $\gamma = \frac{\overline{O'A_i}}{\overline{O'A}}\frac{\overline{OA'}}{\overline{OA_i}} = -0{,}01$.

3.12 Doublet de Huygens

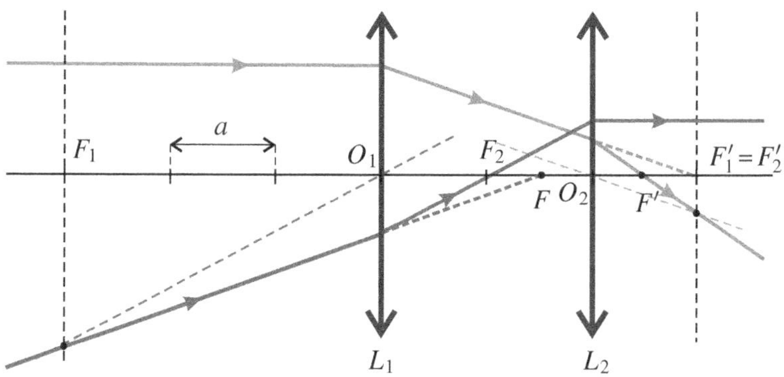

1) F' est l'image du point à l'infini dans la direction de l'axe optique. Tout rayon provenant de ce point est parallèle à l'axe. Un tel rayon, après avoir traversé L_1, passe par F'_1. Il est ensuite dévié par L_2 mais le tracé n'est pas immédiat car ce n'est pas un rayon remarquable pour cette lentille.

Pour construire le rayon émergent de L_2, on trace un rayon auxiliaire qui est parallèle au rayon incident sur L_2 et passe par le centre optique O_2 de L_2. Ce rayon n'est pas dévié par L_2. Le rayon émergent cherché passe par l'intersection du rayon auxiliaire avec le plan focal image de L_2 (foyer image secondaire). Finalement, l'intersection du rayon émergent du système avec l'axe optique est le foyer F' cherché.

2) Le point à l'infini sur l'axe a pour image F'_1 par L_1 qui a pour image F' par L_2, ce que l'on peut résumer par le schéma : $\infty \xrightarrow{L_1} F'_1 \xrightarrow{L_2} F'$. D'après la relation de conjugaison de Newton : $\overline{F'_2F'} = -\frac{(f'_2)^2}{\overline{F_2F'_1}} = -\frac{a^2}{2a} = -\frac{a}{2}$.

3) Par définition, tout rayon incident sur le doublet passant par F donne un rayon émergent parallèle à l'axe. On trace un rayon émergent du système parallèle à l'axe quelconque ; ce rayon, avant la lentille L_2, passait par son foyer objet F_2, ce qui permet de le tracer entre les deux lentilles. Le tracé avant L_1 n'est pas immédiat car ce rayon n'est pas un rayon remarquable pour L_1. On trace un rayon auxiliaire parallèle au rayon, passant par le centre optique O_1 de L_1. Ce rayon auxiliaire n'est pas dévié par L_1. Le rayon incident sur L_1 cherché passe par l'intersection du rayon auxiliaire avec le plan focal objet de L_1 (foyer objet secondaire). Finalement, l'intersection du rayon incident avec l'axe optique est le foyer F' cherché. Dans le cas présent il s'agit de l'intersection du prolongement de ce rayon avec l'axe : le foyer objet F du système est virtuel.

4) La succession des images est : $F \xrightarrow{L_1} F_2 \xrightarrow{L_2} \infty$. D'après la relation de conjugaison de Newton : $\overline{F_1F} = -\dfrac{(f_1')^2}{\overline{F_1'F_2}} = -\dfrac{9a^2}{-2a} = \dfrac{9a}{2}$.

3.13 Focale équivalente

Notons A l'objet, A_1 l'image intermédiaire formée par la première lentille et A_2 celle de l'image finale à travers la seconde lentille. Appliquons la formule de conjugaison de Descartes pour les deux lentilles de centre optique O_1 et O_2 : $\dfrac{1}{\overline{O_1A_1}} - \dfrac{1}{\overline{O_1A}} = \dfrac{1}{f_1'}$ et $\dfrac{1}{\overline{O_2A_2}} - \dfrac{1}{\overline{O_2A_1}} = \dfrac{1}{f_2'}$.

Les deux lentilles accolées imposent $O_1 = O_2 = O$. Il ne reste plus qu'à supprimer le point A_1 du calcul en sommant les deux équations précédentes : $\dfrac{1}{\overline{OA_2}} - \dfrac{1}{\overline{OA}} = \dfrac{1}{f_1'} + \dfrac{1}{f_2'} = V_1 + V_2$.

On reconnaît une formule de conjugaison d'une lentille de vergence $V_1 + V_2$.

3.14 Étude d'un photocopieur

1) La lentille divergente ne peut pas donner une image réelle si l'objet est réel. Par conséquent, l'image à travers (L_1) ne peut pas être sur le récepteur car cette dernière est virtuelle.

2) L'association de deux lentilles divergentes est une lentille divergente.

3) D'après le schéma, on a $\overline{O'O_1} = 384 - 180 - 180 = 24$ mm. On veut que l'image finale soit sur le récepteur, d'où $\overline{O_1A'} = 180$ mm. De plus, l'objet se situe à $\overline{O'A} = -180$ mm. Utilisons la loi de Descartes pour (L') et (L_1) donc $\dfrac{1}{\overline{O'A_1}} - \dfrac{1}{\overline{O'A}} = \dfrac{1}{f'}$ et $\dfrac{1}{\overline{O_1A'}} - \dfrac{1}{\overline{O_1A_1}} = \dfrac{1}{f_1'}$, en notant A_1 l'image intermédiaire. De plus, $\overline{O_1A_1} = \overline{O_1O'} + \overline{O'A_1}$. Isolons $\overline{O'A_1}$ dans la deuxième équation de Descartes et injectons l'expression dans la première pour trouver f'. On a alors $\overline{O_1A_1} = \dfrac{f_1' \times \overline{O_1A'}}{f_1' - \overline{O_1A'}}$ d'où $\overline{O'A_1} = \dfrac{f_1' \times \overline{O_1A'}}{f_1' - \overline{O_1A'}} - \overline{O_1O'} = 84$ mm, et $f' = \dfrac{\overline{O'A_1} \times \overline{O'A}}{\overline{O'A} - \overline{O'A_1}} = 57$ mm.

4) Le grandissement γ vaut $\gamma = \dfrac{\overline{A'B'}}{\overline{AB}} = \dfrac{\overline{A'B'}}{\overline{A_1B_1}} \times \dfrac{\overline{A_1B_1}}{\overline{AB}} = \gamma_2 \times \gamma_1$ si γ_1 et γ_2 sont les grandissements dus à la première et à la seconde lentille. Or $\gamma_1 = \dfrac{\overline{A_1B_1}}{\overline{AB}} = \dfrac{\overline{O'A_1}}{\overline{O'A}} = -0{,}5$ et $\gamma_2 = \dfrac{\overline{A'B'}}{\overline{A_1B_1}} = \dfrac{\overline{O_1A'}}{\overline{O_1A_1}} = 3$, donc $\gamma = -1{,}5$.

On a $|\gamma| > 1$. Comme on veut doubler une surface, cela signifie que c'est l'aire qui doit être doublée. Or, ici γ représente une longueur et non une aire. Le grandissement surfacique correspond donc à γ^2 d'où $\gamma^2 = 2{,}25 > 2$ donc cela permet de transformer du A4 en A3.

5) L'association de deux lentilles de vergence V_2 et V_3 accolées est équivalente à une lentille de vergence $V' = V_2 + V_3$ donc $\dfrac{1}{f_3'} = \dfrac{1}{f'} - \dfrac{1}{f_1'}$ donc $f_3' = \dfrac{f_1' \times f'}{f_1' - f'} = 35$ mm > 0. La lentille (L_3) est convergente.

6) De même, on calcule f'_{13} et on trouve que la focale est la même que celle de (L_{2+3}), ce qui est normal puisque (L_1) et (L_2) sont identiques.
Par retour inverse de la lumière, si on passe par (L') puis par (L_1) ou par (L_1) puis par (L'), l'image reste toujours sur le récepteur. Mais le nouveau grandissement est l'inverse du précédent car le sens de la lumière est changé donc $\gamma' = \frac{1}{\gamma} = -0{,}7$. Le tirage permet de faire du A5 car $\gamma'^2 = 0{,}4 < 0{,}5$.

3.15 Système afocal

1) La formule de conjugaison s'écrit $\dfrac{1}{\overline{O_1A_1}} - \dfrac{1}{\overline{O_1A_0}} = \dfrac{1}{f'_1}$ et l'expression du grandissement est $\gamma = \dfrac{\overline{A_1B_1}}{\overline{A_0B_0}} = \dfrac{\overline{O_1A_1}}{\overline{O_1A_0}}$. On en déduit $\overline{O_1A_0} = \dfrac{(1-\gamma)f'_1}{\gamma} = -20$ cm.

2) La position de l'image est donnée par $\overline{O_1A_1} = \gamma\overline{O_1A_0} = -10$ cm.

3) Pour avoir une image sur l'écran de l'objet initial, il faut que L_2 donne une image de $\overrightarrow{A_1B_1}$ sur l'écran. Avec la formule de conjugaison : $\overline{O_1O_2} = \dfrac{\overline{O_2E}f'_2}{\overline{O_2E} - f'_2} + \overline{O_1A_1} = 70\,\text{cm}$.

4) Pour réaliser l'opération souhaitée, le système doit être afocal donc $F'_1 = F_2$. Par conséquent, on en déduit : $\overline{O_1O_2} = 20$ cm.

5) On détermine l'expression de $\tan\alpha$, en notant α l'angle que fait le rayon issu de F'_1 avec l'axe optique entre les deux lentilles, soit : $\tan\alpha = \dfrac{d}{-2f'_2} = \dfrac{D}{2f'_1}$. On en déduit :

$$\frac{D}{d} = -\frac{f'_2}{f'_1} = 2.$$

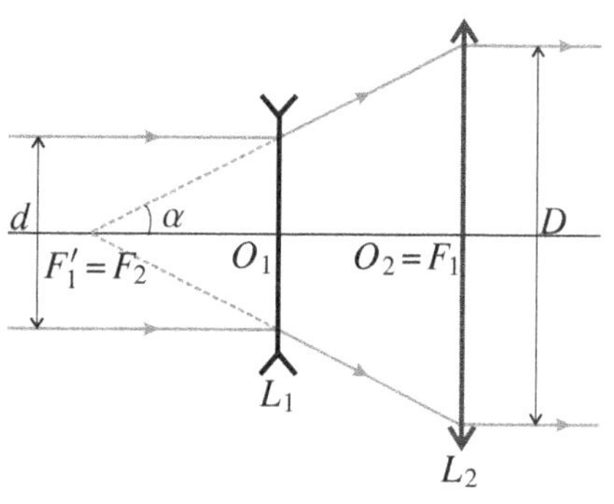

Circuits électriques dans l'ARQS

4

On appelle électrocinétique la branche de la physique qui étudie les circuits électriques.

1 Intensité du courant électrique

1.1 Charge électrique

La charge électrique est une propriété de la matière s'exprimant par une grandeur scalaire notée q dont l'unité est le coulomb (symbole C) et qui vérifie :

- q est une **grandeur algébrique**, pouvant être positive ou négative ;
- la charge électrique est **additive** : la charge d'un système constitué de N parties de charges respectives q_1, q_2... q_N est $q = \sum_{i=1}^{N} q_i$;
- elle est quantifiée : q ne peut prendre que des valeurs qui sont des multiples entiers de la **charge élémentaire** notée e dont la valeur est $e = 1{,}6.10^{-19}$ C.

La matière est constituée d'atomes qui sont formés :

- d'un noyau composé de :
  - neutrons, particules de masse $m_n = 1{,}675.10^{-27}$ kg et de charge nulle,
  - protons, particules de masse $m_p = 1{,}673.10^{-27}$ kg et de charge $q_p = +e$;
- d'un nuage électronique constitué d'électrons, particules de masse $m_e = 9{,}109.10^{-31}$ kg et de charge $q_e = -e$.

Dans un atome, le nombre d'électrons est égal au nombre de protons (ce nombre est le numéro atomique Z de l'atome) de sorte que la charge globale de l'atome est nulle. L'atome est électriquement neutre. En revanche lorsque l'atome perd (ou gagne) un (ou plusieurs) électrons, il devient un ion chargé électriquement : par exemple l'atome de sodium Na perdant un électron devient l'ion sodium Na^+ de charge $q = +e$ ou l'atome de chlore gagnant un électron devient l'ion chlorure Cl^- de charge $q = -e$.

Il en est de même à l'échelle macroscopique. La plupart des échantillons de matière macroscopiques ont une charge électrique nulle, cependant dans certaines circonstances particulières il peut apparaître des charges électriques macroscopiques. Par exemple :

- lorsqu'on frotte une tige de verre avec de la soie, on lui arrache des électrons et elle acquiert une charge électrique positive ;
- lorsqu'on frotte un morceau d'ambre (ambre se dit *electron* en grec) avec une peau de chat, c'est l'ambre qui arrache des électrons et il acquiert ainsi une charge électrique négative.

On met en évidence ces charges avec une boule très légère (en polystyrène expansé par exemple) suspendue à un fil : la boule est attirée par l'objet électrisé.

> **Remarque**
> Dans une expérience à l'échelle macroscopique, on mesure des charges d'un ordre de grandeur très supérieur à la valeur de la charge élémentaire donc la quantification de la charge ne se manifeste pas.

Dans ces exemples, la charge d'un système devient non nulle parce qu'il perd ou gagne des particules chargées. Mais la charge globale existante n'est pas modifiée (par exemple la soie avec laquelle on frotte la tige de verre emporte une charge négative). Ceci illustre une propriété fondamentale de la charge électrique qui est sa conservation.

> Conservation de la charge électrique : la charge électrique totale d'un système isolé (c'est-à-dire n'ayant aucun échange de matière avec l'extérieur) ne peut varier.

Cette propriété peut sembler naturelle mais elle est très remarquable. La masse, autre propriété de la matière, n'est pas conservée, au contraire de la charge électrique. Par exemple, on a pu observer le processus de *création de paire* : un photon de très grande énergie se transforme en une paire électron-positron (le positron est une particule de même masse que l'électron mais de charge $+e$) ; dans ce processus la masse n'est pas conservée puisqu'il apparaît une masse égale à $2m_e$, mais il n'apparaît aucune charge électrique.

1.2 Conducteurs électriques

Les **conducteurs** sont des matériaux à l'intérieur desquels il existe des particules microscopiques chargées pouvant se déplacer librement. Ces particules sont appelées porteurs de charge. Il se distinguent des **isolants**, qui sont dépourvus de porteurs de charge libres.

a) Conduction métallique

Les métaux sont des empilements réguliers d'atomes selon un réseau cristallin. Ces atomes sont liés entre eux par une *liaison métallique* qui consiste en la mise en commun par tous les atomes du métal d'un gigantesque nuage électronique. Les électrons de ce nuage, appelés **électrons de conduction** sont libres de se déplacer dans tout le volume du cristal. On les appelle parfois « électrons libres ». Il faut se rappeler que le métal est globalement neutre : la charge négative des électrons libres est exactement équilibrée par la charge des atomes ionisés (parce qu'ils ont perdu les électrons de conduction) constituant le réseau cristallin.

b) Solutions ioniques

Dans une solution ionique, les porteurs de charge libres sont des **ions** qui sont de deux types :

- des cations, qui ont une charge positive, comme par exemple H_3O^+ ou Na^+ ;
- des anions, qui ont une charge négative, comme par exemple HO^- ou Cl^-.

Les ions se déplacent librement dans le solvant. Il convient de se rappeler qu'une solution ionique est globalement neutre : la charge électrique globale de tous les cations équilibre exactement la charge électrique globale de tous les anions.

c) Semi-conducteurs

Les semi-conducteurs, comme par exemple le silicium qui est très utilisé en électronique, sont constitués d'atomes à 4 électrons de valence. On dope le semi-conducteur en y incorporant en faible proportion des atomes ayant 5 électrons de valence (*dopage de type N*) ou bien des atomes ayant 3 électrons de valence (*dopage de type P*). Dans un semi-conducteur de type N, les particules chargées se déplaçant sont les **électrons** « en trop » et, dans un semi-conducteur de type N, ce sont les lacunes électroniques, qui sont appelées **trous**.

1.3 Le courant électrique

a) Définition

Dans tout conducteur les porteurs de charges, qui sont des particules microscopiques, sont en mouvement d'agitation thermique permanent (voir la partie *Thermodynamique* de ce livre). Ce mouvement désordonné ne produit pas de déplacement de charge électrique global, parce que les porteurs ne se déplacent dans aucune direction privilégiée (voir figure 4.1).

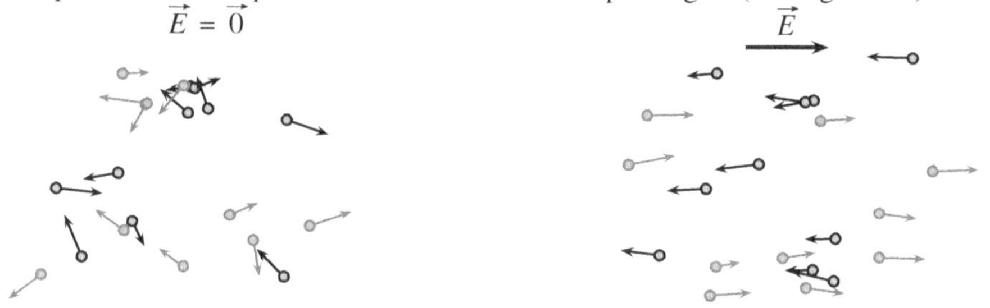

Figure 4.1 – Mouvements d'ions dans une solution ionique.
À gauche : en l'absence de champ électrique, les ions ont un mouvement d'agitation thermique désordonné : il n'y a pas de courant électrique. À droite : en présence d'un champ électrique $\vec{E}$, les cations (en gris) se déplacent en moyenne dans le sens du champ et les anions (en noir) dans le sens inverse : il y a un courant électrique dans le sens de $\vec{E}$.

En revanche, s'il existe un champ électrique $\vec{E}$ à l'intérieur du conducteur, ce champ exerce sur tout porteur de charge q la force $\vec{F} = q\vec{E}$ (voir la partie *Mécanique* de ce livre). Cette force pousse les porteurs dans le sens du champ électrique s'ils sont de charge positive et dans le sens opposé s'ils sont de charge négative. Il en résulte un déplacement global de charge électrique :

- dans le sens de déplacement des porteurs de charge positive;
- en sens inverse du déplacement des porteurs de charge négative,

c'est-à-dire dans le sens du champ électrique. Ceci est illustré sur la figure 4.1.

Un **courant électrique** est un déplacement des porteurs de charge.

Le courant électrique va dans le même sens que les porteurs positifs et dans le sens inverse des porteurs négatifs.

b) Courant dans un fil métallique

Dans la grande majorité des application pratiques, le courant électrique circule dans un fil métallique. Le mouvement des électrons de conduction est ainsi guidé car ils ne peuvent sortir du fil. Le sens du courant dans le fil est le sens inverse du déplacement des électrons puisqu'ils ont une charge négative.

On choisit de manière arbitraire un sens positif pour le courant le long du fil. Par exemple, sur la figure 4.2(*a*), on a choisi comme sens positif le sens de la gauche vers la droite ; ce choix est rappelé sur le schéma électrocinétique 4.2(*b*) par la flèche placée le long du trait représentant le fil. Dans cet exemple, comme les électrons de conduction se déplacent dans le fil vers la gauche, le courant est positif ; si les électrons se déplaçaient vers la droite le courant serait négatif.

La grandeur algébrique quantifiant le courant dans le fil est l'intensité qui est définie dans le paragraphe suivant.

1.4 Intensité d'un courant stationnaire dans un fil

On suppose dans ce paragraphe que le courant dans le fil est **stationnaire**, c'est-à-dire invariable dans le temps. En électrocinétique, un tel courant est appelé **courant continu** [1].

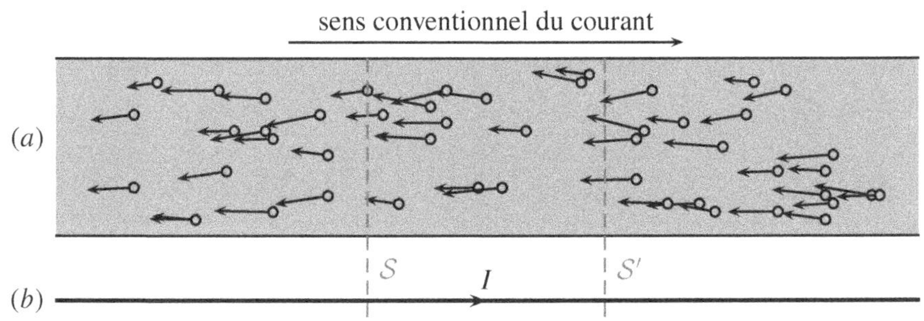

Figure 4.2 – Fil métallique parcouru par un courant électrique :
(*a*) « zoom » sur le fil montrant les électrons en mouvement, (*b*) représentation schématique en électrocinétique. Le sens conventionnel choisi est tel que l'intensité soit ici positive.

Soit $\mathcal{S}$ une section du fil (c'est-à-dire une surface coupant le fil, voir figure 4.2). On appelle Δq la charge algébrique traversant $\mathcal{S}$ pendant une durée Δt, c'est-à-dire la somme des charges des particules qui traversent $\mathcal{S}$ dans le sens conventionnel positif et de l'opposé des charges qui traversent $\mathcal{S}$ dans le sens négatif. Par exemple, sur la figure 4.2, chaque fois qu'un électron traverse $\mathcal{S}$ vers la gauche, Δq augmente de $+e$ (l'opposé de la charge $-e$ de l'électron).

Par définition, l'intensité traversant $\mathcal{S}$ est :

$$I = \frac{\Delta q}{\Delta t}. \tag{4.1}$$

L'intensité I ne dépend pas de la section choisie pour la calculer. En effet, considérons une autre section $\mathcal{S}'$; si la charge algébrique $\Delta q'$ traversant $\mathcal{S}'$ était différente de la charge Δq traversant $\mathcal{S}$ pendant la durée Δt, cela voudrait dire que la charge électrique comprise entre

1. Le mot continu n'a pas dans ce cas la même signification qu'en mathématiques, il s'oppose à variable.

ces deux sections varierait de $\Delta q - \Delta q'$ pendant cette durée et c'est contraire à l'hypothèse d'un courant stationnaire. On peut donc parler de l'intensité I passant dans le fil.

En électrocinétique, cette situation se schématise comme sur la figure 4.2(b) : on indique la valeur de l'intensité I au-dessus de la flèche donnant le sens positif conventionnel choisi. Il convient de bien retenir que I est une grandeur algébrique : $I > 0$ si le courant est dans le sens de la flèche et $I < 0$ si le courant est dans le sens inverse.

Remarque

La formule (4.1) n'est valable que dans le cas d'un courant continu. On verra plus loin sa généralisation au cas d'un courant variant dans le temps.

1.5 Mesure de l'intensité d'un courant

L'intensité d'un courant se mesure avec un **ampèremètre**. Il ne s'agit pas ici de développer la technologie des ampèremètres, mais plus simplement d'indiquer leur branchement.

Figure 4.3 – Mesure d'une intensité.

Un ampèremètre est symbolisé par un (A). Il mesure l'intensité I du courant qui le traverse, intensité comptée positivement dans le sens sortant de l'appareil par sa borne « com » (voir figure 4.3).

L'unité d'intensité électrique est l'ampère [2], de symbole A : $1\ \text{A} = 1\ \text{C.s}^{-1}$.

L'ordre de grandeur de l'intensité est très variable. Citons par exemple :

- l'électronique signal (électronique des ordinateurs ou des téléphones portables), pour laquelle les intensités des courants sont de l'ordre de grandeur du mA ;
- l'électrotechnique (moteurs électriques des TGV, usines), pour laquelle les courants peuvent atteindre 10^3 A ;
- la foudre, dont l'intensité peut atteindre 50.10^3A pendant une durée très brève.

1.6 L'approximation des régimes quasi stationnaires (ARQS)

La notion d'intensité passant dans un fil peut être étendue à un courant variant dans le temps, à condition que le temps caractéristique de variation du courant ne soit pas « trop petit ». Dans le cas d'un courant variant périodiquement, le temps caractéristique de variation est la période T ; il est infini dans le cas d'un courant continu. Le but de ce paragraphe est de préciser le sens de l'expression « trop petit ».

Dans un fil conducteur, les électrons sont mis en mouvement par un champ électrique. Pour que l'intensité soit la même en tous les points d'un fil, il faut que le champ électrique soit le même en tous ces points. Or la théorie électromagnétique (qui sera vue dans le cours de seconde année) montre qu'un champ électrique variable se propage à la vitesse de la lumière $c = 3{,}00.10^8\ \text{m.s}^{-1}$. Donc, s'il varie périodiquement dans le temps avec la période spatiale T, ce champ varie périodiquement dans l'espace avec la période $\lambda = cT$. On peut alors considérer qu'il est identique en tous les points du fil uniquement *si la longueur L du fil est très inférieure à la longueur d'onde* λ*, soit si* : $L \ll cT$. Cette condition définit l'approximation des régimes quasi stationnaires.

2. En l'honneur d'André-Marie Ampère, 1775-1836, chimiste, mathématicien et physicien français. Il introduisit l'usage des mathématiques en physique et contribua au développement de l'électromagnétisme.

L'**approximation de régimes quasi stationnaires** (dont l'acronyme est ARQS) est applicable pour l'étude d'un courant électrique si la longueur L des fils et le temps caractéristique de variation T sont tels que ($c = 3{,}00.10^8\ \text{m.s}^{-1}$ est la vitesse de la lumière dans le vide) :

$$L \ll cT \iff T \gg \frac{L}{c}.$$

L'étude de l'électrocinétique se place dans le cadre de l'ARQS (régime lentement variable).

1.7 Intensité d'un courant variable

Dans le cas d'un courant variable, la définition de l'intensité traversant une section du fil est :

$$i(t) = \frac{\mathrm{d}q}{\mathrm{d}t},$$

où $\mathrm{d}q$ est la charge électrique algébrique traversant cette section dans le sens conventionnel positif entre les instants t et $t + \mathrm{d}t$.

On admet le point suivant qui sera démontré dans le cours de seconde année :

Lorsque l'ARQS est valable, la charge électrique comprise entre deux sections quelconques $\mathcal{S}$ et $\mathcal{S}'$ d'un fil ne varie pas au cours du temps. On dit que la portion de fil entre $\mathcal{S}$ et $\mathcal{S}'$ ne stocke pas de charge.

Il en résulte que la charge $\mathrm{d}q$ qui entre dans cette portion entre t et $t + \mathrm{d}t$, en traversant $\mathcal{S}$, doit être égale à la charge qui en sort, en traversant $\mathcal{S}'$, durant le même laps de temps. Donc la définition donne la même intensité qu'on l'applique en $\mathcal{S}$ ou en $\mathcal{S}'$.

Ainsi, *dans le cadre de l'ARQS*, on peut définir, comme en régime stationnaire, l'intensité passant dans un fil.

Remarque

Il est d'usage de noter une intensité constante avec une lettre majuscule I, et une intensité variable en fonction du temps avec une lettre minuscule $i(t)$.

1.8 Loi des nœuds

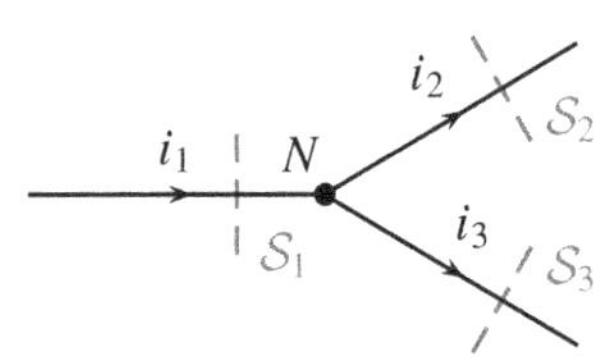

Figure 4.4 – Nœud électrique.

La figure 4.4 représente 3 fils électriques se rejoignant en un point N. Dans le vocabulaire de l'électrocinétique, N est un nœud (voir paragraphe suivant).

Soient $i_1(t)$, $i_2(t)$ et $i_3(t)$ les intensités des courants passant dans les trois fils que l'on algébrise selon les sens positifs visibles sur la figure. Entre les instant t et $t+\mathrm{d}t$, la charge $\mathrm{d}q_1 = i_1(t)\,\mathrm{d}t$ traverse la section $\mathcal{S}_1$, la charge $\mathrm{d}q_2 = i_2(t)\,\mathrm{d}t$ traverse la section $\mathcal{S}_2$ et la charge $\mathrm{d}q_3 = i_3(t)\,\mathrm{d}t$ traverse la section $\mathcal{S}_3$. Comme on se place en régime stationnaire ou dans l'ARQS, la portion de fil délimitée par ces trois sections ne stocke pas de charge donc la charge qui y entre pendant la durée dt, soit dq_1, doit obligatoirement être égale à la charge qui en sort pendant le même temps, soit $dq_2 + dq_3$:

$$dq_1 = dq_2 + dq_3.$$

En divisant cette relation par dt, on obtient :

$$i_1(t) = i_2(t) + i_3(t).$$

Ce résultat est intuitif : on peut voir le nœud N comme un embranchement sur lequel le courant i_1 se divise en deux courants i_2 et i_3. On admet la généralisation de ce résultat à un nœud quelconque.

Loi des nœuds, valable en **régime stationnaire** ou dans le cadre de l'**ARQS** :
En un point N où n fils électriques se rejoignent, la somme des intensités algébriques des courants dans les fils orientés en direction de N est égale à la somme des intensités algébriques des courants dans les fils orientés dans le sens s'éloignant de N.

Remarque
Dans le cas où les intensités $i_1(t)$, $i_2(t)$... $i_n(t)$ dans les n fils sont toutes orientées en direction de N (ou dans le sens s'éloignant de N) : $\sum_{k=1}^{n} i_k(t) = 0$, ou $\sum_{k=1}^{n} I_k = 0$ en régime stationnaire.

2 Circuit électrique

Un **circuit électrique** est constitué de **composants électriques** reliés entre eux par des conducteurs, en général filiformes, que l'on appellera **fils de connexion**. Sur le schéma électrocinétique du circuit, chaque composant électrique est représenté par le symbole correspondant à sa nature et les fils de connexion sont représentés par des traits continus (voir figure 4.5).

Un **dipôle électrocinétique** est un composant électrique relié au circuit par deux fils de connexion. On parlera aussi de tripôle, quadripôle... s'il y a 3, 4... fils de connexion.

L'expression « point du circuit » désignera un point de jonction entre des fils; les points intéressants seront le plus souvent repérés par un point épais sur le schéma. Un point où au moins trois fils se rejoignent est appelé **nœud électrique**. Une **branche** est une portion de circuit comprise entre deux nœuds consécutifs. Par exemple, le circuit de la figure 4.5 comporte quatre points marqués A à D et deux nœuds, B et D ; au nœud B se rejoignent les trois branches BAD, BD et BCD.

Tout circuit électrique doit comporter un élément actif appelé **générateur**. C'est cet élément qui crée le courant passant dans le circuit. Le circuit ci-contre comporte un générateur de tension idéal (voir plus bas). La flèche à côté du générateur indique dans quel sens celui-ci fait circuler le courant électrique.

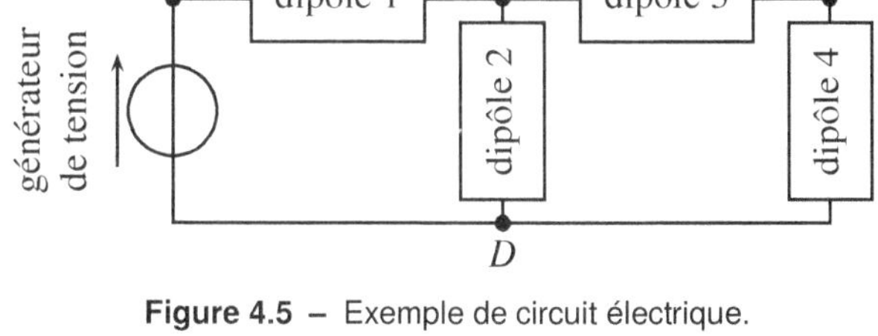

Figure 4.5 – Exemple de circuit électrique.

Comme son nom le suggère, un circuit électrique est obligatoirement fermé : il doit exister au moins un chemin pour le courant électrique à travers les composants qui revienne à son point de départ. Une **maille** est un ensemble de branches formant une boucle fermée. Une maille peut être désignée par la suite des points par lesquels elles passe. Par exemple le circuit de la figure 4.5 présente trois mailles : $ABCDA$, $DABD$ et $DBCD$.

3 Tension électrique

En branchant un voltmètre entre deux points d'un circuit, on mesure la **tension électrique** entre ces deux points, qui est appelée aussi différence de potentiel. Après avoir donné des précisions sur cette mesure, on va étudier les propriétés de cette grandeur physique.

3.1 Mesure d'une tension

Deux méthodes de mesure existent.

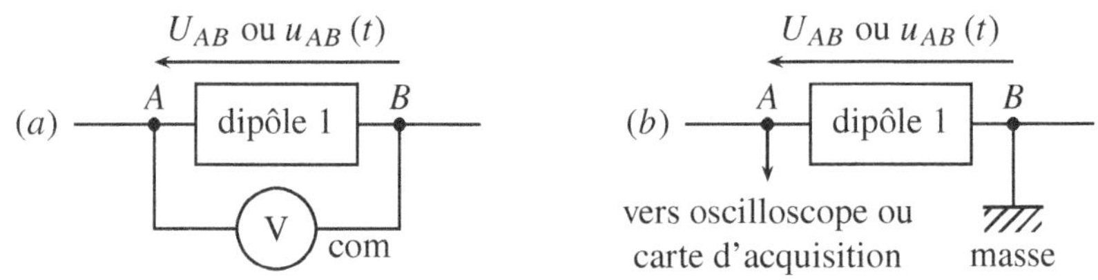

Figure 4.6 – Mesure de la tension aux bornes d'un dipôle avec un : (a) voltmètre, (b) oscilloscope ou carte d'acquisition.

a) Mesure avec un voltmètre

Pour mesurer une tension avec un voltmètre, on connecte ses deux bornes aux points A et B choisis. Le voltmètre est représenté sur le schéma électrique par le symbole (V).

La valeur lue est assortie d'un signe et elle est changée en son opposé si l'on intervertit les connexions du voltmètre. La tension est donc une grandeur algébrique dont le signe dépend de l'ordre des points entres lesquels on la prend.

La **tension entre** A **et** B, notée U_{AB} (avec les points dans cet ordre), se mesure en reliant la borne « com » du voltmètre au point B. Elle est représentée sur le schéma électrique par une flèche qui part de B et pointe vers A (voir figure 4.6).

On vérifie expérimentalement : $U_{AB} = -U_{BA}$.

Remarque

Si on relie les deux bornes du voltmètre au point A, on mesure : $U_{AA} = 0$.

b) Mesure avec un oscilloscope

Dans le cas où $u_{AB}(t)$ est une fonction périodique, le voltmètre réglé sur la « position courant alternatif » fournit une valeur toujours positive et égale à la valeur efficace de la tension, définie p. 254. La valeur lue ne change pas si l'on intervertit le branchement du voltmètre.

Pour obtenir la courbe de la tension $u_{AB}(t)$ en fonction du temps, que l'on appelle chronogramme, il faut utiliser un **oscilloscope** ou bien une **carte d'acquisition** reliée à un ordinateur. On visualise $u_{AB}(t)$ lorsqu'on connecte B à la borne appelée « masse » de l'appareil de mesure.

c) Unité de tension électrique

Une tension s'exprime en volts [3], unité de symbole V.

L'ordre de grandeur des tensions est très variable. On peut citer :

- la tension entre les extrémités d'un éclair lors d'un orage, jusqu'à 500 MV ;
- la tension domestique délivrée par EDF, 230 V ;
- la tension aux bornes d'une pile électrique, 1,5 V ;
- la tension dans les circuits d'un téléphone, quelques mV à quelques centaines de mV.

3.2 Additivité des tensions

Si A, B et C sont trois points d'un circuit parcouru par un courant continu, on peut mesurer avec un voltmètre les trois tensions U_{AB}, U_{BC} et U_{AC}. On constate alors expérimentalement la **loi d'additivité des tensions** :

$$U_{AC} = U_{AB} + U_{BC}. \tag{4.2}$$

Dans le cas d'un circuit parcouru par un courant variable, la loi d'additivité n'est pas vérifiée par les valeurs efficaces de tensions mesurées au voltmètre numérique car dans la plupart des cas :

$$U_{AC,\,eff} \neq U_{AB,\,eff} + U_{BC,\,eff}.$$

On admet cependant la relation :

$$u_{AC}(t) = u_{AB}(t) + u_{BC}(t). \tag{4.3}$$

3.3 Loi des mailles

a) Notation simplifiée de la tension

Dans la notation U_{AB} ou $u_{AB}(t)$, les indices expliquent clairement les deux points entre lesquels on considère la tension. Il est souvent d'usage, lorsqu'un schéma électrique est dessiné, d'omettre ces indices et de noter cette tension simplement U ou $u(t)$. La représentation de la tension sous forme d'une flèche définit alors cette tension sans ambiguïté.

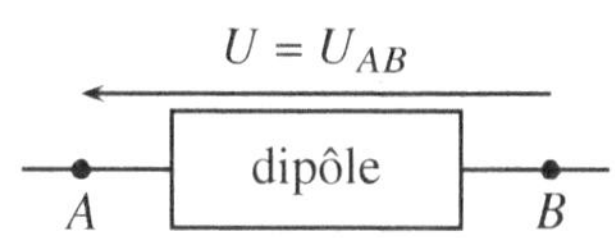

Figure 4.7 – Notation simplifiée, sans indice, d'une tension.

b) Loi des mailles

On considère sur la figure 4.8 une maille $ABCDA$, parcourue par un courant continu, et on note $U_1 = U_{AB}$, $U_2 = U_{BC}$, $U_3 = U_{CD}$ et $U_4 = U_{DA}$ les tensions aux bornes des quatre dipôles constituant cette maille. Ces tensions sont représentées par des flèches *qui tournent toutes dans le même sens autour de la maille*.

3. En l'honneur d'Alessandro Volta, 1745-1827, physicien italien dont les travaux portèrent sur l'électricité et qui inventa la première pile.

En utilisant plusieurs fois la loi d'additivité des tensions, on peut écrire :

$$U_1 + U_2 + U_3 + U_4 = U_{AB} + U_{BC} + U_{CD} + U_{DA} = U_{AC} + U_{CD} + U_{DA} = U_{AD} + U_{DA} = 0.$$

Ainsi la somme des tensions sur toute la maille est nulle. Ce résultat se généralise à une maille quelconque dans un circuit.

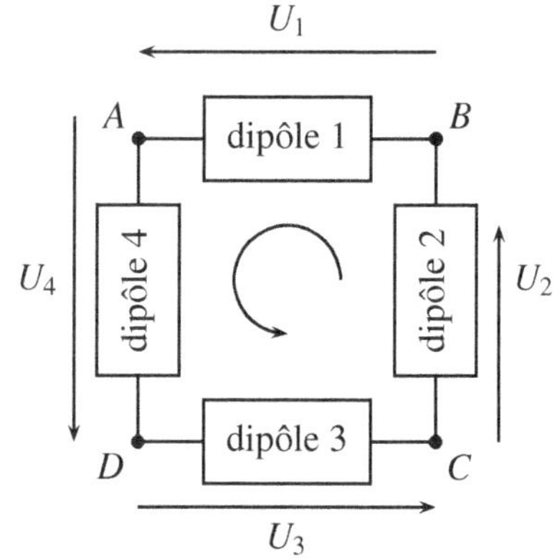

Figure 4.8 – Exemple de maille en courant continu.

Soient une maille comportant n points et U_1, U_2... U_n les tensions entre les points de la maille orientées toutes dans le même sens autour de la maille.
La **loi des mailles** s'écrit :

$$\sum_{k=1}^{n} U_k = 0.$$

En régime variable, ces tensions se notent $u_1(t)$, $u_2(t)$... $u_n(t)$ et la loi des mailles s'écrit :

$$\sum_{k=1}^{n} u_k(t) = 0.$$

3.4 Potentiel électrique

La propriété d'additivité des tensions traduite par les équations (4.2) et (4.3) permet de définir la notion de **potentiel électrique**. Pour cela, on choisit de manière arbitraire un point particulier du circuit électrique que l'on appellera **masse** et que l'on note ici M, et on définit le potentiel électrique V_A en tout point A par la relation :

$$V_A = U_{AM}.$$

Le potentiel V_A dépend donc du choix de la position M de la masse dans le circuit, que l'on a choisie arbitrairement.

Pour tout couple de points A et B du circuit, on peut écrire, en utilisant la loi d'additivité des tensions : $U_{AB} = U_{AM} + U_{MB} = U_{AM} - U_{BM}$, soit :

$$U_{AB} = V_A - V_B.$$

Ainsi, la différence des potentiels entre les deux points ne dépend pas de la position de la masse ; elle est égale à la tension entre ces deux points.

Dans le cas d'un courant variable, le potentiel en A est noté $v_A(t)$ et on a de même :

$$u_{AB}(t) = v_A(t) - v_B(t).$$

Comme la tension, le potentiel électrique se mesure en volts.

3.5 La masse

Étant donné que $U_{MM} = 0$, il est clair que :

> La **masse** est le point de potentiel nul : $V_M = 0$ (ou en régime variable $v_M(t) = 0$).

La position de M dans le montage est sans influence sur les valeurs des tensions. Toutefois, un choix judicieux permet parfois de simplifier les calculs.

La position de la masse dans le montage est repérée par un symbole avec des hachures penchées, visible sur la figure 4.9.

> Lorsque le symbole de masse est représenté en plusieurs points d'un circuit, cela signifie que tous ces points sont reliés entre eux et qu'ils sont tous au potentiel nul.

Cette convention est utilisée pour simplifier les schémas électrocinétiques en omettant les fils de connexion entre les points reliés à la masse (voir figure 4.9).

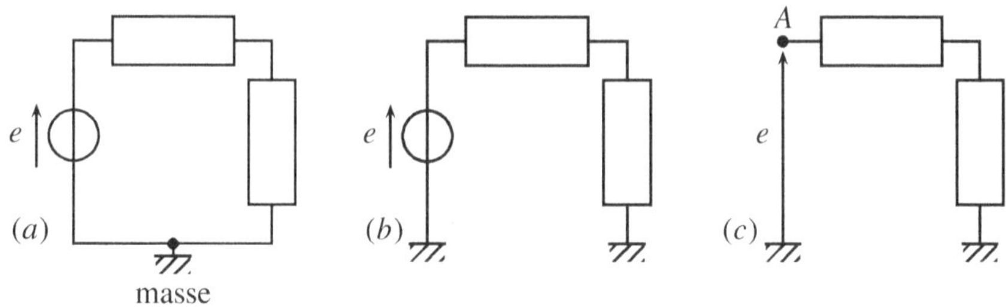

Figure 4.9 – (a) : un circuit électrique, (b) : représentation où la connexion par la masse est implicite, (c) : représentation où le générateur de tension est représenté par le potentiel qu'il impose au nœud A.

4 Dipôles électrocinétiques en courant continu

4.1 Puissance, conventions générateur et récepteur

Un dipôle électrocinétique est connecté par deux fils au circuit dans lequel on l'insère. En courant continu et en régime variable compatible avec l'ARQS, un dipôle ne stocke pas de charge : l'intensité entrant par l'un des fils est égale à l'intensité sortant par l'autre.

L'état d'un dipôle électrocinétique est déterminé par trois grandeurs :

- l'intensité I du courant qui le traverse ;
- la tension U à ses bornes ;
- la puissance $\mathcal{P}$ qu'il échange avec le reste du circuit électrique, donnée par :

$$\mathcal{P} = UI.$$

Le signe de cette puissance dépend du sens conventionnel positif choisi pour l'intensité traversant le dipôle et du sens de la tension à ses bornes. Il existe deux conventions :

La **convention générateur** consiste à prendre le sens positif conventionnel du courant et la flèche définissant la tension *dans le même sens*. Dans ce cas, la puissance $\mathcal{P} = UI$ est la puissance algébrique **cédée** par le dipôle au reste du circuit.

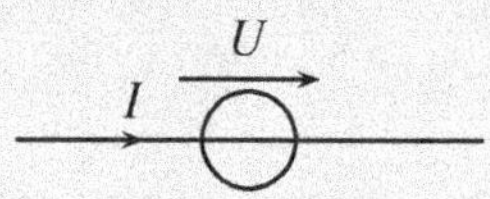

convention générateur

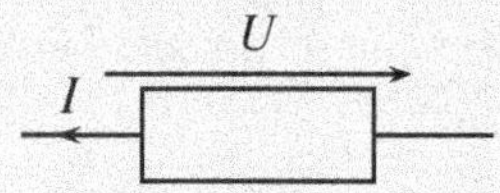

convention récepteur

La **convention récepteur** consiste à prendre le sens positif conventionnel du courant et la flèche définissant la tension *dans des sens opposés*. Dans ce cas, $\mathcal{P} = UI$ est la puissance algébrique **reçue** par le dipôle de la part du reste du circuit.

Avec le sens conventionnel positif de I choisi ci-contre, U correspond à la fois à la convention générateur pour le générateur et à la convention récepteur pour le dipôle dans lequel le générateur fait passer un courant. $\mathcal{P} = UI$ est donc aussi bien la puissance cédée par le générateur au dipôle (calculée en convention générateur) que la puissance reçue par le dipôle de la part du générateur (calculée en convention récepteur).

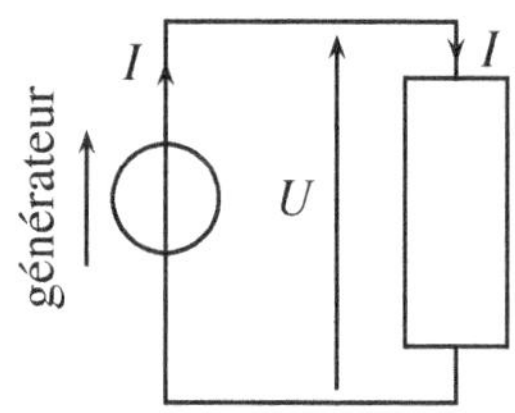

Figure 4.10 – Conventions générateur et récepteur.

4.2 Le résistor

Un **résistor** est un dipôle passif et linéaire : la caractéristique en courant continu est une droite passant par le point ($U = 0$, $I = 0$), de pente positive en convention récepteur. Par définition, la **résistance** R du résistor est égale à l'inverse de cette pente :

$$I = \frac{1}{R} U \quad \Leftrightarrow \quad \boxed{U = RI.}$$

Cette dernière relation est la **loi d'Ohm** [4].

L'unité de résistance électrique est l'ohm, dont le symbole est la lettre grecque oméga majuscule Ω. Dans un schéma électrique, un résistor est symbolisé par un rectangle.

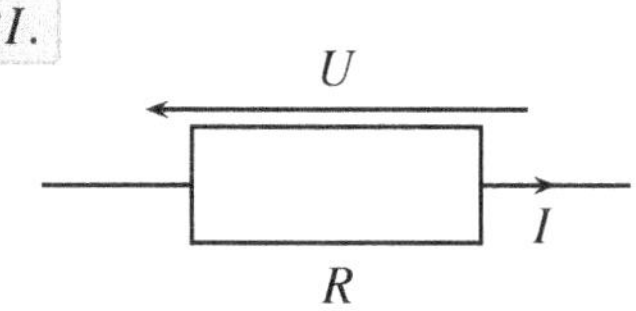

Figure 4.11 – Résistor en convention récepteur.

Les valeurs numériques des résistances sont très variables, de quelques Ω à plus de 10^7 Ω.

On utilise très couramment le mot « résistance » pour désigner le composant électrique à la place du mot « résistor ».

Remarque

Il existe deux cas limites :

- un interrupteur ouvert est assimilable à une résistance $R \to \infty$ car le courant qui le traverse est toujours nul ;
- un interrupteur fermé est assimilable à une résistance nulle car la tension à ses bornes est toujours nulle.

4. En l'honneur de Georg Ohm, 1789-1854, physicien allemand dont les travaux portèrent sur l'électrocinétique et qui formula la loi d'Ohm.

4.3 Les générateurs de tension

Les générateurs de tension sont des dipôles linéaires actifs.

a) Générateur de tension idéal

Un **générateur de tension idéal** impose entre ses bornes une tension qui a la même valeur quel que soit le courant qui le traverse :

$$U = E\text{, valeur constante indépendante de } I.$$

E est appelée **force électromotrice** du générateur.
Le symbole du générateur de tension idéal est un cercle traversé par le fil électrique. Une flèche indique le sens de la différence de potentiel E. Ce sens est généralement choisi de telle manière que E soit positif ; la flèche indique dans ce cas le sens du courant que le générateur tend à créer.

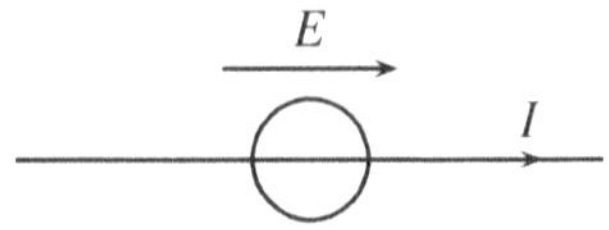

Figure 4.12 – Générateur idéal de tension.

b) Modèle de Thévenin d'une source réelle

Le générateur de tension idéal est un modèle trop idéalisé pour représenter de manière satisfaisante une source de courant réelle. Le **générateur de Thévenin** est un modèle plus réaliste : il associe un générateur idéal de tension de force électromotrice E et un résistor de résistance R_g (voir figure 4.13).

Du fait de la loi d'additivité des tensions, la tension U aux bornes du modèle de Thévenin du générateur est :

$$U = E - R_g I.$$

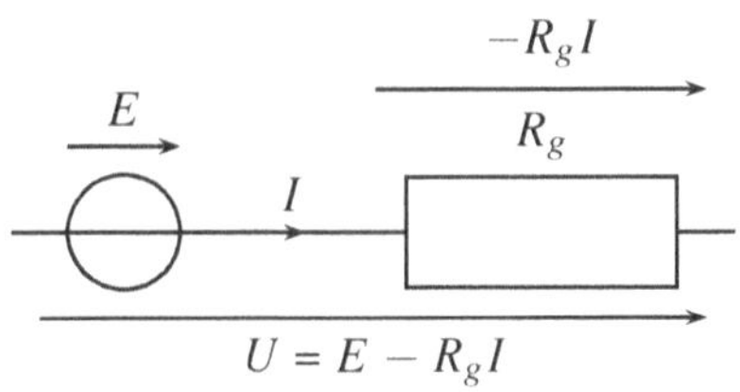

Figure 4.13 – Schéma électrique d'un générateur de Thévenin.

En résumé, le modèle de Thévenin d'une source réelle est caractérisé par deux grandeurs :

- la **force électromotrice** E qui est la tension à vide, c'est-à-dire la tension quand aucun courant n'est débité ;
- la **résistance interne** du générateur R_g. Plus le générateur délivre un courant d'intensité importante, plus chute la tension à ses bornes.

Remarque
Un générateur idéal est un générateur de Thévenin de résistance interne $R_g = 0$.

5 Associations de dipôles

5.1 Associations série et parallèle

On peut associer deux dipôles électriques pour en faire un seul. Il existe deux types d'association de dipôles : l'**association série** et l'**association parallèle** :

- deux dipôles associés **en série** ont deux bornes reliées par un fil ; ils sont parcourus par la même intensité I (voir figure 4.14(a)) ;
- deux dipôles électriques associés **en parallèle** ont leurs bornes reliées deux à deux ; ils sont soumis à la même tension U (voir figure 4.14(b)).

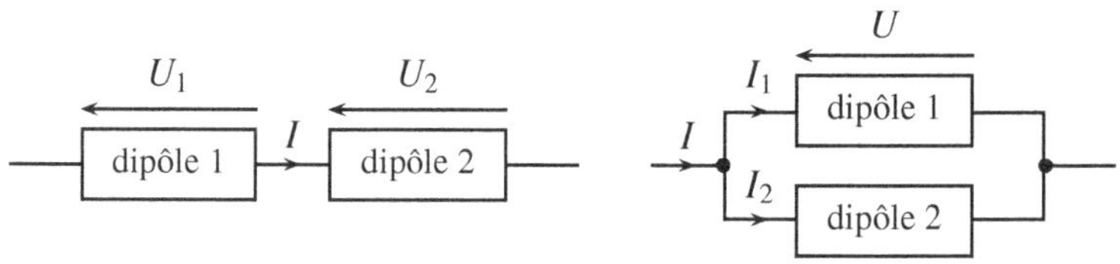

Figure 4.14 – Association de dipôles électriques : en série à gauche, en parallèle à droite.

5.2 Lois d'association des résistances

a) Résistances en série

On montre, en méthodologie, p. 110, que les résistances se somment en série. Ce résultat se généralise à l'association série de plus de deux résistances.

Des résistances R_1, R_2... R_n montées **en série** sont équivalentes à une unique résistance R_S, dont la valeur est la somme des résistances individuelles : $R_S = \sum_{i=1}^{n} R_i$.

b) Résistances en parallèle

On montre, en méthodologie, p. 111, que les inverses des résistances se somment en parallèle. Ce résultat se généralise à l'association série de plus de deux résistances.

Des résistances R_1, R_2... R_n montées **en parallèle** sont équivalentes à une unique résistance R_P, telle que : $\frac{1}{R_P} = \sum_{i=1}^{n} \frac{1}{R_i}$.

5.3 Associations de générateurs

L'association en série de deux générateurs de forces électromotrices E_1 et E_2 mène immédiatement à un générateur équivalent unique qui impose la tension $E_1 + E_2$. C'est ce que l'on fait lorsqu'on met des piles tête-bêche dans un appareil électrique.

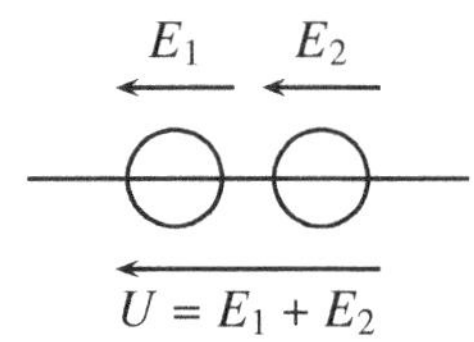

Figure 4.15 – Association de générateurs en série.

6 Ponts diviseurs

6.1 Diviseur de tension

La loi du **diviseur de tension** donne la tension aux bornes d'une résistance branchée en série avec d'autres résistances en fonction de la tension aux bornes de l'ensemble des résistances (ces deux tensions étant prises dans le même sens). On établit, en méthodologie, p. 111, le cas de deux résistances montées en série. Ce résultat se généralise de la manière suivante :

Quand des résistances R_1, R_2... R_n sont montées en série (donc parcourues par la même intensité), la tension U_k aux bornes de la résistance R_k est reliée à la tension U aux bornes de l'ensemble des n résistances par la relation : $U_k = \frac{R_k}{\sum_{i=1}^{n} R_i} U$.

6.2 Diviseur de courant

La loi du **diviseur de courant** donne l'intensité du courant dans une résistance branchée en parallèle avec d'autres résistances en fonction de l'intensité du courant traversant l'ensemble des résistances (ces deux intensités étant prises dans le même sens). On établit, en méthodologie, p. 111, le cas de deux résistances montées en parallèle. Ce résultat se généralise de la manière suivante :

> Quand des résistances R_1, R_2... R_n sont montées en parallèle (donc soumises à la même différence de potentiel), l'intensité I_k traversant la résistance R_k est reliée à l'intensité I traversant l'ensemble des n résistances par la relation : $I_k = \dfrac{\frac{1}{R_k}}{\sum_{i=1}^{n} \frac{1}{R_i}} I$.

7 Résistances de sortie et d'entrée

Certains appareils compliqués, comme un générateur de fonctions, un oscilloscope ou un multimètre, se branchent sur un circuit électrique par deux fils comme un dipôle ordinaire. Du point de vue du circuit, un tel appareil peut se comporter comme un dipôle actif (cas du générateur de fonctions) ou un dipôle passif (cas de l'oscilloscope ou du multimètre). La connaissance de sa résistance de sortie dans le premier cas, ou de sa résistance d'entrée dans le second cas, permet de prévoir l'influence de l'appareil sur le circuit. Les valeurs de ces grandeurs sont précisées dans les notices fournies par les constructeurs.

7.1 Résistance d'entrée

Un appareil se comportant vis-à-vis du circuit comme un dipôle passif (c'est-à-dire qui recueille un signal délivré par le circuit) est caractérisé par sa **résistance d'entrée** définie de la manière suivante :

$$R_e = \frac{U_e}{I_e},$$

où U_e est la tension entre les fils de connexion de l'appareil et I_e l'intensité du courant dans ces fils, prise en *convention récepteur* du point de vue de l'appareil (voir ci-contre). Ce rapport est bien homogène à une résistance. Pour le circuit, l'appareil est équivalent à un résistor de résistance R_e.

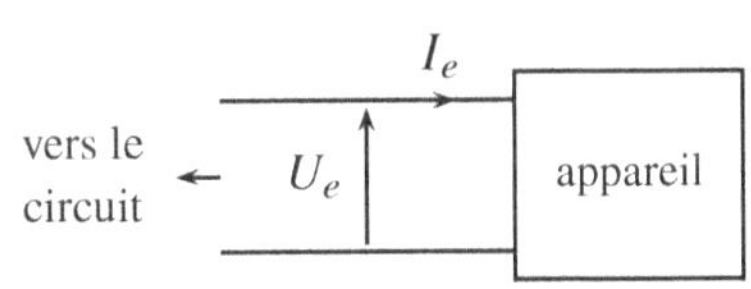

Figure 4.16 – Résistance d'entrée.

Exemple

La résistance d'entrée R_e d'un oscilloscope est de l'ordre de $1\ \text{M}\Omega = 1.10^6\ \Omega$; la résistance d'un multimètre en position voltmètre est du même ordre de grandeur. Branchés en parallèle sur une résistance moyenne (de l'ordre de $1\ \text{k}\Omega$ donc bien plus faible que R_e), ces appareils ne perturbent pas le fonctionnement du circuit.

La résistance d'entrée R_e d'un multimètre en position ampèremètre est de l'ordre de $1\ \Omega$. Branché en série avec une résistance moyenne (de l'ordre de $1\ \text{k}\Omega$ donc bien plus importante que R_e), il ne perturbe pas le fonctionnement du circuit.

7.2 Résistance de sortie

Un appareil se comportant vis-à-vis du circuit comme un dipôle actif linéaire est modélisable, d'après le paragraphe 4.3, par un générateur de Thévenin présentant une certaine résistance interne. Cette résistance interne est appelée **résistance de sortie** de l'appareil et notée R_s.

> **Exemple**
> La résistance de sortie R_s d'un générateur de fonction est de l'ordre de $50\,\Omega$. Branché aux bornes d'une résistance de l'ordre du kΩ, donc très supérieure à R_s, il se comporte pratiquement comme un générateur idéal.

8 Dipôles électrocinétiques fondamentaux du régime variable

Dans ce paragraphe, on présente les trois composants électrocinétiques linéaires fondamentaux permettant de modéliser les circuits en régime variable.

8.1 Le générateur idéal de tension variable

Un générateur idéal de tension variable impose entre ses bornes une tension $e(t)$ prédéfinie appelée **force électromotrice** du générateur qui peut être, par exemple :

- une **tension sinusoïdale** : $e(t) = E_0 \cos(\omega t)$ où E_0 et ω sont des constantes ;
- un **échelon de tension** : $e(t) = \begin{cases} 0 & \text{si } t < 0, \\ E_0 & \text{si } t > 0 \end{cases}$, où E_0 est une constante.

Le schéma du générateur idéal de tension variable est identique à celui du générateur idéal de tension continue ; la flèche indique le sens de la différence de potentiel imposée $e(t)$.

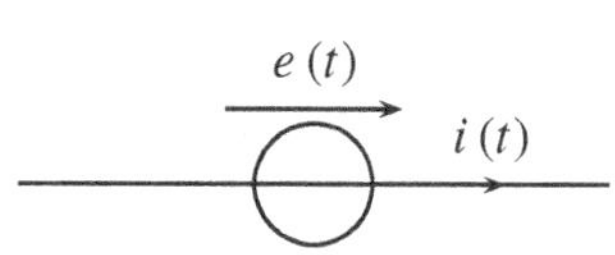

Figure 4.17 – Générateur idéal de tension variable.

8.2 Le résistor

La loi d'Ohm définissant le résistor en courant continu est encore valable en régime variable. *En convention récepteur* :

$$u(t) = Ri(t),$$

où R est la résistance du résistor. Ainsi la tension aux bornes du résistor à l'instant t est proportionnelle à l'intensité à ce même instant.

> **Remarque**
> Les conséquences de la loi d'Ohm qui ont été vues en courant continu sont valables en régime variable, notamment les formules des diviseurs de tension et de courant.

8.3 Le condensateur

Les condensateurs sont des dipôles indispensables dans presque tous les circuits électriques en régime variable, c'est-à-dire pour toutes les applications qui traitent de signaux dépendant du temps. Celles-ci sont innombrables et vont de la hi-fi à l'ordinateur, en passant par le téléphone portable.

La loi du condensateur est une relation différentielle entre l'intensité du courant $i(t)$ qui le traverse et la tension $u(t)$ à ses bornes : *en convention récepteur*, $i(t)$ est proportionnelle à la dérivée de la tension $u(t)$:

$$i(t) = C\frac{\mathrm{d}u}{\mathrm{d}t}(t).$$

C est appelée **capacité** du condensateur. La capacité s'exprime en **farads**, unité dont le symbole est F.
Un condensateur est constitué de deux surfaces métalliques en regard. Le schéma électrique d'un condensateur rappelle cette technologie de base.
On appelle **charge d'un condensateur** la quantité :

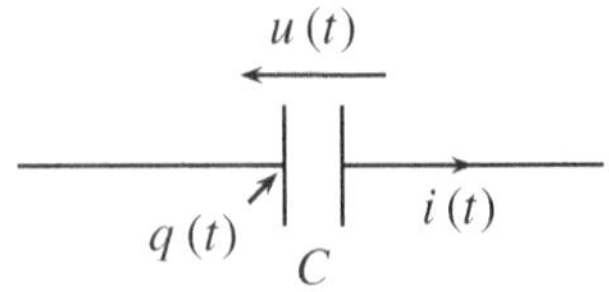

Figure 4.18 – Condensateur en convention récepteur.

$$q(t) = Cu(t).$$

Il s'agit d'une charge électrique qui est portée par la surface métallique située à l'extrémité de la flèche représentant la tension $u(t)$; l'autre surface métallique porte la charge $-q(t)$ de sorte que le condensateur ne stocke pas de charge. On a naturellement $i(t) = \frac{\mathrm{d}q}{\mathrm{d}t}(t)$.

Remarque
L'expression condensateur déchargé signifie que $q = 0$ donc que la tension aux bornes du condensateur est nulle.

Les valeurs numériques des capacités sont très variables. Le farad est une unité extrêmement grande; les valeurs les plus utilisées vont du pF (picofarad) au mF (millifarad). Une valeur typique en électronique est 1 µF.

8.4 La bobine

Les bobines sont des dipôles indispensables dans les applications de forte puissance (moteur de TGV par exemple). En traitement du signal, on préfère les simuler avec des circuits électroniques adéquats, beaucoup plus facilement miniaturisables.

La loi de la bobine est une relation différentielle entre l'intensité du courant $i(t)$ qui le traverse et la tension $u(t)$ à ses bornes : *en convention récepteur*, $u(t)$ est proportionnelle à la dérivée de $i(t)$:

$$u(t) = L\frac{\mathrm{d}i}{\mathrm{d}t}$$

où L est appelée **inductance** de la bobine. L'inductance s'exprime en **henrys**, unité dont le symbole est H.

Une bobine est créée grâce à un fil électrique enroulé. Le schéma électrique d'un condensateur rappelle cette technologie de base.
Les valeurs numériques des inductances varient du millihenry (mH) au henry (H).

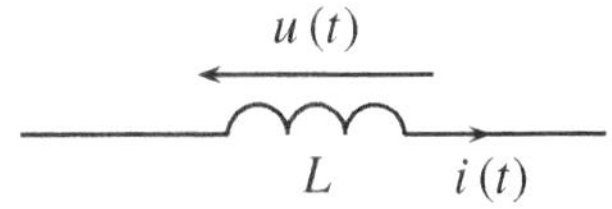

Figure 4.19 – Bobine en convention récepteur.

9 Puissance et énergie en régime variable

9.1 Les unités

L'**énergie** s'exprime en joules [5], symbolisés par la lettre J majuscule. On montre en mécanique que le joule s'exprime, dans le système international, en kg.m^2.s^{-2}.

Une **puissance** s'exprime en watts [6], symbolisés par la lettre W majuscule. La puissance est, par définition, l'énergie développée par unité de temps. Par exemple, si un dispositif consomme une énergie de 20 J pendant 5 s, alors la puissance moyenne consommée vaut $\frac{20}{5} = 4$ W.

9.2 Puissance instantanée reçue par un dipôle en régime variable

La puissance instantanée $\mathcal{P}(t)$ échangée par un dipôle avec le circuit électrique dans lequel il est inséré se calcule par la même formule que la puissance en courant continu :

$$\boxed{\mathcal{P}(t) = u(t)\,i(t)\,.}$$

Cette puissance algébrique est :

- la puissance *reçue* par le dipôle de la part du reste du circuit lorsque u et i sont liés par la convention *récepteur* ;
- la puissance *cédée* par le dipôle au reste du circuit lorsque u et i sont liés par la convention *générateur*.

9.3 Puissance dissipée dans un résistor

Calculons la puissance instantanée $\mathcal{P}_R(t)$ reçue par un résistor de résistance R :

$$\begin{cases} \mathcal{P}_R(t) = u(t)\,i(t) \\ u(t) = Ri(t) \end{cases} \quad \text{donc} \quad \boxed{\mathcal{P}_R(t) = Ri^2(t) = \frac{u^2(t)}{R}.}$$

La résistance R étant positive, $\mathcal{P}_R(t)$ est toujours positive : le résistor ne peut que recevoir de l'énergie de la part du circuit. Cette énergie est transformée en énergie thermique, ce qui se traduit par l'échauffement du composant. Ce phénomène porte le nom d'**effet Joule**.

9.4 Énergie stockée dans un condensateur

Calculons la puissance instantanée $\mathcal{P}_C(t)$ reçue par un condensateur de capacité C :

$$\begin{cases} \mathcal{P}_C(t) = u(t)\,i(t) \\ i(t) = C\dfrac{\mathrm{d}u}{\mathrm{d}t} \end{cases} \quad \text{donc} \quad \mathcal{P}_C(t) = Cu(t)\frac{\mathrm{d}u}{\mathrm{d}t} = \frac{\mathrm{d}}{\mathrm{d}t}\left(\frac{1}{2}Cu^2(t)\right).$$

5. En l'honneur de James Prescott Joule, 1818-1889, physicien britannique, auteur de travaux fondamentaux en thermodynamique, sur l'équivalence entre travail et transfert thermique. Il étudia de plus l'énergie dissipée dans une résistance, nommé depuis effet Joule.

6. En l'honneur de James Watt, 1736-1819, ingénieur écossais, qui développa les machines à vapeur, sources de la révolution industrielle.

Cette puissance peut être aussi bien positive que négative. On interprète l'échange d'énergie entre le circuit et le condensateur de la manière suivante : le condensateur stocke à l'instant t l'énergie :

$$\boxed{\mathcal{E}_{\text{élec}}(t) = \frac{1}{2}Cu^2(t).}$$

Si $\mathcal{P}_C(t) > 0$, le condensateur reçoit de l'énergie qu'il stocke ; si $\mathcal{P}_C(t) < 0$, le condensateur délivre au circuit de l'énergie stockée. Il est important de retenir qu'un condensateur ne consomme aucune énergie : l'énergie stockée peut être restituée. L'énergie stockée dans un condensateur est appelée **énergie électrique** [7].

9.5 Énergie stockée dans une bobine

Calculons la puissance instantanée $\mathcal{P}_L(t)$ reçue par une bobine d'inductance L :

$$\begin{cases} \mathcal{P}_L(t) = u(t)\,i(t) \\ u(t) = L\dfrac{\mathrm{d}i}{\mathrm{d}t} \end{cases} \quad \text{donc} \quad \mathcal{P}_L(t) = Li(t)\frac{\mathrm{d}i}{\mathrm{d}t} = \frac{\mathrm{d}}{\mathrm{d}t}\left(\frac{1}{2}Li^2(t)\right).$$

Cette puissance peut être aussi bien positive que négative. De manière analogue au condensateur, la bobine stocke à l'instant t l'énergie :

$$\boxed{\mathcal{E}_{\text{magné}}(t) = \frac{1}{2}Li^2(t).}$$

Si $\mathcal{P}_L(t) > 0$, la bobine reçoit de l'énergie qu'elle stocke ; si $\mathcal{P}_L(t) < 0$, la bobine délivre au circuit de l'énergie stockée. Il est important de retenir qu'une bobine ne consomme aucune énergie : l'énergie stockée peut être restituée. L'énergie stockée dans la bobine est appelée **énergie magnétique**.

7. Cette dénomination sera expliquée dans le cours d'électromagnétisme de seconde année.

MÉTHODOLOGIE

Comment utiliser la loi des nœuds ?
▷ *Les intensités entrantes sont égales aux intensités sortantes :* $i_1 = i_2 + i_3$.

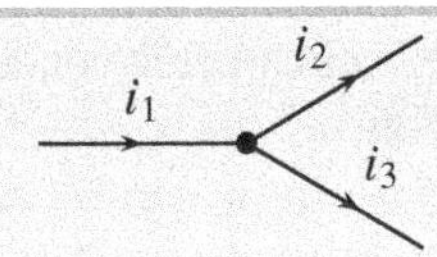

Comment utiliser la loi des mailles ?
▷ *Une même différence de potentiel peut être écrite par deux chemins différents, en tenant compte de l'orientation des tensions.*

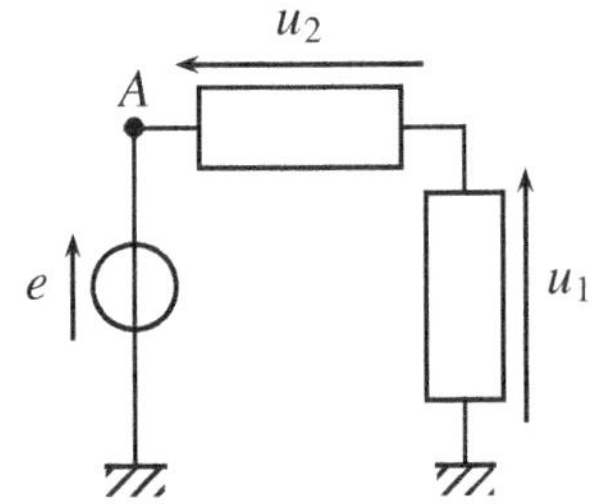

Par exemple, entre la masse et A :

$$e = u_1 + u_2.$$

Comment orienter courant et tension en convention récepteur ?
▷ *Aux bornes de R, C ou L, i et u sont en sens opposés.*

Comment orienter courant et tension en convention générateur ?
▷ *Aux bornes d'un générateur, i et u sont dans le même sens.*

Comment associer deux résistances en série ?
▷ $R_S = R_1 + R_2$.

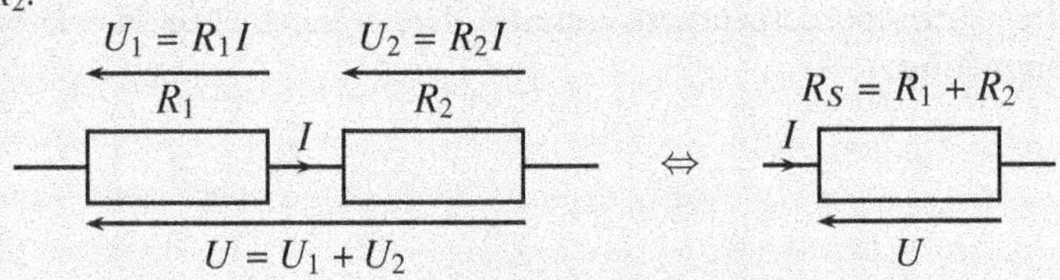

En effet, la tension aux bornes des deux résistances est :

$$U = U_1 + U_2 = R_1 I + R_2 I = (R_1 + R_2) I = R_S I.$$

Comment associer deux résistances en parallèle ?
▷ $\dfrac{1}{R_P} = \dfrac{1}{R_1} + \dfrac{1}{R_2}$.

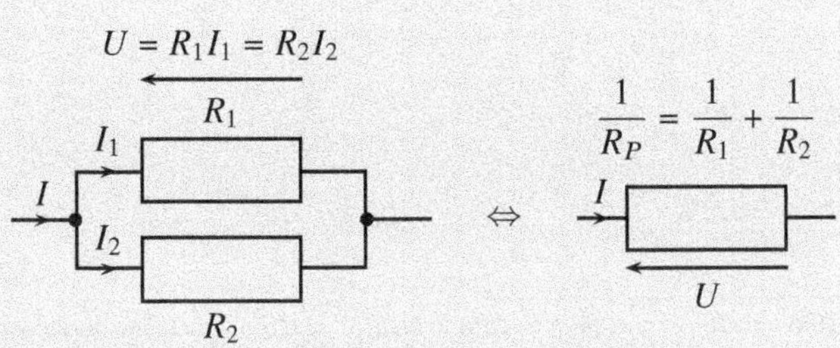

En effet, la loi des nœuds impose :

$$I = I_1 + I_2 = \frac{U}{R_1} + \frac{U}{R_2} = U\left(\frac{1}{R_1} + \frac{1}{R_2}\right) = \frac{U}{R_P}.$$

Comment utiliser la formule du pont diviseur de tension ?

▷ *Si c'est bien le* <u>*même courant*</u> *dans les deux dipôles, alors :* $U_2 = \dfrac{R_2}{R_1 + R_2} U$.

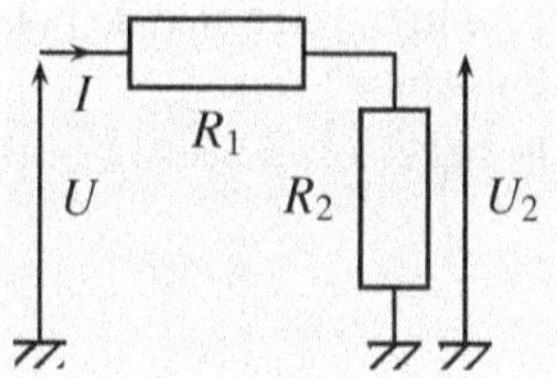

En effet $\begin{cases} U_2 = R_2 I \\ U = R_2 I + R_1 I \end{cases}$ donc $U_2 = \dfrac{R_2}{R_1 + R_2} U$.

Comment utiliser la formule du pont diviseur de courant ?

▷ $I_1 = \dfrac{\frac{1}{R_1}}{\frac{1}{R_1} + \frac{1}{R_2}} I$.

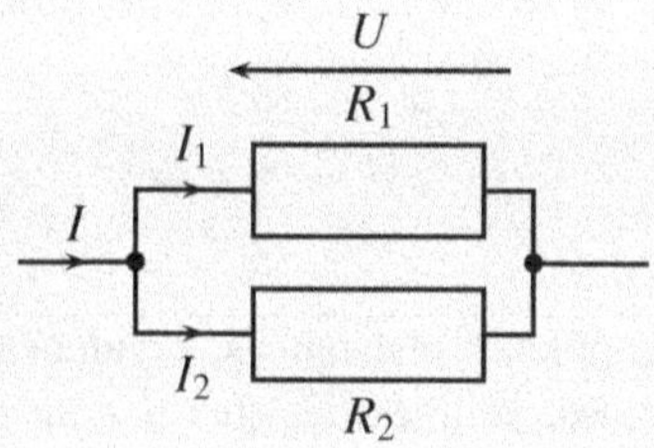

En effet, on a la même tension U aux bornes des deux résistances. La loi d'Ohm s'écrit :

$$U = R_1 I_1 = R_2 I_2.$$

La loi des nœuds impose $I = I_1 + I_2 = I_1 + \dfrac{R_1}{R_2} I_1$ donc $I_1 = \dfrac{R_2}{R_1 + R_2} I = \dfrac{\frac{1}{R_1}}{\frac{1}{R_1} + \frac{1}{R_2}} I$.

Comment établir l'énergie stockée par un condensateur ou une bobine ?

▷ *Multiplier l'équation électrique par* $u(t)$ *ou* $i(t)$*, afin de faire apparaître la puissance* $u(t)\,i(t)$*, puis reconnaître la dérivée de l'énergie* $\mathcal{E}_C(t) = \frac{1}{2} C u^2(t)$ *ou* $\mathcal{E}_L(t) = \frac{1}{2} L i^2(t)$.

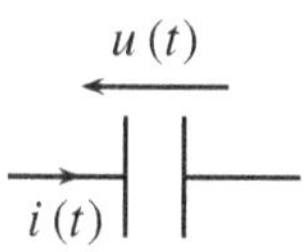

$i(t) = C \dfrac{\mathrm{d}u}{\mathrm{d}t}(t)$ est multiplié par $i(t)$:

$$u(t)\,i(t) = C u(t) \frac{\mathrm{d}u}{\mathrm{d}t}(t) = \frac{\mathrm{d}}{\mathrm{d}t}\left(\frac{1}{2} C u^2(t)\right).$$

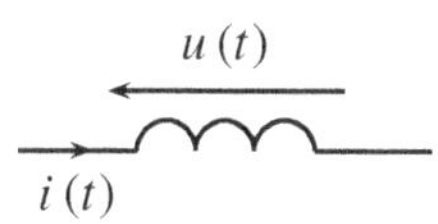

$u(t) = L \dfrac{\mathrm{d}i}{\mathrm{d}t}(t)$ est multiplié par $i(t)$:

$$u(t)\,i(t) = L i(t) \frac{\mathrm{d}i}{\mathrm{d}t}(t) = \frac{\mathrm{d}}{\mathrm{d}t}\left(\frac{1}{2} L i^2(t)\right).$$

PROGRAMME OFFICIEL ET SOMMAIRE DES EXERCICES

NOTIONS ET CONTENUS	CAPACITÉS EXIGIBLES
Charge électrique, intensité du courant. Potentiel, référence de potentiel, tension. Puissance. ► 4.C1 4.C2 4.C3 4.C4	Justifier que l'utilisation de grandeurs électriques continues est compatible avec la quantification de la charge électrique. Exprimer l'intensité du courant électrique en termes de débit de charge. Exprimer la condition d'application de l'ARQS en fonction de la taille du circuit et de la fréquence. Relier la loi des nœuds au postulat de la conservation de la charge. Utiliser la loi des mailles. Algébriser les grandeurs électriques et utiliser les conventions récepteur et générateur. Citer les ordres de grandeur des intensités et des tensions dans différents domaines d'application.
Dipôles : résistances, condensateurs, bobines, sources décrites par un modèle linéaire. ► 4.C7 4.C8 4.C9 ▷ 4.5 4.7	Utiliser les relations entre l'intensité et la tension. Citer des ordres de grandeur des composants R, L, C. Exprimer la puissance dissipée par effet Joule dans une résistance. Exprimer l'énergie stockée dans un condensateur ou une bobine. Modéliser une source en utilisant la représentation de Thévenin.
Association de deux résistances. ► 4.C5 4.C6 ▷ 4.1 4.2 4.3 4.4 4.6 ▷ 4.8 4.9	Remplacer une association série ou parallèle de deux résistances par une résistance équivalente. Établir et exploiter les relations des diviseurs de tension ou de courant.
Résistance de sortie, résistance d'entrée.	TP : évaluer une résistance d'entrée ou de sortie à l'aide d'une notice ou d'un appareil afin d'appréhender les conséquences de leurs valeurs sur le fonctionnement d'un circuit. TP : étudier l'influence des résistances d'entrée ou de sortie sur le signal délivré par un GBF, sur la mesure effectuée par un oscilloscope ou un multimètre.

EXERCICES ★ (LE COURS)

4.C1 Tension Symboliser par une flèche la tension U_{AB}.

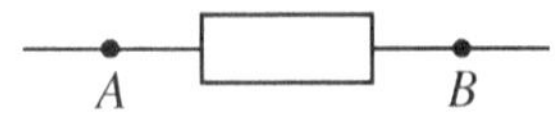

4.C2 Convention récepteur Symboliser par une flèche la tension aux bornes de la résistance, en convention récepteur.

4.C3 Convention générateur Symboliser par une flèche le courant fourni par la source en tension, en convention générateur.

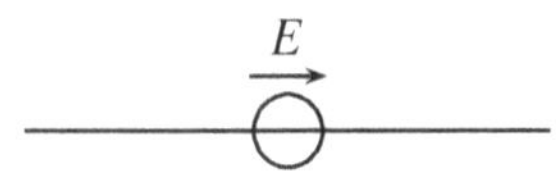

4.C4 Loi des mailles Exprimer la tension U en fonction des tensions U_1, U_2 et U_3.

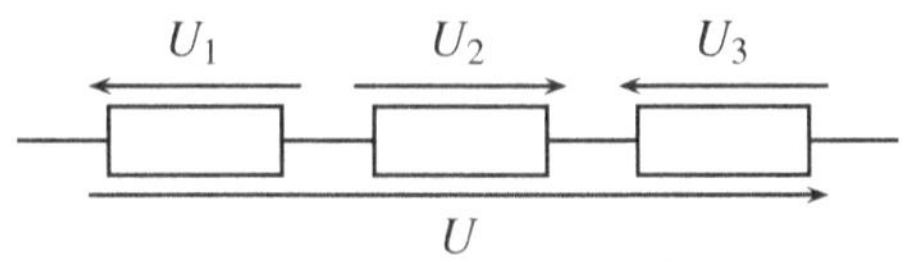

4.C5 Association de résistances Quelles sont les résistances équivalents dans les deux cas ci-contre ?

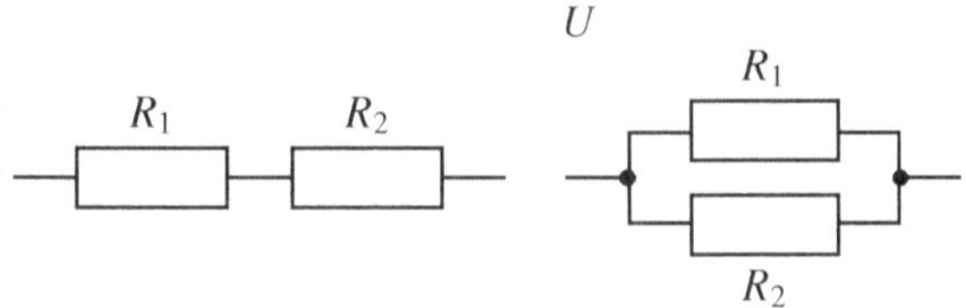

4.C6 Diviseurs Que vaut S en fonction de E ? I_2 en fonction de I ?

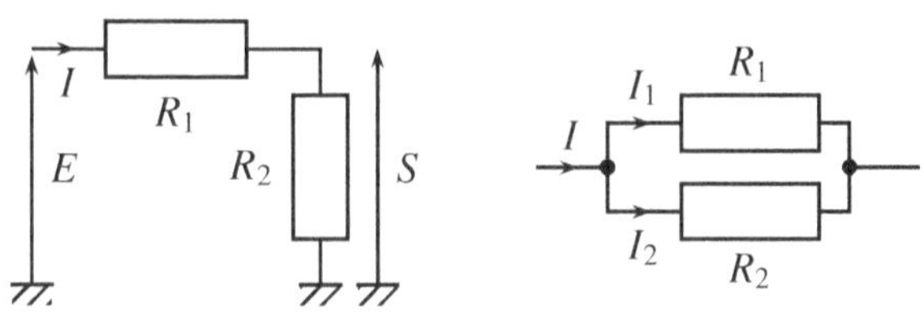

4.C7 Liens courant-tension Écrire les lois qui relient la tension aux bornes d'une résistance, d'un condensateur, d'une bobine, à l'intensité du courant qui traverse le dipôle.

4.C8 Puissance Joule Exprimer la puissance Joule dissipée dans une résistance, en fonction de l'intensité qui la traverse, puis de la tension à ses bornes.

4.C9 Énergies Établir les énergies stockées dans un condensateur et une bobine.

EXERCICES ★★

4.1 Associations de résistances

Déterminer en fonction de R la résistance équivalente des dipôles suivants :

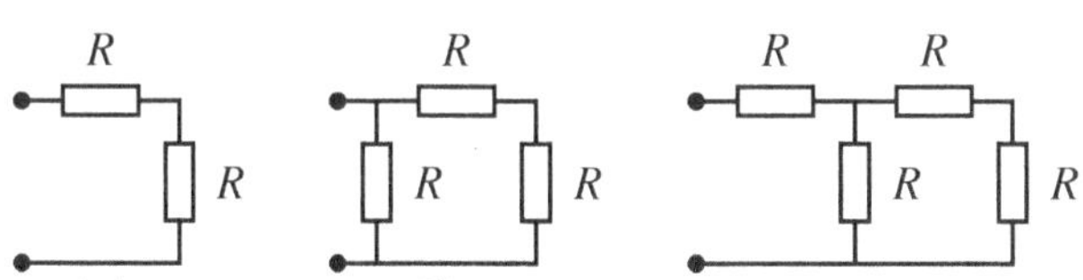

(a) (b) (c)

4.2 Adaptation de puissance

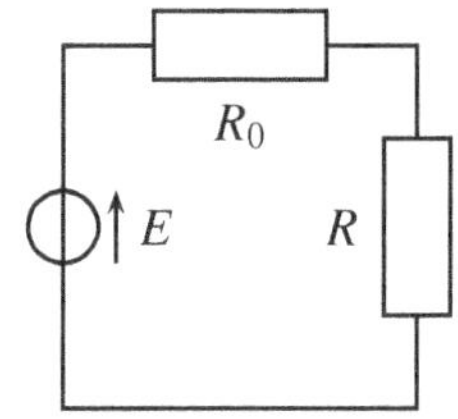

Un générateur présente une tension à vide E et une résistance interne R_0. Il est branché en série avec une résistance de valeur R. Pour quelle valeur de R la puissance dissipée dans la résistance de valeur R est-elle maximale ? Que vaut alors cette puissance ?

4.3 Loi des nœuds en termes de potentiels

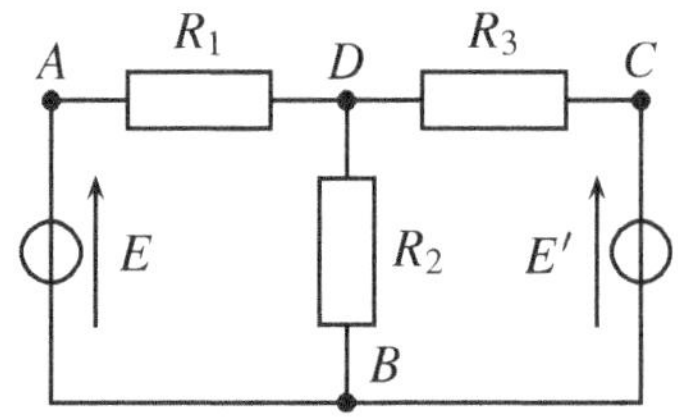

1) En partant de la loi des nœuds et de la loi d'Ohm, exprimer le potentiel V_D en fonction des potentiels V_A, V_B, V_C et des résistances R_1, R_2 et R_3.

2) En déduire la différence de potentiel U_{DB} en fonction de E, E' dans le cas où $R_1 = R_2 = R$ et $R_3 = 2R$. On simplifiera le calcul en choisissant la masse au point B.

4.4 Double pont diviseur

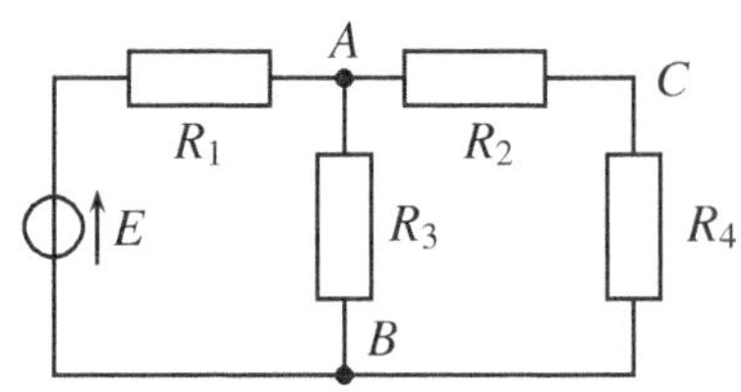

Dans ce circuit, les valeurs des composants sont : $R_1 = R_2 = 10\ \Omega$, $R_3 = R_4 = 20\ \Omega$, $E = 5\ \text{V}$.

1) Calculer la résistance R_{234} équivalente à R_2, R_3 et R_4 entre les points A et B.

2) En utilisant deux fois la formule du diviseur de tension calculer U_{CB}.

4.5 Modèle de pile

Une pile présente une différence de potentiel de 2,2 V quand elle est traversée par un courant d'intensité égale à 0,2 A. La différence de potentiel monte à 3,0 V lorsque l'intensité du courant descend à 0,12 A.

1) Préciser numériquement la résistance interne et la force électromotrice du modèle de Thévenin de la pile.

2) Dans la seconde expérience, calculer la puissance fournie par la pile au reste du circuit ainsi que la puissance perdue par effet Joule à l'intérieur de la pile.

EXERCICES ★★★

4.6 Association de résistances et intensités

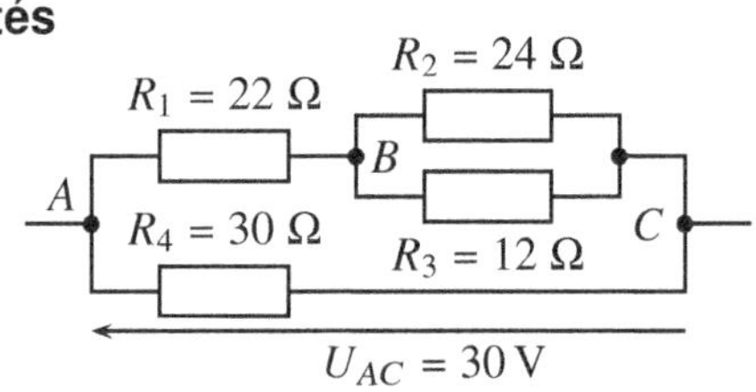

Pour le montage électrique représenté ci-dessus, déterminer :

1) la résistance équivalente entre les nœuds A et C ;

2) la valeur de la tension U_{BC} ;

3) les intensités des courants dans chaque résistance ;

4) la puissance dissipée par effet Joule dans R_4.

4.7 Capteur de déformation

Le montage ci-dessous comporte un générateur de force électromotrice constante E, trois résistors de même résistance R et un capteur équivalent à une résistance électrique $R(1+\alpha)$ où α est un nombre sans dimension que l'on souhaite déterminer. On mesure la tension U représentée sur le schéma.

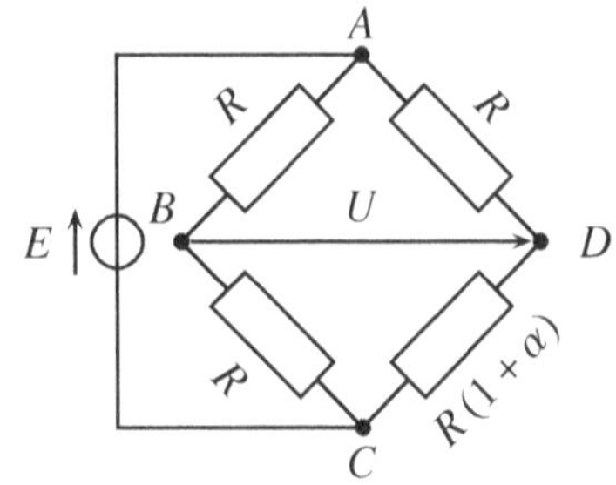

1) Établir l'expression de U en fonction de E et α. On pourra utilement préciser la masse dans le circuit.

2) Dans le cas où $\alpha = 0$, calculer la puissance consommée dans le circuit.

4.8 Mesure d'une résistance à l'aide d'un voltmètre et d'un ampèremètre

Pour mesurer la résistance d'un résistor, on dispose d'un voltmètre, d'un ampèremètre et d'un générateur linéaire de tension à vide $E = 10\,\text{V}$ et de résistance interne $r_g = 50\,\Omega$. On envisage les deux montages ci-contre.

On modélise le voltmètre par sa résistance interne typique $R_V = 10\,\text{M}\Omega$ et l'ampèremètre par sa résistance interne typique $R_A = 100\,\Omega$.

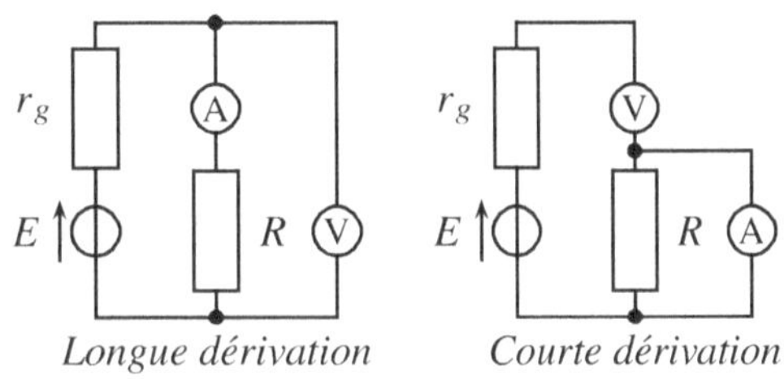

On estime la résistance du résistor par la formule $R_{mes} = \dfrac{U_{mes}}{I_{mes}}$ où U_{mes} et I_{mes} sont les valeurs mesurées par les deux appareils.

1) Exprimer R_{mes} en fonction de R, R_A et R_V dans le cas du montage longue dérivation.

2) Même question dans le cas du montage courte dérivation.

3) À l'aide des valeurs typiques des résistances internes de l'ampèremètre et du voltmètre données, en déduire le type de montage le plus adapté pour mesurer une résistance R de l'ordre de $10\,\Omega$, de l'ordre de $10^3\,\Omega$ ou de l'ordre de $10^6\,\Omega$.

4.9 Deux générateurs réels

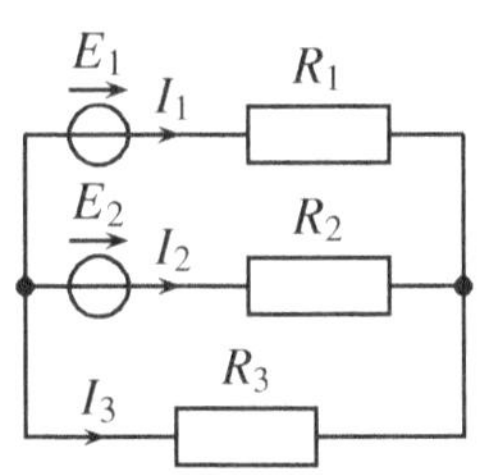

Dans le montage suivant, $E_1 = 24$ V, $E_2 = 32$ V, $R_1 = 2\ \Omega$, $R_2 = 4\ \Omega$ et $R_3 = 50\ \Omega$.

Calculer les valeurs des trois intensités I_1, I_2 et I_3.

CORRIGÉS

4.C1

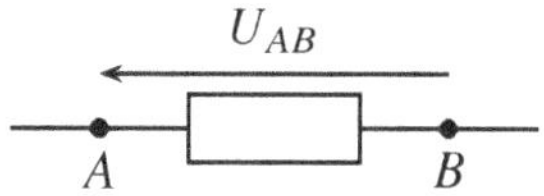

4.C2

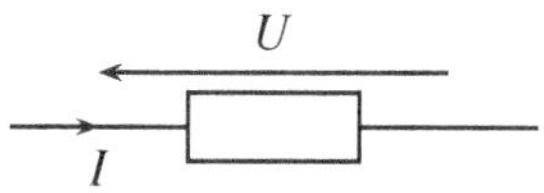

4.C3

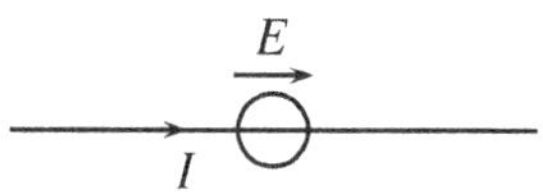

4.C4 $U = -U_1 + U_2 - U_3$.

4.C5 À gauche $R = R_1 + R_2$ et à droite $\frac{1}{R} = \frac{1}{R_1} + \frac{1}{R_2}$ donc $R = \frac{R_1 R_2}{R_1 + R_2}$.

4.C6 $S = \frac{R_2}{R_1+R_2} E$ et $I_2 = \dfrac{\frac{1}{R_2}}{\frac{1}{R_1} + \frac{1}{R_2}} I$

4.C7 *Cf.* 8.3 page 106 puis 8.4 page 107.

4.C8 $P_J = UI = RI \times I = RI^2$ puis $P_J = UI = U \times \frac{U}{R} = \frac{U^2}{R}$.

4.C9 *Cf.* méthodologie page 111.

4.1 Associations de résistances

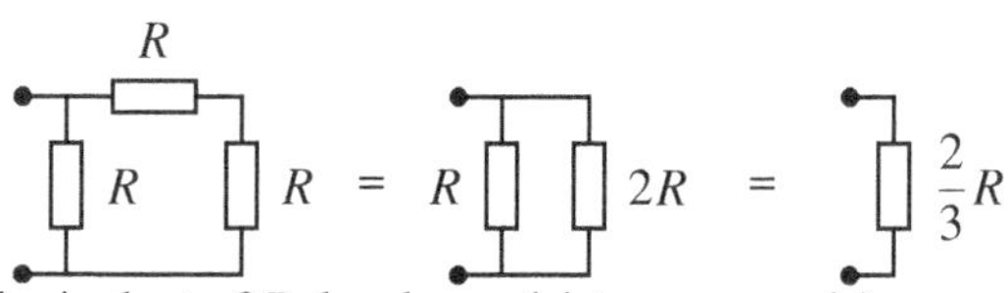

Dans le circuit (a), les deux résistances sont en série, leur résistance équivalente est $R_a = 2R$.

Dans le circuit (b), on utilise la résistance équivalente $2R$ des deux résistances en série pour trouver deux résistances en parallèle : $\frac{1}{R_b} = \frac{1}{R} + \frac{1}{2R} = \frac{3}{2R}$ donc $R_b = \frac{2}{3}R$ (voir ci-dessus).

Dans le circuit (c), même méthode : $R_c = R + \frac{2}{3}R = \frac{5}{3}R$ (voir ci-dessous).

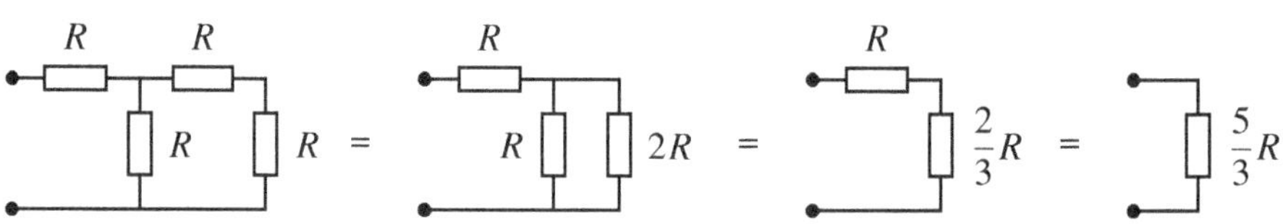

4.2 Adaptation de puissance

La tension U aux bornes de R est obtenue avec un diviseur de tension : $U = E\frac{R}{R+R_0}$. La puissance reçue par R est : $\mathcal{P}_J = \frac{U^2}{R} = \frac{R}{(R+R_0)^2}E^2$.

Il faut maximiser la fonction $\mathcal{P}_J(R)$. Cette fonction est maximale quand sa dérivée est nulle :

$$\frac{\mathrm{d}\mathcal{P}_J}{\mathrm{d}R} = \frac{\mathrm{d}}{\mathrm{d}R}\left(R(R+R_0)^{-2}\right) = (R+R_0)^{-2} + R(-2)(R+R_0)^{-3} = \frac{R_0 - R}{(R+R_0)^3}.$$

La dérivée s'annule quand $R = R_0$. Le graphe de la fonction $R \mapsto \dfrac{R}{(R+R_0)^2}E^2$ montre qu'elle n'admet qu'un maximum. La puissance dissipée dans R est donc maximale quand $R = R_0$, et alors $\mathcal{P}_J = \dfrac{E^2}{4R_0}$.

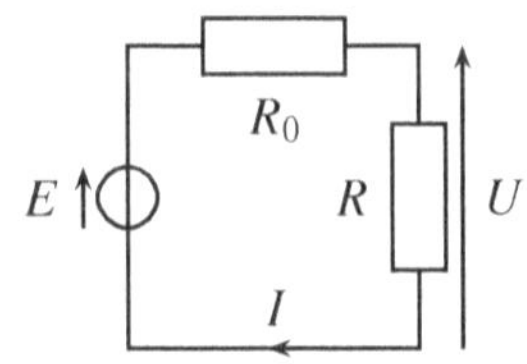

4.3 Loi des nœuds en termes de potentiels

1) La loi des nœuds indique que la somme des courants entrant dans un nœud est égale à celle sortant du nœud :

$$I_1 + I_2 + I_3 = 0.$$

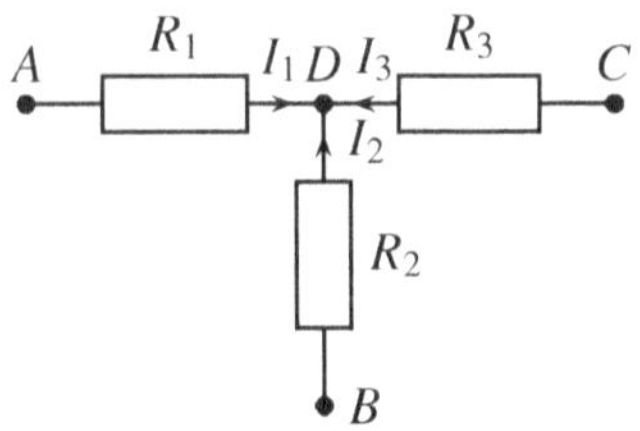

En exprimant ces intensités avec la loi d'Ohm, en faisant bien attention à se placer en convention récepteur :

$$\frac{U_{AD}}{R_1} + \frac{U_{BD}}{R_2} + \frac{U_{CD}}{R_3} = 0.$$

On réécrit cette relation avec les potentiels :

$$\frac{V_A - V_D}{R_1} + \frac{V_B - V_D}{R_2} + \frac{V_C - V_D}{R_3} = 0 \quad \text{d'où} \quad V_D = \frac{\frac{V_A}{R_1} + \frac{V_B}{R_2} + \frac{V_C}{R_3}}{\frac{1}{R_1} + \frac{1}{R_2} + \frac{1}{R_3}}.$$

2) En prenant le point B pour masse, on a : $V_A = U_{AB} = E$, $V_B = 0$ et $V_C = U_{CB} = E'$; par suite : $V_D = \dfrac{\frac{E}{R} + \frac{E'}{2R}}{\frac{1}{R} + \frac{1}{R} + \frac{1}{2R}} = \dfrac{2E + E'}{5}$. Finalement : $U_{DB} = V_D = \dfrac{2E + E'}{5}$.

4.4 Double pont diviseur

1) R_2 et R_4 sont montées en série donc équivalentes entre les points A et B à la résistance $R_{24} = R_2 + R_4 = 40\,\Omega$; R_{24} et R_3 sont montées en parallèle donc équivalentes entre les points A et B à $R_{234} = \dfrac{R_{24}R_3}{R_{24} + R_3} = 8\,\Omega$.

2) On applique la formule du diviseur de tension avec les résistances R_1 et R_{234} qui sont en série : $U_{AB} = E\dfrac{R_{234}}{R_1 + R_{234}} = 2{,}2\,\mathrm{V}$; puis on applique la formule du diviseur de tension avec les résistances R_2 et R_4 : $U_{CB} = U_{AB}\dfrac{R_4}{R_2 + R_4} = 1{,}1\,\mathrm{V}$.

Attention ! Il n'est pas possible d'appliquer la formule du diviseur de tension avec les résistances R_1 et R_3 car ces deux résistances ne sont pas en série (elles ne sont pas parcourues par le même courant).

4.5 Modèle de pile

1) Le modèle de Thévenin du générateur est ci-contre. On prend bien garde à orienter la tension à vide E et l'intensité I du courant en convention générateur.

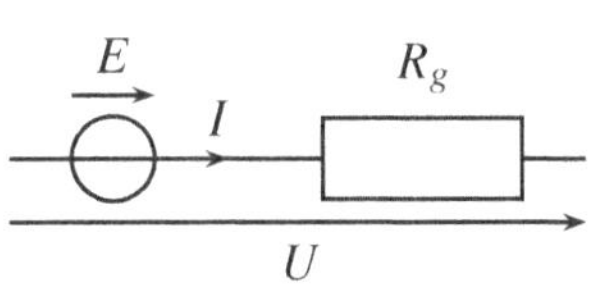

L'énoncé précise les valeurs de U en fonction de I, liées par la relation $U = E - R_g I$. D'où le système : $\begin{cases} E - R_g \times 0{,}2 = 2{,}2 \\ E - R_g \times 0{,}12 = 3{,}0 \end{cases}$ donc $\begin{cases} E = 4{,}2\ \text{V} \\ R_g = 10\ \Omega. \end{cases}$

2) Pour la seconde expérience, la puissance fournie au circuit est $\mathcal{P} = UI = 0{,}36$ W et la puissance dissipée par effet Joule dans la pile est $\mathcal{P}_J = R_g I^2 = 0{,}14$ W.

4.6 Association de résistances et intensités

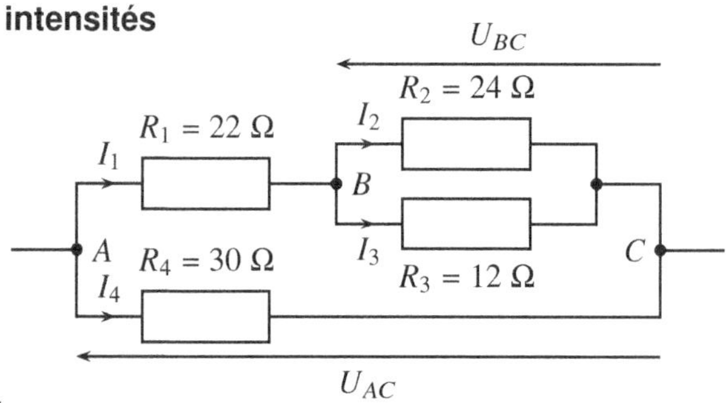

1) R_2 et R_3 sont en parallèle, équivalents à une unique résistance R_{23} telle que :

$$\frac{1}{R_{23}} = \frac{1}{R_2} + \frac{1}{R_3} \quad \text{donc} \quad R_{23} = 8\ \Omega.$$

R_1 et R_{23} sont alors en série, équivalents à une unique résistance $R_{123} = R_1 + R_{23} = 30\ \Omega$. Finalement R_4 et R_{123} sont en parallèle, équivalents à une unique résistance R_{1234} telle que :

$$\frac{1}{R_{1234}} = \frac{1}{R_4} + \frac{1}{R_{123}} \quad \text{donc} \quad R_{1234} = 15\ \Omega.$$

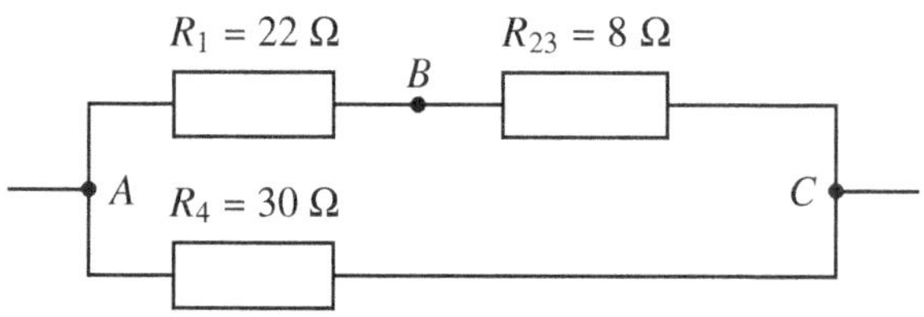

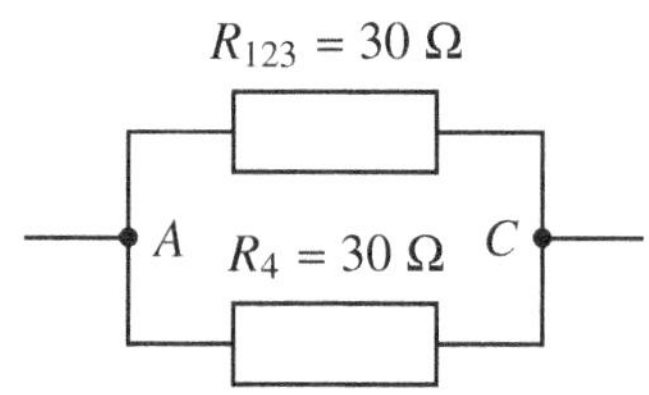

2) Les résistances R_1 et R_{23} forment un diviseur de tension :

$$\frac{U_{BC}}{U_{AC}} = \frac{R_{23}}{R_{23} + R_1} \quad \text{donc} \quad U_{BC} = \frac{R_{23}}{R_{23} + R_1} U_{AC} = 8\ \text{V}.$$

3) $U_{AB} = U_{AC} - U_{BC} = 22$ V puis, avec la loi d'Ohm, avec le courant orienté en convention récepteur, $I_1 = \dfrac{U_{AB}}{R_1} = 1$ A. De même : $I_2 = \dfrac{U_{BC}}{R_2} = 0{,}33$ A, $I_3 = \dfrac{U_{BC}}{R_3} = 0{,}67$ A et $I_4 = \dfrac{U_{AC}}{R_4} = 1$ A.

4) $\mathcal{P}_J = R_4 I_4^2 = 30$ W.

4.7 Capteur de déformation

1) E impose une différence de potentiel. On choisit de mettre la masse en C, donc $V_C = 0$ et $V_A = E$. La tension mesurée est : $U = V_D - V_B$.

Les résistances de la branche ABC forment un diviseur de tension, donc : $V_B = U_{BC}$, soit $U_{BC} = \dfrac{R}{R + R} U_{AC} = \dfrac{E}{2}$.

De même avec les résistances de la branche ADC : $V_D = U_{DC} = \dfrac{R(1 + \alpha)}{R + R(1 + \alpha)} U_{AC}$, soit $V_D = E \dfrac{(1 + \alpha)}{2 + \alpha}$.

On en tire : $U = U_{DB} = V_D - V_B = E\left(\dfrac{1+\alpha}{2+\alpha} - \dfrac{1}{2}\right) = E\dfrac{\alpha}{2(2+\alpha)}$.

2) Les 4 résistances branchées entre A et C sont équivalentes à 2 résistances $2R$ en parallèle, c'est-à-dire une résistance R_{eq} telle que : $\dfrac{1}{R_{eq}} = \dfrac{1}{2R} + \dfrac{1}{2R} = \dfrac{1}{R}$, soit $R_{eq} = R$. On en déduit la puissance consommée par les résistances : $\mathcal{P} = \dfrac{U_{AC}}{R_{eq}} = \dfrac{E^2}{R}$. Cette puissance est dissipée par effet Joule.

4.8 Mesure d'une résistance à l'aide d'un voltmètre et d'un ampèremètre

Les schémas équivalents aux deux montages sont ci-dessous.

La résistance est $R = \frac{U}{I}$, mais ce qu'on détermine expérimentalement est : $R_{mes} = \dfrac{U_{mes}}{I_{mes}}$.

1) Dans le montage longue dérivation, on a bien $I_{mes} = I$ mais $U_{mes} = (R+R_A)I$ de sorte que $R_{mes,LD} = R + R_A$.

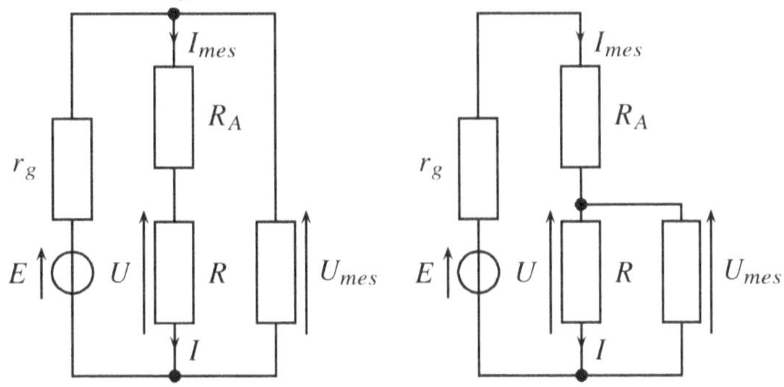

Longue dérivation — *Courte dérivation*

2) Dans le montage courte dérivation, on a bien $U_{mes} = U$ mais $I_{mes} = I + \dfrac{U}{R_V}$ de sorte que $R_{mes,CD} = \dfrac{U}{I + \frac{U}{R_V}} = \dfrac{1}{\frac{1}{R} + \frac{1}{R_V}}$, soit $R_{mes,CD} = \dfrac{RR_V}{R + R_V}$.

3) Le montage le plus adapté pour mesurer une résistance R et celui pour lequel R_{mes} est le plus proche possible de R.

Pour une résistance R de l'ordre de $10\,\Omega$, $R_{mes,CD} = \dfrac{RR_V}{R + R_V} \simeq R$, alors que $R_{mes,LD} = R + R_A \simeq R_A$! Il est donc préférable d'utiliser le montage courte dérivation.

Pour une résistance de l'ordre de $10^3\,\Omega$, $R_{mes,LD}$ conduit à une erreur systématique de l'ordre de 10 % alors que $R_{mes,CD}$ donne une erreur systématique de l'ordre de 0,1 %. Le montage courte dérivation est donc préférable.

Pour une résistance de l'ordre de $10^6\,\Omega$, $R_{mes,CD}$ donne une erreur systématique de l'ordre de 10 % alors que $R_{mes,LD}$ conduit à une erreur systématique de l'ordre de 0,1 %. Le montage longue dérivation est donc préférable.

4.9 Deux générateurs réels

Trois inconnues sont à trouver : I_1, I_2 et I_3. Il faut donc trois équations, obtenues avec la loi des nœuds et la loi des mailles.

La loi des nœuds s'écrit : $I_1 + I_2 + I_3 = 0$.

La loi des mailles, pour chacune des deux mailles orientées dans le sens indiqué sur le schéma, s'écrit : $E_1 - R_1I_1 + R_2I_2 - E_2 = 0$, soit $E_2 - R_2I_2 + R_3I_3 = 0$.

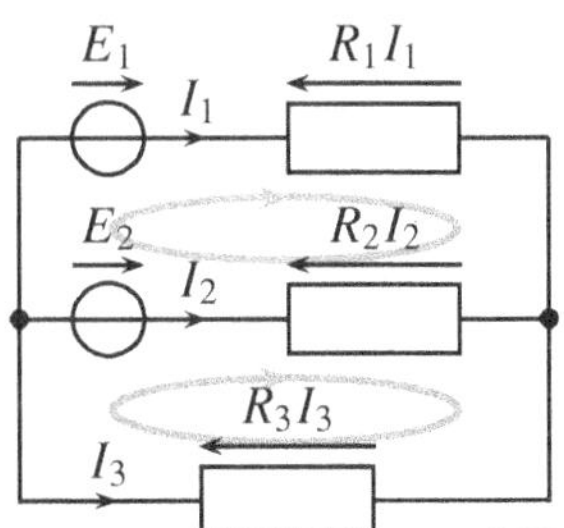

En résolvant le système de 3 équations à 3 inconnues on trouve :

$$I_1 = \frac{E_1R_2 + (E_1 - E_2)R_3}{R_2R_3 + R_1R_2 + R_3R_1}, \quad I_2 = \frac{E_2R_1 - (E_1 - E_2)R_3}{R_2R_3 + R_1R_2 + R_3R_1}, \quad I_3 = -\frac{E_2R_1 + E_1R_2}{R_2R_3 + R_1R_2 + R_3R_1}.$$

Numériquement : $I_1 = -1{,}0$ A, $I_2 = 1{,}5$ A et $I_3 = -5{,}2.10^{-1}$ A.

Circuit linéaire du premier ordre

5

LES intensités et tensions dans les circuits étudiés dans ce chapitre dépendent du temps. Pour les calculer, on est amené à résoudre une équation différentielle du premier ordre.

1 Étude expérimentale d'un circuit *RC* série

On étudie un circuit série constitué par un résistor et un condensateur. Ce circuit est alimenté par un générateur basse fréquence, nommé dans la suite par son acronyme GBF.

1.1 Montage

Le circuit est représenté ci-contre. Le GBF est équivalent à un générateur de Thévenin de résistance interne négligeable devant R et de force électromotrice variable $e(t)$. On cherche à observer le comportement du circuit lorsque :

$$e(t) = \begin{cases} 0 & \text{, si } t < 0 \\ E_0 = 1\,\text{V}, & \text{si } t > 0. \end{cases}$$

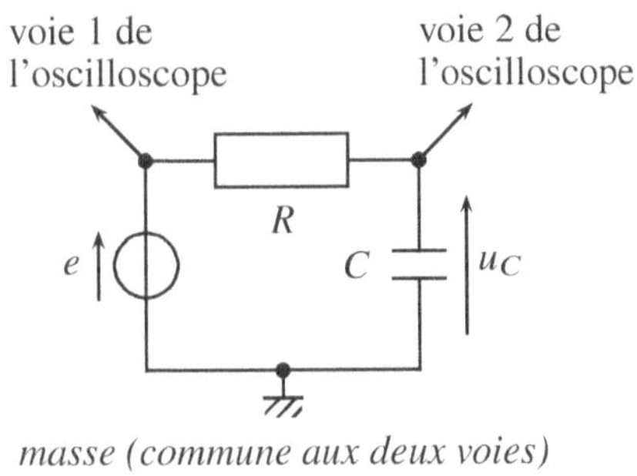

Figure 5.1 – Circuit étudié.

L'oscilloscope est branché de manière qu'on observe simultanément la tension aux bornes du GBF sur la voie 1 et la tension $u_C(t)$ aux bornes du condensateur sur la voie 2.

1.2 Régimes transitoire et permanent

La figure 5.2 montre l'écran de l'oscilloscope. La tension aux bornes du condensateur (voie 2) passe de 0 à 5 carreaux, c'est-à-dire de 0 à 5 × 200 mV par carreau = 1 V, en approximativement 3,5 carreaux × 100 ms par carreau = 350 ms.

On définit alors deux régimes :

- le **régime établi**, ou **régime permanent**, pour lequel la sortie est de la même forme que l'entrée, ici constante ;
- le **régime transitoire**, entre l'instant initial et le régime permanent.

Le signal délivré par le GBF est nommé **échelon de tension**. La réponse du circuit constitué de la résistance R et du condensateur de capacité C est nommée **réponse indicielle**.

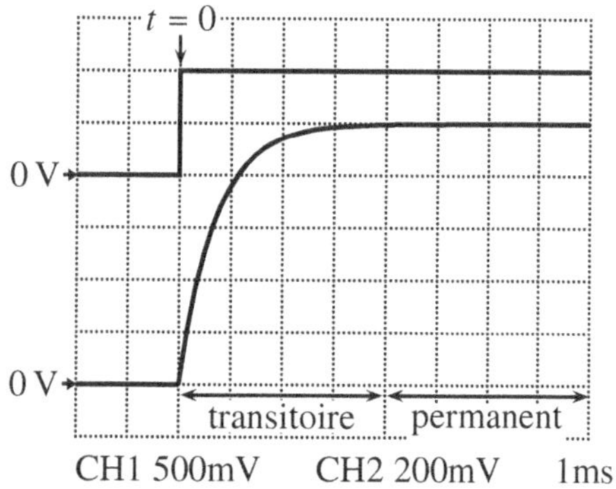

Figure 5.2 – Essai indiciel : sur la voie 1, $e(t)$ et, sur la voie 2, $u_C(t)$.

2 Modélisation

On place la tension u_R aux bornes du résistor.

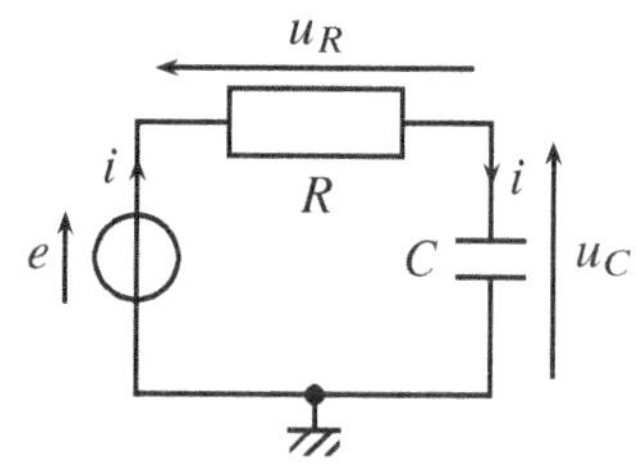

Figure 5.3 – Circuit étudié.

2.1 Équation différentielle sur $u_C(t)$

La loi des mailles impose :

$$e(t) = u_R(t) + u_C(t).$$

En notant $i(t)$ l'intensité du courant dans le circuit on a, d'après la loi d'Ohm et la loi du condensateur : $u_R(t) = Ri(t)$ et $i(t) = C\frac{\mathrm{d}u_C}{\mathrm{d}t}(t)$, donc $u_R(t) = RC\frac{\mathrm{d}u_C}{\mathrm{d}t}(t)$. La loi des mailles devient alors :

$$e(t) = RC\frac{\mathrm{d}u_C}{\mathrm{d}t}(t) + u_C(t).$$

À chaque instant, la tension $u_C(t)$ est reliée à sa dérivée et à la tension $e(t)$ imposée par le GBF. Une telle relation est une **équation différentielle d'ordre un**, car elle contient $u_C(t)$ et sa dérivée première.

2.2 Constante de temps

$e(t)$ et $u_C(t)$ sont des tensions, en volts. La dérivée $\frac{\mathrm{d}u_C}{\mathrm{d}t}$ est en V.s^{-1}. L'équation différentielle étant nécessairement homogène, on en déduit que le produit RC est en secondes.

$\tau = RC$ est appelé **constante de temps** du circuit.

2.3 Calcul de la tension $u_C(t)$

a) Tension $u_C(t)$ pour t négatif

Pour $t < 0$, la tension $e(t)$ délivrée par le GBF est nulle. Le circuit n'ayant pas encore été alimenté, la tension aux bornes du condensateur est nulle : $u_C(t < 0) = 0$.

Cette solution vérifie bien l'équation différentielle : $e(t) = 0$, $u_C(t) = 0$ et $\dfrac{\mathrm{d}u_C}{\mathrm{d}t}(t) = 0$.

b) Équation différentielle pour *t* positif

Pour $t > 0$, $e(t)$ a une valeur constante E_0 et l'équation différentielle s'écrit :

$$\tau \frac{\mathrm{d}u_C}{\mathrm{d}t}(t) + u_C(t) = E_0.$$

Il s'agit d'une équation différentielle du premier ordre. Elle requiert de connaître une **condition initiale** : la valeur $u_C(0^+)$ immédiatement après le changement de valeur de la tension d'entrée $e(t)$.

c) Continuité de la tension $u_C(t)$

Dans la modélisation des circuits électriques, on considère parfois que certaines grandeurs électriques sont discontinues, par exemple la tension $e(t)$ dans cette étude. C'est une commodité que l'on se donne, car modéliser la tension du GBF qui varie brutalement de 0 à E_0 par une fonction continue serait bien plus compliqué sur le plan mathématique.

En revanche, il y existe des grandeurs électriques que l'on ne doit pas modéliser par des fonctions discontinues. Il s'agit des grandeurs qui sont associées à une énergie stockée :

- la tension u_C aux bornes d'un condensateur à laquelle est associée l'énergie $\mathcal{E}_{\text{élec}} = \frac{1}{2}Cu_C^2$;
- l'intensité i_L traversant une inductance à laquelle est associée l'énergie $\mathcal{E}_{\text{magné}} = \frac{1}{2}Li_L^2$.

On retiendra la règle générale :

> La tension $u_C(t)$ aux bornes d'un condensateur, l'intensité $i_L(t)$ traversant une bobine sont des fonctions nécessairement continues.

Dans la situation présente, on en déduit : $u_C(0^+) = u_C(0^-) = 0$.

d) Tension $u_C(t)$ pour *t* positif

On obtient $u_C(t)$ pour $t > 0$ en résolvant le couple {équation différentielle, condition initiale}. Cette équation différentielle est linéaire, avec un second membre non nul. Sa solution est établie en méthodologie, page 132 :

$$\begin{cases} \tau \dfrac{\mathrm{d}u_C}{\mathrm{d}t} + u_C(t) = E_0 \\ u_C(0) = 0. \end{cases} \quad \Rightarrow \quad \boxed{u_C(t) = E_0\left(1 - \exp\left(-\frac{t}{\tau}\right)\right)}.$$

Remarque

La solution obtenue est homogène quant aux unités. E_0 est en volts, t et τ en secondes donc leur rapport est sans unité. L'exponentielle opère sur un nombre sans dimension $\left(-\frac{t}{\tau}\right)$ et renvoie un nombre sans dimension, ainsi $1 - \exp\left(-\frac{t}{\tau}\right)$ est sans dimension. Finalement u_C a la même unité que E_0, le volt.

2.4 Interprétation physique

a) Graphe de $u_C(t)$

Le graphe donnant la tension $u_C(t)$ en fonction du temps est représenté ci-contre. Elle évolue de 0 à E_0 en une durée de l'ordre de quelques τ.

La graphe de $t \mapsto u_C(t)$ admet deux asymptotes, tracées en gris. Attendu que $\lim\limits_{t \to \infty} \exp\left(-\frac{t}{\tau}\right) = 0$, u_C tend vers E_0 en $+\infty$.

De plus, pour $t \ll \tau$, $\exp\left(-\frac{t}{\tau}\right) = 1 - \frac{t}{\tau} + o\left(\frac{t}{\tau}\right)$ donc :

$$u_C(t) \simeq E_0\left(1 - \left(1 - \frac{t}{\tau}\right)\right) = E_0\frac{t}{\tau},$$

qui correspond à la tangente à l'origine en gris sur la figure.

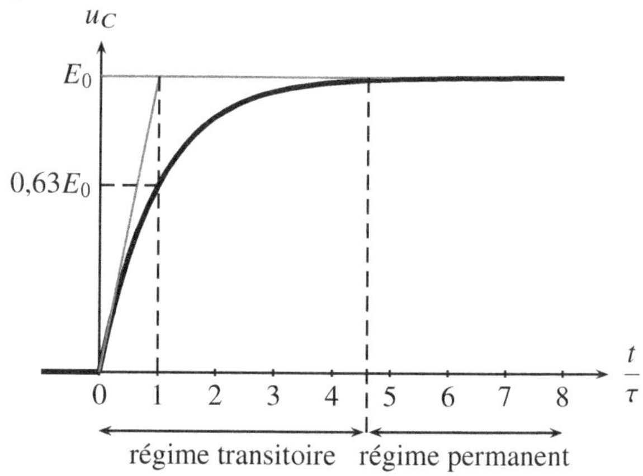

Figure 5.4 – Tension aux bornes du condensateur d'un circuit RC soumis à un échelon de tension.

Les deux expressions des asymptotes coïncident pour $t = \tau$ donc :

> La tangente à l'instant initial coupe l'asymptote en un point d'abscisse égale à τ.

b) Durée du régime transitoire

Quand peut-on dire en pratique que le régime permanent (ou établi) est atteint ? Conventionnellement on définit le temps de réponse T_R comme l'instant pour lequel $u_C(T_R)$ est égal à $\frac{99}{100}E_0$, ce qui s'écrit :

$$E_0\left(1 - \exp\left(-\frac{T_R}{\tau}\right)\right) = \frac{99}{100}E_0 \Leftrightarrow \exp\left(-\frac{T_R}{\tau}\right) = \frac{1}{100} \Leftrightarrow T_R = \ln(100)\tau \simeq 4{,}6\tau.$$

> Par convention, le **temps de réponse** du circuit, c'est-à-dire la durée du régime transitoire, est $T_R = 4{,}6\tau$.

c) Identification du temps caractéristique

Comment identifier le temps caractéristique sur un graphe expérimental ? Plutôt que d'utiliser la propriété de la tangente à l'origine, il est plus précis d'exploiter la relation :

$$u_C(\tau) = E_0\left(1 - \exp(-1)\right) = 0{,}63E_0.$$

Ce point est développé en méthodologie, page 133.

2.5 Bilan énergétique

L'établissement d'un bilan de puissance ou d'énergie est développé page 133, en méthodologie.

3 Régime libre du circuit *RC*

3.1 Observation de la réponse à un signal créneau

Lorsque le GBF fournit une tension créneau de période T valant E_0 sur une demi-période et 0 sur l'autre, on observe les formes d'onde de $e(t)$ et $u_C(t)$ ci-contre.

Pour $t \in \left[0, \frac{T}{2}\right]$, $e(t) = E_0$ et l'on observe la réponse indicielle. La période T est ici telle que le circuit peut parvenir au régime permanent ; c'est le cas parce que :

$$T > T_R = 4{,}6\tau.$$

Pour $t \in \left[\frac{T}{2}, T\right]$, $e(t) = 0$; on laisse le circuit évoluer avec une entrée nulle, ce qui correspond au **régime libre**.

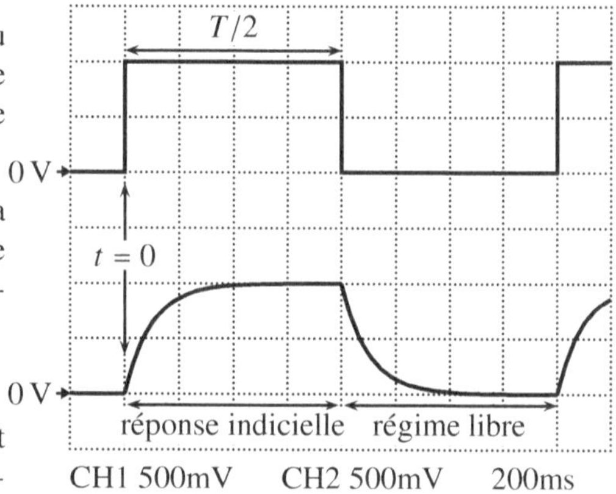

Figure 5.5 – Formes d'onde de l'intensité.

3.2 Modélisation du régime libre

L'équation différentielle qui régit l'évolution du circuit en régime libre est homogène et sa solution générale est :

$$\tau \frac{\mathrm{d}u_C}{\mathrm{d}t}(t) + u_C(t) = 0 \quad \Rightarrow \quad u_C(t) = \lambda \exp\left(-\frac{t}{\tau}\right).$$

La constante λ se calcule avec la condition initiale de ce régime, c'est-à-dire la valeur de $u_C\left(\frac{T^+}{2}\right)$, immédiatement après le changement de valeur de $e(t)$. La tension aux bornes du condensateur étant continue :

$$u_C\left(\frac{T^+}{2}\right) = u_C\left(\frac{T^-}{2}\right) = E_0.$$

Alors $\lambda \exp\left(-\frac{T}{2\tau}\right) = E_0$ donc $\lambda = E_0 \exp\left(\frac{T}{2\tau}\right)$. Finalement, pour $t \in \left[\frac{T}{2}, T\right]$:

$$u_C(t) = E_0 \exp\left(\frac{T}{2\tau}\right) \exp\left(-\frac{t}{\tau}\right) = E_0 \exp\left(-\frac{t - \frac{T}{2}}{\tau}\right).$$

Le circuit réagit encore avec une constante de temps τ. Il atteint le régime permanent au bout de $T_R = 4{,}6\tau$. En effet, en $t = \frac{T}{2} + T_R$ (instant origine + temps de réaction), le signal a perdu 99 % de sa valeur initiale : $u_C\left(\frac{T}{2} + T_R\right) = E_0 \exp(-4{,}6) \simeq E_0 \times 1{,}0.10^{-2}$.

Le **temps de réponse** du circuit, c'est-à-dire la durée du régime transitoire, est conventionnellement de $4{,}6\,\tau$, comme pour l'essai indiciel. C'est une caractéristique d'un système du premier ordre, quel que soit le signal d'entrée.

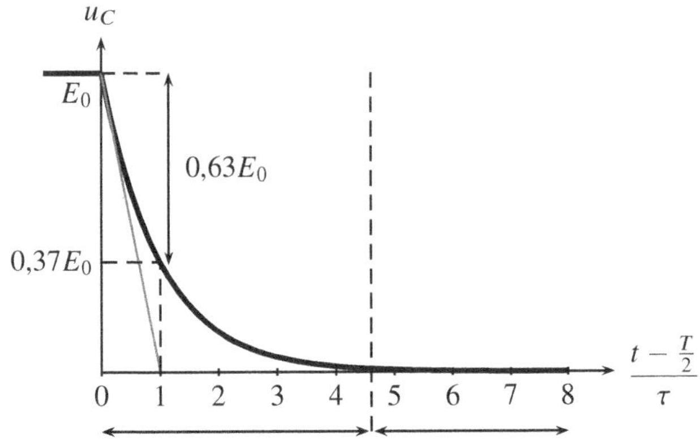

Figure 5.6 – Régime libre d'un circuit RC.

On retrouve les deux méthodes d'identification de la valeur de τ :

- la tangente à l'instant $\frac{T}{2}$ coupe l'asymptote à l'instant $\frac{T}{2} + \tau$;
- le signal a cette fois perdu 63 % de sa valeur, donc vaut $0{,}37E_0$, à l'instant $\frac{T}{2} + \tau$.

4 Étude de la tension $u_R(t)$

Pour observer expérimentalement les formes d'onde des tensions $e\,(t)$ et $u_R\,(t)$, il convient d'intervertir les positions des composants R et C dans le circuit, comme le montre la figure ci-contre. On observe alors $u_R\,(t)$ sur la voie 2 de l'oscilloscope et, sur la voie 1, la tension délivrée par le GBF.

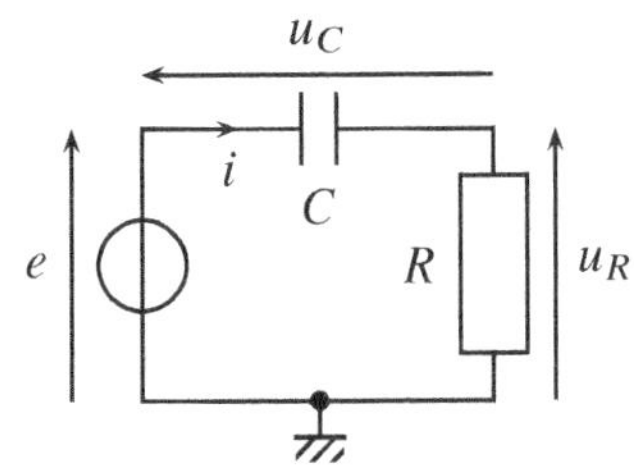

Figure 5.7 – Montage étudié.

4.1 Réponse indicielle

Le signal délivré par le GBF est l'échelon de tension :

$$e\,(t) = \begin{cases} 0 & \text{si } t < 0 \\ E_0 = 1\text{ V} & \text{si } t > 0. \end{cases}$$

Sur la figure 5.8 on observe toujours :

- le **régime permanent** (ou **établi**), pour lequel la sortie est de la même forme que l'entrée, ici une constante, mais de valeur nulle ;
- le **régime transitoire**, entre l'instant initial et le régime permanent.

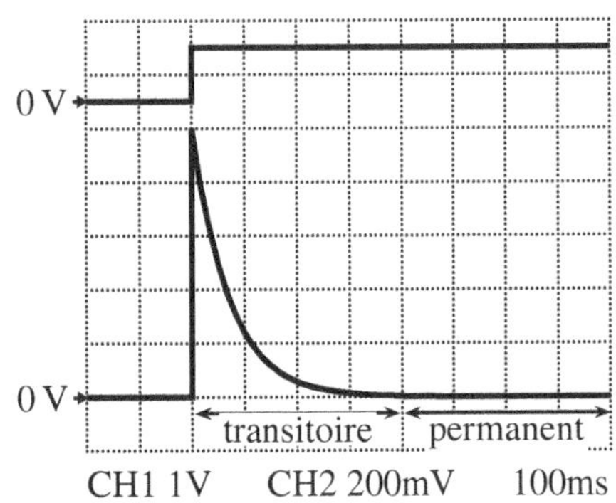

Figure 5.8 – Essai indiciel : sur la voie 1, $e\,(t)$ et, sur la voie 2, $u_R\,(t)$.

4.2 Équation différentielle sur $u_R(t)$

Pour $t < 0$, le circuit n'a pas encore été alimenté donc $u_R(t) = 0$. On cherche, pour $t > 0$, un couple {équation différentielle vérifiée par $u_R(t)$, condition initiale}.

Pour établir l'équation différentielle, on applique la loi des mailles :

$$e(t) = u_C(t) + u_R(t).$$

En notant $i(t)$ l'intensité dans le circuit, on a d'après la loi d'Ohm et la loi du condensateur : $u_R(t) = Ri(t)$ et $i(t) = C\dfrac{\mathrm{d}u_C}{\mathrm{d}t}(t)$, donc : $\dfrac{\mathrm{d}u_C}{\mathrm{d}t}(t) = \dfrac{i(t)}{C}(t) = \dfrac{u_R(t)}{RC}$. En dérivant la loi des mailles par rapport au temps, on obtient alors :

$$\frac{\mathrm{d}e}{\mathrm{d}t}(t) = \frac{u_R(t)}{RC} + \frac{\mathrm{d}u_R}{\mathrm{d}t}(t).$$

Comme $e(t) = E_0$ pour $t > 0$, sa dérivée est nulle. Ainsi, en posant toujours $RC = \tau$, on obtient l'équation différentielle homogène :

$$\boxed{\tau\frac{\mathrm{d}u_R}{\mathrm{d}t}(t) + u_R(t) = 0.}$$

4.3 Détermination de la condition initiale

Pour placer le point initial de la trajectoire de phase, il faut déterminer la condition initiale $u_R(0^+)$, valeur de la tension aux bornes de la résistance immédiatement après que $e(t)$ a changé de valeur.

> La tension $u_R(t)$, aux bornes de la résistance, n'a aucune raison d'être continue. C'est la tension $u_C(t)$, aux bornes du condensateur, qui est continue.

On a : $u_C(0^+) = u_C(0^-) = 0$; la loi des mailles à l'instant $t = 0^+$ s'écrit :

$$e(0^+) = u_R(0^+) + 0 \quad \text{soit} \quad \boxed{u_R(0^+) = E_0.}$$

4.4 Résolution de l'équation différentielle

La solution générale de l'équation différentielle trouvée au paragraphe 4.2 est :

$$u_R(t) = \lambda \exp\left(-\frac{t}{\tau}\right),$$

où λ est une constante que l'on calcule en utilisant la condition initiale déterminée au paragraphe précédent :

$$u_R\left(0^+\right) = E_0 = \lambda.$$

Finalement, la tension u_R décroît exponentiellement :

$$\boxed{u_R(t) = E_0 \exp\left(-\frac{t}{\tau}\right).}$$

4.5 Régime libre

On règle maintenant le GBF pour qu'il délivre un créneau valant alternativement 0 et E_0, de période T telle que :

$$T > T_R.$$

On observe alors successivement l'essai indiciel puis le régime libre puisque le système a le temps d'atteindre le régime permanent au cours de chaque demi-période.

L'**équation différentielle** qui régit l'évolution du système sur chaque demi-période est :

$$\tau \frac{\mathrm{d}u_R}{\mathrm{d}t}(t) + u_R(t) = \tau \frac{\mathrm{d}e}{\mathrm{d}t}(t) = 0.$$

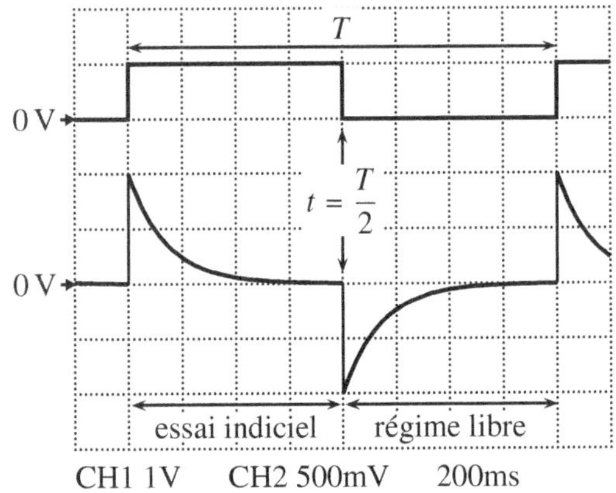

Figure 5.9 – Essai indiciel et régime libre aux bornes de la résistance.

Sa solution est de la forme $u_R(t) = \lambda \exp\left(-\frac{t}{\tau}\right)$, il s'agit d'une décroissance exponentielle qui atteint sa limite 0 avant la fin de la demi-période. La valeur initiale est due au saut de discontinuité du signal d'entrée $e(t)$ en début de demi-période qui se répercute sur la tension $u_R(t)$; $u_R(t)$ présente ainsi un saut de 0 à E_0 aux instants 0, T, $2T$... et un saut de 0 à $-E_0$ aux instants $\frac{T}{2}$, $\frac{3T}{2}$...

5 Exemple de circuit inductif

Dans ce paragraphe, on étudie un circuit série RL comportant un résistor et une bobine, alimenté par un GBF.

5.1 Schéma du montage

Le montage de la figure 5.10 permet de visualiser en même temps à l'oscilloscope la tension $e(t)$ délivrée par le GBF et l'intensité $i(t)$ du courant, *via* la tension aux bornes de la résistance puisque $u_R(t) = Ri(t)$.

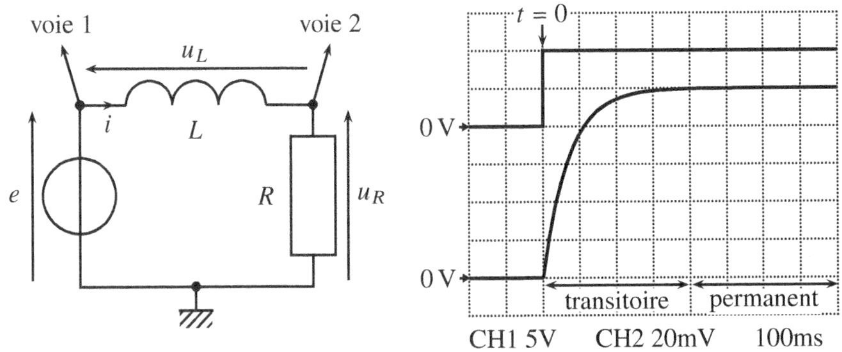

Figure 5.10 – Montage RL étudié et intensité du courant lors de l'essai indiciel.

5.2 Équation différentielle sur $i(t)$

On cherche un couple {équation différentielle sur $i(t)$, condition initiale} pour $t > 0$.
Pour établir l'**équation différentielle**, appliquons la loi des mailles :

$$e(t) = u_L(t) + u_R(t).$$

La loi de la bobine et la loi d'Ohm donnent $u_L(t) = L\dfrac{\mathrm{d}i}{\mathrm{d}t}$ et $u_R(t) = Ri(t)$. Il vient ainsi :

$$e(t) = L\frac{\mathrm{d}i}{\mathrm{d}t} + Ri(t) \quad \text{soit} \quad \frac{L}{R}\frac{\mathrm{d}i}{\mathrm{d}t} + i(t) = \frac{e(t)}{R}.$$

C'est une équation différentielle du premier ordre. Ce montage est donc un circuit du premier ordre, pour lequel on peut définir une constante de temps $\tau = \frac{L}{R}$ afin d'écrire l'équation différentielle sous la forme $\tau\dfrac{\mathrm{d}i}{\mathrm{d}t} + i(t) = \dfrac{e(t)}{R}$.

5.3 Calcul de l'intensité $i(t)$

Pour $t < 0$, la tension $e(t)$ délivrée par le GBF est nulle. Le circuit n'ayant pas encore été alimenté, l'intensité qui le traverse est nulle :

$$i(t < 0) = 0.$$

Pour $t > 0$, $e(t) = E_0$. Le montage est décrit par l'équation différentielle :

$$\tau\frac{\mathrm{d}i}{\mathrm{d}t} + i(t) = \frac{E_0}{R}.$$

La solution est de la forme :

$$i(t) = \underbrace{\frac{E_0}{R}}_{\text{solution particulière}} + \underbrace{\lambda \exp\left(-\frac{t}{\tau}\right)}_{\text{solution de l'équation homogène}},$$

où λ est une constante déterminée par la **condition initiale**. Elle est imposée par la continuité du courant qui traverse la bobine d'inductance L (voir page 123). Ainsi :

$$i\left(0^+\right) = i\left(0^-\right) = 0 \quad \text{soit} \quad \frac{E_0}{R} + \lambda = 0 \quad \text{soit} \quad \lambda = -\frac{E_0}{R}.$$

Finalement : $i(t) = \dfrac{E_0}{R}\left(1 - \exp\left(-\dfrac{t}{\tau}\right)\right)$.

Cette solution est mathématiquement analogue à celle obtenue au paragraphe 2.3 pour la tension $u_C(t)$. Le temps de réponse du circuit, temps nécessaire à l'établissement du régime permanent est :

$$T_R = 4{,}6\tau = 4{,}6\,\frac{L}{R}.$$

Un **bilan de puissance** est présenté en méthodologie page 134.

6 Simulation

On étudie, en langage Python, la réponse du circuit de la figure 5.3, p. 122, lorsqu'il est soumis à un signal créneau, de période T et de rapport cyclique D :

$$\begin{cases} e(t) = E_0 \text{ si } t \in [0,DT] \\ e(t) = 0 \quad \text{si } t \in [DT,T]\,. \end{cases}$$

L'équation différentielle est résolue grâce à la méthode d'Euler.

```
import numpy as np:
import matplotlib.pyplot as plt
# méthode Euler
def euler(f,x0,t):
    n = len(t)
    h = t[1]-t[0]
    x = np.zeros(n)
    x[0] = x0
    for i in range(n-1):
        x[i+1] = x[i] + h*f(x[i],t[i])
    return x
# circuit RC soumis à un signal créneau (période T, rapport cyclique D)
# fonction créneau
T= 1 # ms
D=0.5 # rapport cyclique entre 0 et 1
def creneau(t):
    if t%T < D*T :
        return 1
    else :
        return 0
# équation différentielle : du/dt = -u/tau + e(t)/tau, u(0) = u0
tau = T/10
def f(u,t) :
    return -u/tau + creneau(t)/tau
# résolution de l'équation différentielle
t0 = 0
t1 = 3*T
n= 1000
t = np.linspace(t0,t1,n)
u0 = 0 # V
u = euler(f,u0,t)
# graphe
e = np.array([creneau(temps) for temps in t])
plt.figure()
plt.plot(t,e,color='0.6', label = '$e(t)$',linewidth=2)
plt.plot(t,u,'k',label = 'u_c(t)')
```

```
plt.xlabel('$t$ (ms)')
plt.ylabel('tensions (V)')
plt.legend(loc=1)
plt.tight_layout()
plt.grid(linewidth=0.2)
plt.show()
```

Les résultats des simulations sont les suivantes. Elles permettent d'étudier l'évolution de la tension aux bornes du condensateur.

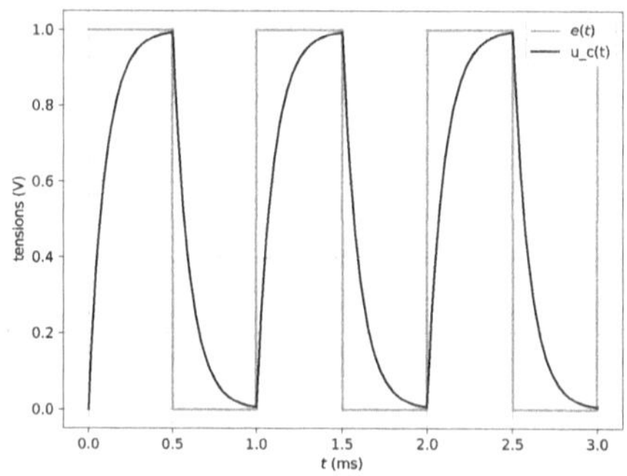

Figure 5.11 – Période $T = 1$ ms, rapport cyclique $D = \frac{1}{2}$ et $RC = \frac{1}{10}T$.

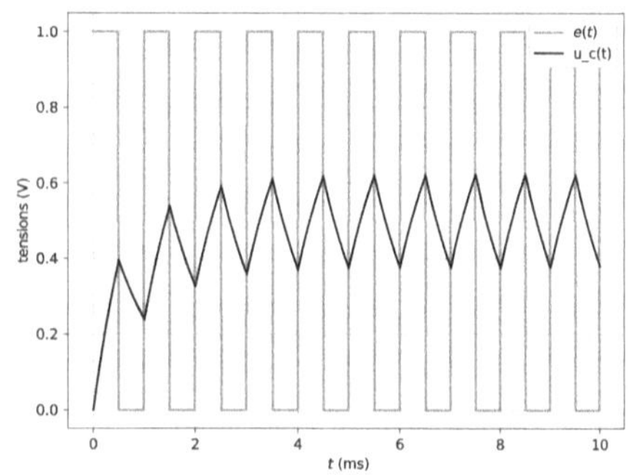

Figure 5.12 – Période $T = 1$ ms, rapport cyclique $D = \frac{1}{2}$ et $RC = T$.

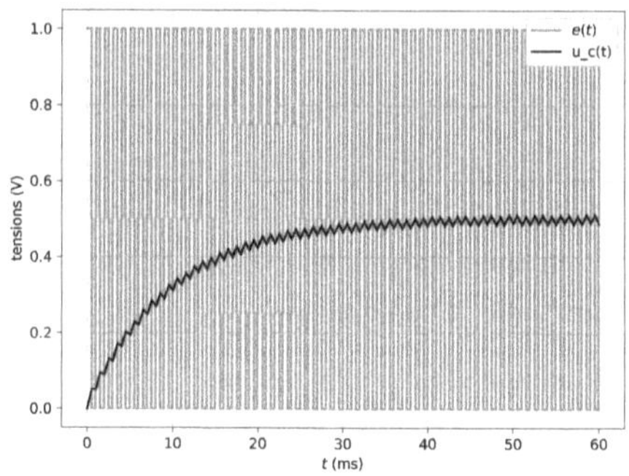

Figure 5.13 – Période $T = 1$ ms, rapport cyclique $D = \frac{1}{2}$ et $RC = 10T$.

Sur les figures 5.12 et 5.13, le circuit RC réagit lentement par rapport à la période du créneau, c'est-à-dire $RC = T$ (figure 5.12) ou $RC = 10T$ (figure 5.13). On observe alors l'évolution de la tension aux bornes du condensateur, qui prend plusieurs périodes avant d'arriver en régime permanent périodique (environ $5RC = 5T$ en figure 5.12 et $5RC = 50T$ en figure 5.13).

MÉTHODOLOGIE

Où placer la masse dans un circuit électrique ?
▷ *Utiliser le fil commun à toutes les tensions étudiées.*

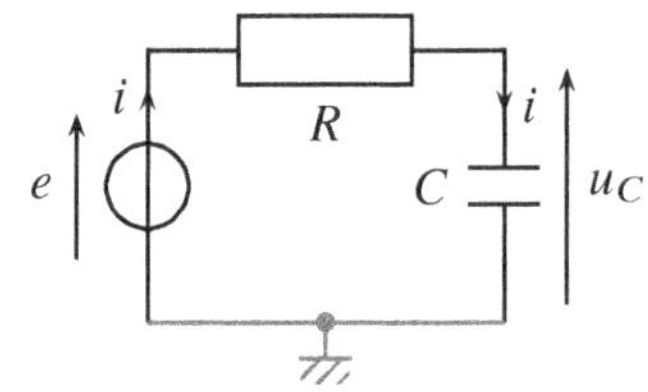

On étudie e et u_C, le fil commun est en gris : c'est la masse.

Comment retrouver que l'unité du produit RC est la seconde ?
▷ *À partir des lois de l'électrocinétique pour un résistor et pour un condensateur :*

$$\begin{cases} u_R(t) = Ri(t) & \textit{donc} \quad \mathrm{V} = \Omega \times \mathrm{A} \\ i(t) = C\dfrac{\mathrm{d}u_C}{\mathrm{d}t}(t) & \textit{donc} \quad \mathrm{A} = \mathrm{F} \times \dfrac{\mathrm{V}}{\mathrm{s}} \end{cases} \quad \textit{et en multipliant} \quad \Omega \times \mathrm{F} = \mathrm{s}.$$

Comment retrouver que l'unité du rapport $\frac{L}{R}$ est la seconde ?
▷ *À partir des lois de l'électrocinétique pour un résistor et pour une bobine :*

$$\begin{cases} u_R(t) = Ri(t) & \textit{donc} \quad \mathrm{V} = \Omega \times \mathrm{A} \\ u_L(t) = L\dfrac{\mathrm{d}i}{\mathrm{d}t}(t) & \textit{donc} \quad \mathrm{V} = \mathrm{H} \times \dfrac{\mathrm{A}}{\mathrm{s}} \end{cases} \quad \textit{et en multipliant} \quad \frac{\mathrm{H}}{\Omega} = \mathrm{s}.$$

Comment résoudre le couple {équation différentielle du 1er ordre, condition initiale} :

$$\begin{cases} \forall t > 0, \tau\dfrac{\mathrm{d}u}{\mathrm{d}t}(t) + u(t) = E_0 \\ u(0) = 0. \end{cases}$$

▷ *Établir la* ***solution particulière****, la* ***solution homogène*** *; puis utiliser la* ***condition initiale*** *pour calculer la constante d'intégration.*

La **solution particulière** de l'équation, $u_p(t)$, est cherchée sous la même forme que le second membre (le terme E_0), c'est-à-dire constante. L'équation différentielle devient :

$$\tau\frac{\mathrm{d}u_p}{\mathrm{d}t} + u_p(t) = E_0 \quad \Rightarrow \quad (\tau \times 0) + u_p = E_0 \quad \Rightarrow \quad u_p = E_0.$$

La **solution homogène** $u_h(t)$ est solution de l'**équation homogène**, équation avec un second membre nul :

$$\tau\frac{\mathrm{d}u_h}{\mathrm{d}t}(t) + u_h(t) = 0 \quad \Rightarrow \quad u_h(t) = \lambda \exp\left(-\frac{t}{\tau}\right),$$

où λ est une constante d'intégration.

La solution de l'équation différentielle est donc :

$$s(t) = s_p(t) + s_h(t) = E_0 + \lambda \exp\left(-\frac{t}{\tau}\right).$$

La constante d'intégration λ est calculée avec la condition initiale :

$$u(0) = 0 \quad \Rightarrow \quad E_0 + \lambda = 0 \quad \Rightarrow \quad \lambda = -E_0.$$

On en déduit la solution du couple {équation différentielle, condition initiale} :

$$s(t) = E_0 \left(1 - \exp\left(-\frac{t}{\tau}\right)\right).$$

Comment établir une condition initiale ?
▷ *Utiliser les continuités :*

- *la tension u_C aux bornes d'un condensateur est continue : $u_C\left(0^-\right) = u_C\left(0^+\right)$;*
- *l'intensité i_L du courant qui traverse une bobine est continue : $i_L\left(0^-\right) = i_L\left(0^+\right)$.*

Rapport du Jury (CCINP) : « il y a souvent confusion entre condensateur et bobine sur les problèmes de continuité. »

La tension aux bornes d'une résistance est-elle continue ?
▷ *Non, rien ne l'impose* a priori.

Comment identifier le temps caractéristique τ d'un système du 1er ordre sur un graphe ?
▷ *τ est la durée au bout de laquelle le signal a varié de* 63 %.

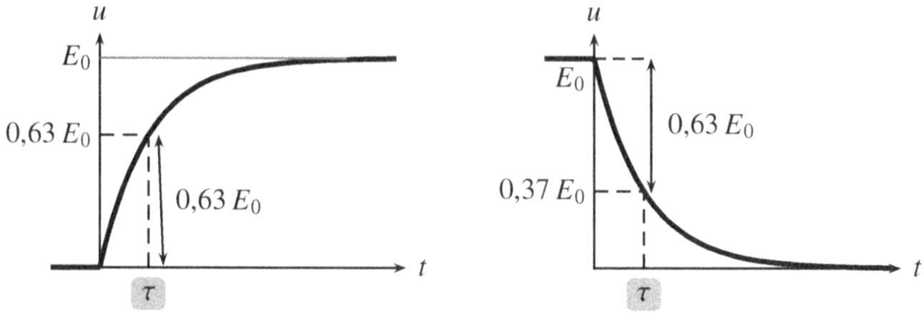

Comment réaliser et interpréter un bilan de puissance ?
▷ *Multiplier la loi des mailles par $i(t)$, puis fait apparaître :*

- *la puissance Joule consommée par la résistance Ri^2 ;*
- *la variation d'énergie stockée par le condensateur $\frac{\mathrm{d}}{\mathrm{d}t}\left(\frac{1}{2}Cu_C^2\right)$;*
- *la variation d'énergie stockée par la bobine $\frac{\mathrm{d}}{\mathrm{d}t}\left(\frac{1}{2}Li_L^2\right)$.*

Exemple du circuit RC, p. 122, décrit par la loi des mailles $e(t) = u_R(t) + u_C(t)$.
En multipliant la loi des mailles par l'intensité $i(t)$, on obtient :

puissance instantanée $\mathcal{P}_{\text{Joule}}(t)$ reçue par la résistance

$$e(t)\,i(t) = u_R(t)\,i(t) + u_C(t)\,i(t)$$

puissance instantanée $\mathcal{P}_{\text{GBF}}(t)$ cédée par le GBF au circuit

puissance instantanée $\mathcal{P}_C(t)$ reçue par le condensateur

On réécrit les puissances :

- $\mathcal{P}_C(t) = u_C(t)\,i(t) = u_C(t) \times C\dfrac{\mathrm{d}u_C}{\mathrm{d}t}(t) = \dfrac{\mathrm{d}}{\mathrm{d}t}\left(\dfrac{1}{2}Cu_C(t)^2\right) = \dfrac{\mathrm{d}\mathcal{E}_{\text{élec}}}{\mathrm{d}t}$;
- $\mathcal{P}_{\text{Joule}}(t) = u_R(t)\,i(t) = Ri(t) \times i(t) = Ri(t)^2$.

On a donc :

$$\mathcal{P}_{\text{GBF}}(t) = \frac{\mathrm{d}\mathcal{E}_{\text{élec}}}{\mathrm{d}t}(t) + \mathcal{P}_{\text{Joule}}(t)\,.$$

La puissance délivrée par le GBF se divise en une puissance reçue par le condensateur (qui stocke cette énergie) et une puissance dissipée dans la résistance par effet Joule.

Exemple du circuit LR, p. 128, décrit par la loi des mailles $e(t) = u_R(t) + u_L(t)$.
En multipliant la loi des mailles par l'intensité $i(t)$, on obtient :

puissance instantanée $\mathcal{P}_{\text{Joule}}(t)$ reçue par la résistance

$$e(t)\,i(t) = u_R(t)\,i(t) + u_C(t)\,i(t)$$

puissance instantanée $\mathcal{P}_{\text{GBF}}(t)$ cédée par le GBF au circuit

puissance instantanée $\mathcal{P}_L(t)$ reçue par la bobine

On réécrit les puissances :

- $\mathcal{P}_L(t) = u_L(t)\,i(t) = L\dfrac{\mathrm{d}i}{\mathrm{d}t}(t) \times i(t) = \dfrac{\mathrm{d}}{\mathrm{d}t}\left(\dfrac{1}{2}Li(t)^2\right) = \dfrac{\mathrm{d}\mathcal{E}_{\text{magné}}}{\mathrm{d}t}$;
- $\mathcal{P}_{\text{Joule}}(t) = u_R(t)\,i(t) = Ri(t) \times i(t) = Ri(t)^2$.

On a donc :

$$\mathcal{P}_{\text{GBF}}(t) = \frac{\mathrm{d}\mathcal{E}_{\text{magné}}}{\mathrm{d}t}(t) + \mathcal{P}_{\text{Joule}}(t)\,.$$

La puissance délivrée par le GBF se divise en une puissance reçue par la bobine (qui stocke cette énergie) et une puissance dissipée dans la résistance par effet Joule.

Comment réaliser et interpréter un bilan d'énergie ?
▷ *Établir les expressions temporelles des puissances instantanées de chaque dipôle, puis les intégrer par rapport au temps.*

Exemple du circuit RC, p. 122.

La tension aux bornes du condensateur, établie p. 123, est $u_C(t) = E_0\left(1 - \exp\left(-\frac{t}{\tau}\right)\right)$, l'intensité du courant dans le circuit est :

$$i(t) = C\frac{\mathrm{d}u_C}{\mathrm{d}t}(t) = \frac{CE_0}{\tau}\exp\left(-\frac{t}{\tau}\right) = \frac{E_0}{R}\exp\left(-\frac{t}{\tau}\right).$$

Les puissances sont ainsi :

$$\mathcal{P}_{\mathrm{GBF}}(t) = E_0 i(t) = \frac{E_0^2}{R}\exp\left(-\frac{t}{\tau}\right) \quad \text{et} \quad \mathcal{P}_{\mathrm{Joule}}(t) = Ri^2(t) = \frac{E_0^2}{R}\exp\left(-2\frac{t}{\tau}\right).$$

L'énergie délivrée par le GBF entre $t = 0$ et l'instant final $t \to \infty$ est :

$$W_{\mathrm{GBF}} = \int_0^{\infty} \mathcal{P}_{\mathrm{GBF}}(t)\,\mathrm{d}t = \int_0^{\infty} \frac{E_0^2}{R}\exp\left(-\frac{t}{\tau}\right)\mathrm{d}t = \frac{E_0^2}{R}\left[-\tau\exp\left(-\frac{t}{\tau}\right)\right]_0^{\infty} = \frac{\tau E_0^2}{R} = CE_0^2.$$

L'énergie dissipée par effet Joule dans la résistance entre $t = 0$ et l'instant final $t \to \infty$ est :

$$W_{\mathrm{Joule}} = \int_0^{\infty} \mathcal{P}_{\mathrm{Joule}}(t)\,\mathrm{d}t = \int_0^{\infty} \frac{E_0^2}{R}\exp\left(-2\frac{t}{\tau}\right)\mathrm{d}t = \frac{E_0^2}{R}\left[-\frac{\tau}{2}\exp\left(-2\frac{t}{\tau}\right)\right]_0^{\infty} = \frac{CE_0^2}{2} = \frac{\mathcal{E}_{\mathrm{GBF}}}{2}.$$

La variation de l'énergie électrique stockée par le condensateur entre $t = 0$ et l'instant final $t \to \infty$ est :

$$\Delta\mathcal{E}_{\mathrm{élec}} = \int_0^{\infty} \frac{\mathrm{d}\mathcal{E}_{\mathrm{élec}}}{\mathrm{d}t}\mathrm{d}t = \left[\mathcal{E}_{\mathrm{élec}}(t)\right]_0^{\infty} = \frac{1}{2}Cu_C(\infty)^2 - \frac{1}{2}Cu_C(0)^2 = \frac{CE_0^2}{2} = \frac{\mathcal{E}_{\mathrm{GBF}}}{2}.$$

On retrouve le bilan :

$$W_{\mathrm{GBF}} = \Delta\mathcal{E}_{\mathrm{élec}} + W_{\mathrm{Joule}}.$$

L'énergie délivrée par le GBF se répartit à parts égales entre le condensateur, dans lequel elle est stockée sous forme d'énergie électrique, et le résistor, dans lequel elle est dissipée par effet Joule.

PROGRAMME OFFICIEL ET SOMMAIRE DES EXERCICES

NOTIONS ET CONTENUS	CAPACITÉS EXIGIBLES
Régime libre, réponse à un échelon de tension.	Distinguer, sur un relevé expérimental, régime transitoire et régime permanent au cours de l'évolution d'un système du premier ordre soumis à un échelon de tension. ► 5.C1 Interpréter et utiliser la continuité de la tension aux bornes d'un condensateur ou de l'intensité du courant traversant une bobine. ► 5.C2 ▷ 5.2 5.3 5.4 5.5 5.7 Établir l'équation différentielle du premier ordre vérifiée par une grandeur électrique dans un circuit comportant une ou deux mailles. ► 5.C3 ▷ 5.1 5.9 Déterminer la réponse temporelle dans le cas d'un régime libre ou d'un échelon de tension. Déterminer un ordre de grandeur de la durée du régime transitoire. ► 5.C4 ▷ 5.6 5.8 5.11 5.12 5.13 5.14 TP : Réaliser l'acquisition d'un régime transitoire pour un circuit linéaire du premier ordre et analyser ses caractéristiques. Confronter les résultats expérimentaux aux expressions théoriques. Capacité numérique : mettre en œuvre la méthode d'Euler à l'aide d'un langage de programmation pour simuler la réponse d'un système linéaire du premier ordre à une excitation de forme quelconque.
Stockage et dissipation d'énergie.	Réaliser un bilan énergétique. ► 5.C5 5.C6 ▷ 5.10

EXERCICES ★ (LE COURS)

5.C1 **Constantes de temps** On soumet deux systèmes du premier ordre à une entrée en échelon. Les signaux de sortie sont représentés ci-dessous.

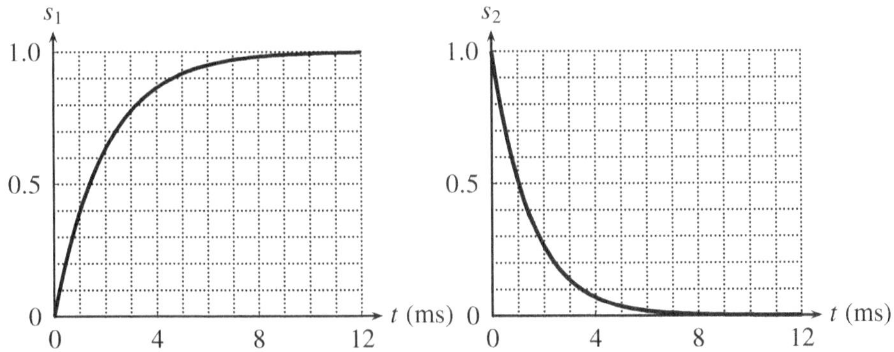

1) Quelles sont les constantes de temps des deux systèmes ?

2) Pour quelles dates le régime permanent est-il atteint ? Quelle est la durée du régime transitoire ?

5.C2 **Continuité** Quelles sont les grandeurs toujours continues ?

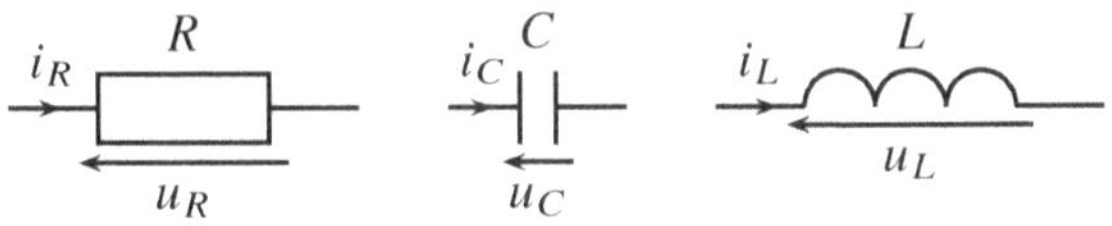

5.C3 **Mise en équation** Établir les équations différentielles vérifiées par :

1) la tension $u_C(t)$ aux bornes du condensateur pour le circuit de la figure 5.3, p. 122 ;

2) la tension $u_R(t)$ aux bornes de la résistance pour le circuit de la figure 5.7, p. 126 ;

3) l'intensité $u(t)$ du courant dans le circuit de la figure 5.10, p. 128.

5.C4 **Réponse temporelle** Établir l'expression de :

1) la tension $u_C(t)$ aux bornes du condensateur pour le circuit de la figure 5.3, p. 122 ;

2) la tension $u_R(t)$ aux bornes de la résistance pour le circuit de la figure 5.7, p. 126 ;

3) l'intensité $u(t)$ du courant dans le circuit de la figure 5.10, p. 128.

5.C5 **Bilans de puissance** Établir un bilan de puissance pour :

1) le circuit de la figure 5.3, p. 122 ;

2) le circuit de la figure 5.10, p. 128.

5.C6 **Bilan d'énergie** Établir un bilan d'énergie pour le circuit de la figure 5.3, p. 122.

EXERCICES ★★

5.1 Réponse d'un système

Un système linéaire obéit à l'équation différentielle $2{,}0.10^{-4}\dfrac{ds}{dt} + 8{,}2s(t) = 1{,}9e(t)$ dans laquelle le temps t est exprimé en secondes.

1) Que vaut la constante de temps du système ?

2) On suppose que $s(0) = 0$ et $e(t) = 5{,}0\,\text{V}$ pour $t > 0$. Déterminer le signal de sortie $s(t)$. Vers quelle valeur tend-il ?

5.2 Conditions initiales : circuit *A*

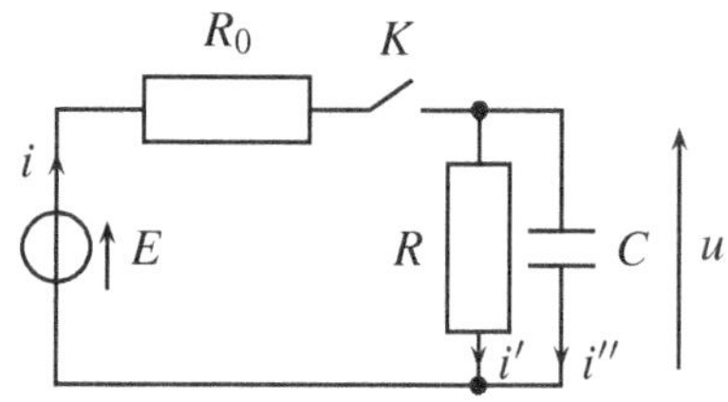

On considère le circuit électrique ci-contre. L'interrupteur est ouvert depuis un temps infini. À $t = 0$, on ferme l'interrupteur. Déterminer alors les expressions de i, i', i'' et u juste après la fermeture de l'interrupteur.

5.3 Conditions initiales : circuit *B*

On reprend le circuit A précédent en remplaçant la résistance R par une bobine d'inductance L. Dans les mêmes conditions que dans l'exercice précédent, déterminer alors les expressions de i, i', i'' et u juste après la fermeture de l'interrupteur.

5.4 Régime permanent : circuit *A*

On reprend le circuit A précédent. Déterminer alors les expressions de i, i', i'' et u lorsque le régime permanent est atteint.

5.5 Régime permanent : circuit *B*

On reprend le circuit B précédent. Déterminer alors les expressions de i, i', i'' et u lorsque le régime permanent est atteint.

5.6 Circuit inductif

La tension $e(t)$ est nulle pour $t < 0$ et est égale à E pour $t > 0$.

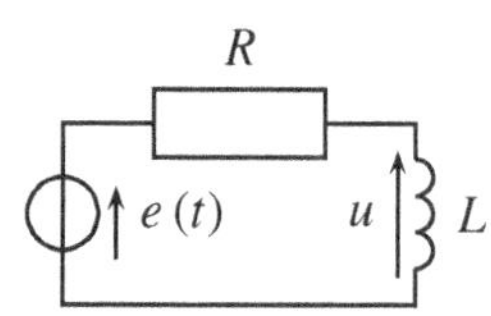

1) Déterminer l'équation différentielle vérifiée par la tension u aux bornes de la bobine. Quelle est la constante de temps de ce circuit ? On la notera τ.

2) Résoudre cette équation différentielle, on exprimera $u(t)$ en fonction de t, E et τ.

3) Tracer l'allure de $u(t)$.

4) Établir un bilan de puissance.

5.7 Lampe témoin

Une lampe témoin ne s'allume que lorsqu'un courant d'intensité supérieure à $\frac{E}{8R}$ la traverse. Cette lampe est équivalente à une résistance que l'on prendra égale à $4R$ représentée sur le schéma ci-dessous.

1) Déterminer l'intensité i'' à $t = 0^+$ juste après la fermeture de K, ouvert depuis un temps infini.

2) Déterminer l'intensité i'' lorsque le régime permanent est atteint.

3) Une fois le régime permanent atteint, on ouvre l'interrupteur K. Quelle est alors l'intensité i'' juste après l'ouverture ?

4) En déduire quel peut être le rôle de la lampe.

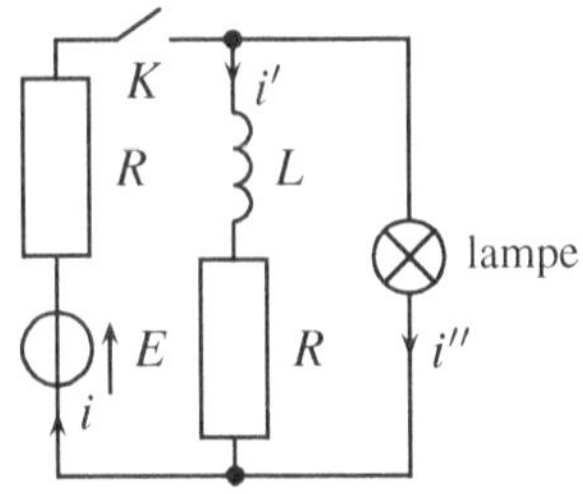

5.8 Étude d'un circuit *RL*

Dans le circuit représenté ci-contre, le générateur de tension a une force électromotrice constante E. À l'instant $t = 0$, on ferme l'interrupteur K, qui était ouvert depuis très longtemps.

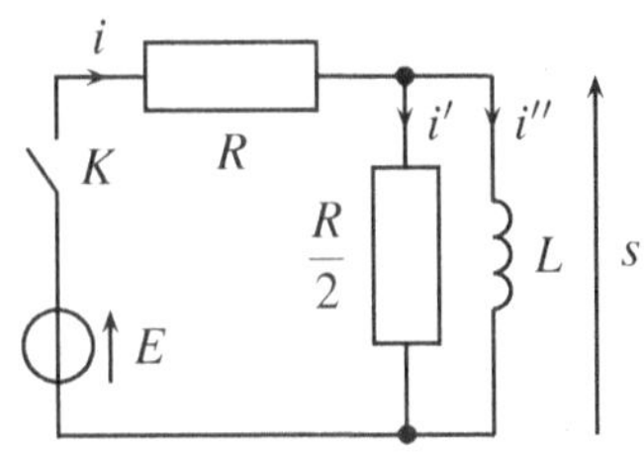

1) Donner les valeurs des intensités i, i' et i'' et de la tension s à l'instant $t = 0^+$.

2) Que vaut $s(t)$ lorsque t tend vers l'infini ?

3) Établir l'équation différentielle vérifiée par $s(t)$.

4) En déduire l'expression de $s(t)$ et tracer l'allure de $s(t)$.

5) Exprimer, en fonction de L et de R, le temps t_0 au bout duquel $s(t)$ a été divisée par 10.

6) On mesure $t_0 = 30$ µs pour $R = 1000\ \Omega$. En déduire la valeur de L.

5.9 Capacité commutée

On monte un condensateur de capacité C_k entre deux interrupteurs commandés notés K_A et K_B, comme l'indique la figure suivante. On émet les hypothèses suivantes :

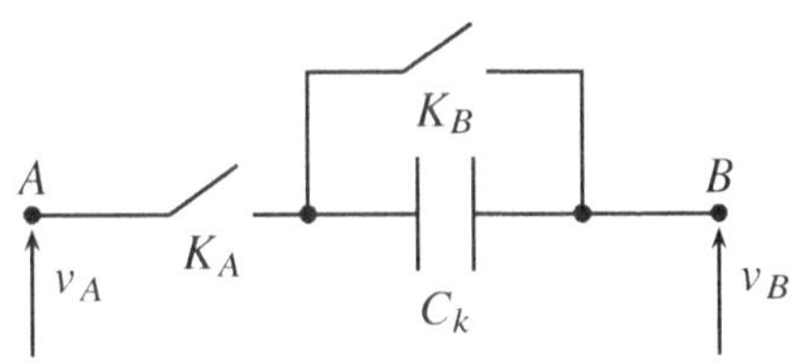

- les interrupteurs sont idéaux (d'impédance infinie quand ils sont ouverts et nulle quand ils sont fermés) ;
- ils sont toujours dans des états complémentaires : si K_A est ouvert, alors K_B est fermé et inversement ;
- ils sont commandés de manière périodique par un signal extérieur (signal u_{ref} carré périodique de fréquence f_k (période $T_k/2$)) de telle sorte que :
  - sur l'intervalle $[0,T_k/2]$: K_A est fermé et K_B ouvert,
  - sur l'intervalle $[T_k/2,T_k]$: K_A est ouvert et K_B fermé ;
- les condensateurs ont le temps de se charger/décharger sur chaque intervalle de temps ;
- la période T_k est faible devant tous les autres temps caractéristiques.

1) Donner les expressions de q_1 et q_2, les charges portées par l'armature du condensateur reliée directement au point B respectivement sur l'intervalle $[0,T_k/2]$ et $[T_k/2,T_k]$. On précisera les conventions utilisées. On en déduit $\delta q = q_2 - q_1$, charge transférée de l'entrée vers la sortie en une période.

2) À quoi est alors égale la charge totale Q transférée de l'entrée vers la sortie en un temps $t \gg T_k$?

3) En déduire l'expression de l'intensité moyenne I_m associée à ce transfert en fonction de V_A, V_B, C_k et f_k.

4) Pourquoi peut-on en conclure que ce dipôle AB se comporte comme une résistance R_k ? Donner l'expression de cette résistance en fonction de f_k et C_k. Quel est l'intérêt de ce montage ?

EXERCICES ★★★

5.10 Rendement énergétique de la charge d'un condensateur

On considère un circuit composé d'une résistance R et d'un condensateur de capacité C en série aux bornes duquel on place un générateur de tension idéal de force électromotrice constante E et un interrupteur K. À l'instant $t = 0$, on ferme l'interrupteur K et la tension u_C aux bornes du condensateur est nulle.

1) Établir l'équation différentielle vérifiée par u_C.

2) Établir l'expression de $u_C(t)$ et tracer l'allure de la courbe de $u_C(t)$.

3) Établir l'expression de l'intensité parcourant le circuit en fonction du temps et tracer l'allure de la courbe de $i(t)$.

4) Exprimer en fonction de C et E :

- l'énergie $\mathcal{E}_{\text{élec}}$ emmagasinée par le condensateur à l'instant $t = \infty$;
- l'énergie W_{Joule} dissipée par effet Joule dans la résistance entre $t = 0$ et $t = \infty$;
- l'énergie $W_{\text{gén}}$ fournie par le générateur entre $t = 0$ et $t = \infty$.

5) Donner une relation liant $\mathcal{E}_{\text{élec}}$, W_{Joule} et $W_{\text{gén}}$ et proposer une interprétation physique de cette relation. On définit le rendement énergétique de la charge du condensateur par $\rho = \dfrac{\mathcal{E}_{\text{élec}}}{W_{\text{gén}}}$. Quelle est la valeur de ρ ?

Pour améliorer ce rendement, on effectue l'expérience en deux temps : on utilise d'abord un générateur de force électromotrice $\frac{1}{2}E$ puis on bascule sur un générateur de force électromotrice E une fois que la tension aux bornes de C a atteint la valeur $\frac{1}{2}E$.

6) Déterminer pour la première phase l'expression de l'énergie $W_{\text{gén1}}$ fournie par le générateur.

7) Établir les expressions de $u_C(t)$ et $i(t)$ lors de la seconde phase. On prendra pour nouvelle origine des temps l'instant de bascule entre les deux générateurs.

8) Déterminer pour la seconde phase l'expression de l'énergie $W_{\text{gén2}}$ fournie par le générateur.

9) En déduire le nouveau rendement énergétique.

5.11 Condensateur chargé débranché

La charge d'un condensateur sous une tension de 10 V à travers une résistance de 300 Ω met 15.10^{-8} s à atteindre le régime permanent à 99 %. Une fois chargé, le condensateur est débranché et laissé sur la table. Au bout de 2 min, une mesure de la tension à ses bornes montre qu'elle est de 1 V. Déterminer les caractéristiques de ce condensateur.

5.12 Résistance de fuite d'un condensateur

Un condensateur réel est modélisé par l'association en parallèle d'une capacité C et d'une résistance R_f appelée résistance de fuite. Il est inséré dans un circuit série comportant un générateur de force électromotrice E, une résistance r et un interrupteur K. On mesure la tension aux bornes du condensateur à l'aide d'un voltmètre électronique de résistance d'entrée infinie en position courant continu. On ferme K et on attend que l'indication du voltmètre se stabilise. Puis on ouvre K en déclenchant au même instant un chronomètre. On constate alors que la tension indiquée par le voltmètre baisse de 10 % en un temps T.

1) Exprimer la valeur U vers laquelle la tension aux bornes du condensateur tend lorsque K est fermé. En déduire une manière de déterminer R_f.

2) Montrer que la mesure du temps T permet aussi de déterminer R_f.

3) En fait, R_f n'est pas petite devant la résistance d'entrée du voltmètre R_V. Celle-ci ne peut donc pas être considérée comme infinie. Exprimer dans ce cas R_f en fonction de R_V, C et T.

EXERCICES ★★★★

5.13 Conversion d'une tension en une durée

Le montage étudié dans cet exercice est à la base du fonctionnement d'un convertisseur analogique numérique (CAN) de type « série ». La tension u à numériser est positive, de valeur comprise entre 0 V et une tension de référence $V_{ref} = 2$ V ; elle est supposée constante pendant toute la durée considérée dans l'exercice. Le montage est composé d'un interrupteur à deux positions K, d'un circuit r,C formant le bloc B et d'un comparateur A. Le comparateur A a une résistance d'entrée infinie et il compare les potentiels des nœuds (3) et (4) : lorsque $V_3 > V_4$, son potentiel de sortie vaut $V_S = 5$ V et, lorsque $V_3 < V_4$, il vaut $V_S = 0$ V.

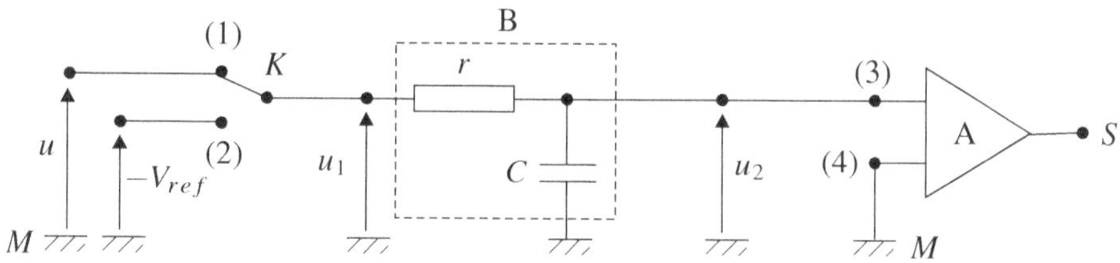

1) À l'instant $t = 0$, le condensateur est déchargé et l'interrupteur K est basculé en position (1) pour $0 < t < t_1$. Étudier u_2 en fonction du temps entre $t = 0$ et $t = t_1$. Faire apparaître une constante τ, homogène à un temps, caractéristique du bloc B.

Dans toute la suite, on suppose les valeurs de r et C telles que $t_1 \ll \tau$.

2) Donner alors une expression simplifiée de u_2 en fonction du temps, ainsi qu'une relation simplifiée entre u_1 et $\dfrac{du_2}{dt}$. Quelle est alors la fonction du bloc B qui transforme le signal $u_1(t)$ en le signal $u_2(t)$?

3) Que vaut V_S entre 0 et t_1 ?

L'interrupteur K bascule en position (2) à partir de l'instant t_1 et jusqu'à l'instant $t_1 + t_2$ où le signal V_S est modifié.

4) Exprimer t_2 en fonction de u, t_1 et V_{ref}.

5) Représenter sur un même graphe les signaux $u_2(t)$ et $u_1(t)$ entre $t = 0$ et $t = t_1 + t_2$.

5.14 Charge d'un supercondensateur

Les condensateurs classiques présentent une autonomie insuffisante pour certaines applications. On préfère alors les supercondensateurs. Un modèle électrocinétique modélisant le comportement du supercondensateur consiste à l'assimiler à l'association série d'un conducteur ohmique de résistance R_0 et d'un condensateur de capacité C_0 :

On soumet le supercondensateur, initialement chargé sous la tension U_a, à une impulsion de courant d'intensité $I = 100$ A constante pendant une durée $\Delta t = 10$ s.

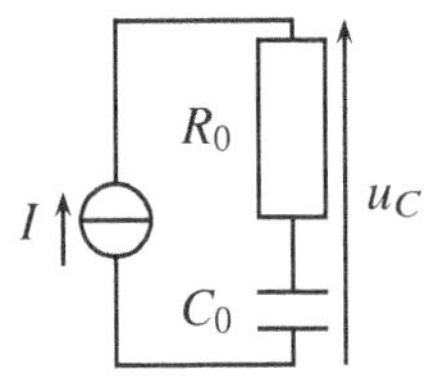

On obtient le relevé de la tension $u_c(t) = f(t)$ suivant :

Réponse en tension à une impulsion de courant.

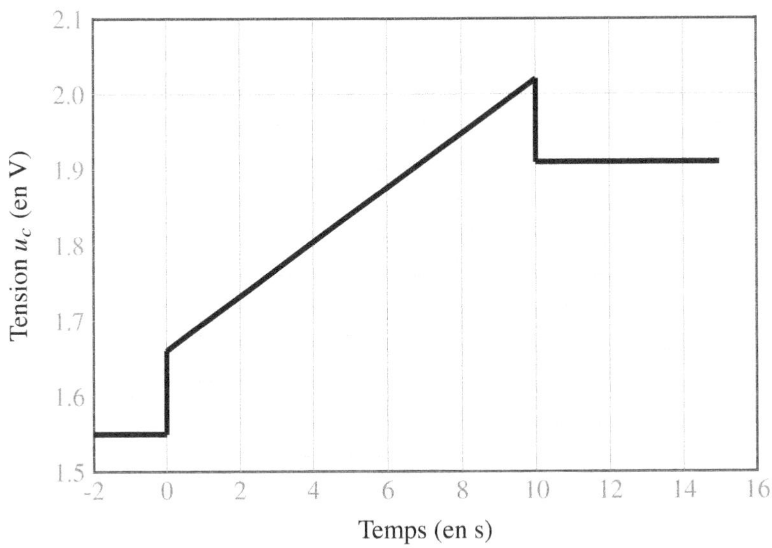

1) Établir l'expression de la tension $u_c(t) = f(t)$ pendant la charge à courant constant.

2) Déterminer, à partir du relevé expérimental, une estimation de la résistance R_0 et de la capacité C_0 du modèle équivalent.

CORRIGÉS

5.C1

1) La réponse indicielle vaut 63 % de la valeur finale en $t = \tau$. On lit graphiquement pour le système 1 : $\tau = 2$ ms.
La réponse indicielle a perdu 63 % de la valeur initiale en $t = \tau$. On lit graphiquement pour le système 2 : $\tau = 1{,}5$ ms.
2) La durée du régime transitoire est de $4{,}6\,\tau$. Le régime permanent est atteint pour $t > 4{,}6\tau$.

5.C2 u_C et i_L sont toujours continues ; toutes les autres grandeurs peuvent être discontinues.

5.C3 (**1**) *Cf.* p. 122 (**2**) *Cf.* p. 127 (**3**) *Cf.* p. 129

5.C4 (**1**) *Cf.* p. 123 (**2**) *Cf.* p. 127 (**3**) *Cf.* p. 129

5.C5 (**1**) *Cf.* p. 133 (**2**) *Cf.* p. 134

5.C6 *Cf.* p. 135

5.1 Réponse d'un système

1) Il convient d'écrire l'équation différentielle sous sa forme canonique c'est-à-dire avec un coefficient devant $s(t)$ égal à 1. Dans notre cas : $\dfrac{2.10^{-4}}{8{,}2}\dfrac{\mathrm{d}s}{\mathrm{d}t} + s(t) = \dfrac{1{,}9}{8{,}2}e(t)$ donc $\tau = \dfrac{2.10^{-4}}{8{,}2} = 0{,}24.10^{-4}$ s.

2) La solution de l'équation différentielle est la somme de la solution homogène $s_h(t) = \lambda \exp\left(-\dfrac{t}{\tau}\right)$ et d'une solution particulière $s_p(t) = \dfrac{1{,}9}{8{,}2} \times 5 = 1{,}2$ V (cherchée de la même forme mathématique que l'entrée, soit constante). La constante d'intégration se déduit de la condition initiale en $t = 0$: $s(0) = \lambda + 1{,}2 = 0$ donc $\lambda = -1{,}2$ V et $s(t) = 1{,}2\left(1 - \exp\left(-\dfrac{t}{\tau}\right)\right)$ (V), qui tend vers $s(\infty) = 1{,}2$ V.

5.2 Conditions initiales : circuit *A*

À $t = 0^-$, le condensateur a eu le temps de se décharger dans la résistance R, on en déduit que $u(0^-) = 0$.

Or la tension aux bornes d'un condensateur est une fonction continue du temps, d'où $u(0^+) = u(0^-) = 0$.

La résistance R est en parallèle du condensateur, elles ont donc même tension à leurs bornes.

En appliquant la loi d'Ohm : $i'(0^+) = \dfrac{u(0^+)}{R} = 0$.

En appliquant la loi des nœuds, on obtient : $i(0^+) = i'(0^+) + i''(0^+)$.

Or $i'(0^+) = 0$ d'où $i''(0^+) = i(0^+)$.

En appliquant la loi des mailles à $t = 0^+$ dans la maille passant par les deux résistances : $E - R_0 i(0^+) - u(0^+) = 0$ d'où $i(0^+) = i''(0^+) = -E/R$.

5.3 Conditions initiales : circuit *B*

À $t = 0^-$, le condensateur est déchargé, or la tension aux bornes d'un condensateur est une fonction continue du temps, d'où $u(0^+) = u(0^-) = 0$.

À $t = 0^-$, l'intensité $i'(0^-)$ à travers la bobine est nulle. Or l'intensité à travers une bobine est une fonction continue du temps, d'où $i'(0^+) = i'(0^-) = 0$.

En appliquant la loi des nœuds à $t = 0^+$, on obtient : $i''(0^+) = i(0^+) - i'(0^+) = i(0^+)$.

En appliquant la loi des mailles dans la grande maille : $E - R_0 i(0^+) - u(0^+) = 0$ d'où $i(0^+) = i''(0^+) = -E/R$.

5.4 Régime permanent : circuit *A*

Un condensateur en régime permanent continu est équivalent à un interrupteur ouvert d'où $i''(\infty) = 0$.

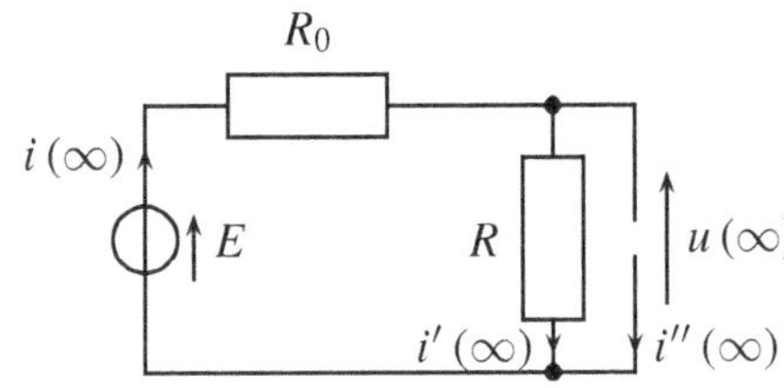

Les deux résistances R et R_0 forment donc une association série aux bornes de laquelle la tension E s'applique, on peut alors appliquer un pont diviseur de tension, d'où $u(\infty) = \dfrac{R}{R + R_0}E$.

En appliquant la loi des nœuds à $t = 0^+$, on obtient : $i'(\infty) = i(\infty)$.

En appliquant la loi d'Ohm, on en déduit $i'(\infty) = i(\infty) = \dfrac{u(\infty)}{R} = \dfrac{E}{R + R_0}$.

5.5 Régime permanent : circuit *B*

Un condensateur en régime permanent continu est équivalent à un interrupteur ouvert, d'où $i''(\infty) = 0$.

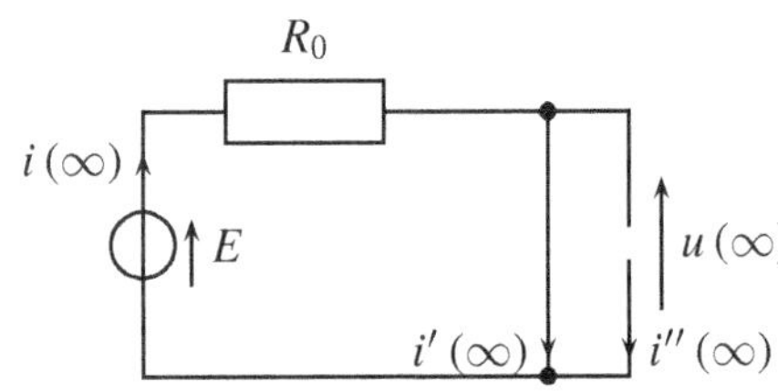

Une bobine en régime permanent continu est équivalente à un fil parfait, d'où $u(\infty) = 0$.

En appliquant la loi des nœuds à $t = 0^+$, on obtient : $i'(\infty) = i(\infty)$.

En appliquant la loi des mailles, on obtient $i'(\infty) = i(\infty) = \dfrac{E}{R_0}$.

5.6 Circuit inductif

1) En appliquant la loi des mailles pour $t > 0$, on obtient : $E - Ri - u = 0$. La tension aux bornes de la bobine s'écrit $u = L\dfrac{\mathrm{d}i}{\mathrm{d}t}$. En dérivant la loi des mailles, on a : $R\dfrac{\mathrm{d}i}{\mathrm{d}t} + \dfrac{\mathrm{d}u}{\mathrm{d}t} = 0$.

Or $\dfrac{\mathrm{d}i}{\mathrm{d}t} = \dfrac{u}{L}$. On obtient alors $\dfrac{L}{R}\dfrac{\mathrm{d}u}{\mathrm{d}t} + u = 0$. En posant $\tau = \dfrac{L}{R}$, on a : $\tau\dfrac{\mathrm{d}u}{\mathrm{d}t} + u = 0$ où τ est la constante de temps du circuit.

2) La solution est de la forme $u(t) = \lambda \exp\left(-\frac{t}{\tau}\right)$.

On détermine la constante d'intégration λ à l'aide de la condition initiale. L'intensité à travers une bobine est une grandeur continue du temps, d'où $i(0^+) = i(0^-)$. Or $e(t) = 0$ pour $t < 0$, l'intensité à $t = 0^-$ est nulle d'où $i(0^+) = 0$. La loi des mailles donne alors $u(0^+) = E$.

D'où $u(0^+) = E = \lambda \exp\left(\frac{0}{\tau}\right) = \lambda$. En conclusion : $u(t) = E\exp\left(-\frac{t}{\tau}\right)$.

3) $u(0) = E$, $\lim\limits_{t\to\infty} u(t) = 0$ et $\dfrac{du}{dt}(0) = -E/\tau$.

On trace l'allure de la fonction $u(t)$ et la tangente à l'origine permettant de repérer la constante de temps du circuit τ.

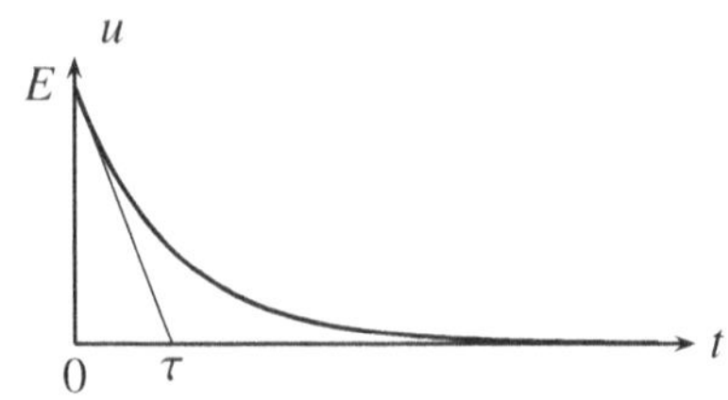

4) En multipliant la loi des mailles par $i(t)$, on obtient : $Ei(t) = Ri^2(t) + u(t)i(t)$. Or $u(t) = L\dfrac{di}{dt}$, d'où :

$Ei(t) = Ri^2(t) + L\dfrac{di}{dt}i(t) = Ri^2(t) + \dfrac{d\mathcal{E}_{\text{magné}}}{dt}$, où $\mathcal{E}_{\text{magné}}$ représente l'énergie magnétique stockée dans la bobine à l'instant t : $\mathcal{E}_{\text{magné}} = \frac{1}{2}Li^2(t)$. En posant $\mathcal{P}_{\text{Joule}}(t) = Ri^2(t)$ la puissance instantanée reçue par la résistance qui est dissipée par effet Joule, $\mathcal{P}_{\text{géné}}(t) = Ei(t)$ la puissance instantanée cédée par le générateur au circuit et $\mathcal{P}_{\text{L}}(t) = \dfrac{d\mathcal{E}_{\text{magné}}}{dt}$ la puissance instantanée reçue par la bobine, on a : $\mathcal{P}_{\text{géné}}(t) = \mathcal{P}_{\text{L}}(t) + \mathcal{P}_{\text{Joule}}(t)$.

5.7 Lampe témoin

1) Toutes les intensités dans le circuit sont nulles pour $t < 0$. Or l'intensité à travers une bobine est une fonction continue du temps, on a alors $i'(0^+) = i(0^-) = 0$. D'après la loi des nœuds, $i(0^+) = i''(0^+)$. Par la loi des mailles, $E - Ri(0^+) - 4Ri(0^+) = 0$, d'où $i(0^+) = i''(0^+) = \frac{E}{5R} > \frac{E}{8R}$: la lampe s'allume lorsque l'on ferme l'interrupteur.

2) En régime permanent, la bobine est équivalente à un fil, le circuit est alors équivalent à l'association parallèle de R et $4R$ de résistance équivalente $4R/5$, en série avec la résistance R. Le circuit équivalent est alors une source idéale de tension de f.é.m. E et d'une résistance $9R/5$. D'où par une loi des mailles, $i = 5E/9R$.

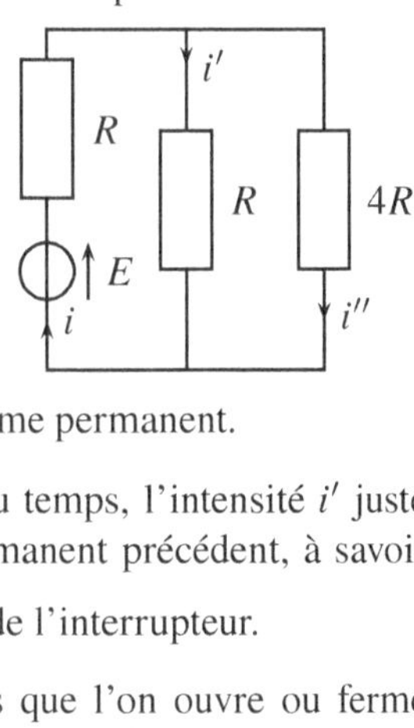

On peut déterminer l'intensité par un pont diviseur de courant :

$i'' = \dfrac{1/4R}{1/4R + 1/R}i = \dfrac{E}{9R} < \dfrac{E}{8R}$. La lampe est donc éteinte en régime permanent.

3) L'intensité à travers une bobine étant une fonction continue du temps, l'intensité i' juste après l'ouverture de K est égale à i' obtenue lors du régime permanent précédent, à savoir $i' = \dfrac{1/R}{1/4R + 1/R}i = \dfrac{4E}{9R} > \dfrac{E}{8R}$. La lampe s'allume à l'ouverture de l'interrupteur.

4) La lampe est éteinte en régime permanent. Elle s'allume dès que l'on ouvre ou ferme l'interrupteur. Elle sert donc de témoin à l'ouverture ou à la fermeture de l'interrupteur.

5.8 Étude d'un circuit *RL*

1) À l'instant $t = 0^-$, toutes les grandeurs électriques sont nulles.

L'intensité i'' passant dans la bobine est continue donc $i''(0^+) = i''(0^-) = 0$. D'après la loi des nœuds, $i(t) = i'(t) + i''(t)$ donc $i(0^+) = i'(0^+)$. La loi des mailles donne $E - Ri(t) - \frac{R}{2}i'(t) = 0$, soit, à $t = 0^+$, $E - \dfrac{3R}{2}i(0^+) = 0$ donc : $i(0^+) = i'(0^+) = \frac{2E}{3R}$. Enfin, d'après la loi d'Ohm, $s(t) = \frac{R}{2}i'(t)$ donc $s(0^+) = \frac{E}{3}$.

2) Lorsque le temps t tend vers l'infini, le circuit a atteint un régime permanent dans lequel les grandeurs électriques sont constantes, comme la force électromotrice du générateur. Or, d'après la loi de la bobine $s(t) = L\dfrac{\mathrm{d}i}{\mathrm{d}t}$, donc $s(\infty) = 0$.

3) La loi des mailles $E = Ri(t) + s(t)$ permet d'écrire $i(t) = \dfrac{E - s(t)}{R}$; la loi de la bobine donne $\dfrac{\mathrm{d}i''}{\mathrm{d}t} = \dfrac{s(t)}{L}$ et la loi d'Ohm $i'(t) = \dfrac{2s(t)}{R}$. La loi des nœuds permet d'écrire $i(t) = i'(t) + i''(t)$ donc $\dfrac{\mathrm{d}i}{\mathrm{d}t} = \dfrac{\mathrm{d}i'}{\mathrm{d}t} + \dfrac{\mathrm{d}i''}{\mathrm{d}t}$ soit, en utilisant les relations précédentes :

$$\frac{\mathrm{d}}{\mathrm{d}t}\left(\frac{E - s(t)}{R}\right) = \frac{2}{R}\frac{\mathrm{d}s}{\mathrm{d}t} + \frac{s(t)}{L} \quad \Rightarrow \quad \frac{3L}{R}\frac{\mathrm{d}s}{\mathrm{d}t} + s(t) = 0.$$

4) La solution de l'équation différentielle est : $\lambda \exp\left(-\frac{R}{3L}t\right)$ où λ est une constante qu'on détermine en utilisant la condition initiale $s(0^+) = \frac{E}{3}$. Finalement : $s(t) = \frac{E}{3}\exp\left(-\frac{R}{3L}t\right)$. L'allure de $s(t)$ est représentée ci-contre.

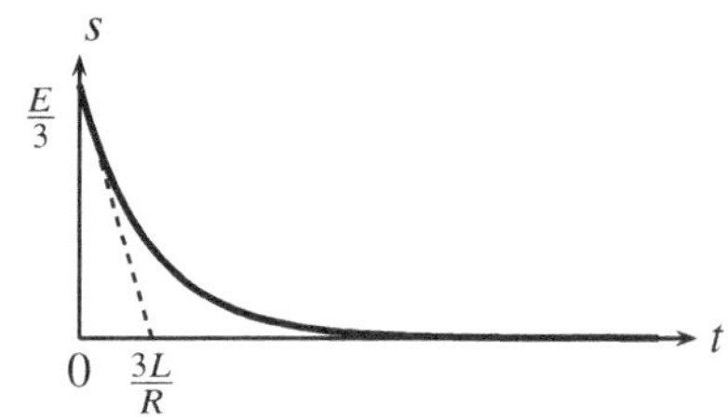

5) Le temps t_0 cherché s'obtient en résolvant : $s(t_0) = \dfrac{s(0^+)}{10}$ dont la solution est $t_0 = \dfrac{3L\ln(10)}{R}$.

6) La mesure de t_0 permet de calculer : $L = \dfrac{Rt_0}{3\ln(10)} = 4{,}3.10^{-3}$ H.

5.9 Capacité commutée

1) Sur l'intervalle $[0,T_k/2]$, le schéma équivalent est un condensateur, en convention récepteur : $q_1 = C_k(V_B - V_A)$. Sur l'intervalle $[T_k/2,T_k]$, le condensateur est court-circuité, la tension à ses bornes est nulle et donc $q_2 = 0$.

2) À chaque période T_k, la charge $\delta_q = q_2 - q_1 = C_k(V_B - V_A)$ est transférée. Pendant une durée $t \gg T_k$, on obtient un nombre de périodes représenté par la partie entière t/T_k, que l'on peut approximer à t/T_k pour $t >> T_k$. D'où $Q = \delta_q \dfrac{t}{T_k} = C_k(V_B - V_A)\dfrac{C_k(V_B - V_A)}{T_k}t$.

3) $I_m = \dfrac{\delta_q}{T_k} = C_k(V_B - V_A)f_k$.

4) Si le condensateur est équivalent à une résistance alors, par la loi d'Ohm, on a $V_B - V_A = R_k I_m$, d'où $R_k = \dfrac{V_B - V_A}{I_m} = \dfrac{1}{f_k C_k}$.

5.10 Rendement énergétique de la charge d'un condensateur

1) La loi des mailles s'écrit $E - Ri(t) - u_C(t) = 0$ et, d'après la loi du condensateur, $i(t) = C\dfrac{\mathrm{d}u_C}{\mathrm{d}t}$; on obtient donc : $RC\dfrac{\mathrm{d}u_C}{\mathrm{d}t} + u_C(t) = E$.

2) La solution de l'équation différentielle vérifiant la condition initiale $u_C(0) = 0$ est : $u_C(t) = E\left(1 - \exp\left(-\dfrac{t}{RC}\right)\right)$; la courbe est représentée en trait plein sur le graphe ci-dessous.

3) L'intensité s'obtient par la loi du condensateur : $i(t) = C\dfrac{du_C}{dt} = \dfrac{E}{R}\exp\left(-\dfrac{t}{RC}\right)$. La courbe de $Ri(t)$ est représentée en pointillé sur le graphe ci-dessous.

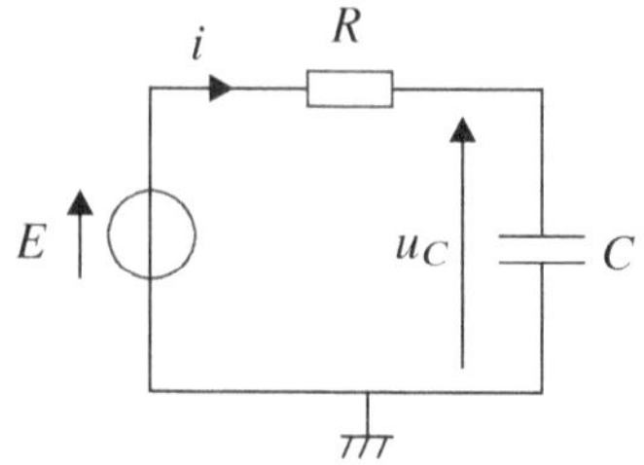

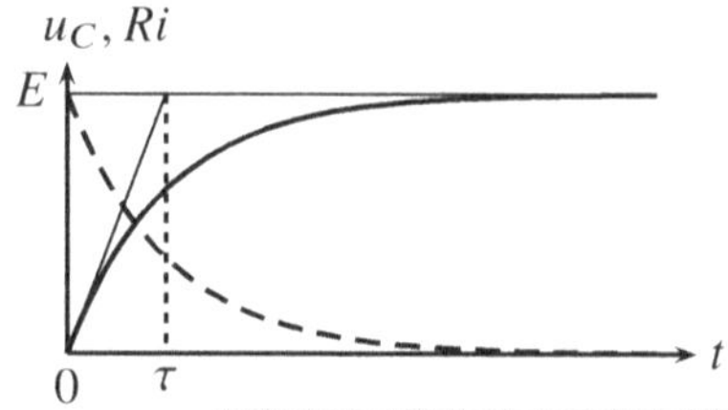

4) • Énergie emmagasinée dans C à la fin de l'expérience : $\mathcal{E}_{\text{élec}} = \dfrac{1}{2}Cu_C^2(t=\infty) = \dfrac{CE^2}{2}$.

• Puissance instantanée dissipée par effet Joule : $\mathcal{P}_{\text{Joule}}(t) = Ri^2(t) = \dfrac{E^2}{R}\exp\left(-\dfrac{2t}{RC}\right)$;

énergie dissipée par effet Joule : $W_{\text{Joule}} = \displaystyle\int_0^{+\infty} \frac{E^2}{R}\exp\left(-\frac{2t}{RC}\right)dt = \frac{CE^2}{2}$.

• Puissance instantanée fournie par le générateur : $\mathcal{P}_{\text{gén}}(t) = Ei(t) = \dfrac{E^2}{R}\exp\left(-\dfrac{t}{RC}\right)$;

énergie fournie par le générateur : $W_{\text{gén}} = \displaystyle\int_0^{+\infty} \frac{E^2}{R}\exp\left(-\frac{t}{RC}\right)dt = CE^2$.

5) On constate que $W_{\text{gén}} = \mathcal{E}_{\text{élec}} + W_{\text{Joule}}$, ce qui traduit la conservation de l'énergie. Le rendement est : $\rho = \dfrac{CE^2}{2CE^2} = \dfrac{1}{2}$.

6) Il suffit d'adapter les résultats précédents (E devenant $\dfrac{E}{2}$) : $W_{\text{gén1}} = \dfrac{CE^2}{4}$.

7) On résout la même équation différentielle avec, pour condition initiale, $u_C(0) = \dfrac{E}{2}$; on obtient : $u_C(t) = \dfrac{E}{2}\left(2 - \exp\left(-\dfrac{t}{RC}\right)\right)$. On en déduit l'intensité : $i(t) = C\dfrac{du_C}{dt}$, soit $i(t) = \dfrac{E}{2R}\exp\left(-\dfrac{t}{RC}\right)$.

8) Pour la seconde phase : $W_{\text{gén2}} = \displaystyle\int_0^{+\infty} \frac{E^2}{2R}\exp\left(-\frac{t}{RC}\right) = \frac{CE^2}{2}$.

9) L'énergie fournie par les générateurs est maintenant : $W'_{\text{gén}} = W_{\text{gén1}} + W_{\text{gén2}} = \dfrac{3CE^2}{4}$.

L'énergie emmagasinée par le condensateur à la fin est toujours $\mathcal{E}_{\text{élec}} = \dfrac{E^2}{2}$. Le rendement est donc : $\rho' = \dfrac{2}{3}$.

5.11 Condensateur chargé débranché

Lors de la charge du condensateur de capacité C inconnue à travers une résistance $R = 300\,\Omega$ et sous une tension $E = 10\,\text{V}$, la tension à ses bornes vaut $u(t) = E(1 - \exp(-t/\tau_c))$ où $\tau_c = RC$ est la constante de temps caractéristique de la charge.

Au bout d'un temps $t_c = 15.10^{-8}$ s, u a atteint 99 % de la tension finale, d'où : $0{,}99\,E = E\,(1 - \exp(-t_c/\tau_c))$. On obtient alors $\tau_c = -\dfrac{t_c}{\ln(0{,}01)}$, d'où $C = \dfrac{\tau_c}{R} = \dfrac{t_1}{-R\ln(0{,}01)}$.

Une fois chargé, le condensateur est débranché. Or on remarque qu'il se décharge. Un condensateur réel peut être modélisé par l'association série d'un condensateur et d'une résistance appelée résistance de fuite notée R_f.

Le condensateur, chargé sous E, se décharge alors à travers la résistance R_f, et la tension à ses bornes suit alors $u(t) = E\exp(-t/\tau_d)$ où $\tau_d = R_f C$ est le temps caractéristique de la décharge. Or au bout d'un temps $t_d = 2$ min, $u(t_d) = 1$ V, ce qui permet d'écrire $E/10 = E\exp(-t_d/\tau_d)$ d'où $\tau_d = -t_d/\ln(0{,}1) = R_f C$.

On en déduit, en remplaçant C par sa valeur établie précédemment : $R_f = \dfrac{\ln(0{,}01)}{\ln(0{,}1)}\dfrac{t_d}{t_c}$.

A.N. : $C = \dfrac{15.10^{-8}}{-300\ln(0{,}01)} = 9{,}8.10^{-5}$ F et $R_f = \dfrac{\ln(0{,}01)}{\ln(0{,}1)}\dfrac{2\times 60}{15.10^{-8}} = 1{,}6$ MΩ.

5.12 Résistance de fuite d'un condensateur

1) Le schéma électrique de l'expérience est ci-contre.

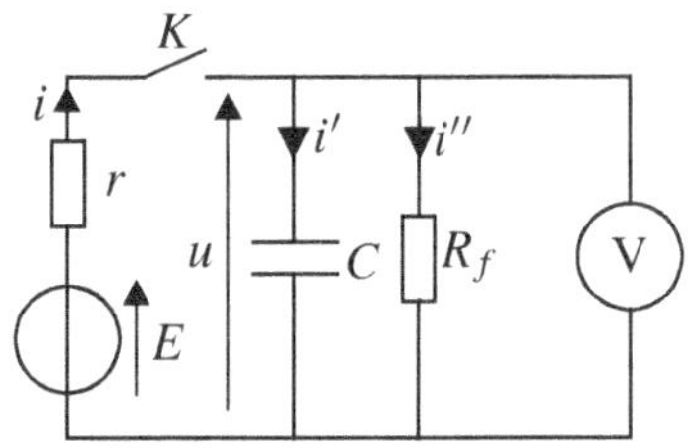

Lorsque l'on ferme l'interrupteur, la loi des mailles s'écrit $E = ri(t) + u(t)$ donc : $i(t) = \dfrac{E - u(t)}{r}$; la loi du condensateur donne : $i'(t) = C\dfrac{\mathrm{d}u}{\mathrm{d}t}$ et la loi d'Ohm : $i''(t) = \dfrac{u(t)}{R_f}$; la loi des nœuds s'écrit : $i(t) = i'(t) + i''(t)$ (il n'y a pas de courant dans la branche du voltmètre car sa résistance d'entrée est infinie). En reportant dans cette relation les expressions des intensités en fonction de $u(t)$, on trouve la relation $\dfrac{E - u(t)}{r} = C\dfrac{\mathrm{d}u}{\mathrm{d}t} + \dfrac{u(t)}{R_f}$, soit $\dfrac{CrR_f}{r + R_f}\dfrac{\mathrm{d}u}{\mathrm{d}t} + u(t) = E\dfrac{R_f}{r + R_f}$.

Ainsi, la tension aux bornes du condensateur tend vers la valeur $U = E\dfrac{R_f}{r + R_f}$, solution particulière constante de cette équation. Cette valeur est affichée par le voltmètre au bout du temps $T_R = 4{,}6\dfrac{CrR_f}{r + R_f}$. Connaissant E (il suffit de la mesurer avant l'expérience en branchant le voltmètre aux bornes du générateur) et U, on en déduit : $R_f = r\frac{U}{E-U}$.

2) Lorsqu'on ouvre K, la loi des nœuds devient $i'(t) + i''(t) = 0$, d'où $C\dfrac{\mathrm{d}u}{\mathrm{d}t} + \dfrac{u(t)}{R_f} = 0$, soit : $R_f C\dfrac{\mathrm{d}u}{\mathrm{d}t} + u(t) = 0$. Compte tenu de la condition initiale $u(0) = U$, la solution de cette équation s'écrit : $u(t) = U\exp\left(-\dfrac{t}{R_f C}\right)$. On sait que $u(T) = \dfrac{9}{10}U$, donc : $R_f = \dfrac{T}{C}\ln\left(\dfrac{10}{9}\right)$.

3) La résistance du voltmètre est branchée en parallèle sur R_f donc la méthode précédente donne en fait la résistance équivalente $\dfrac{R_V R_f}{R_V + R_f}$. Ainsi : $R_f = \dfrac{R_V T\left(\frac{10}{9}\right)}{R_V C - T\ln\left(\frac{10}{9}\right)}$.

5.13 Conversion d'une tension en une durée

1) La résistance d'entrée de A étant infinie, il n'y a aucun courant entre le point commun à r et C et le nœud (3). Ainsi, r et C sont parcourus par la même intensité : $i(t) = C\dfrac{\mathrm{d}u_2}{\mathrm{d}t}$. D'après la loi des mailles : $u_1(t) = ri(t) + u_2(t)$. Il vient donc : $u_1(t) = rC\dfrac{\mathrm{d}u_2}{\mathrm{d}t} + u_2(t)$.

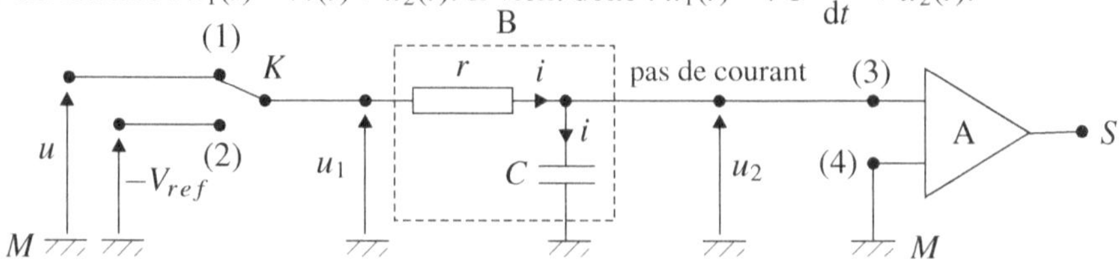

Entre $t = 0$ et t_1, l'interrupteur K est en position (1) donc : $u_1 = u$, tension constante. La solution de l'équation différentielle précédente, entre $t = 0$ et t_1, est donc, en notant $\tau = rC$ et λ une constante : $u_2(t) = u + \lambda \exp\left(-\frac{t}{\tau}\right)$. Comme on part d'une situation où le condensateur est déchargé : $u_2(0) = 0$ donc $\lambda = -u$. Finalement : $u_2(t) = u\left(1 - \exp\left(-\frac{t}{\tau}\right)\right)$.

2) Pour tout t entre 0 et t_1, $t \ll \tau$ donc $\exp\left(-\dfrac{t}{\tau}\right) \simeq 1 - \dfrac{t}{\tau}$, donc : $u_2(t) \simeq u\dfrac{t}{\tau}$. Ainsi : $\dfrac{\mathrm{d}u_2}{\mathrm{d}t} = \dfrac{u}{\tau}$. Le bloc B est un intégrateur.

3) Entre $t = 0$ et t_1, $V_3 - V_4 = u_2(t) \geq 0$ donc $V_S = 5\,\text{V}$.

4) À partir du moment où l'interrupteur K a basculé en position (2), $u_1(t) = -V_{ref}$. On va supposer que $t_2 \ll \tau$; alors, pour tout t entre t_1 et $t_1 + t_2$, on peut simplifier l'équation différentielle en : $\dfrac{\mathrm{d}u_2}{\mathrm{d}t} = \dfrac{u_1(t)}{\tau} = -\dfrac{V_{ref}}{\tau}$. Il vient donc : $u_2(t) = -\dfrac{V_{ref}}{\tau}t + A$ où A est une constante. La tension u_2 est continue parce qu'il s'agit de la tension aux bornes d'un condensateur : $u_2(t_1^-) = u_2(t_1^+)$, qui s'écrit $u\dfrac{t_1}{\tau} = -\dfrac{V_{ref}}{\tau}t_1 + A$. On en tire l'expression de A et finalement $u_2(t) = u\frac{t_1}{\tau} - V_{ref}\frac{t-t_1}{\tau}$.

Le signal V_S bascule à 0 V à l'instant $t_1 + t_2$ où u_2 s'annule : $0 = u\frac{t_1}{\tau} - V_{ref}\frac{t_2}{\tau}$ donc $t_2 = t_1\frac{u}{V_{ref}}$. Cette durée est proportionnelle à u.

Remarque : $t_2 < t_1 \ll \tau$ donc on a eu raison de supposer que $t_2 \ll \tau$.

5) Sur la figure, $u_2(t)$ est représenté en trait continu et $V_S(t)$ en pointillé.

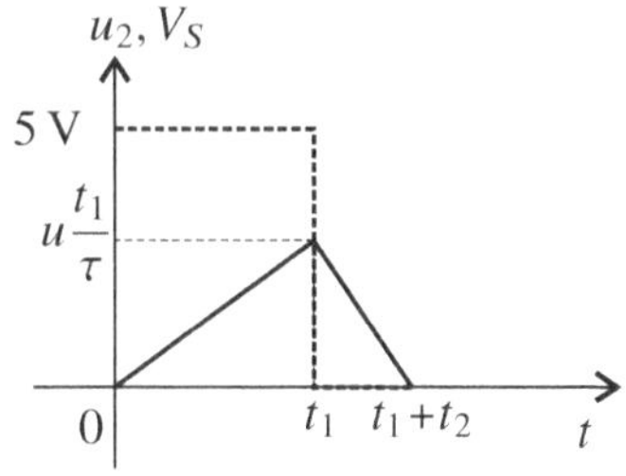

5.14 Charge d'un supercondensateur

1) On a $u_c = \frac{Q}{C_0} + R_0 I$ et $I = \frac{\mathrm{d}Q}{\mathrm{d}t}$ en convention récepteur. I étant constante pendant la durée δt, $Q(t) = Q_0 + It$, en posant Q_0 la charge initiale. On en déduit : $u_c(t) = \frac{Q_0}{C_0} + R_0 I + \frac{I}{C_0}t$.

2) La pente de la droite entre $t = 0$ et $t = 10\,\text{s}$ mesurée sur le relevé donne graphiquement $\frac{2{,}02-1{,}66}{10-0} = 3{,}6.10^{-2}\ \text{V.s}^{-1}$. Or d'après la question précédente la pente s'exprime par $\frac{I}{C_0}$, on en déduit $C_0 = \frac{100}{3{,}6.10^{-2}} = 2{,}8.10^3$ F.

Exploitons alors la discontinuité en $t = 0$. En $t = 0^-$, $u_c(0^-) = \frac{Q_0}{C_0} = 1{,}55$ V. En $t = 0^+$, $u_c(0^+) = R_0 I \frac{Q_0}{C_0} = 1{,}66\,\text{V}$. On obtient alors $R_0 I = 0{,}11$ V, d'où $R_0 = 0{,}11/100 = 1{,}1\ \text{m}\Omega$.

Oscillateur harmonique 6

DANS ce chapitre, on introduit un modèle physique qui produit un signal sinusoïdal appelé l'**oscillateur harmonique**. Les adjectifs harmonique et sinusoïdal sont synonymes : on rencontre parfois les expressions « signal harmonique » ou « oscillateur sinusoïdal ».

1 Un oscillateur harmonique mécanique

1.1 Système étudié

Le système mécanique oscillant le plus simple est une masse accrochée à un ressort. Un mobile de masse m se déplace sans frottement le long d'une tige horizontale (figure ci-contre). Sa position est repérée par l'abscisse $x(t)$ de son centre d'inertie G mesurée sur l'axe (Ox) matérialisé par la tige. On choisit de placer l'origine de l'axe (Ox) de manière que G coïncide avec O dans la position d'équilibre (figure 6.1).

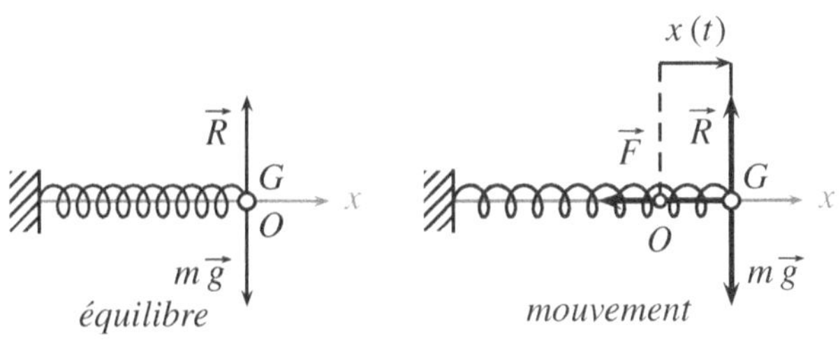

Figure 6.1 – Un exemple d'oscillateur harmonique mécanique.

1.2 Obtention d'une équation différentielle

a) Forces s'exerçant sur le système

Le ressort exerce sur le mobile la force $\vec{F} = -kx\,\vec{u}_x$, où k est la **constante de raideur** du ressort. Cette force est une force de rappel : son sens est opposé au sens du déplacement du mobile par rapport à sa position d'équilibre (la position $x = 0$). Lorsque x est positif, la force est de sens opposé à $\vec{u}_x$ et inversement. On trouvera plus de renseignements sur la force d'un ressort dans le chapitre *Principes de la dynamique newtonienne*.

Le mobile est aussi soumis à son poids $m\vec{g}$ ainsi qu'à une réaction $\vec{R}$ de la tige. Ces deux forces sont verticales et n'ont pas d'influence sur le mouvement, qui est horizontal.

b) Application du principe fondamental de la dynamique

Le mouvement du mobile est régi par le principe fondamental de la dynamique (ou deuxième loi de Newton), qui s'écrit, en projection sur $\overrightarrow{u}_x$:

$$\frac{\mathrm{d}\overrightarrow{p}}{\mathrm{d}t} = \overrightarrow{F},$$

où $\overrightarrow{p}$ est la quantité de mouvement du mobile. En notant $\overrightarrow{v}_G$ la vitesse instantanée du centre d'inertie G du mobile, on a :

$$\overrightarrow{p} = m\overrightarrow{v}_G = m\frac{\mathrm{d}x}{\mathrm{d}t}\overrightarrow{u}_x.$$

Dans cette relation, $\frac{\mathrm{d}x}{\mathrm{d}t}$ est la dérivée de la fonction $x(t)$. On notera $\frac{\mathrm{d}^2x}{\mathrm{d}t^2}$ la dérivée seconde de cette fonction. Le principe fondamental de la dynamique conduit donc à la relation, vérifiée à chaque instant : $\frac{\mathrm{d}}{\mathrm{d}t}\left(m\frac{\mathrm{d}x}{\mathrm{d}t}\overrightarrow{u}_x\right) = -kx\,\overrightarrow{u}_x$, soit : $m\frac{\mathrm{d}^2x}{\mathrm{d}t^2}\overrightarrow{u}_x = -kx\,\overrightarrow{u}_x$, soit après simplification :

$$\frac{\mathrm{d}^2x}{\mathrm{d}t^2} = -\frac{k}{m}x.$$

La relation obtenue est une **équation différentielle** du deuxième ordre, car l'ordre de dérivation le plus grand qui apparaît dans l'équation (le seul ici, mais il pourrait y en avoir plusieurs) est égal à deux.

1.3 Définition d'un oscillateur harmonique

L'équation différentielle ci-dessus est une équation différentielle d'oscillateur harmonique.

On appelle **oscillateur harmonique** un système physique décrit par une grandeur $x(t)$ dépendant du temps et vérifiant une équation différentielle de la forme :

$$\frac{\mathrm{d}^2x}{\mathrm{d}t^2}(t) + \omega_0^2 x(t) = 0,$$

où ω_0 est une constante réelle positive qui est appelée **pulsation propre** de l'oscillateur harmonique et qui s'exprime en rad.s^{-1}.

Remarque

L'unité de ω_0 se déduit de l'homogénéité de l'équation différentielle. En effet, la dérivée seconde par rapport au temps a pour dimension physique la dimension de x divisée par un temps au carré. Donc ω_0^2 a la dimension des s^{-2} et ω_0 a la dimension des s^{-1}. Le radian n'a pas de dimension physique.

La masse accrochée au ressort du paragraphe précédent est un oscillateur harmonique mécanique, de pulsation :

$$\omega_0 = \sqrt{\frac{k}{m}}.$$

1.4 Résolution de l'équation différentielle

a) Position du problème

Résoudre une équation différentielle consiste à trouver l'expression de la fonction inconnue $x(t)$ qui vérifie cette relation. Mais l'équation ne détermine pas de manière unique $x(t)$. Parmi les fonctions qui la vérifient, on doit choisir celle qui respecte des **conditions initiales** qui sont connues *a priori*.

Pour une équation du deuxième ordre, comme l'équation d'un oscillateur harmonique, les conditions initiales consistent en la donnée :

- de la valeur de la fonction inconnue à l'instant initial $t = 0$: $x(0)$;
- de la valeur de la dérivée première de la fonction inconnue à l'instant initial : $\frac{\mathrm{d}x}{\mathrm{d}t}(0)$.

Dans le cas du mobile accroché au ressort, les conditions initiales sont :

- la position initiale : $x(0) = x_0$;
- la vitesse initiale : $\frac{\mathrm{d}x}{\mathrm{d}t}(0) = v_0$.

Calculer la solution d'une équation différentielle du 2e ordre requiert la connaissance de deux conditions initiales.

b) Solution

On calcule, en méthodologie, p. 157, que la solution du couple {équation différentielle, conditions initiales} mène à :

$$x(t) = x_0 \cos(\omega_0 t) + \frac{v_0}{\omega} \sin(\omega_0 t),$$

dont le graphe est ci-contre.

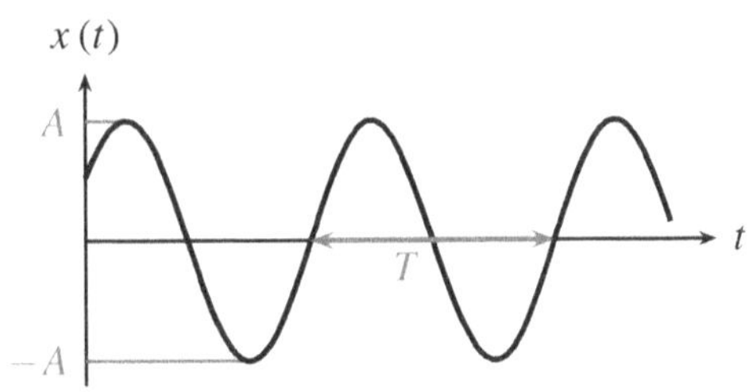

Figure 6.2 – Représentation graphique de $x(t)$.

1.5 Signal sinusoïdal

La position $x(t)$ s'écrit d'une manière générale sous la forme ci-dessous.

Un **signal sinusoïdal** est un signal de la forme :

$$s(t) = A\cos(\omega t + \varphi),$$

où A et ω sont des constantes positives et φ une constante.
A est l'**amplitude** du signal, ω sa **pulsation** et φ sa **phase initiale** (ou **déphasage**).

a) Amplitude du mouvement

L'amplitude A du mouvement est la valeur maximale atteinte par $x(t)$. On montre, en méthodologie, p. 157, que l'amplitude du signal $x(t) = x_0 \cos(\omega_0 t) + \frac{v_0}{\omega} \sin(\omega_0 t)$ est :

$$A = \sqrt{x_0^2 + \left(\frac{v_0}{\omega}\right)^2}.$$

b) Période

Comme on l'observe sur la figure 6.2, le mouvement du mobile est oscillatoire et périodique : les valeurs de $x(t)$ se répètent à intervalle régulier. Mathématiquement, cela provient de la périodicité des fonctions cosinus et sinus : $\cos(\theta + 2\pi) = \cos\theta$ et $\sin(\theta + 2\pi) = \sin\theta$. Alors :

$$\cos(\omega_0 t) = \cos(\omega_0 t + 2\pi) = \cos\left(\omega_0\left(t + \frac{2\pi}{\omega_0}\right)\right),$$

et de même : $\sin(\omega_0 t) = \sin\left(\omega_0\left(t + \frac{2\pi}{\omega_0}\right)\right)$. Ainsi, on a :

$$x(t) = x(t + T_0) \quad \text{avec} \quad T_0 = \frac{2\pi}{\omega_0} = 2\pi\sqrt{\frac{m}{k}}.$$

Cette relation signifie que le mouvement est périodique de période T_0. La période ne dépend pas de l'amplitude du mouvement, c'est la propriété d'**isochronisme** des oscillations de l'oscillateur harmonique. On peut alors parler de période de l'oscillateur harmonique. T_0 augmente avec la masse m du mobile et diminue avec la constante de raideur k du ressort, ce qui est intuitif.

c) Fréquence

La **fréquence** du signal est $f = \frac{1}{T}$; elle représente le nombre de répétitions du signal par unité de temps.

La période T se mesure en secondes (symbole s) ; la fréquence f se mesure en hertz (symbole Hz) : $1\ \text{Hz} = 1\ \text{s}^{-1}$.

d) Relations entre pulsation, période et fréquence

La période T et la pulsation ω sont reliées par la formule : $T = \frac{2\pi}{\omega}$.

La fréquence est donc reliée à la pulsation par : $f = \frac{\omega}{2\pi}$ ou $\omega = 2\pi f$.

e) Phase instantanée

L'argument de la fonction cosinus est appelée **phase instantanée**, elle vaut donc $\omega t + \varphi$.

La **phase initiale** φ, ou déphasage, donne la valeur de départ du signal à $t = 0$. Elle dépend de l'origine des temps choisie. De plus, le cosinus étant une fonction périodique de période 2π, la phase initiale n'est définie qu'à un multiple entier de 2π près. On peut ainsi toujours se ramener à une phase initiale comprise entre $-\pi$ et π.

f) Deux autres expressions du signal sinusoïdal

Le signal sinusoïdal $s(t) = A\cos(\omega t + \varphi)$ peut s'écrire aussi :

$$s(t) = A\cos\left(2\pi\frac{t}{T} + \varphi\right) \quad \text{ou} \quad s(t) = A\cos(2\pi f t + \varphi).$$

2 Un oscillateur harmonique électrique

2.1 Système étudié

Le circuit étudié comporte une bobine d'inductance L en série avec un condensateur de capacité C. Le condensateur est initialement chargé, c'est-à-dire qu'un dispositif extérieur, non représenté, y a accumulé des charges ; il présente donc une tension non nulle. On ferme l'interrupteur à la date $t = 0$. Pour $t > 0$, le condensateur se décharge dans la bobine, ce qui crée un courant $i(t)$.

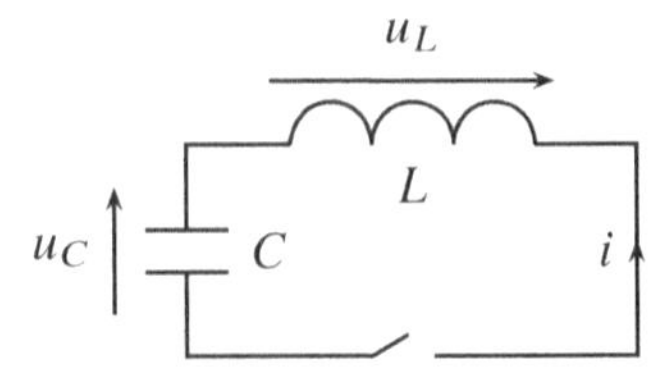

Figure 6.3 – Circuit LC.

2.2 Mise en équation

On cherche l'équation différentielle qui régit l'évolution de la tension $u_C(t)$ aux bornes du condensateur.

La loi des mailles impose :

$$u_C(t) + u_L(t) = 0,$$

soit, compte tenu de $u_L(t) = L\dfrac{\mathrm{d}i}{\mathrm{d}t}(t)$:

$$u_C(t) + L\frac{\mathrm{d}i}{\mathrm{d}t}(t) = 0,$$

puis, avec $i(t) = C\dfrac{\mathrm{d}u_C}{\mathrm{d}t}(t)$:

$$u_C(t) + L\frac{\mathrm{d}}{\mathrm{d}t}\left(C\frac{\mathrm{d}u_C}{\mathrm{d}t}(t)\right) = 0.$$

Apparaît la dérivée de la dérivée de u_C, $\dfrac{\mathrm{d}}{\mathrm{d}t}\left(\dfrac{\mathrm{d}u_C}{\mathrm{d}t}\right)$, qui est la dérivée seconde, notée $\dfrac{\mathrm{d}^2u_C}{\mathrm{d}t^2}$:

$$LC\frac{\mathrm{d}^2u_C}{\mathrm{d}t^2}(t) + u_C(t) = 0.$$

On obtient une équation différentielle du deuxième ordre à coefficients constants, car LC ne varie pas, qui est celle d'un oscillateur harmonique car elle se met sous la forme :

$$\frac{\mathrm{d}^2u_C}{\mathrm{d}t^2}(t) + \omega_0^2u_C(t) = 0, \quad \text{où} \quad \omega_0 = \frac{1}{\sqrt{LC}}.$$

2.3 Conditions initiales

L'équation différentielle du deuxième ordre requiert deux conditions initiales pour établir sa solution, qui proviennent :

- de la continuité de la tension $u_C(t)$ aux bornes du condensateur ;
- de la continuité de l'intensité $i(t)$ du courant qui circule dans la bobine.

Juste avant la fermeture de l'interrupteur, en $t = 0^-$:

- le condensateur est chargé sous la tension $u_C\left(0^-\right) = u_0$;
- aucun courant ne circule dans la bobine : $i\left(0^-\right) = 0$.

2.4 Résolution de l'équation différentielle

On calcule, en méthodologie, p. 157, que la solution du couple {équation différentielle, conditions initiales} mène à :

$$u_C(t) = u_0 \cos(\omega_0 t).$$

2.5 Bilan de puissance et d'énergie

On montre, en méthodologie, p. 159, le bilan de puissance :

$$\frac{\mathrm{d}}{\mathrm{d}t}\left(\frac{1}{2}Cu_C^2\right) + \frac{\mathrm{d}}{\mathrm{d}t}\left(\frac{1}{2}Li^2\right) = 0,$$

soit :

$$\frac{\mathrm{d}}{\mathrm{d}t}\left(\frac{1}{2}Cu_C^2 + \frac{1}{2}Li^2\right) = 0,$$

dont on déduit que l'énergie totale, emmagasinée dans le condensateur et la bobine, est constante :

$$\frac{1}{2}Cu_C^2(t) + \frac{1}{2}Li^2(t) = \mathcal{E}_C(t) + \mathcal{E}_L(t) = \text{constante.}$$

L'énergie d'un système électrique, dépourvu de résistance, donc sans effet Joule, se conserve au cours du temps.

Que vaut la constante ? Elle est déterminée par les conditions initiales :

$$\text{constante} = \mathcal{E}_C(t) + \mathcal{E}_L(t) = \mathcal{E}_C(0) + \mathcal{E}_L(0)$$

$$\text{constante} = \frac{1}{2}Cu_C^2(0) + \frac{1}{2}Li^2(0) = \frac{1}{2}Cu_0^2 + 0.$$

On vérifie la conservation de l'énergie avec les expressions temporelles de $u_C(t)$ et $i(t)$:

$$u_C(t) = u_0\cos(\omega_0 t) \quad \Rightarrow \quad i(t) = C\frac{\mathrm{d}u_C}{\mathrm{d}t}(t) = -Cu_0\omega_0\sin(\omega_0 t),$$

et donc :

$$\mathcal{E}_C(t) = \frac{1}{2}Cu_C^2(t) = \frac{C}{2}u_0^2\cos^2(\omega t),$$

et :

$$\mathcal{E}_L(t) = \frac{1}{2}Li^2(t) = \frac{L}{2}(-Cu_0\omega_0)^2\sin^2(\omega t) = \frac{L}{2}\frac{C^2u_0^2}{LC}\sin^2(\omega t) = \frac{C}{2}u_0^2\sin^2(\omega t).$$

Attendu que $\cos^2(\alpha) + \sin^2(\alpha) = 1$, on retrouve :

$$\mathcal{E}_C(t) + \mathcal{E}_L(t) = \frac{1}{2}Cu_0^2.$$

MÉTHODOLOGIE

Sous quelle forme écrire l'équation différentielle d'un oscillateur harmonique ?
▷ *Utiliser la forme canonique* $\frac{d^2s}{dt^2}(t) + \omega_0^2 s(t) = 0$, *car elle indique l'expression de la pulsation* ω_0.

Comment résoudre l'équation différentielle d'un oscillateur harmonique ?
▷ *Écrire la solution générale puis identifier les deux constantes d'intégration avec les deux conditions initiales.*

La solution générale de l'équation différentielle $\frac{d^2s}{dt^2}(t) + \omega_0^2 s(t) = 0$ est :

$$\boxed{s(t) = \alpha\cos(\omega_0 t) + \beta\sin(\omega_0 t)} \quad \text{ou} \quad \boxed{s(t) = A\cos(\omega_0 t + \varphi)},$$

dont les constantes d'intégration à identifier sont α et β, ou A et φ.

On utilise ensuite les conditions initiales (CI) pour calculer les constantes d'intégration. On préfère la solution en $s(t) = \alpha\cos(\omega_0 t) + \beta\sin(\omega_0 t)$ car les calculs sont simples avec $\cos(0) = 1$ et $\sin(0) = 0$.

Exemple de l'oscillateur mécanique : la solution générale est $x(t) = \alpha\cos(\omega_0 t) + \beta\sin(\omega_0 t)$ et les CI sont $x(0) = x_0$ et $\frac{dx}{dt}(0) = v_0$:

- $x(0) = x_0 = \alpha + 0$ donc $\alpha = x_0$;
- $\frac{dx}{dt}(t) = -\alpha\omega_0\sin(\omega_0 t) + \beta\omega_0\cos(\omega_0 t)$, donc $\frac{dx}{dt}(0) = v_0 = -0 + \beta\omega_0$ puis $\beta = \frac{v_0}{\omega_0}$.

On conclut : $x(t) = x_0\cos(\omega_0 t) + \frac{v_0}{\omega_0}\sin(\omega_0 t)$.

Exemple de l'oscillateur électrique : la solution générale est $u_C(t) = \alpha\cos(\omega_0 t) + \beta\sin(\omega_0 t)$ et les CI sont $u_C(0) = u_0$ et $i(0) = 0$:

- $u_C(0) = u_0 = \alpha + 0$ donc $\alpha = u_0$;
- $i(t) = C\frac{du_C}{dt}(t) = -\alpha\omega_0\sin(\omega_0 t) + \beta\omega_0\cos(\omega_0 t)$, donc $i(0) = 0 = -0 + \beta\omega_0$ puis $\beta = 0$.

On conclut : $u_C(t) = u_0\cos(\omega_0 t)$.

Comment passer de $s(t) = \alpha\cos(\omega t) + \beta\sin(\omega t)$ à $s(t) = A\cos(\omega t + \varphi)$ et inversement ?
▷ *Utiliser la formule trigonométrique* $\cos(a + b) = \cos(a)\cos(b) - \sin(a)\sin(b)$.

$$\begin{aligned} A\cos(\omega t + \varphi) &= A\cos(\omega t)\cos(\varphi) - A\sin(\omega t)\sin(\varphi) \\ &= \underbrace{\boxed{A\cos(\varphi)}}_{\alpha}\cos(\omega t)\underbrace{\boxed{-A\sin(\varphi)}}_{\beta}\sin(\omega t). \end{aligned}$$

Puis $\alpha^2 + \beta^2 = (A\cos(\varphi))^2 + (-A\sin(\varphi))^2 = A^2$, d'où $\boxed{A = \sqrt{\alpha^2 + \beta^2}}$.

Et $\frac{\beta}{\alpha} = \frac{-A\sin(\varphi)}{A\cos(\varphi)}$, d'où $\boxed{\tan(\varphi) = -\frac{\beta}{\alpha}}$.

Comment reconnaître deux signaux sinusoïdaux en **phase** ?
▷ *Ils s'annulent et sont* extrema *en même temps.*

Les deux signaux s_1 et s_2 sont en phase :

$$s_1(t) = S_1 \cos(\omega t + \varphi)$$

$$s_2(t) = S_2 \cos(\omega t + \varphi)$$

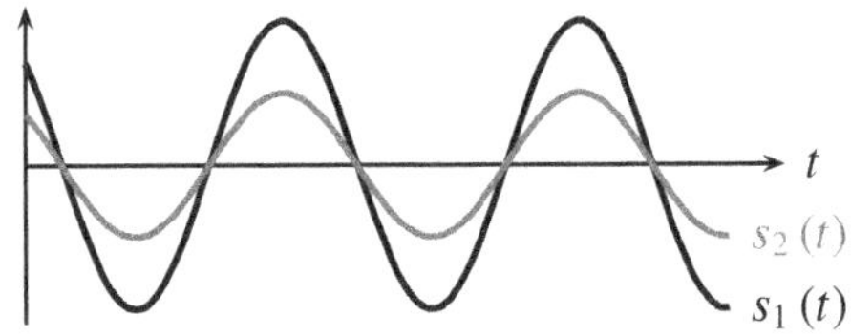

Comment reconnaître deux signaux sinusoïdaux en **opposition de phase** ?
▷ *Ils s'annulent en même temps, mais quand l'un est maximal, l'autre est minimal. Ils sont alors déphasés de* $\pm\pi$.

Les deux signaux s_1 et s_2 sont en opposition de phase :

$$s_1(t) = S_1 \cos(\omega t + \varphi)$$

$$s_2(t) = -S_2 \cos(\omega t + \varphi)$$

$$s_2(t) = S_2 \cos(\omega t + \varphi + \pi)$$

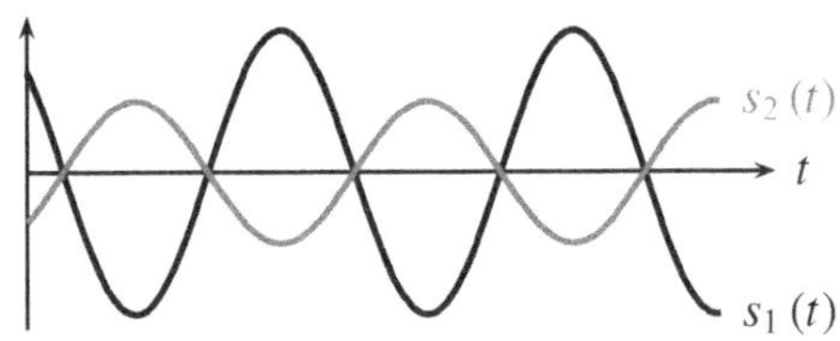

Le déphasage de s_2 par rapport à s_1 vaut la différence de leurs phases instantanées :

$$\Delta\varphi = \varphi_1(t) - \varphi_1(t) = (\omega t + \varphi) - (\omega t + \varphi + \pi) = -\pi.$$

Comment reconnaître deux signaux sinusoïdaux en **quadrature de phase** ?
▷ *Lorsqu'un est nul, l'autre est extrémal, et inversement. Ils sont alors déphasés de* $\pm\frac{\pi}{2}$.

Les deux signaux s_1 et s_2 sont en quadrature :

$$s_1(t) = S_1 \cos(\omega t + \varphi)$$

$$s_2(t) = S_2 \sin(\omega t + \varphi)$$

$$s_2(t) = S_2 \cos\left(\omega t + \varphi - \frac{\pi}{2}\right)$$

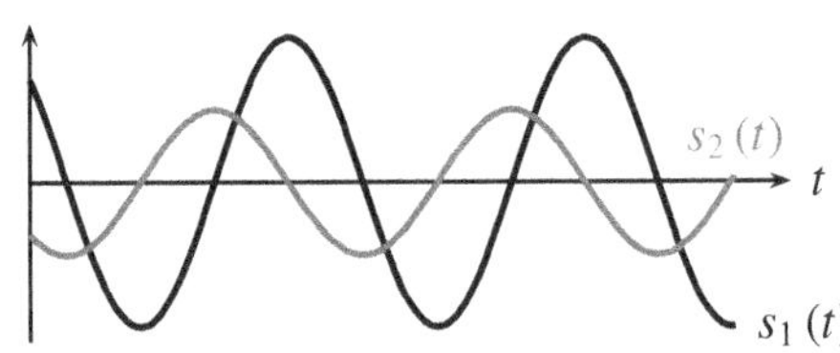

Le déphasage de s_2 par rapport à s_1 vaut la différence de leurs phases instantanées :

$$\Delta\varphi = \varphi_1(t) - \varphi_1(t) = (\omega t + \varphi) - \left(\omega t + \varphi - \frac{\pi}{2}\right) = \frac{\pi}{2}.$$

Comment déterminer quel signal est en avance sur l'autre ?
▷ *Celui qui est en avance est celui qui est maximal en premier, c'est-à-dire pour une date plus faible.*

Repérer deux *maxima* consécutifs les plus proches. Le signal en avance est celui qui est maximal le plus tôt, ici le signal noir.

s_1 est en avance sur s_2.
s_2 est en retard sur s_1.

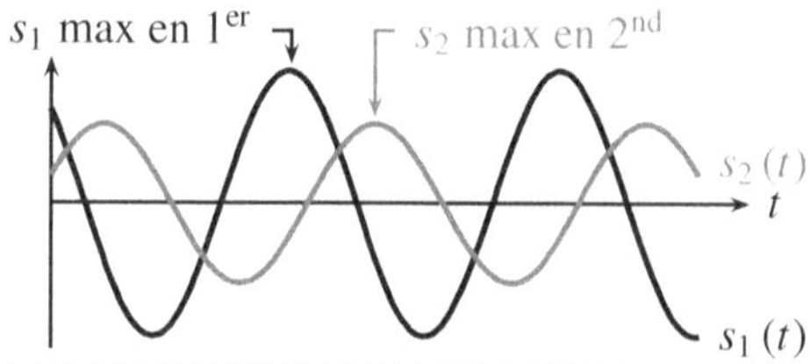

Comment déterminer le déphasage $\Delta\varphi$ entre deux signaux de même période ?
▷ *Mesurer la période puis le retard temporel ; en déduire $\Delta\varphi$.*

On note :

$$s_1(t) = S_1 \cos(\omega t + \varphi_1),$$

$$s_2(t) = S_2 \cos(\omega t + \varphi_2).$$

Le déphasage est lié au décalage temporel entre les deux signaux :

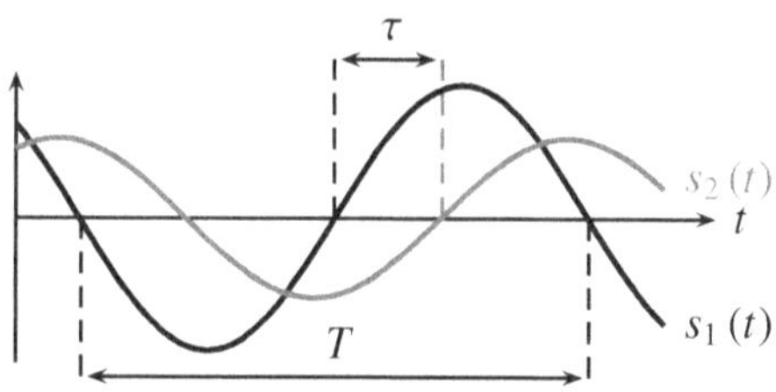

$$s_2(t) = S_2 \cos(\omega t + \varphi_2) = S_2 \cos(\omega t + \varphi_1 + \Delta\varphi) = S_2 \cos\left(\omega\left(t + \frac{\Delta\varphi}{\omega}\right) + \varphi_1\right)$$
$$= S_2 \cos(\omega(t + \tau) + \varphi_1),$$

où apparaît le décalage temporel entre les deux signaux : $\tau = \dfrac{\Delta\varphi}{\omega}$.

La mesure de τ conduit à la valeur de $\Delta\varphi$. Pour cela on repère deux dates consécutives en lesquelles la courbe s_1 (ou s_2) s'annule avec la même pente, on en déduit la période T.

Puis on repère les deux dates les plus proches où les deux signaux s'annulent avec la même pente, en en déduit τ.

Finalement $\Delta\varphi = \omega\tau = 2\pi\dfrac{\tau}{T}$.

La valeur du déphasage obtenue par cette méthode est comprise entre $-\pi$ et $+\pi$. Elle est positive si $s_2(t)$ est en avance sur $s_1(t)$ et négative si $s_2(t)$ est en retard (cas de la figure ci-dessus).

Comment réaliser et interpréter un bilan de puissance ?
▷ *Multiplier la loi des mailles par $i(t)$, puis faire apparaître :*

- *la puissance Joule consommée par la résistance Ri^2 ;*
- *la variation d'énergie stockée par le condensateur $\frac{\mathrm{d}}{\mathrm{d}t}\left(\frac{1}{2}Cu_C^2\right)$;*
- *la variation d'énergie stockée par la bobine $\frac{\mathrm{d}}{\mathrm{d}t}\left(\frac{1}{2}Li_L^2\right)$.*

Exemple de l'oscillateur harmonique électrique, p. 156, dont la loi des mailles est $u_C(t) + u_L(t) = 0$, soit, compte tenu de $u_L(t) = L\dfrac{\mathrm{d}i}{\mathrm{d}t}(t)$:

$$u_C(t) + L\frac{\mathrm{d}i}{\mathrm{d}t}(t) = 0.$$

En multipliant par $i(t)$:

$$u_C(t)\,i(t) + Li(t)\frac{\mathrm{d}i}{\mathrm{d}t}(t) = 0,$$

ce qui devient, avec $i(t) = C\dfrac{\mathrm{d}u_C}{\mathrm{d}t}(t)$:

$$Cu_C(t)\frac{\mathrm{d}u_C}{\mathrm{d}t}(t) + Li(t)\frac{\mathrm{d}i}{\mathrm{d}t}(t) = 0,$$

où l'on reconnaît les dérivées :

$$\frac{\mathrm{d}}{\mathrm{d}t}\left(\frac{1}{2}Cu_C^2\right) + \frac{\mathrm{d}}{\mathrm{d}t}\left(\frac{1}{2}Li^2\right) = 0.$$

PROGRAMME OFFICIEL ET SOMMAIRE DES EXERCICES

NOTIONS ET CONTENUS	CAPACITÉS EXIGIBLES
Oscillateur harmonique. Exemples du circuit LC et de l'oscillateur mécanique.	Établir et reconnaître l'équation différentielle qui caractérise un oscillateur harmonique ; la résoudre compte tenu des conditions initiales. ▶ 6.C1 6.C2 Caractériser le mouvement en utilisant les notions d'amplitude, de phase, de période, de fréquence, de pulsation. ▶ 6.C3 ▷ 6.1 6.2 6.3 6.4 6.5 Réaliser un bilan énergétique. ▶ 6.C4 ▷ 6.6 6.7 6.8

EXERCICES ★ (LE COURS)

6.C1 Oscillateur harmonique électrique Établir l'équation différentielle qui régit l'évolution de la tension u_C, aux bornes du condensateur, pour le circuit de la figure 6.3, p. 155. Préciser la pulsation propre du système.

6.C2 Résoudre une équation différentielle Résoudre les équations différentielles :

1) $\dfrac{d^2x}{dt^2}(t) + \omega_0^2 x(t) = 0$ avec $x(0) = x_0$ et $\dfrac{dx}{dt}(0) = v_0$.

2) $\dfrac{d^2u_C}{dt^2}(t) + \omega_0^2 u_C(t) = 0$ avec $u_C(0) = u_0$ et $\dfrac{du_C}{dt}(0) = 0$.

6.C3 Amplitude et période Préciser l'amplitude, la période et la fréquence du signal d'équation $x(t) = x_0 \cos(\omega_0 t) + \frac{v_0}{\omega} \sin(\omega_0 t)$.

6.C4 Conservation de l'énergie Montrer que l'énergie contenue dans le circuit LC de la figure 6.3, p. 155, est constante au cours du temps.

EXERCICES ★★

6.1 Reconnaître un oscillateur harmonique

La tension électrique $v(t)$ aux bornes d'un oscillateur à quartz (tel qu'on en trouve dans les montres) vérifie l'équation différentielle : $\dfrac{d^2v}{dt^2} + Av(t) = 0$ avec $A = 4{,}239.10^{10}$ USI. Quelle est l'unité de A ? Quelle est la fréquence de cet oscillateur ?

6.2 Caractéristiques de signaux sinusoïdaux

1) Donner l'amplitude, la période, la fréquence et la phase initiale des signaux suivants :

a. $x(t) = 15\cos(100\pi t + 0{,}5)$;

b. $x(t) = 5\sin(7{,}854.10^6 t)$;

c. $x(t) = 2\sin(120\pi t - \frac{\pi}{4})$;

d. $x(t) = 15\cos(2{,}0.10^3\pi t) - 5\sin(2{,}0.10^3\pi t)$.

2) Quelle est la phase initiale d'un signal sinusoïdal qui vaut la moitié de sa valeur maximale et croît à l'instant $t = \frac{T}{4}$ où T est la période ?

6.3 Détermination d'un déphasage

La figure représente un écran d'oscilloscope avec deux signaux sinusoïdaux de même fréquence $s_1(t)$ (en noir) et $s_2(t)$ (en gris). La ligne en tireté représente le niveau zéro pour les deux signaux. Une division de l'axe des temps correspond à 20 ms.

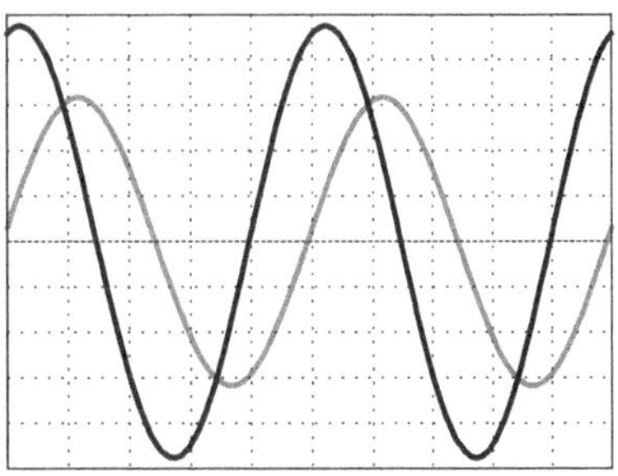

1) Déterminer la fréquence des signaux.

2) Caculer le déphasage de s_2 par rapport à s_1.

3) Quelle est la phase de s_1 au point le plus à gauche de l'écran ?

6.4 Mécanique : vibration d'un diapason

Un diapason vibre à la fréquence du La4 soit $f = 440\,\text{Hz}$. L'extrémité des branches a un mouvement harmonique, dont on mesure l'amplitude sur une photo : $A = 0{,}5\,\text{mm}$. Quelle est la vitesse maximale de l'extrémité du diapason ? Quelle est l'accélération maximale de ce point ?

6.5 Mécanique : mouvement sinusoïdal

On filme avec une webcam le mobile étudié à la figure 6.1, p. 151. À l'aide d'un logiciel permettant de relever image après image la position de G, on trouve que G passe par sa position d'équilibre, avec une vitesse dans le sens de (Ox), à l'instant $t_1 = 1{,}44 \pm 0{,}03$ s et qu'il passe ensuite pour la première fois au milieu entre la position d'équilibre et la position d'élongation maximale à l'instant $t_2 = 2{,}52 \pm 0{,}1$ s.

1) Calculer la période des oscillations.

2) Pourquoi n'a-t-on pas choisi de mesurer l'instant où le mobile passe par la position d'élongation maximale ?

6.6 Mécanique : électron piégé

Un électron de masse $m_e = 9{,}11.10^{-31}$ kg et de charge $q = -1{,}61.10^{-19}\,\text{C}$ est piégé à l'intérieur d'un dispositif tel que son énergie potentielle est $E_p = \frac{1}{2}\frac{qV_0}{d^2}z^2$ où $V_0 = -5{,}0\,\text{V}$ et $d = 6{,}0\,\text{mm}$. On s'intéresse à un mouvement de l'électron selon l'axe (Oz).

1) Exprimer l'énergie mécanique de l'électron en fonction des données, de $z(t)$ et de $\frac{\mathrm{d}z}{\mathrm{d}t}(t)$.

2) On suppose que l'énergie mécanique est constante dans le temps. Calculer la fréquence des oscillations de l'électron selon (Oz) dans le piège.

EXERCICES ★★★

6.7 Mécanique : énergie de l'oscillateur harmonique

L'énergie mécanique d'un oscillateur harmonique s'écrit : $E_m(t) = \frac{1}{2}m\omega_0^2x^2 + \frac{1}{2}m\left(\frac{\mathrm{d}x}{\mathrm{d}t}\right)^2$.

On suppose qu'il n'y a aucun phénomène dissipatif : l'énergie mécanique est donc constante.

1) En utilisant la conservation de l'énergie, retrouver l'équation différentielle de l'oscillateur harmonique.

2) On suppose que $x(t) = A\cos(\omega_0 t + \varphi)$. Exprimer l'énergie cinétique et l'énergie potentielle en fonction de m, ω_0, A et $\cos(2\omega t + 2\varphi)$. On utilisera les formules : $\cos^2\alpha = \frac{1}{2}(1 + \cos(2\alpha))$ et $\sin^2\alpha = \frac{1}{2}(1 - \cos(2\alpha))$. Vérifier que l'énergie mécanique est bien constante.

3) Tracer sur un même graphe les courbes donnant l'énergie cinétique et l'énergie potentielle en fonction du temps. Quelle est la fréquence de variation de ces énergies ?

6.8 Mécanique : vibration d'une molécule

La fréquence de vibration de la molécule de chlorure d'hydrogène HCl est $f = 8{,}5.10^{13}$ Hz. On donne les masses atomiques molaires : $M_H = 1$ g.mol^{-1} et $M_{Cl} = 35{,}5$ g.mol^{-1}, ainsi que le nombre d'Avogadro : $\mathcal{N}_A = 6{,}02.10^{23}$ mol^{-1}.

On modélise la molécule par un atome d'hydrogène mobile relié à un atome de chlore fixe par un « ressort » de raideur k.

1) Justifier l'hypothèse d'un atome de chlore fixe.

2) Calculer k.

3) On admet que l'énergie mécanique de la molécule est égale à $\frac{1}{2}hf$ où $h = 6{,}63.10^{-34}$ J.s est la constante de Planck. Calculer l'amplitude du mouvement de l'atome d'hydrogène.

4) Calculer sa vitesse maximale.

CORRIGÉS

6.C1 *Cf.* p. 155.

6.C2 (**1**) *Cf.* méthodologie p. 157 (**2**) *Cf.* méthodologie p. 157.

6.C3 *Cf.* p. 153 : $A = \sqrt{x_0^2 + \left(\frac{v_0}{\omega}\right)^2}$, $T = \frac{2\pi}{\omega_0}$, $f = \frac{\omega_0}{2\pi}$.

6.C4 *Cf.* p. 156.

6.1 Reconnaître un oscillateur harmonique

A se mesure en s^{-2}. L'équation différentielle est celle d'un oscillateur harmonique de pulsation $\omega = \sqrt{A}$ donc de fréquence $f = \dfrac{\omega}{2\pi} = \dfrac{\sqrt{A}}{2\pi} = 32{,}77\,\text{kHz}$.

6.2 Caractéristiques de signaux sinusoïdaux

1) **a.** Amplitude : $A = 15$, période : $T = 2{,}00.10^{-2}$ s, fréquence : $f = 50$ Hz, phase initiale : $\varphi = 0{,}5$ rad.

b. $A = 5$, $T = 8{,}000.10^{-7}$ s, $f = 1{,}250$ MHz, $\varphi = -\dfrac{\pi}{2}$.

c. $A = 2$, $T = 1{,}67.10^{-2}$ s, $f = 60{,}0$ Hz, $\varphi = -\dfrac{3\pi}{4}$ rad.

d. $A = \sqrt{15^2 + 5^2} = 15{,}8$, $T = 1{,}0.10^{-3}$ s, $f = 1{,}0.10^3$ Hz, $\varphi = \arctan\dfrac{5}{15} = 0{,}32$ rad.

2) Le signal s'écrit $s(t) = A\cos(\omega t + \varphi)$. On sait que $s\left(\dfrac{T}{4}\right) = \dfrac{A}{2}$, soit $\cos\left(\dfrac{\pi}{2} + \varphi\right) = \dfrac{1}{2}$, donc $\dfrac{\pi}{2} + \varphi = \pm\arccos\left(\dfrac{1}{2}\right) = \pm\dfrac{\pi}{3}$, soit $\varphi = -\dfrac{\pi}{6}$ ou $-\dfrac{5\pi}{6}$.

De plus le signal est croissant à $t = \dfrac{T}{4}$, donc $-A\omega\sin\left(\dfrac{\pi}{2} + \varphi\right) > 0$, soit $\cos(\varphi) > 0$. La bonne valeur est donc : $\varphi = -\dfrac{\pi}{6}$.

6.3 Détermination d'un déphasage

1) On mesure la période, qui vaut 5 carreaux sur le graphe, soit $T = 5 \times 20.10^{-3} = 0{,}1$ s. La fréquence des signaux est donc : $f = \dfrac{1}{T} = 10$ Hz.

2) s_2 est en retard sur s_1 de la durée correspondant à 1 carreau, soit de $\tau = 20$ ms. Le déphasage de s_2 par rapport à s_1 est donc : $\Delta\varphi = -\dfrac{2\pi}{T}\tau = -\dfrac{2\pi}{5} = -1{,}25$ rad.

3) À l'instant le plus à gauche de l'écran, s_2 passe par zéro avec une pente positive donc sa phase est $-\dfrac{\pi}{2}$; on en déduit que la phase de s_1 à cet instant est $-\dfrac{\pi}{2} + \dfrac{2\pi}{5} = -\dfrac{\pi}{10}$.

6.4 Mécanique : vibration d'un diapason

La loi horaire du mouvement de l'extrémité du diapason est : $x(t) = A\cos(2\pi ft + \varphi)$, et la vitesse est : $\dfrac{dx}{dt} = -2\pi fA\sin(2\pi ty + \varphi)$. La valeur maximale de la vitesse est : $v_{max} = 2\pi fA = 2\pi \times 440 \times 0{,}5.10^{-3} = 1{,}4\,\text{m.s}^{-1}$.

L'accélération instantanée est $\dfrac{d^2x}{dt^2} = -4\pi^2 f^2 A\cos(2\pi ft + \varphi)$. La valeur maximale de l'accélération est : $a_{max} = 4\pi^2 f^2 A = 3{,}8.10^3\,\text{m.s}^{-2}$.

6.5 Mécanique : mouvement sinusoïdal

1) Le mobile passe par sa position d'équilibre avec une vitesse dans le sens positif à t_1. La phase du signal $x(t)$ à $t = t_1$ est $\varphi = -\dfrac{\pi}{2}$. La loi horaire du mouvement est donc : $x(t) = A\cos\left(\omega(t - t_1) - \dfrac{\pi}{2}\right) = A\sin(\omega(t - t_1))$.

À l'instant t_2, $x(t_2) = \dfrac{A}{2}$, donc $\sin(\omega(t_2 - t_1)) = \dfrac{1}{2}$, soit $\omega(t_2 - t_1) = \arcsin\left(\dfrac{1}{2}\right) = \dfrac{\pi}{6}$. Ainsi :

$\omega = \dfrac{\pi}{6(t_2 - t_1)}$, d'où $T = \dfrac{2\pi}{\omega} = 12\,(t_2 - t_1) = 13{,}0 \pm 0{,}5\,\text{s}$.

Attention ! Pour encadrer le résultat, il faut le calculer avec les valeurs extrêmes des données. La valeur maximale de T est : $12 \times (2{,}52 + 0{,}1 - (1{,}44 - 0{,}03)) = 15{,}0\,\text{s}$.

2) La mesure de l'instant de passage à la position d'élongation maximale est imprécise car la vitesse du mobile s'annule à cet instant.

6.6 Mécanique : électron piégé

1) L'énergie mécanique est la somme de l'énergie cinétique $E_c = \dfrac{1}{2}m_e\left(\dfrac{dz}{dt}\right)^2$ et de l'énergie potentielle données, soit : $E_m = \dfrac{1}{2}m_e\left(\dfrac{dz}{dt}\right)^2 + \dfrac{1}{2}\dfrac{|qV_0|}{d^2}z^2$, car $qV_0 = (-q)(-V_0) = |qV_0|$.

2) L'énergie mécanique étant conservée, $\dfrac{dE_m}{dt} = m_e\dfrac{d^2z}{dt^2}\dfrac{dz}{dt} + \dfrac{|qV_0|}{d^2}\dfrac{dz}{dt}z(t) = 0$, soit, après simplification par $\dfrac{dz}{dt}$ et division par m : $\dfrac{d^2z}{dt^2} + \dfrac{|qV_0|}{m_e d^2}z(t) = 0$.

On reconnaît l'équation d'un oscillateur harmonique de pulsation $\omega = \sqrt{\dfrac{|qV_0|}{m_e d^2}}$ et donc de fréquence $f = \dfrac{1}{2\pi}\sqrt{\dfrac{|qV_0|}{m_e d^2}} = 25.10^6\,\text{Hz} = 25\,\text{MHz}$.

6.7 Mécanique : énergie de l'oscillateur harmonique

1) Il suffit de dériver par rapport au temps la relation : $\dfrac{1}{2}m\omega_0^2 x(t)^2 + \dfrac{1}{2}m\left(\dfrac{dx}{dt}\right)^2 = E_m$, qui est une constante. Il vient : $m\omega_0^2 x(t)\dfrac{dx}{dt} + m\dfrac{dx}{dt}\dfrac{d^2x}{dt^2} = 0$, puis, après simplification par $\dfrac{dx}{dt}$ et division par m, on obtient : $\frac{d^2x}{dt^2} + \omega_0^2 x(t) = 0$.

2) $x(t) = A\cos(\omega_0 t + \varphi)$ donc $\frac{dx}{dt} = -\omega_0 A \sin(\omega_0 t + \varphi)$. Il vient donc :

$$E_c(t) = \frac{1}{2} m\omega_0^2 A^2 \sin^2(\omega_0 t + \varphi) = \frac{1}{4} m\omega_0^2 A^2 (1 - \cos(2\omega_0 t + 2\varphi)),$$

et

$$E_p(t) = \frac{1}{2} m\omega_0^2 A^2 \cos^2(\omega_0 t + \varphi) = \frac{1}{4} m\omega_0^2 A^2 (1 + \cos(2\omega_0 t + 2\varphi)).$$

Il apparaît clairement que $E_c(t) + E_p(t) = \frac{1}{2} m\omega_0^2 A^2$.

3) L'évolution dans le temps des énergies cinétique et potentielle est représentée sur la figure ci-contre dans le cas où $v_0 = 0$: $E_c(t)$ en noir et $E_p(t)$ en gris. L'énergie cinétique et l'énergie potentielle oscillent au cours du temps, avec une pulsation $2\omega_0$ donc une période deux fois plus petite que la période $T_0 = \frac{2\pi}{\omega_0}$ de l'oscillateur. Chacune des deux vaut en moyenne $\frac{E_m}{2}$. Il y a un échange continuel entre ces deux formes d'énergie.

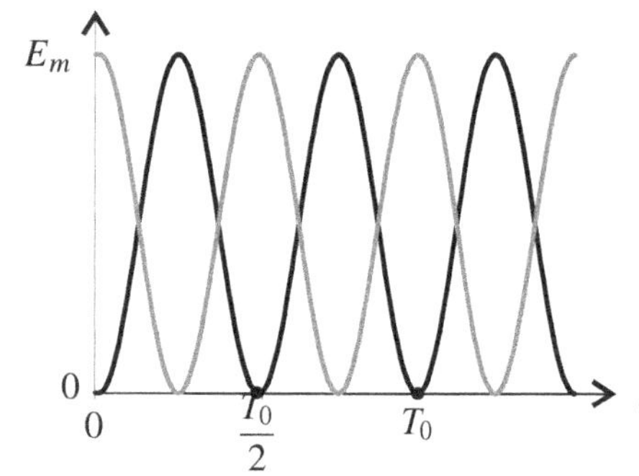

6.8 Mécanique : vibrations d'une molécule

1) L'atome de chlore étant beaucoup plus lourd que l'atome d'hydrogène, on peut considérer que c'est l'atome d'hydrogène qui bouge.

2) Ce système est analogue à l'oscillateur harmonique étudié dans le cours. La fréquence d'oscillation est $f = \frac{1}{2\pi}\sqrt{\frac{k}{m_H}}$ où $m_H = \frac{M_H}{\mathcal{N}_A}$ est la masse d'un atome d'hydrogène. Il vient donc : $k = 4\pi^2 f^2 \frac{M_H}{\mathcal{N}_A} = 4\pi^2 \times (8{,}5.10^{13})^2 \times \frac{1.10^{-3}}{6{,}02.10^{23}} = 4{,}7.10^2\,\text{N.m}^{-1}$.

3) L'énergie mécanique est : $E_m = \frac{1}{2} hf = \frac{1}{2} m_H (2\pi f)^2 A^2$ où A est l'amplitude du mouvement de l'atome d'hydrogène. Il vient :

$$A = \sqrt{\frac{h\mathcal{N}_A}{4\pi^2 f M_H}} = \sqrt{\frac{6{,}63.10^{-34} \times 6{,}02.10^{23}}{4\pi^2 \times 8{,}5.10^{13} \times 1.10^{-3}}} = 1{,}1.10^{-11}\,\text{m}.$$

4) La vitesse maximale de l'atome d'hydrogène est :

$$v_{\max} = 2\pi f A = 2\pi \times 8{,}5.10^{13} \times 1{,}1.10^{-11} = 5{,}8.10^3\,\text{m.s}^{-1}.$$

Circuit linéaire du deuxième ordre

7

DANS ce chapitre, on étudie la réponse temporelle de circuits régis par une équation différentielle linéaire du deuxième ordre. Le comportement de ces circuits dépend d'un paramètre sans dimension : le facteur de qualité Q (ou le coefficient d'amortissement ξ qui lui est relié). Les résultats se généralisent à tous les systèmes linéaires du deuxième ordre que l'on peut rencontrer dans d'autres domaines, comme par exemple en mécanique.

1 Étude expérimentale d'un circuit *RLC* série

On étudie un circuit série comportant une résistance R, une bobine d'inductance L et un condensateur de capacité C alimenté par un GBF. La résistance a une valeur ajustable.

1.1 Montage

On observe simultanément la tension $e(t)$ délivrée par le GBF et la tension $u_C(t)$ aux bornes du condensateur sur les deux voies d'un oscilloscope. On néglige la résistance de sortie du GBF devant la résistance R (la résistance de sortie du GBF vaut 50 Ω - valeur typique - et R est supérieure à 1 kΩ).

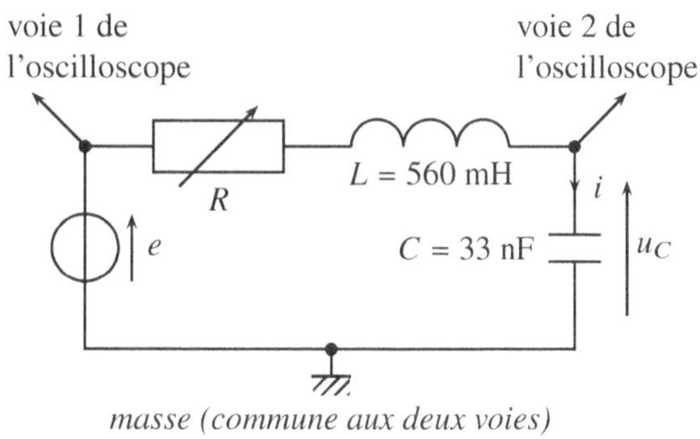

Figure 7.1 – Schéma du montage étudié.

1.2 Régimes transitoire et permanent

On observe sur les figures ci-dessous les formes d'onde de $e(t)$ et $u_C(t)$, où $e(t)$ est un échelon de tension qui passe de 0 à $E_0 = 600$ mV à l'instant $t = 0$.

La forme d'onde de $u_C(t)$ dépend de la valeur de R : elle présente des oscillations pour les plus petites valeurs de R et une évolution monotone pour les plus grandes.

On observe dans chaque cas deux régimes :

- le **régime établi**, ou **régime permanent**, pour lequel la sortie est constante, comme l'entrée, égale à E_0 ;
- le **régime transitoire**, entre l'instant initial et le régime permanent.

On observe que la durée du régime transitoire dépend de R : elle diminue sur les trois premiers essais, mais augmente sur le quatrième.

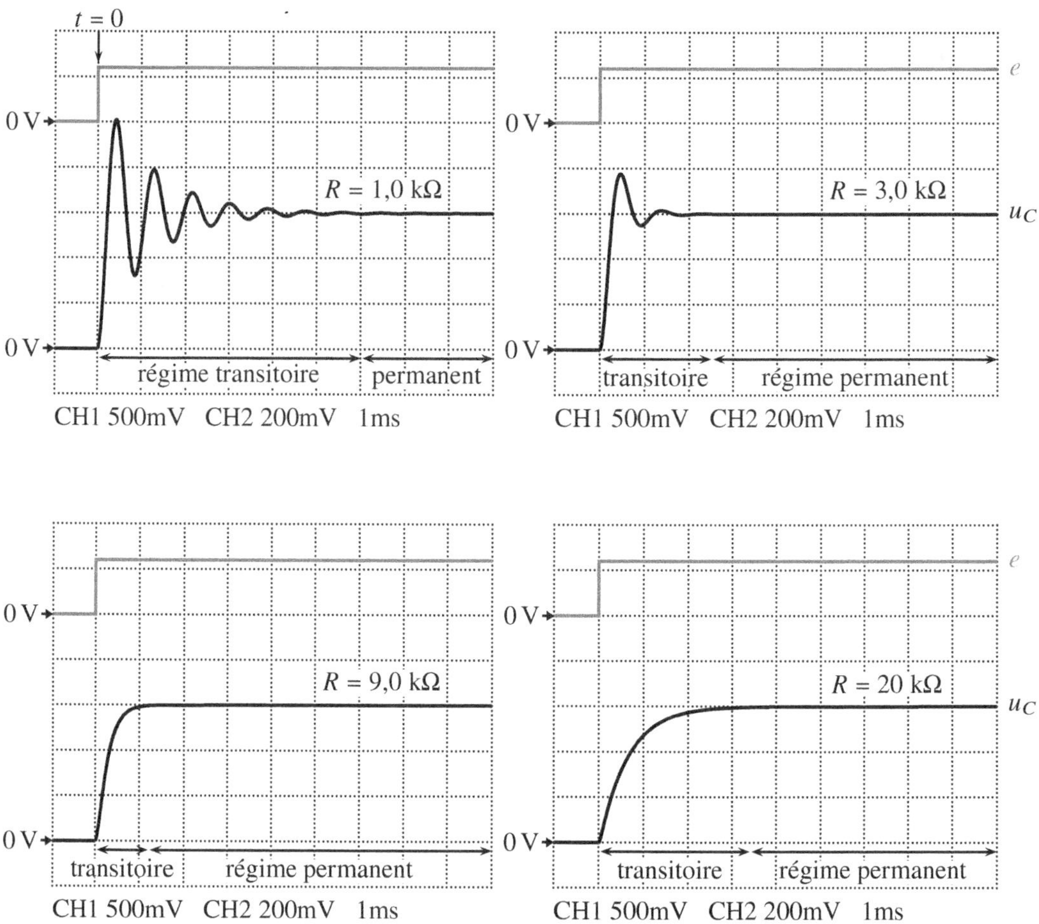

Figure 7.2 – Formes d'onde de l'essai indiciel en fonction de la valeur de R : e en gris et u_C en noir.

Enfin, en zoomant sur l'instant où $e\,(t)$ change de valeur (figure 7.3), on observe que la courbe de $u_C\,(t)$ a une dérivée nulle à cet instant.

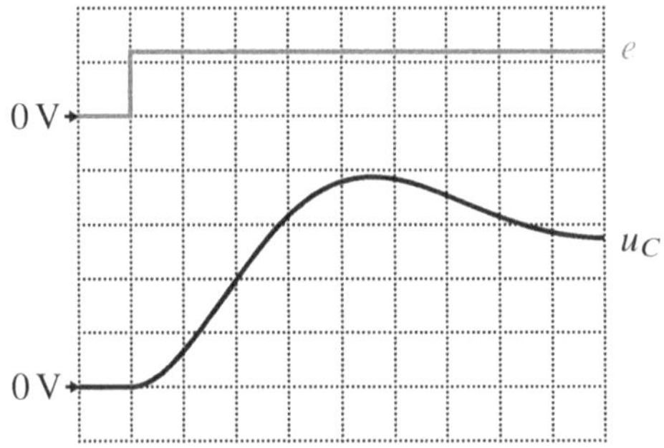

Figure 7.3 – Zoom d'une réponse indicielle en $t = 0$.

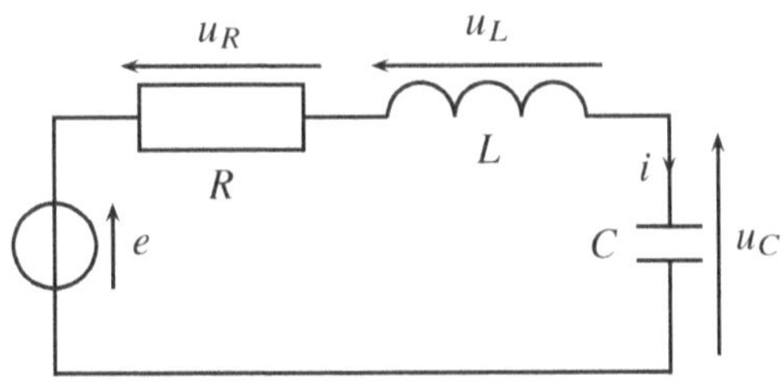

Figure 7.4 – Montage étudié.

2 Équation différentielle sur la tension $u_C(t)$

On cherche une équation différentielle liant $u_C(t)$ et $e(t)$.

2.1 Mise en équation

Le schéma électrique du circuit est ci-dessus, sur la figure 7.4.
La loi des mailles impose :

$$e(t) = u_C(t) + u_L(t) + u_R(t).$$

De plus, R, L et C sont traversés par le même courant d'intensité $i(t)$:

$$u_R(t) = Ri(t), \qquad u_L(t) = L\frac{\mathrm{d}i}{\mathrm{d}t}(t) \qquad \text{et} \qquad i(t) = C\frac{\mathrm{d}u_C}{\mathrm{d}t}(t)\ ;$$

ainsi :

$$u_R(t) = Ri(t) = RC\frac{\mathrm{d}u_C}{\mathrm{d}t}(t) \qquad \text{et} \qquad u_L(t) = L\frac{\mathrm{d}i}{\mathrm{d}t}(t) = LC\frac{\mathrm{d}}{\mathrm{d}t}\left(\frac{\mathrm{d}u_C}{\mathrm{d}t}(t)\right) = LC\frac{\mathrm{d}^2u_C}{\mathrm{d}t^2}(t).$$

La loi des mailles s'écrit finalement : $e(t) = LC\frac{\mathrm{d}^2u_C}{\mathrm{d}t^2}(t) + RC\frac{\mathrm{d}u_C}{\mathrm{d}t}(t) + u_C(t).$

Cette relation est une **équation différentielle du deuxième ordre** : relation liant $u_C(t)$ et les deux premières dérivées $\frac{\mathrm{d}u_C}{\mathrm{d}t}$ et $\frac{\mathrm{d}^2u_C}{\mathrm{d}t^2}$.

2.2 Pulsation propre et facteur de qualité

Il est habituel de mettre cette équation différentielle sous l'une des deux formes canoniques suivantes :

$$\frac{1}{\omega_0^2}\frac{\mathrm{d}^2u_C}{\mathrm{d}t^2} + \frac{1}{Q\omega_0}\frac{\mathrm{d}u_C}{\mathrm{d}t} + u_C(t) = e(t) \qquad \text{ou} \qquad \frac{1}{\omega_0^2}\frac{\mathrm{d}^2u_C}{\mathrm{d}t^2} + \frac{2\xi}{\omega_0}\frac{\mathrm{d}u_C}{\mathrm{d}t} + u_C(t) = e(t),$$

où apparaissent trois grandeurs qui caractérisent le circuit :

- la **pulsation caractéristique** ou **pulsation propre** ω_0, qui s'exprime en rad.s^{-1} ;
- la **facteur de qualité** Q, qui est sans dimension ;
- le **facteur d'amortissement** ξ, qui est sans dimension et qui est lié au facteur de qualité par la relation : $\xi = \dfrac{1}{2Q}$.

Pour obtenir les expressions de la pulsation propre et du facteur de qualité du circuit RLC série étudié, on compare l'équation différentielle à son expression canonique, ce qui conduit au système :

$$\begin{cases} LC = \dfrac{1}{\omega_0^2} \\ RC = \dfrac{1}{Q\omega_0} \end{cases} \Rightarrow \begin{cases} \omega_0 = \dfrac{1}{\sqrt{LC}} \\ Q = \dfrac{1}{R}\sqrt{\dfrac{L}{C}}. \end{cases}$$

3 Détermination de la tension $u_C(t)$

On souhaite calculer la tension $u_C(t)$ pour $t > 0$.

3.1 Recherche des conditions initiales

La résolution d'une équation différentielle du deuxième ordre requiert deux conditions initiales : la valeur du signal et la valeur de sa dérivée à l'instant initial.

Pour trouver la tension $u_C(t)$ il faut déterminer au préalable $u_C(0^+)$ et $\dfrac{du_C}{dt}(0^+)$, valeurs de u_C et de sa dérivée immédiatement après le changement de valeur de l'entrée $e(t)$. Pour cela on s'appuie sur les deux règles :

- la tension aux bornes d'un condensateur est continue ;
- l'intensité traversant une bobine est continue.

Pour $t < 0$, le circuit n'a pas encore été alimenté donc toutes les grandeurs électriques, tensions et intensité, sont nulles (comme on peut le constater sur les oscillogrammes de la figure 7.2, à la page 168). Donc $u_C(0^-) = 0$ et comme $u_C(t)$, tension aux bornes de la capacité, est une fonction continue :

$$u_C(0^+) = u_C(0^-) = 0.$$

De même $i(t)$, intensité qui traverse la bobine, est une fonction continue. On en déduit que : $i(0^+) = i(0^-) = 0$. Or, d'après la loi du condensateur : $i(t) = C\dfrac{du_C}{dt}$. On a donc :

$$\frac{du_C}{dt}(0^+) = 0.$$

Le couple {équation différentielle, conditions initiales} à résoudre est maintenant complet.

Attendu que, pour $t > 0$, $e(t) = E_0$, il s'écrit :
$$\begin{cases} \dfrac{1}{\omega_0^2}\dfrac{d^2u_C}{dt^2} + \dfrac{2\xi}{\omega_0}\dfrac{du_C}{dt} + u_C(t) = E_0 \\ u_C(0) = 0 \\ \dfrac{du_C}{dt}(0) = 0. \end{cases}$$

3.2 Solution

Le résolution du couple {équation différentielle, conditions initiales} est mené en méthodologie, page 176.

L'allure des graphes de la réponse $u_C(t)$ à un signal d'entrée en échelon est à connaître ; elle dépend de la valeur du facteur de qualité Q.

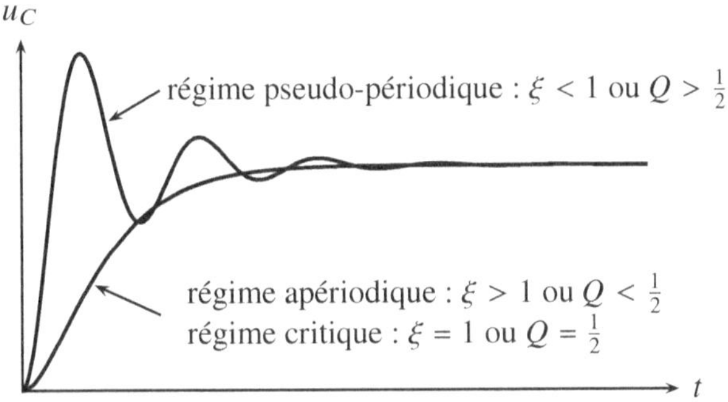

Figure 7.5 – Essais indiciels d'un système du 2e ordre en fonction de ξ ou Q.

Remarque

On observe que les cas apériodique et critique ont la même allure graphique.

De plus, plus un système est amorti, c'est-à-dire plus son coefficient d'amortissement ξ est important (ou son facteur de qualité Q petit), moins il oscille. Un oscillateur de grand facteur de qualité oscille beaucoup avant de s'arrêter.

4 Durée du régime transitoire

4.1 Définition du temps de réponse T_R

On définit le temps de réponse à 5 %, noté T_R, comme la durée au bout de laquelle le système atteint sa valeur finale à moins de 5 %, lors d'un essai indiciel (réponse à un échelon de hauteur E_0). Le signal reste alors compris entre 0,95 et 1,05 fois la valeur finale. Cette durée correspond à la durée du régime transitoire. Cette définition est illustrée par deux exemples ci-dessous.

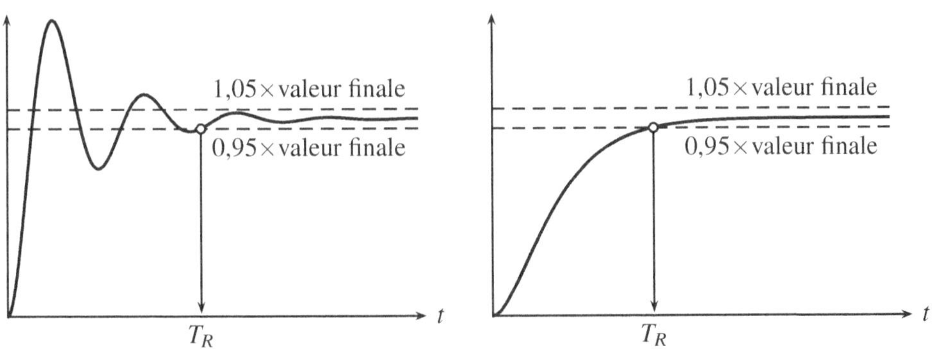

Figure 7.6 – Mise en évidence du temps de réponse à 5 %.

Ce temps de réponse est calculable (numériquement, par un ordinateur) pour chaque valeur du facteur d'amortissement ξ. On trace ensuite le paramètre sans dimension $\omega_0 T_R$ en fonction du facteur d'amortissement ξ, en échelle logarithmique.

Qu'est-ce qu'un diagramme avec des échelles logarithmiques ? On trace $\log(\omega_0 T_R)$ en fonction de $\log(\xi)$. Cependant, on continue à graduer les axes par les valeurs de $\omega_0 T_R$ et ξ pour plus de clarté. Les graduations ne sont alors plus équidistantes, mais se resserrent vers le haut et la droite.

Le graphe est tracé sur la figure 7.7. Le minimum a pour coordonnées :

$$\begin{cases} \xi = 0{,}69 \\ \omega_0 T_R \approx 3. \end{cases}$$

Le temps de réponse minimum $T_{R,\min}$ est obtenu pour $\xi = 0{,}69$ et vaut $T_{R,\min} \approx \dfrac{3}{\omega_0}$.

La valeur de $\xi = 0{,}69$ correspond à un régime pseudo-périodique.

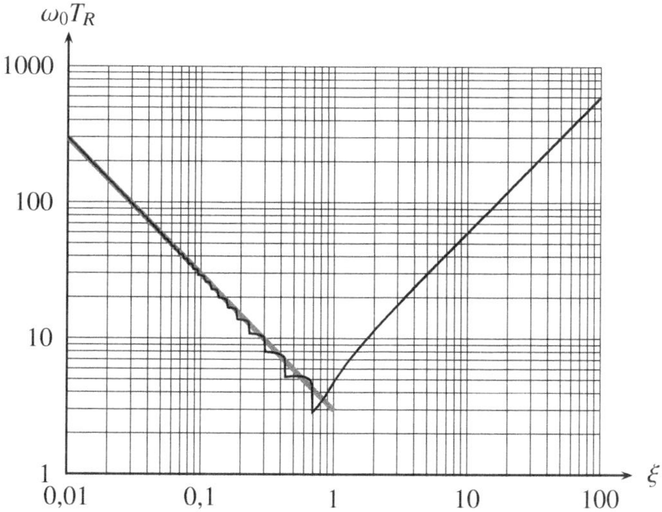

Figure 7.7 – Temps de réponse à 5 % en fonction de ξ.

4.2 Cas des systèmes peu amortis

Les systèmes peu amortis, où $\xi \ll 1$ ou $Q \gg 1$, présentent des réponses indicielles oscillantes. Le nombre d'oscillations est lié au facteur de qualité Q.

La courbe en V du temps de réponse est approximée, pour $\xi < 0{,}69$, par une droite de pente négative, tracée en gris sur la figure 7.7. Cette droite est une asymptote, dont l'équation, en échelle logarithmique est :

$$\log(\omega_0 T_R) = 0{,}48 - \log(\xi) = \log\left(10^{0,48}\right) - \log(\xi) = \log\left(\frac{10^{0,48}}{\xi}\right),$$

soit $\omega_0 T_R = \frac{3{,}02}{\xi}$, d'où, avec $\xi = \frac{1}{2Q}$: $T_R = \frac{2\times 3{,}02}{\omega_0} Q$.

Le nombre N d'oscillations lors du transitoire est :

$$N = \frac{\text{durée du transitoire}}{\text{durée d'une pseudo-période}}.$$

Une pseudo-période dure $\frac{2\pi}{\omega} = \frac{2\pi}{\omega_0\sqrt{1-\xi^2}} = \frac{2\pi}{\omega_0}$ car $\xi \ll 1$ pour un système peu amorti ; dès lors :

$$N = \frac{2 \times 3{,}02}{\omega_0} Q \times \frac{\omega_0}{2\pi} = \frac{3{,}02}{\pi} Q \approx Q.$$

Un système peu amorti oscille Q fois avant de se stabiliser à sa valeur finale.

5 Réponse à un signal créneaux

5.1 Observations expérimentales

L'étude expérimentale de la réponse indicielle (réponse à un échelon de hauteur E_0) et du régime libre (entrée nulle mais conditions initiales différentes de zéro) s'effectue en alimentant le circuit par un signal créneaux de valeur moyenne différente de zéro et de période T. Le régime permanent doit avoir le temps de s'établir pour chaque demi-période, aussi doit-on imposer $T \gg T_R$, où T_R est le temps de réponse du système.

Pour le circuit série, où $C = 33$ nF, $L = 560$ mH et $R = 3$ kΩ, déjà étudié au paragraphe 1, on calcule :

$$\omega_0 = \frac{1}{\sqrt{LC}} \simeq 7{,}4.10^3 \text{ rad.s}^{-1},$$

$$\xi = \frac{R}{2}\sqrt{\frac{C}{L}} \simeq 0{,}37.$$

Avec le graphe de $\omega_0 T_R$ en fonction de ξ, on trouve $\omega_0 T_R \approx 8$, c'est-à-dire $T_R \approx 1{,}1$ ms. Le choix de $T = 8$ ms, observé sur l'oscillographe de la page suivante, est donc valable.

On observe la charge du condensateur lors de l'essai indiciel, puis sa décharge lors du régime libre.

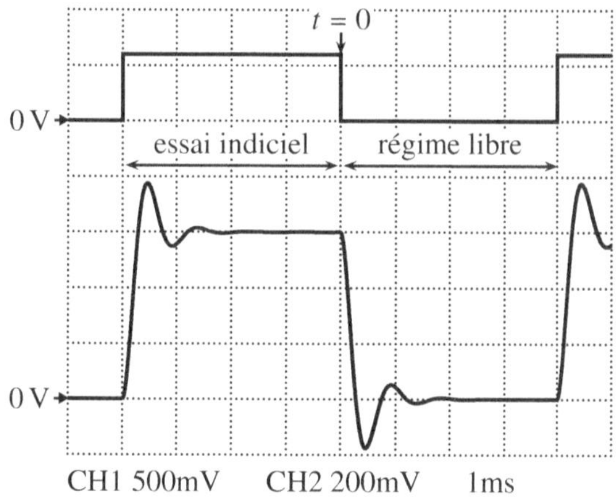

Figure 7.8 – Essai indiciel et régime libre.

5.2 Modélisation du régime libre

La mise en équation complète de la phase de régime libre requiert :

- l'équation différentielle qui modélise l'évolution du système ;
- les conditions initiales qui précisent de quel état le système part.

De plus, on choisit de prendre pour instant initial $t = 0$ la date où ce régime commence (ce choix de la date $t = 0$ est toujours arbitraire).

Dans un régime libre, le système n'est plus alimenté ($e(t) = 0$) ; l'équation différentielle sur $u_C(t)$ devient homogène (elle a un second membre nul) :

$$\frac{1}{\omega_0^2}\frac{\mathrm{d}^2 u_C}{\mathrm{d}t^2} + \frac{2\xi}{\omega_0}\frac{\mathrm{d}u_C}{\mathrm{d}t} + u_C = 0 \qquad \text{avec} \qquad \begin{cases} \omega_0 \simeq 7{,}4.10^3 \text{ rad.s}^{-1} \\ \xi \simeq 0{,}37 < 1. \end{cases}$$

On calcule, dans l'exercice 7.C4 :

$$u_C(t) = E_0 \exp(-\omega_0 \xi t)\left(\cos\left(\omega_0\sqrt{1-\xi^2}\, t\right) + \frac{\xi}{\sqrt{1-\xi^2}} \sin\left(\omega_0\sqrt{1-\xi^2}\, t\right)\right).$$

Ce résultat n'est évidement pas à connaître par cœur. Seule la méthode utilisée est à maîtriser.

La solution obtenue part bien de E_0 pour tendre vers 0, en oscillant avec une pseudo-pulsation $\omega = \omega_0\sqrt{1-\xi^2} \simeq 6{,}9.10^3$ rad.s^{-1}, donc une **pseudo-période** :

$$T = \frac{2\pi}{\omega_0\sqrt{1-\xi^2}} \simeq 9{,}2.10^{-1} \text{ ms.}$$

6 Bilan énergétique

En multipliant la loi des mailles (voir page 169) par l'intensité $i(t)$ on obtient :

$$e(t)\,i(t) = u_C(t)\,i(t) + u_L(t)\,i(t) + u_R(t)\,i(t),$$

soit, avec $i(t) = C\dfrac{\mathrm{d}u_C}{\mathrm{d}t}(t)$, $u_L(t) = L\dfrac{\mathrm{d}i}{\mathrm{d}t}(t)$ et $u_R(t) = Ri(t)$:

$$e(t)\,i(t) = u_C(t)\frac{\mathrm{d}u_C}{\mathrm{d}t}(t) + Li(t)\frac{\mathrm{d}i}{\mathrm{d}t}(t) + Ri^2(t),$$

$$e(t)\,i(t) = \frac{\mathrm{d}}{\mathrm{d}t}\left(\frac{1}{2}Cu_C^2(t)\right) + \frac{\mathrm{d}}{\mathrm{d}t}\left(\frac{1}{2}Li^2(t)\right) + Ri^2(t),$$

soit :

$$\mathcal{P}_{\text{GBF}}(t) = \frac{\mathrm{d}}{\mathrm{d}t}\left(\mathcal{E}_C(t) + \mathcal{E}_L(t)\right) + \mathcal{P}_{\text{Joule}}(t),$$

où :

- $\mathcal{P}_{\text{GBF}}$ est la puissance fournie par le générateur ;
- $\mathcal{E}_C$ est l'énergie stockée par le condensateur ;
- $\mathcal{E}_L$ est l'énergie stockée par la bobine ;
- $\mathcal{P}_{\text{Joule}}$ est la puissance Joule dissipée dans la résistance.

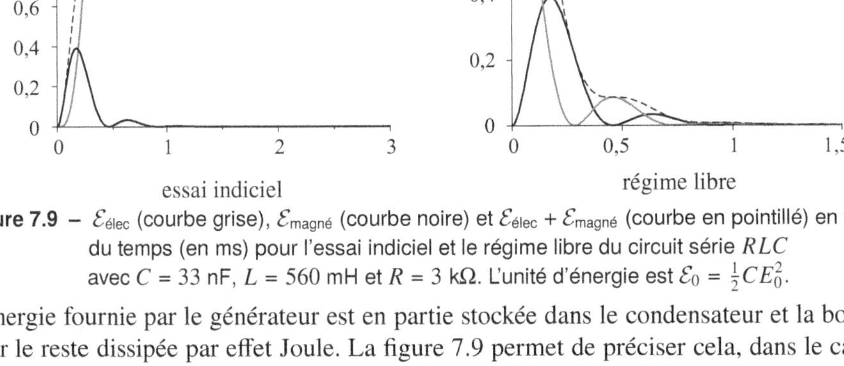

Figure 7.9 – $\mathcal{E}_{\text{élec}}$ (courbe grise), $\mathcal{E}_{\text{magné}}$ (courbe noire) et $\mathcal{E}_{\text{élec}} + \mathcal{E}_{\text{magné}}$ (courbe en pointillé) en fonction du temps (en ms) pour l'essai indiciel et le régime libre du circuit série RLC avec $C = 33$ nF, $L = 560$ mH et $R = 3$ kΩ. L'unité d'énergie est $\mathcal{E}_0 = \frac{1}{2}CE_0^2$.

L'énergie fournie par le générateur est en partie stockée dans le condensateur et la bobine et pour le reste dissipée par effet Joule. La figure 7.9 permet de préciser cela, dans le cas d'un régime pseudo-périodique : au cours de l'expérience, l'énergie stockée dans le circuit (c'est-à-dire dans le condensateur et dans la bobine), représentée en pointillé, passe de 0 à $\mathcal{E}_0 = \frac{1}{2}CE_0^2$; elle est d'abord stockée sous forme magnétique dans la bobine, puis essentiellement sous forme électrique dans le condensateur et à la fin uniquement sous forme électrique.

Dans le cas du **régime libre**, où $e(t) = 0$, la puissance fournie par le GBF est nulle et l'équation s'écrit :

$$\frac{\mathrm{d}}{\mathrm{d}t}\left(\mathcal{E}_{\text{élec}} + \mathcal{E}_{\text{magné}}\right) = -\mathcal{P}_{\text{Joule}}(t)\,.$$

Cette équation signifie que l'énergie stockée dans le circuit est dissipée par effet Joule. Sur la figure 7.9 on observe que l'énergie du circuit est, à l'instant initial, stockée dans le condensateur et vaut $\mathcal{E}_0 = \frac{1}{2}CE_0^2$; conformément à l'équation ci-dessus, elle diminue au cours du temps et s'annule en une durée de l'ordre du temps de réponse du circuit. On observe aussi une oscillation de l'énergie du circuit entre le condensateur et la bobine : au début elle passe du condensateur à la bobine, puis c'est l'inverse, etc.

7 Analogie entre un circuit *RLC* et un oscillateur mécanique

Il existe de nombreux systèmes décrits par des équations différentielles du deuxième ordre comme le circuit *RLC*. Ces systèmes sont nommés **systèmes du deuxième ordre**.

C'est le cas, par exemple, de l'oscillateur harmonique, si on ajoute dans la modélisation une force de frottement de type fluide $\vec{f}_{\text{frott}} = -\lambda\vec{v}$, où λ est une constante positive et $\vec{v} = \frac{\mathrm{d}x}{\mathrm{d}t}\vec{u}_x$ la vitesse, en plus de la force de rappel $\vec{F} = -kx(t)\,\vec{u}_x$ exercée par le ressort. Le principe fondamental de la dynamique s'écrit alors :

$$\frac{\mathrm{d}\vec{p}}{\mathrm{d}t} = \vec{F} + \vec{f}_{\text{frott}},$$

$$m\frac{\mathrm{d}^2x}{\mathrm{d}t^2} = -kx - \lambda\frac{\mathrm{d}x}{\mathrm{d}t}.$$

Cette équation différentielle peut être écrite sous forme canonique :

$$\frac{m}{k}\frac{\mathrm{d}^2x}{\mathrm{d}t^2} + \frac{\lambda}{k}\frac{\mathrm{d}x}{\mathrm{d}t} + x(t) = 0,$$

$$\frac{1}{\omega_0^2}\frac{\mathrm{d}^2x}{\mathrm{d}t^2} + \frac{2\xi}{\omega_0}\frac{\mathrm{d}x}{\mathrm{d}t} + x(t) = 0,$$

avec :

$$\omega_0 = \sqrt{\frac{k}{m}} \quad \text{et} \quad \xi = \frac{\lambda}{2\sqrt{km}}.$$

Le tableau ci-contre précise la correspondance entre grandeurs analogues pour le circuit *RLC* série et l'oscillateur harmonique à une dimension en mécanique. Ce système mécanique est étudié en détail dans la partie *Mécanique* de cet ouvrage.

	circuit R,L,C série	oscillateur mécanique
signal	$q(t) = Cu_C(t)$	$x(t)$
signal dérivé	$i(t)$	$v(t)$
paramètres	C	$\frac{1}{k}$
	L	m
	R	λ
pulsation propre ω_0	$\frac{1}{\sqrt{LC}}$	$\sqrt{\frac{k}{m}}$
facteur d'amortissement ξ	$\frac{1}{2}R\sqrt{\frac{C}{L}}$	$\frac{1}{2}\frac{\lambda}{\sqrt{km}}$
facteur de qualité Q	$\frac{1}{R}\sqrt{\frac{L}{C}}$	$\frac{\sqrt{km}}{\lambda}$
énergie électrique/ potentielle	$\frac{1}{2}Cu_C^2 = \frac{q^2}{2C}$	$\frac{1}{2}kx^2$
énergie magnétique/ cinétique	$\frac{1}{2}Li^2$	$\frac{1}{2}mv^2$

MÉTHODOLOGIE

Sous quelle forme écrire une équation différentielle du 2e ordre ?
▷ *Sous forme canonique, qui est à connaître par cœur :*

$$\frac{1}{\omega_0^2}\frac{d^2s}{dt^2}(t)+\frac{1}{Q\omega_0}\frac{ds}{dt}(t)+s(t)=e(t) \quad \textit{ou} \quad \frac{1}{\omega_0^2}\frac{d^2s}{dt^2}(t)+\frac{2\xi}{\omega_0}\frac{ds}{dt}(t)+s(t)=e(t).$$

Comment calculer la solution d'une équation différentielle du 2e ordre ?
▷ *Calculer :*

- *la solution particulière $s_p(t)$;*
- *la solution homogène $s_h(t)$;*
- *la solution générale $s(t)=s_p(t)+s_h(t)$;*
- *identifier les deux constantes d'intégration sur $s(t)$.*

Comment calculer la solution particulière dans le cas d'une entrée en échelon ?
▷ *La solution particulière $s_p(t)$ est cherchée sous la même forme que l'entrée, ici constante car l'entrée est un échelon ($\forall t>0, e(t)=E_0$).*

Avec s_p constante, l'équation différentielle devient :

$$\frac{1}{\omega_0^2}\frac{d^2s_p}{dt^2}+\frac{2\xi}{\omega_0}\frac{ds_p}{dt}+s_p=E_0 \quad\Rightarrow\quad 0+0+s_p=E_0 \quad\Rightarrow\quad s_p=E_0.$$

Comment calculer la solution homogène d'une équation différentielle du 2e ordre ?
▷ *Procéder avec méthode :*

- *écrire l'équation différentielle homogène, c'est-à-dire sans second membre ;*
- *en déduire l'équation caractéristique ;*
- *en calculer le discriminant Δ ;*
- *si les solutions r_1 et r_2 sont réelles, alors $s_h(t)=\lambda_1 e^{r_1 t}+\lambda_2 e^{r_2 t}$;*
- *s'il n'y a qu'une solution r réelle (racine double), alors $s_h(t)=(\lambda_1 t+\lambda_2)e^{rt}$;*
- *si les solutions $\underline{r}_1=a+j\omega$ et $\underline{r}_2=a-j\omega$ sont complexes conjuguées, alors $s_h(t)=e^{at}(\lambda_1\cos(\omega t)+\lambda_2\sin(\omega t))$.*

Exemple d'une équation différentielle du deuxième ordre écrite sous forme canonique, $\frac{1}{\omega_0^2}\frac{d^2s}{dt^2}(t)+\frac{2\xi}{\omega_0}\frac{ds}{dt}(t)+s(t)=e(t)$:

- l'équation différentielle homogène, c'est-à-dire sans second membre, est :

$$\frac{1}{\omega_0^2}\frac{d^2s_h}{dt^2}(t)+\frac{2\xi}{\omega_0}\frac{ds_h}{dt}(t)+s_h(t)=0\,;$$

- l'équation caractéristique est $\frac{r^2}{\omega_0^2}+\frac{2\xi}{\omega_0}r+1=0$;

- dont le discriminant est $\Delta = \left(\frac{2\xi}{\omega_0}\right)^2 - 4 \times \frac{1}{\omega_0^2} \times 1 = \frac{4}{\omega_0^2}\left(\xi^2 - 1\right)$;
- si $\Delta > 0$, c'est-à-dire si $\xi > 1$ ou $Q < \frac{1}{2}$, alors les solutions sont réelles :

$$r_1 = \omega_0\left(-\xi + \sqrt{\xi^2 - 1}\right) \quad \text{et} \quad r_2 = \omega_0\left(-\xi - \sqrt{\xi^2 - 1}\right),$$

  et la solution homogène est $s_h(t) = \lambda_1 \mathrm{e}^{r_1 t} + \lambda_2 \mathrm{e}^{r_2 t}$. On parle de **régime apériodique** ;
- si $\Delta = 0$, c'est-à-dire si $\xi = 1$ ou $Q = \frac{1}{2}$, alors la solution est double et réelle, $r = -\omega_0$, et la solution homogène est $s_h(t) = (\lambda_1 t + \lambda_2)\,\mathrm{e}^{-\omega_0 t}$. On parle de **régime critique**, qui tire son nom du caractère limite entre deux autres régimes ;
- si $\Delta < 0$, c'est-à-dire si $\xi < 1$ ou $Q > \frac{1}{2}$, alors les solutions sont complexes conjuguées :

$$\underline{r}_1 = -\omega_0\xi + i\omega_0\sqrt{1 - \xi^2} \quad \text{et} \quad \underline{r}_2 = -\omega_0\xi - i\omega_0\sqrt{1 - \xi^2},$$

  et la solution générale de l'équation différentielle homogène est :

$$s_h(t) = \exp(-\omega_0\xi\, t)\left(\lambda_1 \cos\left(\omega_0\sqrt{1 - \xi^2}\, t\right) + \lambda_2 \sin\left(\omega_0\sqrt{1 - \xi^2}\, t\right)\right),$$

  où apparaît la pseudo-pulsation $\omega = \omega_0\sqrt{1 - \xi^2}$. Le régime est **pseudo-périodique**.

Comment évaluer graphiquement le facteur de qualité d'un système peu amorti ?
▷ *Q est égal au nombre d'oscillations avant que le signal ne s'écarte de moins de 5 % de sa valeur finale.*

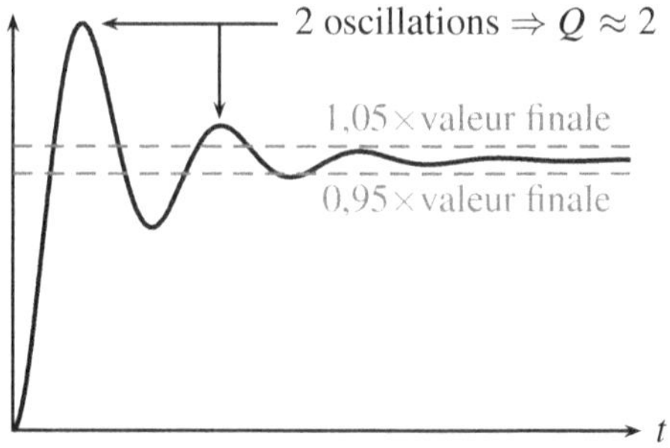

Comment définir un régime libre ?
▷ *C'est l'étude d'un système dont l'entrée est mise à zéro.*

Comment définir un essai indiciel ?
▷ *C'est l'étude d'un système dont l'entrée est une constante positive pour $t > 0$.*

Comment réaliser et interpréter un bilan de puissance ?
▷ *Multiplier la loi des mailles par $i(t)$, puis fait apparaître :*

- *la puissance Joule consommée par la résistance Ri^2 ;*
- *la variation d'énergie stockée par le condensateur $\frac{\mathrm{d}}{\mathrm{d}t}\left(\frac{1}{2}Cu_C^2\right)$;*
- *la variation d'énergie stockée par la bobine $\frac{\mathrm{d}}{\mathrm{d}t}\left(\frac{1}{2}Li_L^2\right)$.*

PROGRAMME OFFICIEL ET SOMMAIRE DES EXERCICES

NOTIONS ET CONTENUS	CAPACITÉS EXIGIBLES
Circuit *RLC* série et oscillateur mécanique amorti par frottement visqueux.	Analyser, sur des relevés expérimentaux, l'évolution de la forme des régimes transitoires en fonction des paramètres caractéristiques. Prévoir l'évolution du système à partir de considérations énergétiques. ► 7.C1 Écrire sous forme canonique l'équation différentielle afin d'identifier la pulsation propre et le facteur de qualité. ► 7.C2 ▷ 7.1 Décrire la nature de la réponse en fonction de la valeur du facteur de qualité. ► 7.C3 Déterminer la réponse détaillée dans le cas d'un régime libre ou d'un système soumis à un échelon en recherchant les racines du polynôme caractéristique. Déterminer un ordre de grandeur de la durée du régime transitoire selon la valeur du facteur de qualité. ► 7.C4 ▷ 7.1 7.2 7.3 7.4 TP : mettre en évidence la similitude des comportements des oscillateurs mécanique et électronique.
	TP : réaliser l'acquisition d'un régime transitoire pour un système linéaire du deuxième ordre et analyser ses caractéristiques.
Stockage et dissipation d'énergie.	Réaliser un bilan énergétique. ► 7.C5

EXERCICES ★ (LE COURS)

7.C1 Réponses indicielles On observe deux réponses indicielles du montage de la figure 7.4, p. 169, câblé avec deux valeurs de résistance différentes.

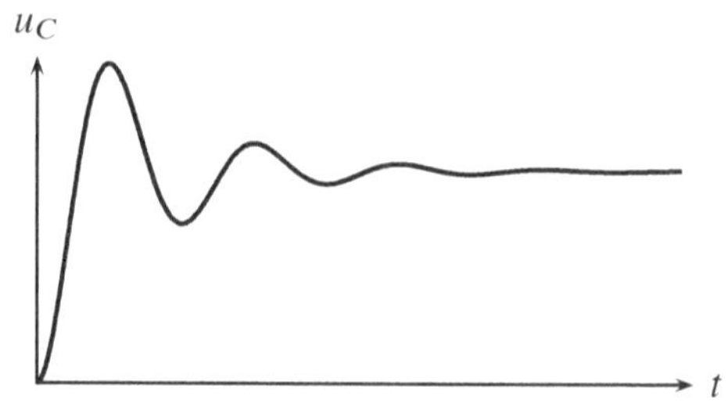

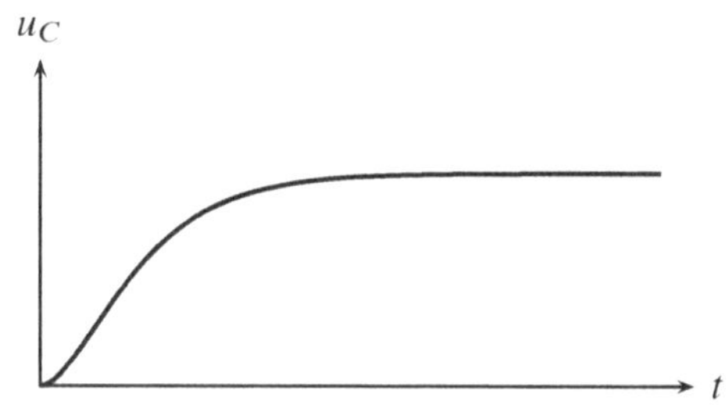

1) Qu'est-ce qu'une réponse indicielle ?

2) Quel est le graphe qui correspond à $R_1 = 250\ \Omega$? à $R_2 = 5{,}0\ \text{k}\Omega$?

7.C2 Forme canonique Écrire sous forme canonique l'équation différentielle suivante et préciser ses paramètres caractéristiques : $4{,}0\dfrac{\mathrm{d}^2 s}{\mathrm{d}t^2}(t) + 8{,}0\dfrac{\mathrm{d}s}{\mathrm{d}t}(t) + 2{,}0\, s(t) = 0$.

7.C3 Allure d'une solution Tracer, sans calcul, l'allure de la réponse d'un système du 2e ordre à une entrée en échelon, dont l'équation différentielle est celle au bas de la p. 169 ; discuter en fonction de la valeur du facteur de qualité.

7.C4 Réponse temporelle On étudie le régime libre du circuit de la figure 7.4, p. 169.

1) Qu'est-ce qu'un régime libre ?

2) On choisit l'origine des dates, $t = 0$, au début du régime libre, comme le montre la figure 7.8, p. 173. Préciser les conditions initiales en $t = 0$, sur $u_C(0)$ et $i(0)$.

3) Résoudre l'équation différentielle, précisée au paragraphe 5.2 , p. 173.

7.C5 Bilan de puissance Établir un bilan de puissance pour le circuit de la figure 7.4, page 169.

EXERCICES ★★

7.1 Paramètres caractéristiques d'un système

Un système linéaire est décrit par son équation différentielle : $2\dfrac{\mathrm{d}^2 s}{\mathrm{d}t^2} + \dfrac{\mathrm{d}s}{\mathrm{d}t} + 5s(t) = e(t)$, le temps étant exprimé en ms.

1) Calculer ses paramètres caractéristiques : pulsation caractéristique, coefficient d'amortissement, facteur de qualité.

2) Ce système est alimenté par un échelon. Quel est son temps de réponse ?

EXERCICES ★★★

7.2 Influence d'un condensateur sur un circuit *RL*

Un générateur de tension continue de force électromotrice E et de résistance interne r est branché aux bornes d'une bobine d'inductance L et de résistance R.

Pour $t < 0$, l'interrupteur K est ouvert ; on suppose qu'à $t = 0$ le circuit a atteint un régime permanent.

On ferme l'interrupteur K à $t = 0$, ce qui branche en parallèle sur la bobine un condensateur de capacité C. L'objet de cet exercice est l'étude de l'intensité $i(t)$ traversant la bobine pour $t > 0$.

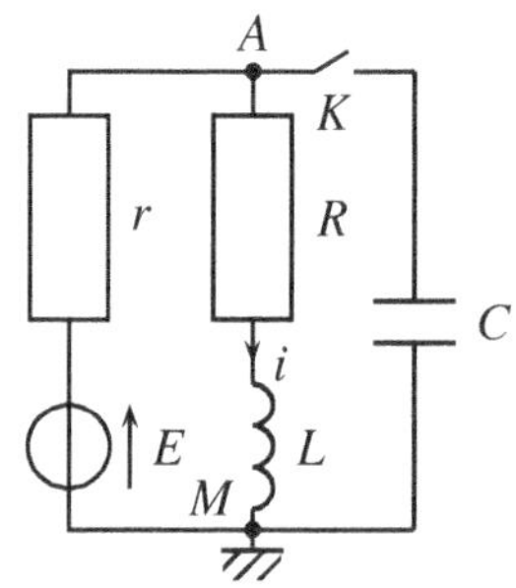

1) Déterminer $i(0^+)$ ainsi que $\dfrac{\mathrm{d}i}{\mathrm{d}t}(0^+)$.

2) Établir l'équation différentielle vérifiée par $i(t)$.

3) On donne $L = 43$ mH, $R = 9{,}1\ \Omega$, $r = 50\ \Omega$ et $E = 5{,}0$ V. Déterminer les valeurs de C permettant d'observer un régime quasi périodique.

EXERCICES ★★★★

7.3 Régime transitoire d'un circuit *RLC* parallèle

Un générateur de tension continue de force électromotrice E et de résistance interne r est branché en série avec un interrupteur K et l'association en parallèle d'une résistance r, d'une inductance L et d'une capacité C. Initialement l'interrupteur est ouvert, la capacité est déchargée et tous les courants sont nuls. On ferme l'interrupteur K à l'instant $t = 0$. On note $i(t)$ l'intensité du courant dans R, $i_1(t)$ dans L, $i_2(t)$ dans C et $i_3(t)$ dans r ainsi que $u(t)$ la tension aux bornes de r (ou de C ou de L).

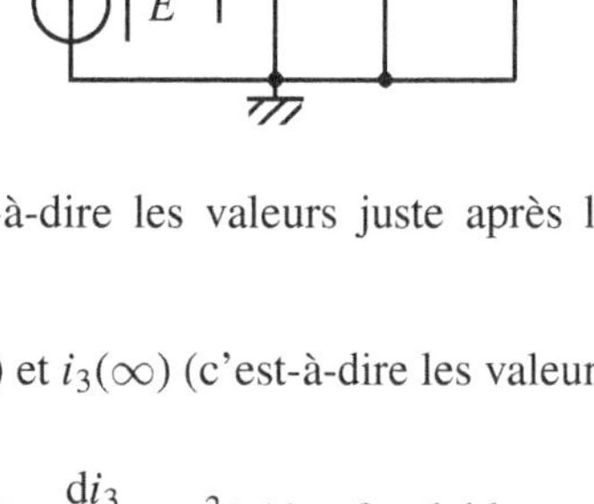

1) Déterminer $u(0^+)$, $i(0^+)$, $i_1(0^+)$, $i_2(0^+)$ et $i_3(0^+)$ (c'est-à-dire les valeurs juste après la fermeture de l'interrupteur K). En déduire $\dfrac{\mathrm{d}i_3}{\mathrm{d}t}(0^+)$.

2) Déterminer les expressions de $u(\infty)$, $i(\infty)$, $i_1(\infty)$, $i_2(\infty)$ et $i_3(\infty)$ (c'est-à-dire les valeurs lorsqu'un régime permanent est atteint).

3) Établir une équation différentielle de la forme : $\dfrac{\mathrm{d}^2 i_3}{\mathrm{d}t^2} + 2\xi\omega_0\dfrac{\mathrm{d}i_3}{\mathrm{d}t} + \omega_0^2 i_3(t) = 0$ valable pour $t > 0$. On donnera les expressions de ω_0 et ξ en fonction de r, R, L et C.

4) Établir la condition que doivent vérifier r, R, L et C pour observer un régime pseudo-périodique. Dans ce cas, donner l'expression de la pseudo-pulsation ω en fonction de ω_0 et ξ, puis de r, R, L et C.

5) On suppose la condition de la question 4 vérifiée. Déterminer l'expression de $i_3(t)$.

6) À un instant t_1 très grand devant $\dfrac{1}{\xi\omega_0}$, on ouvre l'interrupteur K. Déterminer, en les justifiant, les valeurs de $u(t_1^+)$, $i(t_1^+)$, $i_1(t_1^+)$, $i_2(t_1^+)$ et $i_3(t_1^+)$. En déduire $\dfrac{\mathrm{d}i_3}{\mathrm{d}t}(t_1^+)$.

7) Établir une équation différentielle vérifiée par $i_3(t)$ pour $t > t_1$ sous une forme analogue à celle de la question 3. Quelle est la nature du régime pour $t > t_1$?

8) Déterminer l'expression de $i_3(t)$ pour $t > t_1$.

7.4 Étude d'un circuit à deux bobines

On considère le circuit représenté ci-dessous. Le générateur a une force électromotrice constante E. L'interrupteur K est ouvert depuis très longtemps et on le ferme à l'instant $t = 0$.

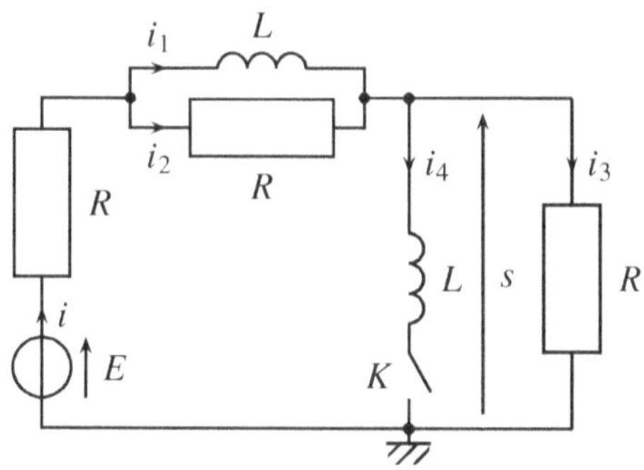

1) Déterminer les intensités i, i_1, i_2, i_3 et i_4 à l'instant $t = 0^-$ puis à l'instant $t = 0^+$.

2) Déterminer $s(\infty)$, $i(\infty)$, $i_1(\infty)$, $i_2(\infty)$, $i_3(\infty)$ et $i_4(\infty)$, c'est-à-dire les valeurs lorsqu'un régime permanent est atteint.

3) Relier $s(t)$ à $i_3(t)$, puis à $i_4(t)$. En déduire $i_3(t)$ et $\dfrac{\mathrm{d}i}{\mathrm{d}t}$ en fonction de R, L, $s(t)$ et $\dfrac{\mathrm{d}s}{\mathrm{d}t}$.

4) Relier $i_1(t)$ et $i_2(t)$. En déduire $\dfrac{\mathrm{d}i}{\mathrm{d}t}$ en fonction de R, L, i_2 et $\dfrac{\mathrm{d}i_2}{\mathrm{d}t}$.

5) Montrer que $\dfrac{\mathrm{d}i}{\mathrm{d}t} + \dfrac{\mathrm{d}i_2}{\mathrm{d}t} + \dfrac{\mathrm{d}i_3}{\mathrm{d}t} = 0$. En déduire que : $i_2 = \dfrac{3L}{R^2}\dfrac{\mathrm{d}s}{\mathrm{d}t} + \dfrac{2s(t)}{R}$.

6) Trouver une équation différentielle du deuxième ordre vérifiée par $s(t)$.

7) Déterminer $s(t)$.

CORRIGÉS

7.C1

1) C'est la sortie du montage quand l'entrée est nulle pour $t < 0$ et est une constante positive pour $t > 0$.

2) Plus la résistance est importante, plus les pertes Joule sont importantes, donc plus le système est amorti : ξ_2 (qui correspond à R_2) $>$ ξ_1 (qui correspond à R_1) ou $Q_2 < Q_1$. Le graphe de gauche oscille beaucoup, le système est peu amorti, il correspond à R_1, résistance la plus faible ; le graphe de droite est très amorti, il correspond à R_2, résistance la plus forte.

7.C2 La forme canonique est $\frac{1}{\omega_0^2}\frac{\mathrm{d}^2s}{\mathrm{d}t^2}(t) + \frac{2\xi}{\omega_0}\frac{\mathrm{d}s}{\mathrm{d}t}(t) + s(t) = 0$; il faut donc tout diviser par 2,0 pour obtenir un coefficient 1 devant $s(t)$: $2{,}0\frac{\mathrm{d}^2s}{\mathrm{d}t^2}(t) + 4{,}0\frac{\mathrm{d}s}{\mathrm{d}t}(t) + s(t) = 0$. On identifie alors : $\frac{1}{\omega_0^2} = 2{,}0$ donc $\omega_0 = \frac{1}{\sqrt{2}}\ \mathrm{rad.s^{-1}} = 0{,}71\ \mathrm{rad.s^{-1}}$ et $\frac{2\xi}{\omega_0} = 4{,}0$ donc $\xi = 1{,}4$ ou $Q = \frac{1}{2\xi} = 0{,}35$.

7.C3 *Cf.* figure 7.5, p. 171.

7.C4

1) C'est la sortie du montage quand l'entrée passe d'une valeur constante, différente de zéro, à zéro.

2) Cette question est ardue. L'observation des formes d'onde montre qu'en fin d'essai indiciel la tension aux bornes du condensateur s'est stabilisée à E_0 ; ainsi $u_C(0^-) = E_0$ et $\frac{\mathrm{d}u_C}{\mathrm{d}t}(0^-) = 0$. En utilisant la loi du condensateur, $i(t) = C\frac{\mathrm{d}u_C}{\mathrm{d}t}(t)$, on en déduit : $i(0^-) = 0$. À $t = 0^+$, au tout début du régime libre, $u_C(0^+) = E_0$, car la tension aux bornes du condensateur est continue ; de plus $i(0^+) = 0$ car l'intensité du courant dans la bobine est continue, donc $\frac{\mathrm{d}u_C}{\mathrm{d}t}(0^+) = 0$.

3) Ce calcul est long mais formateur. La solution de l'équation différentielle dépend de la valeur de ξ ; puisque $\xi < 1$ elle s'écrit :

$$u_C(t) = \exp(-\omega_0\xi t)\left(\lambda_1\cos\left(\omega_0\sqrt{1-\xi^2}\,t\right) + \lambda_2\sin\left(\omega_0\sqrt{1-\xi^2}\,t\right)\right),$$

où λ_1 et λ_2 sont deux constantes que l'on détermine en utilisant les conditions initiales.
La condition initiale sur $u_C(0)$ impose $u_C(0) = E_0 = \lambda_1$.
La dérivée de $u_C(t)$ par rapport à t est :

$$\frac{\mathrm{d}u_C}{\mathrm{d}t}(t) = -\omega_0\xi\exp(-\omega_0\xi t)\left(\lambda_1\cos\left(\omega_0\sqrt{1-\xi^2}\,t\right) + \lambda_2\sin\left(\omega_0\sqrt{1-\xi^2}\,t\right)\right)$$
$$+ \exp(-\omega_0\xi t)\,\omega_0\sqrt{1-\xi^2}\left(-\lambda_1\sin\left(\omega_0\sqrt{1-\xi^2}\,t\right) + \lambda_2\cos\left(\omega_0\sqrt{1-\xi^2}\,t\right)\right).$$

La condition initiale sur la dérivée de u_C impose $\frac{\mathrm{d}u_C}{\mathrm{d}t}(0) = -\omega_0\xi\lambda_1 + \omega_0\sqrt{1-\xi^2}\lambda_2$.

Ainsi $\lambda_2 = \frac{\xi}{\sqrt{1-\xi^2}}E_0 \simeq 0{,}40 \times E_0$. Finalement :

$$u_C(t) = E_0\exp(-\omega_0\xi t)\left(\cos\left(\omega_0\sqrt{1-\xi^2}\,t\right) + \frac{\xi}{\sqrt{1-\xi^2}}\sin\left(\omega_0\sqrt{1-\xi^2}\,t\right)\right).$$

7.C5 *Cf.* p. 174.

7.1 Paramètres caractéristiques d'un système

1) Il convient d'écrire l'équation différentielle sous la forme canonique (le facteur multipliant $s(t)$ doit être égal à 1) et de mettre le temps en secondes. On trouve :

$$4.10^{-5}\frac{d^2s}{dt^2}+2.10^{-2}\frac{ds}{dt}+s(t)=0{,}2e(t).$$

Par identification : $\frac{1}{\omega_0^2}=4.10^{-5}\,s^2$ donc $\omega_0=1{,}6.10^3$ rad.s^{-1} ; puis : $\frac{2\xi}{\omega_0}=2.10^{-2}$s donc $\xi=1{,}6.10^{-1}$ ou $Q=\frac{1}{2\xi}=3{,}2$.

2) D'après la courbe de la page 172, pour $\xi=1{,}6.10^{-1}$, $\omega_0T_R\approx 20$, soit $T_R\approx 12{,}5$ ms.

7.2 Influence d'un condensateur sur un circuit *RL*

1) L'intensité traversant l'inductance L pour $t<0$ s'obtient en écrivant la loi des mailles sur la maille comprenant le générateur et la bobine, soit : $E-ri(t)-Ri(t)+L\frac{di}{dt}=0$. Or, pour $t<0$, le circuit est en régime permanent donc : $\frac{di}{dt}=0$; on en déduit : $i(t<0)=\frac{E}{r+R}$.
La continuité de l'intensité du courant traversant une inductance L impose : $i(0^+)=\frac{E}{r+R}$.
La continuité de la tension aux bornes de la capacité C, $u(t)=u_{AM}(t)$, qui est aussi la tension aux bornes de l'ensemble L et R impose : $Ri(0^+)+L\frac{di}{dt}(0^+)=0$ car $u(t)=0$ pour $t<0$. On en déduit : $\frac{di}{dt}(0^+)=-\frac{RE}{L(r+R)}$.

2) Soient i_r et i_C les intensités passant dans les branches de r et de C, comptées positives de A vers M. On écrit la loi des mailles sur la maille comprenant le générateur et la bobine, soit $E-ri_r(t)-Ri(t)+L\frac{di}{dt}=0$, ainsi que la loi des nœuds, ce qui donne : $i_r(t)=i(t)+i_C(t)$. Par ailleurs, la loi de la capacité fournit : $i_C(t)=C\frac{du}{dt}$, avec $u(t)=Ri(t)+L\frac{di}{dt}$. On en déduit : $\frac{d^2i}{dt^2}+\left(\frac{1}{rC}+\frac{R}{L}\right)\frac{di}{dt}+\frac{R+r}{rLC}i(t)=\frac{E}{rLC}$.

3) Pour obtenir un régime quasi périodique ou pseudo-périodique, il faut que le discriminant de l'équation caractéristique, $\Delta=\left(\frac{1}{rC}+\frac{R}{L}\right)^2-\frac{4(r+R)}{rLC}$, soit négatif. On peut réécrire cette condition sous la forme $(Rr)^2C^2-2rL(R+2r)C+L^2<0$. Il s'agit d'une expression du second degré en C dont on veut qu'elle soit de signe opposé à son coefficient dominant, il faut donc que la valeur de C soit entre les racines. Ces racines sont : $\dfrac{L\left(2r+R\pm 2\sqrt{r(R+r)}\right)}{R^2r}$.
Numériquement, la condition est : 3,9 µF < C < 2,3 mF.

7.3 Régime transitoire d'un circuit *RLC* parallèle

1) On utilise la continuité de l'intensité du courant traversant une inductance et de la tension aux bornes d'une capacité pour déterminer les conditions initiales juste après la fermeture de l'interrupteur K. On obtient immédiatement $i_1(0^+)=0$ et $u(0^+)=0$. Par la loi d'Ohm, on a : $i_3(0^+)=\frac{u(0^+)}{r}=0$.
La loi des mailles $E-Ri(t)-u(t)=0$ permet d'obtenir : $i(0^+)=\frac{E}{R}$. En écrivant la loi des nœuds avec les résultats précédents, on a : $i_2(0^+)=i(0^+)=\frac{E}{R}$.
En utilisant la loi d'Ohm et la loi du condensateur, on trouve : $\frac{di_3}{dt}=\frac{1}{r}\frac{du}{dt}=\frac{1}{rC}i_2(t)$; ainsi : $\frac{di_3}{dt}(0^+)=\frac{E}{RrC}$.

2) En régime permanent, les grandeurs sont constantes et les dérivées temporelles nulles. Les relations du condensateur et de la bobine donnent : $i_2(\infty) = 0$ et $u(\infty) = 0$. Alors en refaisant le même raisonnement qu'à la question précédente, on obtient $i_3(\infty) = 0$ et $i(\infty) = i_1(\infty) = \frac{E}{R}$.

3) En appliquant la loi de générateur, la loi d'Ohm et la loi de la bobine, on trouve $u = E - Ri = ri_3 = L\frac{di_1}{dt}$ et d'après la loi du condensateur : $i_2 = C\frac{du}{dt}$. On a aussi par la loi des nœuds : $i = i_1 + i_2 + i_3$.

On dérive par rapport au temps : $\frac{di}{dt} = \frac{di_1}{dt} + \frac{di_2}{dt} + \frac{di_3}{dt}$. Or, en tenant compte du fait que E est constante $\frac{di}{dt} = -\frac{r}{R}\frac{di_3}{dt}$, $\frac{di_1}{dt} = \frac{r}{L}i_3$, $\frac{di_2}{dt} = C\frac{d^2u}{dt^2} = rC\frac{d^2i_3}{dt^2}$. En injectant ces expressions dans la première relation on obtient : $\frac{d^2i_3}{dt^2} + \frac{r+R}{RrC}\frac{di_3}{dt} + \frac{1}{LC}i_3 = 0$.

Cette équation est de la forme donnée par l'énoncé avec : $\omega_0 = \frac{1}{\sqrt{LC}}$ et $\xi = \frac{R+r}{2Rr}\sqrt{\frac{L}{C}}$.

4) Le régime sera pseudo-périodique si le discriminant de l'équation caractéristique $r^2 + 2\xi\omega_0 r + \omega_0^2 = 0$ est négatif soit si $4\xi^2\omega_0^2 - 4\omega_0^2 < 0$, condition qu'on peut écrire $\xi < 1$ ou bien en explicitant la valeur de ξ : $\frac{R+r}{2rR} < \sqrt{\frac{C}{L}}$.

Dans ce cas les solutions de l'équation caractéristique s'écrivent : $-\xi\omega_0 \pm j\omega_0\sqrt{1-\xi^2}$. On en déduit l'expression de la pseudo-pulsation : $\omega = \omega_0\sqrt{1-\xi^2}$. En explicitant en fonction des paramètres : $\omega = \frac{1}{\sqrt{LC}}\sqrt{1 - \frac{(R+r)^2L}{4(Rr)^2C}}$.

5) Dans ces conditions, l'intensité i_3 s'écrit : $i_3(t) = \exp(-\xi\omega_0 t)(\lambda_1\cos\omega t + \lambda_2\sin\omega t)$ où λ_1 et λ_2 sont des constantes déterminées par les conditions initiales de la question 1.

Or : $i_3(0) = \lambda_1$ et $\frac{di_3}{dt} = \exp(-\xi\omega_0 t)\big((-\omega\lambda_1 - \xi\omega_0\lambda_2)\sin\omega t + (\omega\lambda_2 - \xi\omega_0\lambda_1)\cos\omega t\big)$ donc $\frac{di_3}{dt}(0) = \omega\lambda_2 - \xi\omega_0\lambda_1$. Finalement : $\lambda_1 = 0$, $\lambda_2 = \frac{E}{RrC\omega}$ et $i_3(t) = \frac{E}{RrC\omega}\exp(-\xi\omega_0 t)\sin(\omega t)$.

6) Puisque $t_1 \gg \frac{1}{\xi\omega_0}$ on peut dire que le régime permanent est atteint à l'instant t_1^- : les valeurs des grandeurs électriques sont celles qui ont été déterminées à la question 2.

On raisonne comme à la question 1. L'intensité dans la bobine étant continue, $i_1(t_1^+) = \frac{E}{R}$; la tension aux bornes du condensateur étant continue, $u(t_1^+) = 0$; par suite, $i_3(t_1^+) = \frac{1}{r}u(t_1^+) = 0$.

La loi des nœuds s'écrit pour $t > t_1$ (K ouvert) : $i_1(t) + i_2(t) = 0$. On en tire : $i_2(t_1^+) = -\frac{E}{R}$. Enfin, par la loi d'Ohm et la loi du condensateur, $\frac{di_3}{dt} = \frac{1}{r}\frac{du}{dt} = \frac{1}{rC}i_2(t)$, donc : $\frac{di_3}{dt}(t_1^+) = -\frac{E}{RrC}$.

7) Par un calcul analogue à celui de la question 3, on trouve : $\frac{d^2i_3}{dt^2} + \frac{1}{rC}\frac{di_3}{dt} + \frac{1}{LC}i_3(t) = 0$.

L'équation a toujours la même forme avec $\omega_0 = \frac{1}{\sqrt{LC}}$ et cette fois $\xi' = \frac{1}{2r}\sqrt{\frac{L}{C}}$.

On remarque que $\xi' = \frac{R}{R+r}\xi < \xi < 1$, donc on a pour $t > t_1$ un régime pseudo-périodique.

8) Les conditions initiales en $t = t_1^+$ étant identiques (au signe près) à celles en $t = 0^+$, on peut écrire sans calcul supplémentaire : $i_3(t) = -\frac{E}{RrC\omega'}\exp\big(-\xi'\omega_0(t-t_1)\big)\sin\big(\omega'(t-t_1)\big)$, avec $\omega' = \omega_0\sqrt{1-\xi'^2}$.

7.4 Étude d'un circuit à deux bobines

1) À $t = 0^-$ on est en régime permanent : les dérivées temporelles des grandeurs sont nulles. Ceci implique que la tension aux bornes de la bobine est nulle (d'après la loi de la bobine elle est égale à L fois la dérivée de l'intensité qui la traverse) et donc l'intensité traversant la résistance en parallèle sur cette bobine aussi : $i_2(0^-) = 0$. La loi des nœuds permet d'écrire alors $i(0^-) = i_1(0^-) = i_3(0^-)$, puis la loi des mailles $E - Ri(0^-) - Ri_2(0^-) - Ri_3(0^-) = 0$; on en tire : $i(0^-) = i_1(0^-) = i_3(0^-) = \frac{E}{2R}$.

Entre $t = 0^-$ et $t = 0^+$ les intensités traversant les bobines ne varient pas, donc : $i_1(0^+) = \frac{E}{2R}$ et $i_4(0^+) = 0$. La loi des nœuds donne alors $i(0^+) = \frac{E}{2R} + i_2(0^+) = i_3(0^+)$ et la loi des mailles : $E - Ri(0^+) - Ri_2(0^+) - Ri_3(0^+) = 0$. On en tire : $i(0^+) = i_3(0^+) = \frac{E}{2R}$, $i_2(0^+) = 0$.

2) Pour un temps infini, le régime est permanent donc les dérivées temporelles sont nulles. On en déduit que les tensions aux bornes des bobines sont nulles donc : $s(\infty) = 0$, $i_2(\infty) = 0$, $i_3(\infty) = 0$. La loi des nœuds donne alors $i(\infty) = i_1(\infty) = i_4(\infty)$; puis la loi des mailles $E - Ri(\infty) = 0$; on en déduit que : $i(\infty) = i_1(\infty) = i_4(\infty) = \frac{E}{R}$.

3) Par la loi d'Ohm, on a $s(t) = Ri_3(t)$ et la relation entre l'intensité et la tension pour une inductance donne $s(t) = L\frac{\mathrm{d}i_4}{\mathrm{d}t}$.

La loi des nœuds s'écrit $i(t) = i_3(t) + i_4(t)$; en dérivant et en utilisant les relations précédentes, on en déduit : $\frac{\mathrm{d}i}{\mathrm{d}t} = \frac{1}{R}\frac{\mathrm{d}s}{\mathrm{d}t} + \frac{s(t)}{L}$.

4) L'égalité des tensions pour deux dipôles en parallèle s'écrit : $Ri_2(t) = L\frac{\mathrm{d}i_1}{\mathrm{d}t}$ avec $i(t) = i_1(t) + i_2(t)$ par la loi des nœuds. On a donc : $\frac{\mathrm{d}i}{\mathrm{d}t} = \frac{R}{L}i_2(t) + \frac{\mathrm{d}i_2}{\mathrm{d}t}$.

5) La loi des mailles donne $E = Ri(t) + Ri_2(t) + Ri_3(t)$; en dérivant cette équation par rapport au temps il vient : $\frac{\mathrm{d}i}{\mathrm{d}t} + \frac{\mathrm{d}i_2}{\mathrm{d}t} + \frac{\mathrm{d}i_3}{\mathrm{d}t} = 0$.

En utilisant les expressions de la question 3, on en tire : $0 = \frac{1}{R}\frac{\mathrm{d}s}{\mathrm{d}t} + \frac{s(t)}{L} + \frac{\mathrm{d}i_2}{\mathrm{d}t} + \frac{1}{R}\frac{\mathrm{d}s}{\mathrm{d}t}$ soit $\frac{\mathrm{d}i_2}{\mathrm{d}t} = -\frac{2}{R}\frac{\mathrm{d}s}{\mathrm{d}t} - \frac{s(t)}{L}$.

La relation de la question 3 permet alors d'écrire : $i_2(t) = \frac{L}{R}\left(\frac{\mathrm{d}i}{\mathrm{d}t} - \frac{\mathrm{d}i_2}{\mathrm{d}t}\right)$, soit $i_2(t) = \frac{L}{R}\left(\frac{1}{R}\frac{\mathrm{d}s}{\mathrm{d}t} + \frac{s(t)}{L} + \frac{2}{R}\frac{\mathrm{d}s}{\mathrm{d}t} + \frac{s(t)}{L}\right)$ d'où $i_2(t) = 3\frac{L}{R^2}\frac{\mathrm{d}s}{\mathrm{d}t} + \frac{2s(t)}{R}$.

6) On reporte les expressions trouvées en 3 et 5 dans la relation $\frac{\mathrm{d}i}{\mathrm{d}t} + \frac{\mathrm{d}i_2}{\mathrm{d}t} + \frac{\mathrm{d}i_3}{\mathrm{d}t} = 0$ pour obtenir : $\frac{1}{R}\frac{\mathrm{d}s}{\mathrm{d}t} + \frac{s}{L} + \frac{3L}{R^2}\frac{\mathrm{d}^2s}{\mathrm{d}t^2} + \frac{2}{R}\frac{\mathrm{d}s}{\mathrm{d}t} + \frac{1}{R}\frac{\mathrm{d}s}{\mathrm{d}t} = 0$, soit : $3\frac{\mathrm{d}^2s}{\mathrm{d}t^2} + 4\frac{R}{L}\frac{\mathrm{d}s}{\mathrm{d}t} + \left(\frac{R}{L}\right)^2 s(t) = 0$.

7) L'équation caractéristique de cette équation différentielle est $3r^2 + 4\frac{R}{L}r + \left(\frac{R}{L}\right)^2 = 0$. Son discriminant s'écrit $\Delta = \left(2\frac{R}{L}\right)^2 > 0$; les racines sont $-\frac{R}{L}$ et $-\frac{R}{3L}$. La solution est donc de la forme : $s(t) = \lambda_1 \exp\left(-\frac{R}{L}t\right) + \lambda_2 \exp\left(-\frac{R}{3L}t\right)$, où λ_1 et λ_2 sont des constantes.

Les conditions initiales sont :

- d'après 1, $s(0^+) = Ri_3(0^+) = \frac{E}{2}$;
- d'après 5, $\frac{\mathrm{d}s}{\mathrm{d}t}(0^+) = \frac{R^2}{3L}\left(i_2(0^+) - \frac{2}{R}s(0^+)\right)$ d'où, avec $i_2(0^+) = 0$: $\frac{\mathrm{d}s}{\mathrm{d}t}(0^+) = -\frac{E}{3L}$.

On en tire les relations : $\lambda_1 + \lambda_2 = \frac{E}{2}$ et $\lambda_1 + \frac{\lambda_2}{3} = \frac{E}{3}$ qui permettent de calculer λ_1 et λ_2.

Finalement : $s(t) = \frac{E}{4}\left(\exp\left(-\frac{R}{L}t\right) + \exp\left(-\frac{R}{3L}t\right)\right)$.

Régime sinusoïdal - Résonance

8

On étudie la réponse d'un circuit à une excitation qui est une fonction sinusoïdale du temps. L'utilisation de grandeurs complexes, la notion d'impédance complexe, remplacent alors l'écriture de relations différentielles.

Avec un système du deuxième ordre on observe, dans certaines circonstances, le phénomène de **résonance**.

1 Régime transitoire et régime sinusoïdal forcé

1.1 Exemple

On étudie un système du deuxième ordre, électrique ou mécanique, régi par l'équation différentielle $\frac{1}{\omega_0^2}\frac{d^2s}{dt^2}(t) + \frac{2\xi}{\omega_0}\frac{ds}{dt}(t) + s(t) = e(t)$. À partir de l'instant $t = 0$, l'entrée est une fonction sinusoïdale du temps de fréquence f et pulsation $\omega = 2\pi f$:

$$e(t) = E_0 \cos(2\pi f t) = E_0 \cos(\omega t)\,.$$

a) Observations expérimentales

On observe, avec un oscilloscope réglé en mode « monocoup » (ou bien une carte d'acquisition reliée à un ordinateur), le signal de sortie $s(t)$ sur la voie 2, ainsi que l'entrée $e(t)$ sur la voie 1. La figure 8.1 page suivante montre différents résultats typiques.

Les réponses sont très variées. On observe toutefois que le signal de sortie $s(t)$ finit dans tous les cas par être sinusoïdal, comme le signal d'entrée $e(t)$, et de même fréquence que $e(t)$.

On distingue deux régimes :

- le régime transitoire, qui est observé pendant une durée limitée, juste après le début de l'excitation ;
- le régime permanent, où le signal de sortie est sinusoïdal, de même fréquence que le signal d'entrée, qui est appelé régime sinusoïdal forcé.

b) Interprétation

Pour $t \geqslant 0$, le signal $s(t)$ est solution du couple {équation différentielle, conditions initiales}, qui sont :

$$\frac{1}{\omega_0^2}\frac{\mathrm{d}^2 s}{\mathrm{d}t^2} + \frac{2\xi}{\omega_0}\frac{\mathrm{d}s}{\mathrm{d}t} + s(t) = E_0\cos(\omega t),$$

et les valeurs de $s(0)$ et $\frac{\mathrm{d}s}{\mathrm{d}t}(0)$.

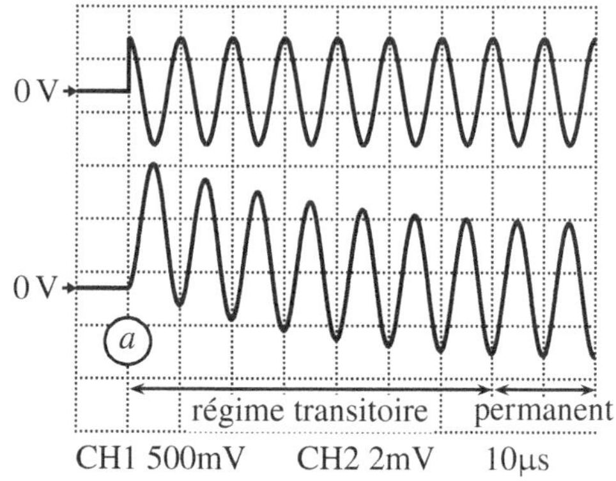

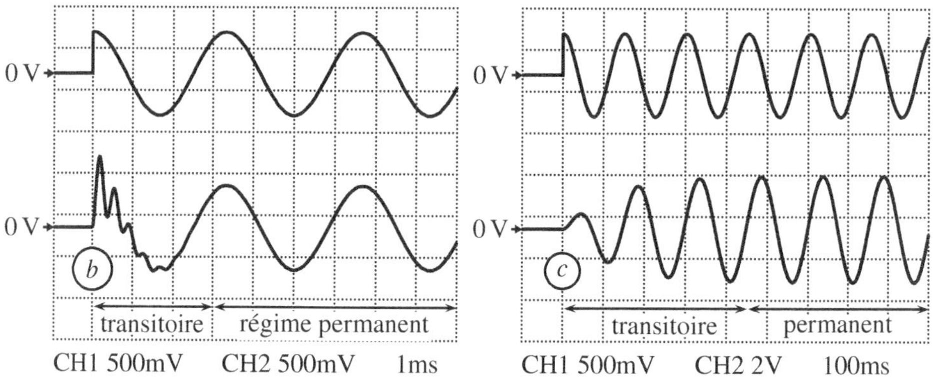

Figure 8.1 – Réponse d'un système du deuxième ordre de fréquence propre f_0 et de coefficient d'amortissement ξ à une excitation sinusoïdale de fréquence f :
(a) système électrique : $f_0 = 5{,}0$ kHz, $\xi = 0{,}8$ et $f = 100$ kHz ;
(b) système électrique : $f_0 = 2{,}7$ kHz, $\xi = 0{,}1$ et $f = 300$ Hz ;
(c) système mécanique : $f_0 = 7$ Hz, $\xi = 0{,}2$ et $f = 6{,}6$ Hz.

La solution de ce problème est de la forme :

$$s(t) = s_h(t) + s_p(t),$$

où $s_h(t)$ est une solution de l'équation homogène (c'est-à-dire l'équation obtenue en annulant le second membre) et $s_p(t)$ une solution particulière de l'équation différentielle complète. Il en existe toujours une qui est une fonction sinusoïdale de même pulsation que $e(t)$ donc de la forme :

$$s_p(t) = S_0\cos(\omega t + \varphi).$$

Par ailleurs, l'étude des systèmes du deuxième ordre au chapitre précédent a montré que les solutions $s_h(t)$ tendent toutes vers 0 et, en pratique, sont quasi nulles au bout d'un temps appelé temps de réponse T_R du système. Ainsi :

$$\text{si } t > T_R, \quad s(t) \simeq s_p(t),$$

ce qui signifie que le régime permanent est atteint.

Pendant le régime transitoire, c'est-à-dire entre $t = 0$ et $t = T_R$, on observe la superposition de $s_h(t)$ et $s_p(t)$. L'allure du signal dépend des paramètres du système et notamment de la valeur du facteur d'amortissement ξ. Par exemple, dans le cas de la figure 8.1(b) : $\xi = 0{,}1$

donc $s_h(t)$ correspond à des oscillations amorties de fréquence voisine de $f_0 = 2{,}7\,\text{kHz}$ qui sont bien visibles sur l'oscillogramme.

1.2 Généralisation

On observe le même comportement pour les systèmes du premier ordre et plus généralement pour tout système stable, c'est-à-dire dont le signal de sortie tend vers 0 si le signal d'entrée est nul :

- Si le système est alimenté par une excitation $e(t)$ sinusoïdale, on observe d'abord un régime transitoire puis un régime sinusoïdal forcé.
- En régime sinusoïdal forcé, le signal de sortie $s(t)$ est égal à l'unique solution de l'équation différentielle du système, qui est sinusoïdale et de même fréquence que $e(t)$. Cette solution, appelée réponse sinusoïdale, est indépendante des conditions initiales.
- Pendant le régime transitoire, un signal de régime libre (solution de l'équation différentielle du système pour une entrée nulle), dépendant des conditions initiales, se superpose à la réponse sinusoïdale.

Le régime sinusoïdal forcé est appelé aussi régime sinusoïdal permanent ou simplement régime sinusoïdal. Il est le seul à être observé sur un oscilloscope en mode « normal » ou « auto ». Dans toute la suite du chapitre, on supposera ce régime établi.

2 Signaux complexes en régime sinusoïdal forcé

2.1 Fondements de la méthode complexe

a) Signal complexe associé à un signal sinusoïdal

On considère un signal sinusoïdal $x(t) = X_0 \cos(\omega t + \varphi)$. La notation x est ici neutre ; elle désigne un signal qui peut être électrique ou mécanique, et qui peut être aussi bien le signal d'entrée d'un système que le signal de sortie.

Au signal $x(t)$ on associe le signal complexe $\underline{x}(t)$:

$$\underline{x}(t) = X_0 \exp(j(\omega t + \varphi)).$$

Dans cette formule, le signal complexe est souligné pour affirmer son appartenance à $\mathbb{C}$ et j est le nombre complexe tel que $j^2 = -1$. Ce nombre est noté i en mathématiques, notation à éviter en physique afin de ne pas le confondre avec l'intensité d'un courant.

Le signal complexe se note aussi :

$$\underline{x}(t) = X_0 \exp(j\varphi) \exp(j\omega t) = \underline{X}_0 \exp(j\omega t),$$

où $\underline{X}_0 = X_0 \exp(j\varphi)$ est l'amplitude complexe.

b) Lien entre le signal complexe et le signal réel

Si l'on connaît le signal complexe $\underline{x}(t)$ correspondant à un signal réel sinusoïdal $x(t)$, on peut trouver :

- la valeur instantanée du signal réel en prenant la partie réelle : $x(t) = Re(\underline{x}(t))$;
- l'amplitude du signal réel en prenant le module : $X_0 = |\underline{x}(t)|$;
- la phase initiale en prenant l'argument : $\varphi = \arg(\underline{x}(t)) - \omega t = \arg(\underline{X}_0)$.

c) Dérivation et intégration d'un signal complexe

Le signal complexe associé à la dérivée $\frac{\mathrm{d}x}{\mathrm{d}t}(t)$ est $\frac{\mathrm{d}\underline{x}}{\mathrm{d}t}(t)$. Attendu que $\frac{\mathrm{d}}{\mathrm{d}t}\left(\mathrm{e}^{j\omega t}\right) = j\omega \times \mathrm{e}^{j\omega t}$, la règle de dérivation est :

$$\frac{\mathrm{d}\underline{x}}{\mathrm{d}t}(t) = j\omega \times \underline{x}(t).$$

Soit $\int x(t)\,\mathrm{d}t$ le signal sinusoïdal dont la dérivée est égale à $x(t)$, c'est-à-dire en notation réelle : $\int x(t)\,\mathrm{d}t = \frac{X_0}{\omega}\sin(\omega t + \varphi) = \frac{X_0}{\omega}\cos\left(\omega t + \varphi - \frac{\pi}{2}\right)$. En notation complexe, ce signal est simplement :

$$\int \underline{x}(t)\,\mathrm{d}t = \frac{\underline{x}(t)}{j\omega}.$$

d) Déphasage entre deux signaux complexes

Soient deux signaux sinusoïdaux de même pulsation :

$$x(t) = X_0\cos(\omega t + \varphi) \quad \text{et} \quad y(t) = Y_0\cos(\omega t + \psi).$$

Le déphasage de $y(t)$ par rapport à $x(t)$ est :

$$\varphi_{y/x} = \psi - \varphi.$$

Si l'on connaît les signaux complexes associés, il se calcule facilement puisque :

$$\psi - \varphi = (\omega t + \psi) - (\omega t + \varphi) = \arg(\underline{y}) - \arg(\underline{x}) \quad \text{soit} \quad \varphi_{y/x} = \arg\left(\frac{\underline{y}(t)}{\underline{x}(t)}\right).$$

Remarque

Afin de ne pas alourdir les notations on écrira les signaux complexes sans expliciter leur dépendance en t : on écrit souvent $\underline{x}$ plutôt que $\underline{x}(t)$.

2.2 Exemple d'application

On étudie le régime sinusoïdal forcé d'un circuit série RC (voir figure 8.2 page suivante). Le signal $e(t)$ est fourni par un Générateur Basse Fréquence (GBF) et on visualise sur un oscilloscope la tension aux bornes du générateur :

$$e(t) = E_0\cos(\omega t),$$

qui est sur la voie 1 (en gris sur la figure), et la tension aux bornes du condensateur $u_C(t)$ qui est sur la voie 2 (en noir sur la figure).

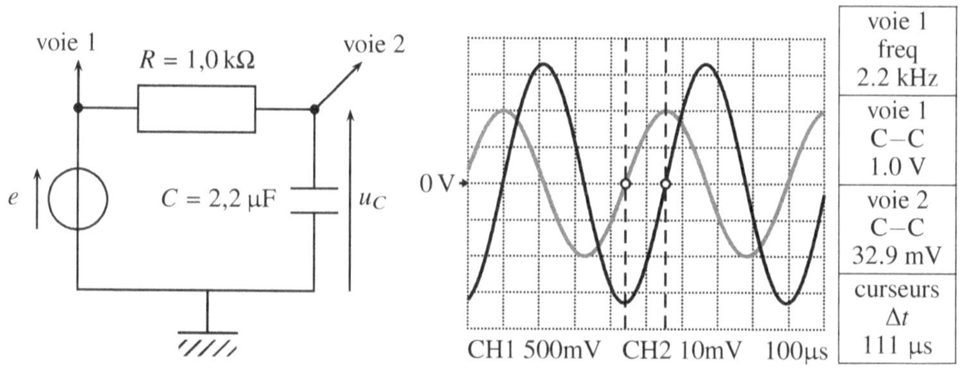

Figure 8.2 – Circuit *RC* série et écran de l'oscilloscope.

a) Calcul de $u_C(t)$ par la méthode complexe

On montre p. 122 que l'équation différentielle qui régit l'évolution de la tension $u_C(t)$ étudiée est :

$$e(t) = RC\frac{\mathrm{d}u_C}{\mathrm{d}t} + u_C(t).$$

Le signal complexe $\underline{e}(t)$ associé à $e(t) = E_0\cos(\omega t)$ est :

$$\underline{e}(t) = E_0\exp(j\omega t).$$

On note $\underline{u}_C(t)$ le signal complexe associé à $u_C(t)$. L'équation différentielles se traduit en notation complexe par :

$$\underline{e} = RC\left(j\omega \times \underline{u}_C\right) + \underline{u}_C,$$

en remplaçant la dérivation par rapport au temps par une multiplication par le facteur $j\omega$. On en déduit immédiatement :

$$\underline{u}_C(t) = \frac{\underline{e}(t)}{1 + jRC\omega} = \frac{E_0\exp(j\omega t)}{1 + jRC\omega}.$$

Attendu que :

$$\frac{1}{1 + jRC\omega} = \left|\frac{1}{1 + jRC\omega}\right|\exp\left(j\arg\left(\frac{1}{1 + jRC\omega}\right)\right)$$
$$= \frac{1}{\sqrt{1 + (RC\omega)^2}}\exp(-j\arctan(RC\omega)),$$

$\underline{u}_C(t)$ devient :

$$\underline{u}_C(t) = \frac{E_0}{\sqrt{1 + (RC\omega)^2}}\exp(-j\arctan(RC\omega))\exp(j\omega t),$$

$$\underline{u}_C(t) = \frac{E_0}{\sqrt{1 + (RC\omega)^2}}\exp(j(\omega t - \arctan(RC\omega))),$$

dont la partie réelle est :

$$u_C(t) = \frac{E_0}{\sqrt{1 + (RC\omega)^2}}\cos(\omega t - \arctan(RC\omega)).$$

b) Comparaison avec l'expérience

Les oscilloscopes numériques permettent tous de mesurer les caractéristiques des signaux. Sur la figure 8.2 on peut lire :

- la fréquence « freq » des signaux : $f = 2{,}2\,\text{KHz}$;
- les amplitudes crête à crête « C–C » des signaux : $E_{cc} = 1{,}0\,\text{V}$ et $U_{C,cc} = 32{,}9\,\text{mV}$;
- la durée écoulée entre deux curseurs verticaux : $\Delta t = 111\ \mu\text{s}$.

L'amplitude crête à crête X_{cc} est la différence entre les valeurs maximale et minimale du signal $x(t)$.

Dans le cas d'un signal sinusoïdal $x(t) = X_0 \cos(\omega t + \varphi)$, elle est égale au double de l'amplitude du signal X_0 : $X_{cc} = 2X_0$.

Le rapport $\dfrac{U_{C,cc}}{E_{cc}}$ vaut $3{,}29.10^{-2}$ d'après les mesures et coïncide bien avec la théorie :

$$\frac{U_{C,cc}}{E_{cc}} = \frac{U_{C0}}{E_0} = \frac{1}{\sqrt{1 + \left(1{,}0.10^3 \times 2{,}2.10^{-6} \times 2\pi \times 2{,}2.10^3\right)^2}} = 3{,}3.10^{-3}.$$

Le déphasage φ entre $u_C(t)$ et $e(t)$ se mesure à l'aide des deux curseurs verticaux qui ont été positionnés pour marquer des dates successives pour lesquelles les deux tensions passent par 0, avec une pente de même signe, ici positive. On observe sur l'oscilloscope que $e(t)$, en gris, passe par zéro avant $u_C(t)$, en noir. Le signal $u_C(t)$ est donc en *retard* sur le signal $e(t)$ et ce retard vaut $\Delta t = 111\ \mu\text{s}$. On en déduit, d'après la méthodologie p. 159 :

$$\varphi = -\omega \Delta t = -2\pi f \Delta t = -2\pi \times 2{,}2.10^3 \times 111.10^{-6} = -1{,}5\ \text{rad} = -88^\circ.$$

On peut vérifier que ce déphasage mesuré correspond à la valeur donnée par la théorie :

$$\varphi = -\arctan\left(1{,}0.10^3 \times 2{,}2.10^{-6} \times 2\pi \times 2{,}2.10^3\right) = -1{,}5\ \text{rad} = -88^\circ.$$

3 Impédance complexe

3.1 Impédance complexe d'un dipôle passif

En régime permanent sinusoïdal et en notation complexe, il existe une relation de proportionnalité entre la tension complexe $\underline{u}$ aux bornes d'un dipôle passif et l'intensité complexe $\underline{i}$ du courant qui le traverse en convention récepteur :

$$\underline{u}(t) = \underline{Z} \times \underline{i}(t).$$

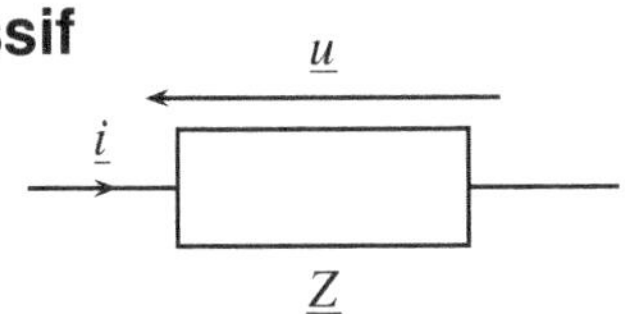

Figure 8.3 – Convention récepteur.

Cette relation définit l'impédance complexe $\underline{Z}$ du dipôle, qui est un nombre complexe dont les parties réelle et imaginaire s'expriment en ohms.

Le module $Z = |\underline{Z}|$ de l'impédance est égal au rapport entre l'amplitude U_0 de la tension aux bornes du dipôle et l'amplitude I_0 de l'intensité qui le traverse :

$$Z = \left|\frac{\underline{u}}{\underline{i}}\right| = \frac{|\underline{u}|}{|\underline{i}|} = \frac{U_0}{I_0}.$$

L'argument de l'impédance est égal au déphasage du signal $u(t)$ par rapport signal $i(t)$:

$$\varphi_{u/i} = \arg\left(\frac{\underline{u}}{\underline{i}}\right) = \arg(\underline{Z}).$$

3.2 Impédance complexe des dipôles de base

a) Résistor

Dans le cas d'un résistor de résistance R, la loi d'Ohm $u(t) = Ri(t)$ se traduit immédiatement en complexe par $\underline{u} = R\underline{i}$. L'impédance complexe du résistor est donc :

$$\boxed{\underline{Z}_{\text{résistor}} = R.}$$

b) Condensateur

Pour un condensateur de capacité C, la relation $i(t) = C\frac{\mathrm{d}u}{\mathrm{d}t}(t)$ se traduit par $\underline{i} = C(j\omega \times \underline{u})$, soit $\underline{u} = \frac{1}{jC\omega}\underline{i}$. L'impédance complexe du condensateur est donc :

$$\boxed{\underline{Z}_{\text{condensateur}} = \frac{1}{jC\omega}.}$$

L'impédance complexe d'un condensateur est un imaginaire pur. Son argument vaut $-\frac{\pi}{2}$, ce qui signifie que la tension aux bornes du condensateur est en quadrature de phase retard par rapport à l'intensité qui le traverse.

Remarque

Pour ω tendant vers 0, le module de l'impédance complexe tend vers l'infini : ceci traduit le fait qu'un condensateur, en régime constant, se comporte comme un interrupteur ouvert. En effet, avec I et U constants, $I = C\frac{\mathrm{d}U}{\mathrm{d}t} = 0$.

Pour ω tendant vers l'infini, le module de l'impédance tend vers 0 : quand la pulsation tend vers l'infini, le condensateur se comporte comme un interrupteur fermé.

c) Bobine

Pour une bobine d'inductance L, la relation $u(t) = L\frac{\mathrm{d}i}{\mathrm{d}t}(t)$ se traduit en complexe par $\underline{u} = L(j\omega \times \underline{i}) = jL\omega\underline{i}$. L'impédance complexe de la bobine est donc :

$$\boxed{\underline{Z}_{\text{bobine}} = jL\omega.}$$

L'impédance complexe d'une bobine est un imaginaire pur. Son argument vaut $\frac{\pi}{2}$, ce qui signifie que la tension aux bornes de la bobine est en quadrature de phase avance par rapport à l'intensité qui le traverse.

Remarque

Pour ω tendant vers 0, le module de l'impédance complexe tend vers 0 : ceci traduit le fait qu'une bobine, en régime constant, se comporte comme un interrupteur fermé. En effet, avec I et U constants, $U = L\frac{\mathrm{d}I}{\mathrm{d}t} = 0$.

Pour ω tendant vers l'infini, le module de l'impédance tend vers l'infini : quand la pulsation tend vers l'infini, la bobine se comporte comme un interrupteur ouvert.

3.3 Association d'impédances complexes

La relation qui relie les tensions complexes et les intensités complexes aux bornes d'un dipôle ($\underline{u} = \underline{Z}\underline{i}$) est analogue à la loi d'Ohm pour une résistance en courant continu ($U = RI$). Les lois d'association des impédances sont donc analogues à celles des résistances.

a) Association en série

On considère deux dipôles d'impédances complexes $\underline{Z}_1$ et $\underline{Z}_2$ associés en série.

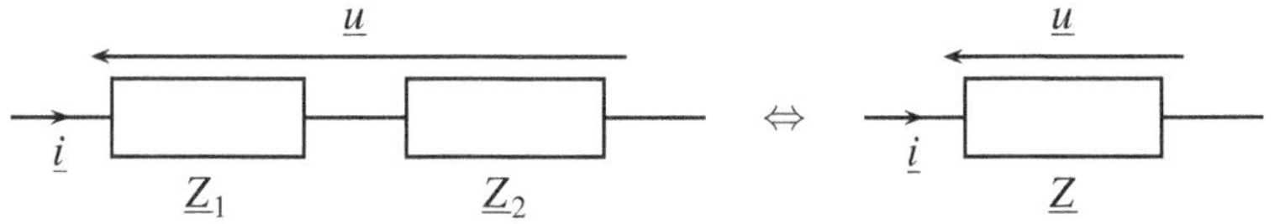

Figure 8.4 – Association d'impédances en série.

En utilisant la définition de l'impédance complexe et la loi d'additivité des tensions :

$$\underline{u} = \underline{u}_1 + \underline{u}_2 = \underline{Z}_1\underline{i} + \underline{Z}_2\underline{i} = \left(\underline{Z}_1 + \underline{Z}_2\right)\underline{i} \quad \Leftrightarrow \quad \underline{u} = \underline{Z}_S\,\underline{i} \quad \text{avec} \quad \underline{Z}_S = \underline{Z}_1 + \underline{Z}_2.$$

L'impédance complexe du dipôle constitué par l'association série de deux dipôles d'impédances complexes $\underline{Z}_1$ et $\underline{Z}_2$ est $\underline{Z}_S$ telle que :

$$\underline{Z}_S = \underline{Z}_1 + \underline{Z}_2.$$

b) Association en parallèle

On considère deux dipôles d'impédances complexes $\underline{Z}_1$ et $\underline{Z}_2$ associés en parallèle.

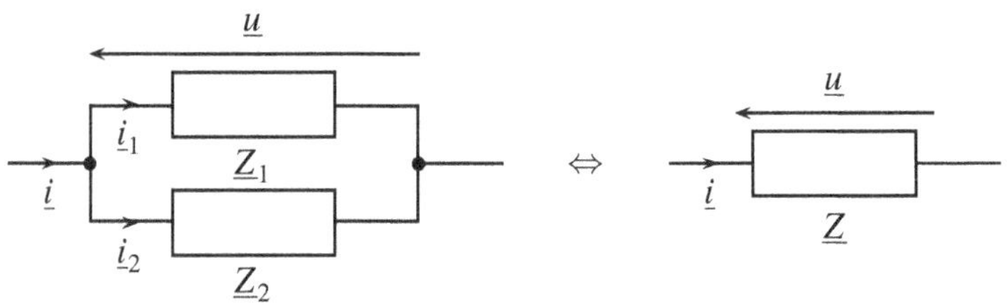

Figure 8.5 – Association d'impédances en parallèle.

La tension $\underline{u}$ est la même aux bornes des deux impédances $\underline{Z}_1$ et $\underline{Z}_2$: $\underline{u} = \underline{Z}_1\underline{i}_1 = \underline{Z}_2\underline{i}_2$. Ainsi : $\underline{i}_1 = \dfrac{\underline{u}}{\underline{Z}_1}$ et $\underline{i}_2 = \dfrac{\underline{u}}{\underline{Z}_2}$. La loi des nœuds s'écrit alors :

$$\underline{i} = \underline{i}_1 + \underline{i}_2 = \left(\frac{1}{\underline{Z}_1} + \frac{1}{\underline{Z}_2}\right)\underline{u} \quad \Leftrightarrow \quad \underline{i} = \frac{1}{\underline{Z}_P}\,\underline{u} \quad \text{avec} \quad \frac{1}{\underline{Z}_P} = \frac{1}{\underline{Z}_1} + \frac{1}{\underline{Z}_2}.$$

L'impédance complexe du dipôle constitué par l'association parallèle de deux dipôles d'impédances complexes $\underline{Z}_1$ et $\underline{Z}_2$ est $\underline{Z}_P$ telle que :

$$\frac{1}{\underline{Z}_P} = \frac{1}{\underline{Z}_1} + \frac{1}{\underline{Z}_2} \quad \Leftrightarrow \quad \underline{Z}_P = \frac{\underline{Z}_1\underline{Z}_2}{\underline{Z}_1 + \underline{Z}_2}.$$

3.4 Ponts diviseurs

a) Diviseur de tension

La formule du diviseur de tension est encore valable avec les impédances complexes, avec la même hypothèse d'un courant identique dans les deux dipôles :

$$\underline{u}_1 = \underline{u}\,\frac{\underline{Z}_1}{\underline{Z}_1 + \underline{Z}_2}.$$

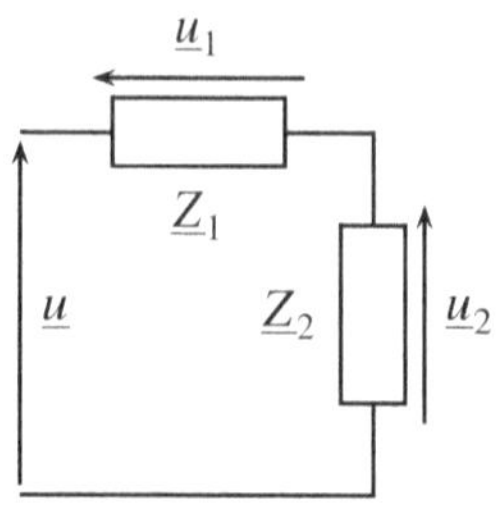

Figure 8.6 – Diviseur de tension.

b) Diviseur de courant

La formule du diviseur de courant est encore valable avec les impédances complexes, avec la même hypothèse d'une tension identique aux bornes des deux dipôles :

$$\underline{i}_1 = \underline{i}\,\frac{\underline{Z}_2}{\underline{Z}_1 + \underline{Z}_2}.$$

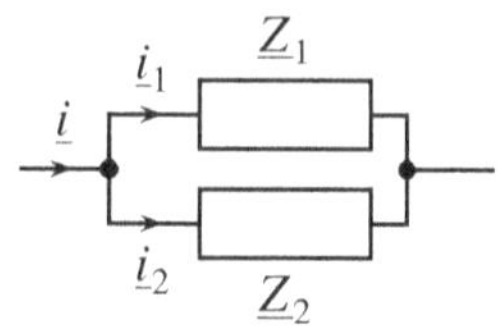

Figure 8.7 – Diviseur de courant.

4 Résonance d'intensité dans un circuit *RLC* série

La résonance est un phénomène qui peut apparaître en régime sinusoïdal.

La résonance apparaît quand l'amplitude de la réponse sinusoïdale d'un système à une excitation sinusoïdale, d'amplitude fixe mais de fréquence variable, passe par un maximum pour une valeur f_0 de la fréquence ; f_0 est appelée fréquence de résonance.

Il existe deux phénomènes de résonance observables avec un circuit *RLC* série : la résonance d'intensité et la résonance de charge. Ce paragraphe est consacré à la première : le signal d'entrée est la tension $e\,(t) = E_0 \cos(\omega t)$ et le signal de sortie est la tension $u_R\,(t)$ aux bornes de la résistance ou, ce qui revient au même, l'intensité $i\,(t)$ dans le circuit.

4.1 Expérience

On étudie un circuit *RLC* série dont les valeurs des composants sont indiquées sur la figure 8.8 et qui est alimenté par un générateur de tension idéal imposant une tension sinusoïdale $e\,(t)$ d'amplitude $E_0 = 2{,}00\,\text{V}$ et de fréquence f variable.

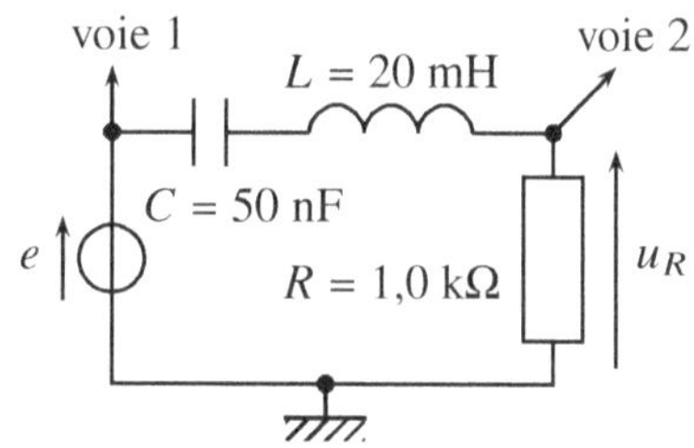

Figure 8.8 – Montage étudié.

On observe à l'oscilloscope :

- sur la voie 1, la tension $e\,(t)$ aux bornes du générateur ;
- sur la voie 2, la tension $u_R\,(t)$ aux bornes de la résistance, ce qui revient à observer l'intensité $i\,(t)$ du courant dans le circuit puisque $u_R\,(t) = Ri\,(t)$.

La figure 8.9 page suivante montre l'écran de l'oscilloscope pour différentes valeurs de la fréquence f : 0,5 kHz, 3,0 kHz, 5,0 kHz et 20 kHz.

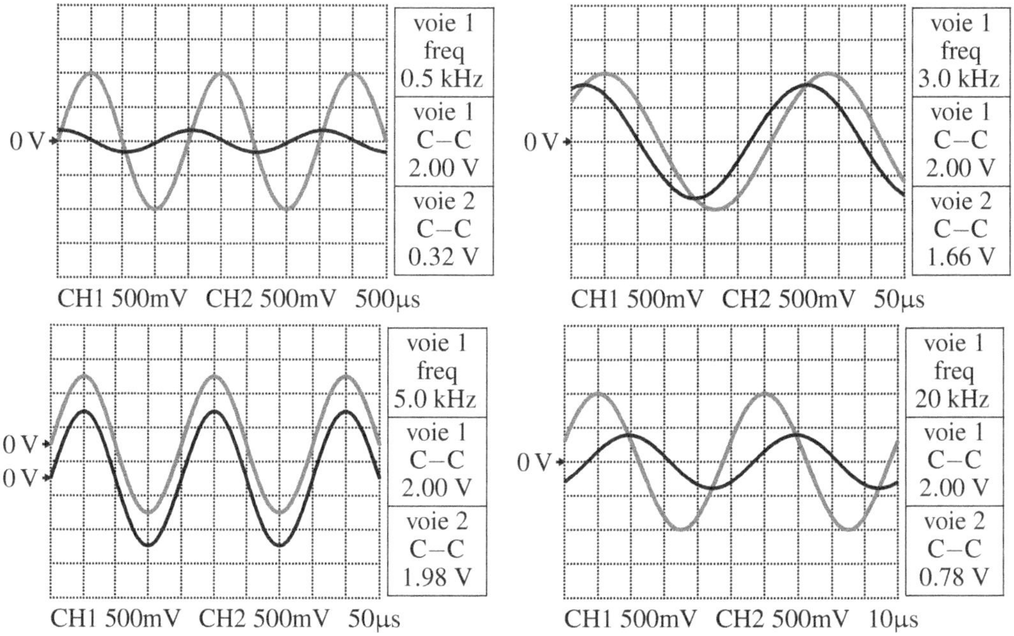

Figure 8.9 – Résonance d'intensité dans un circuit RLC série.
La voie 1 est représentée en gris et la voie 2 est représentée en noir.

On observe :

- pour $f < 5$ kHz, le signal u_R est en avance sur le signal e et son amplitude augmente si on augmente f ;
- pour $f > 5$ kHz, u_R est en retard sur e et son amplitude diminue si on augmente f ;
- quand $f = 5$ kHz, les signaux u_R et e sont en phase et l'amplitude de u_R est maximale.

On en conclut que la tension aux bornes de la résistance (donc l'intensité dans le circuit) présente un phénomène de résonance à la fréquence de résonance $f_0 = 5$ kHz.

4.2 Interprétation par la méthode complexe

a) Calcul de la réponse sinusoïdale complexe

On modélise la tension imposée par le générateur par $e(t) = E_0 \cos(\omega t)$ avec $\omega = 2\pi f$. Quelle est l'expression de $u_R(t)$?

La question se résout aisément avec la notation complexe, car on obtient le signal complexe $\underline{u}_R$ en appliquant la formule du diviseur de tension au schéma de la figure 8.9 :

$$\underline{u}_R = \underline{e} \times \frac{R}{R + jL\omega + \dfrac{1}{jC\omega}} = \underline{e} \times \frac{1}{1 + j\left(\dfrac{L\omega}{R} - \dfrac{1}{RC\omega}\right)}. \tag{8.1}$$

b) Étude de l'amplitude

En prenant le module de ce complexe, on trouve l'amplitude de la tension $u_R(t)$:

$$U_{R0} = |\underline{u}_R| = \frac{|\underline{e}|}{\left|1 + j\left(\frac{L\omega}{R} - \frac{1}{RC\omega}\right)\right|} = \frac{E_0}{\sqrt{1 + \left(\frac{L\omega}{R} - \frac{1}{RC\omega}\right)^2}}.$$

U_{R0} dépend de la pulsation ω, ce qui est illustré sur la figure 8.10 page 199. L'examen de la formule précédente montre que U_{R0} est maximale si $\left(\frac{L\omega}{R} - \frac{1}{RC\omega}\right)^2 = 0$, le dénominateur de l'expression valant alors 1, ce qui est la plus petite valeur possible.

Ainsi, il y a un phénomène de résonance sur le signal $u_R(t)$ à la pulsation ω_0 telle que :

$$\frac{L\omega_0}{R} = \frac{1}{RC\omega_0} \quad \Leftrightarrow \quad LC\omega_0^2 = 1 \quad \Leftrightarrow \quad \boxed{\omega_0 = \frac{1}{\sqrt{LC}}}.$$

On reconnaît la pulsation propre du circuit RLC série qui a été définie au chapitre précédent, p. 170. C'est une propriété remarquable de la résonance en intensité :

> La fréquence de résonance en intensité est égale à la fréquence propre du circuit.

La fréquence de résonance est : $f_0 = \dfrac{\omega_0}{2\pi} = \dfrac{1}{2\pi\sqrt{LC}}$. Numériquement, avec les valeurs de composants du circuit étudié : $f_0 = \dfrac{1}{2\pi\sqrt{20.10^{-3} \times 51.10^{-9}}} = 5{,}0\,\text{kHz}$.

c) Étude du déphasage

D'après la formule (8.1), p. 196, le déphasage φ de $u_R(t)$, donc de $i(t)$, par rapport à $e(t)$ est :

$$\underline{u}_R = \underline{e} \times \frac{1}{1 + j\left(\frac{L\omega}{R} - \frac{1}{RC\omega}\right)} \quad \Rightarrow \quad \arg(\underline{u}_R) = \arg(\underline{e}) + \underbrace{\arg\left(\frac{1}{1 + j\left(\frac{L\omega}{R} - \frac{1}{RC\omega}\right)}\right)}_{\text{déphasage } \varphi \text{ de } u_R \text{ par rapport à } e},$$

donc :

$$\varphi = \arg(1) - \arg\left(1 + j\left(\frac{L\omega}{R} - \frac{1}{RC\omega}\right)\right) = 0 - \arctan\left(\frac{L\omega}{R} - \frac{1}{RC\omega}\right),$$

soit $\boxed{\tan\varphi = \frac{1}{RC\omega} - \frac{L\omega}{R}}$; ainsi, pour $\omega = \omega_0$, $\varphi = -\arg(1) = 0$. Ceci correspond bien à l'observation expérimentale : $u_R(t)$ est en phase avec $e(t)$ pour $f = f_0 = 5{,}0\,\text{kHz}$.

Pour $\omega < \omega_0$, $\tan\varphi > 0$ donc $\varphi > 0$, ce qui correspond bien à l'observation expérimentale : $u_R(t)$ est en avance sur $e(t)$ pour $f < f_0$. C'est l'inverse pour $\omega > \omega_0$.

d) Impédance totale du circuit

L'impédance totale du circuit RLC série est : $\underline{Z}_{\text{circuit}} = R + jL\omega + \frac{1}{jC\omega} = R + j\left(L\omega - \frac{1}{C\omega}\right)$.

À la résonance, $L\omega_0 = \frac{1}{C\omega_0}$ donc $\underline{Z}_{\text{circuit}} = R$: le circuit est purement résistif. C'est pour cela que l'intensité et la tension aux bornes du circuit sont en phase.

Remarque

À la fréquence de résonance, l'impédance équivalente à l'ensemble LC est :

$$\underline{Z}_{\text{bob + cond}} = jL\omega_0 + \frac{1}{jC\omega_0} = j\left(L\omega_0 - \frac{1}{C\omega_0}\right) = 0.$$

La bobine et le condensateur sont alors équivalents à un fil donc $u_R(t) = e(t)$.

Dans l'expérience décrite au paragraphe précédent, cette relation n'est pas exactement vérifiée (voir figure 8.9 pour $f = 5\,\text{kHz}$) : l'amplitude de $u_R(t)$ est légèrement inférieure à celle de $e(t)$.

Pour modéliser plus précisément la réalité expérimentale, il convient de prendre en compte la résistance r de la bobine, qui est alors modélisée par une inductance L en série avec une résistance r. Dans ce cas, à la résonance, $\underline{Z}_{\text{bob + cond}} = r$ de sorte que : $u_R(t) = \frac{R}{R+r}\, e(t)$ d'après la formule du diviseur de tension.

Avec les valeurs expérimentales de la figure 8.9, $\frac{R}{R+r} = \frac{1{,}98}{2{,}00} = 0{,}99$ et on en déduit : $r = R(1 - 0{,}99) = 10\,\Omega$.

4.3 Facteur de qualité

La formule théorique donnant l'amplitude de $u_R(t)$ est établie par la méthode complexe :

$$U_{R0} = \frac{E_0}{\sqrt{1 + \left(\frac{L\omega}{R} - \frac{1}{RC\omega}\right)^2}} = \frac{E_0}{\sqrt{1 + \left(\frac{L\omega_0}{R}\frac{\omega}{\omega_0} - \frac{1}{RC\omega_0}\frac{\omega_0}{\omega}\right)^2}},$$

formule dans laquelle apparaît le facteur de qualité du circuit qui a été défini au chapitre précédent, p. 170 :

$$Q = \frac{1}{R}\sqrt{\frac{L}{C}} = \frac{L\omega_0}{R} = \frac{1}{RC\omega_0}.$$

On peut finalement écrire :

$$U_{R0} = \frac{E_0}{\sqrt{1 + Q^2\left(\frac{\omega}{\omega_0} - \frac{\omega_0}{\omega}\right)^2}}, \quad \text{soit} \quad U_{R0} = \frac{(U_{R0})_{\max}}{\sqrt{1 + Q^2\left(\frac{\omega}{\omega_0} - \frac{\omega_0}{\omega}\right)^2}}.$$

On appelle **courbe de résonance** la courbe donnant l'amplitude de la réponse sinusoïdale en fonction de la fréquence de l'excitation. La figure 8.10, page suivante, montre la courbe de résonance en intensité d'un circuit RLC série, pour $L = 20\,\text{mH}$, $C = 50\,\text{nF}$ et trois valeurs différentes de la résistance R, donc du facteur de qualité Q.

L'allure de la courbe de résonance est directement liée à la valeur du facteur de qualité Q :

Le pic de résonance est d'autant plus étroit que Q est grand.

4.4 Détermination expérimentale des paramètres de la résonance

On explique en méthodologie, p. 202, qu'on détermine expérimentalement la pulsation de résonance ω_0 et le facteur de qualité Q :

- à partir du relevé expérimental de la courbe de résonance ;
- à partir du relevé expérimental de la courbe donnant le déphasage du signal de sortie par rapport au signal d'entrée en fonction de la pulsation.

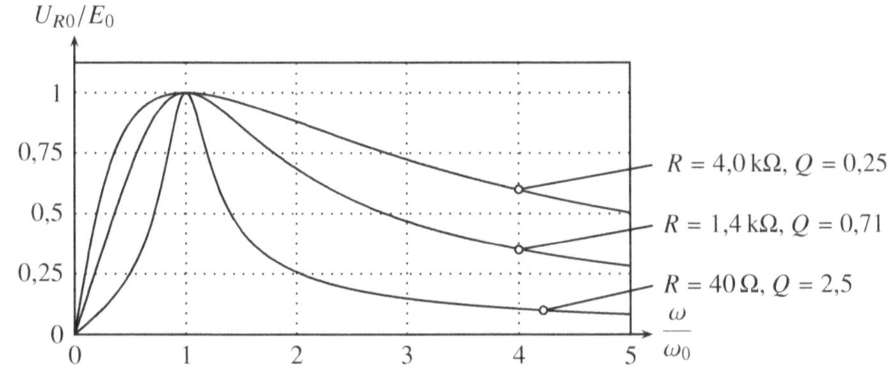

Figure 8.10 – Courbes de résonance : rapport de l'amplitude de u_R à sa valeur maximale pour trois valeurs de R (donc du facteur de qualité Q).

5 Résonance de charge d'un circuit *RLC* série

On considère comme signal d'entrée la tension $e(t)$ et comme signal de sortie la tension $u_C(t)$ aux bornes du condensateur. Cette tension est proportionnelle à la charge du condensateur, d'où le nom de résonance de charge donné au phénomène de résonance que l'on peut éventuellement observer sur le signal $u_C(t)$.

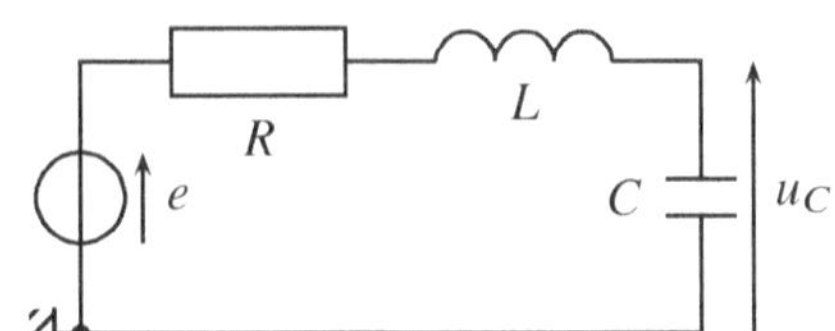

Figure 8.11 – Circuit d'étude de la tension u_C.

L'étude de cette résonance se mène avec le circuit de la figure 8.9 page 196, en échangeant les positions du condensateur et du résistor.

5.1 Étude en notation complexe

a) Calcul de la réponse sinusoïdale complexe

La formule du diviseur de tension mène, en notation complexe, à :

$$\underline{u}_C = \underline{e} \times \frac{\frac{1}{jC\omega}}{\frac{1}{jC\omega} + R + jL\omega} = \frac{\underline{e}}{1 + jRC\omega - LC\omega^2}.$$

Il est commode de mettre cette expression sous la forme canonique suivante :

$$\underline{u}_C = \frac{\underline{e}}{1 + j\frac{\omega}{Q\omega_0} - \frac{\omega^2}{\omega_0^2}} = \frac{\underline{e}}{\left(1 - \frac{\omega^2}{\omega_0^2}\right) + j\left(\frac{\omega}{Q\omega_0}\right)}. \quad (8.2)$$

Pour cela on doit avoir : $RC = \frac{1}{Q\omega_0}$ et $LC = \frac{1}{\omega_0^2}$, soit $\omega_0 = \frac{1}{\sqrt{LC}}$ et $Q = \frac{1}{R}\sqrt{\frac{L}{C}}$.

On retrouve les mêmes expressions que pour la résonance d'intensité.

b) Étude de l'amplitude, condition de résonance

L'amplitude de $u_C(t)$ est : $U_{C0} = \dfrac{E_0}{\sqrt{\left(1 - \frac{\omega^2}{\omega_0^2}\right)^2 + \left(\frac{\omega}{Q\omega_0}\right)^2}}$.

À quelle condition U_{C0} passe-t-elle par un maximum ? Attendu que le numérateur est une constante, U_{C0} est maximale quand le dénominateur est minimal. C'est aussi le cas quand le carré du dénominateur est minimal.

On pose alors $X = \left(\frac{\omega}{\omega_0}\right)^2$ et on étudie le carré du dénominateur $f(X) = (1 - X)^2 + \frac{X}{Q^2}$:

$$\frac{\mathrm{d}f}{\mathrm{d}X}(X) = -2(1 - X) + \frac{1}{Q^2}$$

s'annule pour $X_m = 1 - \dfrac{1}{2Q^2}$.

Cependant $X > 0$, donc la valeur X_m n'existe que si :

$$Q > \frac{\sqrt{2}}{2}.$$

De plus $\dfrac{\mathrm{d}^2 f}{\mathrm{d}X^2} = 2 > 0$, donc l'extremum de f en X_m est bien un minimum.

Donc U_{C0} passe par un maximum pour $\omega_r = \omega_0\sqrt{X_m} = \omega_0\sqrt{1 - \dfrac{1}{2Q^2}}$ si $Q > \dfrac{\sqrt{2}}{2}$.

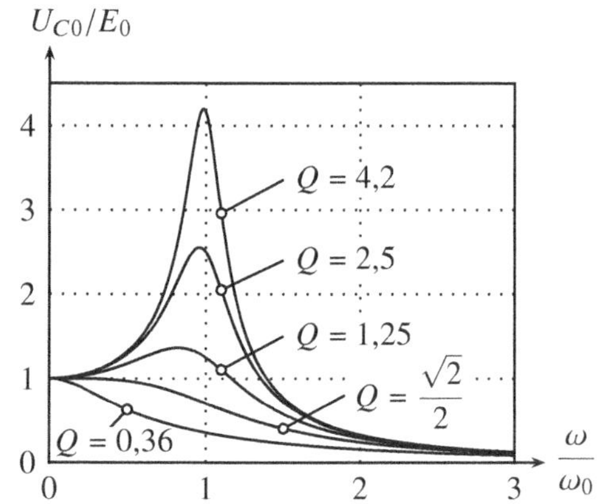

Figure 8.12 – Courbes de résonance pour la tension u_C.

La pulsation de résonance ω_r est inférieure à la pulsation propre du système ; elle s'en approche dans le cas où $Q \gg 1$.

Il y a résonance sur $u_C(t)$ si le facteur de qualité Q est supérieur à $\frac{\sqrt{2}}{2}$.
La pulsation de résonance ω_r est inférieure à la pulsation propre ω_0 ; elle est peu différente de ω_0 si $Q \gg 1$.

Remarque

Il n'y a résonance que si $R < \sqrt{\frac{L}{2C}}$, c'est-à-dire si l'effet Joule dans le circuit, effet dissipatif, n'est pas trop fort.

Ces résultats sont illustrés sur la figure 8.12. En observant ces courbes, on constate que :

Plus le facteur de qualité Q est grand, plus l'acuité de la résonance est forte.

c) Étude du déphasage

D'après la formule (8.2), p. 199, le déphasage de $u_C(t)$ par rapport à $e(t)$ est :

$$\varphi = -\arg\left(1 + j\frac{\omega}{Q\omega_0} - \frac{\omega^2}{\omega_0^2}\right).$$

Pour $\omega = \omega_0$, $\varphi = -\dfrac{\pi}{2}$. Pour $\omega \ll \omega_0$, $\varphi \simeq 0$ et, pour $\omega \gg \omega_0$, $\varphi \simeq -\pi$.

5.2 Détermination expérimentale de ω_0 et Q

Elle est menée en méthodologie pages 202 et 203.

MÉTHODOLOGIE

Comment écrire une tension sinusoïdale en notation complexe ?
▷ $s(t) = S_0 \cos(\omega t + \varphi)$ *correspond à* $\underline{s}(t) = S_0 \exp(j(\omega t + \varphi))$.

Comment écrire une dérivée en notation complexe ?
▷ $\dfrac{\mathrm{d}s}{\mathrm{d}t}(t)$ *correspond à* $j\omega \times \underline{s}(t)$; $\dfrac{\mathrm{d}^2 s}{\mathrm{d}t^2}(t)$ *correspond à* $(j\omega)^2 \times \underline{s}(t) = -\omega^2 \underline{s}(t)$.

Comment écrire un complexe sous forme module et argument ?
▷ $\underline{z} = x + jy = \sqrt{x^2 + y^2}\ \exp\left(j \arctan \frac{y}{x}\right)$.

$\underline{z} = |\underline{z}| \exp\left(j \arg\left(\underline{z}\right)\right)$ où :

- d'après le théorème de Pythagore : $|\underline{z}| = OM = \sqrt{x^2 + y^2}$;
- $\tan \varphi = \dfrac{y}{x}$ donc $\arg\left(\underline{z}\right) = \arctan\left(\dfrac{y}{x}\right)$.

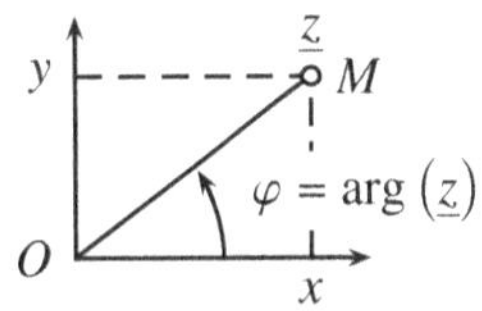

Comment écrire $\dfrac{1}{1 + jRC\omega}$ sous forme module et argument ?
▷ $\dfrac{1}{1 + jRC\omega} = \dfrac{1}{\sqrt{1 + (RC\omega)^2}} \exp(-j \arctan(RC\omega))$.

En effet :

- $\left|\dfrac{1}{1 + jRC\omega}\right| = \dfrac{|1|}{|1 + jRC\omega|} = \dfrac{1}{\sqrt{1 + (RC\omega)^2}}$;
- $\arg\left(\dfrac{1}{1 + jRC\omega}\right) = \arg(1) - \arg(1 + jRC\omega) = 0 - \arctan\left(\dfrac{RC\omega}{1}\right) = -\arctan(RC\omega)$.

Comment reconnaître un système de grand facteur de qualité ?
▷ *La résonance est d'autant plus aiguë que Q est important.*

On trace l'amplitude U_0 de la tension étudiée en fonction de la pulsation :

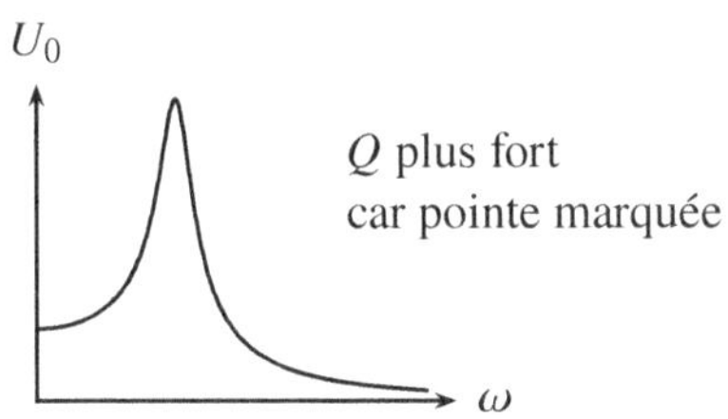

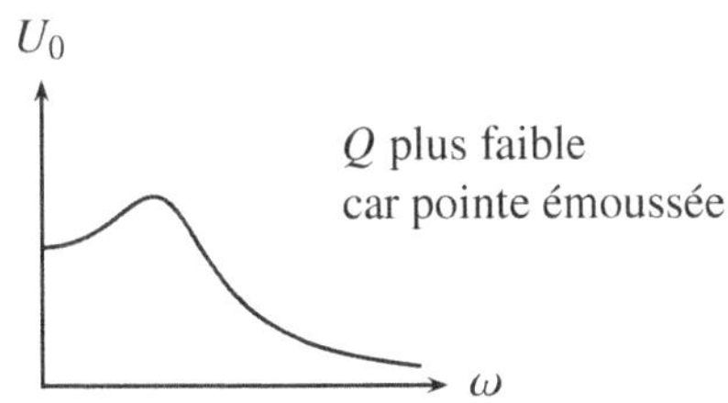

Pour quel type de système peut-il y avoir une résonance ?
▷ *Le système doit être du 2e ordre, c'est-à-dire qu'il doit nécessairement y avoir une dérivée seconde dans l'équation différentielle qui le modélise.*

Peut-il y avoir une résonance pour un système décrit par une équation différentielle du 1er ordre ?
▷ *Non.*

Le calcul montre que l'amplitude de la tension étudiée ne passe par aucun maximum différent de zéro en fonction de ω.

Existe-t-il toujours une valeur limite de Q pour l'apparition de la résonance ?
▷ *Non.*

Dans les exemples du cours, il y a toujours une résonance d'intensité, quel que soit Q, mais il faut $Q > \frac{\sqrt{2}}{2}$ dans le cas de la résonance de charge.

Comment mesurer, sur une courbe de phase, la pulsation caractéristique ω_0 d'un système du 2e ordre (c'est-à-dire décrit par une équation différentielle du 2e ordre) ?
▷ *ω_0 est la pulsation pour laquelle la phase passe par l'angle moitié, qui est égal à la moyenne entre $\varphi(0)$ et $\varphi(\infty)$.*

Cette méthode est valable quel que soit le type de résonance, en intensité ou en charge :

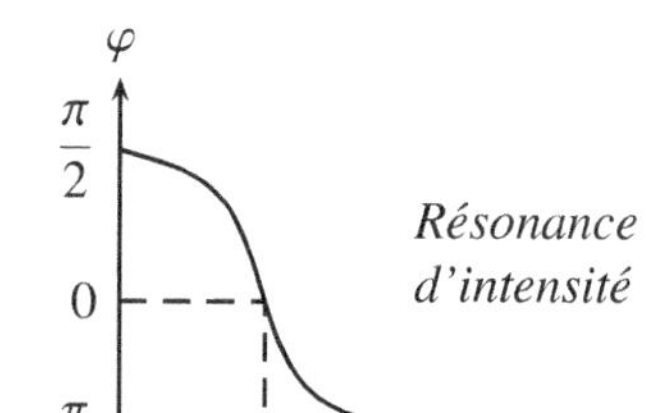

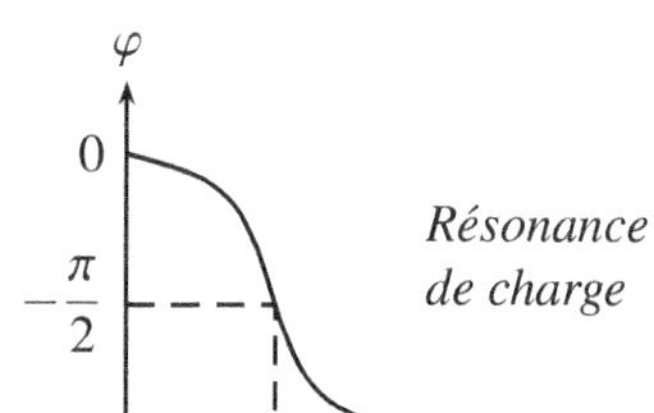

Comment mesurer la pulsation propre à partir des graphes sur l'amplitude de la résonance d'intensité ?
▷ *Le graphe de U_{R0} passe par un maximum en ω, comme le montre le graphe 8.10 à la page 199.*

Comment mesurer le facteur de qualité Q à partir du graphe de l'amplitude pour la résonance d'intensité ?

▷ $Q = \dfrac{\omega_0}{\Delta\omega}$ *où $\Delta\omega$ est la largeur de la courbe de résonance (pulsations pour lesquelles l'amplitude vaut l'amplitude maximale divisée par $\sqrt{2}$).*

On relève les deux pulsations ω_1 et ω_2, de part et d'autre de ω_0, pour lesquelles l'amplitude de l'intensité est égale à sa valeur à la résonance divisée par $\sqrt{2}$. On en déduit la **largeur de la courbe de résonance** en pulsation : $\Delta\omega = \omega_2 - \omega_1$. D'après la formule encadrée, établie à la page 198 :

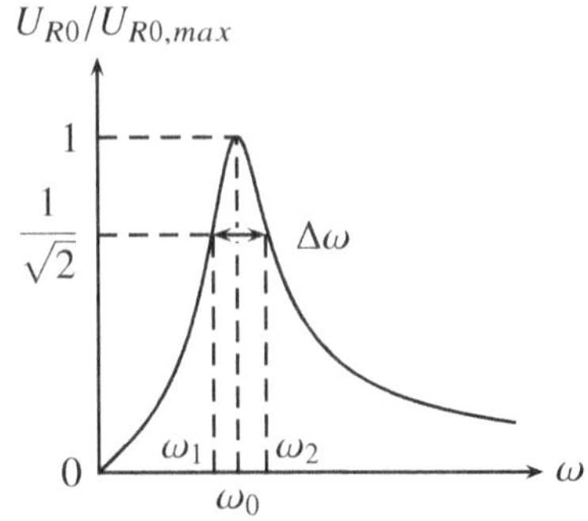

$$U_{R0} = \frac{(U_{R0})_{\max}}{\sqrt{1 + Q^2\left(\dfrac{\omega}{\omega_0} - \dfrac{\omega_0}{\omega}\right)^2}} = \frac{(U_{R0})_{\max}}{\sqrt{2}},$$

implique $Q^2\left(\dfrac{\omega}{\omega_0} - \dfrac{\omega_0}{\omega}\right)^2 = 1$, soit avec $x = \dfrac{\omega}{\omega_0}$, $Q\left(x - \dfrac{1}{x}\right) = \pm 1$, ou $x^2 \pm \dfrac{x}{Q} - 1 = 0$, dont les solutions positives sont :

$$x_2 = \frac{1}{2}\left(\frac{1}{Q} + \sqrt{\frac{1}{Q^2} + 4}\right) \quad \text{et} \quad x_1 = \frac{1}{2}\left(-\frac{1}{Q} + \sqrt{\frac{1}{Q^2} + 4}\right),$$

dont on déduit $x_2 - x_1 = \dfrac{1}{Q}$, soit $\omega_2 - \omega_1 = \dfrac{\omega_0}{Q}$ et $Q = \dfrac{\omega_0}{\omega_2 - \omega_1}$.

Comment mesurer la pulsation propre à partir des graphes sur l'amplitude de la résonance de charge ?

▷ *Mener le calcul de $U_{C0}(\omega)$ et utiliser des points particuliers.*

Avec la résonance de charge, la courbe d'amplitude (*cf.* figure 8.12, p. 200) ne permet de déterminer la pulsation propre ω_0 que dans le cas où $Q \gg 1$: la courbe présente alors un pic de résonance fortement marqué avec un maximum à la pulsation $\omega_r \simeq \omega_0$. En revanche, si Q a une valeur modérée on ne peut pas déterminer ω_0 avec la courbe d'amplitude.

Dans le cas où il y a un phénomène de résonance, la valeur de l'amplitude maximale permet d'accéder à la valeur de Q. En effet, la résonance se produit pour la pulsation $\omega_r = \omega_0\sqrt{1 - \dfrac{1}{2Q^2}}$ et l'amplitude de $u_C(t)$ vaut alors :

$$U_{C0}(\omega_r) = \frac{E_0}{\sqrt{\left(1 - \dfrac{\omega_r^2}{\omega_0^2}\right)^2 + \left(\dfrac{\omega_r}{Q\omega_0}\right)^2}} = \frac{QE_0}{\sqrt{1 - \dfrac{1}{4Q^2}}}.$$

La mesure de $U_{C0}(\omega_r)$, alliée à la connaissance de E_0, peut donc mener à la valeur de Q.

PROGRAMME OFFICIEL ET SOMMAIRE DES EXERCICES

NOTIONS ET CONTENUS	CAPACITÉS EXIGIBLES
Impédances complexes.	Établir et connaître l'impédance d'une résistance, d'un condensateur, d'une bobine. ► 8.C2 ▷ 8.6
Association de deux impédances.	Remplacer une association série ou parallèle de deux impédances par une impédance équivalente. ► 8.C3 ▷ 8.1 8.5
Oscillateur électrique ou mécanique soumis à une excitation sinusoïdale. Résonance.	Utiliser la représentation complexe pour étudier le régime forcé. ► 8.C1 8.C4 8.C5 8.C6 8.C7 ▷ 8.2 8.3 8.8 8.9 8.10 ▷ 8.11 8.12 8.13 8.14 Relier l'acuité d'une résonance au facteur de qualité. Déterminer la pulsation propre et le facteur de qualité à partir de graphes expérimentaux d'amplitude et de phase. ▷ 8.4 8.7 TP : mettre en œuvre un dispositif expérimental visant à caractériser un phénomène de résonance.

EXERCICES ★ (LE COURS)

8.C1 Notation complexe Écrire, sous forme complexe, les équations différentielles suivantes :

1) $\tau \dfrac{\mathrm{d}u}{\mathrm{d}t}(t) + u(t) = E_0$; **2)** $\dfrac{1}{\omega_0^2}\dfrac{\mathrm{d}^2 u}{\mathrm{d}t^2}(t) + \dfrac{2\xi}{\omega_0}\dfrac{\mathrm{d}u}{\mathrm{d}t}(t) + u(t) = e(t)$.

8.C2 Impédances

1) Écrire les impédances complexes d'une résistance, d'un condensateur, d'une bobine.

2) Quelle est l'unité d'une impédance ?

8.C3 Associations d'impédance Quelle est l'impédance totale de deux impédances $\underline{Z}_1$ et $\underline{Z}_2$ en :

1) série ; **2)** parallèle.

8.C4 Déphasage Déterminer le déphasage entre les deux signaux (gris et noir) de la figure 8.2, p.191. Lequel est en avance ?

8.C5 Régime permanent harmonique Soit le système de la figure 8.2, p. 191.

1) Établir l'expression de $u_C(t)$ par la méthode complexe.

2) À quelle condition l'expression précédente est-elle valable ?

8.C6 Circuit *RLC* (1) Soit le circuit du paragraphe 4.1, p. 195.

1) Établir $\underline{u}_R(t)$ en fonction de $\underline{e}(t)$.

2) Établir l'expression de l'amplitude U_{R0} de $u_R(t)$. Pour quelle pulsation est-elle maximale ?

3) Établir l'expression de l'impédance du circuit.

4) Établir l'expression du déphasage φ entre $u_R(t)$ et $e(t)$.

8.C7 Circuit *RLC* (2) Soit le circuit de la figure 8.11, p. 199.

1) Établir $\underline{u}_C(t)$ en fonction de $\underline{e}(t)$.

2) Établir l'expression de l'amplitude U_{C0} de $u_R(t)$. Pour quelle pulsation est-elle maximale ? À quelle condition sur Q le maximum existe-t-il ?

EXERCICES ★★

8.1 Comportement à hautes et basses fréquences

Les générateurs délivrent la tension :

$e(t) = E_0 \cos(\omega t)$.

Déterminer pour les deux circuits la tension u en « hautes » et « basses » fréquences.

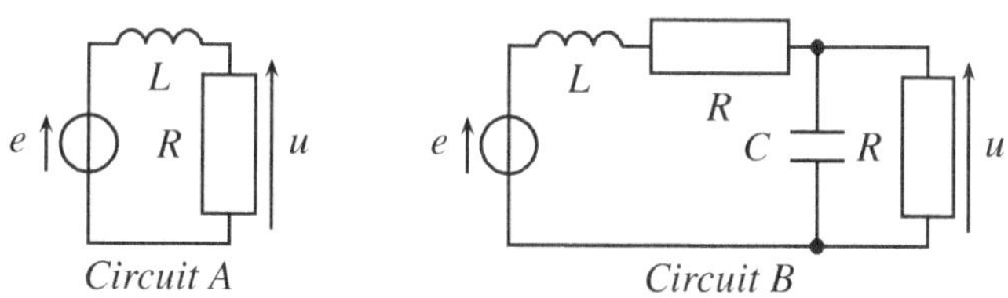

8.2 Amplitude en régime sinusoïdal

Pour chacun des deux circuits de l'exercice 8.1, déterminer l'amplitude du signal u en fonction de R, L, C, E_0 et ω.

8.3 Résonance ?

Pour chacun des deux circuits de l'exercice 8.1, déterminer si l'on observe un phénomène de résonance pour la tension u.

8.4 Résonance en intensité

Un circuit RLC série est alimenté par une source idéale de tension sinusoïdale, de f.é.m. $e(t) = E\cos(\omega t)$, avec $E = 2{,}5$ V. La figure ci-contre représente la courbe de résonance en intensité obtenue expérimentalement avec I_0 l'amplitude de l'intensité du courant. En exploitant cette courbe, déterminer les valeurs de la résistance R, de la capacité C et de l'inductance L utilisées.

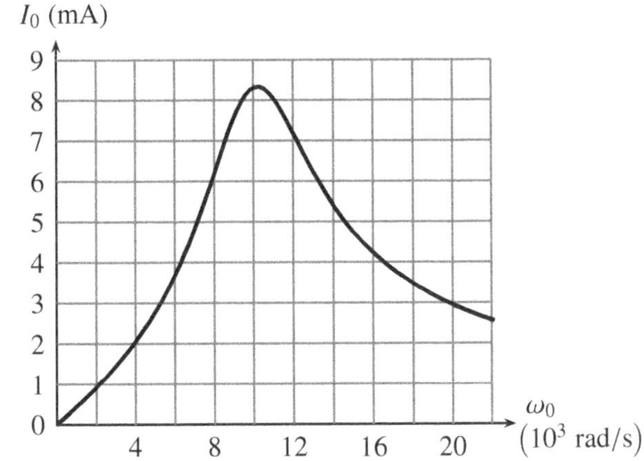

8.5 Calculs d'impédance

1) Déterminer les expressions de R' et L' en fonction de R, L et ω pour que les deux dipôles ci-contre aient la même impédance. Peut-on avoir $\frac{L}{R} = \frac{L'}{R'}$?

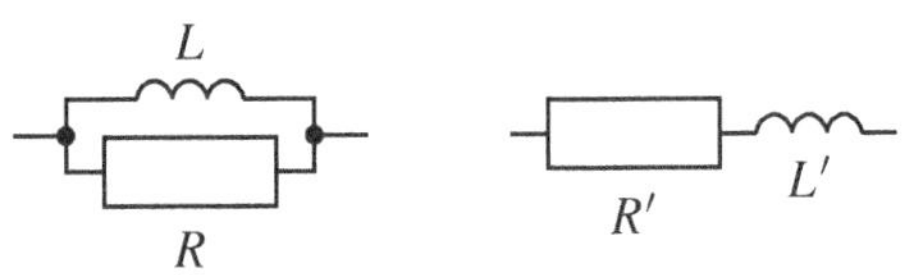

2) Exprimer l'impédance $\underline{Z}$ équivalente au dipôle ci-contre. Que vaut $\underline{Z}$ si $\omega = 0$? Et si ω tend vers l'infini ?

Monter que $\underline{Z}$ est réelle pour une certaine pulsation.

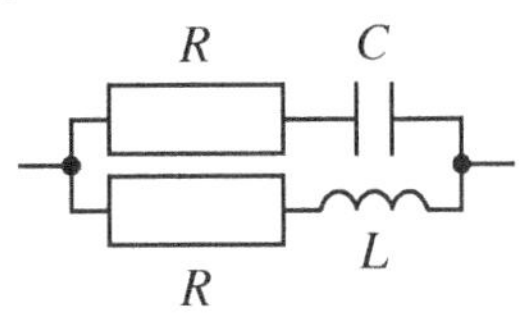

8.6 Calculs de déphasage

On branche en parallèle entre deux points A et B :

- un générateur de tension imposant la tension : $u_{AB}(t) = e(t) = E_0\cos(\omega t)$;
- une bobine équivalente à une inductance L et une résistance R en série ;
- une bobine identique montée en série avec un condensateur de capacité C.

1) L'intensité du courant passant de A vers B dans la branche comportant seulement une bobine est $i(t) = I_0\cos(\omega t + \varphi)$. Déterminer I_0 et $\tan(\varphi)$.

2) Même question pour le courant $i'(t) = I'_0\cos(\omega t + \varphi')$ passant de A vers B dans la branche comportant une bobine et une capacité (on supposera : $\frac{1}{C\omega} > L\omega$).

8.7 Détermination des caractéristiques d'une bobine

Un circuit série constitué par une bobine, un résistor $R = 20\ \Omega$ et une capacité $C = 10\ \mu\text{F}$ est alimenté par un générateur de tension sinusoïdale. On observe à l'oscilloscope la tension $u_1(t)$ aux bornes de R en voie 1 (en noir) et la tension $u_2(t)$ aux bornes du générateur en voie 2 (en gris). On souhaite déterminer les caractéristiques de la bobine.

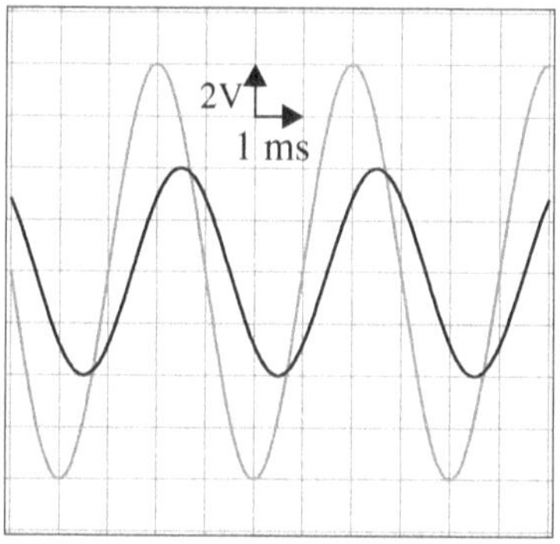

(a)

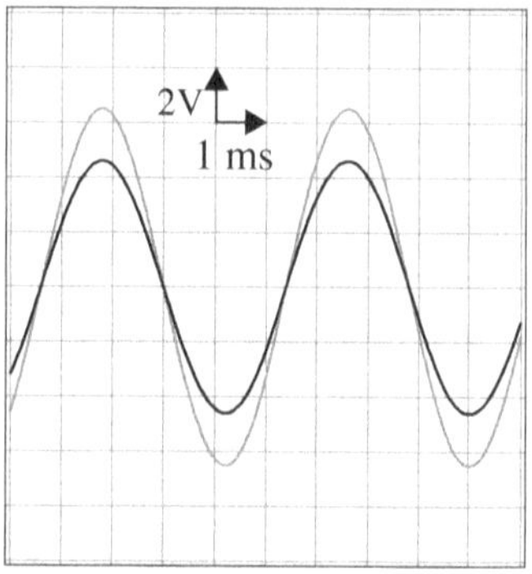

(b)

1) Dans une première expérience, on observe les courbes de la figure (a) ci-dessus. Déterminer à partir de ce document :

- les valeurs de la période T et de la pulsation ω ;
- la valeur de l'amplitude $U_{2,0}$ de la tension délivrée par le générateur ;
- la valeur de l'amplitude I_0 de l'intensité dans le circuit ;
- la valeur de la norme de l'impédance Z du circuit.

2) Quelle voie est en retard sur l'autre ? Déterminer la valeur du déphasage φ entre les deux tensions.

3) Montrer que les valeurs expérimentales de Z, φ et R sont incohérentes dans l'hypothèse d'une bobine idéale modélisée par une seule inductance L.

4) On prend comme modèle de la bobine une inductance L en série avec une résistance r. Déterminer la valeur de r à partir des observations expérimentales. En déduire la valeur de L.

5) On modifie le réglage du générateur de manière à obtenir les courbes de la figure (b). La fréquence est alors $f = 207\,\text{Hz}$. À partir de ce document et connaissant $R = 20\,\Omega$ et $C = 10\,\mu\text{F}$, déterminer les valeurs de L et r.

8.8 Condition de résonance

Le circuit ci-contre est alimenté par une source de tension sinusoïdale de f.é.m. $e(t) = E_0 \cos(\omega t)$. On s'intéresse à la tension $u(t)$ aux bornes du résistor et de la capacité montés en parallèle. On pose : $\omega_0 = \frac{1}{\sqrt{LC}}$, $\xi = \frac{1}{2}R\sqrt{\frac{C}{L}}$ et $x = \frac{\omega}{\omega_0}$.

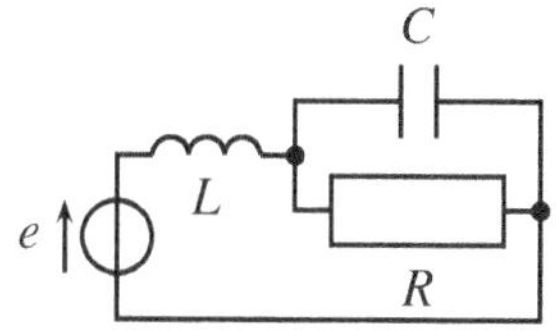

1) Établir l'expression de $\underline{u}$ en fonction de E_0, jx et ξ.

2) Étudier l'existence éventuelle d'une résonance pour la tension $u(t)$.

8.9 Impédance et déphasage

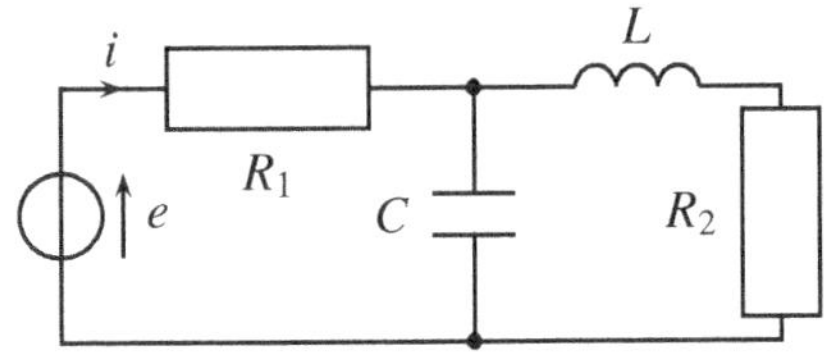

Le générateur délivre $e(t) = E_0 \cos(\omega t)$.

Trouver la condition sur R_2, L, C et ω pour que l'intensité $i(t)$ soit en phase avec la tension $e(t)$.

EXERCICES ★★★

8.10 Résonance d'un circuit *RLC* parallèle

On considère le circuit suivant, où $e(t)$ est une tension sinusoïdale de pulsation ω.

1) Donner l'expression de $\underline{u}$, grandeur complexe associée à la tension $u(t)$.

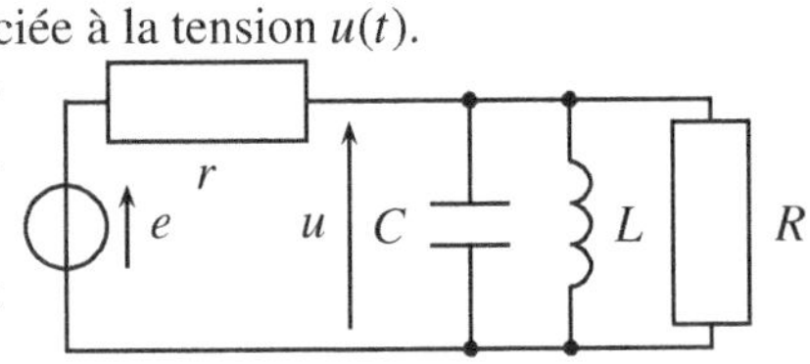

2) Établir qu'il y a un phénomène de résonance pour la tension u et exprimer la pulsation à laquelle ce phénomène se produit.

3) Que peut-on dire du déphasage entre la tension u et la tension e à la résonance ?

4) Comparer cette résonance avec la résonance en intensité d'un circuit RLC série.

8.11 Comparaison de deux circuits résonants

1) Exprimer $\underline{Z}_S$ (reps. $\underline{Z}_P$), impédance en régime sinusoïdal de pulsation ω d'un dipôle constitué par l'association d'une inductance L et une capacité C associées en série (resp. en parallèle). Que deviennent ces deux impédances si la pulsation est $\omega_0 = \frac{1}{\sqrt{LC}}$?

2) On réalise un circuit en branchant en série une résistance R et une impédance $\underline{Z}$ réalisée en associant une inductance L et une capacité C. Quelle association (série ou parallèle) doit-on choisir si l'on veut observer, pour la pulsation ω_0, une résonance sur la tension aux bornes de R (resp. de $\underline{Z}$) ?

Dans chacun des deux cas exprimer le facteur de qualité Q de la résonance en fonction de R, L, et C. Comparer la manière donc Q dépend de R dans les deux cas et interpréter.

3) Pour réaliser ces circuits on dispose d'une inductance $L = 40{,}0$ mH, d'une résistance R variable entre 1,00 kΩ et 100 kΩ et d'une capacité variable entre 10,0 nF et 1,00 μF. On souhaite que la fréquence de résonance soit : $f_0 = 2{,}00$ kHz.

Préciser les valeurs de R et C à choisir pour obtenir la bonne fréquence de résonance et un facteur de qualité aussi grand que possible. Quel est le meilleur montage ?

EXERCICES ★★★★

8.12 Étude d'une résonance

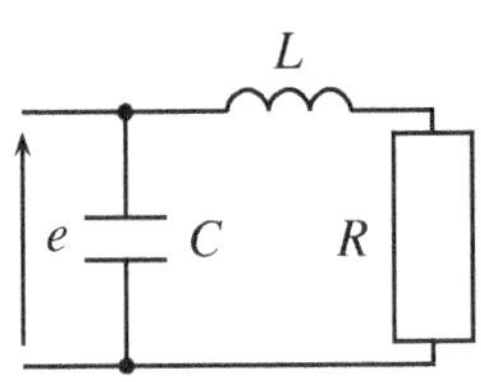

Soit le circuit suivant, où e est une tension sinusoïdale de pulsation ω. On étudie l'intensité parcourant le générateur.

1) Exprimer l'impédance complexe du circuit.

2) On pose $\omega_0 = \frac{1}{\sqrt{LC}}$, $Q = \frac{L\omega_0}{R}$ et $x = \frac{\omega}{\omega_0}$.

Donner l'expression de l'impédance en fonction de x, Q et R.

3) Établir l'existence d'un extremum du module de l'impédance pour certaines valeurs de Q qu'on précisera.

4) Donner l'expression de la pulsation correspondant à l'extremum.

5) En étudiant les limites du module de l'impédance, en déduire qu'il s'agit d'un maximum.

6) Que peut-on en déduire pour l'intensité parcourant le générateur ?

7) Dans le cas où le facteur de qualité Q est grand, donner les expressions approchées de la pulsation de résonance en impédance et de la valeur correspondante du maximum de $|\underline{Z}|$.

8.13 Adaptation d'impédance

Un dipôle électrocinétique linéaire passif est, en régime sinusoïdal permanent, caractérisé par son impédance complexe $\underline{Z} = R + jX$.

Le système étudié (réacteur à plasma) est modélisé par un circuit série $R_P - C_P$. On veut diminuer au maximum la partie imaginaire (appelée *partie réactive*) de cette impédance $\underline{Z_P}$. Pour cela, on réalise le circuit de la figure suivante.

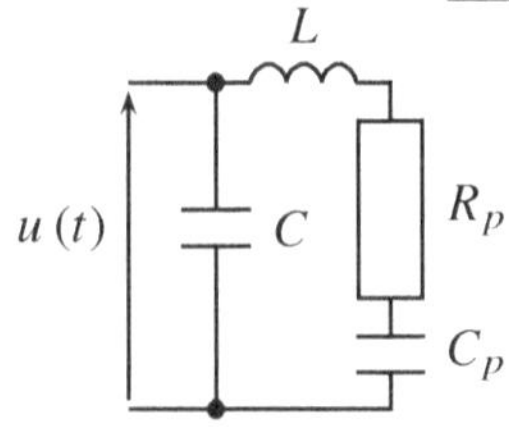

1) Exprimer l'admittance totale $\underline{Y}$ du dipôle de la figure ci-contre. Déterminer l'expression de C qui annule la partie réactive de $\underline{Z_P}$.

2) La condition précédente étant réalisée, déterminer l'expression de l'impédance $\underline{Z}$ totale du dipôle, notée alors R_1.

8.14 Étude de l'impédance d'un diapason à quartz

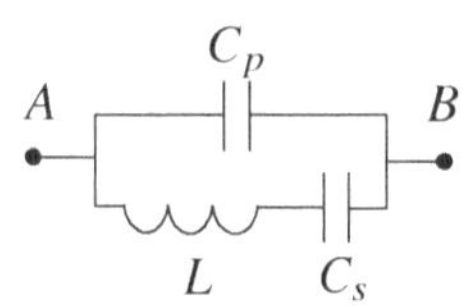

Les diapasons à quartz sont des composants très utilisés pour réaliser des oscillateurs suffisamment stables pour l'instrumentation électronique ou les horloges de systèmes numériques. La figure 8.13 en page suivante représente les résultats de mesures de l'impédance d'un diapason à quartz : le premier graphe donne le module et l'argument de l'impédance sur une large plage de fréquence et le deuxième les mêmes grandeurs sur une plage de fréquence beaucoup plus réduite. On tente d'interpréter ces résultats à partir d'un schéma électrique simplifié donné sur le schéma ci-dessus. Ce modèle est simpliste parce qu'il néglige tout phénomène dissipatif (résistance électrique nulle).

1) Calculer l'impédance du modèle théorique vue entre les bornes A et B et la mettre sous la forme : $\underline{Z}_{th} = -\dfrac{j}{C\omega}\dfrac{1-\dfrac{\omega^2}{\omega_r^2}}{1-\dfrac{\omega^2}{\omega_a^2}}$, où C est une capacité, ω_r et ω_a deux pulsations. Donner les expressions de C, ω_a et ω_r en fonction des paramètres du modèle.

2) Un ajustement sur les points expérimentaux pour les fréquences inférieures à 30 kHz conduit à l'expression suivante du module de l'impédance : $Z_{exp} = \dfrac{(4{,}8 \pm 0{,}15).10^{10}}{f}$ où f est la fréquence exprimée en Hz. Montrer que l'expression théorique est compatible avec ce résultat et déterminer la valeur de C.

3) L'impédance mesurée présente un minimum en fonction de la fréquence à 32765,93 $\pm$0,01 Hz et un maximum à 32775,95 $\pm$ 0,01 Hz. En déduire les valeurs de ω_r et ω_a.

4) Déterminer les valeurs numériques de L, C_p et C_s correspondant aux résultats des trois questions précédentes.

5) Donner l'argument φ de $\underline{Z}_{th}$ en fonction de la fréquence. Le modèle théorique a-t-il un comportement capacitif ou inductif ? Comparer ces résultats théoriques avec l'expérience.

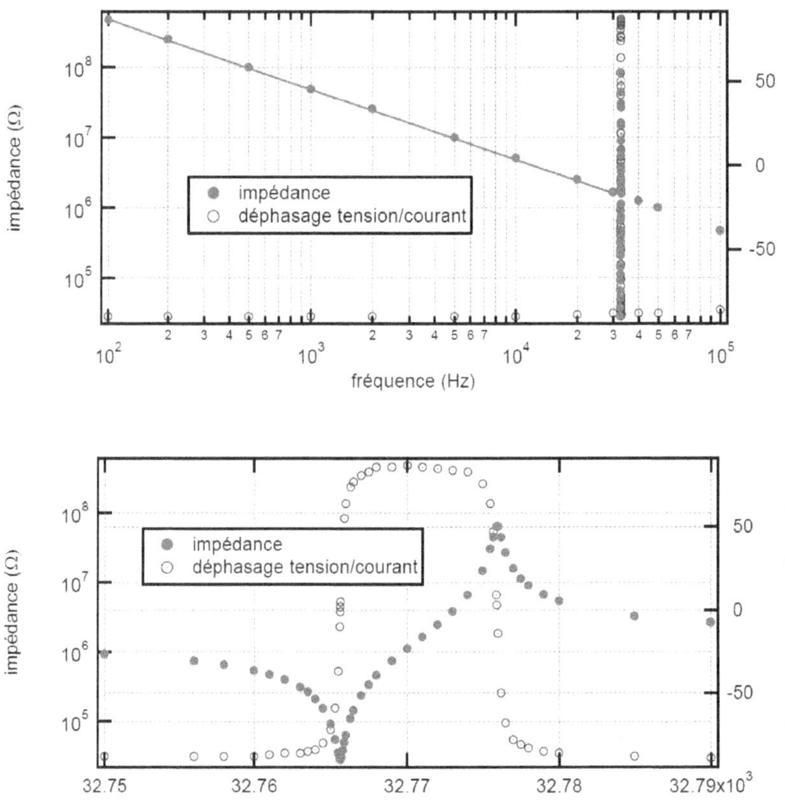

Figure 8.13 – Impédance d'un diapason à quartz en fonction de la fréquence (avec l'aimable autorisation de J.B. Desmoulins, ENS Paris-Saclay).

CORRIGÉS

8.C1 **(1)** $(\tau j\omega + 1)\underline{u}(t) = E_0$; **(2)** $\left(-\left(\frac{\omega}{\omega_0}\right)^2 + j2\xi\frac{\omega}{\omega_0} + 1\right)\underline{u}(t) = \underline{e}(t)$.

8.C2 **(1)** *Cf.* p. 193 **(2)** Ohm Ω.

8.C3 **(1)** *Cf.* p. 194 ; **(2)** *Cf.* p. 194.

8.C4 *Cf.* méthodologie p. 159 puis solution p. 192. Le signal gris est en avance (pour deux pics les plus proches, le gris arrive en premier).

8.C5 **(1)** *Cf.* p. 191 ; **(2)** En régime permament, c'est-à-dire après le transitoire.

8.C6 **(1)** *Cf.* équation 8.1 p. 196 ; **(2)** *Cf.* p. 196 ; **(3)** *Cf.* p. 197 ; **(4)** *Cf.* p. 197.

8.C7 **(1)** *Cf.* équation 8.2 p. 199 ; **(2)** *Cf.* p. 199, maximum pour $\omega_r = \omega_0\sqrt{1-\frac{1}{2Q^2}}$, résonance si $Q > \frac{\sqrt{2}}{2}$.

8.1 Comportement à hautes et basses fréquences

À basses fréquences, le condensateur d'impédance $\underline{Z}_C = \frac{1}{jC\omega} \to \infty$ se comporte comme un interrupteur ouvert ; la bobine d'impédance $\underline{Z}_L = jL\omega \to 0$ se comporte comme un fil. On obtient les schémas équivalents ci-dessus.

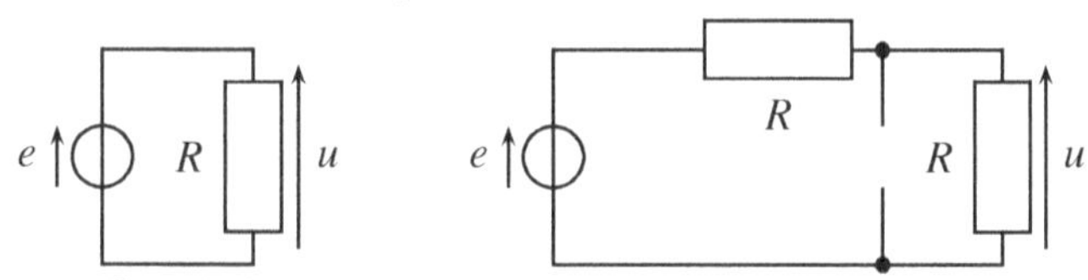

Circuit A *Circuit B*

Pour le circuit A, on a donc $u = e$. Pour le circuit B, les deux résistances sont en association série aux bornes de laquelle on a la tension e, donc $u = \frac{R}{R+R}e = \frac{e}{2}$.

À hautes fréquences, le condensateur d'impédance $\underline{Z}_C = \frac{1}{jC\omega} \to 0$ se comporte comme un fil ; la bobine d'impédance $\underline{Z}_L = jL\omega$ se comporte comme un interrupteur ouvert $(\underline{Z}_L \to \infty)$. On obtient les schémas équivalents ci-dessus.

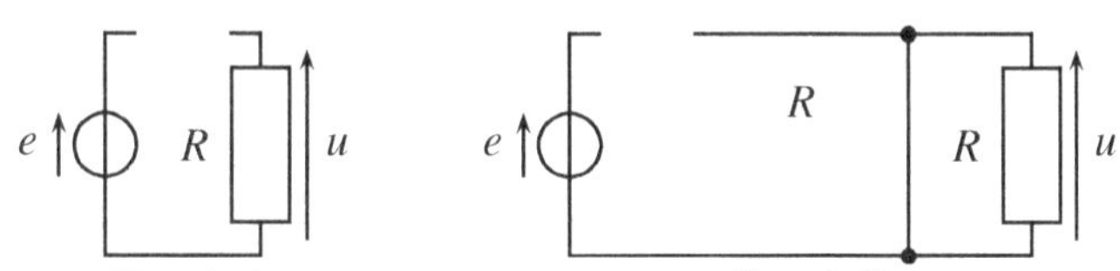

Circuit A *Circuit B*

Pour le circuit A, l'intensité traversant la résistance est nulle, d'où par la loi d'Ohm $u = 0$. Pour le circuit B, la résistance de droite est court-circuité, la tension à ses bornes est nulle, $u = 0$.

8.2 Amplitude en régime sinusoïdal

Circuit A : par un pont diviseur de tension, $\underline{u} = \frac{\underline{Z}_R}{\underline{Z}_R+\underline{Z}_L}\underline{e} = \frac{R}{R+jL\omega}\underline{e}$. En prenant le module on obtient l'amplitude $U_0 = \frac{R}{\sqrt{R^2+(L\omega)^2}}E_0$.

Circuit B : R et C sont en association parallèle que l'on peut remplacer par une impédance équivalente $\underline{Z}_{//}$ telle que $\frac{1}{\underline{Z}_{//}} = \frac{1}{R} + \frac{1}{\underline{Z}_C}$. L et R sont en association série que l'on peut remplacer par une impédance équivalente $\underline{Z}_s$ telle que $\underline{Z}_s = R + jL\omega$.

$\underline{Z}_{//}$ et $\underline{Z}_s$ sont en association série aux bornes de laquelle on a la tension $\underline{e}$. Par un pont diviseur de tension on obtient : $\underline{u} = \frac{\underline{Z}_{//}}{\underline{Z}_{//}+\underline{Z}_s}\underline{e} = \frac{\underline{e}}{1+\underline{Z}_s/\underline{Z}_{//}}$. En remplaçant les impédances par leurs expressions, on obtient : $\underline{u} = \dfrac{\underline{e}}{1+(R+jL\omega)(\frac{1}{R}+jC\omega)} = \dfrac{\underline{e}}{2-LC\omega^2+j\omega(RC+\frac{L}{R})}$.

En prenant le module on obtient l'amplitude $U_0 = \dfrac{E_0}{\sqrt{(2-LC\omega^2)^2+\omega^2(RC+\frac{L}{R})^2}}$.

8.3 Résonance ?

Circuit A : on observe un phénomène de résonance si la fonction $U_0(\omega)$ passe par un maximum. Or $U_0 = \frac{R}{\sqrt{R^2+(L\omega)^2}}E_0$ est une fonction strictement décroissante de ω, on n'observe pas de phénomène de résonance en tension aux bornes de la bobine.

Circuit B : $U_0(\omega)$ passe par un maximum si son dénominateur passe par un minimum. Posons $f(\omega) = (2-LC\omega^2)^2+\omega^2(RC+\frac{L}{R})^2$. $f(\omega)$ est extrémale si $f'(\omega) = 0$. Or :

$$f'(\omega) = 2(2-LC\omega^2)(-2LC\omega)+2\omega(RC+\tfrac{L}{R})^2 = 2\omega\left((RC+\tfrac{L}{R})^2-2LC\left(2-LC\omega^2\right)\right).$$

En excluant le cas $\omega = 0$, $f'(\omega) = 0$ implique $(RC+\frac{L}{R})^2 = 2LC\left(2-LC\omega^2\right)$, soit $\omega^2 = \frac{2}{LC}-\frac{1}{2(LC)^2}(RC+\frac{L}{R})^2$.

$f'(\omega)$ s'annule si et seulement si $\frac{2}{LC}-\frac{1}{2(LC)^2}(RC+\frac{L}{R})^2 > 0$, soit $\frac{1}{LC}\left(\frac{R}{L}+\frac{1}{RC}\right)^2 < 4$. Auquel cas la dérivée s'annule pour $\omega_r = \sqrt{\frac{2}{LC}-\frac{1}{2(LC)^2}(RC+\frac{L}{R})^2}$.

Le dénominateur admet un extremum. Or $U_0(0) = \frac{E_0}{\sqrt{2}}$, $\lim_{\omega\to\infty} U_0(\omega) = 0$ et il n'existe qu'un extremum, il s'agit donc nécessairement d'un maximum. Il y a donc bien un phénomène de résonance en tension u à la pulsation de résonance ω_r uniquement dans le cas où $\left(\frac{R}{L}+\frac{1}{RC}\right)^2 < 4LC$.

8.4 Résonance en intensité

D'après le cours, p. 198, $I_0(\omega) = \frac{U_{R0}}{R} = \dfrac{E}{\sqrt{1+Q^2\left(\frac{\omega}{\omega_0}-\frac{\omega_0}{\omega}\right)}}$ avec $Q = \frac{1}{R}\sqrt{\frac{L}{C}}$ et $\omega_0 = \frac{1}{\sqrt{LC}}$.

Par lecture graphique on obtient le maximum de I_0 pour $\omega \approx 10^4$ rad.s^{-1} et $I_{0,max} = 0{,}84$ mA. Or $I_{0,max} = E/R$ d'où $R = E/I_{0,max} = 2{,}5/0{,}84 = 3{,}0$ kΩ.

De plus $Q = \omega_0/\Delta\omega$ où $\Delta\omega = \omega_2-\omega_1$ avec ω_2 et ω_1 les pulsations de coupure telles que $I_0(\omega_2) = I_0(\omega_1) = I_{0,max}/\sqrt{2} = 0{,}60$ mA. On lit graphiquement $\Delta\omega = 5250$ rad.s^{-1} d'où $Q = 10000/5250 = 1{,}9$.

Or $L = 1/\left(\omega_0^2 C\right)$ d'où $Q = 1/(R\omega_0 C)$. On en déduit $C = 1/(R\omega_0 Q) = 18$ nF et $L = 570$ mH.

8.5 Calculs d'impédance

1) En parallèle $\underline{Z} = \dfrac{RjL\omega}{R+jL\omega} = \dfrac{RL^2\omega^2}{R^2+L^2\omega^2}+j\dfrac{R^2L\omega}{R^2+L^2\omega^2}$ et en série, $\underline{Z'} = R'+jL'\omega$.

En identifiant les parties réelles et imaginaires, on a l'équivalence des deux dipôles pour : $R' = \dfrac{RL^2\omega^2}{R^2+L^2\omega^2}$ et $L' = \dfrac{R^2L}{R^2+L^2\omega^2}$. On peut noter que l'équivalence n'est valable que pour une pulsation particulière.

Le rapport $\frac{L'}{R'}$ vaut : $\frac{L'}{R'} = \frac{R^2L\left(R^2+L^2\omega^2\right)}{\left(R^2+L^2\omega^2\right)RL^2\omega^2} = \frac{R}{L\omega^2}$. On aura $\frac{L'}{R'} = \frac{L}{R}$ si $\frac{R}{L\omega^2} = \frac{L}{R}$, soit pour la pulsation particulière $\omega = \frac{R}{L}$.

2) Les impédances des deux branches sont : $\underline{Z_1} = jL\omega + R$ et $\underline{Z_2} = \frac{1}{jC\omega} + R$; l'impédance $\underline{Z}$ est l'impédance équivalente à ces deux impédances en parallèle, soit :

$$\underline{Z} = \frac{\underline{Z_1}\,\underline{Z_2}}{\underline{Z_1}+\underline{Z_2}} = \frac{(R+jL\omega)(R+\frac{1}{jC\omega})}{(R+jL\omega)+(R+\frac{1}{jC\omega})} = \frac{R^2+\frac{L}{C}+jR\left(L\omega-\frac{1}{C\omega}\right)}{2R+j\left(L\omega-\frac{1}{C\omega}\right)}.$$

Pour $\omega = 0$, la capacité se comporte comme un interrupteur ouvert et l'inductance comme un interrupteur fermé donc $\underline{Z} = R$; pour ω tendant vers l'infini, la capacité se comporte comme un interrupteur fermé et l'inductance comme un interrupteur ouvert donc $\underline{Z} = R$ (ces résultats se voient aussi sur la formule en passant à la limite).

$\underline{Z}$ est réel si $L\omega - \frac{1}{C\omega} = 0$, soit $\omega = \frac{1}{\sqrt{LC}}$; alors $\underline{Z} = \frac{R^2+\frac{L}{C}}{2R} \in \mathbb{R}$.

8.6 Calculs de déphasage

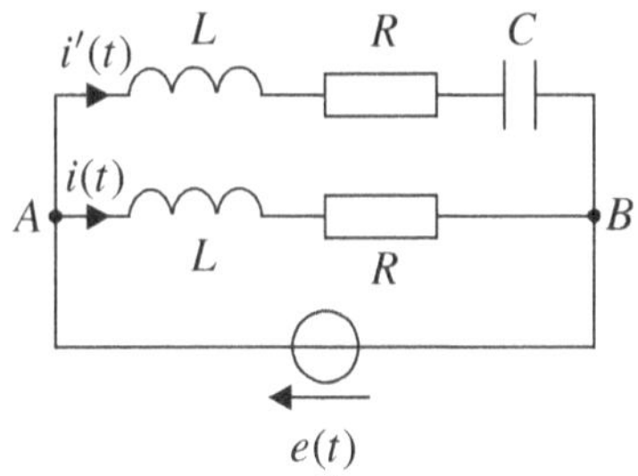

1) En notation complexe la loi des mailles s'écrit : $R\underline{i} + jL\omega\underline{i} = \underline{e}$. On en tire : $\underline{i} = \frac{\underline{e}}{R+jL\omega}$. En prenant le module et l'argument de cette grandeur complexe on trouve : $I_0 = |\underline{i}| = \frac{|\underline{e}|}{[R+jL\omega|} = \frac{E_0}{\sqrt{R^2+(L\omega)^2}}$ et $\varphi = \arg(\underline{i}) = \arg(\underline{e}) - \arctan\frac{L\omega}{R} = -\arctan\frac{L\omega}{R}$.

2) En notation complexe la loi des mailles s'écrit : $R\underline{i'} + jL\omega\underline{i'} + \frac{\underline{i'}}{jC\omega} = \underline{e}$. On en tire : $\underline{i'} = \frac{\underline{e}}{R+jL\omega+\frac{1}{jC\omega}} = \frac{\underline{e}}{R+j\left(L\omega-\frac{1}{C\omega}\right)}$, d'où : $I'_0 = \frac{E_0}{\sqrt{R^2+\left(\frac{1}{C\omega}-L\omega\right)^2}}$ et $\varphi = \arg(\underline{i'}) = \arg(\underline{e}) - \arctan\left(\frac{1}{R}\left(L\omega-\frac{1}{C\omega}\right)\right) = \arctan\left(\frac{1}{R}\left(\frac{1}{C\omega}-L\omega\right)\right)$.

8.7 Détermination des caractéristiques d'une bobine

1) La période lue sur le graphique fourni est $T = 4{,}0$ ms, alors on en déduit la pulsation $\omega = \frac{2\pi}{T} = 1{,}6.10^3$ rad.s^{-1}. On lit l'amplitude de la tension aux bornes de R : $U_{1,0} = 4$ V, et celle de la tension aux bornes du générateur : $U_{2,0} = 8{,}0$ V. On en déduit l'amplitude de l'intensité : $I_0 = \frac{U_{1,0}}{R} = 0{,}20$ A, puis le module de l'impédance du circuit : $Z = \frac{U_{2,0}}{I_0} = 40\ \Omega$.

2) La voie 1 est en retard sur la voie 2. Le déphasage lu sur la courbe est $\varphi = 2\pi\frac{2{,}5}{20} = \frac{\pi}{4}$.

3) L'impédance $\underline{Z}$ est la somme des impédances du résistor, de la bobine et de la capacité montées en série : $\underline{Z} = R + jL\omega - \frac{j}{C\omega}$; donc : $Z = \sqrt{R^2+\left(L\omega-\frac{1}{C\omega}\right)^2}$. On en déduit $L = \frac{1}{\omega}\left(\frac{1}{C\omega}+\sqrt{Z^2-R^2}\right) = 62{,}6$ mH d'après la relation établie dans la première question. On a alors : $\varphi = \arg(\underline{Z}) = \arctan\left(\frac{1}{R}\left(L\omega-\frac{1}{C\omega}\right)\right)$ soit numériquement $\varphi = 1{,}73 \neq 0{,}79$, ce qui est incohérent.

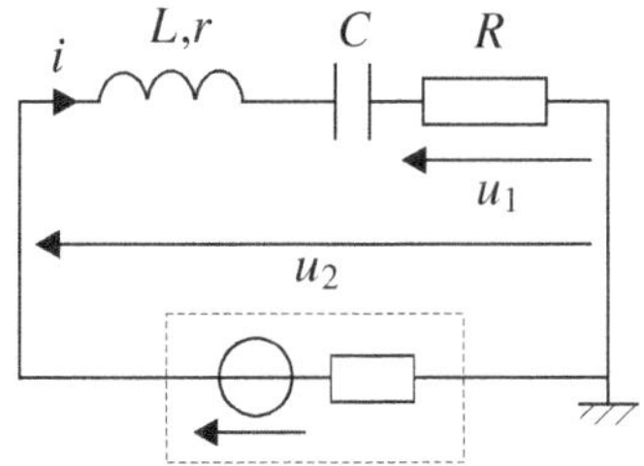

4) On remplace R par $R + r$ et on obtient alors :
$$Z = \sqrt{(R + r)^2 + \left(L\omega - \frac{1}{C\omega}\right)^2}$$
et $\tan\varphi = \frac{1}{R+r}\left(L\omega - \frac{1}{C\omega}\right)$. On en déduit que $r = \dfrac{Z}{\sqrt{1 + \tan^2\varphi}} - R = Z\cos\varphi - R$, $r = 8{,}3\ \Omega$. On obtient : $L = \frac{1}{\omega}\left(\frac{1}{C\omega} + (R + r)\tan\varphi\right) = 59\ \text{mH}$.

5) La tension $u_1(t)$ est en phase avec la tension $u_2(t)$; cela veut dire que l'impédance équivalente à l'ensemble formé par la résistance R, la bobine (L,r) et la capacité est réelle, or cette impédance est : $\underline{Z} = R + r + j\left(L\omega - \frac{1}{C\omega}\right)$, donc : $L = \frac{1}{C\omega^2} = \frac{1}{4\pi^2 f^2 C} = 59\ \text{mH}$.
Par ailleurs, d'après le document, l'amplitude de u_1 est $U_{1,0} = 4{,}6\ \text{V}$ et l'amplitude de u_2 est $U_{2,0} = 6{,}5\ \text{V}$; or, d'après la formule du diviseur de tension : $\underline{u_1} = \frac{R}{\underline{Z}}\underline{u_2}$ soit, puisque $\underline{Z} = R + r$, $U_{2,0} = \frac{R}{R+r}U_{1,0}$. On en déduit : $r = R\left(\frac{U_{2,0}}{U_{1,0}} - 1\right) = 8{,}3\ \Omega$.

8.8 Condition de résonance

1) Soit $\underline{Z}$ l'impédance équivalente à R et C : $\underline{Z} = \dfrac{R\frac{1}{jC\omega}}{R + \frac{1}{jC\omega}} = \dfrac{R}{1 + jRC\omega}$. L'impédance $jL\omega$ et $\underline{Z}$ forment un diviseur de tension donc :
$$\underline{u} = \underline{e}\frac{\underline{Z}}{jL\omega + \underline{Z}} = \underline{e}\frac{R}{jL\omega(1 + jRC\omega) + R} = \frac{\underline{e}}{1 + \frac{jL\omega}{R} - LC\omega^2} = \frac{\underline{e}}{1 + 2j\xi x - x^2}.$$

2) L'amplitude de $u(t)$ est : $U_0 = |\underline{u}| = \dfrac{E_0}{\sqrt{(1 - x)^2 + (2\xi x)^2}} = \dfrac{E_0}{\sqrt{1 + 2(2\xi^2 - 1)x^2 + x^4}}$.
Il y a résonance si U_0 passe par un maximum, c'est-à-dire si $f(x) = 1 + 2(2\xi^2 - 1)x^2 + x^4$ passe par un minimum. Or : $f'(x) = 4x\left(2\xi^2 - 1 + x^2\right)$ s'annule, pour $x = 0$ et pour $x = \sqrt{1 - 2\xi^2}$, si $\xi < \dfrac{1}{\sqrt{2}}$. Dans ce dernier cas $f'(\sqrt{1 - 2\xi^2}) = 8(1 - 2\xi^2) > 0$.

Ainsi :
- si $\xi > \frac{1}{\sqrt{2}}$ il n'y a pas de résonance ;
- si $\xi < \frac{1}{\sqrt{2}}$ il y a résonance pour la pulsation :
$$\omega_r = \omega_0\sqrt{1 - 2\xi^2}.$$

On voit ci-contre l'allure de U_0 en fonction de ω pour $\xi < \frac{1}{\sqrt{2}}$ (en trait plein) et $\xi > \frac{1}{\sqrt{2}}$ (en pointillé).

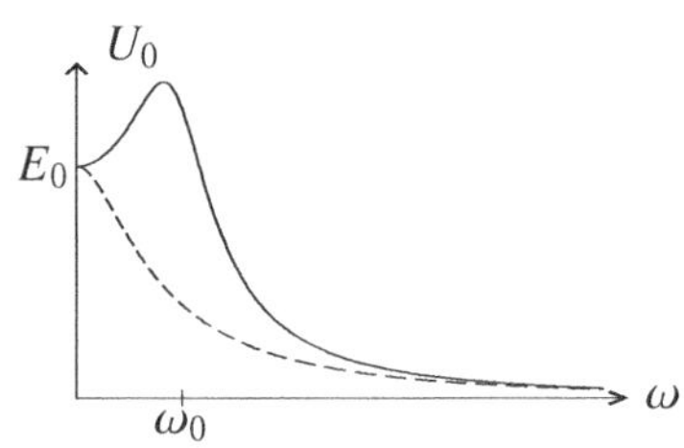

8.9 Impédance et déphasage

On calcule l'impédance équivalente à l'ensemble R_1, L, R_2 et C. Tout d'abord L et R_2 sont en série : $\underline{Z}_{LR_2} = R_2 + jL\omega$, puis en parallèle avec C ; $\underline{Z}_{CLR_2}$ est telle que :
$$\frac{1}{\underline{Z}_{CLR_2}} = jC\omega + \frac{1}{R_2 + jL\omega} = \frac{1 + jC\omega(R_2 + jL\omega)}{R_2 + jL\omega},$$
puis cet ensemble est en série avec R_1 ; d'où l'impédance finale $R_1 + \underline{Z}_{CLR_2}$:
$$\underline{Z} = R_1 + \frac{R_2 + jL\omega}{1 - LC\omega^2 + jR_2C\omega}.$$

Attendu que $\underline{e} = \underline{Z}\underline{i}$, l'intensité $i(t)$ est en phase avec la tension $e(t)$ si et seulement si $\underline{Z} \in \mathbb{R}$, soit $\underline{Z} - R_1 \in \mathbb{R}$:

$$\underline{Z} - R_1 = \frac{R_2 + jL\omega}{1 - LC\omega^2 + jR_2C\omega} = \frac{R_2}{1 - LC\omega^2}\frac{1 + j\frac{L\omega}{R_2}}{1 + j\frac{R_2C\omega}{1-LC\omega^2}}$$

est réel si les complexes au numérateur et au dénominateur sont identiques, c'est-à-dire s'ils ont les mêmes parties imaginaires : $\dfrac{L\omega}{R_2} = \dfrac{R_2C\omega}{1 - LC\omega^2}$, soit $R_2^2C = L\left(1 - LC\omega^2\right)$.

8.10 Résonance d'un circuit *RLC* parallèle

1) L'association en parallèle de R, L et C admet pour impédance équivalente :

$$\underline{Z} = \frac{1}{\frac{1}{R} + \frac{1}{jL\omega} + jC\omega} = \frac{jRL\omega}{R + jL\omega - RCL\omega^2}.$$

On obtient alors l'expression de la tension s en utilisant la relation du pont diviseur de tension soit : $\underline{u} = \dfrac{\underline{Z}}{\underline{Z} + r}\underline{e} = \dfrac{jRL\omega}{rR + jL\omega(r + R) - rRCL\omega^2}\underline{e}$.

2) On a résonance si l'amplitude de u passe par un maximum. Or l'amplitude est égale au module de la grandeur complexe, soit :

$$|\underline{u}| = \frac{RL\omega E_0}{\sqrt{\left(rR(1 - LC\omega^2)\right)^2 + (L\omega(r + R))^2}} = \frac{E_0}{\sqrt{\left(1 + \frac{r}{R}\right)^2 + r^2\left(C\omega - \frac{1}{L\omega}\right)^2}}.$$

Le dénominateur est toujours plus grand que $1 + \frac{r}{R}$ et prend cette valeur pour $\omega_0 = \frac{1}{\sqrt{LC}}$. On a donc résonance pour ω_0.

3) Pour $\omega = \omega_0$, on a $\underline{u} = \frac{R}{r+R}\,\underline{e}$ et il n'y a pas de déphasage.

4) La pulsation de résonance est la même pour ce circuit RLC parallèle et pour le circuit RLC série. Il s'agit d'une résonance en intensité pour le circuit série et d'une résonance en tension pour le circuit parallèle. Il est intéressant de comparer l'influence de R dans les deux résonances : dans le cas de la résonance du circuit série, l'acuité de la résonance et le facteur de qualité diminuent si R augmente alors que c'est l'inverse ici. En effet :

$$|\underline{u}| = \frac{R}{R + r}\frac{E_0}{\sqrt{1 + \left(\frac{rR}{R+r}\right)^2\left(C\omega - \frac{1}{L\omega}\right)^2}} = \frac{R}{R + r}\frac{E_0}{\sqrt{1 + \left(\frac{rR}{R+r}\right)^2\frac{C}{L}\left(\frac{\omega}{\omega_0} - \frac{\omega_0}{\omega}\right)^2}}$$

donc le facteur de qualité est $Q = \frac{rR}{R+r}\sqrt{\frac{C}{L}}$ dont on peut vérifier (par un calcul de dérivée par exemple) qu'il augmente avec R.

8.11 Comparaison de deux circuits résonants

1) Association série : $\underline{Z}_S = jL\omega + \frac{1}{jC\omega} = j\left(L\omega - \frac{1}{C\omega}\right) = jX_S$; si $\omega = \frac{1}{\sqrt{LC}}$, $\underline{Z}_S = 0$.

Association parallèle : $\underline{Z}_P = \dfrac{jL\omega\frac{1}{jC\omega}}{jL\omega + \frac{1}{jC\omega}} = \dfrac{jL\omega}{1 - LC\omega^2} = jX_P$; si $\omega = \dfrac{1}{\sqrt{LC}}$, $X_P \to \infty$.

2) On note $e(t) = E_0 \cos(\omega t)$ la force électromotrice du générateur et $\underline{Z} = jX$. D'après la formule du diviseur de tension : $\underline{u} = \frac{R}{R+jX}\underline{e}$ et $\underline{v} = \frac{jX}{R+jX}\underline{e}$. On en déduit les amplitudes : $U_0 = |\underline{u}| = E_0 \dfrac{R}{\sqrt{R^2+X^2}}$ et $V_0 = |\underline{v}| = E_0 \dfrac{|X|}{\sqrt{R^2+X^2}}$. On remarque : $U_0 \leq E_0$ et $V_0 \leq E_0$.

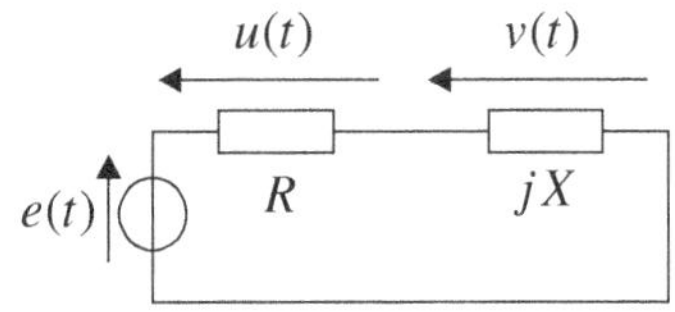

Dans le cas où on associe en série la bobine et la capacité : pour $\omega = \omega_0$, $X_S = 0$ donc $U_0 = E_0$ et $V_0 = 0$. U_0 passe par sa valeur maximale possible pour $\omega = \omega_0$: il y a résonance pour la tension $u(t)$. Cherchons le facteur de qualité :

$$U_0 = E_0 \frac{R}{\sqrt{R^2 + \left(L\omega - \frac{1}{C\omega}\right)^2}} = \frac{E_0}{\sqrt{1 + \left(\frac{L\omega_0}{R}\right)^2 \left(\frac{\omega}{\omega_0} - \frac{\omega_0}{\omega}\right)^2}}.$$

Le facteur de qualité est donc : $Q_S = \frac{L\omega_0}{R} = \frac{1}{R}\sqrt{\frac{L}{C}}$. C'est le cas vu dans le cours.

Dans le cas où on associe en parallèle la bobine et la capacité : pour $\omega = \omega_0$, $X_P = \infty$ donc $U_0 = 0$ et $V_0 = E_0$. Il y a donc résonance pour la tension $v(t)$. Cherchons le facteur de qualité :

$$V_0 = E_0 \frac{\frac{L\omega}{|1-LC\omega^2|}}{\sqrt{R^2 + \left(\frac{L\omega}{1-LC\omega^2}\right)^2}} = \frac{E_0}{\sqrt{R^2\left(\frac{1-LC\omega^2}{L\omega}\right)^2 + 1}} = \frac{E_0}{\sqrt{\left(\frac{R}{L\omega_0}\right)^2\left(\frac{\omega_0}{\omega} - \frac{\omega}{\omega_0}\right)^2 + 1}}$$

Le facteur de qualité est donc : $Q_P = \frac{R}{L\omega_0} = R\sqrt{\frac{C}{L}}$.

Le facteur de qualité détermine la rapidité avec laquelle l'amplitude décroît quand on s'éloigne de la pulsation de résonance. Dans le circuit série, quand ω s'écarte de ω_0, X_S^2 devient non nul mais on peut toujours écrire $U_0 \simeq E_0$ tant que $X_S^2 \ll R^2$; ainsi U_0 décroît d'autant plus vite que R est petit. Donc Q_S augmente si R diminue. Dans l'autre circuit, quand ω s'écarte de ω_0, X_P^2 n'est plus infini mais on peut toujours écrire $U_0 \simeq E_0$ tant que $X_P^2 \gg R^2$; ainsi V_0 décroît d'autant plus vite que R est grand. Donc Q_P augmente si R augmente.

3) Pour les deux montages $C = \frac{1}{L\omega_0^2} = 158$ nF. Pour le circuit série, on prend la valeur la plus faible pour la résistance, soit $R_S = 1{,}00\ \text{k}\Omega$ (il ne faut pas prendre plus petit pour ne pas être gêné par les résistances internes des sources de tension). On en déduit $Q_S = 0{,}500$.

Pour le circuit avec L et C en parallèle, on choisit la valeur la plus grande possible pour la résistance, soit $R_P = 100\ \text{k}\Omega$ (il ne faut pas prendre plus grand pour ne pas être gêné par les impédances d'entrée des appareils de mesure). Dans ce cas, $Q_P = 199$. Ce deuxième montage permet d'atteindre un facteur de qualité bien plus grand.

8.12 Étude d'une résonance

1) L et R sont en série : $\underline{Z}_{LR} = R + jL\omega$, puis en parallèle avec C ; $\underline{Z}_{CLR}$ est telle que :

$$\frac{1}{\underline{Z}_{CLR}} = jC\omega + \frac{1}{R + jL\omega} = \frac{1 + jC\omega(R + jL\omega)}{R + jL\omega} \quad \Rightarrow \quad \underline{Z} = \frac{R + jL\omega}{\left(1 - LC\omega^2\right) + jRC\omega}.$$

2) Avec les notations de l'énoncé, $\frac{L}{R} = \frac{Q}{\omega_0}$ donc le numérateur devient $R(1 + jQx)$.

Et $LC = \frac{1}{\omega_0^2}$; de plus $RC = \frac{L\omega_0}{Q} \times \frac{1}{L\omega_0^2} = \frac{1}{Q\omega_0}$ donc le dénominateur devient $1 - x^2 + j\frac{x}{Q}$.

Finalement $\underline{Z} = R\frac{1+jQx}{1-x^2+j\frac{x}{Q}}$.

3) Le module de $\underline{Z}$ est : $|\underline{Z}| = R\sqrt{\frac{1+Q^2x^2}{\frac{x^2}{Q^2}+(1-x^2)^2}}$. On pose $u = x^2$ et on cherche quand la dérivée de $f(u) = \frac{1+Q^2u}{\frac{u}{Q^2}+(1-u)^2}$ s'annule : $f'(u) = Q^2\dfrac{-Q^4u^2 - 2Q^2u + Q^4 + 2Q^2 - 1}{\left(u + Q^2(1-u)^2\right)^2}$. On cherche donc les racines de $-Q^4u^2 - 2Q^2u + Q^4 + 2Q^2 - 1 = 0$ dont le discriminant réduit est $\Delta' = Q^4\left(Q^4 + 2Q^2\right)$, qui est positif. Les racines sont : $u = \frac{-Q^2 \pm Q^2\sqrt{Q^4+2Q^2}}{Q^4}$.
Les seules solutions acceptables sont les solutions positives (on rappelle que $u = x^2$), ce qui exclut $-\frac{Q^2+Q^2\sqrt{Q^4+2Q^2}}{Q^4}$. Pour l'autre solution, il faut vérifier $1 < Q^4 + 2Q^2$ soit $Q^4 + 2Q^2 - 1 > 0$. La résolution de $g(X) = X^2 + 2X - 1 = 0$ donne $X_1 = -1 + \sqrt{2} > 0$ et $X_2 = -1 - \sqrt{2} < 0$. Comme $g(0) = -1 < 0$ et comme $X > 0$, on en déduit la condition $Q^2 > -1 + \sqrt{2}$ pour avoir un extremum.

4) La pulsation à laquelle se produit l'extremum est : $\omega_r = \omega_0\sqrt{-\frac{1}{Q^2} + \sqrt{1 + \frac{2}{Q^2}}}$.

5) Le module de l'impédance est par définition une quantité positive. D'autre part, quand ω tend vers 0 c'est-à-dire x tend vers 0, le module de l'impédance tend vers R et, quand ω tend vers $+\infty$ c'est-à-dire x tend vers $+\infty$, le module de l'impédance tend vers 0. On en déduit donc que :

- si $Q < \sqrt{-1 + \sqrt{2}}$, le module de l'impédance décroît de R à 0 ;
- si $Q > \sqrt{-1 + \sqrt{2}}$, le module de l'impédance croît de R à une valeur maximale obtenue pour $\omega = \omega_r$ dont on a donné l'expression à la question précédente, puis il décroît jusqu'à 0.

6) D'après le schéma du circuit, on a $\underline{e} = \underline{Z}\underline{i}$ soit en module : $E = |\underline{Z}|\, I$ en notant I le module de l'intensité. On en déduit que les variations de I sont opposées à celles du module de l'impédance qui vient d'être étudiée et que, par conséquent, on a un phénomène d'antirésonance pour l'intensité parcourant le générateur.

7) Si Q est grand, on peut chercher la limite de ω_r quand Q tend vers $+\infty$ soit $\omega_r \to \omega_0$. Dans ces conditions, x vaut 1 et on en déduit $|\underline{Z}| = R\sqrt{Q^2\frac{1+Q^2}{1+Q^2(1-1)^2}} \simeq RQ^2$.

8.13 Adaptation d'impédance

1) L'impédance de L, R_p et C_p en série est : $\underline{Z}_1 = jL\omega + R_p + \frac{1}{jC\omega}$. Cette impédance est en parallèle avec le condensateur C soit : $\underline{Y} = \dfrac{1}{\underline{Z}} = jC\omega + \dfrac{1}{\underline{Z}_1} = jC\omega + \dfrac{1}{jL\omega + R_p + \frac{1}{jC\omega}}$, soit

$\underline{Y} = jC\omega + \dfrac{R_p - j\left(L\omega - \frac{1}{C_p\omega}\right)}{R_p^2 + \left(L\omega - \frac{1}{C_p\omega}\right)^2}$. On veut que la partie imaginaire de $\underline{Y}$ soit nulle, ce qui entraîne : $C\omega = \dfrac{\left(L\omega - \frac{1}{C_p\omega}\right)}{R_p^2 + \left(L\omega - \frac{1}{C_p\omega}\right)^2}$ d'où $C = \dfrac{\left(L - \frac{1}{C_p\omega^2}\right)}{R_p^2 + \left(L\omega - \frac{1}{C_p\omega}\right)^2}$.

2) On obtient alors : $R_1 = \dfrac{1}{\underline{Y}} = \dfrac{R_p^2 + \left(L\omega - \frac{1}{C_p\omega}\right)^2}{R_p} = R_P + \dfrac{1}{R_p}\left(L\omega - \dfrac{1}{C_p\omega}\right)^2$.

8.14 Étude de l'impédance d'un diapason à quartz

1) On a donc une impédance (C_p) en parallèle sur l'association série de deux impédances (L et C_s) donc :

$$\frac{1}{\underline{Z_{th}}} = jC_p\omega + \frac{1}{jL\omega + \frac{1}{jC_s\omega}} = jC_p\omega + \frac{jC_s\omega}{1 - LC_s\omega^2} = j\left(C_p + C_s\right)\omega\frac{1 - \frac{LC_pC_s\omega^2}{C_p+C_s}}{1 - LC_s\omega^2},$$

expression conforme à l'énoncé avec $C = C_p + C_s$, $\omega_a = \dfrac{1}{\sqrt{LC_s}}$ et $\omega_r = \sqrt{\dfrac{C_p + C_s}{C_pC_sL}}$. On remarque que $\omega_a = \sqrt{1 + \frac{C_s}{C_p}}\omega_r > \omega_r$.

2) Pour $\omega \ll \omega_r$, $\underline{Z_{th}} \simeq -\frac{j}{C\omega}$ donc $Z_{th} = |\underline{Z_{th}}| \simeq \frac{1}{C\omega} = \frac{1}{2\pi C f}$. Ceci correspond bien à la loi expérimentale, avec $C = \frac{1}{2\pi\times(8{,}4\pm0{,}15).10^{10}} = (3{,}3 \pm 0{,}1).10^{-12}$ F.

3) Z_{th} a un minimum nul pour ω_r et tend vers l'infini pour ω_a, ce qui correspond respectivement au minimum (non nul) du module de l'impédance et au maximum (non infini) observés expérimentalement. Le comportement irréaliste du modèle théorique est dû à l'absence de résistance. On a donc : $\omega_r = 2\pi \times (32765{,}93 \pm 0{,}01) = 205874{,}4 \pm 0{,}1$ rad.s^{-1} et $\omega_a = 2\pi \times (32775{,}95 \pm 0{,}01) = 205937{,}4 \pm 0{,}1$ rad.s^{-1}.

4) Compte tenu du caractère idéalisé du modèle, on fera les calculs avec uniquement deux chiffres significatifs. On a : $\dfrac{\omega_a^2}{\omega_r^2} = \dfrac{C_p + C_s}{C_p} = \dfrac{C}{C_p}$ donc $C_p = C\dfrac{\omega_r^2}{\omega_a^2} \simeq C = 3{,}3.10^{-12}$ F ; $\omega_a^2 - \omega_r^2 = \dfrac{1}{LC_p}$ donc $L = \dfrac{1}{C_p(\omega_a^2 - \omega_r^2)} = 1{,}2.10^4$ H ; $C_s = \dfrac{1}{L\omega_a^2} = 2{,}0.10^{-15}$ F. Ce sont des valeurs très inhabituelles.

5) L'impédance $\underline{Z}_{th}$ est un imaginaire pur, donc son argument φ est $\pm\frac{\pi}{2}$ suivant le signe de sa partie imaginaire. Ceci correspond bien à l'expérience ; cependant dans la réalité expérimentale il n'y a pas de discontinuité de φ. Un modèle théorique incorporant les effets dissipatifs sous la forme d'une résistance serait plus réaliste.

	$0 < \omega_r$	$\omega_r < \omega < \omega_a$	$\omega > \omega_a$
$1 - \dfrac{\omega^2}{\omega_r}$	−	+	+
$1 - \dfrac{\omega^2}{\omega_a}$	−	−	+
$Im(\underline{Z}_{th})$	−	+	−
φ	$-\frac{\pi}{2}$	$\frac{\pi}{2}$	$-\frac{\pi}{2}$
comportement	capacitif	inductif	capacitif

Fonction de transfert - Diagramme de Bode

9

On poursuit ici l'étude du régime sinusoïdal forcé en introduisant la notion de fonction de transfert d'un système et sa représentation pratique, le diagramme de Bode.

1 Fonction de transfert

1.1 Position du problème

On considère un système qui fournit un signal de sortie $s(t)$ à partir d'un signal d'entrée $e(t)$.

Dans tout ce chapitre le signal d'entrée est un signal sinusoïdal : $e(t) = E_0 \cos(\omega t + \varphi_e)$ où E_0, ω et φ_e sont des constantes. De plus on se place en régime sinusoïdal forcé donc le signal de sortie est de la forme : $s(t) = S_0 \cos(\omega t + \varphi_s)$ où S_0 et φ_s sont aussi des constantes. Ces signaux sont représentés par les signaux complexes :

$$\underline{e}(t) = E_0 \exp(j\varphi_e) \exp(j\omega t) = \underline{E}_0 e^{j\omega t} \quad \text{et} \quad \underline{s}(t) = S_0 \exp(j\varphi_s) \exp(j\omega t) = \underline{S}_0 e^{j\omega t}.$$

Dans un système linéaire, la pulsation ω du signal de sortie est la même que celle d'entrée en régime permanent (ou sinusoïdal forcé).

On connaît les grandeurs ω, E_0 et φ_e définissant le signal d'entrée. Comment calculer les grandeurs S_0 et φ_s déterminant le signal de sortie ?

1.2 Définition de la fonction de transfert

Dans le chapitre précédent on considère des circuits réalisés avec des composants linéaires (résistors, condensateurs, bobines...) On obtient dans chaque cas une relation de la forme : $\underline{s} = \underline{H} \times \underline{e}$ où $\underline{H}$ est un nombre complexe s'exprimant en fonction de $j\omega$ et des caractéristiques des composants présents dans le circuit (résistances, capacités, inductances).

On admet qu'il en est ainsi pour tout circuit linéaire.

Un **circuit linéaire** est un circuit réalisé avec des composants linéaires, c'est-à-dire des dipôles linéaires ou des composants électroniques fonctionnant dans leur domaine de linéarité.

La **fonction de transfert** d'un circuit linéaire est la fonction de la variable complexe $j\omega$ telle que, pour un signal d'entrée $e(t)$ sinusoïdal de pulsation ω, le signal de sortie $s(t)$ en régime sinusoïdal forcé est donné par :

$$\underline{s}(t) = \underline{H}(j\omega) \times \underline{e}(t).$$

Dans le contexte de traitement du signal où la notion de fonction de transfert est utilisée, le circuit linéaire est appelé **filtre**, terme qui sera utilisé dans la suite.

1.3 Fonction de gain et fonction de phase

Le **gain** d'un filtre est : $G(\omega) = |\underline{H}(j\omega)|$;

et sa **phase** est : $\varphi(\omega) = \arg(\underline{H}(j\omega))$.

On a ainsi : $\underline{H}(j\omega) = G(\omega)\exp(j\varphi(\omega))$.

1.4 Réponse du filtre à un signal sinusoïdal

La réponse au problème posé en introduction est donnée par le gain et la phase du filtre :

$$\underline{s}(t) = \underline{H}(j\omega) \times \underline{e}(t) \quad \Rightarrow \quad S_0 e^{j(\omega t+\varphi_s)} = G(\omega) e^{j\varphi(\omega)} \times E_0 e^{j(\omega t+\varphi_e)},$$

soit

$$S_0\, e^{j(\omega t+\varphi_s)} = G(\omega) \times E_0\, e^{j(\omega t+\varphi(\omega)+\varphi_e)},$$

et ainsi

- l'amplitude du signal de sortie $s(t)$ est donc $S_0 = G(\omega) \times E_0$;
- la phase initiale de $s(t)$ est donc $\varphi_s = \varphi_e + \varphi(\omega)$.

Le filtre transforme le signal d'entrée $e(t) = E_0 \cos(\omega t + \varphi_e)$, en le signal de sortie :

$$s(t) = G(\omega) E_0 \cos(\omega t + \varphi_e + \varphi(\omega)).$$

1.5 Lien entre équation différentielle et fonction de transfert

La fonction de transfert a le plus souvent la forme d'une fraction rationnelle en $j\omega$:

$$\underline{H}(j\omega) = \frac{a_0 + a_1(j\omega) + \ldots + a_n(j\omega)^n}{b_0 + b_1(j\omega) + \ldots + b_m(j\omega)^m},$$

où a_0, a_1, ... a_n, b_0, b_1, ... b_m sont des réels tels que $a_n \neq 0$ et $b_m \neq 0$.

Dans ce cas, la relation $\underline{H}(j\omega) = \frac{\underline{s}(t)}{\underline{e}(t)}$ se réécrit :

$$b_0\underline{s} + b_1(j\omega)\underline{s} + \ldots + b_m(j\omega)^m\,\underline{s} = a_0\underline{e} + a_1(j\omega)\underline{e} + \ldots + a_n(j\omega)^n\,\underline{e},$$

soit, puisque la dérivation par rapport au temps se traduit par une simple multiplication par $j\omega$ pour les signaux complexes :

$$b_0 s(t) + b_1\frac{\mathrm{d}s}{\mathrm{d}t}(t) + \ldots + b_m\frac{\mathrm{d}^m s}{\mathrm{d}t^m}(t) = a_0 e(t) + a_1\frac{\mathrm{d}e}{\mathrm{d}t}(t) + \ldots + a_n\frac{\mathrm{d}^n e}{\mathrm{d}t^n}(t).$$

Cette équation différentielle liant $e(t)$ et $s(t)$ est l'équation différentielle du filtre.

2 Diagramme de Bode

La connaissance de la fonction de transfert d'un système $\underline{H}(j\omega)$ permet de savoir comment le système modifie l'amplitude et la phase d'un signal, suivant la valeur de sa pulsation ω. On visualise cette information avec une représentation graphique de la fonction de transfert appelée **diagramme de Bode** [1].

2.1 Le gain en décibels

L'amplitude X_0 d'un signal $x(t)$ s'exprime en **décibels**. Sa valeur en décibels est définie par :

$$X_{0,dB} = 20 \log \left(\frac{X_0}{X_{ref}} \right),$$

où X_{ref} est une valeur de référence pour la grandeur physique X et log le logarithme décimal. Par exemple : $X_{dB} = 0$ dB correspond à $X_0 = 10^0\ X_{ref} = X_{ref}$ et $X_{0,dB} = 6$ dB correspond à $X_0 = 10^{\frac{6}{20}}\ X_{ref} = 2X_{ref}$.

La passage d'un signal dans un filtre multiplie son amplitude par $G(\omega)$. Comment varie l'amplitude en décibels ? Les signaux étant des tensions, on note U_{ref} la valeur de référence. On a alors :

$$S_{0,dB} = 20 \log \frac{S_0}{U_{ref}} = 20 \log \frac{G(\omega)E_0}{U_{ref}} = 20 \log \frac{E_0}{U_{ref}} + 20 \log G(\omega) = E_{0,dB} + 20 \log G(\omega).$$

On définit le **gain en décibels** du filtre par :

$$G_{dB}(\omega) = 20 \log G(\omega) = 20 \log |\underline{H}(j\omega)|.$$

Par exemple : $G_{dB}(\omega) = 0$ dB correspond à $G(\omega) = 1$ et $G_{dB}(\omega) = 6$ dB à $G(\omega) = 2$. Avec cette définition on a :

$$S_{0,dB} = E_{0,dB} + G_{dB}(\omega).$$

Remarque

$G_{dB}(\omega)$ ne dépend pas de la valeur de référence U_{ref} choisie, mais $E_{0,dB}$ et $S_{0,dB}$ en dépendent.

2.2 Mesure d'un gain en décibels

Pour mesurer $G_{dB}(\omega)$ il faut mesurer, pour des signaux de pulsation ω :

- l'amplitude E_0 du signal d'entrée ;
- l'amplitude S_0 du signal de sortie.

On calcule ensuite :

$$G_{dB}(\omega) = 20 \log \left(\frac{S_0}{E_0} \right).$$

1. Cette représentation a été inventée par Hendrik Wade Bode, 1905-1982, ingénieur américain dont les travaux présentèrent des avancées majeures en automatique et en télécommunications.

Si on utilise un multimètre numérique on ne mesure pas l'amplitude mais la valeur efficace des signaux. La valeur efficace du signal $x(t) = X_0 \cos(\omega t + \varphi)$ est $X_{eff} = \frac{X_0}{\sqrt{2}}$ (sa signification physique sera donnée au chapitre suivant). Étant donné que $\frac{S_{eff}}{E_{eff}} = \frac{S_0/\sqrt{2}}{E_0/\sqrt{2}} = \frac{S_0}{E_0}$ on a aussi :

$$G_{dB}(\omega) = 20 \log \left(\frac{S_{eff}}{E_{eff}} \right).$$

Remarque

Certains multimètres ont une touche « dB » dont l'enclenchement fait que l'appareil affiche la valeur efficace du signal en décibels (avec une tension de référence égale à 1V). On lit alors directement $E_{eff,dB}$ et $S_{eff,dB}$ et on calcule le gain en décibels par une simple soustraction :

$$G_{dB}(\omega) = S_{eff,dB} - E_{eff,dB}.$$

Enfin si on mesure les amplitudes crête à crête E_{CC} et S_{CC} (voir chapitre précédent), étant donné que $\frac{S_{cc}}{E_{cc}} = \frac{2S_0}{2E_0} = \frac{S_0}{E_0}$ on calculera le gain en décibels par :

$$G_{dB}(\omega) = 20 \log \left(\frac{S_{CC}}{E_{CC}} \right).$$

2.3 Le diagramme de Bode

Le diagramme de Bode d'un filtre comporte deux courbes :

- la **courbe d'amplitude** qui donne le gain en décibels $G_{dB}(\omega)$;
- la **courbe de phase** qui donne $\varphi((\omega)$.

Pour chaque courbe l'abscisse est $\log \left(\frac{\omega}{\omega_{ref}} \right)$ où ω_{ref} est une pulsation de référence ou bien ω mais en **échelle logarithmique**.

Le fait d'utiliser une échelle logarithmique ou la variable $\log \left(\frac{\omega}{\omega_{ref}} \right)$ permet de prendre en compte une large gamme de pulsations, ce qui se voit bien sur l'exemple 5.3 du circuit RC p. 122, et dont la fonction de transfert est :

$$\underline{H}(j\omega) = \frac{\underline{u_C}(t)}{\underline{e}(t)} = \frac{1}{1 + jRC\omega},$$

où

$$G(\omega) = |\underline{H}(j\omega)| = \frac{1}{\sqrt{1 + (RC\omega)^2}} \quad \text{et} \quad \varphi(\omega) = -\arctan(RC\omega),$$

dont les graphes sont représentés sur la figure suivante. La forme des courbes est totalement différente en échelles logarithmique ou linéaire. On observe que l'échelle logarithmique :

- permet de représenter une gamme de pulsations beaucoup plus large;
- fait apparaître des zones rectilignes.

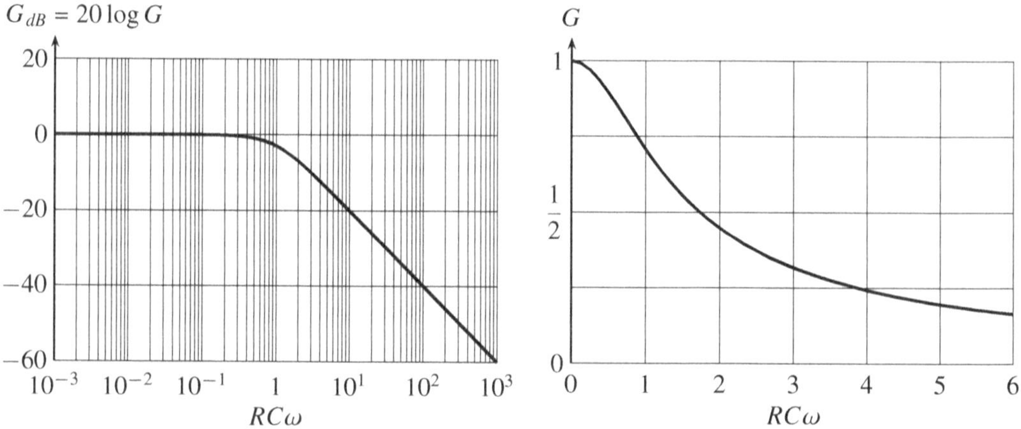

Figure 9.1 – Gain en échelle log (à gauche), en échelle linéaire (à droite), en fonction du produit $RC\omega$.

2.4 Étude de la courbe d'amplitude

a) Signification de la pente d'une asymptote à la courbe d'amplitude

On observe dans l'exemple ci-dessus que la courbe présente deux zones rectilignes sur lesquelles elle peut être assimilée à une droite que l'on appelle **asymptote**. Il en est ainsi sur tous les diagrammes de Bode. Quelle information peut-on tirer de l'équation d'une asymptote ?

Dans une zone rectiligne on a :

$$G_{dB}(\omega) \simeq p \log\left(\frac{\omega}{\omega_{ref}}\right) + B,$$

où p est la pente de la droite et B une constante. Cette pente p est sans dimension physique mais il est habituel de l'exprimer en **dB/décade**. Pourquoi cette unité ? Chaque fois qu'on multiplie ω par 10 (on « franchit une décade ») l'abscisse $\log\left(\frac{\omega}{\omega_{ref}}\right)$ augmente d'une unité et le gain augmente de p décibel.

L'approximation ci-dessus peut s'écrire aussi :

$$G(\omega) \simeq 10^{\left(\frac{p}{20}\log\left(\frac{\omega}{\omega_{ref}}\right)\right)} \times 10^{\frac{B}{20}} \quad \Leftrightarrow \quad G(\omega) \simeq A\left(\frac{\omega}{\omega_{ref}}\right)^{\frac{p}{20}} \quad \text{où} \quad A = 10^{\frac{B}{20}}.$$

Dans une zone de fréquence où la courbe d'amplitude du diagramme de Bode est quasi rectiligne, de pente p en décibels/décade, le gain du filtre $G(\omega)$ est quasi proportionnel à $\omega^{\frac{p}{20}}$:

$$G_{dB}(\omega) \simeq p \log\left(\frac{\omega}{\omega_{ref}}\right) + \text{constante} \quad \Leftrightarrow \quad G(\omega) \propto \omega^{\frac{p}{20}}.$$

Les pentes les plus fréquemment observées sont :

- $p = +20$ dB/décade qui correspond à $G(\omega) \propto \omega$, le gain est multiplié par 10 chaque fois que ω est multiplié par 10 ;
- $p = -20$ dB/décade qui correspond à $G(\omega) \propto \frac{1}{\omega}$, le gain est divisé par 10 chaque fois que ω est multiplié par 10 ;

- $p = +40$ dB/décade qui correspond à $G(\omega) \propto \omega^2$, le gain est multiplié par 100 chaque fois que ω est multiplié par 10 ;
- $p = -40$ dB/décade qui correspond à $G(\omega) \propto \frac{1}{\omega^2}$, le gain est divisé par 100 chaque fois que ω est multiplié par 10.

Remarque

Si $G(\omega) \propto \omega^{\frac{p}{20}}$, alors $\underline{H} \propto (j\omega)^{\frac{p}{20}}$ puisque $\underline{H}$ est une fonction de $j\omega$.

b) Détermination des pentes des asymptotes à partir de l'expression de la fonction de transfert

Ce point important est développé en méthodologie, pages 235 et 238.

2.5 Domaine dérivateur, domaine intégrateur

Ce point important est développé en méthodologie, p. 235, qu'on résume ici :

Un filtre se comporte comme un **dérivateur** dans un domaine de pulsation sur lequel la courbe d'amplitude a une pente de +20 dB/décade.

Un filtre se comporte comme un **intégrateur** dans un domaine de pulsation sur lequel la courbe d'amplitude a une pente de −20 dB/décade.

3 Exemples de filtres

Dans ce paragraphe on présente quelques fonctions de transfert classiques, qu'il faut savoir reconnaître, et on trace leurs diagrammes de Bode asymptotiques.

3.1 Filtre passe-bas du premier ordre

Un **filtre passe-bas du premier ordre** a une fonction de transfert de la forme suivante, où H_0 est un réel positif et ω_0 la pulsation caractéristique :

$$\underline{H}(j\omega) = \frac{H_0}{1 + \frac{j\omega}{\omega_0}} \text{ et donc } G(\omega) = |\underline{H}(j\omega)| = \frac{H_0}{\sqrt{1 + \left(\frac{\omega}{\omega_0}\right)^2}}.$$

Les comportements limites de cette fonction de transfert sont les suivants :

- pour $\omega \ll \omega_0$: $\underline{H}(j\omega) = H_0$ donc $G(\omega) = H_0$, $G_{dB}(\omega) \simeq 20 \log H_0$ et $\varphi(\omega) = \arg(H_0) = 0$ (réel positif), la courbe d'amplitude a une asymptote de pente nulle ;
- pour $\omega \gg \omega_0$: $\underline{H}(j\omega) = \dfrac{H_0\omega_0}{j\omega}$ donc $G(\omega) = \dfrac{H_0\omega_0}{\omega}$, $G_{dB}(\omega) = 20 \log H_0 - 20 \log\left(\dfrac{\omega}{\omega_0}\right)$ et $\varphi(\omega) = \arg(H_0\omega_0) - \arg(j\omega) = 0 - \frac{\pi}{2}$, la courbe d'amplitude a une pente de −20 dB/décade et le filtre est intégrateur.

Le diagramme de Bode asymptotique est représenté en gris sur la figure 9.2. Les deux asymptotes de la courbe d'amplitude se coupent en $\omega = \omega_0$.

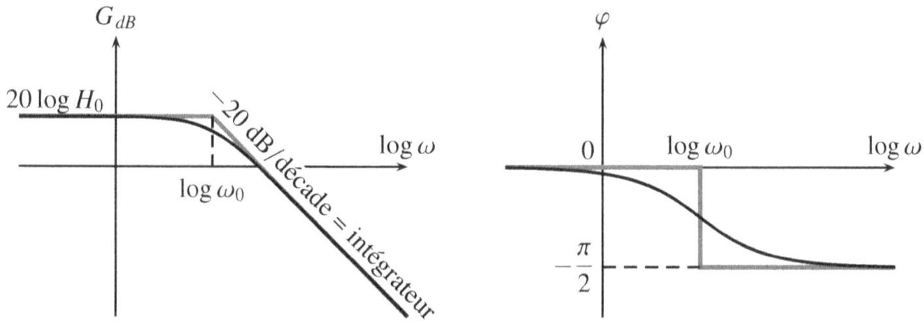

Figure 9.2 – Diagramme de Bode d'un filtre passe-bas du premier ordre.

Le diagramme asymptotique donne les grandes lignes de la fonction de gain : pour $\omega < \omega_0$, le gain est proche de H_0 et pour $\omega > \omega_0$, il perd 20 dB (autrement dit : il est divisé par 10) chaque fois que avec ω est multiplié par 10. Ce comportement correspond à un **filtre passe-bas**.

Un filtre passe-bas est un filtre dont la fonction de gain a les propriétés suivantes :

- $G(0) = H_0$ où H_0 est un réel strictement positif ;
- $G(\omega)$ tend vers 0 quand ω tend vers l'infini.

Exemple

On réalise un filtre passe-bas du premier ordre avec un circuit série RC, en prenant le signal de sortie aux bornes du condensateur. Ce circuit a été étudié au chapitre précédent page 190. D'après la formule du diviseur de tension :

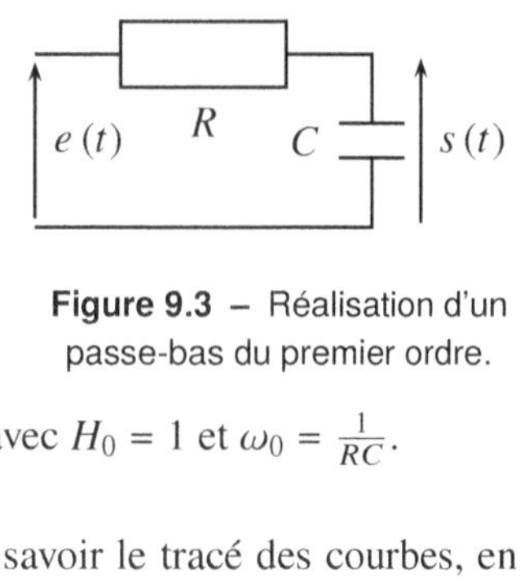

Figure 9.3 – Réalisation d'un passe-bas du premier ordre.

$$\underline{H}(j\omega) = \frac{\underline{s}(t)}{\underline{e}(t)} = \frac{\frac{1}{jC\omega}}{R + \frac{1}{jC\omega}} = \frac{1}{1 + jRC\omega},$$

qui est la fonction de transfert d'un passe-bas du 1er ordre avec $H_0 = 1$ et $\omega_0 = \frac{1}{RC}$.

Est tracé en noir, sur la figure 9.2, le diagramme de Bode, à savoir le tracé des courbes, en échelle logarithmique, du gain en décibels :

$$G_{dB}(\omega) = 20 \log \frac{H_0}{\sqrt{1 + \left(\frac{\omega}{\omega_0}\right)^2}} = 20 \log H_0 - 10 \log \left(1 + \left(\frac{\omega}{\omega_0}\right)^2\right),$$

et de la phase :

$$\varphi(\omega) = \arg(H_0) - \arg\left(1 + j\frac{\omega}{\omega_0}\right) = 0 - \arctan\left(\frac{\omega}{\omega_0}\right),$$

qui valent, à la pulsation caractéristique ω_0, attendu que $\underline{H}(j\omega_0) = \dfrac{H_0}{1+j}$:

$$\begin{cases} G(\omega_0) = |\underline{H}(j\omega_0)| = \dfrac{H_0}{\sqrt{2}} \quad \Rightarrow \quad G_{dB}(\omega_0) = 20 \log H_0 - 20 \log 2 = 20 \log H_0 - 3\,; \\ \varphi(\omega_0) = \arg(H_0) - \arg(1 + j) = 0 - \dfrac{\pi}{4}. \end{cases}$$

Le gain en décibels d'un passe-bas du premier ordre vaut, en sa pulsation caractéristique ω_0, son gain maximal $20 \log H_0$ moins 3 dB ;
et sa phase passe, en sa pulsation caractéristique ω_0, par l'angle moitié $-\frac{\pi}{4}$ (moitié entre sa phase en 0 et en ∞).

3.2 Filtre passe-haut du premier ordre

Un filtre passe-haut du premier ordre a une fonction de transfert de la forme, avec H_0 un réel positif et ω_0 sa pulsation caractéristique :

$$\underline{H}(j\omega) = \frac{H_0 \frac{j\omega}{\omega_0}}{1 + \frac{j\omega}{\omega_0}} \text{ et donc } G(\omega) = |\underline{H}(j\omega)| = \frac{H_0 \frac{\omega}{\omega_0}}{\sqrt{1 + \left(\frac{\omega}{\omega_0}\right)^2}}.$$

Les comportements limites de la fonction de transfert sont les suivants :

- pour $\omega \ll \omega_0$: $\underline{H}(j\omega) = \frac{H_0}{\omega_0} \times j\omega$ donc $G(\omega) = \frac{H_0 \omega}{\omega_0}$, $G_{dB}(\omega) = 20 \log \left(\frac{\omega}{\omega_0}\right) + 20 \log H_0$ et $\varphi(\omega) = \frac{\pi}{2}$ ($\underline{H}$ est un imaginaire pur de partie réelle positive), la courbe d'amplitude a une asymptote de pente +20 dB/décade et le filtre est dérivateur ;
- pour $\omega \gg \omega_0$: $\underline{H}(j\omega) = H_0$ donc $G(\omega) = H_0$, $G_{dB}(\omega) = 20 \log H_0$ et $\varphi(\omega) = 0$ (réel positif), la courbe d'amplitude a une asymptote de pente nulle.

Le diagramme de Bode asymptotique est représenté en gris sur la figure 9.4. Les deux asymptotes de la courbe d'amplitude se coupent en $\omega = \omega_0$.

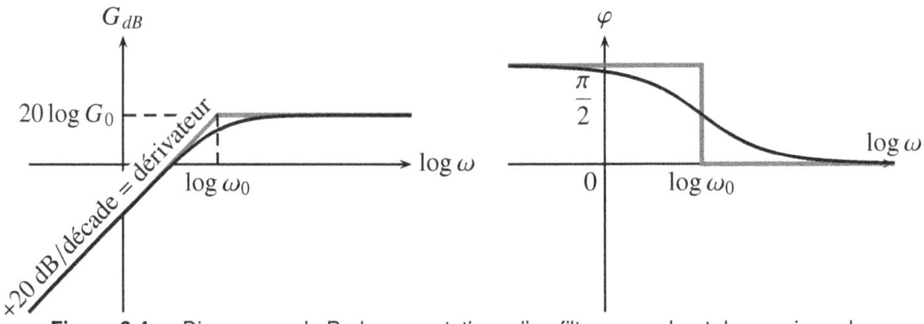

Figure 9.4 – Diagramme de Bode asymptotique d'un filtre passe-haut du premier ordre.

On voit sur le diagramme de Bode asymptotique les grandes lignes de la fonction d'amplitude : pour $\omega > \omega_0$, le gain est proche de H_0, pour $\omega < \omega_0$ le gain perd 20 dB (autrement dit : il est divisé par 10) chaque fois que ω est divisé par 10. Ce comportement correspond à un **filtre passe-haut**.

Un filtre passe-haut est un filtre dont la fonction de gain a les propriétés suivantes :

- $G(0) = 0$;
- $G(\omega)$ tend vers un réel strictement positif H_0 quand ω tend vers l'infini.

Exemple

On réalise un filtre passe-haut du premier ordre avec un circuit série RC en prenant le signal de sortie aux bornes du résistor (voir figure ci-dessous). D'après la formule du diviseur de tension :

$$\underline{H}(j\omega) = \frac{\underline{s}}{\underline{e}} = \frac{R}{R + \frac{1}{jC\omega}} = \frac{jRC\omega}{1 + jRC\omega},$$

qui est de la forme ci-dessus avec $H_0 = 1$ et $\omega_0 = \frac{1}{RC}$.

On peut aussi utiliser un circuit série RL en prenant le signal de sortie aux bornes de la bobine :

$$\underline{H}(j\omega) = \frac{jL\omega}{R + jL\omega} = \frac{jL\omega/R}{1 + jL\omega/R},$$

et dans ce cas $H_0 = 1$ et $\omega_0 = \frac{R}{L}$.

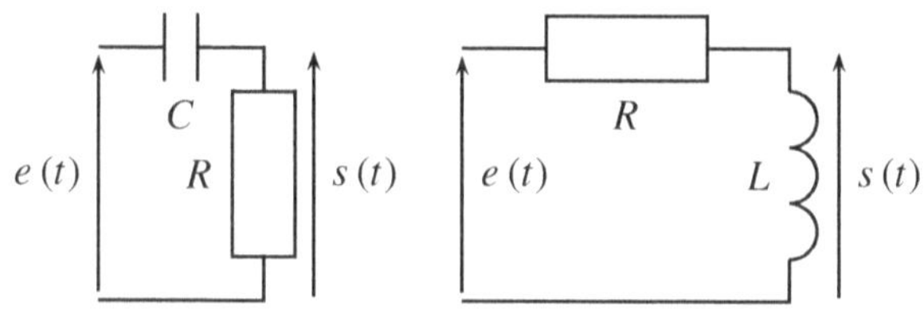

Figure 9.5 – Deux réalisations d'un filtre passe-haut du premier ordre.

Est tracé en noir, sur la figure 9.4, le diagramme de Bode, à savoir le tracé des courbes, en échelle logarithmique, du gain en décibels :

$$G_{dB}(\omega) = 20 \log \frac{H_0 \frac{\omega}{\omega_0}}{\sqrt{1 + \left(\frac{\omega}{\omega_0}\right)^2}} = 20 \log \left(H_0 \frac{\omega}{\omega_0}\right) - 10 \log \left(1 + \left(\frac{\omega}{\omega_0}\right)^2\right),$$

et de la phase :

$$\varphi(\omega) = \arg\left(H_0 j \frac{\omega}{\omega_0}\right) - \arg\left(1 + j\frac{\omega}{\omega_0}\right) = \frac{\pi}{2} - \arctan\left(\frac{\omega}{\omega_0}\right),$$

qui valent, à la pulsation caractéristique ω_0, attendu que $\underline{H}(j\omega_0) = \dfrac{H_0}{1+j}$:

$$\begin{cases} G(\omega_0) = |\underline{H}(j\omega_0)| = \dfrac{H_0}{\sqrt{2}} \quad \Rightarrow \quad G_{dB}(\omega_0) = 20 \log H_0 - 20 \log 2 = 20 \log H_0 - 3\,; \\ \varphi(\omega_0) = \arg(jH_0) - \arg(1+j) = \dfrac{\pi}{2} - \dfrac{\pi}{4} = \dfrac{\pi}{4}. \end{cases}$$

Le gain en décibels d'un passe-haut du premier ordre vaut, en sa pulsation caractéristique ω_0, son gain maximal $20 \log H_0$ moins 3 dB ;
et sa phase passe, en sa pulsation caractéristique ω_0, par l'angle moitié $\frac{\pi}{4}$ (moitié entre sa phase en 0 et en ∞).

3.3 Filtre passe-bas du deuxième ordre

Un filtre passe-bas du deuxième ordre a une de fonction de transfert de la forme :

$$\underline{H}(j\omega) = \frac{H_0}{1 + 2j\xi\frac{\omega}{\omega_0} - \frac{\omega^2}{\omega_0^2}} \quad \text{ou} \quad \frac{H_0}{1 + \frac{j\omega}{Q\omega_0} - \frac{\omega^2}{\omega_0^2}},$$

où H_0 et ξ sont des réels positifs et ω_0 la pulsation caractéristique. ξ est le **facteur d'amortissement** et Q est le **facteur de qualité** liés par la relation : $Q = \frac{1}{2\xi}$. Son gain est :

$$G(\omega) = \frac{H_0}{\sqrt{\left(1 - \frac{\omega^2}{\omega_0^2}\right)^2 + \left(2\xi\frac{\omega}{\omega_0}\right)^2}}.$$

Les comportements limites de cette fonction de transfert sont les suivants :

- pour $\omega \ll \omega_0$: $\underline{H}(j\omega) = H_0$ donc $G(\omega) = H_0$, $G_{dB}(\omega) = 20\log H_0$ et $\varphi(\omega) = 0$ (argument d'un réel positif), la courbe d'amplitude a une asymptote de pente nulle ;
- pour $\omega \gg \omega_0$: $\underline{H}(j\omega) = -\frac{H_0\omega_0^2}{\omega^2}$ donc $G(\omega) = \frac{H_0\omega_0^2}{\omega^2}$, $G_{dB}(\omega) = 20\log H_0 - 40\log\left(\frac{\omega}{\omega_0}\right)$ et $\varphi(\omega) = -\pi$, la courbe d'amplitude a une asymptote de pente -40 dB/-décade.

Le diagramme de Bode asymptotique est représenté sur la figure 9.6. Les deux asymptotes de la courbe d'amplitude se coupent en $\omega = \omega_0$.

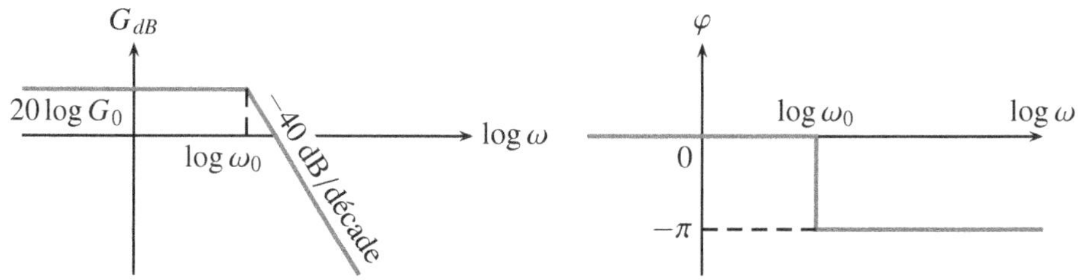

Figure 9.6 – Diagramme de Bode asymptotique d'un filtre passe-bas du deuxième ordre.

Ce diagramme asymptotique ressemble à celui du filtre passe-bas du premier ordre. La principale différence est que la pente de l'asymptote décroissante est deux fois plus grande ; ainsi, pour $\omega > \omega_0$, chaque fois que la pulsation ω est multipliée par 10, le gain perd 40 dB donc est divisé par 100.

Exemple

Le circuit étudié au chapitre précédent pour la résonance de charge est un passe-bas du deuxième ordre avec $H_0 = 1$, $\omega_0 = \frac{1}{\sqrt{LC}}$ et $Q = \frac{1}{R}\sqrt{\frac{L}{C}}$.

D'après la formule du diviseur de tension :

$$\underline{H}(j\omega) = \frac{\underline{s}(t)}{\underline{e}(t)} = \frac{\frac{1}{jC\omega}}{R + jL\omega + \frac{1}{jC\omega}} = \frac{1}{1 + jRC\omega - LC\omega^2}.$$

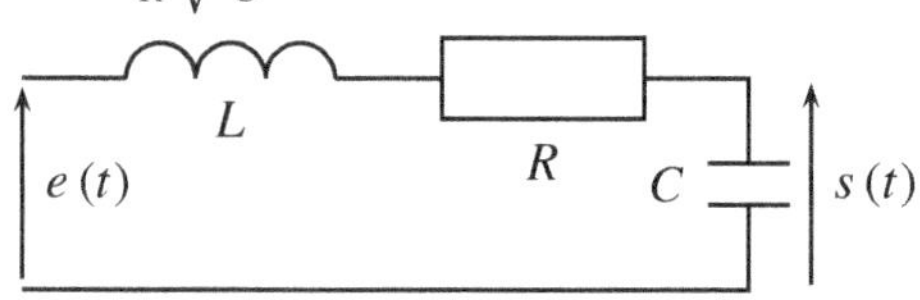

Figure 9.7 – Réalisation d'un filtre passe-bas du deuxième ordre.

L'allure exacte de la courbe dépend fortement de la valeur du facteur d'amortissement ξ (ou du facteur de qualité Q qui est lui lié), comme le montrent les diagrammes de Bode ci-dessous. Il existe un phénomène de résonance, quand la courbe du gain en dB passe par un maximum.

On observe une résonance dans un système passe-bas du 2e ordre si $Q > \frac{\sqrt{2}}{2}$ ou $\xi < \frac{\sqrt{2}}{2}$.

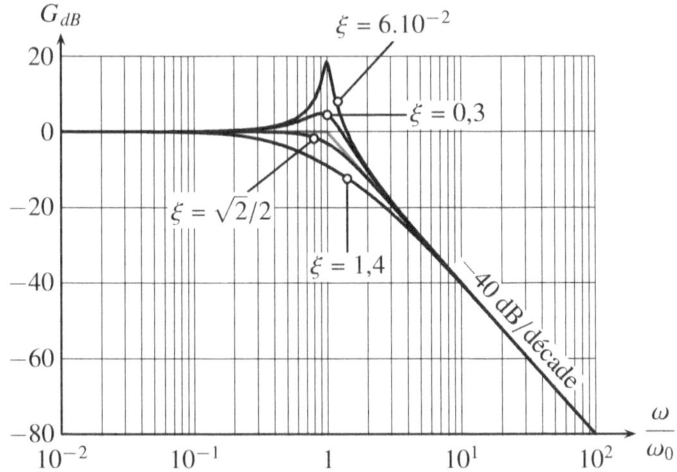

Figure 9.8 – Gain d'un passe-bas du deuxième ordre (les asymptotes sont en gris).

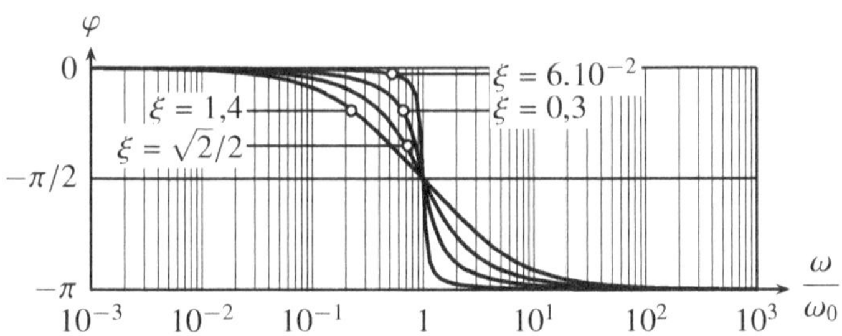

Figure 9.9 – Phase d'un passe-bas du deuxième ordre.

3.4 Filtre passe-bande du deuxième ordre

Un filtre passe-bande du deuxième ordre a une fonction de transfert de la forme :

$$\underline{H}(j\omega) = \frac{H_0 \dfrac{j\omega}{Q\omega_0}}{1 + \dfrac{j\omega}{Q\omega_0} - \dfrac{\omega^2}{\omega_0^2}} = \frac{H_0}{1 + jQ\left(\dfrac{\omega}{\omega_0} - \dfrac{\omega_0}{\omega}\right)},$$

où H_0 et Q sont des réels positifs, ω_0 la pulsation caractéristique, Q le **facteur de qualité**. Son gain est :

$$G(\omega) = \frac{H_0}{\sqrt{1 + Q^2\left(\dfrac{\omega}{\omega_0} - \dfrac{\omega_0}{\omega}\right)^2}}.$$

Pour $\omega = \omega_0$, $G(\omega_0) = H_0$ qui est la valeur maximale possible du gain car le terme sous la racine carré dans le dénominateur est toujours supérieur ou égal à 1 ; $G_{dB}(\omega_0) = 20 \log H_0$.

Les comportements limites sont les suivants :

- pour $\omega \ll \omega_0 : \underline{H}(j\omega) = \frac{H_0}{Q\omega_0} \times j\omega, G(\omega) = \frac{H_0\omega}{Q\omega_0}, G_{dB}(\omega) = 20 \log\left(\frac{\omega}{\omega_0}\right) + 20 \log\left(\frac{H_0}{Q}\right)$ et $\varphi(\omega) = \frac{\pi}{2}$, le gain en dB a une pente de +20 dB/décade et le filtre est dérivateur ;
- pour $\omega \gg \omega_0 : \underline{H}(j\omega) = \frac{H_0\omega_0}{Qj\omega}, G(\omega) = \frac{H_0\omega_0}{Q\omega}, G_{dB}(\omega) = -20 \log\left(\frac{\omega}{\omega_0}\right) + 20 \log\left(\frac{H_0}{Q}\right)$ et $\varphi(\omega) = -\frac{\pi}{2}$, le gain en dB a une pente de -20 dB/décade et le filtre est intégrateur.

Le diagramme de Bode asymptotique est représenté sur la figure 9.10. Les deux asymptotes de la courbe d'amplitude se coupent en $\omega = \omega_0$.

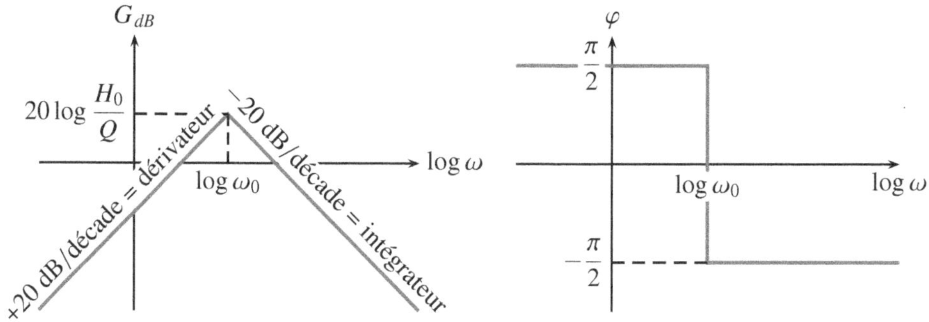

Figure 9.10 – Diagramme de Bode asymptotique d'un filtre passe-bande du deuxième ordre.

Les grandes lignes du comportement du gain apparaissent sur le diagramme asymptotique : le gain est maximal pour la pulsation ω_0 et il décroît lorsqu'on s'éloigne de ω_0. Pour $\omega > \omega_0$ (resp. $\omega < \omega_0$) le gain perd 20 dB chaque fois que la pulsation ω est multipliée (resp. divisée) par 10. Ce comportement correspond à un **filtre passe-bande**.

Un filtre passe-bande est un filtre dont la fonction de gain a les propriétés suivantes :

- $G(0) = 0$;
- $G(\omega)$ tend vers 0 quand ω tend vers l'infini ;
- $G(\omega)$ passe une valeur maximale non nulle H_0 pour une pulsation ω_0.

Exemple

On réalise un filtre passe-bande du deuxième ordre avec un circuit série RLC en prenant le signal de sortie aux bornes du résistor. Ce circuit a été étudié au chapitre précédent pour la résonance d'intensité.

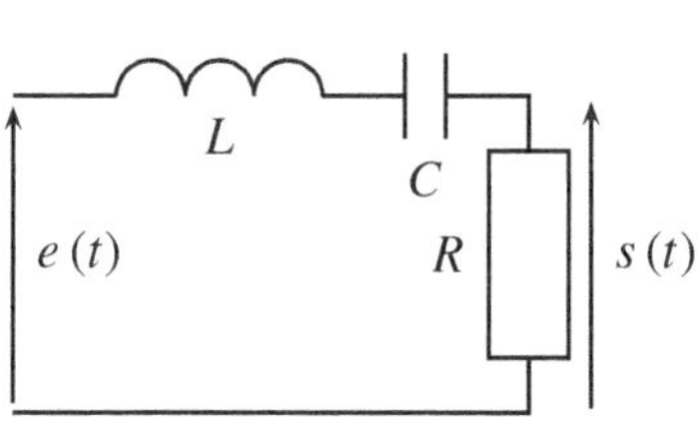

Figure 9.11 – Réalisation d'un filtre passe-bande du deuxième ordre.

D'après la formule du diviseur de tension :

$$\underline{H}(j\omega) = \frac{R}{R + jL\omega + \frac{1}{jC\omega}} = \frac{1}{1 + j\left(\frac{L\omega}{R} - \frac{1}{jC\omega}\right)}.$$

C'est la fonction de transfert d'un filtre passe-bande du deuxième ordre avec : $H_0 = 1$, $\omega_0 = \dfrac{1}{\sqrt{LC}}$ et $Q = \dfrac{1}{R}\sqrt{\dfrac{L}{C}}$.

L'allure de la courbe d'amplitude réelle dépend fortement de la valeur du facteur de qualité, comme le montre les diagrammes de Bode ci-dessous :

- elle passe par le point de coordonnées $(\log \omega_0, 20 \log H_0)$, or les asymptotes se coupent au point $\left(\log \omega_0, 20 \log \frac{H_0}{Q}\right)$, elle se situe donc au-dessus de ses asymptotes pour $Q > 1$ et en dessous de ses asymptotes pour $Q < 1$;
- la courbe d'amplitude présente en $\omega = \omega_0$ un pic d'autant plus étroit que Q est grand (propriété générale des courbes de résonance, vue au chapitre précédent).

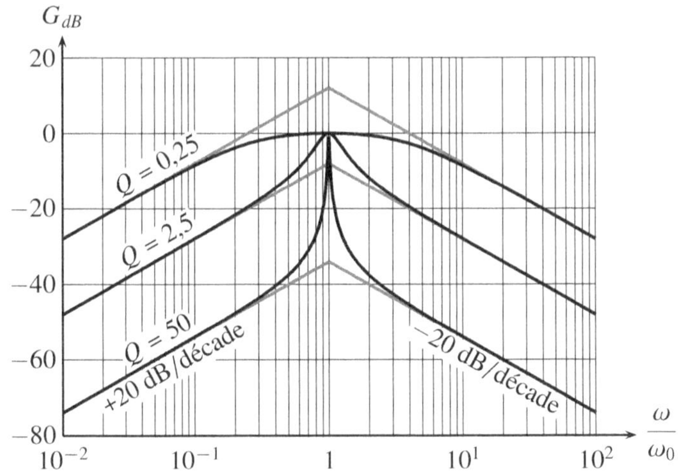

Figure 9.12 – Gain d'un passe-bande du deuxième ordre (les asymptotes sont en gris).

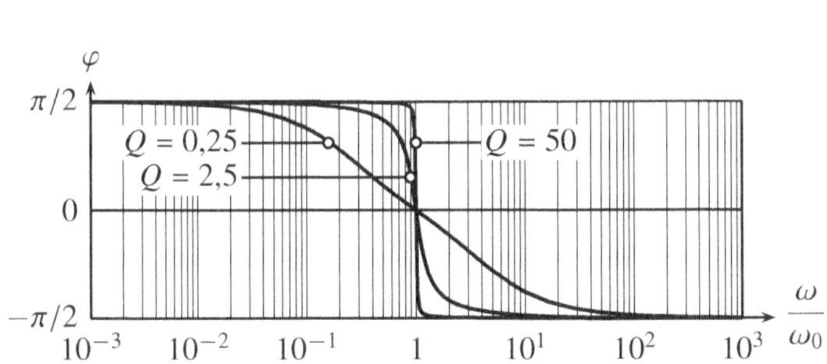

Figure 9.13 – Phase d'un passe-bande du deuxième ordre.

MÉTHODOLOGIE

Sous quelle forme écrire une fonction de transfert ?
▷ *Sous forme d'une fraction avec un polynôme en $j\omega$ au numérateur et au autre polynôme en $j\omega$ au dénominateur.*

Doit-on remplacer $(j\omega)^2$ par $-\omega^2$ dans la fonction de transfert ?
▷ *Ce n'est pas faux mathématiquement, mais cela empêche de détecter les erreurs de calcul (ω est toujours avec son j). Il n'y a pas de règle générale.*

Comment passer de la fonction de transfert à l'équation différentielle et *vice versa* ?
▷ *Écrire la fonction de transfert sur une seule ligne puis utiliser $\frac{\mathrm{d}}{\mathrm{d}t} \leftrightarrow j\omega$.*

De la fonction de transfert à l'équation différentielle...

Par exemple : $\underline{H}(j\omega) = \dfrac{3jRC\omega}{1+2jRC\omega} = \dfrac{\underline{s}(t)}{\underline{e}(t)}$ devient sur une seule ligne :

$(1+2jRC\omega)\,\underline{s}(t) = 3jRC\omega\underline{e}(t)$, d'où $2RC\dfrac{\mathrm{d}s}{\mathrm{d}t}(t) + s(t) = 3RC\dfrac{\mathrm{d}e}{\mathrm{d}t}$;

... et *vice versa* :

$2LC\dfrac{\mathrm{d}^2s}{\mathrm{d}t^2}(t)+5RC\dfrac{\mathrm{d}s}{\mathrm{d}t}(t)+s(t) = 4\,e(t)$ devient $\left(2LC(j\omega)^2+5RCj\omega+1\right)\underline{s}(t) = 4\underline{e}(t)$

d'où $\underline{H}(j\omega) = \dfrac{\underline{s}(t)}{\underline{e}(t)} = \dfrac{4}{2LC(j\omega)^2+5RCj\omega+1} = \dfrac{4}{-2LC\omega^2+5RCj\omega+1}$.

Attention ! $-\omega^2 = (j\omega)^2$

Comment établir rapidement l'équation différentielle qui modélise le comportement d'un système ?
▷ *Se placer formellement en régime sinusoïdal afin d'établir la fonction de transfert, avec les impédances, puis passer à l'équation différentielle.*

Cette méthode est valable même si on mène un essai indiciel (entrée constante égale à E_0), en précisant que le régime sinusoïdal est purement formel et ne sert que d'intermédiaire de calcul.

Comment reconnaître un passe-bas ou un passe-haut du 1er ordre ?
▷ *Le passe-bas laisse passer les basses fréquences* ($\lim_0 \underline{H} \neq 0$) *mais pas les hautes* ($\lim_\infty \underline{H} = 0$).
Le passe-haut coupe les basses fréquences ($\lim_0 \underline{H} = 0$) *mais laisse passer les hautes* ($\lim_\infty \underline{H} \neq 0$).

Comment tracer le diagramme de Bode d'un système du 1er ordre ?

▷ *Écrire la fonction de transfert sous forme canonique, c'est-à-dire avec* $1 + \tau j\omega$ *au dénominateur, puis (passe-bas colonne de gauche, passe-haut colonne de droite) :*

Passe-bas $\underline{H}_{PB}(j\omega) = \dfrac{H_0}{1 + \tau j\omega}$

Passe-haut $\underline{H}_{PH}(j\omega) = H_0 \dfrac{\tau j\omega}{1 + \tau j\omega}$

Placer la pulsation caractéristique $\omega_0 = \dfrac{1}{\tau}$ *sur le diagramme de* *gain.*

Placer l'asymptote horizontale, de pente nulle, sur le diagramme de gain :

pour $\omega < \dfrac{1}{\tau}$: $G_{dB} = 20 \log |H_0|$

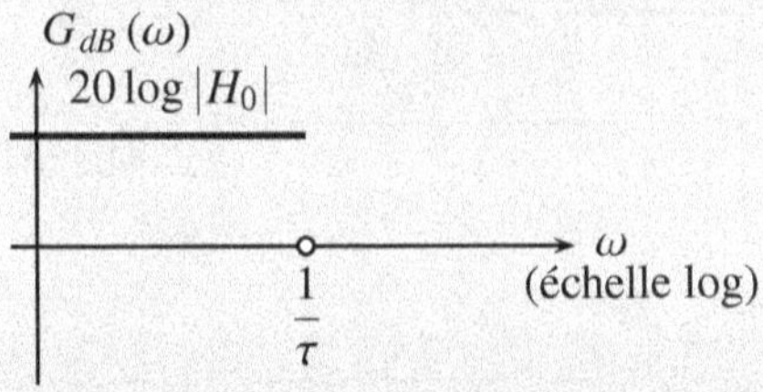

pour $\omega > \dfrac{1}{\tau}$: $G_{dB} = 20 \log |H_0|$

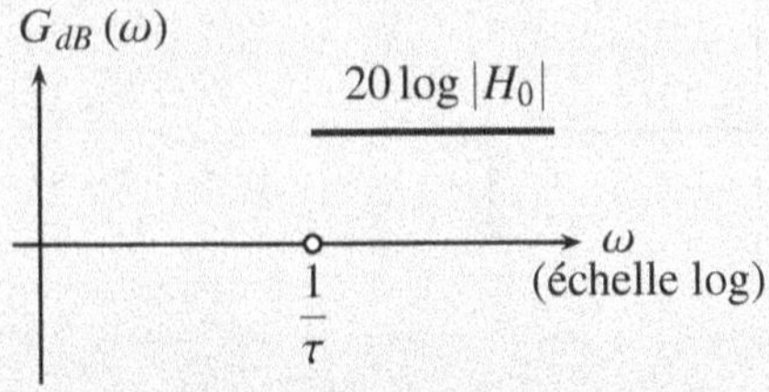

Une fois le diagramme « calé en hauteur », placer l'asymptote oblique :

pour $\omega > \dfrac{1}{\tau}$: *pente* $-\,20\ dB/décade$

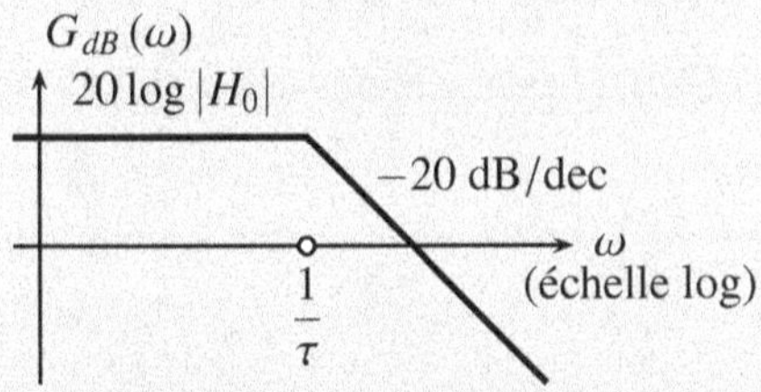

pour $\omega < \dfrac{1}{\tau}$: *pente* $+\,20\ dB/décade$

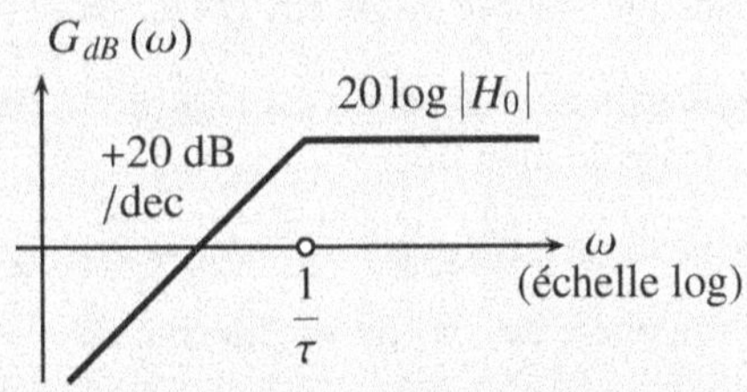

Tracer l'allure du diagramme réel, qui passe 3 dB en dessous du croisement des asymptotes en $\omega = \frac{1}{\tau}$ *:*

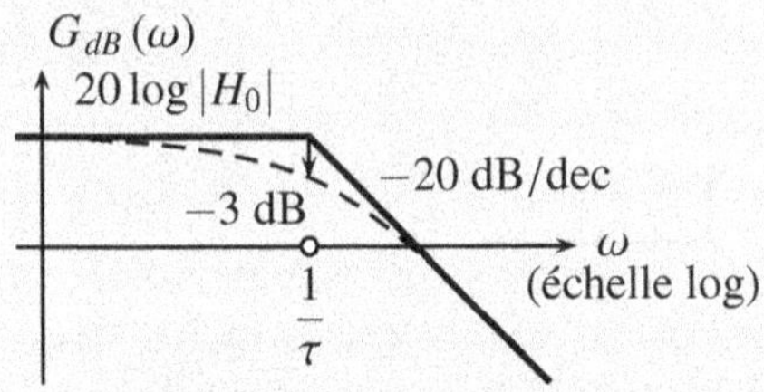

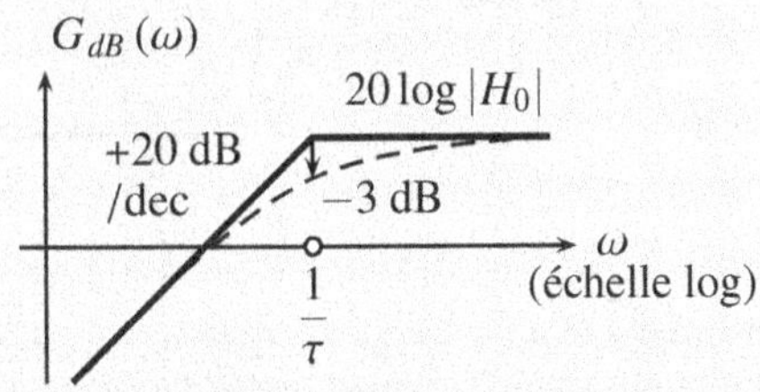

Placer la pulsation caractéristique $\omega_0 = \dfrac{1}{\tau}$ *sur le diagramme de* *phase.*

Placer les phases asymptotiques sur le diagramme de phase :

$\varphi\left(\omega < \dfrac{1}{\omega}\right) = 0,\quad \varphi\left(\omega > \dfrac{1}{\omega}\right) = -\dfrac{\pi}{2}$

$\varphi\left(\omega < \dfrac{1}{\omega}\right) = +\dfrac{\pi}{2},\quad \varphi\left(\omega > \dfrac{1}{\omega}\right) = 0$

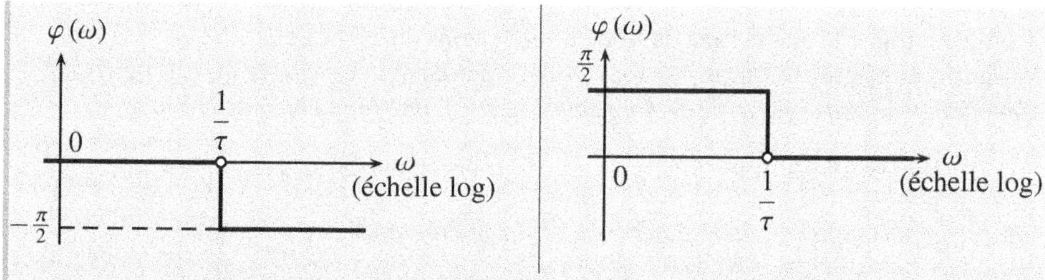

Tracer l'allure du diagramme réel, qui passe par l'angle moitié en $\omega = \frac{1}{\tau}$ *:*

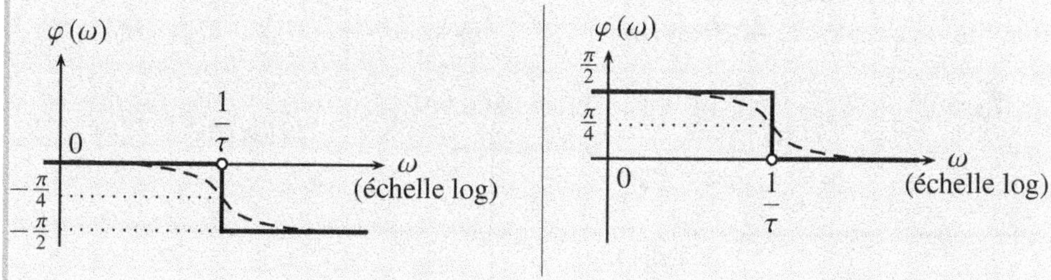

Que faire s'il y a un moins devant la fonction de transfert (ou si $H_0 < 0$) ?
▷ *Ne rien changer au gain ; ajouter* $\pm\pi$ *à la phase.*

Par exemple, pour le passe-bas $\underline{H}(j\omega) = \dfrac{-2}{1+\tau j\omega} = (-1) \times \dfrac{2}{1+\tau j\omega}$:

- le gain ne change pas car $G_{dB}(\omega) = 20\log\left|\underline{H}(j\omega)\right|$: le signe moins disparaît lors de la prise du module ;
- la phase est $\arg(\underline{H}j\omega) = \overbrace{\arg(-1)}^{\pm\pi} + \arg\left(\dfrac{2}{1+\tau j\omega}\right)$; on baisse donc tout le diagramme de phase de $-\pi$ (ou $+\pi$, au choix).

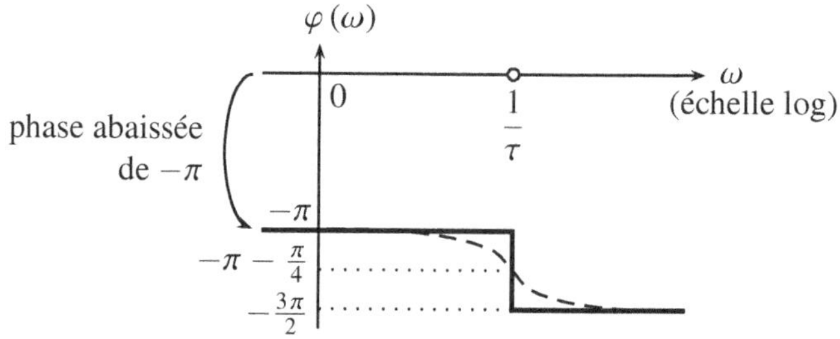

Comment tracer un diagramme de Bode à la calculatrice ?
▷ *Attendu qu'on trace le gain et la phase en fonction de* $\log\omega$, *on convertit les échelles linéaires en échelles logarithmiques avec la transformation* $\omega = 10^x$, *qui est la réciproque de* $x = \log\omega$.

Par exemple, pour $\underline{H}(j\omega) = \dfrac{1}{RCj\omega}$, *de module* $\left|\underline{H}(j\omega)\right| = \dfrac{1}{\sqrt{1+(RC\omega)^2}}$, *on trace à la calculatrice, en fonction de x :* $x \mapsto 20\log\dfrac{1}{\sqrt{1+(RC10^{x})^2}}$ *pour le gain. Lorsqu'on lit* $x = 2$ *sur l'axe des abscisses, il faut ainsi comprendre* $\omega = 10^2$ rad.s^{-1}.

Comment trouver les équations des asymptotes dans le diagramme de Bode d'un système du 1er ordre ?
▷ *Écrire la fonction de transfert sous forme canonique, c'est-à-dire avec* $1 + \tau j\omega$ *au dénominateur, puis la simplifier dans les cas* $\omega \ll \frac{1}{\tau}$ *ou* $\omega \gg \frac{1}{\tau}$.

Si $\omega \ll \frac{1}{\tau}$ alors $\tau\omega \ll 1$ et $1 + \tau j\omega \simeq 1$ et si $\omega \gg \frac{1}{\tau}$ alors $\tau\omega \gg 1$ et $1 + \tau j\omega \simeq \tau j\omega$. On dresse alors un tableau asymptotique.

Exemple du passe-bas $\underline{H}(j\omega) = \dfrac{H_0}{1 + \tau j\omega}$:

La fonction de transfert asymptotique, notée $\underline{H}_{asymp}(j\omega)$, est le rapport entre le numérateur et le dénominateur simplifié.

	$\omega \ll \frac{1}{\tau}$	$\frac{1}{\tau} \ll \omega$
$1 + \tau j\omega \simeq$	1	$\tau j\omega$
$\underline{H}_{asymp}(j\omega) =$	H_0	$\dfrac{H_0}{\tau j\omega}$

Exemple du passe-haut $\underline{H}(j\omega) = H_0\dfrac{\tau j\omega}{1 + \tau j\omega}$:

	$\omega \ll \frac{1}{\tau}$	$\frac{1}{\tau} \ll \omega$
$1 + \tau j\omega \simeq$	1	$\tau j\omega$
$\underline{H}_{asymp}(j\omega) =$	$H_0\tau j\omega$	H_0

On obtient ainsi les équations des asymptotes sur chaque domaine de pulsation.

Comment savoir qu'un filtre se comporte en intégrateur ? en dérivateur ?
▷ *Un filtre est dérivateur dès qu'apparaît une asymptote proportionnelle à* $j\omega$ *ou une pente asymptotique de +20 dB/décade dans le diagramme de Bode en amplitude.*
Un filtre est intégrateur dès qu'apparaît une asymptote proportionnelle à $\frac{1}{j\omega}$ *ou une pente asymptotique de* -20 *dB/décade dans le diagramme de Bode en amplitude.*

En effet, un filtre dérivateur est de la forme $s(t) = \tau\dfrac{\mathrm{d}e}{\mathrm{d}t}(t)$, soit, en notation complexe $\underline{s}(t) = \tau j\omega\underline{e}(t)$. La fonction de transfert d'un dérivateur est donc : $\underline{H}(j\omega) = \tau j\omega$. C'est le cas du passe-haut ci-dessus, dans la zone $\omega \ll \frac{1}{\tau}$.

De plus, sur le diagramme de Bode en amplitude :

$$20\log|\tau j\omega| = 20\log(\tau\omega) = 20\log(\tau) + \underbrace{20}_{\text{pente de }+20\text{ dB/décade}}\log(\omega).$$

Un filtre dérivateur est de la forme $s(t) = \dfrac{1}{\tau}\displaystyle\int e(t)\,\mathrm{d}t$, soit $\dfrac{\mathrm{d}s}{\mathrm{d}t} = \dfrac{1}{\tau}e(t)$ et en notation complexe $\tau j\omega\underline{s}(t) = \underline{e}(t)$. La fonction de transfert d'un dérivateur est donc : $\underline{H}(j\omega) = \frac{1}{\tau j\omega}$. C'est le cas du passe-bas ci-dessus, dans la zone $\frac{1}{\tau} \ll \omega$.

De plus, sur le diagramme de Bode en amplitude :

$$20\log\left|\frac{1}{\tau j\omega}\right| = -20\log(\tau\omega) = -20\log(\tau) \underbrace{-20}_{\text{pente de } -20 \text{ dB/décade}} \log(\omega)\,.$$

Y a-t-il résonance dans un système du 1er ordre ?
▷ *Non, la courbe de gain ne passe pas par un maximum ailleurs qu'en* $\omega = 0$ *et* $\omega \to \infty$.

Comment calculer la sortie d'un filtre du 1er ordre à une excitation sinusoïdale ?
▷ *Écrire la sortie en notation complexe puis la fonction de transfert sous forme module* $\times$ $\exp(j \arg)$ *; repasser en notation réelle à la fin.*

Par exemple : $e(t) = E_0 \cos(\omega t) \longrightarrow \boxed{\underline{H}(j\omega) = \dfrac{2}{1 + j\tau\omega}} \longrightarrow s(t) = \,?$

Écriture de s en notation complexe :

$$\underline{s}(t) = \underline{H}(j\omega) \times \underline{e}(t) = \underline{H}(j\omega) \times E_0 e^{j\omega t},$$

avec $\underline{H}$ en notation exponentielle :

$$|\underline{H}(j\omega)| = \frac{|\text{ numérateur }|}{|\text{ dénominateur }|} = \frac{2}{\sqrt{Re^2 + Im^2}} = \frac{2}{\sqrt{1 + (\tau\omega)^2}}$$

$$\arg(\underline{H}(j\omega)) = \arg(\text{numérateur}) - \arg(\text{dénominateur}) = 0 - \arctan\left(\frac{Im}{Re}\right)$$

$$\arg(\underline{H}(j\omega)) = -\arctan(\tau\omega)$$

$$\underline{H}(j\omega) = \frac{2}{1 + j\tau\omega} = \frac{2}{\sqrt{1 + (\tau\omega)^2}} \exp(-j \arctan(\tau\omega)),$$

ainsi :

$$\underline{s}(t) = \frac{2E_0}{\sqrt{1 + (\tau\omega)^2}} \exp(j(\omega t - \arctan(\tau\omega))),$$

puis en notation réelle :

$$s(t) = \frac{2E_0}{\sqrt{1 + (\tau\omega)^2}} \cos(\omega t - \arctan(\tau\omega))\,.$$

Comment calculer la sortie d'un filtre du 2e ordre à une excitation sinusoïdale ?
▷ *Utiliser la même méthode que pour un filtre du 1er ordre.*

Par exemple : $e(t) = E_0 \cos(\omega t) \longrightarrow \boxed{\underline{H}(j\omega) = \dfrac{2}{1 + 3\frac{j\omega}{\omega_0} + 5\left(\frac{j\omega}{\omega_0}\right)^2}} \longrightarrow s(t) = \,?$

Écriture de s en notation complexe :

$$\underline{s}(t) = \underline{H}(j\omega) \times \underline{e}(t) = \underline{H}(j\omega) \times E_0 e^{j\omega t},$$

avec $\underline{H}$ en notation exponentielle (en grisant les parties réelle et imaginaire du dénominateur) :

$$\underline{H}(j\omega) = \frac{2}{1 + 3\frac{j\omega}{\omega_0} + 5\left(\frac{j\omega}{\omega_0}\right)^2} = \frac{2}{1 - 5\left(\frac{\omega}{\omega_0}\right)^2 + j\,3\frac{\omega}{\omega_0}}$$

$$|\underline{H}(j\omega)| = \frac{|\text{ numérateur }|}{|\text{ dénominateur }|} = \frac{2}{\sqrt{Re^2 + Im^2}} = \frac{2}{\sqrt{\left(1 - 5\left(\frac{\omega}{\omega_0}\right)^2\right)^2 + \left(3\frac{\omega}{\omega_0}\right)^2}}$$

$$\arg(\underline{H}(j\omega)) = \arg(\text{numérateur}) - \arg(\text{dénominateur}) = 0 - \arctan\left(\frac{Im}{Re}\right)$$

$$\arg(\underline{H}(j\omega)) = -\arctan\left(\frac{3\frac{\omega}{\omega_0}}{1 - 5\left(\frac{\omega}{\omega_0}\right)^2}\right)$$

$$\underline{H}(j\omega) = \frac{2}{\sqrt{\left(1 - 5\left(\frac{\omega}{\omega_0}\right)^2\right)^2 + \left(3\frac{\omega}{\omega_0}\right)^2}} \exp\left(-j\arctan\left(\frac{3\frac{\omega}{\omega_0}}{1 - 5\left(\frac{\omega}{\omega_0}\right)^2}\right)\right)$$

ainsi :

$$\underline{s}(t) = \frac{2}{\sqrt{\left(1 - 5\left(\frac{\omega}{\omega_0}\right)^2\right)^2 + \left(3\frac{\omega}{\omega_0}\right)^2}} \exp\left(-j\arctan\left(\frac{3\frac{\omega}{\omega_0}}{1 - 5\left(\frac{\omega}{\omega_0}\right)^2}\right)\right) \times E_0 \exp(j\omega t),$$

puis en notation réelle :

$$s(t) = \frac{2E_0}{\sqrt{\left(1 - 5\left(\frac{\omega}{\omega_0}\right)^2\right)^2 + \left(3\frac{\omega}{\omega_0}\right)^2}} \cos\left(\omega t - \arctan\left(\frac{3\frac{\omega}{\omega_0}}{1 - 5\left(\frac{\omega}{\omega_0}\right)^2}\right)\right).$$

Comment reconnaître un passe-bas, passe-bande ou passe-haut du 2e ordre ?

▷ *Le passe-bas laisse passer les basses fréquences* ($\lim_0 \underline{H} \neq 0$) *mais pas les hautes* ($\lim_\infty \underline{H} = 0$).

Le passe-bande coupe les basses fréquences ($\lim_0 \underline{H} = 0$) *et les hautes* ($\lim_\infty \underline{H} = 0$).

Le passe-haut coupe les basses fréquences ($\lim_0 \underline{H} = 0$) *mais laisse passer les hautes* ($\lim_\infty \underline{H} \neq 0$).

Comment trouver les équations des asymptotes dans le diagramme de Bode d'un système du 2e ordre ?

▷ *Écrire la fonction de transfert sous forme canonique, c'est-à-dire avec le dénominateur en* $1 + \frac{1}{Q}\frac{j\omega}{\omega_0} + \left(\frac{j\omega}{\omega_0}\right)^2$, *puis la simplifier dans les cas* $\omega \ll \omega_0$ *ou* $\omega_0 \ll \omega$.

Si $\omega \ll \omega_0$ alors le terme prédominant est celui de plus faible degré, c'est-à-dire celui de puissance nulle : $1 + \frac{1}{Q}\frac{j\omega}{\omega_0} + \left(\frac{j\omega}{\omega_0}\right)^2 \simeq 1$ et si $\omega_0 \ll \omega$ le terme prédominant est celui de plus haut degré, c'est-à-dire le carré : $1 + \frac{1}{Q}\frac{j\omega}{\omega_0} + \left(\frac{j\omega}{\omega_0}\right)^2 \simeq \left(\frac{j\omega}{\omega_0}\right)^2$.

Exemple du passe-bas :

$$\underline{H}(j\omega) = \frac{H_0}{1 + \frac{1}{Q}\frac{j\omega}{\omega_0} + \left(\frac{j\omega}{\omega_0}\right)^2}$$

	$\omega \ll \omega_0$	$\omega_0 \ll \omega$
$1 + \frac{1}{Q}\frac{j\omega}{\omega_0} + \left(\frac{j\omega}{\omega_0}\right)^2$	1	$\left(\frac{j\omega}{\omega_0}\right)^2$
$\underline{H}_{asymp}(j\omega) =$	H_0	$\frac{H_0\omega_0^2}{(j\omega)^2}$

Exemple du passe-haut :

$$\underline{H}(j\omega) = H_0\frac{\frac{1}{Q}\frac{j\omega}{\omega_0}}{1 + \frac{1}{Q}\frac{j\omega}{\omega_0} + \left(\frac{j\omega}{\omega_0}\right)^2}$$

	$\omega \ll \omega_0$	$\omega_0 \ll \omega$
$1 + \frac{1}{Q}\frac{j\omega}{\omega_0} + \left(\frac{j\omega}{\omega_0}\right)^2$	1	$\left(\frac{j\omega}{\omega_0}\right)^2$
$\underline{H}_{asymp}(j\omega) =$	$\frac{H_0}{Q}\frac{j\omega}{\omega_0}$	$\frac{H_0}{Q}\frac{\omega_0}{j\omega}$

On obtient ainsi les équations des asymptotes sur chaque domaine de pulsation.

Comment trouver les équations des asymptotes pour un système du 2e ordre dont le dénominateur est scindé en deux 1ers ordres ?

▷ *Écrire chaque terme de la fonction de transfert sous forme canonique, c'est-à-dire avec* $1 + \tau j\omega$ *au dénominateur, puis la simplifier dans les cas* $\omega \ll \frac{1}{\tau}$ *ou* $\omega \gg \frac{1}{\tau}$.

Exemple de $\underline{H}(j\omega) = \frac{3}{(1+\tau_1 j\omega)(1+\tau_2 j\omega)}$, où $\tau_1 > \tau_2$:

	$\omega \ll \frac{1}{\tau_1}$	$\frac{1}{\tau} \ll \omega \ll \frac{1}{\tau_2}$	$\frac{1}{\tau_2} \ll \omega$
$1 + \tau_1 j\omega \simeq$	1	$\tau_1 j\omega$	$\tau_1 j\omega$
$1 + \tau_2 j\omega \simeq$	1	1	$\tau_2 j\omega$
$\underline{H}_{asymp}(j\omega) =$	3	$\frac{3}{\tau_1 j\omega}$	$\frac{3}{\tau_1 j\omega \times \tau_2 j\omega} = \frac{3}{\tau_1\tau_2(j\omega)^2}$

Quand y a-t-il résonance dans un système du 2e ordre ?

▷ *Pour un passe-bas (ou un passe-haut), il faut* $Q > \frac{1}{\sqrt{2}}$. *Il y a toujours résonance pour un passe-bande.*

Comment relier la pente des asymptotes et la phase à la fonction de transfert ?
▷ *Simplifier asymptotiquement la fonction de transfert puis utiliser les correspondances :*

$\underline{H}_{asymp}(j\omega)$	*pente*	*phase*	*comportement*
$H_0\,j\omega$	+20 *dB/décade*	$+\frac{\pi}{2}$	*dérivateur*
$H_0\,(j\omega)^2$	+40 *dB/décade*	$2\times\frac{\pi}{2}=\pi$	
$\frac{H_0}{j\omega}$	−20 *dB/décade*	$-\frac{\pi}{2}$	*intégrateur*
$\frac{H_0}{(j\omega)^2}$	−40 *dB/décade*	$2\times\left(-\frac{\pi}{2}\right)=-\pi$	

En effet, les phases sont :

- $\arg(H_0\,j\omega)=\arg(H_0)+\arg(j\omega)=0+\frac{\pi}{2}$;
- $\arg\left(H_0\,(j\omega)^2\right)=\arg(H_0)+\arg(j\omega)+\arg(j\omega)=0+\frac{\pi}{2}+\frac{\pi}{2}=\pi$;
- $\arg\left(\frac{H_0}{j\omega}\right)=\arg(H_0)-\arg(j\omega)=0-\frac{\pi}{2}=-\frac{\pi}{2}$;
- $\arg\left(\frac{H_0}{(j\omega)^2}\right)=\arg(H_0)-\arg(j\omega)-\arg(j\omega)=0-\frac{\pi}{2}-\frac{\pi}{2}=-\pi$.

PROGRAMME OFFICIEL ET SOMMAIRE DES EXERCICES

NOTIONS ET CONTENUS	CAPACITÉS EXIGIBLES
Fonction de transfert harmonique. Diagramme de Bode. ► 9.C1 9.C2 9.C3 ► 9.C6 9.C7 9.C9 ▷ 9.1 9.2 9.3 9.4 9.9 9.10	Tracer le diagramme de Bode (amplitude et phase) associé à une fonction de transfert d'ordre 1. Utiliser une fonction de transfert donnée d'ordre 1 ou 2 (ou ses représentations graphiques) pour étudier la réponse d'un système linéaire à une excitation sinusoïdale. Utiliser les échelles logarithmiques et interpréter les zones rectilignes des diagrammes de Bode en amplitude d'après l'expression de la fonction de transfert.
Modèles de filtres passifs : passe-bas et passe-haut d'ordre 1, passe-bas et passe-bande d'ordre 2. ► 9.C4 9.C5 9.C8 ▷ 9.5 9.6 9.7 9.8	Expliciter les conditions d'utilisation d'un filtre en tant qu'intégrateur ou dérivateur.

EXERCICES ★ (LE COURS)

9.C1 Définitions Pour un système de fonction de transfert $\underline{H}(j\omega)$, écrire les définitions :

1) du gain ;

2) de la phase.

9.C2 Système *RC* (1) Soit le filtre de la figure 9.3, p. 225.

1) Établir sa fonction de transfert.

2) Établir son gain et sa phase ; préciser leurs valeurs en $\omega = \frac{1}{RC}$.

3) Tracer son diagramme de Bode.

9.C3 Système *RC* (2) Soit le filtre de la figure 9.5, p. 227.

1) Établir sa fonction de transfert.

2) Établir son gain et sa phase ; préciser leurs valeurs en $\omega = \frac{1}{RC}$.

3) Tracer son diagramme de Bode.

9.C4 Système *RLC* (1) Soit le filtre de la figure 9.7, p. 228.

1) Établir sa fonction de transfert.

2) Expliquer pourquoi le filtre est un passe-bas.

9.C5 Système *RLC* (2) Soit le filtre de la figure 9.11, p. 230.

1) Établir sa fonction de transfert.

2) Expliquer pourquoi le filtre est un passe-bande.

9.C6 Réponse d'un système du premier ordre Établir l'expression de la sortie du système, décrit par sa fonction de transfert $\underline{H}(j\omega) = \frac{2}{1+j\tau\omega}$, à l'entrée $e(t) = E_0 \cos(\omega t)$.

9.C7 Réponse d'un système du deuxième ordre Établir l'expression de la sortie du système, décrit par sa fonction de transfert $\underline{H}(j\omega)$, à l'entrée $e(t) = E_0 \cos(\omega t)$:

$$\underline{H}(j\omega) = \frac{2}{1 + 3\frac{j\omega}{\omega_0} + 5\left(\frac{j\omega}{\omega_0}\right)^2}.$$

9.C8 Dérivation et intégration Quelle doit être la pente du gain en dB pour qu'un système soit dérivateur ? intégrateur ?

9.C9 Équation différentielle Établir l'équation différentielle reliant l'entrée et la sortie du filtre de fonction de transfert $\underline{H}(j\omega) = \dfrac{3jRC\omega}{1 + 2jRC\omega}$.

EXERCICES ★★

9.1 Gain

Un filtre présente un gain de $-3{,}8$ dB. Quel est le facteur multiplicatif entre les tensions d'entrée et de sortie ?

9.2 Gain et déphasage

Lorsque la tension d'entrée est $e(t) = E_0 \cos(\omega t)$, un filtre présente une sortie $s(t) = 12{,}3 \times E_0 \cos\left(\omega t - \frac{\pi}{4}\right)$. Quel est le gain en dB du filtre, ainsi que le déphasage ?

9.3 Simplification d'une fonction de transfert

On considère le filtre de fonction de transfert $\underline{H}(j\omega) = \dfrac{1}{2 + 4.10^{-2} j\omega}$.

1) Quelle est la constante de temps τ du filtre ? Quelle est sa pulsation caractéristique ω_c ?

2) Tracer l'allure du diagramme de Bode.

3) La tension d'entrée est $e(t) = E_0 \cos(\omega_0 t)$, où $E_0 = 1{,}5$ V et $\omega_0 = 1{,}0.10^4$ rad.s^{-1}. Comment se simplifie la fonction de transfert ? En déduire l'expression de la tension de sortie.

4) La tension d'entrée est $e(t) = E_1 \cos(\omega_1 t)$, où $E_1 = 1{,}5$ V et $\omega_1 = 1{,}0$ rad.s^{-1}. Comment se simplifie la fonction de transfert ? En déduire l'expression de la tension de sortie.

5) Le filtre est-il passe-bas ? passe-haut ? Est-il dérivateur ou intégrateur dans une zone limitée de pulsations ?

9.4 Passe-haut

On considère le filtre de fonction de transfert $\underline{H}(j\omega) = \dfrac{4j\omega}{1 + 2.10^{-3} j\omega}$.

1) Pourquoi reconnaît-on un filtre passe-haut ?

2) Quelle est la constante de temps τ du filtre ? Quelle est sa pulsation caractéristique ω_c ?

3) Tracer l'allure du diagramme de Bode.

4) Le filtre est-il dérivateur ou intégrateur dans une zone limitée de pulsations ?

5) Que vaut la tension de sortie si celle d'entrée est $e(t) = E_0 =$ constante ?

6) Établir l'expression de la tension de sortie si celle d'entrée est $e(t) = E_0 \cos(\omega_0 t)$, où $E_0 = 2{,}5$ V et $\omega_0 = 1{,}0$ rad.s^{-1}.

9.5 Identification

Établir l'expression de la fonction de transfert du filtre dont on présente ci-dessous le diagramme de Bode en amplitude.

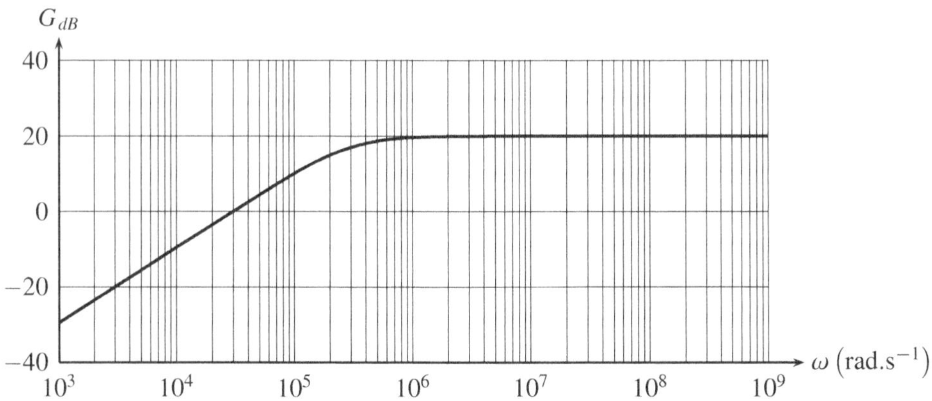

EXERCICES ★★★

9.6 Déphaseur

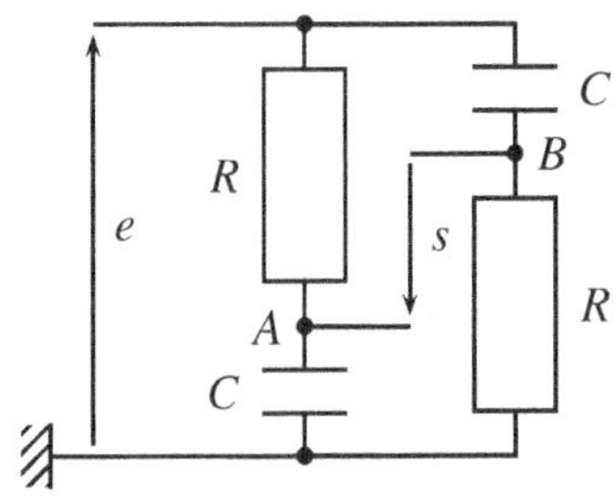

1) En se plaçant en régime sinusoïdal de pulsation ω, exprimer les potentiels $\underline{v}_A$ et $\underline{v}_B$ en fonction de $\underline{e}$, ω, R et C. En déduire la fonction de transfert de ce montage.

2) Calculer le gain et justifier le nom de déphaseur donné à ce montage.

3) Déterminer le déphasage entre $s(t)$ et $e(t)$ dans les trois cas suivants : $RC\omega \ll 1$, $RC\omega = 1$ et $RC\omega \gg 1$.

9.7 Filtre passe-bas d'ordre 2 à fort coefficient d'amortissement

On considère le filtre dont la fonction de transfert est :

$$\underline{H}(j\omega) = \frac{1}{\left(1 + j\frac{\omega}{\omega_1}\right)\left(1 + j\frac{\omega}{\omega_2}\right)} \quad \text{où } \omega_1 \text{ et } \omega_2 \text{ sont des constantes.}$$

1) Montrer qu'il s'agit d'un filtre passe-bas du deuxième ordre et donner les expressions du paramètre d'amortissement ξ et de la pulsation propre ω_0 de ce filtre en fonction de ω_1 et ω_2. Calculer numériquement ξ si $\omega_2 = 100\omega_1$.

2) Déterminer les pentes des asymptotes à la courbe d'amplitude du diagramme de Bode dans le cas où $\omega_2 \gg \omega_1$. Quel comportement remarquable du filtre apparaît ?

9.8 Diagrammes de Bode asymptotiques

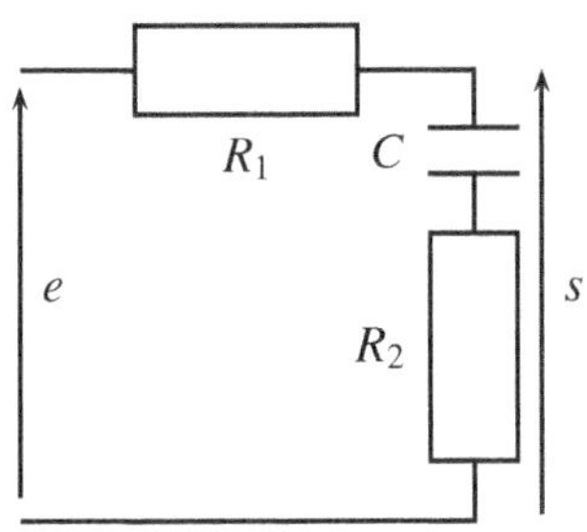

1) On considère le circuit ci-contre réalisé avec $R_1 = 1{,}0.10^5\ \Omega$, $R_2 = 1{,}0\ \text{k}\Omega$ et $C = 1{,}0\ \mu\text{F}$.
Montrer que la fonction de transfert de ce filtre se met sous la forme $\underline{H}(j\omega) = \dfrac{1 + j\omega\tau}{1 + j\omega\tau'}$. Exprimer τ et τ' en fonction de R_1, R_2 et C et calculer numériquement.

2) Quelles sont les pentes des asymptotes à la courbe de gain du diagramme de Bode ? Le filtre présente-t-il un comportement intégrateur ? dérivateur ?

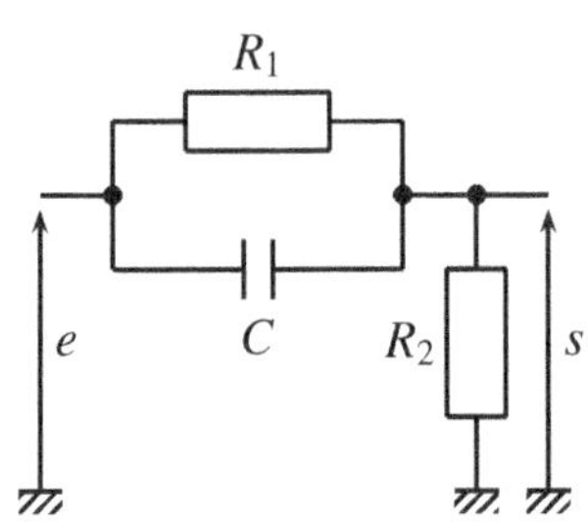

3) Montrer que la fonction de transfert du filtre représenté ci-contre se met sous la forme :

$$\underline{H}(j\omega) = a\frac{1 + j\omega/\omega_1}{1 + j\omega/\omega_2}.$$

Préciser les expressions de a, ω_1 et ω_2 en fonction de R_1, R_2 et C.

Lequel des deux diagrammes asymptotiques représentés ci-dessous correspond à ce filtre ? On donne $\omega_1 = 10\,\text{rad.s}^{-1}$. Calculer ω_2.

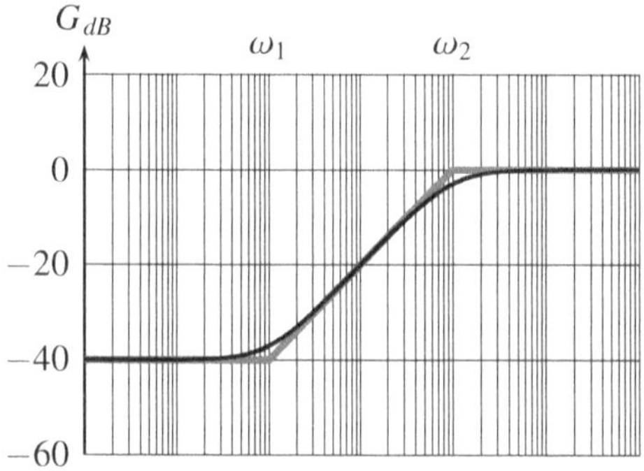

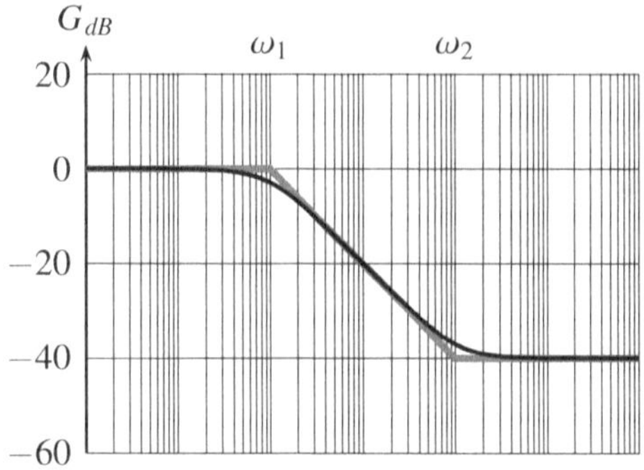

9.9 Réponse d'un filtre à un signal sinusoïdal

On fait passer le signal $e(t) = 5{,}0\cos\left(4{,}0.10^3\pi t\right)$ où $e(t)$ est en V et t en s dans un filtre de gain maximum $G_0 = 1$. En utilisant les diagramme de Bode des pages 223, 229 et 231, exprimer le signal de sortie $s(t)$ lorsque ce filtre est :

1) un filtre passe-bas du premier ordre de fréquence de coupure $f_0 = 2{,}0.10^3$ Hz ;

2) un filtre passe-bas du premier ordre de fréquence de coupure $f_0 = 1{,}0.10^2$ Hz ;

3) un filtre passe-bas du deuxième ordre de fréquence de référence $f_0 = 1{,}0.10^2$ Hz et de facteur d'amortissement $\xi = 1{,}4$;

4) un filtre passe-bas du deuxième ordre de fréquence de référence $f_0 = 4{,}0$ kHz et de facteur d'amortissement $\xi = 1{,}4$;

5) un filtre passe-bas du deuxième ordre de fréquence de référence $f_0 = 4{,}0$ kHz et de facteur d'amortissement $\xi = \frac{1}{\sqrt{2}}$;

6) un filtre passe-bande du deuxième ordre de fréquence de référence $f_0 = 1$ kHz et de facteur de qualité $Q = 2{,}5$.

9.10 Filtre *RL* alimenté par un générateur réel

Une charge RL est alimentée par un générateur de f.é.m. $e(t)$ et de résistance interne R_g.

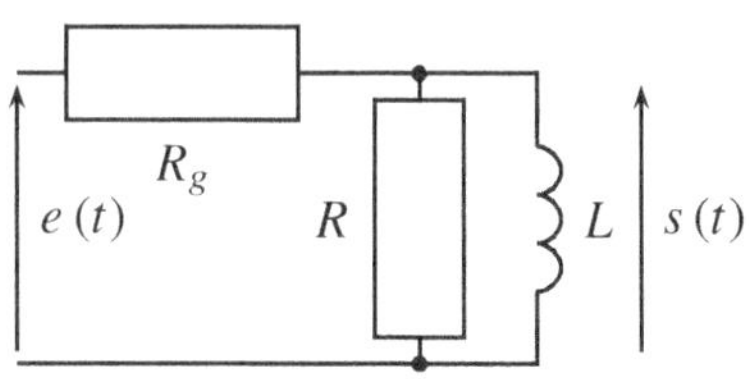

1) Par des considérations « basses » et « hautes » fréquences, déterminer la nature du filtre.

2) Établir la fonction de transfert. Retrouve-t-on l'analyse précédente ?

3) Tracer le diagramme de Bode dans le cas où $R_g = R = 50\ \Omega$ et $L = 50$ mH.

CORRIGÉS

9.C1 (**1**) $G_{dB}(\omega) = 20\log|\underline{H}(j\omega)|$; (**2**) $\varphi(\omega) = \arg(\underline{H}(j\omega))$.

9.C2 *Cf. p. 225.*

9.C3 *Cf.* p. 227.

9.C4 (**1**) *Cf.* p. 228 ; (**2**) car $\underline{H}(0) \neq 0$ et $\lim_{\infty} \underline{H} = 0$.

9.C5 (**1**) *Cf.* p. 230 ; (**2**) car $\underline{H}(0) = 0$ et $\lim_{\infty} \underline{H} = 0$.

9.C6 *Cf.* méthodologie p. 236.

9.C7 *Cf.* méthodologie p. 236.

9.C8 +20 dB/décade ; −20 dB/décade.

9.C9 *Cf.* méthodologie p. 232.

9.1 Gain

On cherche $G = \frac{S_0}{E_0}$. Attendu que $G_{dB} = -3{,}8 = 20\log G$, $G = 10^{-\frac{3,8}{20}} = 0{,}65$.

9.2 Gain et déphasage

Le gain vaut $G = 12{,}3$, soit $G_{dB} = 20\log(12{,}3) = 22$ dB. Le déphasage vaut $-\frac{\pi}{4}$.

9.3 Simplification d'une fonction de transfert

1) Sous forme normalisée, c'est-à-dire avec un dénominateur en $1 + j\tau\omega$ ou $1 + j\frac{\omega}{\omega_c}$, la fonction de transfert est $\underline{H}(j\omega) = \dfrac{1}{2 + 4.10^{-2}j\omega}$, soit en factorisant $\underline{H}(j\omega) = \dfrac{1}{2} \times \dfrac{1}{1 + 2.10^{-2}j\omega}$; d'où $\tau = 2.10^{-2}$ s et ensuite $\omega_c = \frac{1}{2.10^{-2}} = 5{,}0.10^{1}$ rad.s^{-1}.

	$\omega \ll \omega_c$	$\omega_c \ll \omega$
$1 + 2.10^{-2}j\omega \simeq$	1	$2.10^{-2}j\omega$
$\underline{H}_a(j\omega) =$	$\frac{1}{2}$	$\frac{1}{4.10^{-2}j\omega} = \frac{25}{j\omega}$
pente =	nulle	−20 dB/décade
$\varphi =$	0	$-\frac{\pi}{2}$
comportement		intégrateur

2) On simplifie la fonction de transfert selon que $\omega \ll \omega_c$ ou $\omega_c \ll \omega$ (tableau ci-dessus). Pour le gain en dB, l'asymptote horizontale est en $20\log\frac{1}{2} = -6{,}0$ dB. Le diagramme de Bode est tracé en fin d'exercice.

3) $\omega_0 \gg \omega_c$ donc on est dans la zone intégratrice où $\underline{s}(t) = \frac{25}{j\omega}\underline{e}(t)$:

$$\underline{s}(t) = \frac{25}{j\omega_0} \times E_0 e^{j\omega_0 t} = \frac{25}{\omega_0} e^{-j\frac{\pi}{2}} \times E_0 e^{j\omega_0 t} = \frac{25\,E_0}{\omega_0} e^{j\left(\omega_0 t - \frac{\pi}{2}\right)},$$

donc $s(t) = \frac{25\,E_0}{\omega_0}\cos\left(\omega_0 t - \frac{\pi}{2}\right) = -S_0 \sin(\omega_1 t)$ où $S_0 = \frac{25\,E_0}{\omega_0} = 3{,}7.10^{-3}$ V.

4) $\omega_1 \ll \omega_c$ donc on est dans la zone de pente nulle $\underline{s}(t) = \frac{1}{2}\underline{e}(t)$, alors : $s(t) = S_1\cos(\omega_1 t)$, où $S_1 = \frac{E_1}{2} = 7{,}5.10^{-1}$ V.

5) Le filtre est un passe-bas, jamais dérivateur et intégrateur pour les pulsations $\omega \gg \omega_c$, soit $\omega \in [10\omega_c, +\infty[$.

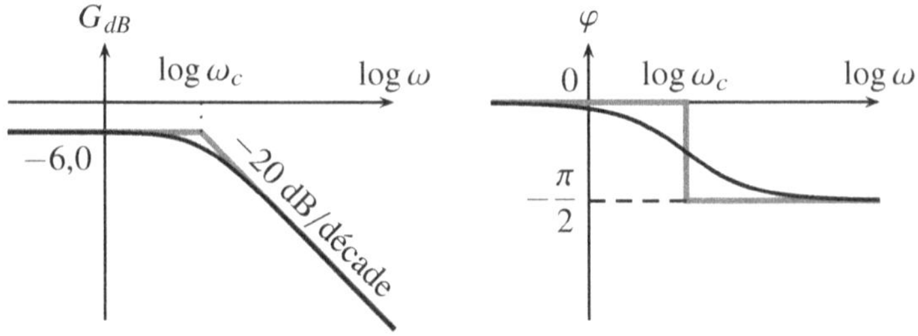

9.4 Passe-haut

1) Les basses fréquences ne passent pas car $\underline{H}(0) = 0$, alors que les hautes passent car $\underline{H}(\infty) \neq 0$.

2) La forme normalisée est avec un dénominateur en $1 + j\tau\omega$ ou $1 + j\frac{\omega}{\omega_c}$, d'où $\tau = 2.10^{-3}$ s et $\omega_c = \frac{1}{2.10^{-3}} = 5{,}0.10^2$ rad.s^{-1}.

	$\omega \ll \omega_c$	$\omega_c \ll \omega$
$1 + 2.10^{-2} j\omega \simeq$	1	$2.10^{-2} j\omega$
$H_a(j\omega) =$	$4j\omega$	$\frac{4j\omega}{2.10^{-3} j\omega} = 2.10^3$
pente =	+20 dB/décade	nulle
$\varphi =$	$\frac{\pi}{2}$	0
comportement	dérivateur	

3) On simplifie la fonction de transfert selon que $\omega \ll \omega_c$ ou $\omega_c \ll \omega$ dans le tableau ci-dessus. Pour le gain en dB, l'asymptote horizontale est en $20 \log 2.10^3 = 66$ dB.

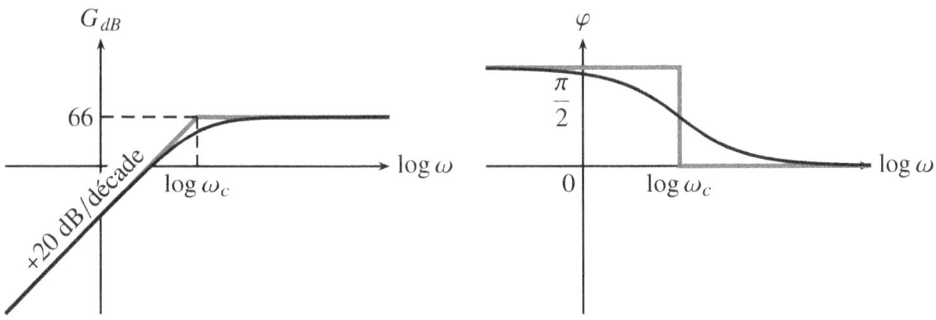

4) Dérivateur pour $\omega \ll \omega_c$, soit $\omega \in \left[0, \frac{1}{10}\omega_c\right]$.

5) Un terme constant est un terme de pulsation nulle, car $e(t) = E_0 = E_0 \cos(0 \times t)$ donc $\underline{s}(t) = \underline{H}(j \times 0)\, \underline{e}(t) = 0$: $s(t) = 0$.

6) $\omega_0 \gg \omega_c$ donc on est dans la zone dérivatrice où $\underline{s}(t) = 4j\omega\, \underline{e}(t)$; attendu que le signal d'entrée est à la pulsation ω_0, $\underline{s}(t) = 4j\omega_0 \times E_0 e^{j\omega_0 t} = 4E_0\omega_0 e^{j\left(\omega_0 t + \frac{\pi}{2}\right)}$, puis $s(t) = 4E_0\omega_0 \cos\left(\omega_0 t + \frac{\pi}{2}\right) = -4E_0\omega_0 \sin(\omega_0 t)$. L'amplitude de la sortie est $4E_0\omega_0 = 10$ V.

9.5 Identification

On reconnaît un passe-haut, mais de quel ordre ? On observe que sur une décade, de 10^3 rad.s^{-1} à 10^4 rad.s^{-1}, le gain augmente de +20 dB, soit une pente de +20 dB/décade ; il s'agit d'un premier ordre, dont la forme normalisée est $\underline{H}(j\omega) = H_0 \dfrac{j\tau\omega}{1 + j\tau\omega}$ ou $\underline{H}(j\omega) = H_0 \dfrac{j\frac{\omega}{\omega_c}}{1 + j\frac{\omega}{\omega_c}}$.

Il faut trouver les valeurs de ω_c et H_0.

Sa pulsation caractéristique ω_c est lue au croisement des asymptotes : $\omega_c = 3{,}0.10^5$ rad.s^{-1}.

Quant à H_0, en hautes fréquences, c'est-à-dire pour $\omega \gg \omega_c$, $\underline{H}(j\omega) = H_0 \dfrac{j\frac{\omega}{\omega_c}}{j\frac{\omega}{\omega_c}} = H_0$.

Attendu que l'asymptote horizontale est 20 dB, on en déduit $20 \log |H_0| = 20$, soit $|H_0| = 10$, c'est-à-dire $H_0 = \pm 10$ (sans courbe de phase, on ne peut trancher).

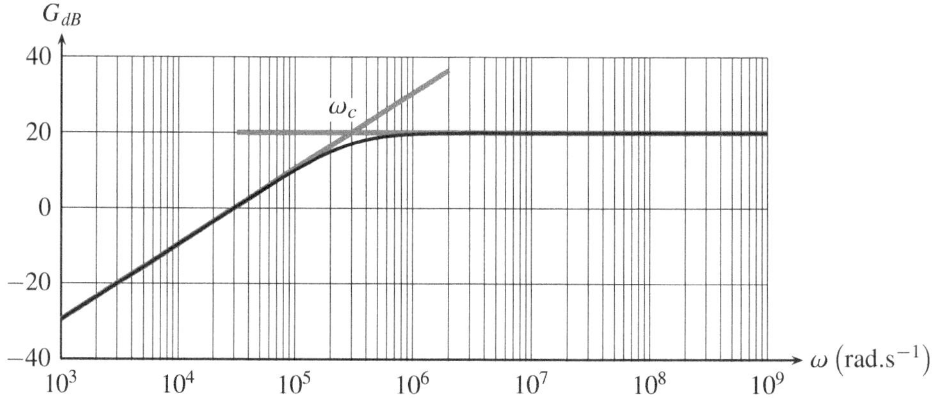

9.6 Déphaseur

1) On peut appliquer deux fois la formule du diviseur de tension :

$$\underline{v}_A - 0 = \frac{\frac{1}{jC\omega}}{\frac{1}{jC\omega} + R}\underline{e}(t) = \frac{1}{1 + jRC\omega}\underline{e} \quad \text{et} \quad \underline{v}_B - 0 = \frac{R}{R + \frac{1}{jC\omega}}\underline{e}(t) = \frac{jRC\omega}{1 + jRC\omega}\underline{e}.$$

Or : $\underline{s} = \underline{u}_{BA} = \underline{u}_A - \underline{u}_B$; il vient donc : $\underline{H}(j\omega) = \dfrac{\underline{s}}{\underline{e}} = \dfrac{1}{1 + jRC\omega} - \dfrac{jRC\omega}{1 + jRC\omega} = \dfrac{1 - jRC\omega}{1 + jRC\omega}$.

2) $G = |\underline{H}| = \dfrac{\sqrt{1 + (RC\omega)^2}}{\sqrt{1 + (RC\omega)^2}} = 1$ soit $G_{dB} = 0$. Ainsi, le signal de sortie a la même amplitude que le signal d'entrée. La seule modification apportée par le circuit est un déphasage d'où le nom de déphaseur.

3) Pour $RC\omega \ll 1$, $\underline{H} \simeq 1$ donc $\varphi(\omega) = \arg(\underline{H}) \simeq 0$; pour $RC\omega = 1$, $\underline{H} = \dfrac{1 - j}{1 + j} = -j$ donc $\varphi\left(\dfrac{1}{RC}\right) = -\dfrac{\pi}{2}$; pour $RC\omega \gg 1$, $\underline{H} \simeq \dfrac{-jRC\omega}{jRC\omega} = -1$ donc $\varphi(\omega) \simeq -\pi$.

Ces résultats correspondent bien à la figure ci-contre, tracée à l'aide d'un logiciel avec $RC = 1.10^{-4}$ s :

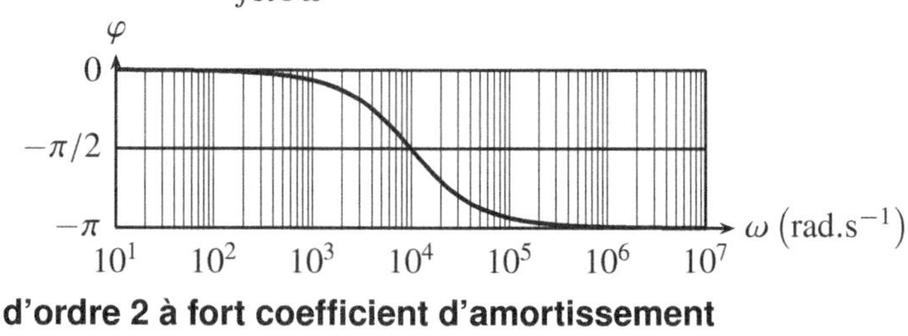

9.7 Filtre passe-bas d'ordre 2 à fort coefficient d'amortissement

1) On développe le dénominateur : $\underline{H}(j\omega) = \dfrac{1}{1 + j\left(\frac{1}{\omega_1} + \frac{1}{\omega_2}\right)\omega - \frac{\omega^2}{\omega_1\omega_2}}$. La fonction de transfert se met sous la forme canonique correspondant à un filtre passe-bas du deuxième ordre, $\dfrac{1}{1+2j\xi\frac{\omega}{\omega_0}-\frac{\omega^2}{\omega_0^2}}$ avec : $\dfrac{2\xi}{\omega_0}=\dfrac{1}{\omega_1}+\dfrac{1}{\omega_2}$ et $\dfrac{1}{\omega_0^2}=\dfrac{1}{\omega_1\omega_2}$ donc $\xi=\dfrac{\omega_1+\omega_2}{2\sqrt{\omega_1\omega_2}}$ et $\omega_0=\sqrt{\omega_1\omega_2}$. On remarque : $\xi \geqslant 1$ et pour $\omega_2=100\,\omega_1$, $\xi=5{,}05$.

2) On simplifie la fonction de trasnfert dans le tableau asymptotique ci-contre. Le filtre est intégrateur dans le domaine $\omega_1 \ll \omega \ll \omega_2$, c'est-à-dire $\omega \in \left[10\omega_1, \frac{\omega_2}{10}\right]$.

	$\omega \ll \omega_1$	$\omega_1 \ll \omega \ll \omega_2$	$\omega \gg \omega_2$
$1+j\omega/\omega_1 \simeq$	1	$j\omega/\omega_1$	$j\omega/\omega_1$
$1+j\omega/\omega_2 \simeq$	1	1	$j\omega/\omega_2$
$\underline{H}j\omega \simeq$	1	$\dfrac{\omega_1}{j\omega}$	$-\dfrac{\omega_1\omega_2}{\omega^2}=-\dfrac{\omega_0^2}{\omega^2}$
$G_{dB}(\omega)$	0	$-20\log\left(\dfrac{\omega}{\omega_1}\right)$	$-40\log\left(\dfrac{\omega}{\omega_0}\right)$
pente	nulle	-20 dB/dec	-40 dB/dec

9.8 Diagrammes de Bode asymptotiques

1) Diviseur de tension : $\underline{H}(j\omega)=\dfrac{\underline{s}}{\underline{e}}=\dfrac{\frac{1}{jC\omega}+R_2}{\frac{1}{jC\omega}+R_2+R_1}=\dfrac{1+jR_2C\omega}{1+j(R_1+R_2)C\omega}=\dfrac{1+j\omega\tau}{1+j\omega\tau'}$, où $\tau=R_2C=1{,}0.10^{-3}$ s et $\tau'=(R_1+R_2)C=1{,}0.10^{-1}$ s.

2) Ce filtre se comporte en intégrateur dans le domaine $\frac{1}{\tau'} \ll \omega \ll \frac{1}{\tau}$, soit $\omega \in \left[\frac{10}{\tau'}, \frac{1}{10\tau}\right]$. Ces résultats correspondent au diagramme de Bode de droite en fin d'énoncé.

	$\omega \ll \frac{1}{\tau'}$	$\frac{1}{\tau'} \ll \omega \ll \frac{1}{\tau}$	$\frac{1}{\tau} \ll \omega$
$1+j\omega\tau \simeq$	1	1	$j\omega\tau$
$1+j\omega\tau' \simeq$	1	$j\omega\tau'$	$j\omega\tau'$
$\underline{H}(j\omega) \simeq$	1	$\frac{1}{j\omega\tau'}$	$\frac{\tau}{\tau'}$
$G \simeq$	1	$\frac{1}{\omega\tau}$	$\frac{\tau}{\tau'}$
$G_{dB} \simeq$	0	$-20\log\omega-20\log\tau'$	$20\log\frac{\tau}{\tau'}<0$
pente	nulle	-20 dB/décade	nulle

3) On reconnaît un diviseur de tension :

$$\underline{H}=\frac{\underline{s}}{\underline{e}}=\frac{R_2}{R_2+\dfrac{1}{\frac{1}{R_1}+jC\omega}}=\frac{R_2\left(\frac{1}{R_1}+jC\omega\right)}{R_2\left(\frac{1}{R_1}+jC\omega\right)+1}=\frac{R_2}{R_1+R_2}\,\frac{1+jR_1C\omega}{1+j\frac{R_1R_2}{R_1+R_2}\omega}.$$

On trouve bien l'expression attendue avec $a=\frac{R_2}{R_1+R_2}$, $\omega_1=\frac{1}{R_1C}$ et $\omega_2=\frac{R_1+R_2}{R_1R_2C}$.
On remarque que $\omega_1=a\omega_2<\omega_2$. Dressons un tableau asymptotique :

	$\omega \ll \omega_1$	$\omega_1 \ll \omega \ll \omega_2$	$\omega \gg \omega$
$1+j\omega/\omega_1 \simeq$	1	$j\omega/\omega_1$	$j\omega/\omega_1$
$1+j\omega/\omega_2 \simeq$	1	1	$j\omega/\omega_2$
$\underline{H}(j\omega) \simeq$	a	$ja\omega/\omega_1$	$a\omega_2/\omega_1=1$
$G_{dB}(\omega)$	$20\log a$	$20\log a+20\log\left(\dfrac{\omega}{\omega_1}\right)$	0
pente	nulle	$+20$ dB/dec	nulle

On reconnaît le diagramme de Bode de gauche. Sur ce diagramme la droite passant par les points $(\log \omega_1, -40)$ et $(\log \omega_2, 0)$ a pour pente +20 dB/décade donc :

$$40 = 20 \times (\log \omega_2 - \log \omega_1) \quad \Rightarrow \quad \omega_2 = \omega_1 \times 10^2 = 1{,}0.10^3\ \text{rad.s}^{-1}.$$

9.9 Réponse d'un filtre à un signal sinusoïdal

Le signal d'entrée $e(t)$ est sinusoïdal de pulsation $\omega = 4{,}0.10^3\pi$ rad.s^{-1} donc de fréquence $f = \frac{\omega}{2\pi} = 2{,}0.10^3$ Hz. On applique la formule : $s(t) = G(\omega) \times 5\cos(\omega t + \varphi(\omega))$, où $G(\omega) = |\underline{H}(j\omega)|$ et $\varphi(\omega) = \arg(\underline{H}(j\omega))$. On doit lire les valeurs de $G(\omega)$ et $\varphi(\omega)$ sur l'un des diagrammes de Bode donnés dans de cours ; pour cela il faut connaître la valeur de $\frac{\omega}{\omega_0} = \frac{f}{f_0}$ où f_0 est la fréquence de référence du filtre.

1) $\frac{f}{f_0} = 1$. On sait qu'alors $G_{dB} = -3$ dB donc $G = 10^{-\frac{3}{20}} = 0{,}71$; pour la phase, on sait qu'alors $\varphi = -\frac{\pi}{4}$. Donc : $s(t) = 3{,}5\cos\left(4{,}0.10^3\pi t - \frac{\pi}{4}\right)$.

2) $\frac{f}{f_0} = 20$. On lit sur la courbe d'amplitude de la page 223, reproduite ci-contre, $G_{dB} = -26$ dB donc $G = 10^{-\frac{26}{20}} = 5{,}0.10^{-2}$; pour la phase, attendu que $\omega = 20\omega_0 \gg \omega_0$, on considère qu'on est à l'expression asymptotique limite, c'est-à-dire $\varphi = -\frac{\pi}{2}$.

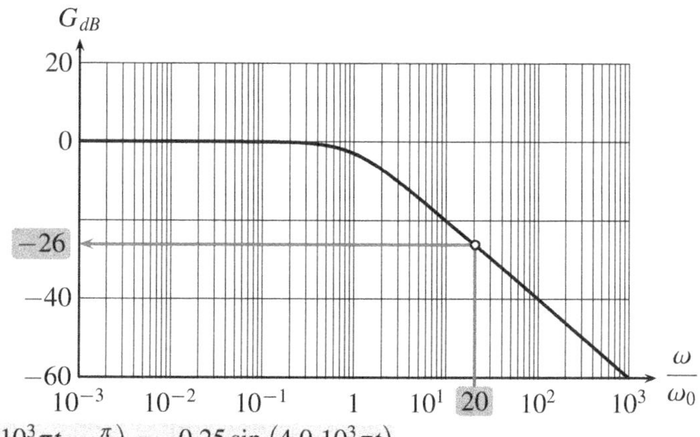

Donc : $s(t) = 0{,}25\cos\left(4{,}0.10^3\pi t - \frac{\pi}{2}\right) = -0{,}25\sin\left(4{,}0.10^3\pi t\right)$.

3) $\frac{f}{f_0} = 20$. On lit sur la courbe d'amplitude page 229, $G_{dB} = -52$ dB donc $G = 10^{-\frac{52}{20}}$ soit $G = 2{,}5.10^{-3}$; sur la courbe de phase page 229 on lit $\varphi = -0{,}95\pi$. Donc $s(t) = 1{,}3.10^{-2}\cos\left(4{,}0.10^3\pi t - 0{,}95\pi\right)$. En comparant avec la question précédente on remarque que ce signal est plus atténué par le filtre du deuxième ordre que par le filtre du premier ordre.

4) $\frac{f}{f_0} = 0{,}5$. On lit sur la courbe d'amplitude page 229, $G_{dB} = -3{,}9$dB donc $G = 10^{-\frac{3{,}9}{20}}$ soit $G = 0{,}64$; pour la phase on lit $\varphi = -0{,}35\pi$. Donc : $s(t) = 3{,}2\cos\left(4{,}0.10^3\pi t - 0{,}35\pi\right)$.

5) $\frac{f}{f_0} = 0{,}5$. On lit sur la courbe d'amplitude page 229, $G_{dB} \simeq 0$dB donc $G \simeq 1$; pour la phase on lit $\varphi = -0{,}25\pi$. Donc : $s(t) = 5\cos\left(4{,}0.10^3\pi t - 0{,}25\pi\right)$.

6) $\frac{f}{f_0} = 2{,}0$. On lit sur la courbe d'amplitude page 231, $G_{dB} = -11$dB donc $G = 10^{-\frac{11}{20}}$ soit $G = 0{,}28$; pour la phase on lit $\varphi = -0{,}41\pi$. Donc : $s(t) = 1{,}4\cos\left(4{,}0.10^3\pi t - 0{,}41\pi\right)$.

9.10 Filtre *RL* alimenté par un générateur réel

1) En « basses » fréquences (c'est-à-dire $\omega \ll \omega_0$, où ω_0 est la pulsation caractéristique du filtre), la bobine se comporte comme un fil (en effet, $\underline{Z}_L = jL\omega \xrightarrow{\omega \to 0} 0$). La sortie est alors court-circuitée et $s(t) = 0$; les basses fréquences ne passent donc pas.

En « hautes » fréquences (c'est-à-dire $\omega \gg \omega_0$), la bobine se comporte comme un interrupteur ouvert (en effet, $\underline{Z}_L = jL\omega \xrightarrow{\omega\to\infty} \infty$). Le système est équivalent à un pont diviseur de tension et $s(t) = \frac{R}{R+R_g} e(t)$; les hautes fréquences sont donc transmises.

Le système est donc un passe-haut.

2) L'impédance équivalente $\underline{Z}_{eq}$ de la résistance en parallèle de la bobine est telle que $\frac{1}{\underline{Z}_{eq}} = \frac{1}{R} + \frac{1}{jL\omega} = \frac{R+jL\omega}{jLR\omega}$. On se retrouve avec un pont diviseur de tension : $\frac{\underline{s}(t)}{\underline{e}(t)} = \frac{\underline{Z}_{eq}}{R_g+\underline{Z}_{eq}}$, soit

$$\underline{H}(j\omega) = \frac{jLR\omega}{R_g(R+jL\omega)+jLR\omega} = \frac{R\times jL\omega}{RR_g+j(R_g+R)L\omega} = \frac{R}{RR_g}\frac{jL\omega}{1+j\frac{R_g+R}{RR_g}L\omega} = \frac{j\frac{L}{R_g}\omega}{1+j\frac{R_g+R}{RR_g}L\omega}.$$

De plus, $\lim_{\omega\to 0}\underline{H}(j\omega) = 0$ et $\lim_{\omega\to\infty}\underline{H}(j\omega) = \frac{R}{R_g+R}$, conformément à la question précédente.

3) Attendu que le dénominateur de la fonction de transfert est écrit sous forme canonique, on identifie immédiatement le temps caractéristique τ du filtre : $\tau = \frac{R_g+R}{RR_g}L = 2\frac{L}{R}$, d'où la pulsation caractéristique $\omega_0 = \frac{1}{\tau} = \frac{RR_g}{R_g+R}\frac{1}{L} = \frac{R}{2L} = 500\ \text{rad.s}^{-1}$.

La fonction de transfert est asymptotiquement simplifiable (voir ci-contre).

D'où le diagramme de Bode (réunion des graphes de gain et de phase en échelle log) ci-dessous.

	$\omega \ll \frac{R}{2L}$	$\frac{R}{2L} \ll \omega$
$1 + j\tau\omega \simeq$	1	$j\tau\omega$
$\underline{H}_{asymp}(j\omega) =$	$j\frac{L}{R}\omega$	$\frac{1}{2}$
pente	+20 dB/décade	nulle
phase	$+\frac{\pi}{2}$	0

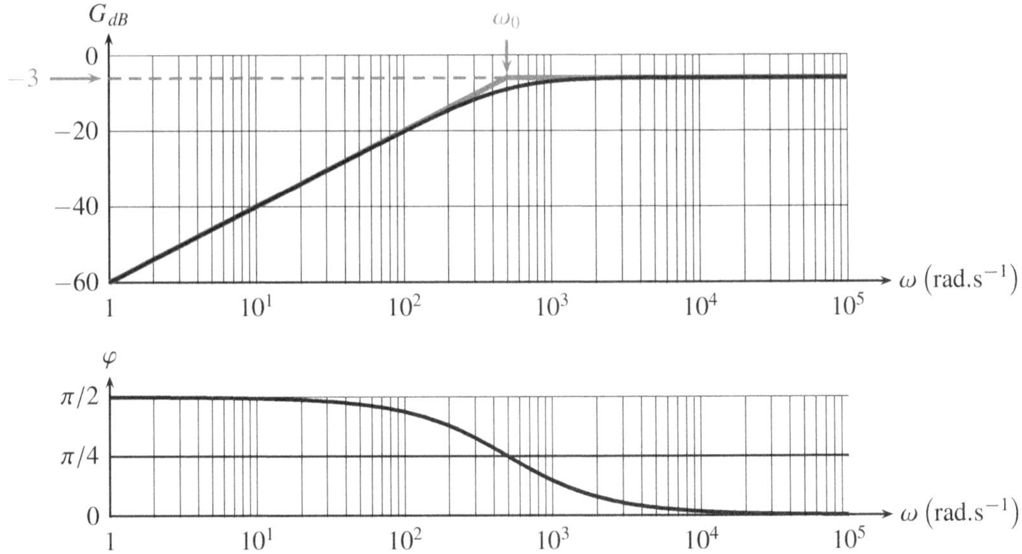

Filtrage d'un signal périodique

10

FILTRER un signal revient à renforcer ou atténuer les différentes harmoniques qui le composent, afin, par exemple, d'en extraire une information utile. Le type de filtrage retenu dépend du cahier des charges que l'on se fixe.

1 Contenu spectral d'un signal périodique

1.1 Valeur moyenne

La valeur moyenne d'un signal $s(t)$, de période T, est notée $< s >$ et vaut :

$$< s > = \frac{1}{T}\int_0^T s(t)\,\mathrm{d}t.$$

Cette définition se comprend en se souvenant que l'intégrale est l'aire sous la courbe : on prend toute l'aire sur une période, puis on divise par la période pour que le résultat reste homogène.
La valeur moyenne est souvent intuitive, comme sur l'exemple sur signal créneau $s(t)$ ci-contre, dont la valeur moyenne, en pointillé, vaut 1 V.

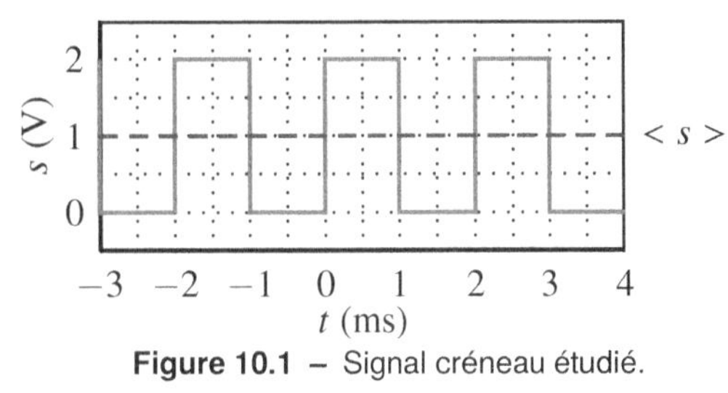

Figure 10.1 – Signal créneau étudié.

1.2 Développement en série de Fourier

Tout signal périodique de fréquence f_S, de forme quelconque, est constitué der la superposition de signaux sinusoïdaux de fréquences multiples de f_S ($0, f_S, 2f_S ... nf_S ...$) et s'écrit :

$$s(t) = S_0 + \sum_{n=1}^{\infty} A_n \cos(2\pi\, n f_S\, t + \varphi_n),$$

où les A_n sont des constantes positives et les φ_n des constantes.

La somme infinie de la formule encadrée est le **développement en série de Fourier** du signal $s(t)$. L'usage a consacré des noms pour les différents termes qui apparaissent dans la série :

- S_0 est la **composante continue**, c'est la moyenne du signal ;
- la composante sinusoïdale $A_1 \cos(2\pi f_S t + \varphi_1)$, qui a la même fréquence f_S que le signal $s(t)$, est appelée **fondamental** ;
- la composante sinusoïdale $A_n \cos(2\pi n f_S t + \varphi_n)$, qui a une fréquence n fois plus élevée que la fréquence du signal, avec $n \geqslant 2$, est appelée **harmonique de rang** n.

1.3 Exemple

On considère le signal créneau $s(t)$ de la figure 10.1, de période $T = 2$ ms, d'amplitude crête à crête (différence entre la valeur maximale et la valeur minimale du signal) $S_{cc} = 2$ V et de valeur moyenne $< e > = 1$ V.

Ce signal admet un développement en série de Fourier. Avec $f_s = \dfrac{1}{T}$ la fréquence du signal :

$$s(t) = \boxed{1} + \boxed{\frac{4}{\pi}\sin(2\pi f_s \times t)} + \boxed{\frac{4}{3\pi}\sin(3 \times 2\pi f_s \times t)} + \boxed{\frac{4}{5\pi}\sin(5 \times 2\pi f_s \times t)} + \ldots$$

- $\boxed{1}$: valeur moyenne ou composante continue : $< s > = 1$ V
- $\frac{4}{\pi}\sin(2\pi f_s \times t)$: fondamental, de même fréquence f_s que le signal $s(t)$
- $\frac{4}{3\pi}\sin(3 \times 2\pi f_s \times t)$: harmonique de rang 3, de fréquence $3f_s$
- $\frac{4}{5\pi}\sin(5 \times 2\pi f_s \times t)$: harmonique de rang 5 impair, de fréquence $5f_s$

Le signal $s(t)$ ne contient aucune harmonique de rang pair. On peut écrire son développement en série de Fourier de la manière suivante :

$$s(t) = 1 + \sum_{n=1}^{\infty} 2\frac{(1 + (-1)^{n+1})}{n\pi} \sin(n \times 2\pi f_s \times t).$$

Le spectre de $s(t)$ a l'allure ci-contre.

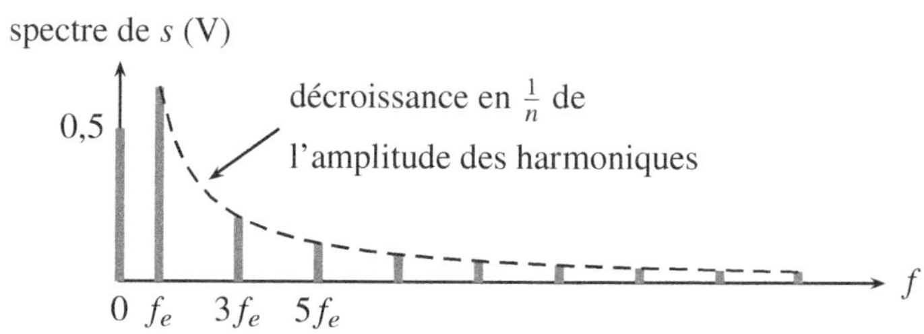

Figure 10.2 – Spectre d'un signal créneau de valeur moyenne non nulle.

1.4 Influence des basses fréquences

L'influence de l'ajout successif des harmoniques sur le signal créneau, s'étudie en traçant, pour t compris entre $-0{,}5$ et $1{,}5$ ms, la somme partielle de Fourier pour différentes valeurs de N :

$$e_N(t) = 1 + \sum_{n=1}^{N} 2\frac{(1 + (-1)^{n+1})}{n\pi} \sin\left(n \times 2\pi \frac{t}{T}\right).$$

On place tout d'abord le terme de pulsation nulle, la valeur moyenne, constante ; puis on lui ajoute le fondamental et l'harmonique de rang trois (l'harmonique de rang deux est nulle). Pour comparaison, le signal créneau original est tracé en gris.

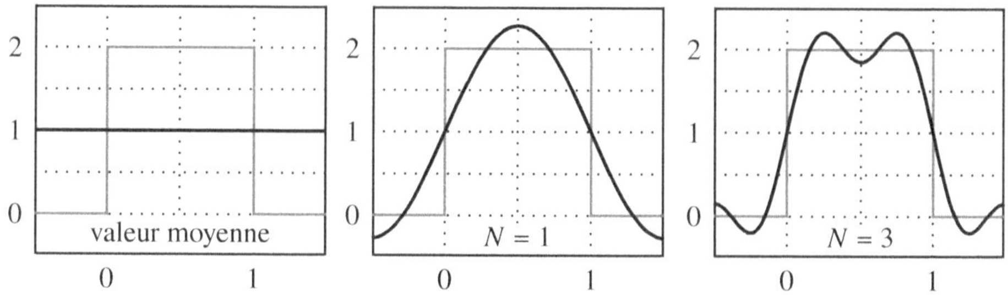

Figure 10.3 – Sommes partielles de Fourier.

On continue de sommer en ajoutant successivement les harmoniques de rang 5, 7 et 9.

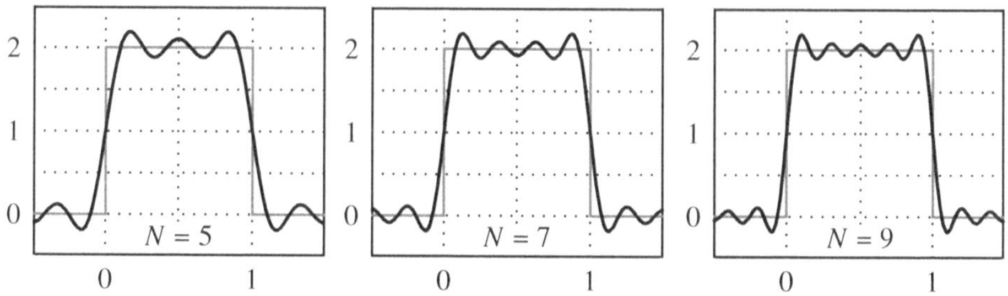

Figure 10.4 – Sommes partielles de Fourier.

En allant plus loin dans la somme de Fourier, avec l'ajout des harmoniques 11, 13 et 15, on se rapproche du signal créneau.

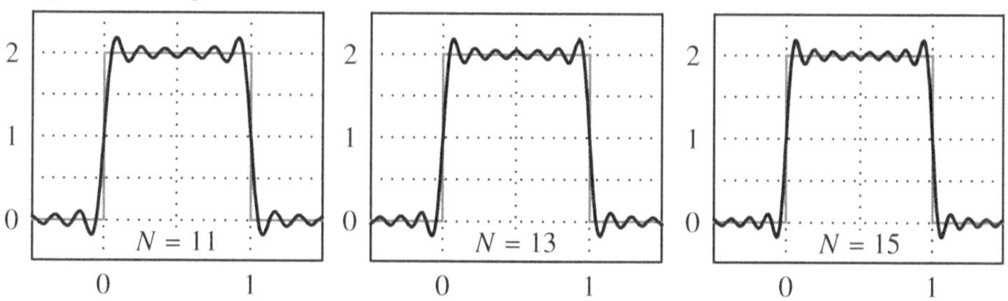

Figure 10.5 – Sommes partielles de Fourier.

En sommant pour aller jusqu'aux harmoniques 21 et 41, on voit que la somme de Fourier est très proche du signal créneau. La somme des 400 premières harmoniques permet de reconstituer pratiquement le signal :

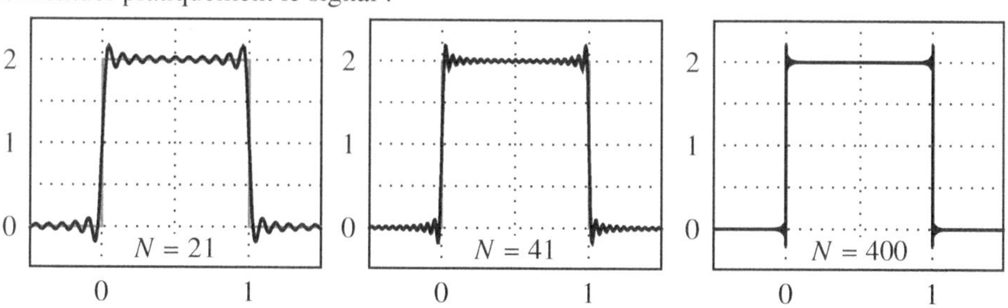

Figure 10.6 – Sommes partielles de Fourier.

On observe que si l'on se restreint aux premiers termes de la série de Fourier, on retrouve l'allure générale du signal : proche de 0 pour $t < 0$ et $t > 1$ ms, proche de 2V sur [0,1 ms], avec une variation rapide autour de 0 et 1 ms. Ces premiers termes sont suffisants pour décrire la forme générale du signal.

Les basses fréquences (valeur moyenne, fondamental et premières harmoniques) contiennent la forme générale du signal.

1.5 Influence des hautes fréquences

Quelle est l'information contenue dans les harmoniques de haute fréquence ? Pour converger finement vers le signal créneau, il a fallu ajouter des harmoniques de rang toujours plus élevé. Les hautes fréquences sont indispensables pour synthétiser les brusques variations du signal, comme en $t = 0$ ou $t = 1$ ms, ainsi que pour parfaire les petits détails. Ceci se comprend aisément : les harmoniques de haute fréquence ont une très faible période et elles construisent la partie du signal la plus fine.

Le rôle des hautes fréquences dans un signal qui présente des discontinuités est visible quand on les isole. On peut tracer la somme :

$$R_N(t) = \sum_{N}^{\infty} 2\,\frac{1 + (-1)^{n+1}}{n\pi}\,\sin\left(n \times 2\pi\frac{t}{T} + \varphi_n\right),$$

dans trois cas, $N = 20$, $N = 50$ puis $N = 600$. On isole ainsi la partie haute fréquence du signal, contenue par les harmoniques de rang supérieur ou égal à N.

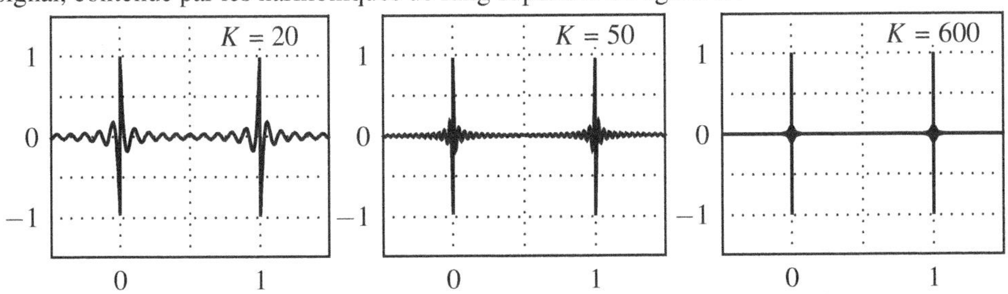

Figure 10.7 – Hautes fréquences contenues dans le signal triangle.

Les brusques variations en $t = 0$ s et $t = 1$ s se détachent très nettement lorsqu'on monte dans les hautes fréquences. Pour $N = 600$ par exemple, il ne reste plus qu'elles. Ce sont bien ces hautes fréquences qui contiennent cette discontinuité du signal.

Les hautes fréquences contiennent les détails fins et les discontinuités du signal.

2 Puissance moyenne

Ce paragraphe traite de la puissance d'un signal et de sa répartition entre ses différentes composantes (valeur moyenne, fondamental et harmoniques).

La **valeur efficace** S_{eff} d'un signal $s(t)$ périodique de période T est :

$$S_{eff} = \sqrt{\langle s^2(t)\rangle} = \sqrt{\frac{1}{T}\int_0^T s^2(t)\,dt}.$$

2.1 Valeur efficace

a) Définition

La fonction **RMS** d'un multimètre, acronyme anglais de *root mean square*, affiche la valeur efficace de la tension (position voltmètre) ou de l'intensité (position ampèremètre).

b) Puissance disponible aux bornes d'une résistance

Soit un circuit composé d'un générateur de force électromotrice $e(t)$ branché aux bornes d'un résistor de résistance R qui modélise un chauffage ou un éclairage. L'intensité $i(t)$ du courant qui circule est donnée par la loi d'Ohm : $i(t) = \frac{1}{R}e(t)$.

La puissance instantanée délivrée à la résistance vaut :

$$p(t) = e(t)\,i(t) = \frac{e^2(t)}{R},$$

et la puissance moyenne absorbée par la résistance est donc :

$$P = < p(t) > = \frac{< e^2(t) >}{R} = \frac{E_{eff}^2}{R}.$$

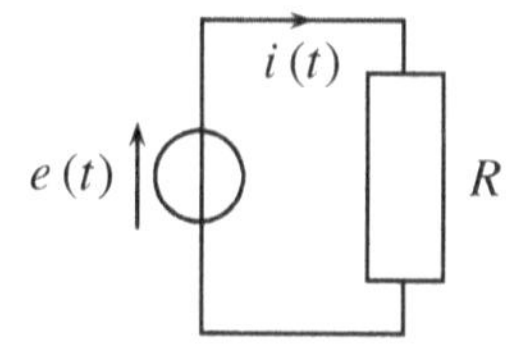

Figure 10.8 – Circuit étudié.

> Le carré de la valeur efficace représente la puissance moyenne continue dans un signal.

c) Cas d'un signal sinusoïdal

Dans le cas d'un signal sinusoïdal $s(t) = S_{max}\cos(\omega t + \varphi)$:

$$S_{eff}^2 = \frac{1}{T}\int_0^T S_{max}^2 \cos^2(\omega t + \varphi)\,\mathrm{d}t \quad \text{avec} \quad T = \frac{2\pi}{\omega}.$$

Or : $\cos^2(\omega t + \varphi) = \frac{1}{2}(1 + \cos(2\omega t + 2\varphi))$ donc :

$$S_{eff}^2 = \frac{S_{max}^2}{T}\int_0^T \left(\frac{1}{2} + \frac{\cos(2\omega t + 2\varphi)}{2}\right)\mathrm{d}t = \frac{S_{max}^2}{T}\left(\frac{1}{2}T + \left[\frac{\sin(2\omega t + 2\varphi)}{4\omega}\right]_0^T\right) = \frac{S_{max}^2}{2}$$

car $\sin(2\omega T + 2\varphi) = \sin(4\pi + 2\varphi) = \sin(2\varphi)$. Ainsi :

> La valeur efficace du signal sinusoïdal $s(t) = S_{max}\cos(\omega t + \varphi)$ est $S_{eff} = \frac{S_{max}}{\sqrt{2}}$:
>
> $$s(t) = S_{max}\cos(\omega t + \varphi) = S_{eff}\sqrt{2}\,\cos(\omega t + \varphi).$$

2.2 Conservation de la puissance : formule de Parseval

Une tension T – périodique $s(t)$ précédente est décomposable en ses constituants élémentaires que sont sa valeur moyenne, notée $< s >$ ou S_0, son fondamental et ses harmoniques :

$$s(t) = S_0 + \sum_{n=1}^{\infty} S_n \cos\left(n \times 2\pi\frac{t}{T} + \varphi_n\right) = S_0 + \sum_{n=1}^{\infty} S_{n,\,eff}\sqrt{2}\,\cos\left(n \times 2\pi\frac{t}{T} + \varphi_n\right).$$

On admet la **formule de Parseval** : $S_{eff}^2 = S_0^2 + \sum_{n=1}^{\infty} S_{n,\,eff}^2.$

En se plaçant dans le cadre du paragraphe 2.1 précédent, elle s'écrit aussi en divisant par R :

$$\frac{E_{eff}^2}{R} = \frac{E_0^2}{R} + \sum_{n=1}^{\infty}\frac{E_{n,\,eff}^2}{R},$$

c'est-à-dire :

La puissance moyenne absorbée par la résistance R, due à la tension $e(t)$, est la somme des puissances dues à chacune des composantes de Fourier de la tension $e(t)$ (sa valeur moyenne, son fondamental et toutes ses harmoniques).

3 Filtrage

Si l'on superpose deux signaux en entrée d'un système linéaire, on obtient en sortie la superposition des signaux correspondant à chacun des signaux d'entrée. Par exemple dans le cas où le signal d'entrée est somme de deux signaux sinusoïdaux de pulsations ω_1 et ω_2 :

$$e(t) = E_1 \cos(\omega_1 t + \psi_1) + E_2 \cos(\omega_2 t + \psi_2),$$

le signal de sortie est la somme des signaux de sortie correspondant à chacun de ces signaux, calculées par la méthode complexe :

$$s(t) = G(\omega_1) E_1 \cos(\omega_1 t + \varphi(\omega_1) + \psi_1) + G(\omega_2) E_2 \cos(\omega_2 t + \varphi(\omega_2) + \psi_2).$$

Les deux composantes sinusoïdales du signal d'entrée, de pulsation ω_1 et ω_2 différentes, sont multipliées par des gain $G(\omega_1)$ et $G(\omega_2)$ différents. On peut ainsi privilégier une composante par rapport à l'autre ; c'est le principe du filtrage.

Ce point important est développé en méthodologie p. 269.

4 Réponse d'un filtre à un signal périodique non sinusoïdal

On souhaite déterminer la réponse $s(t)$ d'un filtre à un signal d'entrée $e(t)$ T−périodique de forme quelconque, non nécessairement sinusoïdal, décomposable en série de Fourier :

$$e(t) = E_0 + \sum_{n=1}^{\infty} E_n \cos\left(n \times 2\pi \frac{t}{T} + \psi_n\right).$$

La fonction de transfert harmonique du filtre $\underline{H}(j\omega)$, est analytiquement ou graphiquement connue avec son diagramme de Bode (gain en dB et déphasage).

Pour déterminer le signal de sortie $s(t)$ on utilise le **principe de superposition**, valable pour tout système **linéaire** :

Le signal de sortie est la superposition des réponses du système à chaque terme du développement en série de Fourier de l'entrée (composante continue, fondamental et harmoniques).

On obtient :

$$s(t) = H(0) E_0 + \sum_{n=1}^{\infty} \left|\underline{H}\left(jn \times \frac{2\pi}{T}\right)\right| E_n \cos\left(n \times 2\pi \frac{t}{T} + \psi_n + \arg\left(\underline{H}\left(jn \times \frac{2\pi}{T}\right)\right)\right).$$

Ce point important est développé en méthodologie, p. 271.

5 Étude du filtrage d'un créneau périodique

Le but de ce paragraphe est d'observer spectralement la réponse $s(t)$ d'un système, en régime permanent, lorsqu'il est soumis à un signal créneau étudié au paragraphe 1, p. 251.

On interprétera qualitativement la forme du signal de sortie en observant notamment l'éventuelle présence de la valeur moyenne et des sauts de discontinuité.

5.1 Filtrage passe-bas

On utilise un filtre passe-bas du premier ordre de fonction de transfert : $\underline{H}(j\omega) = \dfrac{1}{1 + j\frac{\omega}{\omega_0}}$.

La forme d'onde du signal filtré $s(t)$ est visible sur la figure 10.9. Son allure dépend fortement de la valeur du produit $\omega_0 T$, où T est la période du signal d'entrée $e(t)$.

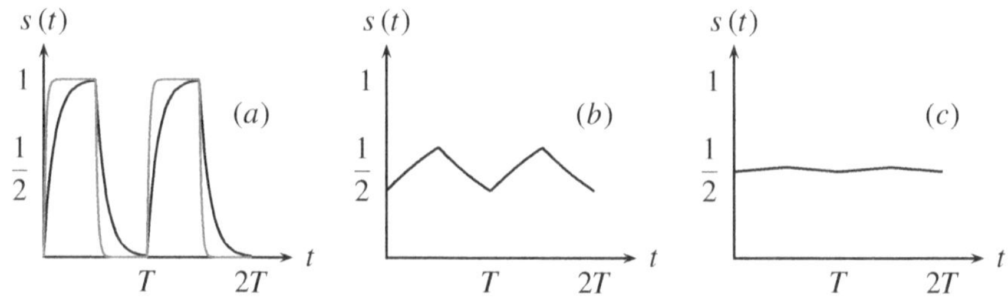

Figure 10.9 – Filtrage passe-bas d'un signal créneau, (a) $\omega_0 T = 2.10^{-2}$ en gris et $\omega_0 T = 10^{-1}$ en noir, (b) $\omega_0 T = 1$, (c) $\omega_0 T = 10$.

Ces résultats s'interprètent à partir du spectre du signal et du diagramme de Bode du filtre. Le spectre du signal comporte les pulsations 0 (composante continue), $\omega_e = \frac{2\pi}{T_e}$ (fondamental), $3\omega_e$, $5\omega_e$ ... $n\omega_e$ avec n impair. Le diagramme de Bode comporte deux asymptotes : $G_{dB} = 0$ pour $\omega \ll \omega_0$ (partie passante du diagramme) et $G_{dB} = -20\log\left(\frac{\omega}{\omega_0}\right)$ pour $\omega \gg \omega_0$ (le filtre atténue ces pulsations). Ils sont représentés sur la figure 10.10 dans les cas (a), (b) et (c) de la figure 10.9.

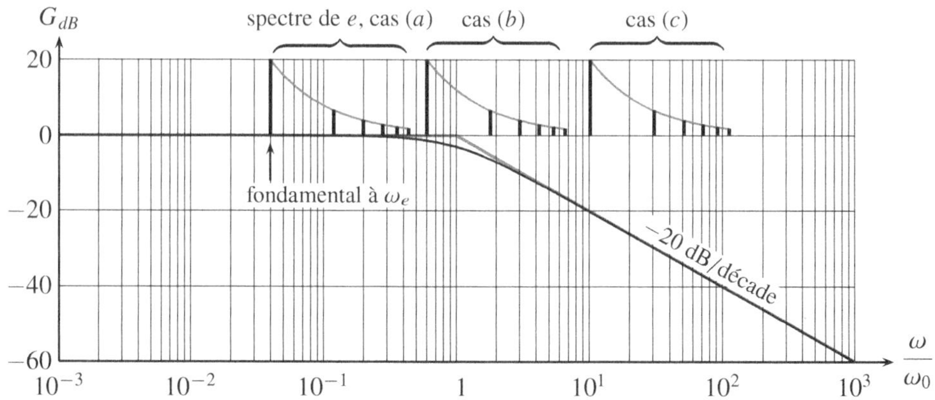

Figure 10.10 – Gain du système et spectre du signal d'entrée dans les trois cas de la figure 10.9.

Remarque

Sur la figure 10.10 la composante continue du spectre de $e(t)$ est rejetée à l'infini vers la gauche puisque sa pulsation est $\omega = 0$ et que $\log(0) \to -\infty$.

L'observation de la figure 10.10 permet de comprendre la figure 10.9 :

- cas (a) : $\omega_e \simeq 0{,}04\,\omega_0$. Le spectre de $e(t)$ est dans la zone passante du filtre. Le signal $s(t)$ est peu différent de $e(t)$, avec toutefois un arrondissement aux demi-périodes, car les plus hautes fréquences, indispensables pour reconstituer les brusques variations, sont filtrées. Plus ω_e est faible devant ω_0, plus le nombre d'harmoniques qui passent à travers le filtre est élevé, plus le signal de sortie est proche du signal d'entrée ;
- cas (b) : $\omega_e = 0{,}6\,\omega_0$. Le spectre de $e(t)$ est dans la zone de transition du filtre. Une partie seulement du signal d'entrée est filtrée ;
- cas (c) : $\omega_e = 10\,\omega_0$. À part la composante continue, qui se trouve dans la partie passante, le spectre est totalement dans la zone à -20 dB/décade. Toutes les composantes sinusoïdales sont atténuées, ce qui explique la faible amplitude d'oscillation de $s(t)$ par rapport à $e(t)$. La forme triangulaire de cette oscillation s'interprète par le caractère intégrateur du filtre dans cette zone : c'est une primitive de la partie variable en forme de créneau de $e(t)$.

5.2 Réalisation d'un moyenneur

Pour $\omega_e \gg \omega_0$, $s(t)$ est quasi constant, égal à 1 V, valeur moyenne de $e(t)$. Ceci s'explique par le fait que :

- $\underline{H}(0) = 0$ donc la composante continue passe le filtre ;
- en revanche les composantes sinusoïdales sont toutes fortement atténuées par le filtre puisque : $\forall n,\ G(n\omega_e) = \dfrac{1}{\sqrt{1 + \left(\frac{n\omega_e}{\omega_0}\right)^2}} \simeq \dfrac{\omega_0}{n\omega_e} \leqslant \dfrac{\omega_0}{\omega_e} \ll 1.$

On en déduit une méthode systématique de réalisation d'une moyenneur au moyen d'un passe-bas :

- identifier la période T du signal $e(t)$ dont on cherche la valeur moyenne ;
- se souvenir que toutes les harmoniques contenues dans $e(t)$ auront une pulsation supérieure ou égale à $\frac{2\pi}{T}$, pulsation du fondamental, sauf la composante continue qui a une pulsation nulle ;
- construire un filtre passe-bas qui laisse passer la pulsation nulle mais élimine toutes les pulsations à partir de $\frac{2\pi}{T}$, soit un filtre de pulsation caractéristique très inférieure à $\frac{2\pi}{T}$.

Un **moyenneur** est un filtre passe-bas de pulsation caractéristique très inférieure à celle du fondamental du signal à moyenner.

5.3 Filtrage passe-haut

On utilise maintenant un filtre passe-haut du premier ordre de fonction de transfert :

$$\underline{H}(j\omega) = \frac{j\frac{\omega}{\omega_0}}{1 + j\frac{\omega}{\omega_0}}.$$

La forme d'onde de $s(t)$ dépend de la valeur du produit $\omega_0 T$ de la manière que l'on peut voir sur la figure 10.11.

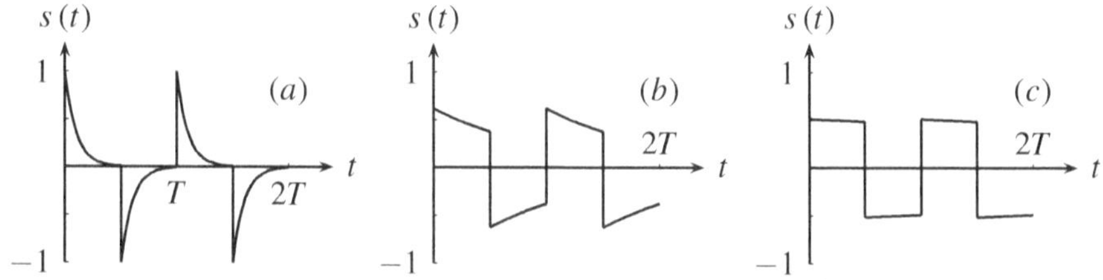

Figure 10.11 – Filtrage passe-haut d'un signal créneau (a) $\omega_0 T = 10^{-1}$, (b) $\omega_0 T = 1$, (c) $\omega_0 T = 10$.

Ces résultats s'interprètent à partir du spectre du signal et du diagramme de Bode du filtre. Le diagramme de Bode comporte deux asymptotes : $G_{dB} = 20 \log \left(\frac{\omega}{\omega_0}\right)$ pour $\omega \ll \omega_0$ (le filtre atténue ces pulsations) et $G_{dB} = 0$ pour $\omega \gg \omega_0$ (partie passante du diagramme). Il est représenté sur la figure 10.12 avec le début du spectre du signal $e(t)$ dans les cas (a), (b) et (c) de la figure 10.11.

On constate que dans chaque cas la valeur moyenne du signal sortie est nulle, ce qui est tout à fait normal puisque $\underline{H}(0) = 0$.

La figure 10.12 permet de comprendre les formes d'onde que l'on voit sur la figure 10.11 :

- cas (a) : $\omega_e = 0{,}1\,\omega_0$. Le fondamental et les premières harmoniques (les plus importantes) sont dans la zone où le filtre est atténuateur mais les harmoniques les plus élevées (non représentées sur la figure à cause de leur faible d'amplitude) sont dans la zone passante du filtre. On observe donc un signal $s(t)$ qui est quasi nul, sauf aux instants où $e(t)$ a un saut de discontinuité : $s(t)$ présente les mêmes sauts de discontinuité ;
- cas (b) : $\omega_e = 6{,}3\,\omega_0$. Le spectre est dans la zone passante du filtre. La forme du signal de sortie est peu différente de celle du signal d'entrée ; $s(t)$ présente les mêmes discontinuités que $e(t)$ mais oscille autour de 0 ;
- cas (c) : $\omega_e = 100\,\omega_0$. $s(t)$ est égal à la partie variable de $e(t)$.

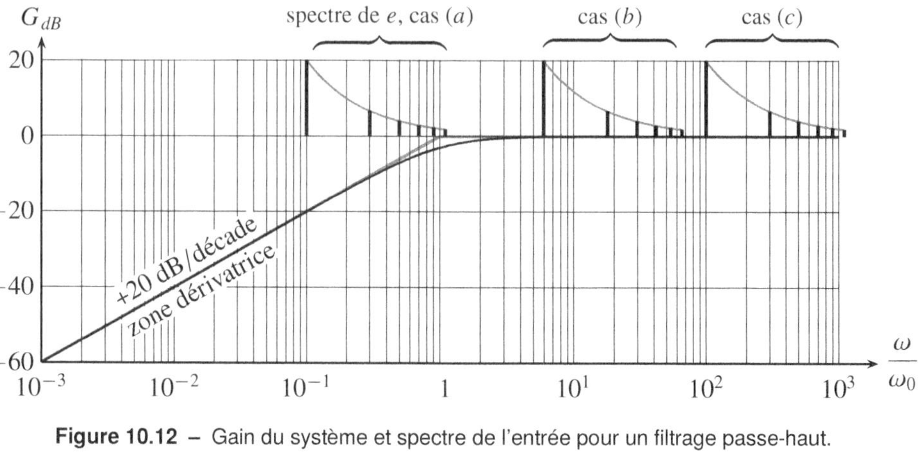

Figure 10.12 – Gain du système et spectre de l'entrée pour un filtrage passe-haut.

5.4 Filtrage passe-bande

Ce filtrage est réalisé par un filtre du deuxième ordre de fonction de transfert :

$$\underline{H}(j\omega) = \frac{\frac{j\omega}{Q\omega_0}}{1 + \frac{j\omega}{Q\omega_0} - \frac{\omega^2}{\omega_0^2}}.$$

On traite ici le cas d'un filtre très sélectif, c'est-à-dire très peu amorti ou de fort coefficient de qualité :

$$Q = 50.$$

Comme on le voit sur le diagramme de Bode de la figure 10.15 page 261, ce filtre ne laisse passer qu'une étroite bande de pulsation autour de ω_0 : $G(\omega_0) = 1$ et $G_{dB}(\omega) < -20$ dB pour $\omega < 0{,}9\omega_0$ ou $\omega > 1{,}1\omega_0$, $G_{dB}(\omega)$.

Sur la figure 10.13 on observe le signal de sortie lorsque le signal créneau a une pulsation $\omega_e = \frac{1}{n}\,\omega_0$, avec $n = 1$ à 5. Ce signal est quasi sinusoïdal pour n impair et nul pour n pair. On interprète ce résultat par le fait que le filtre ne laisse passer dans chaque cas que l'harmonique de rang n (de pulsation $n\omega_e = \omega_0$), qui est nulle si n est pair. La comparaison de l'amplitude du signal de sortie avec l'amplitude des différentes harmoniques confirme cette interprétation. Le filtre est ici utilisé comme analyseur de spectre.

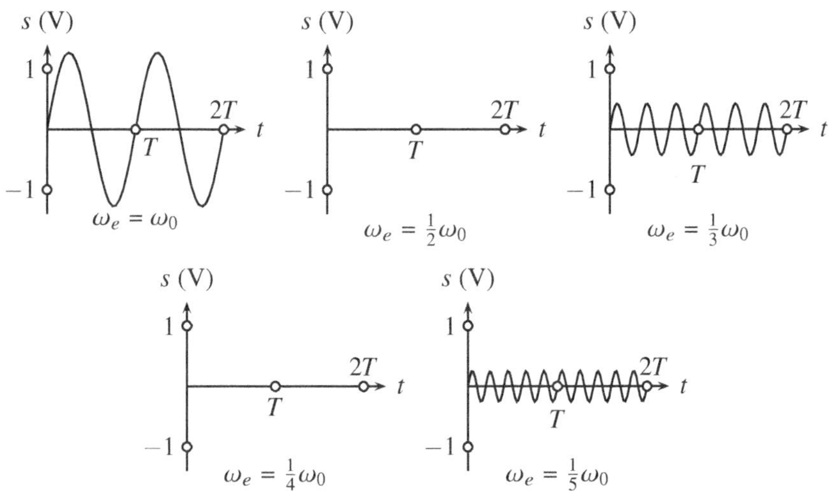

Figure 10.13 – Extraction des harmoniques d'un créneau avec un filtre passe-bande sélectif.

Quel est le signal de sortie pour $\omega_e \ll \omega_0$ ou $\omega_e \gg \omega_0$? La figure 10.14 montre $s(t)$ pour $\omega_e = 0{,}05\omega_0$ et $\omega_e = 0\omega_0$. On constate dans les deux cas que le signal oscille autour de 0 : la composante continue est éliminée, ce qui est normal puisque $\underline{H}(0) = 0$. Les discontinuités de $e(t)$ sont aussi absentes dans $s(t)$, ce qui est normal puisque $G(\omega)$ tend vers 0 lorsque ω tend vers l'infini. Pour interpréter l'allure du signal on a reporté, dans les deux cas, le spectre de $e(t)$ sur le diagramme de Bode du filtre (voir figure 10.15) :

- pour $\omega_e = 20\omega_0$, le fondamental et toutes les harmoniques sont dans la zone où le filtre est intégrateur. On explique ainsi la très faible amplitude du signal $s(t)$, car le filtre est atténuateur dans cette zone, et la forme triangulaire du signal $s(t)$, car sa partie variable est une primitive de la partie variable, en forme de créneau, de $e(t)$;

- pour $\omega_e = 0{,}05\omega_0$, le fondamental et les principales harmoniques de $s(t)$ sont dans une zone où le filtre est atténuateur, ce qui explique la faible amplitude du signal $s(t)$. Les harmoniques de rang proche de $\frac{\omega_0}{\omega_e} = 20$, de pulsation proche de ω_0 sont donc favorisées par le filtre, ce qui explique les oscillations rapides du signal $s(t)$.

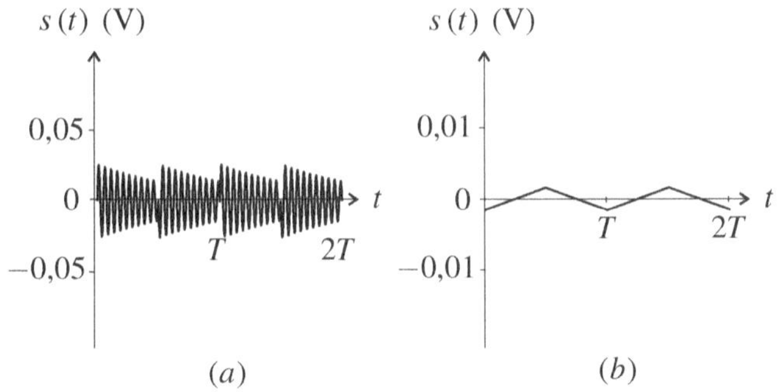

Figure 10.14 – Filtrage d'un créneau par un filtre passe-bande de facteur de qualité $Q = 50$: (a) $\omega_e = 0{,}05\omega_0$, (b) $\omega_e = 20\omega_0$.

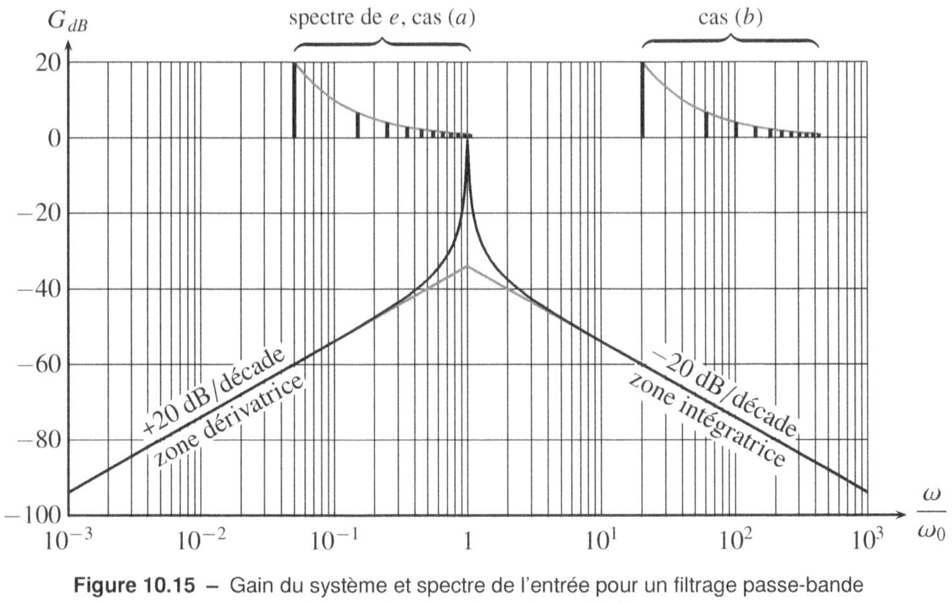

Figure 10.15 – Gain du système et spectre de l'entrée pour un filtrage passe-bande dans les deux cas de la figure 10.14.

6 Réponse indicielle et contenu spectral

La réponse indicielle d'un système du premier ou du deuxième ordre est la réponse du filtre à un échelon. Elle a été étudiée dans les chapitres précédents. On rappelle, dans trois cas, les résultats alors obtenus, auxquels on ajoute la fonction de transfert du système.

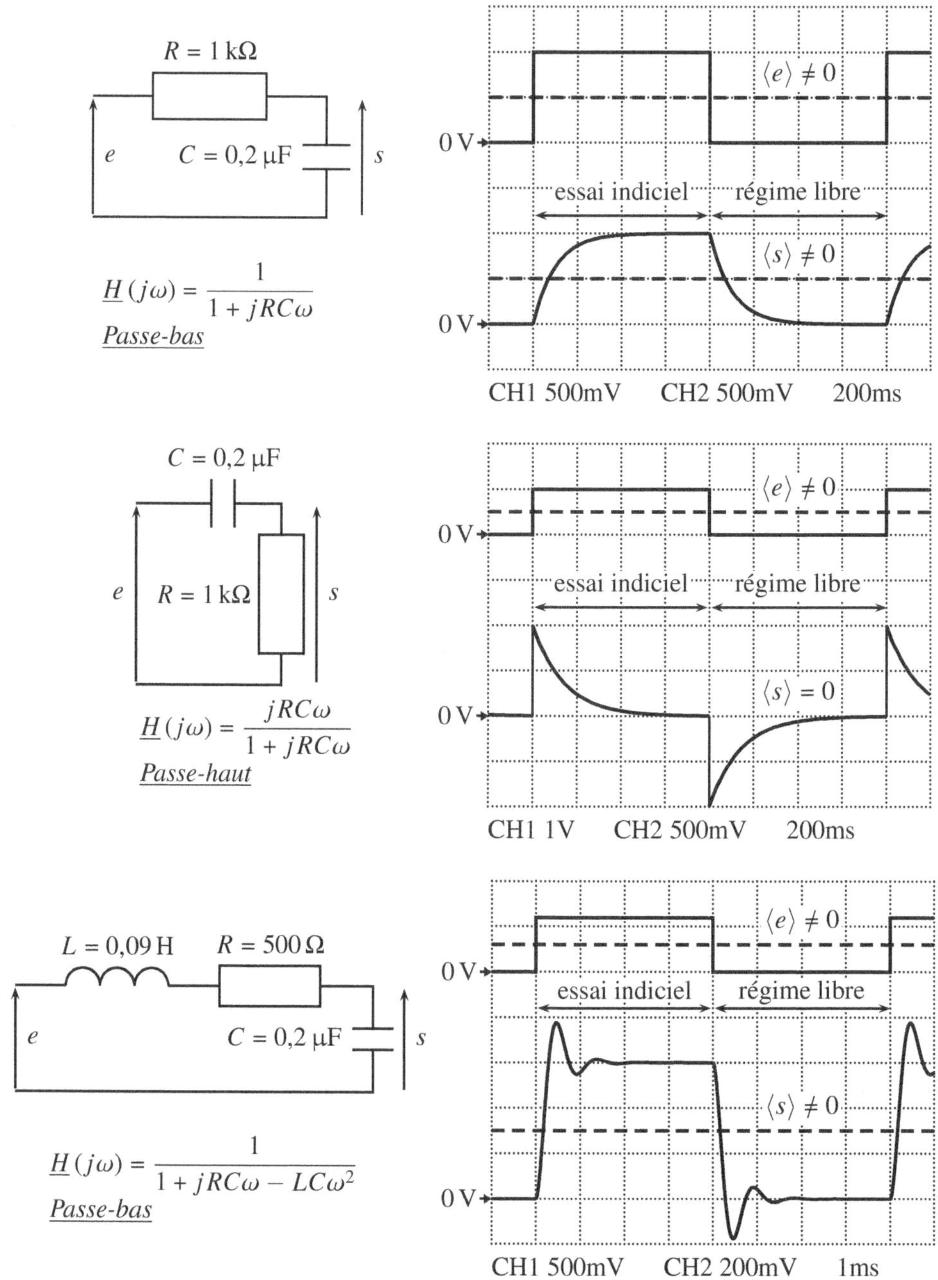

Figure 10.16 – Montages, fonctions de transfert, essais indiciels et régimes libres.

On observe que pour les filtres passe-bas, tant du premier que du deuxième ordre, le signal de sortie est continu, c'est-à-dire que la sortie admet la même valeur juste après l'échelon que juste avant. C'est la même chose pour le régime libre, la valeur de la sortie reste continue lors de la mise à la masse de l'entrée.

Pour le filtre passe-haut, au contraire, on observe une sortie discontinue, aussi bien au début de l'essai indiciel qu'au début du régime libre.

Comment interpréter ces résultats ?

La forme générale d'un signal est contenue dans ses basses fréquences, alors que les détails et les éventuelles discontinuités le sont dans ses hautes fréquences. Ainsi, lors d'un filtrage passe-bas, les hautes fréquences sont supprimées ; il est donc impossible de reconstituer une discontinuité du signal en sortie. Lors du filtrage passe-haut, au contraire, les hautes fréquences, contenues dans le signal créneau, sont transmises et expliquent la brusque variation du signal de sortie.

Il ne peut y avoir de discontinuité du signal de sortie que si le système présente un caractère passe-haut.

Remarque

Ce résultat a une interprétation physique dans le cas des deux filtres passe-bas ci-dessus : le signal de sortie est la tension aux bornes d'une capacité, tension qui est nécessairement continue.

De plus, on observe que le signal de sortie des filtres passe-bas a une valeur moyenne différente de zéro, alors que la sortie du filtre passe-haut a une valeur moyenne nulle.

Le contenu spectral d'un signal explique ce phénomène. En effet, la valeur moyenne est la composante de pulsation nulle ($\omega = 0$) du signal. Elle passe à travers les filtres passe-bas et se retrouve intacte en sortie (dans les deux cas, $\underline{H}(0) = 1$) : la valeur moyenne du créneau en entrée se retrouve en sortie. Le filtrage passe-haut, quant à lui, coupe les basses fréquences, donc la valeur moyenne. Le signal de sortie d'un filtre passe-haut a donc nécessairement une valeur moyenne nulle.

Le signal de sortie ne peut avoir une valeur moyenne non nulle que si le système présente un caractère passe-bas.

Attendu que la valeur moyenne est la composante de pulsation nulle du signal, en notant $e(t)$ l'entrée et $s(t)$ la sortie d'un système de fonction de transfert $\underline{H}(j\omega)$:

$$< s > = \underline{H}(0) < e > .$$

Qu'en est-il pour un filtre passe-bande, qui ne laisse passer ni les basses ni les hautes fréquences ? *A priori*, le signal de sortie, lors d'un essai indiciel ou d'un régime libre :

- admet une valeur moyenne nulle, car la composante $\omega = 0$ est filtrée ;
- reste continu à l'arrivée de l'échelon ou du régime libre, car les hautes fréquences, indispensables à une brusque variation du signal, sont filtrées.

L'observation expérimentale valide ces deux résultats sur la figure 10.17 page suivante.

7 Enrichissement du spectre par un système non linéaire

Ce paragraphe est consacré à des **systèmes non linéaires**, c'est-à-dire tels que la relation entre le signal d'entrée $e(t)$ et le signal de sortie $s(t)$ n'est pas linéaire. Il ne s'agit donc pas de filtres.

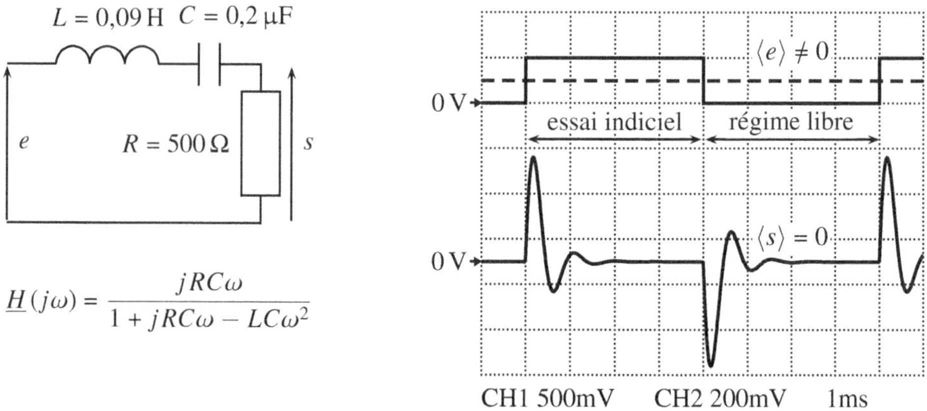

$$\underline{H}(j\omega) = \frac{jRC\omega}{1 + jRC\omega - LC\omega^2}$$

Figure 10.17 – Montage, fonction de transfert, essai indiciel et régime libre d'un filtre passe-bande du deuxième ordre.

Une caractéristique majeure des systèmes non linéaires est d'enrichir spectralement le signal d'entrée, avec l'apparition de nouvelles fréquences dans le spectre du signal de sortie. C'est en quelque sorte le résultat inverse d'un filtrage.

7.1 Exemple : le circuit multiplieur

Le **multiplieur** est un exemple de système non linéaire. Sa loi entrée-sortie, qui modélise le lien entre les deux entrées $e_1(t)$, $e_2(t)$ et la sortie $s(t)$, est :

$$s(t) = ke_1(t)\,e_2(t),$$

où k est le gain du multiplieur, en V^{-1}. Dans le cas simple où $e_1(t) = e_2(t) = E_0 \cos(\omega_e t)$, la sortie vaut :

$$s(t) = kE_0^2 \cos^2(\omega_e t) = kE_0^2 \frac{1 + \cos(2\omega_e t)}{2}.$$

La pulsation ω_e du signal d'entrée a disparu en sortie, alors que deux nouvelles pulsations sont apparues : la pulsation nulle pour la valeur moyenne et la pulsation $2\omega_e$.

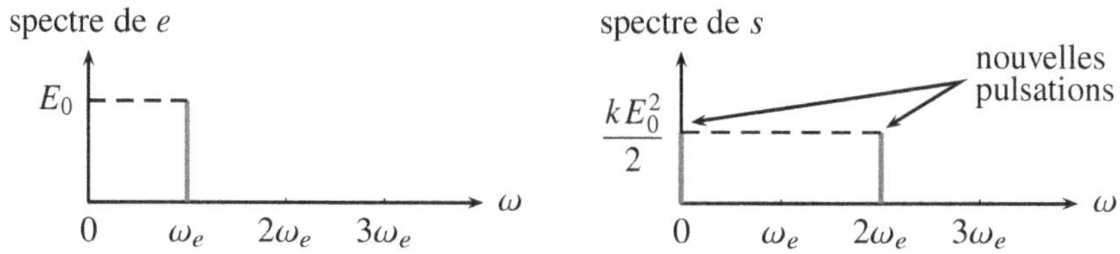

Figure 10.18 – Spectres des signaux d'entrée et de sortie du multiplieur.

7.2 Conclusion

> Un système non linéaire enrichit le spectre du signal de sortie de fréquences absentes du signal d'entrée.

La présence, dans le spectre du signal de sortie, de fréquences absentes du spectre du signal d'entrée, permet de détecter une non-linéarité. Par exemple, si on injecte un signal d'entrée sinusoïdal de pulsation ω_e et que l'on constate la présence dans le spectre du signal de sortie de pulsations différentes de ω_e, on a la preuve que le système est non linéaire.

8 Mise en cascade de filtres

Dans les applications pratiques on est amené à mettre en cascade différents montages : le signal d'entrée d'un montage donné est le signal de sortie du précédent et son signal de sortie le signal d'entrée du suivant etc. Il convient de réaliser très prudemment les mises en cascade de filtres surtout lorsqu'on utilise des circuits ne contenant que des dipôles passifs. En effet, la présence d'un filtre en aval peut charger le filtre en amont, et modifier sa fonction de transfert. Ceci est illustré dans l'exemple suivant.

Exemple

On monte deux filtres RC identiques en cascade, le second filtre RC charge de premier : il prélève un courant d'intensité $i_3 \neq 0$. La formule du diviseur de tension n'est donc plus valable entre v et e ; la fonction de transfert du premier filtre change.

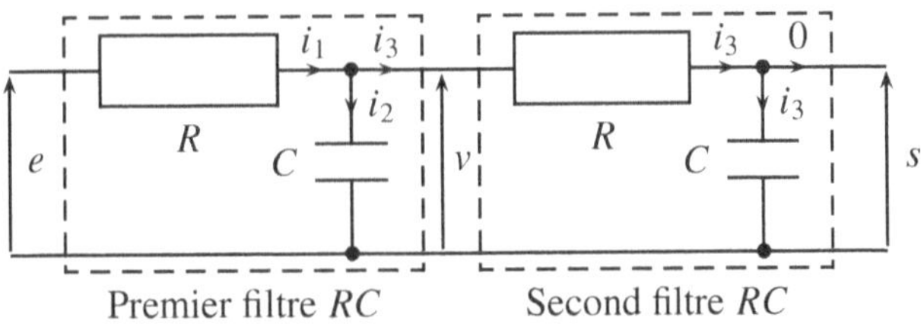

Figure 10.19 – Mise en cascade de deux filtres RC.

La fonction de transfert du second filtre ne pose pas de problème. Attendu que le courant de sortie est nul, la formule du diviseur de tension mène à :

$$\frac{\underline{s}}{\underline{v}} = \frac{\frac{1}{jC\omega}}{\frac{1}{jC\omega} + R} = \frac{1}{1 + jRC\omega} = \underline{H}_2(j\omega).$$

Le calcul de la fonction de transfert de l'ensemble repose sur l'écriture de la loi des mailles, $i_1 = i_2 + i_3$, qui devient, en régime permanent sinusoïdal :

$$\frac{\underline{e} - \underline{v}}{R} = \frac{\underline{v} - 0}{\frac{1}{jC\omega}} + \frac{\underline{v} - \underline{s}}{R} \quad \text{soit} \quad \underline{e} - \underline{v} = jRC\omega\underline{v} + \underline{v} - \underline{s},$$

et finalement : $\underline{v} = \dfrac{\underline{e} + \underline{s}}{2 + jRC\omega}$. On remplace $\underline{v}$ dans l'expression de $\underline{H}_2(j\omega)$:

$$\underline{s} = \frac{\underline{v}}{1 + jRC\omega} = \frac{\underline{e} + \underline{s}}{(1 + jRC\omega)(2 + jRC\omega)},$$

qui devient, en éliminant les fractions : $\underline{s}(1 + jRC\omega)(2 + jRC\omega) = \underline{e} + \underline{s}$, soit :

$$\underline{s}\left(2 + 3jRC\omega + (jRC\omega)^2 - 1\right) = \underline{e}.$$

Finalement :

$$\frac{\underline{s}}{\underline{e}} = \frac{1}{1 + 3jRC\omega + (jRC\omega)^2}.$$

La fonction de transfert du montage en cascade n'est pas le produit des fonctions de transfert. De plus, comme $\underline{v} = (1 + jRC\omega)\underline{s}$:

$$\frac{\underline{v}}{\underline{e}} = \frac{1 + jRC\omega}{1 + 3jRC\omega + (jRC\omega)^2} = \underline{H}_1(j\omega) \neq \underline{H}_2(j\omega).$$

La présence du second filtre change complètement la fonction de transfert du premier.

La mise en cascade de filtres, nécessaire pour réaliser des filtrages qui répondent à des cahiers des charges élaborés, recèle donc une difficulté majeure. Comment s'assurer que le filtre en aval ne charge pas le filtre en amont ? Dans l'exemple précédent, toute la difficulté provient de $i_3 \neq 0$. Le second filtre ne doit prélever aucun courant, son impédance d'entrée doit être très grande, voire infinie.

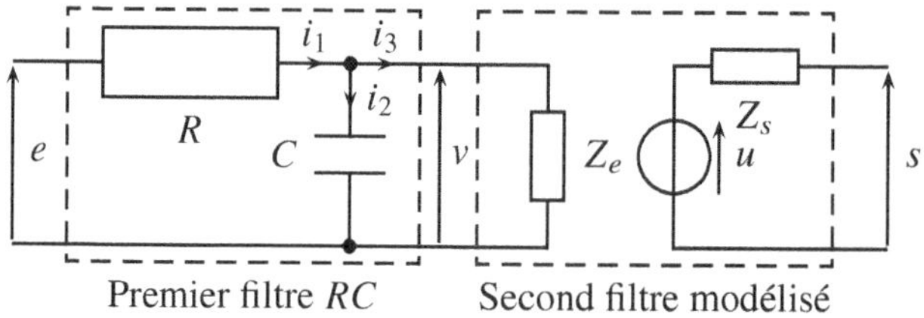

Figure 10.20 – Mise en cascade de deux filtres.

D'après la définition de l'impédance d'entrée du second filtre, $\underline{v} = \underline{Z}_e \underline{i}_3$, $\underline{i}_3$ tend vers 0 dès que $\underline{Z}_e$ devient infinie. À cette condition, le second filtre ne charge plus le premier.

De plus, la tension de sortie $u(t)$ du second filtre vaut $s(t)$, dès qu'aucune chute de tension ohmique n'existe entre ces deux tensions, donc dès que l'impédance de sortie Z_s est très faible, voire nulle.

La fonction de transfert d'un filtre n'est pas modifiée lors de sa mise en cascade s'il présente une impédance d'entrée très grande, voire infinie, et une impédance de sortie très faible, voire nulle.

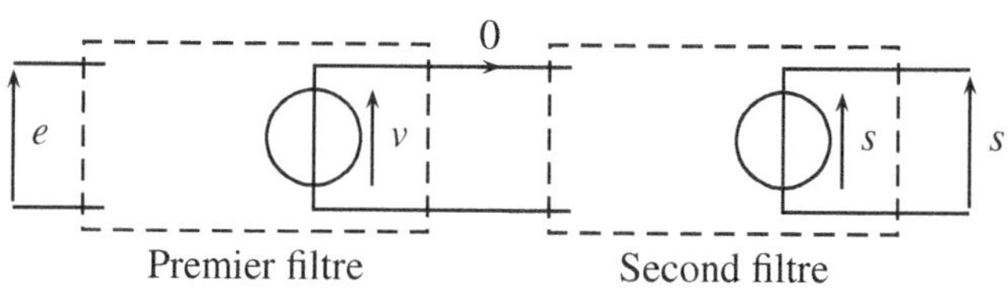

Figure 10.21 – Mise en cascade de deux filtres d'impédance d'entrée infinie et d'impédance de sortie nulle.

Dans ces conditions, en notant $\underline{H}_1(j\omega)$ la fonction de transfert du premier filtre, et $\underline{H}_2(j\omega)$ celle du second :

$$\frac{\underline{s}}{\underline{e}} = \frac{\underline{s}}{\underline{v}} \times \frac{\underline{v}}{\underline{e}} = \underline{H}_1(j\omega) \times \underline{H}_2(j\omega).$$

La fonction de transfert d'une mise en cascade de filtres d'impédance d'entrée très grande, voire infinie, et d'impédance de sortie très faible, voire nulle, est le produit des fonctions de transfert de chaque filtre.

Comment réaliser concrètement de tels filtres ? L'utilisation de résistances de très forte valeur diminuerait trop la tension de sortie. On utilise dans la pratique des circuits actifs à ALI, qui doivent être alimentés par une source extérieure de puissance pour fonctionner.

9 Simulation

On étudie, en langage Python, le filtrage passe-bas d'un signal créneau de période T, de valeur moyenne 1,0 (en unités arbitraires).

```
import numpy as np:
import matplotlib.pyplot as plt
# Spectre d'un signal créneau de fréquence fs
# Fréquence du signal
fs = 1e3 # Hz
# Rang de l'harmonique max
nmax = 5000
# Rang des harmoniques (uniquement impaires pour un créneau)
N = np.arange(1,nmax,2)
# Amplitudes (unité arbitraire)
Ae = np.array([4/(np.pi*n) for n in N])
# Phases (rad)
Phie = np.array([3*np.pi/2 for n in N])
# Valeur moyenne (unité arbitraire)
A0 = 1
# Filtres
# Définition du nombre j tel que j**2=-1
j=complex(0,1)
# Passe-bas 1er ordre de fréquence de coupure fc
def H(f,fc):
    s = 1/(1+j*f/fc)
    return s
# Spectre du signal de sortie
# fréquence de coupure du filtre
fc = 1e4 # Hz
# Gain et phase du filtre pour les fréquences du spectre d'entrée
gain = np.array([np.abs(H(n*fs,fc)) for n in N])
phase = np.array([np.angle(H(n*fs,fc)) for n in N])
# Amplitudes (unité arbitraire)
As = gain*Ae
# Phases (rad)
Phis = Phie + phase
# Valeur moyenne (unité arbitraire)
A0s = np.abs(H(0,fc))*A0
# Graphes des signaux d'entrée et de sortie
# Abscises
t = np.linspace(0,2/fs,500) # Affichage de 2 périodes
# Synthèse des signaux d'entrée et de sortie
e = np.array([A0 + np.sum(Ae*np.cos(2*np.pi*fs*temps*N+Phie)) for temps in t ])
s = np.array([A0s + np.sum(As*np.cos(2*np.pi*fs*temps*N+Phis)) for temps in t ])
# Figure
plt.figure()
```

```
plt.plot(t,e,color='0.6', label = 'entrée',linewidth=2)
plt.plot(t,s,'k',label = 'sortie')
plt.legend()
plt.xlabel('temps (s)')
plt.ylabel('signaux')
plt.ticklabel_format(axis="x", style="sci", scilimits=(0,0))
plt.grid()
plt.show()
```

Lorsque la tension d'entrée est de fréquence très inférieure à celle du filtre ($f_s \ll f_0$, figure 10.22 à gauche), le signal est peu déformé : il s'agit du cas (*a*) de la figure 10.10, p. 257. Seules les très hautes fréquences sont éliminées, ce qui adoucit les pentes et « émousse les coins ».

L'action du filtrage augmente sur la figure 10.22 à droite, où $f_s = f_0$; il s'agit du cas (*b*) de la figure 10.10.

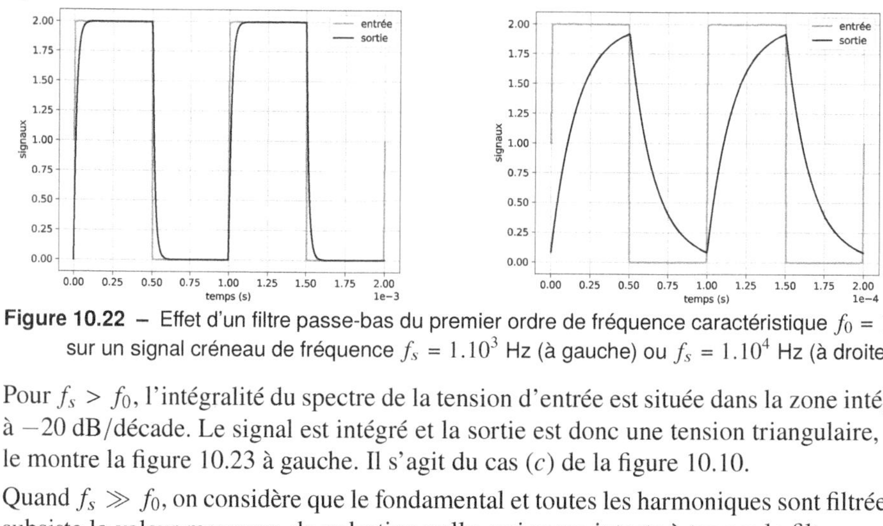

Figure 10.22 – Effet d'un filtre passe-bas du premier ordre de fréquence caractéristique $f_0 = 1.10^4$ Hz sur un signal créneau de fréquence $f_s = 1.10^3$ Hz (à gauche) ou $f_s = 1.10^4$ Hz (à droite).

Pour $f_s > f_0$, l'intégralité du spectre de la tension d'entrée est située dans la zone intégratrice à -20 dB/décade. Le signal est intégré et la sortie est donc une tension triangulaire, comme le montre la figure 10.23 à gauche. Il s'agit du cas (*c*) de la figure 10.10.

Quand $f_s \gg f_0$, on considère que le fondamental et toutes les harmoniques sont filtrées, seule subsiste la valeur moyenne, de pulsation nulle, qui passe intacte à travers le filtre, comme on le voit sur la figure 10.23 à droite. Le caractère moyenneur du filtre apparaît.

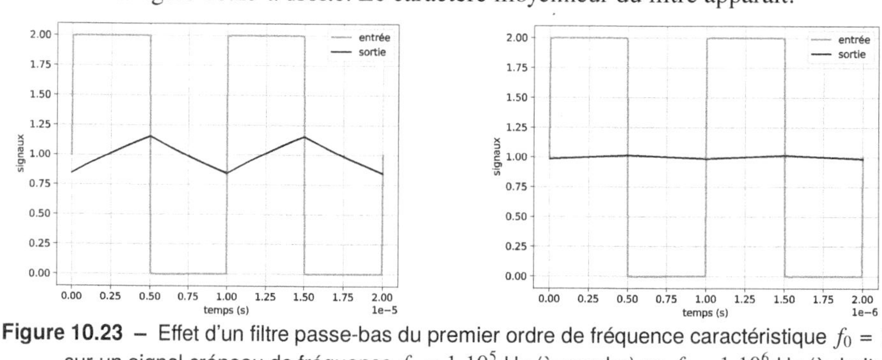

Figure 10.23 – Effet d'un filtre passe-bas du premier ordre de fréquence caractéristique $f_0 = 1.10^4$ Hz sur un signal créneau de fréquence $f_s = 1.10^5$ Hz (à gauche) ou $f_s = 1.10^6$ Hz (à droite).

MÉTHODOLOGIE

> Comment écrire un signal harmonique avec sa valeur efficace ?
>
> ▷ $s(t) = S_0 \cos(\omega t) = S_{eff}\sqrt{2}\cos(\omega t)$.

> Quelle est la pulsation d'un signal constant ?
>
> ▷ *Un signal constant est un signal de pulsation nulle.*

En effet, $S_0 = S_0 \cos(0 \times t)$.

> Où placer la valeur moyenne d'un signal sur un diagramme de Bode ?
>
> ▷ *Attendu que la valeur moyenne est la composante de pulsation nulle du spectre, elle est rejetée à l'infini à gauche, car* $\lim_0 \log = -\infty$.

> Comment calculer le développement en série de Fourier d'un signal simple comme $e(t) = E_0 \cos^2(\omega t)$?
>
> ▷ *Linéariser :* $e(t) = \frac{1}{2}(1 + \cos(2\omega t))$.

L'exemple présente un spectre composé de deux pulsations : les pulsations nulle et 2ω.

> Comment étudier la réponse d'un système à un signal constitué de plusieurs pulsations ?
>
> ▷ *Utiliser le principe de superposition et faire passer chaque pulsation indépendamment dans le filtre, puis sommer les sorties.*

Par exemple dans le cas où le signal d'entrée est somme de deux signaux sinusoïdaux de pulsations ω_1 et ω_2 :

$$e(t) = E_1 \cos(\omega_1 t + \psi_1) + E_2 \cos(\omega_2 t + \psi_2),$$

le signal de sortie est la somme des signaux de sortie correspondant à chacun de ces signaux, calculées par la méthode complexe :

$$E_1 \exp(j\omega_1 t + \psi_1) \longrightarrow \boxed{\underline{H}(j\omega_1)} \longrightarrow \underline{s}_1(t) = \underline{H}(j\omega_1) E_1 \exp(j\omega_1 t + \psi_1) \quad (\omega = \omega_1)$$

$$E_2 \exp(j\omega_2 t + \psi_2) \longrightarrow \boxed{\underline{H}(j\omega_2)} \longrightarrow \underline{s}_2(t) = \underline{H}(j\omega_2) E_2 \exp(j\omega_2 t + \psi_2) \quad (\omega = \omega_2)$$

Attention ! Le filtre réagit différemment à chaque pulsation !

On obtient en sortie la combinaison linéaire :

$$\underline{s}(t) = \underline{s}_1(t) + \underline{s}_2(t) = \underbrace{\underline{H}(j\omega_1)}_{G(\omega_1)\,\mathrm{e}^{j\varphi(\omega_1)}} E_1 \exp(j\omega_1 t + \psi_1) + \underbrace{\underline{H}(j\omega_2)}_{G(\omega_2)\,\mathrm{e}^{j\varphi(\omega_2)}} E_2 \exp(j\omega_2 t + \psi_2)$$

$$s(t) = G(\omega_1) E_1 \cos(\omega_1 t + \varphi(\omega_1) + \psi_1) + G(\omega_2) E_2 \cos(\omega_2 t + \varphi(\omega_2) + \psi_2).$$

Rapport du Jury (École navale) : « les candidats qui linéarisent le signal d'entrée, puis appliquent le principe de superposition, ne rencontrent aucune difficulté. »

Comment tracer le spectre d'un signal si son développement en série de Fourier est fourni ?

▷ *Tracer l'amplitude de chaque harmonique en fonction de pulsation, comme le montre la figure 10.2, p. 252.*

Comment tracer le spectre d'un signal sans son développement en série de Fourier ?

▷ *Chercher la valeur moyenne $< s >$ et la période T du signal, par exemple par lecture graphique, pour en déduire la pulsation ω_0 du fondamental, $\omega_0 = \frac{2\pi}{T}$, puis placer chaque composante du spectre en $n\omega_0$ avec une amplitude arbitraire, mais décroissante.*

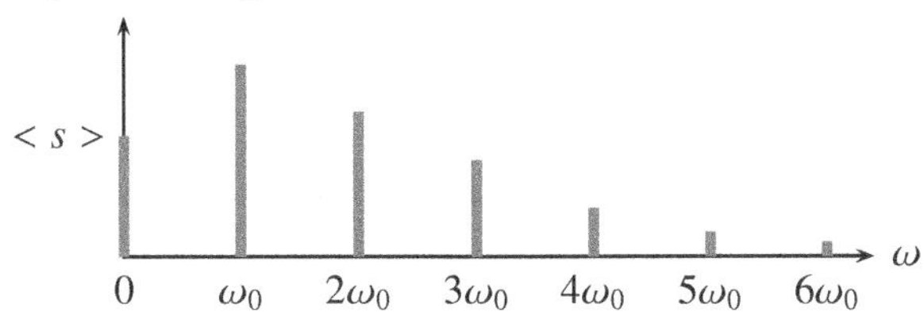

Comment réaliser un moyenneur ?

▷ *Un moyenneur est un filtre qui ne laisse passer que la valeur moyenne d'un signal ; on utilise donc un passe-bas qui filtre le fondamental et toutes les harmoniques. La pulsation ω_0 du fondamental du signal doit donc être très supérieure à la pulsation caractéristique ω_f du filtre : $\omega_0 \gg \omega_f$*

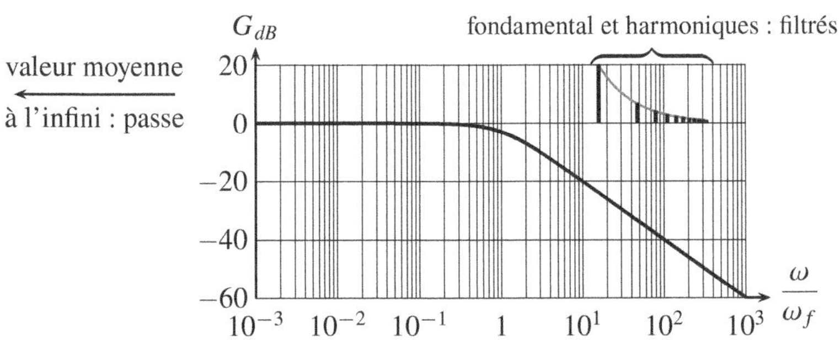

À quelle condition un filtre est-il intégrateur ?

▷ *Un signal est intégré si l'intégralité de son spectre est dans la zone -20 dB/décade.*

C'est le cas de la figure précédente, sauf pour la valeur moyenne.

À quelle condition un filtre est-il dérivateur ?

▷ *Un signal est dérivé si l'intégralité de son spectre est dans la zone +20 dB/décade.*

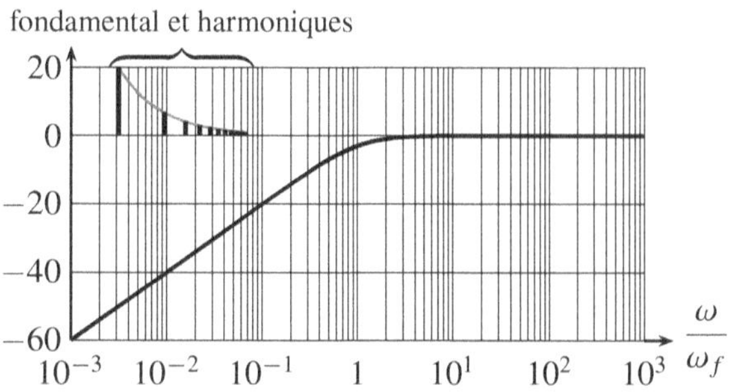

Comment étudier la réponse d'un système à un signal périodique mais non harmonique ?

▷ *Utiliser le spectre (développement en série de Fourier) et le principe de superposition.*

Soit le signal d'entrée $\underline{e}(t) = E_0 + \sum_{n=1}^{\infty} \underline{E}_n \exp(jn\omega_0 t + \psi_n)$, de période $T = \frac{2\pi}{\omega_0}$, qui passe à travers un filtre de fonction de transfert $\underline{H}(j\omega)$. La sortie est établie en faisant passer, une par une, chacune des harmoniques dans le filtre, puis en sommant toutes les sorties. C'est le principe de superposition.

$\omega = 0$ (valeur moyenne)

$$E_0 = E_0 \exp(j0 \times t) \longrightarrow \boxed{\underline{H}(j0)} \longrightarrow \underline{s}_0(t) = \underline{H}(j0)\, E_0$$

$\omega = \omega_0$ (fondamental)

$$E_1 \exp(j\omega_0 t + \psi_1) \longrightarrow \boxed{\underline{H}(j\omega_0)} \longrightarrow \underline{s}_1(t) = \underline{H}(j\omega_0)\, E_1 \exp(j\omega_0 t + \psi_1)$$

$\omega = 2\omega_0$ (harmonique de rang 2)

$$E_2 \exp(j2\omega_0 t + \psi_2) \longrightarrow \boxed{\underline{H}(j2\omega_0)} \longrightarrow \underline{s}_2(t) = \underline{H}(j2\omega_0)\, E_1 \exp(j2\omega_0 t + \psi_2)$$

$\omega = 3\omega_0$ (harmonique de rang 3)

$$E_2 \exp(j3\omega_0 t + \psi_3) \longrightarrow \boxed{\underline{H}(j3\omega_0)} \longrightarrow \underline{s}_3(t) = \underline{H}(j3\omega_0)\, E_1 \exp(j3\omega_0 t + \psi_3)$$

...

$\omega = n\omega_0$ (harmonique de rang n)

$$E_n \exp(jn\omega_0 t + \psi_n) \longrightarrow \boxed{\underline{H}(jn\omega_0)} \longrightarrow \underline{s}_n(t) = \underline{H}(jn\omega_0)\, E_1 \exp(jn\omega_0 t + \psi_n)$$

Le filtre réagit différemment à chaque harmonique

$$\underline{e}(t) = E_0 + \sum_{1}^{\infty} E_n \exp(jn\omega_0 t + \psi_n) \qquad \underline{s}(t) = \underline{H}(0)\, E_0 + \sum_{1}^{\infty} \underline{H}(jn\omega_0)\, E_n \exp(jn\omega_0 t \psi_n)$$

Rapport du Jury (ENS Paris-Saclay) : « les candidats ont souvent beaucoup de difficultés pour établir la réponse d'un filtre soumis à un signal périodique dont la décomposition en série de Fourier est fournie. »

Le principe de superposition est-il toujours valable ?

▷ *Oui si le système est linéaire, non s'il ne l'est pas.*

Comment reconnaître l'action d'un filtre passe-bas ?

▷ *Deux effets sont notables :*

- *le signal de sortie présente une valeur moyenne non nulle si celui d'entrée a aussi une valeur moyenne non nulle ;*
- *le signal de sortie ne présente ni discontinuités ni « pics ».*

On se reportera aux courbes de la figure 10.16, p. 262.

Comment reconnaître l'action d'un filtre passe-haut ?

▷ *Deux effets sont notables :*

- *le signal de sortie présente une valeur moyenne nulle ;*
- *le signal de sortie présente des discontinuités, ou « pics » accentués par rapport au signal d'entrée.*

On se reportera aux courbes de la figure 10.16, p. 262.

Programme officiel et sommaire des exercices

Notions et contenus	Capacités exigibles
Signaux périodiques. ► 10.C1 10.C3 ▷ 10.1 10.9	Analyser la décomposition fournie d'un signal périodique en une somme de fonctions sinusoïdales. Définir la valeur moyenne et la valeur efficace d'un signal. Établir par le calcul la valeur efficace d'un signal sinusoïdal. Interpréter le fait que le carré de la valeur efficace d'un signal périodique est égal à la somme des carrés des valeurs efficaces de ses harmoniques.
Fonction de transfert harmonique. Diagramme de Bode. ► 10.C2 ▷ 10.1 10.4 10.7 10.8 10.10 10.11	Utiliser une fonction de transfert donnée d'ordre 1 ou 2 (ou ses représentations graphiques) pour étudier la réponse d'un système linéaire à une somme finie d'excitations sinusoïdales, un signal périodique.
Modèles de filtres passifs : passe-bas et passe-haut d'ordre 1, passe-bas et passe-bande d'ordre 2. Fonction de transfert harmonique. Diagramme de Bode. ▷ 10.2 10.3 10.5 10.6 10.12	Choisir un modèle de filtre en fonction d'un cahier des charges. Expliciter les conditions d'utilisation d'un filtre en tant que moyenneur. Expliquer l'intérêt, pour garantir leur fonctionnement lors de mises en cascade, de réaliser des filtres de tension de faible impédance de sortie et forte impédance d'entrée. Expliquer la nature du filtrage introduit par un dispositif mécanique (sismomètre, amortisseur, accéléromètre, etc.). TP : étudier le filtrage linéaire d'un signal non sinusoïdal à partir d'une analyse spectrale. Détecter le caractère non linéaire d'un système par l'apparition de nouvelles fréquences. Capacité numérique : simuler, à l'aide d'un langage de programmation, l'action d'un filtre sur un signal périodique dont le spectre est fourni. Mettre en évidence l'influence des caractéristiques du filtre sur l'opération de filtrage.

EXERCICES ★ (LE COURS)

10.C1 Valeur efficace

1) Écrire la définition d'une valeur efficace.

2) Établir la valeur efficace d'un signal sinusoïdal, en fonction de son amplitude.

10.C2 Filtrage On considère un filtre de fonction de transfert $\underline{H}(j\omega)$, dont l'entrée est le signal $e(t) = E_1 \cos(\omega_1 t + \psi_1) + E_2 \cos(\omega_2 t + \psi_2)$. Établir l'expression de la sortie $s(t)$ du filtre, en utilisant le gain G et la phase φ du filtre.

10.C3 Valeurs moyennes Quel est le lien entre la valeur moyenne du signal de sortie d'un filtre et celle du signal d'entrée ?

EXERCICES ★★

10.1 Valeur efficace

Calculer la valeur efficace E_{eff} de la tension $e(t)$.

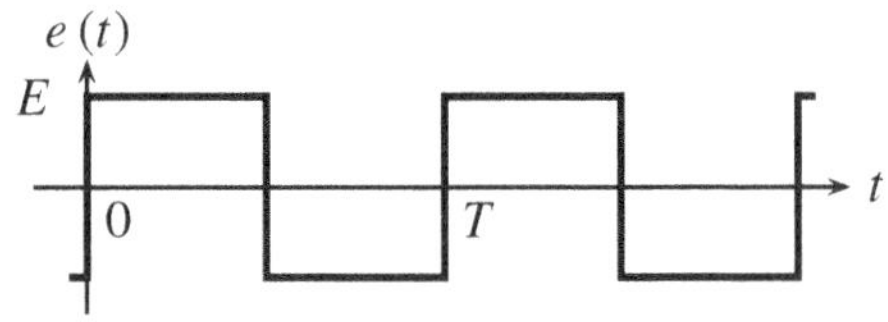

10.2 Élimination d'un bruit haute fréquence

Un signal $e(t)$ est la somme d'un signal utile $e_u(t)$ de fréquence $f_u \sim 100\,\text{Hz}$ et d'un bruit $e_b(t)$) de fréquence $f_b \sim 10^4\,\text{Hz}$ et de valeur moyenne nulle. On utilise un filtre pour éliminer le bruit.

1) Quelle fonction de transfert est adaptée : $\underline{H}_1(j\omega) = \dfrac{1}{1 + j\frac{\omega}{\omega_0}}$ ou $\underline{H}_2(j\omega) = \dfrac{j\frac{\omega}{\omega_0}}{1 + j\frac{\omega}{\omega_0}}$?

2) Quelle valeur de ω_0 est adaptée : $\omega_0 = 628\,\text{rad.s}^{-1}$ ou $\omega_0 = 1.10^4\,\text{rad.s}^{-1}$?

10.3 Couplage AC ou DC de l'entrée d'un oscilloscope

La figure ci-contre montre un signal créneau de période $T = 0{,}40\,\text{s}$ tel qu'on le visualise en utilisant le couplage DC (courbe en noir) ou le couplage AC (courbe en gris) d'un oscilloscope. Le calibre vertical est 1 V/division dans les deux cas.

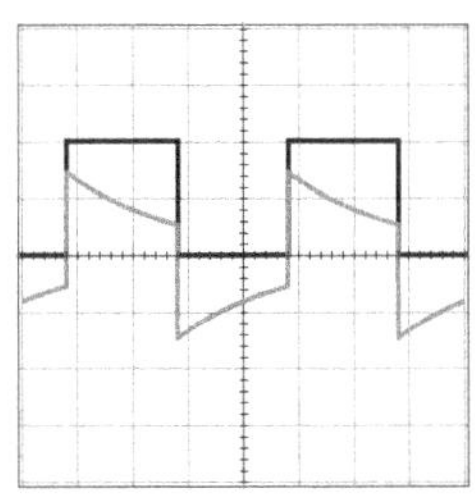

Lorsque le couplage AC est choisi, le signal passe à travers un filtre du premier ordre.

1) S'agit-il d'un filtre passe-bas ou d'un filtre passe-haut ? Est-ce cohérent avec la fonction du couplage AC ?

2) Déterminer la limite du gain du filtre quand la fréquence tend vers l'infini.

3) Une analyse spectrale montre que l'amplitude du fondamental est égale à 2,5 V pour le signal non filtré et 2,4 V pour le signal filtré. En déduire la fréquence de coupure du filtre, $f_0 = \frac{\omega_0}{2\pi}$.

10.4 Filtre passe-bande

Le diagramme de Bode du filtre étudié est tracé ci-dessous. Les coordonnées du maximum de l'amplitude sont $\left(1{,}41.10^3 \text{ rad.s}^{-1} \ ; \ 33{,}8 \text{ dB}\right)$. Les asymptotes sont en gris.

1) De quel type de filtre s'agit-il ? De quel ordre ?

2) Le filtre peut-il être utilisé en intégrateur ? en dérivateur ?

3) Le signal de sortie peut-il présenter une valeur moyenne non nulle ?

4) La tension d'entrée est : $e(t) = 2E_0 + E_0 \cos(\omega_1 t) - \frac{E_0}{2} \sin(\omega_2 t)$, où $\omega_1 = 1{,}41.10^3$ rad.s^{-1} et $\omega_2 = 5{,}0.10^4$ rad.s^{-1}. Établir l'expression de la tension de sortie ; conclure.

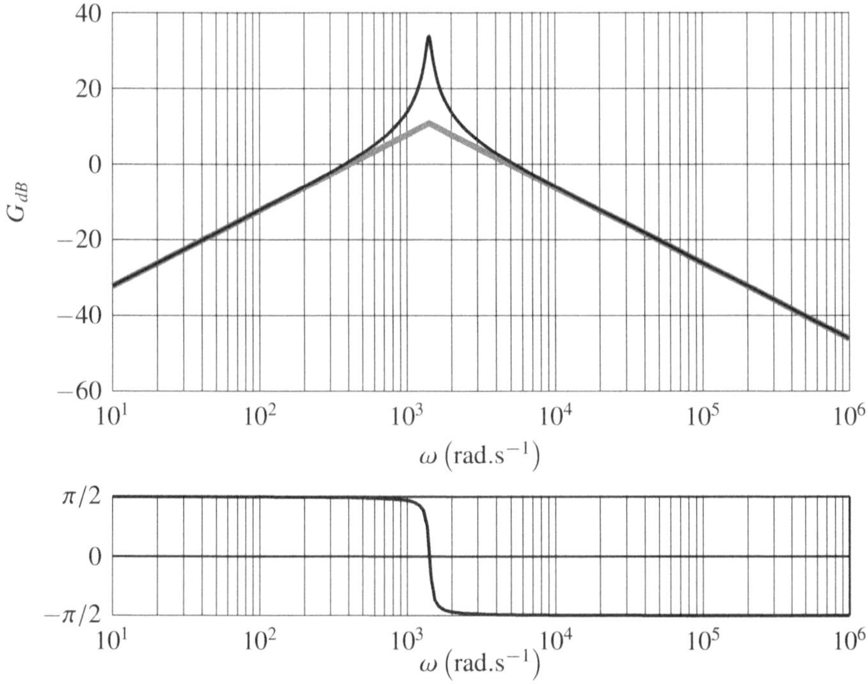

EXERCICES ★★★

10.5 Moyenneur

On souhaite réaliser un moyenneur pour un signal de fréquence $f_e = 300$ Hz. On envisage deux filtres passe-bas de même pulsation de coupure $\omega_0 = 628$ rad.s^{-1} et de fonctions de transfert :

$$\underline{H_1}(j\omega) = \frac{1}{1 + j\frac{\omega}{\omega_0}} \quad \text{et} \quad \underline{H_2}(j\omega) = \frac{1}{1 + j\sqrt{2}\frac{\omega}{\omega_0} - \frac{\omega^2}{\omega_0^2}}.$$

1) Calculer les valeurs maximales des gains et les gains en ω_0 de chacun des deux filtres.

2) Le signal d'entrée est : $e(t) = E_0(1 + \cos(2\pi f_e t))$ avec $E_0 = 2$ V. Exprimer le signal de sortie pour les deux filtres. Quel est le meilleur moyenneur ?

10.6 Détermination d'un filtre

Proposer un filtre pour passer du signal s_1 au signal s_2. On indiquera les valeurs caractéristiques du filtre.

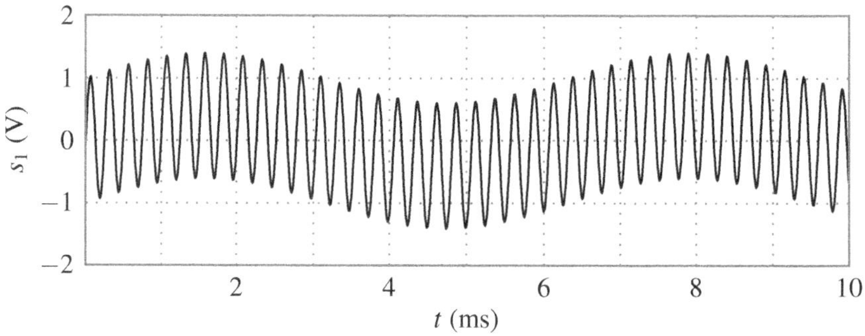

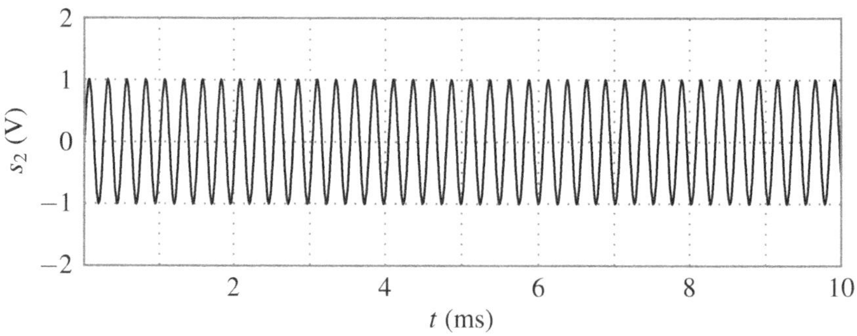

10.7 Filtrage et réponse indicielle

Les figures ci-contre représentent le signal de sortie $s(t)$ (représenté en gris) pour un signal d'entrée $e(t)$ carré symétrique de période T valant alternativement 0 et E (représenté en noir) et différents filtres d'ordre deux.

Identifier la nature (passe-bas, passe-haut ou passe-bande) de chacun de ces filtres. Comparer la période T et le temps de réponse des filtres.

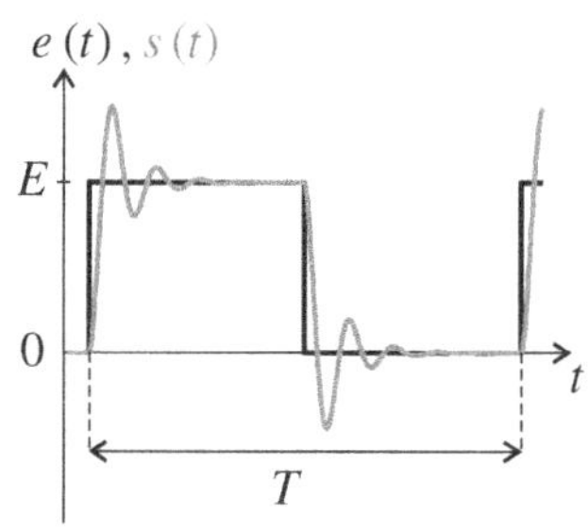

Filtre A

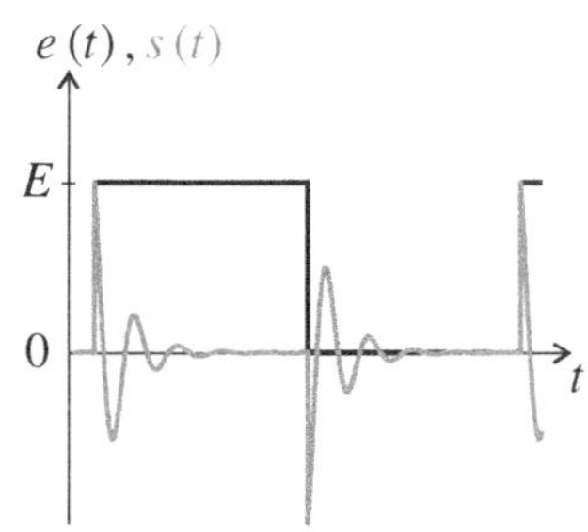

Filtre B

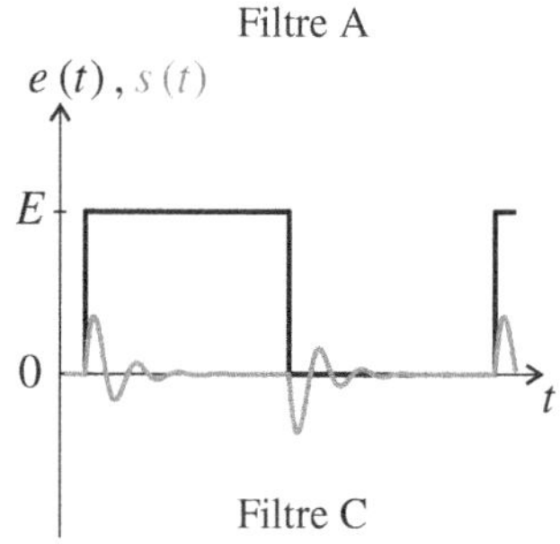

Filtre C

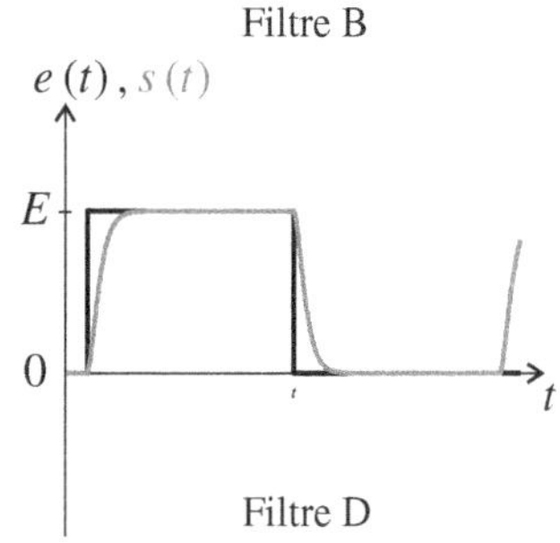

Filtre D

10.8 Filtrage par un filtre passe-bande

On règle un générateur de basses fréquences pour qu'il délivre un signal « rampe » de période $T = 1$ ms tel que : $e(t) = 2E\frac{t}{T}$ pour $-\frac{T}{2} \leqslant t < \frac{T}{2}$, avec $E = 5$ V. On donne la décomposition en série de Fourier de ce signal :

$$e(t) = E\sum_{n=1}^{\infty}\frac{(-1)^{n+1}}{n\pi}\sin(n\omega_e t) \quad \text{avec} \quad \omega_e = \frac{2\pi}{T}.$$

1) Expliquer l'absence de terme constant dans cette expression et commenter le fait que l'amplitude des composantes sinusoïdales soit proportionnelle à $\frac{1}{n}$.

2) On envoie $e(t)$ dans un filtre de fonction de transfert : $\underline{H}(j\omega) = \dfrac{j\frac{\omega}{Q\omega_0}}{1 + j\frac{\omega}{Q\omega_0} - \frac{\omega^2}{\omega_0^2}}$ avec $Q = 10$ et ω_0 variable. Donner une approximation du signal de sortie dans les trois cas :

a. $\omega_0 = 6{,}28.10^3$ rad.s^{-1} ;

b. $\omega_0 = 31{,}4.10^4$ rad.s^{-1} ;

c. $\omega_0 = 6{,}28.10^2$ rad.s^{-1}.

Indication : utiliser, dans l'un des cas, un comportement intégrateur ou dérivateur.

EXERCICES ★★★★

10.9 Sismomètre

Si le cours de mécanique n'a pas encore été étudié, on admettra le résultat de la question 1.

Le principe d'un sismomètre est schématisé sur la figure ci-contre. Un ressort (1) de masse négligeable, dont la réponse en élongation, linéaire, est caractérisée par une raideur k, est suspendu à un boîtier rigide lié au sol. Un solide (2), de masse m, est accroché à l'autre extrémité de ce ressort. Une partie de ce solide est solidaire d'un amortisseur (3) exerçant sur (2) la force de frottement fluide $\vec{f} = -h\vec{v}$, où h est une constante, et $\vec{v}$ la vitesse de translation de (2) par rapport au boîtier.

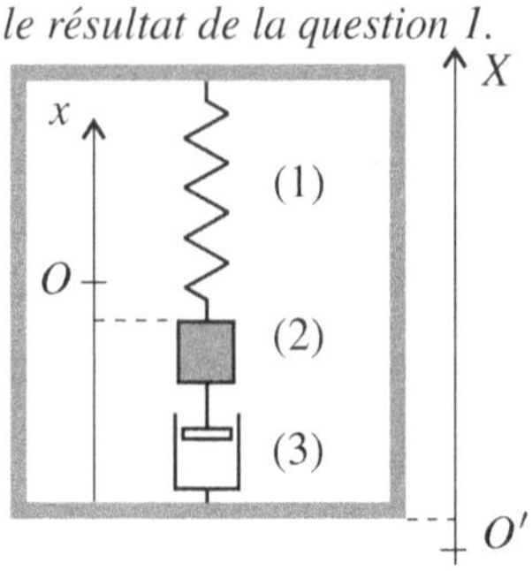

Le passage d'une onde sismique provoque un mouvement du boîtier par rapport à un référentiel galiléen qui est repéré par sa coordonnée $X(t)$ le long d'un axe $(O'X)$. Le mouvement de (2) par rapport au boîtier est repéré par sa coordonnée $x(t)$ sur un axe (Ox) fixe par rapport au boîtier dont l'origine O correspond au point d'attache de (2) dans sa position d'équilibre en l'absence de mouvement du boîtier. L'axe (Ox), comme l'axe $(O'X)$, est vertical ascendant. On étudie le mouvement $x(t)$ de (2) provoqué par le mouvement du boîtier $X(t)$.

1) Établir l'équation différentielle liant les variables $x(t)$ et $X(t)$: $\frac{d^2x}{dt^2} + \frac{\sqrt{2}}{\tau}\frac{dx}{dt} + \omega_0^2 x = -\frac{d^2X}{dt^2}$, où $\omega_0 = \sqrt{\frac{k}{m}}$ est la pulsation propre du sismomètre et, par définition, $\tau = \frac{m}{h}\sqrt{2}$ la constante de temps relative à l'amortissement.

2) On considère une onde sismique sinusoïdale et de pulsation ω. En régime forcé, la fonction $x(t)$ est sinusoïdale elle aussi, et de même pulsation. Établir l'expression de la fonction de transfert mécanique $\underline{H}(j\omega) = \frac{\underline{x}(t)}{\underline{X}(t)}$, où $\underline{g}$ est la grandeur complexe (proportionnelle à $\exp(j\omega t)$)

associée au signal sinusoïdal $g(t)$. On suppose désormais que $\omega_0\tau = 1$; montrer que la fonction de transfert mécanique peut s'écrire : $\underline{H}(j\omega) = \dfrac{1}{\frac{\omega_0^2}{\omega^2} - 1 + j\sqrt{2}\frac{\omega_0}{\omega}}$.

3) Exprimer $G(\omega) = |\underline{H}(j\omega)|$ et $\varphi(\omega) = \arg(\underline{H}(j\omega))$ pour $\omega < \omega_0$. À quelle type de filtre correspond cette fonction de transfert ?

La pulsation propre du sismomètre étant $\omega_0 = 20$ rad.s^{-1}, cet appareil détecte une onde sismique sous la forme de la fonction périodique $x(t)$ reproduite sur la figure ; l'amplitude est en unité arbitraire.

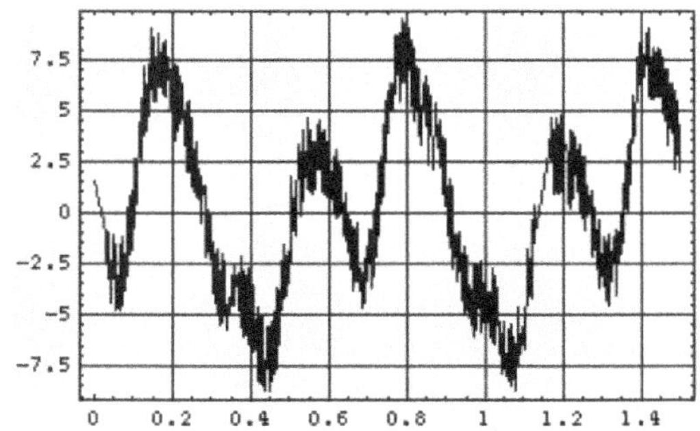

L'application d'un algorithme de transformée de Fourier à $x(t)$ fournit la décomposition en série de Fourier sous la forme $x(t) = c_0 + \sum_n c_n \cos(n\omega t + \varphi_n)$ avec $\omega = 10$ rad.s^{-1}. Les valeurs des coefficients c_n et des phases φ_n sont rassemblées dans le tableau ci-dessous :

n	0	1	2	3	4	5
c_n (unité aribtraire)	0	4	3,5	2	0	1
φ_n		$-0{,}4\pi$	$0{,}6\pi$	$0{,}5\pi$		$-0{,}56\pi$

4) En déduire l'excitation sous la forme $X(t) = c'_0 + \sum_n c'_n \cos(n\omega t + \varphi'_n)$. Tracer l'allure de $X(t)$ sur une période.

5) Comment devrait-on modifier les caractéristiques du sismomètre afin que l'enregistrement de $x(t)$ permette de déduire directement $X(t)$?

10.10 Continuité d'un signal filtré

On considère un filtre passe-bas et un filtre passe-bande du deuxième ordre dont les fonctions de transfert sont : $\underline{H}_0(j\omega) = \dfrac{1}{1 + j\frac{\omega}{Q\omega_0} - \frac{\omega^2}{\omega_0^2}}$ et $\underline{H}_1(j\omega) = \dfrac{j\frac{\omega}{Q\omega_0}}{1 + j\frac{\omega}{Q\omega_0} - \frac{\omega^2}{\omega_0^2}}$.

1) Expliquer pourquoi le signal de sortie de ces filtres est continu, même si le signal d'entrée est discontinu.

2) Montrer que la dérivée du signal de sortie du filtre passe-bas est continue même si le signal d'entrée est discontinu. *Indication : considérer la fonction de transfert :* $\underline{H}'_0 = j\omega \times \underline{H}_0$.

3) Montrer que si le signal d'entrée présente un saut de discontinuité Δe, la dérivée du signal de sortie du filtre passe-bande présente au même instant un saut de discontinuité $\Delta s = \frac{\omega_0}{Q}\Delta e$.

10.11 Mesure d'une impédance

On peut mesurer l'impédance $\underline{Z}$ d'un dipôle en régime sinusoïdal de pulsation ω à l'aide d'un montage à détection synchrone dont le schéma de principe est donné par la figure et dans lequel la tension $y_1(t)$ est proportionnelle à la partie réelle de $\underline{Z}$ alors que la tension $y_2(t)$ est proportionnelle à la partie imaginaire de $\underline{Z}$.

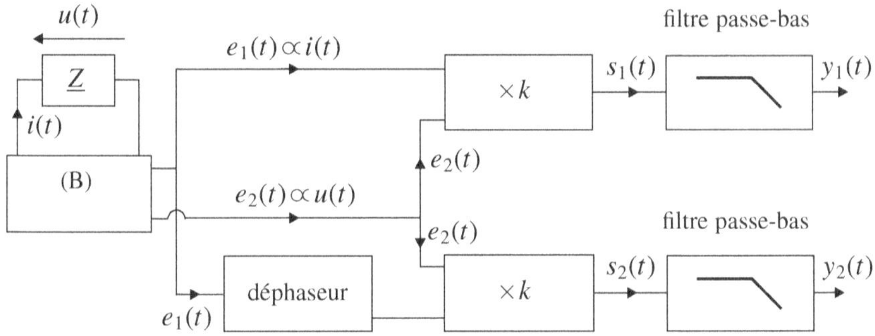

L'impédance $\underline{Z}$ est parcourue par l'intensité $i(t) = I_0 \cos(\omega t)$ et soumise à une différence de potentiel $u(t)$. Le bloc (B) alimente l'impédance et fournit deux tensions $e_1(t)$ et $e_2(t)$ respectivement proportionnelles à $i(t)$ et $u(t)$, plus précisément : $e_1(t) = R_0 i(t)$ et $e_2(t) = u(t)$, où R_0 est une constante.

Les deux multiplicateurs sont identiques et fournissent un signal égal au produit de leurs signaux d'entrée multiplié par une constante k ayant la dimension de l'inverse d'une tension (par exemple : $s_1(t) = k \times e_1(t)e_2(t)$).

Les filtres passe-bas sont identiques ; ils ont une pulsation de coupure ω_0 et un gain en courant continu G_0.

Le déphaseur a une fonction de transfert $\underline{H}(j\omega) = \exp(j\varphi(\omega))$ et on note $\varphi_0 = \varphi(\omega_0)$.

On rappelle la formule : $\cos a \cos b = \frac{1}{2}(\cos(a+b) + \cos(a-b))$.

1) On pose $Z = |\underline{Z}|$ et $\psi = \arg(\underline{Z})$. Montrer que $s_1(t)$ est la somme d'une tension continue et d'une tension sinusoïdale. On souhaite que $y_1(t)$ soit proportionnelle à $Re(\underline{Z})$. Quelle condition doit vérifier ω_0 ? Cette condition étant vérifiée, donner l'expression de $y_1(t)$.

2) On souhaite que la tension $y_2(t)$ soit proportionnelle à $Im(\underline{Z})$. Quelle doit-être la valeur de φ_0 ? Donner dans ce cas, l'expression de $y_2(t)$.

10.12 Démodulation d'un signal modulé en fréquence

Un téléphone portable reçoit un signal de la forme :

$$e(t) = E_0 \cos\big(\omega(t)t\big) \quad \text{avec} \quad \omega(t) = \omega_0(1 + m(t)).$$

Le signal $m(t)$ varie beaucoup plus lentement que $\cos(\omega_0 t)$ et $|m(t)| \ll 1$ de sorte qu'on peut considérer que $\omega(t)$ est la pulsation instantanée du signal $e(t)$.

Les ordres de grandeur sont les suivants : $\omega_0 = 2\pi f_0$ avec $f_0 = 900$ MHz et $m(t)$ est un signal sonore contenant des fréquences comprises entre 300 et 3400 Hz.

Le montage représenté sur la figure a pour fonction d'extraire du signal modulé $e(t)$ le signal modulant $m(t)$.

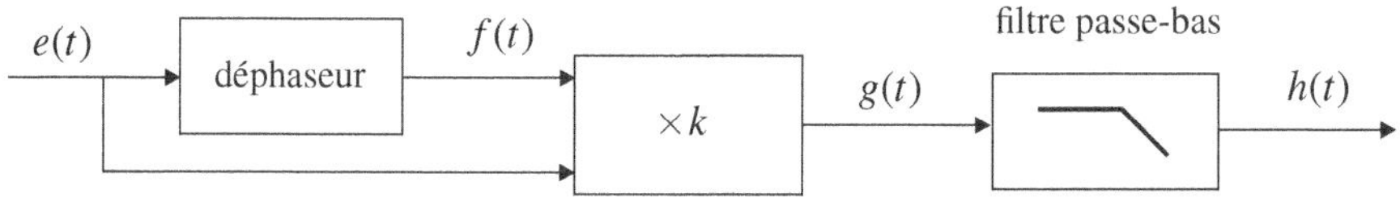

1) Le déphaseur a pour fonction de transfert : $\underline{T} = \dfrac{1 - j\frac{\omega}{\omega_0}}{1 + j\frac{\omega}{\omega_0}}$. Justifier que $\underline{T}$ peut s'écrire $\underline{T} = \exp(j\varphi(\omega))$ et exprimer $\cos(\varphi(\omega))$ en fonction de ω et ω_0. Trouver une expression approchée de $\cos(\varphi(\omega))$ dans le cas où $\omega = \omega_0(1 + m)$ avec $m \ll 1$.

2) Montrer qu'en choisissant correctement la pulsation de coupure ω_0 du filtre passe-bas on obtient en sortie du montage un signal $h(t)$ proportionnel à $m(t)$.

3) Proposer un circuit simple, permettant de réaliser le filtre passe-bas en précisant les valeurs des composants.

CORRIGÉS

10.C1 (**1**) *Cf.* p. 254 ; (**2**) *Cf.* p. 255.

10.C2 *Cf.* méthodologie p. 269.

10.C3 $< s > = \underline{H}(0) < e >$.

10.1 Valeur efficace

$E_{eff}^2 = < e(t))^2 > = < E^2 > = E^2$ donc $E_{eff} = E$.

10.2 Élimination d'un bruit haute fréquence

1) On souhaite conserver les fréquences du spectre de e_u, soit f_u, $2f_u$... et éliminer les fréquences du spectre de e_b, soit f_b, $2f_b$... Puisque $f_b \gg f_u$ un filtre passe-bas est adapté, soit le filtre de fonction de transfert : $\underline{H} = \dfrac{1}{1 + j\frac{\omega}{\omega_0}}$.

2) Pour conserver sa forme au signal $e_u(t)$ il faut conserver le plus possible d'harmoniques (les dernières harmoniques sont obligatoirement coupées par le filtre). La première pulsation de coupure proposée, voisine de $\omega_u = 2\pi f_u$, ne permet de d'avoir que le fondamental dans la bande passante. Il faut choisir $\omega_0 = 1.10^4$ rad.s^{-1} car ainsi $\frac{\omega_0}{2\pi f_u} \sim 15$ donc le fondamental et une dizaine d'harmoniques passent à travers le filtre.

10.3 Couplage AC ou DC de l'entrée d'un oscilloscope

1) Le signal de sortie présente les mêmes discontinuités que le signal d'entrée ; il s'agit donc d'un filtre passe-haut. Un filtre passe-haut élimine la composante continue d'un signal, ce qui est précisément le rôle du couple AC qui permet de visualiser des signaux toujours centrés autour de 0.

2) Les sauts de discontinuité du signal de sortie ont la même amplitude que les sauts de discontinuité du signal d'entrée ; cela signifie que les harmoniques de rang tendant vers l'infini ont même amplitude dans le signal d'entrée et le signal de sortie. Donc le gain du filtre tend vers 1 si la fréquence tend vers l'infini.

3) Pour un filtre passe-haut du premier ordre : $G(\omega) = G_0 \dfrac{\frac{\omega}{\omega_0}}{\sqrt{1+\frac{\omega^2}{\omega_0^2}}}$. Le renseignement donné par l'énoncé nous permet de calculer : $G\left(\frac{2\pi}{T}\right) = \frac{2,4}{2,5} = 0,96$. On en déduit :

$$\left(\frac{2\pi}{\omega_0 T}\right)^2 = \frac{0,96^2}{1-0,96^2} \quad \Rightarrow \quad \omega_0 \simeq \frac{2\pi}{3,4\times T} \quad \text{soit} \quad f_0 \simeq \frac{1}{3,4\times T} = 0,73\,\text{Hz}.$$

10.4 Filtre passe-bande

1) C'est un passe-bande dont on vérifie les pentes des asymptotes : sur une décade, de 10^1 rad.s^{-1} à 10^2 rad.s^{-1}, le gain augmente de 20 dB, d'où une pente de +20 dB/décade ; toujours sur une décade, de 10^5 rad.s^{-1} à 10^6 rad.s^{-1}, le gain diminue de 20 dB, d'où une pente de -20 dB/décade.

2) Le filtre est dérivateur quand le diagramme de Bode présente une pente de +20dB/décade, c'est-à-dire pour $\omega < 4.10^2$ rad.s^{-1} (la courbe réelle doit coller à l'asymptote). Il est intégrateur quand le diagramme de Bode présente une pente de −20dB/décade, c'est-à-dire pour $\omega > 5.10^3$ rad.s^{-1} environ.

3) La valeur moyenne est la composante du spectre de pulsation nulle. Or le filtre ne laisse pas passer le $\omega = 0$ car $H(0) = 0$. Ainsi $< s >= 0$ quelle que soit l'entrée.

4) $e(t) = \underbrace{2E_0}_{e_0(t)} + \underbrace{E_0 \cos(\omega_1 t)}_{e_1(t)} - \underbrace{\frac{E_0}{2}\sin(\omega_2 t)}_{e_2(t)}$. Trois sorties pour ces trois entrées :

- $\underline{s}_0(t) = \underline{H}(0)\,\underline{e}_0(t) = 0$;
- $\omega_1 = \omega_0$ est la pulsation caractéristique du passe-bande, pour laquelle le gain vaut $G_{dB}(\omega_1) = 33{,}8$ dB, soit $G(\omega_1) = 10^{\frac{33,8}{20}} = 49$ et $\varphi(\omega_1) = 0$: $\underline{s}_1(t) = \underline{H}(j\omega_0)\,\underline{e}_1(t)$, soit $s_1(t) = 49\,E_0 \exp(j\omega_0 t)$;
- $\underline{e}_2(t) = \frac{E_0}{2}\exp\left(j\left(\omega_2 t + \frac{\pi}{2}\right)\right)$ et alors ω_2 se situe dans la zone intégratrice où $G_{dB}(\omega_2) = -20$ dB, soit $G(\omega_1) = 10^{-\frac{20}{20}} = 1{,}0.10^{-1}$ et $\varphi(\omega_2) = -\frac{\pi}{2}$:
  $\underline{s}_2(t) = 1{,}0.10^{-1}\exp\left(-j\frac{\pi}{2}\right) \times \frac{E_0}{2}\exp\left(j\left(\omega_2 t + \frac{\pi}{2}\right)\right) = 2{,}0.10^{-2}\,E_0 \exp(j\omega_2 t)$.

La composante à ω_2 a une amplitude trop faible pour être visible ; elle est filtrée par le passe-bande. Il ne reste en sortie que $s(t) = 49\,E_0 \cos(\omega_0 t)$.

10.5 Moyenneur

1) $G_1(\omega) = |\underline{H_1}(j\omega)| = \dfrac{1}{\sqrt{1 + \frac{\omega^2}{\omega_0^2}}}$ et $G_2(\omega) = |\underline{H_1}(j\omega)| = \dfrac{1}{\sqrt{\left(1 - \frac{\omega^2}{\omega_0^2}\right)^2 + \left(\sqrt{2}\frac{\omega}{\omega_0}\right)^2}}$, qui se met sous la forme, en dévelopapnt le dénominateur : $G_2(\omega) = \dfrac{1}{\sqrt{1 + \frac{\omega^4}{\omega_0^4}}}$. Dans les deux cas, la valeur maximale G_0 du gain est obtenue en $\omega = 0$ et $G_0 = 1$; de plus $G(\omega_0) = \frac{G_0}{\sqrt{2}}$.

2) Dans les deux cas : $s(t) = \underline{H}(0)E_0 + G(\omega_e)E_0\cos(\omega_e t + \varphi(\omega_e))$ en posant $\omega_e = 2\pi f_e$. Numériquement : $\frac{\omega_e}{\omega_0} = 3$ et il vient :

$$G_1(\omega_e) = 0{,}32 \quad \text{et} \quad \varphi(\omega_e) = \arg\frac{1}{1+3j} = -\arccos\left(\frac{1}{\sqrt{1^2+3^2}}\right) = -1{,}25 \text{ rad} ;$$

$$G_2(\omega_e) = 0{,}11 \quad \text{et} \quad \varphi(\omega_e) = \arg\frac{1}{-8+4{,}2j} = -\arccos\left(\frac{8}{\sqrt{8^2+4{,}2^2}}\right) = -0{,}48 \text{ rad}.$$

Pour les deux filtres : $\underline{H}_1(0) = \underline{H}_2(0) = 1$. Les signaux de sortie sont donc, en V :

$$s_1(t) = 2 + 0{,}63\cos(\omega_e t - 1{,}25) \quad \text{et} \quad s_2(t) = 2 + 0{,}22\cos(\omega_e t - 0{,}48).$$

Un moyenneur idéal donnerait un signal de sortie constant de valeur : $< e(t) >= 2$ V. La composante variable du signal de sortie a une amplitude plus faible dans le cas du filtre d'ordre 2 : c'est le meilleur moyenneur.

10.6 Détermination d'un filtre

Le signal s_1 présente des oscillations rapides, avec 8 périodes en 2 ms, soit $T_\ell = 0{,}25$ ms et une oscillation lente, avec une période en 6,4 ms, soit $T_r = 6{,}4$ ms. Il est donc constitué de deux pulsations $\omega_\ell = \frac{2\pi}{T_\ell} = 2{,}5.10^4$ rad.s^{-1} et $\omega_r = \frac{2\pi}{T_r} = 9{,}8.10^2$ rad.s^{-1}.

Seule subsiste dans le signal s_2 la composante d'oscillations rapides, de pulsation $\omega_\ell = 2{,}5.10^4$ rad.s^{-1}.

Il faut donc construire un filtre qui laisse passer ω_ℓ mais coupe ω_r. On propose un passe-haut car $\omega_\ell > \omega_r$. On choisit la pulsation caractéristique du passe-haut vers 2.10^4 rad.s^{-1} (la plus éloignée possible de ω_r afin que le gain y soit le plus faible).

De plus, l'amplitude des oscillations rapides ne varie pas entre s_1 et s_2. Le passe-haut doit donc présenter un gain nul en dB à ω_ℓ.

10.7 Filtrage et réponse indicielle

Les signaux de sortie des filtres A et D ont une moyenne non nulle comme le signal d'entrée. De plus ces signaux sont continus à la différence du signal d'entrée. Les filtres A et D transmettent la composante continue mais pas les composantes de plus haute fréquence : ce sont des filtres passe-bas.

Le signal de sortie du filtre B a un moyenne nulle et il présente les mêmes discontinuités que le signal d'entrée. Le filtre B ne transmet pas la composante continue et transmet les composantes de plus haute fréquence : c'est un filtre passe-haut.

Le signal de sortie du filtre C a une moyenne nulle et ne présente pas de discontinuités aux instants où le signal d'entrée est discontinu. Le filtre C ne transmet ni la composante continue, ni les composantes de plus haute fréquence : c'est un filtre passe-bande.

Dans les quatre cas, la période T est très supérieure au temps de réponse T_R du filtre : en effet, sur la demi-alternance où $e(t) = E$ on observe la totalité de la réponse indicielle du filtre.

10.8 Filtrage par un filtre passe-bande

1) Le signal rampe a l'allure ci-contre (courbe en trait plein). Ce signal a une moyenne nulle donc il n'y a pas de composante continue dans sa décomposition de Fourier. De plus le signal présente des discontinuités qui sont contenues dans les harmoniques de rang tendant vers l'infini ; l'amplitude de l'harmonique de rang n tend donc relativement lentement vers 0.

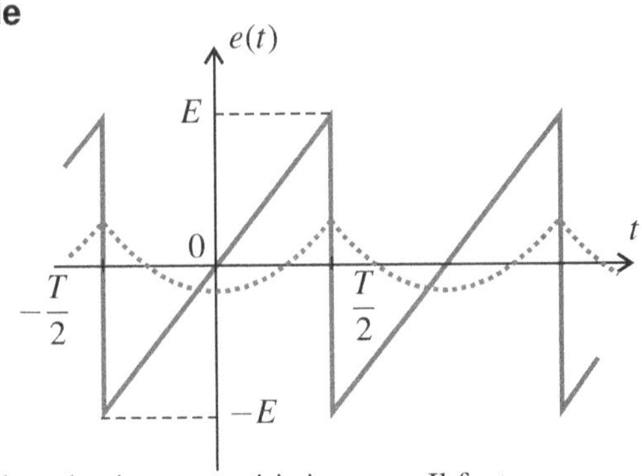

2) Le filtre est un filtre passe-bande sélectif de pulsation caractéristique ω_0. Il faut comparer ω_e et ω_0.

a. $\frac{\omega_e}{\omega_0} = 1$, donc le fondamental du signal est pile au maximum d'amplitude du filtre. Toutes les harmoniques sont éliminées (en première approximation). Le signal de sortie est : $s(t) \simeq \frac{E}{n\pi}\sin(\omega_e t)$.

b. $\frac{\omega_e}{\omega_0} = \frac{1}{5}$, donc l'harmonique de rang 5 est pile au maximum d'amplitude du filtre. Le fondamental et les autres harmoniques sont (en première approximation) éliminés. Donc : $s(t) \simeq \frac{E}{5\pi}\sin(5\omega_e t)$.

c. $\frac{\omega_e}{\omega_0} = 10$, toutes les composantes sinusoïdales du signal sont de pulsation très supérieure à ω_0 et on peut faire l'approximation : $\underline{H}(j\omega) \simeq \dfrac{\omega_0}{Qj\omega}$ soit $G(\omega) \simeq \frac{\omega_0}{Q\omega}$ et $\varphi(\omega) \simeq -\frac{\pi}{2}$. Ceci traduit un caractère intégrateur du filtre. On peut écrire la décomposition de Fourier du signal de sortie : $s(t) \simeq \sum_{n=1}^{\infty} E \frac{\omega_0}{Qn\omega_e} \frac{(-1)^{n+1}}{n\pi} \sin\left(n\omega_e t - \frac{\pi}{2}\right) = \sum_{n=1}^{\infty} \frac{E}{100} \frac{(-1)^n}{n^2\pi} \cos(n\omega_e t)$.

Pour trouver la forme du signal $s(t)$ on peut utiliser le caractère intégrateur du filtre : c'est une primitive du signal d'entrée, de moyenne nulle dont l'allure est représentée en pointillé sur la figure (avec une échelle dilatée sur l'axe des ordonnées) .

10.9 Sismomètre

1) La coordonnée repérant le solide (2) sur l'axe $(O'X)$ lié au référentiel galiléen est : $X_2(t) = X(t) + a + x(t)$ où a est la différence de niveau entre O et O' en l'absence de mouvement du boîtier; $\frac{dX_2}{dt} = \frac{dX}{dt} + 0 + \frac{d^2x}{dt^2}$ car a est une constante, et $\frac{d^2X_2}{dt^2} = \frac{d^2X}{dt^2} + \frac{d^2x}{dt^2}$.
Les forces agissant sur le solide (2) sont : son poids $-mg\vec{u}_x$, la tension du ressort $k\Delta l\vec{u}_x$ où Δl est l'allongement algébrique du ressort et la force de l'amortisseur $-h\frac{dX}{dt}\vec{u}_x$.
L'allongement du ressort est $\Delta l = \Delta l_{eq} - x$ où Δl_{eq} est l'allongement à l'équilibre. D'autre part, lorsque le boîtier est immobile, la condition d'équilibre du solide (2) est : $-mg + k\Delta l_{eq} = 0$ soit : $\Delta l_{eq} = \frac{mg}{k}$.
Le principe fondamental de la dynamique s'écrit pour (2) dans le référentiel du boîtier et en projection sur (Ox) : $m\frac{d^2X_2}{dt^2} = -mg + k\left(\frac{mg}{k} - x\right) - h\frac{dx}{dt}$. Et en tenant compte de $\frac{d^2X_2}{dt^2} = \frac{d^2X}{dt^2} + \frac{d^2x}{dt^2}$, on en déduit : $\frac{d^2x}{dt^2} + \frac{\sqrt{2}}{\tau}\frac{dx}{dt} + \omega_0^2 x = -\frac{d^2X}{dt^2}$.

2) En notation complexe, l'équation s'écrit : $-\omega^2\underline{x} + j\frac{\sqrt{2}}{\tau}\omega\underline{x} + \omega_0^2\underline{x} = \omega^2\underline{X}$. Il vient immédiatement : $\underline{H}(j\omega) = \frac{\underline{x}}{\underline{X}} = \frac{\omega^2}{\omega_0^2 - \omega^2 + j\sqrt{2}\frac{\omega}{\tau}} = \frac{1}{\frac{\omega_0^2}{\omega^2} - 1 + j\sqrt{2}\frac{\omega_0}{\omega}}$, en utilisant le fait que $\omega_0\tau = 1$.

3) $G(\omega) = \frac{1}{\sqrt{1 + \frac{\omega_0^4}{\omega^4}}}$ et $\varphi(\omega) = -\arccos\left(\frac{\frac{\omega^2}{\omega_0^2} - 1}{\sqrt{1 + \frac{\omega_0^4}{\omega^4}}}\right)$. Il s'agit d'un filtre passe-haut du deuxième ordre car $G(0) = 0$ (les basses fréquences sont coupées) mais $G(\infty) = 1$ (les hautes fréquences passent).

4) On utilise la fonction de transfert « à l'envers » pour retrouver le signal $X(t)$: $c'_n = \frac{c_n}{G(n\omega)}$ et $\varphi'_n = \varphi_n - \varphi(n\omega)$. Les résultats se présentent avantageusement sous forme de tableau :

n	c_n (unité arbitraire)	φ_n	$G(n\omega)$	$\varphi(n\omega)$	c'_n	φ'_n
0	0				0	
1	4	$-0{,}4\pi$	0,242	$-0{,}24\pi$	16,5	$0{,}04\pi$
2	3,5	$0{,}6\pi$	0,707	$-0{,}50\pi$	2,8	$1{,}1\pi$ ou $-0{,}9\pi$
3	2	$0{,}5\pi$	0,914	$-0{,}67\pi$	2,1	$1{,}17\pi$ ou $-0{,}83\pi$
4	0		0,970	$-0{,}76\pi$	0	
5	1	$-0{,}6\pi$	0,987	$-0{,}81\pi$	1,0	$0{,}21\pi$

La représentation graphique de $X(t) = c'_0 + \sum_{n=1}^{5} c'_n \cos(n\omega t + \varphi'_n)$ s'obtient avec une calculatrice graphique.

5) La différence entre $x(t)$ et $X(t)$ provient essentiellement de l'atténuation de la composante fondamentale du signal. Pour y remédier, il faudrait diminuer ω_0 en augmentant par exemple la masse m.

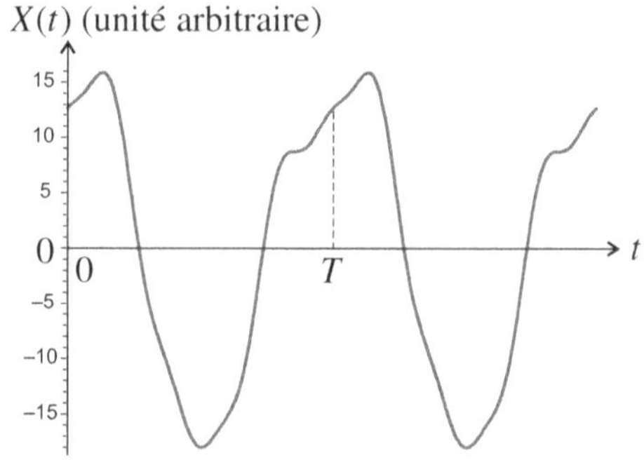

10.10 Continuité d'un signal filtré

1) Une éventuelle discontinuité du signal d'entrée est contenue dans les harmoniques du signal de rang tendant vers l'infini. Étant donné que les deux filtres suppriment les fréquences les plus élevés, ils éliminent les discontinuités.

2) Soient $e(t)$ le signal d'entrée du filtre passe-bas, $s(t)$ le signal de sortie. La fonction de transfert $\underline{H}'_0$ est la fonction de transfert du filtre qui transforme $e(t)$ en $s'(t)$, dérivée de $s(t)$. Or : $\underline{H}'_0 = \frac{Q}{\omega_0}\underline{H}_1$, c'est une fonction de transfert de filtre passe-bande. D'après la propriété revue dans la première question, le signal de sortie de ce filtre, soit $s'(t)$, est continu.

3) Comme à la question précédente, on considère le filtre dont la fonction de transfert est :
$\underline{H}'_1 = j\omega \times \underline{H}_1 = \dfrac{\omega_0}{Q}\dfrac{-\frac{\omega^2}{\omega_0^2}}{1 + j\frac{\omega}{Q\omega_0} - \frac{\omega^2}{\omega_0^2}}$. Ce filtre est un filtre passe-haut car : $\underline{H}'_1 \to \dfrac{\omega_0}{Q}$ si $\omega \to \infty$. Le signal de sortie de ce filtre est la dérivée $s'(t)$ du signal de sortie $s(t)$ du filtre passe-bande. Si le signal $e(t)$ a un saut de discontinuité discontinuité Δe, cette discontinuité est contenue dans les harmoniques de rang tendant vers l'infini. Ces harmoniques sont multipliées par $\frac{\omega_0}{Q}$ par le filtre $\underline{H}'_1$ donc le signal de sortie de ce filtre, soit $s'(t)$, présente au même instant un saut de discontinuité égal au saut de discontinuité de $e(t)$ multiplié par $\frac{\omega_0}{Q}$, soit $\frac{\omega_0}{Q}\Delta e$.

10.11 Mesure d'une impédance

1) $s_1(t) = ke_1(t)e_2(t) = kR_0 i(t)u(t)$. Or, $u(t) = ZI_0\cos(\omega t + \psi)$, donc :

$$s_1(t) = kR_0 I_0^2 Z\cos(\omega t)\cos(\omega t + \psi) = \frac{1}{2}kR_0 I_0^2 Z\left(\cos\psi + \cos(2\omega t + \psi)\right),$$

d'après la formule de trigonométrie donnée. C'est bien la somme d'une tension continue, la valeur moyenne de $s_1(t)$, et d'une tension sinusoïdale de pulsation 2ω.

Si $\omega_0 \ll 2\omega$, la composante sinusoïdale ne passe pas le filtre passe-bas. Le filtre se comporte en moyenneur, le signal de sortie du filtre est : $y_1(t) = G_0\frac{1}{2}kR_0 I_0^2 Z\cos(\psi) = G_0\frac{1}{2}kR_0 I_0^2\, Re(\underline{Z})$.

2) Le signal entrant dans le déphaseur est $e_1(t) = u(t) = ZI_0\cos(\omega t + \psi)$; le signal qui en sort est : $f(t) = ZI_0\cos(\omega t + \psi + \varphi_0)$. Ensuite le signal sortant du deuxième multiplieur est : $s_2(t) = kf(t)e_2(t)$, soit :

$$s_2(t) = kR_0 I_0^2 Z\cos(\omega t)\cos(\omega t + \psi + \varphi_0) = \frac{1}{2}kR_0 I_0^2 Z\left(\cos(\psi + \varphi_0) + \cos(2\omega t + \psi + \varphi_0)\right).$$

Et en sortie du filtre passe-bas qui est aussi un moyenneur : $y_2(t) = G_0\frac{1}{2}kI_0^2Z\cos(\psi + \varphi_0)$. En choisissant $\varphi_0 = -\frac{\pi}{2}$ on a alors : $y_2(t) = G_0\frac{1}{2}kI_0^2Z\sin(\psi) = G_0\frac{1}{2}kI_0^2\,Re(\underline{Z})$.
$y_1(t)$ et $y_2(t)$ sont proportionnels respectivement à la partie réelle et la partie imaginaire de l'impédance, avec le même coefficient de proportionnalité.

10.12 Démodulation d'un signal modulé en fréquence

1) $|\underline{T}| = \dfrac{\sqrt{1+\left(\frac{\omega}{\omega_0}\right)^2}}{\sqrt{1+\left(\frac{\omega}{\omega_0}\right)^2}} = 1$ donc $\underline{T} = \exp(j\varphi(\omega))$ avec :

$$\cos(\varphi(\omega)) = Re\,(\underline{T}) = Re\left(\frac{\left(1-j\frac{\omega}{\omega_0}\right)^2}{\left(1+j\frac{\omega}{\omega_0}\right)\left(1-j\frac{\omega}{\omega_0}\right)}\right) = Re\left(\frac{\left(1-j\frac{\omega}{\omega_0}\right)^2}{1+\left(\frac{\omega}{\omega_0}\right)^2}\right) = \frac{1-\left(\frac{\omega}{\omega_0}\right)^2}{1+\left(\frac{\omega}{\omega_0}\right)^2}.$$

Pour $\omega = \omega_0(1+m)$, $\cos(\varphi(\omega)) = \dfrac{1-(1+m)^2}{1+(1+m)^2} \simeq \dfrac{1-(1+2m)}{1+(1+2m)} \simeq m$.

2) $f(t) = E_0\cos(\omega t + \varphi(\omega))$ et $g(t) = k\times e(t)f(t) = kE_0^2\cos(\omega t)\cos(\omega t + \varphi(\omega))$. En appliquant la formule de trigonométrie rappelée dans l'exercice précédent on trouve :

$$g(t) = \tfrac{1}{2}kE_0^2\big(\cos(\varphi(\omega)) + \cos(2\omega t + \varphi(\omega))\big) \simeq \tfrac{1}{2}kE_0^2m(t) + \tfrac{1}{2}kE_0^2\cos(2\omega t + \varphi(\omega)).$$

Le premier terme est un signal variant très lentement devant $\cos(\omega_0 t)$ et le deuxième terme a une pulsation voisine de $2\omega_0$. En réglant la pulsation de coupure du filtre passe-bas à une valeur ω_{filtre} très inférieure à $2\omega_0$, mais telle que $m(t)$ varie très lentement devant $\cos(\omega_{\text{filtre}}t)$, le filtrage conserve le premier terme et élimine le second. Alors, en notant G_0 le gain du filtre dans sa bande passante, on a : $h(t) \simeq \frac{1}{2}G_0kE_0^2m(t)$, qui est bien proportionnel au signal $m(t)$.

3) Un circuit série RC réalise un filtre passe-bas du premier ordre de fréquence de coupure $\omega_{\text{filtre}} = \frac{1}{RC}$ (voir chapitre précédent). On peut choisir $\omega_{\text{filtre}} = 2\pi\times 1.10^6$ Hz qui à la fois très inférieure à ω_0 et très supérieure à $2\pi\times 3400$ Hz. Cette valeur est obtenue pour $R = 100\,\Omega$ et $C = 1{,}6$ nF.

Propagation d'un signal 11

On appelle **signal** toute grandeur physique dépendant du **temps**. Dans la majorité des cas les signaux ne sont pas sinusoïdaux mais peuvent s'interpréter comme la superposition de signaux sinusoïdaux de fréquences différentes.

Les signaux se propagent dans **l'espace** et peuvent ainsi **transmettre une information.** Le phénomène de propagation est appelé **onde**. Une onde est modélisée par une fonction du temps et d'une variable spatiale.

1 Exemples de signaux

1.1 Nature physique des signaux

Un **signal** est une grandeur physique dépendant du **temps**.

On peut citer quelques exemples de signaux, classés selon la nature (mécanique, électrique, thermodynamique) de la grandeur physique associée.

Les **signaux électriques** sont associés à la variation temporelle de l'intensité du courant dans une branche d'un circuit électrique ou de la tension aux bornes d'un dipôle.

Les **signaux électromagnétiques (EM)** sont associés à la variation temporelle simultanée du champ électrique et du champ magnétique en un point de l'espace. Par exemple, les signaux échangés entre l'antenne d'un téléphone portable et une antenne relai (4G), les signaux WiFi, la radio hertzienne. Au voisinage d'une antenne, la variation du champ électrique associée à un signal EM met en mouvement les électrons de l'antenne, ce qui provoque la **conversion** du signal EM en signal électrique. Les **signaux lumineux** sont un cas particulier de signaux EM. Les cellules photoréceptrices de l'œil convertissent les signaux lumineux en signaux électriques transmis au cerveau par le nerf optique.

Les **signaux mécaniques** sont associés à la variation temporelle de la position, de la vitesse ou de l'accélération d'un corps. Par exemple, le passage d'une vague fait se déplacer verticalement un flotteur posé à la surface de l'eau.

Les signaux **acoustiques** correspondent à des variations temporelles infimes de la pression et de la vitesse des molécules dans un fluide, ou aux oscillations des atomes dans un solide. La variation de pression dans un fluide met en mouvement la membrane du microphone ou le tympan de l'oreille humaine, ce qui provoque la **conversion** du signal acoustique en un signal électrique.

Les **signaux thermodynamiques** sont associés à la variation temporelle de la température d'un corps ou à la variation temporelle de la concentration d'une molécule. Par exemple, la concentration de dioxyde de carbone ou de méthane dans les glaces de l'Antarctique varie avec la profondeur et témoigne de l'évolution de la température moyenne de l'atmosphère sur des échelles de temps géologiques.

1.2 Analyse spectrale

Un signal physique n'est pas, en général, sinusoïdal. Cependant, une théorie mathématique due à Joseph Fourier, montre que tout signal réalisable en pratique peut être décomposé en **somme de signaux sinusoïdaux**.

L'opération qui consiste à déterminer les signaux sinusoïdaux composant un signal $s(t)$ donné est appelée analyse spectrale. Le résultat de l'analyse spectrale est :

- la liste des fréquences f_i des composantes sinusoïdales contenues dans le signal, éventuellement nulle dans le cas d'un signal constant;
- l'amplitude A_i de chaque composante sinusoïdale de fréquence f_i ;
- la phase initiale φ_i de chaque composante sinusoïdale de fréquence f_i.

Elle permet de savoir que le signal s'écrit :

$$s(t) = \sum_i A_i \cos(2\pi f_i\, t + \varphi_i). \qquad (11.1)$$

Chaque signal sinusoïdal $s_i(t) = A_i \cos(2\pi f_i t + \varphi_i)$ est une composante sinusoïdale du signal $s(t)$. On dit que le signal $s(t)$ « contient les fréquences f_i ». Le spectre du signal est l'ensemble des fréquences contenues dans le signal. Il peut révéler de précieuses informations sur la source du signal et les phénomènes physiques qui lui ont donné naissance.

Certains signaux sont **purement sinusoïdaux** et leur spectre contient une unique fréquence. Ils sont souvent associés à l'évolution d'un **oscillateur harmonique**, comme dans le circuit électrique LC ou le système mécanique masse-ressort. C'est aussi le cas du signal acoustique émis par le diapason dont l'extrémité des branches vibrent de manière sinusoïdale.

D'autres signaux sont **périodiques** mais **non sinusoïdaux** et leur spectre est constitué des fréquences **multiples entiers** de la **fréquence fondamentale**. Ils peuvent être synthétisés en électricité ou être émis naturellement par certains instruments de musiques. Certains signaux enfin ne sont pas périodiques.

2 Phénomène de propagation

2.1 Observations expérimentales

L'expérience suivante met en évidence la phénomène de propagation du son. On dispose deux micros à distance d l'un de l'autre de manière à ce qu'un signal acoustique puisse parvenir à chacun d'entre eux sans que l'autre ne lui fasse obstacle. Les signaux délivrés par les micros sont envoyés sur les deux voies d'un oscilloscope numérique réglé en « monocoup ».

L'enregistrement de la figure 11.1 correspond à un claquement de doigts, c'est-à-dire un son bref. L'acquisition se déclenche automatiquement lorsque le signal du micro 1 atteint une valeur seuil, que l'on choisit. On observe que le signal donné par le micro 2 reproduit celui donné par le micro 1, avec une atténuation et un **retard** τ. On interprète cette expérience en considérant que le signal sonore se déplace à la vitesse $c_{\text{son}} = d/\tau$.

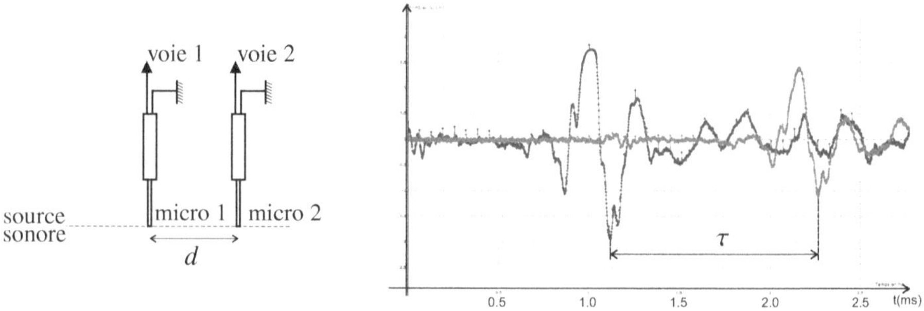

Figure 11.1 – Mesure de la vitesse de propagation du son dans l'air. Le micro 1 reçoit en premier le signal, le micro 2 le reçoit avec un retard τ et une certaine atténuation.

2.2 Ondes et signaux physiques

On appelle onde un phénomène physique dans lequel une perturbation locale se déplace dans l'espace sans qu'il y ait de déplacement de matière en moyenne. Toute grandeur physique, nulle dans l'état de repos et apparaissant avec la perturbation, est appelée **signal physique** transporté par l'onde.

Il existe des **ondes élastiques** se propageant dans les milieux solides. Le signal transporté par ces ondes est une déformation locale et réversible de la matière. L'onde est qualifiée de :

- **transversale** lorsque le mouvement local de la matière est perpendiculaire à la direction dans laquelle l'onde se propage ;
- **longitudinale** lorsque le mouvement local de la matière est parallèle à la direction dans laquelle l'onde se propage.

On peut propager des ondes transversales le long d'une corde, des ondes longitudinales ou transversales le long d'un ressort à boudin. Parmi les **ondes sismiques** se propageant dans la croûte terrestre, il y a des ondes longitudinales (ondes P qui, lors d'un tremblement de terre, arrivent en premier) et des ondes transversales (ondes S qui arrivent en second).

Les **ondes acoustiques** se propagent dans tous les milieux matériels, solides ou fluides. Dans un fluide, les signaux transportés par l'onde acoustique sont la variation de pression par rapport à l'état de repos, appelée surpression acoustique, et la vitesse de vibration des molécules. Dans un solide il s'agit d'ondes élastiques longitudinales.

À la différence des exemples précédents, les **ondes électromagnétiques** n'ont pas besoin de milieu matériel pour se propager : elles traversent par exemple l'espace vide entre une galaxie lointaine et la Terre. Les deux grandeurs physiques associées à ces ondes sont un champ électrique et un champ magnétique.

Ces ondes peuvent être guidées, par exemple le long d'un câble de transmission constitué par deux conducteurs. Dans ce cas, on peut associer à l'onde deux signaux électriques : la tension entre les deux conducteurs et l'intensité passant à travers leurs sections (dans des sens opposés). On peut parler alors d'« onde de courant » le long du câble.

La lumière est une onde électromagnétique.

Les **ondes gravitationnelles** se déplacent également dans l'espace sans support matériel. Le signal physique est une variation du champ gravitationnel ou, dans le langage de la relativité générale, une déformation de l'espace-temps. Des ondes gravitationnelles émises lors de la fusion de deux trous noirs situés à 1,3 milliard d'années-lumière de la Terre ont été observées pour la première fois par l'interféromètre LIGO en 2015.

Type d'onde	Milieu de propagation	Signaux physiques
Ondes élastiques	solide	déplacement transversal ou longitudinal
Ondes sonores	fluide	surpression acoustique, vitesse (longitudinale)
Ondes électromagnétiques	vide	champ électrique, champ magnétique
Ondes de courant	câble de transmission	tension électrique, intensité électrique
Ondes gravitationnelles	vide	déformation de l'espace-temps

Tableau 11.1 – Quelques ondes et les signaux associés.

2.3 Onde progressive

a) Vitesse de propagation ou célérité

L'expérience du paragraphe 2.1 illustre le phénomène de **propagation**. Un signal physique (variation de la pression) créé en un point de l'espace, se transmet de proche en proche dans le milieu de propagation (l'air) et peut être ainsi observé à distance de l'endroit où il a été produit, et ceci sans qu'il y ait de déplacement de matière entre le point où le signal est produit et celui où il est mesuré.

La vitesse de déplacement du signal est appelée **vitesse de propagation** ou encore **célérité**. Dans la suite on la notera c.

Pour modéliser le phénomène de propagation, on introduit dans ce paragraphe l'**onde progressive à une dimension**, qui se propage **sans atténuation ni déformation** à la vitesse constante c dans la direction d'un axe (Ox).

L'onde progressive est représentée mathématiquement par une fonction $s(x,t)$ de deux variables : la coordonnée x selon l'axe (Ox) et le temps t. Un capteur placé à l'abscisse x_0 sur le chemin de l'onde mesure le signal $s(x_0,t)$ qui est une fonction du temps.

> **Exemple**
> Dans l'exemple de l'onde sonore $s(x,t)$ est la variation de la pression le long de la droite reliant les deux microphones.

Pour que le modèle de l'onde progressive s'approche au mieux de la réalité il est nécessaire que le milieu de propagation soit **transparent**, c'est-à-dire que le milieu n'absorbe pas l'énergie transportée par l'onde. Sinon l'onde s'atténue en se propageant et finit par disparaître. La propagation doit aussi être rigoureusement unidimensionnelle sinon l'énergie contenue dans la perturbation initiale se dilue dans tout l'espace et le signal $s(x,t)$ mesuré le long d'une droite s'atténue avec la distance. Le milieu doit être **illimité** afin de ne pas avoir à considérer les phénomènes de réflexion d'une onde aux extrémités du milieu. Enfin on supposera dans un premier temps que la célérité c de l'onde progressive ne dépend que des propriétés intrinsèques du milieu et pas de la forme de l'onde. C'est le cas des milieux **non dispersifs**, dont on approfondira la définition à la fin du chapitre.

b) Première expression de l'onde progressive

On considère une onde progressive (par exemple une onde sonore) modélisée par la fonction $s(x,t)$, se propageant avec la célérité c dans le sens positif de l'axe (Ox). La figure 11.2 représente le signal $s(x = 0,t)$ mesuré à l'origine du repère, en fonction du temps, ainsi que le signal $s(x = x_M,t)$ mesuré au point M d'abscisse $x_M > 0$.

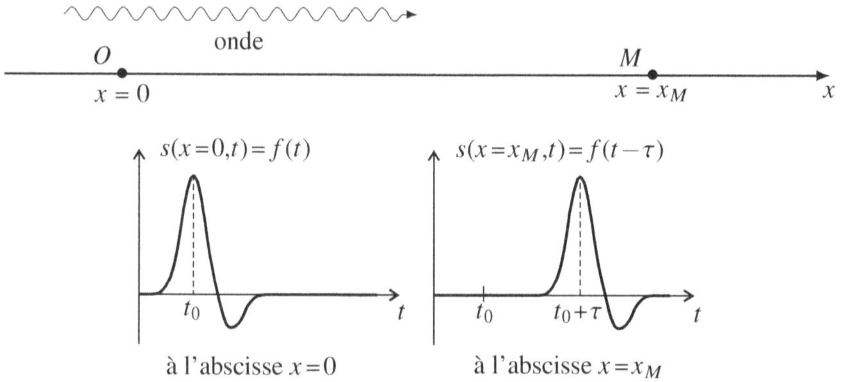

Figure 11.2 – Onde se propageant sans atténuation ni déformation dans le sens positif de (Ox) et signaux mesurés en deux points différents.

Puisque le signal se propage sans déformation ni atténuation, alors le signal transporté par l'onde depuis le point O arrive au point M avec un **retard** $\tau = x_M/c > 0$ dû à la propagation. Graphiquement, la courbe représentative de $s(x = x_M,t)$ est obtenue à partir de celle de $s(x = 0,t)$ par une **translation** d'une durée τ, dans le sens des t croissants, comme on le voit dans la figure 11.2. Mathématiquement, si on note $s(x = 0,t) = f(t)$ alors $s(x = x_M,t) = f(t - \tau) = f(t - x_M/c)$.

Dans l'expression $s(x = x_M,t) = f(t - \tau)$, d'où vient le signe moins devant τ ? Pour le comprendre il suffit de repérer que le signal passe par son maximum à l'instant t_0 en $x = 0$, et à l'instant $t_0 + \tau$ en $x = x_M$, c'est-à-dire :

$$s(x = x_M, t_0 + \tau) = s(x = 0,t_0) = f(t_0).$$

En posant $t = t_0 + \tau$ on en déduit $s(x = x_M, t) = f(t - \tau)$. Comme le signal se propage sans atténuation ni déformation, le raisonnement est vrai à n'importe quel instant.

Une **onde progressive** se propageant à la vitesse c dans la direction de l'axe (Ox), *dans le sens positif* de cet axe, sans atténuation ni déformation, est de la forme mathématique suivante :

$$s(x,t) = f\left(t - \frac{x}{c}\right),$$

où f est une fonction dont l'argument a la dimension d'un temps.

$f(t) = s(x = 0,t)$ représente le signal mesuré au point d'abscisse $x = 0$ choisi comme origine de l'axe (Ox).

On peut aussi s'intéresser à une onde se propageant dans le sens négatif de l'axe (Ox), de l'origine O du repère vers un point M d'abscisse $x_M < 0$. Puisque le signal se propage sans déformation ni atténuation, alors le signal transporté par l'onde depuis le point O arrive au point M avec un **retard** $\tau = -x_M/c > 0$ dû à la propagation. Si on note $s(x = 0,t) = g(t)$ alors $s(x = x_M,t) = g(t - \tau) = g(t + x_M/c)$.

Une **onde progressive** se propageant à la vitesse c dans la direction de l'axe (Ox), *dans le sens négatif* de cet axe, sans atténuation ni déformation, est de la forme mathématique suivante :

$$s(x,t) = g\left(t + \frac{x}{c}\right),$$

où g est une fonction dont l'argument a la dimension d'un temps.

$g(t) = s(x = 0,t)$ représente le signal mesuré au point d'abscisse $x = 0$ choisi comme origine de l'axe (Ox).

c) Deuxième expression de l'onde progressive

La figure 11.3 représente les valeurs du signal mesurées en chaque point de l'axe à deux instants différents, $t = 0$ et $t = t_m$, pour la même onde que sur la figure 11.2.

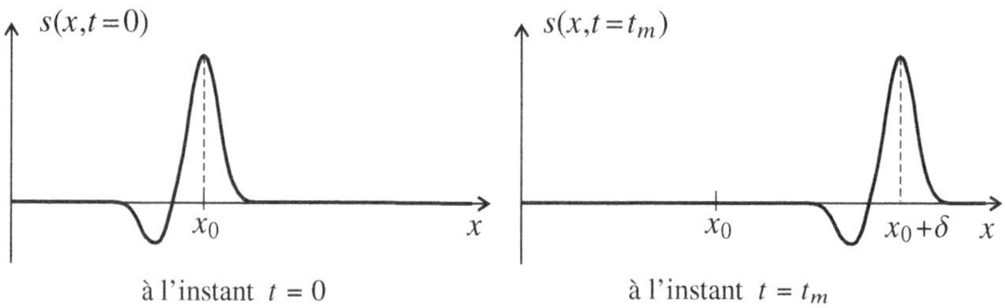

Figure 11.3 – Onde se propageant sans atténuation ni déformation dans le sens positif de (Ox), à deux instants différents.

Entre ces deux instants, l'onde se déplace de la distance distance $\delta = ct_m > 0$, sans déformation ni atténuation. Le graphe de $s(x,t = t_m)$ est identique à celui de $s(x,t = 0)$ mais translaté de la distance δ dans le sens positif de l'axe (Ox). Mathématiquement, si on note $s(x,t = 0) = F(x)$ alors $s(x,t = t_m) = F(x - \delta) = F(x - ct_m)$.

Une **onde progressive** se propageant à la vitesse c dans la direction de l'axe (Ox), *dans le sens positif* de cet axe, sans atténuation ni déformation, est de la forme mathématique suivante :

$$s(x,t) = F(x - ct),$$

où F est une fonction quelconque dont l'argument a la dimension d'une longueur.

$F(x) = s(x,t = 0)$ représente le signal mesuré en chaque point x de l'axe à l'instant $t = 0$ choisi comme origine des temps.

Pour une onde se propageant dans le sens négatif de l'axe (Ox), Le graphe de $s(x,t = t_m)$ est identique à celui de $s(x,t = 0)$ mais translaté de la distance δ dans le sens négatif de l'axe (Ox). Mathématiquement, si on note $s(x,t = 0) = G(x)$ alors $s(x,t = t_m) = G(x + \delta)$, soit $s(x,t = t_m) = G(x + ct_m)$.

Une **onde progressive** se propageant à la vitesse c dans la direction de l'axe (Ox), *dans le sens négatif* de cet axe, sans atténuation ni déformation, est de la forme mathématique suivante :

$$s(x,t) = G\,(x + ct)\,,$$

où G est une fonction quelconque dont l'argument a la dimension d'une longueur.

$G(x) = s(x,t = 0)$ représente le signal mesuré en chaque point x de l'axe à l'instant $t = 0$ choisi comme origine des temps.

2.4 Onde progressive sinusoïdale

Dans ce paragraphe on considère une onde progressive sinusoïdale se propageant *dans le sens positif de l'axe* (Ox), sans déformation ni atténuation.

a) Définition

On rappelle la forme générale d'une onde progressive se propageant dans le sens positif de l'axe (Ox) à la vitesse c : $s(x,t) = f\,(t - x/c)$. L'onde est sinusoïdale si le signal mesuré en tout point d'abscisse x est une fonction sinusoïdale du temps de pulsation ω, indépendante de la position. Par exemple au point d'abscisse $x = 0$: $f(t) = A_0 \cos(\omega t + \varphi_0)$. En un point d'abscisse x quelconque on a alors :

$$s(x,t) = A_0 \cos\left(\omega\left(t - \frac{x}{c}\right) + \varphi_0\right).$$

Une **onde progressive sinusoïdale** de pulsation temporelle ω se propageant dans le sens positif de l'axe (Ox) avec la vitesse c a pour expression :

$$s(x,t) = A_0 \cos\left(\omega t - kx + \varphi_0\right) \quad \text{avec} \quad k = \frac{\omega}{c}, \tag{11.2}$$

où k est la **pulsation spatiale**, A_0 l'**amplitude** de l'onde et φ_0 sa **phase initiale à l'origine**. La vitesse de l'onde progressive sinusoïdale est aussi appelée **vitesse de phase**.

b) Double périodicité spatio-temporelle

Pour une position x_0 fixée, le signal $s(x_0,t)$ de l'onde progressive sinusoïdale est une fonction sinusoïdale du temps t avec une pulsation temporelle ω.

À un instant t_0 fixé, le signal $s(x,t_0)$ mesuré en tout point de l'espace est une fonction sinusoïdale de la variable spatiale x avec une pulsation spatiale k.

On parle de **double périodicité spatio-temporelle** de l'onde.

De même que la période temporelle est $T = \dfrac{2\pi}{\omega}$, la période spatiale est la **longueur d'onde** :

$$\lambda = \frac{2\pi}{k} = \frac{2\pi c}{\omega} = cT.$$

Une onde progressive sinusoïdale se propageant dans le sens positif de l'axe (Ox) peut s'écrire :

$$s(x,t) = A_0 \cos\left(2\pi\left(\frac{t}{T} - \frac{x}{\lambda}\right) + \varphi_0\right), \tag{11.3}$$

où T est la période temporelle et λ la période spatiale appelée **longueur d'onde**.

c) Vitesse de phase

On considère une onde progressive sinusoïdale de la forme $s(x,t) = A_0 \cos(\omega t - kx + \varphi_0)$ et deux points du milieu de propagation d'abscisses x_1 et x_2. À quel instant t_2 le signal mesuré en x_2 aura-t-il la même **phase** que le signal mesuré en x_1 à l'instant t_1 ?

On résout $\omega t_2 - kx_2 + \varphi_0 = \omega t_1 - kx_1 + \varphi_0$, pour déterminer la relation entre la distance $\Delta x = x_2 - x_1$ et la durée $\Delta t = t_2 - t_1$. On trouve :

$$\Delta x = \frac{\omega}{k}\Delta t = c\Delta t.$$

On en déduit que la phase de l'onde progressive sinusoïdale se propage à la vitesse $c = \omega/k$, ce qui justifie l'appellation **vitesse de phase** pour la célérité de l'onde progressive sinusoïdale.

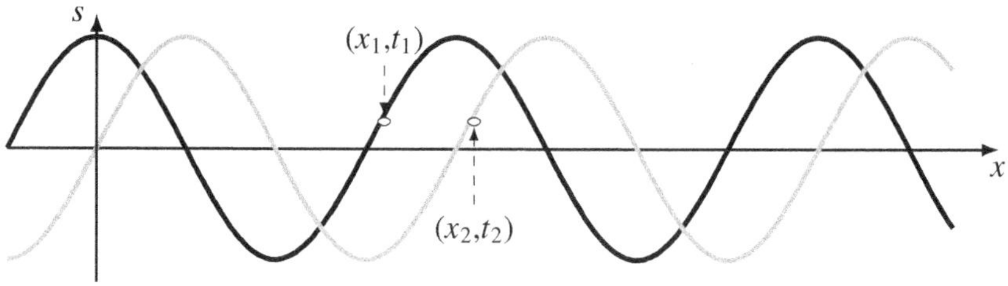

Figure 11.4 – Onde sinusoïdale se propageant dans le sens positif de (Ox) à deux instants t_1 (en noir) et $t_2 > t_1$ (en gris). Les signaux mesurés en x_1 et x_2 ont la même phase.

Dans le cas où $\Delta t = T$, avec T la période temporelle de l'onde progressive sinusoïdale, alors l'onde a les mêmes valeurs aux instants t_1 et t_2, c'est-à-dire $s(x,t_1) = s(x,t_2)$ en tout point d'abscisse x. Il faut pour cela que la courbe se soit décalée d'une période spatiale soit $\Delta x = \lambda$. On retrouve bien la relation $\lambda = cT$.

> La longueur d'onde λ est égale à la distance sur laquelle l'onde progressive sinusoïdale se propage pendant une durée égale à la période temporelle T :
>
> $$\lambda = cT, \tag{11.4}$$
>
> avec c la vitesse de phase. À l'aide de la fréquence $f = 1/T$ on écrira :
>
> $$\lambda = c/f. \tag{11.5}$$

d) Déphasage entre les vibrations en deux points

Au point d'abscisse x, le signal sinusoïdal $s(x,t)$ est de la forme : $s(x,t) = A_0 \cos(\omega t + \varphi(x))$ avec :

$$\varphi(x) = \varphi_0 - kx = \varphi_0 - \frac{2\pi x}{\lambda}.$$

Les signaux sinusoïdaux $s(x_0,t)$ et $s(x_1,t)$ mesurés aux points d'abscisses x_0 et x_1 sont déphasés de :

$$\varphi(x_1) - \varphi(x_0) = -\frac{2\pi}{\lambda}(x_1 - x_0).$$

En utilisant la relation $\lambda = cT$, on peut réécrire le déphasage sous la forme :

$$\varphi(x_1) - \varphi(x_0) = -\frac{2\pi}{T}\frac{x_1 - x_0}{c}.$$

On reconnaît le retard temporel $\tau = (x_1 - x_0)/c$ dû à la propagation de l'onde entre les points d'abscisses x_0 et x_1.

Les signaux sinusoïdaux $s(x_0,t)$ et $s(x_1,t)$ d'une onde sinusoïdale se propageant dans le sens positif de (Ox) sont déphasés de :

$$\varphi(x_1) - \varphi(x_0) = -\frac{2\pi}{\lambda}(x_1 - x_0) = -\frac{2\pi}{T}\frac{x_1 - x_0}{c}. \quad (11.6)$$

À quelle condition les signaux en deux points d'abscisses x_0 et x_1 sont-ils en phase ? Cela signifie que $\varphi(x_0) - \varphi(x_1) = m \times 2\pi$ où m est un entier relatif, soit $\frac{2\pi}{\lambda}(x_1 - x_0) = m \times 2\pi$, c'est-à-dire $x_1 - x_0 = m \times \lambda$.

Deux points séparés d'un **nombre entier de fois la longueur d'onde** le long de la direction de propagation (Ox) vibrent **en phase.**

De même, les signaux en ces deux points sont en opposition de phase si $\varphi(x_0) - \varphi(x_1) = \pi + m \times 2\pi$ où m est un entier relatif, soit $x_1 - x_0 = \left(m + \frac{1}{2}\right) \times \lambda$.

Deux point séparés d'un **nombre entier de fois la longueur d'onde plus une demi-longueur d'onde** le long de la direction de propagation (Ox) vibrent **en opposition de phase.**

e) Ordres de grandeur des fréquences

Fréquences des ondes acoustiques Le **domaine audible**, intervalle des fréquences perçues par l'oreille humaine, s'étend de 20 Hz à 20 kHz. Au-delà de 20 kHz s'étend le domaine des ultra-sons.

Fréquences des ondes mécaniques Parmi les ondes mécaniques on retiendra l'ordre de grandeur des fréquences des ondes de gravité, qui sont les ondes générées par le vent à la surface de l'eau, ainsi que des ondes sismiques. Les machines génèrent également des ondes élastiques qui se propagent dans la matière.

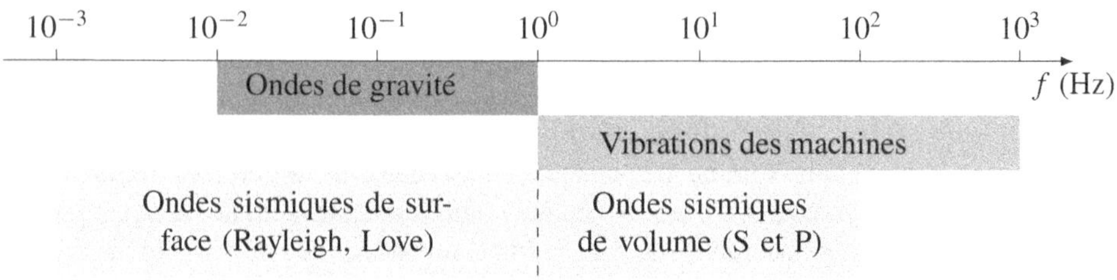

Figure 11.5 – Exemple de fréquences de diverses ondes.

Fréquences des ondes électromagnétiques Le spectre des ondes électromagnétiques s'étend sur plus de 15 ordres de grandeur, des ondes radio aux rayons gamma. Fréquence et longueur d'onde sont reliées par la relation $c = f\lambda$ avec $c = 3{,}00.10^8$ m.s^{-1}, vitesse de la lumière dans le vide. Les ondes lumineuses visibles n'occupent qu'une bande étroite du spectre, entre 400 nm et 800 nm.

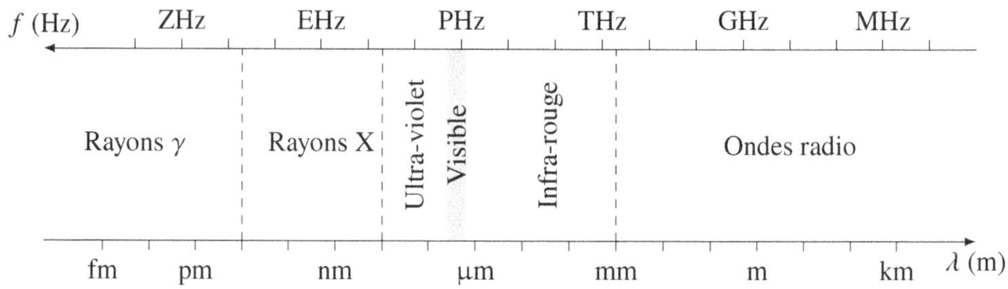

Figure 11.6 – Fréquences des diverses ondes électromagnétiques.

2.5 Milieux dispersifs ou non dispersifs

a) Définitions

Nous avons supposé jusqu'ici que la célérité c d'une onde progressive, sinusoïdale ou de forme quelconque, ne dépendait que des propriétés intrinsèques du milieu et pas de la forme de l'onde. On précise ici cette hypothèse.

Le milieu de propagation d'une onde est dit **non dispersif** si la vitesse de propagation d'une **onde progressive sinusoïdale**, appelée **vitesse de phase**, est **indépendante** de sa fréquence. Sinon, le milieu est **dispersif.**

Dans un milieu **non dispersif** la vitesse de phase c d'une onde progressive sinusoïdale est une constante indépendante de la fréquence. La forme générale d'une onde progressive sinusoïdale est :

$$s(x,t) = A_0 \cos(\omega t - kx + \varphi_0) \quad \text{avec} \quad k = \frac{\omega}{c}.$$

Dans un milieu **dispersif** la vitesse de phase, que l'on notera v_φ, est une fonction de la fréquence (ou de la pulsation temporelle). La forme générale d'une onde progressive sinusoïdale est :

$$s(x,t) = A_0 \cos(\omega t - kx + \varphi_0) \quad \text{avec} \quad k = \frac{\omega}{v_\varphi(\omega)}.$$

Dans un milieu **non dispersif**, la pulsation spatiale k est **proportionnelle** à la pulsation temporelle ω. Ce n'est pas le cas dans un milieu **dispersif.**

Pour illustrer la différence entre les deux types propagation, non dispersive ou dispersive, considérons une onde $s(x,t)$ unidimensionnelle et supposons connu le signal au point d'abscisse $x = 0$: $s(x = 0, t) = f(t)$. En vertu du théorème de Fourier la fonction $f(t)$ peut se décomposer comme une somme de signaux sinusoïdaux de différentes fréquences : $s(x = 0, t) = f(t) = \sum_i A_i \cos(\omega_i t + \varphi_i)$. À chaque composante sinusoïdale on peut associer une onde progressive sinusoïdale de la forme suivante, où $k_i = \omega_i / v_\varphi(\omega_i)$: $A_i \cos(\omega_i t - k_i x + \varphi_i) = A_i \cos\left(\omega_i\left(t - x/v_\varphi(\omega_i)\right) + \varphi_i\right)$. On en déduit la forme de l'onde $s(x,t)$ en un point d'abscisse quelconque :

$$s(x,t) = \sum_i A_i \cos\left(\omega_i\left(t - x/v_\varphi(\omega_i)\right) + \varphi_i\right). \tag{11.7}$$

Si le milieu est non dispersif alors $v_\varphi(\omega_i) = c$ est une constante et l'équation (11.7) se simplifie :

$$s(x,t) = \sum_i A_i \cos\left(\omega_i(t - x/c) + \varphi_i\right) = f(t - x/c).$$

L'onde obtenue a bien la forme d'une progressive se propageant avec la vitesse c, indépendamment de la fonction $f(t)$ et donc de la forme de l'onde.

Si le milieu est dispersif alors la vitesse de phase $v_\varphi(\omega_i)$ est différente pour chaque composante sinusoïdale et il est impossible de simplifier l'équation (11.7). Chaque composante se déplace avec une vitesse différente, ce qui conduit à une déformation (en général un étalement) de l'onde lors de la propagation. Le milieu est dit dispersif car il tend à séparer les différentes composantes sinusoïdales d'une onde, comme on peut le voir sur la figure 11.7.

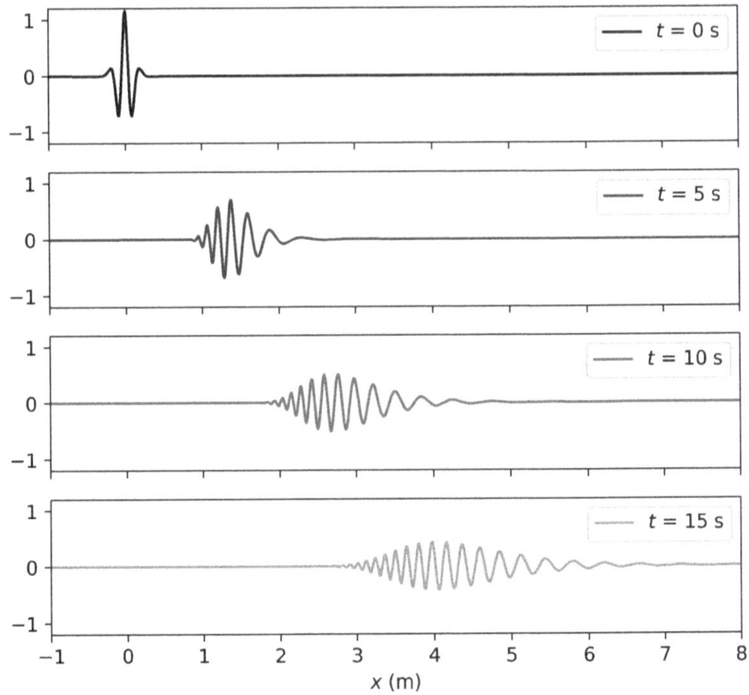

Figure 11.7 – Propagation dispersive d'un train d'ondes de gravité à la surface de l'eau. Le train d'ondes, initialement très localisé, se déforme au cours de sa propagation. On observe nettement que les composantes sinusoïdales de hautes fréquences se propagent avec une moins grande vitesse que les composantes de basses fréquences. En ordonnée, l'unité de la hauteur d'eau est arbitraire.

b) Exemples

Dans ce paragraphe on donne plusieurs exemples de propagation dispersives ou non dispersives. Pour chaque exemple on donnera la **relation de dispersion** $\omega = f(k)$ entre les pulsations temporelles et spatiales, et on étudiera l'évolution de la vitesse de phase en fonction de la fréquence ou de la longueur d'onde.

• La propagation des ondes acoustiques dans un fluide est **non dispersive.** La célérité c des ondes dépend uniquement des propriétés intrinsèques du fluide et s'écrit sous la forme :

$$c = \frac{1}{\sqrt{\rho_0 \chi_0}},$$

où ρ_0 est la masse volumique du fluide à l'équilibre (en l'absence de propagation d'onde) et

χ_0 le coefficient de compressibilité du fluide, homogène à l'inverse d'une pression. On peut retenir ici que plus le fluide est compressible, plus χ_0 est grand et la vitesse c petite.

> **Exemple**
> Dans l'air assimilé à un gaz parfait, $\chi_0 = \frac{1}{\gamma P_0}$, avec P_0 la pression à l'équilibre et $\gamma \simeq 1{,}4$ le rapport des capacités thermiques. On montre $c_{\text{air}} = \sqrt{\frac{\gamma P_0}{\rho_0}} = \sqrt{\frac{\gamma R T_0}{M}}$. Avec $R = 8{,}31\,\text{J.K}^{-1}$ la constante des gaz parfait et $M = 28{,}8\,\text{g.mol}^{-1}$ la masse molaire de l'air, on trouve $c_{\text{air}} = 344\,\text{m.s}^{-1}$ à la température $T_0 = 20.\,^\circ\text{C}$. On fera attention à convertir la masse molaire en kg.mol^{-1} et la température en K pour calculer la valeur numérique. Dans l'eau, avec $\rho_0 = 1{,}0.10^3\,\text{kg.m}^{-3}$ et $\chi_0 = 5{,}0.10^{-10}\,\text{Pa}^{-1}$, on trouve : $c_{\text{eau}} = 1{,}4.10^3\,\text{m.s}^{-1}$.

• La propagation des ondes élastiques longitudinales dans un solide est **non dispersive.** La célérité c des ondes dépend uniquement des propriétés intrinsèques du solide et s'écrit sous la forme :

$$c = \sqrt{\frac{E}{\rho_0}},$$

où ρ_0 est la masse volumique du solide à l'équilibre et E le module d'Young, homogène à une pression. Plus le solide est rigide, plus E est grand et la vitesse c grande.

> **Exemple**
> Dans l'acier, avec $\rho_0 = 8{,}0.10^3\,\text{kg.m}^{-3}$ et $E = 2{,}1.10^{11}\,\text{Pa}$, $c_{\text{acier}} = 5{,}1.10^3\,\text{m.s}^{-1}$.

• La propagation d'ondes élastiques transversales dans un solide est **dispersive** lorsque la longueur d'onde est grande devant la dimension transversale du milieu. On parle d'ondes de flexion. La relation de dispersion pour des ondes progressives sinusoïdales de flexion est :

$$\omega = \sqrt{\frac{E}{\rho_0}}\alpha k^2,$$

où α est un coefficient géométrique homogène à une longueur. On en déduit l'expression de la vitesse de phase, que l'on choisit d'exprimer en fonction de la pulsation spatiale k :

$$v_\varphi(k) = \frac{\omega}{k} = \sqrt{\frac{E}{\rho_0}}\alpha k.$$

qui diminue avec la longueur d'onde, et augmente avec la fréquence.

> **Exemple**
> Dans une tige en acier cylindrique de diamètre D le coefficient géométrique est donné par la formule $\alpha = \frac{D}{4}$. On en déduit une relation entre la longueur d'onde et la fréquence :
>
> $$\omega = \sqrt{\frac{E}{\rho_0}}\alpha k^2 \Rightarrow \lambda = \left(\sqrt{\frac{E}{\rho_0}}\alpha\frac{2\pi}{f}\right)^{1/2},$$

ainsi que la vitesse de phase en fonction de la longueur d'onde :

$$v_\varphi(k) = \frac{\omega}{k} = \sqrt{\frac{E}{\rho_0}}\alpha k \Rightarrow v_\varphi(\lambda) = \sqrt{\frac{E}{\rho_0}}\frac{\pi D}{2\lambda}.$$

On consigne les valeurs numériques obtenues pour différentes fréquences dans le tableau suivant.

Fréquence f (Hz)	20	200	2000	20000
Longueur d'onde λ (m)	4,48	1,42	0,449	0,142
Vitesse de phase v_φ (m.s^{-1})	89,7	284	897	$2{,}84\times10^3$

On vérifie que la longueur d'onde est grande devant le diamètre de la tige, ce qui entraîne $v_\varphi(\lambda) < \sqrt{\frac{E}{\rho_0}}$. Les ondes de flexion se propagent moins vite que les ondes longitudinales.

• La propagation des ondes à la surface de l'eau est en général **dispersive.** En eau profonde (longueur d'onde λ grande devant la profondeur h à l'équilibre), la relation de dispersion s'écrit :

$$\omega^2 = gk,$$

et la vitesse de phase est donnée par :

$$v_\varphi(k) = \frac{\omega}{k} = \sqrt{\frac{g}{k}}.$$

La vitesse de phase augmente avec la longueur d'onde et diminue avec la fréquence. Un exemple de propagation d'un train d'ondes est donné dans la figure 11.7.

Exemple

La houle est le phénomène de propagation d'ondes à la surface de la mer. En première approximation la houle peut être décrite par une onde progressive sinusoïdale dont la longueur d'onde λ varie entre 1 m et 1 km. On calcule la période et la vitesse de phase en fonction de la longueur d'onde :

$$\omega^2 = gk \Rightarrow T = \sqrt{\frac{2\pi}{g}}\sqrt{\lambda}, \quad \text{et} \quad v_\varphi(k) = \sqrt{\frac{g}{k}} \Rightarrow v_\varphi(\lambda) = \sqrt{\frac{g}{2\pi}}\sqrt{\lambda}.$$

On consigne les valeurs numériques obtenues pour différentes longueurs d'onde dans le tableau suivant.

Longueur d'onde λ (m)	1	10	100	1000
Période T (s)	0,800	2,53	8,00	25,3
Vitesse de phase v_φ (m.s^{-1})	1,25	3,95	12,5	39,5

• La propagation des ondes électromagnétiques dans le vide est **non dispersive.** La célérité des ondes est la vitesse de la lumière dans le vide :

$$c = 299\,792\,458\ \text{m.s}^{-1} \simeq 3{,}0.10^8\ \text{m.s}^{-1}.$$

• La propagation des ondes électromagnétiques dans un milieu matériel est en général **dispersive.** En témoigne la variation avec la longueur d'onde de l'indice optique $n(\lambda)$ d'un milieu transparent. La vitesse de phase des ondes progressives sinusoïdales est donnée par :

$$v_\varphi(\lambda) = \frac{c}{n(\lambda)} < c.$$

Cette variation de l'indice optique est responsable de la décomposition (ou **dispersion**) d'un faisceau de lumière blanche en ses composantes monochromatiques, lors du passage dans un prisme.

MÉTHODOLOGIE

Comment relier l'évolution temporelle de l'onde $s(x_0,t)$ et $s(x_1,t)$ aux positions x_0 et $x_1 > x_0$ pour une onde progressive ?
▷ *Utiliser le retard temporel $\tau = (x_1 - x_0)/c$ dû à la propagation entre les positions x_0 et x_1. En posant $s(x_0,t) = f(t)$ on en déduit $s(x_1,t) = f(t-\tau) = f\big(t - (x_1 - x_0)/c\big)$.*

Comment relier l'évolution spatiale de l'onde $s(x,t_0)$ et $s(x,t_1)$ aux instants t_0 et $t_1 > t_0$, pour une onde progressive ?
▷ *Exprimer la distance parcourue $d = c(t_1 - t_0)$ par l'onde entre les instants t_0 et t_1. Si on note $s(x,t_0) = F(x)$ alors $s(x,t_1) = F(x-\delta) = F\big(x - c(t_1 - t_0)\big)$.*

Comment relier la fréquence et la longueur d'onde d'une onde progressive sinusoïdale ?
▷ *Utiliser la vitesse de phase de l'onde.*

Comment retrouver le déphasage entre les signaux d'une onde progressive sinusoïdale en deux points de l'espace ?
▷ *Utiliser le retard temporel dû à la propagation.*

Comment justifier qu'un milieu est non dispersif ?
▷ *Vérifier que la vitesse de phase d'une onde progressive sinusoïdale ne dépend pas de la fréquence ou de la longueur d'onde.*

PROGRAMME OFFICIEL ET SOMMAIRE DES EXERCICES

NOTIONS ET CONTENUS	CAPACITÉS EXIGIBLES
Exemples de signaux. Signal sinusoïdal. ► 11.C1 ▷ 11.6 11.8	Identifier les grandeurs physiques correspondant à des signaux acoustiques, électriques, électromagnétiques.
Propagation d'un signal dans un milieu illimité, non dispersif et transparent.	
Onde progressive dans le cas d'une propagation unidimensionnelle non dispersive. Célérité, retard temporel. ► 11.C2 ▷ 11.1 11.2 11.4 11.5 11.12 11.13	Écrire les signaux sous la forme $f(x-ct)$ ou $g(x+ct)$. Écrire les signaux sous la forme $f(t-x/c)$ ou $g(t+x/c)$. Prévoir, dans le cas d'une onde progressive, l'évolution temporelle à position fixée et l'évolution spatiale à différents instants.
Modèle de l'onde progressive sinusoïdale unidimensionnelle. Vitesse de phase, déphasage, double périodicité spatiale et temporelle. ► 11.C3 ▷ 11.3 11.7 11.9 11.10 11.11	Citer quelques ordres de grandeur de fréquences dans les domaines acoustique, mécanique et électromagnétique. Établir la relation entre la fréquence, la longueur d'onde et la vitesse de phase. Relier le déphasage entre les signaux perçus en deux points distincts au retard dû à la propagation. TP : mesurer la vitesse de phase, la longueur d'onde et le déphasage dû à la propagation d'un phénomène ondulatoire.
Milieux dispersifs ou non dispersifs. ► 11.C4	Définir un milieu dispersif. Citer des exemples de situations de propagation dispersive et non dispersive.

EXERCICES ★ (LE COURS)

11.C1 Signaux physiques

Quelles sont les grandeurs physiques correspondant à un signal acoustique ? à un signal électromagnétique ? à un signal électrique ?

11.C2 Modèle de l'onde progressive On considère une onde progressive $s(x,t)$ se propageant à la vitesse c dans un milieu non dispersif.

1) On note $s(x_0,t) = f(t)$ le signal en un point d'abscisse x_0. Déterminer le signal $s(x_1,t)$ en un point d'abscisse $x_1 > x_0$.

2) On note $s(x,t_0) = F(x)$ l'évolution spatiale de l'onde à l'instant t_0. Déterminer l'évolution spatiale $s(x,t_1)$ à l'instant $t_1 > t_0$.

11.C3 Modèle de l'onde progressive sinusoïdale On considère une onde progressive sinusoïdale $s(x,t) = A_0 \cos(\omega t - kx + \varphi_0)$ se propageant à la vitesse c dans un milieu non dispersif.

1) Que représente k ?

2) Déterminer la relation entre la fréquence f et la longueur d'onde λ.

3) À quelle condition les signaux $s(x_0,t)$ et $s(x_1,t)$ sont-ils en phase ? en opposition de phase ?

11.C4 Milieu dispersif Pour les ondes progressives sinusoïdales à la surface de l'eau la relation entre ω et k est donnée par $\omega^2 = gk$. Le milieu est-il dispersif ? Exprimer la vitesse de phase $v_\varphi(k)$.

EXERCICES ★★

11.1 Propagation d'une onde

On étudie une corde semi infinie, comprise entre $x = 0$ et $x = \ell$. En $x = 0$, une physicienne secoue la corde de façon harmonique et génère ainsi une onde qui se déplace dans le sens des x croissants. Le mouvement en $x = 0$ débute à t_0.

1) Dessiner la corde pour $t \geqslant 0$.

2) Dessiner la corde pour $t > 0$.

3) On note $s(x,t)$ la position, à la date t, d'un point de la corde à l'abscisse x, par rapport à sa position au repos. La position de la corde en $x = 0$, imposée par la physicienne, est notée $Y(t)$. Relier $s(x,t)$ à $Y(t)$.

11.2 Trains d'ondes

Une onde se propage dans la direction de l'axe (Ox), dans le sens positif avec la célérité c. La source, située en $x = 0$, émet le train d'ondes ci-contre (oscillation de durée limitée τ).

$$s(0,t) = \begin{cases} 0 & \text{si } t < 0 \\ \sin\left(2\pi \frac{t}{T}\right) & \text{si } 0 \leqslant t < \tau \\ 0 & \text{si } \tau \leqslant t. \end{cases}$$

1) Exprimer $s(x,t)$ pour x positif quelconque.

2) Représenter $s\left(x,\frac{\tau}{2}\right)$ et $s\left(x,\frac{3\tau}{2}\right)$ en fonction de x pour $x > 0$ (prendre $\tau = 4T$ pour le dessin). Quelle est la longueur du train d'ondes dans l'espace ?

11.3 Mesure de la célérité du son dans l'air

Un émetteur d'ultrasons E produit une onde sinusoïdale de fréquence $f = 44{,}0\,\text{kHz}$ mesurée à l'aide de deux récepteurs R_1 et R_2 reliés à un oscilloscope. En « mode normal », l'écran de l'oscilloscope affiche deux sinusoïdes d'amplitudes à peu près égales si les récepteurs sont à peu près à la même distance de l'émetteur. Les deux récepteurs fournissent des tensions électriques proportionnelles au signal de l'onde.

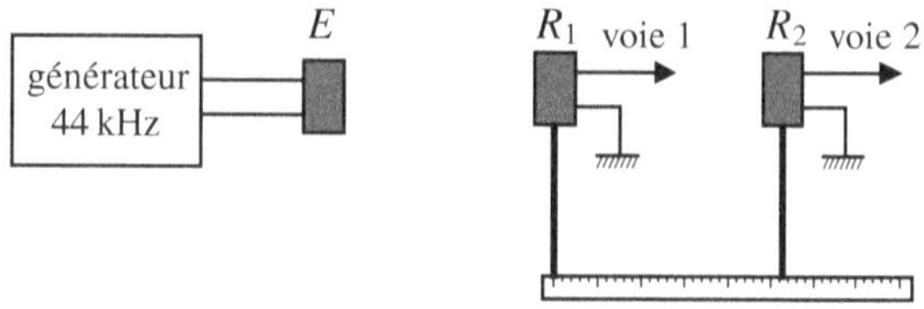

Le récepteur R_1 est fixe. Le récepteur R_2 peut être translaté le long d'une règle graduée, parallèle à la direction entre l'émetteur et ce récepteur. On commence par ajuster sa position pour voir deux signaux en phase. La position de R_2 est 42,0 cm. On recule progressivement R_2, en observant l'écran de l'oscilloscope : les signaux sont alternativement en opposition de phase et en phase. Quand les signaux sont pour la 20ème fois de suite en phase on note la position finale du récepteur à 26,0 cm. La règle étant graduée en millimètre l'incertitude-type sur chacune de ces valeurs est de 0,3 mm. En déduire une mesure de la célérité des ondes sonores dans l'air.

11.4 Cuve à ondes

La figure représente la surface d'une cuve à onde éclairée en éclairage stroboscopique. L'onde est engendrée par un vibreur de fréquence $f = 18\,\text{Hz}$. L'image est claire là où la surface de l'eau est convexe, foncée là où elle est concave.

1) En mesurant sur la figure, déterminer la longueur d'onde.

2) En déduire la célérité de l'onde.

3) On suppose l'onde sinusoïdale, d'amplitude A constante et de phase initiale nulle en O. Écrire le signal $s(x,t)$ pour $x > 0$ et pour $x < 0$.

4) Expliquer sans calcul pourquoi l'amplitude A de l'onde n'est, en fait, pas constante.

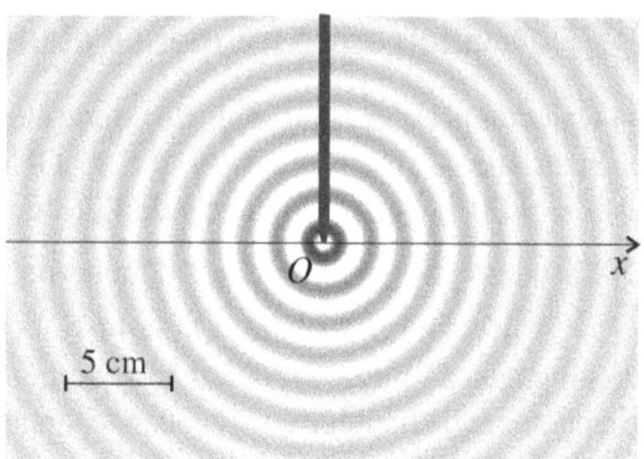

11.5 Étude expérimentale d'une onde progressive sinusoïdale

Un haut-parleur HP est mis en vibration à l'aide d'un générateur de basses fréquences GBF réglé sur la fréquence $f = 1500\,\text{Hz}$. L'onde sonore ainsi créée se propage dans l'air à la célérité $c = 342\,\text{m.s}^{-1}$. Un microphone M placé à distance d du haut-parleur reçoit le signal sonore et le transforme en un signal électrique. Les signaux du GBF et du micro sont envoyés respectivement sur les voies 1 et 2 d'un oscilloscope.

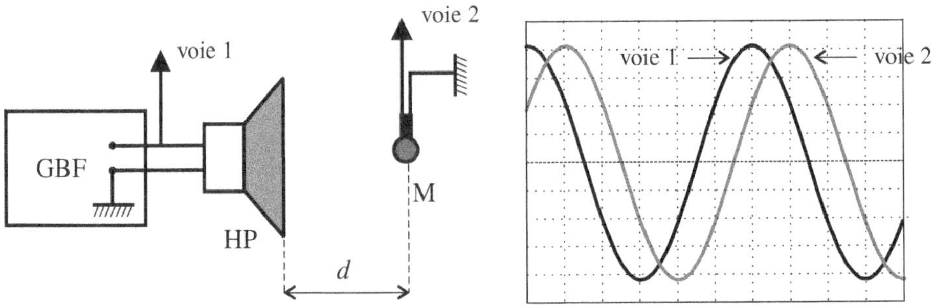

1) Pour une certaine position de M et un réglage adéquat de l'oscilloscope, l'écran a l'aspect représenté sur la figure. Quel est le déphasage des signaux visualisés ?

2) L'oscilloscope étant synchronisé sur la voie 1, comment évolue la courbe de la voie 2 lorsqu'on éloigne M de HP ?

3) De combien doit-on augmenter d pour voir deux signaux en phase ? Quel est le meilleur moyen pour savoir si les signaux sont en phase ?

11.6 Propagation d'un signal périodique

Une onde se propage dans le sens positif de (Ox) à la célérité c. En $x = 0$ son signal est périodique de fréquence f_S et s'écrit : $s(0,t) = f(t) = \sum_{n=1}^{\infty} A_n \cos(2\pi n f_S t + \varphi_n)$.

1) Quelle est la longueur d'onde associée au fondamental du signal $f(t)$? À son harmonique de rang n ? Quelle est la période spatiale de l'onde ?

2) Montrer que le signal reçu en x_0 s'écrit : $s(x_0,t) = \sum_{n=1}^{\infty} A'_n \cos(2\pi n f_S t + \varphi'_n)$ et exprimer les A'_n et φ'_n en fonction de x_0.

11.7 Relation entre fréquence et longueur d'onde

1) Calculer la longueur d'onde de l'onde électromagnétique qui existe dans un four micro-onde sachant que sa fréquence est $f = 2{,}45\,\text{GHz}$ et que la célérité des ondes électromagnétiques est $c = 3{,}00.10^8\,\text{m.s}^{-1}$. Est-elle de l'ordre du micromètre ?

2) La vitesse du son dans l'air dépend de la température T selon la formule $c = \sqrt{\gamma \frac{RT}{M}}$ où $M = 29.10^{-3}\,\text{kg.mol}^{-1}$, $R = 8{,}314\,\text{J.K}^{-1}.\text{mol}^{-1}$ et $\gamma = 1{,}4$. Calculer la fréquence d'un son de longueur d'onde $\lambda = 78\,\text{cm}$ lorsque la température vaut $T_1 = 290\,\text{K}$, puis $T_2 = 300\,\text{K}$. Le changement de hauteur du son dû au changement de température est-il de plus d'un demi-ton ? Un demi-ton correspond à une variation relative de fréquence égale à $2^{\frac{1}{12}} - 1$.

11.8 Spectre d'un produit de fonctions sinusoïdales

On considère le signal : $s(t) = A\cos(2\pi f_1 t)\cos(2\pi f_2 t + \varphi)$ où A et φ sont des constantes.

1) En utilisant la formule de trigonométrie $\cos a \cos b = \frac{1}{2}(\cos(a+b) + \cos(a-b))$ déterminer les fréquences contenues dans $s(t)$. Représenter son spectre d'amplitude et de phase.

2) Examiner le cas où $f_1 = f_2$.

EXERCICES ★★★

11.9 Ondes progressives sinusoïdales

1) Donner la période, la fréquence, la pulsation temporelle, la longueur d'onde, la pulsation spatiale, de l'onde : $s(x,t) = 5\sin(2{,}4.10^3\pi t - 7{,}0\pi x + 0{,}7\pi)$ où x et t sont exprimés respectivement en mètres et en secondes. Quelle est sa vitesse de propagation ?

2) Une onde sinusoïdale se propage dans la direction de l'axe (Ox) dans le sens positif avec la célérité c. L'expression du signal de l'onde au point d'abscisse x_1 est $s_1(x_1,t) = A\cos(\omega t)$. Déterminer l'expression de $s_1(x,t)$. Représenter $s_1(x,0)$ en fonction de x.

3) Une onde sinusoïdale se propage dans la direction de l'axe (Ox) dans le sens négatif avec la célérité c. On donne : $s_2(0,t) = A\sin(\omega t)$. Déterminer l'expression de $s_2(x,t)$. Représenter graphiquement $s_2\left(\frac{\lambda}{4},t\right)$ et $s_2\left(\frac{\lambda}{2},t\right)$ en fonction de t.

11.10 Effet Doppler

Une onde sinusoïdale de fréquence f se propage dans la direction de (Ox) dans le sens positif de (Ox) avec la célérité c. Un observateur se déplace avec une vitesse $\vec{v} = v\vec{u_x}$ parallèle à (Ox).

1) Écrire le signal $s(x,t)$ de l'onde en définissant les notations nécessaires.

2) Pour l'observateur en mouvement, le point d'abscisse x est repéré par une abscisse le long d'un axe (Ox') qui lui est lié telle que $x' = x - vt$. Exprimer $s(x',t)$.

3) En déduire l'expression de la fréquence f' pour l'observateur en mouvement. Comparer f' et f suivant le signe de v.

4) Vous marchez dans la rue et un camion de pompier, sirène en marche, arrive de derrière et vous dépasse. Qu'entendez-vous ?

11.11 Onde longitudinale sur un ressort

L'onde de compression-dilatation le long d'un ressort est une onde longitudinale analogue à une onde sonore. Lors du passage de cette onde chaque spire bouge dans la direction de l'axe (Ox), axe parallèle au ressort. Un signal associé à l'onde est le déplacement $s(x,t)$ de la spire qui est située à l'abscisse x en l'absence d'onde : cette spire passe ainsi de la position x qu'elle occupe au repos à la position $x + s(x,t)$ (voir figure).

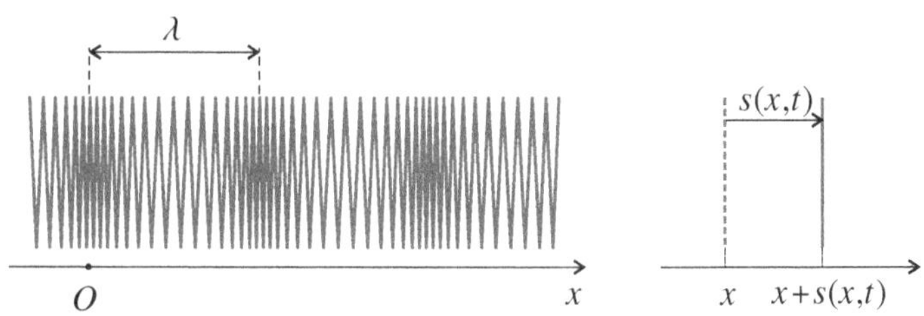

1) On appelle a l'espacement entre deux spires consécutives dans l'état de repos. Lors du passage de l'onde, la distance entre les spires situées au repos en $x_i = ia$ et $x_{i+1} = (i+1)a$ devient d_i. Exprimer d_i en fonction de a, $s(x_i,t)$ et $s(x_{i+1},t)$.

2) On suppose que $s(x,t) = A\cos(\omega t - kx + \varphi)$. On pose $\Phi = \omega t + \varphi$. En utilisant une formule de trigonométrie, montrer que : $d_i = a + 2A\sin\left(\frac{ka}{2}\right)\sin\left(\Phi - kx_i - \frac{ka}{2}\right)$.

3) On suppose que $ka \ll 1$. Montrer que, lors du passage de l'onde, la distance entre deux spires consécutives situées au repos au voisinage de x devient : $d(x,t) \simeq a\,(1 + kA\sin(\omega t - kx + \varphi))$

4) La figure donne l'allure l'allure du ressort à $t = 0$. En déduire φ. Où se trouvent, sur la figure, les spires dont le déplacement est nul ?

11.12 Position et date d'un séisme

Un séisme produit deux types d'ondes sismiques : les ondes P, longitudinales, qui se propagent avec la célérité c_P et les ondes S, transversales, qui se propagent avec la célérité $c_S < c_P$.

1) Lors d'un séisme, on commence à détecter les premières à l'instant de date t_P et les secondes à l'instant de date t_S. Montrer qu'on peut en déduire, connaissant c_P et c_S, la distance Δ entre le foyer du séisme et l'appareil ainsi que la date du début du séisme.

2) Pour un séisme, on mesure les distances Δ_1, Δ_2 et Δ_3 entre le foyer du séisme et trois stations de mesures. Sans faire de calcul, montrer que cette information permet de localiser le foyer du séisme à l'intérieur de la Terre. Quel système fonctionne sur ce même principe ?

11.13 Principe de la télémétrie

On place un émetteur et un récepteur à ultrasons côte à côte. Ce bloc est appelé le télémètre. À la distance D, on place un obstacle réfléchissant les ondes sonores, que nous appellerons la cible. Une onde sinusoïdale, de période T, est émise par l'émetteur du télémètre, elle se réfléchit sur la cible et est détectée par le récepteur du télémètre. Sur l'écran d'un oscilloscope, on visualise simultanément deux signaux ; celui capté (par un dispositif non décrit) en sortie de l'émetteur et celui du récepteur.

1) On appelle temps de vol, noté t_v, la durée du trajet aller-retour de l'onde entre le télémètre et la cible. Exprimer t_v en fonction de la distance D séparant le télémètre de la cible et de la célérité c de l'onde.

2) Pour illustrer le principe de la mesure, on colle la cible au télémètre, puis on l'éloigne lentement, en comptant le nombre de coïncidences, c'est-à-dire le nombre de fois où les signaux sont en phase. Pour simplifier, on suppose que lorsque $D = 0$, les signaux sont en phase. On se place dans le cas où l'on a compté exactement un nombre n de coïncidences. Exprimer D en fonction de n et de la longueur d'onde des ondes ultrasonores.

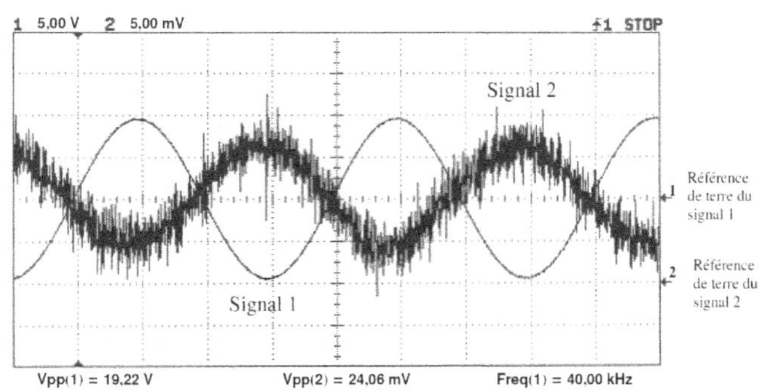

3) Lors du recul de la cible, 50 coïncidences ont été comptées avant d'observer les signaux suivants sur l'écran de l'oscilloscope (voir figure). Dans les conditions de l'expérience, la longueur d'onde des ondes sonores valait 8,5 mm. En exploitant les données de l'enregistrement, calculer la distance séparant le télémètre de la cible.

4) Pourquoi les deux signaux de la figure sont-ils si différents ? Identifier quel est, selon toute vraisemblance, le signal capté en sortie de l'émetteur et celui reçu par le récepteur.

5) Le comptage des coïncidences a été réalisé en plaçant l'oscilloscope en mode XY. Dans le cas des signaux de la figure, représenter la figure que l'on obtiendrait en se plaçant dans ce mode.

CORRIGÉS

11.C1 *Cf.* p. 287

11.C2 **1)** $s(x_1,t) = f(t - (x_1 - x_0)/c)$, *cf.* p. 291. **2)** $s(x,t_1) = F(x - c(t_1 - t_0))$, *cf.* p. 292.

11.C3 **1)** *Cf.* p. 293. **2)** *Cf.* p. 294. **3)** *Cf.* p. 295.

11.C4 *Cf.* p. 299.

11.1 Propagation d'une onde

1) La corde est au repos pour $t \leqslant 0$.

2) À la date t, l'onde, générée en $x = 0$, atteint l'abscisse ct ; le reste de la corde n'est pas encore atteint par l'onde.

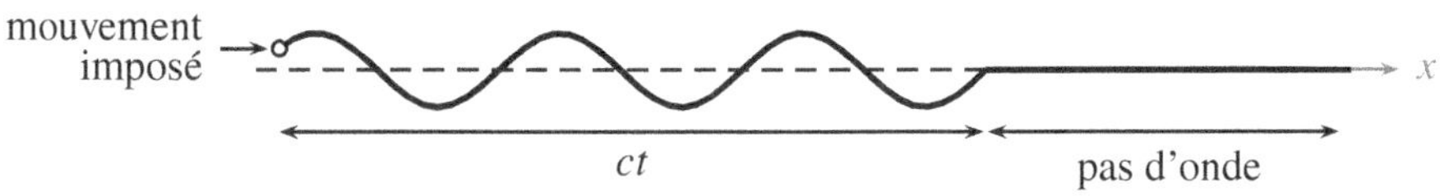

3) L'onde se propage à la vitesse c sur la corde. Ainsi, le point de la corde, d'abscisse x, répercute à la date t le mouvement en $x = 0$, qui a lieu une durée $\frac{x}{c}$ avant : $s(x,t) = Y\left(t - \frac{x}{c}\right)$. Cette formule générale est d'une importance capitale pour décrire le mouvement d'une onde.

11.2 Trains d'ondes

1) $s(x,t) = s\left(0, t - \frac{x}{c}\right)$, donc :

$$s(x,t) = \begin{cases} 0 & \text{si } ct < x \\ \sin\left(\dfrac{2\pi t}{T} - \dfrac{2\pi x}{cT}\right) & \text{si } c(t-\tau) < x \leqslant ct \\ 0 & \text{si } x \leqslant c(t-\tau). \end{cases}$$

La longueur du train d'ondes dans l'espace est $L = c\tau$.

2) *Cf.* ci-contre.

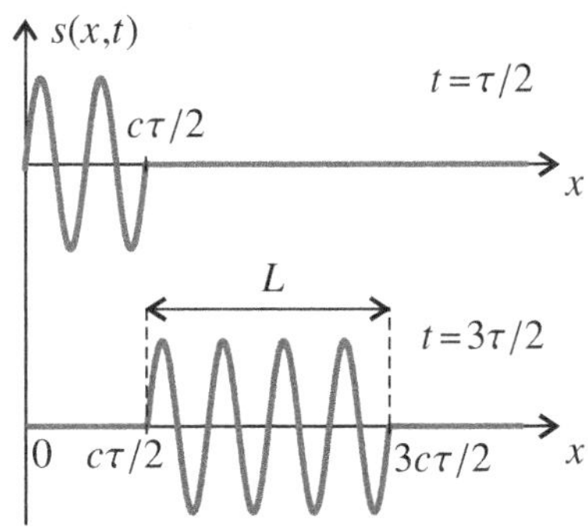

11.3 Mesure de la célérité du son dans l'air

On modélise l'onde sonore se propageant entre les récepteurs R_1 et R_2 par une onde progressive sinusoïdale de la forme $s(x,t) = A_0 \cos(\omega t - kx + \varphi_0)$ avec $k = \omega/c$ et c la célérité de l'onde. On suppose le milieu non dispersif.

Les récepteurs R_1 et R_2 mesurent les signaux $s(x_1,t)$ et $s(x_2,t)$ aux positions x_1 et x_2, respectivement. Les signaux sont en phase si $x_2 - x_1 = m\lambda$ avec m un entier et λ la longueur d'onde. On note $x_{2,i} = 42{,}00 \pm 0{,}03$ cm et $x_{2,f} = 26{,}00 \pm 0{,}03$ cm les positions initiales et finales de R_2. Puisqu'entre les deux relevés de position on observe 20 fois les signaux en phase, alors $x_{2,i} - x_{2,f} = 20\lambda$ et $\lambda = (42{,}0 - 26{,}0)/20 = 8{,}0\,\text{mm}$. L'incertitude-type sur λ est donnée par $u(\lambda) = \sqrt{2}u(x_2)/20 = 0{,}02\,\text{mm}$. On en déduit une estimation de la célérité des ondes sonores dans l'air : $c = \lambda f = 8{,}0 \times 10^{-3} \times 44 \times 10^3 = 352\,\text{m.s}^{-1}$. En négligeant l'incertitude-type sur la fréquence on calcule $u(c) = c\big(u(\lambda)/\lambda\big) = 1$ m.s^{-1}. Finalement le résultat du mesurage est $c = 352 \pm 1$ m.s^{-1}.

11.4 Cuve à ondes

1) La longueur d'onde est la distance entre deux crêtes consécutives le long de l'axe (Ox), donc entre les centres de deux zones claires. On mesure sur la figure 2,1 cm pour 7λ, l'échelle étant de $\frac{1}{5}$ la longueur d'onde est $\lambda = 5 \times \frac{2,1}{7} = 1,5\,\text{cm}$.

2) La célérité de l'onde est $c = \lambda f = 1,5.10^{-2} \times 18 = 0,27\,\text{m.s}^{-1}$.

3) Pour $x > 0$ l'onde se propage dans le sens de (Ox) donc $s(x,t) = A\cos\left(2\pi f\left(t - \frac{x}{c}\right)\right)$; pour $x < 0$ elle se propage dans le sens inverse de l'axe (Ox) : $s(x,t) = A\cos\left(2\pi f\left(t + \frac{x}{c}\right)\right)$.

4) L'amplitude n'est pas constante parce que l'énergie de l'onde se répartit sur ces cercles de rayon de plus en plus grand. A diminue avec x.

11.5 Étude expérimentale d'une onde progressive sinusoïdale

1) La période T des signaux correspond à 6 carreaux sur l'axe horizontal. Leur décalage temporel τ correspond à 1 carreau et le signal de la voie 2 (micro) est en retard sur le signal de la voie 1 (GBF). Ainsi, le déphasage du signal capté par le microphone par rapport au signal du GBF est : $\Delta\varphi = 2\pi\frac{\tau}{T} = -2\pi \times \frac{1}{6} = -\frac{\pi}{3} = -1,05\,\text{rad}$.

2) Au fur et à mesure que l'on éloigne le micro, le signal correspondant (voie 2) est de plus en plus en retard sur le signal du GBF (voie 1). La courbe 2 se décale progressivement vers la droite sur l'écran.

3) Pour voir deux signaux en phase, il faut augmenter le retard de phase du signal de la voie 2 de $2\pi - 1,05 = 5,24$ rad, c'est-à-dire augmenter le retard temporel de $\frac{5,24}{2\pi}T$ où $T = \frac{1}{f}$ est la période. Pour cela il faut reculer le micro de $\frac{5,24}{2\pi} \times \frac{c}{f} = \frac{5,24}{2\pi} \times \frac{342}{1500} = 0,19\,\text{m}$.

Pour constater expérimentalement que deux signaux sont en phase, la meilleure méthode consiste à passer l'oscilloscope en mode XY ; on voit un segment de droite de pente positive lorsque les signaux sont en phase.

11.6 Propagation d'un signal périodique

1) La longueur d'onde associée au fondamental, composante sinusoïdale de fréquence f_S, est $\lambda_1 = \frac{c}{f_S}$. La longueur d'onde associée à l'harmonique de rang n est $\lambda_n = \frac{c}{nf_S} = \frac{\lambda_1}{n}$. La période spatiale de l'onde est λ_1.

2) Le phénomène de propagation à la célérité c dans le sens positif de l'axe (Ox) se traduit par la relation $s(x_0,t) = s\left(0, t - \frac{x_0}{c}\right) = \displaystyle\sum_{n=1}^{\infty} A_n \cos\left(2\pi n f_s t - 2\pi n \frac{f_s}{c} x_0 + \varphi_n\right)$.

On trouve bien la forme attendue, avec : $A'_n = A_n$ et $\varphi'_n = \varphi_n - 2\pi n\frac{f_S}{c}x_0 = \varphi_n - 2\pi\frac{x_0}{\lambda_n}$. On remarque que le retard de phase dû à la propagation dépend de l'ordre n de l'harmonique.

11.7 Relation entre fréquence et longueur d'onde

1) $\lambda = \dfrac{c}{f} = \dfrac{3,00.10^8}{2,45.10^9} = 1,22.10^{-1}$ m. Les « micro-ondes » n'ont pas une longueur d'onde de l'ordre du micromètre.

2) La fréquence d'un son de longueur d'onde λ est : $f = \frac{c}{\lambda} = \sqrt{\gamma \frac{RT}{M}}\frac{1}{\lambda}$. Pour $\lambda = 78\,\text{cm}$, on trouve $f_1 = 437\,\text{Hz}$ à $T_1 = 290\,\text{K}$ et $f_2 = 445\,\text{Hz}$ à $T_2 = 300\,\text{K}$. La variation relative de fréquence entre les deux températures est $\frac{f_2 - f_1}{f_1} = 1{,}7\,\%$. Pour une note montant d'un demi-ton la variation relative de fréquence est $2^{\frac{1}{12}} - 1 = 5{,}9\,\%$. La variation de température entraîne un changement de hauteur inférieur au demi-ton.

11.8 Spectre d'un produit de fonctions sinusoïdales

1) $s(t) = \frac{A}{2}\cos(2\pi(f_1 + f_2)t + \varphi) + \frac{A}{2}\cos(2\pi(f_1 - f_2)t - \varphi)$.
Ainsi le spectre de $s(t)$ comporte les deux fréquences $f_1 + f_2$ et $|f_1 - f_2|$ (attention à ne pas oublier la valeur absolue : une fréquence est obligatoirement positive).

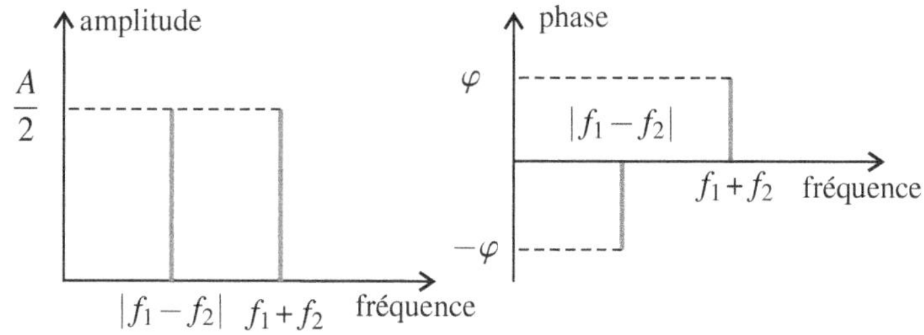

2) Dans le cas où $f_1 = f_2$, $s(t) = \frac{A}{2}\cos\varphi + \frac{A}{2}\cos(4\pi f_1 t + \varphi)$. Le spectre de s comporte les fréquences 0, correspondant à un signal constant, et $2f_1$.

11.9 Ondes progressives sinusoïdales

1) Période : $T = 8{,}3.10^{-4}\,\text{s}$, pulsation temporelle : $\omega = 7{,}5.10^3\,\text{rad.s}^{-1}$, fréquence : $f = 1{,}2.10^3\,\text{Hz}$, longueur d'onde : $\lambda = \frac{2}{7{,}0} = 0{,}29\,\text{m}$, pulsation spatiale : $k = 22\,\text{rad.m}^{-1}$. La vitesse de propagation est : $c = \lambda f = 3{,}4.10^2\,\text{m.s}^{-1}$.

2) L'onde se propageant avec la célérité c dans le sens positif de (Ox), on a :

$$s_1(x,t) = s_1\left(x_1, t - \frac{x - x_1}{c}\right) = A\cos(\omega t - kx + kx_1),$$

en posant $k = \frac{\omega}{c}$. Pour tracer $s(x,t = 0)$ on remarque que le signal est maximal en $x = x_1$ à $t = 0$.

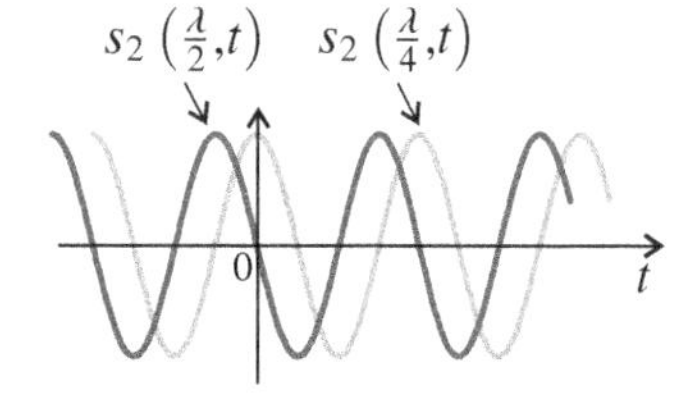

3) L'onde se propageant avec la célérité c dans le sens négatif de (Ox), on a :

$$s_2(x,t) = s_2(0, t + \frac{x}{c}) = A\sin(\omega t + kx).$$

$s_2\left(\frac{\lambda}{4},t\right)$ est en quadrature avance sur $s_2(0,t)$ et $s_2\left(\frac{\lambda}{2},t\right)$ est en quadrature avance sur $s_2\left(\frac{\lambda}{4},t\right)$ et en opposition de phase par rapport à $s_2(0,t)$.

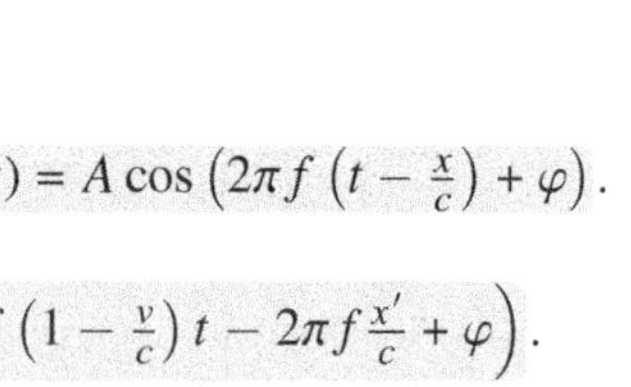

11.10 Effet Doppler

1) Avec A l'amplitude du signal et φ la phase initiale : $s(x,t) = A\cos\left(2\pi f\left(t - \frac{x}{c}\right) + \varphi\right)$.

2) $x = x' + vt$ donc :

$$s(x',t) = A\cos\left(2\pi f\left(t - \frac{x' + vt}{c}\right) + \varphi\right) = A\cos\left(2\pi f\left(1 - \frac{v}{c}\right)t - 2\pi f\frac{x'}{c} + \varphi\right).$$

3) Du point de vue de l'observateur en mouvement l'onde a une fréquence $f' = f\left(1 - \frac{v}{c}\right)$. La fréquence perçue par l'observateur est modifiée par son mouvement. C'est l'effet Doppler. D'après la formule, si $v > 0$ et $f' < f$: si l'observateur se déplace dans le sens de propagation de l'onde il perçoit une fréquence plus petite. Inversement, si $v < 0$, $f' > f$: si l'observateur se déplace en sens inverse de la propagation il perçoit une fréquence plus grande.

4) Quand le camion des pompiers est derrière, il se rapproche. Le sens de la propagation est opposé au sens du déplacement de l'observateur par rapport au camion donc il perçoit une fréquence plus aiguë. Quand le camion est passé devant c'est le contraire.

11.11 Onde longitudinale le long d'un ressort

1) Lors du passage de l'onde l'abscisse de la $i^{\text{ième}}$ spire devient $x_i + s(x_i, t)$, et l'abscisse de la $(i+1)^{\text{ième}}$ spire devient $x_{i+1} + s(x_{i+1}, t)$. La distance entre ces deux spires est alors :

$$d_i = ((x_{i+1} + s(x_{i+1},t)) - (x_i + s(x_i,t)) = a + s(x_{i+1},t) - s(x_i,t).$$

2) En utilisant la formule $\cos p - \cos q = -2\sin\frac{p+q}{2}\sin\frac{p-q}{2}$, on trouve :

$$\begin{aligned} d_i &= a + A\cos(\Phi - kx_{i+1}) - A\cos(\Phi - kx_i) \\ &= a + 2A\sin\left(\tfrac{1}{2}k(x_{i+1} - x_i)\right)\sin\left(\Phi - \tfrac{1}{2}k(x_i + x_{i+1})\right) \\ &= a + 2A\sin\left(\tfrac{ka}{2}\right)\sin\left(\Phi - k\left(i + \tfrac{1}{2}\right)a\right) = a + 2A\sin\left(\tfrac{ka}{2}\right)\sin\left(\Phi - kx_i - \tfrac{ka}{2}\right). \end{aligned}$$

3) Si $ka \ll 1$ on peut écrire : $\sin\left(\frac{ka}{2}\right) \simeq \frac{ka}{2}$ et $\sin\left(\Phi - kx_i - \frac{ka}{2}\right) \simeq \sin(\Phi - kx_i)$. Il vient alors : $d_i \simeq a + kAa\sin(\Phi - kx_i)$.

Ainsi la distance entre des spires situées à l'abscisse x devient, lors du passage de l'onde :

$$d(x,t) = a(1 + kA\sin(\omega t - kx + \varphi)).$$

Ce signal est en quadrature de phase avec le signal $s(x,t)$ de déplacement des spires.

4) Sur la figure on observe qu'à $t = 0$ les spires sont serrées au maximum en $x = 0$. D'après la formule précédente, cela signifie que : $\sin\varphi = -1$, soit $\varphi = -\frac{\pi}{2}$.

Le déplacement des spires est donc $s(x,t) = A\cos(\omega t - kx - \frac{\pi}{2}) = A\sin(\omega t - kx)$.

Sur la figure, à $t = 0$, $s(x,0) = -A\sin kx$, donc le déplacement est nul en tous les points d'abscisses $x = n\frac{\lambda}{2}$ où n est un entier et $\lambda = \frac{2\pi}{k}$ est la longueur d'onde. Ces points correspondent sur la figure aux endroits où les spires sont soit écartées au maximum, soit serrées au maximum.

11.12 Position et date d'un séisme

1) Si t_0 est la date à laquelle le séisme commence, on commence à détecter des ondes P à l'instant $t_P = t_0 + \frac{\Delta}{c_P}$ et des ondes S à l'instant $t_S = t_0 + \frac{\Delta}{c_S}$.

Ces deux relations constituent un système de 2 équations pour les 2 inconnues t_0 et Δ. La solution est : $\Delta = \frac{c_P c_S}{c_P - c_S}(t_S - t_P)$ et $t_0 = \frac{c_P t_P - c_S t_S}{c_P - c_S}$.

2) La connaissance de Δ_1 permet de savoir que le séisme s'est produit en un point situé sur la sphère $\mathcal{S}_1$, centrée sur la position de la première station et de rayon Δ_1. Connaissant de plus Δ_2 on sait qu'il s'est produit en un point de l'intersection de $\mathcal{S}_1$ avec la sphère $\mathcal{S}_2$ centrée sur la position de la deuxième station et de rayon Δ_2. L'intersection de ces deux sphères (nécessairement non vide) est un cercle $\mathcal{C}_{12}$. Connaissant de plus Δ_3 on sait que le séisme est localisé sur l'intersection de $\mathcal{C}_{12}$ avec la sphère $\mathcal{S}_3$ de rayon Δ_3 centrée sur la position de la troisième station. Cette intersection (nécessairement non vide) contient en général deux points dont un seul se trouve à l'intérieur de la Terre. On peut ainsi localiser le séisme.

Le système GPS (acronyme de *Global Positioning System*), ainsi que le futur réseau européen Galileo, fonctionnent sur ce principe.

11.13 Principe de la télémétrie

1) Le temps de vol est la durée de la propagation de l'onde sur une distance $2D$ correspondant à l'aller-retour jusqu'à la cible. Ainsi : $t_v = \frac{2D}{c}$.

2) Au fur et à mesure que l'on éloigne la cible, le décalage temporel entre les deux signaux augmente. Chaque fois que ce décalage est un multiple entier de la période T, les signaux sont en phases. Si on éloigne d'une distance D, on augmente de décalage temporel de $\frac{2D}{c}$. La première fois que les signaux sont en phase à nouveau, on a $\frac{2D}{c} = T$ soit $D = \frac{cT}{2} = \frac{\lambda}{2}$ où λ est la longueur d'onde des ondes ultrasonores. La deuxième fois, $\frac{2D}{c} = 2T$ soit $D = 2 \times \frac{\lambda}{2}$. À la $n^{\text{ième}}$ coïncidence, $D = n \times \frac{\lambda}{2}$.

3) Dans l'expérience on a reculé la cible d'une distance comprise entre $50 \times \frac{\lambda}{2}$ et $51 \times \frac{\lambda}{2}$. Les deux signaux sont en opposition de phase, ce qui veut dire qu'après la 50e coïncidence on a reculé la cible d'une distance ΔD telle que $\frac{2\Delta D}{c} = \frac{T}{2}$ soit $\Delta D = \frac{\lambda}{4}$. La distance de la cible est donc : $D = 50\frac{\lambda}{2} + \frac{\lambda}{4} = 21{,}5\,\text{cm}$.

4) Le signal reçu par le récepteur en provenant de la cible est faible en raison de l'éloignement de celle-ci. Pour l'observer sur l'oscilloscope il faut augmenter la sensibilité, ce qui a pour conséquence d'amplifier le bruit électronique. C'est pourquoi ce signal a une allure irrégulière que l'on qualifie de « bruitée ».

5) Les deux signaux étant en opposition de phase on observerait en mode XY un segment de droite de pente négative (de contour assez flou à cause du bruit).

Phénomène d'interférences

12

Le phénomène d'interférences apparaît quand deux ondes (ou plus) de même fréquence se superposent dans une zone de l'espace. Le déphasage des ondes étant différent en chaque point M, l'amplitude de l'onde résultant de la superposition dépend de M.

1 Superposition de deux signaux sinusoïdaux de même fréquence

Dans ce paragraphe on s'intéresse au signal obtenu en faisant la somme de deux signaux sinusoïdaux de même fréquence f, donc de même pulsation $\omega = 2\pi f$.

1.1 Expérimentation mathématique

On peut visualiser, à l'aide d'une calculette graphique, le signal $s(t)$, somme des signaux $s_1(t) = 4\cos(2\pi t)$ et $s_2(t) = 3\cos(2\pi t + \varphi)$ de même fréquence $f = 1$ Hz, pour différentes valeurs de φ. On observe que $s(t)$ est un signal sinusoïdal de fréquence 1 Hz, dont l'amplitude et la phase initiale dépendent de φ.

En particulier, on peut voir sur la figure 12.1, page suivante, que :

- pour $\varphi = 0$ l'amplitude est $4 + 3 = 7$;
- pour $\varphi = \pi/2$ l'amplitude est proche de 5 ;
- pour $\varphi = \pi$ l'amplitude est $4 - 3 = 1$;
- pour $\varphi = 3\pi/2$ l'amplitude est proche de 5.

De plus, si l'on change le deuxième signal en $s_2(t) = 4\cos(2\pi t + \varphi)$, signal de même amplitude que $s_1(t)$, on obtient, pour $\varphi = \pi$, un signal résultant $s(t)$ nul.

1.2 Amplitude de la somme de deux signaux sinusoïdaux

a) Cas où les deux signaux ont la même amplitude

Soient deux signaux sinusoïdaux : $s_1(t) = A_0\cos(\omega t + \varphi_1)$ et $s_2(t) = A_0\cos(\omega t + \varphi_2)$ de même fréquence et de même amplitude A_0 . Quelle est l'amplitude du signal $s(t) = s_1(t) + s_2(t)$?

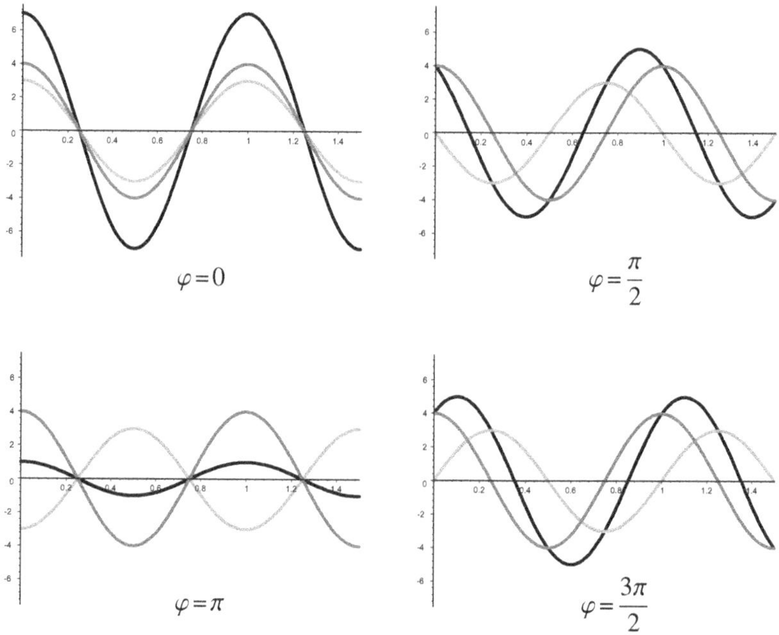

Figure 12.1 – Signaux $s_1(t)$ (en gris foncé), $s_2(t)$ (en gris clair) et $s_1(t) + s_2(t)$ (en noir) pour différentes valeurs de φ.

On peut écrire :

$$\begin{aligned} s(t) &= s_1(t) + s_2(t) \\ &= A_0 \cos(\omega t + \varphi_1) + A_0 \cos(\omega t + \varphi_2) \\ &= 2A_0 \cos\left(\frac{\varphi_1 - \varphi_2}{2}\right) \cos\left(\omega t + \frac{\varphi_1 + \varphi_2}{2}\right), \end{aligned}$$

en utilisant la formule de trigonométrie $\cos(p) + \cos(q) = 2 \cos \frac{p+q}{2} \cos \frac{p-q}{2}$. Ainsi, s est un signal sinusoïdal de même fréquence que s_1 et s_2 et d'amplitude :

$$A = 2A_0 \left|\cos\left(\frac{\varphi_1 - \varphi_2}{2}\right)\right|. \tag{12.1}$$

Cette amplitude varie entre 0, lorsque et $2A_0$. Elle *n*'est *pas* égale à la somme des amplitudes des signaux s_1 et s_2.

b) Cas où les deux signaux ont des amplitudes différentes

Soient deux signaux sinusoïdaux : $s_1(t) = A_1 \cos(\omega t + \varphi_1)$ et $s_2(t) = A_2 \cos(\omega t + \varphi_2)$ de même fréquence. Quelle est l'amplitude du signal $s(t) = s_1(t) + s_2(t)$?

On peut écrire :

$$\begin{aligned} s(t) &= s_1(t) + s_2(t) \\ &= A_1 \cos(\omega t + \varphi_1) + A_2 \cos(\omega t + \varphi_2) \\ &= (A_1 \cos\varphi_1 \cos(\omega t) - A_1 \sin\varphi_1 \sin(\omega t)) + (A_2 \cos\varphi_2 \cos(\omega t) - A_2 \sin\varphi_2 \sin(\omega t)) \\ &= \left(A_1 \cos\varphi_1 + A_2 \cos\varphi_2\right) \cos(\omega t) - \left(A_1 \sin\varphi_1 + A_2 \sin\varphi_2\right) \sin(\omega t), \end{aligned}$$

en utilisant la formule de trigonométrie $\cos(\alpha + \beta) = \cos\alpha\cos\beta - \sin\alpha\sin\beta$. Ce signal est donc de la forme :

$$\begin{aligned} s(t) &= \mathcal{A}\cos(\omega t) + \mathcal{B}\sin(\omega t) \\ &= \sqrt{\mathcal{A}^2 + \mathcal{B}^2}\left(\frac{\mathcal{A}}{\sqrt{\mathcal{A}^2 + \mathcal{B}^2}}\cos(\omega t) + \frac{\mathcal{B}}{\sqrt{\mathcal{A}^2 + \mathcal{B}^2}}\sin(\omega t)\right) \\ &= \sqrt{\mathcal{A}^2 + \mathcal{B}^2}\cos(\omega t + \varphi), \end{aligned}$$

où φ est l'angle tel que : $\cos\varphi = \dfrac{\mathcal{A}}{\sqrt{\mathcal{A}^2 + \mathcal{B}^2}}$ et $\sin\varphi = -\dfrac{\mathcal{B}}{\sqrt{\mathcal{A}^2 + \mathcal{B}^2}}$.

C'est un signal sinusoïdal de même fréquence que s_1 et s_2 et d'amplitude :

$$\begin{aligned} A &= \sqrt{\mathcal{A}^2 + \mathcal{B}^2} \\ &= \sqrt{(A_1\cos\varphi_1 + A_2\cos\varphi_2)^2 + (A_1\sin\varphi_1 + A_2\sin\varphi_2)^2} \\ &= \sqrt{A_1^2 + A_2^2 + 2A_1A_2(\cos\varphi_1\cos\varphi_2 + \sin\varphi_1\sin\varphi_2)} \\ &= \sqrt{A_1^2 + A_2^2 + 2A_1A_2\cos(\varphi_1 - \varphi_2)}, \end{aligned}$$

où on a utilisé la formule $\cos^2\alpha + \sin^2\alpha = 1$, ainsi que la même formule de trigonométrie que plus haut.

Le signal résultant de la superposition de deux signaux sinusoïdaux de même fréquence, d'amplitudes A_1 et A_2 et de phases initiales φ_1 et φ_2 est un signal sinusoïdal de même fréquence et d'amplitude donnée par la **formule des interférences** :

$$A = \sqrt{A_1^2 + A_2^2 + 2A_1A_2\cos(\varphi_1 - \varphi_2)}. \quad (12.2)$$

Cette amplitude n'est pas égale à la somme des amplitudes des deux signaux.

Dans le cas où $A_1 = A_2 = A_0$ la formule (12.2) devient : $A = 2A_0\sqrt{\dfrac{1 + \cos(\varphi_1 - \varphi_2)}{2}}$ qui n'est autre que la formule (12.1) à cause de la formule de trigonométrie $1 + \cos\alpha = 2\cos^2\left(\dfrac{\alpha}{2}\right)$.

1.3 Influence du déphasage

a) Définition du déphasage

L'amplitude A de l'onde résultante dépend du **déphasage** entre les deux signaux :

$$\Delta\varphi = \varphi_1 - \varphi_2.$$

Remarque

$\Delta\varphi$ défini ci-dessus est le déphasage du signal s_1 par rapport au signal s_2. On aurait pu aussi choisir le déphasage de s_2 par rapport à s_1, qui est l'opposé.

b) Interférence constructive

L'amplitude résultante A est **maximale**, d'après la formule (12.2), lorsque :

$$\cos(\varphi_1 - \varphi_2) = \cos(\Delta\varphi) = 1.$$

On dit alors que les signaux ont une **interférence constructive**. C'est le cas si :

$$\Delta\varphi = 2m \times \pi \quad \text{avec} \quad m \in \mathbb{Z}. \tag{12.3}$$

La valeur maximale de A est :

$$A_{\max} = \sqrt{A_1^2 + A_2^2 + 2A_1A_2} = \sqrt{(A_1 + A_2)^2} \quad \text{soit} \quad \boxed{A_{\max} = A_1 + A_2}.$$

Ce résultat s'observe sur la figure 12.1 lorsque les deux sinusoïdes sont en phase.

c) Interférence destructive

L'amplitude résultante est **minimale**, d'après la formule (12.2), lorsque :

$$\cos(\varphi_1 - \varphi_2) = \cos(\Delta\varphi) = -1.$$

On dit alors que les signaux ont une **interférence destructive**. C'est le cas lorsque :

$$\Delta\varphi = (2m + 1) \times \pi \quad \text{avec} \quad m \in \mathbb{Z}. \tag{12.4}$$

La valeur minimale de A est :

$$A_{\min} = \sqrt{A_1^2 + A_2^2 - 2A_1A_2} = \sqrt{(A_1 - A_2)^2} \quad \text{soit} \quad \boxed{A_{\min} = |A_1 - A_2|}.$$

Ce résultat s'observe sur la figure 12.1 lorsque les deux sinusoïdes sont en opposition de phase.

2 Interférence entre deux ondes acoustiques ou mécaniques de même fréquence

2.1 Phénomène d'interférence

Lorsque deux ondes de même nature, sinusoïdales et de même fréquence se propagent dans une zone de l'espace, elles s'additionnent en tout point. L'amplitude résultante dépend, comme on vient de le voir du déphasage entre les deux ondes. Or ce déphasage varie d'un point à un autre. L'onde résultante a alors une amplitude modulée dans l'espace. C'est le **phénomène d'interférences**.

Dans le cas d'ondes acoustiques ou mécaniques on sait mesurer l'amplitude en différents points de l'espace.

2.2 Observation expérimentale

Expérience

On branche deux émetteurs d'ultrasons E_1 et E_2 sur *le même* générateur de signaux de fréquence $f = 44$ Hz. Les deux émetteurs sont à distance de $a = 9$ cm l'un de l'autre. On place un récepteur d'ultrasons R face à E_1 et E_2 à une distance $D = 50$ cm d'eux. Le signal délivré par R est envoyé sur un oscilloscope et un voltmètre numérique. Lorsqu'on déplace R parallèlement à la droite reliant les deux émetteurs, l'amplitude du signal sinusoïdal observé sur l'oscilloscope varie, de même que l'indication du multimètre qui est égale à sa valeur efficace V_{eff}.

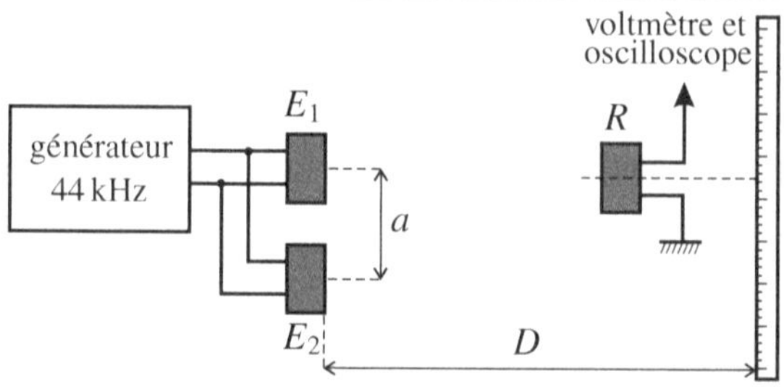

Figure 12.2 – Expérience pour l'observation des interférences d'ondes ultrasonores.

Sur la figure 12.3 on voit les valeurs de V_{eff} en fonction de la position x du récepteur mesurée le long d'une règle (points gris). Pour $x = x_0 = 22\,\text{cm}$ le récepteur R est à égale distance de E_1 et E_2.

On observe une variation alternée de l'amplitude du signal qui est caractéristique du phénomène d'interférences.

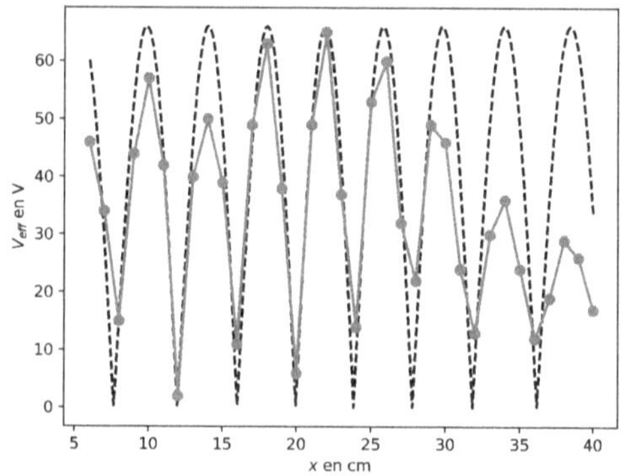

Figure 12.3 – Valeur efficace en fonction de la position du récepteur R (points gris). En pointillé noir la courbe théorique donnée par la modélisation du paragraphe suivant.

2.3 Étude théorique

Dans ce paragraphe on considère que deux sources ponctuelles E_1 et E_2 émettent des ondes sinusoïdales $s_1(M,t)$ et $s_2(M,t)$ de même période T et de même amplitude A_0, avec des phases initiales *a priori* différentes φ_{01} et φ_{02} :

$$s_1(E_1,t) = A_0 \cos\left(2\pi\frac{t}{T} + \varphi_{01}\right) \quad \text{et} \quad s_2(E_2,t) = A_0 \cos\left(2\pi\frac{t}{T} + \varphi_{02}\right).$$

Pour simplifier on néglige l'affaiblissement de l'onde due à l'éloignement par rapport à la source : l'amplitude des ondes s_1 et s_2 est supposée égale à A_0 en tout point. En un point M on retrouve alors les mêmes signaux, retardés des délais de propagation correspondant aux distances $d_1 = E_1M$ et $d_2 = E_2M$ avec la célérité c :

$$s_1(M,t) = A_0 \cos\left(\frac{2\pi}{T}\left(t - \frac{d_1}{c}\right) + \varphi_{01}\right) \quad \text{et} \quad s_2(M,t) = A_0 \cos\left(\frac{2\pi}{T}\left(t - \frac{d_2}{c}\right) + \varphi_{02}\right).$$

soit, en posant $\lambda = cT$:

$$s_1(M,t) = A_0 \cos\left(2\pi\left(\frac{t}{T} - \frac{d_1}{\lambda}\right) + \varphi_{01}\right) \quad \text{et} \quad s_2(M,t) = A_0 \cos\left(2\pi\left(\frac{t}{T} - \frac{d_2}{\lambda}\right) + \varphi_{02}\right).$$

Les phases initiales de ces signaux sont respectivement :

$$\varphi_1 = \varphi_{01} - \frac{2\pi d_1}{\lambda} \quad \text{et} \quad \varphi_2 = \varphi_{02} - \frac{2\pi d_2}{\lambda}.$$

Ainsi le déphasage des deux ondes se superposant en M est :

$$\Delta\varphi = \varphi_1 - \varphi_2 = \varphi_{01} - \varphi_{02} + 2\pi\frac{d_2 - d_1}{\lambda},$$

et l'amplitude en ce point est, d'après (12.1) :

$$A = 2A_0 \left|\cos\left(\frac{\varphi_{01} - \varphi_{02}}{2} + \frac{\pi}{\lambda}(d_2 - d_1)\right)\right|. \qquad (12.5)$$

2.4 Application à l'expérience

On peut appliquer ce modèle à l'expérience précédente, avec $\varphi_{01} = \varphi_{02}$ puisque les deux émetteurs sont reliés au même générateur.

Les distances d_1 et d_2 s'expriment en fonction de x (paramètre variable) et x_0, d et a (paramètres connus) par application du théorème de Pythagore :

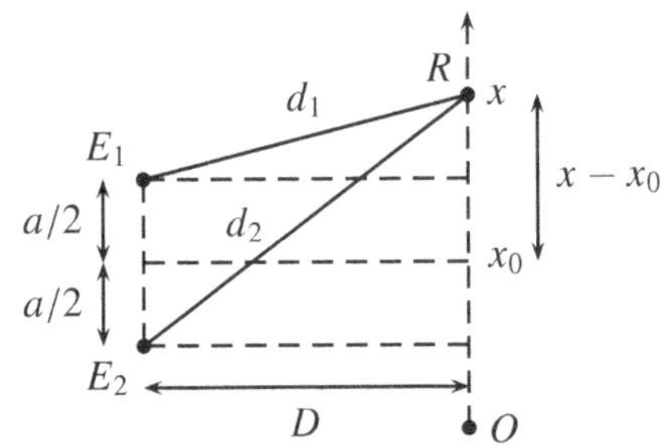

$$d_1 = \sqrt{D^2 + \left(x - x_0 - \frac{a}{2}\right)^2}$$

et

$$d_2 = \sqrt{D^2 + \left(x - x_0 + \frac{a}{2}\right)^2}.$$

Enfin, la tension mesurée V, proportionnelle à l'amplitude A, s'écrit d'après (12.5) :

$$V = 2V_0 \left|\cos\left(\frac{\pi}{\lambda}(d_2 - d_1)\right)\right|,$$

soit :

$$V = 2V_0 \left|\cos\left(\frac{\pi}{\lambda}\left(\sqrt{D^2 + \left(x - x_0 + \frac{a}{2}\right)^2} - \sqrt{D^2 + \left(x - x_0 - \frac{a}{2}\right)^2}\right)\right)\right|,$$

où la valeur de V_0 n'est pas connue et doit être ajustée aux résultats expérimentaux.

Avec $V_0 = 33$ V on obtient la courbe en pointillé noir de la figure 12.3. La théorie explique les variations alternées de l'amplitude : lorsque x varie l'interférence est alternativement constructive et destructive.

3 Interférences lumineuses avec les trous d'Young

3.1 Particularité d'une expérience d'interférences lumineuses

L'observation d'interférences lumineuses demande une condition particulière : il faut utiliser une *unique* source lumineuse (on ne peut pas observer d'interférences entre des ondes issues de deux sources indépendantes). Le dispositif expérimental doit donc produire à partir d'une seule source, *deux* ondes se superposant dans une zone de l'espace. Ces ondes issues d'une même source sont qualifiées de **cohérentes**.

3.2 Intensité lumineuse

Une autre particularité est liée au récepteur de l'onde lumineuse (œil ou photorécepteur électronique). La période $T = \frac{\lambda}{c}$ d'une onde lumineuse avec $c = 3{,}00.10^8$ m.s^{-1} (vitesse de la lumière) et $\lambda = 0{,}6.10^{-7}$ m (valeur moyenne du spectre visible) est de l'ordre de $\frac{6.10^{-7}}{3.10^8} = 2.10^{-15}$ s. Ce temps est extrêmement petit par rapport au temps de réponse du récepteur (0,1 s pour l'œil, 1.10^{-6} s pour un récepteur électronique), donc le récepteur ne suit pas les variations temporelles de l'onde lumineuse.

Il est sensible à l'**intensité lumineuse** qui est proportionnelle au carré de la grandeur $s(M,t)$ propagée par l'onde (le champ électrique) :

$$I(M) = K\langle s^2(M,t)\rangle, \tag{12.6}$$

où K est une constante que l'on ne précise habituellement pas (l'intensité lumineuse est alors définie à une constante multiplicative près).

Dans le cas d'une onde monochromatique $s(M,t) = A(M)\cos(\omega t + \varphi(M))$, l'intensité lumineuse est :

$$I(M) = KA^2(M)\left\langle \cos^2(\omega t + \varphi(M))\right\rangle = \frac{1}{2}KA^2(M),$$

puisque la moyenne temporelle de $\cos^2(\omega t + \varphi)$ est égale à $\frac{1}{2}$ (*cf.* le calcul de la valeur efficace en électrocinétique).

L'intensité lumineuse d'une onde monochromatique est proportionnelle au carré de son amplitude.

3.3 Formule de Fresnel

Quelle est l'intensité observée à l'œil ou mesurée par un photorécepteur lorsque deux ondes cohérentes monochromatique de même fréquence se superposent ?

On *admet* la validité de la formule (12.2) reliant l'amplitude A de l'onde résultante aux amplitudes A_1 et A_2 des deux ondes qui interfèrent. Cette formule, élevée au carré, s'écrit :

$$A^2 = A_1^2 + A_2^2 + 2A_1A_2\cos(\Delta\varphi),$$

où $\Delta\varphi$ est le déphasage entre les deux ondes (dans un sens ou dans l'autre, cela n'a pas d'importance). En multipliant par $\frac{1}{2}K$ on obtient la **formule de Fresnel** :

$$\boxed{I = I_1 + I_2 + 2\sqrt{I_1 I_2}\cos(\Delta\varphi),} \tag{12.7}$$

reliant l'intensité I de l'onde résultante aux intensités I_1 et I_2 des deux ondes qui interfèrent et à leur déphasage $\Delta\varphi$.

La formule de Fresnel n'est pas à retenir : elle sera fournie si elle est nécessaire.

Dans le cas particulier où les deux ondes qui interfèrent ont même intensité, soit $I_1 = I_2 = I_0$, la formule de Fresnel prend la forme simplifiée :

$$\boxed{I = 2I_0\left(1 + \cos(\Delta\varphi)\right).} \tag{12.8}$$

3.4 Les trous d'Young

a) Dispositif

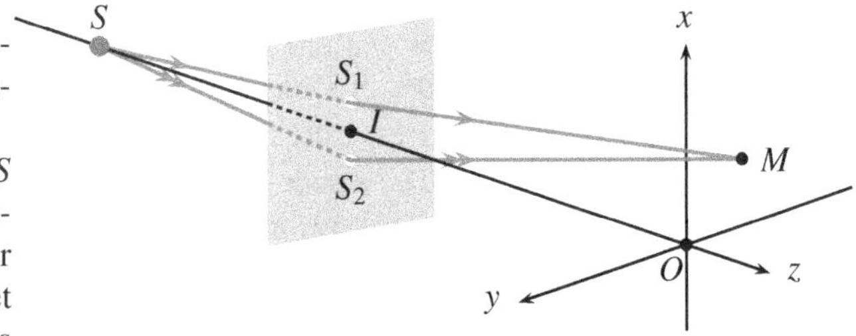

Figure 12.4 – Schéma de principe de l'expérience des trous d'Young.

Le dispositif de l'expérience représenté sur la figure 12.4 comporte :

- une source ponctuelle S monochromatique émettant une onde de longueur d'onde λ_0 dans le vide et de longueur d'onde dans le milieu d'indice n dans lequel le dispositif est plongé $\lambda = \frac{\lambda_0}{n}$;
- un écran opaque percé de deux trous S_1 et S_2 identiques de diamètre très petit (de l'ordre de 0,1 mm) dont la distance $a = S_1S_2$ est de l'ordre du millimètre ;
- un écran de projection (plan (Oxy)) parallèle à S_1S_2 placé à distance D des trous ; D est de l'ordre du mètre.

Sur la figure 12.4, le repère est tel que le plan de l'écran est le plan (Oxy), l'axe (Ox) est parallèle à S_1S_2 et le milieu I de S_1S_2 est sur l'axe (Oz). S est sur l'axe (Oz) donc à égale distance de S_1 et S_2. On a : $IO = D$, $IS_1 = IS_2 = a/2$.

La lumière émise par S arrive en un point M de l'écran en passant soit par le trou S_1, soit par le trou S_2. Ceci nécessite une déviation de la lumière au niveau de chaque trou rendue possible par le phénomène de **diffraction** provoqué par la très petite taille des trous. Ainsi,les trous d'Young se comportent comme des sources ponctuelles appelées **sources secondaires**.

Remarque

Les distances SS_1 et SS_2 étant égales, les sources secondaires sont en phase. Les deux trous étant identiques, ces deux sources émettent la même intensité.

b) Différence de chemin optique

On appelle **différence de chemin optique** la différence entre les longueurs totales des deux trajets suivis par la lumière entre S et M, $SS_1 + S_1M$ et $SS_2 + S_2M$, multipliées par l'indice n du milieu traversé, soit :

$$\delta(M) = n(SS_2 + S_2M) - n(SS_1 + S_1M).$$

Étant donné que $SS_1 = SS_2$ on peut simplifier cette expression : $\delta(M) = n(S_2M - S_1M)$.

On va établir une expression de $\delta(M)$. Pour simplifier les calculs on utilisera le fait que $a \ll D$ et on supposera de plus que les coordonnées x et y de M sont aussi $\ll D$ (ceci devra être vérifié en fin de calcul).

Dans le repère $(Oxyz)$, $M = (x,y,0)$, $S_1 = (\frac{a}{2},0,-D)$ et $S_2 = (-\frac{a}{2},0,-D)$. Ainsi :

$$S_1M = \sqrt{\left(x - \frac{a}{2}\right)^2 + y^2 + D^2} = D\sqrt{1 + \frac{\left(x - \frac{a}{2}\right)^2 + y^2}{D^2}}.$$

Le terme ajouté à 1 sous la racine est très inférieur à un, ce qui permet d'utiliser l'approximation $\sqrt{1+\varepsilon} \simeq 1 + \frac{1}{2}\varepsilon$, valable pour $\varepsilon \ll 1$ au premier ordre en ε. On obtient alors :

$$S_1M \simeq D + \frac{\left(x - \frac{a}{2}\right)^2 + y^2}{2D}.$$

De façon analogue analogue pour S_2M (il suffit de changer a en $-a$) :

$$S_2M \simeq D + \frac{\left(x + \frac{a}{2}\right)^2 + y^2}{2D}.$$

En utilisant ces expressions approchées on obtient :

$$S_2M - S_1M \simeq \frac{1}{2D}\left(\left(x + \frac{a}{2}\right)^2 - \left(x - \frac{a}{2}\right)^2\right) = \frac{ax}{D} \quad \text{donc} \quad \boxed{\delta(M) \simeq \frac{nax}{D}.} \qquad (12.9)$$

c) Relation entre la différence de chemin optique et le déphasage

Soient $s_1(M,t)$ et $s_2(M,t)$ les vibrations lumineuses des deux ondes parvenant en M en passant par S_1 et S_2 respectivement. Ces vibrations reproduisent la vibration $A\cos(\omega t)$ émise par S, de pulsation $\omega = \frac{2\pi c}{\lambda_0}$, avec des retards égaux aux délais de propagation τ_1 et τ_2 entre S et M pour ces trajets :

$$s_1(M,t) = A\cos(\omega(t - \tau_1)) \quad \text{et} \quad s_2(M,t) = A\cos(\omega(t - \tau_2)).$$

Les phases initiales des deux vibrations parvenant en M sont donc :

$$\varphi_1 = -\omega\tau_1 \quad \text{et} \quad \varphi_2 = -\omega\tau_2,$$

et le déphasage de ces deux ondes est :

$$\Delta\varphi = \varphi_1 - \varphi_2 = \omega(\tau_2 - \tau_1).$$

Par ailleurs, entre S et M l'onde se propage à la vitesse $\frac{c}{n}$ donc, pour $i = 1$ ou 2 :

$$\tau_i = \frac{SS_i + S_iM}{c/n} = \frac{n}{c}(SS_i + S_iM) \quad \text{donc} \quad \tau_2 - \tau_1 = \frac{\delta(M)}{c}.$$

Finalement :

$$\boxed{\Delta\varphi = \frac{\omega}{c}\delta(M) = \frac{2\pi}{\lambda_0}\delta(M).} \qquad (12.10)$$

d) Condition d'interférence constructive ou destructive

On peut maintenant établir les conditions d'interférences constructive et destructive en fonction de la différence de chemin optique $\delta(M)$:

> L'interférence lumineuse est **constructive** si et seulement :
>
> $$\Delta\varphi(M) = 2m \times \pi \quad \Leftrightarrow \quad \delta(M) = m \times \lambda_0,$$
>
> où m est un entier relatif et λ_0 la longueur d'onde dans le vide.
>
> L'interférence lumineuse est **destructive** si et seulement :
>
> $$\Delta\varphi(M) = (2m+1) \times \pi \quad \Leftrightarrow \quad \delta(M) = \left(m + \frac{1}{2}\right) \times \lambda_0.$$

e) Franges brillantes et franges sombres, interfrange

Frange brillante On appelle **frange brillante d'ordre** m le lieu des points M sur l'écran tel que $\delta(M) = m\lambda_0$. D'après l'expression (12.9), cette frange est l'ensemble des points tels que :

$$\frac{nax}{D} = m\lambda_0 \quad \Leftrightarrow \quad x = x_m = m\frac{\lambda_0 D}{na}.$$

Il s'agit d'une droite d'équation x = cste, c'est-à-dire une droite perpendiculaire à l'axe (Ox) (soit perpendiculaire à S_1S_2). Sur une frange brillante l'intensité est maximale.

Interfrange Les franges brillantes sont des droites parallèles et de plus elles sont équidistantes car $x_{m+1} - x_m = \frac{\lambda_0 D}{na}$ a une valeur constante. Cette valeur est l'**interfrange** i.

> La figure d'interférence produite par les trous d'Young S_1 et S_2 est formée de franges rectilignes, perpendiculaires à S_1S_2 et régulièrement espacées de l'**interfrange** :
>
> $$i = \frac{\lambda_0 D}{na} = \frac{\lambda D}{a}. \qquad (12.11)$$

Quel est l'ordre de grandeur de l'interfrange ? Avec $\lambda_0 = 532$ nm, $D = 2{,}5$ m et $a = 1{,}5$ mm on trouve $i = 0{,}87$ mm. Cette valeur très faible devant D, ce qui justifie *a posteriori* l'hypothèse $x \ll D$ qui a été faite au moment du calcul de la différence de chemin optique.

Frange sombre On appelle **frange sombre d'ordre** $m + \dfrac{1}{2}$ le lieu des points M sur l'écran tel que $\delta(M) = \left(m + \frac{1}{2}\right)\lambda_0$. Sur une frange sombre l'intensité est minimale.

f) Expression de l'intensité en fonction de x

En introduisant l'expression (12.10) du déphasage dans la formule de Fresnel (12.8) on obtient :

$$I = 2I_0\left(1 + \cos\left(2\pi\frac{\delta}{\lambda_0}\right)\right),$$

soit en remplaçant δ par son expression (12.9) :

$$I = 2I_0\left(1 + \cos\left(2\pi\frac{nax}{\lambda_0 D}\right)\right),$$

soit enfin, en utilisant l'expression (12.11) de l'interfrange :

$$I = 2I_0\left(1 + \cos\left(2\pi\frac{x}{i}\right)\right).$$

L'intensité $I(x)$ est une fonction périodique de x, de période i.

g) Expérimentation

L'expérience des trous d'Young est facile à réaliser avec un faisceau laser. On envoie directement le faisceau sur une diapositive comportant deux points blancs sur fond noir (les trous) et on observe la figure (peu lumineuse) sur un écran. Celle-ci peut également être enregistrée avec un capteur CCD d'appareil photographique numérique que l'on met à la place de l'écran. Il faut prendre garde à ne pas saturer le capteur, ce qui peut nécessiter l'utilisation d'un filtre absorbant adapté pour réduire la puissance du laser.

La figure 12.5 montre une photographie du phénomène d'interférences obtenue avec un faisceau laser de longueur d'onde $\lambda_0 = 532\,\text{nm}$, donc de couleur verte. Les franges brillantes sont les droites horizontales situées au milieu des bandes claires.

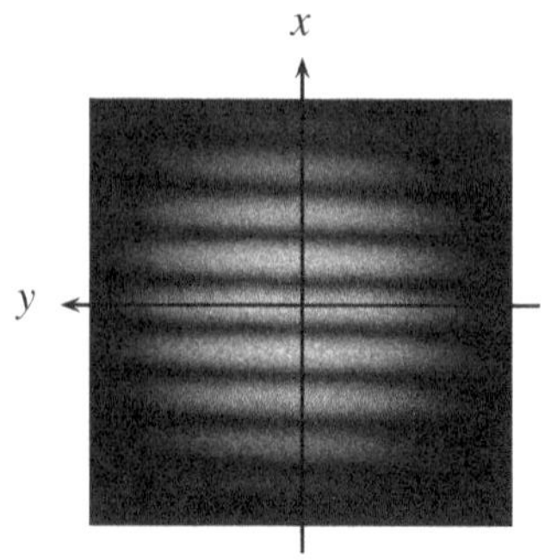

Figure 12.5 – Franges d'interférences avec des trous d'Young éclairés par un laser.

Il est possible, avec un programme Python, d'extraire la courbe de l'intensité lumineuse en fonction de la coordonnée x. L'image en format jpg est en effet un tableau de pixels formés de trois entiers compris entre 0 et 255, qui codent la couleur et la luminosité du pixel dans le système rgb. Ces valeurs sont proportionnelles à l'intensité lumineuse ; le laser étant vert, il est judicieux de relever la deuxième valeur du pixel (composante g pour *green*).

Dans la suite on assimile l'intensité lumineuse (définie à une constante multiplicative près) à cette valeur comprise entre 0 et 255. On trace ensuite la courbe donnant cette intensité en fonction du numéro du pixel ; cette courbe est en noir sur la figure 12.6. On observe des oscillations correspondant aux franges d'interférences. La courbe est assez fortement bruitée en raison du phénomène de granularité laser appelé aussi *speckle*.

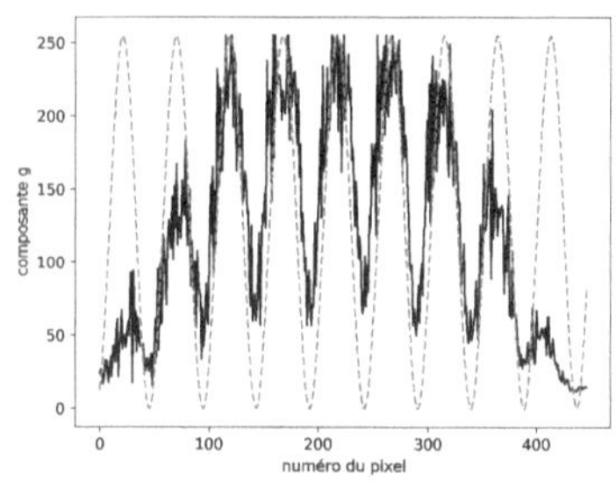

Figure 12.6 – Profil d'intensité lumineuse le long de l'axe (Ox). En pointillé, la courbe théorique.

Il est intéressant de comparer cette courbe à l'expression théorique du paragraphe f) page 322. L'abscisse correspondant au pixel numéro i est $x = \ell \times (i - i_0)$ où ℓ est la largeur d'un pixel et i_0 le numéro du pixel central. On a donc une modélisation théorique de la forme :

$$I = \frac{1}{2} \times 255 \times \left(1 + \cos\left(2\pi \frac{i - i_0}{p_i}\right)\right),$$

où $4I_0 = 255$ est la valeur maximale de l'intensité mesurée et $p_i = \dfrac{i}{\ell}$ l'interfrange mesurée en pixels. Cette courbe est tracée en pointillé sur la figure 12.6. On observe que les franges sont bien équidistantes comme prévu par la théorie, mais que l'intensité lumineuse n'est pas nulle sur les franges sombres.

MÉTHODOLOGIE

De quoi dépend l'état d'interférence (constructive ou destructive) en un point M où parviennent deux ondes ?

▷ *L'état d'interférence dépend du déphasage $\Delta\varphi(M)$ entre les deux ondes en ce point.*

Comment déterminer le déphasage $\Delta\varphi(M)$ entre les deux ondes ?

▷ *On dispose de la formule « toute prête »* (12.10). *Noter que la différence de chemin optique $\delta(M)$ tient compte du chemin parcouru depuis la source principale S.*

Dans le cas d'un autre type d'onde, il faut reprendre la méthode menant à (12.10). *On a besoin de connaître les phases initiales φ_{01} et φ_{02} des deux ondes au niveau de leurs sources respectives S_1 et S_2. On en déduit les phases initiales des deux ondes en M :*

$$\varphi_1 = \varphi_{01} - \omega\tau_1 \quad \textit{et} \quad \varphi_2 = \varphi_{02} - \omega\tau_2,$$

où τ_1 et τ_2 sont les délais de propagations entre S_1 et M et entre S_2 et M respectivement. Ainsi, le déphasage des deux ondes en M est :

$$\Delta\varphi(M) = \varphi_1 - \varphi_2 = \overbrace{\varphi_{01} - \varphi_{02}}^{\textit{déphasage des sources}} + \underbrace{\omega(\tau_2 - \tau_1)}_{\textit{déphasage dû à la propagation entre les sources et M}},$$

Si les ondes se propagent en ligne droite entre les sources et M, avec la célérité c, $\tau_1 = S_1M/c$ et $\tau_2 = S_2M/c$. On obtient ainsi la formule analogue à (12.10) *:*

$$\Delta\varphi(M) = \varphi_{01} - \varphi_{02} + \frac{\omega}{c}(S_2M - S_1M) = \varphi_{01} - \varphi_{02} + \frac{2\pi}{\lambda}(S_2M - S_1M).$$

Comment démontre-t-on l'expression de l'amplitude de l'onde résultant de la superposition de deux ondes de même fréquence ?

▷ *Dans le cas où les deux ondes ont la même amplitude le résultat s'obtient rapidement en transformant la somme de cosinus en produit de cosinus :* $\cos p + \cos q = 2\cos\frac{1}{2}(p+q)\cos\frac{1}{2}(p-q)$.

Dans le cas où les amplitudes sont différentes, il faut développer les deux ondes en utilisant la formule du cosinus d'une somme : $\cos(\omega t + \varphi) = \cos\varphi\cos(\omega t) - \sin\varphi\cos(\omega t)$, *puis rassembler les termes. On utilise ensuite le fait que l'amplitude du signal* $\mathcal{A}\cos(\omega t) + \mathcal{B}\sin(\omega t)$ *est* $\sqrt{\mathcal{A}^2 + \mathcal{B}^2}$.

Quelle différence y a-t-il entre les interférences d'onde sonore ou mécanique et les interférences lumineuses ?

▷ *Il s'agit du même phénomène. La différence est que dans le cas des ondes mécaniques on mesure une grandeur proportionnelle à l'amplitude de l'onde et dans le cas de l'onde lumineuse une grandeur proportionnelle au carré de cette amplitude. C'est de là que provient la différence d'allure des courbes d'interférence. De plus c'est seulement en optique que l'on est obligé utiliser une unique source dédoublée.*

PROGRAMME OFFICIEL ET SOMMAIRE DES EXERCICES

NOTIONS ET CONTENUS	CAPACITÉS EXIGIBLES
Phénomène d'interférences Interférences entre deux ondes acoustiques ou mécaniques de même fréquence.	Exprimer les conditions d'interférences constructives ou destructives. ▶ 12.C1 12.C5 12.C6 ▷ 12.1 12.4 12.5 12.7 Déterminer l'amplitude de l'onde résultante en un point en fonction du déphasage. ▶ 12.C2 12.C3 ▷ 12.6 12.8 TP : mettre en œuvre un dispositif expérimental pour visualiser et caractériser le phénomène d'interférences de deux ondes.
Interférences entre deux ondes lumineuses de même fréquence. Exemple du dispositif des trous d'Young éclairé par une source monochromatique. Différence de chemin optique. Conditions d'interférences constructives ou destructives. Formule de Fresnel.	Relier le déphasage entre les deux ondes à la différence de chemin optique. ▶ 12.C1 12.C6 Établir l'expression littérale de la différence de chemin optique entre les deux ondes. ▶ 12.C7 Exploiter la formule de Fresnel fournie pour décrire la répartition d'intensité lumineuse. ▶ 12.C2 12.C3 12.C4 ▶ 12.C8 12.C9 12.C10 ▷ 12.2 12.3 TP : mettre en œuvre le dispositif expérimental des trous d'Young avec une acquisition numérique d'image.

EXERCICES ★ (LE COURS)

12.C1 Interférences totalement destructives Quelles sont les conditions pour que l'amplitude de l'onde résultant de la superposition de deux ondes de même fréquence soit nulle ?

12.C2 Interférences de deux ondes sonores d'égale amplitude Deux ondes sonores de même amplitude A_0 interfèrent. Quelle est la valeur maximale de l'amplitude ?

12.C3 Interférences de deux ondes lumineuses d'égale intensité Deux ondes lumineuses de même intensité I_0 interfèrent. Quelle est la valeur maximale de l'intensité ?

12.C4 Formule de Fresnel, lien entre différence de marche optique et déphasage Deux ondes lumineuses de même intensité I_0 interfèrent. Pour quelle valeur du déphasage l'intensité est-elle égale à I_0 ? Quelle est alors la différence de chemin optique ?

12.C5 Franges brillantes Quels sont les ordres des franges brillantes visibles sur la figure 12.5 page 323 ?

12.C6 Conditions d'interférences constructive et destructive Un dispositif de trous d'Young est tel que la différence de marche varie entre -3 µm et 3 µm sur la zone éclairée de l'écran (zone appelée champ d'interférence). La longueur d'onde utilisée est $\lambda_0 = 532$ nm. Combien y a-t-il de franges brillantes ? de franges sombres ?

12.C7 Expression de la différence de chemin optique Retrouver l'expression de la différence de chemin optique $\delta = \dfrac{nax}{D}$.

12.C8 Expression de l'interfrange Partant de $\delta = \dfrac{nax}{D}$, retrouver l'expression de l'interfrange.

12.C9 Interfrange Comment doit-on déplacer l'écran (ou le capteur CCD) si l'on trouve que les franges sont trop serrées ?

12.C10 Expérience des trous d'Young Le document de la figure 12.5 page 323 est un détail d'une photographie numérique prise avec un capteur CCD rectangulaire de cotés 3,3 mm et 4,4 mm, comportant $7{,}4.10^6$ pixels carrés. Quelle est la valeur du côté ℓ d'un pixel ?

En déduire en utilisant la figure 12.6 une valeur de l'interfrange i.

En déduire la valeur de D dans cette expérience sachant que $\lambda_0 = 532$ nm et $a = 1{,}5$ mm (prendre l'indice de l'air égal à 1).

EXERCICES ★★

12.1 Mesure de la vitesse du son

Le trombone de Koenig est un dispositif de laboratoire permettant de faire interférer deux ondes sonores ayant suivi des chemins différents. Le haut-parleur, alimenté par un générateur de basses fréquences, émet un son de fréquence $f = 1500$ Hz. On mesure le signal à la sortie avec un microphone branché sur un oscilloscope. En déplaçant la partie mobile T_2 on fait varier l'amplitude du signal observé. Elle passe deux fois de suite par une valeur minimale lorsqu'on déplace T_2 de $d = 11{,}5\,\text{cm} \pm 2\,\text{mm}$. Déterminer la valeur de la célérité du son dans l'air à 20 °C, température de l'expérience.

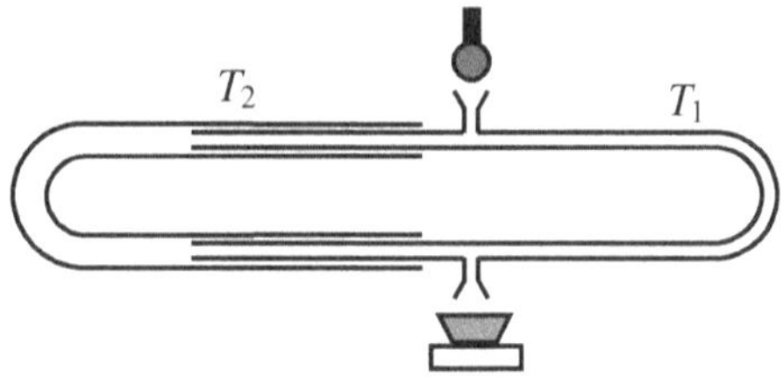

12.2 Expérience des trous d'Young (1)

On étudie le dispositif des trous d'Young. Deux trous, séparés d'une distance $a = 0{,}10$ mm, sont éclairés par une lumière de longueur d'onde dans le vide $\lambda = 450$ nm. Un écran est situé à une distance $D = 20$ cm, où l'on étudie l'intensité lumineuse au point $M\,(x,y)$. L'ensemble est dans l'air, assimilé à du vide.

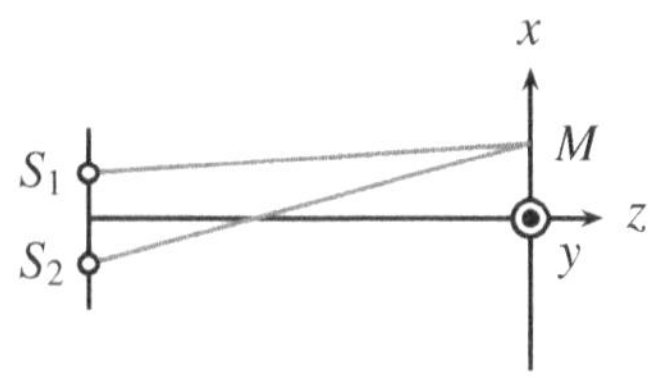

1) Rappeler l'expression de la différence de chemin optique entre les deux trous de M.

2) En utilisant la formule de Fresnel 12.8, p. 319, exprimer l'éclairement $\mathcal{I}(x)$ sur l'écran.

3) Préciser l'expression de l'interfrange i, c'est-à-dire la distance sur l'écran entre deux interférences constructives successives, en fonction de λ, D et a. Application numérique.

4) Exprimer $\mathcal{I}(x)$ en fonction de i. Tracer l'allure de $x \mapsto \mathcal{I}(x)$. Que représente i pour la fonction $x \mapsto \mathcal{I}(x)$?

12.3 Expérience des trous d'Young (2)

On reprend le dispositif des trous d'Young, figuré à l'exercice 12.2, mais avec deux trous de diamètres différents. Le trous S_2 est plus large et laisse passer une onde lumineuse d'amplitude double de celle qui passe par S_1.

1) Rappeler l'expression de la différence de chemin optique entre les deux trous de M.

2) En utilisant la formule de Fresnel 12.7, p. 319, exprimer l'éclairement $\mathcal{I}(x)$ sur l'écran.

3) $\mathcal{I}(x)$ s'annule-t-il ?

4) Tracer l'allure de $x \mapsto \mathcal{I}(x)$.

12.4 Interférences sur la cuve à ondes

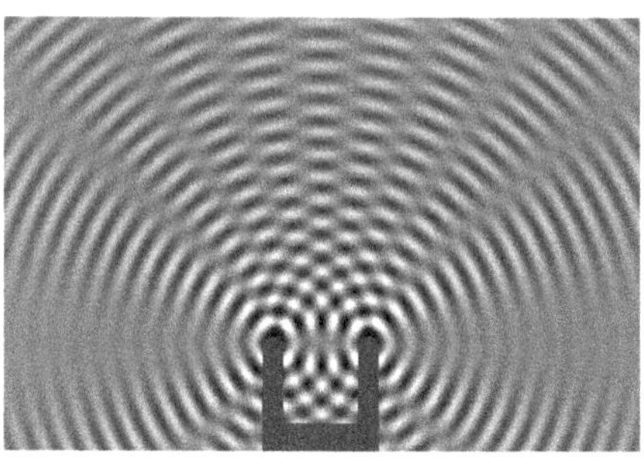

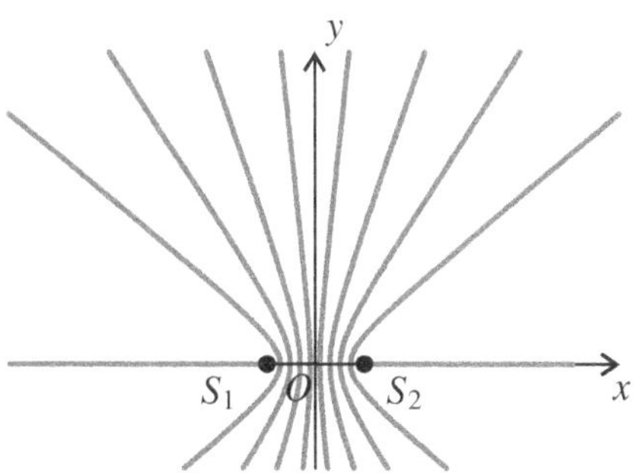

La figure ci-dessus représente une cuve à ondes éclairée en éclairage stroboscopique. Deux pointes distantes de a frappent en même temps, à intervalles réguliers, la surface de l'eau, générant deux ondes qui interfèrent. La figure est claire là où la surface de l'eau est convexe et foncée là où elle est concave. L'amplitude d'oscillation est plus faible là où la figure est moins contrastée.

1) On suppose pour simplifier que des ondes sinusoïdales partent des deux points S_1 et S_2 où les pointes frappent la surface. En notant λ la longueur d'onde, donner la condition pour que l'interférence en un point M situé aux distances d_1 et d_2 respectivement de S_1 et S_2, soit destructrice. Cette condition fait intervenir un entier m.

2) Pour chaque entier m le lieu des points vérifiant cette condition est une courbe que l'on appelle dans la suite ligne de vibration minimale. Les lignes de vibration minimale sont représentées sur la figure de droite : ce sont des hyperboles. Les parties $x < -\frac{a}{2}$ et $x > \frac{a}{2}$ de l'axe (Ox) sont des lignes de vibration minimale. En déduire un renseignement sur $\frac{a}{\lambda}$.

3) Sur le segment S_1S_2 quel est l'intervalle de variation de $d_2 - d_1$? Déduire de la figure la valeur de $\frac{a}{\lambda}$.

4) Expliquer pourquoi l'image est bien contrastée au voisinage de l'axe (Oy).

12.5 Contrôle actif du bruit en espace libre

La méthode du contrôle actif du bruit consiste à émettre une onde sonore qui, superposée à l'onde sonore du bruit, l'annule par interférence destructrice. Pour modéliser la méthode on suppose que la source primaire de bruit P est ponctuelle et qu'elle émet un onde sinusoïdale de longueur d'onde λ. On crée une source sonore secondaire ponctuelle S qui est située à distance $PS = a$ de la source primaire et qui émet une onde de même longueur d'onde.

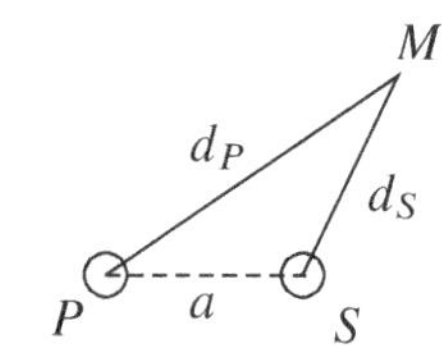

On souhaite annuler le bruit en un point M. On pose $PM = d_P$ et $SM = d_S$.

1) Exprimer le déphasage $\Delta\varphi_0$ que la source secondaire doit présenter par rapport à la source primaire en fonction de λ, d_P, d_S et d'un entier m.

2) L'amplitude de l'onde d'une source ponctuelle à distance d de la source est $A = \frac{\alpha}{d}$ où α est une constante. Quel doit être le rapport $\frac{\alpha_S}{\alpha_P}$ des constantes d'amplitude relatives aux deux sources ?

EXERCICES ★★★

12.6 Écoute musicale et interférences

La qualité de l'écoute musicale que l'on obtient avec une chaîne hi-fi dépend de la manière dont les enceintes sont disposées par rapport à l'auditeur. On dit qu'il faut absolument éviter la configuration représentée sur la figure : présence d'un mur à distance D, trop courte derrière l'auditeur. Comme représenté sur la figure, l'onde issue de l'enceinte se réfléchit sur le mur. On note $c = 342\ \text{m.s}^{-1}$ la célérité du son dans l'air.

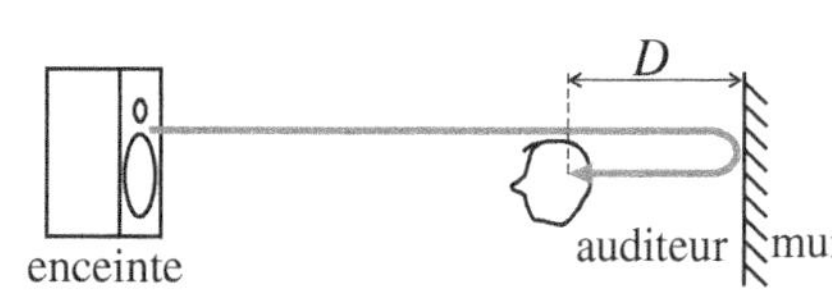

1) Exprimer le décalage temporel τ qui existe entre les deux ondes arrivant dans l'oreille de l'auditeur : onde arrivant directement et onde réfléchie.

2) En déduire le déphasage $\Delta\varphi$ de ces deux ondes supposées sinusoïdales de fréquence f. La réflexion sur le mur ne s'accompagne d'aucun déphasage pour la surpression acoustique, grandeur à laquelle l'oreille est sensible.

3) Expliquer pourquoi il y a un risque d'atténuation de l'amplitude de l'onde pour certaines fréquences. Exprimer ces fréquences en fonction d'un entier n. Quelle condition devrait vérifier D pour qu'aucune de ces fréquences ne soit dans le domaine audible ? Est-elle réalisable ?

4) Expliquer qualitativement pourquoi on évite l'effet nuisible en éloignant l'auditeur du mur.

La figure ci-contre donne le résultat d'une expérience dans laquelle on a placé un micro, sensible à la surpression, à une certaine distance D du mur, puis envoyé un signal de fréquence variable et d'amplitude constante A_0. La courbe, d'allure très caractéristique, est appelée « courbe en peigne ».
L'amplitude en décibels se définit par la relation : $A_{\text{dB}} = 20 \log \frac{A}{A_{\text{ref}}}$, où A_{ref} est une amplitude de référence.

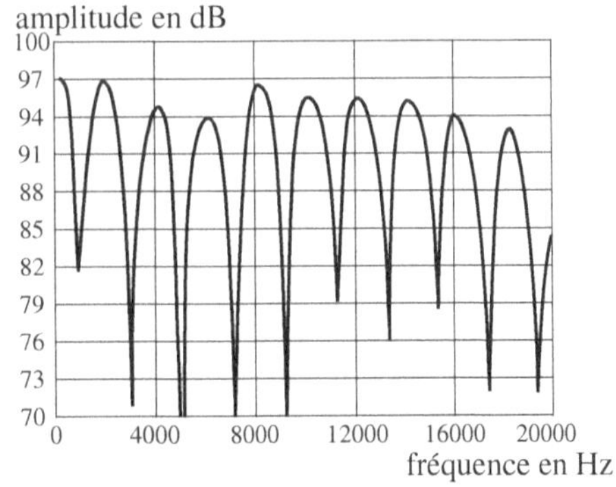

5) Lorsqu'il y a superposition de deux ondes de même amplitude A_0, quelle est, en décibels, l'augmentation maximale de l'amplitude ? Que peut-on dire de $A_{0,\text{dB}}$ au vu de la courbe ?

6) Calculer numériquement la distance D.

12.7 Contrôle actif du bruit en conduite

On s'intéresse à un système conçu pour l'élimination d'un bruit indésirable transporté par une conduite. Le bruit est détecté par un premier micro dont le signal est reçu par un contrôleur électronique. Le contrôleur, qui est le centre du système, envoie sur un haut-parleur la tension adéquate pour générer une onde de signal exactement opposé à celui du bruit de manière à ce que l'onde résultante au point A (voir figure) et en aval de A soit nulle.

1) Exprimer, en fonction de L, ℓ et la célérité c du son, le temps disponible pour le calcul du signal envoyé sur le haut-parleur.

2) On suppose le bruit sinusoïdal de pulsation ω. On appelle φ_1 la phase initiale du signal détecté par le micro 1 et φ_{HP} la phase initiale du signal émis par le haut-parleur. Exprimer, en fonction de ω, c, L et ℓ, la valeur que doit avoir $\Delta\varphi = \varphi_{\text{HP}} - \varphi_1$.

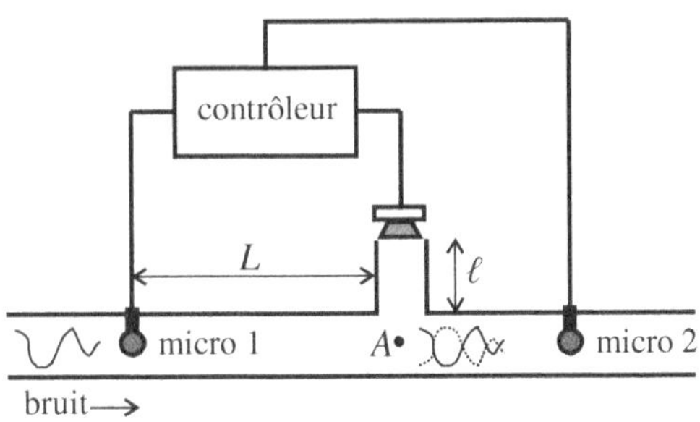

3) L'onde émise par le haut-parleur se propage dans la conduite dans les deux sens à partir de A. Expliquer l'utilité du micro 2.

EXERCICES ★★★★

12.8 Ondes le long d'une corde de Melde

On considère une corde de longueur L. Un vibreur, en $x = 0$, émet une onde qui se propage en direction de l'extrémité fixe de la corde, en $x = L$, où elle est réfléchie ; cette onde réfléchie se propage en direction du vibreur où elle est elle-même réfléchie ; l'onde réfléchie se propage en direction de l'extrémité fixe où elle se réfléchit, et ainsi de suite. L'axe (Ox) est parallèle à la corde au repos.

Le vibreur émet une onde $s_0(x,t)$ telle que $s_0(0,t) = a_0 \cos(\omega t)$. La célérité des ondes sur la corde est c et on note $k = \frac{\omega}{c}$.

On émet les hypothèses simplificatrices suivantes :

- lorsqu'une onde incidente s_i arrive sur l'extrémité en $x = L$, l'onde réfléchie s_r vérifie : $s_r(L,t) = -r s_i(L,t)$ où r est un coefficient compris entre 0 et 1 ;
- lorsqu'une onde incidente s_i arrive sur le vibreur en $x = 0$, l'onde réfléchie s'_r vérifie : $s'_r(0,t) = -r' s'_i(0,t)$ où r' est un coefficient compris entre 0 et 1.

1) Exprimer l'onde $s_0(x,t)$.

2) Exprimer l'onde $s_1(x,t)$ qui apparaît par réflexion de l'onde s_0 sur l'extrémité fixe, puis l'onde $s_2(x,t)$ qui apparaît par réflexion de s_1 sur le vibreur, puis l'onde $s_3(x,t)$ qui apparaît par réflexion de s_2 sur l'extrémité fixe.

3) À quelle condition les ondes s_0 et s_2 sont-elles en phase en tout point ? Que constate-t-on alors pour les ondes s_1 et s_2 ? La condition précédente est supposée réalisée dans la suite.

4) Justifier l'expression suivante de l'onde totale existant sur la corde :

$$\begin{aligned} s(x,t) = & a_0 \left(1 + rr' + (rr')^2 + \ldots + (rr')^n + \ldots\right) \cos(\omega t - kx) \\ & - r a_0 \left(1 + rr' + (rr')^2 + \ldots + (rr')^n + \ldots\right) \cos(\omega t + kx). \end{aligned}$$

5) En quels points de la corde l'amplitude de la vibration est-elle maximale ? Exprimer l'amplitude maximale $A_{\max}$ en fonction de a, r et r'. On rappelle la formule d'une série géométrique : $\sum_{n=0}^{\infty} (rr')^n = \frac{1}{1 - rr'}$.

6) En quels points l'amplitude est-elle minimale ? Exprimer l'amplitude minimale $A_{\min}$.

7) Expérimentalement on trouve $\frac{A_{\min}}{a_0} \simeq 1$ et $\frac{A_{\max}}{a_0} \simeq 10$. Déterminer r et r'.

CORRIGÉS

12.C1 Il faut réunir les deux conditions suivantes :

- les deux ondes ont la même amplitude ;
- l'interférence est destructive.

12.C2 La valeur maximale de l'amplitude est $2A_0$.

12.C3 La valeur maximale de l'intensité est $4I_0$.

12.C4 D'après la formule de Fresnel : $I = 2I_0(1 + \cos \Delta\varphi)$ donc $I = I_0$ si $\cos \Delta\varphi = -\frac{1}{2}$ soit $\Delta\varphi = \pm\frac{2\pi}{3} + 2m\pi$ (avec $m \in \mathbb{Z}$). Dans ce cas : $\delta = \frac{\lambda_0}{2\pi}\Delta\varphi = \pm\frac{\lambda_0}{3} + m\lambda_0$.

12.C5 On voit 7 franges brillantes, dont les ordres sont -3, -2, -1, 0 (frange centrale), 1, 2 et 3.

12.C6 L'ordre m d'une frange brillante visible vérifie : $-2{,}2\ \mu\text{m} \leqslant m \times 0{,}532\ \mu\text{m} \leqslant 2{,}2\ \mu\text{m}$ soit $-4{,}1 \leqslant m \leqslant 4{,}1$. Donc m est un entier variant de -4 à $+4$: il y a 9 franges brillantes.
L'ordre $m + \frac{1}{2}$ d'une frange sombre vérifie : $-2{,}2\ \mu\text{m} \leqslant \left(m + \frac{1}{2}\right) \times 0{,}532\ \mu\text{m} \leqslant 2{,}2\ \mu\text{m}$ soit $-4{,}6 \leqslant m \leqslant 3{,}5$. Donc m est un entier variant de -4 à $+3$: il y a 8 franges sombres.

12.C7 *Cf.* paragraphe b) page 320.

12.C8 *Cf.* paragraphe e) page 322.

12.C9 Étant donné que $i = \frac{\lambda D}{a}$ il faut éloigner l'écran (ou le capteur CCD) pour écarter les franges.

12.C10 $\ell^2 = \frac{3{,}3.10^{-3} \times 4{,}4.10^{-3}}{7{,}4.10^6} = 2{,}0.10^{-12}\ \text{m}^2$, donc $\ell = 1{,}4\ \mu\text{m}$.
Sur la figure 12.6 on lit que la première frange brillante est environ au pixel numéro 30 et la dernière au pixel numéro 400 ; ainsi l'interfrange correspond à $p_i = \frac{400-30}{8} \simeq 46$ pixels, donc $i = 46\ell = 65\ \mu\text{m}$.

La distance entre les trous et le capteur CCD est : $D = \frac{1{,}5.10^{-3} \times 65.10^{-6}}{532.10^{-9}} = 0{,}18\ \text{m}$.

12.1 Mesure de la vitesse du son

Le micro reçoit deux ondes sonores qui sont passées par les deux tubes T_1 et T_2. Ces deux ondes, de même fréquence, interfèrent. Lorsqu'on déplace le tube mobile T_2 on fait varier la longueur du trajet de l'onde qui passe par ce tube, modifiant donc le déphasage entre les ondes reçues par le micro. Plus précisément, lorsqu'on déplace T_2 de la distance d vers la gauche on allonge ce trajet de $2d$. Le retard temporel de cette onde par rapport à l'onde passée par T_1 augmente de $\frac{2d}{c}$, où c est la célérité du son, et son retard de phase augmente donc de $\omega\frac{2d}{c} = 4\pi f \frac{d}{c}$.
D'autre part, l'amplitude détectée par le micro est minimale lorsque les deux ondes sont en opposition de phase (interférence destructrice), c'est-à-dire lorsque le retard de phase de l'onde passée par T_2 par rapport à l'onde passée par T_1 est de $2m\pi + \pi$ où m est un entier.

Ainsi, en déplaçant T_2 d'une position pour laquelle l'amplitude détectée était minimale à la position suivante pour laquelle elle est de nouveau minimale, on a fait passer ce retard de phase de $2m\pi + \pi$ à $2(m+1)\pi + \pi$. On a donc $2\pi f \frac{2d}{c} = 2\pi$, soit $c = 2fd = (345 \pm 6)$ m.s^{-1}.

12.2 Expérience des trous d'Young (1)

1) $\delta = [S_2M] - [S_1M] = \frac{ax}{D}$.

2) $\mathcal{I}(x) = \mathcal{I}_0\left(1 + \cos\left(2\pi\frac{\delta}{\lambda}\right)\right) = \mathcal{I}_0\left(1 + \cos\left(2\pi\frac{ax}{\lambda D}\right)\right)$.

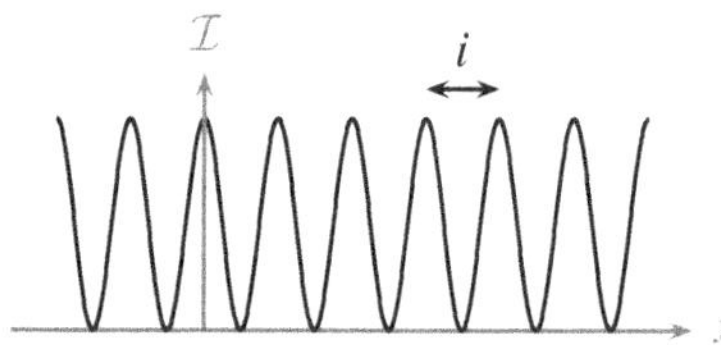

3) $i = \frac{\lambda D}{a} = \frac{450.10^{-9} \times 20.10^{-2}}{0{,}10.10^{-3}} = 9{,}0.10^{-4}$ m. En effet, on observe des interférences constructives en x_p tel que $\frac{\delta}{\lambda} = p\pi$, soit $\frac{ax}{\lambda D} = p\pi$, c'est-à-dire en $x_p = p\pi\frac{\lambda D}{a}$; i est la distance entre x_p et x_{p+1} : $i = \frac{\lambda D}{a}$.

4) $\mathcal{I}(x) = \mathcal{I}_0\left(1 + \cos\left(2\pi\frac{x}{i}\right)\right)$ et i est la période de la fonction $\mathcal{I}$. La courbe est tracée ci-contre.

12.3 Expérience des trous d'Young (2)

1) $\delta = [S_2M] - [S_1M] = \frac{ax}{D}$.

2) L'énoncé précise : $A_1 = A_0$ et $A_2 = 2A_0$ et ainsi $\mathcal{I}(x) = A_0^2 + (2A_0) + 2A_0(2A_0)\cos\left(2\pi\frac{\delta}{\lambda}\right)$, soit, en posant $A_0^2 = \mathcal{I}_0$, $\mathcal{I}(x) = \mathcal{I}_0\left(5 + 4\cos\left(2\pi\frac{ax}{\lambda D}\right)\right)$.

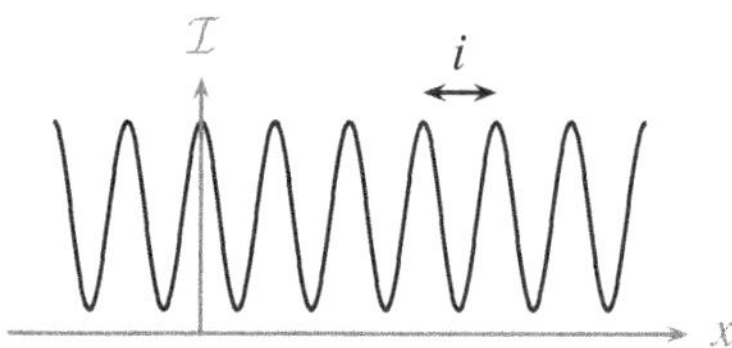

3) La valeur minimale de $\mathcal{I}$, est obtenue quand le cosinus vaut -1 : $\mathcal{I}_{min} = \mathcal{I}_0 > 0$. $\mathcal{I}$ ne s'annule pas.

4) $\mathcal{I}$ varie entre $\mathcal{I}_0$ et $9\mathcal{I}_0$. La courbe est tracée ci-contre.

12.4 Interférences sur la cuve à ondes

1) Les ondes partant de S_1 et S_2 sont en phase puisque les deux points frappent en même temps la surface. Lorsqu'elles parviennent en M elles sont déphasées parce que les durées des parcours de S_1 à M et de S_2 à M ne sont pas égales. Le retard temporel en M de l'onde venant de S_2 par rapport à l'onde venant de S_1 est : $\tau = \frac{d_2}{c} - \frac{d_1}{c}$ où c est la célérité de la propagation. Le retard de phase en M de l'onde venant de S_2 par rapport à l'onde venant de S_1 est, en notant f la fréquence des ondes : $\Delta\varphi = 2\pi f\tau = \frac{2\pi f}{c}(d_2 - d_1) = \frac{2\pi}{\lambda}(d_2 - d_1)$.
L'interférence est destructrice si les deux ondes sont en opposition de phase, c'est-à-dire si $\Delta\varphi = 2m\pi + \pi$ où m est un entier. Il en est ainsi si : $d_2 - d_1 = \left(m + \frac{1}{2}\right)\lambda$.

2) Pour M appartenant à (Ox) et en dehors du segment S_1S_2, $d_2 - d_1 = \pm a$. L'interférence étant destructrice en ces points, on en déduit que $\frac{a}{\lambda}$ est un demi-entier.

3) Entre S_1 et S_2 on a $d_1 + d_2 = a$. Alors $d_2 - d_1 = 2d_2 - a$ qui varie entre $-a$ et $+a$.
On compte 8 lignes de vibrations minimales passant entre les sources. Elles correspondent à $\frac{d_2 - d_1}{\lambda} = \pm\frac{1}{2}, \pm\frac{3}{2}, \pm\frac{5}{2}$ et $\pm\frac{7}{2}$. Donc $3{,}5\lambda < a \leq 4{,}5\lambda$. Ainsi : $a = 4{,}5\,\lambda$.

4) Si M est un point de l'axe (Oy), on a : $d_1 = d_2$. Ainsi les vibrations en provenance des deux sources arrivent en phase en M, donc ont une interférence constructrice. L'amplitude de vibration est ainsi maximale sur l'axe (Oy), ce qui explique le bon contraste de la figure au voisinage de cet axe.

12.5 Contrôle actif du bruit en espace libre

1) La différence des temps de propagation entre les deux sources P et S et le point M fait que $\Delta\varphi$, déphasage en M de l'onde secondaire par rapport à l'onde primaire, est différent du déphasage $\Delta\varphi_0$ de la source S par rapport à la source P. Ainsi : $\Delta\varphi = \Delta\varphi_0 - \frac{2\pi}{\lambda}(d_S - d_P)$.
On souhaite une interférence destructrice en M soit $\Delta\varphi = \pi + 2m\pi$ où m est un entier. Il faut pour cela que : $\Delta\varphi_0 = \frac{2\pi}{\lambda}(d_S - d_P) + \pi + 2m\pi$.

2) Pour une annulation du bruit en M, il faut de plus que les deux ondes aient la même amplitude en ce point, soit : $\frac{\alpha_S}{d_S} = \frac{\alpha_P}{d_P}$, soit $\frac{\alpha_S}{\alpha_P} = \frac{d_S}{d_P}$.

12.6 Écoute musicale et interférences

1) L'onde réfléchie parcourt en plus deux fois la distance D entre l'auditeur et le mur donc : $\tau = \frac{2D}{c}$.

2) C'est la seule cause de décalage entre les deux ondes puisque la réflexion sur le mur ne s'accompagne d'aucun déphasage. L'onde réfléchie présente donc par rapport à l'onde directe le déphasage : $\Delta\varphi = 2\pi f \tau = \frac{4\pi f D}{c}$.

3) Il peut y avoir atténuation de l'amplitude si les deux ondes sont en opposition de phase et ont une interférence destructrice. C'est le cas si : $\Delta\varphi = (2n+1)\pi$, soit $f = (2n+1)\frac{c}{4D}$, où n est un entier.
Le domaine audible s'étend de 20 Hz à 20 kHz. Aucune des fréquences précédentes ne se trouve dans le domaine audible si : $\frac{c}{4D} > 20\,\text{kHz}$. Il faut pour cela que $D < \frac{342}{4\times 20} = 4{,}3\,\text{mm}$. Il faut que la tête de l'auditeur frôle le mur !

4) Pour D suffisamment grand, l'onde réfléchie par le mur a une amplitude très faible devant l'onde directe.

5) L'amplitude est maximale dans le cas d'une interférence constructrice et elle vaut $2A_0$. Sa valeur en décibels est : $A_{\text{dB}} = 20\log\frac{2A_0}{A_{\text{ref}}} = 20\log\frac{A_0}{A_{\text{ref}}} + 20\log 2 = A_{0,\text{dB}} + 6$.
Sur la courbe l'amplitude maximale observée est 97dB, donc $A_{0,\text{dB}} \geq 91\text{dB}$.

6) L'écart moyen entre les fréquences pour lesquelles l'amplitude mesurée est minimale est $\Delta f = 2049\,\text{Hz}$. D'après ce qui précède, $\Delta f = \frac{c}{2D}$, soit : $D = \frac{c}{2\Delta f} = \frac{342}{2\times 2049} = 8{,}4.10^{-2}\,\text{m}$.

12.7 Contrôle actif du bruit en conduite

1) Entre l'instant où le signal est détecté par le micro 1 et l'instant où ce signal passe en A s'écoule un temps égal à $\frac{L}{c}$. Pendant ce temps il faut que le contrôleur calcule et produise le signal qu'il envoie dans le haut-parleur et que ce signal se propage jusqu'à A, ce qui prend le temps $\frac{\ell}{c}$. Le temps disponible pour le calcul est donc : $\frac{L-\ell}{c}$.

2) La phase initiale du signal de bruit arrivant en A est $\varphi_{\text{bruit}} = \varphi_1 - \omega\frac{L}{c}$.
La phase initiale du signal de correction arrivant en A est : $\varphi_{\text{corr}} = \varphi_{\text{HP}} - \omega\frac{\ell}{c}$.
Pour avoir une interférence destructrice il faut que $\varphi_{\text{corr}} = \varphi_{\text{bruit}} + \pi$, soit : $\Delta\varphi = \varphi_{\text{HP}} - \varphi_1$, $\Delta\varphi = \omega\frac{\ell - L}{c} + \pi$.

3) Le micro 1 capte un signal qui est la superposition du bruit et du signal émis par le haut-parleur se propageant à partir de A vers l'amont. Le micro 2 donne un contrôle du résultat et permet la détermination du meilleur signal de correction.

12.8 Ondes le long d'une corde de Melde

1) L'onde s_0 se propage dans le sens de (Ox) avec la célérité c donc :

$$s_0(x,t) = s_0\left(0, t - \frac{x}{c}\right) = a_0 \cos\left(\omega\left(t - \frac{x}{c}\right)\right) = a_0 \cos(\omega t - kx).$$

2) L'onde s_1 provient de l'onde s_0 par réflexion sur l'extrémité fixe donc : $s_1(L,t) = -rs_0(L,t) = -ra_0 \cos(\omega t - kL)$. De plus, s_1 se propage dans le sens inverse de (Ox) avec la célérité c, donc :

$$s_1(x,t) = s_1\left(L, t - \frac{L-x}{c}\right) = -ra_0 \cos\left(\omega\left(t - \frac{L-x}{c}\right) - kL\right) = -ra_0 \cos(\omega t + kx - 2kL).$$

On trouve de la même manière : $s_2(,t) = -r's_1(0,t) = rr'a_0 \cos(\omega t - 2kL)$, puis :

$$s_2(x,t) = s_2\left(L, t - \frac{x}{c}\right) = rr'a_0 \cos(\omega t - kx - 2kL).$$

On en déduit : $s_3(,t) = -rs_2(L,t) = -r^2r'a_0 \cos(\omega t - 3kL)$, puis :

$$s_3(x,t) = s_3\left(L, t - \frac{L-x}{c}\right) = -r^2r'a_0 \cos(\omega t + kx - 4kL).$$

3) La phase initiale de s_0 au point d'abscisse x est égale à $-kx$; la phase initiale de s_2 au même point est égale à $-kx - 2kL$. Les deux ondes sont en phase en tout point à condition que : $2kL = 2n\pi$, où n est un entier. Si cette condition est vérifiée, les ondes s_1 et s_3 sont elles aussi en phase en tout point.

4) Par réflexion continuelle sur les extrémités de la corde, il existe une infinité d'ondes se propageant dans les deux sens. Les ondes se propageant dans un sens donné sont toutes en phase.

5) On peut réécrire $s(x,t)$ en utilisant la formule de sommation fournie :

$$s(x,t) = \frac{a_0}{1-rr'} \cos(\omega t - kx) - \frac{ra_0}{1-rr'} \cos(\omega t + ks).$$

L'amplitude est maximale en un point où les deux ondes sont en interférence constructrice, c'est-à-dire aux points tels que : $kx = -kx + \pi + 2p\pi$ (attention au signe $-$ devant le deuxième terme) où p est un entier soit : $x = \frac{(2p+1)\pi}{2k} = \frac{2p+1}{2n}L$.

L'entier p est compris entre 0 et $n-1$ puisque x est compris entre 0 et L. Ces points sont les ventres de vibration.

La valeur maximale de l'amplitude est : $A_{\max} = \frac{a_0}{1-rr'} + \frac{ra_0}{1-rr'} = a_0\frac{1+r}{1-rr'}$.

6) L'amplitude est minimale en un point où les deux ondes sont en interférence destructrice, c'est-à-dire aux points tels que : $kx = -kx + 2p\pi$ où p est un entier soit : $x = \frac{p\pi}{k} = \frac{p}{n}L$. L'entier p est compris entre 0 et n puisque x est compris entre 0 et L. Ces points sont les nœuds de vibration.

La valeur minimale de l'amplitude est : $A_{\min} = \frac{a_0}{1-rr'} - \frac{ra_0}{1-rr'} = a_0\frac{1-r}{1-rr'}$.

7) On a : $\frac{1-r}{1+rr'} \simeq 1$ et $\frac{1+r}{1-rr'} \simeq 10$. C'est un système de deux équations à deux inconnues dont la solution est : $r \simeq 0{,}8$ et $r' \simeq 1$.

Cinématique du point

13

La cinématique est une partie de la mécanique qui s'intéresse à l'étude des mouvements, indépendamment des causes qui les ont produits. Dans ce chapitre, on fixe le cadre de l'étude mécanique, on définit la notion de point en physique et on décrit les outils qui permettent de décrire géométriquement sa position, sa vitesse et son accélération au cours du temps.

1 Notion de point en physique

Aucun objet physique n'est rigoureusement ponctuel. Pour étudier la mécanique du point, il faut préciser dans quelles conditions un objet mécanique peut être modélisé par un point.

1.1 Définition d'un solide

Un solide est système matériel dont les points restent à distance constante les uns des autres. Pour repérer un solide dans l'espace, il faut six paramètres :

- les trois coordonnées d'un point du solide (on considère souvent la position de son centre de gravité G) ;
- les trois angles qui définissent l'orientation d'un repère lié au solide par rapport au référentiel d'étude (voir figure 13.1).

Dans le cadre de la cinématique, les solides sont supposés indéformables. On exclut donc toute déformation et toute rupture du solide de cette étude.

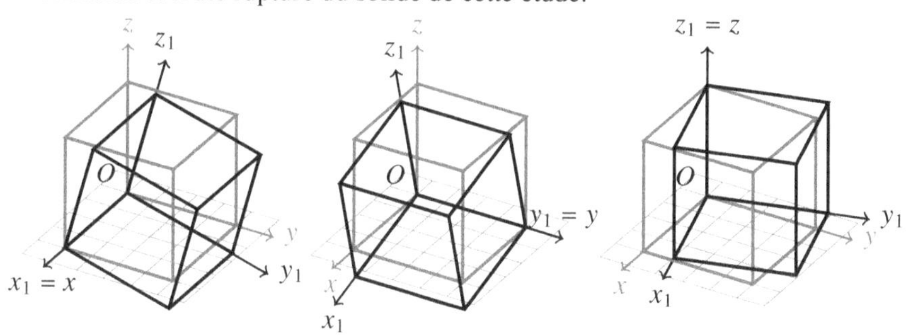

Figure 13.1 – Cube de sommet O fixe repéré dans l'espace.
À gauche, le cube a tourné autour l'axe (Ox) ; au centre, autour de (Oy) et à droite, autour de (Oz).
Le cas général est composé de ces trois rotations.

1.2 Définition d'un point

Un point matériel est un solide dont on peut négliger l'extension spatiale et la rotation sur lui-même. Pour repérer complètement un point dans l'espace, il suffit de donner trois paramètres : ses trois coordonnées.

En dynamique, on a besoin de définir sa masse. Cela mène à la notion de point matériel. Ce n'est pas nécessaire en cinématique.

1.3 Quand peut-on assimiler un système à un point ?

La question n'a pas de réponse simple et fait l'objet d'un explication méthodologique page 360. Tout dépend si on peut négliger son extension spatiale et sa rotation sur lui-même.

2 Repérage d'un point du plan

2.1 Intérêt d'avoir plusieurs systèmes de coordonnées

Lors d'expériences de mécanique, on repère le mouvement d'un point au cours du temps. La trajectoire suivie par le mobile peut prendre des formes très différentes. On utilise différents systèmes de coordonnées, qui correspondent à différents paramétrages géométriques, en fonction de la trajectoire observée. Le choix du système de coordonnées le plus approprié fait l'objet d'un explication méthodologique page 360.

2.2 Repérage d'un point sur une droite

Ce système de coordonnées est utilisé pour repérer un point M sur une droite fixe $\mathcal{D}$. Il est adapté à l'étude des mouvements rectilignes.

On place un point O et un vecteur unitaire $\vec{u}_x$ sur la droite $\mathcal{D}$. Le point M est repéré sur la droite orientée $(O, \vec{u}_x)$ par la valeur algébrique $\overline{OM} = x$, appelée coordonnée de M.

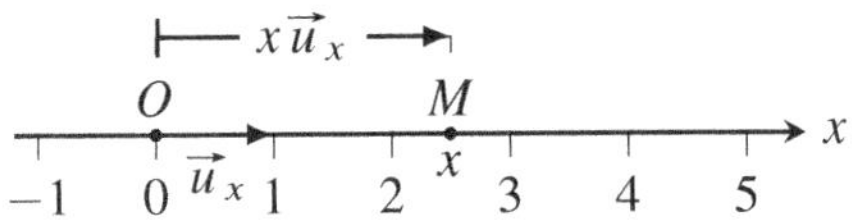

Figure 13.2 – Repérage d'un point sur une droite.

- $x > 0$ si $\overrightarrow{OM}$ est dans le sens de $\vec{u}_x$ donc si M est à droite de O sur le schéma ci-dessus ;
- $x < 0$ si $\overrightarrow{OM}$ est dans le sens opposé à $\vec{u}_x$ donc si M est à gauche de O.

Sur la droite (Ox), un point M de coordonnée x est noté $M(x)$. Son vecteur position s'écrit :

$$\overrightarrow{OM} = x\vec{u}_x.$$

2.3 Repérage d'un point dans le plan

Pour repérer un point M dans un plan fixe $\mathcal{P}$, on utilise les systèmes de coordonnées cartésien ou polaire. Ces systèmes de coordonnées sont adaptés à l'étude des mouvements plans. Suivant les cas, on choisit un repérage cartésien ou un repérage polaire. Le repérage polaire est particulièrement indiqué pour les mouvements circulaires.

a) Coordonnées cartésiennes

Description Le repérage cartésien consiste à quadriller le plan à l'aide d'une grille carrée. Les points du plan sont repérés par leurs coordonnées sur deux axes orthogonaux comme sur la figure 13.3.

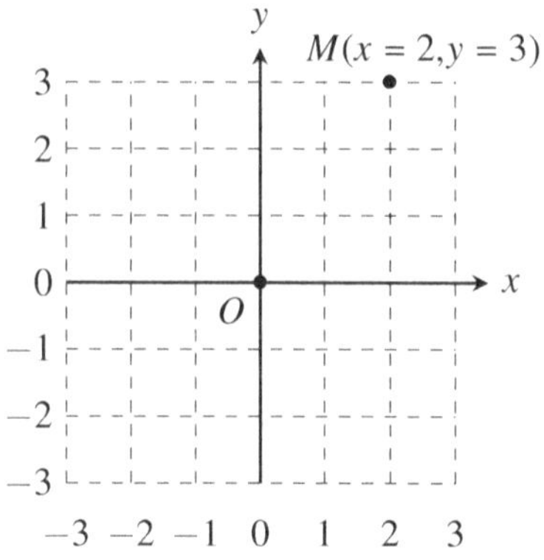

Figure 13.3 – Quadrillage cartésien du plan. M a pour coordonnées cartésiennes $x = 2$ et $y = 3$.

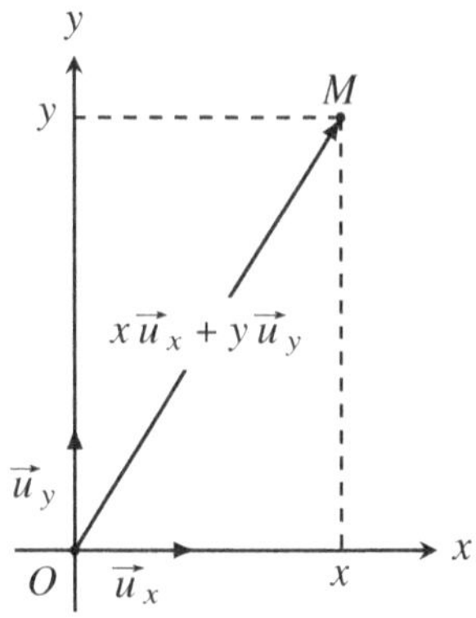

Figure 13.4 – Repérage d'un point M du plan (xOy) en coordonnées cartésiennes.

Système de coordonnées : repérage d'un point du plan On place un point O et deux vecteurs fixes $\vec{u}_x$ et $\vec{u}_y$ tels que le doublet $(\vec{u}_x, \vec{u}_y)$ forme une base orthonormée directe de $\mathcal{P}$. Le point M est repéré par deux paramètres géométriques x et y où :

- x est la coordonnée du projeté orthogonal de M sur l'axe orienté $(O, \vec{u}_x)$;
- y est la coordonnée du projeté orthogonal de M sur l'axe orienté $(O, \vec{u}_y)$.

Dans le plan (Oxy), un point M de **coordonnées cartésiennes** x et y est noté $M(x,y)$. Son vecteur position s'écrit :

$$\overrightarrow{OM} = x\vec{u}_x + y\vec{u}_y,$$

où x et y sont les projections orthogonales de $\overrightarrow{OM}$ sur les vecteurs $\vec{u}_x$ et $\vec{u}_y$.

Base de projection : repérage d'un vecteur du plan Le doublet $(\vec{u}_x, \vec{u}_y)$ forme une **base de projection fixe** du plan $\mathcal{P} = (Oxy)$. Tout vecteur $\vec{w}$ du plan s'écrit de manière unique sous la forme :

$$\vec{w} = w_x\vec{u}_x + w_y\vec{u}_y \quad \text{noté} \quad \vec{w} = \begin{pmatrix} w_x \\ w_y \end{pmatrix}.$$

w_x et w_y sont les composantes du vecteur $\vec{w}$ sur $\vec{u}_x$ et $\vec{u}_y$. Ce sont les projections orthogonales de $\vec{w}$ sur les vecteurs $\vec{u}_x$ et $\vec{u}_y$. En particulier, le vecteur position $\overrightarrow{OM} = x\vec{u}_x + y\vec{u}_y$ est noté :

$$\overrightarrow{OM} = \begin{pmatrix} x \\ y \end{pmatrix}.$$

Le repérage cartésien est le plus naturel dans le cas des mouvements plans, mais il n'est pas toujours le plus pertinent. Il faut avoir à l'esprit le système de coordonnées polaires, notamment dans le cas des mouvements circulaires.

b) Coordonnées polaires

Description Le repérage polaire consiste à quadriller le même plan $\mathcal{P}$ à l'aide d'une grille centrée sur un point O du plan. Les points du plan sont alors repérés par leur distance à O et un angle mesuré par rapport à un axe fixe comme sur la figure 13.5.

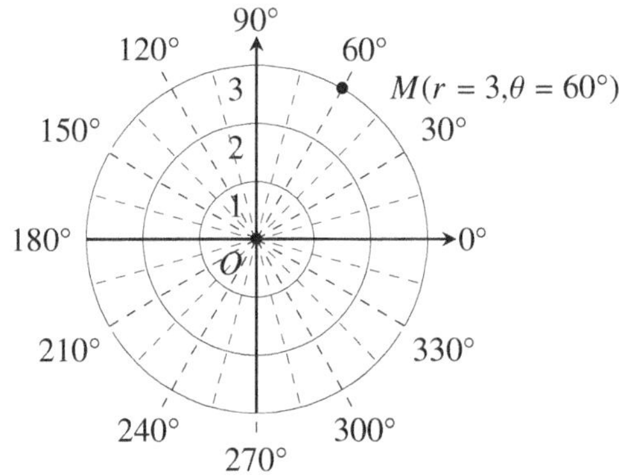

Figure 13.5 – Quadrillage polaire du plan. Le point M a pour coordonnées polaires $r = 3$ et $\theta = 60°$.

Système de coordonnées : repérage d'un point du plan En général, on utilise le point O et le vecteur $\vec{u}_x$ des coordonnées cartésiennes pour définir la droite orientée (Ox) prise comme référence des angles. Le point M est repéré par ses coordonnées polaires r et θ où :

- θ est l'angle orienté que fait le vecteur $\overrightarrow{OM}$ avec le vecteur $\vec{u}_x$;
- r est la distance OM, égale à la norme du vecteur $\overrightarrow{OM}$: $r = ||\overrightarrow{OM}||$.

Un point M de coordonnées polaires r et θ est noté $M(r,\theta)$. Il faut savoir que :

- r étant une distance, elle est à valeur positive ;
- θ doit varier sur un intervalle de largeur 2π radians pour décrire l'intégralité du plan. On choisit le plus souvent $\theta \in [0; 2\pi[$.

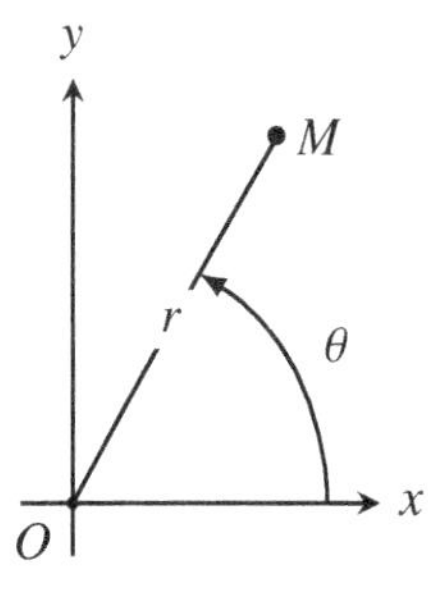

Figure 13.6 – Repérage d'un point M du plan en polaires.

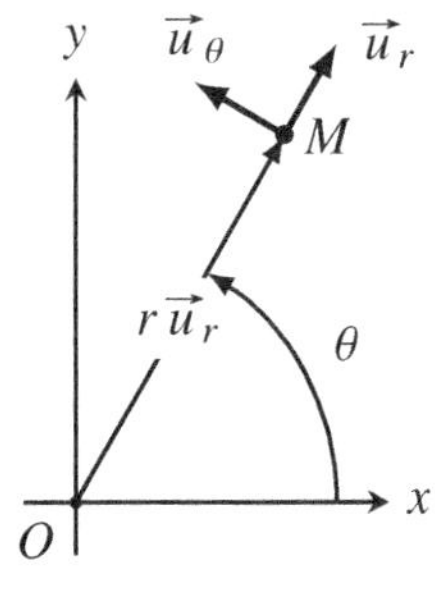

Figure 13.7 – Base polaire locale pour un point M du plan.

Base de projection : repérage d'un vecteur du plan On définit la **base de projection mobile** $(\vec{u}_r, \vec{u}_\theta)$ orthonormée directe adaptée aux coordonnées polaires de la manière suivante :

- $\vec{u}_r$ est un vecteur unitaire dont la direction et le sens sont ceux de $\overrightarrow{OM}$: $\vec{u}_r = \dfrac{\overrightarrow{OM}}{||\overrightarrow{OM}||}$;
- $\vec{u}_\theta$ est obtenu par rotation de $\vec{u}_r$ d'un angle de $\frac{\pi}{2}$ dans le sens direct.

Dans le plan (Oxy), un point M de **coordonnées polaires** r et θ est noté $M(r,\theta)$. La distance OM valant r, le vecteur position s'écrit :

$$\overrightarrow{OM} = r\vec{u}_r.$$

La base de projection $(\vec{u}_r, \vec{u}_\theta)$ est définie pour une position donnée du point M. Elle est donc définie localement en tout point M et tourne pour que le vecteur $\vec{u}_r$ pointe toujours de O vers M. Pour ces raisons, la base $(\vec{u}_r, \vec{u}_\theta)$ est appelée **base locale** ou **base mobile**.

Remarque

Le lecteur attentif aura noté que la base $(\vec{u}_r, \vec{u}_\theta)$ est définie en un point M donné et que M doit être différent de O. Cependant, comme les vecteurs ne sont pas attachés à un point, ils sont parfois reportés de M à O pour améliorer la clarté des figures.

Pour un point M donné, le doublet $(\vec{u}_r, \vec{u}_\theta)$ forme une base mobile du plan $\mathcal{P}$. Tout vecteur $\vec{w}$ du plan peut s'écrire sous la forme :

$$\vec{w} = w_r \vec{u}_r + w_\theta \vec{u}_\theta \quad \text{noté} \quad \vec{w} = \begin{pmatrix} w_r \\ w_\theta \end{pmatrix}.$$

- w_r est la composante du vecteur $\vec{w}$ sur $\vec{u}_r$ appelée **composante radiale** ;
- w_θ est la composante du vecteur $\vec{w}$ sur $\vec{u}_\theta$ appelée **composante orthoradiale**.

w_r et w_θ sont les projections orthogonales de $\vec{w}$ sur les vecteurs $\vec{u}_r$ et $\vec{u}_\theta$. En particulier, le vecteur position $\overrightarrow{OM} = r\vec{u}_r$ s'écrit :

$$\overrightarrow{OM} = \begin{pmatrix} r \\ 0 \end{pmatrix}.$$

⚠ Il ne faut pas confondre les coordonnées du point M et les composantes du vecteur position. Ces deux notions mathématiques, qui coïncident en coordonnées cartésiennes, ne sont plus les mêmes en coordonnées cylindriques.

3 Repérage d'un point dans l'espace

3.1 Repérage cartésien

La définition des coordonnées cartésiennes utilisée dans le plan peut être étendue à un repérage dans l'espace à trois dimensions en rajoutant un axe (Oz) orthogonal au plan (Oxy). L'orientation de (Oz) est celle du vecteur $\vec{u}_z$ choisi pour que le triplet $(\vec{u}_x, \vec{u}_y, \vec{u}_z)$ soit une base orthonormée directe. Le vecteur position $\overrightarrow{OM}$ vaut :

$$\overrightarrow{OM} = x\vec{u}_x + y\vec{u}_y + z\vec{u}_z,$$

$$\text{noté } \overrightarrow{OM} = \begin{pmatrix} x \\ y \\ z \end{pmatrix}.$$

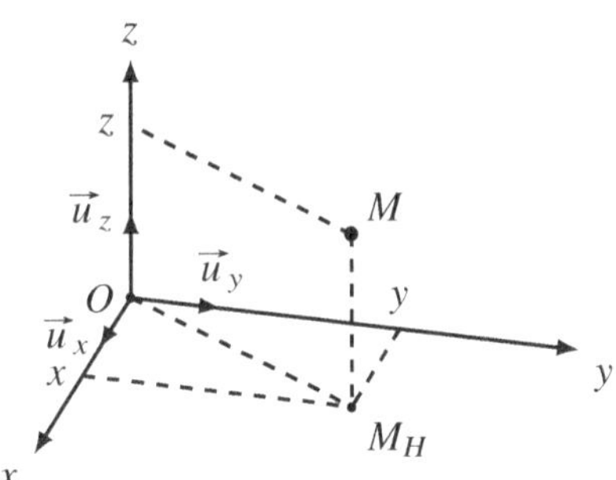

Figure 13.8 – Repérage d'un point M en coordonnées cartésiennes. Le projeté de M sur le plan (Oxy), noté M_H, est repéré en coordonnées cartésiennes planes. M est à une « altitude » z de M_H.

3.2 Repérage cylindrique

La définition des coordonnées polaires utilisée dans le plan peut être étendue à un repérage dans l'espace à trois dimensions en rajoutant un axe (Oz) orthogonal au plan (Oxy). On obtient alors le **système de coordonnées cylindriques**. L'orientation de (Oz) est celle du vecteur $\vec{u}_z$ choisi pour que le triplet $(\vec{u}_r, \vec{u}_\theta, \vec{u}_z)$ soit une base orthonormée directe.

Le vecteur position $\overrightarrow{OM}$ vaut alors :

$$\overrightarrow{OM} = r\vec{u}_r + z\vec{u}_z,$$

noté :

$$\overrightarrow{OM} = \begin{pmatrix} r \\ 0 \\ z \end{pmatrix}.$$

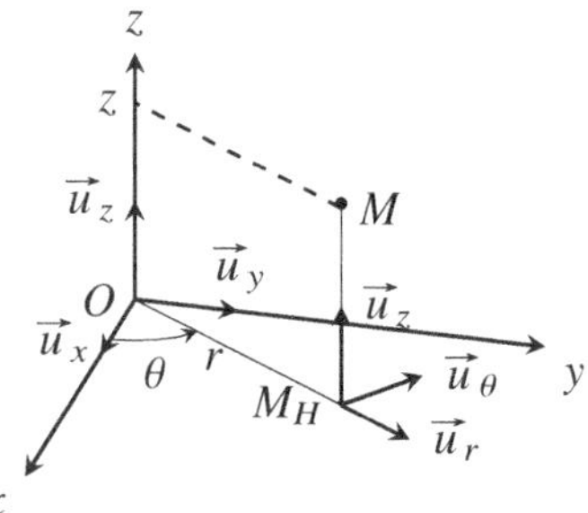

Figure 13.9 – Repérage d'un point M en coordonnées cylindriques. Le projeté de M sur le plan (Oxy), noté M_H, est repéré en coordonnées polaires planes. M est à une « altitude » z de M_H.

3.3 Repérage sphérique

Description Le repérage sphérique d'un point M consiste à repérer M par la distance OM, puis sa position sur la sphère de rayon OM par deux angles (voir figure 13.10). Comme il s'agit d'un repérage courant en géographie, le vocabulaire qui suit est emprunté aux géographes.

On appelle équateur le cercle marquant l'intersection de la sphère avec le plan (Oxy) et plan équatorial le plan de l'équateur. Un parallèle est un cercle de la sphère parallèle à l'équateur. On repère un parallèle par sa latitude.

L'axe (Oz) est l'axe nord-sud. Un plan qui contient cet axe est appelé plan méridien. Un cercle marquant l'intersection de la sphère et d'un plan méridien est appelé méridien. On repère un méridien par sa longitude et l'axe nord-sud est forcément un de ses diamètres.

Le point M est situé à l'intersection d'un parallèle et d'un méridien. On le repère par sa longitude et sa latitude.

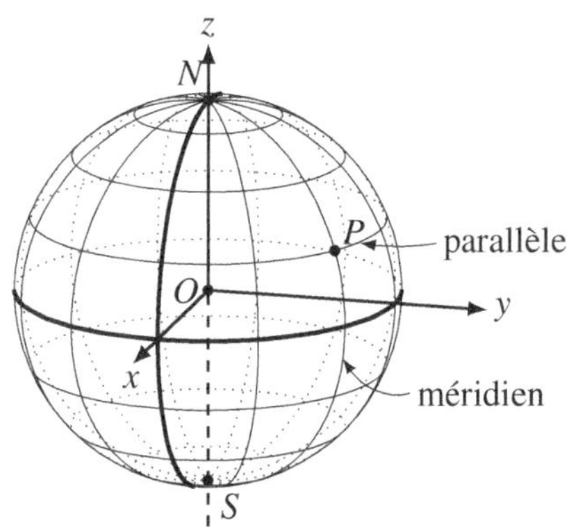

Figure 13.10 – Quadrillage d'une sphère de rayon OM en coordonnées sphériques. Les méridiens sont tracés tous les 30° de longitude. Les parallèles sont tracés aux latitudes $\pm 15°$, $\pm 45°$, $\pm 75°$. Le point M a pour coordonnées 60° de longitude et 15° de latitude.

Système de coordonnées : repérage d'un point de l'espace En général, on utilise le méridien du plan (Oxz) des coordonnées cartésiennes comme référence des longitudes φ. On délaisse la latitude λ au profit de la co-latitude $\theta = \frac{\pi}{2} - \lambda$.

Le point M est repéré par ses coordonnées sphériques r, θ et φ où :

- r est la distance OM, égale à la norme du vecteur $\overrightarrow{OM}$: $r = ||\overrightarrow{OM}||$;
- la longitude φ permet de repérer le plan méridien. C'est l'angle orienté que fait le plan méridien passant par M avec le plan méridien (Oxz) pris comme référence des longitudes ;

- la co-latitude θ permet de repérer le point M dans le plan méridien. C'est l'angle orienté que fait le vecteur $\overrightarrow{OM}$ avec le vecteur $\vec{u}_z$.

Un point M de coordonnées sphériques r, θ et φ est noté $M(r,\theta,\varphi)$ et il faut savoir que :

- r étant une distance, elle est à valeur positive ;
- θ varie sur l'intervalle $[0;\pi]$ et φ sur l'intervalle $[0;2\pi[$ pour décrire l'intégralité de l'espace. On justifiera ce choix plus tard.

Base de projection : repérage d'un vecteur

On définit la base mobile $(\vec{u}_r,\vec{u}_\theta,\vec{u}_\varphi)$ orthonormée directe adaptée aux coordonnées sphériques de la manière suivante :

- $\vec{u}_r$ est un vecteur unitaire dont la direction et le sens sont ceux de $\overrightarrow{OM}$: $\vec{u}_r = \dfrac{\overrightarrow{OM}}{||\overrightarrow{OM}||}$;
- $\vec{u}_\theta$ un vecteur unitaire du plan méridien orthogonal à $\vec{u}_r$ donc tangent au méridien passant par M et dirigé dans le sens où θ augmente ;
- $\vec{u}_\varphi$ un vecteur unitaire tel que la base $(\vec{u}_r,\vec{u}_\theta,\vec{u}_\varphi)$ soit orthonormée directe. $\vec{u}_\varphi$ est perpendiculaire au plan méridien. Il est tangent au parallèle passant par M.

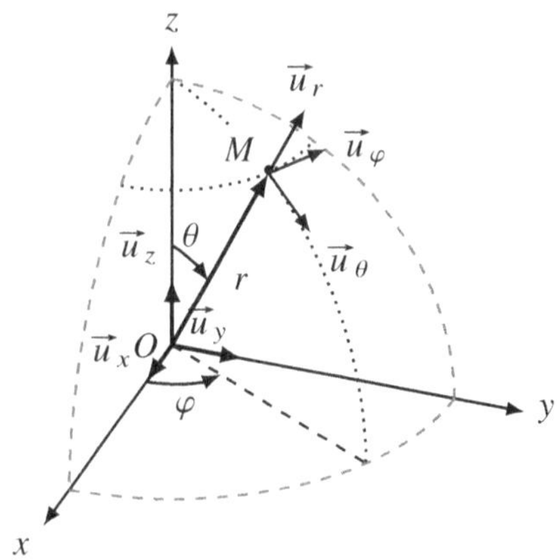

Figure 13.11 – Repérage d'un point M en coordonnées sphériques.

> Un point M de l'espace de **coordonnées sphériques** r, θ et φ est noté $M(r,\theta,\varphi)$. On note r la distance OM et le vecteur position s'écrit :
> $$\overrightarrow{OM} = r\vec{u}_r.$$

La base de projection $(\vec{u}_r,\vec{u}_\theta,\vec{u}_\varphi)$ est définie pour une position donnée du point M. Elle est définie localement en tout point M et tourne pour que le vecteur $\vec{u}_r$ pointe toujours de O vers M. Pour un point M donné, le triplet $(\vec{u}_r,\vec{u}_\theta,\vec{u}_\varphi)$ forme une base mobile de l'espace. Tout vecteur $\vec{w}$ de l'espace peut s'écrire sous la forme :

$$\vec{w} = w_r\vec{u}_r + w_\theta\vec{u}_\theta + w_\varphi\vec{u}_\varphi \quad \text{noté} \quad \vec{w} = \begin{pmatrix} w_r \\ w_\theta \\ w_\varphi \end{pmatrix}.$$

w_r est la composante du vecteur $\vec{w}$ sur $\vec{u}_r$ appelée composante radiale. Les autres composantes n'ont pas de dénominations particulières.

w_r, w_θ et w_φ sont les projections orthogonales de $\vec{w}$ sur les vecteurs $\vec{u}_r$, $\vec{u}_\theta$ et $\vec{u}_\varphi$. En particulier, le vecteur position $\overrightarrow{OM} = r\vec{u}_r$ s'écrit :

$$\overrightarrow{OM} = \begin{pmatrix} r \\ 0 \\ 0 \end{pmatrix}.$$

4 Cinématique du point

4.1 Notion de référentiel

a) Exemple introductif

On considère un observateur O_1 situé dans un train qui avance à vitesse uniforme sur des rails rectilignes. Un observateur O_2 est posté au bord des rails et voit le train passer de gauche à droite. L'observateur O_1 situé dans le train lâche une petite balle, qui rebondit à ses pieds et remonte dans sa main. Le mouvement est rectiligne (figure 13.12). L'observateur O_2 observe le même mouvement. Il voit la balle suivre une trajectoire parabolique vers le bas puis parabolique vers le haut pour remonter dans la main de l'observateur O_1 (figure 13.12). Le mouvement de la balle observé par les deux observateurs est différent. La description d'un même phénomène dépend de l'observateur. Pour pouvoir comparer les observations des deux observateurs, il faut impérativement qu'ils précisent le cadre spatio-temporel de leurs observations : ils doivent préciser le référentiel d'étude.

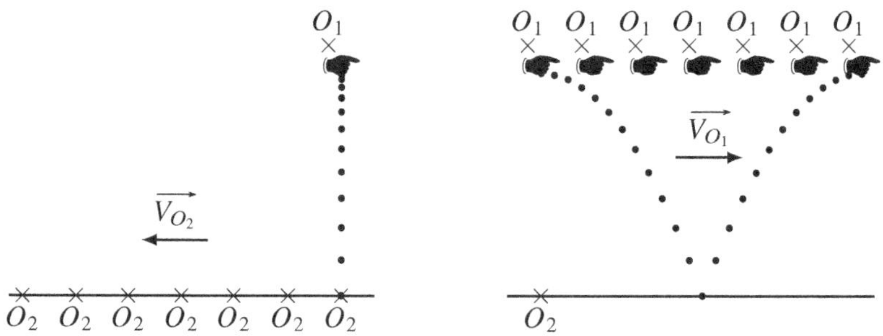

Figure 13.12 – À gauche, mouvement de la balle tel qu'observé par l'observateur O_1. À droite, mouvement de la balle tel qu'observé par l'observateur O_2.

b) Définition

Le **référentiel** d'une étude mécanique est le cadre spatio-temporel de l'étude. Pour le définir, on a besoin de deux repères : un repère de temps et un repère d'espace.

c) Repère de temps

Pour dater un événement, on utilise un repère de temps constitué :

- d'une mesure de temps définie par l'unité de durée : la seconde de symbole s;
- d'une origine des temps.

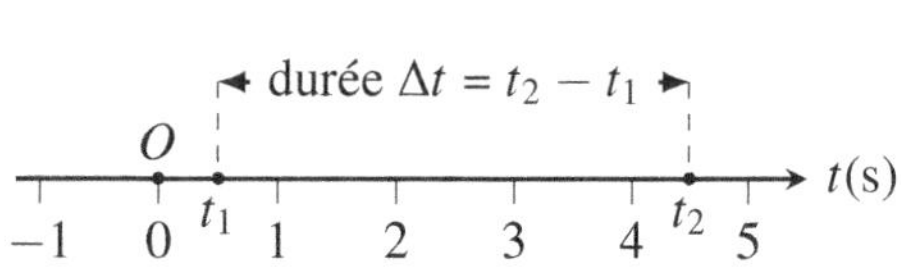

Figure 13.13 – Repérage d'un instant sur la flèche du temps.

On définit alors un vocabulaire scientifique précis sur cette flèche du temps :

- un instant est un point de la flèche du temps;
- l'origine des dates est un instant particulier choisi comme instant zéro;
- une date t repère la position d'un instant sur la flèche du temps. C'est la durée séparant cet instant de l'origine des temps. Une date est une grandeur algébrique. Elle est positive si l'instant t est postérieur à l'instant initial et négative s'il est antérieur;

- une durée $\Delta t = |t_2 - t_1|$ est la largeur d'un intervalle de temps séparant deux instants de dates t_1 et t_2. Une durée est positive.

Remarque

L'origine des temps n'a pas de sens physique (seules les durées en ont) et peut être modifiée si nécessaire. La seconde est définie au niveau international par un traité diplomatique appelé *Convention du Mètre*. La définition de la seconde a varié dans l'histoire des sciences. Elle est actuellement définie à l'aide d'horloges atomiques.

d) Repère d'espace

Pour repérer un point dans l'espace, on a besoin d'un repère d'espace constitué :

- d'une mesure d'espace définie par l'unité de longueur : le mètre, de symbole m ;
- d'une origine d'espace : un point fixe dans le référentiel d'étude ;
- de trois directions orthogonales fixes repérées par 3 axes.

Remarque

L'origine d'espace n'a pas de sens physique (seules les longueurs en ont) et peut être modifiée si nécessaire. Le mètre est défini au niveau international par la *Convention du Mètre*. La définition du mètre a varié dans l'histoire des sciences. Il est actuellement défini à partir de la seconde et de la vitesse de la lumière. En effet, la vitesse de la lumière est une constante universelle fixée par convention à la valeur de $c = 299\,792\,458\ \text{m.s}^{-1}$. Fixer l'unité de temps fixe automatiquement l'unité de longueur.

e) Relativité du mouvement

Comme on l'a vu sur l'exemple introductif, la description du mouvement du système dépend du référentiel dans lequel on l'étudie, on parle de relativité du mouvement. Pour une étude mécanique, il faut systématiquement préciser le référentiel d'étude.

f) Limites de la description classique

La description classique de l'espace-temps suppose que les durées et les distances ne dépendent pas du référentiel d'étude. On parle du caractère absolu des durées et des distances. Cette description classique est remise en cause lorsque la vitesse v de déplacement du système est proche de celle de la lumière c (typiquement $\frac{c}{10} < v < c$). Il faut alors tenir compte de la théorie de la relativité restreinte énoncée par A. Einstein en 1905. Les durées et les longueurs perdent leur caractère absolu. Elles deviennent relatives et dépendent du référentiel dans lequel on réalise l'étude. On parle de dilatation des durées et de contraction des longueurs.

Exemple

Un exemple de manifestation de cette limite est la désintégration des muons cosmiques. Ces muons naissent en haute atmosphère à une altitude proche de $h = 10\ \text{km}$ et on peut les observer à la surface de la Terre. Ils traversent ces 10 km à une vitesse proche de c.

La durée de vie moyenne des muons mesurée en laboratoire sur des muons presque immobiles est $\tau = 2.10^{-6}$ s. La distance maximale que devraient parcourir les muons dans l'atmosphère est donc $d = c\tau = 600$ m. Étant donné que les muons se déplacent à la vitesse de la lumière c, il leur faut le temps $\Delta t = \frac{h}{c} = \frac{10.10^3\,\text{m}}{3{,}0.10^8\,\text{m.s}^{-1}} = 3{,}3.10^{-5}\,\text{s} = 16\tau$ pour traverser toute l'atmosphère et atteindre le sol. Ils devraient se désintégrer dans la haute atmosphère et il est surprenant de les observer à la surface de la Terre.

Pour expliquer cela en admettant que la durée de vie des muons est τ, on doit admettre que, dans leur référentiel, les muons « voient » une atmosphère d'épaisseur inférieure à $d = 600$ m et qu'ils la traversent en une durée inférieure à τ. Par contre, un observateur terrestre immobile perçoit une atmosphère d'épaisseur $h = 10$ km que les muons traversent en la durée $\Delta t = 16\tau$. D'après ces observations, on doit conclure que la mesure des durées et des distances dépendent de l'observateur, contrairement à ce que suppose la mécanique de Newton.

4.2 Vecteurs position, déplacement, vitesse et accélération

Soient O un point fixe du référentiel d'étude $\mathcal{R}$ et M un point mobile.

a) Vecteur position

Le vecteur $\overrightarrow{OM}$ est le vecteur position. Son évolution temporelle $\overrightarrow{OM}(t)$ est donnée par les **équations horaires** du mouvement.
La courbe décrite par le point M au cours du mouvement est la **trajectoire** du point M.

Remarque

La notion de temps n'est plus présente dans la notion de trajectoire.

b) Vecteur déplacement

On considère que le mobile M est situé au point $M(t)$ à l'instant t et au point $M(t + \Delta t)$ à l'instant $t + \Delta t$.

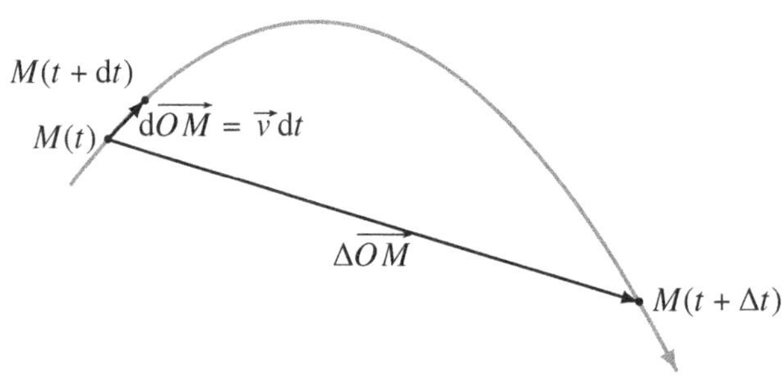

Figure 13.14 – Vecteurs déplacement et déplacement infinitésimal sur une trajectoire tracée en gris et décrite dans le sens de la flèche. Lorsque la durée Δt du déplacement devient infinitésimale et égale à $\mathrm{d}t$, le déplacement $\Delta\overrightarrow{OM}$ devient infinitésimal et égal à $\mathrm{d}\overrightarrow{OM}$, tangent en $M(t)$ à la trajectoire.

Entre t et $t + \Delta t$, M se déplace de $\Delta\overrightarrow{OM} = \overrightarrow{M(t)M(t + \Delta t)}$ appelé **vecteur déplacement**.

Remarque

En physique, la notation Δf est utilisée pour parler de la différence entre la valeur finale f_{finale} et la valeur initiale f_{initiale} de f : $\Delta f = f_{\text{finale}} - f_{\text{initiale}}$.

Ici, le vecteur position $\overrightarrow{OM}$ évolue entre $\overrightarrow{OM}(t)$ (valeur initiale) et $\overrightarrow{OM}(t + \Delta t)$ (valeur finale) donc $\Delta\overrightarrow{OM} = \overrightarrow{OM}(t + \Delta t) - \overrightarrow{OM}(t) = \overrightarrow{M(t)M(t + \Delta t)}$.

c) Vecteur déplacement élémentaire

Lorsque la durée Δt devient très faible, on la note $\mathrm{d}t$ et on parle de durée élémentaire ou infinitésimale. Pendant cette durée $\mathrm{d}t$, le mobile M passe du point $M(t)$ au point $M(t + \mathrm{d}t)$.

Entre t et $t + \mathrm{d}t$, M se déplace de $\mathrm{d}\overrightarrow{OM} = \overrightarrow{M(t)M(t + \mathrm{d}t)}$. C'est le **déplacement élémentaire** ou infinitésimal.

De par sa définition, le déplacement élémentaire est tangent à la trajectoire.

d) Vecteur vitesse

Le vecteur **vitesse moyenne** entre l'instant t et l'instant $t + \Delta t$ est défini par le rapport du vecteur déplacement à la durée de ce déplacement :

$$\langle\vec{v}\rangle = \frac{\Delta\overrightarrow{OM}}{\Delta t}.$$

Lorsque l'intervalle de temps devient infinitésimal, ce rapport devient le vecteur **vitesse instantanée** :

$$\vec{v}(t) = \frac{\mathrm{d}\overrightarrow{OM}}{\mathrm{d}t}.$$

C'est la dérivée du vecteur position $\overrightarrow{OM}$. La norme de ces vitesses se mesure en $\mathrm{m.s^{-1}}$.

e) Lien entre le déplacement élémentaire et la vitesse

La dérivée temporelle, en physique comme en mathématique, est la limite du taux de variation lorsque l'intervalle de temps entre deux mesures devient très petit. L'intervalle de temps $\mathrm{d}t$ et le déplacement élémentaire $\mathrm{d}\overrightarrow{OM}$ ont un sens et une existence propre en physique. Ils correspondent à la notion de différentielle en mathématique.

Le vecteur déplacement élémentaire est la différentielle du vecteur position et s'exprime en fonction de la vitesse de la manière suivante :

$$\mathrm{d}\overrightarrow{OM} = \overrightarrow{OM}(t + \mathrm{d}t) - \overrightarrow{OM}(t) = \overrightarrow{M(t)M(t + \mathrm{d}t)} = \vec{v}\,\mathrm{d}t.$$

La vitesse est colinéaire au déplacement élémentaire. Elle est donc parallèle à la trajectoire.

Remarque

La durée infinitésimale dt peut devenir aussi courte que l'on veut ; le déplacement infinitésimal également. On écrit alors :

$$\mathrm{d}\overrightarrow{OM} = \lim_{\Delta t \to 0} \Delta\overrightarrow{OM} \qquad \text{et} \qquad \vec{v} = \frac{\mathrm{d}\overrightarrow{OM}}{\mathrm{d}t} = \lim_{\Delta t \to 0} \frac{\Delta\overrightarrow{OM}}{\Delta t}.$$

Le vecteur vitesse est bien la dérivée temporelle du vecteur position.

f) Vecteur accélération

Le vecteur accélération moyenne entre l'instant t et un instant $t + \Delta t$ est défini par le rapport de la variation du vecteur vitesse à la durée Δt :

$$\langle \vec{a} \rangle = \frac{\vec{v}(t + \Delta t) - \vec{v}(t)}{\Delta t} = \frac{\Delta \vec{v}}{\Delta t}.$$

Lorsque l'intervalle de temps devient infinitésimal, ce rapport devient le vecteur accélération instantanée :

$$\vec{a} = \frac{\mathrm{d}\vec{v}}{\mathrm{d}t} = \frac{\mathrm{d}^2\overrightarrow{OM}}{\mathrm{d}t^2}.$$

La norme de ces accélérations se mesure en m.s^{-2}.

5 Utilisation des différents systèmes de coordonnées

5.1 Coordonnées cartésiennes

a) Cas d'un mouvement plan

Dans un premier temps, on fait l'hypothèse que le mouvement est réalisé dans le plan (Oxy). On se place dans le référentiel $\mathcal{R}$ lié au repère d'espace fixe (Oxy). On utilise la base de projection $(\vec{u}_x, \vec{u}_y)$ fixe dans $\mathcal{R}$ pour exprimer les vecteurs position, déplacement élémentaire, vitesse et accélération.

b) Vecteur position

L'expression du vecteur position a été déterminée précédemment pour un point $M(x,y)$. Le point M se déplace au cours du temps donc ses coordonnées x et y sont des fonctions du temps et :

$$\overrightarrow{OM} = x(t)\vec{u}_x + y(t)\vec{u}_y.$$

c) Déplacement élémentaire

Lorsque x varie de dx à y fixé, le déplacement a lieu selon le vecteur $\vec{u}_x$ et vaut $\mathrm{d}\overrightarrow{OM} = \mathrm{d}x\,\vec{u}_x$.
Lorsque y varie de dy à x fixé, le déplacement a lieu selon le vecteur $\vec{u}_y$ et vaut $\mathrm{d}\overrightarrow{OM} = \mathrm{d}y\,\vec{u}_y$.

Les coordonnées x et y étant indépendantes et la base $(\vec{u}_x, \vec{u}_y)$ orthonormée, on trouve le déplacement élémentaire dans le cas général où x et y varient simultanément en sommant ces deux expressions :

$$\mathrm{d}\overrightarrow{OM} = \mathrm{d}x\,\vec{u}_x + \mathrm{d}y\,\vec{u}_y.$$

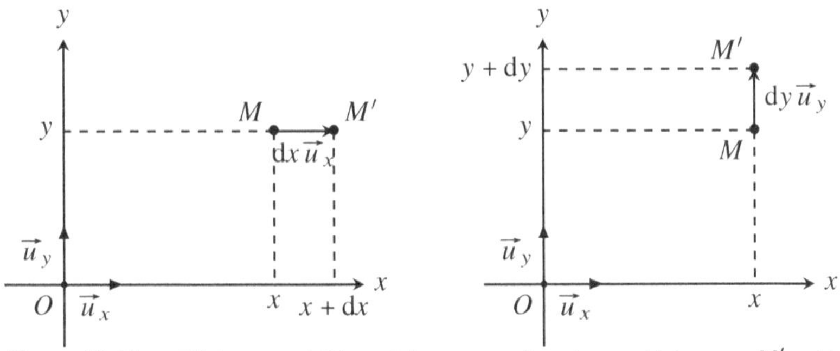

Figure 13.15 – Déplacement élémentaire en coordonnées cartésiennes. M' est tel que $\overrightarrow{MM'} = \mathrm{d}\overrightarrow{OM}$. À gauche, x varie à y fixé ; à droite, y varie à x fixé.

d) Vecteur vitesse

Le vecteur vitesse est égal au rapport du vecteur déplacement élémentaire à la durée élémentaire dt de ce déplacement :

$$\vec{v}(t) = \frac{\mathrm{d}\overrightarrow{OM}}{\mathrm{d}t} = \frac{\mathrm{d}x}{\mathrm{d}t}\vec{u}_x + \frac{\mathrm{d}y}{\mathrm{d}t}\vec{u}_y.$$

En notant $\dot{x}$ le rapport $\frac{\mathrm{d}x}{\mathrm{d}t}$ qui est également la dérivée temporelle de x, et $\dot{y} = \frac{\mathrm{d}y}{\mathrm{d}t}$, on obtient l'expression de la vitesse :

$$\vec{v}(t) = \dot{x}\,\vec{u}_x + \dot{y}\,\vec{u}_y.$$

Remarque

Cela revient à dériver le vecteur position terme à terme, en utilisant le fait que les vecteurs de la base $(\vec{u}_x, \vec{u}_y)$ sont fixes donc indépendants du temps.

e) Vecteur accélération

On continue la dérivation terme à terme de la vitesse pour trouver le vecteur accélération :

$$\vec{a}(t) = \frac{\mathrm{d}\vec{v}}{\mathrm{d}t} = \ddot{x}\,\vec{u}_x + \ddot{y}\,\vec{u}_y.$$

f) Généralisation : mouvement dans l'espace repéré en cartésien

On peut généraliser l'analyse du mouvement pour un point M se déplaçant dans l'espace à trois dimensions en introduisant le point M_H, projeté orthogonal de M sur le plan (Oxy). On obtient alors :

$$\overrightarrow{OM} = \overrightarrow{OM_H} + \overrightarrow{M_HM}.$$

Le point M_H est repéré en coordonnées cartésiennes dans le plan (Oxy). Le point M est repéré sur l'axe orienté $(M_H, \vec{u}_z)$ par sa coordonnée z. On obtient alors les caractéristiques des mouvements de M par sommation des mouvement de M_H dans le plan (Oxy) et de M sur la droite $(M_H, \vec{u}_z)$.

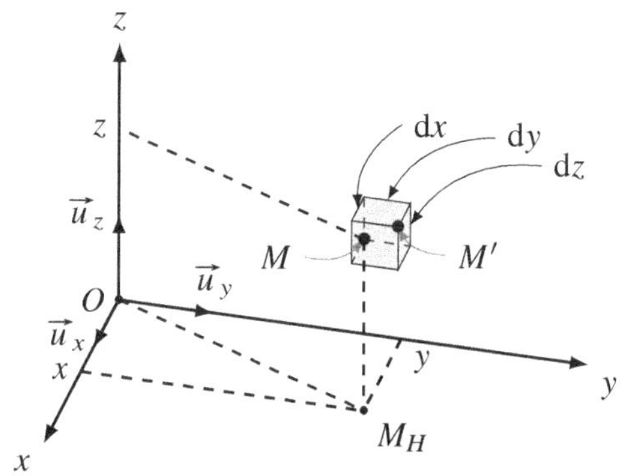

Figure 13.16 – Déplacement élémentaire en cartésiennes. M' est tel que $\overrightarrow{MM'} = \mathrm{d}\overrightarrow{OM}$.

g) Bilan en repérage cartésien

Les vecteurs position, déplacement élémentaire, vitesse et accélération en coordonnées cartésiennes exprimés sur la base $(\vec{u}_x, \vec{u}_y, \vec{u}_z)$ sont respectivement :

$$\overrightarrow{OM} = \begin{pmatrix} x \\ y \\ z \end{pmatrix} \quad ; \quad \mathrm{d}\overrightarrow{OM} = \begin{pmatrix} \mathrm{d}x \\ \mathrm{d}y \\ \mathrm{d}z \end{pmatrix} \quad ; \quad \vec{v} = \begin{pmatrix} \dot{x} \\ \dot{y} \\ \dot{z} \end{pmatrix} \quad ; \quad \vec{a} = \begin{pmatrix} \ddot{x} \\ \ddot{y} \\ \ddot{z} \end{pmatrix}.$$

5.2 Coordonnées cylindro-polaires

a) Coordonnées polaires

Dans un premier temps, on fait l'hypothèse que le mouvement est réalisé sur le plan (Oxy). On se place dans le référentiel $\mathcal{R}$ lié au repère d'espace fixe (Oxy). On utilise la base de projection $(\vec{u}_r, \vec{u}_\theta)$ mobile dans $\mathcal{R}$ pour exprimer les vecteurs position, déplacement élémentaire, vitesse et accélération du point M.

b) Vecteur position

L'expression du vecteur position a été déterminée précédemment pour un point $M(r,\theta)$. Le point M se déplace au cours du temps donc ses coordonnées r et θ sont maintenant des fonctions du temps. Le vecteur position s'écrit :

$$\overrightarrow{OM} = r(t)\,\vec{u}_r(t).$$

⚠ Une nouveauté intervient en coordonnées polaires : le vecteur $\vec{u}_r$ suit le point M au cours de son mouvement et évolue au cours du temps. $\vec{u}_r$ est donc une fonction du temps.

c) Déplacement élémentaire

Lorsque r varie de dr à θ fixé, le déplacement a lieu selon le vecteur $\vec{u}_r$ et vaut : $\mathrm{d}\overrightarrow{OM} = \mathrm{d}r\,\vec{u}_r$.
Lorsque θ varie de dθ à r fixé, le déplacement a lieu selon $\vec{u}_\theta$ et vaut : $\mathrm{d}\overrightarrow{OM} = r\mathrm{d}\theta\,\vec{u}_\theta$.

Les coordonnées r et θ étant indépendantes et la base $(\vec{u}_r, \vec{u}_\theta)$ orthonormée, on trouve le déplacement élémentaire dans le cas général où r et θ varient simultanément en sommant ces deux expressions :

$$\mathrm{d}\overrightarrow{OM} = \mathrm{d}r\,\vec{u}_r + r\mathrm{d}\theta\,\vec{u}_\theta.$$

⚠ L'orientation de l'angle θ et le choix du vecteur de base $\vec{u}_\theta$ sont liés. $\vec{u}_\theta$ est dirigé dans le sens où θ augmente. Il faut toujours le vérifier sur son schéma. Une erreur d'orientation entraîne automatiquement des erreurs de signe.

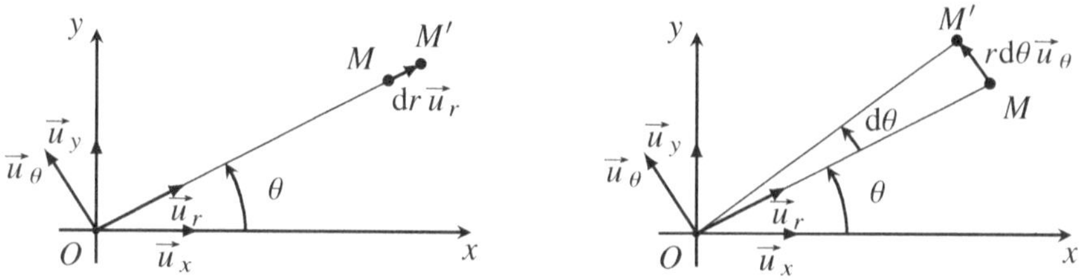

Figure 13.17 – Déplacement élémentaire en coordonnées polaires.
M' est tel que $\overrightarrow{MM'} = \mathrm{d}\overrightarrow{OM}$. À gauche, r varie à θ fixé ; à droite, θ varie à r fixé.

d) Vecteur vitesse

Le vecteur vitesse est égal au rapport du vecteur déplacement élémentaire à la durée élémentaire dt de ce déplacement :

$$\vec{v}(t) = \frac{\mathrm{d}\overrightarrow{OM}}{\mathrm{d}t} = \frac{\mathrm{d}r}{\mathrm{d}t}\vec{u}_r + r\frac{\mathrm{d}\theta}{\mathrm{d}t}\vec{u}_\theta = \dot{r}\vec{u}_r + r\dot{\theta}\vec{u}_\theta. \qquad (13.1)$$

e) Vecteur accélération

Pour trouver le vecteur accélération, on ne peut plus utiliser de méthode géométrique. On doit dériver le vecteur vitesse par rapport au temps. Pour cela, il faut établir les expressions des dérivées temporelles de $\vec{u}_r$ et de $\vec{u}_\theta$.

Expression des vecteurs de la base mobile dans la base fixe On peut passer de la base mobile à la base fixe grâce aux figures de projection de la figure 13.18.

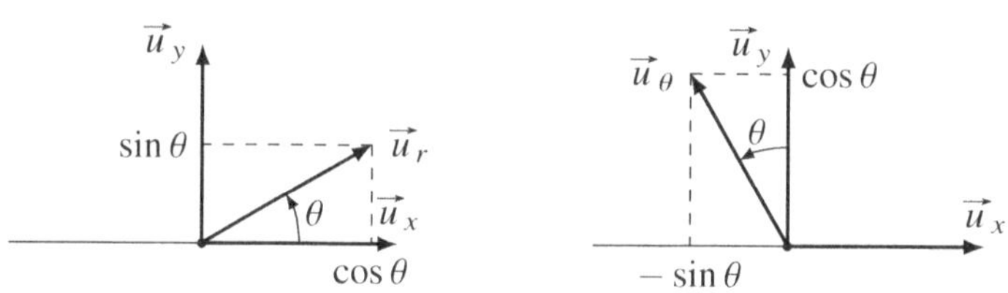

Figure 13.18 – Projection des vecteurs de la base mobile dans la base cartésienne fixe.

Cela permet de trouver l'expression des vecteurs $\vec{u}_r$ et $\vec{u}_\theta$ dans la base fixe $(\vec{u}_x, \vec{u}_y)$:

$$\vec{u}_r = \cos\theta\,\vec{u}_x + \sin\theta\,\vec{u}_y \qquad \text{et} \qquad \vec{u}_\theta = -\sin\theta\,\vec{u}_x + \cos\theta\,\vec{u}_y. \qquad (13.2)$$

Remarque

Il est conseillé de réaliser ces figures avec $0 < \theta < 90°$ et θ nettement inférieur à 45° afin de distinguer facilement que $\cos\theta > \sin\theta > 0$. On peut alors vérifier que l'on ne s'est pas trompé ni sur les signes, ni sur le choix entre $\sin\theta$ et $\cos\theta$.

Dérivation des vecteurs de la base mobile Lorsque le point M se déplace au cours du temps, r et θ varient. On voit sur la figure 13.17 qu'une variation de r ne fait pas bouger la base mobile, tandis qu'une variation de θ fait tourner la base mobile d'un angle $d\theta$. Cette dépendance en θ de $\vec{u}_r$ et $\vec{u}_\theta$ se voit également dans leurs expressions dans la base cartésienne exprimées dans les équations (13.2).

Dans un premier temps, on dérive $\vec{u}_r$ et $\vec{u}_\theta$ par rapport à θ :

$$\begin{cases} \dfrac{d\vec{u}_r}{d\theta} & = -\sin\theta\,\vec{u}_x + \cos\theta\,\vec{u}_y = \vec{u}_\theta \\ \dfrac{d\vec{u}_\theta}{d\theta} & = -\cos\theta\,\vec{u}_x - \sin\theta\,\vec{u}_y = -\vec{u}_r \end{cases} \iff \begin{cases} d\vec{u}_r & = d\theta\,\vec{u}_\theta \\ d\vec{u}_\theta & = -d\theta\,\vec{u}_r. \end{cases}$$

On en déduit leurs dérivées par rapport au temps, qu'il faut absolument connaître :

$$\frac{d\vec{u}_r}{dt} = \dot{\theta}\vec{u}_\theta \qquad \text{et} \qquad \frac{d\vec{u}_\theta}{dt} = -\dot{\theta}\vec{u}_r.$$

Remarque

Ces relations permettent de déterminer le vecteur vitesse en dérivant directement le vecteur position par rapport au temps :

$$\vec{v}(t) = \frac{d\overrightarrow{OM}}{dt} = \frac{d\left(r(t)\vec{u}_r(t)\right)}{dt} = \frac{dr}{dt}\vec{u}_r + r\frac{d\vec{u}_r}{dt} = \dot{r}\vec{u}_r + r\dot{\theta}\vec{u}_\theta.$$

Calcul du vecteur accélération On trouve le vecteur accélération en dérivant le vecteur vitesse terme à terme :

$$\begin{aligned} \vec{a}(t) = \frac{d\vec{v}}{dt} = \frac{d\left(\dot{r}\vec{u}_r + r\dot{\theta}\vec{u}_\theta\right)}{dt} &= \frac{d\dot{r}}{dt}\vec{u}_r + \dot{r}\frac{d\vec{u}_r}{dt} + \frac{dr}{dt}\dot{\theta}\vec{u}_\theta + r\frac{d\dot{\theta}}{dt}\vec{u}_\theta + r\dot{\theta}\frac{d\vec{u}_\theta}{dt} \\ &= \ddot{r}\vec{u}_r + \dot{r}(\dot{\theta}\vec{u}_\theta) + \dot{r}\dot{\theta}\vec{u}_\theta + r\ddot{\theta}\vec{u}_\theta + r\dot{\theta}(-\dot{\theta}\vec{u}_r). \end{aligned}$$

Finalement :

$$\vec{a}(t) = (\ddot{r} - r\dot{\theta}^2)\vec{u}_r + (2\dot{r}\dot{\theta} + r\ddot{\theta})\vec{u}_\theta.$$

f) Généralisation : mouvement à trois dimensions en coordonnées cylindriques

On peut généraliser l'analyse du mouvement pour un point M se déplaçant dans l'espace à trois dimensions en introduisant le point M_H, projeté orthogonal de M sur le plan (Oxy). On obtient :

$$\overrightarrow{OM} = \overrightarrow{OM_H} + \overrightarrow{M_HM}.$$

Le point M_H est repéré en coordonnées polaires dans le plan (Oxy). Le point M est repéré sur l'axe orienté $(M_H, \vec{u}_z)$ par sa coordonnée z. On obtient les caractéristiques du mouvement de M par sommation des mouvements de M_H dans le plan (Oxy) et de M sur la droite $(M_H, \vec{u}_z)$.

g) Bilan en repérage cylindro-polaire

Les vecteurs position, déplacement élémentaire, vitesse et accélération en coordonnées polaires exprimés sur la base mobile $(\vec{u}_r, \vec{u}_\theta, \vec{u}_z)$ sont respectivement :

$$\overrightarrow{OM} = \begin{pmatrix} r \\ 0 \\ z \end{pmatrix} \quad \mathrm{d}\overrightarrow{OM} = \begin{pmatrix} \mathrm{d}r \\ r\mathrm{d}\theta \\ \mathrm{d}z \end{pmatrix}$$

$$\vec{v} = \begin{pmatrix} \dot{r} \\ r\dot{\theta} \\ \dot{z} \end{pmatrix} \quad \vec{a} = \begin{pmatrix} \ddot{r} - r\dot{\theta}^2 \\ 2\dot{r}\dot{\theta} + r\ddot{\theta} \\ \ddot{z} \end{pmatrix}.$$

Par ailleurs, il faut retenir :

$$\frac{\mathrm{d}\vec{u}_r}{\mathrm{d}t} = \dot{\theta}\vec{u}_\theta,$$

et

$$\frac{\mathrm{d}\vec{u}_\theta}{\mathrm{d}t} = -\dot{\theta}\vec{u}_r.$$

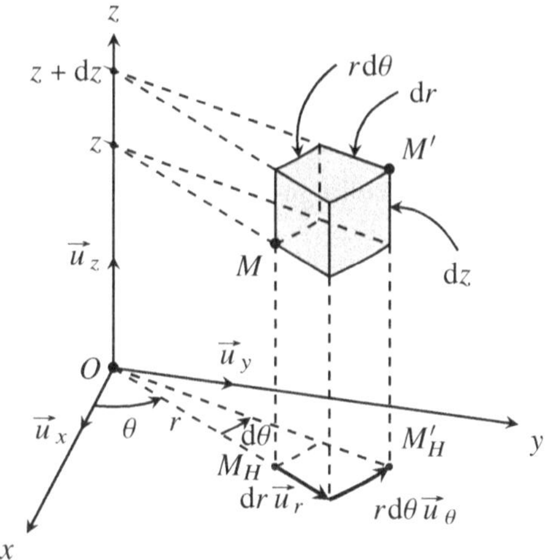

Figure 13.19 – Déplacement élémentaire en coordonnées cylindriques. M' est tel que $\overrightarrow{MM'} = \mathrm{d}\overrightarrow{OM}$. Le déplacement de M est la somme du déplacement de M_H dans le plan (Oxy) repéré en polaire et du déplacement de M par rapport à M_H selon l'axe $(M_H, \vec{u}_z)$.

5.3 Coordonnées sphériques

a) Coordonnées sphériques

Le point M est repéré dans son mouvement à trois dimensions par ses coordonnées sphériques. On se place dans le référentiel $\mathcal{R}$ lié au repère d'espace fixe $(Oxyz)$. On utilise la base de projection $(\vec{u}_r, \vec{u}_\theta, \vec{u}_\varphi)$ mobile dans $\mathcal{R}$. L'expression de l'accélération est difficile à obtenir dans cette base et on se contentera ici d'exprimer les vecteurs position, déplacement élémentaire et vitesse du point M.

b) Vecteur position

L'expression du vecteur position a été déterminée précédemment pour un point $M(r,\theta,\varphi)$. Le point M se déplace au cours du temps donc ses coordonnées r, θ et φ sont des fonctions du temps. Comme θ et φ dépendent de temps, le vecteur $\vec{u}_r$ également et le vecteur position s'écrit :

$$\overrightarrow{OM} = r(t)\vec{u}_r(t).$$

c) Déplacement élémentaire

On considère un point situé en M de coordonnées sphériques (r,θ,φ) à l'instant t, et qui arrive en un point M' tel que

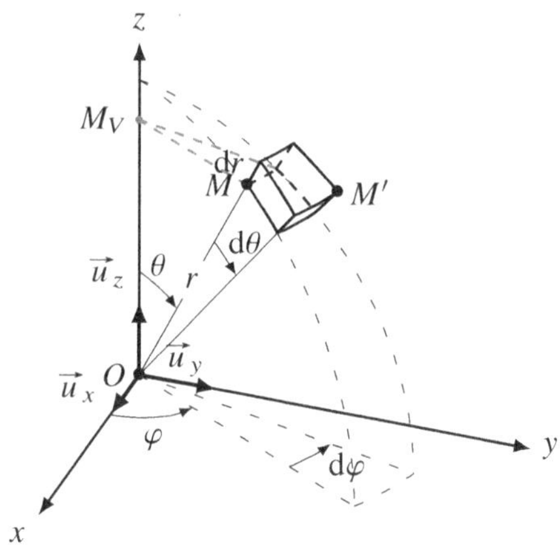

Figure 13.20 – Déplacement élémentaire en coordonnées sphériques.

$\overrightarrow{MM'} = \mathrm{d}\overrightarrow{OM}$ de coordonnées $(r+\mathrm{d}r, \theta+\mathrm{d}\theta, \varphi+\mathrm{d}\varphi)$ à l'instant $t+\mathrm{d}t$. On note M_V la projection de M sur l'axe « vertical » (Oz).

Un déplacement à φ fixé correspond à un déplacement dans le plan méridien (voir figure 13.21) tandis qu'un déplacement à r et θ fixés correspond à un déplacement sur le parallèle passant par M (voir figure 13.22).

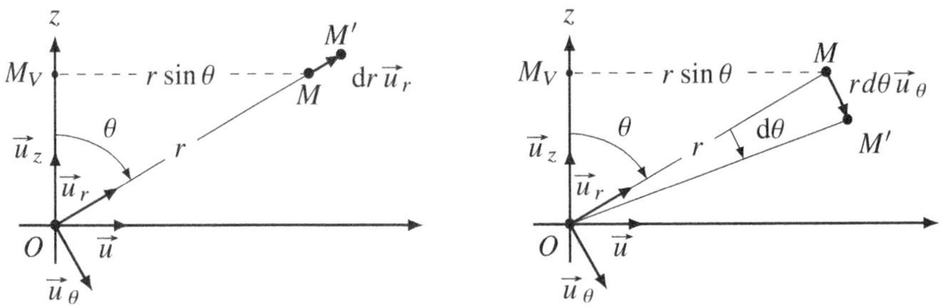

Figure 13.21 – Déplacement de M à φ fixé. M est repéré en polaires sur le plan méridien. À gauche, r varie à θ et φ fixés ; à droite, θ varie à r et φ fixés.

Lorsque r varie de $\mathrm{d}r$ à θ et φ fixés, le déplacement a lieu selon $\vec{u}_r$ et vaut :

$$\mathrm{d}\overrightarrow{OM} = \mathrm{d}r\vec{u}_r.$$

Lorsque θ varie de $\mathrm{d}\theta$ à r et φ fixés, le déplacement a lieu selon $\vec{u}_\theta$ et vaut :

$$\mathrm{d}\overrightarrow{OM} = r\mathrm{d}\theta\vec{u}_\theta.$$

Lorsque φ varie de $\mathrm{d}\varphi$, à r et θ fixés, le déplacement a lieu sur le parallèle passant par M de rayon $r\sin\theta$ et de centre M_V. Il se fait selon le vecteur $\vec{u}_\varphi$ et vaut :

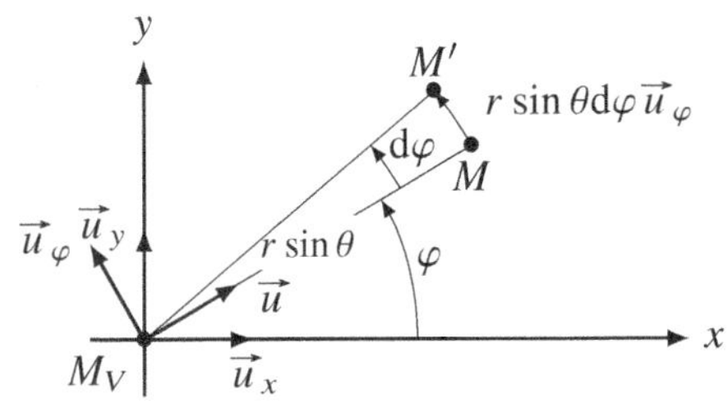

Figure 13.22 – Déplacement de M à r et θ fixés. Le déplacement a lieu sur le parallèle passant par M de rayon $M_VM = r\sin\theta$, où M_V est le projeté orthogonal de M sur (Oz).

$$\mathrm{d}\overrightarrow{OM} = r\sin\theta\mathrm{d}\varphi\vec{u}_\varphi.$$

Les coordonnées r, θ et φ étant indépendantes et la base $(\vec{u}_r, \vec{u}_\theta, \vec{u}_\varphi)$ orthonormée, on trouve le déplacement élémentaire dans le cas général où r, θ et φ varient simultanément en sommant ces trois expressions :

$$\mathrm{d}\overrightarrow{OM} = \mathrm{d}r\vec{u}_r + r\mathrm{d}\theta\vec{u}_\theta + r\sin\theta\mathrm{d}\varphi\vec{u}_\varphi.$$

Remarque

Le rayon d'un cercle est une distance donc une grandeur positive. $\sin\theta$ doit donc garder des valeurs positives. Pour cela, en coordonnées sphériques, θ varie dans l'intervalle $[0,\pi]$. Par suite, pour décrire l'ensemble de l'espace, φ varie sur $[0,2\pi[$.

⚠ L'orientation de l'angle θ et le choix du vecteur $\vec{u}_\theta$ sont liés. $\vec{u}_\theta$ est dirigé dans le sens où θ augmente. De même, $\vec{u}_\varphi$ est dirigé dans le sens où φ augmente.

d) Vecteur vitesse

Le vecteur vitesse est égal au rapport du vecteur déplacement élémentaire à la durée élémentaire dt de ce déplacement :

$$\vec{v}(t) = \frac{\mathrm{d}\overrightarrow{OM}}{\mathrm{d}t} = \frac{\mathrm{d}r}{\mathrm{d}t}\vec{u}_r + r\frac{\mathrm{d}\theta}{\mathrm{d}t}\vec{u}_\theta + r\sin\theta\frac{\mathrm{d}\varphi}{\mathrm{d}t}\vec{u}_\varphi = \dot{r}\vec{u}_r + r\dot{\theta}\vec{u}_\theta + r\sin\theta\dot{\varphi}\vec{u}_\varphi.$$

6 Études de mouvements en coordonnées cartésiennes

6.1 Mouvement rectiligne et uniforme

> **Exemple**
>
> Un train se déplaçant à vitesse constante sur des rails rectilignes suit un mouvement rectiligne et uniforme par rapport au sol.

On considère un point M en mouvement rectiligne et uniforme de vecteur vitesse $\vec{v}_0$ constant dans le référentiel $\mathcal{R}$. Le mouvement s'inscrit sur un droite fixe $\mathcal{D}$ qui contient forcément $\vec{v}_0$.

Choix du repère Le mouvement de M est rectiligne. On repère M sur une droite comme décrit au paragraphe 2.2. On choisit l'origine O du repère sur la droite $\mathcal{D}$ et le vecteur unitaire $\vec{u}_x$ sur cette droite. En général, on s'arrange pour que $\vec{u}_x$ soit dans le sens de $\vec{v}_0$ et on projette tous les vecteurs du problème sur $\vec{u}_x$. Le mouvement de M est entièrement paramétré par son abscisse $x(t)$ dont on doit rechercher l'expression appelée **équation horaire du mouvement**.

Figure 13.23 – Mouvement rectiligne.

Équation horaire du mouvement Les vecteurs position, vitesse et accélération sont *a priori* de la forme :

$$\overrightarrow{OM} = x\vec{u}_x \quad ; \quad \vec{v} = \dot{x}\vec{u}_x \quad ; \quad \vec{a} = \ddot{x}\vec{u}_x.$$

Le mouvement de M est uniforme. Cela signifie qu'il se fait à norme de la vitesse constante. Cela implique que $\dot{x} = v_0$ à tout instant puis $\ddot{x} = 0$.

L'intégration de l'équation $\dot{x} = v_0$ donne l'équation horaire du mouvement :

$$x = v_0 t + x_0.$$

Dans cette équation, x_0 est une constante d'intégration qui s'interprète comme la coordonnée du point M à l'instant $t = 0$ puisque : $x(t = 0) = x_0$.

Bilan pour un mouvement rectiligne et uniforme d'axe (Ox)

$$\vec{a} = \vec{0} \quad ; \quad \vec{v} = v_0\vec{u}_x \quad ; \quad \overrightarrow{OM} = (v_0 t + x_0)\vec{u}_x. \tag{13.3}$$

Un mouvement rectiligne et uniforme est un mouvement à vecteur accélération nul : $\vec{a} = \vec{0}$ et à vecteur vitesse constant $\vec{v} = \vec{v}_0 = v_0\vec{u}_x$. L'abscisse x est une fonction affine du temps.

6.2 Mouvements à vecteur accélération constante

Exemple

Sur Terre, les corps lancés dans le vide suivent un mouvement à vecteur accélération constante $\vec{a} = \vec{g}$ où $\vec{g}$ est l'accélération de la pesanteur. Selon la vitesse initiale $\vec{v}_0$, deux trajectoires sont à envisager :

- une trajectoire rectiligne dont un exemple est donné sur la figure 13.28 ;
- une trajectoire parabolique dont un exemple est donné sur la figure 13.28.

On considère un point M dont le vecteur accélération est constant et égal à $\vec{a} = \vec{g}$ avec $\vec{g}$ indépendant du temps. On obtient $\vec{v}$ par intégration par rapport au temps :

$$\vec{v} = \vec{v}_0 + \vec{g}t,$$

où $\vec{v}_0$ est la vitesse de M à l'instant $t = 0$. On note M_0 la position initiale de M et on obtient le vecteur position en intégrant une nouvelle fois :

$$\overrightarrow{OM} = \overrightarrow{OM_0} + \vec{v}_0 t + \frac{1}{2}\vec{g}t^2.$$

Choix de l'origine du repère On choisit pour origine du repère la position M_0 du point M à l'instant $t = 0$ de sorte que $\overrightarrow{OM_0}$ est égal à $\vec{0}$ et on obtient :

$$\overrightarrow{OM} = \vec{v}_0 t + \frac{1}{2}\vec{g}t^2.$$

On peut alors tracer la trajectoire de M comme sur la figure 13.24.

Le mouvement est plan et on peut le décomposer en un mouvement rectiligne et uniforme à la vitesse $\vec{v}_0$ et un mouvement rectiligne uniformément accéléré parallèle à $\vec{g}$.

Le mouvement est manifestement plan et on a deux possibilités :

- $\vec{v}_0 /\!/ \vec{g}$ ou $\vec{v}_0 = \vec{0}$ et le mouvement est rectiligne selon la droite $(O, \vec{g})$;
- $\vec{v}_0$ n'est pas parallèle à $\vec{g}$ et le mouvement est parabolique.

Par la suite, on n'envisage que ce deuxième cas.

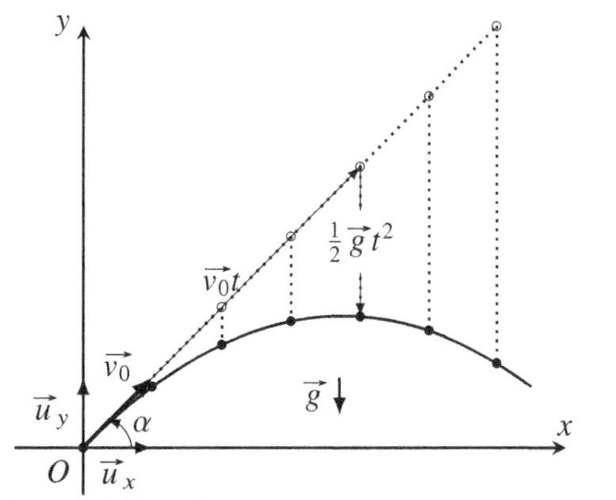

Figure 13.24 – Mouvement à accélération constante.

Choix du repère Le mouvement est plan. On choisit le repérage cartésien décrit au paragraphe 5.1 avec (Oy) parallèle à $\vec{g}$. On peut alors projeter tous les vecteurs sur la base de projection $(\vec{u}_x, \vec{u}_y)$. Or $\vec{g} = -g\vec{u}_y$ et $\vec{v}_0 = v_0 \cos\alpha\, \vec{u}_x + v_0 \sin\alpha\, \vec{u}_y$, on trouve alors :

$$\vec{a} = \begin{pmatrix} \ddot{x} = 0 \\ \ddot{y} = -g \end{pmatrix} \; ; \; \vec{v} = \begin{pmatrix} \dot{x} = v_0 \cos\alpha \\ \dot{y} = -gt + v_0 \sin\alpha \end{pmatrix} \; ; \; \overrightarrow{OM} = \begin{pmatrix} x = v_0 \cos\alpha\, t \\ y = -\frac{1}{2}gt^2 + v_0 \sin\alpha\, t. \end{pmatrix}$$

Les équations horaires du mouvements sont donc :

$$\begin{cases} x &= v_0 \cos\alpha\, t \\ y &= -\frac{1}{2}gt^2 + v_0 \sin\alpha\, t. \end{cases} \tag{13.4}$$

On obtient l'équation de la trajectoire de M en éliminant t entre les deux équations. Par hypothèse, $\vec{v}_0$ n'est pas parallèle à $\vec{g}$, de sorte que $\cos\alpha \neq 0$. On tire $t = \dfrac{x}{v_0\cos\alpha}$ de la première équation et on l'injecte dans la deuxième :

$$y = -\frac{1}{2}\frac{g}{v_0^2\cos^2\alpha}x^2 + \tan\alpha\, x. \tag{13.5}$$

L'équation obtenue est celle d'une parabole. La trajectoire est parabolique.

Remarque
Le mouvement rectiligne uniforme est un cas particulier du mouvement à accélération constante tel que $\vec{a} = \vec{0}$. On retrouve ses équations horaires à partir des équations (13.4) en choisissant $\vec{u}_x$ parallèle à $\vec{v}_0$ puis en posant $g = 0$ et $\alpha = 0$.

7 Mouvements circulaires

7.1 Mouvement circulaire et uniforme

Exemple
Le mouvement d'un corps posé sur un plateau tournant à vitesse angulaire constante est un mouvement circulaire et uniforme. On en montre un exemple sur la figure 13.29.

On considère un point M en mouvement circulaire et uniforme dans le référentiel $\mathcal{R}$. Le mouvement est réalisé sur un cercle $\mathcal{C}$ de centre C et de rayon R parcouru à vitesse constante (en norme).

Choix du repère Le mouvement de M est circulaire, il s'effectue donc dans un plan $\mathcal{P}$. On utilise le repérage polaire décrit au paragraphe 5.2 en choisissant le centre C du cercle $\mathcal{C}$ comme origine O du repère du plan et (Ox) un diamètre du cercle comme origine des angles.
Tous les vecteurs du problème vont être projetés sur la base polaire mobile $(\vec{u}_r, \vec{u}_\theta)$.
Le mouvement de M étant inscrit sur un cercle de rayon R, la distance de M à l'origine O du repère est fixée à $r = R$.
Le mouvement de M est entièrement paramétré par l'angle polaire $\theta(t)$ dont on doit rechercher l'expression appelée équation horaire du mouvement.

Figure 13.25 – Mouvement circulaire.

Équation horaire du mouvement Le vecteur position vaut :

$$\overrightarrow{OM} = R\vec{u}_r.$$

En utilisant le fait que R est constant et que $\dfrac{d\vec{u}_r}{dt} = \dot{\theta}\vec{u}_\theta$, on dérive $\overrightarrow{OM}$ pour trouver :

$$\vec{v} = R\dot{\theta}\vec{u}_\theta. \tag{13.6}$$

$\dot{\theta}$ est la **vitesse angulaire** de M et $\ddot{\theta}$ est son **accélération angulaire**.

Le mouvement de M est uniforme, ce qui signifie que la norme de la vitesse est conservée au cours du mouvement. L'équation (13.6) montre que la vitesse est orthoradiale. Étant donné qu'elle est également de norme constante, on peut l'écrire :

$$\vec{v} = v_0 \vec{u}_\theta.$$

Cela implique que $R\dot{\theta} = v_0$ est constante. La vitesse angulaire est donc également constante et égale à $\dot{\theta} = \frac{v_0}{R}$. On la note souvent ω_0 : $\dot{\theta} = \omega_0 = \frac{v_0}{R}$.

La dérivation de cette relation montre que l'accélération angulaire est nulle : $\ddot{\theta} = 0$.

Son intégration permet de trouver l'équation horaire du mouvement :

$$\theta = \omega_0 t + \theta_0 = \frac{v_0}{R} t + \theta_0.$$

Dans cette équation, θ_0 est une constante d'intégration qui s'interprète comme la position angulaire de M à l'instant initial. Il faut remarquer que la norme de la vitesse vaut $|v_0|$ et que le signe de v_0 ou de ω_0 donne le sens de parcours de la trajectoire circulaire :

- si $v_0 > 0$, la trajectoire est décrite dans le sens direct ;
- si $v_0 < 0$, la trajectoire est décrite dans le sens indirect.

Bilan pour un mouvement circulaire et uniforme

$$\overrightarrow{OM} = R\vec{u}_r \quad ; \quad \vec{v} = R\omega_0 \vec{u}_\theta = v_0 \vec{u}_\theta \quad ; \quad \vec{a} = -R\omega_0^2 \vec{u}_r = -\frac{v_0^2}{R}\vec{u}_r. \tag{13.7}$$

Un mouvement circulaire et uniforme est un mouvement à accélération angulaire nulle : $\ddot{\theta} = 0$ et à vitesse angulaire constante $\dot{\theta} = \omega_0$. L'angle polaire θ est une fonction affine du temps.

La norme de la vitesse est constante et égale à $|v_0|$ mais le vecteur vitesse n'est pas constant puisque sa direction tourne au cours du temps. L'accélération n'est donc pas nulle. Elle est radiale, centripète et de norme $\frac{v_0^2}{R}$.

Remarque

Un vecteur radial centripète est dirigé vers le centre de rotation O. Il est selon $-\vec{u}_r$. Un vecteur radial centrifuge fuit le centre de rotation O . Il est selon $+\vec{u}_r$.

7.2 Généralisation : mouvement circulaire non uniforme

On considère un point M en mouvement circulaire dans le référentiel $\mathcal{R}$. Le mouvement est réalisé sur un cercle $\mathcal{C}$ de centre C et de rayon R.

Choix du repère Le mouvement de M est circulaire. On utilise le même repérage polaire que précédemment et la même base polaire de projection $(\vec{u}_r, \vec{u}_\theta)$.

Le mouvement de M étant effectué sur un cercle de rayon R, il est à nouveau entièrement paramétré par l'angle polaire $\theta(t)$ que l'on doit rechercher.

Position, vitesse et accélération Les vecteur position et vitesse sont inchangés par rapport au mouvement circulaire et uniforme :

$$\overrightarrow{OM} = R\vec{u}_r \quad ; \quad \vec{v} = R\dot{\theta}\vec{u}_\theta.$$

On dérive la vitesse pour trouver l'accélération en faisant attention à $\dot{\theta}$ qui varie dans le temps :

$$\vec{a} = R\dot{\theta}\frac{\mathrm{d}\vec{u}_\theta}{\mathrm{d}t} + R\frac{\mathrm{d}\dot{\theta}}{\mathrm{d}t}\vec{u}_\theta = R\dot{\theta}(-\dot{\theta}\vec{u}_r) + R\ddot{\theta}\vec{u}_\theta = -R\dot{\theta}^2\vec{u}_r + R\ddot{\theta}\vec{u}_\theta.$$

Comme dans le cas du mouvement circulaire et uniforme, $R\dot{\theta}^2 = \frac{v^2}{R}$. Par ailleurs, si l'on note $v(t) = R\dot{\theta}$, on obtient $R\ddot{\theta} = \frac{\mathrm{d}v}{\mathrm{d}t}$ et on en déduit :

$$\vec{a} = -R\dot{\theta}^2\vec{u}_r + R\ddot{\theta}\vec{u}_\theta = -\frac{v^2}{R}\vec{u}_r + \frac{\mathrm{d}v}{\mathrm{d}t}\vec{u}_\theta. \tag{13.8}$$

On remarque que :

- l'accélération radiale centripète de norme $\frac{v^2}{R}$ est perpendiculaire à la trajectoire et dirigée vers le centre du cercle. Elle est liée au fait que la trajectoire est courbe ;
- l'accélération orthoradiale $R\ddot{\theta} = \frac{\mathrm{d}v}{\mathrm{d}t}$ est parallèle à la vitesse. Elle est liée aux variations de la norme de la vitesse.

Remarque

Le mouvement étant entièrement paramétré par la coordonnée $\theta(t)$, on trouve l'équation horaire du mouvement en intégrant deux fois l'accélération angulaire $\ddot{\theta}(t)$ par rapport au temps . On voit apparaître deux constantes d'intégration :

- la position angulaire de M à l'instant $t = 0$: $\theta(t = 0)$;
- la vitesse angulaire de M à l'instant $t = 0$: $\dot{\theta}(t = 0)$.

Ce sont les conditions initiales du mouvement.

Bilan pour un mouvement circulaire non uniforme

$$\overrightarrow{OM} = R\vec{u}_r$$
$$\vec{v} = R\dot{\theta}\vec{u}_\theta = v(t)\vec{u}_\theta$$
$$\vec{a} = -R\dot{\theta}^2\vec{u}_r + R\ddot{\theta}\vec{u}_\theta = -\frac{v^2}{R}\vec{u}_r + \frac{\mathrm{d}v}{\mathrm{d}t}\vec{u}_\theta.$$

8 Interprétation du vecteur accélération

8.1 Repérage local le long d'une trajectoire plane : repère de Frenet

Considérons un mobile qui se déplace le long d'une trajectoire plane. En un point M quelconque de la trajectoire, on définit un vecteur unitaire tangent $\vec{u}_T$ orienté dans le sens de parcours de la trajectoire. On définit également un vecteur unitaire normal $\vec{u}_N$ dirigé vers l'intérieur de la courbure de la trajectoire (voir figure 13.26). On obtient alors un repère mobile du plan $(M, \vec{u}_T, \vec{u}_N)$ appelé **repère de Frenet**.

On a montré au paragraphe 4.2 que le vecteur vitesse est parallèle en tout point à la trajectoire. Ce vecteur $\vec{v}$ est donc porté par $\vec{u}_T$ et dirigé dans le même sens. En notant $v = \|\vec{v}\|$ la norme de la vitesse, on peut exprimer :

$$\vec{v} = v\vec{u}_T.$$

On peut toujours assimiler le mouvement au voisinage du point M à un mouvement circulaire quelconque sur le cercle tangent localement à la trajectoire, de centre C et de rayon R (voir figure 13.26). Ce cercle, appelé cercle osculateur, est défini localement : son centre et son rayon sont définis pour chaque point M de la trajectoire.

En observant le schéma 13.26 en lien avec l'équation (13.8) obtenue lors de l'étude du mouvement circulaire non uniforme, on remarque que le vecteur $\vec{u}_T$, dirigé selon la trajectoire, est analogue à $\vec{u}_\theta$, tandis que le vecteur $\vec{u}_N$ est analogue à $-\vec{u}_r$ puisqu'il est perpendiculaire à la trajectoire et dirigé vers le centre C. Par analogie avec l'expression obtenue à l'équation (13.8) dans le cas d'un mouvement circulaire quelconque, on admet l'expression de l'accélération dans la base locale de Frenet :

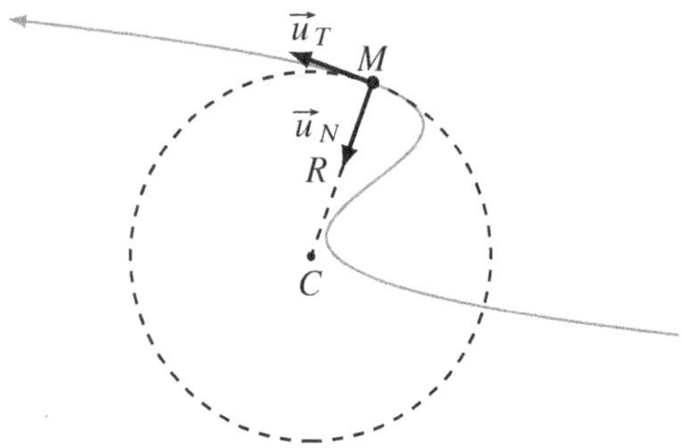

Figure 13.26 – Repère de Frenet et cercle osculateur en un point quelconque d'une trajectoire plane.

$$\vec{a} = \frac{v^2}{R}\vec{u}_N + \frac{dv}{dt}\vec{u}_T. \qquad (13.9)$$

Dans cette expression, R représente le rayon du cercle osculateur appelé également **rayon de courbure** de la trajectoire.

8.2 Interprétation des composantes de l'accélération

a) Composante normale et courbure de la trajectoire

On définit la **courbure de la trajectoire** par l'expression : $\gamma = \frac{1}{R}$.

Une trajectoire rectiligne a un rayon de courbure infini et une courbure nulle en tout point. Une trajectoire circulaire a un rayon de courbure constant et égal au rayon de la trajectoire. Sur une trajectoire plane quelconque, le rayon de courbure varie d'un point à un autre. Le rayon de courbure R est petit et la courbure γ grande lors d'un virage serré. Le rayon de courbure s'allonge et la courbure diminue lors d'un virage plus doux.

La composante normale de l'accélération, $\vec{a}_N = \frac{v^2}{R}\vec{u}_N$, est perpendiculaire à la trajectoire et dirigée vers l'intérieur de la courbure de cette dernière. elle s'annule lorsque la courbure s'annule, c'est-à-dire sur les portions rectilignes de la trajectoire et aux points d'inflexion. Par ailleurs, son expression montre qu'elle est d'autant plus grande que le mobile étudié effectue un virage serré (R petit) et rapide (v grande).

b) Composante tangentielle et variation de la norme de la vitesse

La composante tangentielle, $\vec{a}_T = \frac{dv}{dt}\vec{u}_T$, est tangente à la trajectoire. Sa norme et son sens sont liés à la variation de la norme de la vitesse notée $v > 0$:

- elle s'annule sur les portions de la trajectoire où $\frac{dv}{dt}$ s'annule donc sur les portions de la trajectoire où la norme de la vitesse est constante ;
- lorsque $\vec{a}_T$ est dans le même sens que $\vec{u}_T$ donc dans le même sens que $\vec{v} = v\vec{u}_T$, on a $\frac{dv}{dt} > 0$ donc la norme de la vitesse augmente ;
- lorsque $\vec{a}_T$ est dans le sens opposé à $\vec{u}_T$ donc dans le sens opposé à $\vec{v} = v\vec{u}_T$, on a $\frac{dv}{dt} < 0$ donc la norme de la vitesse diminue.

De façon équivalente, en utilisant $\vec{u}_T = \dfrac{\vec{v}}{v}$, on peut remarquer que :

$$\frac{\mathrm{d}v}{\mathrm{d}t} = \vec{a}_T \cdot \vec{u}_T = \vec{a} \cdot \vec{u}_T = \vec{a} \cdot \frac{\vec{v}}{v} = \frac{\vec{a} \cdot \vec{v}}{v}.$$

On en déduit que le signe de $\dfrac{\mathrm{d}v}{\mathrm{d}t}$ est le même que celui de $\vec{a} \cdot \vec{v}$.

Dans le langage courant, la vitesse est la grandeur affichée au compteur d'une voiture. Il s'agit de la norme du vecteur vitesse. Le vocabulaire suivant est lié à cette norme notée v ici.

Un mouvement est **uniforme** si la norme du vecteur vitesse est constante :

Mouvement uniforme $\Leftrightarrow$ $v = \text{constante}$ $\Leftrightarrow$ $\dfrac{\mathrm{d}v}{\mathrm{d}t} = 0$ $\Leftrightarrow$ $\vec{a} \cdot \vec{v} = 0$.

Un mouvement est **accéléré** si la norme du vecteur vitesse augmente :

Mouvement accéléré $\Leftrightarrow$ $v \nearrow$ $\Leftrightarrow$ $\dfrac{\mathrm{d}v}{\mathrm{d}t} > 0$ $\Leftrightarrow$ $\vec{a} \cdot \vec{v} > 0$.

Un mouvement est **décéléré** si la norme du vecteur vitesse diminue :

Mouvement décéléré $\Leftrightarrow$ $v \searrow$ $\Leftrightarrow$ $\dfrac{\mathrm{d}v}{\mathrm{d}t} < 0$ $\Leftrightarrow$ $\vec{a} \cdot \vec{v} < 0$.

Remarque

La vitesse varie uniformément lorsque $\frac{\mathrm{d}v}{\mathrm{d}t} = a$ est une constante non nulle. La norme de la vitesse est alors une fonction affine du temps. Le mouvement est **uniformément accéléré** si la norme de la vitesse augmente donc si $a > 0$ et **uniformément décéléré** si la norme de la vitesse diminue donc si $a < 0$.

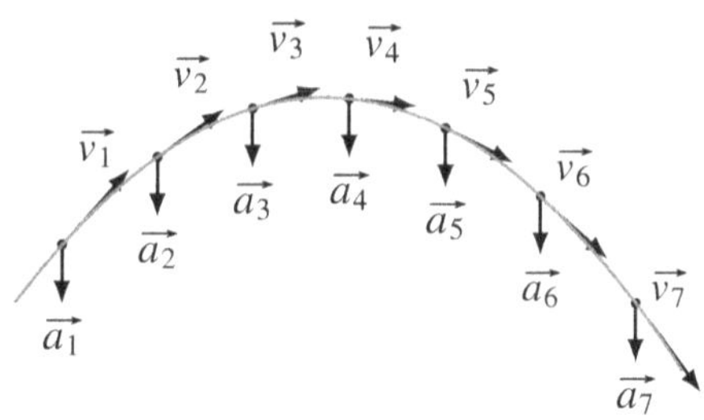

Figure 13.27 – Aux trois premier points, $\vec{a}_T$ et $\vec{v}$ sont de sens opposés, le mouvement est décéléré. Aux quatre suivants, $\vec{a}_T$ et $\vec{v}$ sont dans le même sens, le mouvement est accéléré. Le vecteur accélération pointe toujours vers l'intérieur de la courbure de la trajectoire.

c) Bilan pour une trajectoire plane étudiée dans le repère de Frenet

- la vitesse $\vec{v} = v\vec{u}_T$ n'a qu'une composante, tangente à la trajectoire et dirigée dans le sens de parcours de la trajectoire ;
- l'accélération $\vec{a} = \dfrac{v^2}{R}\vec{u}_N + \dfrac{\mathrm{d}v}{\mathrm{d}t}\vec{u}_T$ a deux composantes :
  - la composante tangentielle $\vec{a}_T = \dfrac{\mathrm{d}v}{\mathrm{d}t}\vec{u}_T$ est tangente à la trajectoire et liée à la variation de la norme de la vitesse ;
  - la composante normale $\vec{a}_N = \dfrac{v^2}{R}\vec{u}_N$ est perpendiculaire à la trajectoire et dirigée vers l'intérieur de la courbure de la trajectoire. Pour une vitesse donnée, sa norme est proportionnelle à la courbure de la trajectoire.

MÉTHODOLOGIE

Comment savoir si le système peut être assimilé à un point ?
▷ *Vérifier que l'on peut négliger son extension spatiale et sa rotation sur lui-même.*

Le mouvement orbital de la Terre autour du Soleil dans le référentiel de Copernic s'inscrit sur une trajectoire quasi circulaire de centre confondu avec le centre du Soleil et de rayon orbital $d_{ST} = 150.10^6$ km. L'extension spatiale de la Terre (son rayon $R_T = 6400$ km) est négligeable devant le rayon orbital : $R_T \ll d_{ST}$. On peut négliger l'extension de la Terre et sa rotation sur elle-même et l'assimiler à un point matériel pour étudier son mouvement orbital.

Par contre, si l'on étudie le mouvement de rotation propre de la Terre autour de son axe nord-sud dans le référentiel géocentrique pour connaître la durée du jour, on ne peut négliger ni l'extension de la Terre, ni sa rotation sur elle-même. On ne peut pas assimiler la Terre à un point matériel lors de l'étude de sa rotation propre.

Comment déterminer le nombre de degrés de libertés d'un mouvement ?
▷ *Compter le nombre de paramètres géométriques indépendant permettant de décrire le mouvement.*

Le nombre de degrés de liberté est le nombre de paramètres géométriques nécessaires pour décrire le mouvement d'un point. Un mouvement rectiligne est un mouvement à un degré de liberté. Un mouvement plan est généralement un mouvement à deux degrés de libertés.

Le cas du mouvement circulaire de centre C et de rayon R est un peu particulier. On étudie ce cas en coordonnées polaire en choisissant l'origine O du repère confondu avec le centre C du cercle. Les deux paramètres géométriques permettant la description de ce mouvement plan sont les coordonnées polaires r et θ mais r est constant et égal au rayon R. Ce degré de liberté est bloqué et n'intervient plus. Il s'agit donc d'un mouvement à un degré de liberté.

Comment choisir le système de coordonnées adapté au problème ?
▷ *Étudier les symétries géométrique du mouvement.*

Si l'on considère trois mouvements plans vus au lycée, différents paramétrages géométriques sont utilisés, qui correspondent à différents systèmes de coordonnées.

Lorsqu'on lâche un objet sans vitesse initiale dans le champ de pesanteur terrestre, il chute verticalement selon une trajectoire rectiligne (voir figure 13.28). On repère sa position à l'instant t par son abscisse $x(t)$ sur l'axe gradué d'un repérage cartésien réduit à un axe.

Lorsque l'on lance un objet dans le champ de pesanteur terrestre avec une vitesse initiale qui n'est ni nulle ni verticale, il effectue un vol balistique suivant une trajectoire plane (voir figure 13.28). On repère sa position dans le plan à l'instant t par ses coordonnées cartésiennes $x(t)$ et $y(t)$ d'un repérage cartésien à deux dimensions. On a montré au paragraphe 6.2 que, dans ce cas, la trajectoire suivie par l'objet est une parabole.

Lorsqu'on pose un objet sur un plateau tournant qui tourne à vitesse angulaire constante, il effectue une trajectoire circulaire (voir figure 13.29). On repère sa position sur le cercle à l'instant t par l'angle polaire $\theta(t)$ à l'aide d'un repérage polaire.

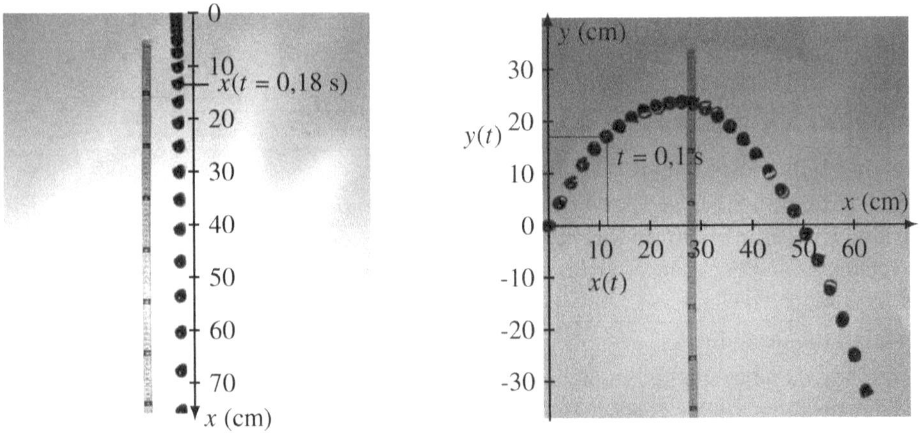

Figure 13.28 – Objet : en chute libre à gauche ; en vol balistique à droite.

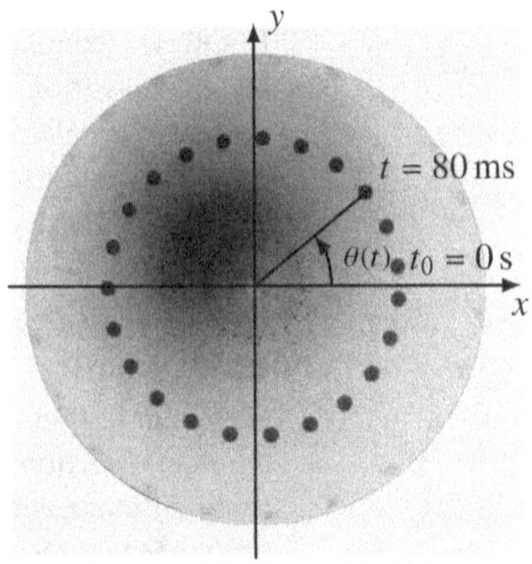

Figure 13.29 – Chronophotographie d'un petit objet en mouvement circulaire et uniforme. Fréquences de prise de vue : 25 images par seconde. Vitesse d'obturation : (1/500) s.

Programme officiel et sommaire des exercices

Notions et contenus	Capacités exigibles
Description et paramétrage du mouvement d'un point	
Repérage dans l'espace et dans le temps Espace et temps classiques. Notion de référentiel. Caractère relatif du mouvement. Caractère absolu des distances et des intervalles de temps.	Citer une situation où la description classique de l'espace ou du temps est prise en défaut.
Cinématique du point Description du mouvement d'un point. Vecteurs position, vitesse et accélération. Systèmes de coordonnées cartésiennes, cylindriques et sphériques. ► 13.C1 13.C2 13.C3	Exprimer à partir d'un schéma le déplacement élémentaire dans les différents systèmes de coordonnées, construire le trièdre local associé et en déduire géométriquement les composantes du vecteur vitesse en coordonnées cartésiennes et cylindriques. Établir les expressions des composantes des vecteurs position, déplacement élémentaire, vitesse et accélération dans les seuls cas des coordonnées cartésiennes et cylindriques.
	Identifier les degrés de liberté d'un mouvement. Choisir un système de coordonnées adapté au problème.
Mouvement à vecteur accélération constant. ► 13.C4 13.C5 ▷ 13.9	Exprimer le vecteur vitesse et le vecteur position en fonction du temps. Établir l'expression de la trajectoire en coordonnées cartésiennes.
Mouvement circulaire uniforme et non uniforme. ► 13.C6 ▷ 13.1 13.2 13.3 13.4 13.7 13.10	Exprimer les composantes du vecteur position, du vecteur vitesse et du vecteur accélération en coordonnées polaires planes.
Repérage d'un point dont la trajectoire est connue. Vitesse et accélération dans le repère de Frenet pour une trajectoire plane. ► 13.C7 ▷ 13.5 13.6 13.8 13.11	Situer qualitativement la direction du vecteur vitesse et du vecteur accélération pour une trajectoire plane. Exploiter les liens entre les composantes du vecteur accélération, la courbure de la trajectoire, la norme du vecteur vitesse et sa variation temporelle.

EXERCICES ★ (LE COURS)

13.C1 Définition de la base polaire On repère un point M en coordonnées polaires. Dessiner les paramètres r et θ, ainsi que la base polaire $(\vec{u}_r, \vec{u}_\theta)$.

13.C2 Changement de bases de projection

1) Exprimer les vecteurs $\vec{u}_r$ et $\vec{u}_\theta$ de la base polaire dans la base cartésienne $\left(\vec{u}_x, \vec{u}_y\right)$.

2) Exprimer les vecteurs $\vec{u}_x$ et $\vec{u}_y$ de la base cartésienne dans la base polaire $(\vec{u}_r, \vec{u}_\theta)$.

13.C3 Déplacement élémentaire et vitesse en coordonnées polaires

1) Dessiner le repère polaire et exprimer le déplacement élémentaire en polaire.

2) En déduire l'expression de la vitesse en polaire.

13.C4 Mouvement rectiligne et uniforme Un point M est animé d'un mouvement rectiligne et uniforme d'axe (Ox) à la vitesse $\vec{v} = v_0\vec{u}_x$. À $t = 0$, il est situé à l'origine O. Exprimer les vecteurs accélération et position à tout instant.

13.C5 Mouvement à vecteur accélération constant Un point M est animé d'un mouvement au cours duquel son vecteur accélération $\vec{a} = a\vec{u}_y$ reste constant. À l'instant initial, il possède une vitesse $\vec{v}$ de norme v_0 et inclinée d'un angle α avec l'axe (Ox).

1) Exprimer le vecteur position à chaque instant t.

2) En déduire que la trajectoire est parabolique.

13.C6 Mouvement circulaire et uniforme Montrer que l'accélération d'un point M en mouvement circulaire de rayon R et uniforme à la vitesse v a pour norme $\frac{v^2}{R}$.

13.C7 Accélération le long d'une trajectoire plane Un point M animé d'un mouvement uniforme effectue un virage vers la droite. Que peut-on dire de la norme de la vitesse et du vecteur accélération ?

EXERCICES ★★

13.1 Test d'accélération d'une voiture

Une voiture est chronométrée pour un test d'accélération en ligne droite avec départ arrêté (vitesse initiale nulle).

1) Elle est chronométrée à 26,6 s au bout d'une distance $D = 180$ m. Déterminer l'accélération (supposée constante) et la vitesse atteinte à la distance D.

2) Quelle est alors la distance d'arrêt pour une décélération de $7{,}0\,\text{m.s}^{-2}$.

13.2 Interpellation pour vitesse excessive

Un conducteur roule à vitesse constante v_0 sur une route rectiligne. Comme il est en excès de vitesse à $100\,\text{km.h}^{-1}$, un gendarme à moto démarre à l'instant où la voiture passe à sa hauteur et accélère uniformément. Le gendarme atteint la vitesse de $90\,\text{km.h}^{-1}$ au bout de 10 s.

1) Quel sera le temps nécessaire au motard pour rattraper la voiture ?

2) Quelle distance aura-t-il parcourue ?

3) Quelle vitesse aura-t-il alors atteinte ?

13.3 Satellite géostationnaire

Un satellite géostationnaire est en mouvement circulaire uniforme autour de la Terre. Il ressent une accélération $a = g_0 \left(\frac{R}{r}\right)^2$, où $R = 6380$ km est le rayon de la Terre, $g_0 = 9{,}81$ m.s^{-2} et r est le rayon de l'orbite. La période de révolution du satellite est égale à la période de rotation de la Terre sur elle-même.

1) Calculer la période T de rotation de la Terre en secondes, puis sa vitesse angulaire Ω.

2) Déterminer l'altitude du satellite en orbite géostationnaire.

3) Déterminer sa vitesse sur sa trajectoire et calculer sa norme.

13.4 Électron dans le modèle atomique de Bohr

Le modèle de Bohr est un modèle planétaire semi-classique de l'atome d'hydrogène. On rappelle que l'atome d'hydrogène est constitué d'un proton et d'un électron. Dans le modèle de Bohr, l'électron a une trajectoire circulaire et uniforme autour du proton de rayon $a_0 = 0{,}53.10^{-10}$ m. La fréquence de révolution de l'électron est égale à $f = 6{,}6.10^{15}$ Hz.

1) Déterminer la vitesse de l'électron sur sa trajectoire et calculer sa norme.

2) Déterminer l'accélération de l'électron et calculer sa norme.

13.5 Mouvement sur une ellipse

Un point M se déplace sur une ellipse d'équation cartésienne $\left(\frac{x}{a}\right)^2 + \left(\frac{y}{b}\right)^2 = 1$. On note θ l'angle que fait $\overrightarrow{OM}$ avec l'axe (Ox). Les coordonnées de M peuvent s'écrire () :

$$\begin{cases} x(t) &= \alpha\cos(\omega t + \phi) \\ y(t) &= \beta\sin(\omega t + \psi). \end{cases}$$

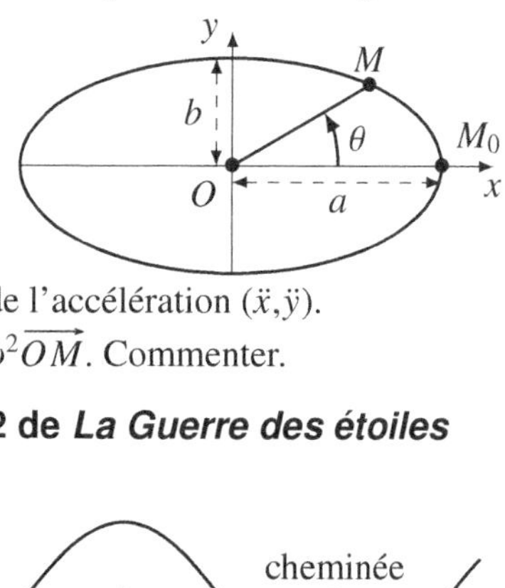

1) À $t = 0$, le mobile est en M_0. Déterminer α, ϕ et ψ.

2) Des autres données, déduire β.

3) Déterminer les composantes de la vitesse $(\dot{x},\dot{y})$ et de l'accélération $(\ddot{x},\ddot{y})$.

4) Montrer que l'accélération est de la forme $\vec{a} = -\omega^2\overrightarrow{OM}$. Commenter.

13.6 Slalom entre des cheminées ; épisode 2 de *La Guerre des étoiles*

Dans cet épisode de *La Guerre des étoiles*, on peut assister à une course poursuite de « speeder » entre des cheminées d'usine. On suppose que le véhicule suit une trajectoire sinusoïdale de slalom entre les cheminées alignées selon l'axe (Ox). Elles sont espacées d'une distance $L = 200$ m.

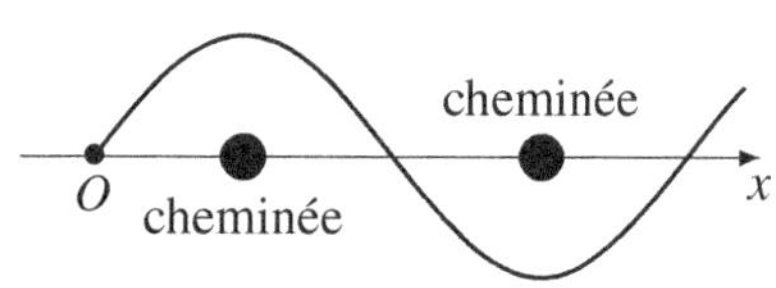

1) Le véhicule conserve une vitesse v_0 constante selon (Ox) et met $t_t = 12$ s pour revenir sur l'axe après la sixième cheminée. En déduire la vitesse v_0. Faire l'application numérique.

2) Déterminer l'amplitude de la sinusoïde pour que l'accélération reste inférieure à $10g$ en valeur absolue, avec $g = 9{,}8$ m.s^{-2}. Que penser des valeurs obtenues ?

EXERCICES ★★★

13.7 Étude cinématique du pendule simple

Le mouvement d'un point M accroché à un fil de longueur l dont l'autre extrémité est fixée en un point O s'inscrit sur une portion de cercle de centre O et de rayon l. On repère alors le point M dans le référentiel $\mathcal{R}$ par sa coordonnée angulaire θ définie sur la figure ci-contre et on observe des oscillations pendulaires. Lorsque les oscillations sont de faibles amplitudes, on observe que l'angle polaire θ est tel que $\theta(t) = \theta_0 \sin \omega t$ en choisissant pour origine des temps l'instant où M passe au point P.

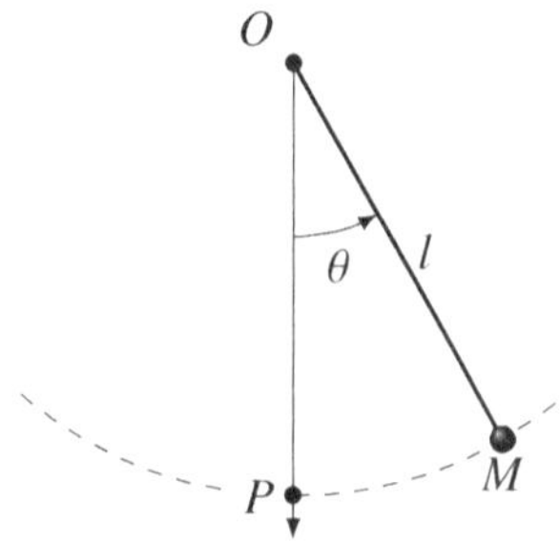

1) Définir sur un schéma la base locale de projection polaire. Donner l'expression des vecteurs position, vitesse et accélération sur cette base.

2) Définir la base cartésienne de projection et donner l'expression du vecteur position sur cette base.

3) Lorsque $\theta_0 \ll \frac{\pi}{2}$, on a $\theta(t) \ll \frac{\pi}{2}$ à tout instant et on peut utiliser les approximations suivantes : $\cos\theta \simeq 1$ et $\sin\theta \simeq \theta$.

Dans ces conditions, déterminer les composantes des vecteurs vitesse et accélération en coordonnées cartésiennes.

13.8 Mouvement hélicoïdal

Un point matériel se déplace le long d'une hélice circulaire. Son mouvement est donné en coordonnées cylindriques par : $r = R$, $\theta = \omega t$ et $z = ht$, où R, h et ω sont des constantes.

1) Donner l'expression de la vitesse.

2) En déduire que le module de la vitesse est constant.

3) Exprimer l'accélération.

13.9 Courses entre véhicules radio-commandés

Deux modèles réduits de voitures radio-commandées ont des performances différentes : le premier a une accélération de $4{,}0\,\text{m.s}^{-2}$, le second de $5{,}0\,\text{m.s}^{-2}$. Cependant l'utilisateur de la première voiture a plus de réflexes que celui de la seconde, ce qui lui permet de la faire démarrer 1,0 s avant le second. Ils réalisent des courses rectilignes.

1) Déterminer le temps nécessaire au deuxième véhicule pour rattraper l'autre.

2) Les deux modèles réduits participent à des courses de 100 m et 200 m. Est-il possible que le perdant du 100 m prenne sa revanche au 200 m ?

3) Calculer la vitesse de chacun des véhicules au moment du dépassement.

13.10 Parcours d'un cycliste sur un vélodrome

On s'intéresse à un cycliste, considéré comme un point matériel M, qui s'entraîne sur un vélodrome constitué de deux demi-cercles reliées par deux lignes droites (figure ci-dessous). Données : $L = 62$ m et $R = 20$ m. Le cycliste part de D avec une vitesse nulle.

1) Il exerce un effort constant, ce qui se traduit par une accélération constante a_1 jusqu'à l'entrée E_1 du premier virage. Calculer le temps t_{E_1} de passage en E_1 ainsi que la vitesse V_{E_1} en fonction de a_1 et L.

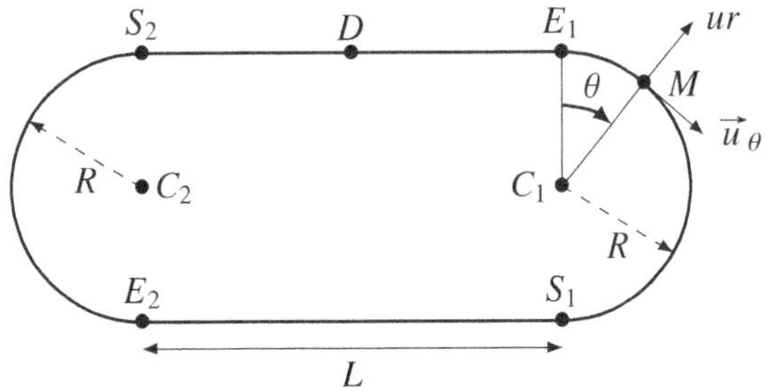

2) Dans le premier virage, le cycliste a une accélération tangentielle (suivant $\vec{u}_\theta$) constante et égale à a_1. Déterminer le temps t_{S_1} de passage en S_1 ainsi que la vitesse v_{S_1} en fonction de a_1, L et R.

3) De même, en considérant l'accélération tangentielle constante tout au long du premier tour et égale à a_1, déterminer les temps t_{E_2}, t_{S_2} et t_D (après un tour), ainsi que les vitesses correspondantes.

4) La course s'effectue sur quatre tours (1 km) mais on ne s'intéresse qu'au premier effectué en $t_1 = 18{,}155$ s (Temps du britannique Chris Hoy aux Championnats du monde de 2007). Déterminer la valeur de l'accélération a_1 ainsi que la vitesse atteinte en D. La vitesse mesurée sur piste est d'environ 60 km.h^{-1}. Que doit-on modifier dans le modèle pour se rapprocher de la réalité ?

EXERCICES ★★★★

13.11 Mouvement de l'extrémité d'une barre

Dans le référentiel $\mathcal{R}$ de repère $(O,\vec{u}_x,\vec{u}_y,\vec{u}_z)$ défini sur les figures suivantes, une barre rectiligne AB de longueur $2b$ se déplace de sorte que :

- son extrémité A se trouve sur le demi-axe positif (Oz) ;
- son extrémité B décrit le demi-cercle du plan (xOy) de centre $I(0,b,0)$ et de rayon b, à la vitesse angulaire ω constante et positive. à l'instant $t = 0$, B se trouve en O.

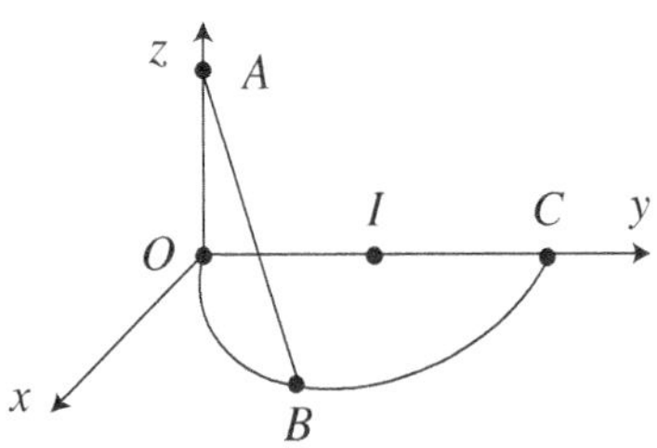

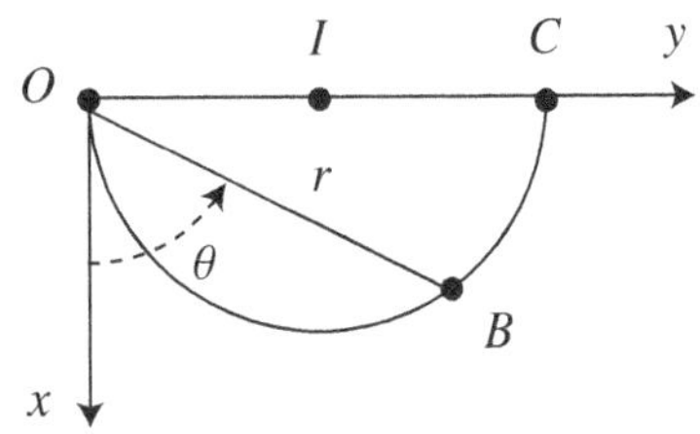

L'exercice ne requiert aucune connaissance de mécanique du solide.

1) Déterminer la durée Δt du mouvement.

2) On note φ l'angle $(\overrightarrow{IO},\overrightarrow{IB})$, déterminer une relation simple entre φ et θ.

3) Établir les expressions des coordonnées polaires r et θ de B au cours du temps t.

4) Déterminer l'angle $\alpha = (\overrightarrow{AO},\overrightarrow{AB})$ en fonction de ω et t.

5) Décrire le mouvement de la barre entre l'instant initial et l'instant final.

6) Calculer les coordonnées cartésiennes X, Y et Z du milieu J de la barre.

7) Déterminer la vitesse $\vec{v}$ et l'accélération $\vec{a}$ de J, ainsi que leurs normes.

CORRIGÉS

13.C1 On réalise le schéma de la figure 13.6 page 338. On ajoute les vecteurs de base comme sur la figure 13.7. Le vecteur $\vec{u}_r$ est radial centrifuge. L'orientation positive de θ oriente $\vec{u}_\theta$.

13.C2 **(1)** On utilise la figure 13.18 page 349 et on trouve $\vec{u}_r = \cos\theta\,\vec{u}_x + \sin\theta\,\vec{u}_y$ et $\vec{u}_\theta = -\sin\theta\,\vec{u}_x + \cos\theta\,\vec{u}_y$. **(2)** $\vec{u}_x = \cos\theta\,\vec{u}_r - \sin\theta\,\vec{u}_\theta$ et $\vec{u}_y = \sin\theta\,\vec{u}_r + \cos\theta\,\vec{u}_\theta$.

13.C3 **(1)** *Cf.* paragraphe 5.2 page 348 **(2)** *Cf.* équation 13.1 page 349.

13.C4 *Cf.* paragraphe 6.1 page 353. Le vecteurs position et accélération vérifient l'équation (13.3) page 353 en prenant $x_0 = 0$.

13.C5 **(1)** *Cf.* paragraphe 6.2 page 354. Les composantes du vecteur position sont celles de l'équation 13.4 en remplaçant $-g$ par a. **(2)** L'équation de la trajectoire est la même que dans l'équation 13.5 en remplaçant $-g$ par a.

13.C6 *Cf.* paragraphe 7.1 page 355

13.C7 *Cf.* paragraphe 8 page 357. La norme de la vitesse est constante car le mouvement est uniforme. On en déduit $\frac{dv}{dt} = 0$ puis $\vec{a} \cdot \vec{v} = 0$. Le vecteur accélération est donc perpendiculaire à la trajectoire ou nul d'après l'équation (13.9). Comme M effectue un virage à droite, il est non nul et tourné vers l'intérieur de la courbure de la trajectoire donc dirigé vers la droite.

13.1 Test d'accélération d'une voiture

1) Le mouvement est rectiligne à accélération constante $\vec{a}_0$. On choisit l'axe (Ox) comme axe du mouvement et le point O comme point de départ. L'intégration de l'accélération donne : $\vec{a} = \vec{a}_0 = a_0\vec{u}_x$ donc $\vec{v} = (a_0 t + C)\vec{u}_x$ avec $v(t = 0) = 0$ donc $C = 0$.
L'abscisse x est alors : $x = \frac{1}{2}a_0 t^2 + C'$ avec $x(0) = 0$ donc $C' = 0$.

Si on note $t_D = 26{,}6\,\text{s}$, $a_0 = 2D/t_D^2 = 2 \times 180/26{,}6^2 = 0{,}509\,\text{m.s}^{-2}$. On obtient ensuite la vitesse à $t = t_D$: $v_D = v_0 t_D = 13{,}5\,\text{m.s}^{-1}$.

2) Pour la phase de freinage, on peut changer les origines (temps et espace); la nouvelle vitesse initiale est alors v_D. On note $a_f = -7{,}0\,\text{m.s}^{-2}$ l'accélération lors de cette phase (il y a freinage donc $a_f < 0$). Les intégrations de l'accélération amènent à : $v = \dot{x} = a_f t + v_D$ et $x = \frac{1}{2}a_f t^2 + v_D t$.
L'arrêt a lieu pour $v = 0$ soit $t = t_A = v_D/a_f = 1{,}93$ s d'où une distance de freinage :

$$x(t_A) = \frac{a_f}{2}\left(\frac{v_D}{a_f}\right)^2 + v_D\frac{v_D}{a_f} = 1{,}5\frac{v_D^2}{a_f} = 13\,\text{m}.$$

13.2 Interpellation pour vitesse excessive

1) Soit (Ox) l'axe le long duquel ont lieu les mouvements de la voiture et de la moto. La voiture, repérée par son abscisse x_V, est en mouvement rectiligne et uniforme à la vitesse $\dot{x}_V = v_0$. Sa position s'écrit $x_V = v_0 t$ en prenant l'origine O du repère d'espace à la position commune de la voiture et de la moto à $t = 0$.

La moto, repérée par son abscisse x_M, est en mouvement rectiligne et uniformément accélérée avec $\ddot{x}_M = a_0$. Comme dans l'exercice précédent (les conditions initiales sont identiques), on en déduit sa vitesse $\dot{x}_M = a_0 t$ et sa position $x_M = \frac{1}{2} a_0 t^2$ par intégration par rapport au temps. Le motard rattrape la voiture lorsque les positions de la voiture et de la moto sont à nouveau identiques, ce qui revient à résoudre $x_V(t) = x_M(t)$ soit $v_0 t = \frac{1}{2} a_0 t^2$. Les solutions sont $t = 0$, qui n'est bien évidemment pas la solution cherchée, et $t_0 = \frac{2v_0}{a_0} = 22{,}2\,\text{s}$. Pour effectuer l'application numérique, on transforme la vitesse en m.s^{-1} soit $v_0 = 100\,\text{km.h}^{-1} = 27{,}8\,\text{m.s}^{-1}$ et on détermine l'accélération par le fait qu'au bout de $t_1 = 10\,\text{s}$, la moto atteint une vitesse $v_1 = 90\,\text{km.h}^{-1} = 25\,\text{m.s}^{-1}$ soit $a_0 = \frac{v_1}{t_1} = 2{,}5\,\text{m.s}^{-2}$.

2) La distance parcourue est alors $d = v_0 t_0 = \frac{1}{2} a_0 t_0^2 = 617\,\text{m}$.

3) La moto possède alors une vitesse $v_M = a_0 t_0 = 55\,\text{m.s}^{-1} = 198\,\text{km.h}^{-1}$.

13.3 Satellite géostationnaire

1) La Terre effectue un tour sur elle-même en une période d'environ $T = 24\,\text{h}$ soit $T = 86{,}4.10^3\,\text{s}$. Sa vitesse angulaire est $\Omega = 2\pi/T = 7{,}27.10^{-5}\,\text{rad.s}^{-1}$.

2) On note $\overrightarrow{TM} = R\vec{u}_r$ le vecteur position du satellite en coordonnées polaires (r,θ) d'origine T, le centre de la Terre. La période de révolution du satellite coïncide avec la période de rotation de la Terre sur elle-même donc sa vitesse angulaire $\dot{\theta} = 2\pi/T$ est égale à $\Omega = 2\pi/T$. Il faut donc déterminer $\dot{\theta}$ connaissant l'accélération.

Le mouvement est circulaire et uniforme de rayon r. L'accélération est : $\vec{a} = -\dfrac{v^2}{r}\vec{u}_r$, soit $\vec{a} = -r\dot{\theta}^2\vec{u}_r$.

On en déduit : $\Omega = \dot{\theta} = \sqrt{\dfrac{g_0 R^2}{r^3}} \Rightarrow r = \left(\frac{g_0 R^2}{\Omega^2}\right)^{1/3} = 42{,}3.10^3\,\text{km}$.

On retient en général trente six mille kilomètres pour l'orbite géostationnaire ; il s'agit de l'altitude à partir du sol, obtenue en soustrayant le rayon de la Terre au résultat précédent.

3) $\vec{v} = r\Omega\vec{u}_\theta$ et $\|\vec{v}\| = 42{,}3.10^6 \times 7{,}27.10^{-5} = 3{,}1.10^3\,\text{m.s}^{-1} = 11.10^3\,\text{km.h}^{-1}$.

13.4 Électron dans le modèle atomique de Bohr

On note O la position du proton (supposé ponctuel) et M celle de l'électron (supposé ponctuel également). On utilise le repérage polaire du cours.

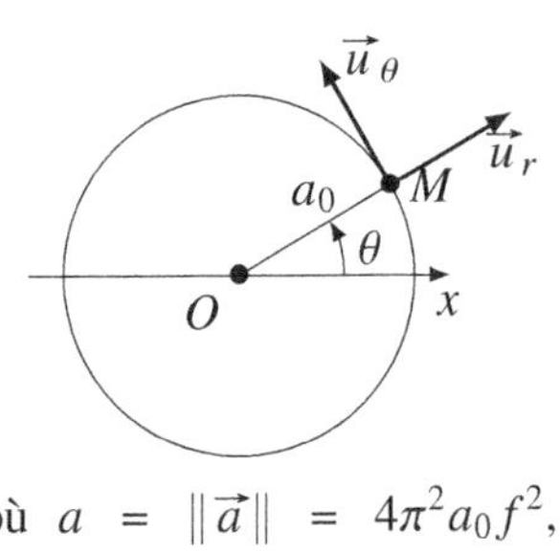

1) La vitesse de l'électron vaut : $\vec{v} = a_0\dot{\theta}\vec{u}_\theta$ où $\dot{\theta} = 2\pi f$, d'où $v = \|\vec{v}\| = 2\pi a_0 f = 2 \times 3{,}14 \times 0{,}53.10^{-10} \times 6{,}6.10^{15}$. Finalement $v = 2{,}2.10^6\,\text{m.s}^{-1}$.

2) Son accélération vaut : $\vec{a} = -\frac{v^2}{a_0}\vec{u}_r = -4\pi^2 a_0 f^2 \vec{u}_r$, d'où $a = \|\vec{a}\| = 4\pi^2 a_0 f^2$, $a = 9{,}1.10^{22}\,\text{m.s}^{-2}$.

13.5 Mouvement sur une ellipse

1) On écrit x et y à $t = 0$ soit : $x(0) = \alpha \cos\phi$ et $y(0) = \beta \cos\psi$.
L'énoncé précise que $x(0) = a$ et $y(0) = 0$; on en déduit $\alpha = a$, $\phi = 0$ et $\psi = 0$.

2) On remplace x et y par leurs expressions dans l'équation de l'ellipse et on obtient :

$$\cos^2 \omega t + \left(\frac{\beta}{b}\right)^2 \sin^2 \omega t = 1.$$

La seule possibilité pour que l'équation soit vérifiée à chaque instant est $\beta = b$.

3) Pour obtenir la vitesse et l'accélération on dérive par rapport au temps, sachant que ω est constante :

$$\begin{cases} \dot{x} = -a\omega \sin \omega t \\ \dot{y} = b\omega \cos \omega t \end{cases} \quad \text{et} \quad \begin{cases} \ddot{x} = -a\omega^2 \cos \omega t \\ \ddot{y} = -b\omega^2 \sin \omega t. \end{cases}$$

4) On remarque que $\ddot{x} = -\omega^2 x$ et $\ddot{y} = -\omega^2 y$, donc : $\vec{a} = -\omega^2 \overrightarrow{OM}$.
C'est l'équation différentielle d'un oscillateur harmonique à deux dimensions du plan (xOy).

13.6 Slalom entre des cheminées ; épisode 2 de *La Guerre des étoiles*

On choisit un repère cartésien (O,x,y) et on note $\vec{u}_x$ et $\vec{u}_y$ les vecteurs de base. L'équation de la trajectoire, telle qu'elle apparaît sur la figure, a pour période $2L$ et s'écrit $y = a \sin\left(\dfrac{2\pi x}{L}\right)$. Il faut déterminer a.

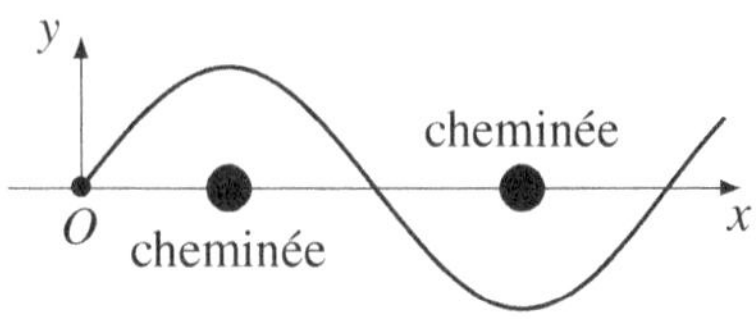

1) Selon (Ox), $\dot{x} = v_0$, soit $x = v_0 t$ puisqu'à $t = 0$, $x = 0$. Le véhicule revient sur l'axe après la sixième cheminée, ayant parcouru une distance $D = 6L = 1200\,\text{m}$, la vitesse v_0 est donc $v_0 = 6L/t_t = 100\,\text{m.s}^{-1}$ ou $360\,\text{km.h}^{-1}$. La vitesse « au compteur » est encore plus grande car le speeder ne ne se déplace pas en ligne droite.

2) En remplaçant x par son expression dans y, on obtient $y = a \sin\left(\frac{\pi v_0 t}{L}\right)$. L'accélération a pour composantes $\ddot{x} = \dot{v_0} = 0$ et $\ddot{y}$. Il vient : $\dot{y} = a\frac{\pi v_0}{L} \cos\left(\frac{\pi v_0 t}{L}\right)$ et $\ddot{y} = -a\left(\frac{\pi v_0}{L}\right)^2 \sin\left(\frac{\pi v_0 t}{L}\right)$.
Le sinus est compris dans l'intervalle $[-1,1]$, donc pour que l'accélération reste inférieure à $10g$ en valeur absolue, il faut : $a\left(\frac{\pi v_0}{L}\right)^2 \leq 10g \;\Rightarrow\; a \leq 10g\left(\frac{L}{\pi v_0}\right)^2 = 40\,\text{m}$.

Il faut être excellent pilote pour passer aussi près des cheminées à cette vitesse. Il faut supporter de plus une accélération importante ; à titre de comparaison lors du catapultage d'un avion depuis un porte-avion, l'accélération est environ $5g$. Mais dans la cas étudié, il s'agit de « chevaliers Jedi » !

13.7 Étude cinématique du pendule simple

On étudie le mouvement de M dans le référentiel $\mathcal{R}$ dans lequel la droite OP et le plan du mouvement sont fixes, le vecteur position s'écrit différemment selon la base de projection.

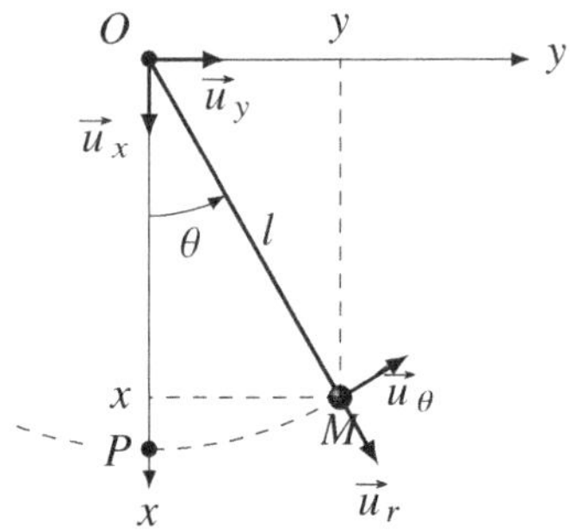

1) $\overrightarrow{OM} = l\vec{u}_r$ sur la base polaire définie ci-contre. On a donc :

$$\vec{v} = l\dot{\theta}\vec{u}_\theta = l\omega\theta_0 \cos\omega t\,\vec{u}_\theta$$
$$\vec{a} = -l\dot{\theta}^2\vec{u}_r + l\ddot{\theta}\vec{u}_\theta$$
$$\vec{a} = -l\omega^2\theta_0^2\cos^2\omega t\,\vec{u}_r + l\omega^2\theta_0 \sin\omega t\,\vec{u}_\theta.$$

2) Sur la base cartésienne définie ci-contre, on a alors :

$$\overrightarrow{OM} = x\vec{u}_x + y\vec{u}_y = l\cos\theta\,\vec{u}_x + l\sin\theta\,\vec{u}_y,$$

soit : $\overrightarrow{OM} = l\cos(\theta_0\sin\omega t)\,\vec{u}_x + l\sin(\theta_0\sin\omega t)\,\vec{u}_y$.

Cette expression est délicate à dériver, ce qui explique que les coordonnées polaires soient en général préférables pour étudier ce problème.

3) Pour les oscillations de faible amplitude, on obtient : $\overrightarrow{OM} = l\theta_0\sin\omega t\,\vec{u}_y + l\vec{u}_x$ $\vec{v} = l\omega\theta_0\cos\omega t\,\vec{u}_y$ et $\vec{a} = -l\omega^2\theta_0\sin\omega t\,\vec{u}_y$.

13.8 Mouvement hélicoïdal

1) On utilise l'expression générale de la vitesse en coordonnées cylindriques :

$$\vec{v} = \dot{r}\vec{u}_r + r\dot{\theta}\vec{u}_\theta + \dot{z}\vec{u}_z = R\omega\vec{u}_\theta + h\vec{u}_z.$$

2) En calculant la norme de l'expression précédente, on obtient $v = \sqrt{(R\omega)^2 + h^2}$.

3) On utilise l'expression générale de l'accélération en coordonnées cylindriques :

$$\vec{a} = \left(\ddot{r} - r\dot{\theta}^2\right)\vec{u}_r + \left(2\dot{r}\dot{\theta} + r\ddot{\theta}\right)\vec{u}_\theta + \ddot{z}\vec{u}_z = -R\omega^2\vec{u}_r.$$

13.9 Courses entre véhicules radio-commandés

1) Pour le premier, on a une accélération a_1 constante soit après une double intégration l'équation horaire suivante $x_1 = \frac{1}{2}a_1t^2$ en prenant $t = 0$ au début de la course.

Pour le second, on a de même $x_2 = \frac{1}{2}a_2(t - t_0)^2$ en tenant compte du retard t_0 au départ.

On cherche l'instant t pour lequel on a $x_1(t) = x_2(t)$. La résolution de l'équation du second degré $(a_2 - a_1)t^2 - 2a_2t_0t + a_2t_0^2 = 0$ donne $t = \dfrac{a_2 \pm \sqrt{a_1a_2}}{a_2 - a_1}t_0$.

L'application numérique donne $t = 9{,}5$ s et $t = 0{,}5$ s. La seconde solution n'est pas possible puisque l'un des deux n'est pas encore parti ! Il faut donc 8,5 s pour que le second rattrape le premier.

2) Il suffit de reporter la valeur de t dans l'une ou l'autre des équations horaires. On trouve $x = 1{,}8.10^2$ m. On peut vérifier qu'on trouve bien la même valeur avec les deux équations horaires. La deuxième voiture arrive après la première au 100 m mais la dépasse avant l'arrivée au 200 m.

3) Quant aux vitesses au moment du dépassement, elles valent $v_1 = a_1 \times t = 38\,\text{m.s}^{-1}$ et $v_2 = a_2 \times (t - t_0) = 42{,}5\,\text{m.s}^{-1}$.

13.10 Parcours d'un cycliste sur un vélodrome

1) De D à E_1, le mouvement est rectiligne uniformément accéléré. À l'instant t, la vitesse est $v = a_1t$ puisque la vitesse initiale est nulle et la distance parcourue est $d = a_1t^2/2$, d'où :

$$t_{E_1} = \sqrt{\frac{2DE_1}{a_1}} = \sqrt{\frac{L}{a_1}} \quad \text{et} \quad v_{E_1} = a_1t_{E_1} = \sqrt{a_1L}.$$

2) Dans le virage, le mouvement est circulaire, donc l'expression de l'accélération est : $\vec{a} = -R\dot{\theta}^2\vec{u}_r + R\ddot{\theta}\vec{u}_\theta$.

D'après l'énoncé, on a $R\ddot{\theta} = a_1$, on en déduit en intégrant, $\dot{\theta} = a_1 t/R + cte$. On prend une nouvelle origine des temps en E_1, alors $cte = \dot{\theta}_{E_1} = v_{E_1}/R = \sqrt{a_1 L}/R$. En prenant $\theta = 0$ en E_1, on détermine : $\theta(t) = \dfrac{a_1 t^2}{2R} + \dfrac{\sqrt{a_1 L}}{R}t$.

On obtient alors le temps de sortie du virage pour $\theta = \pi$, ce qui revient à résoudre l'équation du second degré : $t^2 + 2\sqrt{\dfrac{L}{a_1}}t - \frac{2\pi R}{a_1} = 0$, dont la racine positive est : $t_1 = -\sqrt{\dfrac{L}{a_1}} + \sqrt{\frac{L+2\pi R}{a_1}}$, et la vitesse en S_1 est $v_{S_1} = R\dot{\theta}(S_1)$ soit :

$$v_{S_1} = a_1 t_1 + \sqrt{a_1 L} = \sqrt{(L + 2\pi R)a_1}.$$

Le temps t_{S_1} est compté à partir de l'origine en D soit : $t_{S_1} = t_{E_1} + t_1 = \sqrt{\dfrac{L + 2\pi R}{a_1}}$.

3) La distance entre S_1 et E_2 est égale à L. On change de nouveau l'origine des temps ($t = 0$ en S_1) et on note x l'abscisse à partir de S_1. L'intégration de $\ddot{x} = a_1$ avec une vitesse initiale en S_1 donne : $x = \dfrac{a_1 t^2}{2} + v_{S_1}t$. On doit donc résoudre l'équation suivante pour calculer t_{E_2} :

$$t^2 + 2\frac{v_{S_1}}{a_1}t - \frac{2L}{a_1} = 0$$

La racine positive est : $t_1' = -\sqrt{\dfrac{L + 2\pi R}{a_1}} + \sqrt{\dfrac{3L + 2\pi R}{a_1}}$ d'où : $t_{E_2} = t_1' + t_{S_1} = \sqrt{\dfrac{3L + 2\pi R}{a_1}}$.

Comme $v_{E_2} = a_1 t_1' + v_{S_1}$, on en déduit : $v_{E_2} = \sqrt{(3L + 2\pi R)a_1}$.

En ce qui concerne t_{S_2} et v_{S_2}, le raisonnement est le même que pour le premier virage, seule la constante d'intégration pour θ change soit $\theta = \dfrac{a_1 t^2}{2R} + \dfrac{v_{E_2}t}{R}$, en prenant l'origine des temps et l'origine des angles en S_2. L'équation donnant le temps de sortie en S_2 est (pour $\theta = \pi$) :

$$t^2 + 2\frac{v_{E_2}}{a_1}t - \frac{2R\pi}{a_1} = 0.$$

La solution est : $t_2' = -\sqrt{\dfrac{3L + 2\pi R}{a_1}} + \sqrt{\dfrac{3L + 4\pi R}{a_1}} \Rightarrow t_{S_2} = t_{E_2} + t_2' = \sqrt{\frac{3L+4\pi R}{a_1}}$ et $v_{S_2} = \sqrt{(3L + 4\pi R)a_1}$.

Enfin pour le calcul de t_D le raisonnement est le même que pour t_{E_2}, en changeant L en $L/2$ et v_{S_1} en v_{S_2}, ce qui conduit à l'équation (en prenant les origines de x et t en S_2) :

$$t^2 + 2\frac{v_{S_2}}{a_1}t - \frac{L}{a_1} = 0,$$

dont la solution positive est : $t_3' = -\sqrt{\dfrac{3L + 4\pi R}{a_1}} + 2\sqrt{\dfrac{L + \pi R}{a_1}} \Rightarrow t_D = t_{S_2} + t_3' = 2\sqrt{\frac{L+\pi R}{a_1}}$ et $v_D = 2\sqrt{(L + \pi R)a_1}$.

4) L'accélération a_1 est donnée par $a_1 = 4(L + \pi R)/t_D^2$ soit $a_1 = 1{,}515\ \text{m.s}^{-2}$. On obtient $v_D = 27{,}5\ \text{m.s}^{-1}$, ce qui fait $99\ \text{km.h}^{-1}$ au lieu de $60\ \text{km.h}^{-1}$. On peut penser que l'accélération n'est pas constante et qu'elle diminue au cours du temps.

13.11 Mouvement de l'extrémité d'une barre

1) Le point a un mouvement circulaire uniforme de centre I. Il décrit un tour en une période $T = \dfrac{2\pi}{\omega}$ et un demi-tour de O à C en une demi-période soit $\Delta t = \dfrac{T}{2} = \dfrac{\pi}{\omega}$.

2) La relation entre φ et θ est une propriété des cercles : $\varphi = 2\theta$. On peut la démontrer en considérant le triangle isocèle OIB. Si l'on note β les angles (IOB) et (IBO), alors dans le triangle OIB, $2\beta + \varphi = \pi$, or $\theta = \pi/2 - \beta$, d'où le résultat.

3) L'angle φ correspond à l'angle polaire du mouvement circulaire de centre I donc $\dot{\varphi} = \omega$. ω est constant donc $\varphi = \omega t + \text{cte}$, or à $t = 0$, B est en O donc $\varphi(0) = 0$ et cte $= 0$. On en déduit $\theta = \omega t/2$.

Pour $r = OB$, on peut écrire $OB = 2b\sin(\varphi/2)$ dans le triangle OIB, soit $r = 2b\sin\dfrac{\omega t}{2}$.

4) Les coordonnées de A dans le base $(\vec{u}_r, \vec{u}_\theta, \vec{u}_z)$ sont $(0,0,2b\cos\alpha)$; celles de B sont $(r,0,0)$ d'où $\overrightarrow{AB} = r\vec{u}_r - 2b\cos\alpha\,\vec{u}_z$, or la norme de $\overrightarrow{AB}$ est $2b$. On en déduit :

$$4b^2\sin^2\frac{\omega t}{2} + 4b^2\cos^2\alpha = 4b^2 \quad\Rightarrow\quad \cos^2\alpha = 1 - \sin^2\frac{\omega t}{2}$$

comme $\alpha \in [0,\pi/2]$, alors $\alpha = \dfrac{\omega t}{2}$.

5) Initialement la barre est suivant l'axe Oz et dans l'état final suivant l'axe Oy.

$$X = \frac{1}{2}OB\cos\theta = \frac{1}{2}r\cos\theta = b\sin\frac{\omega t}{2}\cos\frac{\omega t}{2} = \frac{1}{2}b\sin\omega t$$

6) Coordonnées de J :
$$Y = \frac{1}{2}OB\sin\theta = b\sin^2\frac{\omega t}{2}$$
$$Z = \frac{1}{2}2b\cos\alpha = b\cos\frac{\omega t}{2}.$$

7) On dérive les coordonnées de J soit :

$$\vec{v}\begin{cases} \dot{X} = \dfrac{\omega}{2}b\cos\omega t \\ \dot{Y} = \omega b\sin\dfrac{\omega t}{2}\cos\dfrac{\omega t}{2} = \dfrac{\omega}{2}b\sin\omega t \\ \dot{Z} = -\dfrac{\omega}{2}b\sin\dfrac{\omega t}{2}, \end{cases} \quad \text{puis} \quad \vec{a}\begin{cases} \ddot{X} = -\dfrac{\omega^2}{2}b\sin\omega t \\ \ddot{Y} = \dfrac{\omega^2}{2}b\cos\omega t \\ \ddot{Z} = -\dfrac{\omega^2}{4}b\cos\dfrac{\omega t}{2}. \end{cases}$$

On en déduit les normes : $\|\vec{v}\| = b\dfrac{\omega}{2}\sqrt{1 + \sin^2\dfrac{\omega t}{2}}$ et $\|\vec{a}\| = b\frac{\omega^2}{2}\sqrt{1 + \frac{1}{4}\cos^2\frac{\omega t}{2}}$.

Principes de la dynamique newtonienne

14

DANS le chapitre de cinématique du point, on ne s'est intéressé qu'à l'analyse du mouvement et à la description des liens entre les divers vecteurs décrivant ce dernier (position, vitesse et accélération). On n'a jamais cherché à en déterminer les causes. C'est ce point qui est envisagé ici. Cela conduit à introduire la notion de force ainsi qu'à énoncer les trois lois de Newton. Avant cela, il est nécessaire de définir les éléments cinétiques du système.

1 Éléments cinétiques d'un point matériel

1.1 Masse

En cinématique, un point matériel est décrit à l'aide des vecteurs position, vitesse et accélération. Cependant quelques exemples de la vie courante montrent que le comportement d'un corps ne dépend pas uniquement de ces paramètres cinématiques. Ainsi un joueur de ping-pong sera dans l'impossibilité de renvoyer la balle si celle-ci est remplacée par une boule de billard. De même, si un enfant joue avec des boules de pétanque, il ne pourra pas lancer celles-ci très loin. Il est nécessaire d'introduire une grandeur physique mesurant l'**inertie** du système, c'est-à-dire sa capacité à résister au mouvement qu'on souhaite lui imposer.

La grandeur introduite pour cela s'appelle la **masse inerte** ou **masse inertielle** du corps. Il s'agit d'un scalaire positif qui est d'autant plus grand que le corps s'oppose au mouvement. Son unité légale est le kilogramme, de symbole kg. On constate expérimentalement que cette grandeur est proportionnelle à la quantité de matière composant le corps. C'est une grandeur additive, c'est-à-dire que la masse de l'ensemble formé par deux corps est égale à la somme des masses de chacun d'entre eux considérés séparément.

En pratique, la mesure de la masse s'obtient à l'aide d'une balance en utilisant la mesure du poids du corps : $\overrightarrow{P} = m\overrightarrow{g}$ où m est alors la **masse pesante**. Plusieurs problèmes apparaissent avec cette méthode. Tout d'abord, le champ de pesanteur $\overrightarrow{g}$ varie à la surface de la Terre. Il est donc *a priori* nécessaire d'effectuer des réglages à chaque déplacement de la balance grâce à une référence. Le deuxième point est l'hypothèse selon laquelle masse inertielle et masse pesante ne sont qu'une seule et même grandeur. Cette égalité, posée en principe appelé « principe d'équivalence », est vérifiée expérimentalement avec une précision relative de 10^{-12}. On ne fera donc pas de différence entre masse inerte et masse pesante.

Remarque
Les premières expériences pour établir l'équivalence entre masse inertielle m_i et masse gravitationnelle m_g sont dues à Galilée. Cette équivalence a été confirmée par différentes expériences. En 1890, le hongrois Eötvös a obtenu une précision relative de 10^{-6} à l'aide d'une adaptation de la balance de Cavendish. Dans les années 1960, Dicke et Brazinsky ont obtenu une précision relative de 10^{-12} avec une méthode basée sur l'étude de l'accélération du Soleil.

La grandeur qui mesure la capacité d'un corps à résister à la mise en mouvement est sa masse mesurée en kg. La masse est un scalaire d'autant plus grand que le corps est inerte. C'est une grandeur extensive (additive) et intrinsèque (liée uniquement au corps considéré).

1.2 Quantité de mouvement

a) Quantité de mouvement d'un point matériel

La **quantité de mouvement** est une grandeur introduite par Newton pour formuler les lois de la mécanique portant son nom. Pour un point M de masse m et de vitesse $\vec{v}$, elle est définie par le vecteur :

$$\boxed{\vec{p} = m\vec{v}.}$$

Contrairement à la masse, cette quantité dépend du référentiel dans lequel on travaille puisqu'elle est fonction de la vitesse dans ce référentiel.

b) Quantité de mouvement d'un système de points matériels

Lorsque le système est constitué de plusieurs points matériels, on peut définir sa quantité de mouvement comme la somme des quantités de mouvement de chacun des points qui le constituent. Pour fixer les idées, on se place dans le cas où le système est constitué de deux points matériels M_1 et M_2 de masses respectives m_1 et m_2 et de vitesses respectives $\vec{v_1}$ et $\vec{v_2}$ dans le référentiel $\mathcal{R}$. La quantité de mouvement $\vec{p}$ du système est définie comme la somme des quantités de mouvement de chacun des deux points :

$$\vec{p} = m_1\vec{v_1} + m_2\vec{v_2}.$$

On définit la position du centre de gravité G du système de point par la relation barycentrique :

$$(m_1 + m_2)\overrightarrow{OG} = m_1\overrightarrow{OM_1} + m_2\overrightarrow{OM_2},$$

d'où l'on déduit en dérivant terme à terme :

$$(m_1 + m_2)\frac{\mathrm{d}\overrightarrow{OG}}{\mathrm{d}t} = m_1\frac{\mathrm{d}\overrightarrow{OM_1}}{\mathrm{d}t} + m_2\frac{\mathrm{d}\overrightarrow{OM_2}}{\mathrm{d}t} \iff (m_1 + m_2)\vec{v_G} = m_1\vec{v_1} + m_2\vec{v_2}.$$

En posant $m = m_1 + m_2$ la masse du sytème, la quantité de mouvement du système est ainsi égale à la quantité de mouvement de son centre de gravité G affecté de la masse totale m et animé de la vitesse $\vec{v_G}$:

$$\boxed{\vec{p} = m\vec{v_G}.}$$

Il s'agit d'un résultat général, qui reste vrai pour un système constitué de plus de deux points matériels et notamment pour un solide de masse m. On peut alors revenir sur la définition initiale du point matériel en mécanique : on peut assimiler un solide à un point matériel s'il suffit d'étudier le mouvement de son centre de gravité pour comprendre son mouvement.

2 Les trois lois de Newton

Ces trois lois constituent les fondements de la mécanique classique.

2.1 Première loi de Newton : principe d'inertie

a) Point matériel isolé

Un point matériel est **isolé** s'il n'est soumis à aucune interaction avec l'extérieur.

Il s'agit d'un cas limite utilisé en mécanique. En pratique, un point matériel est considéré comme isolé lorsque l'on peut négliger les forces auxquelles il est soumis.

Exemple

Les sondes Pionneer 10 et 11 et Voyager 1 et 2 qui se dirigent vers les confins du système solaire sont approximativement des systèmes isolés.

b) Énoncé du principe d'inertie

Il existe une classe de référentiels privilégiés appelés **référentiels galiléens** dans lesquels **tout** point matériel isolé est animé d'un mouvement rectiligne et uniforme.

Le principe d'inertie formule l'existence de référentiels particuliers, les référentiels galiléens, dont il fournit une définition à partir du mouvement des points matériels isolés. On constate la différence essentielle apportée par la dynamique vis-à-vis de la cinématique : les référentiels ne jouent plus tous le même rôle.

Cependant, si l'on considère deux référentiels $\mathcal{R}_1$ et $\mathcal{R}_2$ en translation rectiligne et uniforme l'un par rapport à l'autre, tout point matériel animé d'un mouvement rectiligne et uniforme par rapport à $\mathcal{R}_1$ sera également en translation rectiligne et uniforme par rapport à $\mathcal{R}_2$. Lorsque l'un est galiléen, l'autre l'est également.

Les **référentiels galiléens** sont en translation rectiligne et uniforme les uns par rapport aux autres.

c) Détermination pratique d'un référentiel galiléen

Tout comme la notion de point isolé, à partir duquel elle est définie, la notion de référentiel galiléen est un cas limite. En pratique, on utilise principalement trois référentiels en fonction de la durée du phénomène étudié :

- le **référentiel terrestre** ou **référentiel du laboratoire** est lié à la Terre. Son origine est située au point de la surface du globe où se déroule l'expérience et ses axes sont fixes par rapport à la Terre. Il est considéré comme galiléen lorsque l'on peut négliger la rotation de la Terre autour de l'axe des ses pôles. Il est adapté à l'étude des mouvements se déroulant sur Terre et dont la durée est faible devant la durée d'un jour ;

- le **référentiel géocentrique** a son origine au centre de la Terre et des axes pointant vers des étoiles lointaines fixes. Dans ce référentiel, la Terre tourne sur elle-même autour de l'axe de ses pôles. Il est considéré comme galiléen lorsque l'on peut négliger le mouvement orbital de la Terre dont la durée caractéristique est un an. Il est adapté à l'étude du mouvement des satellites autour de la Terre ;
- le **référentiel héliocentrique** a son origine au centre du Soleil et des axes pointant vers des étoiles lointaines fixes. Il est considéré comme galiléen tant que l'on peut négliger le mouvement orbital du Soleil autour du centre de notre galaxie, la Voie lactée, dont la durée caractéristique est estimée à environ 230 millions d'années. Il est adapté à l'étude du mouvement des planètes autour du Soleil.

2.2 Deuxième loi de Newton : principe fondamental de la dynamique

On étudie le mouvement d'un point matériel M de masse m dans un référentiel galiléen $\mathcal{R}$. À l'instant t, on note $\overrightarrow{OM}$, $\vec{v}$, $\vec{p} = m\vec{v}$ et $\vec{a}$ les vecteurs position, vitesse, quantité de mouvement et accélération de M dans $\mathcal{R}$. On s'intéresse aux causes des mouvements et/ou de leur modification, c'est-à-dire aux interactions mécaniques entre le système et le milieu extérieur.

a) Notion de force

Un système peut être mis en mouvement ou, s'il est déjà en mouvement, ce dernier peut être modifié. Les causes de cette « modification » doivent être recherchées dans ses interactions avec l'extérieur. Cela conduit à définir la notion de forces.

Une force est une grandeur vectorielle décrivant l'interaction capable de modifier et/ou de produire un mouvement ou une déformation du système.

La force est décrite par un vecteur; le caractère vectoriel de la force apparaît dans des expériences simples. Par exemple, lorsque l'on tire sur un ressort, ce dernier s'allonge le long d'une direction et dans un sens qui sont ceux de la force qu'on lui applique. Son allongement est d'autant plus grand que la force est importante. Trois paramètres : direction, sens et intensité interviennent pour déterminer l'action exercée sur le ressort. Un vecteur défini par ces trois mêmes paramètres décrit la force. Il faut en donner la direction, le sens et la norme pour connaître parfaitement une force.

On distingue deux grandes catégories de forces : les forces à distance et les forces de contact. On abordera plus tard en détail ces deux types d'interactions.

b) Énoncé du principe fondamental de la dynamique

Ayant admis l'existence d'un référentiel galiléen et de forces caractérisant les interactions du système avec l'extérieur, on se place dans ce référentiel et on modélise les effets des forces extérieures sur le système.

Dans un référentiel galiléen, la dérivée par rapport au temps du vecteur quantité de mouvement du système étudié est égale à la somme des forces extérieures s'exerçant sur ce dernier :

$$\frac{d\vec{p}}{dt} = \sum_i \vec{f}_i. \tag{14.1}$$

Ce principe relie la dérivée d'un terme cinétique, la quantité de mouvement, à un terme dynamique, la somme des forces extérieures (ou résultante des forces extérieures) traduisant les actions mécaniques subies par le point matériel. Cette relation peut être utilisée pour :

- obtenir la description cinématique du mouvement connaissant les forces subies;
- déterminer la résultante des forces à partir de la connaissance du mouvement.

Remarque

Le principe fondamental de la dynamique est également appelé « relation fondamentale de la dynamique » ou « théorème de la quantité de mouvement ».

c) Première conséquence : cas des systèmes pseudo-isolés

Les systèmes pseudo-isolés sont les systèmes pour lesquels la résultante des forces extérieures est nulle à tout instant :

$$\sum_i \vec{f}_i = \vec{0} \quad \Longrightarrow \quad \frac{d\vec{p}}{dt} = \vec{0}.$$

Pour de tels systèmes, le principe fondamental de la dynamique montre que la quantité de mouvement $\vec{p}$, et donc la vitesse $\vec{v}$, sont constantes au cours du temps. Ces systèmes sont animés d'un mouvement rectiligne uniforme dans un référentiel galiléen. Ceci explique leur dénomination : tout se passe comme s'ils étaient isolés.

d) Cas particulier d'un système à masse constante

De nombreux systèmes mécaniques ont une masse constante. C'est le cas de tous les systèmes fermés qui n'échangent pas de matière avec l'extérieur. Pour ces systèmes, puisque la masse m est une constante : $\frac{d\vec{p}}{dt} = \frac{d(m\vec{v})}{dt} = m\frac{d\vec{v}}{dt} = m\vec{a}$ et le principe fondamental de la dynamique s'écrit :

$$m\vec{a} = \sum_i \vec{f}_i.$$

Remarque

Le mouvement d'une fusée qui consomme du carburant et voit sa masse diminuer ou celui d'une goutte d'eau qui tombe dans une atmosphère contenant de la vapeur d'eau et voit sa masse augmenter ne peuvent pas être traités avec cette relation. Il est préférable de retenir le principe fondamental de la dynamique sous la forme de l'équation (14.1).

e) Cas particulier d'un système à l'équilibre

La quantité de mouvement des systèmes à l'équilibre est nulle à tout instant :

$$\vec{p} = \vec{0} \quad \Longrightarrow \quad \frac{\mathrm{d}\vec{p}}{\mathrm{d}t} = \vec{0}.$$

Le principe fondamental de la dynamique s'écrit alors : $\sum_i \vec{f}_i = \vec{0}$,

que l'on appelle parfois principe fondamental de la statique.

2.3 Troisième loi de Newton : principe des actions réciproques

Ce principe, qui constitue la troisième loi de Newton, est également appelé « principe de l'action et de la réaction ».

Si le milieu extérieur exerce la force $\overrightarrow{f_{ext\to M}}$ sur M, alors M exerce la force $\overrightarrow{f_{M\to ext}}$ sur le milieu extérieur telle que $\overrightarrow{f_{M\to ext}} = -\overrightarrow{f_{ext\to M}}$. Les actions de M sur l'extérieur et de l'extérieur sur M sont opposées donc de même norme et de sens différents.

Exemple

Lorsque l'on réalise un coup au tennis, les cordes de la raquette appliquent une force sur la balle pour la mettre en mouvement. Par réaction, la balle applique une force sur les cordes. À la longue, ces forces provoquent l'usure des cordes qui finissent par casser.

3 Limite de validité de la mécanique classique

3.1 Qu'est-ce qu'un principe ?

Les lois de Newton constituent les fondements de la mécanique classique. Il s'agit de principes au sens où ces lois sont postulées et non démontrées théoriquement. Elles sont considérées comme valables tant que l'expérience ne les a pas contredites. Ce sont les écarts entre certaines observations expérimentales et les prédictions théoriques issues des principes de Newton qui ont conduit à l'édification des théories de la mécanique quantique et de la mécanique relativiste, en posant des principes différents de ceux de Newton. Pour les problèmes envisagés ici, ceux-ci sont valables mais on va détailler les limites de validité de ces principes.

3.2 Les hypothèses de la mécanique classique

Les hypothèses de la mécanique ne sont pas souvent formulées car elles paraissent évidentes. Cependant, la physique moderne limite la portée de la mécanique classique en remettant en cause ces évidences. Il n'est donc pas inutile de les énoncer :

- le temps est universel, il ne dépend pas de l'observateur. En particulier, les durées ont un caractère absolu et ne dépendent pas du référentiel d'étude ;
- l'espace est euclidien. En particulier, les distances ont un caractère absolu et ne dépendent pas du référentiel d'étude ;
- le comportement des systèmes mécaniques est déterministe : deux objets identiques placés dans des conditions identiques (mêmes conditions initiales et forces appliquées identiques) suivent un mouvement identique ;
- l'espace et le temps sont des grandeurs continues.

3.3 Les limites de la mécanique classique

À la fin du XIXe siècle, certaines observations ne sont pas explicables par la théorie classique. Au début du XXe siècle, de nouvelles théories voient le jour. Ces nouvelles théories ne remettent pas en cause les résultats de la mécanique classique mais elles en fixent les limites de validité et la complètent.

- La théorie classique est valide tant que le système ne va pas trop vite. Pour quantifier la notion de « trop vite », on compare la vitesse v du système à celle de la lumière c. Si $v \ll c$, la théorie classique est valide. Sinon, il faut utiliser la théorie de la relativité restreinte énoncée par Einstein en 1905. Les durées et les longueurs perdent leur caractère absolu. Elles deviennent relatives et dépendent du référentiel de l'étude.
- La théorie classique est valide tant que l'on n'est pas trop proche d'un objet massif. Pour quantifier la notion de « trop proche », on compare la distance R séparant le système et l'objet massif à une distance caractéristique R_S appelée rayon de Schwartzchild [1]. Si $R \gg R_S$, la théorie classique s'applique. Sinon, il faut utiliser la relativité générale énoncée par Einstein en 1916. L'espace perd son caractère euclidien, il peut être courbé par une très grande masse (étoile massive, trou noir).
- La théorie classique est valide pour des objets de taille suffisante. Pour quantifier la notion de « taille suffisante », on compare la taille l du système à la longueur d'onde de De Broglie λ. Si $l \gg \lambda$, la théorie classique s'applique. Sinon, il faut utiliser la théorie de la mécanique quantique énoncée par Bohr, De Broglie, Dirac, Einstein, Heisenberg, Planck, Schrodinger et bien d'autres dans la première moitié du XXe siècle. Le déterminisme classique doit être abandonné au profit d'une approche probabiliste.

4 Classification des forces

En mécanique, au niveau macroscopique, on observe deux grands types de forces : les forces de contact et les forces à distance. Dans cette partie, on décrit les forces usuelles que le milieu extérieur peut exercer sur le système étudié. Toutes ces forces sont des modèles traduisant au niveau macroscopique les effets de quatre interactions fondamentales que l'on présente très brièvement.

4.1 Les quatre interactions fondamentales

Interaction	Particules concernées	Portée	Principale manifestation
Forte	quarks et dérivés	$\simeq 10^{-15}$ m	cohésion des noyaux
Faible	constituants des noyaux	$\simeq 10^{-18}$ m	radioactivité β
Électromagnétique	particules chargées	infinie	existence des atomes réactions chimiques
Gravitationnelle	particules massiques	infinie	existence et trajectoires des astres, des planètes

Tableau 14.1 – Les interactions fondamentales et leurs principales manifestations.

1. Le rayon de Schwartzchild d'un corps céleste de masse M est défini par la relation $R_S = 2\mathcal{G}M/c^2$ où $\mathcal{G} = 6{,}67.10^{-11}$ N.m^2.kg^{-2} est la constante de gravitation universelle.

Au niveau des particules élémentaires de la matière, les interactions sont au nombre de quatre. Le tableau 14.1 les décrit très brièvement. Pour lire ce tableau, on rappelle que les particules dérivées des quarks les plus connues sont les protons et les neutrons (les électrons et les neutrinos font partie de la famille des leptons). Par ailleurs, l'interaction faible est dénommée ainsi car elle est 10^5 fois plus faible que l'interaction forte.

Remarque

Le souhait d'obtenir une théorie unique pour rendre compte de l'ensemble de ces quatre interactions est très ancien. Dans les années 1960, Glashow, Salam et Weinberg (prix Nobel en 1979) ont proposé un modèle électrofaible unifiant les interactions faible et électromagnétique. Cette théorie a été vérifiée expérimentalement en 1983. À ce jour, aucune théorie unificatrice n'a été établie malgré de nombreuses recherches.

Les interactions forte et faible sont négligeables au niveau macroscopique. Dans la suite, on n'en tiendra pas compte puisqu'on se placera à cette échelle. Il suffit ici de savoir que ces interactions existent et sont nécessaires pour expliquer des phénomènes visibles à l'échelle du noyau.

4.2 Forces à distance

Ces forces s'appliquent sans qu'il y ait de contact entre le milieu extérieur et le système.

a) Force gravitationnelle

Cette force s'applique au centre de gravité G du système de masse m situé dans un champ gravitationnel $\overrightarrow{g}_{\text{gravi}}$ créé en M par le milieu extérieur. On se restreint au cas le plus simple où le champ gravitationnel est créé par une masse ponctuelle m_P placée en P et où le système est réduit à un point $M = G$.

La force gravitationnelle entre deux masses m_P et m placées en P et M est :

- attractive ;
- de norme proportionnelle à m et m_P, ainsi qu'à l'inverse du carré de la distance PM.

Elle s'écrit :

$$\overrightarrow{F_{P\to M}} = -\mathcal{G}m_P m\frac{\overrightarrow{PM}}{PM^3} = -\frac{\mathcal{G}m_P m}{PM^2}\overrightarrow{u_{PM}} \qquad (14.2)$$

où $\overrightarrow{u_{PM}}$ est le vecteur unitaire dirigé de P vers M et $\mathcal{G} = 6{,}67.10^{-11}\ \text{N.m}^2.\text{kg}^{-2}$ est la constante de gravitation universelle.

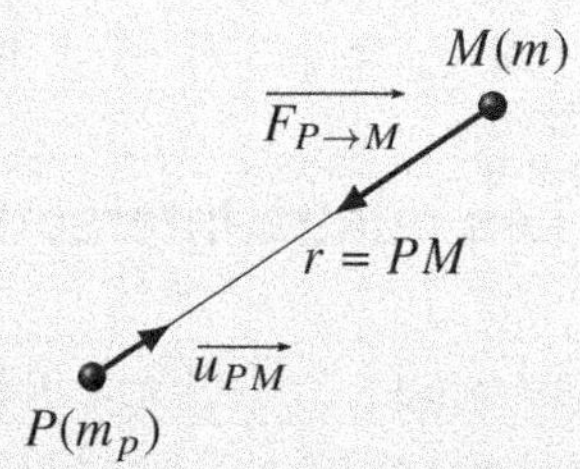

Figure 14.1 – Force gravitationnelle entre deux masses m_P et m placées en P et M.

Remarque

On peut aussi écrire $\overrightarrow{F_{P\to M}} = m\left(-\frac{\mathcal{G}m_P}{PM^2}\overrightarrow{u_{PM}}\right) = m\overrightarrow{g}_{\text{gravi}}$ en introduisant le champ gravitationnel créé en M par la masse m_p placée en P : $\vec{g}_{\text{gravi}} = -\frac{\mathcal{G}m_p}{PM^2}\overrightarrow{u_{PM}}$. Cette notation présente l'avantage de séparer ce qui dépend de la masse m de ce qui dépend du milieu extérieur. De ce fait le champ gravitationnel $\vec{g}_{\text{gravi}}$ existe en M même si la masse m n'est pas présente au point M. Cela permet de généraliser au cas où le milieu extérieur est plus compliqué qu'une masse ponctuelle placée en P. Le champ gravitationnel a alors une expression différente.

b) Poids

Lorsqu'on étudie des mouvements dans le référentiel terrestre, on tient compte d'une force à distance appelée le poids. Cette force est définie dans le référentiel terrestre local comme la force exercée sur un système de masse m par la Terre. Elle s'applique au centre de gravité du système lorsqu'on étudie son mouvement au voisinage de la Terre dans le référentiel terrestre. Le poids permet de définir la verticale du lieu, ainsi que le haut et le bas : un fil à plomb à l'équilibre pointe selon une droite verticale et dirigée vers le bas.

La force de pesanteur terrestre exercée sur un système de masse m au voisinage de la Terre s'applique au centre de gravité du système et vaut :

$$\vec{P} = m\vec{g},$$

où $\vec{g}$ est l'accélération de la pesanteur, verticale dirigée vers le bas et de norme g = 9,8 m.s^{-2}.

Modélisation du poids Dans ce qui suit, on se restreint au cas le plus simple où le système est réduit à un point matériel M de masse m qui coïncide alors avec son centre de gravité. En admettant que la force gravitationnelle exercée par la Terre sur M est la même que si toute la masse de la Terre était concentrée en son centre P, la force gravitationnelle exercée par la Terre est alors $\overrightarrow{F_{\text{Terre}\to M}} = m\vec{g}_{\text{gravi,Terre}} \simeq m\left(-\frac{\mathcal{G}m_{\text{Terre}}}{R_T^2}\overrightarrow{u_{PM}}\right)$ au voisinage du sol. En gardant trois chiffres significatifs pour :

- R_T = 6371 km $\simeq$ 6,37.10^6 m, le rayon terrestre moyen ;
- $\mathcal{G}$ = 6,67.10^{-11} N.m^2.kg^{-2}, la constante gravitationnelle ;
- M_T = 5,97.10^{24} kg, la masse de la Terre,

on trouve $\|\vec{g}_{\text{gravi,Terre}}\| = 6{,}67.10^{-11} \times \frac{5{,}97.10^{24}}{(6{,}37.10^6)^2} = 9{,}81$ m.s^{-2}.

Ce modèle explique le champ de pesanteur avec une précision relative de l'ordre de 10^{-3}.

⚠ En référentiel terrestre, on tient compte du poids qui inclue l'attraction gravitationnelle terrestre. Il ne faut jamais compter les deux forces en même temps.

Remarque

Pour modéliser l'accélération de la pesanteur g avec une précision relative supérieure 10^{-3}, il faut tenir compte de la rotation de la Terre sur elle-même autour de l'axe des pôles en 1 jour. Cette rotation a deux effets d'intensité comparable. En premier lieu, la rotation entraîne un aplatissement de la Terre au niveau des pôles. L'aplatissement est de 21 km : le rayon équatorial vaut 6378 km et le rayon polaire 6357 km. En second lieu, la rotation provoque l'apparition d'une « force centrifuge » que l'on doit ajouter vectoriellement à la force gravitationnelle. Finalement, g varie en fonction de la latitude λ selon une formule adoptée en 1967 par l'*Union Géodésique et Géophysique Internationale*, avec $g_0 = 9{,}780\,318\,\text{m.s}^{-2}$, $k_1 = 5{,}3024.10^{-3}$, $k_2 = -5{,}8.10^{-6}$:

$$g = g_0\left(1 + k_1\sin^2(\lambda) + k_2\sin^2(2\lambda)\right),$$

Par ailleurs, g diminue de $3.10^{-6}\,\text{m.s}^{-2}$ par mètre d'altitude.

c) Force électrostatique

Cette force s'applique au point matériel M de charge q placé dans un champ électrostatique $\overrightarrow{E_{\text{ext}}}$ créé en M par le milieu extérieur. Elle est proportionnelle à la charge du point matériel M est s'annule lorsque le point M n'est pas chargé :

$$\vec{F} = q\overrightarrow{E_{\text{ext}}}.$$

Cas de l'interaction coulombienne Dans le cas où le milieu extérieur est réduit à une charge ponctuelle, on parle d'interaction coulombienne.

La force coulombienne exercée par une charge q_p placée en P sur la charge q placée en M est :

- attractive si q et q_p sont de signes opposées ;
- répulsive si q et q_p sont de même signe ;
- de norme proportionnelle à q et q_p, ainsi qu'à l'inverse du carré de la distance PM.

Elle s'écrit :

$$\overrightarrow{F_{P\to M}} = \frac{qq_p}{4\pi\epsilon_0}\frac{\overrightarrow{PM}}{PM^3} = \frac{qq_p}{4\pi\epsilon_0}\frac{\overrightarrow{u_{PM}}}{PM^2} \qquad (14.3)$$

où $\overrightarrow{u_{PM}}$ est le vecteur unitaire dirigé de P vers M et $\epsilon_0 = 8{,}85.10^{-12}\,\text{F.m}^{-1}$ la permittivité du vide.

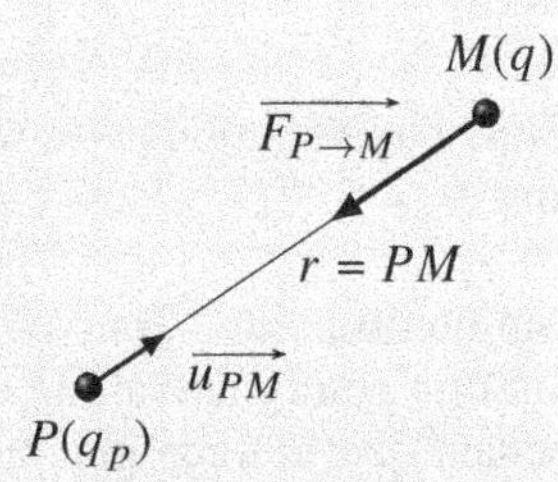

Figure 14.2 – Interaction coulombienne entre deux charges q_p et q placées en P et M. Sur le schéma, q_p et q sont de signes opposés.

Remarque

On peut aussi écrire $\overrightarrow{F_{P\to M}} = q\left(\dfrac{q_p}{4\pi\epsilon_0 PM^2}\overrightarrow{u_{PM}}\right) = q\vec{E}_{\text{ext}}$ en introduisant le champ électrique créé en M par la charge q_p placée en P : $\vec{E}_{\text{ext}} = \dfrac{q_p}{4\pi\epsilon_0 PM^2}\overrightarrow{u_{PM}}$. Cette notation présente l'avantage de séparer ce qui dépend de la charge q de ce qui dépend du milieu extérieur. De ce fait le champ électrostatique $\vec{E}_{\text{ext}}$ existe même si la charge q n'est pas présente au point M. On peut alors généraliser cette expression au cas où le milieu extérieur est plus compliqué qu'une charge ponctuelle placée en P. Le champ électrique a alors une expression différente qui sera donnée.

La force coulombienne est formellement très proche de la force gravitationnelle. Elle ne concerne cependant que les corps chargés. Elle se généralise en une force appelée force de Lorentz qui intervient dans un grand nombre d'applications et fera l'objet du chapitre *Mouvement d'une particule chargée dans un champ électrique ou magnétique*.

4.3 Forces de contact

Par opposition aux forces étudiées au paragraphe précédent qui avaient une action à distance, on s'intéresse maintenant aux actions qui n'existent que lors d'un contact entre systèmes.

a) Définition des forces de contact

Lorsqu'un point matériel n'est soumis qu'à des forces à distance, on dit qu'il est libre : sa trajectoire n'est pas astreinte à rester dans une zone restreinte de l'espace. C'est le cas par exemple d'un corps qui tombe dans le champ de pesanteur en l'absence de tout frottement. On s'intéresse maintenant aux forces qui n'interviennent qu'en présence d'un contact du point matériel avec un solide ou un fluide. On a alors essentiellement des forces de liaison et des forces de frottement.

Il n'existe pas de théorie permettant de déterminer les forces de contact à l'aide de considérations microscopiques que l'on pourrait étendre à l'échelle macroscopique. Tout ce qui suit résulte d'une approche phénoménologique, c'est-à-dire obtenue expérimentalement, et valable uniquement dans le même contexte.

b) Tension d'un fil

Un fil de masse négligeable prend une forme rectiligne dès qu'il est tendu. Il exerce alors sur un objet accroché à une de ses extrémités une tension notée $\vec{T}$. La direction de cette force est celle du fil. Elle est toujours dirigée d'une extrémité du fil vers l'autre : un fil peut tirer un objet mais pas le repousser. La norme de la tension est *a priori* indéterminée, sa valeur dépend des autres forces. Dans le cas où le fil n'est pas tendu, la tension est nulle.

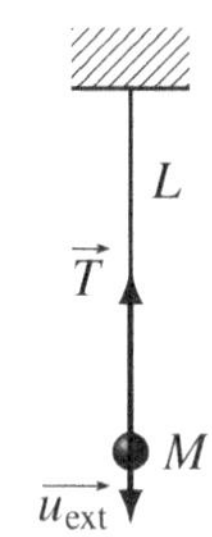

Figure 14.3 – Tension d'un fil.

La force de tension exercée par un fil tendu sur un objet accroché à l'une de ses extrémités vaut :

$$\vec{T} = -T\overrightarrow{u_{ext}}$$

où :

- $\overrightarrow{u_{ext}}$ est un vecteur unitaire parallèle au fil, toujours orienté vers l'extérieur du fil ;
- $T > 0$ est la norme de cette tension.

c) Force de rappel élastique exercée par un ressort

Manipulation On accroche l'extrémité d'un ressort à une potence et on suspend une masse M à son autre extrémité. Le ressort s'allonge jusqu'à atteindre une longueur ℓ (voir figure 14.4). On fait varier la masse suspendue. Le ressort s'allonge d'autant plus que cette dernière est grande. Pour chaque masse M (mesurée avec une incertitude de ± 1 g), on relève la longueur ℓ du ressort avec une incertitude de ± 1 mm. Les caractéristiques du ressort sont les suivantes : sa masse M_0 vaut 10 g, et sa longueur lorsqu'il est posé horizontalement vaut $\ell_h = 5{,}5$ cm. La notice du constructeur précise sa raideur $k = 6{,}8\,\text{N.m}^{-1} = 6{,}8\,\text{kg.s}^{-2}$.

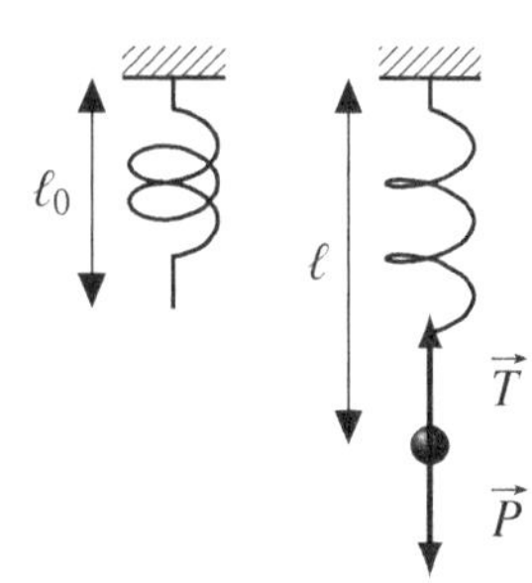

Figure 14.4 – Schéma simplifié.

ℓ/cm	5,5	5,7	6,0	6,8	8,0	9,5	11,0	12,5	14,0	15,5	16,9
M/g	0	10	20	30	40	50	60	70	80	90	100

Tableau 14.2 – Relevés expérimentaux de la longueur du ressort pour différentes masses suspendues.

Modélisation On étudie la masse suspendue M supposée ponctuelle, en équilibre dans le référentiel terrestre supposé galiléen. M est soumis à son poids $\vec{P} = m\vec{g}$ et à la force exercée par le ressort $\vec{T}$. On applique le principe fondamental de la statique pour trouver :

$$\vec{0} = \vec{P} + \vec{T} \quad \Longrightarrow \quad \vec{T} = -\vec{P}.$$

La force exercée par le ressort est colinéaire au poids, de sens opposé et de même norme :

$$T = \|\vec{T}\| = Mg, \quad \text{où} \quad g = 9{,}81\,\text{m.s}^{-2}.$$

On trace sur la figure 14.5 l'évolution de la norme de la force $\vec{T}$: T/N en fonction de la longueur du ressort ℓ/m, où N et m représentent respectivement le newton et le mètre.

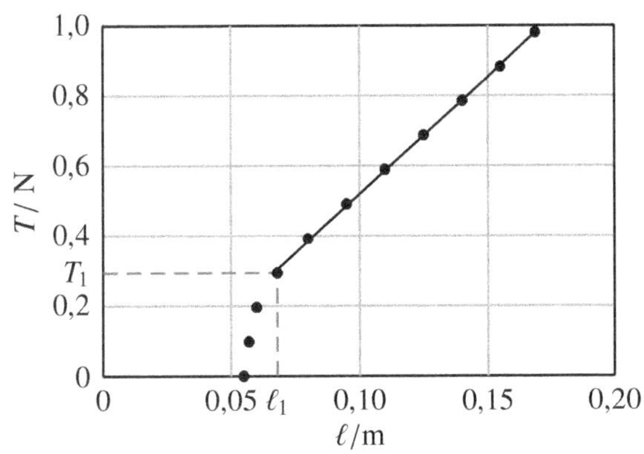

Figure 14.5 – Relevés expérimentaux. Pour $T \geqslant T_1$ et $\ell \geqslant \ell_1$, les points s'alignent sur une droite d'équation $T/\text{N} = 6{,}69 \times \ell/\text{m} - 0{,}150$.

Observation Lorsque la norme de la force T est supérieure à T_1 et la longueur ℓ du ressort est supérieure à ℓ_1, T est une fonction affine de ℓ d'expression :

$$T = k \times \ell + b \quad \text{où} \quad k = (6{,}69 \pm 0{,}07)\,\text{N.m}^{-1} \quad \text{et} \quad b = (-0{,}150 \pm 0{,}009)\,\text{N}. \qquad (14.4)$$

Lorsque la longueur ℓ devient trop grande, le ressort est irrémédiablement déformé. Cette expérience, qui endommage le ressort, n'a pas été réalisée.

Modélisation Le comportement du ressort est dit élastique lorsque la force qu'il exerce est une fonction affine de sa longueur. Dans ce cas, la force qu'il exerce s'exprime selon la relation (14.4) que l'on écrit en introduisant la longueur $\ell_0 = \dfrac{|b|}{k}$:

$$T = k(\ell - \ell_0), \quad \text{avec} \quad k = (6{,}69 \pm 0.07)\,\text{N.m}^{-1} \quad \text{et} \quad \ell_0 = (2.2 \pm 0.1)\,\text{m}.$$

Cette relation constitue la **loi de Hooke**. Dans cette loi, k représente la raideur du ressort et ℓ_0 sa longueur à vide, c'est-à-dire la longueur qu'il prendrait pour exercer une force nulle dans le cadre du modèle élastique. Ces deux caractéristiques sont propres à chaque ressort et dépendent du matériau utilisé, ainsi que de la conception et du processus de fabrication du ressort. La longueur à vide est une notion théorique car le domaine d'élasticité du ressort s'étend rarement jusqu'à $T = 0$.

Remarque

La longueur à vide ℓ_0 diffère généralement de la longueur ℓ_h du ressort posé horizontalement. L'écart, ici de 5,5 cm − 2,2 cm = 3,3 cm, est très variable d'un ressort à un autre et dépend du processus de fabrication du ressort.

Idéalisation Pour modéliser les ressorts réels, on suppose qu'ils restent dans leur zone de comportement élastique. Cette hypothèse est validée lorsque l'on peut négliger leur masse devant la masse de l'objet attaché à leur extrémité et, qu'ils reprennent leur forme et leur longueur initiales après une élongation ou une compression. Sous ces hypothèses, la force qu'un ressort exerce sur un objet auquel il est accroché s'applique au point d'attache, le long du ressort, dans une direction opposée à son « allongement » (qui peut être un réel allongement ou une compression) et son intensité est proportionnelle à l'allongement.

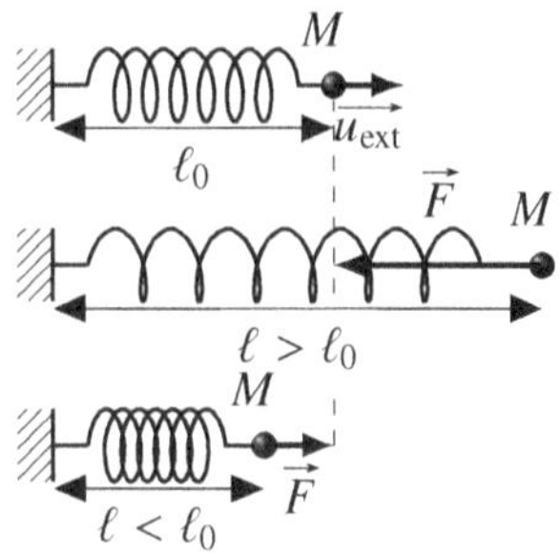

Figure 14.6 – Tension d'un ressort.

La force de rappel élastique vaut :

$$\vec{F} = -k\Delta\ell\overrightarrow{u_{ext}} \qquad (14.5)$$

où :

- $\overrightarrow{u_{ext}}$ est un vecteur unitaire parallèle au ressort, orienté vers l'extérieur du ressort ;
- $\Delta\ell = \ell - \ell_0$ est l'allongement du ressort en notant respectivement ℓ et ℓ_0 la longueur du ressort et sa longueur à vide ;
- k est une constante de proportionnalité caractéristique du ressort utilisé et appelée raideur du ressort, exprimée en $N.m^{-1}$ dans les unités du système international.

L'allongement $\Delta\ell = \ell - \ell_0$ est une grandeur algébrique :

- positive si le ressort est étiré : $\Delta\ell = \ell - \ell_0 > 0$;
- négative si le ressort est comprimé : $\Delta\ell = \ell - \ell_0 < 0$.

La force s'oppose à la déformation du ressort par rapport à sa forme au repos (c'est-à-dire sans déformation) : c'est une force de rappel.

d) Action exercée par un support solide

Cette force s'applique au point matériel M de masse m en contact avec le milieu extérieur par un contact solide. Le point M peut être posé sur un support ou enfilé sur une tige.

Figure 14.7 – À gauche, la force $\vec{f}$ est insuffisante pour mettre le solide en mouvement sur son support horizontal. Elle est compensée par les frottements solides $\overrightarrow{R_N}$. À droite, la force de poussée $\vec{f}$ est plus grande et on a dépassé le seuil d'adhérence. Le solide glisse sur son support.

Exemple introductif On étudie un solide posé sur un plan horizontal que l'on pousse avec une force $\vec{f}$ (figure 14.7). Lorsque la poussée est faible le solide ne se met pas en mouvement : la force de frottement solide l'empêche de se déplacer. Étant donné que l'on est à l'équilibre, la somme des forces appliquées au système est nulle : la force de poussée est compensée par la force de frottement solide. Si l'on pousse plus fort, la force de frottement solide s'adapte et empêche le glissement. Lorsque l'on pousse encore plus fort, on arrive à une force seuil au-delà de laquelle le solide se met à glisser. On parle de seuil d'adhérence. Au-delà de ce seuil, la force de frottement solide est constante et le solide glisse.

Paramétrisation de la force de contact Le contact entre l'objet M et le support solide permet de définir un point de contact I et un plan de contact $\mathcal{P}$. On caractérise le plan de contact par son vecteur normal unitaire $\vec{n}$ que l'on oriente du support vers l'objet.

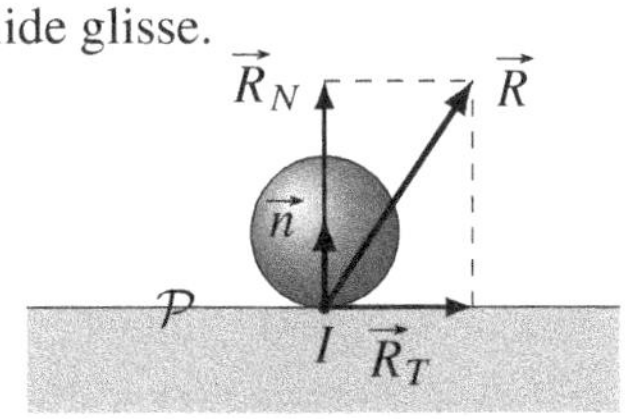

Figure 14.8 – Force de contact entre un système et un support. Le point de contact I, le plan de contact $\mathcal{P}$ et sa normale $\vec{n}$ sont représentés, ainsi que la force de contact $\vec{R} = \vec{R}_N + \vec{R}_T$.

On décompose alors la force de contact $\vec{R}$ en deux :

$$\vec{R} = \vec{R}_T + \vec{R}_N,$$

où les composantes tangentielles $\vec{R}_T$ et normales $\vec{R}_N$ de la force de contact ont les propriétés :

- $\vec{R}_N$ est la réaction normale du support. Sa norme est indéterminée *a priori* et dépend des autres forces. Sa direction et son sens sont ceux de $\vec{n}$: elle s'oppose à la pénétration de l'objet dans le support. Elle est orientée du support vers le système ;
- $\vec{R}_T$ est la réaction tangentielle du support. Elle appartient au plan de contact. Elle correspond à une force de frottement solide entre les surfaces en contact. Elle s'oppose au glissement. Elle est donc nulle dans le cas d'un glissement sans frottement.

Sans frottement, la force de contact est réduite à $\vec{R}_N$, perpendiculaire au support.

e) Action exercée par un fluide

Il existe principalement trois forces exercées par un fluide sur un solide plongé dans ce fluide : la poussée d'Archimède, la force de traînée, la force de portance. Ces forces sont toutes dues au contact du fluide environnant sur le corps immergé. La poussée d'Archimède, qui s'exerce sur les solides plongés dans un fluide, existe même si le solide est au repos par rapport au fluide. Les forces de traînée et de portance n'existent que lorsque le solide est en mouvement par rapport au fluide. Elles dépendent de la vitesse relative du solide par rapport au fluide.

Tout corps plongé dans un fluide au repos, entièrement ou partiellement immergé dans celui-ci, subit une force appelée « poussée d'Archimède ». Cette force verticale, dirigée de bas en haut, est de norme égale au poids du volume de fluide déplacé. En posant $V_{\text{immergé}}$, le volume du corps immergé dans le fluide de masse volumique ρ_{fluide}, elle s'exprime :

$$\vec{\Pi} = -\rho_{\text{fluide}} V_{\text{immergé}} \vec{g}.$$

Poussée d'Archimède Si le système est entièrement immergé, le volume immergé $V_{\text{immergé}}$ est égal au volume V du corps. Il est alors souvent intéressant d'exprimer la poussée d'Archimède en fonction du poids du système.

Pour cela, on exprime le volume $V_{\text{immergé}}$ en fonction de la masse volumique moyenne ρ du système :

$$V_{\text{immergé}} = V = \frac{m}{\rho} \quad \Longrightarrow \quad \vec{\Pi} = -\frac{\rho_{\text{fluide}}}{\rho} m\,\vec{g}.$$

On peut alors sommer le poids et la poussée d'Archimède pour obtenir :

$$\vec{\Pi} + \vec{P} = m\left(1 - \frac{\rho_{\text{fluide}}}{\rho}\right)\vec{g} = m\,\vec{g}\,' \qquad (14.6)$$

avec $\vec{g}\,' = \left(1 - \frac{\rho_{\text{fluide}}}{\rho}\right)\vec{g}$ la gravité réduite dans le fluide.

On peut alors tenir compte du poids et de la poussée d'Archimède en remplaçant $\vec{g}$ par $\vec{g}\,'$.

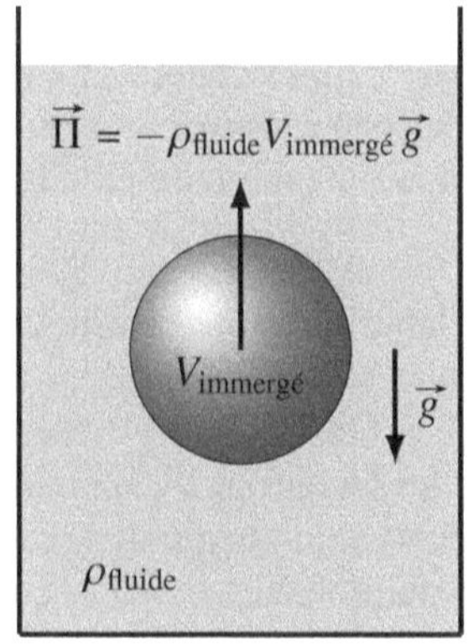

Figure 14.9 – Poussée d'Archimède.

Traînée et portance Un corps en mouvement par rapport à un fluide subit des forces aérodynamiques (dans l'air) ou hydrodynamiques (dans l'eau) : les forces de traînée et de portance.

- La traînée est opposée au mouvement du mobile par rapport au fluide. C'est la force principale contre laquelle on lutte en vélo. Elle est d'autant plus grande que la vitesse relative est grande : plus on roule vite, plus il faut pédaler fort;
- La portance est perpendiculaire au mouvement du mobile par rapport au fluide. C'est grâce à elle que les avions volent.

La force de traînée exercée sur M par le milieu fluide environnant a pour expression :

- $\vec{f} = -k_1\vec{v}$ avec $k_1 > 0$ à faible vitesse.
  k_1 est ici un coefficient de frottement fluide qui s'exprime en kg.s^{-1}.
- $\vec{f} = -k_2\|\vec{v}\|\vec{v}$ avec $k_2 > 0$ à haute vitesse.
  k_2 est ici un **coefficient de frottement fluide** qui s'exprime en kg.m^{-1}.

La vitesse $\vec{v}$ qui intervient est la vitesse relative du système par rapport au fluide.

Les coefficients de frottement k_1 et k_2 dépendent de l'écoulement autour du système. Ils sont déterminés expérimentalement parfois à l'aide d'essais en soufflerie. On peut aussi les évaluer grâce à des simulations numériques. *A priori*, dans les gaz, les frottements sont proportionnels au carré de la vitesse. Dans les liquides, on peut assez souvent utiliser des frottements proportionnels à la vitesse. Dans le doute, on peut toujours essayer un modèle avec des frottements proportionnels à la vitesse qui a l'avantage d'être linéaire. Si les résultats obtenus par ce modèle linéaire ne sont pas satisfaisants, on doit utiliser la deuxième forme. Dans ce cas, il faut souvent envisager une résolution numérique du problème.

5 Chute libre dans le champ de pesanteur

5.1 Mise en équation

On étudie le mouvement d'un point matériel M de masse m qu'on lâche sans vitesse initiale d'une hauteur h dans le champ de pesanteur $\vec{g}$.

Dans un premier temps, on néglige la résistance de l'air au cours du mouvement, ce qui revient à considérer que la chute se fait dans le vide. On tiendra compte par la suite de frottements proportionnels à la vitesse puis de frottements proportionnels au carré de la vitesse. Dans tous les cas, le mouvement est un mouvement de chute verticale et on utilise une base de projection cartésienne réduite à un axe. On choisit l'axe (Oy) vertical ascendant et l'étude cinématique du mouvement rectiligne selon l'axe (Oy) donne :

$$\overrightarrow{OM} = y\vec{u}_y, \quad \vec{v} = \dot{y}\vec{u}_y, \quad \vec{a} = \ddot{y}\vec{u}_y.$$

On établit le schéma de la figure 14.10 en faisant apparaître le point M à $t = 0$ avec les conditions initiales du mouvement. On représente également le point M à l'instant t avec les forces qui s'y appliquent.

Le choix du système de coordonnées découle des symétries du problème et, en l'occurrence, des conditions initiales et des forces qui s'appliquent sur M. On suit la procédure de résolution d'un problème de mécanique décrite dans la partie méthodologie de ce chapitre :

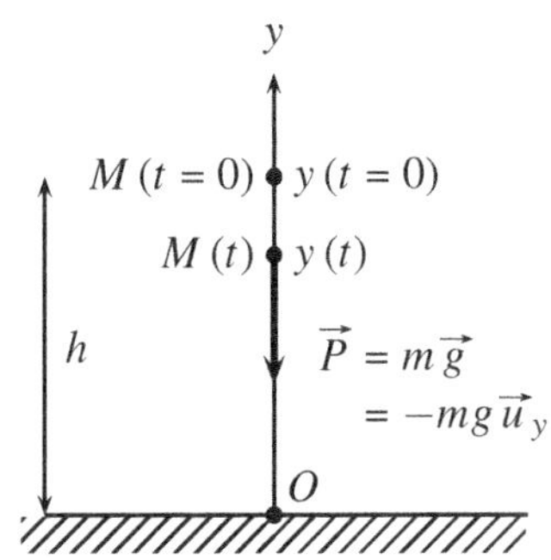

Figure 14.10 – Chute libre sous l'action du poids.

- définition du système : le point matériel M ;
- choix du référentiel : le référentiel terrestre que l'on considère galiléen ;
- bilan des forces : les forces qui s'exercent sur le point matériel sont le poids $\vec{P} = m\vec{g}$ et les forces de frottements fluides $\vec{f}$;
- on applique le principe fondamental de la dynamique :

$$m\vec{a} = \sum_i \vec{f_i} = m\vec{g} + \vec{f} \quad \text{soit} \quad \vec{a} = \vec{g} + \frac{\vec{f}}{m}. \tag{14.7}$$

5.2 Chute libre dans le vide

Lorsque l'on néglige la résistance de l'air, on parle de chute libre dans le vide. Dans ces conditions, le principe fondamental de la dynamique se réduit à :

$$\vec{a} = \vec{g}. \tag{14.8}$$

Le mouvement est caractérisé par une accélération constante. Ce type de mouvement a été étudié dans le chapitre *Cinématique du point*. Il est remarquable de constater que la masse n'intervient pas dans les équations du mouvement. Il faut cependant avoir conscience que cela n'est vrai que parce que l'on a négligé la résistance de l'air.

a) Équations horaires du mouvement

Comme $\vec{a} = \ddot{y}\vec{u}_y$ et $\vec{g} = -g\vec{u}_y$, l'équation du mouvement obtenue par projection de l'équation (14.8) sur l'axe $\vec{u}_y$ se traduit par :

$$\ddot{y} = -g.$$

Par intégrations successives, et en tenant compte des conditions initiales (vitesse nulle et altitude h), on trouve :

$$\dot{y} = -gt \quad \text{puis} \quad y = -\frac{1}{2}gt^2 + h.$$

Le mouvement est rectiligne et uniformément accéléré le long de l'axe vertical (Oy) dirigé vers le bas. La vitesse a pour norme :

$$v = |\dot{y}| = -\dot{y} = gt.$$

b) Caractéristiques du mouvement

On peut étudier quelques caractéristiques du mouvement.

- La durée de chute T est obtenue en cherchant l'instant d'arrivée au sol donc en résolvant l'équation $y(T) = 0$:

$$-\frac{1}{2}gT^2 + h = 0 \quad \Longleftrightarrow \quad T = \sqrt{\frac{2h}{g}}.$$

- La vitesse du point matériel à l'impact au sol est la vitesse à l'instant $t = T$ soit :

$$v = gT = \sqrt{2gh}.$$

Cette dernière relation montre que la vitesse à l'impact au sol augmente indéfiniment en fonction de la hauteur de chute h. Pour une hauteur de chute de 1000 m, on trouve une vitesse à l'impact de $140\,\text{m.s}^{-1} \simeq 500\,\text{km.h}^{-1}$. Or les sauteurs en parachute qui pratiquent la chute libre ne dépassent pas $250\,\text{km.h}^{-1}$ lors d'une chute d'une hauteur supérieure à 1000 m. **Un phénomène limite la vitesse qui n'augmente pas au-delà d'une valeur limite.** En pratique, lors d'une chute libre, la vitesse du parachutiste augmente pendant 600 m qu'il parcourt en 20 s pour atteindre $60\,\text{m.s}^{-1}$ puis n'évolue plus. Un peu plus tard, le sauteur ouvre son parachute et sa vitesse diminue jusqu'à environ $7\,\text{m.s}^{-1}$. La voile du parachute permet de diminuer la vitesse de chute en augmentant la résistance de l'air. Nous allons étudier le phénomène qui limite la vitesse à l'aide de deux modèles de résistance de l'air : un modèle de frottement proportionnel à la vitesse et un modèle proportionnel au carré de la vitesse.

5.3 Chute libre avec frottements proportionnels à la vitesse

On ne néglige plus la force de frottement $\vec{f}$ et on la prend sous la forme $\vec{f} = -k_1\vec{v}$. Le principe fondamental de la dynamique s'écrit alors :

$$m\vec{a} = -k_1\vec{v} + m\vec{g}.$$

La chute ayant lieu vers le bas, $\dot{y}$ est négatif. La norme de la vitesse étant toujours positive, $v = -\dot{y}$. Le vecteur vitesse $\vec{v}$ vaut donc $\vec{v} = \dot{y}\vec{u}_y = -v\vec{u}_y$ et on en déduit que :

$$\vec{a} = \ddot{y}\vec{u}_y = -\frac{\mathrm{d}v}{\mathrm{d}t}\vec{u}_y.$$

Comme $\vec{g} = -g\vec{u}_y$, le principe fondamental de la dynamique projeté sur l'axe (Oy) donne l'équation du mouvement :

$$m\frac{\mathrm{d}v}{\mathrm{d}t} + k_1 v = mg.$$

a) Analyse de l'équation différentielle du mouvement

Deux forces sont en présence :

- une force motrice, le poids, orientée vers le bas et responsable du mouvement de chute ;
- une force de freinage, le frottement fluide, opposée au mouvement dont la norme augmente lorsque la vitesse augmente.

À partir d'une vitesse initiale nulle, le point M chute de plus en plus vite et la force de freinage augmente. Au bout d'un moment, la force motrice et la force de freinage se compensent. Dans ces conditions, la somme des forces s'annule, le système est pseudo-isolé et son mouvement est par la suite rectiligne et uniforme à la vitesse limite v_l qui assure l'égalité du poids et de la force de frottement :

$$k_1 v = mg \qquad \Longleftrightarrow \qquad v = v_l = \frac{mg}{k_1}.$$

Très souvent, il est intéressant d'introduire les paramètres physiques que l'on a obtenu de cette manière dans l'équation différentielle pour faciliter sa résolution. Dans le cas présent, on trouve :

$$\frac{m}{k_1}\frac{\mathrm{d}v}{\mathrm{d}t} + v = \frac{mg}{k_1} \qquad \Longleftrightarrow \qquad \frac{v_l}{g}\frac{\mathrm{d}v}{\mathrm{d}t} + v = v_l$$

de la forme

$$\tau\frac{\mathrm{d}v}{\mathrm{d}t} + v = v_l \qquad \text{avec} \qquad \tau = \frac{v_l}{g} = \frac{m}{k_1}.$$

On reconnaît une équation différentielle linéaire du premier ordre dont le temps caractéristique τ correspond à l'échelle de temps nécessaire pour atteindre un régime permanent caractérisé par $v = v_l$.

b) Résolution de l'équation différentielle du mouvement

La solution de cette équation est la somme de la solution générale de l'équation homogène associée $v_h(t)$ et d'une solution particulière $v_p(t)$.

La résolution de l'équation homogène associée conduit à $v_h(t) = \lambda \exp(-t/\tau)$ où λ est une constante. On recherche une solution particulière sous la forme d'une constante puisque le second membre est constant d'où $v_p(t) = v_l$. La solution générale est alors :

$$v(t) = C \exp\left(-\frac{t}{\tau}\right) + v_l.$$

On détermine la constante à l'aide des conditions initiales à savoir $v(t = 0) = 0 = \lambda + v_l$ soit $\lambda = -v_l$ et on obtient :

$$v(t) = v_l\left(1 - \exp\left(-\frac{t}{\tau}\right)\right).$$

La chute ayant lieu vers le bas, $\dot{y}$ est négatif. La norme de la vitesse v étant toujours positive, $v = -\dot{y}$. La position y se déduit alors par intégration par rapport au temps de $\dot{y} = -v$:

$$\dot{y} = -v = -v_l\left(1 - \exp\left(-\frac{t}{\tau}\right)\right) \qquad \Longrightarrow \qquad y = -v_l t - v_l\tau \exp\left(-\frac{t}{\tau}\right) + K.$$

La constante K s'obtient en tenant compte de la position initiale : $y(t = 0) = h = -v_l\tau + K$ soit $K = h + v_l\tau$ et finalement :

$$y(t) = -v_l t + v_l\tau\left(1 - \exp\left(-\frac{t}{\tau}\right)\right) + h.$$

c) Retour sur l'analyse initiale

Pour analyser l'expression de la vitesse en fonction du temps : $v(t) = v_l\,(1 - \exp(-t/\tau))$, on définit une vitesse et un temps sans dimension en notant $v^* = v/v_l$ et $t^* = t/\tau$. On obtient alors :

$$v^*(t) = 1 - \exp(-t^*),$$

et on trace l'évolution de v^* en fonction de t^* sur la figure 14.11.

La vitesse v^* augmente de 0 à 1 qu'elle atteint pratiquement lorsque t^* atteint environ 5. La vitesse du mobile augmente donc vers sa vitesse limite v_l qui est atteinte après quelques τ.

La vitesse évolue en deux phases : une phase transitoire qui lui permet d'atteindre v_l en quelques τ, puis une phase permanente lors de laquelle elle est constante et égale à v_l.

- $v_l = \frac{m}{k_1} g$ représente la vitesse finale du mobile ;
- $\tau = \frac{v_l}{g} = \frac{m}{k_1}$ est le temps caractéristique nécessaire pour que v_l soit atteinte.

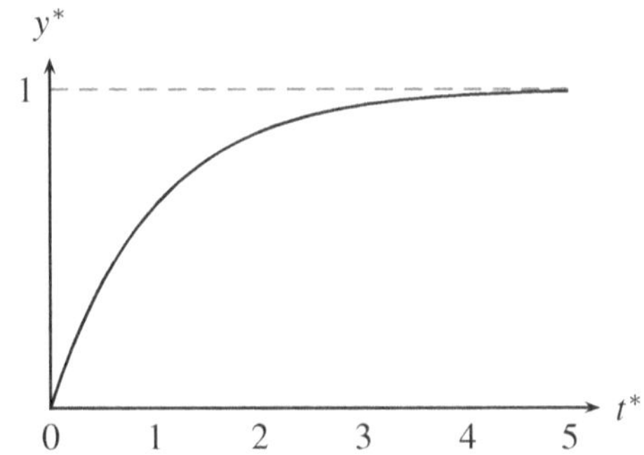

Figure 14.11 – Évolution de la vitesse en fonction du temps lors d'une chute libre avec frottements proportionnels à la vitesse.

Ces paramètres sont indépendants des conditions initiales et déterminent entièrement l'évolution temporelle de la vitesse de chute du mobile. Les paramètres m, g et k_1 n'interviennent pas indépendamment mais seulement sous la forme de combinaisons formant v_l et τ.

5.4 Chute libre avec frottements proportionnels au carré de la vitesse

On modélise à présent la force de frottement $\vec{f}$ par la relation $\vec{f} = -k_2 v \vec{v}$, où v est, ici encore, la norme de la vitesse du mobile. Le principe fondamental de la dynamique s'écrit :

$$m \frac{\mathrm{d}\vec{v}}{\mathrm{d}t} = m\vec{g} - k_2 v \vec{v}. \tag{14.9}$$

Comme précédemment, la chute a lieu vers le bas, $\vec{v} = -v\vec{u}_y$, $\vec{a} = -\frac{\mathrm{d}v}{\mathrm{d}t}\vec{u}_y$ et $\vec{g} = -g\vec{u}_y$. L'équation du mouvement est obtenue par projection du principe fondamental de la dynamique sur l'axe (Oy) :

$$m\frac{\mathrm{d}v}{\mathrm{d}t} + k_2 v^2 = mg.$$

Cette équation n'est pas linéaire, on ne peut donc pas la résoudre comme la précédente.

a) Analyse physique de l'équation différentielle du mouvement

Pour les mêmes raisons qu'en présence de frottements proportionnels à la vitesse, le point matériel atteint une vitesse limite v_l lorsque le poids est compensé par la force de frottement d'où :

$$k_2 v^2 = mg \iff v = v_l = \sqrt{\frac{mg}{k_2}}.$$

On introduit cette vitesse limite dans l'équation différentielle, en exploitant $\frac{m}{k_2 v_l^2} = \frac{1}{g}$:

$$\frac{m}{k_2}\frac{\mathrm{d}v}{\mathrm{d}t} + v^2 = v_l^2 \iff \frac{m}{k_2 v_l^2}\frac{\mathrm{d}v}{\mathrm{d}t} = 1 - \left(\frac{v}{v_l}\right)^2 \iff \frac{1}{g}\frac{\mathrm{d}v}{\mathrm{d}t} = 1 - \left(\frac{v}{v_l}\right)^2,$$

On aboutit à une équation différentielle à variables séparables :

$$\frac{\mathrm{d}v}{1-\left(\frac{v}{v_l}\right)^2} = g\mathrm{d}t \qquad \text{soit} \qquad \frac{\mathrm{d}\left(\frac{v}{v_l}\right)}{1-\left(\frac{v}{v_l}\right)^2} = \frac{g}{v_l}\mathrm{d}t.$$

On définit alors la vitesse adimensionnée $v^* = v/v_l$ et le temps caractéristique $\tau = v_l/g$ dont on se sert pour établir un temps adimensionné $t^* = t/\tau$ et on obtient l'équation :

$$\frac{\mathrm{d}v^*}{1-v^{*2}} = \mathrm{d}t^* \quad \Longrightarrow \quad \int_{v^*(t=0)=0}^{v^*(t)} \frac{\mathrm{d}v^*}{1-v^{*2}} = \int_0^{t^*} \mathrm{d}t^*.$$

On sait calculer cette intégrale analytiquement ou numériquement. Cela permet de représenter la courbe de la figure 14.12. La vitesse v^* augmente de 0 à 1 qu'elle atteint pratiquement lorsque t^* atteint environ 3. La vitesse du mobile augmente donc vers sa vitesse limite v_l qui est atteinte après quelques τ.

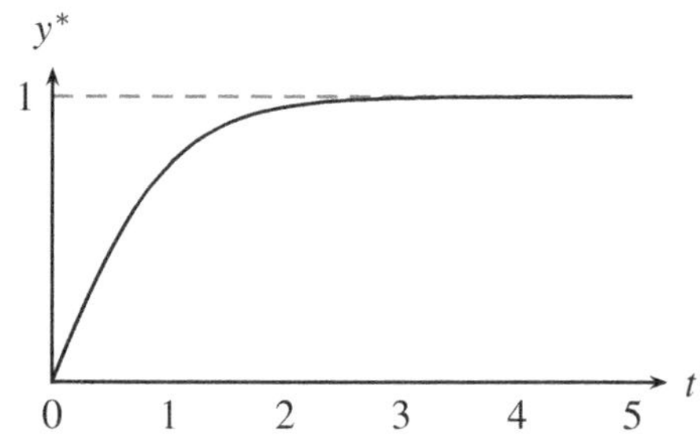

Figure 14.12 – Évolution de la vitesse en fonction du temps lors d'une chute libre avec frottements proportionnels au carré de la vitesse.

Remarque

La solution analytique, obtenue à l'aide de la méthode de décomposition en éléments simples vue en mathématique, est :

$$v^* = \frac{\exp(t^*) - \exp(-t^*)}{\exp(t^*) + \exp(-t^*)} = \frac{\mathrm{sh}(t^*)}{\mathrm{ch}(t^*)} = \mathrm{th}(t^*),$$

où sh, ch et th sont les fonctions trigonométriques hyperboliques.

b) Retour sur l'analyse initiale

Comme précédemment, la vitesse du mobile tend vers la vitesse limite lorsque le temps tend vers l'infini et évolue en deux phases : une phase transitoire qui dure quelques τ et permet au mobile d'accélérer jusqu'à v_l puis une phase permanente lors de laquelle la vitesse est constante et égale à v_l :

- $v_l = \sqrt{\frac{mg}{k_2}}$ représente la vitesse finale du mobile ;
- $\tau = \frac{v_l}{g} = \sqrt{\frac{m}{k_2 g}}$ est le temps caractéristique nécessaire pour que v_l soit atteinte.

Ces deux paramètres sont indépendants des conditions initiales et déterminent entièrement l'évolution temporelle de la vitesse de chute du système. Les paramètres m, g, k_2 n'interviennent pas indépendamment mais seulement sous la forme de combinaisons formant v_l et τ.

5.5 Comparaison des deux modèles de frottements

Ces deux modèles prévoient une phase d'accélération de la chute d'une durée de quelques τ suivie d'une évolution à vitesse constante et égale à la vitesse limite. Ils semblent tous deux en accord avec les observations de chutes libres de parachutistes. Cependant, l'expression de cette vitesse n'est pas la même :

$$\begin{cases} v_l = \dfrac{mg}{k_1} & \text{pour un frottement proportionnel à la vitesse ;} \\ v_l = \sqrt{\dfrac{mg}{k_2}} & \text{pour un frottement proportionnel au carré de la vitesse.} \end{cases}$$

En pratique, c'est la mesure de ces vitesses limites qui permet de déterminer la valeur des constantes k_1 et k_2 et on ne peut pas discriminer ces modèles par cette seule étude. Pour déterminer lequel de ces deux modèles est le plus proche de la réalité, il est nécessaire de faire des essais en soufflerie ou de raisonner sur l'énergie. On obtient alors les résultats suivants :

- un frottement proportionnel à la vitesse convient bien lorsque les vitesses sont faibles, ou que la chute a lieu dans un liquide visqueux ;
- lorsque les vitesses deviennent plus importantes et que la chute a lieu dans un gaz comme l'air, un frottement proportionnel au carré de la vitesse est plus adapté.

La méthode employée dans le cas d'un frottement proportionnel au carré de la vitesse est intéressante : l'introduction d'une valeur limite pour la vitesse suivie de la séparation des variables v et t permet de transformer une équation différentielle *a priori* compliquée à résoudre en une intégrale « classique ». L'idée d'introduire un paramètre limite pour simplifier la résolution est souvent une idée à tester. Le fait de rendre les équations sans dimension avant de chercher à les résoudre également.

6 Tir d'un projectile dans le champ de pesanteur

6.1 Mise en équation

On étudie toujours le mouvement d'un point matériel M de masse m dans le champ de pesanteur $\vec{g}$. On s'intéresse maintenant au cas du vol balistique pour lequel le point matériel est initialement lancé avec une vitesse $\vec{v_0}$ faisant un angle α avec l'horizontale.

Par rapport au mouvement de chute libre vu précédemment, seules les conditions initiales sont modifiées. La position initiale du mobile est un point M_0 et son mouvement a lieu dans un plan vertical $\mathcal{P}$ contenant M_0, $\vec{g}$ et $\vec{v_0}$.

Sans rien enlever à la généralité du problème, on choisit l'origine du repère O en M_0, un axe (Oy) vertical ascendant et l'axe (Ox) contenu dans $\mathcal{P}$ et orthogonal à (Oy) et on utilise une base de projection cartésienne réduite à un plan (xOy).

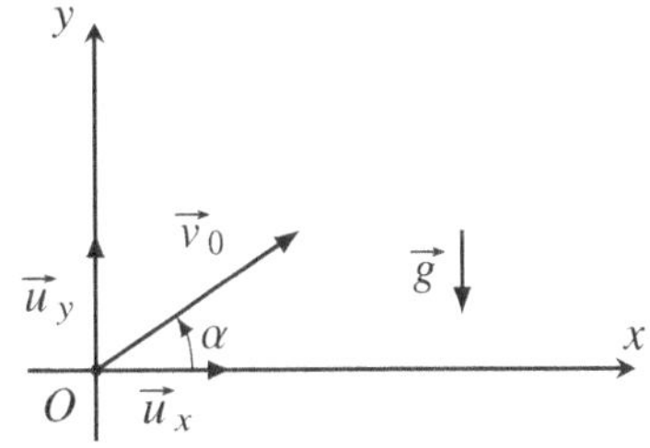

Figure 14.13 – Conditions initiales d'un tir dans le vide.

L'étude cinématique du mouvement dans le plan (xOy) en coordonnées cartésiennes donne :

$$\overrightarrow{OM} = \begin{pmatrix} x \\ y \end{pmatrix}, \quad \vec{v} = \begin{pmatrix} \dot{x} \\ \dot{y} \end{pmatrix}, \quad \vec{a} = \begin{pmatrix} \ddot{x} \\ \ddot{y} \end{pmatrix}.$$

Dans un premier temps, on néglige la résistance de l'air. On tiendra compte par la suite d'une force proportionnelle au carré de la vitesse pour modéliser les frottements dus à l'air.

6.2 Tir dans le vide

On néglige la résistance de l'air, ce qui revient à considérer que le mouvement se fait dans le vide. L'équation (14.8) établie au paragraphe 5.2 est inchangée :

$$\vec{a} = \vec{g}. \tag{14.10}$$

Le mouvement est à vecteur accélération constante. Ce type de mouvement a été étudié au chapitre *Cinématique du point*. On projette l'équation (14.10) sur les axes (Ox) et (Oy) pour obtenir :

$$\begin{cases} \ddot{x} = 0 \\ \ddot{y} = -g. \end{cases}$$

Par intégrations successives en tenant compte des conditions initiales :

$$\begin{cases} \dot{x}(t=0) = v_0 \cos\alpha \\ \dot{y}(t=0) = v_0 \sin\alpha \end{cases} \quad \text{et} \quad \begin{cases} x(t=0) = 0 \\ y(t=0) = 0, \end{cases}$$

on obtient : $\begin{cases} \dot{x} = v_0 \cos\alpha \\ \dot{y} = -gt + v_0 \sin\alpha \end{cases}$ puis $\begin{cases} x = v_0 t \cos\alpha \\ y = -\frac{1}{2}gt^2 + v_0 t \sin\alpha. \end{cases}$

L'équation de la trajectoire s'obtient en éliminant le temps dans les équations horaires. De l'expression de x en fonction du temps, on tire : $t = \dfrac{x}{v_0 \cos\alpha}$ que l'on reporte dans l'expression de y. On obtient une trajectoire parabolique d'équation :

$$y = -\frac{g}{2v_0^2 \cos^2\alpha} x^2 + x \tan\alpha.$$

Hauteur maximale atteinte Elle correspond au sommet de la parabole et s'obtient en résolvant l'équation : $\dfrac{\mathrm{d}y}{\mathrm{d}x} = \dfrac{-gx}{v_0^2 \cos^2\alpha} + \tan\alpha = 0$ soit $x_m = \dfrac{v_0^2 \sin\alpha \cos\alpha}{g}$.

L'altitude maximale atteinte est : $y_m = y(x_m) = \dfrac{v_0^2 \sin^2\alpha}{2g}$.

Portée du tir La portée du tir est la distance horizontale parcourue par le mobile au moment où il retombe sur le sol. Pour la déterminer, on suppose le sol plan et horizontal d'altitude $y = 0$ et on résout l'équation :

$$0 = y = -\frac{g}{2v_0^2 \cos^2\alpha} x^2 + x \tan\alpha = x \left(\tan\alpha - \frac{g}{2v_0^2 \cos^2\alpha} x \right).$$

Cette équation admet deux solutions : $x = 0$ et $x = \dfrac{v_0^2 \sin 2\alpha}{g}$. La solution $x = 0$ correspond à la position d'origine du tir qui appartient naturellement à la trajectoire. Elle ne présente pas d'intérêt ici. La portée du tir est l'autre solution : $x_p = \dfrac{v_0^2 \sin 2\alpha}{g}$. Elle est maximale pour $\alpha = \frac{\pi}{4}$. C'est l'angle avec lequel sautent les grenouilles pour retomber le plus loin possible.

6.3 Tir en tenant compte de la résistance de l'air

Dans la modélisation précédente, on n'a pas tenu compte de la résistance de l'air. On modélise ici sa résistance par une force de frottement proportionnelle au carré de la vitesse. L'équation du mouvement est la même que l'équation (14.9) établie au paragraphe 5.4 :

$$m\vec{a} = -k_2 v\vec{v} + m\vec{g}.$$

Lorsque la vitesse initiale n'est pas nulle, on ne peut résoudre cette équation différentielle que numériquement et pour cela, il est intéressant de la rendre adimensionnelle en introduisant des grandeurs caractéristiques.

a) Équation différentielle adimensionnelle

Il s'agit de la même équation différentielle que celle que l'on a étudiée au paragraphe 5.4. On introduit la même vitesse limite $v_l = \sqrt{\dfrac{mg}{k_2}}$ et le même temps caractéristique $\tau = \dfrac{v_l}{g}$. On pose $t = \tau t^*$ où t^* est un temps adimensionné et $\vec{v} = v_l\vec{v}^*$ où $\vec{v}^*$ est une vitesse adimensionnée. On déduit $\vec{a} = \dfrac{\mathrm{d}\vec{v}}{\mathrm{d}t} = \dfrac{\mathrm{d}(v_l\vec{v}^*)}{\mathrm{d}(\tau t^*)} = \dfrac{v_l}{\tau}\dfrac{\mathrm{d}\vec{v}^*}{\mathrm{d}t^*} = g\dfrac{\mathrm{d}\vec{v}^*}{\mathrm{d}t^*}$. On reporte ces expressions dans l'équation différentielle précédente et on obtient :

$$\frac{\mathrm{d}\vec{v}^*}{\mathrm{d}t^*} = -v^*\vec{v}^* - \vec{u}_y. \tag{14.11}$$

On introduit alors l'échelle de longueur $l = v_l\tau$ pour définir les longueurs adimensionnelles $x^* = \dfrac{x}{l}$ et $y^* = \dfrac{y}{l}$. Par projection sur les axes (Ox) et (Oy), on obtient les équations sans dimensions :

$$\begin{cases} \ddot{x}^* = -\dot{x}^*\sqrt{\dot{x}^{*2} + \dot{y}^{*2}} \\ \ddot{y}^* = -\dot{y}^*\sqrt{\dot{x}^{*2} + \dot{y}^{*2}} - 1, \end{cases} \tag{14.12}$$

qui ne peuvent être résolues que par des méthodes numériques.

b) Différents régimes du mouvement

Le système d'équations (14.12) montre que le type de comportement du mobile n'est déterminé que par sa vitesse initiale adimensionnée $\vec{v_0}^* = \vec{v_0}/v_l$ dont on peut faire varier la norme et la direction. On s'intéresse ici à l'influence de sa norme en fixant à 45° l'angle que fait $\vec{v_0}^*$ avec l'horizontale et traçant les trajectoires pour différentes valeurs de $\|\vec{v_0}^*\|$. v_l est la vitesse pour laquelle la norme des frottements est égale à la norme du poids, ainsi :

- lorsque $v \gg v_l \Leftrightarrow v^* \gg 1$, le poids est négligeable ;
- lorsque $v \ll v_l \Leftrightarrow v^* \ll 1$, les frottements sont négligeables.

Selon la norme de $\vec{v_0}^*$, on distingue trois différents régimes pour le mouvement de M :

- lorsque $\|\vec{v_0}^*\| \ll 1$, la vitesse initiale est négligeable et le mouvement ressemble au mouvement rectiligne de chute libre traité au paragraphe 5.4 avec un faible décalage vers les x^* positifs ;
- lorsque $\|\vec{v_0}^*\|$ est de l'ordre de 1, les deux forces ont une importance équivalente et on ne peut pas simplifier la résolution : la trajectoire est courbe et amène le mobile sur une trajectoire verticale rectiligne et uniforme parcourue à la vitesse v_l ;
- lorsque $\|\vec{v_0}^*\| \gg 1$, le poids est négligeable dans un premier temps et le mouvement

initial est rectiligne freiné. Puis la vitesse diminue et on est ramené au cas précédent : le mobile change de direction pour évoluer verticalement vers le bas. Enfin, la vitesse étant verticale, on est ramené au premier cas pour finir avec un mouvement vertical rectiligne et uniforme à la vitesse v_l.

Exemple

Lors d'un échange de badminton, le volant sort de la raquette à une vitesse de 200 à 300 km/h alors que la vitesse limite du volant vaut environ 15 à 30 km/h. La vitesse initiale est très grande devant la vitesse limite : la trajectoire ressemble à la trajectoire de type 3 avec une phase initiale rectiligne et un volant qui retombe presque à la verticale.

Lors du dégagement du gardien, un ballon de football part avec une vitesse de 100 à 150 km/h alors que la vitesse limite du ballon vaut environ 80 à 100 km/h. La vitesse initiale et la vitesse limite sont comparables : la trajectoire ressemble à la trajectoire du type 2. On peut voir sur la figure 14.15 que la différence principale par rapport à une trajectoire parabolique obtenue sans frottement est que la portée diminue.

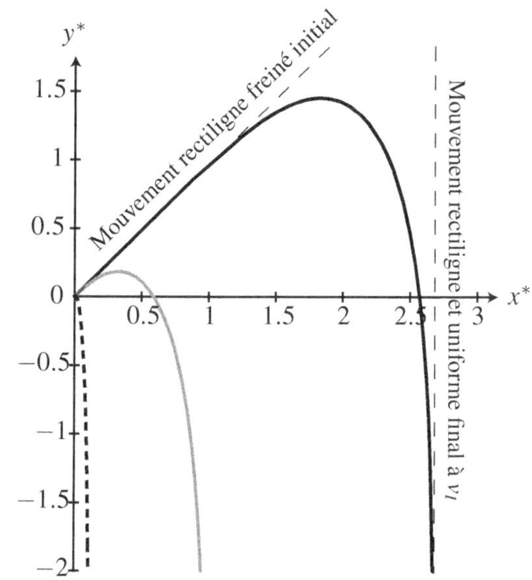

Figure 14.14 – Évolution de la trajectoire pour différentes vitesses initiales. L'angle de tir est fixé à 45° et la vitesse initiale prend les valeurs de $0{,}1v_l$ (tirets), v_l (trait continu gris) et $10v_l$ (trait continu noir).

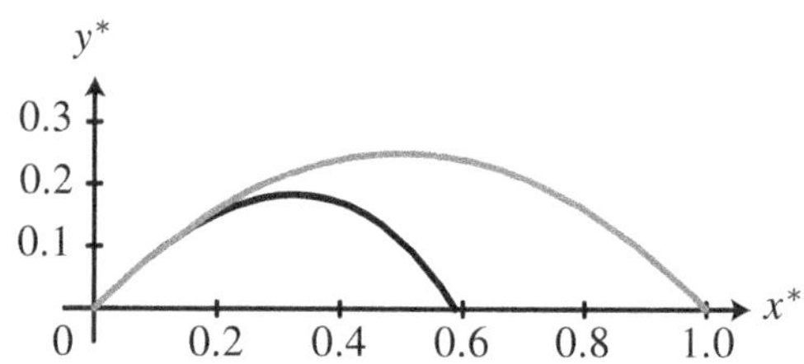

Figure 14.15 – Comparaison entre une trajectoire avec frottement pour laquelle $v_0 = v_l$ (en noir) et une trajectoire sans frottement avec la même vitesse initiale (en gris) pour un angle de tir de 45°. Les frottements diminuent la portée sans changer fondamentalement la forme de la trajectoire.

7 Le pendule simple

On considère un solide de petite taille et de masse m attaché à un fil. L'autre extrémité du fil est liée à un point fixe. À l'instant initial, on lâche le solide sans vitesse d'une position faisant un angle θ_0 avec la verticale. On observe que le mouvement ultérieur est plan.

7.1 Modélisation

On modélise le solide par un point matériel M de masse m et le fil par un fil inextensible, sans masse et sans rigidité (fil idéal). On étudie son mouvement dans le référentiel terrestre supposé galiléen. On néglige les frottements dus à l'air.

7.2 Équation du mouvement

On suit la procédure de résolution d'un problème de mécanique décrite dans la partie méthodologie de ce chapitre page 399 :

- définition du système : le solide de masse m assimilé à un point matériel M ;
- choix du référentiel : le référentiel terrestre que l'on considère galiléen ;
- bilan des forces : ne pas considérer la résistance de l'air revient à négliger tout phénomène de frottements. Le point matériel est soumis à :
  - son poids : $\vec{P} = m\vec{g}$;
  - la tension du fil : $\vec{T} = -T\vec{u}_r$ où $T > 0$;

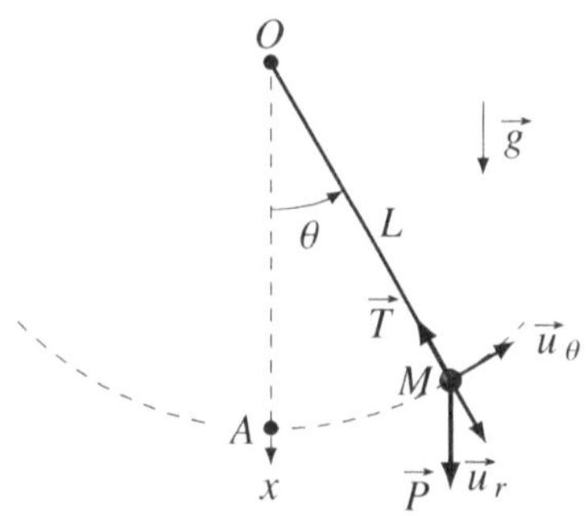

Figure 14.16 – Le pendule simple.

- on écrit le principe fondamental de la dynamique : $m\vec{a} = \sum_i \vec{f_i} = m\vec{g} + \vec{T}$.

Il faut alors réfléchir à la forme géométrique de la trajectoire du mobile pour choisir correctement le système de coordonnées. Ici, le mouvement étant plan et le fil inextensible, le point M se déplace sur une portion de cercle de centre O et de rayon L. Le repérage polaire s'impose et, en utilisant le cours de cinématique sur les mouvements circulaires, on établit l'expression de l'accélération en coordonnées polaires définis sur le schéma de la figure 14.16 :

$$\overrightarrow{OM} = L\vec{u}_r \quad ; \quad \vec{v} = L\dot{\theta}\vec{u}_\theta \quad ; \quad \vec{a} = -L\dot{\theta}^2\vec{u}_r + L\ddot{\theta}\vec{u}_\theta.$$

On projette ensuite tous les vecteurs sur la base polaire $(\vec{u}_r, \vec{u}_\theta)$. L'action du fil $\vec{T} = -T\vec{u}_r$ est déjà écrite sur cette base. Pour projeter le poids $\vec{P}$, on applique la méthode décrite dans la partie méthodologique de ce chapitre en page 400 et, à l'aide du schéma de la figure 14.16 on trouve :

$$\vec{P} = mg\cos\theta\vec{u}_r - mg\sin\theta\vec{u}_\theta.$$

Il ne reste qu'à projeter le principe fondamental de la dynamique sur $\vec{u}_r$ et $\vec{u}_\theta$:

$$-mL\dot{\theta}^2 = mg\cos\theta - T$$
$$mL\ddot{\theta} = -mg\sin\theta.$$

La première équation permet d'établir l'expression de la tension du fil T, à condition de connaître l'évolution temporelle de θ. La deuxième équation est l'équation du mouvement. Sa résolution donne l'expression de $\theta(t)$. En posant $\omega_0 = \sqrt{g/L}$, on peut l'écrire :

$$\ddot{\theta} + \omega_0^2\sin\theta = 0. \tag{14.13}$$

Cette équation n'est pas linéaire et n'a pas de solution analytique simple. Deux approches sont possibles : la résolution numérique ou la linéarisation que l'on détaille ci-dessous.

7.3 Résolution numérique

Cette équation est entièrement déterminée par la connaissance de ω_0. La masse m n'intervient pas dans le problème et les paramètres g et L interviennent uniquement sous la forme de la combinaison $\omega_0 = \sqrt{g/L}$. Le seul paramètre libre est l'angle initial θ_0 dont on va étudier l'influence en traçant les solutions $\theta(t)$ en fonction du temps pour θ_0 variant entre 0,1 et 1,5 radians (oscillations de grande amplitude) ou entre 0,01 et 0,15 radians (oscillations de faible amplitude). Les résultats sont représentés sur la figure 14.17.

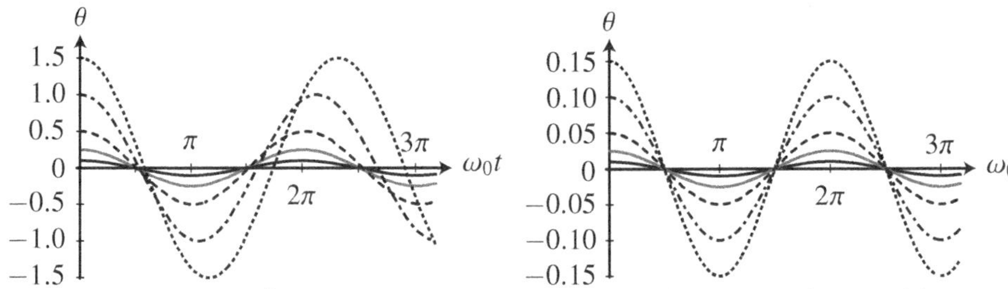

Figure 14.17 – Évolution temporelle de l'angle θ pour différentes conditions initiales. À gauche, l'amplitude des oscillations est comprise entre 0,1 et 1,5 rad ; à droite, elle est comprise entre 0,01 et 0,15 rad.

On observe toujours des oscillations périodiques. La période des oscillations dépend généralement de l'amplitude du mouvement et donc de la condition initiale θ_0. Cependant, lorsque l'amplitude des oscillations reste petite, on observe que les oscillations ont une période commune. On parle d'isochronisme des petites oscillations. On va expliquer ce résultat remarquable en linéarisant l'équation différentielle (14.13) pour les petits angles avant de la résoudre.

7.4 Linéarisation dans le cas des faibles amplitudes

Dans le cas où θ reste petit devant 1, on peut assimiler $\sin\theta$ à θ et linéariser l'équation (14.13). On obtient l'équation différentielle linéaire :

$$\ddot{\theta} + \omega_0^2\theta = 0. \tag{14.14}$$

La variable angulaire θ vérifie alors l'équation différentielle d'un oscillateur harmonique. Les solutions pour θ sont de la forme $\theta(t) = A\cos(\omega_0 t) + B\sin(\omega_0 t)$, où A et B sont des constantes. Les conditions initiales $\theta(t=0) = \theta_0$ et $\dot{\theta}(t=0) = 0$ donnent :

$$\theta_0 = A \quad \text{et} \quad 0 = B\omega_0,$$

soit $A = \theta_0$ et $B = 0$. Finalement : $\boxed{\theta(t) = \theta_0\cos(\omega_0 t)}$.

$\theta(t)$ présente des oscillations sinusoïdales de pulsation ω_0 et de période $T_0 = \frac{2\pi}{\omega_0}$ indépendantes de θ_0. Dans la limite des oscillations de faible amplitude, on vient de montrer l'isochronisme des petites oscillations avec la période ci-contre. En pratique, l'isochronisme est assuré avec une précision de 1 % lorsque θ reste inférieur à environ 0,4 rad, soit environ 25°.

$$\boxed{T_0 = 2\pi\sqrt{\frac{L}{g}}.}$$

MÉTHODOLOGIE

Comment résoudre un problème de mécanique du point ?
▷ *Appliquer la méthode décrite ci-dessous.*

Pour résoudre un problème de mécanique du point, il est judicieux de suivre les étapes suivantes. Tous les points doivent apparaître et la succession de ces étapes dans cet ordre permet de suivre une démarche de démonstration scientifique rigoureuse qui consiste à faire des hypothèses, vérifier que l'on est dans les conditions d'application d'un principe, d'une loi physique ou d'un théorème, puis appliquer cette loi et en tirer des conclusions.

- La première étape consiste à **définir le système** et à vérifier que l'on peut l'assimiler à un point matériel.
- Lors de la deuxième étape, on **choisit le référentiel** et on vérifie que l'on peut le considérer comme galiléen.
- Lors de la troisième étape, on a plusieurs actions à mener de front :
  - **établir un schéma** de la situation pour **choisir le système de coordonnées adapté** à l'étude du mouvement ;
  - **faire l'étude cinématique du mouvement** dans ce système de coordonnées ;
  - réaliser un **bilan des forces** précis et complet et **les indiquer sur le schéma**.
- Lors de la quatrième étape, on applique le **principe fondamental de la dynamique**.
- La cinquième et dernière étape consiste à **projeter le principe de la dynamique sur la base de projection choisie** pour obtenir les équations différentielles du mouvement et à les résoudre, compte tenu des conditions initiales.

Par la suite, on disposera de deux théorèmes issus du principe fondamental de la dynamique et il faudra choisir la méthode qui permet de résoudre le problème avec le plus de facilité.

Faut-il tenir compte de la force gravitationnelle exercée par la Terre ou du poids ?
▷ *Définir le référentiel d'étude.*

Le poids englobe la force gravitationnelle exercée par la Terre. Il ne faut jamais tenir compte de ces deux forces en même temps. On étudie les mouvements qui se déroulent au voisinage de la Terre et dont la durée est négligeable devant la durée du jour dans le référentiel terrestre. On fait alors intervenir le poids. On étudie les mouvements plus longs dans le référentiel géocentrique. Dans ce cas, on fait intervenir l'attraction gravitationnelle terrestre.

Faut-il tenir compte de la poussée d'Archimède ?
▷ *Évaluer la masse volumique moyenne du système.*

Pour un corps de masse volumique moyenne ρ totalement immergé dans un fluide de masse volumique ρ_{fluide}, l'équation (14.6) de la page 386 montre que la résultante du poids et de la poussée d'Archimède s'écrit : $m\overrightarrow{g}'$ avec $\overrightarrow{g}' = \left(1 - \frac{\rho_{\text{fluide}}}{\rho}\right)\overrightarrow{g}$ la gravité réduite dans le fluide.

La masse volumique d'un solide plein plongé dans l'eau est comprise entre 10^3 et 10^4 kg.m^{-3}.

- Dans l'eau, $\rho_{\text{fluide}} = 10^3$ kg.m^{-3} donc $\vec{g}' \neq \vec{g}$. La poussée d'Archimède est importante.
- Dans l'air, $\rho_{\text{fluide}} \simeq 1$ kg.m^{-3} donc $\vec{g}' \simeq \vec{g}$. La poussée d'Archimède est négligeable.

Exemple

Le corps humain est essentiellement constitué d'eau et sa masse volumique est voisine de 10^3 kg.m^{-3}. Un humain plongé dans l'eau ressent une gravité réduite quasi nulle, c'est-à-dire un état d'apesanteur. Lorsqu'il est plongé dans l'air, il ressent pleinement son poids.

Comment projeter une force sur la base de projection choisie ?
▷ *Faire un schéma de la situation, y faire apparaître les forces et leurs composantes, puis utiliser les relations trigonométriques dans les triangles rectangles.*

Lors de la projection du poids vue dans le cas du pendule simple au paragraphe 7 page 397, on obtient :

$$\vec{P} = \vec{P}_r + \vec{P}_\theta = mg\cos\theta\,\vec{u}_r - mg\sin\theta\,\vec{u}_\theta.$$

Pour établir cette relation, on s'aide de la figure 14.18, dont on a grossi la partie utile sur la figure 14.19. Il est conseillé de réaliser des schémas suffisamment grands et de choisir θ dans l'intervalle $\left[0, \frac{\pi}{2}\right]$ pour que $\cos\theta$ et $\sin\theta$ soient positifs. Il est également préférable de choisir θ assez différent de $\frac{\pi}{4}$ pour que $\cos\theta$ et $\sin\theta$ prennent des valeurs nettement différentes l'un de l'autre.

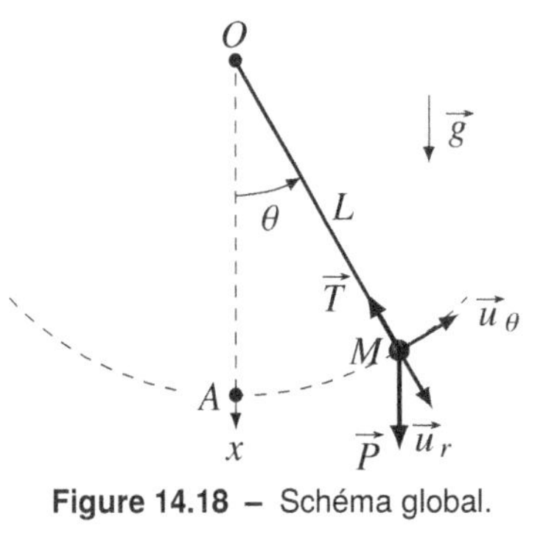

Figure 14.18 – Schéma global.

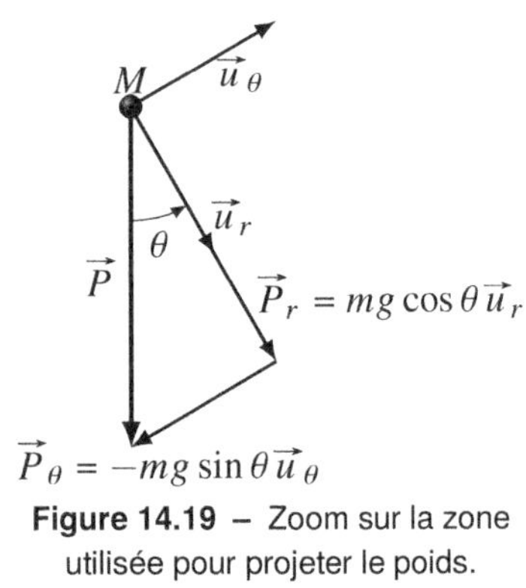

Figure 14.19 – Zoom sur la zone utilisée pour projeter le poids.

Comment savoir si un système reste en contact avec une surface solide ?
▷ *Supposer le contact établi et étudier la force de contact normale.*

La force de contact tangentielle entre un système et un support solide s'annule si le coefficient de frottement est nul. La force de contact normale ne s'annule que lorsqu'il y a rupture de contact. Pour montrer que le contact est rompu entre le système et son support, on suppose que le contact est établi et on détermine la réaction normale $\overrightarrow{R_N}$. La **rupture de contact** se traduit par l'annulation de $\overrightarrow{R_N}$.

PROGRAMME OFFICIEL ET SOMMAIRE DES EXERCICES

NOTIONS ET CONTENUS	CAPACITÉS EXIGIBLES
Lois de Newton	
Quantité de mouvement Masse d'un système. Conservation de la masse pour un système fermé.	Exploiter la conservation de la masse pour un système fermé.
Quantité de mouvement d'un point et d'un système de points. Lien avec la vitesse du centre de masse d'un système fermé.	Établir l'expression de la quantité de mouvement pour un système de deux points sous la forme $\vec{p} = m\vec{v}(G)$.
Première loi de Newton : principe d'inertie. Référentiel galiléen.	Décrire le mouvement relatif de deux référentiels galiléens.
Notion de force. Troisième loi de Newton. ► 14.C1 14.C4 ▷ 14.8	Établir un bilan des forces sur un système ou plusieurs systèmes en interaction et en rendre compte sur un schéma.
Deuxième loi de Newton. ▷ 14.3 14.10 14.11 14.12 ▷ 14.17 14.21 14.22 14.23	Déterminer les équations du mouvement d'un point matériel ou du centre de masse d'un système fermé dans un référentiel galiléen. TP : mettre en œuvre un protocole expérimental permettant d'étudier une loi de force.
Force de gravitation. Modèle du champ de pesanteur uniforme au voisinage de la surface d'une planète. Mouvement dans le champ de pesanteur uniforme. ► 14.C2 14.C3 ▷ 14.1	Étudier le mouvement d'un système modélisé par un point matériel dans le champ de pesanteur uniforme en l'absence de frottement.
Modèle d'une force de frottement fluide. Influence de la résistance de l'air sur un mouvement de chute. ▷ 14.15 14.23	Exploiter, sans la résoudre analytiquement, une équation différentielle : analyse en ordres de grandeur, détermination de la vitesse limite, utilisation des résultats obtenus par simulation numérique. Écrire une équation adimensionnée. TP : mettre en œuvre un protocole expérimental de mesure de frottements fluides.
Tension d'un fil. Pendule simple. ▷ 14.2 14.9	Établir l'équation du mouvement du pendule simple. Justifier l'analogie avec l'oscillateur harmonique dans le cadre de l'approximation linéaire.

Les exercices sur les ressorts sont les suivants :

► 14.C4

▷ 14.3 14.4 14.5 14.6 14.7 14.13 14.14 14.16 14.18 14.19 14.20

EXERCICES ★ (LE COURS)

14.C1 Unité d'une force Une force s'exprime en newtons, de symbole N. Exprimer cette unité avec les unités de base du système international.

14.C2 Force coulombienne

1) Donner l'expression de la norme de la force d'interaction coulombienne qui s'exerce entre deux particules de charges q_1 et q_2 distantes de r.

2) Cette force est-elle attractive ou répulsive ?

3) À quelle(s) échelle(s) domine-t-elle : celle du noyau, de l'atome, de la molécule, d'une planète, du cosmos ?

14.C3 Force gravitationnelle

1) Donner l'expression de la norme de la force d'interaction gravitationnelle qui s'exerce entre deux objets de masses m_1 et m_2 distants de r.

2) Cette force est-elle attractive ou répulsive ?

3) À quelle(s) échelle(s) domine-t-elle : celle du noyau, de l'atome, de la molécule, d'une planète, du cosmos ?

14.C4 Force de rappel élastique

1) Donner l'expression générale de la force de rappel élastique exercée par un ressort de raideur k et de longueur à vide ℓ_0 sur un point matériel M de masse m accroché à son extrémité.

2) Exprimer les forces $\vec{F_1}$ et $\vec{F_2}$ des deux ressorts schématisés ci-dessous puis leur résultante $\vec{F}$, $\vec{F} = \vec{F_1} + \vec{F_2}$, en fonction de l'abscisse x du point M dans le repère indiqué sur le schéma. Les ressorts sont identiques, de même raideur k et même longueur à vide ℓ_0.

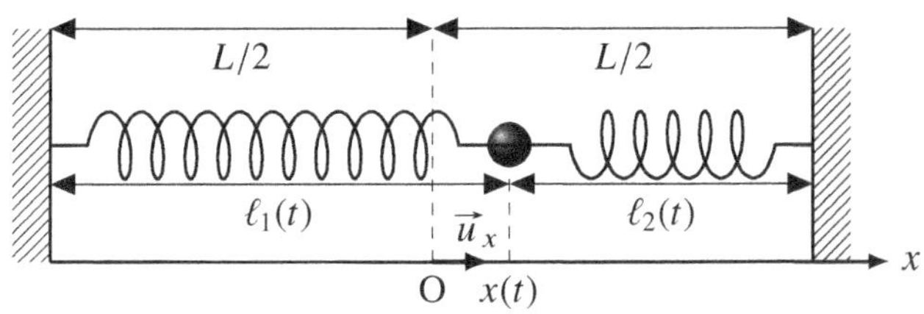

EXERCICES ★★

14.1 Bond sur la Lune

Dans l'album de Tintin, *On a marché sur le Lune*, le capitaine Haddock est étonné de pouvoir faire un bond beaucoup plus grand que sur Terre : c'est le sujet de cet exercice.

On assimile le mouvement du capitaine Haddock à celui de son centre de gravité M de masse m. Il saute depuis le sol lunaire avec une vitesse initiale v_0 faisant un angle $\alpha = 30°$ avec le sol. On note g_l l'accélération de la pesanteur à la surface de la Lune. En l'absence d'atmosphère, on peut considérer qu'il n'y a aucune force de frottement.

1) Établir les équations du mouvement du capitaine. **Indication :** Dans cet exercice, comme dans tous les suivants, il faut utiliser la méthode décrite page 399.

2) Déterminer la distance horizontale parcourue au cours du saut en fonction de v_0, α et g_l.

3) Sur la Lune, la pesanteur est environ six fois moins forte que sur Terre. Quelle sera la distance horizontale parcourue par le sauteur sur la Lune, si elle est de d = 1,50 m sur Terre ?

14.2 Tige en rotation autour d'un axe fixe

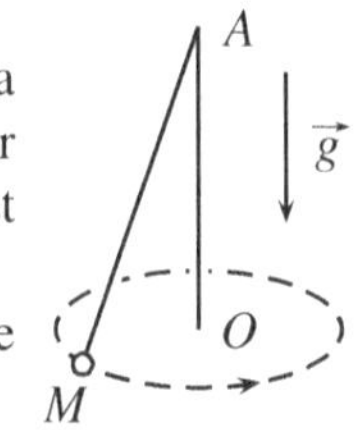

Un point matériel M, de masse m, tourne autour de la verticale (OA) à la vitesse angulaire ω. M est maintenu par la tige sans masse AM, de longueur L, qui tourne avec lui. La liaison pivot en A, entre la tige et la verticale, est parfaite.

Exprimer, en fonction de g (accélération de la pesanteur), L et ω, l'angle α entre les vecteurs $\overrightarrow{AO}$ et $\overrightarrow{AM}$.

14.3 Ressort vertical : position d'équilibre

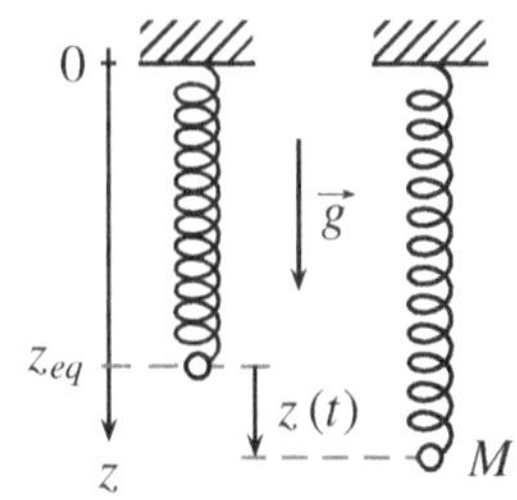

Un point matériel M, de masse m, est suspendu à un ressort vertical, de masse nulle, de raideur k et de longueur à vide ℓ_0. On bâtit un axe vertical descendant (Oz) ; le champ de gravité est $\vec{g} = g\vec{u}_z$. On note z_{eq} la position de M à l'équilibre et on repère sa position $z(t)$ par rapport à cette position d'équilibre. Le schéma montre, à gauche, le système à l'équilibre et, à droite, le système hors équilibre à une date t quelconque.

1) Établir l'équation différentielle vérifiée par $z(t)$. On gardera les constantes z_{eq}, m, g, k et ℓ_0.

2) Établir l'expression de z_{eq} en fonction de m, g, k et ℓ_0 ; simplifier alors l'équation différentielle de la question précédente.

14.4 Ressort vertical amorti : algébrisation

Un point matériel M, de masse m, est suspendu à un ressort vertical, de masse nulle, de raideur k et de longueur à vide ℓ_0. M est soumis à une force de frottement fluide, opposée à sa vitesse $\vec{v}_M(t)$, modélisée par $\vec{f} = -\alpha\vec{v}_M(t)$. On bâtit un axe vertical (Oz), dans lequel la position de M est notée $z(t)$.

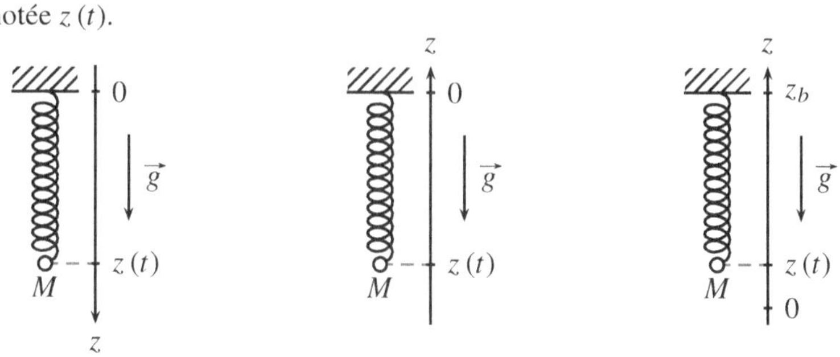

1) Établir l'équation différentielle vérifiée par $z(t)$ dans le cas où l'axe (Oz) est descendant, et l'origine située au niveau du bâti fixe (schéma de gauche).

2) Même question dans le cas où l'axe (Oz) est ascendant, et l'origine située au niveau du bâti fixe (schéma du centre).

3) Même question dans le cas où l'axe (Oz) est ascendant, et le bâti fixe est situé à la cote z_b (schéma de droite).

14.5 Ressorts horizontaux

Une masse $m = 250$ g glisse horizontalement, sans frotter. Elle est reliée au bâti, situé en $x = 0$ et $x = a = 60$ cm, par l'intermédiaire de deux ressorts, sans masse, de raideurs $k = 50$ N.m^{-1} et $k' = 200$ N.m^{-1}, de longueurs à vide $\ell_0 = 15$ cm et $\ell'_0 = 25$ cm.

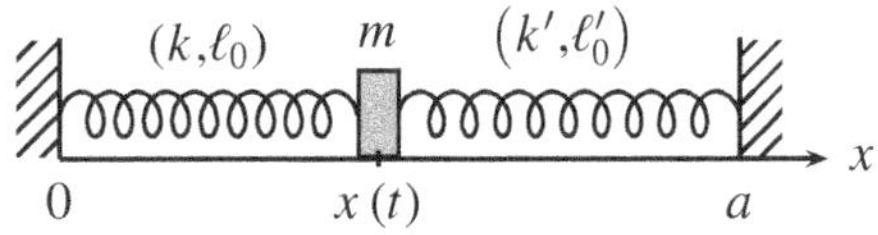

1) Calculer numériquement les longueurs ℓ_1 et ℓ'_1 des deux ressorts lorsque m est à l'équilibre.

2) Calculer numériquement la pulsation des oscillations de la masse m.

14.6 Association parallèle de ressorts

Un solide de masse m est relié au bâti par deux ressorts sans masse, de même longueur à vide ℓ_0, mais de raideurs différentes k et k'. Le solide glisse sans frotter sur le support ; sa position est repérée par son abscisse $x(t)$.

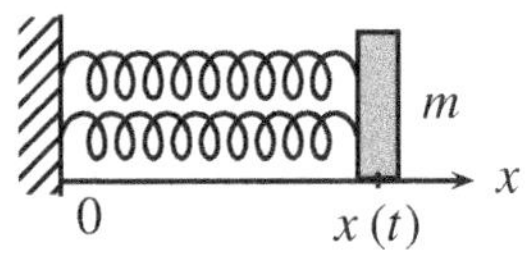

1) Établir l'équation différentielle qui décrit le mouvement du solide.

2) En déduire que les deux ressorts sont équivalents à un unique ressort dont on précisera la raideur équivalente k_{eq}, en fonction de k et k'. Quel dipôle électrique admet la même loi d'association ?

14.7 Association série de ressorts

Un solide de masse m est relié au bâti par deux ressorts sans masse, de longueurs à vide différentes ℓ_0 et ℓ'_0, de raideurs différentes k et k', attachés par leurs extrémités, qui se situent en $x_i(t)$. Le solide glisse sans frotter sur le support ; sa position est repérée par son abscisse $x(t)$.

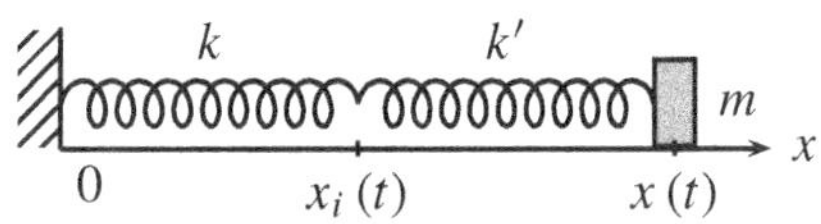

1) Relier $x(t)$ et $x_i(t)$ (on appliquera le principe fondamental de la dynamique à l'interface de masse nulle entre les deux ressorts).

2) Établir l'équation différentielle sur $x(t)$ qui décrit le mouvement du solide.

3) En déduire que les deux ressorts sont équivalents à un unique ressort dont on précisera la raideur équivalente k_{eq}, en fonction de k et k'. Quel dipôle électrique admet la même loi d'association ?

14.8 Partie immergée de l'iceberg

On considère un iceberg dont on peut voir un dessin sur la figure ci-contre. La ligne horizontale représente la surface de l'eau. On note V le volume total de l'iceberg, V_I son volume immergé, $\rho_G = 0{,}92.10^3$ kg.m^{-3} la masse volumique de la glace et $\rho_L = 1{,}02.10^3$ kg.m^{-3} celle de l'eau salée.

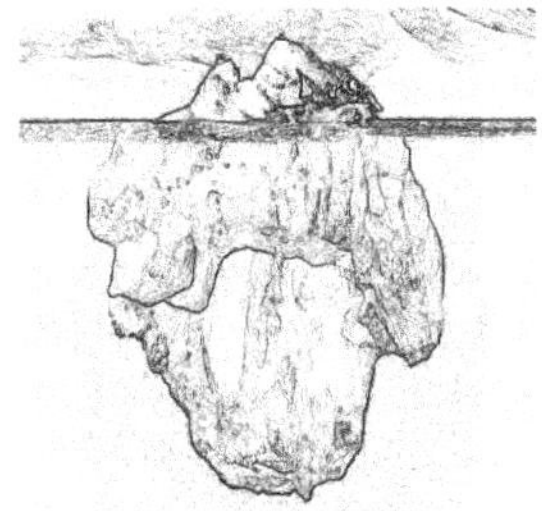

1) Établir les expressions de la poussée d'Archimède et de la force de pesanteur qui s'appliquent sur l'iceberg.

2) Déterminer la proportion volumique de glace immergée.

14.9 Charge soulevée par une grue

Une grue de chantier de hauteur h doit déplacer d'un point à un autre du chantier une charge de masse m assimilée à son centre de gravité M. Le point d'attache du câble sur le chariot de la grue est noté A.

1) Le point A est à la verticale de M posé sur le sol. Déterminer la tension à appliquer au câble pour qu'il arrache très doucement le point M du sol.

2) L'enrouleur de câble de la grue le remonte avec une accélération verticale a_v constante. Déterminer la tension du câble. Conclusion.

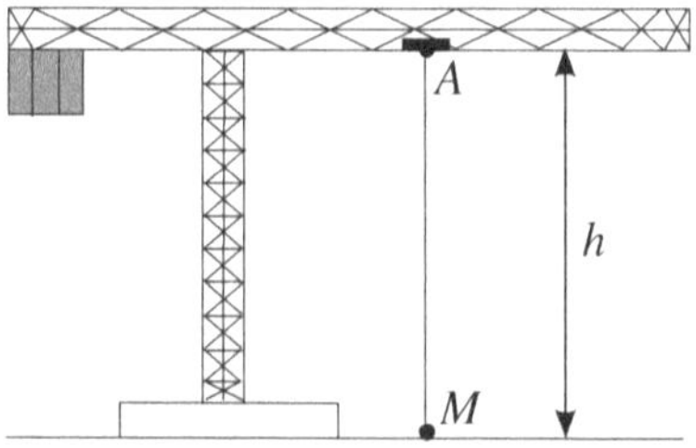

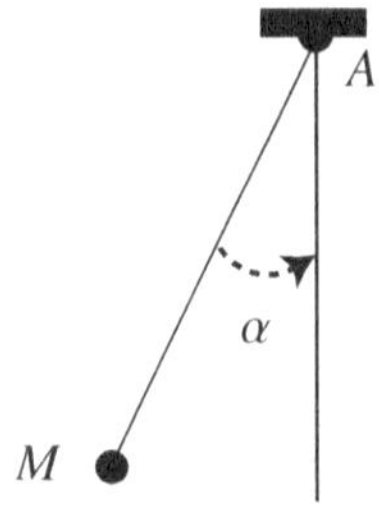

La montée de M est stoppée à mi-hauteur mais le chariot A se met en mouvement vers la droite (figure à droite) avec une accélération horizontale a_h constante.

3) Quelle est l'accélération de M sachant que M est alors immobile par rapport à A ?

4) Déterminer l'angle que fait le câble avec la verticale en fonction de m, g, a_h ainsi que la tension du câble.

14.10 Chaussette séchant dans un sèche-linge

Dans un sèche-linge, le mouvement d'une chaussette s'effectue en deux phases alternées :

- dans la phase 1, elle est entraînée dans un mouvement de rotation uniforme ;
- dans la phase 2, elle retombe en chute libre.

On observe qu'elle décolle du tambour toujours au même endroit. On cherche à déterminer ce lieu.

Pour les applications numériques, on considère $g = 9{,}8\,\text{m.s}^{-2}$. On modélise le tambour par un cylindre de rayon $R = 25\,\text{cm}$ tournant à $50\,\text{tr.min}^{-1}$. On s'intéresse au mouvement de la chaussette, que l'on assimile à un point matériel M de masse m. On étudie la première phase, pendant laquelle le linge est entraîné dans un mouvement de rotation circulaire et uniforme à la même vitesse que le tambour en restant collé aux parois du tambour.

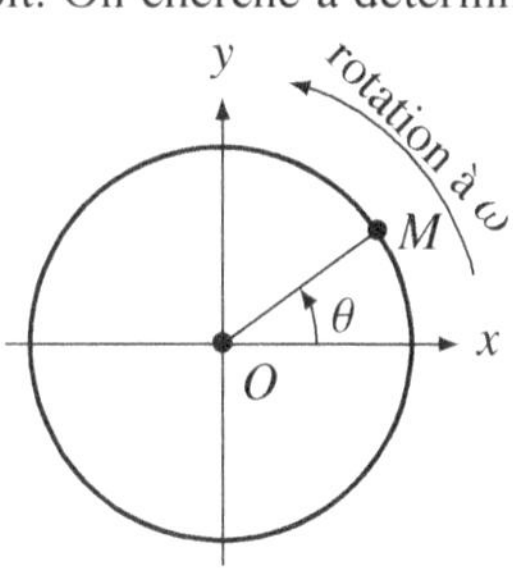

1) Déterminer l'accélération de la chaussette.

2) En déduire la réaction du tambour sur la chaussette.

3) Montrer que la réaction normale s'annule lorsque la chaussette atteint un point dont on déterminera la position angulaire.

4) Que se passe-t-il en ce point ? Quel est le mouvement ultérieur ?

EXERCICES ★★★

14.11 Étude d'un volant de badminton

Un volant de badminton a une masse $m = 5{,}0\,\text{g}$. On veut vérifier expérimentalement l'information trouvée sur Internet qui précise qu'un volant lâché de très haut atteint une vitesse limite $v_l = 25\,\text{km.h}^{-1}$. Pour tester cette affirmation, on veut déterminer l'altitude h à laquelle il faut le lâcher (sans vitesse initiale) pour qu'il atteigne cette vitesse limite.

On lâche le volant d'une fenêtre en étage élevé et on filme sa chute verticale. On note O le point de départ de la chute, et (Oz) l'axe vertical dirigé vers le bas. Au cours de la chute, on prend en compte une force de frottement due à l'air de la forme $\vec{f} = -\lambda v \vec{v}$ où $\vec{v}$ est le vecteur vitesse du point M, v sa norme et λ un coefficient positif. On note g l'accélération de la pesanteur et on rappelle que $g = 9{,}8\,\text{m.s}^{-2}$.

1) Établir l'équation différentielle du mouvement du point M. En déduire l'équation différentielle portant sur $v(t)$.

2) Montrer l'existence d'une vitesse limite v_l et l'exprimer en fonction de λ, m, g.

On définit les grandeurs $t^* = \dfrac{t}{\tau}$, $z^* = \dfrac{z}{L}$ et $v^* = \dfrac{v}{v_l}$ où $\tau = \dfrac{v_l}{g}$ et $L = v_l\tau$.

3) Montrer que t^*, z^* et v^* sont trois grandeurs sans dimension.

4) Montrer que l'équation différentielle portant sur la vitesse peut se mettre sous la forme :

$$\frac{\mathrm{d}v^*}{\mathrm{d}t^*} + v^{*2} = 1.$$

5) La résolution de l'équation précédente conduit à des solutions dont on donne les représentations graphiques page suivante. À l'aide de ces courbes, décrire les deux phases du mouvement.

6) À l'aide de ces courbes, déterminer l'altitude minimale h à laquelle il faut lâcher le volant pour que sa vitesse au sol soit supérieure ou égale à 95 % de v_l. On exprimera cette altitude en fonction de L. Déterminer également la durée Δt de l'expérience en fonction de τ.

7) En admettant que la vitesse limite est proche de la valeur trouvée sur Internet, c'est-à-dire $v_l = 25\,\text{km.h}^{-1}$, calculer numériquement L et τ puis h et Δt.

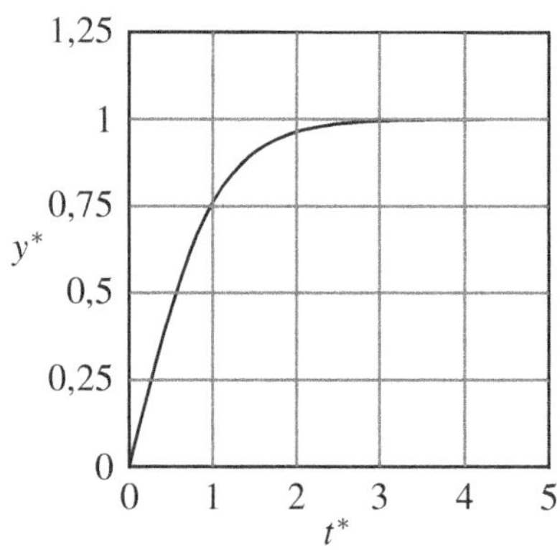

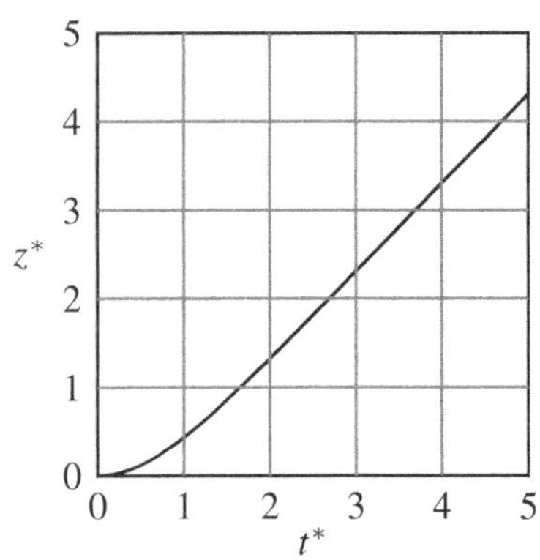

Faisabilité de l'expérience : pour réaliser les mesures, on veut tourner un film au cours duquel on voit le volant tomber d'une fenêtre du lycée. Pour avoir une mesure précise, le volant ne doit jamais se déplacer de plus de 20 cm entre deux prises de vues. Par ailleurs, pour que le relevé de la position du volant sur les images soit précis, le volant ne doit pas se déplacer de plus de 1,0 cm pendant l'exposition du capteur.

8) De quel étage faut-il lâcher le volant ?

9) Combien d'images par seconde faut-il prendre au minimum ?

10) Quelle est la durée d'exposition maximale autorisée pour chaque prise de vue ?

14.12 Quelques tirs de basket-ball

On étudie les tirs de basket-ball de manière simplifiée. On suppose que le joueur est face au panneau à une distance D de ce dernier. Le cercle du panier est situé à une hauteur $H = 3{,}05$ m au-dessus du sol et on assimilera dans un premier temps le cercle à un point situé sur le panneau. De même, le ballon sera considéré comme ponctuel. On néglige les frottements fluides de l'air. Le joueur tire d'une hauteur $h = 2{,}00$ m au-dessus du sol en imposant une vitesse initiale $\vec{v_0}$ faisant un angle α avec l'horizontale.

1) Établir l'équation du mouvement du ballon lors du tir.

2) En déduire les équations horaires de ce mouvement.

3) Déterminer l'équation de la trajectoire du ballon.

4) On suppose que le module de la vitesse initiale est fixé. Donner l'équation à vérifier par l'angle α pour que le panier soit marqué. On la mettra sous la forme d'une équation du second degré en $\tan\alpha$.

5) Montrer que cette équation n'admet des solutions que si le module v_0 de la vitesse initiale vérifie une inéquation du second degré en v_0^2.

6) En déduire l'existence d'une valeur minimale de v_0 pour que le panier soit marqué.

7) Faire l'application numérique pour un lancer franc (la distance D vaut alors 4,60 m) puis pour un panier à trois points (la distance D vaut alors 6,25 m selon les règles de la Fédération internationale de basket-ball).

8) Si la condition précédente est vérifiée, donner l'expression de $\tan\alpha$ et en déduire qu'il existe deux angles possibles pour marquer le panier.

9) Donner les valeurs numériques des angles α permettant de marquer un lancer franc en supposant que $v_0 = 10{,}0\,\text{m.s}^{-1}$.

10) Dans la suite, on suppose que l'angle de tir est fixé. Déterminer l'expression de la vitesse initiale v_0 à imposer pour marquer le panier.

11) Faire l'application numérique pour un lancer franc et un angle de tir $\alpha = 70°$.

14.13 Oscillations autour d'un équilibre

Une tige rigide, sans masse, est entraînée en rotation autour d'un axe (Oz) vertical ascendant, à la vitesse angulaire constante ω. Une perle, assimilée à un point matériel M de masse m, est enfilée sur la tige et y translate sans frottement. M est relié au centre de rotation O par l'intermédiaire d'un ressort sans masse, de raideur k, de longueur à vide ℓ_0. Le schéma présente une vue de dessus de la situation. La tige, la perle et le ressort restent dans un plan horizontal.

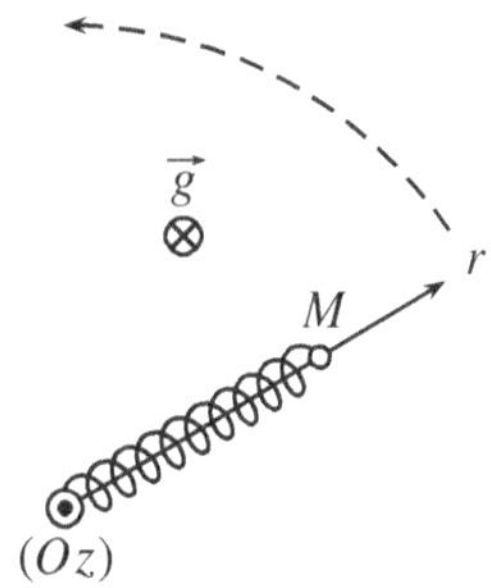

1) Établir une équation différentielle sur $r(t)$, position de M sur la tige par rapport à (Oz). À quelle condition sur k, m et ω, le système est-il oscillant ? Cette condition est vérifiée dans la suite.

2) Lorsque la perle est à l'équilibre, immobile par rapport à la tige, à quelle distance r_0 est-elle située de l'origine O ?

3) La perle oscille dorénavant autour de r_0. Quelle est la pulsation ω_0 des oscillations ?

14.14 Point matériel sur un plateau oscillant : rupture de contact

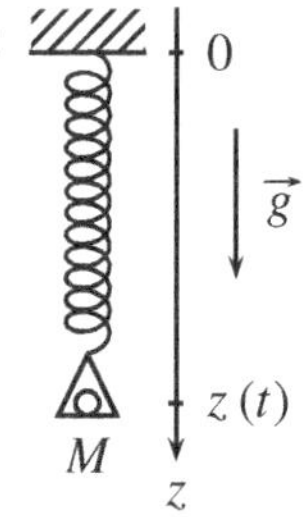

Un point matériel M, de masse m, est posé sur un plateau horizontal, attaché à un ressort vertical de masse nulle, de raideur k et de longueur à vide ℓ_0. L'autre extrémité du ressort est attachée au bâti. Le plateau a une masse négligeable devant celle de M.

1) La cote du point matériel M est $z(t)$. Établir une équation différentielle sur $z(t)$ qui décrit le mouvement de M quand il reste posé sur le plateau.

2) Établir l'expression $z(t)$, si le plateau et M sont lâchés depuis la position au repos, à savoir $z(0) = \frac{mg}{k} + \ell_0$, avec une vitesse initiale $\dot{z}(0) = v_0$.

3) À quelle condition sur v_0, $\omega_0 = \sqrt{k/m}$ et g, M reste-t-il en contact avec le plateau, sans le quitter ?

14.15 Modélisation d'un amortisseur

On considère l'amortisseur d'un véhicule. Chaque roue supporte un quart de la masse de la voiture assimilée à un point M de masse $m = 500\,\text{kg}$, et est reliée à un amortisseur dont le ressort a une constante de raideur $k = 2{,}5.10^4\,\text{N.m}^{-1}$. Le point M subit aussi un frottement visqueux $\vec{f_v} = -\lambda\vec{v}$ où $\vec{v}$ est la vitesse verticale de M et $\lambda = 5{,}0.10^3\,\text{kg.s}^{-1}$.

Le véhicule franchit à vitesse constante un défaut de la chaussée de hauteur $h = 5{,}0\,\text{cm}$. Son inertie est suffisante pour qu'il ne se soulève pas immédiatement mais acquiert une vitesse verticale $v_0 = 0{,}50\,\text{m.s}^{-1}$. On pose $\alpha = \frac{\lambda}{2m}$. On note Z_i la cote du point M avant le passage du défaut.

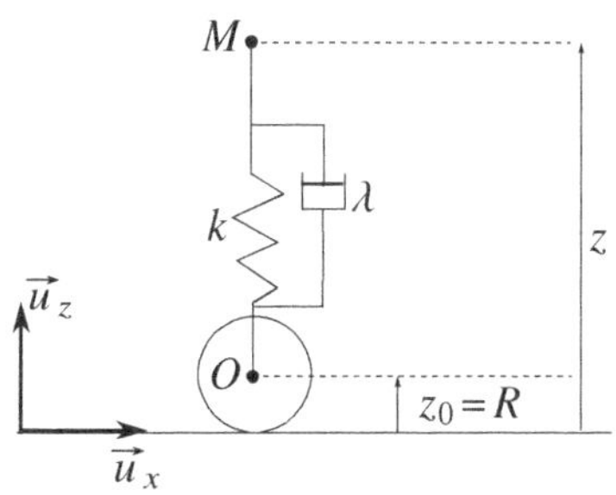

1) On note $Z(t)$ la cote de M. Établir l'équation différentielle pour Z après le passage de l'obstacle. Déterminer $Z(t)$ en fonction des données. On remarquera que $\alpha = \Omega$ où Ω est la pseudo-pulsation.

2) Les passagers sont sensibles à l'accélération verticale de la voiture, calculer sa valeur maximale. On utilisera le fait que $\alpha = \Omega$.

3) Il faut en fait éviter des oscillations susceptibles de provoquer chez les passagers le mal des transports, en se plaçant dans les conditions critiques. Pour quelle masse par roue est-ce réalisé, k et λ étant inchangés ?

14.16 Deux ressorts verticaux

Un point matériel M, de masse m, est relié au bâti par l'intermédiaire de deux ressorts identiques sans masse, de longueur à vide ℓ_0 et de raideur k. M oscille verticalement ; sa position est repérée par rapport à sa position d'équilibre par sa cote $x(t)$. On note ℓ_1 et ℓ_2 les longueurs des deux ressorts à l'équilibre. Le champ de gravitation est noté $\vec{g} = -g\vec{u}_x$.

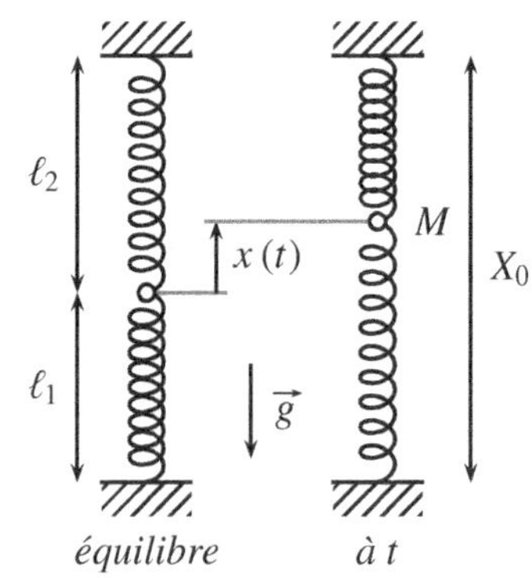

1) Établir les expressions de ℓ_1 et ℓ_2 en fonction de k, m, g et X_0.

2) Établir l'équation différentielle sur $x(t)$ qui décrit le mouvement de M.

3) Quelle est la pulsation d'oscillation de M ?

EXERCICES ★★★★

14.17 Frottements secs

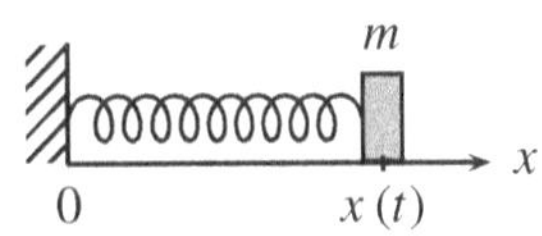

Un solide M, de masse $m = 500$ g glisse horizontalement. Les frottements entre la masse et le support sont secs ; la norme de la force de frottement est constante et proportionnelle au poids de la masse, le coefficient de proportionnalité est $\alpha = 0{,}20$. La masse est reliée au bâti par l'intermédiaire d'un ressort, sans masse, de raideur $k = 65$ N.m^{-1} et de longueur à vide $\ell_0 = 20$ cm.

1) Calculer numériquement la position d'équilibre x_{eq} de M, s'il n'y avait pas de frottements.

2) On tient dorénavant compte des frottements secs. Montrer que l'équilibre persiste si on déplace la masse d'une longueur inférieure à a, vers la gauche ou vers la droite. Calculer numériquement a.

3) On étire le ressort en plaçant M en $x_0 = 25$ cm sans vitesse initiale. Établir les équations horaires $x(t)$ du mouvement ; on raisonnera par séquence, en se demandant si la masse repart, après un arrêt dont on calculera numériquement la position.

14.18 Point matériel entraîné par l'intermédiaire d'un ressort : résonance

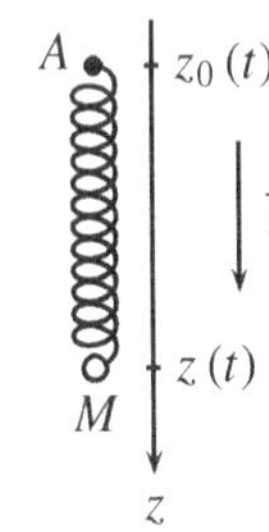

Un point matériel M est attaché à une extrémité d'un ressort vertical de masse nulle, de raideur k et de longueur à vide ℓ_0. L'autre extrémité du ressort est confondue avec le point A, astreint à se déplacer verticalement de façon harmonique ; la cote du point A est $z_0(t) = a\sin(\omega t)$.

1) La cote du point matériel M est $z(t)$. Établir une équation différentielle sur $z(t)$ qui décrit le mouvement de M.

2) À quelle cote M se situe-t-il à l'équilibre complet, c'est-à-dire quand M et A sont immobiles ?

3) Établir l'expression de $z(t)$, dans le cas où $\omega \neq \sqrt{\frac{k}{m}}$. On ne cherchera pas à identifier les constantes.

4) Quel phénomène observe-t-on dans le cas où $\omega = \sqrt{\frac{k}{m}}$? Établir l'expression de $z(t)$ si le point matériel M est initialement à l'équilibre complet. Indication : chercher une solution particulière en $t \times \sin(\omega t + \varphi)$.

14.19 Vibrations de la molécule de CO

Les vibrations longitudinales de la molécule de CO sont ici étudiées. Les deux atomes, de masses m_C et m_O, sont séparés par une liaison triple, modélisée par un ressort sans masse de raideur k et de longueur à vide ℓ_0. L'objectif est de mesurer la valeur numérique de k, sachant que la molécule vibre naturellement à la fréquence $f = 6{,}5.10^{13}$ Hz.

Les positions des deux atomes sont repérées par rapport à leurs positions au repos et notées $x_1(t)$ et $x_2(t)$. La molécule étudiée est isolée ; l'influence de la gravité est ici négligée.

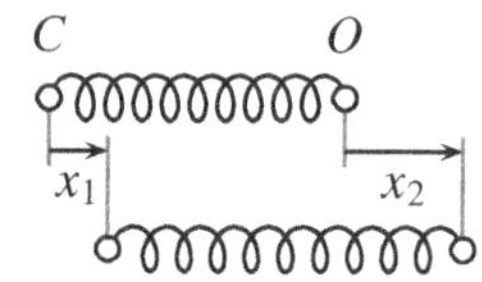

1) Que vaut la distance entre les deux atomes au repos ?

2) Établir le système d'équations différentielles couplées sur $x_1(t)$ et $x_2(t)$.

3) Sachant que les deux atomes sont initialement au repos (positions au repos et vitesses nulles), établir un lien entre $x_1(t)$ et $x_2(t)$.

4) En déduire que l'atome de C (ou de O, au choix) est un oscillateur de pulsation caractéristique ω_0, qu'on exprimera en fonction de k, m_C et m_O.

5) Les masses molaires du carbone et de l'oxygène sont $\mathcal{M}_C = 12$ g.mol^{-1} et $\mathcal{M}_O = 16$ g.mol^{-1} ; le nombre d'Avogadro est $\mathcal{N}_A = 6{,}0.10^{23}$ mol^{-1}. Calculer numériquement k.

14.20 Élastique de saut

Un fabricant d'élastiques de saut donne les caractéristiques suivantes pour un élastique adapté à un sauteur pesant entre 65 et 95 kg. On rappelle que : $g = 9{,}8$ m.s^{-2}. On précise :

- longueur à vide (notée ℓ_0) : de 6 m à 50 m pour des sites de saut de 30 m à 250 m ;
- tension appliquée sur un élastique pour un allongement de 100 % : 200 kg ;
- tension appliquée sur un élastique pour un allongement de 200 % : 325 kg.

Lecture de la fiche technique :

1) Traduire la fiche technique en langage correct en physique.

2) La tension de l'élastique obéit-elle à une loi type ressort : $T = k(\ell - \ell_0)$ où T est la tension appliquée et ℓ la longueur de l'élastique ?

3) On suppose dans la suite que la tension est de la forme $T = k(\ell - \ell_0)$. À partir des données, déterminer une valeur moyenne de la constante de raideur de l'élastique k pour un élastique de longueur à vide $\ell_0 = 6$ m.

Test de l'installation : On veut savoir à quelle hauteur remonte une masse test M de masse minimale (ici $m = 65$ kg) lorsqu'elle est lâchée sans vitesse initiale, l'élastique tendu au maximum. On prend l'exemple d'un élastique de longueur à vide $\ell_0 = 6$ m dont le point d'attache est à la hauteur $h = 18$ m au-dessus du point de départ.

4) Déterminer l'altitude $z(t)$ et la vitesse $\dot{z}(t)$ tant que l'élastique est tendu.

5) Calculer l'instant t_1 pour lequel l'élastique n'est plus tendu. En déduire la vitesse de M en cet instant.

6) On ne tient pas compte des frottements de l'air. Déterminer la hauteur maximale atteinte par l'objet. Conclusion.

Saut réel : On réalise maintenant un saut normal, à partir du point d'attache, sans vitesse initiale avec les mêmes caractéristiques qu'à la question précédente.

7) Déterminer le point le plus bas atteint par le sauteur et l'accélération ressentie en ce point. Conclusion.

8) Après plusieurs oscillations, le sauteur s'immobilise. À quelle hauteur ?

14.21 Jeux aquatiques

Un baigneur (masse $m = 80\,\text{kg}$) saute d'un plongeoir situé à une hauteur $h = 10\,\text{m}$ au-dessus de la surface de l'eau. On considère qu'il se laisse chuter sans vitesse initiale et qu'il est uniquement soumis à la force de pesanteur (on prendra $g = 10\,\text{m.s}^{-2}$) durant la chute. On note (Oz) l'axe vertical descendant, O étant le point de saut.

1) Déterminer la vitesse v_e d'entrée dans l'eau ainsi que le temps de chute t_c. Application numérique.

Lorsqu'il est dans l'eau, le baigneur ne fait aucun mouvement. Il subit, en plus de la pesanteur,

- une force de frottement $\overrightarrow{f_f} = -k\vec{v}$ ($\vec{v}$ étant la vitesse et $k = 250\,\text{kg.s}^{-1}$) ;
- la poussée d'Archimède $\vec{\Pi} = -\dfrac{m}{d_h}\vec{g}$ ($d_h = 0{,}9$ est la densité du corps humain).

2) Établir l'équation différentielle à laquelle obéit la vitesse en projection sur (Oz), notée v_z. On posera $\tau = m/k$.

3) Intégrer cette équation en prenant comme nouvelle origine des temps $t = t_c$.

4) Déterminer la vitesse limite v_L (< 0) en fonction de m, k, g et d_h. Application numérique.

5) Exprimer la vitesse v_z en fonction de v_e, $|v_L|$ et t. Déterminer à quel instant t_1 le baigneur commence à remonter.

6) En prenant la surface de l'eau comme nouvelle origine de l'axe (Oz), exprimer $z(t)$. En déduire la profondeur maximale pouvant être atteinte.

7) En fait, il suffit que le baigneur arrive au fond de la piscine avec une vitesse de l'ordre de $1\,\text{m.s}^{-1}$ pour qu'il puisse se repousser avec ses pieds sans risque : à quel instant t_2 atteint-il cette vitesse et quelle est la profondeur minimale du bassin ?

14.22 Étude d'un skieur

On étudie le mouvement d'un skieur descendant une piste selon la ligne de plus grande pente, faisant l'angle α avec l'horizontale. L'air exerce une force de frottement supposée de la forme $\vec{F} = -\lambda\vec{v}$, où λ est un coefficient constant positif et $\vec{v}$ la vitesse du skieur.

On note $\vec{T}$ et $\vec{N}$ les composantes tangentielle et normale de la force de frottement exercée par la neige et f le coefficient de frottement solide tel que $\|\vec{T}\| = f\|\vec{N}\|$.

On choisit comme origine de l'axe Ox de la ligne de plus grande pente la position initiale du skieur, supposé partir à l'instant initial avec une vitesse négligeable. On note Oy la normale à la piste dirigée vers le haut.

1) Calculer $\vec{T}$ et $\vec{N}$.

2) Calculer la vitesse $\dot{x}$ du skieur à chaque instant.

Vitesse limite :

3) Montrer que le skieur atteint une vitesse limite $\vec{v_l}$ et calculer $\vec{v}$ en fonction de $\vec{v_l}$.

4) Calculer v_l pour $\lambda = 1$ SI, $f = 0{,}9$, $g = 10\,\text{m.s}^{-2}$, $m = 80\,\text{kg}$ et $\alpha = 45°$.

5) Calculer littéralement et numériquement la date t_1 où le skieur a une vitesse égale à $v_l/2$.

6) À la date t_1, le skieur tombe. On néglige alors la résistance de l'air, et on considère que le coefficient de frottement sur le sol est multiplié par 10. Calculer la distance parcourue par le skieur avant de s'arrêter.

14.23 Atterrissage en catastrophe d'un avion

Un avion de chasse de masse $m = 9{,}0\,\text{t}$ en panne de freins atterrit à une vitesse $v_a = 241\,\text{km.h}^{-1}$. Une fois au sol, il est freiné en secours par un parachute de diamètre $D = 3{,}0\,\text{m}$ déployé instantanément par le pilote au moment où les roues de l'avion touchent le sol. On néglige les forces de frottement des roues sur le sol par rapport à la force de traînée (frottement fluide) du parachute qui s'écrit $T = C_x \rho S v^2/2$ avec v la vitesse de l'avion, S la surface projetée du parachute sur un plan perpendiculaire à la vitesse, C_x le coefficient de traînée supposé constant et égal à 1,5 et $\rho = 1{,}2\,\text{kg.m}^{-3}$ la masse volumique de l'air.

On considère que le réacteur ne délivre plus aucune poussée.

1) Établir l'équation différentielle à laquelle obéit la vitesse v de l'avion.

2) En déduire l'expression de v en fonction de la date t. On prendra comme origine des temps la date à laquelle les roues de l'avion touchent le sol.

3) Montrer que la force de traînée n'est pas suffisante pour stopper complètement l'avion.

4) Dans le cas où les freins fonctionnent, la distance d'atterrissage de l'avion est de l'ordre de $d = 1400\,\text{m}$. Déterminer la vitesse atteinte par l'avion après avoir été freiné uniquement par le parachute sur cette distance. Faites l'application numérique.

CORRIGÉS

14.C1 1 N = 1 kg.m.s^{-2}. *Cf.* équation (14.1) page 377.

14.C2 **(1)** *Cf.* équation 14.3 page 382 : la norme vaut $\frac{1}{4\pi\epsilon_0}\frac{|q_1q_2|}{r^2}$ **(2)** Attractive pour charges de signes opposés ($q_1q_2 < 0$); répulsive pour charges de même signe ($q_1q_2 > 0$). **(3)** *Cf.* tableau 14.1 page 379 : échelle de l'atome et de la molécule.

14.C3 **(1)** *Cf.* équation 14.2 page 380 : la norme vaut $\frac{1}{\mathcal{G}}\frac{m_1m_2}{r^2}$. **(2)** Toujours attractive. **(3)** *Cf.* tableau 14.1 page 379 : échelle des planètes et du cosmos.

14.C4 **(1)** *Cf.* équation 14.5 page 385 : $\vec{F} = -k\Delta\ell\overrightarrow{u_{\text{ext}}}$. **(2)** Ressort de gauche $\ell_1 = L/2 + x$ et $\overrightarrow{u_{\text{ext}_1}} = \vec{u}_x$. Ressort de droite $\ell_2 = L/2 - x$ et $\overrightarrow{u_{\text{ext}_2}} = -\vec{u}_x$.
$\vec{F}_1 = -k(L/2 + x - \ell_0)\vec{u}_x$; $\vec{F}_2 = k(L/2 - x - \ell_0)\vec{u}_x$; $\vec{F} = \vec{F}_1 + \vec{F}_2 = -2kx\vec{u}_x$.

14.1 Bond sur la Lune

1) On étudie le mouvement du centre de gravité M du capitaine Haddock dans le référentiel galiléen lié à la Lune. Après l'impulsion sur le sol qui permet d'acquérir cette vitesse initiale, la seule force est la force de pesanteur lunaire : $m\vec{g_l} = -mg_l\vec{u}_z$.
Le repère est (O,x,y,z), le point O est l'origine du saut et Oz est vertical ascendant.

On choisit les axes tels que :

$$\vec{v}_0 = v_0(\cos\alpha\,\vec{u}_x + \sin\alpha\,\vec{u}_z).$$

Dans ce repère cartésien, les vecteurs position, vitesse et accélération sont respectivement :

$$\overrightarrow{OM}\begin{cases}x\\y\\z\end{cases}\qquad \vec{v}\begin{cases}\dot{x}\\\dot{y}\\\dot{z}\end{cases}\qquad \vec{a}\begin{cases}\ddot{x}\\\ddot{y}\\\ddot{z}\end{cases}$$

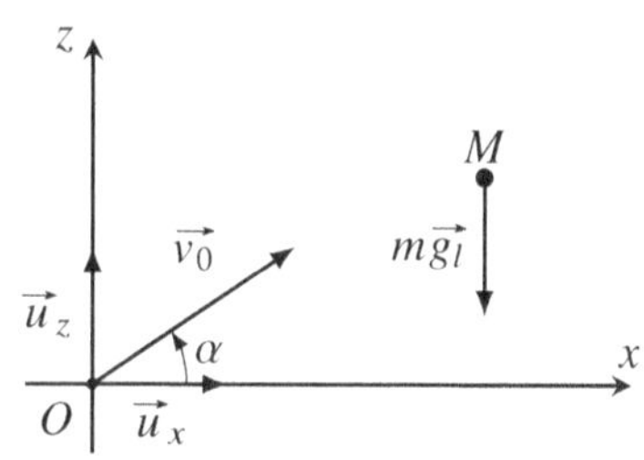

La relation fondamentale de la dynamique donne : $m\vec{a} = m\vec{g_l}$, soit : $\ddot{x} = 0$, $\ddot{y} = 0$ et $\ddot{z} = -g_l$.
2) Résolution par intégration successive, on trouve :

$$\begin{aligned}\dot{x} &= v_0\cos\alpha & & x = v_0t\cos\alpha\\ \dot{y} &= 0 & \Rightarrow\quad & y = 0\\ \dot{z} &= -g_lt + v_0\sin\alpha & & z = -\tfrac{1}{2}g_lt^2 + v_0t\sin\alpha.\end{aligned}$$

On obtient l'équation de la trajectoire en éliminant t : $z = -\dfrac{1}{2}g_l\dfrac{x^2}{(v_0\cos\alpha)^2} + x\tan\alpha$.
Le sauteur retombe sur le sol pour $z = 0$. En rejetant la solution $x = 0$ qui correspond au départ, on trouve la distance parcourue : $d = \dfrac{v_0^2}{g_l}\sin 2\alpha$.

3) En supposant que v_0 et α soient les mêmes et puisque d est inversement proportionnel à g_l, la distance sur la Lune sera six fois plus grande, soit 9 m. Il est vraisemblable que v_0 soit plus grand sur la Lune que sur Terre, donc que d soit encore plus grand sur la Lune.

14.2 Tige en rotation autour d'un axe fixe

On bâtit le repère cylindrique $(M,\vec{u}_r(M),\vec{u}_\theta(M),\vec{u}_z)$. Dans le référentiel galiléen du laboratoire, M tourne à la vitesse angulaire ω autour de O ; il décrit un cercle de rayon constant $r = L\sin\alpha$.

La position de M est repérée par $\overrightarrow{OM}(t) = r\vec{u}_r(t)$; sa vitesse est $\vec{v}(t) = r\dot{\theta}\vec{u}_\theta(t) = r\omega\vec{u}_\theta(t)$; son accélération est $\vec{a}(t) = -r\omega^2\vec{u}_r(t)$.

Le point M est soumis à son poids $m\vec{g}$ et à la tension $\vec{T}$ de la tige. Le principe fondamental de la dynamique, appliqué à M en référentiel galiléen, mène à $-mr\omega^2\vec{u}_r(t) = m\vec{g} + \vec{T}$. Attendu que $\vec{T}$ est inconnu à ce stade, on projette sur l'axe Δ, orthogonal à la tige AM : $-mr\omega^2\cos\alpha = -mg\sin\alpha$. Avec $r = L\sin\alpha$: $\cos\alpha = \frac{g}{L\omega^2}$.

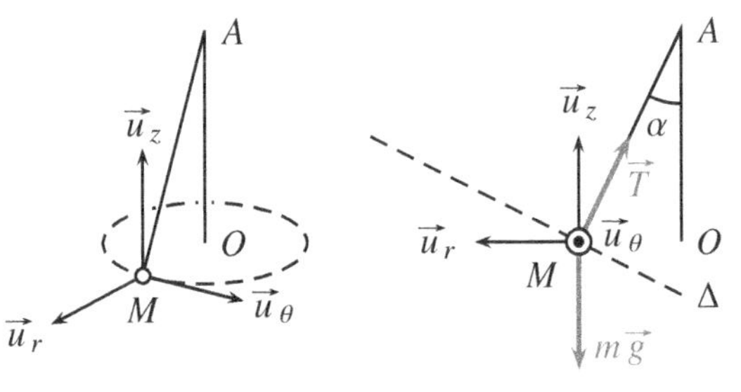

14.3 Ressort vertical : position d'équilibre

1) La position de M est décrite par son vecteur position $\overrightarrow{OM}(t) = (z_M(t) - z_O)\vec{u}_z$, soit $\overrightarrow{OM}(t) = \left(z(t) + z_{eq}\right)\vec{u}_z$, sa vitesse par $\vec{v}_M(t) = \frac{\mathrm{d}}{\mathrm{d}t}\overrightarrow{OM} = \dot{z}(t)\vec{u}_z$ et son accélération par $\vec{a}(t) = \frac{\mathrm{d}}{\mathrm{d}t}\vec{v}_M(t) = \ddot{z}(t)\vec{u}_z$.

Le poids de M est $m\vec{g} = +mg\vec{u}_z$. Quant au ressort, sa longueur algébrique est $z_{eq} + z(t) - 0 = z_{eq} + z(t)$, donc son allongement algébrique $z_{eq} + z(t) - \ell_0$. La force du ressort sur M est donc en $\pm k\left(z_{eq} + z(t) - \ell_0\right)\vec{u}_z$; or plus on tire sur le ressort, donc plus $z(t)$ augmente, plus la force est importante et dirigée vers le haut, elle est donc nécessairement en $kz(t)(-\vec{u}_z)$; on en déduit $\vec{f}_{ressort\to M} = -k\left(z_{eq} + z(t) - \ell_0\right)\vec{u}_z$.

Le principe fondamental de la dynamique, appliqué à M, en référentiel galiléen, en projection sur $\vec{u}_z$, mène à : $m\ddot{z}(t) = mg - k\left(z_{eq} + z(t) - \ell_0\right)$, soit $\frac{m}{k}\ddot{z}(t) + z(t) = \frac{mg}{k} + \ell_0 - z_{eq}$.

2) À l'équilibre, M est immobile et $\ddot{z}(t) = 0$. L'équation précédente devient $0 = \frac{mg}{k} + \ell_0 - z_{eq}$, ce qui donne $z_{eq} = \frac{mg}{k} + \ell_0$, et l'équation différentielle se simplifie en $\frac{m}{k}\ddot{z}(t) + z(t) = 0$.

14.4 Ressort vertical amorti : algébrisation

1) La position de M est décrite par son vecteur position $\overrightarrow{OM}(t) = (z_M(t) - z_O)\vec{u}_z = z(t)\vec{u}_z$, sa vitesse par $\vec{v}_M(t) = \frac{\mathrm{d}}{\mathrm{d}t}\overrightarrow{OM} = \dot{z}(t)\vec{u}_z$ et son accélération par $\vec{a}(t) = \frac{\mathrm{d}}{\mathrm{d}t}\vec{v}_M(t) = \ddot{z}(t)\vec{u}_z$.

Le poids de M est $m\vec{g} = +mg\vec{u}_z$. La force de frottement fluide est $\vec{f}_{frott} = -\alpha\dot{z}(t)\vec{u}_z$. Quant au ressort, sa longueur algébrique est $z(t) - 0 = z(t)$, donc son allongement algébrique $z(t) - \ell_0$. La force du ressort sur M est donc en $\pm k(z(t) - \ell_0)\vec{u}_z$; or plus on tire sur le ressort, donc plus $z(t)$ augmente, plus la force est importante et dirigée vers le haut, elle est donc nécessairement en $kz(t)(-\vec{u}_z)$; on en déduit $\vec{f}_{ressort\to M} = -k(z(t) - \ell_0)\vec{u}_z$.

Le principe fondamental de la dynamique, appliqué à M, en référentiel galiléen, en projection sur $\vec{u}_z$, mène à : $m\ddot{z}(t) = -\alpha\dot{z}(t) - k(z(t) - \ell_0) + mg$, soit $\frac{m}{k}\ddot{z}(t) + \frac{\alpha}{k}\dot{z}(t) + z(t) = \frac{mg}{k} + \ell_0$.

M oscille donc à la pulsation $\omega = \sqrt{k/m}$, autour de la position $\frac{mg}{k} + \ell_0$, vers laquelle il converge à cause des frottements.

2) La position de M est décrite par son vecteur position $\overrightarrow{OM}(t) = (z_M(t) - z_O)\vec{u}_z = z(t)\vec{u}_z$, sa vitesse par $\vec{v}_M(t) = \frac{\mathrm{d}}{\mathrm{d}t}\overrightarrow{OM} = \dot{z}(t)\vec{u}_z$ et son accélération par $\vec{a}(t) = \frac{\mathrm{d}}{\mathrm{d}t}\vec{v}_M(t) = \ddot{z}(t)\vec{u}_z$.
Rien ne change malgré l'orientation différente par rapport à la question précédente !

Le poids de M est $m\vec{g} = -mg\vec{u}_z$ (la projection est différente). La force de frottement fluide est encore $\vec{f}_{frott} = -\alpha\dot{z}(t)\vec{u}_z$ (aucun changement car $\vec{v}_M$ est identique). Quant au ressort, sa longueur algébrique est $0 - z(t) = -z(t)$, donc son allongement algébrique $-z(t) - \ell_0$.

La force du ressort sur M est donc en $\pm k(-z(t) - \ell_0)\vec{u}_z = \mp k(z(t) + \ell_0)\vec{u}_z$; or plus on tire sur le ressort, donc plus $z(t)$ est négatif et augmente en valeur absolue, plus la force est importante et dirigée vers le haut, elle est donc nécessairement en $k(-z(t))\vec{u}_z$; on en déduit $\vec{f}_{ressort \to M} = -k(z(t) + \ell_0)\vec{u}_z$.

Le principe fondamental de la dynamique, appliqué à M, en référentiel galiléen, en projection sur $\vec{u}_z$, mène à : $m\ddot{z}(t) = -\alpha\dot{z}(t) - k(z(t) + \ell_0) - mg$, soit $\frac{m}{k}\ddot{z}(t) + \frac{\alpha}{k}\dot{z}(t) + z(t) = -\frac{mg}{k} - \ell_0$. M oscille donc à la pulsation $\omega = \sqrt{k/m}$, autour de la position $-\frac{mg}{k} - \ell_0$, vers laquelle il converge à cause des frottements. La position finale est l'opposée de celle de la question précédente, ce qui est normal attendu que l'axe (Oz) est en sens contraire, mais avec la même origine.

3) La position de M est décrite par son vecteur position $\overrightarrow{OM}(t) = (z_M(t) - z_O)\vec{u}_z = z(t)\vec{u}_z$, sa vitesse par $\vec{v}_M(t) = \frac{\mathrm{d}}{\mathrm{d}t}\overrightarrow{OM} = \dot{z}(t)\vec{u}_z$ et son accélération par $\vec{a}(t) = \frac{\mathrm{d}}{\mathrm{d}t}\vec{v}_M(t) = \ddot{z}(t)\vec{u}_z$. Le poids de M est $m\vec{g} = -mg\vec{u}_z$ (la projection est différente). La force de frottement fluide est $\vec{f}_{frott} = -\alpha\dot{z}(t)\vec{u}_z$ (aucun changement car $\vec{v}_M$ est identique). Quant au ressort, sa longueur algébrique est $z_b - z(t)$, donc son allongement algébrique $z_b - z(t) - \ell_0$. La force du ressort sur M est donc en $\pm k(z_b - z(t) - \ell_0)\vec{u}_z$; or plus on tire sur le ressort, donc plus $z(t)$ est négatif et augmente en valeur absolue, plus la force est importante et dirigée vers le haut, elle est donc nécessairement en $k(-z(t))\vec{u}_z$; on en déduit $\vec{f}_{ressort \to M} = k(z_b - z(t) - \ell_0)\vec{u}_z$.

Le principe fondamental de la dynamique, appliqué à M, en référentiel galiléen, en projection sur $\vec{u}_z$, mène à : $m\ddot{z}(t) = -\alpha\dot{z}(t) + k(z_b - z(t) - \ell_0) - mg$, soit, en regroupant les termes, $\frac{m}{k}\ddot{z}(t) + \frac{\alpha}{k}\dot{z}(t) + z(t) = z_b - \frac{mg}{k} - \ell_0$. M oscille donc à la pulsation $\omega = \sqrt{k/m}$, autour de la position $z_b - \frac{mg}{k} - \ell_0$, vers laquelle il converge à cause des frottements. La position finale est translatée de $z_b\vec{u}_z$ par rapport à la question précédente, ce qui est normal car on a ajouté z_b à la cote de tous les points de l'axe.

14.5 Ressorts horizontaux

1) Dans le référentiel galiléen du laboratoire, la masse est soumise à son poids $m\vec{g} = -mg\vec{u}_z$ (avec l'axe (Oz) vertical ascendant), à la réaction du support $\vec{N} = N\vec{u}_z$, qui est verticale et orthogonale au mouvement, car il n'y a pas de frottement, et aux forces élastiques des deux ressorts.

La longueur algébrique du ressort de gauche est $x(t) - 0 = x(t)$, donc son allongement algébrique est $x(t) - \ell_0$; la force du ressort sur la masse est donc en $\pm k(x(t) - \ell_0)\vec{u}_x$, or, plus la masse est déplacée vers la droite (plus $x(t)$ augmente), plus la force de rappel est intense et dirigée vers la gauche, donc cette force est en $kx(t)(-\vec{u}_x)$; ainsi $\vec{f}_{gauche \to m} = -k(x(t) - \ell_0)\vec{u}_x$.

La longueur algébrique du ressort de gauche est $a - x(t)$, donc son allongement algébrique est $a - x(t) - \ell_0'$; la force du ressort sur la masse est donc en $\pm k'\left(a - x(t) - \ell_0'\right)\vec{u}_x$, or, plus la masse est déplacée vers la droite (plus $x(t)$ augmente), plus le ressort est comprimé et la force de rappel intense et dirigée vers la gauche, donc cette force est en $kx(t)(-\vec{u}_x)$; ainsi $\vec{f}_{droite \to m} = k'\left(a - x(t) - \ell_0'\right)\vec{u}_x$.

Le principe fondamental de la dynamique, appliqué à la masse au repos, située à l'abscisse x_{eq}, en référentiel galiléen, en projection sur $\vec{u}_x$, mène à $0 = -k\left(x_{eq} - \ell_0\right) + k'\left(a - x_{eq} - \ell_0'\right)$. L'énoncé demande les longueurs des deux ressorts, qui sont, à l'équilibre, $\ell_1 = x_{eq} - 0$ pour celui de gauche et $\ell_1' = a - x_{eq}$ pour celui de droite. On en déduit la première équation $0 = -k(\ell_1 - \ell_0) + k'\left(\ell_1' - \ell_0'\right)$; de plus $\ell_1 + \ell_1' = a$. La résolution du système aboutit à

$\ell_1 = \frac{k\ell_0+k'(a-\ell'_0)}{k+k'} = 31$ cm et $\ell'_1 = \frac{k'\ell'_0+k(a-\ell_0)}{k+k'} = 29$ cm.

2) Le principe fondamental de la dynamique, appliqué à la masse, en référentiel galiléen, en projection sur $\vec{u}_x$, mène à $m\ddot{x}\vec{u}_x = -k\,(x\,(t) - \ell_0) + k'\left(a - x\,(t) - \ell'_0\right)$, soit $m\ddot{x}\,(t) + \left(k + k'\right)x\,(t) = k\ell_0 + k'\left(a - \ell'_0\right)$, qui est l'équation différentielle d'un oscillateur harmonique de pulsation $\omega = \sqrt{\frac{k+k'}{m}} = 31{,}6$ rad.s^{-1}, en exprimant m en kg, unité légale de la masse.

14.6 Association parallèle de ressorts

1) On assimile le solide à un point matériel M, soumis, dans le référentiel galiléen du laboratoire, à son poids $m\vec{g}$, à la réaction $\vec{N}$ du support, orthogonale à (Ox) en l'absence de frottement, et aux deux forces de rappel des ressorts.

La longueur des deux ressorts est $x\,(t) - 0 = x\,(t)$, donc les forces exercées sur le solide est $-k\,(x\,(t) - \ell_0)\,\vec{u}_x$ et $-k'\,(x\,(t) - \ell_0)\,\vec{u}_x$.

Le principe fondamental de la dynamique, appliqué au solide, en référentiel galiléen, projeté sur $\vec{u}_x$, mène à $m\ddot{x} = -k\,(x\,(t) - \ell_0) - k'\,(x\,(t) - \ell_0) = -\left(k + k'\right)(x\,(t) - \ell_0)$.

2) La dernière équation s'écrit aussi $m\ddot{x} = -k_{eq}\,(x\,(t) - \ell_0)$, qui correspond au solide soumis à l'action d'un seul ressort de raideur $k_{eq} = k + k'$.

Les raideurs des ressorts s'ajoutent en parallèle, comme les capacités des condensateurs.

14.7 Association série de ressorts

1) L'interface entre les deux ressorts est de masse nulle ; ce ne sont plus les molécules du premier ressort, mais pas encore celles du second. Elle est soumise aux deux forces élastiques des ressorts, l'un à gauche, l'autre à droite.

La longueur algébrique du ressort de gauche est $x_i\,(t) - 0$, celle du ressort de droite est $x\,(t) - x_i\,(t)$. les forces qui s'exercent sur l'interface sont donc $\vec{f}_{gauche\to i} = -k\,(x_i\,(t) - \ell_0)\,\vec{u}_x$ et $\vec{f}_{droite\to i} = k'\left(x\,(t) - x_i\,(t) - \ell'_0\right)(t)\,\vec{u}_x$.

Le principe fondamental de la dynamique, appliqué à l'interface de masse nulle, en référentiel galiléen, projeté sur $\vec{u}_x$, mène à $0 = -k\,(x_i\,(t) - \ell_0) + k'\left(x\,(t) - x_i\,(t) - \ell'_0\right)(t)$, soit $x_i\,(t) = \frac{k'}{k+k'}\,x\,(t) + \frac{k\ell_0 - k'\ell'_0}{k+k'}$.

2) On assimile le solide à un point matériel M, soumis, dans le référentiel galiléen du laboratoire, à son poids $m\vec{g}$, à la réaction $\vec{N}$ du support, orthogonale à (Ox) en l'absence de frottement, et à la force de rappel du ressort de droite, $\vec{f}_{droite\to m} = -k'\left(x\,(t) - x_i\,(t) - \ell'_0\right)(t)\,\vec{u}_x$.

Le principe fondamental de la dynamique, appliqué au solide, en référentiel galiléen, projeté sur $\vec{u}_x$, mène à $m\ddot{x} = -k'\left(x\,(t) - x_i\,(t) - \ell'_0\right) =$; puis on remplace $x_i\,(t)$ pour aboutir à : $m\ddot{x} = -k'x\,(t) + k'x_i\,(t) + k'\ell'_0 = -\frac{kk'}{k+k'}\left(x\,(t) - \ell_0 - \ell'_0\right)$.

3) La dernière équation s'écrit aussi $m\ddot{x} = -k_{eq}\left(x\,(t) - \ell_{0\,eq}\right)$, qui correspond au solide soumis à l'action d'un seul ressort de raideur $k_{eq} = \frac{kk'}{k+k'}$ et de longueur à vide $\ell_{0\,eq} = \ell_0 + \ell'_0$.

On remarque : $\frac{1}{k_{eq}} = \frac{1}{k} + \frac{1}{k'}$; les inverses des raideurs des ressorts s'ajoutent en série, comme les capacités des condensateurs.

14.8 Partie immergée de l'iceberg

1) Dans le référentiel terrestre $\mathcal{R}_T$ galiléen, l'iceberg est soumis à son poids $\vec{P} = m\vec{g} = \rho_G V\vec{g}$ et à la poussée d'Archimède $\vec{\Pi} = -\rho_L V_I\,\vec{g}$.

2) On applique le principe fondamental de la dynamique à l'iceberg au repos dans $\mathcal{R}_T$:

$$\vec{0} = \vec{P} + \vec{Pi} \implies \rho_G V = \rho_L V_I. \implies \frac{V_I}{V} = \frac{\rho_G}{\rho_L} = \frac{0{,}92}{1{,}02} = 0{,}90.$$

90 % du volume de l'iceberg est immergé et donc invisible.

14.9 Charge soulevée par une grue

Le référentiel lié au sol est galiléen. Le système est la masse m assimilée à son centre de gravité M repéré par ses coordonnées cartésiennes $M(x,y,z)$ où Oz est dirigé vers le haut.

1) Lorsque le point M est posé sur le sol, les forces qui s'exercent sur lui sont : le poids ($m\vec{g} = -mg\vec{u}_z$), la tension du câble ($\vec{T} = T\vec{u}_z$) et la réaction du sol ($\vec{R} = R\vec{u}_z$).

La rupture de contact avec le sol implique l'annulation de la force de contact, d'où $R = 0$. L'accélération de M est alors dirigée vers le haut, c'est-à-dire $\ddot{z} \geq 0$. Comme la grue arrache très doucement M du sol, on peut faire l'approximation $\ddot{z} \simeq 0$.

On applique le principe fondamental de la dynamique à M de masse m à l'instant où le contact avec le sol est rompu et où R s'annule. On le projette sur l'axe Oz et on trouve $T - mg = m\ddot{z}$ donc $T = m\ddot{z} + mg \simeq mg$. La tension appliquée au câble est, au minimum, égale au poids de l'objet à soulever.

2) On applique la relation fondamentale de la dynamique avec $\vec{a} = a_v\vec{u}_z$, soit $m\vec{a} = m\vec{g} + \vec{T}$, d'où $\vec{T} = m(\vec{a} - \vec{g})$, soit en projection sur $\vec{u}_z$: $T = m(a_v + g)$. La tension, fonction affine de a_v, est supérieure au poids. Si l'accélération devient trop forte, le câble peut se rompre.

3) On note O un point fixe dans le référentiel. L'accélération de M est $\vec{a}_M = \dfrac{\mathrm{d}\overrightarrow{OM}}{\mathrm{d}t}$. On utilise la relation de Chasles $\overrightarrow{OM} = \overrightarrow{OA} + \overrightarrow{AM}$, or $\overrightarrow{AM}$ est un vecteur constant, donc :

$$\vec{a}_M = \frac{\mathrm{d}\overrightarrow{OM}}{\mathrm{d}t} = \frac{\mathrm{d}\overrightarrow{OA}}{\mathrm{d}t} + \frac{\mathrm{d}\overrightarrow{AM}}{\mathrm{d}t} = \frac{\mathrm{d}\overrightarrow{OA}}{\mathrm{d}t} = \vec{a}_h.$$

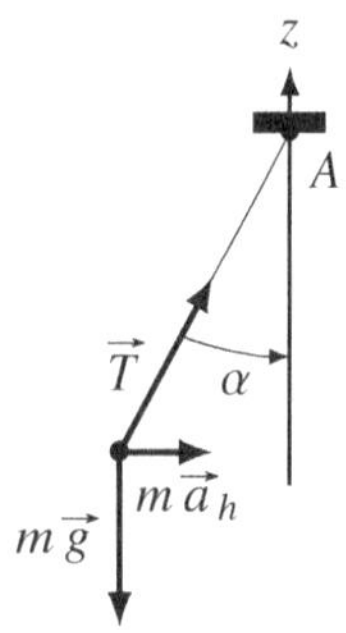

4) La principe fondamental de la dynamique appliqué à M donne $m\vec{a}_h = m\vec{g} + \vec{T}$, les différents vecteurs étant représentés sur la figure ci-contre. La construction donne alors $\tan\alpha = mg/a_h$ et $T = m\sqrt{g^2 + a_h^2}$.

14.10 Chaussette séchant dans un sèche-linge

1) On étudie le mouvement de la chaussette assimilée à un point matériel M de masse m dans le référentiel terrestre galiléen. Lors de la première phase, M est en mouvement circulaire et uniforme de centre O et de rayon R à la vitesse angulaire ω. Sa vitesse est tangente au cercle et de norme $v = R\omega$. Son accélération est radiale centripète de norme $\frac{v^2}{R}$ d'où $\vec{a} = -\dfrac{v^2}{R}\vec{u}_r = -R\omega^2\vec{u}_r$ avec $\vec{u}_r = \dfrac{\overrightarrow{OM}}{\|\overrightarrow{OM}\|}$.

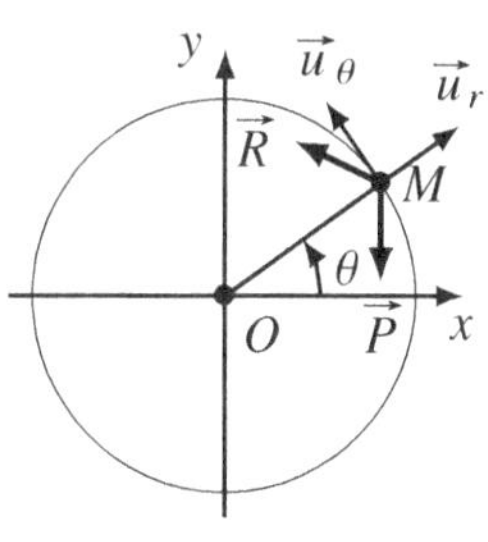

2) La chaussette étant collée à la paroi du tambour, elle est soumise à son poids $\vec{P} = m\vec{g}$ et à la réaction du tambour $\vec{R}$. On lui applique le principe fondamental de la dynamique :

$$m\vec{a} = \vec{P} + \vec{R} \Rightarrow \vec{R} = m\vec{a} - \vec{P} = \begin{cases} \vec{R}\cdot\vec{u}_r = -mR\omega^2 + mg\sin\theta \\ \vec{R}\cdot\vec{u}_\theta = mg\cos\theta. \end{cases}$$

3) La composante radiale de la réaction du support s'annule lorsque $mR\omega^2 = mg\sin\theta$, soit pour $\theta = \theta_0$ tel que : $\sin\theta_0 = \frac{R}{g}\omega^2 = \frac{0,25}{9,8} \times \left(\frac{50\times 2\times 3,1416}{60}\right)^2 = 0,70 \quad\Rightarrow\quad \theta_0 = 44,4°$.

4) L'annulation de la force de contact entre le tambour et la chaussette montre qu'il y a rupture de contact. La chaussette décolle de la paroi. Elle est projetée avec une vitesse $R\omega$ tangente au tambour depuis le point repéré par la coordonnée angulaire θ_0. Le mouvement ultérieur, sous la seule action du poids, est un vol parabolique.

14.11 Étude d'un volant de badminton

1) On étudie le volant de badminton dans le référentiel terrestre supposé galiléen. On assimile le volant à un point matériel M de masse m. D'après l'énoncé, son mouvement est rectiligne selon la verticale. On le repère à l'aide de son abscisse z sur l'axe (Oz) vertical descendant (voir schéma ci-dessous).

La position, la vitesse et l'accélération du point M sont $\overrightarrow{OM} = z\vec{u}_z$, $\vec{v} = \dot{z}\vec{u}_z$ et $\vec{a} = \ddot{z}\vec{u}_z$.

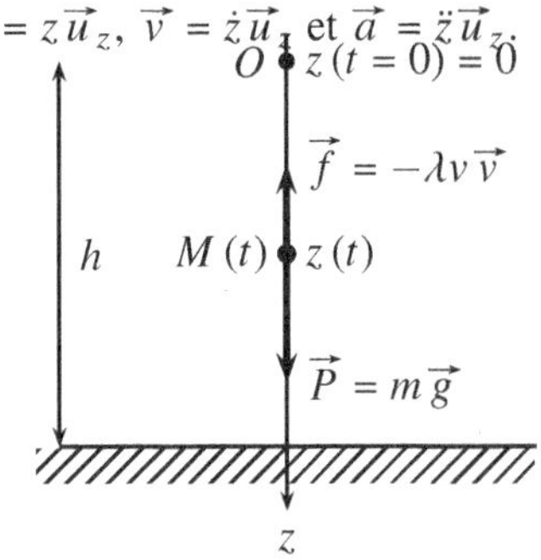

Le volant de badminton est soumis à :

- son poids $\vec{P} = m\vec{g} = mg\vec{u}_z$;
- la force de frottement $\vec{f} = -\lambda v\vec{v} = -\lambda\dot{z}^2\vec{u}_z$.

On applique le principe de la dynamique au volant de badminton assimilé à un point matériel M de masse m dans le référentiel terrestre supposé galiléen : $m\vec{a} = \vec{P} + \vec{f}$, que l'on projette ensuite sur l'axe du mouvement (Oz) : $\ddot{z} = mg - \lambda\dot{z}^2 \Leftrightarrow \ddot{z} + \frac{\lambda}{m}\dot{z}^2 = g$.

Le mouvement est vertical dirigé vers le bas donc $v = \dot{z} > 0$ et on peut écrire : $\frac{\mathrm{d}v}{\mathrm{d}t} + \frac{\lambda}{m}v^2 = g$.

2) Lorsqu'on lâche M sans vitesse initiale d'une hauteur h, la vitesse est faible. La force principale est le poids, et le mobile accélère vers le bas. La norme de la vitesse augmente, celle de la force de frottement également. Après cette phase d'accélération, les frottements compensent le poids, et la vitesse se stabilise. On atteint la vitesse limite et constante $\dot{z} = v_l$. La solution constante $\dot{z} = v_l$ telle que $\ddot{z} = 0$ donne une solution possible pour l'équation différentielle précédente lorsque : $\frac{\lambda}{m}v_l^2 = g \Rightarrow v_l = \sqrt{\frac{mg}{\lambda}}$.

3) v_l est une vitesse. Le rapport d'une vitesse sur une accélération est un temps donc $\tau = \frac{v_l}{g}$ est un temps. Le produit d'une vitesse par un temps est une longueur donc $L = v_l\tau$ est une longueur. Par la suite, t^* est le rapport entre deux temps, z^* est le rapport de deux longueurs et v^* est le rapport de deux vitesses. Ces trois grandeurs sont donc sans dimension.

4) On introduit $v = v_l v^*$ et $t = \tau t^*$ dans l'équation précédente :

$$\frac{\mathrm{d}v}{\mathrm{d}t} + \frac{\lambda}{m}v^2 = g \quad\Longrightarrow\quad \frac{\mathrm{d}(v_l v^*)}{\mathrm{d}(\tau t^*)} + \frac{\lambda}{m}(v_l v^*)^2 = g \quad\Longrightarrow\quad \frac{v_l}{\tau}\frac{\mathrm{d}v^*}{\mathrm{d}t^*} + \frac{\lambda v_l^2}{m}v^{*2} = g.$$

Or $\frac{v_l}{\tau} = g$ et $\frac{\lambda v_l^2}{m} = g$ donc : $\frac{\mathrm{d}v^*}{\mathrm{d}t^*} + v^{*2} = 1$.

5) Ces courbes montrent que la vitesse augmente pendant 2 à 3 τ pour se stabiliser à v_l. Le mouvement est ensuite rectiligne et uniforme, et z est une fonction affine du temps.

6) La courbe représentant $v^*(t^*)$ montre (graphes page suivante) que $v = \dot{z} = 0,95v_l$ (soit $v^* = 0,95$) pour $t = 1,8\tau$ (soit $t^* = 1,8$). On lit sur la courbe $z^*(t^*)$ que $z = 1,2L$ (soit $z^* = 1,2$). Il faut donc lâcher le volant d'une altitude $h \simeq 1,2L$ et l'expérience va durer $\Delta t \simeq 1,8\tau$.

7) Si la valeur trouvée sur Internet est proche de la réalité, on peut déterminer :

$$\begin{cases} \tau = \dfrac{v_l}{g} = \dfrac{25/3{,}6}{9{,}8} = 0{,}71\,\text{s} \\ L = v_l \tau = \dfrac{v_l^2}{g} = \dfrac{25}{3{,}6} \times 0{,}71 = 4{,}9\,\text{m} \end{cases} \quad \text{puis} \quad \begin{aligned} h &= 1{,}2 \times 4{,}9 = 5{,}8\,\text{m} \\ \Delta t &= 1{,}8 \times 0{,}71 = 1{,}3\,\text{s}. \end{aligned}$$

8) Étant donné qu'il faut lâcher le volant d'une altitude approximative de 6 m et qu'un étage mesure de 2,5 m à 3,0 m, il suffit de monter au troisième étage pour être certain d'être suffisamment haut.

9) Vers la fin de l'expérience, la vitesse du volant sera voisine de $v_l = 25\,\text{km.h}^{-1} = 7\,\text{m.s}^{-1}$. Le volant parcourt donc la distance $d_1 = 20\,\text{cm} = 0{,}20\,\text{m}$ en une durée Δt_1 telle que : $\Delta t_1 = \frac{d_1}{v_l} = \frac{0{,}2}{7} = 0{,}029\,\text{s}$. Il faut donc au minimum $n = \frac{1}{\Delta t_1} = \frac{1}{0{,}029} = 35\,\text{images.s}^{-1}$.

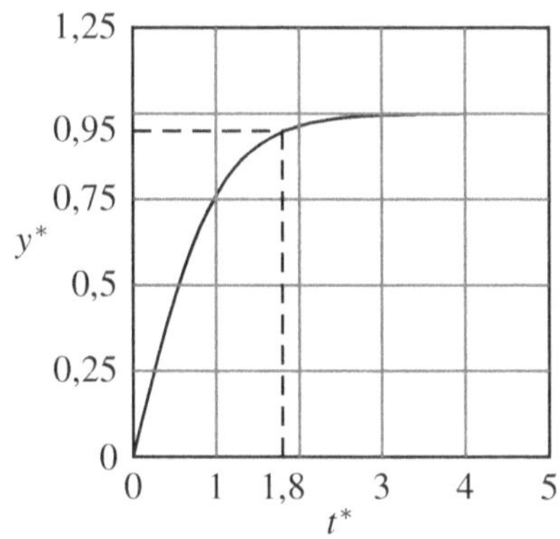

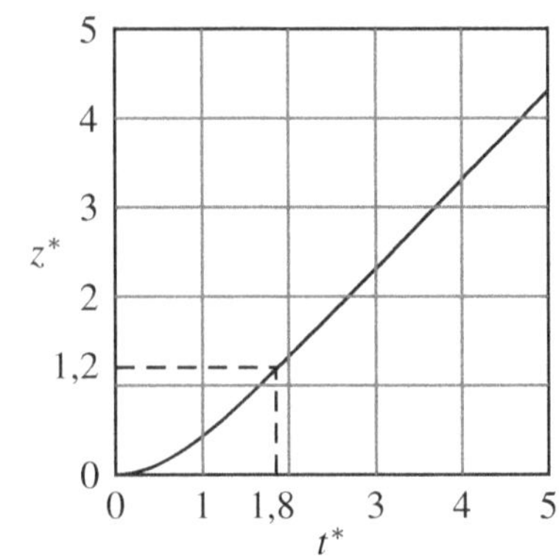

10) De la même manière, le volant parcourt donc la distance $d_2 = 1{,}0\,\text{cm} = 0{,}01\,\text{m}$ en une durée Δt_2 telle que : $\Delta t_2 = \frac{d_2}{v_l} = \frac{0{,}01}{7} = 0{,}0014\,\text{s}$. Le temps d'exposition du capteur ne peut pas être plus long que 1,4 ms.

14.12 Quelques tirs de basket

1) Le système étudié est le ballon assimilé à son centre de gravité dans le référentiel terrestre galiléen. Il est soumis à la seule force du poids. L'écriture du principe fondamental de la dynamique donne $\vec{a} = \vec{g}$.

2) La projection de la relation précédente en coordonnées cartésiennes en choisissant Oz dirigé vers le haut donne :

$$\begin{cases} \ddot{x} = 0 \\ \ddot{y} = 0 \\ \ddot{z} = -g \end{cases} \Rightarrow \begin{cases} \dot{x} = v_0 \cos\alpha \\ \dot{y} = 0 \\ \dot{z} = -gt + v_0 \sin\alpha \end{cases} \Rightarrow \begin{cases} x = v_0 t \cos\alpha - D \\ y = 0 \\ z = \frac{1}{2} g t^2 + v_0 t \sin\alpha + h, \end{cases}$$

en prenant l'origine du repère au sol sous le panneau et en tenant compte des conditions initiales pour effectuer les intégrations.

3) On élimine le temps entre les équations horaires pour obtenir l'équation de la trajectoire :

$$t = \frac{x + D}{v_0 \cos\alpha} \quad \Longrightarrow \quad z = \frac{1}{2} g \left(\frac{x+D}{v_0 \cos\alpha}\right)^2 + (x + D)\tan\alpha + h.$$

4) La résolution de l'équation précédente pour $z = H$ et $x = 0$ donne, en posant $X = \tan\alpha$ et en transformant $\dfrac{1}{\cos^2\alpha} = 1 + \tan^2\alpha = 1 + X^2$: $\dfrac{gD^2}{2v_0^2} X^2 - DX - h + \dfrac{gD^2}{2v_0^2} + H = 0.$

5) Les solutions doivent être réelles, ce qui implique que le discriminant est positif :

$$D^2 - 4\frac{gD^2}{2v_0^2}\left(-h + \frac{gD^2}{2v_0^2} + H\right) \geq 0 \quad \Longrightarrow \quad v_0^4 - 2g(H-h)v_0^2 - g^2D^2 \geq 0.$$

6) En posant $Y = v_0^2$, cette relation s'écrit $Y^2 - 2g(H-h)Y - g^2D^2$. Son discriminant est $\delta = g^2(H-h)^2 + g^2D^2 > 0$ et ses deux racines sont $Y_\pm = g(H-h) \pm g\sqrt{(H-h)^2 + D^2}$, l'une positive et l'autre négative. Ce polynôme prend des valeurs négatives entre ses racines, et positives à l'extérieur. Comme $Y = v_0^2 \geq 0$, la condition est vérifiée si v_0^2 est supérieure à la racine positive, soit $v_0 \geq \sqrt{g\left(H - h + \sqrt{(H-h)^2 + D^2}\right)}$.

7) L'application numérique donne pour un lancer franc $v_0 \geq 7{,}59\,\text{m.s}^{-1} = 27{,}3\,\text{km.h}^{-1}$ et pour un tir à trois points $v_0 \geq 8{,}60\,\text{m.s}^{-1} = 31{,}0\,\text{km.h}^{-1}$.

8) La résolution à v_0 fixée de l'équation du second degré en $X = \tan\alpha$ conduit à des solutions réelles puisque les conditions précédentes sont vérifiées. Elles s'écrivent :

$$X = \tan\alpha = \frac{v_0^2 \pm \sqrt{v_0^4 - 2g(H-h)v_0^2 - g^2D^2}}{gD}.$$

On a donc deux valeurs possibles pour l'angle α.

9) L'application numérique donne $\tan\alpha = 0{,}52$ ou $3{,}93$, soit $\alpha = 27°28'$ ou $\alpha = 75°42'$.

10) La résolution à α fixé de l'équation en v_0 donne $v_0 = \sqrt{\dfrac{gD^2}{2\cos^2\alpha\,(h - H + D\tan\alpha)}}$.

11) L'application numérique donne $v_0 = 8{,}75\,\text{m.s}^{-1}$.

14.13 Oscillations autour d'un équilibre

1) On bâtit le repère cylindrique $(M, \vec{u}_r(M), \vec{u}_\theta(M), \vec{u}_z)$. Dans le référentiel galiléen, où la tige est en rotation, le point M combine un mouvement de rotation autour de (Oz) et un mouvement de translation par rapport à la tige ; sa position est repérée par $\overrightarrow{OM}(t) = r(t)\vec{u}_r$; sa vitesse est alors $\vec{v}(t) = \dot{r}(t)\vec{u}_r + r(t)\dot{\theta}\vec{u}_\theta = \dot{r}(t)\vec{u}_r + r(t)\omega\vec{u}_\theta$; son accélération est $\vec{a}(t) = \left(\ddot{r}(t) - r(t)\omega^2\right)\vec{u}_r + 2\dot{r}(t)\omega\vec{u}_\theta$.

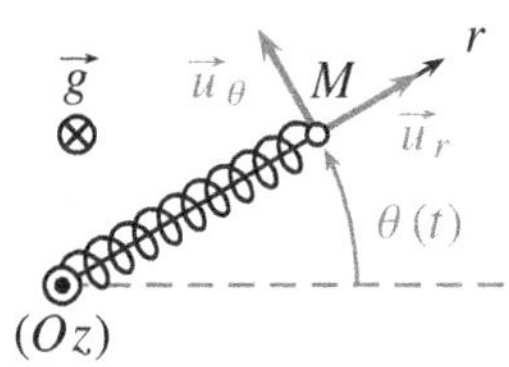

On applique la principe fondamental de la dynamique à M, en référentiel galiléen, qui est soumis à son poids, à la réaction du support, orthogonale à la tige sans frottement et à la force de rappel du ressort : $m\vec{a}(t) = m\vec{g} + \vec{R} - k(r(t) - \ell_0)\vec{u}_r$; en projection sur $\vec{u}_r$: $m\left(\ddot{r}(t) - r(t)\omega^2\right) = -k(r(t) - \ell_0)$, soit $m\ddot{r}(t) + \left(k - m\omega^2\right)r(t) = k\ell_0$.

L'équation différentielle décrit un oscillateur harmonique dès que $k > m\omega^2$.

2) M est à l'équilibre par rapport à la tige (mais continue de tourner à vitesse constante autour de O), si $\ddot{r} = 0$, soit $r_0 = \frac{k\ell_0}{k - m\omega^2}$, qui est bien positif car $k > m\omega^2$. On remarque que plus la tige tourne vite (ω augmente), plus $k - m\omega^2$ diminue et plus r_0 augmente.

3) Tout en tournant autour de (Oz), M oscille le long de la tige autour de r_0. Son mouvement est décrit par l'équation différentielle $\frac{m}{k - m\omega^2}\ddot{r}(t) + r(t) = \frac{k\ell_0}{k - m\omega^2}$, dont la pulsation caractéristique est telle que $\frac{1}{\omega_0^2} = \frac{m}{k - m\omega^2}$, donc $\omega_0 = \sqrt{\frac{k - m\omega^2}{m}}$, qui existe car $k > m\omega^2$.

14.14 Point matériel sur un plateau oscillant : rupture de contact

1) Dans le référentiel galiléen du laboratoire, le système $\{M, \text{ plateau}\}$ est soumis au poids $m\vec{g}$ de M et à la force de rappel du ressort $-k\,(z\,(t) - \ell_0)\,\vec{u}_z$. Le principe fondamental de la dynamique, appliqué au système, en référentiel galiléen, en projection sur $\vec{u}_z$, mène à $m\ddot{z}\,(t) = mg - k\,(z\,(t) - \ell_0)$, d'où $\frac{m}{k}\,\ddot{z}\,(t) + z\,(t) = \frac{mg}{k} + \ell_0$.

2) La position d'équilibre est obtenue lorsque $\ddot{z}\,(t) = 0$, soit $z_{eq} = \frac{mg}{k} + \ell_0$.
La solution est la somme de l'équation homogène et de la solution particulière. La solution homogène $z_h\,(t)$, solution de $\frac{m}{k}\,\ddot{z}_h\,(t) + z_h\,(t) = 0$, est $z_h\,(t) = z_{h0}\cos(\omega_0 t) + z'_{h0}\sin(\omega_0 t)$, où $\omega_0 = \sqrt{\frac{k}{m}}$.
La solution particulière, $z_p\,(t)$, est solution de $\frac{1}{\omega_0^2}\,\ddot{z}_p\,(t) + z_p\,(t) = \frac{mg}{k} + \ell_0$. Attendu que l'entrée est une constante, on cherche une solution constante, alors $\ddot{z}_p\,(t) = 0$ et $z_p\,(t) = \frac{mg}{k} + \ell_0$.
La solution générale est donc $z\,(t) = z_{h0}\cos(\omega_0 t) + z'_{h0}\sin(\omega_0 t) + \frac{mg}{k} + \ell_0$.
La condition initiale sur $z\,(0)$ implique $z_{h0} + \frac{mg}{k} + \ell_0 = \frac{mg}{k} + \ell_0$, soit $z_{h0} = 0$. Celle sur $\dot{z}\,(0)$ mène à $z'_{h0}\omega_0 = v_0$. Finalement, $z\,(t) = \frac{v_0}{\omega_0}\sin(\omega_0 t) + \frac{mg}{k} + \ell_0$.

3) Dans le référentiel galiléen du laboratoire, M est soumis à son poids $m\vec{g}$ et à la réaction $\vec{N} = -N\vec{u}_z$ du plateau ; M reste posé sur le plateau tant que $N > 0$.
Le principe fondamental de la dynamique, appliqué à M, en référentiel galiléen, en projection sur $\vec{u}_z$, mène à $m\ddot{z}\,(t) = -N + mg$, donc $N = mg - m\ddot{z}\,(t) = mg + mv_0\omega_0\sin(\omega_0 t)$.
N dépend du temps, sa valeur minimale est obtenue quand $\sin(\omega_0 t) = -1$, $N_{min} = mg - mv_0\omega$.
M reste posé sur le plateau tant que $mg > mv_0\,\omega_0$, soit $v_0\omega_0 < g$.

14.15 Modélisation d'un amortisseur

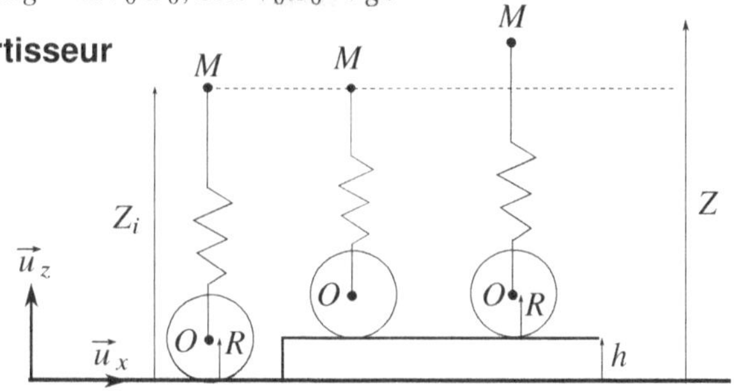

On considère le référentiel terrestre galiléen. Le système est le véhicule modélisé par le point M. On représente ci-contre le système à trois instants : juste avant de franchir le défaut, juste après l'avoir franchi (instant pris comme origine des temps) puis à un instant t ultérieur.
Le défaut de chaussée a été exagéré sur la figure pour plus de clarté. On note Z_i la cote de M avant le défaut.

1) Les forces s'exerçant sur M sont : le poids $m\vec{g}$, la tension du ressort $\vec{T} = -k(\ell - \ell_0)\vec{u}_z$ et la force de frottement $\vec{f}_v$. D'après le schéma, la longueur du ressort est $OM = \ell = Z - h - Z_0$, soit $OM = Z - h - R$. La relation fondamentale en projection sur l'axe Oz donne :

$$m\ddot{Z} = -mg - k(Z - h - R - \ell_0) - \lambda\dot{Z}.$$

Avant l'obstacle, le point M se déplace à altitude constante et la longueur du ressort vaut $Z_i - R$. On peut alors écrire l'équation d'équilibre : $0 = -mg - k(Z_i - R - \ell_0)$.
L'équation du mouvement devient alors : $\ddot{Z} + 2\alpha\dot{Z} + \omega_0^2 Z = \omega_0^2(h + Z_i)$,
avec $\alpha = \lambda/2m = 5\ \text{rad.s}^{-1}$ et $\omega_0^2 = k/m = 50\,\text{rad}^2.\text{s}^{-2}$. Le discriminant de l'équation caractéristique $r^2 + 2\alpha r + \omega_0^2 = 0$ est $\Delta = 4\alpha^2 - 4\omega_0^2 = -100\,\text{rad}^2.\text{s}^{-2}$. Puisque $\Delta < 0$, le mouvement est pseudo-périodique. Les solutions de l'équation caractéristique sont $-\alpha \pm i\sqrt{-\Delta}/2$. La solution particulière de l'équation différentielle est $h + Z_i$. On en déduit

l'expression de $Z(t)$: $Z(t) = A\exp(-\alpha t)\cos(\Omega t + \phi) + h + Z_i$, avec $\Omega = \sqrt{-\Delta}/2 = 5\,\text{rad.s}^{-1}$, A et ϕ sont des constantes à déterminer avec les condition initiales.
À $t = 0$, on a $\dot{Z} = v_0$ et $Z(t) = Z_i$. Le calcul de la dérivée $\dot{Z}$ donne :
$\dot{Z} = A\exp(-\alpha t)(-\alpha\cos(\Omega t + \phi) - \Omega\sin(\Omega t + \phi))$, soit avec $\Omega = \alpha$:

$$\dot{Z} = -A\Omega\exp(-\alpha t)(\cos(\Omega t + \phi) + \sin(\Omega t + \phi)),$$

d'où les conditions initiales : $\begin{cases} A\cos\phi + h + Z_i & = Z_i \\ -A\Omega(\cos\phi + \sin\phi) & = v_0 \end{cases} \Rightarrow \begin{cases} A\cos\phi & = -h \\ A\sin\phi & = -\dfrac{v_0}{\Omega} + h. \end{cases}$

On en déduit $\tan\phi = \dfrac{v_0}{h\Omega} - 1 = 1$, soit $\phi = \pi/4$ et $A = -\sqrt{2}h$.

2) Pour déterminer la valeur maximale de l'accélération $\ddot{Z}(t)$, il faut dériver cette expression. On utilise à chaque étape de dérivation le fait que $\Omega = \alpha$. On part de la valeur de $\dot{Z}$ déjà calculée. Il vient :

$$\ddot{Z} = A\exp(-\alpha t)((\alpha^2 - \Omega^2)\cos(\Omega t + \phi) + 2\alpha\Omega\sin(\Omega t + \phi)) = 2A\exp(-\alpha t)\Omega^2\sin(\Omega t + \phi),$$

puis : $\begin{cases} \dddot{Z} = 2A\Omega^2\exp(-\alpha t)(-\alpha\sin(\Omega t + \phi) + \Omega\cos(\Omega t + \phi)) \\ \quad = 2A\Omega^3\exp(-\alpha t)(-\sin(\Omega t + \phi) + \cos(\Omega t + \phi)). \end{cases}$

$\dddot{Z} = 0$ pour $\tan(\Omega t + \phi) = 1$. Le premier instant pour lequel $\ddot{Z}$ est maximale vérifie soit $\Omega t + \phi = \pi/4$, soit $t = 0$ puisque $\phi = \pi/4$. On en déduit $\ddot{Z}_{\max} = 2A\Omega^2\sin\phi = 2{,}5\,\text{m.s}^{-2}$.

3) On se place dans les conditions critiques en rendant le discriminant nul, soit $\Delta = 0$. Cela entraîne $\alpha = \omega_0$, soit $m = \frac{\lambda^2}{4k} = 250\,\text{kg}$. Il faut énormément alléger le véhicule.

14.16 Deux ressorts verticaux

1) Dans le référentiel galiléen du laboratoire, M est au repos sous l'effet du poids $m\vec{g}$ et des deux forces élastiques des ressorts du bas et du haut.

L'allongement du ressort du bas (qui est la longueur actuelle moins la longueur à vide) vaut $\ell_1 - \ell_0$; la force exercée par le ressort sur M est donc $\vec{f}_{bas\to M} = -k(\ell_1 - \ell_0)\vec{u}_x$, avec un signe moins devant k car, si on allonge encore plus le ressort (ℓ_1 augmente), alors la norme de la force augmente et la force sur M est dirigée vers le bas (le ressort cherche à retourner à sa longueur à vide), donc la force est en « $-k\ell_1\vec{u}_x$ ».

De même, l'allongement du ressort du haut vaut $\ell_2 - \ell_0$; la force exercée par le ressort sur M est donc $\vec{f}_{haut\to M} = k(\ell_2 - \ell_0)\vec{u}_x$, avec un signe plus devant k car, si on allonge encore plus le ressort (ℓ_2 augmente), alors la norme de la force augmente et la force sur M est dirigée vers le haut (le ressort cherche à retourner à sa longueur à vide), donc la force est en « $+k\ell_2\vec{u}_x$ ».

Le principe fondamental de la dynamique, appliqué à M au repos, en référentiel galiléen, projeté sur $\vec{u}_x$, mène à $0 = -mg - k(\ell_1 - \ell_0) + k(\ell_2 - \ell_0)$, d'où $\ell_1 - \ell_2 = -\frac{mg}{k}$.

De plus, $\ell_1 + \ell_2 = X_0$. La résolution du système constitué des deux dernières équations mène à $\ell_1 = \frac{1}{2}\left(X_0 - \frac{mg}{k}\right)$ et $\ell_2 = \frac{1}{2}\left(X_0 + \frac{mg}{k}\right)$.

Le ressort du bas se contracte d'une longueur $\frac{mg}{2k}$ alors que celui du haut se dilate de cette même distance, ce qui est cohérent avec le schéma.

2) On reprend la démarche précédente avec M en mouvement.

L'allongement du ressort du bas vaut $\ell_1 + x(t) - \ell_0$; la force exercée par le ressort sur M est donc $\vec{f}_{bas\to M} = -k(\ell_1 + x(t) - \ell_0)\vec{u}_x$, avec un signe moins devant k car, si on allonge encore plus le ressort ($x(t)$ augmente), alors la norme de la force augmente et la force sur M est dirigée vers le bas (le ressort cherche à retourner à sa longueur à vide), donc la force est en « $-kx(t)\vec{u}_x$ ».

De même, l'allongement du ressort du haut vaut $\ell_2 - x(t) - \ell_0$; la force exercée par le ressort sur M est donc $\overrightarrow{f}_{haut \to M} = k(\ell_2 - x(t) - \ell_0)\overrightarrow{u}_x$, avec un signe plus devant k car, si on contracte encore plus le ressort ($x(t)$ augmente), alors la norme de la force augmente et la force sur M est dirigée vers le bas (le ressort cherche à retourner à sa longueur à vide), donc la force est en « $-kx(t)\overrightarrow{u}_x$ ».

Le principe fondamental de la dynamique, appliqué à M au repos, en référentiel galiléen, projeté sur $\overrightarrow{u}_x$, mène à $m\ddot{x}(t) = -mg - k(\ell_1 + x(t) - \ell_0) + k(\ell_2 - x(t) - \ell_0)$, soit $m\ddot{x}(t) = -2kx(t) - mg - k\ell_1 + k\ell_2$. Attendu la question 1, $-mg - k\ell_1 + k\ell_2 = 0$ et finalement $m\ddot{x}(t) = -2kx(t)$.

3) Le système est un oscillateur harmonique décrit par l'équation différentielle $\frac{m}{2k}\ddot{x}(t) + x(t) = 0$, dont la pulsation caractéristique ω_0 est telle que $\frac{1}{\omega_0^2} = \frac{m}{2k}$, soit $\omega_0 = \sqrt{\frac{2k}{m}}$.

14.17 Frottements secs

1) Dans le référentiel galiléen du laboratoire, M est soumis à son poids $m\overrightarrow{g} = -mg\overrightarrow{u}_z$ (avec l'axe (Oz) vertical ascendant), à la réaction normale du support $\overrightarrow{N} = N\overrightarrow{u}_z$ et à la force élastique du ressort.

La seule force horizontale est celle du ressort. Ainsi, attendu que M est au repos, celle-ci est nulle ; on en déduit donc que la longueur du ressort est sa longueur à vide, soit $x_{eq} - 0 = \ell_0$, puis $x_{eq} = \ell_0 = 20$ cm.

Ce résultat est aussi obtensible en explicitant la force du ressort dans le cas général, où la longueur algébrique du ressort est $x(t) - 0 = x(t)$, donc son allongement algébrique est $x(t) - \ell_0$; la force du ressort sur la masse est donc en $\pm k(x(t) - \ell_0)\overrightarrow{u}_x$, or, plus la masse est déplacée vers la droite (plus $x(t)$ augmente), plus la force de rappel est intense et dirigée vers la gauche, donc cette force est en $kx(t)(-\overrightarrow{u}_x)$; ainsi $\overrightarrow{f}_{ressort \to M} = -k(x(t) - \ell_0)\overrightarrow{u}_x$.

Le principe fondamental de la dynamique, appliqué à la masse au repos, située à l'abscisse x_{eq}, en référentiel galiléen, en projection sur $\overrightarrow{u}_x$, mène à $0 = -k\left(x_{eq} - \ell_0\right)$, soit encore $x_{eq} = \ell_0 = 20$ cm.

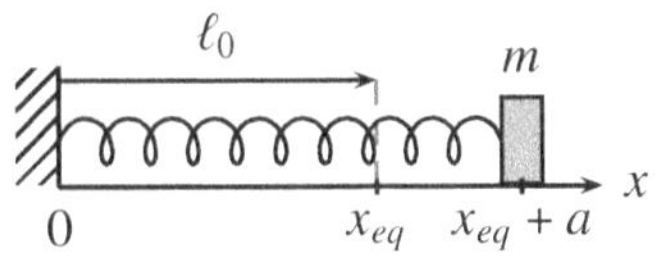

2) On se place dans le cas limite, où l'on décala M d'une distance maximale a vers la droite, pour le garder à l'équilibre. Le ressort est alors étiré et exerce sur M une force $\overrightarrow{f}_{ressort \to M} = -k\left(x_{eq} + a - \ell_0\right)\overrightarrow{u}_x = -ka\overrightarrow{u}_x$. Quant à la force de frottement sec, elle vaut $\overrightarrow{f}_{frott} = \alpha\, mg\overrightarrow{u}_x$, dirigée vers la droite, afin que la somme des forces horizontales soit nulle, et que M soit au repos : $0 = -ka + \alpha mg$, soit $a = \frac{m\alpha}{k}g = 1{,}5$ cm, avec m en kg, unité légale de masse.

Si le déplacement est supérieur à a, alors la norme de la force de rappel du ressort est supérieure aux frottements secs et M se déplace vers la gauche ; a apparaît bien comme un déplacement limite.

Le raisonnement est identique pour un déplacement de M vers la gauche.

3) M est déplacé vers la droite d'une distance supérieure à a par rapport à l'équilibre, M se met en mouvement vers la gauche, les frottements secs sont donc modélisés par $\overrightarrow{f}_{frott} = \alpha\, mg\overrightarrow{u}_x$. Le principe fondamental de la dynamique, appliqué à la masse au repos, située à l'abscisse $x(t)$, en référentiel galiléen, en projection sur $\overrightarrow{u}_x$, mène à $m\ddot{x}(t) = -k(x(t) - \ell_0) + \alpha mg$, soit $\frac{m}{k}\ddot{x}(t) + x(t) = \ell_0 + \frac{\alpha m}{k}g = \ell_0 + a$, dont la solution est $x(t) = \alpha\cos(\omega t) + \beta\sin(\omega t) + \ell_0 + a$, avec

$\omega = \sqrt{k/m}$. Les conditions initiales sont $x(0) = x_0 = \alpha + \ell_0 + a$ et $\dot{x}(0) = 0 = \beta\omega$, d'où $\beta = 0$ et $\alpha = x_0 - \ell_0 - a$, puis $x(t) = (x_0 - \ell_0 - a)\cos(\omega t) + \ell_0 + a$ et $x(t)\,[\mathrm{cm}] = 3{,}50\cos(\omega t) + 21{,}5$. La vitesse de M est $v(t) = \dot{x}(t) = -(x_0 - \ell_0 - a)\,\omega\sin(\omega t)$. Elle est nulle en $t = 0$ (la condition initiale), puis en $t = \pi/\omega$; entre $t = 0$ et $t = \pi/\omega$, $v(t) \leqslant 0$ car M se déplace vers la gauche. M s'arrête en $t = \pi/\omega$ à l'abscisse $x(\pi/\omega) = -x_0 + 2(\ell_0 + a) = 18$ cm, où M n'est pas à l'équilibre, il repart donc vers la droite.

M se déplace vers la droite, donc, attendu que les frottements s'opposent au mouvement, $\vec{f}_{frott} = -\alpha mg\vec{u}_x$ et $m\ddot{x}(t) = -k(x(t) - \ell_0) - \alpha mg$, soit $\frac{m}{k}\ddot{x}(t) + x(t) = \ell_0 - \frac{\alpha m}{k}g = \ell_0 - a$, dont la solution est $x(t) = \alpha'\cos(\omega t) + \beta'\sin(\omega t) + \ell_0 - a$, avec $\omega = \sqrt{k/m}$. Les conditions initiales sont $x(\pi/\omega) = -x_0 + 2(\ell_0 + a) = -\alpha' + \ell_0 - a$ et $\dot{x}(\pi/\omega) = 0 = -\beta'\omega$, d'où $\beta' = 0$ et $\alpha = x_0 - \ell_0 - 3a$, puis $x(t) = (x_0 - \ell_0 - 3a)\cos(\omega t) + \ell_0 - a$ et $x(t)\,[\mathrm{cm}] = 0{,}50\cos(\omega t) + 18{,}5$.

Le vitesse de M, $\dot{x}(t) = -(x_0 - \ell_0 - 3a)\,\omega\sin(\omega t)$ s'annule en $t = 2\frac{\pi}{\omega}$ (attention, les dates sont postérieures à la date initiale π/ω de cette partie), où $x(2\pi/\omega) = x_0 - 4a = 19$ cm, qui n'est éloigné de x_{eq} que de 1,0 cm $< a$: M y reste donc au repos.

Récapitulatif : $\begin{cases} t \in \left[0, \frac{\pi}{\omega}\right] &, x(t) = (x_0 - \ell_0 - a)\cos(\omega t) + \ell_0 + a, \\ t \in \left[\frac{\pi}{\omega}, 2\frac{\pi}{\omega}\right] &, x(t) = (x_0 - \ell_0 - 3a)\cos(\omega t) + \ell_0 - a, \\ t > 2\frac{\pi}{\omega} &, x(t) = x_0 - 4a. \end{cases}$

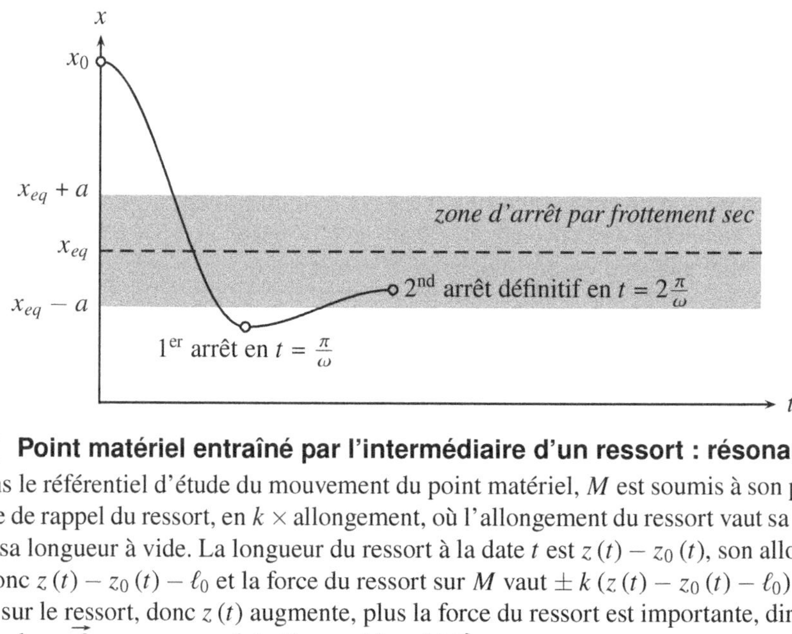

14.18 Point matériel entraîné par l'intermédiaire d'un ressort : résonance

1) Dans le référentiel d'étude du mouvement du point matériel, M est soumis à son poids et à la force de rappel du ressort, en $k \times$ allongement, où l'allongement du ressort vaut sa longueur moins sa longueur à vide. La longueur du ressort à la date t est $z(t) - z_0(t)$, son allongement vaut donc $z(t) - z_0(t) - \ell_0$ et la force du ressort sur M vaut $\pm k(z(t) - z_0(t) - \ell_0)\vec{u}_z$; plus M tire sur le ressort, donc $z(t)$ augmente, plus la force du ressort est importante, dirigée vers le haut, donc $\vec{f}_{ressort \to M} = -k(z(t) - z_0(t) - \ell_0)\vec{u}_z$.

Le principe fondamental de la dynamique, appliqué à M, en référentiel galiléen, en projection sur $\vec{u}_z$, mène à $m\ddot{z}(t) = mg - k(z(t) - z_0(t) - \ell_0)$, soit $\frac{m}{k}\ddot{z}(t) + z(t) = z_0(t) + \frac{mg}{k} + \ell_0$.

2) À l'équilibre, quand $\ddot{z}(t) = 0$ et $z_0(t) = 0$, $z_{eq} = \frac{mg}{k} + \ell_0$.

3) L'équation différentielle est celle d'un oscillateur harmonique, de pulsation propre ω_0 telle que $\frac{1}{\omega_0^2} = \frac{m}{k}$, soit $\omega_0 = \sqrt{\frac{k}{m}}$, soumis à deux entrées, la première constante, $\frac{mg}{k} + \ell_0$, la seconde

harmonique, $z_0(t)$. La solution générale est donc la somme de la solution homogène et des deux solutions particulières, associées aux deux entrées ; c'est le principe de superposition.
La solution homogène, $z_h(t)$, solution de $\frac{1}{\omega_0^2}\ddot{z}_h(t)+z_h(t)=0$, est $z_h(t)=z_{h0}\cos(\omega_0 t+\psi)$.
La première solution particulière, $z_{p1}(t)$, est solution de $\frac{1}{\omega_0^2}\ddot{z}_{p1}(t)+z_{p1}(t)=\frac{mg}{k}+\ell_0$. Attendu que l'entrée est une constante, on cherche une solution constante, alors $\ddot{z}_{p1}(t)=0$ et $z_{p1}(t)=\frac{mg}{k}+\ell_0$.
La seconde solution particulière, $z_{p2}(t)$, est solution de $\frac{1}{\omega_0^2}\ddot{z}_{p2}(t)+z_{p2}(t)=z_0(t)=a\sin(\omega t)$.
L'entrée est une harmonique de pulsation ω, on cherche une solution harmonique de même pulsation, *via* la méthode complexe : $\frac{1}{\omega_0^2}(j\omega)^2\underline{z}_{p2}(t)+\underline{z}_{p2}(t)=a\exp\left(j\left(\omega t-\frac{\pi}{2}\right)\right)$, car $\sin(\omega t)=\cos\left(\omega t-\frac{\pi}{2}\right)$. Alors $\underline{z}_{p2}(t)=\dfrac{a\exp\left(j\left(\omega t-\frac{\pi}{2}\right)\right)}{1-\left(\omega/\omega_0^2\right)^2}$, donc $z_{p2}(t)=\dfrac{a\cos\left(\omega t-\frac{\pi}{2}\right)}{1-\left(\omega/\omega_0^2\right)^2}$.

La solution générale est donc $z(t)=z_{h0}\cos(\omega_0 t+\psi)+\frac{mg}{k}+\ell_0+\dfrac{a}{1-\left(\omega/\omega_0^2\right)^2}\sin(\omega t)$.

4) Si $\omega=\omega_0$, alors le $z_{p2}(t)$ présente une amplitude infinie : c'est le phénomène de résonance. Le calcul précédent de z_{p2} n'est plus valable car, son amplitude croissant au cours du temps, z_{p2} n'est plus harmonique. Avec l'indication de l'énoncé, on cherche une solution $z_{p2}(t)=v_0 t\sin(\omega t+\varphi)$, où v_0 est une constante homogène à des m.s^{-1}, afin que z_{p2} soit bien une longueur.
On calcule $\dot{z}_{p2}(t)=v_0\sin(\omega t+\varphi)+v_0 t\omega\cos(\omega t+\varphi)$, puis $\ddot{z}_{p2}(t)=2v_0\omega\cos(\omega t+\varphi)-v_0 t\omega^2\sin(\omega t+\varphi)$. L'équation différentielle $\frac{1}{\omega^2}\ddot{z}_{p2}(t)+z_{p2}(t)=z_0(t)=a\sin(\omega t)$ devient alors (on a remplacé ω_0 par ω, car les deux sont identiques dans cette question) $2\frac{v_0}{\omega}\cos(\omega t+\varphi)=a\sin(\omega t)$, qui implique $v_0=\frac{1}{2}a\omega$ et $\varphi=-\frac{\pi}{2}$. Dès lors $z_{p2}(t)=-\frac{1}{2}a\omega t\cos(\omega t)$.
La solution complète est alors $z(t)=z_{h0}\cos(\omega t+\psi)+\frac{mg}{k}+\ell_0-\frac{1}{2}a\omega t\cos(\omega t)$.
Attendu que M est initialement au repos, $z(0)=\frac{mg}{k}+\ell_0$ et $\dot{z}(0)=0$. La condition initiale sur $z(0)$ implique $z_{h0}\cos(\psi)=0$ et celle sur $\dot{z}(0)$, $-z_{h0}\omega\sin(\psi)-\frac{1}{2}a\omega=0$, soit $z_{h0}\sin(\psi)=-\frac{1}{2}a$. La première CI donne donc $\cos(\psi)=0$ ($z_{h0}=0$ est impossible à cause de la seconde CI) ; on choisit $\psi=\frac{\pi}{2}$, d'où $z_{h0}=-\frac{1}{2}a$.
Finalement, $z(t)=\frac{1}{2}a\sin(\omega t)+\frac{mg}{k}+\ell_0-\frac{1}{2}a\omega t\cos(\omega t)$.

14.19 Vibrations de la molécule de CO

1) Au repos, la distance entre C et O vaut ℓ_0, car le ressort n'est ni allongé ni contracté.

2) L'atome de carbone n'est soumis qu'à la force de rappel élastique du ressort, en $k\times$ allongement, où l'allongement est égal à la longueur du ressort, ici $\ell_0-x_1+x_2$, moins la longueur à vide ℓ_0 : allongement $=-x_1+x_2$. Ainsi $\overrightarrow{f}_{ressort\to C}=\pm k(-x_1+x_2)\overrightarrow{u}_x$; plus C est poussé vers la droite, plus le ressort est contracté et exerce une force importance vers la gauche, donc $\overrightarrow{f}_{ressort\to C}=k(-x_1+x_2)\overrightarrow{u}_x$.
Le principe fondamental de la dynamique, appliqué à C, en référentiel galiléen, en projection sur $\overrightarrow{u}_x$, mène a $m_C\ddot{x}_1(t)=k(-x_1(t)+x_2(t))$, équation (1).
De même, $\overrightarrow{f}_{ressort\to O}=-k(-x_1+x_2)\overrightarrow{u}_x$ (attention au signe qui change) et l'équation (2) est $m_O\ddot{x}_2(t)=-k(-x_1(t)+x_2(t))$.

3) (1) + (2) mène à $m_C\ddot{x}_1(t) + m_O\ddot{x}_2(t) = 0$ (cette équation est le PFD appliqué à la molécule entière, qui n'est soumise à aucune force extérieure). Ainsi $\frac{\mathrm{d}^2}{\mathrm{d}t^2}(m_C x_1(t) + m_O x_2(t)) = 0$, soit $\frac{\mathrm{d}}{\mathrm{d}t}(m_C x_1(t) + m_O x_2(t)) = m_C v_1(t) + m_O v_2(t) =$ constante. Attendu que les deux atomes sont initialement au repos, $v_1(0) = 0$ et $v_2(0) = 0$ et la constante est nulle ; $\frac{\mathrm{d}}{\mathrm{d}t}(m_C x_1(t) + m_O x_2(t)) = 0$. Puis $m_C x_1(t) + m_O x_2(t) =$ constante$'$ et, attendu qu'initialement $x_1(0) = 0$ et $x_2(0) = 0$, constante$' = 0$; $m_C x_1(t) + m_O x_2(t) = 0$, équation (3).

4) On utilise (3) pour simplifier (1) (on aurait pu simplifier (2), le résultat aurait été identique), $m_C\ddot{x}_1(t) = k\left(-x_1(t) - \frac{m_C}{m_O}x_1(t)\right)$, soit $m_C\ddot{x}_1(t) + k\left(1 + \frac{m_C}{m_O}\right)x_1(t) = 0$, qui est l'équation d'un oscillateur harmonique de pulsation $\omega_0 = \sqrt{k\left(\frac{1}{m_C} + \frac{1}{m_O}\right)}$.

5) La masse d'un atome de carbone est $m_C = \mathcal{M}_C/\mathcal{N}_A = 2{,}0.10^{-26}$ kg (attention, $\mathcal{M}_C$ en <u>**kg**</u>.mol^{-1}), d'où $(2\pi f)^2 = k\mathcal{N}_A\left(\frac{1}{\mathcal{M}_C} + \frac{1}{\mathcal{M}_O}\right)$, puis $k = \frac{4\pi^2 f^2}{\mathcal{N}_A}\frac{\mathcal{M}_C\mathcal{M}_O}{\mathcal{M}_C + \mathcal{M}_O} = 1{,}9.10^3$ kg.s^{-2}.

14.20 Élastique de saut

1) L'allongement de l'élastique en % est $\frac{\ell - \ell_0}{\ell_0} \times 100$. Attention, ce n'est pas le poids du sauteur qui est donné, mais sa masse.

La tension est une force et s'exprime donc en N et non en kg. La fiche est en « kilogramme force », unité désuète telle que 1 kg force = 9,8 N correspond au poids d'une masse de 1 kg. Finalement, $T_1 = 1960$ N pour un allongement de 100 % et $T_2 = 3185$ N pour un allongement de 200 %.

2) Un allongement de 100 % correspond à $\ell = 2\ell_0$ et de 200 % à $\ell = 3\ell_0$. Ainsi dans le deuxième cas, si la tension suivait la loi proposée, elle devrait être égale à 1,5 fois la première soit à 2940 N. Elle est en fait plus grande, ce qui signifie que lorsque l'élastique est très étiré k n'est plus une constante ; sa valeur augmente.

3) Pour l'allongement de 100 %, on trouve $k_1 = T_1/2\ell_0 = 163$ N.m^{-1} et, pour l'allongement de 200 %, on trouve $k_2 = T_2/3\ell_0 = 180$ N.m^{-1}, soit une valeur moyenne $k = 171{,}5$ N.m^{-1} qui sera celle retenue dans la suite.

4) On étudie le mouvement de la masse test dans le référentiel terrestre galiléen. Cette masse est assimilée à son centre de gravité M de masse m soumis à son poids $m\vec{g}$ et à la tension de l'élastique $\vec{T}$. La relation fondamentale donne $m\vec{a} = m\vec{g} + \vec{T}$.

La force de tension d'élastique vaut $\vec{T} = -k(\ell - \ell_0)\overrightarrow{u_{\text{ext}}}$ où le vecteur $\overrightarrow{u_{ext}}$ est orienté de l'élastique vers la masse en mouvement. La projection de la relation fondamentale sur un axe vertical Oz descendant ($\vec{u}_z = \overrightarrow{u_{\text{ext}}}$) avec O point d'attache du ressort ($\ell = z$) donne alors :

$$m\ddot{z} = mg - k(\ell - \ell_0) \quad \Rightarrow \quad \ddot{z} + \frac{k}{m}z = g + \frac{k}{m}\ell_0.$$

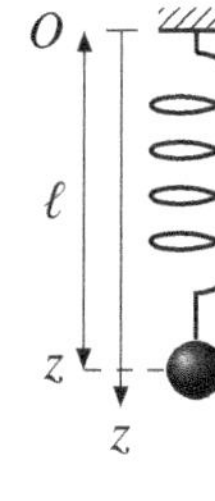

La solution de l'équation est $z = A\cos(\omega_0 t) + B\sin(\omega_0 t) + \ell_0 + \frac{mg}{k}$, avec $\omega_0 = \sqrt{\frac{k}{m}}$. Dans la suite, on pose $\ell_e = \ell_0 + \frac{mg}{k}$.

On peut alors calculer la vitesse : $\dot{z} = \omega_0(-A\sin(\omega_0 t) + B\cos(\omega_0 t))$. On détermine A et B avec les conditions initiales, à savoir :

$$\begin{cases} z(t=0) &= h \\ \dot{z}(t=0) &= 0 \end{cases} \Rightarrow \begin{cases} A + \ell_e &= h \\ B\omega_0 &= 0, \end{cases}$$

d'où $z(t) = (h - \ell_e)\cos(\omega_0 t) + \ell_e$ et $\dot{z} = -\omega_0(h - \ell_e)\sin(\omega_0 t)$.

5) L'élastique se détend pour $z(t_1) = \ell_0$, soit : $t_1 = \frac{1}{\omega_0} \arccos\left(-\frac{mg}{k}\left(h - \frac{mg}{k} - \ell_0\right)^{-1}\right)$.

Numériquement $t_1 = 1{,}25\,\text{s}$ et la vitesse $\overline{v_1}$ à l'instant t_1 vaut $\dot{z}(t_1) = -3{,}7\,\text{m.s}^{-1}$.

6) Pour $\ell < \ell_0$, M n'est plus soumise qu'à son poids : $\ddot{z} = g$, puis $\dot{z} = g(t - t_1) + \overline{v_1}$ et $z(t) = \frac{g}{2}(t - t_1)^2 + \overline{v_1}(t - t_1) + \ell_0$.

Attention, les conditions initiales pour cette étape du mouvement sont prises à l'instant t_1 et l'axe Oz est orienté vers le bas donc $\vec{g} = g\vec{u}_z$. La hauteur maximale est atteinte lorsque la vitesse est nulle, soit lorsque $t - t_1 = -\overline{v_1}/g$. On en déduit :

$$z_{\max} = -\frac{g}{2}\left(\frac{v_1}{g}\right)^2 - \overline{v_1}\frac{\overline{v_1}}{g} + \ell_0 = \ell_0 \frac{3v_1^2}{2g} = 3{,}9\,\text{m}.$$

7) Le saut se passe en deux étapes (inversées par rapport à la précédente partie) : une chute libre jusqu'à $z = \ell_0$ puis une chute soumise au poids et à la tension de l'élastique. Il faut calculer la vitesse atteinte à la fin de la première étape en ℓ_0 pour avoir les conditions initiales pour la deuxième étape.

Pour la première étape, le départ ayant lieu pour $z = 0$ au point d'attache de l'élastique (axe Oz vertical descendant comme précédemment) avec vitesse initiale nulle : $\ddot{z} = g$ puis $\dot{z} = gt$ et $z(t) = \frac{g}{2}t^2$.

Pour $z = \ell_0$, on a donc $t_2 = \sqrt{\dfrac{2\ell_0}{g}}$ et $\dot{z}(\ell_0) = \sqrt{2g\ell_0}$.

Pour la deuxième étape, la relation fondamentale donne : $m\vec{a} = m\vec{g} - k(z - \ell_0)\vec{u}_z$. Cette équation a déjà été résolue précédemment, cependant comme cette fois-ci on nous demande la hauteur maximale de chute, il est préférable de prendre la solution sous la forme : $z(t) = A'\cos(\omega_0 t + \phi) + \ell_0 + \dfrac{mg}{k}$ (où $\omega_0 = \sqrt{k/m}$). Avec les conditions initiales à $t = t_2$, on détermine A' (pas besoin de déterminer ϕ) :

$$\begin{cases} z(t_2) &= A'\cos(\omega_0 t_2 + \phi) + \ell_0 + \dfrac{mg}{k} = \ell_0 \\ \dot{z}(t_2) &= -A'\omega_0 \sin(\omega_0 t_2 + \phi) = \sqrt{2g\ell_0} \end{cases} \Rightarrow \quad A' = \sqrt{\left(\frac{mg}{k}\right)^2 + \frac{2mg\ell_0}{k}}.$$

Pour obtenir A', on a élevé chaque équation au carré et utilisé la relation $\cos^2 + \sin^2 = 1$. L'application numérique donne : $A' = 7{,}6\,\text{m}$. La hauteur maximale de chute est obtenue pour $\cos(\omega_0 t_2 + \phi) = 1$, soit $z_{\max} = A' + \ell_0 + \frac{mg}{k}$, soit $z_{\max} = 17{,}3\,\text{m}$, ce qui est pratiquement la hauteur du pont.

L'accélération est obtenue par deux dérivations de $z(t)$, soit : $\ddot{z} = -A'\omega_0^2\cos(\omega_0 t_2 + \phi)$, soit $|\ddot{z}|_{\max} = A'\omega_0^2 = 20{,}1\,\text{m.s}^{-2}$, soit plus de deux fois l'accélération de la pesanteur.

8) Dans l'équation du mouvement, la position d'équilibre est obtenue pour $\ddot{z} = 0$, soit $z = \ell_e = \ell_0 + \frac{mg}{k}$. C'est autour de cette position qu'ont lieu les oscillations du sauteur.

14.21 Jeux aquatiques

On considère le référentiel terrestre galiléen. Le système est le plongeur assimilé à son centre de gravité M de masse m.

1) La première partie du mouvement correspond à une chute libre. La relation fondamentale de la dynamique $m\vec{a} = m\vec{g}$ donne en projection sur l'axe (Oz) descendant $\ddot{z} = g$, soit en intégrant avec $\dot{z}(0) = 0$ et $z(0) = 0$: $\dot{z} = gt$ et $z(t) = \frac{1}{2}gt^2$. Pour $z = h$, on trouve $t_c = \sqrt{2h/g} = 1{,}4\,\text{s}$ et $v_e = \sqrt{2gh} = 14{,}1\,\text{m.s}^{-1}$.

2) Dans la deuxième partie du mouvement, le plongeur est dans l'eau. La relation fondamentale dans l'eau devient : $m\vec{a} = m\vec{g} + \vec{\Pi} + \vec{f_f}$, ce qui donne en projection sur (Oz) et en posant $v_z = \dot{z}$: $m\dot{v_z} = mg\left(1 - \frac{1}{d_h}\right) - kv_z$ donc $\dot{v_z} + \frac{v_z}{\tau} = g\left(1 - \frac{1}{d_h}\right)$.

3) La solution générale de l'équation précédente est : $v_z = A\exp\left(-\frac{t}{\tau}\right) + g\tau\left(1 - \frac{1}{d_h}\right)$, soit en changeant l'origine des temps, $v(t=0) = v_e$:

$$v_z(t) = g\tau\left(1 - \frac{1}{d_h}\right) + \left(v_e - g\tau\left(1 - \frac{1}{d_h}\right)\right)\exp\left(-\frac{t}{\tau}\right).$$

4) Lorsque $t \to \infty$, on trouve la vitesse limite, soit $v_L = g\tau\left(1 - \frac{1}{d_h}\right) = -0{,}356\,\text{m.s}^{-1}$.

5) On peut alors mettre v_z sous la forme suivante : $v_z(t) = (v_e + |v_L|)\exp\left(-\frac{t}{\tau}\right) - |v_L|$.
Le plongeur commence à remonter lorsque la vitesse v_z devient nulle, puisque la résultante des forces est vers le haut : $|v_L| = (v_e + |v_L|)\exp\left(-\frac{t_1}{\tau}\right)$, soit $t_1 = \tau\ln\left(1 + \frac{v_e}{|v_L|}\right) = 1{,}19\,\text{s}$.

6) En intégrant $v_z(t)$ avec $z(t=0) = 0$, on a : $z(t) = \tau(v_e + |v_L|)\left(1 - \exp\left(-\frac{t}{\tau}\right)\right) - |v_L|t$. La profondeur maximale est atteinte à $t = t_1 = 1{,}19\,\text{s}$ et vaut $z_{\max} = 4{,}1\,\text{m}$.

7) On cherche l'instant t_2 pour lequel $v_z = v_2 = 1\,\text{m.s}^{-1}$: $t_2 = \tau\ln\left(\frac{v_e + |v_L|}{v_2 + |v_L|}\right) = 0{,}76\,\text{s}$ puis $z = 3{,}94\,\text{m}$.

14.22 Étude d'un skieur

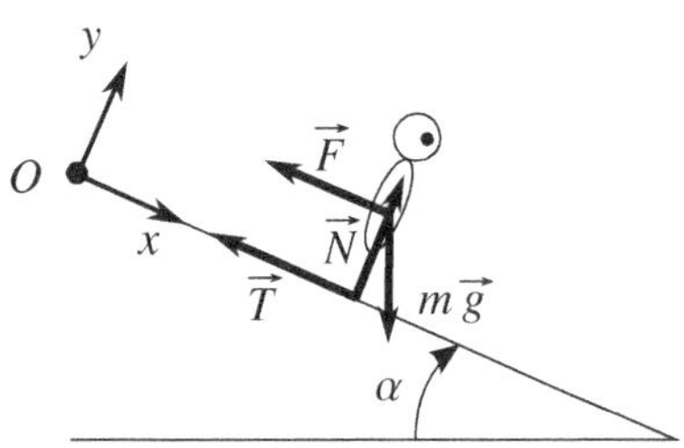

1) On étudie le mouvement du skieur assimilé à son centre de gravité dans le référentiel lié au sol galiléen. Les forces qui s'appliquent au skieur sont :

- le poids $m\vec{g}$;
- la réaction tangentielle $\vec{T}$;
- la réaction normale du support $\vec{N}$;
- la force de frottement $\vec{F}$.

La relation fondamentale de la dynamique donne :

$$m\vec{a} = m\vec{g} + \vec{F} + \vec{T} + \vec{N},$$

soit en projection : $m\ddot{x} = -T - \lambda\dot{x} + mg\sin\alpha$ et $m\ddot{y} = 0 = N - mg\cos\alpha$.
On en déduit : $N = mg\cos\alpha$ et donc $T = fN = fmg\cos\alpha$.

2) On reporte l'expression de T dans l'autre équation en posant $\tau = m/\lambda$ et on intègre :

$$\ddot{x} + \frac{\dot{x}}{\tau} = g(\sin\alpha - f\cos\alpha) \quad \Rightarrow \quad \dot{x} = A\exp\left(-\frac{t}{\tau}\right) + \tau g(\sin\alpha - f\cos\alpha).$$

Sachant qu'à $t = 0$ la vitesse est nulle, on obtient $\dot{x} = \tau g(\sin\alpha - f\cos\alpha)\left(1 - \exp\left(-\frac{t}{\tau}\right)\right)$.

3) La présence de la force de frottement fluide dont la norme augmente avec la vitesse fait que la vitesse ne peut pas augmenter indéfiniment. Le skieur atteint une vitesse limite lorsque les frottements compensent la force motrice du mouvement. On a alors $\ddot{x} = 0$ et $\frac{\dot{x}}{\tau} = g(\sin\alpha - f\cos\alpha)$.
On peut également trouver la vitesse limite avec l'expression de $\dot{x}$: lorsque $t \to \infty$, $\dot{x} \to \tau g(\sin\alpha - f\cos\alpha) = v_l$ qui constitue donc la vitesse limite. On obtient alors :

$$\vec{v} = \vec{v_l}\left(1 - \exp\left(-\frac{t}{\tau}\right)\right) \quad \text{avec} \quad \vec{v_l} = v_l\vec{u}_x.$$

4) L'application numérique donne $v_l = 57\,\text{m.s}^{-1}$.

5) On résout l'équation $v = v_l/2$: $\frac{v_l}{2} = v_l\left(1 - \exp\left(-\frac{t_1}{\tau}\right)\right) \quad \Rightarrow \quad t_1 = \tau \ln 2 = 55\,\text{s}$.

6) Lorsque le skieur tombe, sa vitesse est $v_l/2$. L'équation du mouvement sur Oy est de la même forme que précédemment en multipliant f par 10, ce qui entraîne $T = 10fmg$. L'équation projetée sur Ox devient alors, en négligeant les frottements dus à l'air :

$$\ddot{x} = g(\sin\alpha - 10f\cos\alpha) \quad \Rightarrow \quad \dot{x} = g(\sin\alpha - 10f\cos\alpha)t + v_l/2.$$

Le temps d'arrêt correspond à $v = 0$, soit $t_a = -v_l/(2g(\sin\alpha - 10f\cos\alpha))$. La distance d'arrêt depuis le point de chute s'obtient en intégrant la vitesse, soit :

$$d = \frac{g}{2}(\sin\alpha - 10f\cos\alpha)t_a^2 + \frac{v_l t_a}{2} \quad \Rightarrow \quad d = -\frac{v_l^2}{8g(\sin\alpha - 10f\cos\alpha)} = 7{,}2\,\text{m}.$$

14.23 Atterrissage en catastrophe d'un avion

1) On étudie le mouvement de l'avion dans le référentiel lié à la piste d'atterrissage galiléen. Ce mouvement est horizontal selon la direction de la piste repérée par l'axe (Ox). On assimile le mouvement de l'avion à celui de son centre de gravité M de masse m. L'étude cinématique du mouvement de M donne :

$$\overrightarrow{OM} = x\vec{u}_x \quad ; \quad \vec{v} = \dot{x}\vec{u}_x \quad ; \quad \vec{a} = \ddot{x}\vec{u}_x.$$

Les forces s'exerçant sur l'avion sont : le poids, la réaction normale de la piste et la force de traînée T due au parachute. La seule force horizontale est donc T. La projection de la relation fondamentale de la dynamique sur (Ox) donne donc $m\ddot{x} = -T = -k\dot{x}^2$ avec $k = C_x\rho S/(2m)$. Avec $v = \dot{x}$, $m\dot{v} = -kv^2$.

2) Pour intégrer l'équation du mouvement, on sépare les variables, soit en notant $v = \dot{x}$:

$$\frac{\dot{v}}{v^2} = -k \quad \Rightarrow \quad -\frac{1}{v} = -kt + \text{cte}.$$

Or à $t = 0$, $v = v_a$ donc : $\dfrac{1}{v} = kt + \dfrac{1}{v_a} \quad \Rightarrow \quad v = \frac{v_a}{v_a kt + 1}$.

3) L'avion s'arrête si la vitesse devient nulle, or d'après l'expression précédente la vitesse tend vers 0 au bout d'un temps infini. Cette force n'est pas suffisante pour stopper l'avion.

4) On obtient l'expression de la position de l'avion en intégrant l'expression précédente de la vitesse et en prenant $x(0) = 0$:

$$x = \frac{1}{k}\ln(v_a kt + 1) + \text{cte} \quad \text{soit} \quad x = \frac{1}{k}\ln(v_a kt + 1) \quad \Leftrightarrow \quad v_a kt + 1 = \exp(kx).$$

La vitesse à la distance d vaut $v = v_a\exp(-kd) = 24{,}9\,\text{m.s}^{-1} = 89{,}6\,\text{km.h}^{-1}$, d'où l'utilité des freins.

Approche énergétique de la dynamique du point

15

Dans ce chapitre, on introduit les notions énergétiques en mécanique du point. On définit le travail et la puissance d'une force puis on établit les théorèmes de l'énergie cinétique et de l'énergie mécanique à l'aide des notions de force conservative et d'énergie potentielle.

1 Travail et puissance d'une force

1.1 Introduction et notations

On étudie un point M soumis à une force $\vec{f}$ et animé d'une vitesse $\vec{v}$ dans un référentiel $\mathcal{R}$. À l'instant t, le point M se trouve en $M(t)$; à l'instant $t + \mathrm{d}t$, il est situé en $M(t + \mathrm{d}t)$.

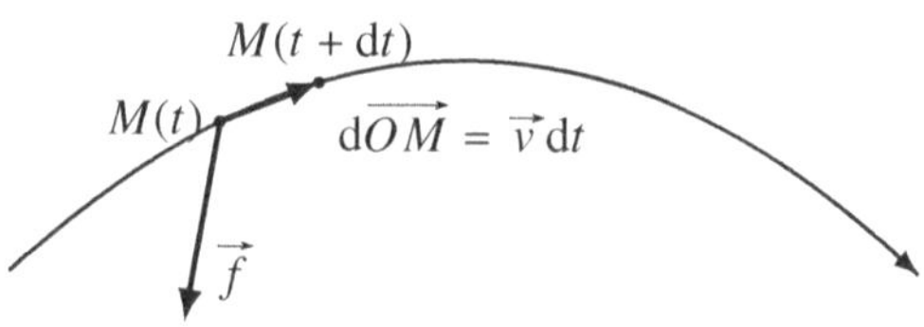

Figure 15.1 – Déplacement élémentaire d'un point M.

Si $\mathrm{d}t$ est suffisamment petit, $M(t + \mathrm{d}t)$ est infiniment proche de $M(t)$ et on note $\mathrm{d}\overrightarrow{OM}$ le déplacement infinitésimal :

$$\mathrm{d}\overrightarrow{OM} = \overrightarrow{M(t)M(t + \mathrm{d}t)} = \vec{v}\,\mathrm{d}t.$$

1.2 Puissance d'une force

La puissance de la force $\vec{f}$ appliquée au point matériel M animé de la vitesse $\vec{v}$ est définie par le produit scalaire :

$$\mathcal{P}(\vec{f}) = \vec{f} \cdot \vec{v}.$$

La puissance s'exprime en watts : $1\ \mathrm{W} = 1\ \mathrm{kg.m^2.s^{-3}}$.

La puissance dépend du référentiel d'étude puisqu'elle dépend de la vitesse.

La puissance est une grandeur additive. En effet, si l'on considère deux forces $\vec{f_1}$ et $\vec{f_2}$ de résultante $\vec{f} = \vec{f_1} + \vec{f}_2$, la puissance de la somme des forces est égale à la somme des puissances de chacune des deux forces :

$$\mathcal{P}(\vec{f}) = \vec{f} \cdot \vec{v} = \left(\vec{f_1} + \vec{f_2}\right) \cdot \vec{v} = \vec{f_1} \cdot \vec{v} + \vec{f_2} \cdot \vec{v}$$
$$= \mathcal{P}(\vec{f_1}) + \mathcal{P}(\vec{f_2}).$$

Pour qualifier la puissance d'une force $\vec{f}$, on distingue trois cas :

- la puissance de $\vec{f}$ est **motrice** si $\mathcal{P}(\vec{f}) > 0$. C'est le cas si la projection de la force sur la trajectoire est dans le sens du mouvement ;
- la puissance de $\vec{f}$ est **résistante** si $\mathcal{P}(\vec{f}) < 0$. C'est le cas si la projection de la force sur la trajectoire est opposée au mouvement ;
- la puissance de $\vec{f}$ est nulle si $\mathcal{P}(\vec{f}) = 0$. C'est le cas si la force est perpendiculaire au mouvement (ou que le point M est immobile, ce qu'on n'envisage pas ici).

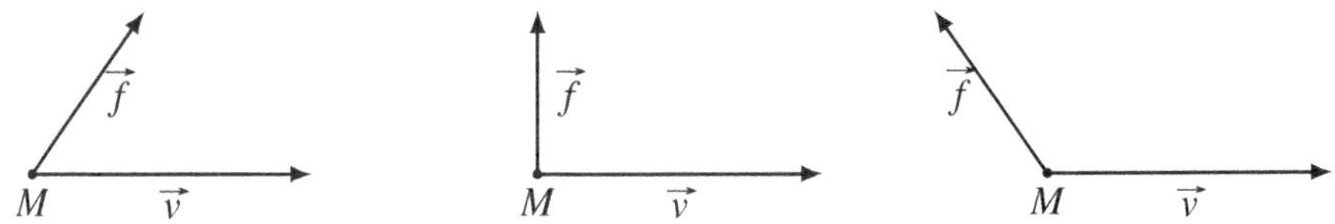

Figure 15.2 – À gauche, $\vec{f} \cdot \vec{v} > 0$, la puissance est motrice. À droite, $\vec{f} \cdot \vec{v} < 0$, la puissance est résistante. Au centre, la force $\vec{f} \cdot \vec{v} = 0$, la puissance est nulle.

1.3 Travail élémentaire d'une force

Le **travail élémentaire** d'une force $\vec{f}$ de puissance $\mathcal{P}(\vec{f})$ appliquée en un point M pendant un intervalle de temps dt est la quantité :

$$\delta W(\vec{f}) = \mathcal{P}(\vec{f})\mathrm{d}t.$$

Le travail s'exprime en joules : $1\ \mathrm{J} = 1\ \mathrm{W.s} = 1\ \mathrm{kg.m^2.s^{-2}}$.

Tout comme la puissance, le travail est une grandeur additive et dépend du référentiel d'étude.

À partir de cette définition, on peut reformuler l'expression du travail élémentaire en introduisant le déplacement infinitésimal $\mathrm{d}\overrightarrow{OM}$:

$$\delta W(\vec{f}) = \mathcal{P}(\vec{f})\mathrm{d}t = \vec{f} \cdot \vec{v}\mathrm{d}t = \vec{f} \cdot \mathrm{d}\overrightarrow{OM}.$$

L'écriture $\delta W(\vec{f}) = \mathcal{P}(\vec{f})\mathrm{d}t$ est utilisée avec la variable temporelle alors que l'écriture $\delta W(\vec{f}) = \vec{f} \cdot \mathrm{d}\overrightarrow{OM}$ est utilisée avec les variables d'espace.

Le travail caractérise un échange d'énergie du système avec l'extérieur par l'intermédiaire de la force $\vec{f}$. C'est une grandeur d'échange qui n'existe ni à l'instant t ni à l'instant $t + \mathrm{d}t$ mais seulement au cours du déplacement entre t et $t + \mathrm{d}t$.

Remarque

Le travail élémentaire δW est noté avec un δ et pas un d. La notation d est réservée aux différentielles, égales aux variations d'une fonction entre des points infiniment proches. Le travail n'est pas défini aux instants t et $t + \mathrm{d}t$. Ce n'est pas une différentielle. Pour s'en souvenir, on note généralement δ mais certains auteurs utilisent un d barré đ. Dans tous les cas, il faut proscrire le d.

1.4 Travail d'une force au cours d'un déplacement

Au cours d'un déplacement le long d'une trajectoire $\overset{\frown}{AB}$ allant de A vers B, au cours duquel le mobile M quitte A à l'instant t_A et arrive en B à l'instant $t_B > t_A$, le travail de la force $\vec{f}$ correspond à la somme des travaux élémentaires calculés sur la trajectoire $\overset{\frown}{AB}$:

$$W_{A\to B}(\vec{f}) = \int_{M\in\overset{\frown}{AB}} \delta W(\vec{f}).$$

La notation $\int_{M\in\overset{\frown}{AB}}$ indique que le travail doit être calculé par une intégrale curviligne en suivant la trajectoire amenant le mobile de A vers B. *A priori*, le travail dépend de la force $\vec{f}$ et de la manière dont on réalise le déplacement entre A et B. Le travail dépend généralement du chemin suivi.

Avec la variable temporelle, $\delta W(\vec{f}) = \mathcal{P}(t)\mathrm{d}t$ puis $W_{A\to B}(\vec{f}) = \int_{t_A}^{t_B} \mathcal{P}(t)\mathrm{d}t$.

Avec les variables d'espace, $\delta W(\vec{f}) = \vec{f}\cdot\mathrm{d}\overrightarrow{OM}$ puis $W_{A\to B}(\vec{f}) = \int_{M\in\overset{\frown}{AB}} \vec{f}\cdot\mathrm{d}\overrightarrow{OM}$.

2 Premiers exemples de calculs de travaux

2.1 Travail d'une force constamment perpendiculaire au mouvement

On considère une force $\vec{f}$ qui reste en permanence perpendiculaire au mouvement. Parmi les forces vues au chapitre précédent, les forces de contact normales au support rentrent dans cette catégorie, lorsque le support est fixe dans le référentiel d'étude.

La force $\vec{f}$ reste toujours perpendiculaire au mouvement. Dans ces conditions, sa puissance est nulle à chaque instant : $\mathcal{P}(\vec{f}) = \vec{f}\cdot\vec{v} = 0$. Son travail l'est également :

$$\delta W(\vec{f}) = \mathcal{P}\mathrm{d}t = 0 \quad\Longrightarrow\quad W_{A\to B}(\vec{f}) = 0.$$

2.2 Travail d'une force constante

On considère une force $\vec{f_0}$ constante. Parmi les forces vues au chapitre précédent, le poids rentre dans cette catégorie et alors $\vec{f_0} = m\vec{g}$; la force électrique également, à condition que le champ électrique $\vec{E}$ soit uniforme, et alors $\vec{f_0} = q\vec{E}$.

On peut poser $f_0 = \|\vec{f_0}\|$ et définir un axe (Oz) tel que $\vec{u}_z = \dfrac{\vec{f_0}}{f_0}$. En notant z la coordonnée de M sur l'axe (Oz), la puissance de $\vec{f_0}$ s'écrit : $\mathcal{P}(\vec{f_0}) = \vec{f_0}\cdot\vec{v} = f_0\vec{u}_z\cdot\vec{v} = f_0\dot{z}$.

On en déduit son travail élémentaire : $\delta W(\vec{f_0}) = \mathcal{P}(\vec{f_0})\mathrm{d}t = f_0\dot{z}\mathrm{d}t = f_0\mathrm{d}z$.

En notant z_A et z_B les coordonnées de A et B sur l'axe (Oz), on obtient alors :

$$W_{A\to B}(\vec{f_0}) = \int_{M\in\overset{\frown}{AB}} f_0\mathrm{d}z = f_0\Big[\mathrm{d}z\Big]_{z_A}^{z_B} = f_0\,(z_B - z_A).$$

Dans ce cas, le travail élémentaire est la différentielle d'une fonction : $\delta W(\vec{f_0}) = \mathrm{d}\,(f_0 z)$, et le travail sur une trajectoire partant de A et revenant en A est nul : $W_{A\to A}(\vec{f_0}) = f_0\,(z_A - z_A) = 0$. Une telle force est une force conservative.

2.3 Travail d'une force de frottement de norme constante

On considère maintenant une force de frottement $\vec{f}$ dont seule la norme f est constante.

La force de frottement $\vec{f}$ étant opposée à la vitesse, sa puissance est toujours négative et s'exprime ainsi : $\mathcal{P}(\vec{f}) = \vec{f} \cdot \vec{v} = -f\|\vec{v}\| < 0$. Son travail élémentaire s'écrit :

$$\delta W(\vec{f}) = -f\|\vec{v}\|\mathrm{d}t = -f\|\vec{v}\mathrm{d}t\| = -f\mathrm{d}\ell,$$

où $\mathrm{d}\ell$ est la longueur du vecteur déplacement infinitésimal. On en déduit :

$$W_{A\to B}(\vec{f}) = -f\ell_{\overset{\frown}{AB}} \quad \text{où} \quad \ell_{\overset{\frown}{AB}} \text{ est la longueur du trajet } \overset{\frown}{AB}.$$

Dans ce cas, le travail élémentaire n'est pas la différentielle d'une fonction. Le travail sur une trajectoire fermée partant de A et revenant en A est strictement négatif. Une telle force est une force dissipative.

3 Théorème de l'énergie cinétique

3.1 Définition de l'énergie cinétique

L'**énergie cinétique** d'un point matériel de masse m animé d'une vitesse $\vec{v}$ est définie par la quantité scalaire :

$$E_c = \frac{1}{2}mv^2.$$

L'énergie cinétique s'exprime en joules : $1\ \mathrm{J} = 1\ \mathrm{W.s} = 1\ \mathrm{kg.m^2.s^{-2}}$.

L'énergie cinétique dépend du référentiel d'étude puisque qu'elle dépend de la vitesse.

L'énergie cinétique ne dépend que de la norme de la vitesse et pas de sa direction. Elle est particulièrement utile lorsqu'on cherche uniquement à déterminer cette norme, soit parce que la direction est connue, soit parce qu'on restreint le problème à cet aspect des choses.

3.2 Théorème de l'énergie cinétique en référentiel galiléen

a) Énoncé du théorème

La variation d'énergie cinétique d'un point matériel entre deux instants est égale au travail des forces qui s'exercent sur ce point entre les deux instants considérés.

b) Démonstration du théorème

Pour établir ce théorème, on multiplie scalairement le principe fondamental de la dynamique par $\vec{v}$:

$$m\frac{\mathrm{d}\vec{v}}{\mathrm{d}t} = \sum_i \vec{f}_i \quad \Longrightarrow \quad m\frac{\mathrm{d}\vec{v}}{\mathrm{d}t}\cdot\vec{v} = \left(\sum_i \vec{f}_i\right)\cdot\vec{v} = \sum_i\left(\vec{f}_i\cdot\vec{v}\right) = \sum_i \mathcal{P}\left(\vec{f}_i\right),$$

où $\mathcal{P}(\vec{f}_i)$ est la puissance de la force $\vec{f}_i$. Or, $m\frac{\mathrm{d}\vec{v}}{\mathrm{d}t}\cdot\vec{v} = m\frac{\mathrm{d}}{\mathrm{d}t}\left(\frac{\vec{v}\cdot\vec{v}}{2}\right) = \frac{\mathrm{d}}{\mathrm{d}t}\left(\frac{1}{2}mv^2\right)$, soit finalement :

$$\frac{\mathrm{d}E_c}{\mathrm{d}t} = \sum_i \mathcal{P}(\vec{f}_i).$$

On intègre cette relation par rapport au temps entre l'instant t_A où le mobile quitte A avec une vitesse v_A et l'instant t_B où il atteint B avec la vitesse v_B :

$$\int_{t_A}^{t_B} \frac{\mathrm{d}E_c}{\mathrm{d}t}\mathrm{d}t = \int_{t_A}^{t_B} \left(\sum_i \mathcal{P}(\vec{f}_i)\right)\mathrm{d}t.$$

Or, d'une part : $\int_{t_A}^{t_B} \left(\sum_i \mathcal{P}(\vec{f}_i)\right)\mathrm{d}t = \sum_i \int_{t_A}^{t_B} \mathcal{P}(\vec{f}_i)\mathrm{d}t = \sum_i W_{A\to B}(\vec{f}_i)$ est égal à la somme des travaux des forces agissant sur M entre A et B.

D'autre part : $\int_{t_A}^{t_B} \frac{\mathrm{d}E_c}{\mathrm{d}t}\mathrm{d}t = \left[E_c(t)\right]_{t_A}^{t_B} = E_c(t_B) - E_c(t_A) = \frac{1}{2}mv_B^2 - \frac{1}{2}mv_A^2$ est la variation d'énergie cinétique de M entre A et B, notée ΔE_c.

Le théorème de l'énergie cinétique peut se formuler de deux manières :

- **théorème de l'énergie cinétique** :

$$\Delta E_c = E_c(t_B) - E_c(t_A) = \frac{1}{2}mv_B^2 - \frac{1}{2}mv_A^2 = \sum_i W_{A\to B}(\vec{f}_i) \qquad (15.1)$$

  que l'on peut également écrire au niveau infinitésimal : $\mathrm{d}E_c = \sum_i \delta W(\vec{f}_i)$.

- **théorème de la puissance cinétique** :

$$\frac{\mathrm{d}E_c}{\mathrm{d}t} = \sum_i \mathcal{P}(\vec{f}_i). \qquad (15.2)$$

c) Discussion suivant le signe du travail de A à B

- Si $\sum_i W_{A\to B}(\vec{f}_i) > 0$, le travail est moteur, l'énergie cinétique augmente donc la norme de la vitesse augmente. Le mouvement est accéléré.
- Si $\sum_i W_{A\to B}(\vec{f}_i) < 0$, le travail est résistant, l'énergie cinétique diminue donc la norme de la vitesse diminue. Le mouvement est décéléré.
- Si $\sum_i W_{A\to B}(\vec{f}_i) = 0$, le travail est nul, l'énergie cinétique est conservée donc la norme de la vitesse est constante. Le mouvement est uniforme.

Il est pertinent d'utiliser le théorème de l'énergie cinétique pour montrer qu'un mouvement est accéléré, décéléré ou uniforme.

3.3 Utilisation du théorème de l'énergie cinétique

L'utilisation du théorème de l'énergie cinétique est de deux sortes :

- on déduit le travail de la somme des forces appliquées à partir de la connaissance de la variation d'énergie cinétique ;
- on déduit la variation de l'énergie cinétique connaissant les travaux des forces.

Cette deuxième utilisation est souvent délicate car le travail des forces est rarement simple à exprimer. En revanche, elle est très efficace lorsque l'on connaît l'expression du travail.

3.4 Intérêt d'une approche énergétique

En mécanique du point, le théorème de l'énergie cinétique est une conséquence du principe fondamental de la dynamique et n'introduit pas de nouveau postulat. Une approche énergétique revient implicitement à utiliser le principe fondamental de la dynamique.

En revanche, l'expression vectorielle du principe fondamental de la dynamique conduit par projection à trois équations scalaires tandis que le théorème de l'énergie cinétique n'en fournit qu'une seule, ce qui conduit à la perte de deux équations. Dans la démonstration, cette perte a lieu lorsque l'on multiplie le principe fondamental de la dynamique par $\vec{v}$, ce qui revient à projeter sur la trajectoire.

Lorsque l'on traite un problème dont la résolution ne concerne qu'un paramètre de position, une seule équation suffit et une méthode énergétique est appropriée. Les problèmes de ce type sont appelés problèmes à un degré de liberté. Si le problème a plus d'un degré de liberté, la seule utilisation du théorème de l'énergie cinétique ne permet pas la résolution complète du problème et on doit alors recourir au principe fondamental de la dynamique.

On retiendra qu'une méthode énergétique est adaptée aux cas où un seul paramètre de position suffit à décrire l'évolution du système.

4 Énergie potentielle et forces conservatives

4.1 Définitions

Une force $\vec{f}$ est **conservative** ou **dérive d'un potentiel** si son travail $W_{A\to B}(\vec{f})$ entre deux points A et B ne dépend pas du chemin suivi mais uniquement des points A et B. On peut alors écrire le travail $W_{A\to B}(\vec{f})$ comme la différence $E_p(A) - E_p(B)$ où E_p est une fonction de la variable de position. Au niveau élémentaire, la relation devient :

$$\delta W(\vec{f}) = -\mathrm{d}E_p.$$

La fonction $E_p(M)$ est l'**énergie potentielle de la force** et s'exprime en joules.

Une force $\vec{f}$ est conservative si on peut trouver une fonction énergie potentielle $E_p(M)$ telle que :

$$\vec{f} \cdot \mathrm{d}\overrightarrow{OM} = \delta W(\vec{f}) = -\mathrm{d}E_p. \qquad (15.3)$$

Cette relation permet de déterminer l'énergie potentielle $E_p(M)$ connaissant la force $\vec{f}$.

L'énergie potentielle dépend de la position de M et elle est définie à partir de sa variation. Elle est donc déterminée à une constante près : si E_p est une énergie potentielle possible, E_p + constante l'est également. On peut donc fixer une position arbitraire O pour laquelle $E_p(O) = 0$. Le point O est alors le point de **référence de l'énergie potentielle**.

Remarque

Lors de sa définition, on a insisté sur le fait que le travail n'est en général pas une différentielle. Les forces conservatives sont des forces singulières pour lesquelles le travail est une différentielle.

4.2 Gradient d'énergie potentielle

a) Notion de champ scalaire

L'énergie potentielle est un scalaire qui dépend de la position M. Il s'agit d'un **champ scalaire**. Par exemple en cartésiennes, E_p s'exprime en fonction des coordonnées x, y et z de M. C'est une fonction de trois variables $E_p(x,y,z)$. Plus généralement, l'énergie potentielle s'exprime en fonction des coordonnées de M dans le système de coordonnées choisi.

b) Vecteur gradient d'énergie potentielle

Par définition, le gradient du champ scalaire E_p, noté $\overrightarrow{\text{grad}}E_p$, est le vecteur tel que la variation de E_p observée lors d'un déplacement infinitésimal $\text{d}\overrightarrow{OM}$ permettant de passer de M à M' est telle que :

$$\text{d}E_p = \overrightarrow{\text{grad}}E_p \cdot \text{d}\overrightarrow{OM}. \qquad (15.4)$$

Ce vecteur dépend du point M.

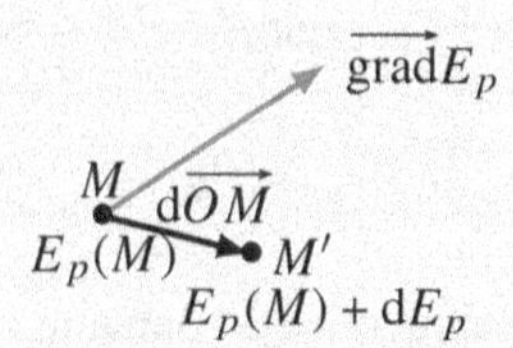

D'après l'interprétation géométrique du produit scalaire, $\text{d}E_p$ est maximale, pour un déplacement de longueur $\|\text{d}\overrightarrow{OM}\|$ donnée, si le déplacement est dans la direction et le sens du vecteur $\overrightarrow{\text{grad}}E_p$. Ainsi :

Le vecteur $\overrightarrow{\text{grad}}E_p$ est orienté dans le sens où E_p croît le plus rapidement.

c) Dérivées partielles, différentielle et gradient en coordonnées cartésiennes

Le champ scalaire $E_p(M)$ s'exprime en fonction des coordonnées de M. En coordonnées cartésiennes E_p s'exprime donc en fonction des coordonnées x, y et z de M. C'est une fonction de trois variables $E_p(x,y,z)$.

On appelle **dérivée partielle** de E_p par rapport à x, notée $\dfrac{\partial E_p}{\partial x}$, la dérivée de la fonction $E_p(x,y,z)$ par rapport à sa variable x que l'on calcule en faisant comme si y et z étaient des constantes. On définit de même la dérivée partielle par rapport à y notée $\dfrac{\partial E_p}{\partial y}$ et la dérivée partielle par rapport à z notée $\dfrac{\partial E_p}{\partial z}$. On donne un exemple de calcul de dérivées partielle dans la partie méthodologie de ce chapitre page 444.

La **différentielle** de E_p est la variation élémentaire $\text{d}E_p$ de E_p associée à un déplacement élémentaire du point M. Pour l'exprimer, il faut se placer dans un système de coordonnées. Par exemple si M est représenté par des coordonnées cartésiennes (x,y,z) :

$$\text{d}E_p = E_p(x + \text{d}x, y + \text{d}y, z + \text{d}z) - E_p(x,y,z),$$

de sorte que la différentielle de E_p fait intervenir les dérivées partielles de E_p par rapport à chacune des trois coordonnées :

$$\text{d}E_p = \frac{\partial E_p}{\partial x}\text{d}x + \frac{\partial E_p}{\partial y}\text{d}y + \frac{\partial E_p}{\partial z}\text{d}z. \qquad (15.5)$$

Expression du gradient en coordonnées cartésiennes En coordonnées cartésiennes le déplacement élémentaire s'écrit :

$$\mathrm{d}\overrightarrow{OM} = \mathrm{d}x\,\vec{u}_x + \mathrm{d}y\,\vec{u}_y + \mathrm{d}z\,\vec{u}_z.$$

Ainsi, la relation (15.4) définissant le gradient s'écrit :

$$\mathrm{d}E_p = \overrightarrow{\mathrm{grad}}E_p \cdot \mathrm{d}\overrightarrow{OM} = (\overrightarrow{\mathrm{grad}}E_p)_x\mathrm{d}x + (\overrightarrow{\mathrm{grad}}E_p)_y\mathrm{d}y + (\overrightarrow{\mathrm{grad}}E_p)_z\mathrm{d}z,$$

en notant $(\overrightarrow{\mathrm{grad}}E_p)_x$, $(\overrightarrow{\mathrm{grad}}E_p)_y$ et $(\overrightarrow{\mathrm{grad}}E_p)_z$ les composantes du vecteur gradient de E_p sur les trois axes. En comparant cette expression à la relation (15.5) on trouve :

$$(\overrightarrow{\mathrm{grad}}E_p)_x = \frac{\partial E_p}{\partial x}, \qquad (\overrightarrow{\mathrm{grad}}E_p)_y = \frac{\partial E_p}{\partial y} \quad \text{et} \quad (\overrightarrow{\mathrm{grad}}E_p)_z = \frac{\partial E_p}{\partial z},$$

soit :

$$\overrightarrow{\mathrm{grad}}E_p = \frac{\partial E_p}{\partial x}\vec{u}_x + \frac{\partial E_p}{\partial y}\vec{u}_y + \frac{\partial E_p}{\partial z}\vec{u}_z. \tag{15.6}$$

Cette expression à connaître par cœur.

d) Gradient en coordonnées cylindriques ou sphériques

Dans les systèmes de coordonnées cylindriques ou sphériques, le vecteur gradient a des expressions plus compliquées qui ne sont pas à connaître mais seront fournies lors de épreuves des concours si elles sont nécessaires.

En coordonnées cylindriques $E_p(r,\theta,z)$: $\mathrm{d}E_p = \frac{\partial E_p}{\partial r}\mathrm{d}r + \frac{\partial E_p}{\partial \theta}\mathrm{d}\theta + \frac{\partial E_p}{\partial z}\mathrm{d}z$ et :

$$\overrightarrow{\mathrm{grad}}E_p = \frac{\partial E_p}{\partial r}\vec{u}_r + \frac{1}{r}\frac{\partial E_p}{\partial \theta}\vec{u}_\theta + \frac{\partial E_p}{\partial z}\vec{u}_z. \tag{15.7}$$

En coordonnées sphériques $E_p(r,\theta,\varphi)$: $\mathrm{d}E_p = \frac{\partial E_p}{\partial r}\mathrm{d}r + \frac{\partial E_p}{\partial \theta}\mathrm{d}\theta + \frac{\partial E_p}{\partial \varphi}\mathrm{d}\varphi$ et :

$$\overrightarrow{\mathrm{grad}}E_p = \frac{\partial E_p}{\partial r}\vec{u}_r + \frac{1}{r}\frac{\partial E_p}{\partial \theta}\vec{u}_\theta + \frac{1}{r\sin\theta}\frac{\partial E_p}{\partial \varphi}. \tag{15.8}$$

4.3 Lien entre force conservative et gradient d'énergie potentielle

Les paragraphes précédents permettent de relier l'expression de la force $\vec{f}$ au gradient de l'énergie potentielle dont elle dérive $E_p(M)$. En effet, d'après l'équations (15.3), une force $\vec{f}$ est dite conservative si on peut trouver une fonction énergie potentielle E_p telle que :

$$\mathrm{d}E_p = -\vec{f} \cdot \mathrm{d}\overrightarrow{OM}.$$

En appliquant la relation (15.4) au champ scalaire $E_p(M)$, on a par ailleurs :

$$\mathrm{d}E_p = \overrightarrow{\mathrm{grad}}\left(E_p\right) \cdot \mathrm{d}\overrightarrow{OM}. \tag{15.9}$$

On en déduit :

$$\vec{f} = -\overrightarrow{\mathrm{grad}}E_p.$$

Cette relation permet de déterminer la force $\vec{f}$ connaissant l'énergie potentielle $E_p(M)$.

4.4 Exemples de forces conservatives

a) Poids d'un corps

Le poids d'un point matériel de masse m dans le champ de pesanteur $\vec{g}$ vaut $m\vec{g}$, soit en projection dans un système de coordonnées cartésiennes dont l'axe (Oz) est vertical et dirigé vers le haut : $-mg\vec{u}_z$. Le travail de cette force s'écrit donc :

$$\delta W = m\vec{g} \cdot \mathrm{d}\overrightarrow{OM} = (-mg\vec{u}_z) \cdot \mathrm{d}\overrightarrow{OM} = -mg(\vec{u}_z \cdot \mathrm{d}\overrightarrow{OM}).$$

Or le déplacement infinitésimal en cartésiennes vaut $\mathrm{d}\overrightarrow{OM} = \mathrm{d}x\vec{u}_x + \mathrm{d}y\vec{u}_y + \mathrm{d}z\vec{u}_z$. La composante du déplacement infinitésimal selon $\vec{u}_z$ vaut donc $\vec{u}_z \cdot \mathrm{d}\overrightarrow{OM} = \mathrm{d}z$. On en déduit :

$$\delta W = -mg\mathrm{d}z = -\mathrm{d}(mgz) = -\mathrm{d}E_p \quad \Longrightarrow \quad E_p = mgz + \text{constante}.$$

On peut choisir de façon arbitraire la constante d'intégration qui intervient dans cette relation. L'axe (Oz), verticl ascendant, est un axe des altitudes. L'énergie potentielle de pesanteur augmente lorsque l'altitude augmente. On peut retenir la formule ci-dessus sous la forme :

$$E_p = mg \times \text{altitude}. \tag{15.10}$$

Le choix arbitraire de l'altitude 0, c'est-à-dire de la référence des altitudes, correspond au choix arbitraire de la constante d'intégration dans l'expression de l'énergie potentielle.

b) Force gravitationnelle exercée par un astre ponctuel

On considère un point matériel M de masse m soumis à la force gravitationnelle exercée par un astre de centre P et de masse m_p. M est soumis à la force gravitationnelle :

$$\overrightarrow{F_{P \to M}} = -\mathcal{G}\frac{mm_p}{r^2}\vec{u}_r,$$

où $r = \|\overrightarrow{PM}\|$ et $\vec{u}_r = \dfrac{\overrightarrow{PM}}{r}$. Le travail élémentaire de cette force s'écrit :

$$\delta W = \overrightarrow{F_{P \to M}} \cdot \mathrm{d}\overrightarrow{PM} = -\mathcal{G}\frac{mm_p}{r^2}\vec{u}_r \cdot \mathrm{d}\overrightarrow{PM}.$$

L'expression de la force suppose de travailler en coordonnées sphériques d'origine P. Le déplacement infinitésimal en coordonnées sphériques a été établi dans le paragraphe 5.3 du chapitre *Cinématique du point* et son expression est $\mathrm{d}\overrightarrow{PM} = \mathrm{d}r\vec{u}_r + r\mathrm{d}\theta\vec{u}_\theta + r\sin\theta\mathrm{d}\varphi\vec{u}_\varphi$ donc $\vec{u}_r \cdot \mathrm{d}\overrightarrow{PM} = \mathrm{d}r$. De ce fait :

$$\delta W = -\mathcal{G}\frac{mm_p}{r^2}\mathrm{d}r = \mathcal{G}mm_p\left(-\frac{\mathrm{d}r}{r^2}\right) = \mathcal{G}mm_p\mathrm{d}\left(\frac{1}{r}\right) = \mathrm{d}\left(\frac{\mathcal{G}mm_p}{r}\right) = -\mathrm{d}E_p.$$

On en déduit l'énergie potentielle associée : $E_p = -\dfrac{\mathcal{G}mm_p}{r} + \text{constante}$. On prend généralement comme référence des énergies potentielles $E_p \to 0$ lorsque $r \to \infty$, ce qui revient à choisir la constante égale à 0 et on obtient :

$$E_p = -\frac{\mathcal{G}mm_p}{r}.$$

c) Force de rappel élastique exercée par un ressort

Un ressort idéal de raideur k ayant subi un allongement $\Delta\ell = \ell - \ell_0$ exerce une force de rappel élastique dans la direction de l'allongement :

$$\vec{F} = -k\Delta\ell\,\vec{u}_{\text{ext}},$$

où le vecteur unitaire $\vec{u}_{\text{ext}}$ est dirigé du ressort vers le système.

Lors d'un déplacement infinitésimal $\mathrm{d}\overrightarrow{OM}$ du point M, le travail élémentaire de la force de rappel élastique vaut :

$$\delta W = \vec{F}\cdot\mathrm{d}\overrightarrow{OM} = -k\,(\ell - \ell_0)\,\vec{u}_{\text{ext}}\cdot\mathrm{d}\overrightarrow{OM}.$$

Le produit scalaire $\vec{u}_{\text{ext}}\cdot\mathrm{d}\overrightarrow{OM}$ est la projection du déplacement infinitésimal dans la direction du ressort et conduit à une variation $\mathrm{d}\ell$ de la longueur du ressort. Le travail élémentaire vaut donc :

$$\delta W = -k\,(\ell - \ell_0)\,\mathrm{d}\ell = -\mathrm{d}\left(\frac{1}{2}k\,(\ell - \ell_0)^2\right) = -\mathrm{d}E_p.$$

On en déduit l'énergie potentielle associée $E_p = \frac{1}{2}k\,(\ell - \ell_0)^2 + \text{constante}$. On prend généralement comme référence des énergies potentielles $E_p = 0$ lorsque le ressort atteint sa longueur à vide $\ell = \ell_0$, ce qui revient à choisir la constante égale à 0. On obtient l'expression de l'énergie potentielle élastique dont dérive la force de rappel élastique exercée par le ressort :

$$E_p = \frac{1}{2}k\,(\ell - \ell_0)^2. \qquad (15.11)$$

4.5 Exemples de forces non conservatives

On considère une force de frottement fluide proportionnelle à la vitesse $\vec{f} = -\lambda\vec{v}$. Le travail élémentaire de cette force s'écrit :

$$\delta W = \vec{f}\cdot\mathrm{d}\overrightarrow{OM} = -\lambda\vec{v}\cdot\vec{v}\,\mathrm{d}t = -\lambda v^2\mathrm{d}t < 0.$$

Ce travail dépend non seulement du déplacement $\mathrm{d}\overrightarrow{OM}$, mais aussi de la vitesse à laquelle il est fait. On ne peut pas l'écrire comme une différentielle donc il ne s'agit pas d'une force conservative. Les forces de frottement dissipant de l'énergie, ce sont des **forces dissipatives**.

Remarque

Dans le cas d'une force conservative : $W_{A\to B} = E_p(A) - E_p(B) = -W_{B\to A}$.

Ceci ne peut pas être réalisé pour les forces de frottement car le travail est toujours négatif : $W_{A\to B} < 0$ et $W_{B\to A} < 0$. Les frottements ne sont pas conservatifs.

5 Énergie mécanique

5.1 Définition de l'énergie mécanique

L'**énergie mécanique** E_m du point matériel est la somme de l'énergie cinétique et des énergies potentielles :

$$E_m = E_c + E_p.$$

Dans cette définition, E_p est l'énergie potentielle du système, c'est-à-dire la somme des énergies potentielles des différentes forces conservatives qui agissent sur le système.

5.2 Cas de conservation de l'énergie mécanique

On considère un système soumis à un ensemble de forces $\overrightarrow{f}_i$. Dans le cas où ces forces sont conservatives ou ne travaillent pas, on peut écrire pour chacune des forces :

$$W(\overrightarrow{f}_i) = -\Delta E_{p_i}.$$

On définit l'énergie potentielle du système comme la somme des énergies potentielles dont dérive chacune des forces :

$$E_p = \sum_i E_{p_i}.$$

Le théorème de l'énergie cinétique implique :

$$\Delta E_c = \sum_i W(\overrightarrow{f}_i) = \sum_i -\Delta E_{p_i} = -\Delta E_p \quad \text{soit} \quad \Delta\left(E_c + E_p\right) = 0.$$

On en déduit :

$$E_c + E_p = E_m \quad \text{où } E_m \text{ est une constante.}$$

L'énergie mécanique d'un point matériel soumis uniquement à des forces conservatives ou qui ne travaillent pas est une constante du mouvement.

Lorsque toutes les forces sont conservatives, le mouvement est qualifié de mouvement conservatif car l'énergie mécanique est conservée.

Dans le cas d'un mouvement conservatif, l'énergie mécanique est une quantité qui se conserve au cours du mouvement et qui n'est fonction que de la position et de ses dérivées premières par rapport au temps. L'énergie mécanique est une **intégrale première du mouvement**.

L'énergie mécanique est répartie sous deux formes : l'énergie cinétique, qui dépend de la vitesse du système, et l'énergie potentielle qui dépend de sa position. L'énergie potentielle peut être convertie en énergie cinétique et réciproquement, mais, pour un mouvement conservatif, la somme des deux formes d'énergie reste constante.

5.3 Cas général : non-conservation de l'énergie mécanique

Dans le cas général, il est nécessaire de distinguer la résultante des forces conservatives notées $\overrightarrow{f_C}$ de la résultante des forces non conservatives notées $\overrightarrow{f_{NC}}$. On note $W(\overrightarrow{f_C})$ et $W(\overrightarrow{f_{NC}})$ leurs travaux respectifs. D'après ce qui précède, on peut écrire : $W(\overrightarrow{f_C}) = -\Delta E_p$ où E_p est l'énergie potentielle du système. En revanche, il n'est pas aisé d'avoir une expression simple de $W(\overrightarrow{f_{NC}})$. L'expression du travail total vaut :

$$W_{tot} = W(\overrightarrow{f_C}) + W(\overrightarrow{f_{NC}}) = -\Delta E_p + W(\overrightarrow{f_{NC}}).$$

En appliquant le théorème de l'énergie cinétique à cette situation, on a donc :

$$\Delta E_c = W_{tot} = -\Delta E_p + W(\overrightarrow{f_{NC}})$$

puis
$$\Delta E_m = \Delta\left(E_c + E_p\right) = W(\overrightarrow{f_{NC}}).$$
On aboutit à une autre formulation du théorème de l'énergie cinétique, appelée **théorème de l'énergie mécanique** :

La variation d'énergie mécanique au cours du mouvement est égale aux travaux des forces non conservatives qui ne dérivent pas d'une énergie potentielle.

On peut formuler ce théorème de deux manières :

- **en termes d'énergie** :
$$\Delta E_m = E_m(t_B) - E_m(t_A) = W(\overrightarrow{f_{NC}}), \tag{15.12}$$
que l'on peut écrire au niveau infinitésimal : $\mathrm{d}E_m = \mathrm{d}\left(E_c + E_p\right) = \delta W(\overrightarrow{f_{NC}})$.
- **en termes de puissance** :
$$\frac{\mathrm{d}E_m}{\mathrm{d}t} = \mathcal{P}(\overrightarrow{f_{NC}}). \tag{15.13}$$

Le problème de la conservation de l'énergie fait partie d'un cadre plus général que celui de la mécanique. Ce point est abordé dans le chapitre *Premier principe - Bilans d'énergie*.

MÉTHODOLOGIE

Comment étudier un problème de mécanique à l'aide d'un théorème énergétique ?
▷ *Voir la méthode décrite page 399 du chapitre précédent.*

Le premier point méthodologique du chapitre *Principes de la dynamique newtonienne* page 399 décrit la méthode permettant de résoudre un problème de mécanique du point. Cette méthode reste valable jusqu'aux étapes 4 et 5 lors desquelles il faut remplacer l'utilisation du principe fondamental de la dynamique par l'utilisation d'un théorème énergétique.

Quand étudier un problème de mécanique à l'aide d'un théorème énergétique ?
▷ *Dénombrer les degrés de liberté du problème et analyser les forces impliquées.*

Cf. paragraphe 3.4. Un théorème énergétique ne fournit qu'une équation. Les méthodes énergétiques sont adaptées pour étudier les problèmes à un degré de liberté, en particulier lorsque les forces sont conservatives car le calcul des travaux est alors plus aisé.

Faut-il utiliser le théorème de l'énergie cinétique ou de la puissance cinétique ?
▷ *Déterminer si l'on cherche une évolution en fonction du temps ou de la position.*

Le théorème de la puissance cinétique fait intervenir les puissances des forces et la dérivée temporelle de l'énergie cinétique. Il est à privilégier pour chercher une évolution temporelle.

Le théorème de l'énergie cinétique fait intervenir les travaux des forces qui s'expriment en fonction du déplacement donc de la position. Il est à privilégier pour chercher une grandeur en un point ou son évolution d'un point à un autre.

Comment montrer qu'un mouvement est uniforme, accéléré ou décéléré ?
▷ *Utiliser le théorème de l'énergie cinétique.*

D'après le théorème de l'énergie cinétique, l'énergie cinétique et donc la norme de la vitesse augmente (respectivement diminue ou reste constante) lorsque la somme des travaux des forces est positive (respectivement négative ou nulle),

Comment distinguer force conservative et force non conservative ?
▷ *Déterminer si elle dépend uniquement de la position.*

Les forces qui dépendent de la vitesse (de sa norme ou de sa direction) ne sont jamais conservatives. Les forces constantes et les forces qui ne dépendent que de la position du point M sont en général conservatives.

Comment montrer qu'une force est conservative et déterminer son énergie potentielle ?
▷ *Utiliser l'équation (15.3) du paragraphe 4.*

Trois exemples de calculs d'énergies potentielles ont été présentés au paragraphe 4.4 et permettent de détailler l'utilisation de cette équation.

Comment calculer une dérivée partielle ?
▷ *Dériver par rapport à une variable en considérant les autres comme des constantes.*

Par exemple, l'énergie potentielle $E_p(x,y,z) = k\left(z^2 - \frac{x^2+y^2}{2}\right)$, où k est une constante, admet trois dérivées partielles :

$$\frac{\partial E_p}{\partial x} = -kx \quad ; \quad \frac{\partial E_p}{\partial y} = -ky \quad ; \quad \frac{\partial E_p}{\partial z} = 2kz\,.$$

Comment trouver une force à partir d'une énergie potentielle ?
▷ *Utiliser l'équation $\vec{f} = -\overrightarrow{\text{grad}}\,(E_p)$, page 438.*

On utilise ensuite l'expression du gradient en fonction des dérivées partielles de l'énergie potentielle dans le système de coordonnées choisi.

En cartésien, on doit utiliser l'expression de l'équation (15.6) à connaître, et on obtient :

$$\vec{f} = -\overrightarrow{\text{grad}}\,(E_p) = -\left(\frac{\partial E_p}{\partial x}\vec{u}_x + \frac{\partial E_p}{\partial y}\vec{u}_y + \frac{\partial E_p}{\partial z}\vec{u}_z\right).$$

Avec l'énergie potentielle du point précédent, on trouve donc :

$$\vec{f} = kx\vec{u}_x + ky\vec{u}_y - 2kz\vec{u}_z\,.$$

Dans les autres systèmes de coordonnées, les expressions du gradient seront fournies.

PROGRAMME OFFICIEL ET SOMMAIRE DES EXERCICES

NOTIONS ET CONTENUS	CAPACITÉS EXIGIBLES
Approche énergétique du mouvement d'un point matériel	
Puissance, travail et énergie cinétique	
Puissance et travail d'une force dans un référentiel. ► 15.C1 15.C2	Reconnaître le caractère moteur ou résistant d'une force.
Théorèmes de l'énergie cinétique et de la puissance cinétique dans un référentiel galiléen, dans le cas d'un système modélisé par un point matériel. ▷ 15.8 15.10	Utiliser le théorème approprié en fonction du contexte.
Champ de force conservative et énergie potentielle	
Énergie potentielle. Lien entre un champ de force conservative et l'énergie potentielle. Gradient. ► 15.C3 15.C4 15.C5	Établir et citer les expressions de l'énergie potentielle de pesanteur (champ uniforme), de l'énergie potentielle gravitationnelle (champ créé par un astre ponctuel), de l'énergie potentielle élastique. Déterminer l'expression d'une force à partir de l'énergie potentielle, l'expression du gradient étant fournie. Déduire qualitativement, en un point du graphe d'une fonction énergie potentielle, le sens et l'intensité de la force associée.
Énergie mécanique	
Énergie mécanique. Théorème de l'énergie mécanique. Mouvement conservatif. ► 15.C6 ▷ 15.1 15.2 15.3 15.4 ▷ 15.5 15.6 15.7 15.9	Distinguer force conservative et force non conservative. Reconnaître les cas de conservation de l'énergie mécanique. Utiliser les conditions initiales.

EXERCICES ★ (LE COURS)

15.C1 Unités d'une puissance et d'un travail Rappeler le nom des unités usuelles de puissance et de travail. Les exprimer avec les unités de base du système international.

15.C2 Force motrice ou résistante La puissance d'une force est négative. Est-elle motrice ou résistante ?

15.C3 Énergie potentielle élastique Citer l'expression de l'énergie potentielle dont dérive la force de rappel élastique.

15.C4 Énergie potentielle de pesanteur Citer l'expression de l'énergie potentielle de pesanteur. Le point M est repéré en coordonnées cartésiennes avec l'axe (Ox) orienté vers le bas. Exprimer cette énergie en fonction de l'abscisse x du point M.

15.C5 Détermination d'une force à partir d'une énergie potentielle Les forces de Van der Waals dérivent d'une énergie potentielle dont l'expression en coordonnées sphériques est $E_p = -\frac{A}{r^6}$ avec A une constante positive. On donne l'expression du gradient en sphériques :

$$\overrightarrow{\text{grad}}E_p = \frac{\partial E_p}{\partial r}\overrightarrow{u}_r + \frac{1}{r}\frac{\partial E_p}{\partial \theta}\overrightarrow{u}_\theta + \frac{1}{r\sin\theta}\frac{\partial E_p}{\partial \varphi}\overrightarrow{u}_\varphi.$$

Donner la forme de la force associée et préciser s'il s'agit d'une force attractive ou répulsive. Donner également l'unité de A.

15.C6 Mouvement conservatif Un objet accroché à un ressort idéal n'est soumis qu'à son poids et à la force exercée par le ressort. Que peut-on dire de l'énergie mécanique ?

EXERCICES ★★

15.1 Oscillations d'un pendule simple - partie 1

Un objet ponctuel A de masse m est suspendu à l'extrémité d'un fil de masse négligeable et de longueur L dont l'autre extrémité O est fixe. On ne considère pas les mouvements en dehors d'un plan vertical Oxy perpendiculaire à un axe Oz horizontal. On repère A par l'angle θ entre le fil et la verticale. On suppose que le référentiel terrestre est galiléen. On néglige tous les frottements. On désigne par $\overrightarrow{g} = g\overrightarrow{u_x}$ l'accélération du champ de pesanteur.

1) Déterminer l'équation différentielle du mouvement de A en appliquant le théorème de l'énergie cinétique.

2) Retrouver le résultat par le principe fondamental de la dynamique.

3) Tracer la courbe d'énergie potentielle et déterminer les positions d'équilibre du système et leur stabilité.

4) On abandonne A sans vitesse initiale alors que le fil est écarté d'un angle θ_0. On se place dans le cas où θ_0 est petit. Montrer que le système constitue un oscillateur harmonique dont on exprimera la pulsation ω_0 et la période T_0 en fonction de g et L.

5) Compte tenu des conditions initiales, déterminer l'évolution temporelle de l'angle θ.

6) Quelle est la valeur maximale $v_{\max}$ de la vitesse de l'objet A au cours de son mouvement ? On l'exprimera en fonction de θ_0, L et g.

7) Tracer la courbe donnant θ en fonction du temps.

15.2 Oscillations d'un pendule simple - partie 2

On reprend le problème précédent mais on tient compte d'une force de frottement fluide proportionnelle à la vitesse $\vec{v}$. On note h le coefficient de proportionnalité.

1) Déterminer l'équation différentielle du mouvement de A en appliquant le théorème de l'énergie cinétique.

2) Les frottements sont suffisamment faibles pour que le régime soit pseudo-périodique. Donner la condition sur h pour qu'il en soit ainsi.

3) On lâche le pendule sans vitesse initiale d'une position faisant un angle θ_0 faible. Linéariser l'équation différentielle du mouvement puis déterminer l'expression de θ en fonction du temps.

4) Donner l'allure de la courbe représentant θ en fonction du temps.

15.3 Rampe de lancement

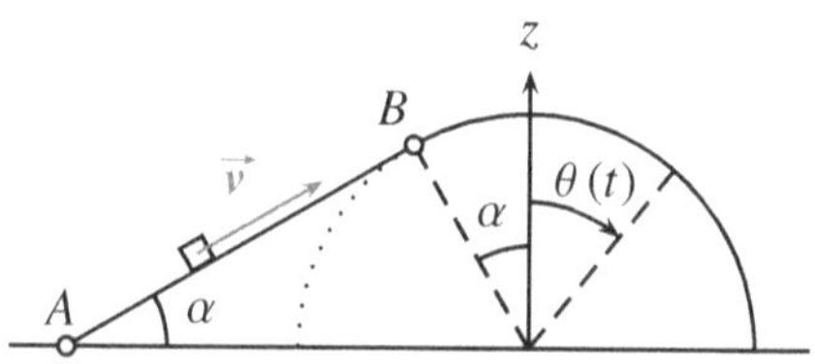

Un palet de masse $m = 5{,}0.10^2$ g est lancé sur la rampe AB, depuis le point A, avec la vitesse initiale de norme v_A. La rampe est inclinée d'un angle $\alpha = 30°$ par rapport à l'horizontale. Le palet glisse sans frottement sur AB, puis sur le cercle de rayon $R = 1{,}0$ m. La rampe et le cercle sont tangents en B. La position du palet, par rapport à la verticale, est repérée sur le cercle par l'angle $\theta(t)$.

1) Établir la vitesse v_B du palet au point B, en fonction de v_A, g, R et α.

2) Pour quelles valeurs numériques de v_A le palet atteint-il B ? Cette condition est vérifiée dans toute la suite et l'on prendra $v_A = 4{,}6$ m.s^{-1}.

3) Établir la durée τ du parcours du palet entre A et B, en fonction de v_A, g, R et α, puis numériquement.

4) Le palet a dépassé le point B, glisse sans frottement sur le cercle et se situe à la position $\theta(t)$. Établir l'expression $\vec{N}$ de la réaction du support.

5) À quelle condition sur v_A, R, g et α le palet ne décolle-t-il pas entre B et le sommet ? Est-elle bien numériquement vérifiée ?

6) Pour quelle valeur numérique θ_ℓ le palet quitte-t-il le cercle après le sommet ?

15.4 Distance de freinage

Une voiture de masse $m = 1{,}5.10^3$ kg roule à la vitesse de 50 km.h^{-1} sur une route horizontale. Devant un imprévu, le conducteur écrase la pédale de frein et s'arrête sur une distance $d = 15$ m. On modélise la force de freinage par une force constante opposée à la vitesse.

1) Calculer le travail de la force de freinage.

2) En déduire la norme de cette force.

3) Quelle distance faut-il pour s'arrêter si la vitesse initiale est de $70\,\text{km.h}^{-1}$?

4) Commenter cette phrase relevée dans un livret d'apprentissage de la conduite : « La distance de freinage est proportionnelle au carré de la vitesse du mobile ».

15.5 Le Marsupilami

Le Marsupilami est un animal de bande dessinée créé par Franquin aux capacités physiques remarquables, en particulier grâce à sa queue qui possède une force importante. Pour se déplacer, le Marsupilami enroule sa queue comme un ressort entre lui et le sol et s'en sert pour se propulser vers le haut.

On note $\ell_0 = 2{,}0\,\text{m}$ la longueur à vide du ressort équivalent. Lorsqu'il est complètement comprimé, la longueur du ressort est $\ell_m = 50\,\text{cm}$. La masse m de l'animal est 50 kg et la queue quitte le sol lorsque le ressort mesure ℓ_0. On prendra $g = 10\,\text{m.s}^{-2}$.

Quelle est la constante de raideur du ressort équivalent si la hauteur maximale d'un saut est $h = 10\,\text{m}$? Quelle est sa vitesse lorsque la queue quitte le sol ?

15.6 Toboggan

Un adulte ($m = 70\,\text{kg}$) descend un toboggan d'une hauteur $h = 5{,}0\,\text{m}$ faisant un angle $\alpha = 45°$ avec le sol. La norme de la force de frottement $\vec{T}$ est donnée par $\|\vec{T}\| = f\|\vec{R}\|$, où $f = 0{,}40$ est le coefficient de frottement et $\vec{R}$ la réaction normale. On prendra $g = 9{,}8\,\text{m.s}^{-2}$

1) Calculer la variation d'énergie mécanique due aux frottements du haut en bas du toboggan.

2) Déterminer la vitesse de la personne en bas du toboggan. La comparer à celle qu'il aurait sans frottements.

EXERCICES ★★★

15.7 Gestion du recul d'un canon

On considère un canon (figure de gauche) de masse $M = 800\,\text{kg}$. Lors du tir horizontal d'un obus de masse $m = 2{,}0\,\text{kg}$ avec une vitesse $\vec{v}_0 = v_0\vec{u}_x$ ($v_0 = 600\,\text{m.s}^{-1}$), le canon acquiert une vitesse de recul $\vec{v}_c = -\frac{m}{M}\vec{v}_0$.

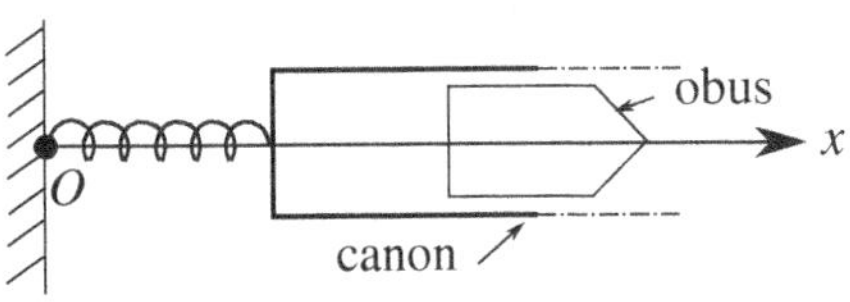

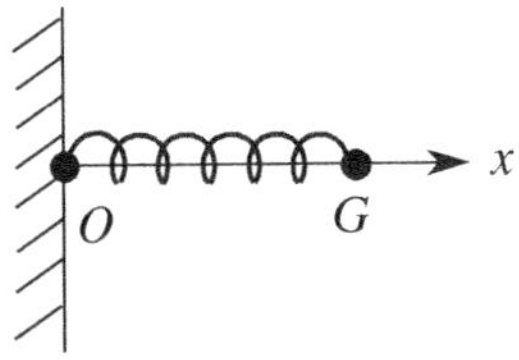

Pour limiter la course du canon, on utilise un ressort de raideur k_1, de longueur à vide L_0 et dont l'une des extrémités est fixe et l'autre liée au canon. Le déplacement a lieu suivant l'axe Ox. Dans la suite, le canon est assimilé à son centre de gravité G (figure de droite).

1) Quelle est la longueur du ressort lorsque le canon est au repos ?

2) En utilisant l'énergie mécanique, déterminer la distance de recul d. En déduire la raideur k_1 pour avoir un recul inférieur ou égal à d. Application numérique pour $d = 1{,}0\,\text{m}$.

3) Retrouver la relation entre k_1 et d en appliquant la relation fondamentale de la dynamique.

4) Quel est l'inconvénient d'utiliser un ressort seul ?

Pour pallier ce problème, on ajoute au système un dispositif amortisseur, exerçant une force de frottement visqueux $\vec{F} = -\lambda \vec{v}$, $\vec{v}$ étant la vitesse du canon.

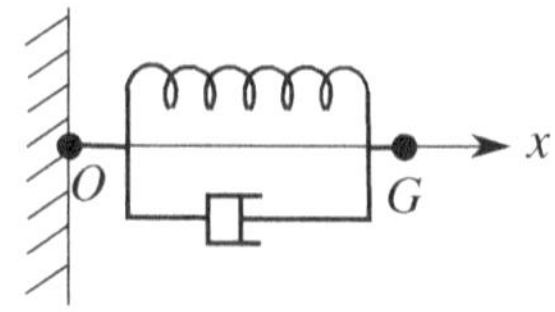

5) Le dispositif de freinage absorbe une fraction $E_a = 778$ J de l'énergie cinétique initiale. Calculer la nouvelle valeur k_2 de la constante de raideur du ressort avec les données numériques précédentes. Déterminer la pulsation propre ω_0 de l'oscillateur.

6) Déterminer λ pour que le régime soit critique. Application numérique.

7) Déterminer l'expression de l'élongation $x(t)$ du ressort, ainsi que celle de la vitesse $\dot{x}(t)$. En déduire l'instant t_m pour lequel le recul est maximal. Exprimer alors ce recul en fonction de m, v_0 et λ. L'application numérique redonne-t-elle la valeur de d précédente ?

15.8 Cycliste au Tour de France

Un cycliste assimilé à un point matériel se déplace en ligne droite. Il fournit une puissance mécanique constante P, les forces de frottement de l'air sont proportionnelles au carré de la vitesse v du cycliste ($\vec{F_f} = -kv\vec{v}$) où k est une constante positive. On néglige le travail des forces de frottement du sol sur la roue et on choisit un axe horizontal (Ox) orienté dans la direction du mouvement du cycliste.

1) En appliquant le théorème de la puissance cinétique, établir une équation différentielle en v et montrer qu'on peut la mettre sous la forme :

$$mv^2 \frac{dv}{dx} = k\left(v_l^3 - v^3\right),$$

où v_l est une constante homogène à une vitesse dont on cherchera la signification physique. On pose $f(x) = k\left(v_l^3 - v^3\right)$.

2) Déduire des résultats précédents l'équation différentielle vérifiée par f.

3) Déterminer l'expression de la vitesse en fonction de x, s'il aborde la ligne droite avec une vitesse v_0.

4) Application numérique : lors d'un sprint, la puissance développée vaut $P = 2$ kW et la vitesse limite v_l vaut 20 m.s^{-1}. Déterminer la valeur de k et en déduire la distance caractéristique pour qu'un coureur de masse $m = 85$ kg avec son vélo atteigne cette vitesse. Conclure.

15.9 Bille dans une gouttière

Une bille, assimilée à un point matériel M de masse m, est lâchée sans vitesse initiale depuis le point A d'une gouttière situé à une hauteur h du point le plus bas O de la gouttière. Cette dernière est terminée en O par un guide circulaire de rayon a, disposé verticalement. La bille, dont on suppose que le mouvement a lieu sans frottement, peut éventuellement quitter la gouttière à l'intérieur du cercle. On note $\vec{g} = -g\vec{u}_y$ l'accélération de la pesanteur.

1) Calculer la norme v_0 de la vitesse en O puis en un point M quelconque du cercle repéré par l'angle θ.

2) Déterminer la réaction de la gouttière en un point du guide circulaire.

3) Déterminer la hauteur minimale de A pour que la bille ait un mouvement révolutif dans le guide.

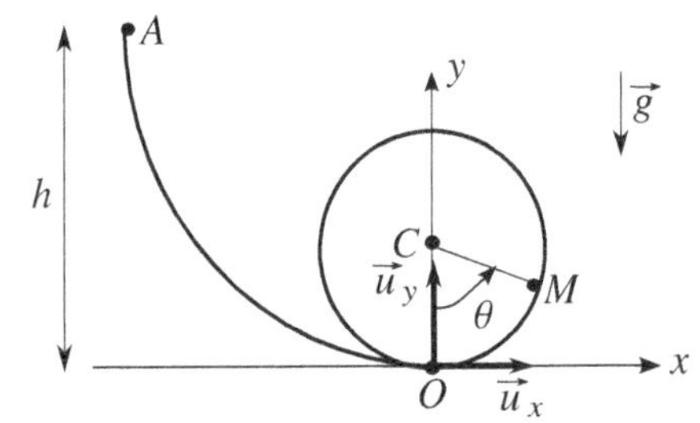

15.10 Pendule simple modifié

On considère un pendule simple modifié. Un mobile ponctuel M, de masse m, est accroché à l'extrémité d'un fil inextensible de longueur L et de masse négligeable, dont l'autre extrémité est fixe en O. On néglige tout frottement. Lorsque $\theta > 0$, le système se comporte comme un pendule simple de centre O et de longueur de fil L. À la verticale et en dessous de O, un clou est planté en O', avec $OO' = L/3$, qui bloquera la partie haute du fil vers la gauche.

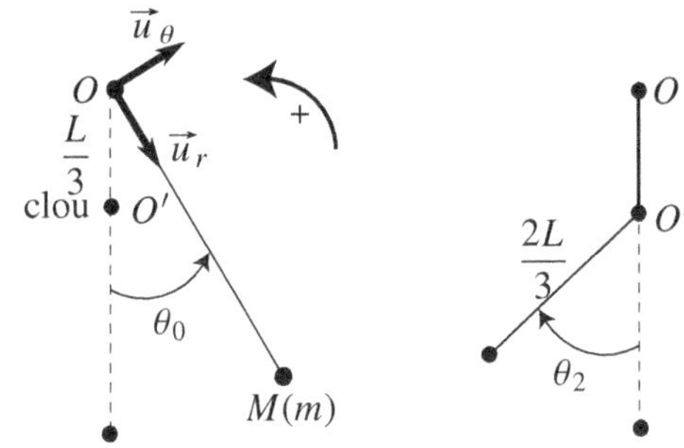

Quand $\theta < 0$, le système se comporte donc comme un pendule simple de centre O' et de longueur de fil $2L/3$. On repère la position du pendule par l'angle θ qu'il fait avec la verticale.

À la date $t = 0$, on abandonne sans vitesse initiale le mobile M en donnant au fil une inclinaison initiale $\theta(0) = \theta_0 > 0$. On note t_1 la date de la première rencontre du fil avec le clou, t_2 la date de première annulation de la vitesse du mobile pour $\theta < 0$. L'intervalle de date $[0,t_1[$ est nommé première phase du mouvement, l'intervalle $]t_1,t_2]$ est nommé deuxième phase. À la date t_1^- immédiatement inférieure à t_1, le fil n'a pas encore touché le clou et à la date t_1^+, immédiatement supérieure, le fil vient de toucher le clou.

1) Par le théorème de la puissance mécanique, établir l'équation différentielle vérifiée par θ pour la première phase du mouvement.

2) Dans l'hypothèse des petites oscillations, on suppose $\sin\theta \simeq \theta$. Déterminer la durée δt_I de la première phase du mouvement sans résoudre l'équation.

3) En utilisant le théorème de l'énergie mécanique, déterminer la vitesse v_1^- de M à la date t_1^-. En déduire la vitesse angulaire ω_1^- à cette date.

4) Le blocage de la partie supérieure du fil par le clou ne s'accompagne d'aucun transfert énergétique. Déterminer la vitesse v_1^+ de M à la date t_1^+. En déduire la vitesse angulaire ω_1^+ à cette date.

5) En utilisant les résultats des deux premières questions, donner sans calcul la durée δt_{II} de la deuxième phase.

6) Déterminer l'expression de l'angle θ_2 à la date t_2.

7) Décrire brièvement la suite du mouvement de ce système et donner l'expression de sa période T.

CORRIGÉS

15.C1 *Cf.* paragraphe 1.2 page 431. La puissance s'exprime en watts : $1\ \text{W} = 1\ \text{kg.m}^2.\text{s}^{-3}$. *Cf.* paragraphe 1.3 page 432. Le travail s'exprime en joules : $1\ \text{J} = 1\ \text{kg.m}^2.\text{s}^{-2}$.

15.C2 *Cf.* paragraphe 1.2 page 431. Elle est résistante.

15.C3 *Cf.* équation (15.11) page 440. $E_p = \frac{1}{2}k(\ell - \ell_0)^2$.

15.C4 *Cf.* équation (15.10) page 439. $E_p = mg \times$ altitude. L'axe des altitudes est orienté vers le haut. Si l'axe (Ox) est dirigé vers le bas, l'altitude de M vaut $-x$ à une constante près. Une énergie potentielle de pesanteur possible est donc : $E_p = -mgx$

15.C5 *Cf.* équation (15.9) page 438. Les forces de Van der Waals s'expriment : $\vec{f} = -\overrightarrow{\text{grad}}E_p$, soit $\vec{f} = -6\frac{A}{r^7}\vec{u}_r$. Elles sont dirigées selon $-\vec{u}_r$ et sont donc attractives. A est homogène à une énergie multipliée par une longueur à la puissance 6. Elle s'exprime en $\text{J.m}^6 = \text{kg.m}^8.\text{s}^{-2}$.

15.C6 *Cf.* paragraphe 5.2 page 441. Le poids et la force exercée par le ressort sont des forces conservatives. L'énergie mécanique est conservée.

15.1 Oscillations d'un pendule simple - partie 1

1) On étudie le mouvement du point A de masse m dans le référentiel terrestre galiléen.
Le mouvement du point A est situé dans un plan vertical (Oxy) et la distance de A à O est fixée à L donc le point A se déplace sur un cercle de rayon L et de centre O. On peut alors appliquer les formules de cinématique du point en coordonnées polaires de centre O : $\overrightarrow{OA} = L\vec{u}_r$, $\vec{v} = L\dot{\theta}\vec{u}_\theta$, $\vec{a} = -\frac{v^2}{L}\vec{u}_r + L\ddot{\theta}\vec{u}_\theta$.
Ce point est soumis à son poids et à la tension du fil $\vec{T}$. Le poids est une force conservative, la tension du fil est perpendiculaire au mouvement donc sa puissance est nulle. On est donc dans un cas de conservation de l'énergie mécanique.

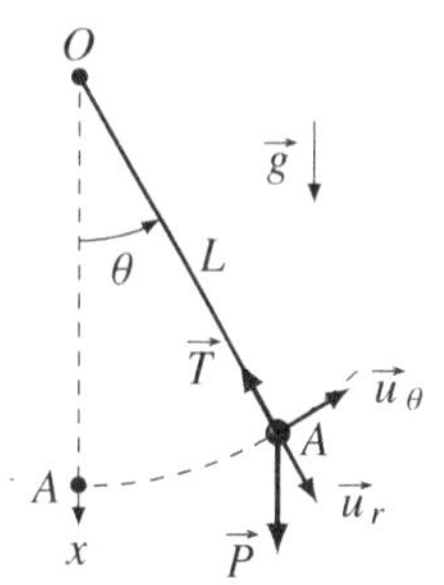

On détermine l'énergie potentielle de pesanteur $E_p = mg$ altitude $= -mgL\cos\theta$. L'énergie cinétique vaut $E_c = \frac{1}{2}mv^2 = \frac{1}{2}mL^2\dot{\theta}^2$. On en déduit alors l'énergie mécanique : $E_m = \frac{1}{2}mL^2\dot{\theta}^2 - mgL\cos\theta$.
L'énergie mécanique étant conservée, sa dérivée est nulle : $\frac{\mathrm{d}}{\mathrm{d}t}(E_m) = mL^2\ddot{\theta}\dot{\theta} + mgL\sin\theta\dot{\theta} = 0$.
Comme, lors d'un mouvement, $\dot{\theta}$ n'est pas nulle à tout instant, on en déduit l'équation du mouvement : $\ddot{\theta} + \frac{g}{L}\sin\theta \quad \Leftrightarrow \quad \ddot{\theta} + \omega_0^2\sin\theta = 0$ avec $\omega_0^2 = \frac{g}{L}$.
2) Le principe fondamental de la dynamique projeté sur $\vec{u}_\theta$ en coordonnées polaires donne $mL\ddot{\theta} = -mg\sin\theta$. On retrouve donc la même équation.
3) L'énergie potentielle est représentée ci-dessous avec, en pointillé, l'approximation harmonique. L'énergie potentielle présente un minimum en $\theta = 0$ (modulo 2π), qui correspond à une position d'équilibre stable. En cette position, le point A est à la verticale en dessous de O.

L'énergie potentielle présente un maximum en $\theta = \pi$ (modulo 2π), qui correspond à une position d'équilibre instable. En cette position, le point A est à la verticale au-dessus de O. Cette position d'équilibre n'a donc pas de sens physique car un fil sans rigidité fournit une traction et ne peut en aucun cas soutenir la masse A en s'opposant au poids dans cette position.

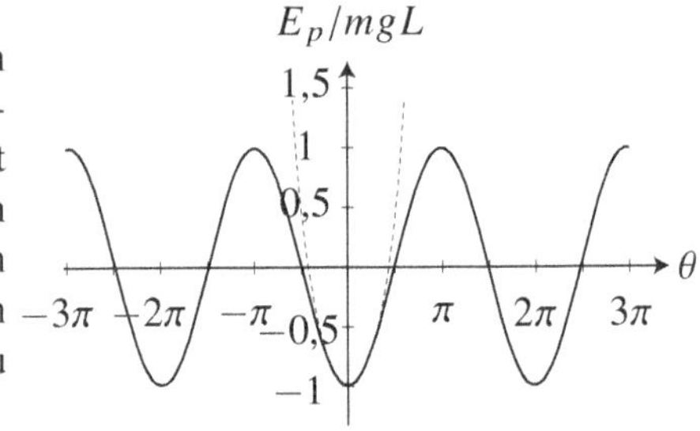

4) En utilisant l'approximation $\sin\theta \simeq \theta$, on déduit $\ddot{\theta} + \frac{g}{L}\theta = 0$. C'est l'équation du mouvement d'un oscillateur harmonique de pulsation $\omega_0 = \sqrt{\frac{g}{L}}$ et de période $T_0 = 2\pi\sqrt{\frac{L}{g}}$.

Du point de vue énergétique, cela revient à remplacer l'énergie potentielle E_p par le potentiel harmonique tangent dessiné en pointillé sur la courbe d'énergie potentielle.

5) La solution s'écrit $\theta = A\cos(\omega_0 t) + B\sin(\omega_0 t)$. La détermination des constantes A et B s'obtient à l'aide des conditions initiales, soit $\theta(0) = A = \theta_0$ et $\dot{\theta}(0) = B\omega_0 = 0$. Finalement : $\theta = \theta_0\cos(\omega_0 t)$.

6) La vitesse s'écrit $v = L\dot{\theta}$. Elle est maximale lorsque $\dot{\theta}$ est maximal donc lorsque $\dot{\theta} = \theta_0\omega_0$. Elle vaut alors $v_{\max} = L\theta_0\omega_0 = \theta_0\sqrt{Lg}$.

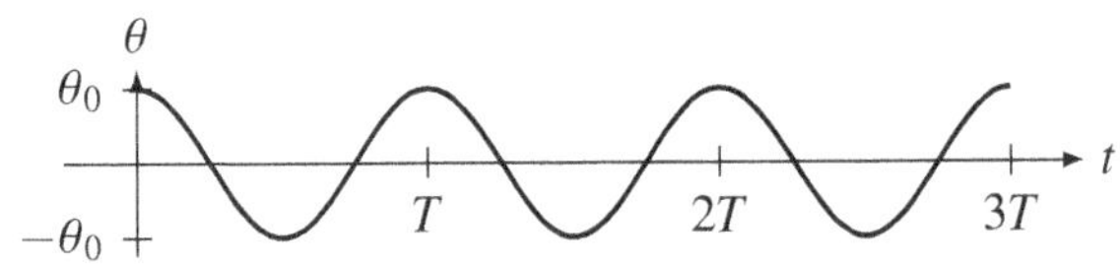

7) L'évolution de θ avec t est représentée ci-dessus.

15.2 Oscillations d'un pendule simple - partie 2

1) On doit ajouter la force de frottement $\overrightarrow{F_f} = -h\vec{v}$ au bilan des forces de l'exercice précédent. Cette force n'est pas conservative et sa puissance vaut $\mathcal{P}\left(\overrightarrow{F_f}\right) = \overrightarrow{F_f}\cdot\vec{v} = -hv^2$. Comme dans l'exercice précédent, la puissance de la tension du fil est nulle. La puissance du poids vaut $\mathcal{P}\left(\vec{P}\right) = -\frac{\mathrm{d}}{\mathrm{d}t}\left(E_p\right)$ car $\mathrm{d}E_p = -\delta W\left(\vec{P}\right) = -\mathcal{P}\left(\vec{P}\right)\mathrm{d}t$. On applique alors le théorème de la puissance cinétique : $\frac{\mathrm{d}}{\mathrm{d}t}(E_c) = -\frac{\mathrm{d}}{\mathrm{d}t}\left(E_p\right) - hv^2 \iff \frac{\mathrm{d}}{\mathrm{d}t}(E_m) = -hv^2 = -hL^2\dot{\theta}^2$. D'après l'exercice précédent, $\frac{\mathrm{d}}{\mathrm{d}t}(E_m) = mL^2\ddot{\theta}\dot{\theta} + mgL\sin\theta\dot{\theta}$, dont on déduit l'équation différentielle en simplifiant par $\dot{\theta}$ qui n'est pas nul à tout instant : $\ddot{\theta} + \frac{h}{m}\dot{\theta} + \frac{g}{L}\sin\theta = 0$.

2) Lorsque θ est faible, on obtient $\ddot{\theta} + \frac{h}{m}\dot{\theta} + \frac{g}{L}\theta = 0$. Son équation caractéristique s'écrit $r^2 + \frac{h}{m}r + \frac{g}{L} = 0$ et son discriminant $\Delta = \left(\frac{h}{m}\right)^2 - 4\frac{g}{L}$. Le régime est pseudo-périodique si $\Delta < 0$, soit $h < 2m\sqrt{\frac{g}{L}}$.

3) La solution s'écrit $\theta = (A\cos\omega t + B\sin\omega t)\exp\left(-\frac{h}{2m}t\right)$ où $\omega = \sqrt{\frac{g}{L} - \left(\frac{h}{2m}\right)^2}$. On détermine les constantes A et B avec les conditions initiales :

$$\theta(0) = A = \theta_0 \quad \text{et} \quad \dot{\theta}(0) = \frac{B}{2}\sqrt{\frac{g}{L} - \left(\frac{h}{2m}\right)^2} - \frac{h}{2m}A = 0.$$

Finalement : $\theta = \left(\cos\omega t + h\sqrt{\dfrac{L}{4gm^2 - Lh^2}}\sin\omega t\right)\theta_0\exp\left(-\dfrac{h}{2m}t\right)$.

4) L'évolution de θ avec t est de la forme ci-dessous.

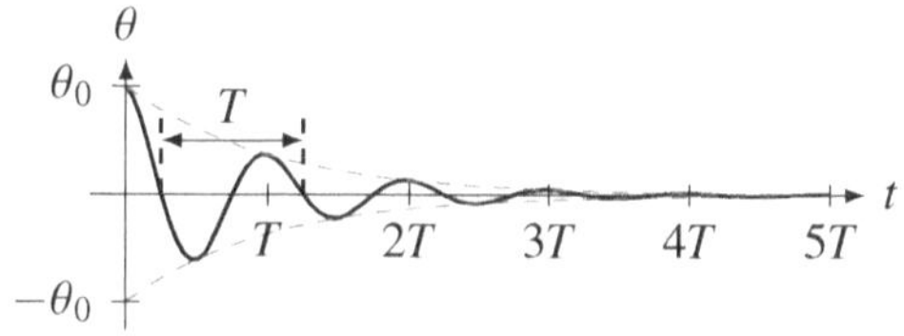

15.3 Rampe de lancement

1) Sans frottement, l'énergie mécanique du palet se conserve entre A et B :

$$mgz_A + \frac{1}{2}mv_A^2 = mg\left(z_A + R\cos\alpha\right) + \frac{1}{2}mv_B^2 \text{ donc } v_B = \sqrt{v_A^2 - 2gR\cos\alpha}.$$

2) v_B existe dès que $v_A^2 \geqslant 2gR\cos\alpha$, soit $v_A \geqslant \sqrt{2gR\cos\alpha} = 4{,}1\ \text{m.s}^{-1}$.

3) La vitesse n'est pas uniforme sur AB (l'énergie potentielle du palet augmente, donc sa vitesse diminue).

On applique le principe fondamental de la dynamique au palet, en référentiel galiléen, $m\frac{\mathrm{d}\vec{v}}{\mathrm{d}t} = m\vec{g} + \vec{N}$, où $\vec{N}$ est la réaction du support, normale à (AB) en l'absence de frottement. En projection sur (AB) :

$$m\frac{\mathrm{d}v}{\mathrm{d}t} = -mg\sin\alpha \text{ donc } v(t) = -g\sin\alpha\, t + a.$$

Le palet est initialement en A, alors $v(0) = v_A = 0 + a$ et $v(t) = -g\sin\alpha\, t + v_A$. Avec $v(\tau) = v_B$, $v_B = -g\sin\alpha\,\tau + v_A$ puis :

$$\tau = \frac{v_A - v_B}{g\sin\alpha} = \frac{1}{g\sin\alpha}\left(v_A - \sqrt{v_A^2 - 2gR\cos\alpha}\right) = 0{,}52\ \text{s}.$$

4) On passe par le principe fondamental de la dynamique appliqué au palet, $m\vec{a} = m\vec{g} + \vec{N}$. Pour une trajectoire circulaire de rayon R constant, $\vec{a} = -R\dot{\theta}^2\vec{u}_r + R\ddot{\theta}\vec{u}_\theta$; en projection sur la base $(M,\vec{u}_r,\vec{u}_\theta)$:

$$\begin{cases} -mR\dot{\theta}^2 = N - mg\cos\theta \\ mR\ddot{\theta} = mg\sin\theta. \end{cases}$$

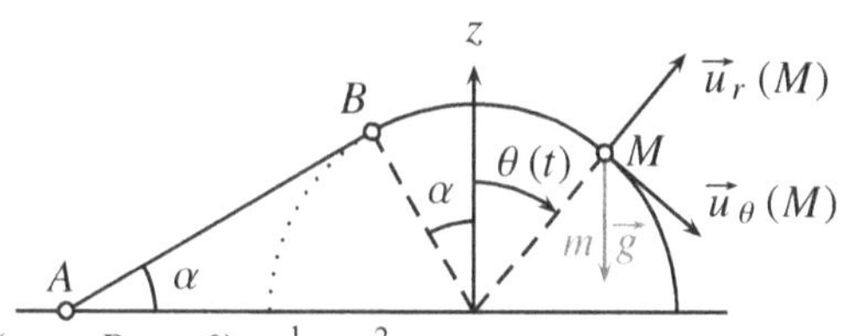

$N = mg\cos\theta - mR\dot{\theta}^2$, puis on trouve l'expression de $\dot{\theta}^2$ en fonction de θ avec la conservation de l'énergie mécanique entre A et M :

$$mgz_A + \frac{1}{2}mv_A^2 = mg\left(z_A + R\cos\theta\right) + \frac{1}{2}mv_M^2,$$

devient, avec $v_M = R\dot{\theta}$, $\frac{1}{2}mv_A^2 = mgR\cos\theta + \frac{1}{2}mR^2\dot{\theta}^2$, puis $\vec{N} = \left(3mg\cos\theta - \frac{mV_A^2}{R}\right)\vec{u}_r$.

Remarque : la dérivée temporelle de la conservation de l'énergie mène à la projection sur $\vec{u}_\theta$ car alors $0 = -mgR\dot{\theta}\sin\theta + mR^2\dot{\theta}\ddot{\theta}$, qui est bien la projection sur $\vec{u}_\theta$ multipliée par $R\dot{\theta}$.

5) Le palet ne décolle pas si la réaction du support ne s'annule pas, c'est-à-dire si $3mg\cos\theta - \frac{mV_A^2}{R} > 0$, entre B et le sommet, donc $\forall\theta \in [-\alpha{,}0]$. Il faut donc $v_A < \sqrt{3Rg\cos\theta}$; la condition la plus restrictive est donnée en B $(\theta = -\alpha)$, on veut donc $v_A < \sqrt{3Rg\cos\alpha} = 5{,}0\ \text{m.s}^{-1}$, qui est vérifié avec $v_A = 4{,}6\ \text{m.s}^{-1}$.

6) Le contact est rompu entre le palet et le cercle dès que la réaction s'annule, c'est-à-dire pour $3mg\cos\theta_\ell - \frac{mV_A^2}{R} = 0$, soit $\cos\theta_\ell = \frac{v_A^2}{3Rg}$, puis $\theta_\ell = 44°$.

15.4 Distance de freinage

On étudie le mouvement du véhicule, assimilé à son centre de gravité M de masse m dans le référentiel terrestre galiléen. Ce véhicule est soumis à son poids, à la réaction normale de la route et à la force de freinage $\vec{f}$. La réaction normale de la route et le poids sont dirigés selon la verticale alors que le déplacement du véhicule est horizontal. Leur puissance est nulle. Seule la force $\vec{f}$ fournit un travail.

1) On applique le théorème de l'énergie cinétique entre l'instant initial où le véhicule roule à la vitesse $v_i = 50\,\text{km.h}^{-1}$ et l'instant final où il s'arrête (vitesse $v_f = 0\,\text{km.h}^{-1}$) :

$$E_{c_f} - E_{c_i} = \tfrac{1}{2}mv_f^2 - \tfrac{1}{2}mv_i^2 = W\left(\vec{f}\right),$$

$$\text{soit : } W\left(\vec{f}\right) = -\tfrac{1}{2}mv_i^2 = -0{,}5 \times 1{,}5.10^3 \times (50/3{,}6)^2 = -1{,}4.10^2\,\text{kJ}.$$

Le travail de $\vec{f}$ est négatif car la force est résistante.

2) Par ailleurs, en désignant par I le point initial atteint à l'instant t_i et par F le point final atteint à t_f, on peut déterminer le travail de cette force de freinage de norme constante :

$$W\left(\vec{f}\right) = \int_{t_i}^{t_f} \vec{f} \cdot \vec{v}\,\text{d}t = \int_{t_i}^{t_f} -fv\,\text{d}t = \int_{\widehat{\text{IF}}} -f\,\text{d}\ell = -fd,$$

$$\text{d'où : } f = -\frac{W(\vec{f})}{d} = \tfrac{1}{2}mv_i^2/d = 9{,}6\,\text{kN}.$$

3) La norme de la force étant constante, la distance d'arrêt est proportionnelle au travail de $\vec{f}$ donc à l'énergie cinétique initiale à dissiper. La distance d'arrêt est donc proportionnelle au carré de la vitesse initiale. Pour une vitesse initiale $v_i' = 70\,\text{km.h}^{-1}$, la distance d'arrêt vaut donc : $d' = d\left(\frac{v_i'}{v_i}\right)^2 = 15 \times \left(\frac{70}{50}\right)^2 = 29\,\text{m}$. Elle a quasiment doublé.

4) La phrase trouvée dans le livret d'apprentissage de conduite est parfaitement justifiée par ce modèle physique simple.

15.5 Le Marsupilami

Le référentiel lié au sol est galiléen. Le système est le corps du Marsupilami assimilé à son centre de gravité M de masse m auquel s'appliquent trois forces lorsqu'il est sur le sol :

- le poids (force conservative) ;
- la tension de la queue-ressort (force conservative) ;
- la réaction du sol (force de travail nul).

Lorsqu'il est en l'air et que la queue ne touche plus le sol, seul le poids est à considérer.

Le système n'échange de l'énergie que par l'intermédiaire de forces conservatives. On en déduit que l'énergie mécanique se conserve au cours du mouvement. On définit l'axe (Oz) vertical ascendant dont l'origine est située au niveau du sol de sorte que l'altitude de M correspond à son abscisse z et que la longueur de la queue de l'animal est également égale à z lorsque la queue touche le sol.

L'énergie potentielle de pesanteur vaut $E_{p_1} = mg$ altitude $= mgz$.

L'énergie potentielle élastique vaut $E_{p_2} = \frac{1}{2}k(\ell - \ell_0)^2 = \frac{1}{2}k(z - \ell_0)^2$.

L'expression de l'énergie mécanique est alors $E_m = \frac{1}{2}mv^2 + mgz + \frac{1}{2}k(z - \ell_0)^2$ pendant que la queue touche le sol et $E_m = \frac{1}{2}mv^2 + mgz$ lorsque l'animal est en l'air.

On écrit l'égalité de l'énergie mécanique en trois points :

1. Départ : $z = \ell_m$, $v = 0$;
2. Décollage : $z = \ell_0$, v_D ;
3. Point le plus haut : $z = h$, $v = 0$.

Soit : $mg\ell_m + \frac{1}{2}k(\ell_m - \ell_0)^2 = \frac{1}{2}mv_D^2 + mg\ell_0 = mgh$; d'où $k = \frac{2mg(h-\ell_m)}{(\ell_m-\ell_0)^2} = 4{,}1.10^3\,\text{N.m}^{-1}$, ce qui est assez important. La vitesse au départ vaut alors $v_D = \sqrt{2g(h-\ell_0)}$, soit $12{,}5\,\text{m.s}^{-1}$, ce qui est aussi une valeur importante.

15.6 Toboggan

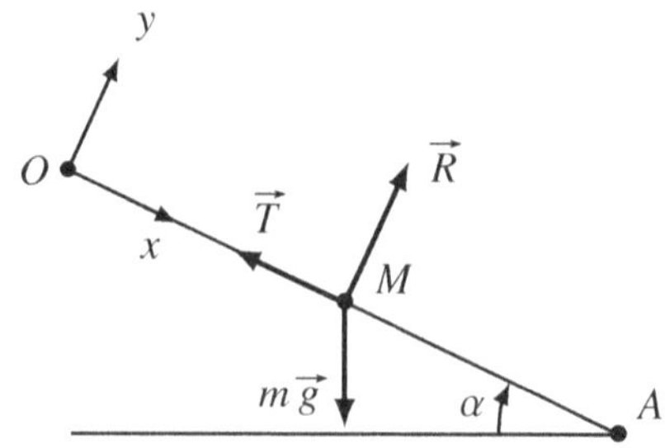

Le référentiel terrestre est supposé galiléen. Le système M subit trois forces : le poids, la force de frottement et la réaction normale. Le poids est une force conservative, la réaction normale ne travaille pas et la force de frottement est une force non conservative.

1) La variation d'énergie mécanique étant égale au travail des forces non conservatives, on obtient entre le point de départ O et le point d'arrivée A : $E_m(A) - E_m(O) = W_{O\to A}(\vec{T})$.
Il faut donc calculer la force $\vec{T}$. La relation fondamentale de la dynamique en projection sur Oy donne $m\ddot{y} = R - mg\cos\alpha$, or $\ddot{y} = 0$ donc $R = mg\cos\alpha$. On en déduit $\vec{T} = -fmg\cos\alpha\,\vec{u}_x$.
Ainsi :

$$E_m(A) - E_m(O) = \int_0^{x_A} \vec{T}\cdot(\mathrm{d}x\,\vec{u}_x) = -fmgL\cos\alpha.$$

Sachant que L (distance entre O et A) vaut $h/\cos\alpha$: $E_m(A) - E_m(O) = -fmgh/\tan\alpha$, soit $E_m(A) - E_m(O) \simeq -1{,}4\,\text{kJ}$.

2) En explicitant l'expression de l'énergie mécanique, on obtient, en notant Z l'altitude des points : $\left(\frac{1}{2}mv_A^2 + mgZ_A\right) - \left(\frac{1}{2}mv_O^2 + mgZ_O\right) = -fmgh \Rightarrow v_A = \sqrt{2gh(1-f)}$, soit $v_A = 7{,}7\,\text{m.s}^{-1}$. Ne pas tenir compte des frottements revient à prendre $f = 0$ dans les expressions précédentes. On aurait alors une vitesse d'arrivée égale à $9{,}9\,\text{m.s}^{-1}$.

15.7 Gestion du recul d'un canon

Le référentiel terrestre est galiléen. Le système étudié est le point G représentant le canon.

1) Les forces s'exerçant sur le canon sont : son poids (vertical), une réaction de support (verticale) et la tension $\vec{T}$ du ressort qui est la seule force horizontale. Au repos, $\vec{T} = \vec{0}$ donc la longueur ℓ du ressort est égale à L_0.

2) Le déplacement de G est horizontal, donc la seule force qui travaille est la tension ; cette force est conservative donc l'énergie mécanique est constante. La longueur du ressort étant égale à x, l'expression de l'énergie mécanique est : $E_m = \frac{1}{2}M\dot{x}^2 + \frac{1}{2}k_1(x - L_0)^2$.
À l'instant initial, juste après le départ de l'obus, le canon n'a pas encore bougé donc $x = L_0$ et, d'après l'énoncé, $v = v_c$. Lorsque G atteint la distance de recul d, sa vitesse est nulle et $x = L_0 - d$. On écrit l'égalité de l'énergie mécanique dans ces deux cas et on utilise $v_c = \frac{m}{M}v_0$ pour obtenir : $\frac{1}{2}Mv_c^2 = \frac{1}{2}k_1d^2$, donc $d = \sqrt{\frac{M}{k}}v_c = \frac{m}{\sqrt{k_1M}}v_0$, puis $k_1 = \frac{m^2v_0^2}{d^2M} = 1800\,\text{N.m}^{-1}$.

3) Avec la relation fondamentale de la dynamique en projection sur Ox : $M\ddot{x} = -k_1(x - L_0)$, soit $\ddot{x} + \omega_0^2x = \omega_0^2L_0$, avec $\omega_0 = \sqrt{k_1/M}$. La solution est : $x = A\cos(\omega_0t + \phi) + L_0$.
À $t = 0$, $x = L_0$, ce qui donne $A\cos\phi = 0$. On choisit par exemple $\phi = -\pi/2$, ainsi on peut écrire $x = A\sin\omega_0t + L_0$. Pour la vitesse, on calcule la dérivée : $\dot{x} = A\omega_0\cos\omega_0t$. À $t = 0$, $\dot{x} = -mv_0/M$, d'où $A = \frac{mv_0}{M\omega_0}$ et finalement : $x(t) = -\frac{mv_0}{M\omega_0}\sin\omega_0t + L_0 = -\frac{mv_0}{\sqrt{k_1M}}\sin\omega_0t + L_0$.
La valeur absolue de l'amplitude du sinus est égale à d et on obtient la même valeur que précédemment.

4) Comme le montre la solution de l'équation trouvée dans la question précédente, si l'on utilise un ressort seul, le canon oscille et donc, après le recul, il va repartir vers l'avant. L'amplitude diminue petit à petit à cause des frottements inéluctables mais la durée pour que la canon s'immobilise sera important. On a donc intérêt à ajouter une force de frottement visqueux.

5) La variation d'énergie mécanique est maintenant égale à l'énergie absorbée par le dispositif de freinage, soit $\Delta E_m = E_{m_f} - E_{m_i} = -E_a$. Or initialement $E_{m_i} = E_c = Mv_c^2/2$ et finalement $E_{m_f} = E_p = k_2 d^2/2$, d'où : $\frac{1}{2}k_2 d^2 - \frac{1}{2}Mv_c^2 = -E_a$, ce qui implique : $k_2 = \frac{1}{d^2}(Mv_c^2 - 2E_a) = \frac{1}{d^2}\left(\frac{m^2}{M}v_0^2 - 2E_a\right)$.

Numériquement $k_2 = 244\,\text{N.m}^{-1}$. La pulsation propre est $\omega_0 = \sqrt{k_2/M} = 0{,}55\,\text{rad.s}^{-1}$.

6) La relation fondamentale en projection sur Ox donne : $\ddot{x} + \frac{\lambda}{M}\dot{x} + \omega_0^2 x = \omega_0^2 L_0$.

Le discriminant de l'équation caractéristique $\Delta = \left(\frac{\lambda}{M}\right)^2 - 4\omega_0^2$ doit être nul pour le régime critique, d'où $\lambda = 2M\omega_0$. L'application numérique donne $\lambda = 884\,\text{kg.s}^{-1}$.

7) La solution de l'équation est alors : $x(t) = \exp\left(-\frac{\lambda t}{2M}\right)(At + B) + L_0$.

À $t = 0$, $x = L_0$ d'où $B = 0$. On calcule la vitesse : $\dot{x} = A\exp\left(-\frac{\lambda t}{2M}\right)\left(1 - \frac{\lambda}{2M}t\right)$.

À $t = 0$, $\dot{x} = v_c$ d'où $A = v_c$ et $x(t) = v_c t\exp\left(-\dfrac{\lambda t}{2M}\right) + L_0 = -\dfrac{m}{M}v_0 t\exp\left(-\dfrac{\lambda t}{2M}\right) + L_0$.

Le recul est maximal lorsque la vitesse s'annule, soit pour $t_m = 2M/\lambda = 1{,}8\,\text{s}$. On peut alors écrire la valeur de x à t_m : $x(t_m) = -\frac{m}{M}v_0\frac{2M}{\lambda}\mathrm{e}^{-1} + L_0 = -\frac{2mv_0}{\lambda\mathrm{e}} + L_0 = L_0 - d$, et on obtient $d = \frac{2mv_0}{\lambda\mathrm{e}} = 1{,}0\,\text{m}$. On retrouve la valeur de d précédente.

15.8 Cycliste au tour de France

Le sol est lié au référentiel galiléen terrestre. Le système constitué du cycliste et de son vélo est assimilé à son centre de gravité et soumis à deux forces verticales (son poids et la réaction du sol) et à deux forces horizontales (la force de frottement de l'air et la force motrice).

1) On lui applique le théorème de la puissance cinétique : $\frac{\mathrm{d}}{\mathrm{d}t}(E_c) = \mathcal{P}(m\vec{g}) + \mathcal{P}(\vec{F_f}) + \mathcal{P}(\vec{R}) + P$. Or, le déplacement est horizontal donc le poids et la réaction ont une puissance nulle et la puissance de la force de frottement est : $\mathcal{P}(\vec{F_f}) = -kv\vec{v}\cdot\vec{v} = -kv^3$. En dérivant l'énergie cinétique, on trouve : $mv\frac{\mathrm{d}v}{\mathrm{d}t} = P - kv^3$.

D'autre part, on peut écrire : $\frac{\mathrm{d}v}{\mathrm{d}t} = \frac{\mathrm{d}v}{\mathrm{d}x}\frac{\mathrm{d}x}{\mathrm{d}t} = \frac{\mathrm{d}v}{\mathrm{d}x}v$. En remplaçant dans la précédente équation, on trouve l'équation demandée : $mv^2\frac{\mathrm{d}v}{\mathrm{d}x} = P - kv^3 = k\left(v_l^3 - v^3\right)$, où $kv_l^3 = P \Rightarrow v_l = \left(\frac{P}{k}\right)^{1/3}$ est la vitesse limite pour laquelle la puissance motrice P est compensée par la puissance de freinage des frottements fluides. On peut remarquer que, pour $v = v_l$, $\frac{\mathrm{d}v}{\mathrm{d}t} = 0$ et le mouvement est uniforme.

2) On introduit $f(x) = k\left(v_l^3 - v^3\right)$ alors $f'(x) = -3kv^2\frac{\mathrm{d}v}{\mathrm{d}x}$. L'équation différentielle précédente devient alors une équation différentielle linéaire du premier ordre à coefficients constants : $-\frac{m}{3k}f'(x) = f(x) \quad\Leftrightarrow\quad f'(x) + \frac{3k}{m}f(x) = 0$.

3) On pose $L = \frac{m}{3k}$, ce qui donne alors : $f(x) = A\exp(-x/L)$. Or à $t = 0$, $x = 0$ et $v = v_0$, soit $f(0) = A = k\left(v_l^3 - v_0^3\right)$. On en déduit finalement la vitesse :

$$v(x) = v_l\left(1 - \left(1 - \left(\frac{v_0}{v_l}\right)^3\right)\exp\left(-\frac{x}{L}\right)\right)^{1/3}.$$

Si $v_l > v_0$, le cycliste accélère jusqu'à atteindre la vitesse v_l. Si $v_l < v_0$, le cycliste ralentit jusqu'à atteindre la vitesse v_l. Cela confirme bien que v_l est la vitesse limite du cycliste. L est la distance caractéristique nécessaire pour que le cycliste atteigne sa vitesse limite.

4) Avec $P = 2\,\text{kW}$ et $v_l = 20\,\text{m.s}^{-1}$, on trouve $k = \frac{P}{v_l^3} = 0{,}25\,\text{kg.m}^{-1}$. On en déduit $L = \frac{m}{3k} = 113\,\text{m}$. Il faut quelques L pour atteindre cette vitesse limite de $70\,\text{km.h}^{-1}$ (de l'ordre de 3 à 5). C'est une distance importante sur laquelle le cycliste ne pourra pas maintenir une telle puissance. C'est pour cela que des équipiers lui « lance » le sprint en le protégeant de l'air, ce qui diminue le coefficient k.

15.9 Bille dans une gouttière

Le référentiel lié au sol est galiléen. Les forces s'appliquant au système M sont le poids (force conservative) et la réaction du support $\vec{R}$ (force de travail nul).

1) Le poids est conservatif et la réaction normale ne travaille pas. On est donc dans un cas de conservation de l'énergie mécanique : $E_m(A) = E_m(O)$ donc $\frac{1}{2}mv_A^2 + mgy_A = \frac{1}{2}mv_O^2 + mgy_O$, soit puisque $v_A = 0$: $\frac{1}{2}mv_O^2 = mg(y_A - y_O) = mgh$, soit $v_O = \sqrt{2gh}$.
Pour calculer la vitesse en un point M quelconque du cercle, on repère M par sa coordonnée angulaire θ et on reprend le même raisonnement entre O et M. D'après la figure ci-dessous, l'altitude de M est $z = a(1 - \cos\theta)$. On obtient alors : $v_m = \sqrt{2(h + a(\cos\theta - 1))g}$.

2) Pour déterminer la réaction, on fait l'hypothèse que la bille reste en contact avec la gouttière. Dans ce cas, son mouvement est circulaire et on utilise les relations cinématiques :
$\overrightarrow{CM} = a\vec{u}_r \quad ; \quad \vec{v} = a\dot{\theta}\vec{u}_\theta \quad ; \quad \vec{a} = -\frac{v^2}{a}\vec{u}_r + a\ddot{\theta}\vec{u}_\theta.$
On applique alors la relation fondamentale de la dynamique en projection sur $\vec{u}_r$, soit :

$$-m\frac{v^2}{a} = -R + mg\cos\theta.$$

En utilisant la vitesse v_M calculée précédemment, on obtient la réaction en M :

$$R = mg\left(3\cos\theta + 2\frac{h}{a} - 2\right).$$

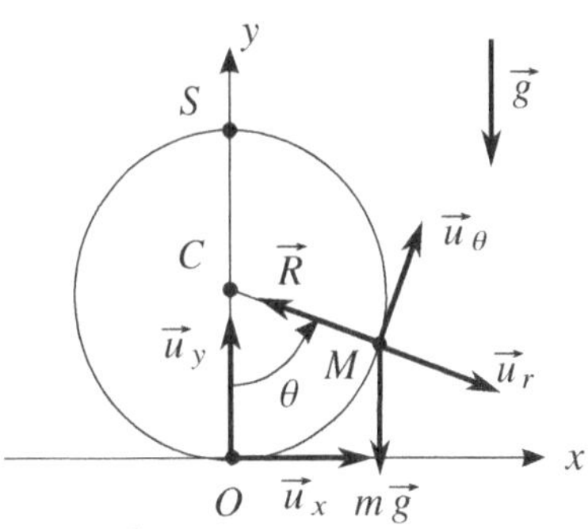

3) Pour que la bille ait un mouvement révolutif, il faut que la réaction ne s'annule en aucun point du cercle. Son expression montre qu'elle est minimale en $\theta = \pi$ (au sommet S du cercle). On veut donc $R(\theta = \pi) > 0$, soit :

$$mg\left(-3 + 2\frac{h}{a} - 2\right) > 0 \quad \Longrightarrow \quad h > \frac{5}{2}a.$$

Il faut donc lâcher la bille d'une hauteur 2,5 fois supérieure au rayon a du cercle pour que la bille puisse faire un tour en étant plaquée sur la piste.

15.10 Pendule simple modifié

Le référentiel du laboratoire est considéré galiléen. Les forces s'exerçant sur le système sont : le poids $m\vec{g}$ et la tension du fil $\vec{T}$.

1) Le théorème de la puissance mécanique appliqué au système dans la première phase donne :

$$\frac{dE_c}{dt} = \mathcal{P} \quad \Longrightarrow \quad mv\frac{dv}{dt} = m\vec{g}\cdot\vec{v} + \vec{T}\cdot\vec{v}.$$

Sachant que, pendant la première phase, le mouvement est circulaire de rayon L, on a $\vec{v} = L\dot{\theta}\vec{u}_\theta$. Ainsi, puisque $\vec{T}$ est perpendiculaire à $\vec{v}$, on trouve :

$$L^2\dot{\theta}\ddot{\theta} = -mgL\dot{\theta}\sin\theta.$$

En excluant l'immobilité ($\dot{\theta} = 0\ \forall t$), on trouve l'équation classique du pendule simple :

$$\ddot{\theta} + \frac{g}{L}\sin\theta = 0.$$

2) Pour $\sin\theta \simeq \theta$, on trouve des oscillations sinusoïdales de pulsation $\omega_0 = \sqrt{g/L}$ et de période $T_0 = 2\pi/\omega_0$. Entre l'instant initial et t_1^-, il y a un quart de période, d'où :

$$\delta t_I = \frac{T_0}{4} = \frac{\pi}{2}\sqrt{\frac{L}{g}}.$$

3) La tension ne travaille pas et le poids est conservatif donc l'énergie mécanique E_m se conserve. L'énergie potentielle du poids a pour expression $mgz = -mgL\cos\theta$ si on la prend nulle en O. On écrit l'égalité des expressions de E_m à $t = 0$ et à t_1^- :

$$-mgL\cos\theta_0 = \frac{1}{2}mv_1^{-2} - mgL \quad \Longrightarrow \quad v_1^- = -\sqrt{2gL(1-\cos\theta_0)}.$$

La vitesse angulaire est donc $\omega_1^- = v_1^-/L$, soit $\omega_1^- = -\sqrt{\dfrac{2g(1-\cos\theta_0)}{L}}$.

4) D'après l'énoncé, $E_m(t_1^-) = E_m(t_1^+)$, donc, puisque la position est pratiquement la même, l'énergie potentielle est la même et il y égalité des énergies cinétiques, d'où $v_1^- = v_1^+$. En revanche, $\omega_1^+ = v_1^+/(2L/3)$ d'où $\omega_1^+ = -\frac{3}{2}\sqrt{\dfrac{2g(1-\cos\theta_0)}{L}}$.

Du fait du raccourcissement brutal de la longueur de fil, la vitesse angulaire du pendule varie brutalement.

5) La deuxième phase correspond à un quart de période d'un pendule de longueur $2L/3$, donc la durée est $\delta t_{II} = \dfrac{\pi}{2}\sqrt{\dfrac{2L}{3g}}$.

6) On écrit de nouveau l'égalité de l'énergie mécanique entre t_1^+ et t_2 sachant qu' à t_2 l'altitude z vaut $-\dfrac{L}{3} - \dfrac{2L}{3}\cos\theta_2$:

$$\frac{1}{2}mv_1^{+2} - mgL = -mg\frac{L}{3}(1+2\cos\theta_2) \quad \Longrightarrow \quad \cos\theta_2 = \frac{3\cos\theta_0 - 1}{2}.$$

7) Après la phase 2, on effectue une phase 2′ inversée par rapport à la phase 2 puis une phase 1′ inversée par rapport à la phase 1 qui ramène le pendule dans sa position initiale. Le pendule repart alors pour un mouvement identique (mouvement périodique). Dans la réalité, l'oscillation s'amortit peu à peu en raison des frottements.

La période T est la somme d'une demi-période d'un pendule de longueur L et d'une demi-période d'un pendule de longueur $2L/3$, soit $T = \pi\sqrt{\dfrac{L}{g}}\left(1+\sqrt{\dfrac{2}{3}}\right)$.

Mouvement conservatif à une dimension 16

DANS ce chapitre, on étudie les mouvements de systèmes qui se déplacent sur un axe sous l'action de forces conservatives. Le mouvement étant conservatif et à un seul degré de liberté, on l'étudie à l'aide de la conservation de l'énergie mécanique.

1 Étude qualitative des mouvements et des équilibres

1.1 Exemple introductif

On considère un jeu dans lequel une perle est enfilée sur une tige rigide formant des puits et des bosses (figure 16.1). Le profil d'altitude de la tige est noté $h(x)$ et la pesanteur dérive de l'énergie potentielle $E_p = mg \times \text{altitude} = mgh(x)$. La courbe d'altitude $h(x)$ est, à un facteur d'échelle près, identique à la courbe d'énergie potentielle de pesanteur.

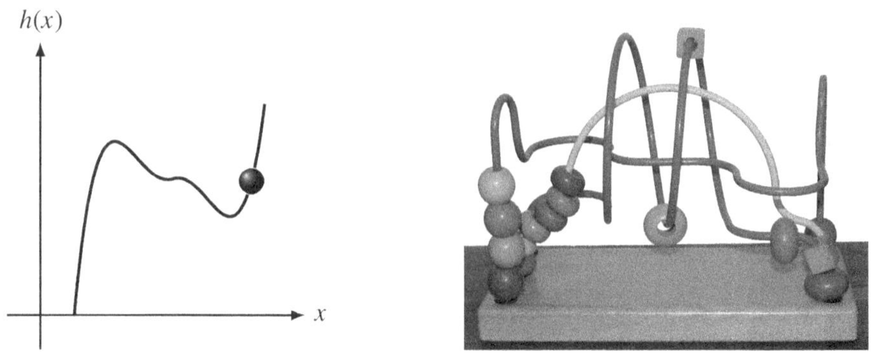

Figure 16.1 – Jeu constitué d'une perle enfilée sur une tige rigide. Le profil d'altitude $h(x)$ coïncide, à un facteur d'échelle près, au profil d'énergie potentielle.

Tous ceux qui ont joué à ce jeu savent que :

- si on lâche la perle sans vitesse initiale, elle glisse spontanément vers le fond du puits le plus proche ;
- les positions où la perle peut rester en équilibre sont les fonds des puits (positions stables) voire les sommets des bosses (positions instables) ;
- pour pouvoir sortir la perle d'un puits, il faut lui procurer une vitesse (une énergie cinétique) de norme suffisante pour pouvoir gravir la bosse d'à côté sur son élan.

On modélise, explique et généralise ces observations dans la suite.

1.2 Position du problème

On considère un point matériel M de masse m qui n'est soumis qu'à une force conservative notée $\vec{F}$ qui dérive de l'énergie potentielle E_p. On suppose que le problème est paramétré par une variable d'espace cartésienne notée x. L'énergie potentielle $E_p(x)$ est une fonction de la variable x. La force $\vec{F}$ s'écrit :

$$\vec{F} = -\overrightarrow{\text{grad}} E_p = -\frac{\mathrm{d}E_p}{\mathrm{d}x}\vec{u}_x = F_x(x)\vec{u}_x \quad \text{avec} \quad F_x(x) = -\frac{\mathrm{d}E_p}{\mathrm{d}x}.$$

D'après le théorème de l'énergie cinétique, l'énergie mécanique se conserve soit :

$$E_c + E_p = E_m = \text{constante}.$$

Par ailleurs, l'énergie cinétique est une quantité positive : $E_c = \frac{1}{2}mv^2 = E_m - E_p \geq 0$, ce qui entraîne que l'énergie mécanique est supérieure ou égale à l'énergie potentielle :

$$E_m \geq E_p(x). \tag{16.1}$$

On peut généraliser cette situation au cas où toutes les forces qui travaillent sont conservatives. $\vec{F}$ est alors la résultante des forces et E_p l'énergie potentielle totale. Par ailleurs, les résultats que l'on démontre ici sont transposables au cas où la variable est une variable angulaire qui sera traitée en exercice.

1.3 Analyse du mouvement à l'aide d'un graphe énergétique

La connaissance de l'énergie potentielle $E_p(x)$ en fonction de la variable de position x permet de distinguer les différents mouvements possibles. Pour cela, on trace le graphe de l'énergie potentielle $E_p(x)$ et la droite horizontale d'ordonnée E_m (voir figure 16.2).

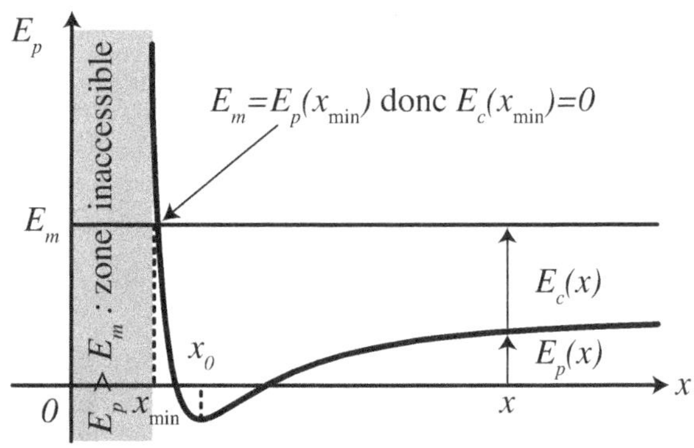

Figure 16.2 – Graphe d'énergie potentielle. Avec l'énergie mécanique E_m, le mobile peut atteindre l'ensemble des positions telles que $x > x_{\text{min}}$. En $x = x_{\text{min}}$, sa vitesse s'annule ; en $x = x_0$, elle est maximale.

a) Positions accessibles

Graphiquement, l'inégalité $E_m \geq E_p(x)$ implique que le mobile ne peut accéder qu'aux positions pour lesquelles la courbe d'énergie potentielle est en sous la droite d'ordonnée E_m.

b) Vitesse en un point

Graphiquement, l'égalité $E_m = E_c + E_p$ permet de déterminer l'énergie cinétique E_c en un point d'abscisse x : c'est l'écart entre la droite d'ordonnée E_m et la courbe $E_p(x)$ (voir figure

16.2). On en déduit la norme de la vitesse $v(x)$ par la relation :

$$E_c = \frac{1}{2}mv^2 = E_m - E_p \quad \Longleftrightarrow \quad v(x) = \sqrt{\frac{2E_c}{m}} = \sqrt{\frac{2(E_m - E_p(x))}{m}}.$$

En un point où $E_p = E_m$, l'énergie cinétique est nulle. Cette position représente un point de vitesse nulle. C'est le cas en $x = x_{\min}$ sur la figure 16.2.

En un point où l'énergie potentielle est minimale, l'énergie cinétique du mobile et par conséquent sa vitesse sont maximales. C'est le cas en $x = x_0$ sur la figure 16.2.

c) État lié ou état de diffusion

La figure 16.3 représente un autre exemple de profil d'énergie potentielle : $E_p(x)$ est ici une fonction décroissante puis croissante de x qui admet un minimum en O. Sa courbe représentative dessine une « cuvette » dont les bords ont une hauteur E_0. L'origine de l'axe (Ox), ainsi que la référence d'énergie potentielle sont choisies arbitrairement au minimum d'énergie potentielle. Sur cette courbe d'énergie potentielle, on a fait apparaître deux niveaux d'énergie mécanique E_{m_1} et E_{m_2}.

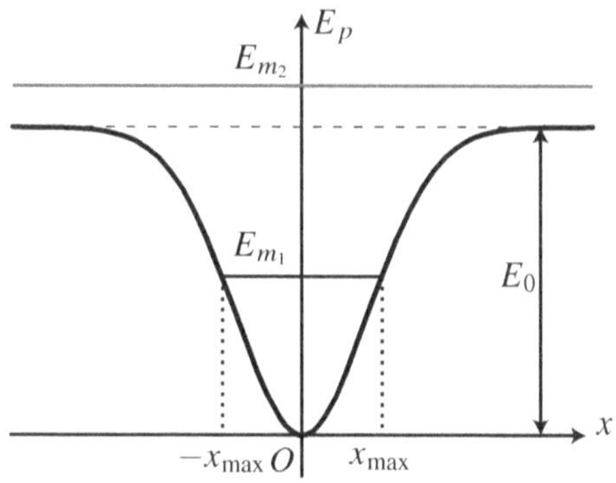

Figure 16.3 – Puits de potentiel. Avec l'énergie mécanique E_{m_1}, le mobile est dans un état lié. Avec l'énergie mécanique E_{m_2}, il est dans un état de diffusion.

Analyse des différents mouvements possibles Pour l'énergie mécanique $E_{m_1} < E_\infty$, la vitesse du mobile s'annule en $-x_{\max}$ et $x_{\max}$. Le mobile est confiné entre $-x_{\max}$ et $x_{\max}$ et réalise des oscillations périodiques autour de la position d'équilibre stable située en O. Le voisinage de cette position d'équilibre stable, c'est-à-dire le voisinage du minimum local d'énergie potentielle constitue un **puits de potentiel**. Pour cette énergie, le système ne peut pas s'échapper de ce puits. Il est dans un **état confiné** ou **état lié**. Son mouvement est limité, à gauche et à droite, par deux zones où l'énergie potentielle est grande qui constituent des **barrières de potentiel** et empêchent le système d'y pénétrer.

Pour l'énergie $E_{m_2} > E_\infty$, le mobile peut franchir la barrière de potentiel. Il est libre de s'échapper du puits. Son mouvement n'est alors ni borné ni périodique et le mobile est dans un **état de diffusion** ou **état libre**.

Dans tous les cas, la norme de la vitesse augmente quand le mobile s'approche du fond du puits de potentiel puis diminue quand il s'en éloigne. Elle est maximale en O.

1.4 Analyse des équilibres à l'aide d'un graphe énergétique

a) Définitions

Un point matériel est en équilibre lorsque sa vitesse est nulle à tout instant. Son accélération est donc nulle à tout instant puis, d'après le principe fondamental de la dynamique, la somme des forces qui s'appliquent sur ce point est nécessairement nulle.

En une position d'équilibre, la somme des forces qui s'appliquent au mobile est nulle :

$$\sum_i \vec{f_i} = \vec{0}.$$

Le mobile peut rester indéfiniment en une position d'équilibre.

Quand on écarte le mobile de sa position d'équilibre,

- s'il revient vers sa position d'équilibre initiale, la position d'équilibre est **stable** ;
- s'il s'éloigne définitivement de sa position d'équilibre initiale, la position d'équilibre est **instable**.

Au voisinage d'une position d'équilibre, la résultante des forces doit être dirigée vers cette position d'équilibre pour qu'elle soit stable. La force tend alors à ramener le mobile vers sa position d'équilibre et constitue une force de rappel.

b) Lien entre la force et l'énergie potentielle

Lorsqu'on considère uniquement la force $\vec{F} = F_x(x)\vec{u}_x$ qui dérive de l'énergie potentielle $E_p(x)$, le lien entre énergie potentielle et force s'écrit :

$$\vec{F} = F_x(x)\vec{u}_x = -\overrightarrow{\text{grad}}E_p = -\frac{\mathrm{d}E_p}{\mathrm{d}x}\vec{u}_x \quad \Longrightarrow \quad F_x(x) = -\frac{\mathrm{d}E_p}{\mathrm{d}x}.$$

On explique au paragraphe 4.2 du chapitre *Approche énergétique de la dynamique du point* que le gradient pointe vers le maximum d'énergie potentielle. On en déduit que :

- la force est dirigée vers le minimum d'énergie potentielle donc vers les énergies potentielles décroissantes ;
- la force s'annule aux points où $\frac{\mathrm{d}E_p}{\mathrm{d}x} = 0$ donc aux points où E_p est extrémale.

Ceci est illustré sur la figure 16.4.

Si la force $\vec{F} = F_x(x)\vec{u}_x$ dérive de l'énergie potentielle $E_p(x)$ alors :

$$\vec{F} = -\overrightarrow{\text{grad}}E_p = -\frac{\mathrm{d}E_p}{\mathrm{d}x}\vec{u}_x.$$

En un point d'abscisse x, la force $\vec{F}$ est dirigée dans le sens des énergies potentielles décroissantes donc vers le minimum d'énergie potentielle le plus proche.

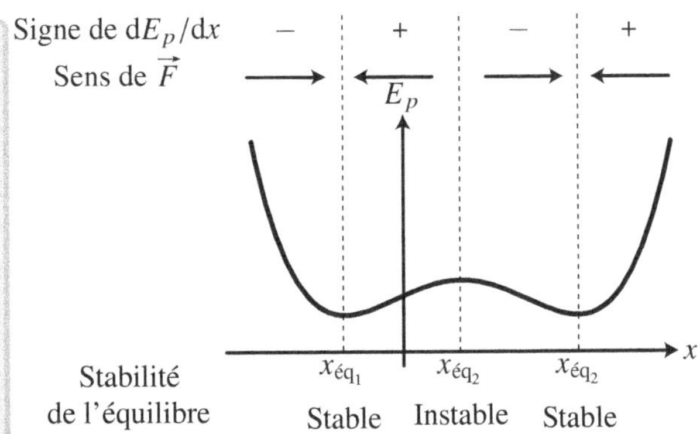

Figure 16.4 – Sens de la force $\vec{F}$ en fonction des variations de l'énergie potentielle E_p.

c) Détermination énergétique des positions d'équilibre

Pour déterminer les positions pour lesquelles le point matériel est à l'équilibre, il faut chercher les positions où la force $\vec{F}$ s'annule. Cela implique que la dérivée de la fonction $E_p(x)$ s'annule et donc que la courbe représentative de $E_p(x)$ admet une tangente horizontale.

Une position d'équilibre correspond à un extremum d'énergie potentielle. Son abscisse $x_{éq}$ vérifie l'équation :

$$\left(\frac{dE_p}{dx}\right)_{x=x_{éq}} = 0.$$

d) Étude énergétique de la stabilité des équilibres

Pour analyser la stabilité de la position d'équilibre d'abscisse $x_{éq}$, il faut déterminer si, au voisinage de $x_{éq}$, la résultante des forces est dirigée vers $x_{éq}$ ou non.

On se place au voisinage de $x_{éq}$ en un point d'abscisse $x = x_{éq} + dx$. La force $\vec{F}$ est dirigée vers les énergies potentielles décroissantes donc :

- si $x_{éq}$ est un minimum d'énergie potentielle, $\vec{F}$ tend à ramener le mobile vers $x_{éq}$ qui est donc une position d'équilibre stable (positions $x_{éq_1}$ et $x_{éq_3}$ de la figure 16.4);
- si $x_{éq}$ est un maximum d'énergie potentielle, $\vec{F}$ tend à éloigner le mobile de $x_{éq}$ qui est donc une position d'équilibre instable (positions $x_{éq_2}$ de la figure 16.4).

Lorsque la fonction E_p est deux fois dérivable et que sa dérivée seconde ne s'annule pas en $x_{éq}$, on peut exprimer la force $\vec{F}$ au voisinage de $x_{éq}$ à l'aide d'un développement limité au premier ordre de la fonction $F_x(x)$ au voisinage de $x = x_{éq}$:

$$F_x(x_{éq} + dx) = F_x(x_{éq}) + \left(x_{éq} + dx - x_{éq}\right)\left(\frac{dF_x}{dx}\right)_{x=x_{éq}} = \left(\frac{dF_x}{dx}\right)_{x=x_{éq}} dx.$$

En effet, $x_{éq}$ est une position d'équilibre donc $F_x(x_{éq}) = 0$.

Par ailleurs, $F_x(x) = -\dfrac{dE_p}{dx}$ donc $\left(\dfrac{dF_x}{dx}\right)_{x=x_{éq}} = -\left(\dfrac{d^2E_p}{dx^2}\right)_{x=x_{éq}}$. Au voisinage de $x_{éq}$, le mobile est donc soumis à une force $F_x(x_{éq} + dx)$ telle que :

$$F_x(x_{éq} + dx) = -\left(\frac{d^2E_p}{dx^2}\right)_{x=x_{éq}} dx.$$

Pour un déplacement $dx > 0$, il faut $F_x(x_{éq} + dx) < 0$ pour ramener le point vers sa position initiale. Cela impose :

$$\left(\frac{d^2E_p}{dx^2}\right)_{x=x_{éq}} > 0.$$

De même, pour un déplacement $dx < 0$, il faut $F_x(x_{éq} + dx) > 0$ pour ramener le point vers sa position initiale et on retrouve le même résultat.

La position d'équilibre $x_{éq}$ est **stable** si l'énergie potentielle est minimale en $x_{éq}$. Cela se traduit généralement par :

$$\left(\frac{d^2E_p}{dx^2}\right)_{x=x_{éq}} > 0.$$

La position d'équilibre $x_{éq}$ est **instable** dans les autres cas. Généralement, l'énergie potentielle est alors maximale en $x_{éq}$ et $\left(\dfrac{d^2E_p}{dx^2}\right)_{x=x_{éq}} < 0.$

2 Mouvement conservatif dans un puits de potentiel

Un **puits de potentiel** est une zone de l'espace qui entoure un minimum local d'énergie potentielle donc une position d'équilibre stable. Dans cette partie, on néglige systématiquement les forces de frottement et on considère des mouvements conservatifs au voisinage de positions d'équilibre stables.

2.1 Mouvement dans un puits de potentiel harmonique

Le point matériel M de masse m se déplace sans frottements dans un puits de potentiel harmonique de la forme :

$$E_p(x) = \frac{1}{2}kx^2,$$

dont dérive la force de rappel élastique : $\vec{f} = -\overrightarrow{\text{grad}}E_p = -\frac{\mathrm{d}E_p}{\mathrm{d}x}\vec{u}_x = -kx\vec{u}_x$.

On considère les conditions initiales suivantes : à l'instant $t = 0$, le mobile passe par le point d'abscisse $x = x_0$ avec une vitesse $\vec{v} = v_0\vec{u}_x$.

Remarque

Cette situation est un cas d'école auquel on peut très fréquemment se ramener.

Le mouvement de M a lieu sur l'axe (Ox). Le point M est repéré par son vecteur position $\overrightarrow{OM} = x\vec{u}_x$ et sa vitesse vaut $\vec{v} = \dot{x}\vec{u}_x$. Comme dans le paragraphe 1, son mouvement est conservatif et son énergie mécanique est une intégrale première du mouvement :

$$E_m = \frac{1}{2}mv^2 + E_p(x) = \frac{1}{2}m\dot{x}^2 + \frac{1}{2}kx^2 = \text{constante.}$$

On peut déterminer cette constante à l'instant initial : $E_m(t = 0) = \frac{1}{2}mv_0^2 + \frac{1}{2}kx_0^2 = E_{m_0}$.

a) Graphe énergétique

On trace le graphe énergétique de ce mouvement en faisant apparaître l'énergie mécanique E_{m_0}. La courbe d'énergie potentielle est une parabole et la position $x = 0$ est un minimum d'énergie potentielle. Il s'agit donc d'une position d'équilibre stable. L'ensemble des positions accessibles vérifie $E_{m_0} > E_p(x)$. C'est un segment $[-X_m, X_m]$ symétrique par rapport à la position d'équilibre. La trajectoire est une trajectoire liée et le mobile M oscille périodiquement avec une amplitude X_m autour de sa position d'équilibre.

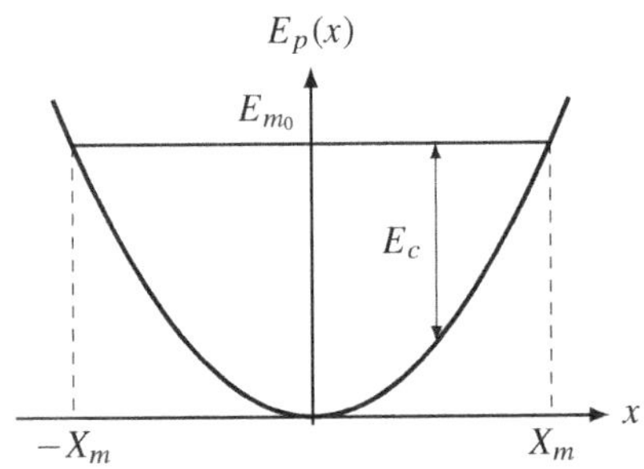

Figure 16.5 – Potentiel harmonique.

Au point $x = X_m$, l'énergie potentielle est égale à l'énergie mécanique et l'énergie cinétique s'annule. Le point $x = X_m$ est donc un point de vitesse nulle et X_m vérifie :

$$E_p(x = X_m) = E_{m_0} \quad \Longrightarrow \quad \frac{1}{2}kX_m^2 = \frac{1}{2}mv_0^2 + \frac{1}{2}kx_0^2 \quad \Longrightarrow \quad X_m = \sqrt{x_0^2 + \frac{m}{k}v_0^2}.$$

b) Équation horaire du mouvement

On obtient l'équation différentielle du mouvement en dérivant l'équation énergétique par rapport au temps :

$$E_m = \frac{1}{2}m\dot{x}^2 + \frac{1}{2}kx^2 = \text{constante} \quad \Longrightarrow \quad m\dot{x}\ddot{x} + kx\dot{x} = 0.$$

La solution recherchée n'est pas la solution identiquement nulle, ce qui permet de simplifier cette équation par $\dot{x}$. On obtient l'équation différentielle du mouvement :

$$m\ddot{x} + kx = 0 \quad \Longrightarrow \quad \ddot{x} + \frac{k}{m}x = 0 \quad \Longrightarrow \quad \ddot{x} + \omega_0^2 x = 0 \quad \text{avec} \quad \omega_0 = \sqrt{\frac{k}{m}}.$$

Il s'agit de l'équation différentielle du mouvement d'un oscillateur harmonique de pulsation propre ω_0. Les solutions de cette équation ont été étudiées lors de l'étude de l'oscillateur harmonique. Elles présentent des oscillations sinusoïdales de pulsation ω_0 que l'on écrit :

$$x(t) = X_m \cos(\omega_0 t + \varphi_0) \quad \Longrightarrow \quad \dot{x}(t) = -\omega_0 X_m \sin(\omega_0 t + \varphi_0).$$

À l'aide des conditions initiales, on en déduit que X_m et de φ_0 vérifient les relations

$$\begin{cases} x(0) = x_0 & = X_m \cos\varphi_0 \\ \dot{x}(0) = v_0 & = -\omega_0 X_m \sin\varphi_0, \end{cases}$$

ce qui permet de déterminer les expressions de X_m et de φ_0 :

$$X_m = \sqrt{x_0^2 + \left(\frac{v_0}{\omega_0}\right)^2} \quad \text{et} \quad \varphi_0 \text{ vérifie } \begin{cases} \cos\varphi_0 & = \dfrac{x_0}{X_m} \\ \sin\varphi_0 & = -\dfrac{v_0}{\omega_0 X_m}. \end{cases}$$

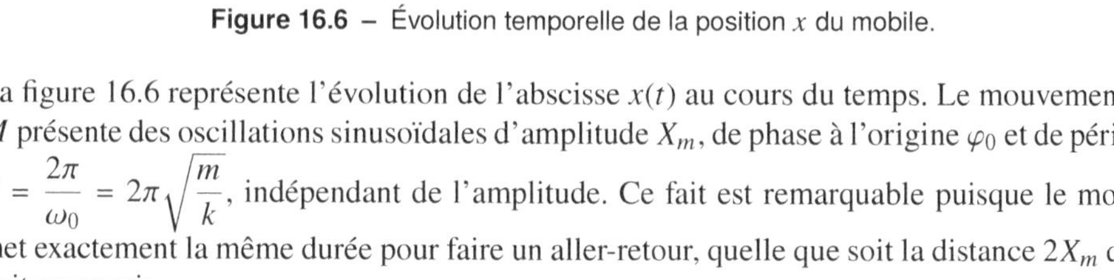

Figure 16.6 – Évolution temporelle de la position x du mobile.

La figure 16.6 représente l'évolution de l'abscisse $x(t)$ au cours du temps. Le mouvement de M présente des oscillations sinusoïdales d'amplitude X_m, de phase à l'origine φ_0 et de période $T = \dfrac{2\pi}{\omega_0} = 2\pi\sqrt{\dfrac{m}{k}}$, indépendant de l'amplitude. Ce fait est remarquable puisque le mobile met exactement la même durée pour faire un aller-retour, quelle que soit la distance $2X_m$ qu'il doit parcourir.

> Dans un puits de potentiel harmonique $E_p(x) = \frac{1}{2}kx^2$, un mobile de masse m est animé d'oscillations sinusoïdales dont la période $T = 2\pi\sqrt{\dfrac{m}{k}}$ ne dépend pas de l'amplitude. On parle d'**isochronisme** des oscillations.

2.2 Mouvement dans un puits de potentiel quelconque

a) Mouvement de faible amplitude au voisinage d'une position d'équilibre stable

On ne considère plus que le potentiel est harmonique mais seulement qu'il se passe au voisinage d'une position d'équilibre stable. On a établi au paragraphe 1 qu'en un point d'équilibre stable d'abscisse $x_{éq}$, la force $\overrightarrow{F}$ s'annule et l'énergie potentielle admet un minimum.

Dans le cas où $E_p(x)$ est deux fois dérivable et où sa dérivée seconde n'est pas nulle en $x = x_{éq}$, on en déduit :

$$\left(\frac{\mathrm{d}E_p}{\mathrm{d}x}\right)_{x=x_{éq}} = 0, \left(\frac{\mathrm{d}^2E_p}{\mathrm{d}x^2}\right)_{x=x_{éq}} > 0.$$

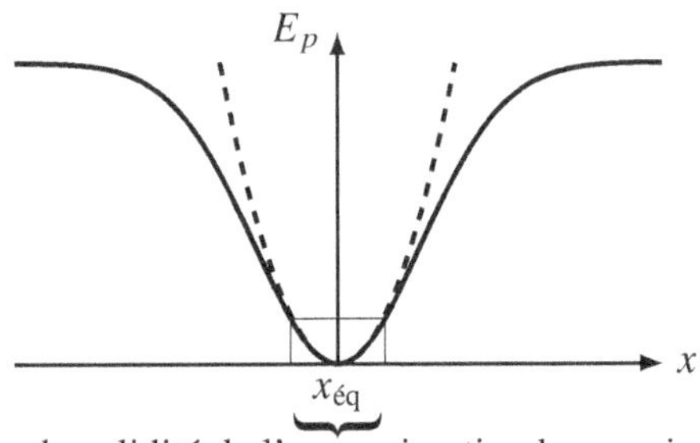

Figure 16.7 – Puits de potentiel (trait plein) et son approximation harmonique valable au voisinage du minimum d'énergie potentielle (en pointillé).

Même si la force $\overrightarrow{F}$ n'est pas une force de rappel élastique, on va montrer que, sous réserve de ne pas trop s'éloigner de la position d'équilibre stable d'abscisse $x_{éq}$, on peut assimiler le mouvement du mobile au mouvement obtenu dans un puits de potentiel harmonique.

Graphiquement, cette approximation revient à assimiler l'énergie potentielle tracée en trait plein sur la figure 16.7 au potentiel harmonique tangent de forme parabolique tracé en pointillé sur la même figure. Il est visible que cette approximation n'est valable qu'au voisinage du minimum d'énergie potentielle.

Analytiquement, on peut effectuer un développement limité à l'ordre 2 de l'énergie potentielle au voisinage de la position d'équilibre stable $x_{éq}$:

$$E_p(x) = E_p(x_{éq}) + \left(x - x_{éq}\right)\left(\frac{\mathrm{d}E_p}{\mathrm{d}x}\right)_{x=x_{éq}} + \frac{\left(x - x_{éq}\right)^2}{2}\left(\frac{\mathrm{d}^2E_p}{\mathrm{d}x^2}\right)_{x=x_{éq}}. \tag{16.2}$$

Le fait d'effectuer un développement limité restreint la validité de l'étude qui en découle à de faibles écarts à la position d'équilibre $x_{éq}$.

On utilise le fait que $\left(\frac{\mathrm{d}E_p}{\mathrm{d}x}\right)_{x=x_{éq}} = 0$ et on note $k = \left(\frac{\mathrm{d}^2E_p}{\mathrm{d}x^2}\right)_{x=x_{éq}} > 0$. L'équation (16.2) permet alors d'assimiler, au voisinage de $x_{éq}$, la fonction $E_p(x)$ à une parabole d'équation :

$$E_p(x) = E_p(x_{éq}) + k\frac{\left(x - x_{éq}\right)^2}{2}.$$

L'énergie potentielle étant définie à une constante près, il est toujours possible de choisir la référence des énergies potentielles en $x = x_{éq}$ pour fixer $E_p(x_{éq}) = 0$. On pose ensuite $X = x - x_{éq}$, ce qui revient à décaler l'origine de l'axe des abscisses à la position d'équilibre. On peut alors écrire l'énergie potentielle sous la forme :

$$E_p(X) = \frac{1}{2}kX^2.$$

Il s'agit d'un potentiel harmonique de constante de rappel élastique $k = \left(\frac{\mathrm{d}^2 E_p}{\mathrm{d}x^2}\right)_{x=x_{\text{éq}}}$. On est alors ramené au cas d'école du paragraphe 2.1.

Les mouvements de faibles amplitudes au voisinage d'une position d'équilibre stable peuvent être assimilés à des mouvements dans un potentiel harmonique. Ils présentent des oscillations harmoniques centrées sur la position d'équilibre $x_{\text{éq}}$ et de pulsation $\omega_0 = \sqrt{\frac{k}{m}}$ où la constante de rappel élastique k est donnée par la relation :

$$k = \left(\frac{\mathrm{d}^2 E_p}{\mathrm{d}x^2}\right)_{x=x_{\text{éq}}}.$$

b) Mouvements de grande amplitude dans un puits de potentiel quelconque

Dans le paragraphe précédent, on a montré que les mouvements de faible amplitude au voisinage d'une position d'équilibre stable s'apparentent à des mouvements dans un puits de potentiel harmonique. Ils présentent donc des oscillations sinusoïdales dont la période est indépendante de l'amplitude. On se pose ici la question de savoir ce qui change lorsque l'amplitude des oscillations est trop grande pour pouvoir réaliser l'approximation harmonique. Le mouvement se déroule donc dans un potentiel qui n'est plus harmonique.

Pour visualiser ces changements, on représente les solutions des équations du mouvement obtenues par résolution numérique. Pour cela, on doit choisir une forme particulière d'énergie potentielle. Pour fixer les idées, on choisit un puits de potentiel de la forme :

$$E_p(x) = E_0\left(1 - \exp\left(-\left(\frac{x}{L}\right)^2\right)\right),$$

mais la méthode utilisée peut être adaptée à d'autres formes d'énergie potentielle $E_p(x)$.

Ce potentiel présente une échelle d'énergie E_0 qui caractérise la profondeur du puits de potentiel et une échelle de longueur L qui caractérise sa largeur. Pour un mobile de masse m, on trouve une échelle de vitesse $v_0 = \sqrt{\frac{E_0}{m}}$ et une échelle de temps $t_0 = \frac{L}{v_0} = L\sqrt{\frac{m}{E_0}}$. On écrit l'équation du mouvement en appliquant le principe fondamental de la dynamique projeté sur l'axe (Ox) :

$$\frac{\mathrm{d}(m\dot{x})}{\mathrm{d}t} = -\frac{\mathrm{d}E_p}{\mathrm{d}x} = -E_0\frac{2x}{L^2}\exp\left(-\left(\frac{x}{L}\right)^2\right).$$

On introduit les grandeurs adimensionnées $x^* = \frac{x}{L}$ et $t^* = \frac{t}{t_0}$ et on obtient l'expression de l'énergie potentielle adimensionnée représentée sur la figure 16.8 :

$$E_p^*(x^*) = 1 - \exp\left(-x^{*2}\right),$$

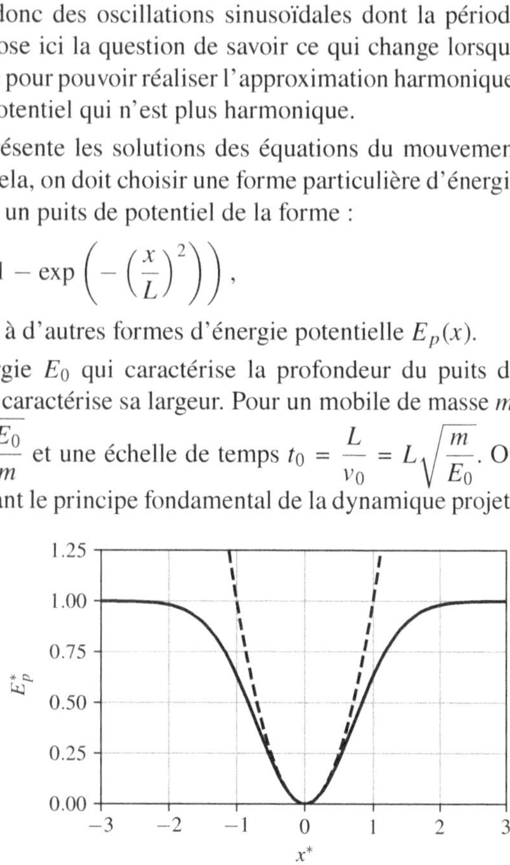

Figure 16.8 – Puits de potentiel adimensionné (trait plein) et approximation harmonique (en pointillé).

ainsi que l'équation différentielle du mouvement adimensionnée :

$$\frac{mL}{t_0^2}\frac{\mathrm{d}^2(x^*)}{\mathrm{d}t^{*2}} = -\frac{2E_0}{L}x^* \exp\left(-x^{*2}\right), \quad \text{soit} \quad \frac{\mathrm{d}^2x^*}{\mathrm{d}t^{*2}} = -2x^* \exp\left(-x^{*2}\right).$$

On cherche une solution numérique de cette équation à l'aide de la fonction `odeint` du module `scipy.integrate` du langage `Python`. Pour cela, il faut se donner des conditions initiales. Les courbes de la figure 16.9 sont établies avec les conditions initiales : $x(t=0)=0$ et $\dot{x}(t=0) = v_i > 0$ où $v_i = \sqrt{\dfrac{2E_m}{m}}$. La résolution et le tracé sont réalisés, pour différentes valeurs de E_m, à l'aide du programme suivant :

```
def F_vec(Vec,t):
    x, xp = Vec
    return np.array([xp, -2*x*np.exp(-x**2)])
t = np.linspace(0,11,10000)
Em = 0.1
CI = np.array([0, (2*Em)**0.5])
Sol = odeint(F_vec,CI,t)
x = Sol[:,0]
plt.plot(t,x)
plt.ylabel(r'$x^*$')
plt.ylabel(r'$t^*$')
plt.show()
```

Le modèle harmonique prévoit des mouvements sinusoïdaux de faible amplitude et de pulsation $\omega_0 = \sqrt{\dfrac{k}{m}}$ où $k = \left(\dfrac{\mathrm{d}^2E_p}{\mathrm{d}x^2}\right)_{x=0} = 2\dfrac{E_0}{L^2} = 2\dfrac{m}{t_0^2}$ soit $\omega_0 = \dfrac{\sqrt{2}}{t_0}$. La période $T = \dfrac{2\pi}{\omega_0} = \sqrt{2}\pi t_0$ correspond alors à $T^* = T/t_0 = \sqrt{2}\pi \simeq 4{,}5$.

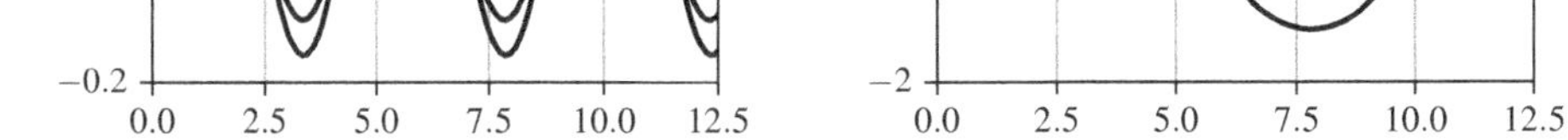

Figure 16.9 – Mouvements de différentes amplitudes dans le potentiel harmonique de la figure 16.8 : à gauche, mouvement de faible amplitude (l'approximation harmonique est valable), à droite, mouvement de forte amplitude (l'approximation harmonique n'est plus valable).

Sur la figure 16.9, à gauche, l'énergie mécanique E_m/E_0 prend les valeurs 0,01 puis 0,02 et 0,03, suffisamment faibles pour que le potentiel harmonique en pointillé soit quasi égal au potentiel réel sur la figure 16.8. L'approximation harmonique est *a priori* valable, ce que confirme l'observation de la figure 16.9, à gauche, qui montre des mouvements de faibles amplitudes quasi sinusoïdaux et isochrones de période $T^* \simeq 4{,}5$, comme prévu par le modèle harmonique.

Sur la figure 16.9, à droite, l'énergie mécanique E_m/E_0 prend les valeurs 0,1 puis 0,5 et 0,9, trop grandes pour que l'approximation harmonique soit valable. La figure 16.9, à droite, le confirme : la période T^* atteint 4,6 pour $E_m/E_0 = 0{,}1$ et 5,8 pour $E_m/E_0 = 0{,}5$ et 10,4 pour $E_m/E_0 = 0{,}9$. La période des oscillations augmente avec l'amplitude. L'isochronisme des oscillations n'est pas vérifié par les mouvements de grande amplitude. Par ailleurs, la forme des oscillations évolue également et les oscillations de grande amplitude ne sont plus sinusoïdales.

Les mouvements liés dans un puits de potentiel sont périodiques mais ni sinusoïdaux ni isochrones.
La présence de mouvements d'oscillations sinusoïdales isochrones est une signature des mouvements dans des potentiels rigoureusement ou quasi harmoniques.

MÉTHODOLOGIE

Comment étudier un mouvement conservatif à une dimension ?
▷ *Tracer un graphe d'énergie potentielle.*

Si l'expression de l'énergie potentielle en fonction du paramètre géométrique n'est pas donnée, il est donc nécessaire de l'établir.

Comment déterminer qualitativement le comportement d'un système conservatif à une dimension ?
▷ *Exploiter la conservation de l'énergie mécanique. La déterminer à l'aide des conditions initiales et la faire apparaître sur le graphe d'énergie potentielle.*

Le mobile ne peut accéder qu'aux positions x pour lesquelles $E_m \geq E_p(x)$. *Cf.* paragraphe 1.3 page 460. On fait apparaître ces deux énergies sur le même graphe et on les compare graphiquement.

Il est souvent nécessaire de chercher les points où l'égalité $E_m = E_p(x)$ est vérifiée. Ces points correspondent aux points de vitesse nulle, où le mobile rebrousse chemin.

Comment trouver les positions d'équilibre et déterminer leur stabilité ?
▷ *Chercher les* extrema *sur le graphe d'énergie potentielle.*

Les *minima* d'énergie potentielle sont des positions d'équilibre stable. Les *maxima* sont des positions d'équilibre instable.

PROGRAMME OFFICIEL ET SOMMAIRE DES EXERCICES

NOTIONS ET CONTENUS	CAPACITÉS EXIGIBLES
Mouvement conservatif à une dimension	
Mouvement conservatif à une dimension. ► 16.C1 16.C2 16.C3 ▷ 16.1 16.3	Identifier sur un graphe d'énergie potentielle une barrière et un puits de potentiel. Déduire d'un graphe d'énergie potentielle le comportement qualitatif : trajectoire bornée ou non, mouvement périodique, positions de vitesse nulle.
Positions d'équilibre. Stabilité. ► 16.C4 16.C5 ▷ 16.2	Déduire d'un graphe d'énergie potentielle l'existence de positions d'équilibre. Analyser qualitativement la nature, stable ou instable, de ces positions.
Petits mouvements au voisinage d'une position d'équilibre stable, approximation locale par un puits de potentiel harmonique. ▷ 16.4 16.5	Établir l'équation différentielle du mouvement au voisinage d'une position d'équilibre. Capacité numérique : à l'aide d'un langage de programmation, résoudre numériquement une équation différentielle du deuxième ordre non linéaire et faire apparaître l'effet des termes non linéaires.

EXERCICES ★ (LE COURS)

16.C1 Positions accessibles Quelle inéquation énergétique vérifient les positions accessibles ? Comment se traduit-elle graphiquement ?

16.C2 État lié ou libre 1 Un mobile est dans un état lié. Que peut-on dire de sa trajectoire ? Son mouvement est-il périodique ?

16.C3 État lié ou libre 2 L'ensemble des positions accessibles à un mobile est un intervalle $[a, +\infty[$. Est-il confiné ou dans un état de diffusion ? Son mouvement est-il périodique ?

16.C4 Position d'équilibre 1 Une courbe d'énergie potentielle présente un maximum en $x = x_0$. Comment peut-on qualifier la position x_0 ?

16.C5 Position d'équilibre 2 Soit x_0 une position d'équilibre stable. Quel est le signe de $\dfrac{\mathrm{d}^2E_p}{\mathrm{d}x^2}$ en $x = x_0$. On lâche un mobile de masse m sans vitesse à proximité de $x = x_0$. Que peut-on dire de son mouvement ultérieur.

EXERCICES ★★

16.1 Tige avec ressort

On considère une tige fixe, dans un plan vertical xOz, faisant l'angle α avec l'axe Oz. Un anneau M de masse m est enfilé sur la tige et astreint à se déplacer sans frottement le long de celle-ci. Cet anneau est également relié à un ressort de raideur k et de longueur à vide ℓ_v dont l'autre extrémité est fixée en O. On repère la position de M par $OM = X$.

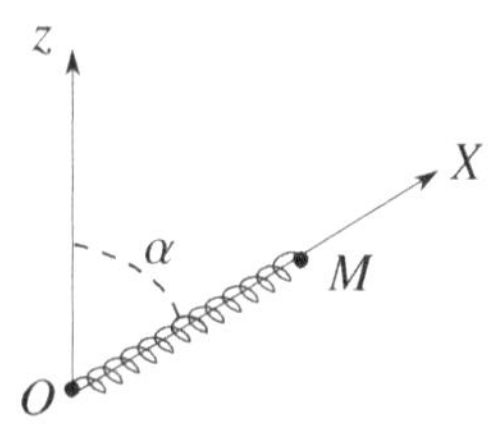

1) Quelles sont les forces conservatives appliquées à M ? Déterminer l'expression de leur énergie potentielle E_p en fonction de X et α.

2) Établir l'équation différentielle du mouvement à l'aide du théorème de l'énergie mécanique.
On souhaite étudier graphiquement les différents mouvements possibles.

3) Étudier la fonction $E_p(X)$ dans le cas où $mg\cos(\alpha) < kl_v$. Tracer son allure.

4) Discuter sur le graphique les mouvements possibles en prenant à $t = 0$ les conditions initiales suivantes : $X = l_v$ et $\dfrac{\mathrm{d}X}{\mathrm{d}t} = V_0$. Préciser la valeur maximale de V_0 pour que le mouvement se fasse entre deux positions extrêmes $X_1 > 0$ et $X_2 > 0$.

5) Déterminer les fonctions $V(X)$ et $X(t)$ dans les conditions de la question précédente.

16.2 Étude d'un oscillateur

On considère la situation de la page suivante dans laquelle une particule de masse m peut se déplacer sur un cercle vertical de centre O et de rayon a. Elle est reliée au point A le plus haut du cercle par un ressort idéal de raideur k et de longueur à vide ℓ_0. On note θ l'angle orienté défini sur $]-\pi, \pi]$ par la relation : $\theta = \left(\overrightarrow{Ox}, \overrightarrow{OM}\right)$.

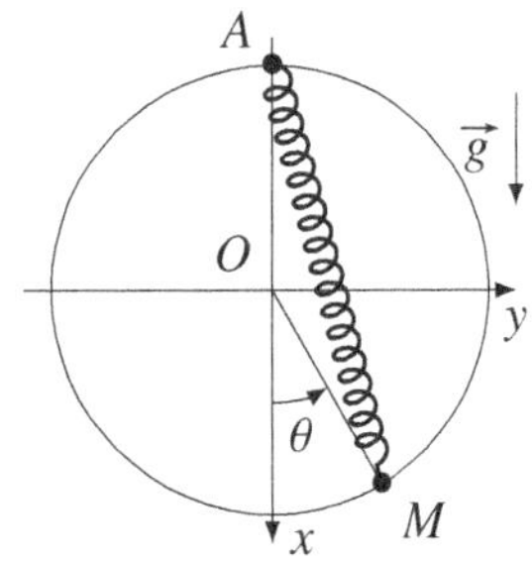

1) Déterminer le nombre de coordonnées utiles pour étudier le mouvement du point M.

2) Faire un bilan des forces en rappelant quelles forces sont conservatives ou non.

3) Déduire des questions précédente la loi physique adaptée à l'étude de ce mouvement.

Mise en équation

4) Déterminer la longueur AM en fonction de θ, en remarquant que l'angle entre $\overrightarrow{AO}$ et $\overrightarrow{AM}$ est $\theta/2$.

5) Démonter que l'énergie potentielle totale du point M vérifie une relation de la forme :

$$\frac{E_p(\theta)}{A} + B = -\frac{mg}{ka}\cos\theta + 2\left(\cos\left(\frac{\theta}{2}\right) - \frac{\ell_0}{2a}\right)^2 = \xi(\theta),$$

où A et B sont des constantes à déterminer.

Étude de la courbe d'énergie potentielle : on se place dans le cas où $\frac{\ell_0}{2a} = 0{,}4$.

6) On pose $\eta = \frac{mg}{ka}$ et on suppose que $\eta < 1 - \frac{\ell_0}{2a}$. Montrer qu'il y a alors trois positions d'équilibres qui vérifient : $\sin\left(\frac{\theta}{2}\right) = 0$ ou $\cos\left(\frac{\theta}{2}\right) = \frac{\ell_0}{2a(1-\eta)}$.

Les courbes d'énergie potentielle correspondant à $\eta = 0{,}2$ ou $\eta = 1{,}0$ sont représentées sur la figure ci-contre.

7) Attribuer à chaque courbe du diagramme $(\theta \to \xi(\theta))$ la valeur de η correspondante.

8) En déduire graphiquement la stabilité des positions d'équilibre de la question **6**.

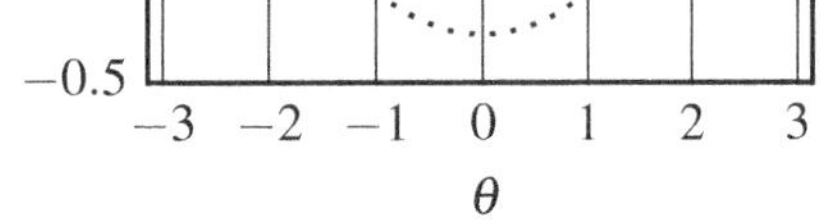

EXERCICES ★★★

16.3 Interaction entre particules chargées

On considère deux particules A (fixe) et B (mobile), de même masse m et de charges respectives q_A et q_B. On considère la force de Coulomb $\overrightarrow{f}$ entre ces deux particules comme étant la seule force en jeu dans ce problème. Initialement, $AB = a$.

1) Rappeler l'expression de la force $\overrightarrow{f}$ et déterminer l'énergie potentielle dont elle dérive.

2) On suppose $q_A = q_B = q$. On lance B vers A avec la vitesse v_0. À quelle distance minimale B s'approche-t-elle de A ? On pourra s'aider d'un graphe d'énergie potentielle.

3) On suppose $q_A = -q_B = q$. Quelle vitesse minimale faut-il donner à B pour qu'elle puisse s'échapper à l'infini ? On pourra s'aider d'un graphe d'énergie potentielle.

16.4 Mouvement d'un anneau sur une piste circulaire

On considère le dispositif ci-dessous où un objet assimilable à un point matériel M de masse m se déplace solidairement à une piste formée de deux parties circulaires de rayon R_1 et R_2, de centre C_1 et C_2 dans un plan vertical.

On repère la position de M par l'angle θ. Pour la partie (1), $\theta \in \left[-\frac{\pi}{2},\pi\right]$ et pour la partie (2), $\theta \in \left[\pi,\frac{5\pi}{2}\right]$. Il n'y a pas de frottement et on note g l'accélération de la pesanteur.

1) Exprimer l'énergie potentielle de pesanteur E_p du point M en supposant $E_p = 0$ au point B ($\theta = \pi$). On distinguera les cas (1) et (2).

2) Tracer l'allure de $E_p(\theta)$.

3) Déterminer les positions angulaires d'équilibre et leur stabilité.

L'anneau est initialement en A ($\theta = -\pi/2$). Il est lancé à une vitesse V_0 dans le sens trigonométrique.

4) À quelle condition sur la vitesse V_0 l'anneau peut-il atteindre le point F en $\theta = 2\pi$?

5) Cette condition étant remplie, donner l'expression de sa vitesse V_F en fonction des données du problèmes.

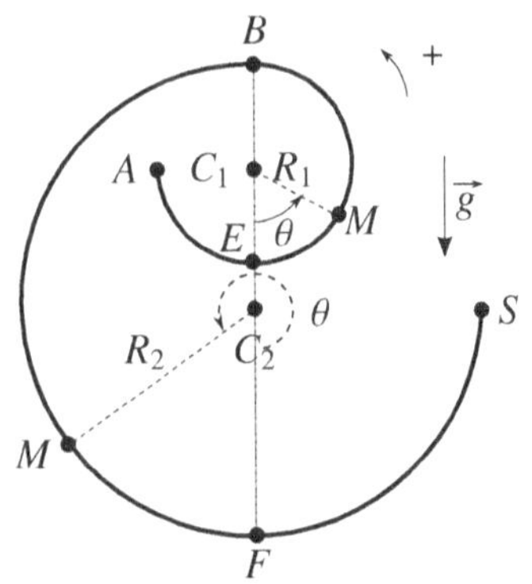

6) À quelle condition sur V_0, l'anneau sort-il de la piste en S en $\theta = 5\pi/2$.

16.5 Mouvement d'une bille reliée à un ressort sur un cercle

On considère le mouvement d'une bille M de masse m pouvant coulisser sans frottement sur un cerceau de centre O et de rayon R disposé dans un plan vertical. On note AB le diamètre horizontal du cerceau, Ox l'axe horizontal, Oy l'axe vertical descendant et θ l'angle entre Ox et OM. La bille est attachée à un ressort de longueur à vide nulle et de raideur k dont la seconde extrémité est fixée en B. Elle ne peut se déplacer que sur le demi-cercle inférieur.

1) Déterminer l'angle α entre MO et MB en fonction de θ.

2) Établir l'expression de la longueur de ressort en fonction de R et θ.

3) En déduire l'énergie potentielle totale du système. Représenter la courbe d'énergie potentielle et en déduire les positions d'équilibres éventuelles et leur stabilité.

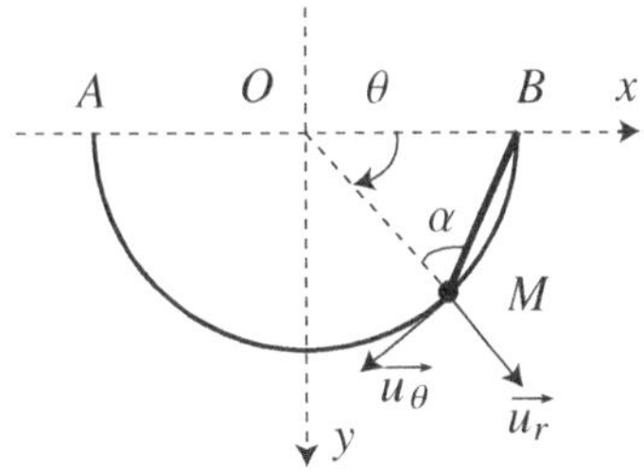

4) Si l'on écarte faiblement la bille de sa position d'équilibre stable θ_e et qu'on la lâche sans vitesse initiale, à quel type de mouvement peut-on s'attendre ?

5) Établir l'équation différentielle du mouvement.

6) On note ϵ l'écart $\theta - \theta_e$. On écarte la bille d'un angle $\epsilon_0 \ll \frac{\pi}{2}$ à partir de sa position d'équilibre et on la lâche sans vitesse initiale. Linéariser l'équation du mouvement et conclure.

CORRIGÉS

16.C1 *Cf.* équation (16.1) page 460 : $E_m \geq E_p(x)$. *Cf.* paragraphe 1.3 page 460. Le mobile ne peut accéder qu'aux positions où la courbe $E_p(x)$ est sous la droite d'ordonnée E_m.

16.C2 *Cf.* paragraphe 1.3 page 460. Un mobile dans un état lié est confiné dans un espace borné. *Cf.* paragraphe 2.2 page 466. Son mouvement est périodique.

16.C3 *Cf.* paragraphe 1.3 page 460. Le mobile est dans un état de diffusion. Son mouvement n'est pas périodique puisqu'il part à l'infini.

16.C4 *Cf.* paragraphe 1.4 page 461. Il s'agit d'une position d'équilibre instable.

16.C5 *Cf.* paragraphe 1.4 page 461. x_0 est un minimum de $E_p(x)$ donc $k = \left(\frac{\mathrm{d}^2E_p}{\mathrm{d}x^2}\right)_{(x=x_0)} > 0$.

Cf. paragraphe 2.2 page 466. Le mouvement est harmonique de pulsation $\omega_0 = \sqrt{\frac{k}{m}}$.

16.1 Tige avec ressort

1) Le référentiel du laboratoire est considéré galiléen. Le système M est soumis à son poids, à la tension du ressort et à la réaction de la tige. La réaction ne travaille pas et les deux autres forces sont conservatives donc l'énergie mécanique est constante.
L'énergie potentielle associée au poids est $mgz + cte$ et celle dont dérive la tension du ressort $\frac{1}{2}k(\ell - \ell_v)^2$ + constante. Dans le cas présent, la longueur du ressort $\ell = X$ et l'altitude $z = X\cos\alpha$, d'où l'expression de l'énergie potentielle totale :

$$E_p = mgX\cos\alpha + \frac{1}{2}k(X - \ell_v)^2 + C.$$

On prend par exemple $E_p = 0$ pour $X = \ell_v$ et on obtient l'expression de : $C = -mg\ell_v\cos\alpha$.
2) On exprime l'énergie mécanique :

$$E_m = \frac{1}{2}m\dot{X}^2 + mgX\cos\alpha + \frac{1}{2}k(X - \ell_v)^2 - mg\ell_v\cos\alpha.$$

Comme elle est constante, sa dérivée est nulle :

$$\frac{\mathrm{d}E_m}{\mathrm{d}t} = \dot{X}(m\ddot{X} + mg\cos\alpha + k(X - \ell_v)) = 0.$$

On exclut $\dot{X} = 0\ \forall t$ qui correspond à l'immobilité, d'où l'équation du mouvement :

$$\ddot{X} + \frac{k}{m}X = \frac{k}{m}\ell_v - mg\cos\alpha.$$

3) Pour étudier la fonction E_p, on calcule sa dérivée $\frac{\mathrm{d}E_p}{\mathrm{d}X} = mg\cos\alpha + k(X - \ell_v)$. Elle s'annule pour $X = X_{\min} = \ell_v - \frac{mg\cos\alpha}{k}$ qui est bien positif d'après l'hypothèse de l'énoncé. Cette position correspond à un minimum $E_{p,\min} = -\frac{(mg\cos\alpha)^2}{2k}$. On trace $E_p(x)$ en fin d'exercice.
4) Comme l'énergie cinétique est positive ou nulle, le mouvement a lieu dans les zones telles que $E_m \geq E_p$; l'égalité correspond aux positions extrêmes. Sur la figure ci-dessus, on a tracé

l'énergie mécanique égale à $\frac{1}{2}V_0^2$, car à $t = 0$ $E_p = 0$. Elle est supérieure à E_p en ℓ_v car l'énergie cinétique initiale n'est pas nulle.

Les points extrêmes atteints correspondent à une énergie cinétique nulle, donc :

$$E_m = E_p \quad \Longrightarrow \quad \frac{1}{2}mV_0^2 = mgX\cos\alpha + \frac{1}{2}k(X - \ell_v)^2 - mg\ell_v\cos\alpha.$$

D'après la figure $X_1 > 0$ si $E_m < E_p(0)$ soit :

$$\frac{1}{2}mV_0^2 < \frac{1}{2}k\ell_v^2 - mg\ell_v\cos\alpha \quad \Longrightarrow \quad V_0 < \pm\sqrt{\frac{\ell_v^2 - 2mg\ell_v\cos\alpha}{m}}.$$

En pratique le point O ne pourra pas être atteint à cause de la longueur minimale du ressort lorsque toutes les spires se touchent.

5) On obtient la vitesse en écrivant que l'énergie mécanique est égale à tout instant à sa valeur initiale :

$$\frac{1}{2}mV^2 + mgX\cos\alpha + \frac{1}{2}k(X - \ell_v)^2 - mg\ell_v\cos\alpha = \frac{1}{2}mV_0^2,$$

soit :

$$V = \pm\sqrt{V_0^2 - 2gX\cos\alpha - \frac{k(X - \ell_v)^2}{m} + 2g\ell_v\cos\alpha}.$$

Pour déterminer $X(t)$, on utilise l'équation du mouvement établie à la question 2. On pose $X_{\min} = \ell_v - \frac{mg\cos\alpha}{k}$ et $\omega_0 = \sqrt{\frac{k}{m}}$, d'où :

$$\ddot{X} + \omega_0^2 X = \omega_0^2 X_{\min} \quad \Longrightarrow \quad X = X_{\min} + A\cos\omega_0 t + B\sin\omega_0 t.$$

On détermine les constantes à $t = 0$ soit, $X(0) = \ell_v = X_{\min} + A$ et $\dot{X}(0) = V_0 = \omega_0 B$ d'où :

$$X(t) = X_{\min} + (\ell_v - X_{\min})\cos\omega_0 t + \frac{V_0}{\omega_0}\sin\omega_0 t.$$

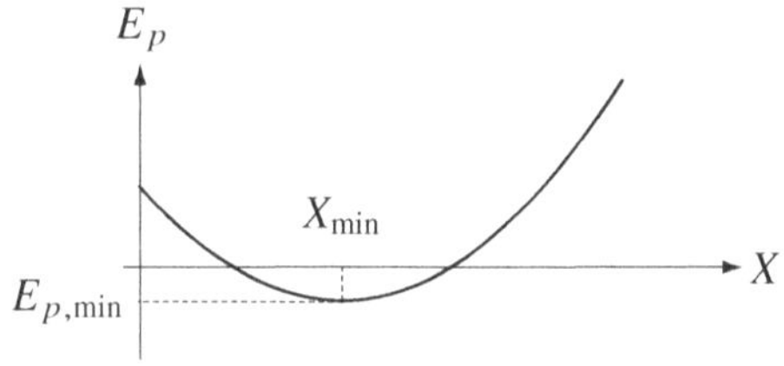

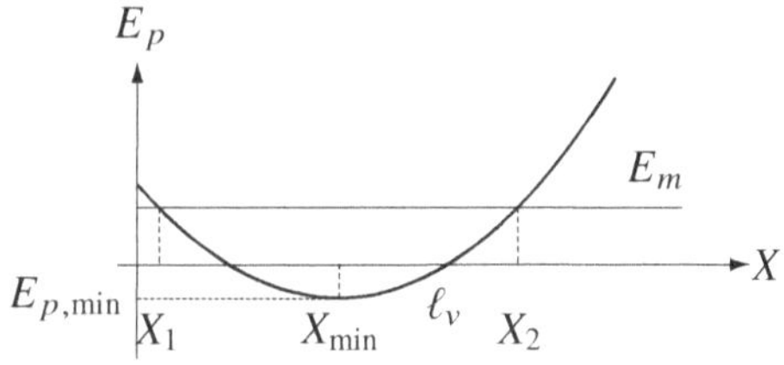

16.2 Étude d'un oscillateur

On étudie le mouvement du point M dans le référentiel terrestre galiléen.

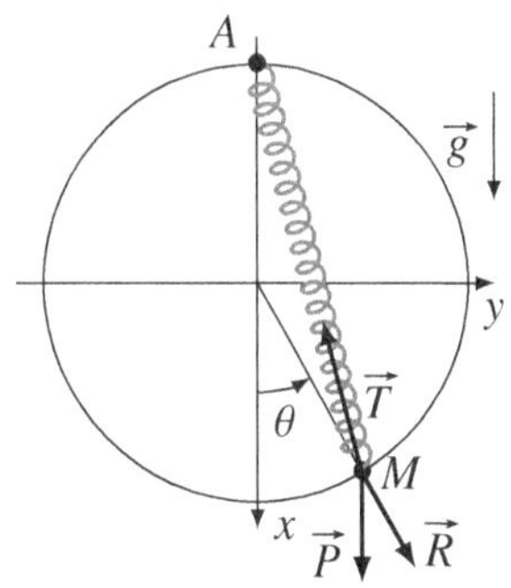

1) Ce mouvement est entièrement déterminé par la donnée de l'angle θ. C'est un mouvement à un degré de liberté.

2) M est soumis à :

- son poids $\vec{P}$: force conservative ;
- la force de rappel élastique $\vec{T}$: force conservative ;
- la réaction du support $\vec{R}$ dont la puissance est nulle (elle est perpendiculaire à $\vec{v}$ à chaque instant).

3) Il suffit d'utiliser une seule loi physique pour étudier le mouvement. Étant donné que les forces qui travaillent sont conservatives, le théorème de l'énergie cinétique est le plus adapté à l'étude du mouvement.

4) Le triangle constitué de A, M et du point diamétralement opposé à A est rectangle en M, donc $AM = 2a\cos\left(\frac{\ell}{2}\right)$.

5) L'énergie potentielle totale vaut la somme de l'énergie potentielle de pesanteur :

$$E_{pp} = -mga\cos\theta,$$

et de l'énergie potentielle élastique :

$$E_{pe} = \frac{1}{2}k(\ell-\ell_0)^2 = \frac{1}{2}k(AM-\ell_0)^2 = \frac{1}{2}k\left(2a\cos\left(\frac{\theta}{2}\right)-\ell_0\right)^2.$$

Elle vaut donc, à une constante près (choix arbitraire de la référence d'énergie potentielle) :

$$E_p = -mga\cos\theta+\frac{1}{2}k\left(2a\cos\left(\frac{\theta}{2}\right)-\ell_0\right)^2 \Rightarrow \frac{E_p}{ka^2} = -\frac{mg}{ka}\cos\theta+2\left(\cos\left(\frac{\theta}{2}\right)-\frac{\ell_0}{2a}\right)^2.$$

Finalement : $\frac{E_p(\theta)}{A} + B = -\frac{mg}{ka}\cos\theta + 2\left(\cos\left(\frac{\theta}{2}\right) - \frac{\ell_0}{2a}\right) = \xi(\theta)$, qui est de la forme demandée avec $A = -ka^2$ et $B = 0$.

B est lié au choix arbitraire de référence d'énergie potentielle. Il est donc arbitraire.

6) Les positions d'équilibre correspondent aux points d'annulation de la dérivée l'énergie potentielle sans dimension $\xi(\theta)$. Pour $\eta = \frac{mg}{ka} < 1 - \frac{\ell_0}{2a}$:

$$\xi(\theta) = -\eta\cos\theta + 2\left(\cos\left(\frac{\theta}{2}\right) - \frac{\ell_0}{2a}\right)^2,$$

et sa dérivée vaut alors :

$$\begin{aligned}\frac{\mathrm{d}\xi}{\mathrm{d}\theta} &= \eta\sin\theta - 2\sin\left(\frac{\theta}{2}\right)\left(\cos\left(\frac{\theta}{2}\right)-\frac{\ell_0}{2a}\right)\\ &= 2\eta\sin\left(\frac{\theta}{2}\right)\cos\left(\frac{\theta}{2}\right) - 2\sin\left(\frac{\theta}{2}\right)\left(\cos\left(\frac{\theta}{2}\right)-\frac{\ell_0}{2a}\right)\\ &= 2\sin\left(\frac{\theta}{2}\right)\left((\eta-1)\cos\left(\frac{\theta}{2}\right)+\frac{\ell_0}{2a}\right).\end{aligned}$$

$\frac{\mathrm{d}\xi}{\mathrm{d}\theta}$ s'annule donc lorsque : $\sin\left(\frac{\theta}{2}\right) = 0$ ou $\cos\left(\frac{\theta}{2}\right) = \frac{\ell_0}{2a(1-\eta)}$. Cette dernière solution n'existe que si $\frac{\ell_0}{2a(1-\eta)} < 1 \Rightarrow \eta < 1 - \frac{\ell_0}{2a}$.

On pose θ_{eq} l'angle positif tel que $\cos\left(\frac{\theta_{\text{eq}}}{2}\right) = \frac{\ell_0}{2a(1-\eta)}$. Les trois positions d'équilibre, dans le cas où $\eta < 1 - \frac{\ell_0}{2a}$ sont alors : $-\theta_{\text{éq}}$, 0 et $\theta_{\text{éq}}$.

7) Pour $\frac{\ell_0}{2a} = 0{,}4$, on trouve $1 - \frac{\ell_0}{2a} = 1 - 0{,}4 = 0{,}6$ et d'après la question précédente :

- $\eta = 0{,}2 < 0{,}6$ correspond à une situation à 3 positions d'équilibres donc 3 tangentes horizontales. Cela correspond à la courbe en trait plein ;
- $\eta = 1{,}0 > 0{,}6$ correspond à une situation à 1 position d'équilibre donc 1 tangente horizontale (les solutions $\theta = \pm\theta_{\text{eq}}$ de l'équation $\xi(\theta) = 0$ n'existent pas). Cela correspond à la courbe en trait pointillé.

8) Les positions d'équilibre stables correspondent à des *minima* d'énergie potentielle. Les positions $-\theta_{éq}$ et $\theta_{éq}$ de la courbe en trait plein sont donc stables, ainsi que la position $\theta = 0$ de la courbe en trait pointillé.

Les positions d'équilibre instables correspondent à des *maxima* d'énergie potentielle. La position $\theta = 0$ de la courbe en trait plein est donc instable.

16.3 Interactions entre particules chargées

1) Le point A étant fixe on le choisit comme origine du repère et on note $r\vec{u}_r$ le vecteur $\overrightarrow{AB}$ où $r = AB$ et $\vec{u}_r$ est le vecteur unitaire dirigé de A vers B. La force $\vec{f}$ s'écrit alors : $\vec{f} = \dfrac{q_A q_B}{4\pi\varepsilon_0}\dfrac{\vec{u}_r}{r^2}$.

Pour déterminer l'énergie potentielle, on utilise la relation $\vec{f} = -\overrightarrow{\text{grad}}\ E_p$:

$$\mathrm{d}E_p = -\frac{q_A q_B}{4\pi\varepsilon_0 r^2}\mathrm{d}r \quad\Rightarrow\quad E_p = \frac{q_A q_B}{4\pi\varepsilon_0 r} + \text{constante}.$$

On choisit la référence d'énergie potentielle nulle à l'infini, ce qui fixe la constante à zéro.

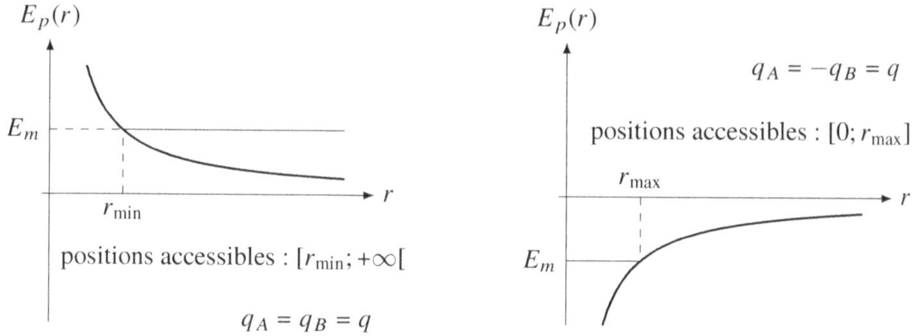

2) Puisque $\vec{f}$ est la seule force à prendre en compte et qu'elle est conservative, l'énergie mécanique se conserve. En considérant A immobile et $q_A = q_B = q$ on peut écrire :

$$E_m = E_c + E_p = \frac{1}{2}mv_B^2 + \frac{q^2}{4\pi\varepsilon_0 r}.$$

Le point B s'approche de A, comme la force est répulsive, sa vitesse diminue puis s'annule, puis B s'éloigne de A. La distance minimale entre les deux points est obtenue pour $v_B = 0$. On écrit l'égalité de l'énergie mécanique entre le point de départ ($AB = r = a$) et le point où $v_B = 0$:

$$\frac{1}{2}mv_0^2 + \frac{q^2}{4\pi\varepsilon_0 a} = \frac{q^2}{4\pi\varepsilon_0 r_{\min}} \quad\Rightarrow\quad r_{\min} = \left(\frac{1}{a} + \frac{2\pi\varepsilon_0 m v_0^2}{q^2}\right)^{-1}.$$

3) Avec $q_A = -q_B = q$, l'énergie mécanique s'écrit :

$$E_m = E_c + E_p = \frac{1}{2}mv_B^2 - \frac{q^2}{4\pi\varepsilon_0 r}.$$

La force est maintenant attractive. Il faut lancer B à l'opposé de A pour qu'elle puisse s'éloigner. La vitesse de B diminue, et la charge ne peut pas accéder aux points plus éloignés que r_{max}

(voir figure ci-dessus). Pour que B puisse atteindre l'infini, il faut que $r_{\max}$ soit repoussé à l'infini. Pour cela, l'énergie mécanique doit être suffisante pour que la trajectoire ne soit pas bornée et on voit sur le graphe d'énergie potentielle qu'il est nécessaire que l'énergie mécanique soit positive ou nulle. La vitesse minimale à donner à B correspond à l'énergie cinétique minimale et donc à l'énergie mécanique minimale $E_m = 0$. La conservation de l'énergie mécanique donne alors :

$$\frac{1}{2}mv_0^2 - \frac{q^2}{4\pi\varepsilon_0 a} = E_m(r \to \infty) = 0 \quad \Longrightarrow \quad v_0 = \sqrt{\frac{q^2}{2\pi\varepsilon_0 am}}.$$

Cette vitesse porte le nom de vitesse de libération car la charge B échappe alors à l'attraction de la charge A. On peut remarquer que, dans ces conditions, la vitesse s'annule en l'infini.

16.4 Mouvement d'un anneau sur une piste circulaire

Le référentiel du laboratoire est supposé galiléen.

1) On prend un axe Oz vertical ascendant d'origine C_2. L'énergie potentielle est alors donnée par l'expression $E_p = mgz + \text{cte}$. L'énoncé propose de prendre l'énergie potentielle nulle en B soit avec l'origine choisie, pour $z = R_2$, d'où l'expression de l'énergie $E_p = mg(z - R_2)$.
On cherche maintenant à exprimer E_p en fonction de θ. Pour la partie (1), on peut écrire $z = R_2 - R_1 - R_1 \cos\theta$ d'où $E_{p1} = -mgR_1(1 + \cos\theta)$.
Pour la partie (2), on trouve $z = -R_2 \cos\theta$, soit $E_{p2} = -mgR_2(1 + \cos\theta)$.

2) Les résultats précédents permettent de tracer la courbe $E_p(\theta)$. On choisit l'échelle d'énergie $E_0 = mgR_1$ et pour fixer les idées, on représente $E_p^* = \dfrac{E_p}{E_0}$ pour $R_2 = 2R_1$.

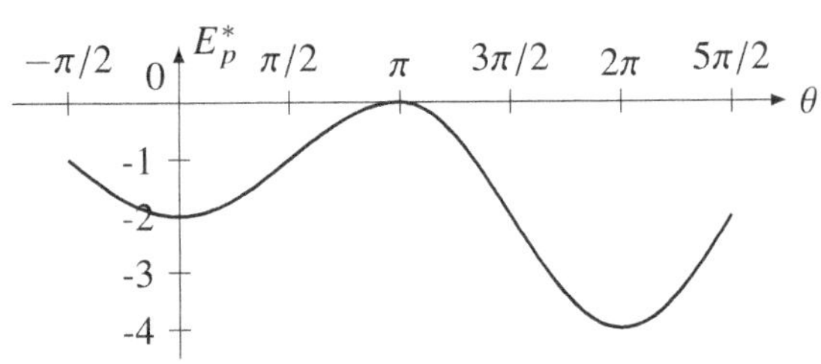

3) Les positions angulaires d'équilibre apparaissent sur la figure ci-contre : ce sont les *minima* (positions stables) en $\theta = 0$ et 2π et le maximum en $\theta = \pi$.

4) Pour atteindre le puits de potentiel en F depuis A, l'anneau doit passer la barrière de potentiel en B. Un mouvement est possible si l'énergie mécanique vérifie $E_m \geq E_p$, il faut donc donner au point M lorsqu'il est en A une énergie mécanique au moins égale à $E_p(B) = 0$ soit $E_m(A) = E_c(A) + E_p(A) = \frac{1}{2}mV_0^2 - mgR_1$, d'où $E_m(A) \geq 0 \quad \Rightarrow \quad V_0 \geq \sqrt{2gR_1}$.

5) On écrit l'égalité de l'énergie mécanique en A et en F :

$$\frac{1}{2}mV_0^2 - mgR_1 = \frac{1}{2}mV_F^2 - 2mgR_2 \quad \Rightarrow \quad V_F = \sqrt{V_0^2 - 2g(R_1 - 2R_2)}.$$

6) Pour sortir de l'anneau en S, il faut que l'anneau ait une énergie mécanique supérieure à $E_p(S)$, ce qui est le cas s'il franchit la barrière de potentiel en B. Donc la condition est la même que pour atteindre F.

16.5 Mouvement d'une bille reliée à un ressort

On étudie la bille dans le référentiel terrestre galiléen. Elle est soumise à son poids, à la force de rappel élastique $\vec{T}$ du ressort et à la réaction $\vec{N}$ du cerceau qui est normale du fait de l'absence de frottement.

1) Le triangle OMB est isocèle en O donc les angles des sommets B et M sont égaux. Par ailleurs, la somme des angles d'un triangle vaut π. En explicitant ces deux conditions, on obtient $\alpha = \dfrac{\pi - \theta}{2}$.

2) Pour calculer la distance MB, on détermine son carré :

$$MB^2 = \left(\overrightarrow{MO} + \overrightarrow{OB}\right)^2 = R^2 + R^2 + 2R^2 \cos(\pi - \theta) = 4R^2 \sin^2 \frac{\theta}{2}.$$

On en déduit $MB = 2R \left|\sin \dfrac{\theta}{2}\right|$.

3) Les forces qui s'appliquent sur le système sont conservatives (poids, force de rappel élastique) ou à puissance nulle (réaction du cerceau). On est donc dans un cas de conservation de l'énergie mécanique.

On détermine l'énergie potentielle dont dérive le poids : $E_{p_1} = mgy_M = -mgR\sin\theta$, et celle dont dérive la force de rappel élastique : $E_{p_2} = \dfrac{1}{2}k\Delta\ell^2 = \dfrac{1}{2}kMB^2 = 2kR^2 \sin^2 \dfrac{\theta}{2}$.

L'énergie potentielle totale vaut donc $E_p = -mgR\sin\theta + 2kR^2\sin^2\frac{\theta}{2}$.

Pour la représenter, on remarque que θ ne peut varier qu'entre 0 et π et on fixe $E_0 = mgR$ comme échelle d'énergie. On trace l'énergie potentielle sans dimension :

$$E_p^* = \frac{E_p}{E_0} = -\sin\theta + p\sin^2\frac{\theta}{2} \quad \text{avec} \quad p = \frac{2kR^2}{mgR}.$$

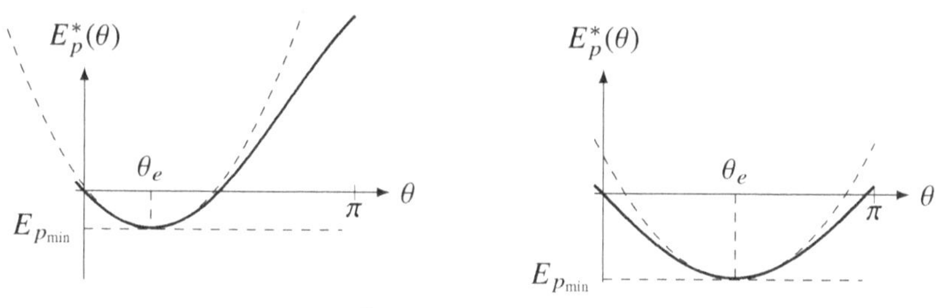

Figure 16.10 – Tracé de l'énergie potentielle pour deux valeurs de p.

L'énergie potentielle présente un minimum en θ_e compris entre 0 et π. La position de coordonnée θ_e est donc une position d'équilibre stable que l'on peut déterminer en recherchant le point d'annulation de la dérivée :

$$\left(\frac{\mathrm{d}E_p}{\mathrm{d}\theta}\right)_{(\theta=\theta_e)} = 0 \quad \Rightarrow \quad \cos\theta_e - p\sin\frac{\theta_e}{2}\cos\frac{\theta_e}{2} = 0 \quad \Rightarrow \quad \cos\theta_e - \frac{p}{2}\sin\theta_e = 0,$$

soit $\tan\theta_e = \dfrac{2}{p} = \dfrac{mg}{kR}$.

La position d'équilibre est comprise entre 0 et $\frac{\pi}{2}$. Elle tend vers 0 lorsque la raideur du ressort est si grande que le poids de M ne peut pas l'étirer et vers $\frac{\pi}{2}$ lorsqu'elle est si faible que le poids de M l'étire facilement.

4) Si on écarte la bille de sa position d'équilibre stable et qu'on la lâche sans vitesse initiale, elle oscille dans le puits de potentiel. Si on l'en écarte faiblement, on s'attend à observer des oscillations harmoniques, tout se passant comme si la bille oscillait dans le potentiel harmonique tangent dessiné en pointillé sur la figure 16.10.

5) L'énergie cinétique du système vaut $E_c = \frac{1}{2}mv^2 = \frac{1}{2}mR^2\dot\theta^2$ puis l'énergie mécanique :

$$E_m = \frac{1}{2}mR^2\dot\theta^2 - mgR\sin\theta + 2kR^2\sin^2\frac{\theta}{2}.$$

Le mouvement étant conservatif, l'énergie mécanique est conservée et sa dérivée s'annule :

$$mR^2\dot\theta\ddot\theta - mgR\cos\theta\dot\theta + 4kR^2\sin\frac{\theta}{2}\cos\frac{\theta}{2}\dot\theta = 0 \quad\Rightarrow\quad \ddot\theta - \frac{g}{R}\left(\cos\theta - \frac{p}{2}\sin\theta\right) = 0.$$

6) On écarte M de sa position d'équilibre et on pose $\theta = \theta_e + \epsilon$ puis :

$$\cos\theta = \cos(\theta_e + \epsilon) = \cos\theta_e\cos\epsilon - \sin\theta_e\sin\epsilon = \cos\theta_e - \epsilon\sin\theta_e$$
$$\sin\theta = \sin(\theta_e + \epsilon) = \sin\theta_e\cos\epsilon + \cos\theta_e\sin\epsilon = \sin\theta_e + \epsilon\cos\theta_e,$$

en utilisant les approximations $\cos\epsilon \simeq 1$ et $\sin\epsilon \simeq \epsilon$, valables pour $\epsilon \ll 1$. On injecte ces relations dans l'équation du mouvement et on trouve :

$$\ddot\theta + \frac{g}{R}\left(\sin\theta_e + \frac{p}{2}\cos\theta_e\right)\epsilon - \frac{g}{R}\left(\cos\theta_e - \frac{p}{2}\sin\theta_e\right) = 0.$$

$\ddot\theta = \ddot\epsilon$ puisque ϵ et θ diffèrent d'une constante. Le terme $\left(\cos\theta_e - \dfrac{p}{2}\sin\theta_e\right) = 0$ d'après la question 3. Comme θ_e est compris entre 0 et $\frac{\pi}{2}$, son sinus et son cosinus sont positifs.
$\dfrac{g}{R}\left(\sin\theta_e + \dfrac{p}{2}\cos\theta_e\right)$ est une grandeur positive homogène à une pulsation au carré. On pose donc $\omega_0 = \sqrt{\dfrac{g}{R}\left(\sin\theta_e + \dfrac{p}{2}\cos\theta_e\right)}$ et l'équation du mouvement devient $\ddot\epsilon + \omega_0^2\epsilon = 0$.

Comme prévu, le mouvement au voisinage d'une position d'équilibre stable est celui d'un oscillateur harmonique. Le calcul effectué permet d'en déterminer la pulsation ω_0.

Mouvement d'une particule chargée dans un champ électrique ou magnétique

17

Le mouvement des particules chargées dans un champ électrique et/ou magnétique est un sujet important car un grand nombre d'applications l'utilisent. On se limite aux champs uniformes et indépendants du temps qui ne dépendent ni de la position dans l'espace ni de l'instant considérés. On exclut tout développement relativiste, ce qui implique que la vitesse des particules reste négligeable devant la vitesse de la lumière. Cette condition est restrictive car les particules accélérées par des champs électriques peuvent facilement atteindre des vitesses proches de celle de la lumière. Des effets relativistes permettent alors d'expliquer les écarts entre le modèle théorique basé sur la mécanique classique et les observations expérimentales.

1 Force de Lorentz

1.1 Rappel de l'expression

Comme cela a été vu dans le chapitre *Principes de la dynamique newtonienne* page 382, une particule de charge q soumise à un champ électrique $\vec{E}$ subit une force électrostatique $\overrightarrow{F_{\text{élec}}} = q\vec{E}$. Lorsque cette particule chargée est animée d'une vitesse $\vec{v}$ et soumise à un champ magnétique $\vec{B}$, elle subit également une force magnétique $\overrightarrow{F_{\text{mag}}} = q\vec{v} \wedge \vec{B}$. L'ensemble de ces deux forces qui ne s'appliquent qu'aux particules chargées constitue la force électromagnétique ou **force de Lorentz** dont l'expression est :

$$\vec{f} = q\left(\vec{E} + \vec{v} \wedge \vec{B}\right)$$

où $\vec{E}$, $\vec{B}$ et $\vec{v}$ dépendent du référentiel.

La force électrique $\overrightarrow{F_{\text{élec}}} = q\vec{E}$ est alignée avec le champ électrique $\vec{E}$. Elle a le même sens si la charge q de la particule est positive et un sens opposé si q est négative.

De par sa définition à l'aide d'un produit vectoriel, la force magnétique $\overrightarrow{F_{mag}} = q\vec{v} \wedge \vec{B}$ est perpendiculaire à la fois à $\vec{v}$ et à $\vec{B}$. On utilise la « règle de la main droite » représentée sur la figure 17.1 pour trouver sa direction et son sens. Tout comme la force électrique, elle change de sens lorsque le signe de la charge change.

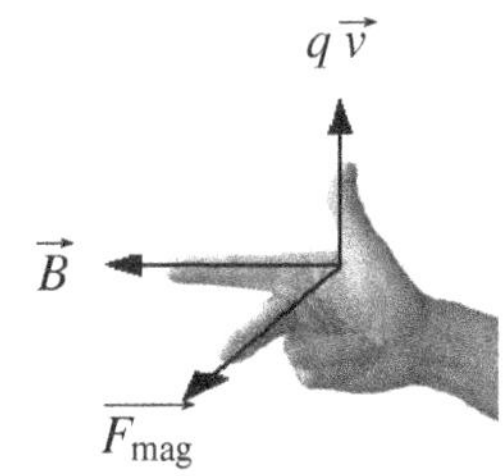

Figure 17.1 – Règle de la main droite.

1.2 Différence entre les composantes électrique et magnétique

Du point de vue énergétique, une différence fondamentale existe entre la composante magnétique et la composante électrique de la force de Lorentz :

- la force magnétique est toujours orthogonale à la vitesse. Sa puissance, et donc son travail, sont nuls. Le théorème de l'énergie cinétique implique que l'énergie cinétique d'un corps soumis uniquement à ce type de force est conservée. La norme de sa vitesse est alors une constante du mouvement. Ainsi, la force magnétique ne peut agir que sur la direction du mouvement ;
- la force électrique peut délivrer une puissance à une particule chargée. Elle est capable de la mettre en mouvement et de modifier son énergie cinétique. La force électrique peut agir à la fois sur la norme et sur la direction de la vitesse.

La force électrique permet d'accélérer ou de freiner une particule chargée. La force magnétique ne peut que la dévier.

On montre dans le paragraphe 2.3 qu'il est relativement aisé d'accélérer un électron se déplaçant dans le vide jusqu'à une vitesse de 3.10^7 m.s^{-1}. Cette vitesse, qui correspond au dixième de la vitesse de la lumière, est la limite supérieure permettant de négliger les effets relativistes donc de négliger la vitesse de la particule devant celle de la lumière.

1.3 Ordre de grandeur et conséquences

a) Unités et ordre de grandeur des champs électrique et magnétique

La valeur des champs magnétique et électrique peut balayer plusieurs ordres de grandeur et il est bon d'avoir en tête que :

- le champ électrique se mesure en volts par mètre (1 V.m^{-1} = 1 kg.m.s^{-3}.A^{-1}). Un champ électrique de l'ordre de 10^6 V.m^{-1} est un champ intense qui peut provoquer la formation d'étincelles dans l'air ;
- le champ magnétique se mesure en teslas (1 T = 1 kg.s^{-2}.A^{-1}). Il prend usuellement des valeurs comprises entre 5.10^{-5} T pour le champ magnétique terrestre et 30 T pour le champ magnétique intense d'un spectroscope à résonance magnétique nucléaire (R.M.N.). Les aimants usuels produisent des champs magnétiques de l'ordre de 0,1 T.

b) Comparaison des termes électrique et magnétique

Pour avoir un ordre de grandeur de cette force et de ses composantes électrique et magnétique, on considère le cas d'un électron dont la charge vaut $q = -e = -1{,}6.10^{-19}$ C, animé d'une vitesse égale à $3{,}0.10^7$ m.s^{-1}. Pour un champ magnétique peu intense de module 0,1 T, le module de la composante magnétique de la force de Lorentz est de l'ordre de :

$$F_{\text{mag}} = qvB = 1{,}6.10^{-19} \times 3.0.10^{7} \times 0{,}1 = 5.10^{-13}\,\text{N}.$$

Pour obtenir une composante électrique de la force de Lorentz du même ordre de grandeur, il faut un champ électrique de module :

$$E = \frac{F_{\text{élec}}}{q} \simeq \frac{F_{\text{mag}}}{q} = \frac{5.10^{-13}}{1{,}6.10^{-19}} = 3.10^{6}\,\text{V.m}^{-1}.$$

Il s'agit d'un champ électrique important. Pour de telles vitesses, la force magnétique d'un champ magnétique peu intense est aussi importante que la force électrique d'un champ électrique intense. C'est la raison principale pour laquelle on utilise très souvent des forces magnétiques lorsque l'on veut dévier des particules chargées allant à grande vitesse.

c) Comparaison au poids de la particule

En prenant le cas d'un proton sur Terre, la masse vaut $m_p = 1{,}7.10^{-27}$ kg et le champ de pesanteur $g = 9{,}8\,\text{m.s}^{-2}$. L'ordre de grandeur du poids du proton est de $m_p g = 1{,}7.10^{-27} \times 9{,}8 \simeq 1{,}7.10^{-26}$ N. La charge du proton valant $e = 1{,}6.10^{-19}$ C, la force électrique atteint la même valeur que le poids ($eE = m_p g$) pour un champ électrique extrêmement faible de norme $E = 10^{-7}\,\text{V.m}^{-1}$. Le poids est donc largement négligeable devant la force électrique.

Concernant la force magnétique, pour qu'un proton soit soumis à une force magnétique comparable à son poids ($evB = m_p g$), il ne doit pas dépasser la vitesse de $2.10^{-3}\,\text{m.s}^{-1}$ dans le champ magnétique terrestre de 5.10^{-5} T. C'est une vitesse extrêmement faible. Le poids est donc largement négligeable devant la force magnétique.

Dans les deux cas, pour un électron dont la masse est environ 2000 fois plus faible que celle d'un proton, le rapport de force est encore plus défavorable au poids.

> On peut toujours négliger le poids d'une particule chargée soumise à un champ électromagnétique.

2 Mouvement dans un champ électrique uniforme

On s'intéresse dans un premier temps au mouvement d'une particule chargée dans un champ électrique seul.

2.1 Équation du mouvement

On étudie le mouvement de la particule dans le référentiel du laboratoire. On assimile cette particule à un point matériel M de masse m et de charge q et on considère le référentiel du laboratoire comme galiléen. La particule est soumise à :

- la force électrique : $\overrightarrow{F_{\text{élec}}} = q\vec{E}$;
- son poids que l'on néglige.

On applique le principe fondamental de la dynamique qui s'écrit :

$$\frac{\text{d}(m\vec{v})}{\text{d}t} = q\vec{E} \qquad \Longleftrightarrow \qquad \vec{a} = \frac{q\vec{E}}{m}.$$

Le mouvement est donc un mouvement à vecteur accélération $\vec{a}$ constant, étudié lors du chapitre *Cinématique du point*.

2.2 Étude de la trajectoire

Comme le champ $\vec{E}$ est indépendant du temps, on peut intégrer vectoriellement soit :

$$\vec{v} = \frac{q\vec{E}}{m}t + \vec{v_0},$$

et :

$$\overrightarrow{OM} = \frac{1}{2}\frac{q}{m}\vec{E}t^2 + \vec{v_0}t, \qquad (17.1)$$

en prenant la position initiale de la particule comme origine O du repère.

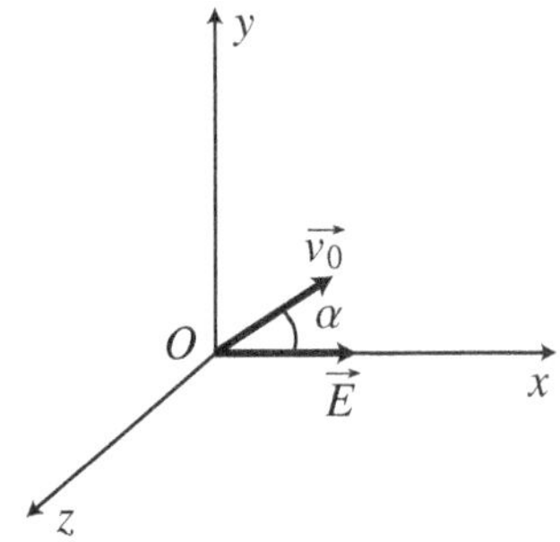

Figure 17.2 – Conditions initiales du mouvement.

Le mouvement a lieu dans le plan défini par la position initiale, le champ électrique et le vecteur vitesse initial. Ceci n'a rien de surprenant : la seule force qui s'exerce sur la particule est dans ce plan. On remarque l'analogie avec le mouvement d'un point matériel dans le champ de pesanteur : dans les deux cas, la force appliquée est constante et uniforme.

Pour aller plus loin dans l'analyse du mouvement, on se place en coordonnées cartésiennes. On oriente l'axe (Ox) dans le sens du champ électrique de sorte que : $\vec{E} = E\vec{u}_x$ avec $E > 0$.

La vitesse initiale définit avec le champ électrique un plan que l'on prend comme plan (xOy) et on note α l'angle que fait le vecteur vitesse avec le champ électrique dans ce plan (figure 17.2). L'axe (Oz) complète la base directe. La projection de l'équation (17.1) dans cette base, conduit au système ci-contre

$$\begin{cases} x = \dfrac{qE}{2m}t^2 + v_0 t\cos\alpha \\ y = v_0 t\sin\alpha \\ z = 0. \end{cases} \qquad (17.2)$$

On obtient la trajectoire en éliminant le temps t dans les relations précédentes. Le plus simple est d'obtenir t en fonction de y. On doit distinguer le cas où $\sin\alpha = 0$ du cas où $\sin\alpha \neq 0$, donc le cas où la vitesse initiale est parallèle au champ électrique et celui où elle ne l'est pas.

a) Trajectoire lorsque la vitesse initiale est parallèle au champ

Dans ce cas, $\sin\alpha = 0$ et $\cos\alpha = 1$ si $\alpha = 0$ ou $\cos\alpha = -1$ si $\alpha = \pi$. La loi horaire du mouvement devient :

$$x = \frac{qE}{2m}t^2 \pm v_0 t \quad ; \quad y = 0 \quad ; \quad z = 0.$$

Il s'agit d'un mouvement rectiligne uniformément varié d'axe Ox.

b) Trajectoire lorsque la vitesse initiale n'est pas parallèle au champ

Dans ce cas, on a $\sin\alpha \neq 0$. On peut alors diviser par $v_0\sin\alpha$ et obtenir $t = \dfrac{y}{v_0\sin\alpha}$.

En reportant dans l'équation horaire de x, on en déduit :

$$x = \frac{qE}{2mv_0^2\sin^2\alpha}y^2 + \frac{\cos\alpha}{\sin\alpha}y.$$

Les trajectoires sont des paraboles passant par l'origine, représentées sur la figure 17.3 page suivante. Il s'agit du même type de mouvement que celui d'un point matériel de masse m évoluant sous l'unique action de son poids.

Ces trajectoires sont caractérisées par leur sommet qui correspond à un extremum de x. On cherche donc les valeurs de y qui annulent la dérivée de $x(y)$:

$$\frac{dx}{dy} = \frac{qE}{mv_0^2 \sin^2\alpha} y + \frac{\cos\alpha}{\sin\alpha} = 0.$$

On obtient : $y_S = -\dfrac{mv_0^2 \sin\alpha \cos\alpha}{qE}$, que l'on reporte dans l'équation de la trajectoire pour déterminer $x_S = -\dfrac{mv_0^2 \cos^2\alpha}{2qE}$.

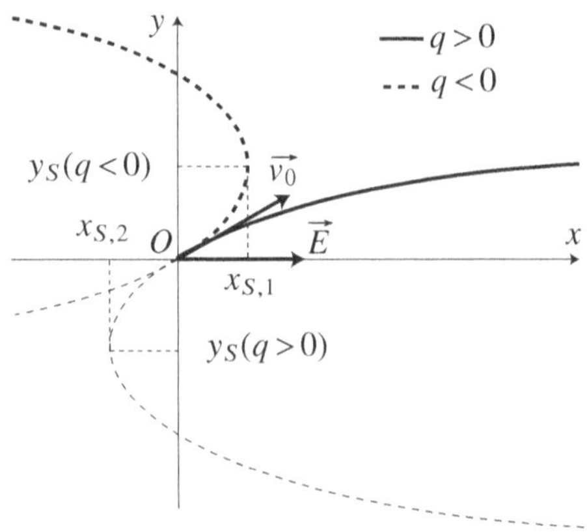

Figure 17.3 – Trajectoires d'une particule chargée positivement ou négativement dans un champ électrique quand la vitesse initiale n'est pas colinéaire au champ.

2.3 Accélération d'une particule chargée par un champ électrique

a) Étude générale

On s'intéresse dans ce paragraphe aux aspects énergétiques afin de montrer qu'un champ électrique peut modifier la norme de la vitesse d'une particule chargée.

Expression de l'énergie potentielle Le champ électrique $\vec{E}$ est supposé uniforme donc la force électrique $\overrightarrow{F_{\text{élec}}} = q\vec{E} = qE\vec{u}_x$ l'est également. On a montré dans le chapitre *Approche énergétique de la dynamique du point* que la force électrique est alors conservative et dérive d'une énergie potentielle E_p telle que $\overrightarrow{F_{\text{élec}}} = -\overrightarrow{\text{grad}}(E_p)$. Étant donné que $\overrightarrow{F_{\text{élec}}}$ est dirigée selon $\vec{u}_x$, on en déduit que l'énergie potentielle E_p ne dépend que de x et vérifie :

$$\overrightarrow{F_{\text{élec}}} = qE\vec{u}_x = -\overrightarrow{\text{grad}}(E_p) = -\frac{dE_p}{dx}\vec{u}_x \quad \Longrightarrow \quad \frac{dE_p}{dx} = -qE.$$

Après intégration par rapport à la variable x, on trouve $E_p = q(-Ex + C)$, où C est une constante arbitraire.

Définition du potentiel électrique Le potentiel électrique est lié à l'énergie potentielle :

Le **potentiel électrique**, noté V, est défini par la relation :

$$E_p = qV \qquad \text{soit} \qquad V = E_p/q.$$

Lorsque le champ électrique est uniforme, dirigé selon (Ox) et d'expression $\vec{E} = E\vec{u}_x$, le potentiel électrique V est une fonction linéaire de x de dérivée $-E$:

$$V(x) = -Ex + C.$$

Le potentiel électrique V ne dépend pas de la charge q mais du seul champ électrique E. Il s'agit du même potentiel que celui que l'on a introduit en électricité. Le choix de la constante arbitraire C correspond au choix de la position du potentiel électrique nul (référence de potentiel) et donc au choix de la masse en électricité.

Le champ électrique est toujours dirigé vers les potentiels décroissants. En effet :

- si $E > 0$, $V(x)$ est une fonction décroissante de x et le champ $\vec{E}$ est dirigé dans le sens des x croissants ;
- si $E < 0$, $V(x)$ est une fonction croissante de x et le champ $\vec{E}$ est dirigé dans le sens des x décroissants.

Remarque

La force électrique est conservative même si le champ électrique n'est pas uniforme. On peut alors définir un potentiel électrique mais son expression n'est plus la même.

Production d'un champ électrique uniforme Pour obtenir un champ électrique uniforme parallèle à l'axe (Ox), il faut créer un potentiel qui varie linéairement selon l'axe (Ox). Pour cela, il suffit d'appliquer une différence de potentiel (ou tension) U entre deux grilles métalliques planes perpendiculaires à l'axe (Ox) (et donc parallèles entre elles) et distantes de d (figure 17.4). On admet que le champ créé entre les deux électrodes est alors uniforme.

Pour établir la tension U, on branche un générateur entre les deux électrodes. On peut fixer arbitrairement la masse sur l'électrode placée en $x = \frac{d}{2}$ et le potentiel U en $x = -\frac{d}{2}$. Le potentiel évolue alors avec l'abscisse x selon la relation linéaire $V(x) = -Ex + C$ et vérifie les conditions aux limites suivantes en $x = \pm\frac{d}{2}$:

$$\begin{cases} V(-d/2) & = U = E\dfrac{d}{2} + C \\ V(d/2) & = 0 = -E\dfrac{d}{2} + C. \end{cases}$$

On élimine C en calculant la différence entre ces deux équations et on obtient $E = \frac{U}{d}$.

Lorsque le potentiel en $x = -\frac{d}{2}$ est positif, le champ électrique est dirigé vers les x croissants.

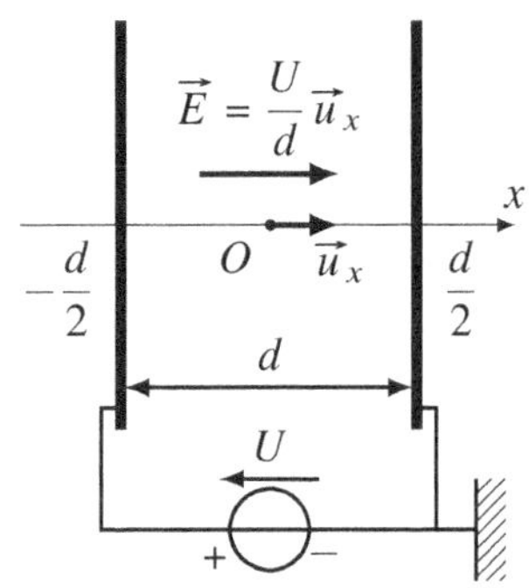

Figure 17.4 – Production d'un champ électrique uniforme.

En appliquant une différence de potentiel U entre deux grilles (ou électrodes) planes, parallèles et distantes de d, on obtient un champ électrique perpendiculaire aux grilles, dirigé vers les potentiels décroissants et de norme :

$$E = \frac{U}{d}. \tag{17.3}$$

Il est aisé de fabriquer une différence de potentiel de 1 kV et de l'appliquer entre deux plans distants de 1 cm. Cela conduit à un champ électrique de $1\ \text{kV.cm}^{-1} = 10^5\ \text{V.m}^{-1}$.

b) Conservation de l'énergie mécanique

La force électrique est conservative. Le théorème de l'énergie mécanique implique donc la conservation de l'énergie mécanique d'où :

$$E_m = E_c + E_p = \frac{1}{2}mv^2 + qV = \text{constante.}$$

On indique par l'indice i la situation initiale et par f la situation finale. On en déduit la variation d'énergie cinétique :

$$\Delta E_c = \frac{1}{2}mv_f^2 - \frac{1}{2}mv_i^2 = -q\Big(V(x_f) - V(x_i)\Big). \tag{17.4}$$

Pour faire varier l'énergie cinétique et donc la norme de la vitesse d'une particule chargée soumise uniquement à une force électromagnétique, il faut lui faire franchir une différence de potentiel ΔV. La variation de l'énergie cinétique est dans ce cas :

$$\Delta E_c = -q\Delta V.$$

Si $q > 0$, la particule sera accélérée par une différence de potentielle $\Delta V < 0$ et freinée par une différence de potentielle $\Delta V > 0$.

Si $q < 0$, la particule sera accélérée par une différence de potentielle $\Delta V > 0$ et freinée par une différence de potentielle $\Delta V < 0$.

c) Cas particulier où la vitesse initiale est nulle

Dans ce cas, le mouvement est nécessairement rectiligne et accéléré. Le sens de la force $\overrightarrow{F_{\text{élec}}} = q\vec{E}$ dépend du signe de la charge considérée.

Accélération de particules chargées positivement On injecte une particule de charge positive sans vitesse initiale à proximité de l'électrode positive : $x_i = -d/2$. Elle est accélérée vers les x croissants jusqu'à l'électrode négative : $x_f = d/2$. L'énergie cinétique finale s'exprime en fonction de la différence de potentiel $V(x_f) - V(x_i) = V(d/2) - V(-d/2) = -U$ à l'aide de l'équation (17.4) :

$$\frac{1}{2}mv_f^2 = qU > 0 \qquad \Longrightarrow \qquad v_f = \sqrt{\frac{2qU}{m}}.$$

où la différence de potentiel U est appelée tension accélératrice.

Exemple

Pour un proton : $q = 1{,}6.10^{-19}$ C et $m_p = 1{,}67.10^{-27}$ kg. Si la tension accélératrice vaut $U = 2{,}0$ kV, la vitesse finale est :

$$v_f = \sqrt{\frac{2 \times 1{,}6.10^{-19} \times 2{,}0.10^3}{1{,}67.10^{-27}}} = 6{,}2.10^5 \text{ m.s}^{-1}.$$

Accélération des particules chargées négativement On injecte une particule de charge négative sans vitesse initiale à proximité de l'électrode négative : $x_i = d/2$. Elle est accélérée vers les x décroissants jusqu'à atteindre l'électrode positive située en $x_f = -d/2$. L'énergie cinétique finale s'exprime en fonction de la différence de potentiel $V(x_f) - V(x_i) = V(-d/2) - V(d/2) = U$ à l'aide de l'équation (17.4) :

$$\frac{1}{2}mv_f^2 = -qU > 0 \qquad \Longrightarrow \qquad v_f = \sqrt{\frac{-2qU}{m}}.$$

Exemple

Pour un électron : $q = -1{,}6.10^{-19}$ C et $m_e = 9{,}1.10^{-31}$ kg. Si la tension accélératrice vaut $U = 2{,}0$ kV, la vitesse finale est :

$$v_f = \sqrt{\frac{2 \times 1{,}6.10^{-19} \times 2{,}0.10^3}{9{,}1.10^{-31}}} = 2{,}7.10^7\ \text{m.s}^{-1}.$$

Une nouvelle unité d'énergie adaptée : l'électron-volt La formule (17.4) montre que le produit d'une charge par une différence de potentiel est homogène à une énergie. On définit l'**électron-volt** comme le produit de la charge de l'électron e par le volt. Cette nouvelle unité d'énergie vaut $1\ \text{eV} = 1{,}6.10^{-19}$ J. Les exemples précédents permettent de comprendre sa signification et son intérêt.

Un électron ou un proton initialement au repos et accéléré sous une tension de 1 V acquiert une énergie cinétique de 1 eV.

Remarque

L'énergie cinétique finale d'un électron initialement au repos et accéléré par une tension accélératrice de 2 kV vaut 2 keV. Sa vitesse est alors de $2{,}7.10^7\ \text{m.s}^{-1}$ soit environ 10 % de la vitesse de la lumière. Une telle différence de potentiel est relativement aisée à réaliser, on peut donc facilement obtenir des électrons relativistes. On se limite ici à des tensions accélératrices inférieures ou égales à 2 kV pour les applications numériques concernant des électrons afin de rester dans l'approximation classique.

3 Mouvement dans un champ magnétique

On s'intéresse au mouvement d'une particule chargée dans un champ magnétique uniforme. Lorsque la vitesse de la particule est initialement perpendiculaire au champ magnétique, on observe expérimentalement qu'elle suit une trajectoire circulaire. On souhaite expliquer cette observation et déterminer le rayon de la trajectoire circulaire observée.

3.1 Le mouvement est uniforme

On étudie le mouvement d'une particule de charge q et de masse m dans un champ magnétique uniforme $\vec{B}$ de norme B. À l'instant initial, la particule est animée d'une vitesse initiale $\vec{v_0}$ de norme v_0 et de direction perpendiculaire à $\vec{B}$.

On modélise la particule par un point matériel M et on étudie son mouvement dans le référentiel du laboratoire considéré comme galiléen. La particule est soumise aux forces suivantes :

- la force magnétique $\overrightarrow{F_{\text{mag}}} = q\vec{v} \wedge \vec{B}$;
- son poids qui sera négligé compte tenu des ordres de grandeur.

Dans un premier temps, on s'intéresse uniquement à la norme de la vitesse et on utilise le théorème de l'énergie cinétique. La force magnétique étant perpendiculaire à la vitesse à chaque instant, sa puissance, et par conséquent son travail, sont nuls. L'application du théorème de l'énergie cinétique :

$$\Delta E_c = W(\overrightarrow{F_{\text{mag}}}) = 0,$$

montre que l'énergie cinétique $E_c = \frac{1}{2}mv^2$ de la particule est une constante du mouvement. Par conséquent, le module de sa vitesse conserve sa valeur initiale v_0.

Le mouvement d'une particule chargée dans un champ magnétique est uniforme.

3.2 Étude de la trajectoire

a) Observations expérimentales

La trajectoire des particules est circulaire dans un plan perpendiculaire à $\vec{B}$. Le sens de parcours et la position du centre de la trajectoire dépendent du signe de la charge (figure 17.5).

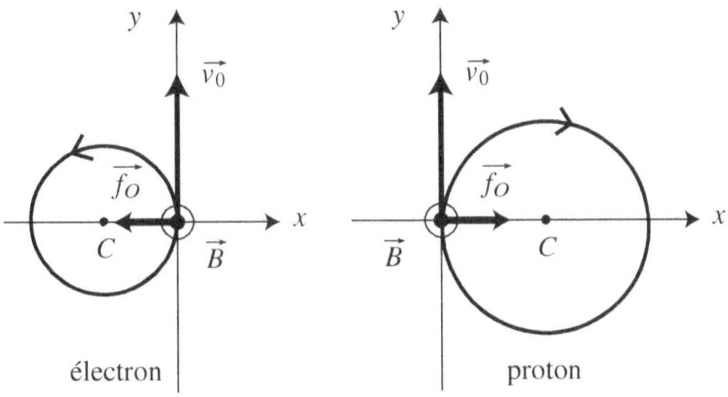

Figure 17.5 – Particules chargées évoluant en présence d'un champ magnétique uniforme. Les rayons ne sont pas tracés avec la même échelle dans le cas de l'électron et du proton.

b) Détermination du rayon et de la vitesse angulaire

On applique le principe fondamental de la dynamique :

$$m\vec{a} = q\vec{v} \wedge \vec{B}. \tag{17.5}$$

On peut étudier cette trajectoire à l'aide de repère de Frenet ($\vec{u_T}$; $\vec{u_N}$) défini dans le chapitre *Cinématique du point*. On a montré dans le paragraphe 3.1 que le mouvement est uniforme à la vitesse v_0 donc $\frac{\mathrm{d}v}{\mathrm{d}t} = 0$ et on obtient :

$$\vec{v} = v_0\vec{u_T} \quad \text{et} \quad \vec{a} = \frac{v_0^2}{R}\vec{u_N}.$$

On définit le vecteur unitaire $\vec{u}_z = \frac{\vec{B}}{\|\vec{B}\|}$ de sorte que $\vec{B} = B\vec{u}_z$ avec $B = \|\vec{B}\| > 0$. $\vec{B}$ étant perpendiculaire au plan de la trajectoire, $\vec{u}_z$ l'est également. L'équation (17.5) s'écrit :

$$m\vec{a} = q\vec{v} \wedge \vec{B} \quad \Longrightarrow \quad m\frac{v_0^2}{R}\vec{u_N} = qv_0B\vec{u_T} \wedge \vec{u}_z. \tag{17.6}$$

La projection de cette équation sur $\vec{u_N}$ conduit à :

$$m\frac{v_0^2}{R} = |q|\, v_0 B \quad \Longleftrightarrow \quad \boxed{R = \frac{mv_0}{|q|\, B}}.$$

Le mouvement est caractérisé par un rayon de courbure constant. Il s'agit d'un mouvement circulaire. Comme il est uniforme, on peut déterminer sa période et sa pulsation :

$$T = \frac{2\pi R}{v_0} = \frac{2\pi m}{|q|\, B} = \frac{2\pi}{\omega_c} \quad \text{avec} \quad \omega_c = \frac{|q|\, B}{m} \quad \Longrightarrow \quad v_0 = R\omega_c.$$

Cette pulsation correspond à la vitesse angulaire de la particule sur sa trajectoire circulaire. Il est remarquable de noter qu'elle ne dépend pas de la vitesse de la particule mais uniquement de sa masse, de sa charge et de l'intensité du champ magnétique.

Une particule de charge q et de vitesse initiale $\overrightarrow{v_0}$ perpendiculaire à un champ magnétique uniforme $\overrightarrow{B}$ suit un **mouvement circulaire et uniforme** de rayon

$$R = \frac{mv_0}{|q|\,B}$$

à la vitesse angulaire également appelée **pulsation cyclotron**

$$\omega_c = \frac{|q|\,B}{m}.$$

Ces caractéristiques de la trajectoire sont liées par la relation $v_0 = R\omega_c$.

Remarque

Lorsque la vitesse initiale n'est pas perpendiculaire au champ magnétique, le mouvement est hélicoïdal, composé d'un mouvement rectiligne et uniforme dans la direction de $\overrightarrow{B}$ et d'un mouvement circulaire et uniforme dans le plan perpendiculaire à $\overrightarrow{B}$.

c) Position du centre de la trajectoire - Sens de parcours de la trajectoire

Par définition, le vecteur $\overrightarrow{u_N}$ et la force $\overrightarrow{F_{\text{mag}}}$ sont dirigés vers le centre de courbure C de la trajectoire à tout instant. Comme la trajectoire est circulaire de rayon R, il suffit de connaître la direction et le sens de $\overrightarrow{u_N}$ en un point de la trajectoire pour déterminer la position du centre de la trajectoire circulaire. Pour cela, on peut utiliser l'équation (17.6) et l'expression de R pour obtenir :

$$\overrightarrow{u_N} = \frac{q}{|q|} \times \overrightarrow{u_T} \wedge \overrightarrow{u}_z = \text{signe}(q) \times \overrightarrow{u_T} \wedge \overrightarrow{u}_z. \qquad (17.7)$$

Il faut alors réaliser un schéma pour déterminer la position de C.

Sur le schéma de la figure 17.5, l'injection de la particule est réalisée en O avec la vitesse $\overrightarrow{v_0}$ et on a choisit $\overrightarrow{u}_y = \dfrac{\overrightarrow{v_0}}{\|\overrightarrow{v_0}\|}$ et $\overrightarrow{u}_x = \overrightarrow{u}_z \wedge \overrightarrow{u}_x$ pour avoir un trièdre $\left(\overrightarrow{u}_x\,;\,\overrightarrow{u}_y\,;\,\overrightarrow{u}_z\right)$ direct.

Lorsque la particule passe au point O, le vecteur $\overrightarrow{u_T} = \overrightarrow{u}_y$ et l'équation (17.7) devient :

$$\overrightarrow{u_N} = \text{signe}(q) \times \overrightarrow{u_T} \wedge \overrightarrow{u}_z = \text{signe}(q) \times \overrightarrow{u}_y \wedge \overrightarrow{u}_z = \text{signe}(q) \times \overrightarrow{u}_x.$$

Cette relation permet de situer le centre O_1 de la trajectoire sur la figure 17.5 :

$$\overrightarrow{OO_1} = R\overrightarrow{u_N} = \text{signe}(q) \times R \times \overrightarrow{u}_x.$$

On en déduit que :

- pour une charge positive, $\overrightarrow{OO_1}$ est dirigée selon $+\overrightarrow{u}_x$ donc O_1 a une abscisse positive ;
- pour une charge négative, $\overrightarrow{OO_1}$ est dirigée selon $-\overrightarrow{u}_x$ donc O_1 a une abscisse négative.

La connaissance du rayon de la trajectoire permet de situer son centre et de la tracer. La vitesse en O permet ensuite de déduire le sens de parcours de la trajectoire (figure 17.5). Il faut noter que le sens du mouvement circulaire dépendent du signe de la charge q : les électrons tournent dans le sens direct autour du champ $\overrightarrow{B}$ et les protons dans le sens indirect.

d) Ordres de grandeur

On considère des particules préalablement accélérées par une différence de potentiel de 2000 V comme cela a été détaillé plus haut. Un proton possède la vitesse $v_0 = 6{,}2.10^5\ \text{m.s}^{-1}$ et un électron la vitesse $v_0 = 2{,}7.10^7\ \text{m.s}^{-1}$. Lorsqu'on les soumet à un champ magnétique de 0,10 T, ces particules de charge $|q| = e = 1{,}6.10^{-19}\ \text{C}$ suivent des trajectoires circulaires de rayon :

$$R = \frac{mv_0}{eB} = \frac{1{,}67.10^{-27} \times 6{,}2.10^5}{1{,}6.10^{-19} \times 0{,}10} = 6{,}5\ \text{cm pour le proton,}$$
$$= \frac{9{,}1.10^{-31} \times 2{,}7.10^7}{1{,}6.10^{-19} \times 0{,}10} = 1{,}5\ \text{mm pour l'électron.}$$

La vitesse angulaire s'écrit :

$$\omega_c = \frac{eB}{m} = \frac{1{,}6.10^{-19} \times 0{,}10}{1{,}67.10^{-27}} = 9{,}5.10^6\ \text{rad.s}^{-1}\ \text{pour le proton,}$$
$$= \frac{1{,}6.10^{-19} \times 0{,}10}{9{,}1.10^{-31}} = 1{,}8.10^{10}\ \text{rad.s}^{-1}\ \text{pour l'électron.}$$

L'électron tourne plus rapidement que le proton et sur une trajectoire de rayon plus petit.

4 Quelques applications de ces mouvements

On considère quelques applications des mouvements de particules dans des champs électrique et magnétique. La liste est loin d'être exhaustive et on se limite à l'analyse deux expériences intéressantes. D'autres applications sont traitées sous la forme d'exercices.

4.1 Expérience de Thomson

À la fin du XIXe siècle, J.J. Thomson conduit une série d'expériences qui mettent en évidence l'existence de l'électron et permettent d'en déterminer le rapport $\frac{e}{m_e}$ de sa charge par sa masse. C'est une avancée décisive dans la connaissance de la matière qui lui vaut d'être récompensé d'un prix Nobel de Physique en 1906. Toutes ces expériences mettent en jeu des mouvements d'électrons dans des tubes à vide.

L'expérience permettant de mesurer ce rapport consiste tout d'abord à accélérer un faisceau d'électrons initialement immobiles par un champ électrique $\overrightarrow{E_0}$, ce qui leur procure une vitesse $\overrightarrow{v_0}$. Ce faisceau est ensuite dévié par un champ électrique $\overrightarrow{E}$ appliqué perpendiculairement à la direction du faisceau sur une longueur a. On mesure alors la déviation d induite par ce champ électrique sur un écran situé à une distance $L \gg a$ (voir figure 17.6).

L'application du seul champ électrique conduit à une déviation d'un angle θ dont le calcul est détaillé dans l'exercice 7 et qui vérifie :

$$\tan\theta = \frac{eEa}{m_e v_0^2} \simeq \frac{d}{L} \quad \Longrightarrow \quad v_0^2 = \frac{eEaL}{m_e d}.$$

On superpose alors un champ magnétique $\overrightarrow{B}$ perpendiculaire à $\overrightarrow{E}$ et tel que la force magnétique $-e\overrightarrow{v_0} \wedge \overrightarrow{B}$ soit égale à la force électrique $-e\overrightarrow{E}$. Le faisceau d'électrons n'est alors plus dévié. L'égalité des forces électrique et magnétique donne : $eE = ev_0B$ soit $v_0 = \frac{E}{B}$.

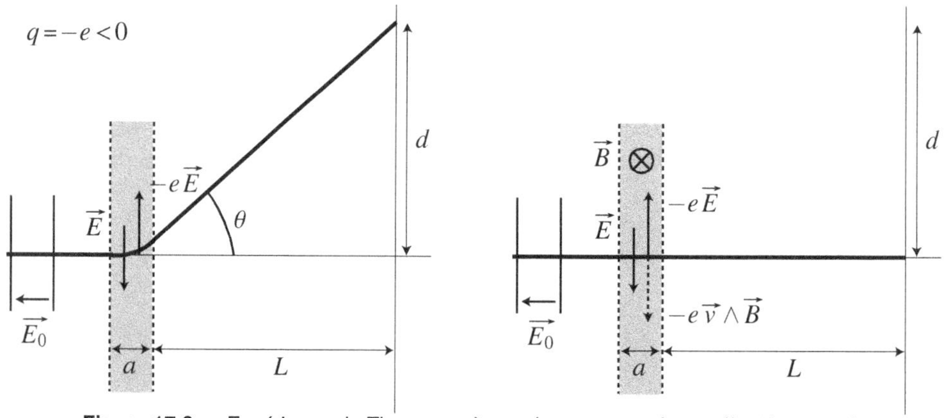

Figure 17.6 – Expérience de Thomson : à gauche, avec un champ électrique seul ; à droite, avec des champs électrique et magnétique.

En égalant les deux expressions de la vitesse, on obtient :

$$v_0^2 = \frac{E^2}{B^2} = \frac{eEaL}{m_e d} \qquad \Longrightarrow \qquad \frac{e}{m_e} = \frac{Ed}{aLB^2}.$$

Les paramètres géométriques a et L sont imposés par la configuration géométrique de l'expérience. La mesure de d et des champs E et B permet d'accéder au rapport $\frac{e}{m_e}$.

Dans cette expérience, on utilise un champ électrique pour dévier une particule puis un champ magnétique pour annuler l'effet de cette force. Pour un électron de vitesse $v_0 = 2{,}7.10^7$ m.s^{-1} et un champ électrique important $E = 10^6$ V.m^{-1}, il suffit d'un champ magnétique faible $B = \frac{E}{v_0} = 0{,}04$ T. Pour dévier un faisceau d'électron, un champ magnétique peu intense est aussi efficace qu'un champ électrique fort.

> Lorsque l'on veut dévier des particules chargées, il est souvent préférable d'utiliser des champs magnétiques. C'est d'autant plus vrai que la vitesse des particules est élevée.

4.2 Cyclotron

L'existence d'une trajectoire circulaire des particules chargées soumises à un champ magnétique permet d'envisager des accélérateurs de particules agissant de manière cyclique. C'est le principe des cyclotrons dont le dispositif est ci-contre.

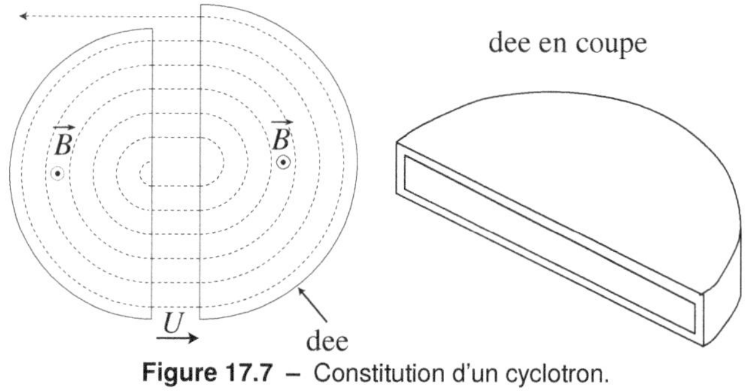

Figure 17.7 – Constitution d'un cyclotron.

Ils sont constitués de deux demi-cylindres creux dénommés « *dees* » du fait de leur forme de « D » majuscules. Chaque dee est soumis à un champ magnétique uniforme, le sens du champ magnétique est le même dans les deux dees. Les deux dees sont séparés par un espace dans lequel on applique une différence de potentiel U. Souvent les particules injectées dans le dispositif ont été préalablement accélérées.

Dans chaque dee, la particule suit un mouvement circulaire lié au champ magnétique. Sa vitesse angulaire vaut :

$$\omega = \omega_c = \frac{qB}{m}.$$

C'est la pulsation cyclotron dont on peut déduire la fréquence cyclotron :

$$f_c = \frac{\omega_c}{2\pi} = \frac{qB}{2\pi m}.$$

Quand la particule traverse l'interstice entre les deux dees, elle est accélérée par la présence de la différence de potentiel U. Pour qu'elle soit effectivement accélérée à chaque demi-tour, il faut que la tension change de signe entre deux passages successifs dans l'interstice soient en opposition de phase. Sinon elle sera alternativement accélérée et décélérée. Pour obtenir une telle tension, il suffit de prendre une tension sinusoïdale dont la période est celle du cyclotron. De cette manière, le rayon de la trajectoire augmente à chaque traversée de l'interstice puisqu'il est proportionnel à la vitesse. On obtient alors le type de trajectoire indiquée en pointillé sur la figure précédente.

L'intérêt d'un tel dispositif est de pouvoir accélérer très fortement les particules sans être contraint d'appliquer une différence de potentiel énorme.

Exemple

Pour le cyclotron de University of Michigan, Ann Arbor (près de Detroit), le champ magnétique vaut $B = 0{,}10\,\mathrm{T}$ (on peut atteindre au maximum 1,5 T mais on est alors dans le cadre relativiste) et le diamètre des dees est de 2,1 m.

Le problème essentiel des cyclotrons est d'obtenir un champ magnétique uniforme sur une surface aussi grande. Il s'agit d'un facteur limitant beaucoup sa taille et donc son utilisation.

On a alors une fréquence cyclotron pour les protons de :

$$f_c = \frac{qB}{2\pi m} = \frac{1{,}6.10^{-19} \times 0{,}10}{2\pi \times 1{,}67.10^{-27}} = 1{,}5\,\mathrm{MHz}.$$

La vitesse maximale est :

$$v_{\mathrm{max}} = R_{\mathrm{max}}\omega = 2\pi \times 1{,}05 \times 1{,}5.10^6 = 1{,}0.10^7\,\mathrm{m.s^{-1}}.$$

Pour atteindre une telle vitesse à l'aide d'un seul champ électrique, il faudrait une différence de potentiel de :

$$U = \frac{mv^2}{2|q|} = \frac{1{,}67.10^{-27} \times (10^7)^2}{2 \times 1{,}6.10^{-19}} = 5{,}3.10^5\,\mathrm{V}.$$

Le cyclotron n'est pas le seul type d'accélérateurs de particules. Dans tous les cas, l'accélération est due au champ électrique et le champ magnétique permet de faire revenir les particules au même point et donc de « refermer » les trajectoires.

MÉTHODOLOGIE

Comment déterminer les caractéristiques de la force magnétique définie par un produit vectoriel ?

▷ *Utiliser la règle de la main droite et calculer la valeur de la norme.*

Deux vecteurs $\vec{V}$ et $\vec{W}$ non nuls sont colinéaires si et seulement si $\vec{V} \wedge \vec{W} = \vec{0}$.

Dans le cas où $\vec{V}$ et $\vec{W}$ ne sont ni nuls ni colinéaires, il faut connaître quelques propriétés géométrique du produit vectoriel :

- la direction de $\vec{V} \wedge \vec{W}$ est celle d'un vecteur orthogonal à la fois à $\vec{V}$ et à $\vec{W}$;
- le sens de $\vec{V} \wedge \vec{W}$ peut être déterminé grâce à la règle de la main droite : si l'on place le pouce de la main droite selon le vecteur $\vec{V}$ et l'index selon le vecteur $\vec{W}$, alors le majeur donne le sens du produit vectoriel $\vec{V} \wedge \vec{W}$ (voir ci-contre) ;

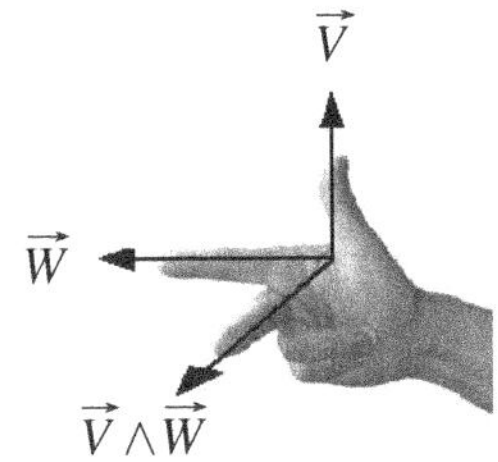

Figure 17.8 – Règle de la main droite.

- la norme de $\vec{V} \wedge \vec{W}$ est obtenue grâce à la formule suivante :

$$\|\vec{V} \wedge \vec{W}\| = \|\vec{V}\| \times \|\vec{W}\| \times \left|\sin\left(\widehat{\vec{V},\vec{W}}\right)\right|, \quad \text{où } \left(\widehat{\vec{V},\vec{W}}\right) \text{ est l'angle entre } \vec{V} \text{ et } \vec{W}.$$

On peut utiliser ces trois propriétés géométriques pour caractériser la partie magnétique de la force de Lorentz :

$$\overrightarrow{F_{\text{mag}}} = q\vec{v} \wedge \vec{B}.$$

Le cas où les vecteurs $q\vec{v}$ et $\vec{B}$ sont orthogonaux, c'est-à-dire lorsque $\left(\widehat{q\vec{v},\vec{B}}\right) = \pm\frac{\pi}{2}$ est particulièrement intéressant et conduit à :

$$\|\overrightarrow{F_{\text{mag}}}\| = |q| \times \|\vec{v}\| \times \|\vec{B}\|.$$

Comment calculer les composantes de la force magnétique $\overrightarrow{F_{\text{mag}}} = q\vec{v} \wedge \vec{B}$?

▷ *Écrire les vecteurs dans la même base orthonormée directe et suivre les règles de calcul décrites ci-dessous.*

Il faut savoir que le produit vectoriel est anti-symétrique :

$$\vec{V} \wedge \vec{W} = -\vec{W} \wedge \vec{V},$$

et connaître le produit vectoriel des vecteurs formant une base orthonormée $(\vec{u}_x, \vec{u}_y, \vec{u}_z)$:

$$\vec{u}_x \wedge \vec{u}_x = \vec{u}_y \wedge \vec{u}_y = \vec{u}_z \wedge \vec{u}_z = \vec{0} \quad \text{et} \quad \vec{u}_x \wedge \vec{u}_y = \vec{u}_z \qquad \vec{u}_y \wedge \vec{u}_z = \vec{u}_x \qquad \vec{u}_z \wedge \vec{u}_x = \vec{u}_y.$$

Le produit vectoriel du vecteur $\vec{V} = \begin{pmatrix} v_x \\ v_y \\ v_z \end{pmatrix}$ par le vecteur $\vec{W} = \begin{pmatrix} w_x \\ w_y \\ w_z \end{pmatrix}$ vaut :

$$\vec{V} \wedge \vec{W} = \begin{pmatrix} v_x \\ v_y \\ v_z \end{pmatrix} \wedge \begin{pmatrix} w_x \\ w_y \\ w_z \end{pmatrix} = \begin{pmatrix} v_y w_z - v_z w_y \\ v_z w_x - v_x w_z \\ v_x w_y - v_y w_x \end{pmatrix}.$$

On peut utiliser ces formules pour calculer la partie magnétique de la force de Lorentz :

$$\overrightarrow{F_{\text{mag}}} = q\vec{v} \wedge \vec{B}.$$

Le cas où $q\vec{v}$ est dans la plan (Oxy) et $\vec{B} = B\vec{u}_z$ selon l'axe (Oz) est particulièrement intéressant et conduit à :

$$\overrightarrow{F_{\text{mag}}} = q\vec{v} \wedge \vec{B} = q \begin{pmatrix} v_x \\ v_y \\ 0 \end{pmatrix} \wedge \begin{pmatrix} 0 \\ 0 \\ B \end{pmatrix} = q \begin{pmatrix} v_y B \\ -v_x B \\ 0 \end{pmatrix}.$$

PROGRAMME OFFICIEL ET SOMMAIRE DES EXERCICES

NOTIONS ET CONTENUS	CAPACITÉS EXIGIBLES
Mouvement de particules chargées dans des champs électrique et magnétique, uniformes et stationnaires	
Force de Lorentz exercée sur une charge ponctuelle ; champs électrique et magnétique. ► 17.C4 17.C7 17.C8 17.C9	Évaluer les ordres de grandeur des forces électrique ou magnétique et les comparer à ceux des forces gravitationnelles.
Puissance de la force de Lorentz. ► 17.C1	Justifier qu'un champ électrique peut modifier l'énergie cinétique d'une particule alors qu'un champ magnétique peut courber la trajectoire sans fournir d'énergie à la particule.
Mouvement d'une particule chargée dans un champ électrostatique uniforme. ► 17.C2 17.C3 17.C5 ▷ 17.4 17.5 17.6 17.7	Mettre en équation le mouvement et le caractériser comme un mouvement à vecteur accélération constant. Effectuer un bilan énergétique pour déterminer la valeur de la vitesse d'une particule chargée accélérée par une différence de potentiel.
Mouvement d'une particule chargée dans un champ magnétostatique uniforme dans le cas où le vecteur vitesse initial est perpendiculaire au champ magnétostatique. ► 17.C6 ▷ 17.1 17.2 17.3 17.4 17.8 17.9	Déterminer le rayon de la trajectoire et le sens de parcours.

EXERCICES ★ (LE COURS)

17.C1 Accélération d'une particule chargée 1 Quel(s) champ(s) (électrique et/ou magnétique) permet(tent) d'augmenter la vitesse d'une particule chargée.

17.C2 Accélération d'une particule chargée 2 Dans quel sens doit être orienté le champ électrique pour accélérer un proton dans la direction $\vec{u}_x$? Et un électron ?

17.C3 Accélération d'une particule chargée 3 On accélère un proton de charge e sous une différence de potentielle U. Quelle sera la variation d'énergie cinétique du proton ?

17.C4 Déviation d'une particule Quel(s) champ(s) (électrique et/ou magnétique) permet(tent) de dévier une particule chargée.

17.C5 Norme, direction et sens d'un champ électrique On crée un champ électrique avec une différence de potentiel U entre les armatures distantes de d d'un condensateur plan. Quels sont la norme du champ électrique, sa direction et son sens ?

17.C6 Direction de la force magnétique Une particule de charge $q > 0$ est animée d'une vitesse $\vec{v}$ dans un champ magnétique $\vec{B}$ uniforme. Comment est dirigée la force magnétique par rapport au champ magnétique ? par rapport à la vitesse ? Exerce-t-elle un travail ?

17.C7 Mouvement à vecteur accélération constant On observe un mouvement à vecteur accélération constant sous l'effet d'un champ uniforme. De quel champ s'agit-t-il ?

17.C8 Mouvement à uniforme On observe un mouvement uniforme sous l'effet d'un champ uniforme. De quel type de champ s'agit-t-il ?

17.C9 Ordre de grandeur Un électron animé d'une vitesse de norme $v = 1.10^6$ m.s^{-1} est soumis à son poids et à la force de Lorentz due à un champ électrique de norme $E = 1.10^4$ V.m^{-1} et à un champ magnétique de norme $B = 1$ T. Quels sont les ordres de grandeur des forces qui s'exercent sur l'électron ? Doit-on tenir compte du poids ?

EXERCICES ★★

17.1 Chambre à bulles

Pour visualiser les trajectoires des particules chargées, les premiers détecteurs étaient des « chambre à bulles » dans lesquelles les particules (électrons, protons, neutrons, etc.) déclenchaient la formation de bulles dans un liquide et marquaient ainsi leur passage par une traînée de bulles. La figure ci-dessous représente un cliché typique des traces observées lors d'une collision à haute énergie de particules au CERN (organisation européenne pour la recherche nucléaire). Sur le côté droit, on a schématisé les trois types de trajectoires observées avec leur sens de parcours.

Dans ces chambres à bulles, il règne un champ magnétique uniforme $\vec{B}$. Par ailleurs, le passage dans le liquide conduit à une lente décélération des particules.

1) Déterminer le signe de la charge pour les trois types de trajectoires observées.

2) Expliquer qualitativement pourquoi les trajectoires observées ne sont pas circulaires mais s'enroulent en spirales dont le rayon diminue.

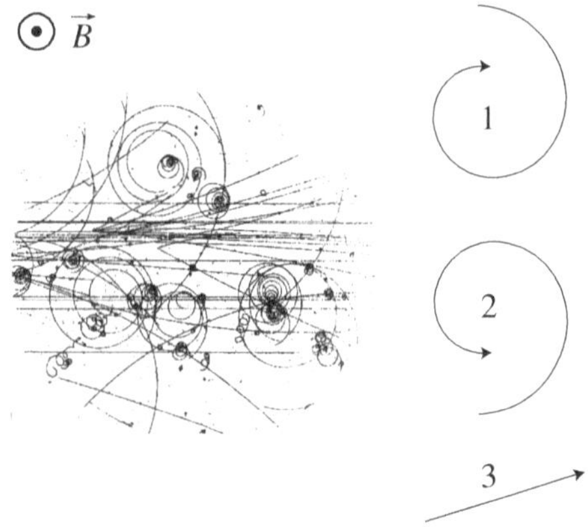

17.2 Grandeurs cinétiques d'une particule chargée dans un champ magnétique

Une particule de charge q, de masse m et de vitesse $\vec{v_0}$ pénètre dans une région où règne un champ magnétique $\vec{B}$ constant et uniforme avec $\vec{v_0} \perp \vec{B}$. Comparer les valeurs des quantités suivantes à l'entrée et à la sortie de la zone :

1) énergie cinétique ;

2) quantité de mouvement.

17.3 Action d'un champ magnétique sur un proton ou sur un électron

Un électron et un proton de même énergie cinétique décrivent des trajectoires circulaires dans un champ magnétique uniforme. Comparer :

1) leur vitesse ;

2) le rayon de leur trajectoire ;

3) leur période.

17.4 Questions sur les particules dans des champs $\vec{E}$ et $\vec{B}$

On considère une particule ponctuelle, de charge q et de masse m, de vitesse initiale $\vec{V_0}$ à l'entrée d'une zone où règnent un champ électrique $\vec{E}$ ou un champ magnétique $\vec{B}$.

On suppose ces champs uniformes et indépendants du temps et on néglige toute autre force que celles provoquées par ces champs.

La particule décrit une droite et possède une accélération constante a.

1) Déterminer la direction et la norme du ou des champs qui provoquent cette trajectoire.

2) Déterminer la position du point en fonction du temps.

La particule décrit une trajectoire circulaire de rayon R_0, dans un plan xOy.

3) Déterminer la direction du ou des champs qui provoquent cette trajectoire.

4) Déterminer l'équation de la trajectoire et la relation entre la norme du champ, v_0 et R_0. On suggère d'utiliser les coordonnées polaires.

17.5 Mouvement de gouttelettes chargées

On disperse un brouillard de fines gouttelettes sphériques d'huile, de masse volumique $\rho_h = 1{,}3.10^3\,\text{kg.m}^{-3}$, dans l'espace séparant les deux plaques horizontales d'un condensateur plan, distantes de $d = 2{,}0.10^{-2}\,\text{m}$. Les gouttelettes sont chargées négativement et sans vitesse initiale.

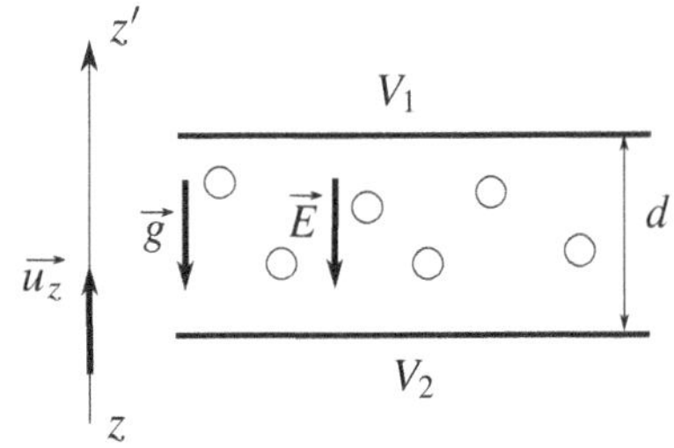

Toutes les gouttelettes ont même rayon R mais pas forcément la même charge $q < 0$. En l'absence de champ électrique E, une gouttelette est soumise à son poids ($g = 9{,}8\,\text{m.s}^{-2}$), à la poussée d'Archimède de l'air ambiant de masse volumique $\rho_a = 1{,}3\,\text{kg.m}^{-3}$ et à une force de frottement visqueux $\vec{f} = -k\vec{v}$, avec $k = \alpha R$ et $\alpha = 3{,}4.10^{-4}$ SI.

Mouvement en l'absence de champ électrique.

1) Déterminer la vitesse limite $\vec{v_0}$

2) Déterminer l'expression de la vitesse des gouttes $\vec{v}(t)$. On fera apparaître un temps caractéristique τ.

3) On mesure $v_0 = 2{,}0.10^{-4}\,\text{m.s}^{-1}$, déterminer la valeur de R.

Mouvement en présence de champ électrique.

On applique une différence de potentiel $U = V_1 - V_2$ de manière à avoir un champ électrique $\vec{E}$ dirigé vers le bas.

4) Déterminer l'expression de $\vec{E}$.

5) Une gouttelette est immobilisée pour $U = 3{,}2\,\text{kV}$. Calculer la charge q.

EXERCICES ★★★

17.6 Déflection électrique dans un oscilloscope

Dans tout l'exercice on se place dans un référentiel galiléen associé à un repère cartésien $(O, \vec{u}_x, \vec{u}_y, \vec{u}_z)$. Une zone de champ électrique uniforme (voir figure) est établie entre les plaques P_1 et P_2 (le champ est supposé nul en dehors et on néglige les effets de bord) ; la distance entre les plaques est d, la longueur des plaques D et la différence de potentiel est $U = V_{P_2} - V_{P_1}$ positive. Des électrons (charge $q = -e$, masse m) accélérés pénètrent en O dans la zone de champ électrique uniforme avec une vitesse $\vec{v}_0 = v_0\vec{u}_z$ selon l'axe Oz.

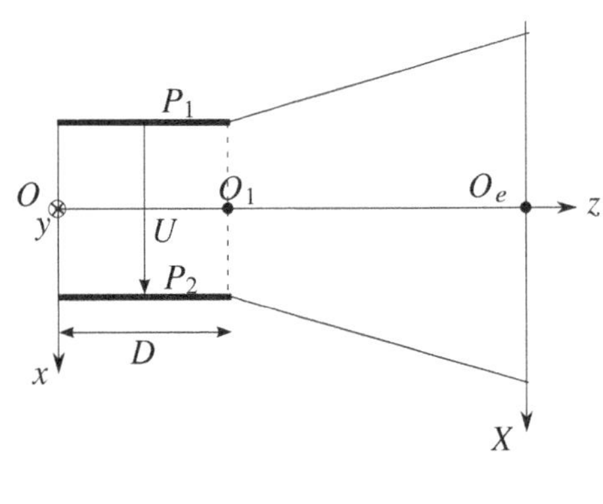

1) Établir l'expression de la force subie par les électrons en fonction de U, q, d et $\vec{u}_x$.

2) Déterminer l'expression de la trajectoire $x = f(z)$ de l'électron dans la zone du champ en fonction de d, U et v_0.

3) Déterminer le point de sortie K de la zone de champ ainsi que les composantes de la vitesse en ce point.

4) Montrer que le mouvement est rectiligne uniforme dans la zone en dehors des plaques.

5) On note L la distance O_1O_e (voir figure). Déterminer l'abscisse X_P du point d'impact P de l'électron sur l'écran en fonction de U, v_0, D, d, L, m et e.

17.7 Déviation d'un électron par un champ électrique dans l'expérience de Thomson

Le but de cet exercice est de déterminer la déviation d'une particule chargée par un champ électrique uniforme, tel qu'elle apparaît dans l'expérience de Thomson vue au paragraphe 17.6 p. 492. On se place donc dans la géométrie de cette expérience visible sur la figure 17.6 et on cherche à montrer que la déflexion électrique vaut :

$$d = \left(L + \frac{a}{2}\right)\tan\theta = \left(L + \frac{a}{2}\right)\frac{eEa}{mv_0^2} \simeq \frac{eEaL}{mv_0^2} \qquad \text{pour } a \ll L.$$

On s'intéresse à un électron arrivant dans une zone où il existe un champ $\vec{E}$ de norme E avec une vitesse $\vec{v_0}$ de norme v_0 perpendiculaire à $\vec{E}$.

On note que le champ déflecteur n'est présent que dans une zone limitée de l'espace de largeur a et que la vitesse initiale des électrons arrivant dans cette zone est perpendiculaire au champ électrique.

1) Calculer les vecteurs position et vitesse à la sortie de la zone où s'applique le champ $\vec{E}$.

2) Justifier que le mouvement de l'électron est ensuite rectiligne et uniforme et calculer l'angle de déflexion θ dû à l'action du champ électrique sur cet électron.

3) Calculer la déflexion d.

17.8 Étude d'un cyclotron

Un cyclotron sert à accélérer des particules chargées pour réaliser des expériences de physique nucléaire. Ici, les particules sont des protons de masse $m_p = 1{,}67.10^{-27}$ kg et de charge $e = 1{,}6.10^{-19}$ C.

Le cyclotron est formé de deux demi-cylindres conducteurs creux appelés « dees » et séparés par un intervalle étroit. Un champ magnétique uniforme $B = 1{,}0$ T règne à l'intérieur de chaque dee. Sa direction est parallèle à l'axe de ces demi-cylindres.

Un champ électrique $\vec{E}$ variable dans le temps peut être établi dans l'intervalle étroit qui sépare les dees. Il permet d'augmenter la vitesse des protons chaque fois qu'ils pénètrent dans cet intervalle. Ce champ électrique variable est obtenu en appliquant une tension créneau d'amplitude $U_M = 2.10^3$ V et de fréquence f entre les dees.

Le proton entre dans le dee 1 avec une vitesse initiale d'injection $\vec{v_0}$ perpendiculaire à $\vec{B}$.

1) Rappeler la nature de sa trajectoire dans un dee. Donner son rayon et sa durée Δt.

2) Δt dépend-il de la vitesse d'entrée du proton dans le dee ? Calculer sa valeur numérique.

Après avoir traversé un dee, le proton traverse l'intervalle où il est accéléré par le champ électrique uniforme, indépendant du temps et colinéaire au vecteur vitesse du proton.

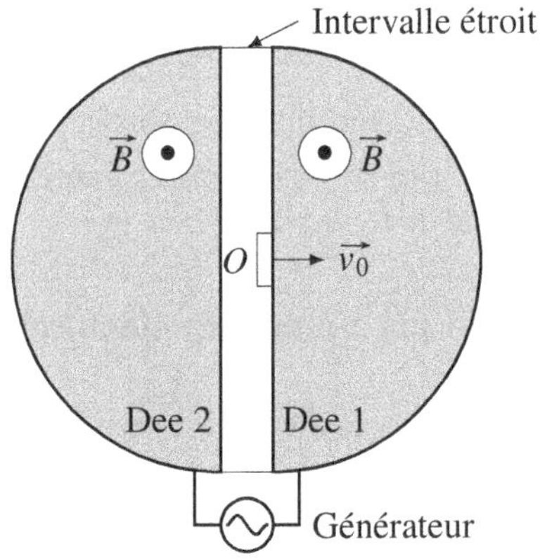

3) Calculer la fréquence f de la tension alternative appliquée entre les dees pour que les protons subissent une accélération maximale à chaque traversée de l'intervalle. Le temps de traversée de l'intervalle est supposé négligeable devant le temps passé dans les dees.

4) Calculer littéralement puis numériquement la variation d'énergie cinétique ΔE_c du proton lorsqu'il traverse l'intervalle étroit. Exprimer le résultat en joules puis en électrons-volts.

5) Préciser si le rayon de la trajectoire du proton augmente ou diminue à chaque fois qu'il traverse l'intervalle étroit.

La vitesse d'injection v_0 est supposée très faible et on désire atteindre $v_f = 2.10^4\ \text{km.s}^{-1}$.

6) Calculer le nombre de tours que le proton devra décrire dans le cyclotron.

7) Calculer la valeur du rayon à partir duquel les protons, injectés à proximité immédiate du centre O du cyclotron, auront acquis une vitesse de v_f et seront extraits.

EXERCICES ★★★★

17.9 Spectromètre de masse

Le spectromètre de masse permet de mesurer la masse des particules chargées avec une telle précision qu'il peut servir à déterminer des compositions isotopiques. Dans cet exercice, on montre qu'il permet de déterminer la composition isotopique du mercure.

Une source émet des ions mercure ${}^{200}_{80}\text{Hg}^{2+}$ et ${}^{202}_{80}\text{Hg}^{2+}$. Ces ions passent dans le spectromètre de masse où ils sont accélérés puis séparés afin de mesurer leur rapport isotopique. Les données numériques nécessaires sont regroupées en fin d'exercice.

Accélération des ions.

Des ions de masse m et de charge $q > 0$ sont émis par une source située en F_1, sans vitesse initiale. Ils sont accélérés entre F_1 et F_2 par une différence de potentiel U appliquée entre les plaques conductrices P_1 et P_2.

1) Préciser la plaque de potentiel le plus élevé et représenter sur le schéma le champ accélérateur $\overrightarrow{E_0}$ qui règne dans l'entrefer séparant F_1 de F_2. Calculer numériquement $\|\overrightarrow{E_0}\|$.

2) Établir l'expression littérale de la vitesse v_0 des ions sur la plaque P_2.

3) Calculer numériquement v_{01} et v_{02}, les vitesses respectives des ions ${}^{200}_{80}\mathrm{Hg}^{2+}$ et ${}^{202}_{80}\mathrm{Hg}^{2+}$ à leur arrivée en F_2.

Étant donné que l'hypothèse de vitesse nulle en F_1 est difficile à réaliser en pratique, il existe une certaine dispersion des vitesses en F_2 et il est nécessaire de réaliser un filtrage en vitesse pour améliorer les performances de l'appareil.

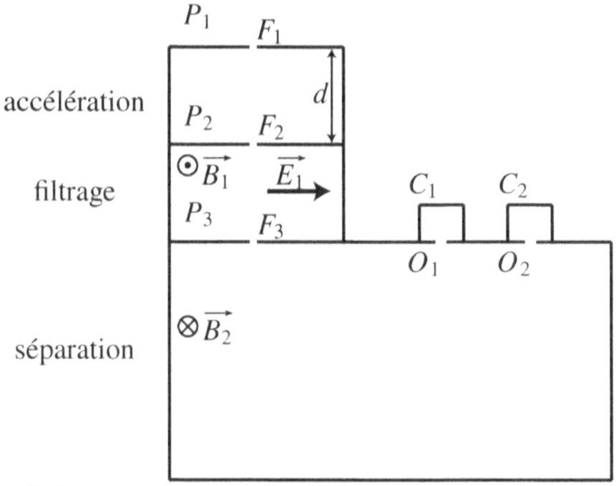

Filtre de vitesse.

Les ions traversent la plaque P_2 par la fente F_2 avec un vecteur vitesse perpendiculaire à P_2. Ils entrent dans l'espace séparant P_2 et P_3 où règnent :

- un champ $\overrightarrow{E}_1$ uniforme situé dans le plan du schéma et parallèle à P_2 ;
- un champ $\overrightarrow{B}_1$ uniforme perpendiculaire au plan du schéma.

4) Sous quelle condition les ions peuvent-ils avoir une trajectoire rectiligne les amenant de F_2 à F_3 ?

5) En déduire que seuls les ions de vitesse $v_0 = \dfrac{E_1}{B_1}$ parviennent en F_3.

6) Calculer numériquement cette vitesse et en déduire quel isotope du mercure parvient en F_3 avec ces réglages.

Pour mesurer la composition isotopique du mercure, on règle la valeur de $\overrightarrow{E_1}$ pour assurer le passage de ${}^{200}_{80}\mathrm{Hg}^{2+}$ *pendant* 1 min *puis on change sa valeur pour que les ions* ${}^{202}_{80}\mathrm{Hg}^{2+}$ *passent pendant* 1 min. *Pendant cette opération, la valeur de $\overrightarrow{B_1}$ reste constante.*

Séparation des ions.

Après F_3, les ions pénètrent dans une région où ne règne qu'un champ magnétique uniforme $\overrightarrow{B_2}$ normal au plan du schéma. Ils sont déviés vers les collecteurs C_1 et C_2.

7) Montrer que le mouvement d'un ion dans cette région est uniforme.

8) Sachant que la trajectoire des ions est circulaire, déterminer son rayon R_1 pour les ions ${}^{200}_{80}\mathrm{Hg}^{2+}$ et R_2 pour les ions ${}^{202}_{80}\mathrm{Hg}^{2+}$.

9) Déterminer le collecteur (C_1 ou C_2) qui reçoit ${}^{200}_{80}\mathrm{Hg}^{2+}$ et celui qui reçoit ${}^{200}_{80}\mathrm{Hg}^{2+}$.

10) La distance δ qui sépare les points O_1 et O_2 paraît-elle suffisante pour installer des détecteurs de particules.

11) Les quantités d'électricité reçues en 1 minute par les collecteurs C_1 et C_2 sont $Q_1 = 1{,}20.10^{-7}$ C et $Q_2 = 3{,}5.10^{-8}$ C. Déterminer la composition du mélange d'ion et en déduire la masse atomique du mercure.

Données numériques utiles : $d = 1{,}00$ m ; $U = 1{,}00.10^4$ V ; $e = 1{,}60.10^{-19}$ C ; unité de masse atomique : $1u = 1{,}67.10^{-27}$ kg (masse d'un nucléon) ; $E_1 = 5{,}30.10^4$ V.m^{-1} ; $B_1 = 0{,}383$ T ; $B_2 = 0{,}200$ T ; $F_3O_1 = 1{,}44$ m ; $F_3O_2 = 1{,}45$ m.

CORRIGÉS

17.C1 *Cf.* paragraphe 1.2 page 482. Seul le champ électrique permet cela.

17.C2 $\overrightarrow{F_{\text{élec}}} = q\vec{E}$ est dirigée selon $\vec{u}_x$ donc $\vec{E}$ est selon $\vec{u}_x$ pour un proton de charge $q = +e > 0$ et $-\vec{u}_x$ pour un électron de charge $q = -e < 0$.

17.C3 *Cf.* paragraphe 2.3 et équation (17.4) page 487 : $\Delta E_c = eU$.

17.C4 Les deux. *Cf.* page 484 : $\vec{E} \longrightarrow$ trajectoires paraboliques. *Cf.* paragraphe 3.2 page 489 : $\vec{B} \longrightarrow$ trajectoires circulaires.

17.C5 *Cf.* paragraphe 2.3 et équation 17.3 page 486 : $E = U/d$ est perpendiculaire au condensateur et dirigé vers les potentiels décroissants.

17.C6 *Cf.* paragraphe 1 page 481. $\overrightarrow{F_{\text{mag}}} \perp \vec{B}$ et $\overrightarrow{F_{\text{mag}}} \perp \vec{v}$. *Cf.* paragraphe 1.2 page 482 : elle ne travaille jamais.

17.C7 *Cf.* paragraphe 2.1 page 483. Il s'agit d'un champ $\vec{E}$.

17.C8 *Cf.* paragraphe 3.1 page 488. Il s'agit d'un champ $\vec{B}$.

17.C9 En ordre de grandeur pour un électron : $m \simeq 10^{-30}\,\text{kg}$, $e \simeq 10^{-19}\,\text{C}$: $\|\vec{P}\| \simeq 10^{-29}\,\text{N}$, $\|\overrightarrow{F_{\text{élec}}}\| \simeq 10^{-15}\,\text{N}$ et $\|\overrightarrow{F_{\text{mag}}}\| \simeq 10^{-13}\,\text{N}$. Le poids est négligeable.

17.1 Chambre à bulles

1) La force magnétique $\vec{f}$ est nécessairement dirigée vers l'intérieur de la concavité de la trajectoire. On peut donc la tracer sur la figure. Or $\vec{f} = q\vec{v} \wedge \vec{B}$, donc le sens de $\vec{B}$ permet de déduire le sens de $q\vec{v}$ grâce à la « règle de la main droite ». Le sens de $\vec{v}$ permet alors de conclure.

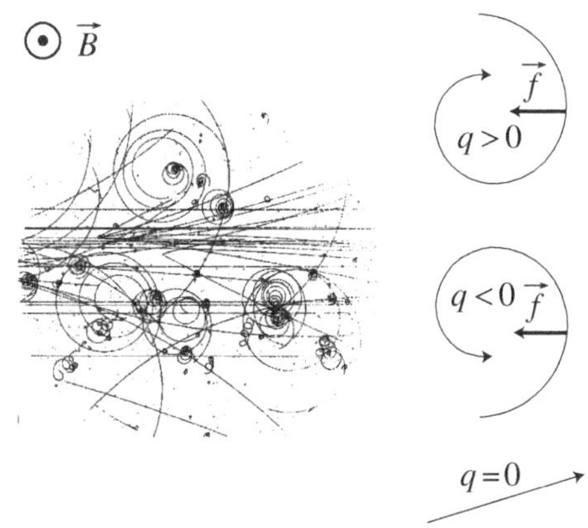

La trajectoire 1 correspond à une charge positive, la 2 à une charge négative et la 3 à une particule neutre.

2) En présence d'un champ magnétique seul, une particule chargée suit une trajectoire circulaire et uniforme de rayon $R = \frac{mv}{qB}$ proportionnel à v.

La présence du liquide provoque une diminution progressive de l'énergie cinétique et donc de la vitesse de la particule. Il s'en suit une diminution progressive du rayon de la trajectoire.

17.2 Grandeurs cinétiques d'une particule chargée dans un champ magnétique

1) La force magnétique est orthogonale à la vitesse. Sa puissance est donc nulle. D'après le théorème de l'énergie cinétique, l'énergie cinétique de la particule est conservée et la norme de sa vitesse également.

2) Si le module de la vitesse est constant, il n'en est pas de même de sa direction. Par conséquent, la quantité de mouvement peut changer de direction en conservant son module.

17.3 Action d'un champ magnétique sur un proton ou sur un électron

1) L'énergie cinétique s'écrit : $Ec = \frac{1}{2}mv^2$. Comme $m_e < m_p$, on en déduit que la vitesse de l'électron est plus grande que celle du proton : $v_e > v_p$.

2) Le rayon de la trajectoire s'exprime par : $R = \dfrac{mv}{|q|\,B}$ donc $\dfrac{R_e}{R_p} = \dfrac{m_e v_e}{m_p v_p} = \dfrac{Ec_e v_p}{Ec_p v_e} = \dfrac{v_p}{v_e}$. Le rayon de la trajectoire de l'électron est donc plus petit que celui du proton : $R_e < R_p$.

3) La pulsation cyclotron vaut : $\omega_c = \dfrac{|q|\,B}{m}$. La pulsation du mouvement de l'électron est donc plus grande que celle du proton. Comme la pulsation est inversement proportionnelle à la période, la période de l'électron est plus petite que celle du proton : $T_e < T_p$.

17.4 Questions sur les particules dans des champs $\vec{E}$ et $\vec{B}$

On étudie la particule M de masse m et de charge q assimilée à un point matériel dans le référentiel du laboratoire supposé galiléen. Cette particule est soumise à la force de Lorentz $\vec{f} = q\left(\vec{E} + \vec{v} \wedge \vec{B}\right)$.

Dans un premier temps, on suppose que la trajectoire est rectiligne et uniformément accélérée.

1) L'accélération $\vec{a}$ est constante, soit : $\frac{\mathrm{d}\vec{v}}{\mathrm{d}t} = \vec{a} = \overrightarrow{cte}$, soit $\vec{v} = \vec{a}\,t + \vec{v_0}$. La norme de $\vec{v}$ varie donc l'énergie cinétique aussi. Or seule la force électrique travaille donc le champ est un champ électrique. D'après l'expression de $\vec{v}$, pour que la trajectoire soit rectiligne, il faut que $\vec{a}$ soit colinéaire à $\vec{v_0}$. Or $\vec{a} = \dfrac{q}{m}\vec{E}$, donc $\vec{E}$ est colinéaire à v_0.

2) On note O le centre du repère. On intègre l'expression de la vitesse pour avoir la position $\overrightarrow{OM}$ de la particule : $\overrightarrow{OM} = \frac{q}{2m}t^2\vec{E} + t\vec{v_0} + \overrightarrow{OM_0}$, M_0 étant la position initiale du point.

Dans un deuxième temps, on suppose que la trajectoire est circulaire dans le plan (Oxy).

3) La trajectoire circulaire est celle d'une charge dans un champ magnétique perpendiculaire à la vitesse initiale. On en déduit que $\vec{B}$ est suivant Oz et que $\vec{v_0}$ est dans le plan xOy.

4) La trajectoire étant circulaire, la vitesse en coordonnées polaires a pour expression $\vec{v} = R_0\dot{\theta}\vec{u}_\theta$, et l'accélération se réduit à $\vec{a} = -R_0\dot{\theta}^2\vec{u}_r + R_0\ddot{\theta}\vec{u}_\theta$. La relation fondamentale de la dynamique donne : $m\vec{a} = q\vec{v} \wedge \vec{B}$. Or $\vec{B} = B\vec{u}_z$ et donc $q\vec{v} \wedge \vec{B} = qR_0\dot{\theta}B\vec{u}_r$ puis, en projetant sur la base $(\vec{u}_r, \vec{u}_\theta)$: $-mR_0\dot{\theta}^2 = qR_0\dot{\theta}B$ et $R_0\ddot{\theta} = 0$.

On obtient alors $\dot{\theta} = -\frac{qB}{m}$ = constante. Si la charge est positive elle tourne dans le sens rétrograde (horaire) par rapport à Oz. Puisque $\dot{\theta}$ est constante, le mouvement et circulaire uniforme et $v_0 = R_0|\dot{\theta}|$ d'où $R_0 = \frac{mv_0}{qB}$.

17.5 Mouvement de gouttelettes chargées

1) On étudie la gouttelette assimilée à un point matériel dans le référentiel du laboratoire galiléen. Cette gouttelette est soumise à son poids, à la poussée d'Archimède (opposée du poids du volume d'air déplacé) et aux frottements. Le principe fondamental de la dynamique appliquée à une goutte donne $m\vec{a} = \frac{4}{3}\pi R^3\rho_h\vec{g} - \frac{4}{3}\pi R^3\rho_a\vec{g} - k\vec{v}$.

La vitesse limite est obtenue lorsque l'accélération devient nulle :

$$\vec{v}_0 = \tfrac{4}{3}\pi R^3\tfrac{1}{k}(\rho_h - \rho_a)\vec{g} \simeq \tfrac{4}{3}\pi R^3\tfrac{1}{k}\rho_h\vec{g} \simeq \tfrac{4}{3}\pi R^2\tfrac{1}{\alpha}\rho_h\vec{g}.$$

2) On peut réécrire le principe fondamental de la dynamique avec $\vec{v}_0$: $m\frac{\mathrm{d}\vec{v}}{\mathrm{d}t} = k(\vec{v}_0 - \vec{v})$ ou $\frac{\mathrm{d}\vec{v}}{\mathrm{d}t} + \frac{\vec{v}}{\tau} = \frac{\vec{v}_0}{\tau}$, où l'on a défini le temps caractéristique $\tau = m/k$. La solution de cette équation différentielle est : $\vec{v}(t) = \vec{A}\exp\left(-\frac{t}{\tau}\right) + \vec{v}_0$.

À $t = 0$ la vitesse est nulle donc $\vec{0} = \vec{A} + \vec{v}_0$. D'où $\vec{v}(t) = \left(1 - \exp\left(-\frac{t}{\tau}\right)\right) \vec{v}_0$.

3) Avec l'expression de $\vec{v}_0$ on trouve $R = \sqrt{\dfrac{3v_0\alpha}{4\pi(\rho_h - \rho_a)}} = 1{,}1.10^{-6}$ m.

4) Le champ électrique $\vec{E}$ étant dirigé vers le bas, on l'écrit $\vec{E} = -E\vec{u}_z$ avec $E > 0$. Or le champ électrique est dirigé vers les potentiels décroissants, donc $V_1 > V_2$ et $U > 0$. Par ailleurs, $\|\vec{E}\| = \dfrac{U}{d}$ d'où on tire : $\vec{E} = -\frac{U}{d}\vec{u}_z$.

5) La force électrique s'exerçant sur la goutte est $\vec{F} = q\vec{E}$ avec $q < 0$. À l'équilibre, la force de frottement est nulle, donc la force électrique équilibre le poids et la poussée d'Archimède :

$$\vec{0} = q\vec{E} + \tfrac{4}{3}\pi R^3(\rho_h - \rho_a)\vec{g} \quad \Rightarrow \quad 0 = -q\tfrac{U}{d} - \tfrac{4}{3}\pi R^3(\rho_h - \rho_a)g$$

d'où : $q = -\frac{d}{U}\frac{4}{3}\pi R^3(\rho_h - \rho_a)g = -\frac{d}{U}\alpha R v_0$, puis $q = -4{,}8.10^{-19}$ C.

17.6 Déflection électrique dans un oscilloscope

1) On néglige le poids. Les électrons ne sont soumis qu'à la force électrique. Le potentiel de la plaque P_2 est supérieur à celui de la plaque P_1 puisque $U = V_{P_2} - V_{P_1} > 0$. $\vec{E}$ est de norme $\frac{U}{d}$ et dirigé selon les potentiels décroissants donc selon $-\vec{u}_x$. On en déduit : $\vec{E} = -\frac{U}{d}\vec{u}_x$ puis $\vec{F} = q\vec{E} = -q\frac{U}{d}\vec{u}_x = e\frac{U}{d}\vec{u}_x$, puisque la charge de l'électron est $q = -e$.

2) On applique la relation fondamentale de la dynamique à l'électron dans le référentiel de l'oscilloscope galiléen : $m\vec{a} = \vec{F}$. La force n'a pas de composante sur Oy et comme la vitesse initiale n'a pas de composantes non plus sur Oy on en déduit que le mouvement est dans le plan xOz. La projection de la relation fondamentale avec l'expression de $\vec{F} = q\vec{E}$ et les intégrations successives donnent :

$$\begin{cases} m\ddot{x} = e\frac{U}{d} \\ m\ddot{z} = 0 \end{cases} \Rightarrow \begin{cases} \dot{x} = \frac{e}{m}\frac{U}{d}t(+\text{cte}_1) \\ \dot{z} = \text{cte}_2 = v_0 \end{cases} \Rightarrow \begin{cases} x = \frac{e}{m}\frac{U}{d}\frac{t^2}{2}(+\text{cte}_3) \\ z = v_0 t(+\text{cte}_4) \end{cases}$$

Les constantes entre parenthèses (cte_1, cte_3, cte_4) sont déterminées nulles grâce aux conditions initiales. En éliminant t entre les équations paramétriques en x et z, on obtient une parabole : $x = \frac{e}{m}\frac{U}{d}\frac{z^2}{2v_0^2}$.

3) Le point de sortie correspond à $z_K = D$, soit dans l'équation précédente $x_K = \frac{e}{m}\frac{U}{d}\frac{D^2}{2v_0^2}$. D'après les équations paramétriques obtenues à la question 2, l'instant de passage en K est $t_K = z_K/v_0$ soit D/v_0. les composantes de la vitesse en K sont obtenues en reportant t_K dans $\dot{x}$ et $\dot{z}$, soit : $\dot{x}_K = \dfrac{e}{m}\dfrac{U}{d}\dfrac{D}{v_0}$ et $\dot{z}_K = v_0$.

4) En dehors des plaques, puisqu'on néglige l'effet du champ de pesanteur et que l'on suppose le champ électrique nul, aucune force ne s'exerce sur l'électron : il est isolé. D'après le principe d'inertie, sa trajectoire est rectiligne uniforme.

5) $X_P = O_eP = (JO_1 + L)\tan\theta$ (triangle O_eJP) ; il faut donc exprimer $\tan\theta$ et JO_1 sachant que le segment JP est tangent à la parabole en K. On peut écrire :

$$\tan\theta = \frac{O_1K}{JO_1} = \frac{x_K}{JO_1} = \frac{e}{m}\frac{U}{d}\frac{D^2}{2v_0^2}\frac{1}{JO_1},$$

$$\tan\theta = \left(\frac{\mathrm{d}x}{\mathrm{d}z}\right)_K = \left(\frac{\dot{x}}{\dot{z}}\right)_K = \frac{e}{m}\frac{U}{d}\frac{D}{v_0^2}.$$

En combinant les deux équations, on trouve (c'est d'ailleurs une propriété de la parabole) que $JO_1 = D/2$ et donc : $X_P = \left(\frac{D}{2} + L\right) \frac{eD}{mdv_0^2} U$. La déviation est proportionnelle à la tension U.

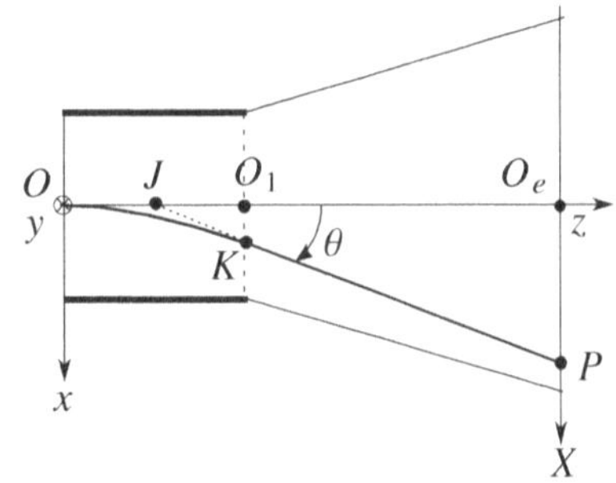

17.7 Déviation d'un électron par un champ électrique dans l'expérience de Thomson

1) On applique le principe fondamental de la dynamique à l'électron soumis à la seule force électrique $-e\vec{E}$ dans le référentiel du laboratoire supposé galiléen. On se ramène à la situation étudiée en cours en choisissant l'axe (Ox) dirigé par le champ $\vec{E}$ et l'axe (Oy) dirigé par la vitesse $\vec{v_0}$ (figure ci-dessous). Dans la zone comprise entre $y = 0$ et $y = a$, le champ électrique est uniforme et le mouvement des électrons est régi par les équations :

$$\begin{cases} \ddot{x} = \frac{-eE}{m} \\ \ddot{y} = 0 \\ \ddot{z} = 0, \end{cases} \Rightarrow \begin{cases} \dot{x} = \frac{-eE}{m} t \\ \dot{y} = v_0 t \\ \dot{z} = 0, \end{cases} \Rightarrow \begin{cases} x = \frac{-eE}{2m} t^2 + v_0 t \cos\alpha \\ y = v_0 t \sin\alpha \\ z = 0, \end{cases}$$

La particule quitte la zone où règne le champ en $y_1 = a$ à l'instant $t_1 = \frac{a}{v_0}$ en un point d'abscisse $x_1 = \dfrac{-eEa^2}{2m_e v_0^2}$ et d'ordonnée $y_1 = a$. En ce point, sa vitesse $\vec{v}$ a pour composante $\dot{y}_1 = v_0$ et $\dot{x}_1 = \dfrac{-eEa}{m_e v_0}$.

2) Dans la zone suivante, il n'y a plus de champ. La particule est donc isolée et suit une trajectoire rectiligne et uniforme de vitesse $\vec{v_1}$. L'angle de déviation de la trajectoire est donné par : $\tan\theta = \tan\left(\widehat{\vec{v_0}, \vec{v_1}}\right) = \left|\frac{\dot{x}_1}{\dot{y}_1}\right|$ d'où : $\tan\theta = \dfrac{eEa}{m_e v_0^2}$.

3) On peut ensuite calculer la déviation $d = x_1 + \delta$ observée sur un écran situé à une distance $L \gg a$ des plaques de déviation car la tangente de l'angle de déviation peut aussi s'exprimer en fonction de L et de δ :

$$\tan\theta = \frac{\delta}{L} \quad \text{d'où,}$$

$$d = \frac{eEa}{m_e v_0^2}\left(\frac{a}{2} + L\right) \simeq \frac{eEaL}{m_e v_0^2},$$

lorsque $a \ll L$.

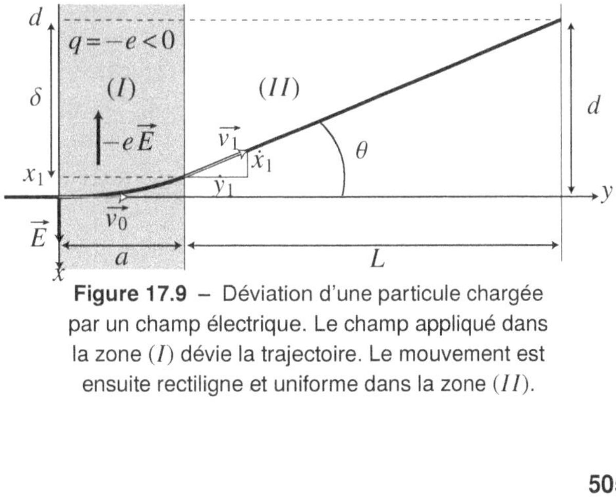

Figure 17.9 – Déviation d'une particule chargée par un champ électrique. Le champ appliqué dans la zone (I) dévie la trajectoire. Le mouvement est ensuite rectiligne et uniforme dans la zone (II).

17.8 Étude d'un cyclotron

1) D'après le paragraphe 3.1 du cours, le proton suit une trajectoire circulaire et uniforme de rayon $R_0 = \dfrac{m_p v_0}{eB}$ à la vitesse v_0. Il parcourt donc un demi-cercle de longueur $\ell = \pi R_0 = \dfrac{\pi m_p v_0}{eB}$ en un temps $\Delta t = \dfrac{\ell}{v_0} = \dfrac{\pi m_p}{eB}$.

2) Cette durée est indépendante de la vitesse du proton. Numériquement : $\Delta t = 3{,}28.10^{-8}$ s.

3) Pour que l'accélération des protons soit maximale, le champ $\vec{E}$ doit être maximal et dans le bon sens à chaque passage du proton dans l'intervalle. Pour cela, il faut changer le signe de la tension à chaque passage. Si l'on néglige la durée nécessaire pour traverser l'intervalle devant le temps passé dans les dees, la variation de la tension doit varier avec la période :

$$T = 2\Delta t = \frac{1}{f} \quad \Longrightarrow \quad f = \tfrac{1}{2\Delta t} = \tfrac{eB}{2\pi m_p} = 15{,}2\,\text{MHz}.$$

4) Le théorème de l'énergie cinétique prévoit une variation d'énergie cinétique $\Delta E_c = eU_M = 2{,}0.10^3$ eV $= 3{,}2.10^{-16}$ J à chaque passage dans l'intervalle.

5) La vitesse du proton augmente à chaque passage. Le rayon de la trajectoire est proportionnel à la vitesse. Le rayon augmente donc à chaque passage.

6) Pour atteindre la vitesse de $v_f = 2.10^7\,\text{m.s}^{-1}$ donc l'énergie cinétique $E_{c_f} = \frac{1}{2} m_p v_f^2 = 2.10^6$ eV, il faut $N = \frac{E_{c_f}}{\Delta E_c}$ passages, ce qui correspond à $n = \frac{N}{2} = \frac{E_{c_f}}{2\Delta E_c}$, soit $n = 500$ tours.

7) Les protons ayant acquis une vitesse de $v_f = 2.10^4\,\text{km.s}^{-1}$ seront extraits lorsque le rayon de leur trajectoire aura atteint $R = \dfrac{m_p v_f}{eB} = 0{,}2$ m. Ils sont injectés à proximité immédiate du centre O du cyclotron. Ils passeront donc à une distance $D = 2R = 0{,}4$ m du centre.

17.9 Spectromètre de masse

Dans tout cet exercice, on étudie l'ion de masse m et de charge q dans le référentiel du spectromètre de masse supposé galiléen.

1) Pour accélérer un ion de charge positive, le champ $\overrightarrow{E_0}$ doit être dirigé de F_1 vers F_2 pour que la force électrique soit également dans ce sens. Or le champ électrique est dirigé du potentiel le plus élevé vers le potentiel le plus faible donc la plaque P_1 est la plaque qui possède le potentiel le plus élevé. En notant $\vec{u}_x$ le vecteur unitaire dirigé de F_1 vers F_2, le champ $\overrightarrow{E_0}$ vaut : $\overrightarrow{E_0} = \frac{U}{d}\vec{u}_x$ et $\|\overrightarrow{E_0}\| = \frac{U}{d} = 1{,}00.10^4\,\text{V.m}^{-1}$. On peut considérer que le potentiel de P_1 est U et celui de P_2 est nul (choix arbitraire de la masse).

2) On peut négliger le poids de l'ion. La seule force est la force électrique $\vec{f} = q\overrightarrow{E_0}$ conservative, qui dérive de l'énergie potentielle $E_p = qV$.

On est dans un cas de conservation de l'énergie mécanique que l'on écrit aux points F_1 de potentiel U et de vitesse nulle et au point F_2 de potentiel 0 et de vitesse v_0 :

$$qU = \tfrac{1}{2} m v_0^2 \quad \Rightarrow \quad v_0 = \sqrt{\tfrac{2qU}{m}}.$$

3) Pour l'ion ${}^{200}_{80}\text{Hg}^{2+}$, $m = 200u$ et $q = 2e$. Pour ${}^{202}_{80}\text{Hg}^{2+}$, $m = 202u$ et $q = 2e$. On trouve : $v_{01} = 1{,}384.10^5\,\text{m.s}^{-1}$ et $v_{02} = 1{,}377.10^5\,\text{m.s}^{-1}$.

4) Pour que les ions aient une trajectoire rectiligne, il faut que la force magnétique $\overrightarrow{f_{B_1}}$ soit opposée à la force électrique $\overrightarrow{f_{E_1}}$. Les ions sont alors pseudo-isolés et, d'après le principe d'inertie, ils sont animés d'un mouvement rectiligne et uniforme à la vitesse $\vec{v} = v_0 \vec{u}_x$.

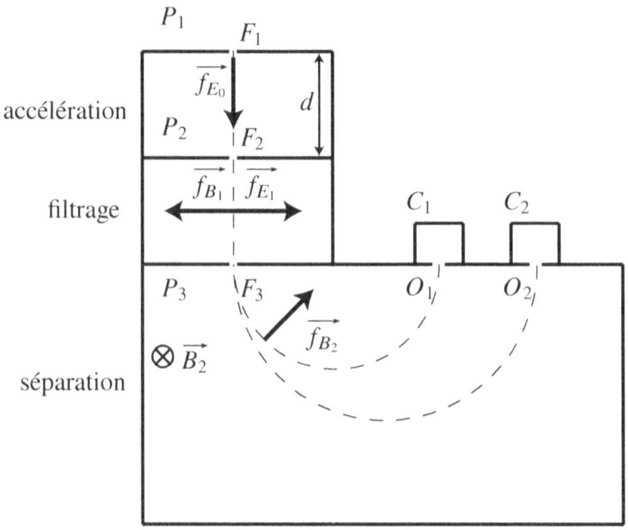

5) On veut la relation :

$$q\overrightarrow{E_1} + q\overrightarrow{v_0} \wedge \overrightarrow{B_1} = \vec{0},$$

ce qui, compte tenu des directions respectives de $\overrightarrow{E_1}$, $\overrightarrow{B_1}$ et $\vec{v}$ et en notant $E_1 = \|\overrightarrow{E_1}\|$ et $B_1 = \|\overrightarrow{B_1}\|$ donne : $E_1 = v_0 B_1$ et $v_0 = \frac{E_1}{B_1}$.

6) $v_0 = 1{,}384.10^5$ m.s^{-1}. Avec ces réglages, c'est l'isotope $^{200}_{80}Hg^{2+}$ qui parvient en F_3. L'isotope $^{202}_{80}Hg^{2+}$, un peu moins rapide va être dévié sur la droite car la force électrique l'emporte sur la force magnétique. Il ne pourra pas arriver dans la chambre de séparation en F_3.

7) L'ion n'est soumis qu'à une force magnétique $\overrightarrow{f_{B_2}} = q\vec{v} \wedge \overrightarrow{B_2}$ créée par un champ magnétique $\overrightarrow{B_2}$ uniforme. La puissance de la force magnétique est nulle. Le théorème de la puissance cinétique implique que l'énergie cinétique de l'ion et par suite la norme de sa vitesse est conservée. Le mouvement dans cette région est donc uniforme.

8) On étudie cette trajectoire dans un repère polaire centré sur le centre de la trajectoire circulaire et uniforme à la vitesse v_0. Le principe fondamental de la dynamique projeté sur $\vec{u}_r$ donne $m\frac{v_0^2}{R} = qv_0B_2 \quad \Rightarrow \quad R = \frac{mv_0}{qB_2}$. Numériquement, $R_1 = 0{,}722$ m et $R_2 = 0{,}726$ m.

9) Le collecteur C_1 est placé à $2R_1 = 1{,}44$ m de F_3. Il reçoit les ions $^{200}_{80}Hg^{2+}$.

Le collecteur C_2 est placé à $2R_2 = 1{,}45$ m de F_3. Il reçoit les ions $^{202}_{80}Hg^{2+}$.

10) La distance de $\delta = 2(R_2 - R_1) = 8$ mm qui sépare les points O_1 et O_2 est suffisante pour installer des détecteurs de particules et permettre des mesures.

11) La quantité d'électricité reçue en 1 min par un collecteur est proportionnelle au nombre d'ions reçus. La proportion d'ion $^{200}_{80}Hg^{2+}$ vaut donc $\frac{Q_1}{Q_1+Q_2} = 77{,}4$ % ; celle d'ion $^{202}_{80}Hg^{2+}$ vaut $\frac{Q_2}{Q_1+Q_2} = 22{,}6$ %.

La masse atomique du mercure vaut alors (on rappelle que une mole de nucléon pèse un gramme car 1 mole de carbone 12 pèse 12 grammes) :

$$M = 0{,}774 \times 200 + 0{,}226 \times 202 = 200{,}5 \text{ g.mol}^{-1}.$$

Moment cinétique 18

Le principe fondamental de la dynamique relie la variation de la quantité de mouvement aux forces appliquées. Pour les systèmes en rotation, la notion de force n'est pourtant pas toujours la plus pertinente. Dans ce chapitre, on introduit deux nouvelles grandeurs mécaniques : le moment cinétique et le moment d'une force. On relie ensuite la variation du moment cinétique aux moments des forces appliquées au système.

On restreint ici l'étude aux points matériels. Les systèmes constitués de plusieurs points et les solides en rotation sont l'objet du chapitre *Solide en rotation autour d'un axe fixe*.

1 Observations préliminaires

1.1 Exemples introductifs

Pour ouvrir une porte on applique une force sur la poignée. Le positionnement de la poignée, ainsi que l'orientation de la force appliquée ne sont pas laissés au hasard. Pour être efficace, la force doit être appliquée le plus loin possible des gonds de la porte qui matérialisent son axe de rotation. De plus, elle doit être appliquée perpendiculairement à la porte. Cette configuration permet d'augmenter au maximum le bras de levier de la force, qui est la distance séparant l'axe de rotation de la porte de la droite d'application de la force.

Remarque

La droite d'application de la force est la droite passant par le point d'application de la force et parallèle à cette dernière.

On retrouve la notion de bras de levier dans de nombreux objets de la vie courante et notamment dans l'un des plus anciens instruments de pesée, la balance romaine (voir figure 18.1). Cet instrument est constitué de deux fléaux de longueurs différentes et d'un contrepoids mobile de masse donnée. La position de la masse à peser est fixe sur le fléau le plus court, celle du contrepoids est variable. On déplace le contrepoids jusqu'à l'obtention de l'équilibre et sa position, repérée grâce à des graduations gravées sur le fléau le plus long, permet de mesurer la masse à peser. L'augmentation du bras de levier permet d'équilibrer une masse de 5 kg (figure 18.1 à gauche) ou de 10 kg (figure 18.1 à droite) à l'aide du même contrepoids de 1 kg.

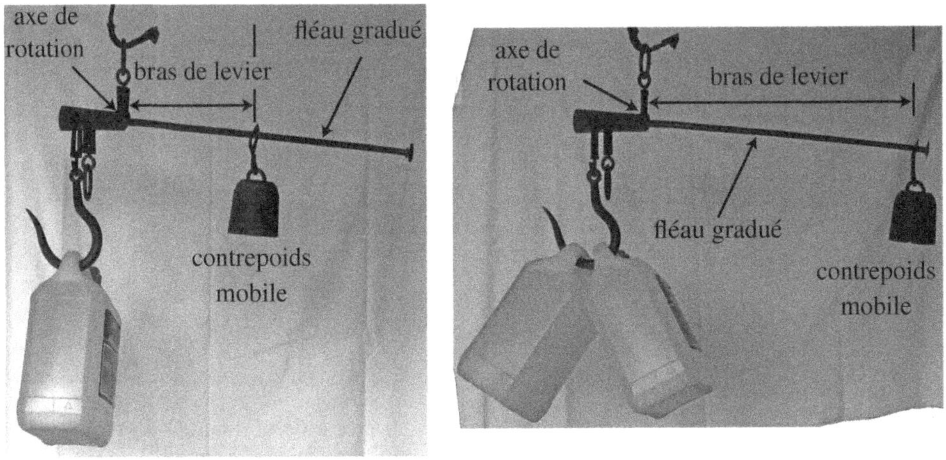

Figure 18.1 – Balance romaine pesant deux masses différentes.

1.2 Notion intuitive de bras de levier

Les exemples précédents montrent que la notion de force n'est pas suffisante pour étudier les systèmes en rotation autour d'un axe. Le bras de levier est également déterminant. De fait, la notion pertinente pour étudier ce type de problèmes est le produit « force $\times$ bras de levier ». L'objet de ce chapitre est de mettre en place de nouvelles grandeurs physiques qui permettent d'étudier les systèmes en rotation.

2 Moment cinétique d'un point matériel

2.1 Définition du moment cinétique

On considère un point matériel M de masse m animé d'une vitesse $\vec{v}$ dans le référentiel $\mathcal{R}$ galiléen. On note $\vec{p} = m\vec{v}$ sa quantité de mouvement. On considère également un axe orienté $\Delta = (O, \vec{u}_\Delta)$ déterminé par un point O et un vecteur unitaire $\vec{u}_\Delta$ dont le sens précise l'orientation de l'axe.

a) Moment cinétique par rapport à un point *O*

Le **moment cinétique de** M **par rapport à un point** O est le vecteur défini par le produit vectoriel :

$$\vec{L}_O = \overrightarrow{OM} \wedge \vec{p} = m\overrightarrow{OM} \wedge \vec{v}.$$

Sa norme se mesure en kg.m^2.s^{-1} = J.s.

Le moment cinétique par rapport à un point O est défini à partir de la vitesse de M. Il dépend du référentiel dans lequel on le détermine.

Propriétés du moment cinétique par rapport à un point De par sa définition à partir d'un produit vectoriel, $\vec{L}_O$ est perpendiculaire aux vecteurs $\overrightarrow{OM}$ et $\vec{v}$. En conséquence :

- si le mouvement de M est plan et que O appartient au plan du mouvement, le vecteur $\vec{L}_O$ est perpendiculaire à ce plan à tout instant. Sa direction est donc fixe et perpendiculaire au plan du mouvement. La réciproque est vraie ;

- si le mouvement de M est rectiligne et inscrit sur une droite $\mathcal{D}$ passant par O, $\overrightarrow{L_O}$ est nul à tout instant puisque les vecteurs $\overrightarrow{OM}$ et $\overrightarrow{v}$ sont colinéaires à tout instant. La réciproque est vraie.

Il faut également noter que le moment cinétique dépend du point par rapport auquel on le calcule et que l'on indique en indice. En effet,

$$\overrightarrow{L_B} = \overrightarrow{BM} \wedge \overrightarrow{p} = \left(\overrightarrow{BA} + \overrightarrow{AM}\right) \wedge \overrightarrow{p} = \overrightarrow{BA} \wedge \overrightarrow{p} + \overrightarrow{AM} \wedge \overrightarrow{p},$$

que l'on peut écrire :

$$\overrightarrow{L_B} = \overrightarrow{L_A} + \overrightarrow{BA} \wedge \overrightarrow{p}. \tag{18.1}$$

b) Moment cinétique par rapport à un axe orienté Δ

Le **moment cinétique de M par rapport à l'axe orienté** $\Delta = (O, \overrightarrow{u}_\Delta)$ est la projection orthogonale de $\overrightarrow{L_O}$ sur l'axe Δ :

$$L_\Delta = \overrightarrow{L_O} \cdot \overrightarrow{u}_\Delta = m(\overrightarrow{OM} \wedge \overrightarrow{v}) \cdot \overrightarrow{u}_\Delta.$$

Tout comme le moment cinétique par rapport à un point, le moment cinétique par rapport à un axe dépend du référentiel d'étude et se mesure en J.s. Par contre, il ne dépend pas du choix du point O appartenant à l'axe Δ utilisé pour le calculer mais seulement de la direction et de l'orientation de Δ. En effet, si l'on considère deux points A et B appartenant à l'axe Δ, le produit scalaire de la relation (18.1) par $\overrightarrow{u}_\Delta$ donne :

$$\overrightarrow{L_B} \cdot \overrightarrow{u}_\Delta = \overrightarrow{L_A} \cdot \overrightarrow{u}_\Delta + \left(\overrightarrow{BA} \wedge \overrightarrow{p}\right) \cdot \overrightarrow{u}_\Delta.$$

Or A et B appartiennent à Δ donc $\overrightarrow{AB}$ est colinéaire à $\overrightarrow{u}_\Delta$ et $\overrightarrow{BA} \wedge \overrightarrow{p}$ est perpendiculaire à $\overrightarrow{u}_\Delta$. Le terme $\left(\overrightarrow{BA} \wedge \overrightarrow{p}\right) \cdot \overrightarrow{u}_\Delta$ s'annule et finalement $\overrightarrow{L_B} \cdot \overrightarrow{u}_\Delta = \overrightarrow{L_A} \cdot \overrightarrow{u}_\Delta$, ce qui prouve que le point de l'axe choisi pour calculer L_Δ n'a pas d'importance.

c) Cas où le point matériel est en mouvement circulaire

Lorsque M est en mouvement circulaire sur un cercle de centre O et de rayon R, on le repère en coordonnées cylindriques de centre O, d'axe (Oz) perpendiculaire au plan du cercle, et d'angle polaire θ. On utilise alors les relations établies dans le chapitre *Cinématique du point* :

$$\overrightarrow{OM} = R\overrightarrow{u}_r \qquad \text{et} \qquad \overrightarrow{v} = R\dot{\theta}\overrightarrow{u}_\theta.$$

On considère $\Delta = (O, \overrightarrow{u}_z)$ et on calcule $\overrightarrow{L_O}$ et $L_\Delta = L_{(Oz)}$:

$$\overrightarrow{L_O} = m\overrightarrow{OM} \wedge \overrightarrow{v} = m(R\overrightarrow{u}_r) \wedge (R\dot{\theta}\overrightarrow{u}_\theta) = mR^2\dot{\theta}\overrightarrow{u}_z \qquad \text{et} \qquad L_{(Oz)}(M) = \overrightarrow{L_O} \cdot \overrightarrow{u}_z = mR^2\dot{\theta}.$$

On peut trouver la direction de $\overrightarrow{L_O} = m\overrightarrow{OM} \wedge \overrightarrow{v}$ à l'aide de la « règle de la main droite » représentée sur la figure 18.2. Ainsi :

- lorsque la révolution du point M se fait dans le sens direct autour de $\overrightarrow{u}_z$, $\dot{\theta} > 0$ et $\overrightarrow{L_O}$ est selon $+\overrightarrow{u}_z$;
- lorsque la révolution du point M se fait dans le sens indirect autour de $\overrightarrow{u}_z$, $\dot{\theta} < 0$ et $\overrightarrow{L_O}$ est selon $-\overrightarrow{u}_z$.

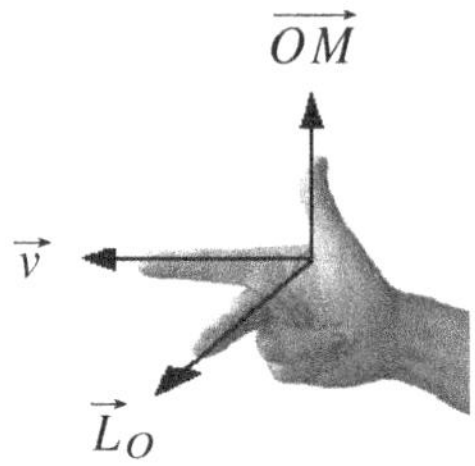

Figure 18.2 – Règle de la main droite.

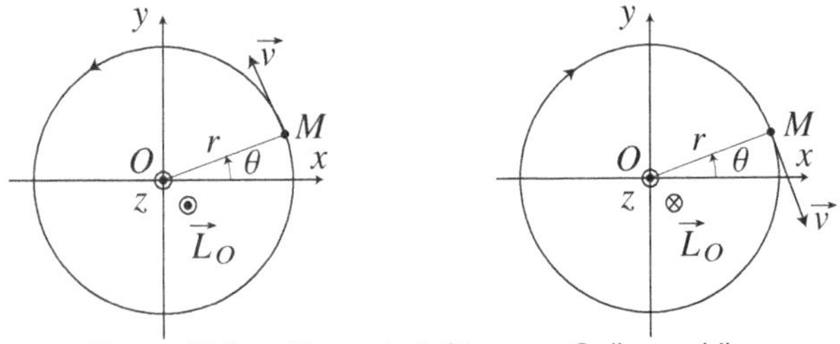

Figure 18.3 – Moment cinétique en O d'un mobile en révolution circulaire de centre O.

Le signe de $L_{(Oz)}(M)$ permet donc de déterminer le sens de la révolution circulaire de M :

- si $L_{(Oz)}(M) > 0$, la révolution se fait dans le sens direct dans le plan orienté par $\vec{u}_z$;
- si $L_{(Oz)}(M) < 0$, la révolution se fait dans le sens indirect dans le plan orienté par $\vec{u}_z$.

Remarque

La définition du moment cinétique en O implique que la trajectoire de M « s'enroule » dans le sens direct autour de la droite orientée $(O, \vec{L}_O)$.

d) Cas des coordonnées cylindriques

Plus généralement, lorsque l'axe Δ est fixe, on peut le faire coïncider avec l'axe (Oz) et repérer M à l'aide de ses coordonnées cylindriques : $\overrightarrow{OM} = r\vec{u}_r + z\vec{u}_z$ et $\vec{v} = \dot{r}\vec{u}_r + r\dot{\theta}\vec{u}_\theta + \dot{z}\vec{u}_z$. On peut alors calculer $L_{(Oz)} = \vec{L}_O \cdot \vec{u}_z$ qui correspond à la composante selon $\vec{u}_z$ du moment cinétique de M par rapport à O :

$$\vec{L}_O = m\overrightarrow{OM} \wedge \vec{v} = m(r\vec{u}_r + z\vec{u}_z) \wedge (\dot{r}\vec{u}_r + r\dot{\theta}\vec{u}_\theta + \dot{z}\vec{u}_z) = m\left(r^2\dot{\theta}\vec{u}_z + (\dot{r}z - r\dot{z})\,\vec{u}_\theta - zr\dot{\theta}\vec{u}_r\right),$$

soit :

$$L_{(Oz)} = mr^2\dot{\theta}.$$

3 Moment d'une force

On considère une force $\vec{f}$ qui s'applique en un point M.

3.1 Moment d'une force par rapport à un point O

Le moment en O de la force $\vec{f}$ s'appliquant en M est le vecteur défini par le produit vectoriel :

$$\vec{\mathcal{M}}_O\left(\vec{f}\right) = \overrightarrow{OM} \wedge \vec{f}.$$

Sa norme se mesure en joules J = N.m.

Le moment des forces par rapport à un point est une grandeur additive : si on considère deux forces $\vec{f_1}$ et $\vec{f_2}$ qui s'appliquent sur M :

$$\vec{\mathcal{M}}_O(\vec{f_1} + \vec{f_2}) = \overrightarrow{OM} \wedge (\vec{f_1} + \vec{f_2}) = \overrightarrow{OM} \wedge \vec{f_1} + \overrightarrow{OM} \wedge \vec{f_2} = \vec{\mathcal{M}}_O(\vec{f_1}) + \vec{\mathcal{M}}_O(\vec{f_2}).$$

Le moment de la somme des forces est égal à la somme des moments.

3.2 Moment d'une force par rapport à un axe orienté Δ

a) Définition

Le moment de la force $\vec{f}$ par rapport à l'axe orienté $\Delta = (O, \vec{u}_\Delta)$ est la projection orthogonale de $\vec{\mathcal{M}}_O\left(\vec{f}\right)$ sur Δ :

$$\mathcal{M}_\Delta\left(\vec{f}\right) = \vec{\mathcal{M}}_O\left(\vec{f}\right) \cdot \vec{u}_\Delta = (\overrightarrow{OM} \wedge \vec{f}) \cdot \vec{u}_\Delta.$$

Comme le moment d'une force par rapport à un point, c'est une grandeur additive qui se mesure en joules. On peut également montrer que le moment de la force $\vec{f}$ par rapport à l'axe Δ ne dépend pas du point de l'axe choisi pour le calculer mais seulement de $\vec{f}$ et de la direction et de l'orientation de Δ.

b) Calcul en coordonnées cylindriques

Lorsque l'axe Δ est fixe, on peut faire coïncider l'axe (Oz) avec Δ et repérer M par ses coordonnées cylindriques : $\overrightarrow{OM} = r\vec{u}_r + z\vec{u}_z$. On peut alors calculer la composante selon $\vec{u}_z$ du moment $\vec{\mathcal{M}}_O$ qui correspond au moment de $\vec{f}$ par rapport à (Oz) :

$$\vec{\mathcal{M}}_O\left(\vec{f}\right) = (r\vec{u}_r + z\vec{u}_z) \wedge (f_r\vec{u}_r + f_\theta\vec{u}_\theta + f_z\vec{u}_z) = -zf_\theta\vec{u}_r + (zf_r - rf_z)\vec{u}_\theta + rf_\theta\vec{u}_z$$

d'où :

$$\mathcal{M}_{(Oz)}\left(\vec{f}\right) = rf_\theta. \tag{18.2}$$

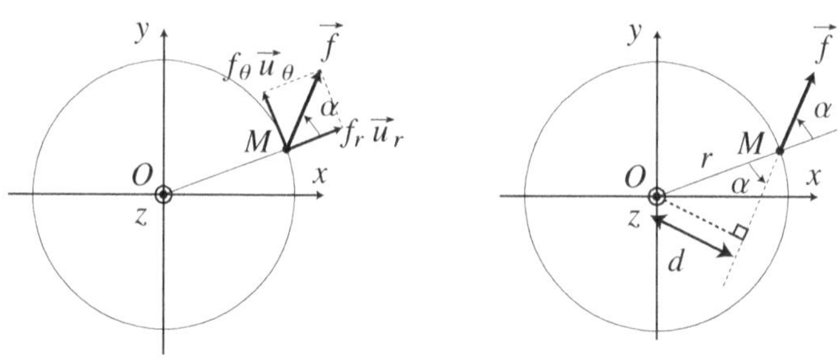

Figure 18.4 – Moment $\mathcal{M}_{(Oz)}\left(\vec{f}\right)$ de la force $\vec{f}$; d est le bras de levier.

Étant donné que ni la composante selon $\vec{u}_z$ du vecteur position ni celle de la force n'interviennent, on représente cette situation sur la figure 18.4 en se restreignant au plan (Oyx), perpendiculaire à (Oz). La partie gauche de la figure 18.4 permet de réécrire cette relation $\mathcal{M}_{(Oz)}\left(\vec{f}\right) = rf\sin\alpha$, où f est la norme de $\vec{f}$ et α l'angle $\left(\vec{u}_r, \vec{f}\right)$ défini sur la figure 18.4. On se reporte alors à la partie droite pour observer que $|r\sin\alpha| = d$ est la distance séparant la droite d'action de la force $\vec{f}$ de l'axe (Oz). La distance d est appelée le bras de levier de la force $\vec{f}$ et on a :

$$\left|\mathcal{M}_{(Oz)}\left(\vec{f}\right)\right| = fd.$$

Le signe de $\mathcal{M}_{(Oz)}$ est :

- positif lorsque $\alpha \in]0,\pi[$, lorsque $\vec{f}$ tend à faire bouger M vers les θ croissants ;
- négatif lorsque $\alpha \in]-\pi, 0[$, lorsque $\vec{f}$ tend à faire bouger M vers les θ décroissants.

c) Notion de bras de levier

On considère un axe Δ et une force $\overrightarrow{f}$ appartenant au plan orthogonal à Δ. On appelle **droite d'action d'une force** $\overrightarrow{f}$ appliquée en M la droite $\left(M, \overrightarrow{f}\right)$ passant par M et dirigée par le vecteur $\overrightarrow{f}$.

> On appelle **bras de levier** de la force $\overrightarrow{f}$ la distance séparant l'axe Δ de la droite d'action de la force $\left(M, \overrightarrow{f}\right)$. La valeur absolue $\left|\mathcal{M}_\Delta\left(\overrightarrow{f}\right)\right|$ du moment de $\overrightarrow{f}$ par rapport à Δ est égale au produit de la norme de la force par le bras de levier :
>
> $$\left|\mathcal{M}_\Delta\left(\overrightarrow{f}\right)\right| = \text{norme de la force} \times \text{bras de levier.}$$

Pour déterminer le signe de $\mathcal{M}_\Delta\left(\overrightarrow{f}\right)$, on peut au choix :

- rechercher le sens du projeté de $\overrightarrow{OM} \wedge \overrightarrow{f}$ sur la droite orientée Δ ;
- regarder le sens dans lequel la force $\overrightarrow{f}$ tend à faire tourner M autour de Δ : si ce sens est direct, alors $\mathcal{M}_\Delta\left(\overrightarrow{f}\right) > 0$; si ce sens est indirect, alors $\mathcal{M}_\Delta\left(\overrightarrow{f}\right) < 0$.

Exemple

Dans le cas de la figure 18.4, le moment de $\overrightarrow{f}$ par rapport à l'axe (Oz) orienté est positif car la force $\overrightarrow{f}$ tend à faire tourner M dans le sens direct autour de (Oz).

d) Cas où le moment de la force est nul

Le moment $\mathcal{M}_\Delta\left(\overrightarrow{f}\right)$ d'une force $\overrightarrow{f}$ non nulle par rapport à un axe orienté Δ est nul dans deux cas :

$$\mathcal{M}_\Delta\left(\overrightarrow{f}\right) = 0 \quad \Longrightarrow \quad \begin{cases} \text{soit} & \overrightarrow{f} \,/\!/\, \overrightarrow{u}_\Delta \\ \text{soit} & \text{la droite d'action de } \overrightarrow{f} \text{ coupe } \Delta. \end{cases}$$

En effet, dans le premier cas, le moment en O de $\overrightarrow{f}$ est perpendiculaire à $\overrightarrow{f}$ donc à $\overrightarrow{u}_\Delta$ et sa projection sur Δ est nulle. Dans le deuxième cas, le bras de levier est nul.

Remarque

En coordonnées cylindriques d'axe $(Oz) = \Delta$, l'équation (18.2) permet également de démontrer le premier cas puisque $\overrightarrow{f} \,/\!/\, \overrightarrow{u}_z$ donc $f_\theta = 0$.

4 Loi du moment cinétique pour un point matériel

On étudie le mouvement d'un point matériel M de masse m dans un référentiel galiléen $\mathcal{R}$. Le point M est soumis à un ensemble de forces $\overrightarrow{f}_i$. On note O un point fixe et Δ une droite orientée fixe contenant O. On choisit l'axe (Oz) de telle sorte que $\Delta = (Oz)$.

À l'instant t, on note $\overrightarrow{OM}$, $\overrightarrow{v}$ et $\overrightarrow{p} = m\overrightarrow{v}$ les vecteurs position, vitesse et quantité de mouvement de M dans $\mathcal{R}$. On note également $\overrightarrow{L}_O$ le moment cinétique de M par rapport à O, $L_{(Oz)}$ son moment cinétique par rapport à $\Delta = (Oz)$, $\overrightarrow{\mathcal{M}}_O\left(\overrightarrow{f}_i\right)$ le moment de la force $\overrightarrow{f}_i$ par rapport à O et $\mathcal{M}_{(Oz)}\left(\overrightarrow{f}_i\right)$ son moment par rapport à $\Delta = (Oz)$.

4.1 Loi du moment cinétique par rapport à un point fixe

La dérivée temporelle du moment cinétique de M par rapport à O est égale à la somme des moments des forces calculés par rapport au même point O :

$$\frac{\mathrm{d}\vec{L}_O}{\mathrm{d}t} = \sum_i \vec{\mathcal{M}}_O\left(\vec{f}_i\right). \tag{18.3}$$

On démontre cette loi en remarquant que :

$$\frac{\mathrm{d}\vec{L}_O}{\mathrm{d}t} = \frac{\mathrm{d}}{\mathrm{d}t}\left(\overrightarrow{OM} \wedge \vec{p}\right) = \overrightarrow{OM} \wedge \frac{\mathrm{d}\vec{p}}{\mathrm{d}t} + \frac{\mathrm{d}\overrightarrow{OM}}{\mathrm{d}t} \wedge \vec{p} = \overrightarrow{OM} \wedge \frac{\mathrm{d}\vec{p}}{\mathrm{d}t}.$$

En effet, le point O étant fixe, $\frac{\mathrm{d}\overrightarrow{OM}}{\mathrm{d}t} = \vec{v}$ donc $\frac{\mathrm{d}\overrightarrow{OM}}{\mathrm{d}t} \wedge \vec{p} = \vec{v} \wedge (m\vec{v}) = \vec{0}$. On exprime alors $\frac{\mathrm{d}\vec{p}}{\mathrm{d}t}$ à l'aide du principe fondamental de la dynamique : $\frac{\mathrm{d}\vec{p}}{\mathrm{d}t} = \sum_i \vec{f}_i$ pour obtenir :

$$\frac{\mathrm{d}\vec{L}_O}{\mathrm{d}t} = \overrightarrow{OM} \wedge \frac{\mathrm{d}\vec{p}}{\mathrm{d}t} = \overrightarrow{OM} \wedge \sum_i \vec{f}_i = \sum_i \overrightarrow{OM} \wedge \vec{f}_i = \sum_i \vec{\mathcal{M}}_O\left(\vec{f}_i\right).$$

4.2 Cas de conservation du moment cinétique

Cette loi est particulièrement intéressante lorsque la somme des moments des forces $\vec{f}_i$ par rapport à O s'annule. Cela correspond à $\sum_i \overrightarrow{OM} \wedge \vec{f}_i = \overrightarrow{OM} \wedge \sum_i \vec{f}_i = \vec{0}$. En pratique, cette situation n'arrive que dans deux cas :

- celui où $\sum_i \vec{f}_i = \vec{0}$ à tout instant. Le point M est alors isolé ou pseudo-isolé. Il est en immobile ou en mouvement rectiligne et uniforme ;
- celui où $\sum_i \vec{f}_i // \overrightarrow{OM}$ à tout instant. La droite d'action de la résultante des forces passe constamment par O. Ce type de force, appelé **force centrale** de centre O, fait l'objet du chapitre *Mouvement dans un champ de force centrale - Champs newtoniens*.

4.3 Loi du moment cinétique par rapport à un axe fixe

La dérivée temporelle du moment cinétique de M par rapport à l'axe orienté fixe (Oz) est égale à la somme des moments des forces calculés par rapport à ce même axe :

$$\frac{\mathrm{d}L_{(Oz)}}{\mathrm{d}t} = \sum_i \mathcal{M}_{(Oz)}\left(\vec{f}_i\right). \tag{18.4}$$

On démontre cette loi en remarquant que : $\frac{\mathrm{d}L_{(Oz)}}{\mathrm{d}t} = \frac{\mathrm{d}}{\mathrm{d}t}\left(\vec{L}_O \cdot \vec{u}_z\right) = \frac{\mathrm{d}\vec{L}_O}{\mathrm{d}t} \cdot \vec{u}_z$.

En effet, l'axe (Oz) étant fixe, le vecteur $\vec{u}_z$ est constant. On exprime alors $\frac{\mathrm{d}\vec{L}_O}{\mathrm{d}t}$ grâce à la relation (18.3) :

$$\frac{\mathrm{d}L_{(Oz)}}{\mathrm{d}t} = \frac{\mathrm{d}\vec{L}_O}{\mathrm{d}t} \cdot \vec{u}_z = \sum_i \vec{\mathcal{M}}_O\left(\vec{f}_i\right) \cdot \vec{u}_z = \sum_i \mathcal{M}_{(Oz)}\left(\vec{f}_i\right).$$

Remarque

La loi (18.4) est une loi scalaire qui ne fournit qu'une seule équation. Utilisée seule, elle ne permet de résoudre que les problèmes à un degré de liberté. En pratique, le mouvement du point M est presque obligatoirement circulaire. Pour les problèmes à deux degrés de liberté, elle doit être complétée par une autre équation mécanique indépendante comme la loi de l'énergie cinétique.

MÉTHODOLOGIE

Comment déterminer le bras de levier d'une force ?
▷ *Faire un schéma. Tracer la droite d'action de la force puis trouver la distance entre cette droite et l'axe de rotation.*

La distance entre deux droites dans un espace à trois dimensions est la distance minimale entre ces deux droites. C'est la longueur du segment qui relie ces deux droites en restant perpendiculaire à chacune des deux.
Dans le cas du pendule simple schématisé sur la figure 18.5, on détermine le bras de levier d nécessaire pour exprimer le moment du poids $\vec{P}$ par rapport à l'axe orienté (Oz) par projection de L sur l'axe (Oy) :

$$d = L \sin\theta.$$

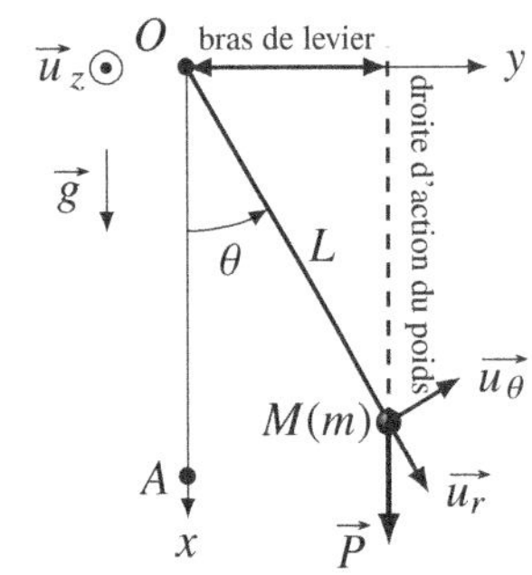

Figure 18.5 – Bras de levier.

Comment déterminer le moment d'une force par rapport à un axe (Oz) ?
▷ *Chercher le bras de levier de la force comme précédemment. Calculer le produit « force × bras de levier ». Déterminer le signe du moment à l'aide du sens dans lequel cette force tend à faire tourner M autour de l'axe (Oz) comme au paragraphe 3.2.*

Dans le cas du pendule simple schématisé sur la figure 18.5, le moment du poids tend à ramener le point M dans sa position la plus basse en A. Dans la situation présentée, le poids tend à faire tourner le point M autour de l'axe (Oz) dans le sens négatif. Son moment par rapport à (Oz) est donc négatif. Or dans la situation représentée, $\theta > 0$ donc $\sin\theta > 0$ et on déduit :

$$\mathcal{M}_{(Oz)}(\text{poids}) = -mg \times L\sin\theta.$$

On peut également exprimer $\overrightarrow{OM} = L\vec{u}_r$ et $\vec{P} = mg\cos\theta\,\vec{u}_r - mg\sin\theta\,\vec{u}_\theta$ dans la même base orthonormée $(\vec{u}_r, \vec{u}_\theta, \vec{u}_z)$ puis calculer :

$$\mathcal{M}_{(Oz)}(\text{poids}) = \left(\overrightarrow{OM} \wedge \vec{P}\right) \cdot \vec{u}_z = -mg \times L\sin\theta,$$

mais c'est généralement plus long.

Programme officiel et sommaire des exercices

Notions et contenus	Capacités exigibles
Moment cinétique	
Moment cinétique d'un point matériel par rapport à un point et par rapport à un axe orienté. ► 18.C1 18.C2 18.C3 ▷ 18.1 18.3	Relier la direction et le sens du vecteur moment cinétique aux caractéristiques du mouvement.
Moment cinétique d'un système discret de points par rapport à un axe orienté	Utiliser le caractère algébrique du moment cinétique scalaire.
Moment d'une force par rapport à un point ou un axe orienté. ► 18.C1 ▷ 18.2	Exprimer le moment d'une force par rapport à un axe orienté en utilisant le bras de levier.
Théorème du moment cinétique en un point fixe dans un référentiel galiléen. Conservation du moment cinétique. ► 18.C4 18.C5 ▷ 18.4 18.5 18.6 18.7 18.8 18.9	Identifier les cas de conservation du moment cinétique.

EXERCICES ★ (LE COURS)

18.C1 Notation des moments Que représente le O de la notation $\overrightarrow{L_O}$ et $\overrightarrow{M_O}$? Pourquoi est-il important de le préciser ?

18.C2 Sens de parcours d'une trajectoire et signe du moment cinétique Un point matériel est en mouvement circulaire de centre O de rayon R dans le plan (xOy). Dans quel sens (direct ou indirect) se dirige le point matériel si son moment cinétique par rapport à (Oz) est positif ? S'il est négatif ?

18.C3 Évolution du moment cinétique et vitesse angulaire Dans la même situation que dans la question précédente, que peut-on dire de sa vitesse angulaire si ce moment cinétique est positif et croît ?

18.C4 Conservation du moment cinétique en un point Une force s'appliquant sur un point M ne fait pas évoluer son moment cinétique en O. Que peut-on dire de cette force ?

18.C5 Conservation du moment cinétique par rapport à une droite Une force s'appliquant sur un point M ne fait pas évoluer son moment cinétique par rapport à (Oz). Que peut-on dire de cette force ?

EXERCICES ★★

18.1 Ordres de grandeur des moments cinétiques

1) Lors de son mouvement révolutif autour du Soleil, la Terre T parcourt une trajectoire quasi circulaire de centre confondu avec le centre du Soleil S et de rayon égal à la distance Terre-Soleil $D_{TS} = 150.10^6$ km. Calculer la valeur du moment cinétique de la Terre par rapport à S dans le référentiel héliocentrique. La masse de la Terre vaut $m_T = 6{,}0.10^{30}$ kg.

2) Dans le modèle de Bohr, le mouvement de l'électron autour du noyau est assimilé à un mouvement circulaire et uniforme de centre O confondu avec le noyau. La trajectoire de rayon $r_0 = 53$ pm est parcourue à la fréquence $f = 6{,}6.10^{15}$ Hz. Calculer le moment cinétique de l'électron. On rappelle que sa masse vaut $m_e = 9{,}1.10^{-31}$ kg.

18.2 Serrage d'un écrou au couple

Le constructeur d'un vélo recommande de serrer les pédales avec un couple de $\Gamma = 35$ N.m. Vous disposez d'une clé de longueur $L = 20$ cm.

1) Quelle force minimale faudra-t-il appliquer sur la clé pour atteindre le couple spécifié ?

2) À quel endroit et dans quelle direction faudra-t-il le faire ?

18.3 Mouvement d'une sphère attachée au bout d'un fil

Une sphère de petite taille et de masse $m = 0{,}10$ kg est attachée à l'extrémité d'un fil sans masse de longueur $\ell_0 = 1{,}0$ m dont l'autre extrémité est fixée en O. Elle se déplace sur un cercle horizontal de rayon ℓ_0. Sa vitesse est $v_0 = 1{,}0$ m.s^{-1}.

1) Déterminer son moment cinétique par rapport à O puis par rapport à (Oz).

2) On réduit brutalement la longueur du fil à $\ell_1 = 0{,}50\,\text{m}$. Que devient la vitesse de la sphère ?

3) Comparer l'énergie cinétique avant et après la réduction de la longueur du fil.

4) Quelle force provoque l'augmentation de l'énergie cinétique de la sphère ? Commenter.

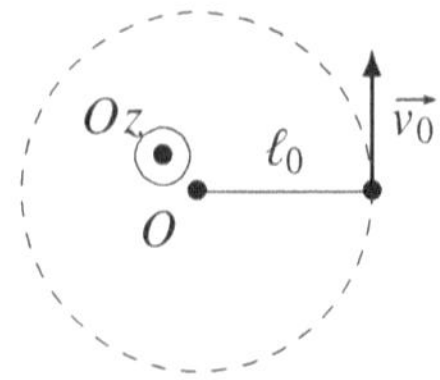

18.4 Pendule simple

Reprendre la mise en équation du mouvement du pendule simple décrit dans le paragraphe 7, page 397 du chapitre *Principes de la dynamique newtonienne* en utilisant la loi du moment cinétique, puis à l'aide d'un raisonnement énergétique.

18.5 Particule sur un cerceau immobile

Une particule M, de masse m, glisse dans la rainure intérieure d'un cerceau de rayon R. M est soumise à des frottements fluides, opposés à la vitesse, de coefficient de proportionnalité α. M est initialement placée en $\theta_0 < \frac{\pi}{2}$ sans vitesse initiale.

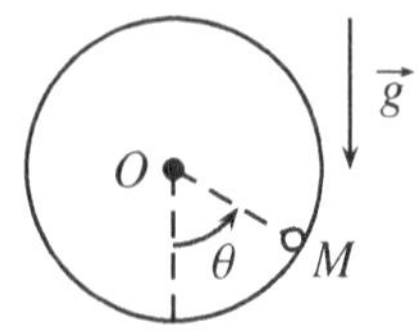

1) Établir l'équation différentielle qui décrit l'évolution de la position $\theta(t)$ de M. On se placera ensuite dans le cas de petits angles.

2) Pour quelle valeur critique R_c du cerceau, M atteint-il le plus rapidement possible la position d'équilibre ? Établir dans ce cas l'expression de la position $\theta(t)$ de M et en tracer l'allure.

3) Établir l'expression de la vitesse de M ; tracer l'allure temporelle de sa norme.

EXERCICES ★★★

18.6 Moment cinétique d'une comète

On repère une comète de masse m lors de son passage au point P_0, point de sa trajectoire le plus proche du Soleil S. L'instant où la comète passe en P_0 est pris comme instant initial. La comète est alors animée d'une vitesse v_0 et sa distance au Soleil est r_0.

1) Faites un schéma approximatif de la trajectoire de la comète. Placer en particulier le point P_0 et la vitesse v_0.

2) Justifier que la vitesse radiale est nulle en P_0.

3) Exprimer le moment cinétique initial de la comète par rapport à S.

4) La seule force qui s'exerce sur la comète est la force d'attraction gravitationnelle exercée par le Soleil. Montrer que son moment cinétique est une constante du mouvement.

18.7 Tension du fil d'un pendule

Un point matériel M, de masse m, est fixé au bout d'un fil de longueur L, sans masse. L'autre extrémité du fil est attachée au point O. Le fil et M oscillent autour de la verticale, leur position est repérée par l'angle θ ; ils sont initialement lâchés de la position $0 < \theta_0 < \pi/2$ sans vitesse initiale.

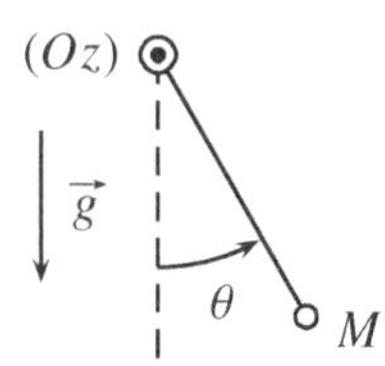

1) Dessiner sur un schéma la base locale polaire au point M, qui permet l'étude du mouvement. Préciser les forces qui s'appliquent sur M.

2) Établir deux équations différentielles, l'une sur $\dot{\theta}^2$, l'autre sur $\ddot{\theta}$.

3) En déduire l'expression de $\dot{\theta}^2$ en fonction de θ.

4) En déduire l'expression de la tension T dans le fil, en fonction de θ.

EXERCICES ★★★★

18.8 Petites oscillations autour d'un équilibre

Une masse M est accrochée à la périphérie d'un disque de rayon a, parfaitement équilibré, mobile en rotation autour de l'axe (Oz), de moment d'inertie J par rapport à ce même axe. M et le disque sont solidaires. Un fil inextensible et sans masse est enroulé autour du disque ; une masse m pend à l'extrémité.

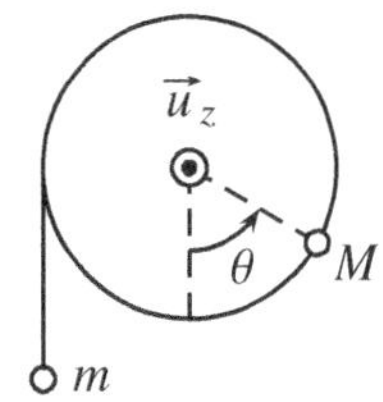

1) Établir une équation différentielle sur $\theta(t)$.

2) Quelles sont les positions d'équilibre du système ?

3) Quelle est la pulsation des petites oscillations autour de la position d'équilibre stable ?

18.9 Points matériels reliés par un fil

On considère deux points matériels M_1 (masse m_1) et M_2 (masse m_2). M_1 se déplace sur un plan horizontal (xOy) et M_2 sur un axe vertical (Oz) orienté positivement vers le haut. Ils sont reliés par un fil inextensible et sans masse qui passe dans un trou du plan (xOy) situé en O. Le fil a une longueur L.
On note $\vec{g}$ l'accélération de la pesanteur. On repère M_2 par sa coordonnée z sur l'axe (Oz) et M_1 par ses coordonnées polaires r et θ. On note $\vec{v}$ la vitesse de M_1.
À $t = 0$, $\overrightarrow{OM_1} = r_0\vec{u}_x$ et $\vec{v} = v_0\vec{u}_y$ ($0 < r_0 < L$ et $v_0 > 0$).

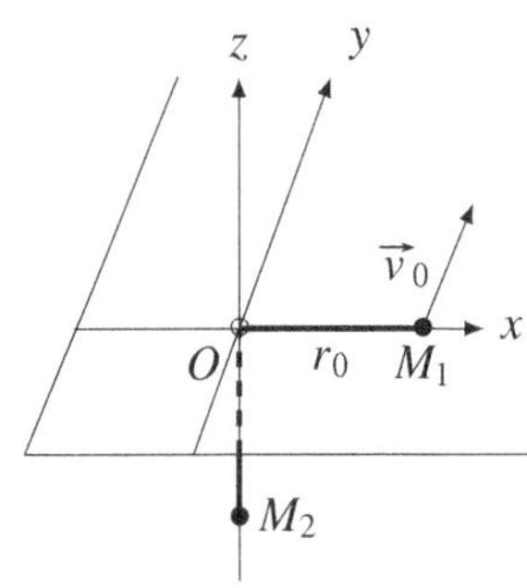

1) Faire une figure à un instant t quelconque.

2) Exprimer les vecteurs position et vitesse de M_1 et M_2 dans le repère décrit ci-dessus.

3) Montrer que le fait que le fil soit inextensible permet de relier z et r.

4) Exprimer les conditions initiales sur r, $\dot{r}$, θ, $\dot{\theta}$ ainsi que sur z et $\dot{z}$

On considère que le fil coulisse sans frottement au niveau du point O, de sorte que la norme de la tension du fil est la même de part et d'autre de O. On néglige également les frottements fluides et solides sur M_1 et M_2.

5) Combien de degrés de liberté possède le mouvement de M_1 ? celui de M_2 ? De combien d'équations doit-on disposer pour étudier le mouvement ?

Une des équations nécessaires à la résolution est l'équation établie à la question 3.

6) Appliquer le théorème du moment cinétique au point M_1 pour montrer que : $r^2\dot{\theta} = \mathcal{C}$, où $\mathcal{C}$ est une constante que l'on exprimera à l'aide des conditions initiales.

7) On définit $E_0 = E_1 + E_2$ où E_1 est l'énergie mécanique de M_1 et E_2 l'énergie mécanique de M_2. À l'aide du théorème de l'énergie cinétique appliqué tout d'abord au point M_1 puis au point M_2, montrer que E_0 se conserve.

8) Montrer que l'on peut obtenir l'équation du mouvement plan de M_1 sous la forme :

$$\frac{1}{2}(m_1+m_2)\dot{r}^2+m_2g(r-L)+\frac{1}{2}m_1r^2\dot{\theta}^2=\frac{1}{2}m_1v_0^2+m_2g(r_0-L).$$

9) En éliminant $\dot{\theta}$ de l'équation précédente à l'aide du résultat de la question 6, montrer que l'on peut écrire l'équation du mouvement radial sous la forme :

$$\frac{1}{2}(m_1+m_2)\dot{r}^2+E_{p_{\text{eff}}}(r)=E_0,$$

où $E_{p_{\text{eff}}}$ est une fonction qui ne dépend que de r et que l'on explicitera.

Les équations précédentes doivent être mises en forme pour être résolues numériquement. Pour cela, on considère que $L=3r_0$ et que $m_2=3m_1$. Les grandeurs r_0, v_0 et $\frac{1}{2}mv_0^2$ sont utilisées comme échelles de longueur, de vitesse et d'énergie ; le rapport $\tau=\frac{r_0}{v_0}$ comme échelle de temps. On note $\alpha=\frac{m_2gr_0}{\frac{1}{2}m_1v_0^2}$ et on prend $\alpha=0{,}5$ pour les applications numériques et les représentations graphiques. On utilise la grandeur sans dimension $G^*=\frac{G}{G_0}$ pour représenter une grandeur G dont l'échelle est G_0.

10) Montrer que : $E_0^*=1-2\alpha$ et $E_{p_{\text{eff}}}^*(r^*)=\alpha(r^*-3)+\frac{1}{r^{*2}}$.

11) Montrer que l'équation de conservation de l'énergie mécanique s'écrit :

$$4\left(\frac{\mathrm{d}r^*}{\mathrm{d}t^*}\right)^2+\alpha(r^*-3)+\frac{1}{r^{*2}}=1-2\alpha \quad\Longrightarrow\quad \frac{\mathrm{d}^2r^*}{\mathrm{d}t^{*2}}=-\frac{\alpha}{8}+\frac{1}{4r^{*3}}=0.$$

12) Montrer que la conservation du moment cinétique de M_1 s'écrit : $\dot{\theta}^*=\frac{1}{r^{*2}}$.

13) En déduire que le mouvement de M_1 vérifie le problème de Cauchy suivant :

$$\begin{cases}\ddot{r}^* &= -\dfrac{\alpha}{8}+\dfrac{1}{4r^{*3}}\\ \dot{\theta}^* &= \dfrac{1}{r^{*2}}\end{cases} \quad\text{avec les CI}\quad \begin{cases}r^*(0) &=1\\ \dot{r}^*(0) &=0\\ \theta(0) &=0\end{cases}.$$

La résolution numérique de ce problème à l'aide de la méthode d'Euler conduit aux résultats présentés ci-dessous à l'aide de différents graphiques pour $\alpha=0{,}5$.

14) Quelles particularités présentent les courbes représentatives de $r^*(t^*)$ et de $\theta(t^*)$?

15) Et celle de la trajectoire ?

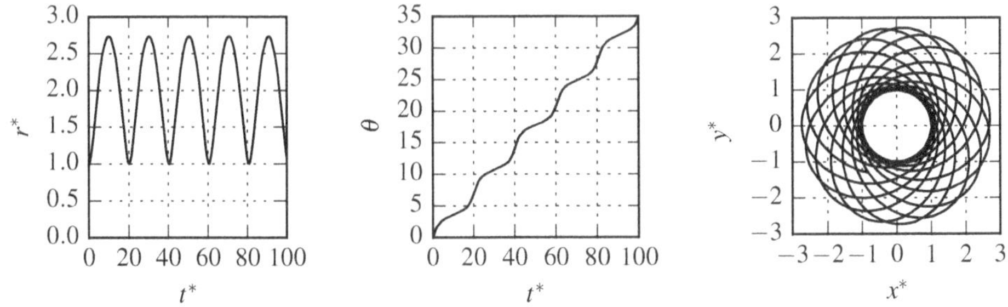

CORRIGÉS

18.C1 *Cf.* paragraphe 2 page 510 et paragraphe 3 page 512. L'indice O de la notation $\overrightarrow{L_O}$ et $\overrightarrow{M_O}$ représente le point par rapport auquel on calcule ces deux moments : $\overrightarrow{L_O} = \overrightarrow{OM} \wedge \overrightarrow{p}$ et $\overrightarrow{M_O} = \overrightarrow{OM} \wedge \overrightarrow{F}$. On le précise car ils dépendent du point où on les calcule comme le montre l'équation (18.1).

18.C2 *Cf.* paragraphe 2 page 511 et figure 18.3 page 512. Le mouvement de M est toujours orienté dans le sens direct par rapport à $\overrightarrow{L_O}$. Si le point M se dirige dans le sens direct par rapport à (Oz) alors $\overrightarrow{L_O}$ et $\overrightarrow{u}_z$ sont de même sens et $L_{(Oz)} = \overrightarrow{L_O} \cdot \overrightarrow{u}_z > 0$. Inversement, si le point M se dirige dans le sens indirect par rapport à (Oz), $L_{(Oz)} < 0$.

18.C3 *Cf.* paragraphe 2 page 511. $L_{(Oz)} = mR^2\dot{\theta}$ est positif et croissant. Si R et m sont constants, $\dot{\theta}$ est positif et croissant. La vitesse angulaire croît.

18.C4 *Cf.* paragraphe 4.2 page 515. Soit la force est nulle, soit elle passe par O à tout instant. Cette force est alors appelée force centrale de centre O.

18.C5 *Cf.* paragraphe 4.3 page 515. Le moment par rapport à (Oz) de la force est nul. On se reporte au paragraphe 3.2 page 514 : soit $\overrightarrow{f} \,//\, (Oz)$, soit le bras de levier de la force $\overrightarrow{f}$ est nul.

18.1 Ordres de grandeur des moments cinétiques

1) Le moment cinétique de la Terre par rapport à S dans le référentiel héliocentrique vaut $L_S = m_T D_{TS}^2 \dot{\theta}$ avec $\dot{\theta} = \frac{2\pi \text{ rad}}{1 \text{ an}} = \frac{6{,}283}{365 \times 86400} = 1{,}992.10^{-7}$ rad.s^{-1} pour une année de 365 jours. Numériquement, on trouve : $L = 6{,}0.10^{24} \times (1{,}5.10^{11})^2 \times 1{,}992.10^{-7} \simeq 2{,}7.10^{40}$ J.s.

2) Le moment cinétique par rapport au centre de la trajectoire circulaire confondue avec le noyau vaut : $L = mr_0^2\dot{\theta} = mr_0^2 2\pi f$, avec $r_0 = 5{,}3.10^{-11}$ m, et $L = 1.10^{-34}$ J.s.

18.2 Serrage d'un écrou au couple

1) Le couple de serrage est égal au produit « force $\times$ bras de levier ». Le bras de levier ne peut pas être supérieur à L pour une clé de longueur L. Pour atteindre le couple de serrage recommandé, il est nécessaire d'appliquer une force de norme F avec le bras de levier L de sorte que le moment de cette force soit : $\Gamma = F \times L \Rightarrow F = \frac{\Gamma}{L} = \frac{35}{0{,}2} = 175$ N.

2) Pour que le bras de levier soit bien égal à L, il faut que la droite d'application de la force soit distante de L de l'axe de rotation de l'écrou. Pour cela, il faut appliquer cette force à l'extrémité de la clé et perpendiculairement à la clé et à l'axe du pas de vis de la pédale.

18.3 Mouvement d'une sphère attachée au bout d'un fil

On étudie le mouvement de la sphère de petite taille dans le référentiel terrestre galiléen. Elle est soumise à son poids, à la réaction du support assurant le mouvement horizontal et à la tension du fil.

1) Le moment cinétique en O de la sphère vaut $\overrightarrow{L_O} = m\ell_0 v_0 \overrightarrow{u}_z$. Son moment cinétique par rapport à l'axe Oz vaut $L_{(Oz)} = m\ell_0 v_0$.

2) Les moments du poids et de la réaction du support par rapport à l'axe (Oz) sont nuls car ces deux forces s'appliquent parallèlement à (Oz). Le moment de la tension du fil est également nul puisque cette force est parallèle à $\overrightarrow{OM}$ (force centrale de centre O). On est donc dans un cas de conservation du moment cinétique par rapport à l'axe (Oz).

Le moment cinétique, après raccourcissement du fil, vaut $m\ell_1 v_1$ puisque la trajectoire est à nouveau circulaire. On en déduit $\ell_0 v_0 = \ell_1 v_1$. La vitesse de la sphère $v_1 = v_0 \dfrac{\ell_0}{\ell_1} = 2\,\text{m.s}^{-1}$ double par rapport à la vitesse initiale.

3) L'énergie cinétique $E_c = \frac{1}{2}mv^2$ passe de $E_{c_0} = \frac{1}{2}mv_0^2$ à $E_{c_1} = \frac{1}{2}mv_1^2$. Elle est quadruplée et passe de $E_{c_0} = 0{,}05\,\text{J}$ à $E_{c_1} = 0{,}20\,\text{J}$.

4) D'après le théorème de l'énergie cinétique, $\Delta E_c = E_{c_1} - E_{c_0} = W$ où W est le travail des forces appliquées à la bille. Or, le poids et la réaction du support sont perpendiculaires au mouvement donc leur puissance est nulle. Seule la tension du fil a pu procurer cette énergie à la bille. On peut comprendre cela en observant que, pendant le raccourcissement du fil, la vitesse de la bille comporte une composante radiale $\dot{r}\vec{u}_r$ de sorte que la puissance de la tension du fil $\vec{T} = T\vec{u}_r$ vaut $\mathcal{P} = T\dot{r}$. Cette puissance est positive puisque $\dot{r} < 0$ (le rayon de la trajectoire diminue) et $T < 0$ (le fil exerce une traction sur la bille).

C'est la méthode que l'on utilise instinctivement, pour faire tournoyer une masse accrochée au bout d'un fil de plus en plus vite.

18.4 Pendule simple

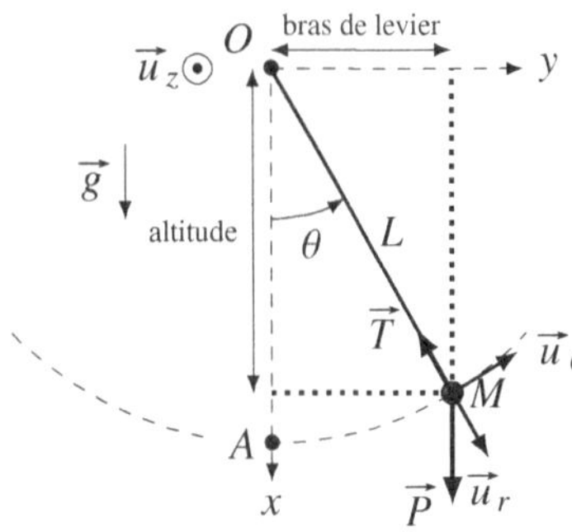

On rappelle la situation sur la figure. On suppose le mouvement plan. Le point M est lié à un fil qui assure un mouvement circulaire de rayon L. On réalise l'étude cinématique du mouvement : $\overrightarrow{OM} = L\vec{u}_r$ et $\vec{v} = L\dot{\theta}\vec{u}_\theta$. On étudie le mouvement du point M de masse m dans le référentiel terrestre supposé galiléen. Il est soumis à :

- son poids $\vec{P} = m\vec{g}$;
- la tension du fil (force de liaison) $\vec{T} = -T\vec{u}_r$.

Le poids est vertical dirigé vers le bas. C'est une force conservative.

La tension du fil est toujours dirigée vers le centre O. C'est une force centrale. Par ailleurs, elle est perpendiculaire au mouvement donc elle ne travaille pas.

On peut donc utiliser, au choix, le théorème du moment cinétique par rapport à O ou un raisonnement énergétique pour étudier le mouvement à un degré de liberté puisque ces deux lois ne feront plus intervenir la tension du fil, qui est une inconnue du problème.

Utilisation du théorème du moment cinétique par rapport à O fixe : on détermine le moment cinétique en O de M : $\vec{L}_O = \overrightarrow{OM} \wedge (m\vec{v}) = mL\vec{u}_r \wedge (L\dot{\theta}\vec{u}_\theta) = mL^2\dot{\theta}\vec{u}_z$.

À l'aide du schéma ci-dessus, on détermine les moments en O des forces :

- poids : $\vec{M}_O(\vec{P}) = \overrightarrow{OM} \wedge \vec{P} = L\vec{u}_r \wedge (mg\vec{u}_x) = mgL\vec{u}_r \wedge \vec{u}_x = -mgL\sin\theta\vec{u}_z$, en utilisant le fait que $\vec{u}_r \wedge \vec{u}_x$ est orienté selon $-\vec{u}_z$ lorsque $\theta > 0$ et que sa norme vaut $\sin\theta$;
- tension du fil : $\vec{M}_O(\vec{T}) = \overrightarrow{OM} \wedge \vec{T} = \vec{0}$.

On applique alors le théorème du moment cinétique en O fixe :

$$\frac{d\vec{L}_O}{dt} = \sum \vec{M}_O(\vec{F}_{\text{extérieure}}) \implies mL^2\ddot{\theta}\vec{u}_z = -mgL\sin\theta\vec{u}_z,$$

soit, après projection sur $\vec{u}_z$ et simplification : $\ddot{\theta} + \frac{g}{L}\sin\theta = 0$.

Remarque : le mouvement étant plan, on peut utiliser le théorème du moment cinétique par rapport à (Oz) fixe. On utilise alors la méthode vue dans la partie méthodologie de ce chapitre pour déterminer l'expression du moment par rapport à (Oz) du poids : $M_{(Oz)}(\overrightarrow{P}) = -mgL\sin\theta$.

Utilisation de la loi de l'énergie cinétique de M : $E_c = \frac{1}{2}mv^2 = \frac{1}{2}mL^2\dot{\theta}^2$.

On remarque que la seule force qui travaille est le poids, qui est une force conservative, et qui dérive de l'énergie potentielle : $E_p = mg \times$ altitude $= mg(-L\cos\theta)$, en prenant la référence des altitudes au niveau de O. D'après le théorème de l'énergie cinétique, on est dans un cas de conservation de l'énergie mécanique :

$$E_m = \frac{1}{2}mL^2\dot{\theta}^2 - mgL\cos\theta = \text{constante} \quad \Longrightarrow \quad \frac{\mathrm{d}E_m}{\mathrm{d}t} = mL^2\dot{\theta}\ddot{\theta} + mgL\sin\theta\dot{\theta} = 0,$$

soit, après simplification par $\dot{\theta}$ qui n'est pas la fonction nulle : $\ddot{\theta} + \frac{g}{L}\sin\theta = 0$. On retrouve avec ces deux méthodes l'équation différentielle qui régit le mouvement d'un pendule simple et déjà établie dans le chapitre *Principes de la dynamique newtonienne*.

18.5 Particule sur un cerceau immobile

1) Deux méthodes existent :

- le principe fondamental de la dynamique ;
- le théorème du moment cinétique.

Dans le repère $(M,\vec{u}_r,\vec{u}_\theta,\vec{u}_z)$, la position de M est décrite par $\overrightarrow{OM} = R\vec{u}_r$, sa vitesse par $\vec{v}(t) = R\dot{\theta}(t)\,\vec{u}_\theta$ et son accélération par $\vec{a}(t) = -R\dot{\theta}^2\vec{u}_r + R\ddot{\theta}\vec{u}_\theta$ (*cf.* figure de gauche).

Dans le référentiel galiléen du laboratoire, M est soumis au poids $m\vec{g}$ et à l'action du cerceau, qui présente deux composantes, les frottements orthoradiaux $\vec{f}_f = -\alpha\vec{v}$ et la réaction normale $\vec{N} = -N\vec{u}_r$ (*cf.* figure de gauche).

Dans ce même référentiel, le principe fondamental de la dynamique, appliqué à M, mène à $m\vec{a}(t) = m\vec{g} + \vec{f}_f + \vec{N}$. Attendu que $\vec{N}$ est inconnu, on projette sur $\vec{u}_\theta$, pour obtenir $mR\ddot{\theta}(t) = -\alpha R\dot{\theta}(t) - mg\sin\theta(t)$.

Dans le cas de petits angles, c'est-à-dire $|\theta(t)| \ll 1$, $\sin\theta = \theta + o(\theta)$ et ainsi, au premier ordre en θ, $\frac{R}{g}\ddot{\theta}(t) + \frac{\alpha R}{mg}\dot{\theta} + \theta(t) = 0$.

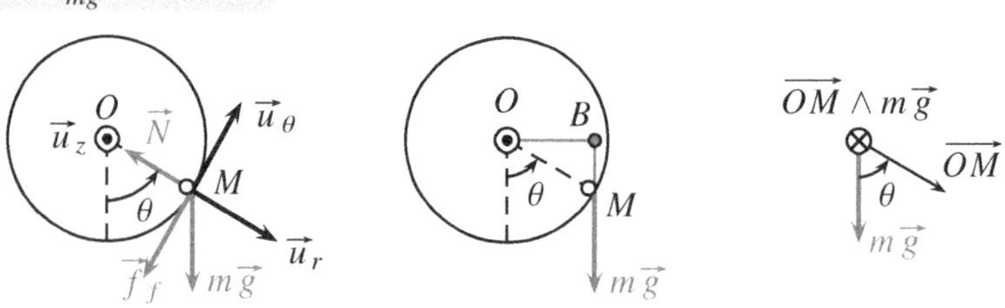

Dans le repère $(M,\vec{u}_r,\vec{u}_\theta,\vec{u}_z)$, le moment cinétique de M, par rapport au point O, est $\vec{\sigma}_O(t) = \overrightarrow{OM} \wedge m\vec{v} = R\vec{u}_r \wedge mR\dot{\theta}(t)\,\vec{u}_\theta = mR^2\dot{\theta}(t)\,\vec{u}_z$.

Le moment du poids, par rapport à O, est $\overrightarrow{\mathcal{M}_O} = \overrightarrow{OM} \wedge m\vec{g} = -R\sin(\theta)mg\vec{u}_z$ (*cf.* figures du centre et de la droite). On peut aussi voir que la bras de levier est la distance $OB = R\sin\theta$ et que le poids entraîne M dans le sens de rotation négatif par rapport à $\vec{u}_z$, d'où $\overrightarrow{\mathcal{M}_O} = -R\sin(\theta) \times mg \times \vec{u}_z$.

Le moment de $\vec{N}$, par rapport à O, est nul, car $\vec{N}$ et $\overrightarrow{OM}$ sont colinéaires.

Le moment de la force de frottement, par rapport à O, est $\overrightarrow{\mathcal{M}_O} = \overrightarrow{OM} \wedge \vec{f}_f = R\vec{u}_r \wedge \left(-\alpha R\dot{\theta}\vec{u}_\theta\right)$, soit $\overrightarrow{\mathcal{M}_O} = -\alpha R^2\dot{\theta}\vec{u}_z$.

Le théorème du moment cinétique, appliqué à M, en référentiel galiléen, projeté sur $\vec{u}_z$, mène à $\frac{\mathrm{d}}{\mathrm{d}t}\sigma_O = mR^2\ddot{\theta}(t) = -Rmg\sin\theta(t) - \alpha R^2\dot{\theta}(t)$, soit, dans le cadre des petits angles, $\frac{R}{g}\ddot{\theta}(t) + \frac{\alpha R}{mg}\dot{\theta} + \theta(t) = 0$.

2) La position d'équilibre, $\theta = 0$, est le plus rapidement atteinte dans le cas du régime critique, pour lequel le discriminant est nul : $\Delta = (\frac{\alpha R}{mg})^2 - 4\frac{R}{g} = 0$, soit $R_c = 4\frac{m^2 g}{R}$.

Les solutions de l'équation réduite associée, $\frac{R}{g}r^2 + \frac{\alpha R}{mg}r + 1 = 0$, consistent en la racine double $r = -\frac{\alpha R}{mg} \times \frac{g}{2R} = -\frac{\alpha}{2m}$. La solution de l'équation différentielle est donc :

$$\theta(t) = (at + b)\exp\left(-\frac{\alpha}{2m}t\right).$$

Les conditions initiales imposent $\theta(0) = \theta_0 = b$ et $\dot{\theta}(0) = 0 = a - \frac{\alpha}{2m}b$, soit $b = \theta_0$ et $a = \frac{\alpha}{2m}\theta_0$, puis $\theta(t) = \theta_0\left(1 + \frac{\alpha}{2m}t\right)\exp\left(-\frac{\alpha}{2m}t\right)$.

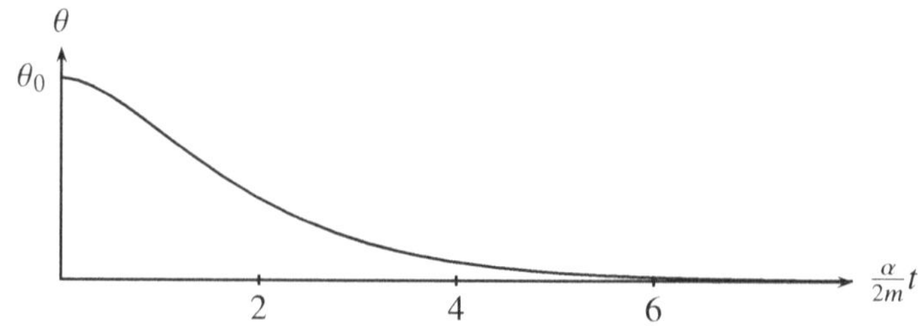

3) $\vec{v}(t) = R\dot{\theta}(t)\vec{u}_\theta = R\theta_0\left(\frac{\alpha}{2m}\exp\left(-\frac{\alpha}{2m}t\right) - \frac{\alpha}{2m}\left(1 + \frac{\alpha}{2m}t\right)\exp\left(-\frac{\alpha}{2m}t\right)\right)\vec{u}_\theta$,
$\vec{v}(t) = -R\theta_0\left(\frac{\alpha}{2m}\right)^2 t\exp\left(-\frac{\alpha}{2m}t\right)\vec{u}_\theta$ et $\|\vec{v}(t)\| = R\theta_0\left(\frac{\alpha}{2m}\right)^2 t\exp\left(-\frac{\alpha}{2m}t\right)$.

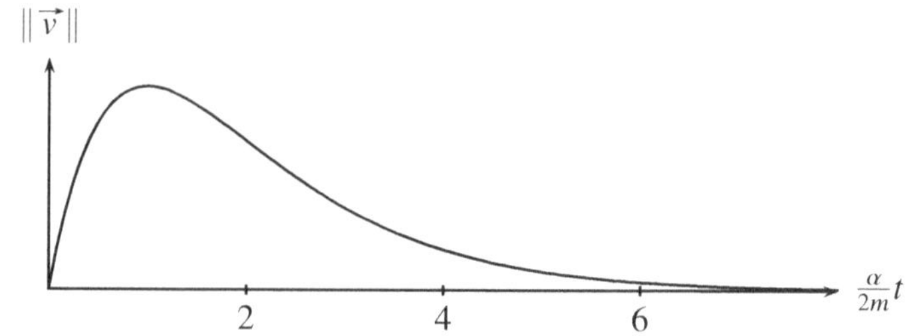

18.6 Moment cinétique d'une comète

1) Le schéma est ci-contre. On note P la comète. La trajectoire représente la succession des positions de P au cours du temps.

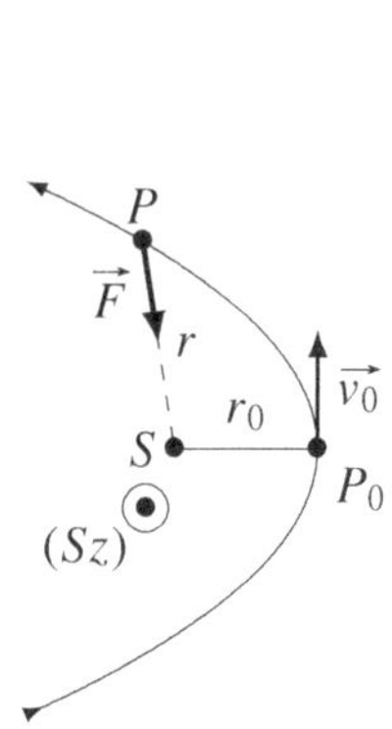

2) Le mouvement de P est *a priori* repéré en coordonnées sphériques : $P(r, \theta, \varphi)$. En utilisant les notations du chapitre *Cinématique du point*, la vitesse est $\vec{v} = \dot{r}\vec{u}_r + r\dot{\theta}\vec{u}_\theta + r\sin\theta\dot{\varphi}\vec{u}_\varphi$. La distance au Soleil est minimale en P_0, r est extrémal et $\dot{r} = 0$ en P_0. La vitesse radiale $\dot{r}\vec{u}_r$ est donc nulle en P_0.

3) Par définition, le moment cinétique initial de la comète, par rapport S, est donné par $\vec{L}_S(t = 0) = m\overrightarrow{SP_0} \wedge \vec{v}_0 = mr_0v_0\vec{u}_z$, où le vecteur $\vec{u}_z$ est le vecteur unitaire dirigé selon (Sz), droite perpendiculaire à la fois à $\overrightarrow{SP_0}$ et à $\vec{v}0$ (voir figure).

4) La seule force qui s'exerce sur la comète est la force d'attraction gravitationnelle exercée par le Soleil dirigée de P vers S. Cette force est à tout instant dirigée selon la droite SP de sorte que son moment cinétique par rapport à S vaut $\overrightarrow{M_S} = \overrightarrow{SP} \wedge \overrightarrow{F} = \overrightarrow{0} \quad \forall t \quad \text{car} \quad \overrightarrow{SP} /\!/ \overrightarrow{F}$.
On applique le théorème du moment cinétique à la comète assimilée à un point matériel dans le référentiel héliocentrique supposé galiléen dans lequel le Soleil est fixe :

$$\frac{\mathrm{d}\overrightarrow{L_S}}{\mathrm{d}t} = \overrightarrow{M_S} = \overrightarrow{0} \quad \Longrightarrow \quad \overrightarrow{L_S} = \text{constante} = m r_0 v_0 \overrightarrow{u}_z .$$

18.7 Tension du fil d'un pendule

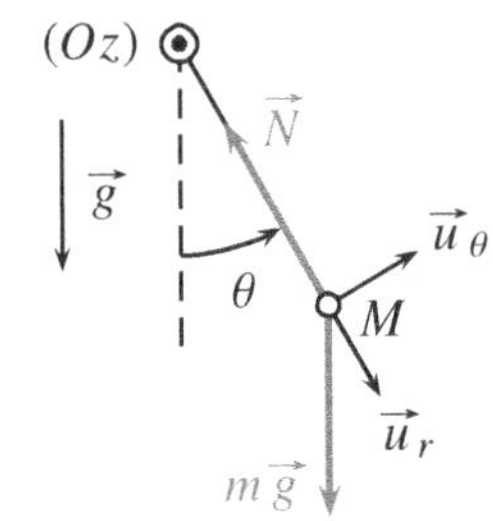

1) Dans le repère $(M, \overrightarrow{u}_r, \overrightarrow{u}_\theta, \overrightarrow{u}_z)$, la position de M est décrite par $\overrightarrow{OM} = L\overrightarrow{u}_r$, sa vitesse par $\overrightarrow{v}(t) = L\dot{\theta}(t)\,\overrightarrow{u}_\theta$ et son accélération par $\overrightarrow{a}(t) = -L\dot{\theta}(t)^2\,\overrightarrow{u}_r + L\ddot{\theta}(t)\,\overrightarrow{u}_\theta$.
Dans le référentiel galiléen du laboratoire, les forces qui s'appliquent sur M sont le poids $m\overrightarrow{g}$ et la tension $\overrightarrow{T}$ exercée par le fil sur M.

2) Avec $\overrightarrow{T} = -T\overrightarrow{u}_r$ et $\overrightarrow{g} = g\cos\theta\,\overrightarrow{u}_r - g\sin\theta\,\overrightarrow{u}_\theta$, le principe fondamental de la dynamique, appliqué à M, en référentiel galiléen, mène à $-mL\dot{\theta}^2(t) = -T + mg\cos\theta(t)$ sur $\overrightarrow{u}_r$ et sur $\overrightarrow{u}_\theta$: $L\ddot{\theta}(t) = -g\sin\theta(t)$.

3) On multiplie la projection sur $\overrightarrow{u}_\theta$ par $\dot{\theta}(t)$, afin d'écrire l'équation sous forme d'une dérivée, $L\dot{\theta}(t)\ddot{\theta}(t) + g\dot{\theta}(t)\sin\theta(t) = 0$, qui s'écrit $\frac{\mathrm{d}}{\mathrm{d}t}\left(\frac{1}{2}L\dot{\theta}(t)^2 - g\cos\theta(t)\right) = 0$. Le terme entre parenthèse est donc une constante C, $\frac{1}{2}L\dot{\theta}(t)^2 - g\cos\theta(t) = C$, évaluée à l'instant initial, où $\theta(0) = \theta_0$ et $\dot{\theta}(0) = 0$ car la vitesse initiale est nulle ; ainsi $C = -g\cos\theta_0$, puis $L\dot{\theta}(t)^2 = 2g(\cos\theta(t) - \cos\theta_0)$.
Cette équation, aussi nommée *intégrale première du mouvement*, est identique à la *conservation de l'énergie mécanique*. En effet, $\mathcal{E}_c = \frac{1}{2}mv^2 = \frac{1}{2}mL^2\dot{\theta}^2$; en choisissant une énergie potentielle nulle pour $\theta = \pi/2$, $\mathcal{E}_p = mgy_M$ (l'axe (Oy) est vertical ascendant et $y_M < 0$) devient $\mathcal{E}_p = -mgL\cos\theta$. Sans frottement, l'énergie mécanique se conserve, $\mathcal{E}_p = \frac{1}{2}mL^2\dot{\theta}^2 - mgL\cos\theta = 0 - mgL\cos\theta_0$ et on aboutit à la même équation.

4) La projection sur $\overrightarrow{u}_r$ devient $T = mL\dot{\theta}(t)^2 + mg\cos\theta(t)$, d'où $T = mg(3\cos\theta - 2\cos\theta_0)$.

18.8 Petites oscillations autour d'un équilibre

1) Le système est l'ensemble $\{m, \text{fil, disque}, M\}$. Le repère est galiléen, dans lequel m est repéré par la cote $x(t)$ et M par l'angle $\theta(t)$. On oriente l'axe (Ax) vers le bas car, quand M tourne dans le sens positif autour de $\overrightarrow{u}_z$, alors m descend.

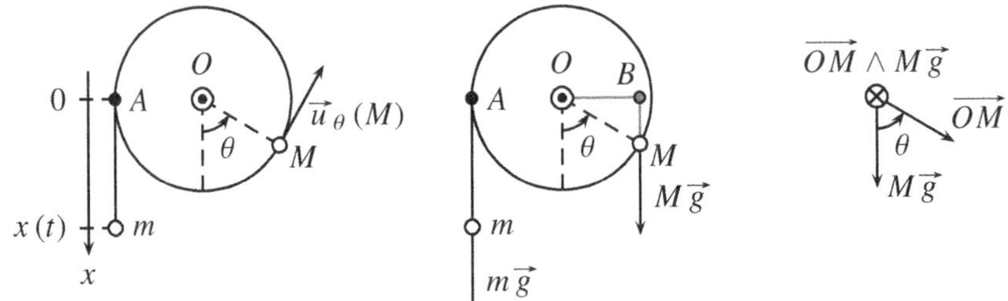

On cherche à appliquer le théorème du moment cinétique au système.

Le disque tourne à la vitesse angulaire $\dot{\theta}\vec{u}_z$, son moment cinétique par rapport à O est $\vec{\sigma}_d = J\dot{\theta}\vec{u}_z$.

Le fil a une masse nulle, son moment cinétique est nul.

Le point matériel de masse M a un mouvement circulaire de rayon constant a, sa vitesse $\vec{v}_M = a\dot{\theta}\vec{u}_\theta$ est orthoradiale et son moment cinétique par rapport à O est $\vec{\sigma}_M = \overrightarrow{OM} \wedge M\vec{v}_M$, soit $\vec{\sigma}_M = Ma^2\dot{\theta}\vec{u}_z$.

Le point matériel de masse m a un mouvement de translation verticale, sa vitesse est $\vec{v}_m = \dot{x}\vec{u}_x$ et son moment cinétique par rapport à O est $\vec{\sigma}_m = \overrightarrow{Om} \wedge m\vec{v}_m = (\overrightarrow{OA}+\overrightarrow{Am}) \wedge m\dot{x}\vec{u}_x = ma\dot{x}\vec{u}_z$.

Le moment cinétique par rapport à O du système est donc $\vec{\sigma}_O = (J\dot{\theta} + ma^2\dot{\theta} + Ma\dot{x})\vec{u}_z$.

Pour trouver une équation différentielle sur θ, le lien entre $\dot{x}$ et $\dot{\theta}$ doit être établi. Pendant la durée $\mathrm{d}t$, m tourne d'un angle $\mathrm{d}\theta$ et parcourt la distance $a\mathrm{d}\theta$; pendant cette même durée, m descend d'un distance $\mathrm{d}x$. Attendu que le fil est inextensible, $a\mathrm{d}\theta = \mathrm{d}x$, soit $a\dot{\theta} = \dot{x}$.

La liaison pivot en O est parfaite, il n'y a pas de frottement et seuls s'exercent des moments du poids sur le disque, M et m.

Le centre d'inertie du disque est en O, donc le moment du poids par rapport à O est nul.

Le moment du poids du point matériel de masse m, par rapport à O, est donné par $\vec{\mathcal{M}}_m = \overrightarrow{Om} \wedge m\vec{g} = (\overrightarrow{OA} + \overrightarrow{Am}) \wedge m\vec{g} = amg\vec{u}_z$. On peut aussi voir que la bras de levier est la distance $OA = a$ et que le poids entraîne m dans le sens de rotation positif par rapport à $\vec{u}_z$, d'où $\vec{\mathcal{M}}_m = +a \times mg \times \vec{u}_z$.

Le moment du poids du point matériel de masse M, par rapport à O, est donné par $\vec{\mathcal{M}}_M = \overrightarrow{OM} \wedge M\vec{g} = -a\sin\theta Mg\vec{u}_z$ (*cf.* figure de droite). On peut aussi voir que la bras de levier est la distance $OB = a\sin\theta$ et que le poids entraîne M dans le sens de rotation négatif par rapport à $\vec{u}_z$, d'où $\vec{\mathcal{M}}_M = -a\sin\theta \times Mg \times \vec{u}_z$.

Le théorème du moment cinétique, appliqué au système, en référentiel galiléen, projeté sur $\vec{u}_z$, mène à :

$$\frac{\mathrm{d}}{\mathrm{d}t}\left(J\dot{\theta} + ma^2\dot{\theta} + Ma^2\dot{\theta}\right) = amg - aMg\sin\theta,$$

$$\left(J + ma^2 + Ma^2\right)\ddot{\theta} + aMg\sin\theta = amg.$$

2) À l'équilibre, $\ddot{\theta} = 0$ et $\sin\theta_{eq} = \frac{m}{M}$, unique position d'équilibre, qui n'existe que si $m < M$ (sinon le sinus n'est pas défini).

3) M varie peu autour de θ_{eq}, donc $\theta(t) = \theta_{eq} + \varepsilon(t)$, où $|\varepsilon(t)| \ll \theta_{eq}$. On linéarise le $\sin\theta$, c'est-à-dire qu'on effectue un DL au premier ordre en ε, autour de θ_{eq} : $\sin\theta = \sin\left(\theta_{eq} + \varepsilon\right)$, soit $\sin\theta = \sin\left(\theta_{eq}\right) + \varepsilon\cos\left(\theta_{eq}\right) + o(\varepsilon)$. Attendu que θ_{eq} est une constante, $\ddot{\theta} = \ddot{\varepsilon}$ et :

$$\left(J + ma^2 + Ma^2\right)\ddot{\varepsilon} + aMg\left(\sin\left(\theta_{eq}\right) + \varepsilon\cos\left(\theta_{eq}\right)\right) = amg.$$

Avec la définition de θ_{eq}, $aMg\sin\left(\theta_{eq}\right) = amg$ et :

$$\left(J + ma^2 + Ma^2\right)\ddot{\varepsilon} + aMg\cos\left(\theta_{eq}\right)\varepsilon = 0.$$

$\cos^2\theta_{eq} + \sin^2\theta_{eq} = 1$, soit $\cos^2\theta_{eq} + \left(\frac{m}{M}\right)^2 = 1$, $\cos\theta_{eq} = \sqrt{1 - \left(\frac{m}{M}\right)^2}$ puis :

$$\frac{J + ma^2 + Ma^2}{aMg\sqrt{1 - \left(\frac{m}{M}\right)^2}}\ddot{\varepsilon} + \varepsilon = 0,$$

qui est l'équation d'un oscillateur de pulsation propre ω_0 telle que $\frac{1}{\omega_0^2} = \frac{J+ma^2+Ma^2}{ag\sqrt{M^2-m^2}}$, soit

$\omega_0 = \sqrt{\frac{ag\sqrt{M^2-m^2}}{J+ma^2+Ma^2}}$ (cette pulsation n'existe que si $m < M$, comme précédemment).

18.9 Points matériels reliés par un fil

Dans tout ce problème, on étudie les mouvements de M_1 et M_2 dans le référentiel terrestre supposé galiléen.

1) Le schéma à un instant t quelconque est représenté ci-contre.

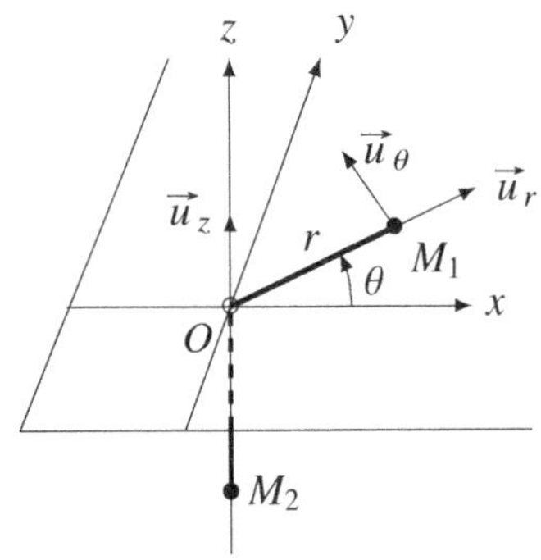

2) M_1 et M_2 sont repérés en coordonnées cylindriques et les vecteurs sont exprimés sur la base $(\vec{u}_r, \vec{u}_\theta, \vec{u}_z)$.

$$\overrightarrow{OM_1}\begin{pmatrix} r \\ 0 \\ 0 \end{pmatrix} \quad \vec{v_1}\begin{pmatrix} \dot{r} \\ r\dot{\theta} \\ 0 \end{pmatrix}$$

$$\overrightarrow{OM_2}\begin{pmatrix} 0 \\ 0 \\ z \end{pmatrix} \quad \vec{v_2}\begin{pmatrix} 0 \\ 0 \\ \dot{z} \end{pmatrix}$$

3) Comme le fil est inextensible, sa longueur est constante et vaut $L = -z + r$ à tout instant.

4) À l'instant initial, $r(0) = r_0$, donc $z(0) = r_0 - L < 0$. Par ailleurs, $\overrightarrow{OM} = r_0\vec{u}_x$ et $\vec{v} = v_0\vec{u}_y$ donne $\theta(0) = 0$, $\dot{r}(0) = 0$ et $v_0 = r_0\dot{\theta}(0)$ d'où $\dot{\theta}(0) = \dfrac{v_0}{r_0}$. Finalement :

$$\begin{cases} r(0) = r_0 \\ \dot{r}(0) = 0 \end{cases} ; \quad \begin{cases} \theta(0) = 0 \\ \dot{\theta}(0) = \frac{v_0}{r_0} \end{cases} ; \quad \begin{cases} z(0) = r_0 - L \\ \dot{z}(0) = 0 \end{cases} .$$

5) Le mouvement de M_1 possède 2 degrés de liberté. Celui de M_2 en possède 1. On doit disposer de trois équations pour étudier le mouvement.

6) Le point M_1 est soumis à :

- son poids, vertical, dont le moment par rapport l'axe fixe Oz est nul ;
- la réaction du support, verticale, dont le moment par rapport à l'axe Oz est nul ;
- la tension du fil $\vec{T_1} = -T_1\vec{u}_r$, force centrale dirigée en permanence vers O, dont le moment par rapport à l'axe Oz est nul.

Le moment cinétique par rapport à Oz vaut : $L_{Oz} = m_1r^2\dot{\theta}$. Le théorème du moment cinétique appliqué au point M_1 par rapport à Oz fixe donne :

$$\frac{\mathrm{d}L_{Oz}}{\mathrm{d}t} = 0 \implies \frac{\mathrm{d}(m_1r^2\dot{\theta})}{\mathrm{d}t} = 0 \implies r^2\dot{\theta} = \text{constante} = \mathcal{C}$$

car m_1 est constante. Comme, à l'instant initial, $r^2\dot{\theta} = r_0v_0$, on obtient : $r^2\dot{\theta} = r_0v_0 = \mathcal{C}$.

7) Le point M_1 est soumis à :

- son poids, vertical, qui ne travaille pas ;
- la réaction du support, verticale, qui ne travaille pas ;
- la tension du fil $\vec{T}_1 = -T_1\vec{u}_r$, dont la puissance vaut $\mathcal{P}_1 = \vec{T}_1 \cdot \vec{v}_1 = -T_1\dot{r}$.

Le théorème de l'énergie cinétique appliqué à M_1 donne : $\dfrac{\mathrm{d}}{\mathrm{d}t}\left(\dfrac{1}{2}mv_1^2\right) = -T_1\dot{r}$.

Le point M_2 est soumis à :

- son poids, vertical, dont la puissance vaut $\mathcal{P}_p = m\vec{g} \cdot \vec{v}_2 = -m_2g\dot{z}$;
- la tension du fil $\vec{T_2} = T_2\vec{u}_z$, dont la puissance vaut $\mathcal{P}_2 = \vec{T}_2 \cdot \vec{v}_2 = T_2\dot{z}$.

Le théorème de l'énergie cinétique appliqué à M_2 donne : $\frac{\mathrm{d}}{\mathrm{d}t}\left(\frac{1}{2}mv_2^2\right) = -m_2g\dot{z} + T_2\dot{z}$.
En négligeant les frottements au niveau de O et le poids du fil, $T_1 = T_2$; comme le fil est inextensible, $\dot{r} = \dot{z}$. En sommant les deux relations précédentes, on obtient donc :

$$\frac{\mathrm{d}}{\mathrm{d}t}\left(\frac{1}{2}mv_1^2\right) + \frac{\mathrm{d}}{\mathrm{d}t}\left(\frac{1}{2}mv_2^2\right) = -m_2g\dot{z} \quad \Longrightarrow \quad \frac{\mathrm{d}}{\mathrm{d}t}\left(\frac{1}{2}mv_1^2 + \frac{1}{2}mv_2^2 + m_2gz\right) = 0.$$

En prenant pour référence de l'énergie potentielle de pesanteur l'altitude $z = 0$, on reconnaît $E_1 = \frac{1}{2}mv_1^2$ et $E_2 = \frac{1}{2}mv_2^2 + m_2gz$, les énergies mécaniques des points M_1 et M_2 et leur somme $E_0 = E_1 + E_2$, soit finalement : $\dfrac{\mathrm{d}E_0}{\mathrm{d}t} = 0$. L'énergie mécanique du système se conserve.

8) Pour étudier le mouvement plan de M_1, il faut éliminer z de l'équation précédente à l'aide de la relation $L = r - z$, soit $z = r - L$, puis exprimer $v_1^2 = \dot{r}^2 + r^2\dot{\theta}^2$ et $v_2^2 = \dot{z}^2 = \dot{r}^2$. On obtient alors :

$$\frac{1}{2}(m_1 + m_2)\dot{r}^2 + m_2g(r - L) + \frac{1}{2}m_1r^2\dot{\theta}^2 = E_0.$$

Comme, à l'instant initial, $\dot{r}(0) = 0$, on trouve $\dot{z}^2(0) = v_2^2(0) = 0$. Par ailleurs, $r(0) = r_0$ donc $z(0) = L - r_0$ puis $E_0 = \frac{1}{2}m_1v_0^2 + m_2g(r_0 - L)$. Finalement, on obtient bien :

$$\frac{1}{2}(m_1 + m_2)\dot{r}^2 + m_2g(r - L) + \frac{1}{2}m_1r^2\dot{\theta}^2 = \frac{1}{2}m_1v_0^2 + m_2g(r_0 - L).$$

9) On introduit la troisième équation du mouvement $r^2\dot{\theta} = r_0v_0$ pour éliminer $\dot{\theta} = \dfrac{r_0v_0}{r^2}$ et on peut écrire $\frac{1}{2}(m_1 + m_2)\dot{r}^2 + E_{p_{\text{eff}}}(r) = E_0$, avec

$$E_{p_{\text{eff}}}(r) = m_2g(r - L) + \frac{1}{2}m_1r^2\dot{\theta}^2 = m_2g(r - L) + \frac{1}{2}m_1\frac{r_0^2v_0^2}{r^2}.$$

10) Pour $L = 3r_0$ et $m_2 = 3m_1$, on a : $E_0 = \frac{1}{2}m_1v_0^2 + m_2g(r_0 - L) = \frac{1}{2}m_1v_0^2 + m_2gr_0(1 - 3)$.
En divisant cette équation par $\frac{1}{2}m_1v_0^2$, on obtient $E_0^* = 1 - 2\alpha = 0$.

Par ailleurs : $E_{p_{\text{eff}}}(r) = m_2gr_0\left(\dfrac{r}{r_0} - 3\right) + \dfrac{1}{2}m_1v_0^2\dfrac{r_0^2}{r^2}$. En divisant cette équation par $\dfrac{1}{2}m_1v_0^2$, on obtient :

$$E_{p_{\text{eff}}}^*(r^*) = \alpha(r^* - 3) + \frac{1}{r^{*2}} = 0{,}5(r^* - 3) + \frac{1}{r^{*2}}.$$

11) On divise l'équation de conservation de l'énergie mécanique par $\dfrac{1}{2}m_1v_0^2$ en utilisant $m_2 = 3m_1$ pour obtenir :

$$\frac{1}{2}(m_1 + m_2)\dot{r}^2 = \frac{1}{2}4m_1\dot{r}^2 = 2m_1\dot{r}^2, \qquad \text{d'où} \qquad \frac{\frac{1}{2}(m_1 + m_2)\dot{r}^2}{\frac{1}{2}m_1v_0^2} = 4\left(\frac{\mathrm{d}r^*}{\mathrm{d}t^*}\right)^2.$$

Comme $E_{p_{\text{eff}}}^*(r^*) = \alpha(r^* - 3) + \dfrac{1}{r^{*2}}$, l'équation de conservation de l'énergie mécanique en variables sans dimension s'écrit :

$$4\left(\frac{\mathrm{d}r^*}{\mathrm{d}t^*}\right)^2 + \alpha(r^* - 10) + \frac{1}{r^{*2}} = 1 - 2\alpha.$$

En dérivant cette expression par rapport à t^*, on obtient :

$$8\frac{\mathrm{d}r^*}{\mathrm{d}t^*}\frac{\mathrm{d}^2r^*}{\mathrm{d}t^{*2}} = -\alpha\frac{\mathrm{d}r^*}{\mathrm{d}t^*} + \frac{2}{r^{*3}}\frac{\mathrm{d}r^*}{\mathrm{d}t^*} = 0, \quad \text{soit} \quad \frac{\mathrm{d}^2r^*}{\mathrm{d}t^{*2}} = -\frac{\alpha}{8} + \frac{1}{4r^{*3}} = 0.$$

12) La loi des aires s'écrit $r^2\dot{\theta} = r_0v_0 = \frac{r_0^2}{\tau}$. En divisant cette expression par $\frac{r_0^2}{\tau}$, on obtient l'équation demandée $\dot{\theta}^* = \frac{1}{r^{*2}}$.

13) Il ne reste plus qu'à écrire les conditions initiales en variables sans dimension pour obtenir le problème de Cauchy. Les conditions initiales sont $r(0) = r_0$, $\dot{r}(0) = 0$ et $\theta(0) = 0$.
En divisant la première par r_0, on est ramené au problème de Cauchy suivant :

$$\begin{cases} \ddot{r}^* = -\dfrac{\alpha}{8} + \dfrac{1}{4r^{*3}} = 0 \\ \dot{\theta}^* = \dfrac{1}{r^{*2}} \end{cases} \quad \text{avec les CI} \quad \begin{cases} r^*(0) = 1 \\ \dot{r}^*(0) = 0 \\ \theta(0) = 0 \end{cases}.$$

14) La courbe représentant $r^*(t^*)$ est une courbe périodique mais pas harmonique. Sa période est $T^* = 20$. Elle est bornées dans l'intervalle $[r_1^* ; r_2^*]$ avec $r_1^* = 1{,}0$ et $r_2^* = 2{,}7$.
La courbe représentant $\theta(t^*)$ augmente régulièrement. Le mouvement est donc révolutif. Sa dérivée est périodique, de même période que r^*.

15) La trajectoire est située entre deux cercles de rayons r_1^* et r_2^*. Il s'agit donc d'un état lié. Elle ne se referme pas sur elle-même en un tour, mais en de nombreux tours.
Les forces newtoniennes (coulombiennes ou gravitationnelles) et les forces élastiques sont les seules forces centrales pour lesquelles toutes les trajectoires liées se referment sur elles-mêmes, quelles que soient les conditions initiales (J. Bertrand, « Théorème relatif au mouvement d'un point attiré vers un centre fixe », *Comptes rendus des séances de l'Académie des sciences*, **77**, 1873, p. 849).

Mouvement dans un champ de force centrale - Champs newtoniens

19

L'OBJET de ce chapitre est l'étude du mouvement d'un point matériel soumis à une force centrale conservative et plus particulièrement à une force newtonienne. Les champs newtoniens sont de première importance puisqu'ils régissent les mouvements des planètes autour du Soleil et qu'ils interviennent lors de l'interaction entre deux particules chargées.

1 Force centrale conservative

1.1 Qu'est-ce qu'une force centrale conservative ?

a) Notations

Soient $M(m)$ un point matériel étudié dans le référentiel $\mathcal{R}$ galiléen et O un point fixe de $\mathcal{R}$. On note $\overrightarrow{OM}$ son vecteur position, $\vec{v}$ sa vitesse, $\vec{p} = m\vec{v}$ sa quantité de mouvement, $\vec{a}$ son accélération et $\vec{L}_O = \overrightarrow{OM} \wedge m\vec{v}$ son moment cinétique en O.
M est soumis à la force $\vec{f}$ supposée être une **force centrale conservative** de centre O.

b) Définition

Une force centrale de centre O est une force dont la droite d'action passe constamment par O.

La force $\vec{f}$ est alors colinéaire au vecteur $\overrightarrow{OM}$ et les coordonnées adaptées au problème sont les coordonnées sphériques d'origine O. En posant $r = \|\overrightarrow{OM}\|$ et $\vec{u}_r = \dfrac{\overrightarrow{OM}}{r}$, la force s'écrit :

$$\vec{f} = f_r(r)\vec{u}_r.$$

Une force conservative dérive d'une énergie potentielle E_p définie par la relation :

$$\vec{f} = -\overrightarrow{\text{grad}}\,E_p.$$

Comme $\vec{f}$ est dirigée selon $\vec{u}_r$, l'énergie potentielle ne dépend que de r et la projection de la relation précédente sur $\vec{u}_r$ devient :

$$f_r = -\frac{\mathrm{d}E_p}{\mathrm{d}r}.$$

En coordonnées sphériques, une force centrale conservative dérive d'une énergie potentielle $E_p(r)$ et s'écrit :

$$\vec{f} = f_r(r)\vec{u}_r = -\frac{\mathrm{d}E_p}{\mathrm{d}r}\vec{u}_r. \qquad (19.1)$$

Le problème est à symétrie sphérique de centre O. La force et l'énergie potentielle ne dépendent que de la coordonnée radiale r.

1.2 Exemples de forces centrales conservatives

Dans ce paragraphe, on décrit les forces centrales conservatives les plus courantes.

a) Force d'interaction gravitationnelle

Soient O un point matériel fixe de masse m_1 et M un point matériel de masse m_2. On note $\mathcal{G} = 6{,}67.10^{-11}\ \mathrm{m^3.kg^{-1}.s^{-2}}$ la constante gravitationnelle. La force d'attraction gravitationnelle exercée par $O(m_1)$ sur $M(m_2)$ est donnée par la relation :

$$\vec{f} = -\mathcal{G}\frac{m_1 m_2}{r^2}\vec{u}_r,$$

où $r = \|\overrightarrow{OM}\|$ et $\vec{u}_r = \dfrac{\overrightarrow{OM}}{r}$. Elle est portée par la droite (OM). Il s'agit donc d'une force centrale de centre O. Elle est également conservative et, d'après l'équation (19.1), elle dérive de l'énergie potentielle E_p telle que :

$$\frac{\mathrm{d}E_p}{\mathrm{d}r} = \mathcal{G}\frac{m_1 m_2}{r^2} = \frac{\mathrm{d}}{\mathrm{d}r}\left(-\mathcal{G}\frac{m_1 m_2}{r}\right) \implies E_p = -\mathcal{G}\frac{m_1 m_2}{r},$$

en fixant la référence d'énergie potentielle nulle à l'infini.

b) Force d'interaction coulombienne

Soient O un point matériel fixe de charge q_1 et M un point matériel de charge q_2. On note $\epsilon_0 = 8{,}85.10^{-12}\ \mathrm{F.m^{-1}}$ la permittivité du vide. La force coulombienne exercée par $O(q_1)$ sur $M(q_2)$ est donnée par la relation :

$$\vec{f} = \frac{1}{4\pi\epsilon_0}\frac{q_1 q_2}{r^2}\vec{u}_r,$$

où $r = \|\overrightarrow{OM}\|$ et $\vec{u}_r = \dfrac{\overrightarrow{OM}}{r}$. Elle est portée par la droite (OM). Il s'agit donc d'une force centrale de centre O. Elle est également conservative et, d'après l'équation (19.1), elle dérive de l'énergie potentielle E_p telle que :

$$\frac{\mathrm{d}E_p}{\mathrm{d}r} = -\frac{q_1 q_2}{4\pi\epsilon_0}\frac{1}{r^2} = \frac{\mathrm{d}}{\mathrm{d}r}\left(\frac{q_1 q_2}{4\pi\epsilon_0 r}\right) \implies E_p = \frac{q_1 q_2}{4\pi\epsilon_0 r},$$

en fixant la référence d'énergie potentielle nulle à l'infini.

Le module des forces gravitationnelle et coulombienne est proportionnel à l'inverse du carré de la distance OM. On parle de forces en $\frac{1}{r^2}$. Ce sont des forces newtoniennes.

Les forces gravitationnelle et coulombienne sont un type particulier de forces centrales conservatives appelées **forces newtoniennes**. Elles s'expriment en coordonnées sphériques sous la forme :

$$\vec{f} = -\frac{K}{r^2}\vec{u}_r \tag{19.2}$$

et dérivent de l'énergie potentielle : $E_p(r) = -\frac{K}{r}$.

c) Force de rappel élastique (force harmonique)

Soient O un point fixe et M un point matériel mobile lié à O par une force de rappel élastique :

$$\vec{f} = -k(r - r_0)\vec{u}_r = -m\omega_0^2(r - r_0)\vec{u}_r$$

où $\omega_0^2 = \frac{k}{m}$, $r = \|\overrightarrow{OM}\|$ et $\vec{u}_r = \frac{\overrightarrow{OM}}{r}$. Cette force est portée par la droite (OM) à tout instant. Elle est donc centrale de centre O. Elle est également conservative et, d'après l'équation (19.1), elle dérive de l'énergie potentielle E_p telle que :

$$\frac{\mathrm{d}E_p}{\mathrm{d}r} = k(r - r_0) = \frac{\mathrm{d}}{\mathrm{d}r}\left(\frac{1}{2}k(r - r_0)^2\right).$$

On choisit généralement la référence d'énergie potentielle nulle en $r = r_0$, ce qui conduit à :

$$E_p = \frac{1}{2}k(r - r_0)^2 = \frac{1}{2}m\omega_0^2(r - r_0)^2.$$

1.3 Observations de mouvements à force centrale conservative

La première étude des mouvements à force centrale conservative est l'étude des trajectoires des planètes du système solaire. L'analyse scientifique précise de ces mouvements remonte au XVIIe siècle. Elle est résumée en trois lois énoncées par J. Kepler en 1609 et 1618.

a) Les lois expérimentales de Kepler

Ces lois énoncent les caractéristiques principales des mouvements des planètes soumises à l'attraction gravitationnelle exercée par le Soleil. Elles font appel à la notion d'ellipse qui est décrite dans la partie méthodologie de ce chapitre page 547.

Loi des orbites : Les planètes du système solaire décrivent des trajectoires elliptiques dont le Soleil occupe l'un des foyers.

Loi des aires : Les aires balayées par le segment $[SP]$ (où S représente le Soleil et P une planète) pendant des intervalles de temps égaux sont égales.

Loi des périodes : Le carré de la période de révolution d'une planète autour du Soleil est proportionnel au cube du demi-grand axe a de sa trajectoire elliptique :

$$\frac{T^2}{a^3} = \text{constante}.$$

On peut calculer cette constante à l'aide des paramètres du mouvement orbital de la Terre autour du Soleil à savoir :

- sa période : $T = 1$ an ;
- la distance Terre - Soleil qui définit l'unité astronomique : 1 ua = 150.10^6 km.

On trouve alors $\dfrac{T^2}{a^3} = \dfrac{(1\,\text{an})^2}{(1\,\text{ua})^3} = \dfrac{(365 \times 24 \times 3600)^2}{(150.10^9)^3} = 2{,}9.10^{-19}\,\text{s}^2.\text{m}^{-3}$.

La valeur obtenue est valable pour l'ensemble des planètes du système solaire.

Une partie de ces lois s'applique à tous les mouvements à force centrale conservative. La nature de la trajectoire est cependant spécifique de la dépendance en $\dfrac{1}{r^2}$ de l'attraction gravitationnelle et ne s'applique donc qu'aux forces newtoniennes. Le but de ce cours est de démontrer une partie de ces résultats à partir des caractéristiques de la loi d'attraction gravitationnelle.

b) Quelques données sur les planètes du système solaire

La culture générale d'un scientifique comporte quelques connaissances sur le système solaire et il est bien de connaître :

- le nom et l'ordre des planètes du système solaire. Pour cela, il existe de nombreuses phrases mnémotechniques comme « **Me** **V**oilà **T**out **M**ouillé, **J**'étais **S**ous **U**n **N**uage » ;
- la masse de la Terre $M_T = 6{,}0.10^{24}$ kg, son rayon $R_T = 6{,}4.10^3$ km, la distance Terre-Soleil $D_{TS} = 1$ ua = 150.10^6 km et la masse du Soleil $M_S = 2{,}0.10^{30}$ kg.

On peut également noter que les excentricités e des trajectoires des planètes sont faibles. Par conséquent, leurs orbites sont quasi circulaires. En effet, e caractérise l'écart entre un cercle et une ellipse : l'ellipse est réduite à un cercle lorsque $e = 0$ et son allongement augmente lorsque e augmente. On peut se rendre compte de cette propriété sur la figure 19.1. On remarque que, lorsque $e \leq 0{,}2$, l'ellipse est très proche d'un cercle dont le centre est décalé par rapport à S.

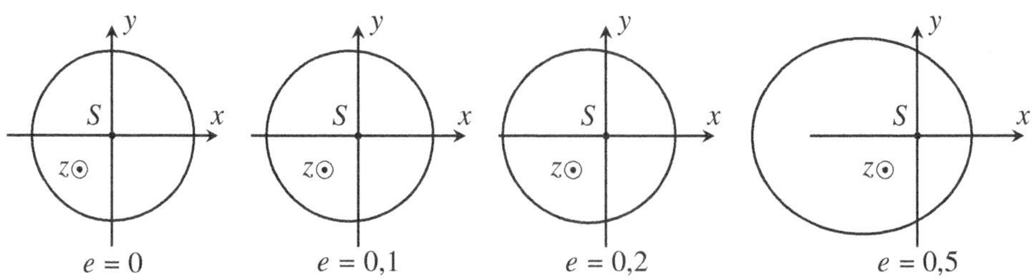

Figure 19.1 – Évolution de la forme d'une l'ellipse de foyer S en fonction de son excentricité e. Les orbites des planètes du système solaire ont une excentricité inférieure ou égale à 0,21.

	Mercure	Venus	Terre	Mars	Jupiter	Saturne	Uranus	Neptune
d	57,9	108	150	228	778	1430	2870	4500
e	0,206	0,007	0,017	0,093	0,005	0,055	0,048	0,009
a	0,387	0,723	1	1,524	5,202	9,555	19,22	30,11
T_1	0,241	0,615	1	1,882	11,86	29,46	84,02	164,8

Tableau 19.1 – Principales caractéristiques des orbites des planètes du système solaire : d = rayon moyen en million de km, e = excentricité, a demi-grand axe en unité astronomique, T_1 = période de révolution sidérale en année.

2 Généralités sur les forces centrales conservatives

2.1 Conséquence du caractère central de la force

Dans ce paragraphe, on montre que le caractère central de la force implique la conservation du moment cinétique en O du système. On en déduit que le mouvement est plan et vérifie la loi des aires.

a) Conservation du moment cinétique

On applique le théorème du moment cinétique au système M de masse m par rapport au point O fixe dans le référentiel $\mathcal{R}$ galiléen : $\dfrac{\mathrm{d}\overrightarrow{L_O}}{\mathrm{d}t} = \overrightarrow{\mathcal{M}_O}(\overrightarrow{f})$.

$\overrightarrow{f}$ est une force centrale. Par définition, elle est colinéaire au vecteur $\overrightarrow{OM}$. D'après les propriétés du produit vectoriel entre vecteurs colinéaires, on trouve $\overrightarrow{\mathcal{M}_O}(\overrightarrow{f}) = \overrightarrow{OM} \wedge \overrightarrow{f} = \overrightarrow{0}$.

Le moment cinétique par rapport au centre de force O :

$$\overrightarrow{L_O} = \overrightarrow{OM} \wedge m\overrightarrow{v}$$

est conservé au cours du mouvement. C'est une intégrale première du mouvement.

On peut déterminer la valeur du moment cinétique en O en utilisant un instant particulier pour lequel on connaît la position et la vitesse. On la détermine souvent à l'aide des conditions initiales qui précisent la position initiale $\overrightarrow{OM_0}$ ainsi que la vitesse initiale $\overrightarrow{v}_0$.

b) Planéité de la trajectoire

La conservation du moment cinétique implique que le mouvement est plan.

En effet, dans le cas général, les conditions initiales (position $\overrightarrow{OM_0}$ et vitesse $\overrightarrow{v}_0$) permettent de définir un plan $\mathcal{P} = (O, \overrightarrow{OM_0}, \overrightarrow{v}_0)$ et d'évaluer le moment cinétique à l'instant initial :

$$\overrightarrow{L_O} = \overrightarrow{OM_0} \wedge m\overrightarrow{v}_0.$$

Par définition du produit vectoriel, $\overrightarrow{L_O}$ est perpendiculaire au plan $\mathcal{P}$ et on peut redéfinir le plan $\mathcal{P}$ comme le plan passant par O et perpendiculaire à $\overrightarrow{L_O}$. Or, le moment cinétique $\overrightarrow{L_O}$ est conservé au cours du mouvement et, par définition du produit vectoriel, $\overrightarrow{OM}$ est perpendiculaire à $\overrightarrow{L_O}$. Il s'en suit que le point M est situé dans le plan passant par O et perpendiculaire à $\overrightarrow{L_O}$ fixe. M est donc situé dans le plan $\mathcal{P}$ à tout instant. Son mouvement est plan.

c) Cas des coordonnées polaires

En pratique, le moment cinétique $\overrightarrow{L_O}$ étant conservé et non nul, on pose $\overrightarrow{u}_z = \dfrac{\overrightarrow{L_O}}{\|\overrightarrow{L_O}\|}$. La définition de $\overrightarrow{L_O}$ et les propriétés du produit vectoriel imposent à $\overrightarrow{OM}$ d'être perpendiculaire à $\overrightarrow{L_O}$ donc à $\overrightarrow{u}_z$. Le point M appartient alors au plan passant par O et perpendiculaire à $\overrightarrow{u}_z$, c'est-à-dire au plan (Oxy). Les coordonnées adaptées à ce type de problème sont les coordonnées polaires d'origine O qui est le centre de la force $\overrightarrow{f}$ et on obtient :

$$\overrightarrow{OM} = r\overrightarrow{u}_r \quad \text{et} \quad \overrightarrow{v} = \dot{r}\overrightarrow{u}_r + r\dot{\theta}\overrightarrow{u}_\theta \quad \text{puis} \quad \overrightarrow{L_O} = mr^2\dot{\theta}\overrightarrow{u}_z.$$

Remarque

L'orientation de l'axe (Oz) dans le sens de $\overrightarrow{L_O}$ implique que $\dot{\theta}$ est positif donc que θ est croissant. Le mouvement est réalisé dans le sens direct autour de (Oz).

d) Loi des aires

Le moment cinétique en O ainsi que la masse m sont conservés. La quantité $r^2\dot{\theta} = \dfrac{\|\overrightarrow{L_O}\|}{m}$ l'est donc également.

On définit la constante des aires : $\mathcal{C} = r^2\dot{\theta} = \dfrac{\|\overrightarrow{L_O}\|}{m}$.

Cette constante, exprimée en $m^2.s^{-1}$, peut être évaluée à l'instant initial : $\mathcal{C} = \|\overrightarrow{OM_0} \wedge \overrightarrow{v_0}\|$. La dimension de $\mathcal{C}dt$ est celle d'une aire que l'on interprète géométriquement à l'aide de la figure 19.2.

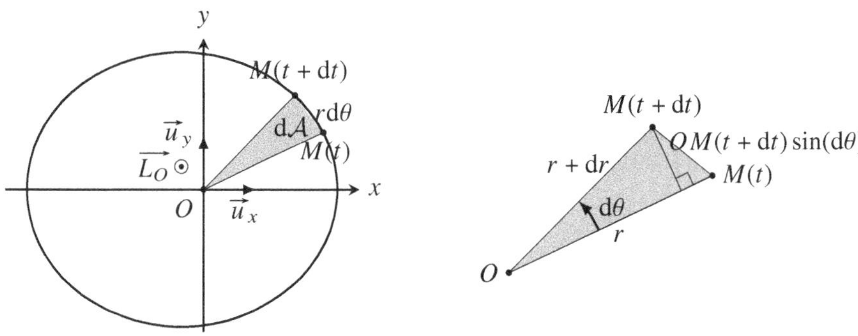

Figure 19.2 – Aire $\mathrm{d}\mathcal{A}$ balayée par le rayon vecteur $\overrightarrow{OM}$ pendant $\mathrm{d}t$.

L'aire $\mathrm{d}\mathcal{A}$ balayée par le rayon vecteur $\overrightarrow{OM}$ pendant $\mathrm{d}t$ est grisée sur la figure 19.2. Elle correspond à l'aire du triangle $OM(t)M(t+\mathrm{d}t)$:

$$\mathrm{d}\mathcal{A} = \frac{1}{2}\|\overrightarrow{OM}(t)\| \times \|\overrightarrow{OM}(t+\mathrm{d}t)\| \sin(\mathrm{d}\theta) = \frac{1}{2}r^2\mathrm{d}\theta,$$

en assimilant $\sin(\mathrm{d}\theta)$ à $\mathrm{d}\theta$ et $r + \mathrm{d}r$ à r. L'aire balayée pendant $\mathrm{d}t$ vaut donc :

$$\mathrm{d}\mathcal{A} = \frac{1}{2}\mathcal{C}\mathrm{d}t.$$

La constante $\mathcal{V} = \dfrac{\mathrm{d}\mathcal{A}}{\mathrm{d}t} = \dfrac{\mathcal{C}}{2}$ est appelée **vitesse aréolaire**. La loi des aires stipule que la vitesse aréolaire est constante et précise que sa valeur est $\frac{\mathcal{C}}{2}$.

La conservation du moment cinétique implique la loi des aires : les aires balayées par le rayon vecteur pendant des intervalles de temps égaux de durée Δt sont égales et valent :

$$\Delta\mathcal{A} = \frac{\mathcal{C}}{2}\Delta t.$$

2.2 Conséquence du caractère conservatif de la force

Dans ce paragraphe, on montre que le caractère conservatif de la force implique la conservation de l'énergie mécanique du système. On en déduit que l'on peut étudier qualitativement le mouvement radial du point M en introduisant une énergie potentielle effective.

a) L'énergie mécanique est conservée

On applique le théorème de l'énergie cinétique au système M de masse m dans le référentiel $\mathcal{R}$ galiléen. M n'est soumis qu'à la seule force $\vec{f}$ qui est conservative et dérive de l'énergie potentielle E_p. On en déduit :

$$\frac{\mathrm{d}E_m}{\mathrm{d}t} = \frac{\mathrm{d}\left(E_c + E_p\right)}{\mathrm{d}t} = 0.$$

L'énergie mécanique :

$$E_m = E_c + E_p = \frac{1}{2}mv^2 + E_p$$

est conservée au cours du mouvement. C'est une intégrale première du mouvement.

On détermine la valeur de l'énergie mécanique à l'aide des conditions initiales qui précisent la position initiale et donc l'énergie potentielle initiale E_{p_0}, ainsi que la vitesse initiale et donc l'énergie cinétique initiale E_{c_0}.

b) Notion d'énergie potentielle effective

On a vu précédemment que le mouvement est plan et qu'on l'étudie en coordonnées polaires. Dans ces conditions, l'énergie potentielle ne dépend que de r et on la note $E_p(r)$. On utilise les relations cinématiques $\overrightarrow{OM} = r\vec{u}_r$ et $\vec{v} = \dot{r}\vec{u}_r + r\dot{\theta}\vec{u}_\theta$ pour calculer l'énergie cinétique $E_c = \frac{1}{2}mv^2 = \frac{1}{2}m\left(\dot{r}^2 + r^2\dot{\theta}^2\right)$. On aboutit à l'équation énergétique :

$$E_m = \frac{1}{2}m\left(\dot{r}^2 + r^2\dot{\theta}^2\right) + E_p(r),$$

puis au système d'équations du mouvement :

$$\begin{cases} \mathcal{C} = r^2\dot{\theta} \\ E_m = \frac{1}{2}m\left(\dot{r}^2 + r^2\dot{\theta}^2\right) + E_p(r). \end{cases}$$

Le problème étant à deux degrés de liberté r et θ, la connaissance de ces deux équations permet de résoudre le problème à condition de connaître la fonction $E_p(r)$.

c) Étude qualitative du mouvement radial

Dans un premier temps, on ne cherche pas à résoudre complètement le problème mais uniquement à trouver l'évolution de la distance radiale $\|\overrightarrow{OM}\| = r$. Pour cela, on élimine θ entre les deux équations du système précédent. On écrit : $\dot{\theta} = \frac{\mathcal{C}}{r^2}$ et on remplace dans l'expression de l'énergie mécanique pour obtenir :

$$E_m = \frac{1}{2}m\left(\dot{r}^2 + r^2\frac{\mathcal{C}^2}{r^4}\right) + E_p(r) = \frac{1}{2}m\dot{r}^2 + \frac{1}{2}m\frac{\mathcal{C}^2}{r^2} + E_p(r).$$

On pose alors :

$$E_{p_{\text{eff}}}(r) = \frac{1}{2}m\frac{\mathcal{C}^2}{r^2} + E_p(r)$$

pour obtenir l'équation :

$$E_m = \frac{1}{2}m\dot{r}^2 + E_{p_{\text{eff}}}(r).$$

$E_{p_{\text{eff}}}$ est la somme de la partie de l'énergie cinétique liée au mouvement orthoradial et de l'énergie potentielle. C'est une énergie qui ne dépend que de la position radiale r. Elle s'apparente à l'énergie potentielle utile pour étudier le mouvement radial de M. On l'appelle énergie potentielle effective.

Le mouvement radial s'apparente à un mouvement conservatif à un degré de liberté dans une **énergie potentielle effective** :

$$E_{p_{\text{eff}}}(r) = \frac{1}{2}m\frac{\mathcal{C}^2}{r^2} + E_p(r). \tag{19.3}$$

Ce type d'équation a été étudié dans le chapitre *Approche énergétique de la dynamique du point*. On applique la même méthode. On utilise la conservation de l'énergie mécanique et le fait que le terme $\frac{1}{2}m\dot{r}^2$ est toujours positif pour étudier qualitativement le mouvement radial et déterminer l'ensemble des positions accessibles. Pour cela, il faut connaître l'évolution de l'énergie potentielle en fonction de r. On présente la méthode sur le cas particulier de l'attraction gravitationnelle, mais elle peut être adaptée à d'autres forces.

3 Cas particulier de l'attraction gravitationnelle

3.1 Position du problème

On s'intéresse au mouvement d'un point M de masse m en interaction gravitationnelle avec un astre de masse M_A situé en O. On se place dans la situation où $M_A \gg m$ de sorte que l'action de la masse m sur M_A ne permet pas de mettre M_A en mouvement. Dans ce cas, on a vu au paragraphe 1.2, que le point M est soumis à la force d'attraction gravitationnelle : $\vec{f} = -\mathcal{G}\frac{mM_A}{r^2}\vec{u}_r$ qui dérive de l'énergie potentielle $E_p(r) = -\mathcal{G}\frac{mM_A}{r}$.

Cette force est une force centrale conservative. Le mouvement satisfait donc aux conservations du moment cinétique et de l'énergie mécanique. Le mouvement est plan, on l'étudie en coordonnées polaires et on aboutit aux équations du mouvement :

$$\begin{cases} \mathcal{C} = r^2\dot{\theta} \\ E_m = \frac{1}{2}m\left(\dot{r}^2 + r^2\dot{\theta}^2\right) - \mathcal{G}\frac{mM_A}{r}. \end{cases} \tag{19.4}$$

3.2 Étude qualitative du mouvement radial

On écrit l'énergie mécanique en éliminant $\dot{\theta}$ grâce à la constante de aires $\mathcal{C}$:

$$E_m = \frac{1}{2}m\dot{r}^2 + \frac{1}{2}m\frac{\mathcal{C}^2}{r^2} - \mathcal{G}\frac{mM_A}{r} = \frac{1}{2}m\dot{r}^2 + E_{p_{\text{eff}}}(r),$$

où $E_{p_{\text{eff}}}(r) = \frac{1}{2}m\frac{\mathcal{C}^2}{r^2} - \mathcal{G}\frac{mM_A}{r}$ s'exprime en fonction de r et ne dépend pas de θ.

a) Tracé de la courbe d'énergie potentielle effective

On étudie la courbe $E_{p_{\text{eff}}}(r)$ pour pouvoir la tracer. Sa dérivée s'écrit :

$$\frac{\mathrm{d}E_{p_{\text{eff}}}}{\mathrm{d}r} = -m\frac{\mathcal{C}^2}{r^3} + \mathcal{G}\frac{mM_A}{r^2}.$$

Elle s'annule en $r_0 = \dfrac{\mathcal{C}^2}{\mathcal{G}M_A}$ où elle atteint la valeur :

$$E_{\text{min}} = -\frac{m}{2}\frac{\mathcal{G}^2M_A^2}{\mathcal{C}^2} = -\frac{\mathcal{G}M_Am}{2r_0}.$$

On prend r_0 comme échelle des distances et $E_0 = -E_{\text{min}} = \mathcal{G}M_Am/2r_0$ comme échelle d'énergie. On rend l'expression de l'énergie potentielle effective adimensionnelle en introduisant : $E^*_{p_{\text{eff}}} = \dfrac{E_{p_{\text{eff}}}}{E_0}$ et $r^* = \dfrac{r}{r_0}$. Or, $r_0 = \dfrac{\mathcal{C}^2}{\mathcal{G}M_A} \Leftrightarrow \dfrac{\mathcal{C}^2}{r_0} = \mathcal{G}M_A$ donc :

$$\frac{1}{2}m\frac{\mathcal{C}^2}{r^2} = \frac{1}{2}m\frac{\mathcal{C}^2}{r_0^2}\frac{1}{r^{*2}} = \frac{1}{2}m\frac{\mathcal{G}M_A}{r_0}\frac{1}{r^{*2}} = E_0\frac{1}{r^{*2}}.$$

Par ailleurs, on a $-\mathcal{G}\dfrac{mM_A}{r} = -\mathcal{G}\dfrac{mM_A}{r_0}\dfrac{1}{r^*} = -E_0\dfrac{1}{r^*}$. $E^*_{p_{\text{eff}}}(r^*)$ est alors égal à :

$$E^*_{p_{\text{eff}}}(r^*) = \frac{1}{r^{*2}} - \frac{2}{r^*},$$

que l'on a représentée sur la figure 19.3.

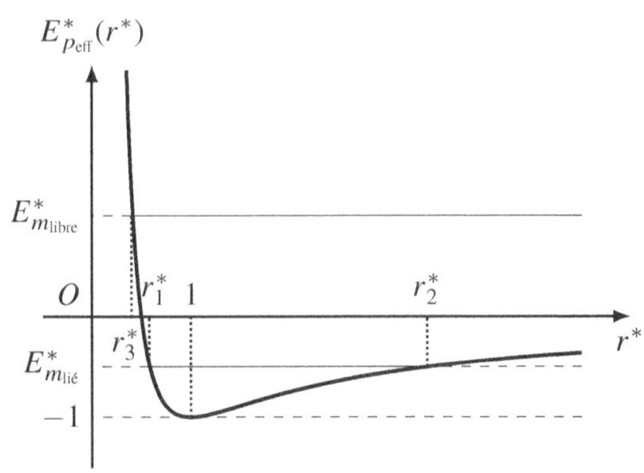

Figure 19.3 – Courbe d'énergie potentielle effective.

b) Analyse de la courbe d'énergie potentielle effective

On distingue quatre possibilités :

- si $E_m < E_{\text{min}}$, le mouvement est impossible ;
- si $E_m = E_{\text{min}}$, le mouvement est réalisé à $r = r_0$ fixé. Comme $\mathcal{C} = r_0^2\dot{\theta}$, on obtient :

  $$\dot{\theta} = \frac{\mathcal{C}}{r_0^2} = \text{constante}.$$

  r et $\dot{\theta}$ étant fixés, le mouvement est circulaire et uniforme ;
- si $0 > E_m > E_{\text{min}}$, l'ensemble des distances r accessibles est un intervalle borné compris entre les positions $r_1 = r_1^*r_0$ et $r_2 = r_2^*r_0$ où r_1^* et r_2^* sont définies sur la figure 19.3. Le système est dans un **état lié**. Il reste dans le puits de potentiel créé par l'astre A ;
- si $E_m \geq 0$, l'ensemble des distances r accessibles est un intervalle non borné de la forme $[r_3, +\infty[$ avec $r_3 = r_3^*r_0$ où r_3^* est définie sur la figure 19.3. Le système est dans un **état de diffusion**. Il peut sortir du puits de potentiel créé par l'astre A.

3.3 Détermination de la trajectoire par une méthode numérique

Dans ce paragraphe, on résout numériquement les équations du mouvement pour déterminer les différentes trajectoires possibles dans le cas de l'attraction gravitationnelle.

a) Équations sans dimension

Pour résoudre numériquement le système d'équations du mouvement (19.4), on le rend adimensionnel en utilisant la longueur caractéristique $r_0 = \dfrac{\mathcal{C}^2}{\mathcal{G}M_A}$ et l'énergie caractéristique $E_0 = \dfrac{\mathcal{G}M_A m}{2r_0}$ définies au paragraphe 3.2. À partir de r_0 et de la constante des aires, on détermine une vitesse caractéristique $V = \dfrac{\mathcal{C}}{r_0}$ et un temps caractéristique $\tau = \dfrac{r_0}{V} = \dfrac{r_0^2}{\mathcal{C}}$. On pose alors $t^* = t/\tau$, $r^* = r/r_0$ et les équations du mouvement deviennent :

$$\mathcal{C} = \frac{r_0^2}{\tau} r^{*2} \frac{\mathrm{d}\theta}{\mathrm{d}t^*} \qquad \text{et} \qquad E_m = \frac{1}{2} m \frac{r_0^2}{\tau^2} \left(\frac{\mathrm{d}r^*}{\mathrm{d}t^*}\right)^2 + E_0 E^*_{p_{\text{eff}}}(r^*).$$

L'énergie potentielle effective adimensionnée $E^*_{p_{\text{eff}}}(r^*) = \dfrac{1}{r^{*2}} - \dfrac{2}{r^*}$ a été explicitée au paragraphe 3.2 et tracée sur la figure 19.3.

Comme $r_0 = \dfrac{\mathcal{C}^2}{\mathcal{G}M_A} \Leftrightarrow \dfrac{\mathcal{C}^2}{r_0} = \mathcal{G}M_A$, on calcule $\frac{1}{2} m \dfrac{r_0^2}{\tau^2} = \frac{1}{2} m V^2 = \frac{1}{2} m \dfrac{\mathcal{C}^2}{r_0^2} = \frac{1}{2} m \dfrac{\mathcal{G}M_A}{r_0} = E_0$.

On pose alors $\alpha = \dfrac{E_m}{E_0}$ et on obtient les équations adimensionnées suivantes :

$$\frac{\mathrm{d}\theta}{\mathrm{d}t^*} = \frac{1}{r^{*2}} \qquad \text{et} \qquad \left(\frac{\mathrm{d}r^*}{\mathrm{d}t^*}\right)^2 = \alpha - \frac{1}{r^{*2}} + \frac{2}{r^*}.$$

Pour des raisons techniques, il est plus facile de dériver la deuxième équation et d'effectuer la résolution numérique du système :

$$\frac{\mathrm{d}\theta}{\mathrm{d}t^*} = \frac{1}{r^{*2}} \qquad \text{et} \qquad \frac{\mathrm{d}^2 r^*}{\mathrm{d}t^{*2}} = \frac{1}{r^{*3}} - \frac{1}{r^{*2}}.$$

b) Conditions initiales et domaine de variation des paramètres

La courbe d'énergie potentielle effective de la figure 19.3 permet de limiter l'intervalle accessible à l'énergie mécanique E_m à $[-E_0, +\infty[$. α évolue donc dans l'intervalle $[-1, +\infty[$.

Le point où M s'approche le plus de O permet d'établir les conditions initiales du mouvement puisqu'en ce point $\dfrac{\mathrm{d}r^*}{\mathrm{d}t^*} = 0$ et r^* vérifie $\alpha - \dfrac{1}{r^{*2}} + \dfrac{2}{r^*} = 0 \Rightarrow \alpha r^{*2} + 2r^* - 1 = 0$. On cherche la plus petite solution strictement positive de cette équation qui correspond la distance minimale séparant M de O.

Lorsque $\alpha = 0$, la solution est évidemment $r^* = 0{,}5$.

Lorsque $\alpha \neq 0$, le discriminant $\Delta = 4 + 4\alpha$ est positif car $\alpha > -1$ et la plus petite solution positive est $r^* = \dfrac{-1 + \sqrt{1+\alpha}}{\alpha}$. Les conditions initiales sont donc :

$$\begin{cases} \dfrac{\mathrm{d}r^*}{\mathrm{d}t^*} = 0 \\ r^* = \dfrac{-1 + \sqrt{1+\alpha}}{\alpha} \\ \theta = 0 \end{cases} \text{si } \alpha \neq 0 \qquad \text{et} \qquad \begin{cases} \dfrac{\mathrm{d}r^*}{\mathrm{d}t^*} = 0 \\ r^* = 0{,}5 \\ \theta = 0 \end{cases} \text{si } \alpha = 0.$$

c) Tracé et analyse des solutions obtenues en fonction de l'énergie mécanique

Les trajectoires de la figure 19.4 ont été obtenues à l'aide du script ci-dessous pour α égal à -1, $-0{,}5$, 0 et 1 correspondant aux énergies mécaniques tracées sur la figure 19.3.

```
def F_vec(Vec,t):
   theta, r, rp = Vec
   return np.array([1/r**2, rp, 1/r**3-1/r**2])
t0, t1, n = 0, 20, 5000
t = np.linspace(t0,t1,n) # axe des temps
plt.figure()
for a in np.array([-1,-0.5,0,1]):
     if a==0:
        CI = np.array([0, 0.5, 0])
     else:
        CI = np.array([0, (-1+np.sqrt(1+a))/a, 0])
     Sol = odeint(F_vec,CI,t)
     theta = Sol[:,0]
     r = Sol[:,1]
     x, y = r*np.cos(theta), r*np.sin(theta)
     plt.plot(x,y,'k')
     plt.plot(x,-y,'k')
plt.ylabel(r'$y^*$')
plt.xlabel(r'$x^*$')
plt.axis([-4,2,-3,3])
plt.axes().set_aspect('equal')
```

Les courbes obtenues sont des coniques de foyer O dont la nature dépend de la valeur de α :

- si $\alpha = -1$ ($\Leftrightarrow E_m = E_{\min}$), la trajectoire est un cercle de centre O ;
- si $-1 < \alpha < 0$ ($\Leftrightarrow 0 > E_m > E_{\min}$), la trajectoire est une ellipse de foyer O ;
- si $\alpha = 0$ ($\Leftrightarrow E_m = 0$), la trajectoire est une parabole de foyer O ;
- si $\alpha > 0$ ($\Leftrightarrow E_m > 0$), la trajectoire est une branche d'hyperbole de foyer O.

La valeur de α détermine entièrement la nature de la trajectoire. Les paramètres dimensionnés $\mathcal{G}$, M_A, m, $\mathcal{C}$ et E_m n'interviennent pas indépendamment mais uniquement par l'intermédiaire de la combinaison $\alpha = \dfrac{E_m}{E_0} = \dfrac{2\mathcal{C}^2 E_m}{\mathcal{G}^2 M_A^2 m}$.

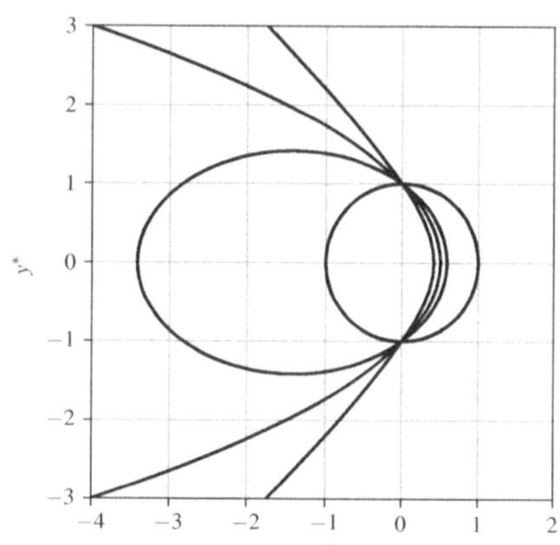

Figure 19.4 – Évolution de la trajectoire selon la valeur de α. En partant de la droite, on rencontre les trajectoires qui correspondent aux valeurs de α successives suivantes : $-1, -0{,}5, 0$ et 1.

La méthode exposée dans ce paragraphe peut être adaptée à d'autres champs de forces centrales conservatives en changeant l'expression de l'énergie potentielle. On obtient alors des trajectoires différentes. Les résultats obtenus ici sont uniquement valables pour les forces newtoniennes en $\frac{1}{r^2}$.

4 Étude directe de la trajectoire circulaire

La trajectoire circulaire est très importante car elle permet de comprendre la majorité des phénomènes concernant les états liés tout en restant simple du point de vue mathématique. Par ailleurs, les trajectoires des planètes sont très proches de trajectoires circulaires centrées sur le Soleil. Le caractère circulaire des trajectoires permet d'en faire une étude directe simple.

4.1 Position du problème

On restreint l'étude du problème au cas où la trajectoire de M est un cercle de rayon r_0 et de centre O, centre d'attraction de la force. Le point M est soumis à la seule force d'attraction gravitationnelle $\vec{f} = -\mathcal{G}\frac{mM_A}{r^2}\vec{u}_r$ qui dérive de l'énergie potentielle $E_p(r) = -\mathcal{G}\frac{mM_A}{r}$.
On a démontré la planéité du mouvement mais on peut remarquer que postuler sa circularité implique d'admettre sa planéité puisqu'un cercle est une courbe plane. On étudie le mouvement en coordonnées polaires d'origine O dans le plan de la trajectoire circulaire.

À $t = 0$, le point M est situé en M_0 et possède une vitesse $\vec{v}_0$. On choisit la référence des angles et l'orientation du plan comme sur la figure ci-contre de sorte que :

$$\overrightarrow{OM_0} = r_0\vec{u}_x \quad \text{et} \quad \vec{v}_0 = v_0\vec{u}_y,$$

avec $v_0 > 0$. Le point M est repéré à l'instant t à l'aide des coordonnées polaires :

$$\begin{cases} \overrightarrow{OM} = r_0\vec{u}_r \\ \vec{v} = r_0\dot{\theta}\vec{u}_\theta \\ \vec{a} = -r_0\dot{\theta}^2\vec{u}_r + r_0\ddot{\theta}\vec{u}_\theta = -\dfrac{v^2}{r_0}\vec{u}_r + r_0\ddot{\theta}\vec{u}_\theta. \end{cases}$$

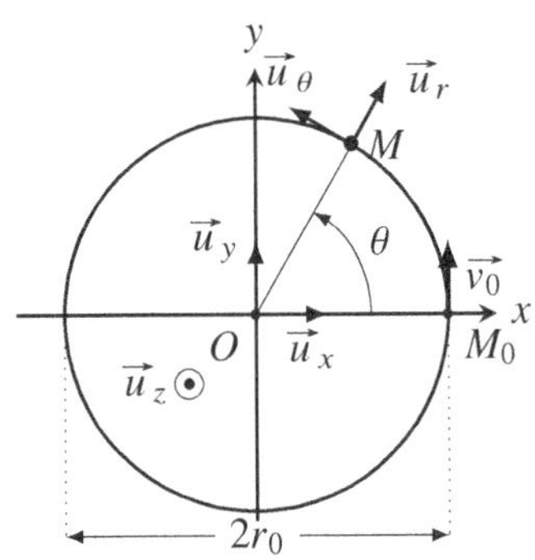

Figure 19.5 – Mouvement circulaire.

4.2 Étude à partir du principe fondamental de la dynamique

a) Expression de la vitesse sur la trajectoire

On applique le principe fondamental de la dynamique à M de masse m :

$$m\vec{a} = -\mathcal{G}\frac{mM_A}{r_0^2}\vec{u}_r.$$

On projette sur $\vec{u}_r$ en remarquant $r = r_0$ et on obtient :

$$-m\frac{v^2}{r_0} = -\mathcal{G}\frac{mM_A}{r_0^2}, \qquad \text{soit} \qquad v = \sqrt{\frac{\mathcal{G}M_A}{r_0}}.$$

La norme de la vitesse $\|\vec{v}\| = \sqrt{\frac{\mathcal{G}M_A}{r_0}}$ est constante. Le mouvement est donc uniforme.

Les trajectoires circulaires de rayon r_0 autour d'un astre attracteur de masse M_A sont parcourues à vitesse uniforme v_0. Le principe fondamental de la dynamique permet d'établir la relation liant r_0 et v_0 : $v_0 = \sqrt{\dfrac{\mathcal{G}M_A}{r_0}}$.

Pour mettre en orbite un satellite artificiel sur une trajectoire circulaire autour de la Terre, il faut donc contrôler parfaitement la vitesse de satellisation, à la fois en direction et en norme.

b) Expression des grandeurs énergétiques

On peut établir les expressions des différentes grandeurs énergétiques :

- l'énergie potentielle vaut : $E_p = -\mathcal{G}\dfrac{mM_A}{r_0}$;
- l'énergie cinétique est égale à : $E_c = \dfrac{1}{2}mv_0^2 = \dfrac{1}{2}\mathcal{G}\dfrac{mM_A}{r_0}$;
- l'énergie mécanique s'écrit donc :

$$E_m = E_c + E_p = -\frac{1}{2}\mathcal{G}\frac{mM_A}{r_0}. \tag{19.5}$$

Dans le cas d'une trajectoire circulaire, toutes ces énergies sont constantes et s'expriment en fonction de r_0 à l'aide de l'énergie caractéristique $E_0 = \mathcal{G}\dfrac{mM_A}{r_0}$.

Généralisation aux trajectoires elliptiques Dans le cas d'une trajectoire elliptique, les énergies cinétique et potentielle varient au cours du temps et seule l'énergie mécanique est conservée. On admet que l'expression établie ici reste valable, à condition de remplacer le rayon r_0 de la trajectoire circulaire par le demi-grand axe a de l'orbite elliptique.

L'énergie mécanique d'une planète de masse m en gravitation autour d'un astre de masse M_A vaut :

$$E_m = -\frac{\mathcal{G}M_A m}{2a}, \tag{19.6}$$

où a représente le demi-grand axe de la trajectoire elliptique.

c) Troisième loi de Kepler : loi des périodes

La période de révolution de M autour de O est le temps nécessaire à M pour parcourir la trajectoire de circonférence $2\pi r_0$ à la vitesse constante v_0 :

$$T = \frac{2\pi r_0}{v_0} = \frac{2\pi r_0}{\sqrt{\frac{\mathcal{G}M_A}{r_0}}} \quad \Longrightarrow \quad \frac{T^2}{r_0^3} = \frac{4\pi^2}{\mathcal{G}M_A}.$$

Généralisation aux trajectoires elliptiques On admet que la relation établie ici reste valable pour les trajectoires elliptiques, à condition de remplacer le rayon r_0 de la trajectoire circulaire par le demi-grand axe a de l'orbite elliptique.

Pour un corps en orbite elliptique autour d'un astre attracteur de masse M_A, le rapport du carré du demi-grand axe a au cube de la période de révolution T ne dépend que du produit $\mathcal{G}M_A$ et vaut :

$$\frac{T^2}{a^3} = \frac{4\pi^2}{\mathcal{G}M_A},$$

indépendamment du corps qui gravite autour de l'astre attracteur.

La troisième loi de Kepler est une loi fondatrice en astronomie et permet de déterminer un grand nombre de paramètres célestes. Quelques exemples de son utilisation sont données en exercices page 551.

5 Application aux satellites terrestres

5.1 Différents types de satellites terrestres

La Terre possède un satellite naturel, la Lune. Elle est en orbite à environ 384.10^3 km du centre de la Terre et effectue une révolution en 27,3 jours, à la vitesse moyenne de $3{,}7.10^3$ km.h^{-1}. Son orbite est proche du plan de l'écliptique et quasi circulaire puisque son excentricité vaut environ 0,05.

Depuis le premier satellite artificiel Spoutnik 1, lancé par l'URSS en 1957, des milliers de satellites artificiels ont été mis en orbite. Environ 2000 satellites gravitent actuellement autour de la Terre. Selon leur mission, ils sont placés sur des orbites différentes.

Les orbites basses se situent à des altitudes comprises entre 300 km et 2000 km et possèdent des périodes de 1 h à 2 h. On ne place pas de satellites sur des orbites plus basses car ils seraient trop freinés par l'atmosphère. Ces orbites procurent de nombreux avantages et de nombreux satellites (environ 1500) y sont placés car :

- leur mise en orbite est moins coûteuse en énergie et permet de satelliser de gros objets comme la station spatiale internationale ;
- la proximité de la Terre rend les communications avec les satellites plus faciles et plus rapides (satellites de communication) ;
- cette proximité permet d'optimiser la résolution des instruments d'observation terrestre embarqués (imagerie terrestre, météorologie ou renseignement).

L'orbite moyenne se situe à une altitude de 20 000 km et possède une période de 12 heures. Située en dehors de l'atmosphère terrestre, elle est très stable et permet d'envoyer des signaux sur une grande partie de la surface terrestre. Environ 100 satellites sont situés sur cette orbite, dont les satellites de navigation (GPS par exemple).

L'orbite géostationnaire est située à 36.10^3 km d'altitude et sa période de révolution de 24 h est égale à la période de rotation de la Terre sur elle-même. Un satellite positionné sur cette orbite reste constamment au-dessus d'un point fixe de la Terre. Cette orbite est idéale lorsque le satellite doit couvrir une zone fixe. Elle est largement utilisée (environ 500 satellites) pour les satellites de télécommunications et pour certains satellites d'observation météorologiques. Elle a l'inconvénient de très mal couvrir les régions proches des pôles.

5.2 Cas des satellites géostationnaires

a) Caractéristiques des satellites géostationnaires

Un satellite géostationnaire est un satellite artificiel qui reste constamment au-dessus d'un même point de la surface terrestre. Il paraît immobile à un observateur situé sur Terre. Pour maintenir cette caractéristique, il est guidé depuis la Terre à l'aide d'un système de contrôle d'altitude et d'orbite qui permet de compenser diverses perturbations de sa trajectoire. De ce fait, il utilise progressivement ses réserves de carburant qui finissent par s'épuiser et limitent sa durée d'exploitation. Tous les satellites géostationnaires sont placés sur une même orbite circulaire d'altitude h = 35 786 km et de période de révolution égale à un jour sidéral, soit

23 heures 56 minutes et 4 secondes. L'orbite géostationnaire est encombrée puisqu'il y a plus de 500 satellites sur cet orbite. De ce fait, le positionnement sur l'orbite doit être réalisé avec une précision d'environ 50 km et les opérateurs de ces satellites doivent les évacuer lorsqu'ils arrivent en fin de vie. L'immobilité apparente d'un satellite géostationnaire dans le référentiel terrestre lui permet de faire des observations continues d'une même zone (satellite météorologique, satellite d'alerte) et d'être visé par une antenne parabolique fixée sur Terre (satellite de télécommunications ou de télédiffusion). Dans ce paragraphe, on va montrer que le maintient d'un satellite en position fixe dans le référentiel terrestre nécessite de réunir trois conditions :

- le plan de l'orbite doit être situé dans le plan de l'équateur ;
- le mouvement du satellite doit être synchrone avec le mouvement de rotation propre de la Terre autour de l'axe des pôles ;
- l'orbite doit être circulaire.

b) Le mouvement d'un satellite géostationnaire est situé dans le plan de l'équateur

L'étude du mouvement du satellite est effectuée dans le référentiel géocentrique supposé galiléen. Dans ce référentiel, on a montré que l'orbite est située dans un plan qui contient le centre d'attraction de la force gravitationnelle qui coïncide avec le centre de la Terre.

La figure 19.6 montre la trajectoire d'un satellite dont le plan orbital est incliné par rapport au plan équatorial terrestre, ainsi que l'intersection du plan du mouvement avec la sphère terrestre. Avec cette inclinaison, le satellite est situé tantôt au-dessus de l'hémisphère Nord et tantôt au-dessus de l'hémisphère Sud.

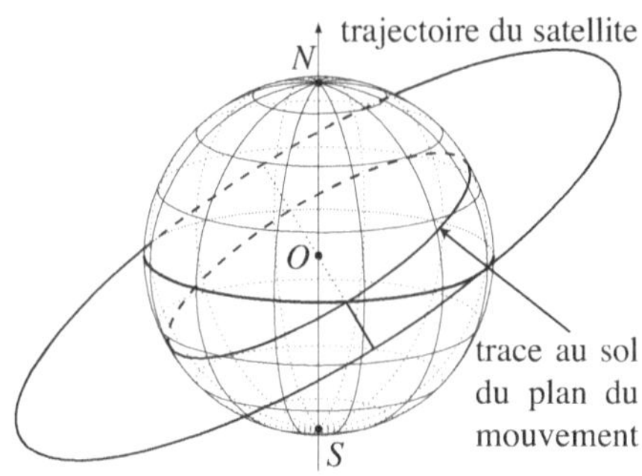

Figure 19.6 – Trajectoire d'un satellite inclinée par rapport au plan équatorial.

Il n'est pas immobile pour un observateur terrestre qui va, au minimum, observer un mouvement apparent d'oscillations nord-sud. Le seul moyen d'éviter ce mouvement est d'annuler l'inclinaison de l'orbite. Le plan de l'orbite d'un satellite géostationnaire coïncide nécessairement avec le plan équatorial de la Terre.

c) Sa vitesse angulaire est constante

Le mouvement se situant dans le plan de l'équateur, le satellite doit rester en permanence à la verticale d'un point P fixe de l'équateur. Le déplacement angulaire du satellite pendant une durée quelconque doit être le même que celui du point P. La vitesse angulaire du satellite sur son orbite est donc nécessairement égale à la vitesse angulaire de rotation de la Terre.

La rotation propre de la Terre autour de son axe nord-sud est uniforme à la vitesse angulaire :

$$\Omega = \frac{2\pi}{T_{\text{sidéral}}},$$

où la période $T_{\text{sidéral}}$ correspond au jour sidéral, durée nécessaire à la Terre pour faire un tour sur elle-même. La vitesse angulaire d'un satellite géostationnaire est constante. Sa période de révolution est égale à un jour sidéral.

d) L'orbite est circulaire

Le mouvement étant à force centrale, il suit la loi des aires et la constante des aires $\mathcal{C}$ vaut :

$$\mathcal{C} = r^2\dot{\theta}.$$

La vitesse angulaire du satellite étant constante, la distance r l'est également. Le mouvement orbital d'un satellite géostationnaire est circulaire.

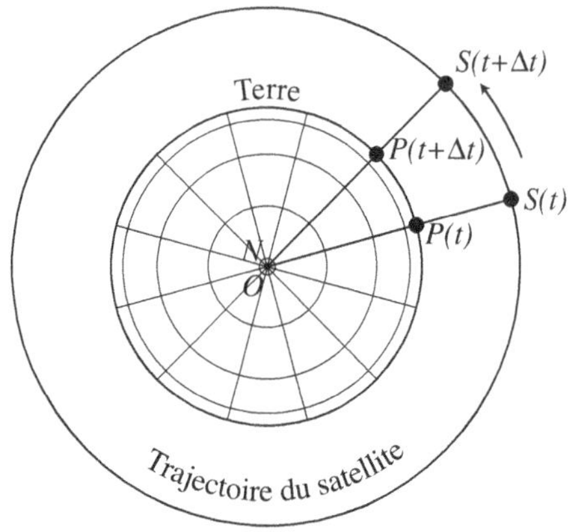

Figure 19.7 – Trajectoire d'un satellite géostationnaire vue du pôle Nord. Le satellite S suit le point de l'équateur P dans son mouvement circulaire et uniforme.

e) Durée de la révolution du satellite : notion de jour sidéral

Pour caractériser complètement le mouvement du satellite, on doit déterminer la durée exacte de la rotation propre de la Terre. En première approximation, cette durée correspond à la durée d'un jour soit 24 heures. Quand on veut être plus précis, il est nécessaire de tenir compte de la révolution de la Terre sur son orbite. Ainsi en un jour, la Terre fait un petit peu plus qu'un tour sur elle même comme on peut le voir sur la figure 19.8.

En $T = 24\,\text{h}$, la Terre tourne sur elle même de $2\pi + \alpha$ où α est l'angle dont elle s'est déplacée sur son orbite autour du Soleil, c'est-à-dire $\left(\frac{1}{365{,}25}\right)^e$ de tour (le 0,25 tient compte des années bissextiles). On a alors $\alpha = \frac{2\pi}{365{,}25}$ puis :

$$T_{\text{sidéral}} = T\frac{2\pi}{2\pi + \alpha} = T\frac{1}{1 + \frac{1}{365{,}25}}$$

$$= T\frac{365{,}25}{366{,}25} = 23\,\text{h}\,56\,\text{min}\,4\,\text{s} = 86\,164\,\text{s}.$$

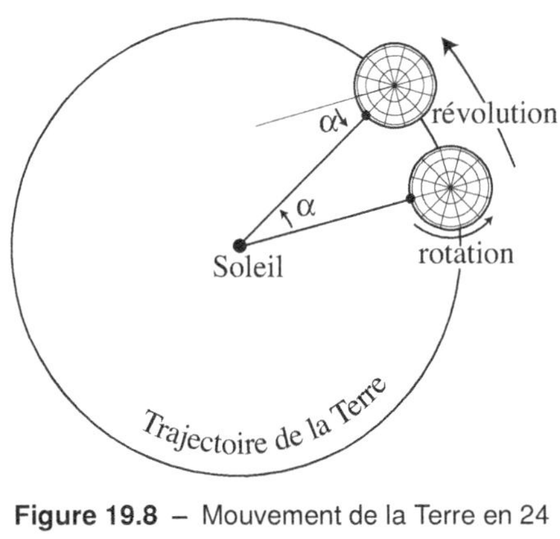

Figure 19.8 – Mouvement de la Terre en 24 heures. Le Soleil est au zénith d'un point de l'équateur terrestre à midi des jours j et $j + 1$. Du fait de la révolution de la Terre sur son orbite autour du Soleil, la Terre tourne sur elle-même d'un angle $2\pi + \alpha$ en 24 h.

f) Rayon de l'orbite géostationnaire

Connaissant la période de révolution d'un satellite géostationnaire : $T_{\text{sidéral}} = 86\,164\,\text{s}$, et le produit $\mathcal{G}M_T = 3{,}9860.10^{14}\,\text{m}^3.\text{s}^{-2}$, on peut déterminer le rayon $r_{\text{géo}}$ de son orbite à l'aide de la troisième loi de Kepler : $\frac{T_{\text{sidéral}}^2}{r_{\text{géo}}^3} = \frac{4\pi^2}{\mathcal{G}M_T}$. On trouve :

$$r_{\text{géo}} = \left(\frac{T_{\text{sidéral}}^2\mathcal{G}M_T}{4\pi^2}\right)^{1/3} = \left(\frac{86164^2 \times 3{,}9860.10^{14}}{4 \times 3{,}14159^2}\right)^{1/3} = 42\,164\,\text{km}.$$

En retranchant le rayon de la Terre à l'équateur $R_T = 6378\,\text{km}$, on en déduit son altitude :

$$h = r_{\text{géo}} - R_T = 35\,786\,\text{km}.$$

Un satellite géostationnaire est fixe dans le référentiel terrestre. Dans le référentiel géocentrique, il suit une trajectoire circulaire et uniforme dans le plan équatorial terrestre à l'altitude $h = 35\,786$ km avec une période égale au jour sidéral $T_{\text{sidéral}} = 23$ h 56 min 4 s. Le centre de cette trajectoire est le centre de la Terre.

Il faut avoir en tête les ordres de grandeur suivant : $T = 24$ h et $h = 36\,000$ km.

MÉTHODOLOGIE

Qu'est-ce qu'une ellipse ? Comment la décrire en coordonnées polaires ?

▷ *C'est une courbe plane dont on donne quelques caractéristiques ci-dessous.*

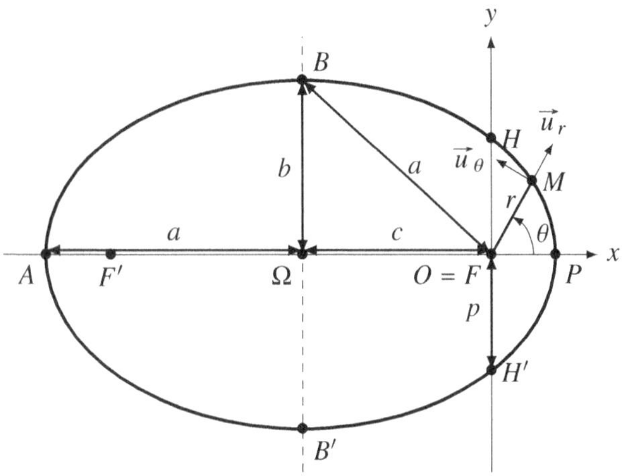

Les points F et F' sont les foyers de l'ellipse. Le point Ω est son centre. On note :

- a, le demi-grand axe. $a = \Omega P = \Omega A = \dfrac{AP}{2}$;
- b, le demi petit axe. $b = \Omega B = \Omega B' = \dfrac{BB'}{2}$;
- c, la distance focale. $c = \Omega F = \Omega F' = \dfrac{FF'}{2}$;
- e, l'excentricité de l'ellipse. $e = \dfrac{c}{a}$;
- p, le paramètre de l'ellipse. $p = OH = OH'$.

Soit M un point de l'ellipse, les distances entre M et les foyers sont reliés par le relation :

$$MF + MF' = 2a.$$

Appliqué pour $M = B$, cette relation implique $a = F'B = FB = OB$.

Si on place l'origine du repère polaire au foyer F de l'ellipse, et que l'on prend l'axe $F'F$ comme référence des angles, l'équation polaire de l'ellipse est : $r = \dfrac{p}{1 + e\cos\theta}$.

Comment déterminer le demi-grand axe d'une trajectoire elliptique à partir des conditions initiales ?

▷ *Déterminer la valeur de l'énergie mécanique et utiliser la relation (19.6) page 543.*

PROGRAMME OFFICIEL ET SOMMAIRE DES EXERCICES

NOTIONS ET CONTENUS	CAPACITÉS EXIGIBLES
Mouvement dans un champ de force centrale conservatif	
Point matériel soumis à un seul champ de force centrale. ▶ 19.C1 19.C2	Établir la conservation du moment cinétique à partir du théorème du moment cinétique. Établir les conséquences de la conservation du moment cinétique : mouvement plan et loi des aires.
Point matériel soumis à un champ de force centrale conservatif	
Conservation de l'énergie mécanique. Énergie potentielle effective. État lié et état de diffusion. ▶ 19.C3 ▷ 19.8	Exprimer l'énergie mécanique d'un système conservatif ponctuel à partir de l'équation du mouvement. Exprimer la conservation de l'énergie mécanique et construire une énergie potentielle effective. Décrire qualitativement le mouvement radial à l'aide de l'énergie potentielle effective. Relier le caractère borné du mouvement radial à la valeur de l'énergie mécanique. Capacité numérique : à l'aide d'un langage de programmation, obtenir des trajectoires d'un point matériel soumis à un champ de force centrale conservatif.
Cas particulier du champ newtonien	
Lois de Kepler. ▶ 19.C5	Énoncer les lois de Kepler pour les planètes et les transposer au cas des satellites terrestres.
Cas particulier du mouvement circulaire : satellite, planète. ▷ 19.1 19.2 19.3	Établir que le mouvement est uniforme et déterminer sa période. Établir la troisième loi de Kepler dans le cas particulier de la trajectoire circulaire. Exploiter sans démonstration sa généralisation au cas d'une trajectoire elliptique.
Énergie mécanique dans le cas du mouvement circulaire et dans le cas du mouvement elliptique. ▶ 19.C4 19.C6 ▷ 19.4 19.6 19.7 19.10	Exprimer l'énergie mécanique pour le mouvement circulaire. Exprimer l'énergie mécanique pour le mouvement elliptique en fonction du demi-grand axe.

Satellite terrestres Satellites géostationnaire, de localisation et de navigation, météorologique. ► 19.C7	Différencier les orbites des satellites terrestres en fonction de leurs missions. Déterminer l'altitude d'un satellite géostationnaire et justifier sa localisation dans le plan équatorial.
Vitesses cosmiques : vitesse en orbite basse et vitesse de libération. ▷ 19.5 19.9	Exprimer ces vitesses et citer leur ordre de grandeur en dynamique terrestre.

EXERCICES ★ (LE COURS)

19.C1 **Champ newtonien** Qu'est-ce qu'une force centrale conservative ? Quelle est la particularité des forces newtoniennes ?

19.C2 **Conséquence du caractère centrale de la force** Quelles sont les conséquences du caractère centrale des forces newtoniennes ?

19.C3 **Énergie potentielle effective** De quel paramètre géométrique dépend l'énergie potentielle effective ?

19.C4 **Valeur de l'énergie mécanique** L'énergie mécanique d'un corps céleste en interaction gravitationnelle avec le Soleil est négative. Que peut-on dire de sa trajectoire ?

19.C5 **Énoncer des lois de Kepler** Énoncer les lois de Kepler pour une planète. Que faut-il modifier pour un corps en orbite autour de la Terre.

19.C6 **Expression de l'énergie mécanique** Donner l'expression de l'énergie mécanique d'un satellite en orbite autour de la Terre sur une orbite elliptique de demi-grand axe a.

19.C7 **Satellites en orbite terrestre** Donner l'ordre de grandeur de l'altitude d'un satellite géostationnaire, de la vitesse d'un satellite en orbite basse et de la vitesse de libération.

EXERCICES ★★

Les données numériques suivantes sont utilisées dans de nombreux exercices :

- masse de la Terre : $M_T = 5{,}97.10^{24}$ kg ;
- rayon de la Terre : $R_T = 6{,}38.10^6$ m ;
- masse du Soleil : $M_S = 1{,}99.10^{30}$ kg ;
- constante universelle de gravitation : $\mathcal{G} = 6{,}67.10^{-11}$ N.m^2.kg^{-2} ;
- valeur du champ de pesanteur au niveau du sol : $g = 9{,}81$ m.s^{-2} ;
- unité astronomique (distance moyenne Terre-Soleil) : 1 ua = $1{,}5.10^{11}$ m.

19.1 Période des satellites terrestres

Un satellite est en orbite supposée circulaire autour de la Terre.

1) Rappeler la 3e loi de Kepler et déduire la période du satellite en fonction de son altitude h.
2) Calculer, en heure, la période de satellites en orbite basse aux altitudes $h_1 = 300$ km ou $h_2 = 2{,}0.10^3$ km puis en orbite intermédiaire à l'altitude $h_3 = 20.10^3$ km.

19.2 Paramètre gravitationnel standard de la Terre

1) Montrer que la connaissance de la période d'un satellite en orbite circulaire à l'altitude z et de la 3e loi de Kepler permet de déterminer le paramètre gravitationnel standard $\mu = \mathcal{G}M_T$ de la Terre, produit de la constante de gravitation universelle par la masse de la Terre.

2) L'expérience de Cavendish permet de déterminer $\mathcal{G} = 6{,}67.10^{-11}$ N.m^2.kg^{-2}. Montrer que l'on peut alors déterminer la masse de la Terre.

3) En utilisant vos connaissances des satellites géostationnaires et le rayon Terrestre, calculer le paramètre gravitationnel standard de la Terre, sa masse et sa masse volumique moyenne.

4) Donner une autre méthode pour déterminer μ en utilisant la valeur du champ de gravité terrestre à la surface du globe g.

19.3 Détermination de paramètres cosmologiques grâce à la troisième loi de Kepler

Un mobile gravite autour d'un astre sur une trajectoire elliptique de période T et de demi-grand axe a.

1) Rappeler la 3e loi de Kepler.

2) Déterminer la valeur de ce rapport pour un corps qui gravite autour du Soleil en utilisant les paramètres de l'orbite terrestre $T = 1$ an et $a = 1$ ua $= 150.10^6$ km.

3) Sachant que $\mathcal{G} = 6{,}67.10^{-11}$ kg.s^2.m^{-3}, montrer que l'expression théorique de cette constante en fonction de la constante gravitationnelle $\mathcal{G}$ et de la masse du Soleil M_S permet de déterminer la masse du Soleil.

4) Le produit $\mathcal{G}M_T$ de la masse de la Terre M_T par la constante de gravitation $\mathcal{G}$ est égal à $\mathcal{G}M_T = 3{,}986.10^{14}$ m^3.s^{-2}. La période de révolution de la Lune autour de la Terre (mois lunaire sidéral) vaut $T = 27{,}3$ jours. Déterminer le demi-grand axe de l'orbite de la Lune.

19.4 Vitesse d'un satellite à son périgée

Lors de son lancement, le satellite d'observation Hipparcos est resté sur son orbite de transfert à cause d'un problème technique. On l'assimile à un point matériel M de masse $m = 1{,}1.10^3$ kg. L'orbite de transfert est elliptique et la distance Terre-satellite varie entre $d_P = 200$ km au périgée et $d_A = 35{,}9.10^3$ km à l'apogée. On rappelle que le périgée est le point de l'orbite le plus proche de la Terre et que l'apogée est le point le plus éloigné. On mesure la vitesse du satellite à son apogée : $v_A = 3{,}5.10^2$ m.s^{-1}.

1) Faire un schéma de la trajectoire en faisant apparaître la position O du centre de la Terre, l'apogée A et le périgée P.

2) Déterminer le demi-grand axe a de la trajectoire.

3) En déduire l'énergie mécanique et la période du satellite.

4) On note v_A et v_P les vitesses du satellite en A et en P. Exprimer le module du moment cinétique calculé au point O du satellite à son apogée puis à son périgée.

5) En déduire la vitesse du satellite à son périgée.

EXERCICES ★★★

19.5 Énergie nécessaire pour mettre un satellite artificiel en orbite

On étudie le mouvement d'un satellite de masse m en orbite circulaire à une altitude z autour de la Terre, ainsi que le lancement d'un satellite artificiel à partir d'un point O de la surface terrestre.

1) Dans quel référentiel se place-t-on pour étudier le mouvement d'un satellite terrestre ?

Énergie d'un satellite artificiel en orbite

2) Rappeler l'expression de l'énergie potentielle gravitationnelle du satellite en orbite à une distance r du centre de la Terre. En déduire son expression en fonction de son altitude z.

3) Retrouver l'expression de la vitesse en orbite à une altitude z.

4) En déduire l'expression de l'énergie cinétique puis de l'énergie mécanique E_m du satellite sur son orbite à l'altitude z.

5) Calculer cette énergie mécanique pour $z = 1{,}0.10^3$ km et $m = 6{,}0.10^3$ kg.

Énergie nécessaire au lancement d'un satellite

Pour lancer un satellite, il faut lui communiquer l'énergie $\Delta Em = E_m - E_{m_0}$ où E_{m_0} est l'énergie qu'il a au point O.

6) Dans le référentiel géocentrique, la Terre peut être assimilée à un solide en rotation autour d'un axe à une vitesse angulaire Ω. Préciser l'axe de rotation. Est-il fixe ? Que vaut la vitesse angulaire ?

7) En déduire l'expression de la vitesse du point O dans le référentiel géocentrique $\mathcal{R}_g$ supposé galiléen en fonction de Ω, du rayon terrestre R_T et de la latitude du lieu λ.

8) Exprimer alors l'énergie mécanique initiale E_{m_0} du satellite posé au sol au point O.

9) En déduire les conditions les plus favorables pour le lancement du satellite. Parmi les trois champs de tirs suivants, lequel choisir de préférence ?

- Baïkonour au Kazakhstan : $\lambda = 46°$;
- Cap Canaveral aux USA : $\lambda = 28{,}5°$;
- Kourou en Guyane française : $\lambda = 5{,}23°$.

10) Calculer l'énergie nécessaire pour mettre le satellite en orbite basse depuis Kourou.

11) Calculer numériquement l'énergie gagnée entre Baïkonour et Kourou. Commenter.

19.6 Trajectoire quasi circulaire d'un satellite - Freinage par l'atmosphère

On étudie le mouvement d'un satellite artificiel de la Terre dans le référentiel géocentrique supposé galiléen. On néglige les autres interactions que la force de gravitation entre la Terre et le satellite. On note M_T la masse de la Terre, R_T son rayon, m la masse du satellite supposée petite devant M_T et G la constante de gravitation universelle. On note T_0 la période de révolution du satellite.

1) Établir la conservation du moment cinétique du satellite par rapport à la Terre.

2) En déduire que le mouvement du satellite est plan.

3) Montrer que cela permet de définir une constante des aires C dont on donnera l'expression.

4) On suppose que le satellite est en orbite circulaire autour de la Terre. Montrer que son mouvement est uniforme.

5) Établir l'expression de la vitesse v du satellite en fonction de G, M_T et r le rayon de l'orbite du satellite.

6) Retrouver la troisième loi de Kepler dans le cas d'une trajectoire circulaire. Faire l'application numérique pour un satellite situé sur une orbite basse à $1{,}0.10^3$ km d'altitude.

7) Déterminer l'expression de l'énergie cinétique E_c du satellite en fonction de G, M_T, m et r.

8) Même question pour l'énergie potentielle E_p du satellite. Donner la relation entre E_c et E_p.

9) En déduire l'expression de l'énergie mécanique E_m et les relations de E_m avec E_p et E_c.
Les satellites en orbite basse subissent des frottements de la part des hautes couches de l'atmosphère. Ces frottements limitent la durée de vie des satellites en les faisant lentement chuter sur Terre. Un satellite situé sur une orbite à $1{,}0.10^3$ km *d'altitude descend d'environ* $2{,}0$ m *par jour. On cherche à modéliser ces observations.*

On modélise l'action des hautes couches de l'atmosphère par une force de frottement proportionnelle à la masse du satellite et à sa vitesse au carré : $\vec{f} = -\alpha m v \vec{v}$ où α est un coefficient de frottement. Cette force est suffisamment faible pour que la trajectoire soit quasi circulaire. Dans ces conditions, les expressions des différentes énergies en fonction de r restent valables mais r varie lentement dans le temps.

10) À l'aide du théorème de l'énergie cinétique, établir l'équation différentielle vérifiée par r.

11) Sans résoudre, montrer que r ne peut que diminuer.

12) En déduire un résultat surprenant sur l'évolution de la vitesse du satellite.

19.7 Modèle de Bohr de l'atome d'hydrogène

Pour expliquer le spectre de raies de l'atome d'hydrogène observé expérimentalement, Bohr a proposé un modèle basé sur les hypothèses suivantes : dans un référentiel galiléen lié au noyau O,

i) l'électron décrit une trajectoire circulaire sur laquelle il ne rayonne pas d'énergie ;
ii) l'électron échange de l'énergie avec l'extérieur sous forme de lumière lorsqu'il change de trajectoire circulaire ;
iii) le module du moment cinétique de l'électron est quantifié et ne peut prendre que des valeurs discrètes vérifiant la relation : $L_{O_n} = n\frac{h}{2\pi}$, où n un entier naturel non nul et h la constante de Planck.

Une orbitale électronique correspond à une valeur de l'entier n. Elle est caractérisée par un rayon r_n, une vitesse v_n et une énergie mécanique $E_m(n)$.

Ce modèle semi-classique n'est pas complètement satisfaisant, mais il prédit le spectre de raies de l'atome d'hydrogène. À ce titre, il a eu son heure de gloire et a permis de banaliser l'idée que la quantification des grandeurs physiques est nécessaire à l'échelle atomique.

On rappelle qu'un atome d'hydrogène est constitué d'un noyau (charge e, masse m_p) et d'un électron (charge e, masse m_e).

Valeurs numériques utiles : masse de l'électron : $m_e = 0{,}911.10^{-30}$ kg ; charge élémentaire : $e = 1{,}602.10^{-19}$ C ; constante de Planck : $h = 6{,}63.10^{-34}$ J.s ; célérité de la lumière dans le vide : $c = 3{,}00.10^8$ m.s^{-1} ; permittivité diélectrique du vide $\epsilon_0 = 8{,}85.10^{-12}$ F.m^{-1}.

1) Rappeler l'expression de la force d'interaction exercée par le noyau sur l'électron et de l'énergie potentielle dont elle dérive.

2) Utiliser le fait que les orbitales sont circulaires pour exprimer le carré v_n^2 de la vitesse de l'électron en fonction de la distance r_n.

3) Utiliser la quantification du moment cinétique pour exprimer le rayon de la trajectoire en fonction de n, h, m_e, e.

4) Calculer sa valeur pour $n = 1$.

5) Exprimer l'énergie mécanique de l'électron et montrer qu'elle se met sous la forme $E_m(n) = -\frac{A}{n^2}$. Donner l'expression et la valeur numérique de A, en électrons-volts

(1 eV = $1{,}6.10^{-19}$ J).

6) Sachant que le passage d'un niveau d'énergie $E_m(n_1)$ à un autre $E_m(n_2) < E_m(n_1)$ se traduit par l'émission d'un photon de fréquence ν telle que $E_{\text{photon}} = h\nu = E_m(n_1) - E_m(n_2)$, en déduire que les longueurs d'onde λ émises vérifient :

$$\frac{1}{\lambda} = R_H\left(\frac{1}{n_2^2} - \frac{1}{n_1^2}\right).$$

On donnera l'expression de la constante de Rydberg R_H ainsi que sa valeur numérique.

7) Quelles sont les longueurs d'onde dans le visible pour les séries de Lyman ($n_2 = 1$) et de Balmer ($n_2 = 2$) ?

EXERCICES ★★★★

19.8 Caractéristique d'une météorite

On repère une météorite très éloignée du Soleil et on mesure sa vitesse $\vec{v_0}$. On observe que $\vec{v}_0 = v_0\vec{u}_x$ est portée par une droite Δ, située à une distance b du centre O du Soleil. On suppose qu'à l'instant où on la repère (instant initial), la météorite est si éloignée que son énergie potentielle d'interaction gravitationnelle avec le Soleil est négligeable.

On note m la masse de la météorite, M_S celle du Soleil, R_S le rayon du Soleil et $\mathcal{G}$ la constante de gravitation universelle.

1) Faites un schéma de la situation initiale.

2) Déterminer la valeur initiale de l'énergie mécanique de la météorite.

3) Montrer que le moment cinétique par rapport à O de la météorite est une intégrale première du mouvement. Déterminer sa valeur initiale.

4) Rappeler les conséquences de la conservation du moment cinétique.

5) Définir les coordonnées adaptées et établir l'expression du moment cinétique à un instant t quelconque.

6) Établir l'expression de l'énergie potentielle effective en fonction de m, v_0, b, du produit $\mathcal{G}M_S$ et de la distance r.

7) Tracer l'allure de la courbe d'énergie potentielle effective et en déduire la nature bornée ou non de la trajectoire de la météorite.

8) Déterminer la distance minimale d'approche $r_{\min}$ en fonction de v_0, b et du produit $\mathcal{G}M_S$.

9) À quelle condition sur $r_{\min}$ la météorite n'ira pas toucher la surface du Soleil ?

19.9 Changement d'orbite d'un satellite

On souhaite transférer un satellite depuis une orbite circulaire rasante de rayon R_T autour de la Terre sur une orbite géostationnaire de rayon R_G en utilisant une orbite de transfert elliptique. On fait l'étude dans le référentiel géocentrique dans lequel la Terre tourne sur elle-même à la vitesse angulaire Ω. On néglige les interactions autres que la force de gravitation entre la Terre et le satellite. On note O le centre de la Terre, $M_T = 5{,}98.10^{24}$ kg sa masse, $R_T = 6{,}37.10^{6}$ m son rayon, $m = 1{,}5.10^{3}$ kg la masse du satellite et G la constante de gravitation universelle.

1) Montrer que la trajectoire du satellite géostationnaire doit être dans le plan équatorial.

2) En déduire que les trois orbites doivent appartennir à un même plan à préciser.

3) Déterminer la vitesse v_B du satellite sur son orbite basse et donner sa valeur numérique.

4) Exprimer et calculer numériquement le rayon et l'altitude de l'orbite géostationnaire.

5) Exprimer et calculer numériquement la vitesse du satellite sur son orbite géostationnaire.

Le transfert du satellite de l'orbite basse à l'orbite géostationnaire s'effectue de la manière suivante : on fait brusquement varier la vitesse du satellite en un point P de sa trajectoire basse en éjectant des gaz pendant un intervalle de temps très court dans le sens opposé à la vitesse du satellite. Il suit alors une orbite elliptique de transfert. Lorsque sa trajectoire croise la droite OP au point A, on lui communique un supplément de vitesse pour le stabiliser sur l'orbite géostationnaire.

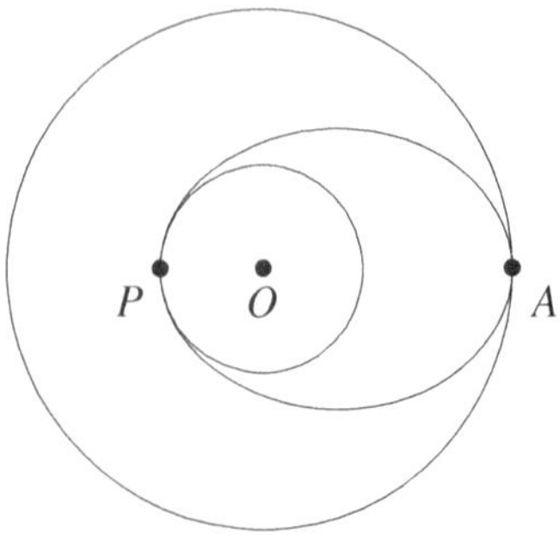

6) Établir une relation entre les vitesses aux points A et P et les distances $r_A = OA$ et $r_P = OP$.

7) Rappeler l'expression de l'énergie mécanique sur l'orbite de transfert en fonction de G, M_T, m et a le demi-grand axe de l'ellipse de transfert. Déterminer sa valeur numérique.

8) Établir l'expression de la vitesse du satellite sur la trajectoire elliptique en fonction de R_G, R_T, r, G et M_T.

9) Quelle variation de vitesse faut-il imposer en P ?

10) En déduire la variation de l'énergie mécanique en P.

11) Quelle variation de vitesse faut-il imposer en A ?

12) En déduire la variation de l'énergie mécanique en A.

13) Déterminer la durée de ce transfert.

19.10 Énergie mécanique d'un satellite en orbite elliptique

Cet exercice démontre l'expression, admise au paragraphe 4.2 page 542, de l'énergie mécanique d'un satellite de masse m en orbite sur une ellipse de demi-grand axe a autour de la Terre de masse M_T :

$$E_m = -\frac{\mathcal{G}mM_T}{2a}.$$

On admet que le mouvement est plan et vérifie la loi des aires. On l'étudie en polaire et on note $\mathcal{C} = r^2\dot{\theta}$ la constante des aires.

1) r varie entre deux valeurs, r_P et r_A, qui correspondent au périgée et à l'apogée de la trajectoire. Réaliser un schéma de la trajectoire et faire apparaître r_A et r_P. En déduire l'expression du grand axe $2a$ de l'ellipse en fonction de r_A et r_P.

2) Montrer que le mouvement radial peut être étudié à l'aide d'une énergie potentielle effective. Donner son expression et la représenter.

3) Le satellite est dans un état lié et $r \in [r_P; r_A]$. Montrer que r_A et r_P sont les solutions d'une équation du 2e degré.

4) On rappelle que si r_A et r_P sont solutions d'une équation du 2e degré, elles vérifient :

$$(r - r_A)(r - r_P) = r^2 - (r_A + r_P) \times r + r_A \times r_P = r^2 - \text{Sum} \times r + \text{Prod} = 0,$$

où Sum $= r_A + r_P$ est la somme des racines de l'équation et Prod $= r_A \times r_P$ son produit. En déduire l'expression de l'énergie mécanique en fonction du grand axe de l'ellipse.

CORRIGÉS

19.C1 *Cf.* paragraphe 1.1 page 531. Les forces newtoniennes sont un type particulier de ces forces. *Cf.* page 533.

19.C2 *Cf.* paragraphe 2.1 page 535. Le moment cinétique en O est conservé, ce qui implique que le mouvement est plan et vérifie la loi des aires.

19.C3 *Cf.* équation (19.3) page 538. L'énergie potentielle effective ne dépend que de r.

19.C4 *Cf.* paragraphe 3.2 page 538. Le système est dans un état lié.

19.C5 *Cf.* paragraphe 1.3 page 533. Seule la valeur du rapport T^2/a^3 change pour un corps en orbite autour de la Terre.

19.C6 *Cf.* équation (19.6) page 543.

19.C7 *Cf.* page (la vitesse en orbite basse est la 1e vitesse cosmique).

19.1 Période des satellites terrestres

1) D'après la 3e loi de Kepler, un satellite est en orbite circulaire autour de la Terre vérifie :

$$\frac{T^2}{a^3} = \frac{4\pi^2}{\mathcal{G}M_T} \quad \Rightarrow \quad T = \left(\frac{4\pi^2}{\mathcal{G}M_T}a^3\right)^{1/2}.$$

Comme $a = R_T + h$, on trouve $T = \left(\dfrac{4\pi^2}{\mathcal{G}M_T}(R_T + h)^3\right)^{1/2}$, avec $\mathcal{G} = 6{,}67.10^{-11}\,\text{N.m}^2.\text{kg}^{-2}$, $M_T = 5{,}97.10^{24}\,\text{kg}$ et $R_T = 6{,}38.10^6\,\text{m}$.

2) Pour $h_1 = 300.10^3\,\text{m}$, on trouve $T_1 = 1{,}5\,\text{h}$. Pour $h_2 = 2000.10^3\,\text{m}$, on trouve $T_2 = 2{,}1\,\text{h}$. Pour $h_3 = 20.10^6\,\text{m}$, on trouve $T_3 = 12\,\text{h}$.

19.2 Paramètre gravitationnel standard de la Terre

1) La troisième loi de Kepler pour un satellite terrestre en orbite circulaire de rayon r s'écrit :

$$\frac{T^2}{r^3} = \frac{4\pi^2}{\mathcal{G}M_T} \quad \Rightarrow \quad \mu = \mathcal{G}M_T = \frac{4\pi^2 r^3}{T^2} = \frac{4\pi^2(R_T+z)^3}{T^2} \quad (R_T \text{ rayon de la Terre}).$$

2) La connaissance de $\mathcal{G}$ donne accès à $M_T = \dfrac{\mu}{\mathcal{G}}$.

3) Un satellite suit une orbite circulaire de rayon $42.10^3\,\text{km}$ en $24\,\text{h} = 86\,400\,\text{s}$. On en déduit : $\mu = \dfrac{4 \times 3{,}14^2 \times (42.10^6)^3}{86400^2} = 39.10^{13}\,\text{m}^3.\text{s}^{-2}$ puis sa masse $M_T = \dfrac{\mu}{\mathcal{G}} = 5{,}9.10^{24}\,\text{kg}$ et sa masse volumique moyenne $\rho = \dfrac{M_T}{\frac{4}{3}\pi R_T^3} = 5{,}3.10^3\,\text{kg.m}^{-3}$. À l'époque de Cavendish, ce résultat a surpris car la masse volumique des roches les plus denses est l'ordre de $3.10^3\,\text{kg.m}^{-3}$ à $4.10^3\,\text{kg.m}^{-3}$. On sait maintenant que cette valeur est due au noyau terrestre constitué de fer beaucoup plus dense.

4) On peut également trouver μ en exploitant $g = 9{,}8\,\text{m.s}^{-2} = \dfrac{\mathcal{G}M_T}{R_T^2}$ soit :

$$\mu = \mathcal{G}M_T = gR_T^2 = 9{,}8 \times (6{,}4.10^6)^2 = 40.10^{13}\,\text{m}^3.\text{s}^{-2}.$$

19.3 Détermination de paramètres cosmologiques grâce à la troisième loi de Kepler

1) D'après la 3e loi de Kepler, le rapport T^2/a^3 est identique pour tous les corps en orbite autour du même axe.

2) Pour un corps qui gravite autour du Soleil, ce rapport peut être évaluer à l'aide des paramètres orbitaux de la Terre : $\dfrac{T^2}{a^3} = \dfrac{(1\,\text{an})^2}{(1\,\text{ua})^3} = \dfrac{(365 \times 24 \times 3600)^2}{(150.10^9)^3} = 2{,}9.10^{-19}\,\text{m}^2.\text{s}^{-3}$.

3) Par ailleurs, on a montré que ce rapport s'exprime :

$$\frac{T^2}{a^3} = \frac{4\pi^2}{\mathcal{G}M_S} \quad \Rightarrow \quad M_S = \frac{4\pi^2}{\mathcal{G}}\frac{a^3}{T^2} = \frac{4\times 3{,}14^2}{6{,}67.10^{-11}\times 2{,}9.10^{-19}} = 2{,}0.10^{30}\,\text{kg}.$$

4) Pour un corps qui gravite autour de la Terre, la 3e loi de Kepler s'écrit : $\dfrac{T^2}{a^3} = \dfrac{4\pi^2}{\mathcal{G}M_T}$. On en déduit le demi-grand axe de l'orbite de la Lune :

$$a = \left(\frac{\mathcal{G}M_T T^2}{4\pi^2}\right)^{1/3} = \left(\frac{3{,}986.10^{14} \times (27{,}3 \times 24 \times 3600)^2}{4 \times 3{,}14^2}\right)^{1/3} = 383.10^3\,\text{km}.$$

Les mesures actuelles donnent $a = 384{,}399.10^3$ km.

19.4 Vitesse d'un satellite à son périgée

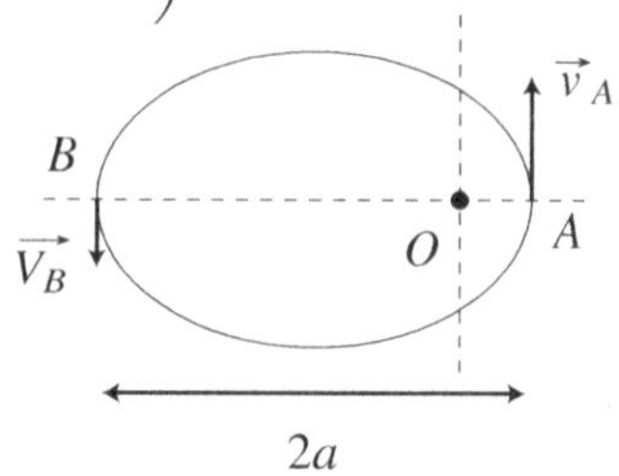

1) Voir figure.

2) $a = \frac{1}{2}(d_P + d_A) = 18{,}1.10^3$ km (voir figure).

3) $E_m = -\dfrac{\mathcal{G}mM_T}{2a} = -\dfrac{\mathcal{G}mM_T}{d_P + d_A} = -1{,}2.10^{10}\,\text{J}$.

On déduit la période de la troisième loi de Kepler en utilisant un satellite géostationnaire qui effectue une révolution en $T_{\text{geo}} = 1$ jour à l'altitude $z_{\text{geo}} = 36.10^3$ km donc pour lequel $a_{\text{geo}} = 42{,}4.10^3$ km pour déterminer la valeur de la constante :

$$T^2/a^3 = T_{\text{geo}}^2/a_{\text{geo}}^3 \quad \Rightarrow \quad T = T_{\text{geo}}\left(\frac{a}{a_{\text{geo}}}\right)^{3/2} = 0{,}278\,\text{jour} = 6{,}7\,\text{h}.$$

4) Au points A et P et seulement en ces points, on a $\vec{v}_A \perp \overrightarrow{OA}$ (respectivement $\vec{v}_P \perp \overrightarrow{OP}$) et $L_T(A) = md_A v_A$ (resp. $L_T(P) = md_P v_P$).

5) Le mouvement est à force centrale de centre O, le moment cinétique en O est une constante du mouvement d'où $d_A v_A = d_P v_P$ puis $v_P = v_A \dfrac{d_A}{d_P} = 3{,}5.10^2 \times \dfrac{35{,}9}{0{,}2} = 6{,}3.10^4\,\text{m.s}^{-1}$.

19.5 Énergie nécessaire pour mettre un satellite artificiel en orbite

1) Le référentiel d'étude pour ce type de mouvements est le référentiel géocentrique.

2) $E_p = -\dfrac{\mathcal{G}mM_T}{r} = -\dfrac{\mathcal{G}mM_T}{R_T + z}$ où R_T et M_T sont le rayon et la masse de la Terre.

3) Le mouvement circulaire du satellite est étudié en coordonnées polaires dont l'origine est confondue avec le centre de la Terre. Le satellite étudié n'est soumis qu'à l'attraction gravitationnelle de la Terre. On applique le principe fondamental de la dynamique au satellite dans le référentiel géocentrique galiléen en projection sur $\vec{u}_r$:

$$-m\frac{v^2}{r} = -\frac{\mathcal{G}mM_T}{r^2} \quad \Rightarrow \quad v = \sqrt{\frac{\mathcal{G}M_T}{r}} = \sqrt{\frac{\mathcal{G}M_T}{R_T+z}}.$$

4) On trouve $E_c = \frac{1}{2}mv^2 = \frac{1}{2}\frac{\mathcal{G}mM_T}{R_T+z}$ puis $E_m = E_c + E_p = -\frac{1}{2}\frac{\mathcal{G}mM_T}{R_T+z}$. Étant donné que l'énergie potentielle du satellite forme un puits dont le maximum est égal à 0 et que le satellite suit une trajectoire liée, son énergie mécanique est négative, ce que l'on observe ici.

5) Numériquement : $E_m = -0{,}5\frac{6{,}67.10^{-11} \times 6.10^3 \times 5{,}97.10^{24}}{7{,}38.10^6} = -1{,}6.10^{11}$ J.

6) Dans le référentiel géocentrique, la Terre est en rotation autour d'un axe fixe (l'axe de ses pôles) à la vitesse angulaire $\Omega = \frac{2\pi}{T} = 7{,}3.10^{-5}$ rad.s^{-1} en prenant $T = 1$ jour.

7) Le point O est en mouvement circulaire de centre H, projeté de O sur l'axe de rotation, de rayon $R = HO = R_T\cos\lambda$, à la vitesse angulaire Ω. Sa vitesse est $V_O = R\Omega = R_T\Omega\cos\lambda$.

8) L'énergie E_{m_0} vaut $E_{m_0} = \frac{1}{2}mR_T^2\Omega^2\cos^2\lambda - \frac{\mathcal{G}mM_T}{R_T}$.

9) Plus V_O est grand, plus l'énergie cinétique au sol du satellite est grande. Il faut maximiser $\cos\lambda$ donc se situer le plus près possible de l'équateur. Le champ de tir de Kourou est donc le site à privilégier.

10) L'énergie à fournir est égale à la différence $\Delta E_m = E_m - E_{m_0}$. On calcule numériquement $E_{m_0} = -3{,}7.10^{11}$ J puis $\Delta E_m = 2{,}1.10^{11}$ J.

11) Entre Baïkonour et Kourou, on gagne $E_{m_0} = \frac{1}{2}mR_T^2\Omega^2\left(\cos^2\lambda_{\text{Kourou}} - \cos^2\lambda_{\text{Baïkonour}}\right)$. Numériquement on trouve une économie de $3{,}3.10^8$ J. Le gain relatif d'énergie, de l'ordre de 0,15 ‰, est relativement faible mais, comme chaque tir nécessite plusieurs centaines de tonnes de carburant, il n'est pas tout à fait négligeable.

19.6 Trajectoire quasi circulaire d'un satellite - Freinage par l'atmosphère

On étudie le satellite dans le référentiel géocentrique supposé galiléen. Dans ce référentiel, il n'est soumis qu'à la force de gravitation $\overrightarrow{F_G}$ qui est une force centrale de centre O confondu avec le centre de la Terre.

1) La résultante des forces est colinéaire au vecteur position. Son moment $\overrightarrow{\mathcal{M}_O}$ par rapport à O est nul. Le théorème du moment cinétique implique que $\frac{d}{dt}\overrightarrow{L_O} = \overrightarrow{\mathcal{M}_O} = \vec{0}$. Par conséquent, $\overrightarrow{L_O}$ est une constante du mouvement.

2) Si la valeur du moment cinétique est nulle, le mouvement est rectiligne. Sinon, on pose $\vec{u}_z = \frac{\overrightarrow{L_O}}{\|\overrightarrow{L_O}\|}$ et comme $\overrightarrow{OM}$ est perpendiculaire à $\overrightarrow{L_O} = \overrightarrow{OM} \wedge m\vec{v}$ (propriété du produit vectoriel), il est perpendiculaire à $\vec{u}_z$. Le point M se déplace donc dans le plan xOy.

3) Dans ce plan, on utilise les coordonnées polaires et on a : $\overrightarrow{OM} = r\vec{u}_r$ et $\vec{v} = \dot{r}\vec{u}_r + r\dot{\theta}\vec{u}_\theta$. On en déduit l'expression du moment cinétique en O : $\overrightarrow{L_O} = \overrightarrow{OM} \wedge m\vec{v} = r\vec{u}_r \wedge m\left(\dot{r}\vec{u}_r + r\dot{\theta}\vec{u}_\theta\right)$, soit $\overrightarrow{L_O} = mr^2\dot{\theta}\vec{u}_z$. On peut définir la constante des aires $C = r^2\dot{\theta}$.

4) Le mouvement étant circulaire, r est une constante. $C = r^2\dot{\theta}$ est aussi une constante donc $\dot{\theta}$ l'est également. Le mouvement est circulaire et uniforme.

5) Lors d'un mouvement circulaire et uniforme : $\overrightarrow{OM} = r\vec{u}_r$, $\vec{v} = r\dot{\theta}\vec{u}_\theta$ et $\vec{a} = -\frac{v^2}{r}\vec{u}_r$. La projection du principe fondamental de la dynamique sur $\vec{u}_r$ donne :

$$-m\frac{v^2}{r} = -\frac{GM_Tm}{r^2} \quad \Longrightarrow \quad v = \sqrt{\frac{GM_T}{r}}.$$

6) La vitesse étant constante, $v = \frac{2\pi r}{T} = \sqrt{\frac{GM_T}{r}}$ puis $\frac{T^2}{r^3} = \frac{4\pi^2}{GM_T}$ (troisième loi de Kepler).

7) L'énergie cinétique vaut $E_c = \frac{1}{2}mv^2 = \frac{GmM_T}{2r}$.

8) Quant à l'énergie potentielle, elle vaut $E_p = -\frac{GmM_T}{r} = -2E_c$.

9) On en déduit l'énergie mécanique $E_m = E_c + E_p = -\frac{GmM_T}{2r} = -E_c = \frac{E_p}{2}$.

10) L'application du théorème de l'énergie cinétique au satellite donne :

$$\frac{\mathrm{d}E_c}{\mathrm{d}t} = \mathcal{P}\left(\overrightarrow{F_G}\right) + \mathcal{P}\left(\vec{f}\right) = -\frac{\mathrm{d}E_p}{\mathrm{d}t} + \mathcal{P}\left(\vec{f}\right) \quad \Rightarrow \quad \frac{\mathrm{d}E_m}{\mathrm{d}t} = \mathcal{P}\left(\vec{f}\right) = \vec{f}\cdot\vec{v}.$$

Or $\frac{\mathrm{d}E_m}{\mathrm{d}t} = \frac{GmM_T}{2r^2}\frac{\mathrm{d}r}{\mathrm{d}t}$ et $\mathcal{P}\left(\vec{f}\right) = \vec{f}\cdot\vec{v} = -\alpha m v^3 = -\alpha m\left(\frac{GM_T}{r}\right)^{\frac{3}{2}}$. En combinant ces deux équation on aboutit à : $\frac{\mathrm{d}r}{\mathrm{d}t} = -2\alpha\left(GM_T\right)^{\frac{1}{2}} r^{\frac{1}{2}}$.

11) Comme $\dot{r} < 0$, r diminue au cours du temps. Le satellite tombe sur la Terre.

12) Au cours de sa chute, l'énergie cinétique $E_c = \frac{GmM_T}{2r}$ augmente car $\frac{1}{r}$ est une fonction décroissante. La vitesse du satellite augmente. L'existence d'une force de frottement provoque une augmentation de la vitesse, ce qui est contre intuitif.

19.7 Modèle de Bohr de l'atome d'hydrogène

On étudie le mouvement de l'électron dans le référentiel lié au noyau supposé galiléen. L'électron est animé d'un mouvement circulaire et uniforme de centre O et de rayon r. On l'étudie en coordonnées polaires d'origine O. Dans ce système de coordonnées :

$$\overrightarrow{OM} = r\vec{u}_r \quad ; \quad \vec{v} = r\dot{\theta}\vec{u}_r \quad ; \quad \vec{a} = -\tfrac{v^2}{r}\vec{u}_r.$$

1) La seule force dont il faut tenir compte est la force d'interaction coulombienne qu'exerce le noyau de charge $+e$ sur l'électron de charge $-e$: $\vec{f} = -\frac{e^2}{4\pi\epsilon_0 r^2}\vec{u}_r$ qui dérive de l'énergie potentielle $E_p = -\frac{e^2}{4\pi\epsilon_0 r}$. On peut négliger l'interaction gravitationnelle.

2) On projette le principe fondamental de la dynamique sur le vecteur $\vec{u}_r$ et on obtient :

$$-m_e\tfrac{v_n^2}{r_n} = -\tfrac{e^2}{4\pi\epsilon_0 r^2} \quad \Rightarrow \quad v_n^2 = \frac{e^2}{4\pi\epsilon_0 m_e r_n}.$$

3) Le module du moment cinétique s'écrit : $L_{O_n} = m_e r_n v_n = \frac{nh}{2\pi}$. On écrit alors le carré de la vitesse de deux manières et on obtient : $v^2 = \frac{e^2}{4\pi\epsilon_0 m_e r} = \frac{n^2h^2}{4\pi^2 m_e^2 r^2}$ soit $r = \frac{n^2h^2\epsilon_0}{\pi m_e e^2}$.

4) Application numérique pour $n = 1$: $r = 53\,\text{pm}$.

5) L'énergie mécanique vaut : $E_m(n) = E_c + E_p = \frac{1}{2}m_e v_n^2 - \frac{e^2}{4\pi\epsilon_0 r_n} = -\frac{e^2}{8\pi\epsilon_0 r_n}$. De plus, $r = \frac{n^2 h^2 \epsilon_0}{\pi m_e e^2}$ donc : $E_m(n) = -\frac{e^4 m_e}{8\epsilon_0^2 h^2}\frac{1}{n^2} = -\frac{A}{n^2}$ avec $A = \frac{e^4 m_e}{8\epsilon_0^2 h^2} = 2{,}17.10^{-18}\,\text{J} = 13{,}6\,\text{eV}$.

6) $\Delta E = A\left(\frac{1}{n_2^2} - \frac{1}{n_1^2}\right) = h\nu = h\frac{c}{\lambda}$ donc $\frac{1}{\lambda} = \frac{A}{hc}\left(\frac{1}{n_2^2} - \frac{1}{n_1^2}\right) = R_H\left(\frac{1}{n_2^2} - \frac{1}{n_1^2}\right)$, avec $R_H = \frac{A}{hc} = \frac{e^4 m_e}{8\epsilon_0^2 c h^3} = 1{,}09.10^7\,\text{m}^{-1}$.

7) Les longueurs d'onde visibles sont comprises entre 400 nm et 800 nm environ.

Pour la série de Lyman ($n_2 = 1$), on a : $\lambda = 122\,\text{nm}$ pour $n_1 = 2$; $\lambda = 103\,\text{nm}$ pour $n_1 = 3$ et pour toutes les valeurs supérieures de n_1 les longueurs d'onde seront plus faibles. On n'a donc aucune raie dans le domaine visible, elles sont toutes dans le domaine ultra-violet.

Pour la série de Balmer ($n_2 = 2$), on a : $\lambda = 660\,\text{nm}$ pour $n_1 = 3$; $\lambda = 489\,\text{nm}$ pour $n_1 = 4$; $\lambda = 436\,\text{nm}$ pour $n_1 = 5$; $\lambda = 412\,\text{nm}$ pour $n_1 = 6$; $\lambda = 399\,\text{nm}$ pour $n_1 = 7$ et pour toutes les valeurs supérieures de n_1 les longueurs d'onde seront plus faibles. On a donc quatre raies (pour n_1 égal à 3, 4, 5 et 6) dans le domaine visible.

Ces raies et leurs longueurs d'onde prédites par le modèle correspondent à celles que l'on mesure expérimentalement à l'aide d'un spectroscope.

19.8 Caractéristique d'une météorite

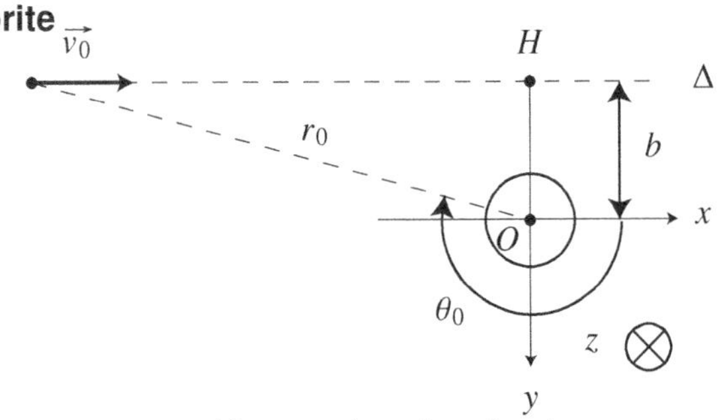

1) On étudie le mouvement de la météorite dans le référentiel héliocentrique supposé galiléen. Cette météorite est soumise à la seule force d'attraction gravitationnelle du Soleil qui est une force newtonienne donc centrale et conservative en $\frac{1}{r^2}$.

2) En l'absence de frottement, le système est conservatif et son énergie mécanique est une constante du mouvement : E_m = constante.

L'énergie mécanique de la météorite vaut : $E_m = E_c + E_p = \frac{1}{2}mv^2 - m\frac{\mathcal{G}M_S}{r}$, où r est la distance séparant la météorite du centre de la Terre. À l'instant initial, cette relation s'écrit :

$$E_m = \tfrac{1}{2}mv_0^2 - m\tfrac{\mathcal{G}M_S}{r_0} \simeq \tfrac{1}{2}mv_0^2,$$

si son énergie potentielle initiale est négligeable devant son énergie cinétique initiale (car initialement très éloignée : $r_0 \to \infty$).

3) On applique le théorème du moment cinétique par rapport à O à la météorite soumis à l'attraction gravitationnelle du Soleil qui est une force centrale. On obtient :

$$\frac{d\vec{L_O}}{dt} = \vec{0} \quad \Rightarrow \quad \vec{L_O} \text{ est une constante du mouvement.}$$

À l'aide du schéma, on détermine $\vec{L_O} = m\overrightarrow{OM} \wedge \vec{v}$ à l'instant initial : $\vec{L_O} = m\overrightarrow{OM_0} \wedge \vec{v}_0$, soit $\overrightarrow{L_O} = m\left(\overrightarrow{OH} + \overrightarrow{HM_0}\right) \wedge \vec{v}_0 = m\overrightarrow{OM_0} \wedge \vec{v}_0 = mbv_0\vec{u}_z$, où le point H et le vecteur $\vec{u}_z$ sont définis sur la figure ci-dessus. Le moment cinétique est alors : $\overrightarrow{L_O} = mbv_0\vec{u}_z$. Il faut faire attention au sens de $\vec{u}_z$: $(\overrightarrow{OH}, \vec{v}_0, \vec{u}_z)$ doit être un trièdre direct.

4) Le moment cinétique en O étant conservé, le mouvement est situé dans le plan perpendiculaire à $\overrightarrow{L_O}$ c'est-à-dire ici dans le plan (xOy) et vérifie la loi des aires.

5) On définit le système de coordonnées polaires sur la figure ci-dessus. Dans ces conditions, le mouvement de M étant situé dans le plan xOy, on utilise les relations du cours de cinématique du point : $\overrightarrow{OM} = r\vec{u}_r$; $\vec{v} = \dot{r}\vec{u}_r + r\dot{\theta}\vec{u}_\theta$.

On en déduit $\overrightarrow{L_O} = m\overrightarrow{OM} \wedge \vec{v} = mr^2\dot{\theta}\vec{u}_z$. On pose $\mathcal{C} = r^2\dot{\theta} = bv_0$ la constante des aires.

6) On écrit ensuite l'énergie mécanique à l'instant t :

$$E_m = E_c + E_p = \frac{1}{2}mv^2 - m\frac{\mathcal{G}M_S}{r} = \frac{1}{2}m\left(\dot{r}^2 + r^2\dot{\theta}^2\right) - m\frac{\mathcal{G}M_S}{r} = \frac{1}{2}m\dot{r}^2 + E_{p_{\text{eff}}}(r),$$

avec $E_{p_{\text{eff}}}(r) = \frac{1}{2}mr^2\dot{\theta}^2 - m\frac{\mathcal{G}M_S}{r}$. Comme $\mathcal{C} = r^2\dot{\theta} = bv_0$, on a $\dot{\theta}^2 = \left(\frac{bv_0}{r^2}\right)^2$ puis :

$$E_{p_{\text{eff}}}(r) = \frac{1}{2}m\frac{b^2v_0^2}{r^2} - m\frac{\mathcal{G}M_S}{r}.$$

7) On trace l'allure de $E_{p_{\text{eff}}}(r)$ qui est la même que dans le cours figure 19.3. L'énergie mécanique est positive ; la météorite est dans un état de diffusion ; sa trajectoire n'est pas bornée.

8) Sa distance au Soleil est minimale lorsque $E_m = E_{p_{\text{eff}}}(r)$ soit lorsque :

$$\frac{1}{2}mv_0^2 = \frac{1}{2}m\frac{b^2v_0^2}{r^2} - m\frac{\mathcal{G}M_S}{r} \quad \Rightarrow \quad r^2 + r\frac{2\mathcal{G}M_S}{v_0^2} - b^2 = 0.$$

On reconnaît un polynôme du deuxième ordre en r dont on ne retient que la racine positive :

$$r_{\min} = b\left(-\frac{\mathcal{G}M_S}{bv_0^2} + \sqrt{\left(\frac{\mathcal{G}M_S}{bv_0^2}\right)^2 + 1}\right).$$

9) Si $r_{\min}$ est inférieure au rayon du Soleil, la météorite s'écrase sur la surface de Soleil. En pratique, si elle s'en approche de trop près, elle se brise sous l'action de la chaleur dégagée par le Soleil et/ou des forces de marée exercées par le Soleil.

19.9 Changement d'orbite d'un satellite

1) On étudie le satellite dans le référentiel géocentrique supposé galiléen. Il est soumis à la force $\vec{f} = -\frac{GM_Tm}{r^2}\vec{u}_r$ qui est une force centrale. Le moment de cette force par rapport au centre de la Terre est donc nul et le moment cinétique est constant. Le mouvement a donc lieu dans un plan contenant le centre de la Terre.

Comme le satellite est géostationnaire, il suit la Terre dans sa rotation sur elle-même donc son mouvement a lieu dans un plan perpendiculaire à l'axe de rotation de la Terre sur elle-même. Le seul plan à la fois perpendiculaire à l'axe de rotation de la Terre et passant par son centre est le plan équatorial. C'est dans ce plan qu'a lieu le mouvement d'un satellite géostationnaire.

2) Le mouvement est plan pour chaque orbite ainsi que pour la trajectoire de transfert. Les conditions initiales d'une orbite sont les conditions finales de la trajectoire précédente. Les trois orbites évoluent donc dans un même plan qui est forcément le plan équatorial puisque le mouvement final est géostationnaire.

3) On projette le principe fondamental de la dynamique appliqué au satellite sur $\vec{u}_r$ soit :

$$-m\frac{v^2}{r} = -\frac{GM_Tm}{r^2} \quad \Longrightarrow \quad v = \sqrt{\frac{GM_T}{r}}.$$

Pour l'orbite basse, $r \simeq R_T$ et $v_B = \sqrt{\frac{GM_T}{R_T}} = 7{,}91.10^3\ \text{m.s}^{-1} = 28{,}5.10^3\ \text{km.h}^{-1}$.

4) On applique la troisième loi de Kepler : $\frac{T^2}{R_G^3} = \frac{4\pi^2}{GM_T}$ et on trouve $R_G = \sqrt[3]{\frac{GM_TT^2}{4\pi^2}}$, soit $R_G = 42{,}2.10^3$ km. Pour obtenir l'altitude, il suffit de retrancher le rayon terrestre au rayon qui vient d'être trouvé : $h = R_G - R_T = 35{,}8.10^3$ km.

5) De même qu'à la question 3, $v_G = \sqrt{\frac{GM_T}{R_G}} = 3{,}07.10^3\ \text{m.s}^{-1} = 11{,}1.10^3\ \text{km.h}^{-1}$.

6) Les points A et P correspondent respectivement à l'apogée et au périgée. En ces points, la vitesse est orthoradiale car on a un extremum de la distance au centre de la Terre autrement dit r est maximal ou $\dot{r} = 0$. Cette dernière relation implique que la composante radiale de la vitesse est nulle donc que $v = v_\theta = r\dot{\theta}$. En utilisant la constante des aires, on en déduit $C = r^2\dot{\theta} = r_Av_A = r_Pv_P$.

7) L'énergie mécanique E_m est donnée par la relation : $E_m = -\frac{GM_Tm}{2a}$. On voit sur le schéma de l'énoncé que $2a = R_G + R_T$ pour déterminer $E_m = -1{,}23.10^{10}$ J.

8) Dans le cas général, l'énergie mécanique s'écrit :

$$E_m = \frac{1}{2}mv^2 - \frac{GM_Tm}{r} = -\frac{GM_Tm}{R_G + R_T} \quad \Longrightarrow \quad v = \sqrt{2GM_T\left(\frac{1}{r} - \frac{1}{R_G + R_T}\right)}.$$

9) Au périgée P, il faut imposer une variation de vitesse :

$$\Delta v_P = v_P - v_B = \sqrt{2GM_T\left(\frac{1}{R_T} - \frac{1}{R_T + R_G}\right)} - \sqrt{\frac{GM_T}{R_T}} = 2{,}50.10^3\ \text{m.s}^{-1}.$$

10) La variation d'énergie mécanique s'écrit :

$$\Delta Em_P = Em - Em_B = -GM_Tm\left(\frac{1}{R_G + R_T} - \frac{1}{2R_T}\right) = 3{,}46.10^{10}\ \text{J}.$$

11) De même, à l'apogée, on impose une variation de vitesse :

$$\Delta v_A = v_G - v_A = \sqrt{\frac{GM_T}{R_T}} - \sqrt{2GM_T\left(\frac{1}{R_G} - \frac{1}{R_T + R_G}\right)} = 1{,}50.10^3\ \text{m.s}^{-1}.$$

12) La variation d'énergie mécanique s'écrit

$$\Delta Em_A = Em_G - Em = -GM_Tm\left(\frac{1}{2R_G} - \frac{1}{R_G + R_T}\right) = 5{,}23.10^{10}\ \text{J}.$$

13) La troisième loi de Kepler s'écrit $\frac{T^2}{a^3} = \frac{4\pi^2}{GM_T}$. Or $a = \frac{R_G + R_T}{2}$, on en déduit la période $T = \pi\sqrt{\frac{(R_G + R_T)^3}{2GM_T}}$ de la trajectoire de transfert. Le transfert a une durée égale à la moitié de la période soit par l'application numérique 5 h 13 min 45 s.

19.10 Énergie mécanique d'un satellite en orbite elliptique

On étudie le mouvement du satellite assimilé à un point M de masse m dans le référentiel géocentrique supposé galiléen. M est en orbite autour de la Terre de masse M_T et de centre O. Le satellite n'est soumis qu'à la force gravitationnelle qui est centrale.

Cette force est également conservative et dérive de l'énergie potentielle $E_p(r) = -\mathcal{G}\dfrac{mM_T}{r}$. D'après le théorème de l'énergie mécanique, son énergie mécanique est conservée :

$$E_m = \tfrac{1}{2}mv^2 + E_p(r) = \text{constante.}$$

Tout l'exercice est traité en coordonnées polaires, ce qui implique $\overrightarrow{OM} = r\vec{u}_r$, $vectv = \dot{r}\vec{u}_r + r\dot{\theta}\vec{u}_\theta$ et $E_c = \frac{1}{2}mv^2 = \frac{1}{2}m\left(\dot{r}^2 + r^2\dot{\theta}^2\right)$.

1) On réalise le schéma de la figure ci-dessous à droite. On y voit$2a = r_A + r_P$.

2) On utilise l'équation de conservation de l'énergie mécanique et l'expression de la constante des aires pour éliminer $\dot{\theta} = \frac{\mathcal{C}}{r^2}$ et trouver l'équation vérifiée par r :

$$E_c = \tfrac{1}{2}mv^2 = \tfrac{1}{2}m\left(\dot{r}^2 + r^2\dot{\theta}^2\right) = \tfrac{1}{2}m\left(\dot{r}^2 + r^2\tfrac{\mathcal{C}^2}{r^4}\right) = \tfrac{1}{2}m\dot{r}^2 + \tfrac{1}{2}m\tfrac{\mathcal{C}^2}{r^2},$$

donc $E_m = \frac{1}{2}mv^2 + E_p(r) = \frac{1}{2}m\dot{r}^2 + \frac{1}{2}m\frac{\mathcal{C}^2}{r^2} - \mathcal{G}\frac{mM_T}{r} = \frac{1}{2}m\dot{r}^2 + E_{p_{\text{eff}}}(r)$, où $E_{p_{\text{eff}}}(r) = \frac{1}{2}m\frac{\mathcal{C}^2}{r^2} - \mathcal{G}\frac{mM_T}{r}$.
On peut donc étudier le mouvement radial à l'aide de l'énergie potentielle effective $E_{p_{\text{eff}}}(r)$ que l'on représente sur la figure ci-dessous à gauche.

3) $\frac{1}{2}m\dot{r}^2 \geq 0$ donc les positions accessibles sont telles que $E_m \geq E_{p_{\text{eff}}}(r)$. On déduit graphiquement que r_A et r_P correspondent au cas d'égalité où :

$$E_m = E_{p_{\text{eff}}}(r) \quad\Longrightarrow\quad \frac{1}{2}m\frac{\mathcal{C}^2}{r^2} - \mathcal{G}\frac{mM_T}{r} = E_m \quad\Longrightarrow\quad r^2 + \mathcal{G}\frac{mM_T}{E_m}\times r - \frac{1}{2}m\frac{\mathcal{C}^2}{E_m} = 0.$$

r_A et r_P sont bien solution d'une équation du 2e degré.

4) D'après l'énoncé et la question 1, on obtient :

$$-(r_A + r_P) = -2a = \mathcal{G}\frac{mM_T}{E_m} \quad\Longrightarrow\quad E_m = -\mathcal{G}\frac{mM_T}{2a}.$$

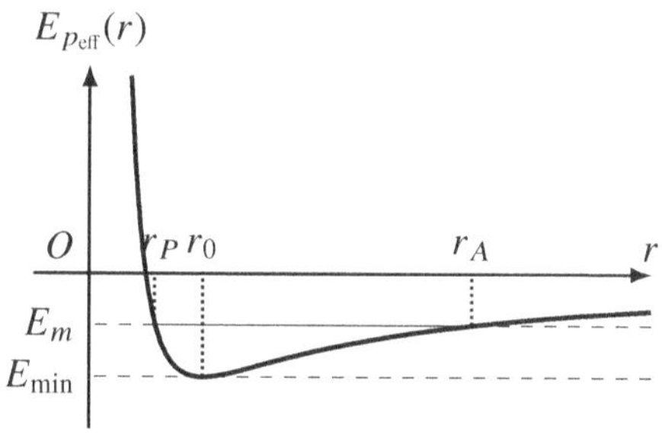

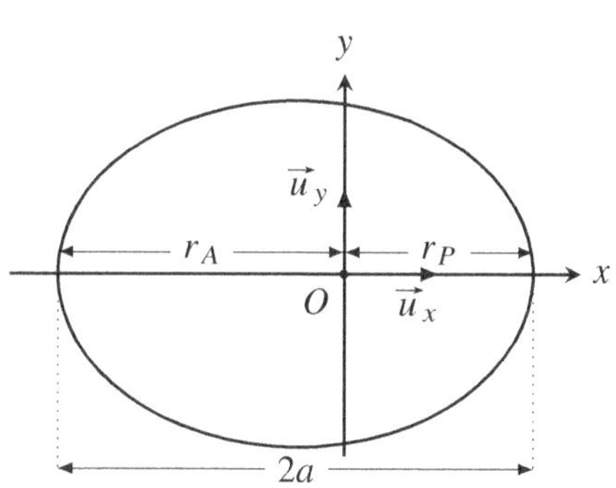

Cinématique du solide 20

L'OBSERVATION des mouvements d'un solide, fait apparaître deux cas remarquables : les mouvements de translation et les mouvements de rotation autour d'un axe fixe. Un ascenseur est en translation tandis qu'un tambour de machine à laver est en rotation autour d'un axe fixe. Dans ce chapitre, on définit, décrit et paramètre ces deux types de mouvements.

1 Repérage d'un solide

Jusqu'à présent, on s'est intéressé aux systèmes dont on pouvait négliger l'extension spatiale et que l'on assimilait à des points. On s'occupe maintenant de systèmes pour lesquels ce n'est plus possible. La description du mouvement de tels systèmes requiert plus de paramètres.

1.1 Définition d'un solide

Un **solide** est un système matériel dont les points restent à distance constante les uns des autres.

On oppose les solides aux systèmes déformables dont les points peuvent se déplacer les uns par rapport aux autres. Les déformations ou les ruptures du solide sont exclues de cette étude.

Exemple

Un ressort peut être étiré ou comprimé. C'est un système déformable. Une boule de billard est un solide indéformable.

1.2 Repérage d'un solide dans l'espace

On considère un référentiel auquel on associe un repère d'espace orthonormé direct $\mathcal{R} = (O,x,y,z)$. À chaque solide, on peut fixer un repère d'espace $\mathcal{R}_1 = (O_1,x_1,y_1,z_1)$ également orthonormé direct. Les coordonnées d'un point quelconque du solide sont constantes dans ce repère $\mathcal{R}_1$. Repérer le solide dans l'espace revient donc à situer le repère lié au solide $\mathcal{R}_1$ par rapport au repère $\mathcal{R}$ lié au référentiel d'étude (voir figure 20.1). Pour cela, dans le cas général, on a besoin de six paramètres :

- les trois coordonnées d'un point du solide : par exemple celles de l'origine O_1 du repère attaché au solide ;
- trois angles qui définissent l'orientation des axes du repère lié au solide par rapport au référentiel d'étude.

Le repérage du point O_1 a été étudié dans le chapitre *Cinématique du point* et requiert l'utilisation de trois paramètres. La figure 20.2 permet de se convaincre de la nécessité de définir trois angles pour repérer l'orientation du cube et donc l'orientation de $\mathcal{R}_1$ par rapport à $\mathcal{R}$.

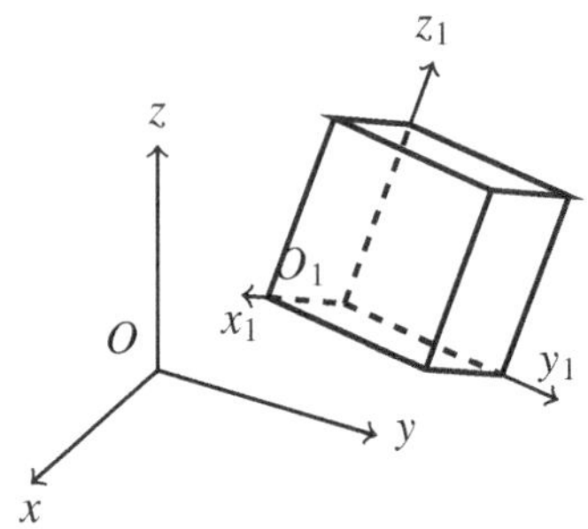

Figure 20.1 – Repérage d'un cube dans l'espace.

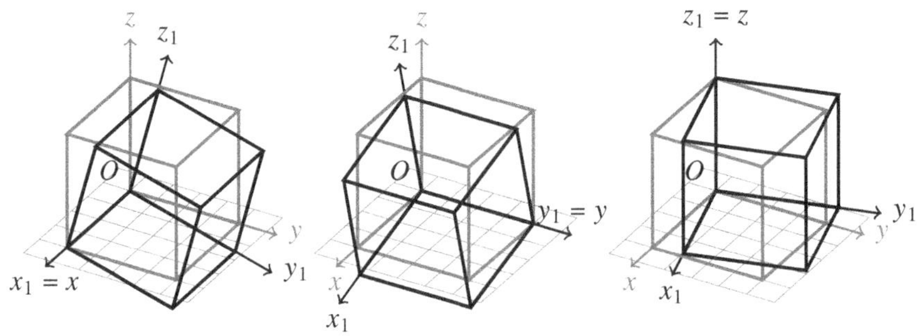

Figure 20.2 – Cube de sommet O fixe repéré dans l'espace. À gauche, le cube a tourné autour de l'axe (Ox) ; au centre, autour de (Oy) et à droite, autour de (Oz).

2 Mouvement de translation

2.1 Définition

Un solide est en **translation** lorsque les directions du repère lié au solide sont fixes par rapport au référentiel d'étude.

2.2 Mouvement d'un point d'un solide en translation

Les directions du repère lié au solide étant fixes dans le référentiel d'étude, on peut faire coïncider les vecteurs de base de $\mathcal{R}_1$: $(\overrightarrow{u_{x_1}}, \overrightarrow{u_{y_1}}, \overrightarrow{u_{z_1}})$ avec ceux de $\mathcal{R}$: $(\overrightarrow{u_x}, \overrightarrow{u_y}, \overrightarrow{u_z})$. La position d'un point P fixé au solide est repérée par rapport au solide par ses coordonnées (x_P, y_P, z_P) telles que :

$$\overrightarrow{O_1P} = x_P\overrightarrow{u_{x_1}} + y_P\overrightarrow{u_{y_1}} + z_P\overrightarrow{u_{z_1}}.$$

Le point P étant fixé au solide, ses coordonnées (x_P, y_P, z_P) sont constantes.

La base $(\overrightarrow{u_{x_1}}, \overrightarrow{u_{y_1}}, \overrightarrow{u_{z_1}})$ étant confondue avec la base $(\overrightarrow{u_x}, \overrightarrow{u_y}, \overrightarrow{u_z})$, elle est constante dans $\mathcal{R}$.

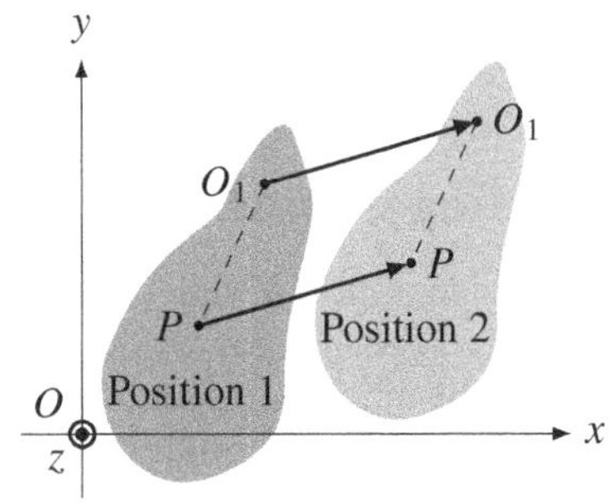

Figure 20.3 – Solide en translation.

Le vecteur $\overrightarrow{O_1P}$ est donc lui aussi constant dans $\mathcal{R}$. Un vecteur quelconque lié au solide est invariant dans $\mathcal{R}$. Le solide ne tourne pas sur lui-même. La position de P dans $\mathcal{R}$ se déduit de celle de O_1 par une translation de vecteur $\overrightarrow{O_1P}$ constant. Le mouvement suivi par un point quelconque d'un solide en translation est donc identique à celui de O_1 (voir figure 20.3).

2.3 Conséquences

Les vecteurs déplacement infinitésimal, vitesse et accélération de chacun des points du solide sont identiques à chaque instant donc :

- cela a un sens de parler de déplacement, vitesse et accélération du solide ;
- le mouvement du solide est parfaitement défini par la donnée du mouvement d'un seul de ses points. On choisit souvent O_1 ou le centre d'inertie G du solide.

Tous les points d'un solide en translation ont le même mouvement. Le mouvement du solide est complètement décrit par le mouvement d'un seul de ses points.

Il suffit de trois coordonnées pour décrire la position d'un solide en translation et on est ramené au cas de la cinématique du point.

2.4 Deux mouvements de translations remarquables

a) Translation rectiligne

Lorsque O_1 décrit un mouvement rectiligne, tous les points du solide en translation ont un mouvement rectiligne. La translation du solide est qualifiée de **translation rectiligne**. Chaque point du solide décrit une portion de droite de même direction mais d'origine différente.

Exemple

Un ascenseur est en translation rectiligne verticale par rapport au référentiel lié au sol.

b) Translation circulaire

Lorsque O_1 décrit un mouvement circulaire, tous les points du solide en translation ont un mouvement circulaire. La translation du solide est qualifiée de **translation circulaire**. Chaque point du solide décrit un arc de cercle de même rayon mais de centre différent.

Exemple

Les nacelles d'un manège de type « grande roue » sont en translation circulaire par rapport au référentiel lié au sol.

3 Solides en rotation autour d'un axe fixe

3.1 Définition

Un solide est en rotation autour d'un axe Δ fixe dans $\mathcal{R}$ s'il existe une unique droite Δ immobile à la fois par rapport au solide et au référentiel $\mathcal{R}$.

3.2 Mouvement d'un point d'un solide en rotation

On choisit les origines $O = O_1$ sur l'axe Δ. On fait coïncider l'axe (Oz) du repère d'étude $\mathcal{R}$ et l'axe (O_1z_1) du repère $\mathcal{R}_1$ lié au solide à l'axe fixe Δ. On oriente l'axe de rotation Δ par le vecteur unitaire $\vec{u}_z$. La position du solide est alors entièrement repérée par l'angle θ que fait l'axe (Ox_1) avec l'axe (Ox) (voir figure 20.4).

Un point P lié au solide est repéré par le vecteur $\overrightarrow{OP}$ que l'on décompose en une composante parallèle à Δ et une composante qui lui est perpendiculaire. Pour cela, on introduit le point H, projeté orthogonal de P sur Δ et on écrit :

$$\overrightarrow{OP} = \overrightarrow{OH} + \overrightarrow{HP}.$$

Le vecteur $\overrightarrow{OH}$ est constant puisqu'il appartient à Δ. La distance HP reste constante puisque H et P appartiennent au solide. Le vecteur $\overrightarrow{HP}$ fait un angle constant avec le vecteur $\vec{u}_{x_1}$ car tous deux appartiennent au solide. Le vecteur $\overrightarrow{HP}$ est donc entraîné en rotation avec le solide.

Dans $\mathcal{R}$, le point P décrit une trajectoire circulaire inscrite sur un plan perpendiculaire à Δ passant par P. Le centre de la trajectoire est le point H, projeté orthogonal de P sur Δ. Son rayon est HP et le mouvement est décrit à la vitesse angulaire $\dot{\theta}$.

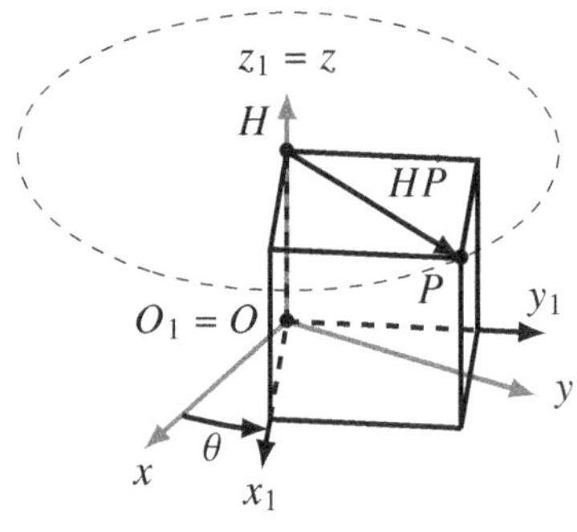

Figure 20.4 – Solide en rotation autour de l'axe (O_1z) fixe dans $\mathcal{R}$.

On peut définir sa position par ses coordonnées polaires de centre H. On pose $\|\overrightarrow{HP}\| = r$, $\vec{u}_r = \frac{\overrightarrow{HP}}{r}$ et $\vec{u}_\theta = \vec{u}_z \wedge \vec{u}_r$ le vecteur du plan (Hxy) directement orthogonal à $\vec{u}_r$. On obtient :

$$\overrightarrow{HP} = r\vec{u}_r \qquad \text{et} \qquad \vec{v}_{P/\mathcal{R}} = r\dot{\theta}\vec{u}_\theta,$$

où $\vec{v}_{P/\mathcal{R}}$ représente la vitesse du point P dans le référentiel $\mathcal{R}$. La vitesse angulaire $\dot{\theta}$ est commune à tous les points du solide et mesure la vitesse de rotation du solide autour de son axe de rotation. Elle s'exprime en rad.s^{-1}.

Le mouvement d'un point P lié à un solide en rotation autour d'un axe fixe Δ est un mouvement circulaire situé dans le plan perpendiculaire à Δ contenant P. La trajectoire est caractérisée par

- son centre H, projeté orthogonal P sur l'axe de rotation Δ ;
- son rayon r, distance de P à l'axe de rotation Δ ;
- sa vitesse angulaire $\dot{\theta}$ égale à la vitesse de rotation du solide autour de Δ.

Dans le système de coordonnées cylindriques d'origine O et d'axe (Oz), la vitesse instantanée du point P s'écrit :

$$\vec{v}_{P/\mathcal{R}} = r\dot{\theta}\vec{u}_\theta.$$

Il suffit d'une coordonnée angulaire θ pour décrire la position du solide et on est ramené au cas du mouvement circulaire de la cinématique du point.

Remarques

- L'axe de rotation n'est pas forcément situé à l'intérieur du solide.
- La vitesse de rotation est parfois donnée en tr.min^{-1}, qui n'est pas une unité du Système International. $1\,\text{tr.min}^{-1} = \frac{2\pi}{60}\text{rad.s}^{-1} \simeq 0{,}1\,\text{rad.s}^{-1}$.

3.3 Conséquences

Le déplacement angulaire infinitésimal $d\theta$, la vitesse angulaire $\dot{\theta}$, ainsi que l'accélération angulaire $\ddot{\theta}$ sont identiques pour chacun des points du solide donc :

- cela a un sens de parler de rotation et de vitesse de rotation du solide ;
- le mouvement du solide est parfaitement défini par la donnée du déplacement angulaire d'un de ses points.

3.4 Quelques exemples de rotation autour d'un axe fixe

Il existe de nombreux exemples de systèmes en rotation autour d'un axe fixe par rapport à un référentiel $\mathcal{R}$. On peut citer :

- la Terre dans son mouvement de rotation propre autour de son axe nord-sud en un jour sidéral de durée $T = 23\,\text{h}\ 56\,\text{min}\ 4\,\text{s} = 86\,164\,\text{s}$ par rapport au référentiel géocentrique. La vitesse de rotation est alors constante et égale à $\dot{\theta} = \frac{2\pi}{T} \simeq 7{,}3.10^{-5}\,\text{rad.s}^{-1}$;
- le rotor d'un moteur électrique par rapport au référentiel lié au stator. La vitesse de rotation peut alors varier fortement ;
- une voiture qui prend un virage circulaire par rapport au référentiel lié au sol. Dans ce cas, l'axe de rotation n'est pas dans la voiture mais au centre du virage ;
- les roues d'une voiture se déplaçant en ligne droite par rapport au référentiel lié au châssis de la voiture. L'axe de rotation est alors l'axe du moyeu de la roue. Il est en mouvement par rapport au sol mais fixe par rapport au châssis de la voiture.

> **MÉTHODOLOGIE**
>
> Comment différencier un solide d'un système déformable ?
>
> ▷ *Observer la distance entre les points du système.*

La distance entre deux points donnés d'un solide ne varie pas. Ce n'est pas le cas pour un système déformable. Par exemple, deux points reliés par un ressort forment un système *a priori* déformable étant donné que la distance entre les extrémités du ressort varie lorsque le ressort se comprime ou se détend.

> Comment différencier un mouvement de translation circulaire d'un mouvement de rotation autour d'un axe fixe ?
>
> ▷ *Observer les axes du solide en mouvement.*

Les points d'un solide en translation circulaire décrivent tous des trajectoires circulaires de même rayon mais de centres différents. Les axes (O_1x_1) et (O_1y_1) liés au solide restent fixes par rapport au repère fixe $(Oxyz)$.

Les points d'un solide en rotation autour d'un axe fixe décrivent également des trajectoires circulaires. Les centres de ces trajectoires sont situés sur l'axe de rotation. Les axes (O_1x_1) et (O_1y_1) liés au solide sont en rotation par rapport au repère fixe $(Oxyz)$. Dans un plan orthogonal à l'axe de rotation, les trajectoires de chacun des points du solide sont des cercles concentriques. Le rayon d'une de ces trajectoire est égal à la distance du point considéré à l'axe de rotation. Les rayons de ces trajectoires ne sont plus nécessairement les même.

La figure 20.5 illustre la différence entre ces deux mouvements.

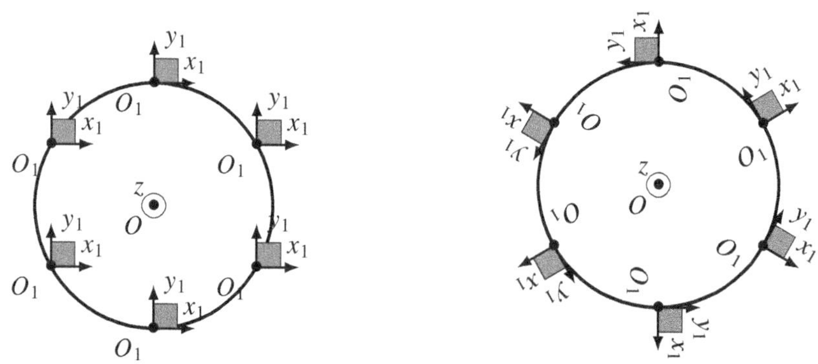

Figure 20.5 – Différence entre le mouvement de translation circulaire et le mouvement de rotation d'un solide carré.

Programme officiel et sommaire des exercices

Notions et contenus	Capacités exigibles
Mouvement d'un solide	
Description du mouvement d'un solide dans deux cas particuliers Définition d'un solide.	Différencier un solide d'un système déformable.
Translation. ► 20.C1 ▷ 20.2	Reconnaître et décrire une translation rectiligne, une translation circulaire.
Rotation autour d'un axe fixe. ► 20.C2 20.C3 ▷ 20.1 20.3	Décrire la trajectoire d'un point quelconque du solide et exprimer sa vitesse en fonction de sa distance à l'axe et de la vitesse angulaire.

EXERCICES ★ (LE COURS)

20.C1 Solide en translation Comment évolue un repère lié au solide lors d'une translation ?

20.C2 Solide en rotation : mouvement d'un point de l'axe Décrire le mouvement d'un point de l'axe de rotation.

20.C3 Solide en rotation : mouvement d'un point excentré Décrire le mouvement d'un point situé à une distance r de l'axe d'un solide en rotation à la vitesse angulaire ω.

EXERCICES ★★

20.1 Rotation d'une barre autour d'un axe fixe

Une barre rigide AB de longueur L est en rotation uniforme à la vitesse angulaire Ω autour d'un axe fixe (Oz) dans un référentiel $\mathcal{R}$ lié au repère (O,x,y,z). La barre est située dans un plan vertical et son extrémité A est confondue avec O. Elle fait un angle α avec l'axe (Oz).

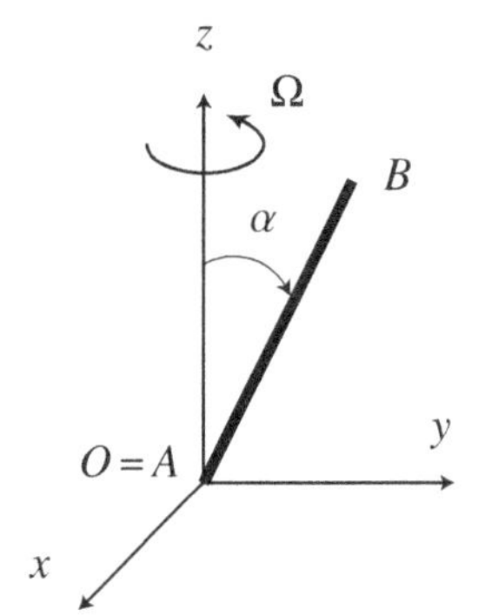

1) Décrire le mouvement du point A dans $\mathcal{R}$.

2) Décrire celui de B puis exprimer ses vecteurs position, vitesse et accélération. On s'aidera d'un schéma sur lequel on définira une base adaptée au problème.

20.2 Nacelle d'une grande roue

La grande roue installée place de la Concorde à Paris a un diamètre de $H = 60\,\text{m}$. Chaque nacelle, suspendue au bout d'un bras d'une longueur $d = 2{,}5\,\text{m}$, réalise un tour en $\Delta t = 10\,\text{min}$. On note O, le centre de la grande roue.

Décrire le mouvement d'une nacelle. On donnera en particulier les vitesses (linéaire et angulaire) moyennes.

20.3 Face cachée de la Lune

Dans le référentiel géocentrique, la Lune effectue une révolution circulaire centrée sur la Terre en 27,3 jours. La distance du centre de la Terre au centre de la Lune vaut $D_{TL} = 3{,}84.10^5$ km. Lors de cette révolution, la Lune montre toujours la même face à la Terre.

1) Décrire le mouvement de la Lune dans le référentiel géocentrique. On s'attachera particulièrement à distinguer s'il s'agit-il d'un mouvement de translation circulaire ou de rotation.

2) En déduire la vitesse angulaire $\dot{\theta}_0$ de la révolution du centre de la Lune sur sa trajectoire.

3) Déterminer la vitesse et l'accélération du centre de la Lune dans le référentiel géocentrique. Calculer numériquement la norme de sa vitesse.

4) Décrire le mouvement de la Lune dans le repère sélénocentrique qui a les mêmes axes de références que le référentiel géocentrique mais pour origine le centre L de la Lune.

5) Déterminer la vitesse angulaire $\dot{\theta}_p$ de la rotation de la Lune sur elle-même.

CORRIGÉS

20.C1 *Cf.* paragraphe 2 page 566. Les directions du repère lié à un solide en translation sont fixes.

20.C2 *Cf.* paragraphe 3.2 page 568. Les points de l'axe de rotation d'un solide en rotation sont tous fixes.

20.C3 *Cf.* paragraphe 3.2 page 568. Un point M distant de r de l'axe de rotation décrit une trajectoire circulaire située dans un plan perpendiculaire à l'axe de rotation, de rayon r et de centre H, projeté de M sur l'axe de rotation. Il décrit cette trajectoire à la vitesse angulaire ω. La norme de sa vitesse vaut $r\,|\omega|$.

20.1 Rotation d'une barre autour d'un axe fixe

1) Le point A appartient à l'axe de rotation (Oz) fixe dans $\mathcal{R}$. Il est donc fixe.

2) La barre est un solide en rotation autour de l'axe fixe (Oz) à la vitesse angulaire Ω. B décrit donc une trajectoire circulaire et uniforme à la vitesse angulaire Ω. Le centre de la trajectoire de B est son projeté orthogonal H sur l'axe de rotation (Oz).

La trajectoire de B est circulaire de centre H de coordonnées $(0,0,z = L\cos\alpha)$ et de rayon $HB = r = L\sin\alpha$ dans le plan perpendiculaire à (Oz) passant par H.

On définit la base cylindrique qui suit la barre dans son mouvement de rotation et on applique les résultats du cours de *Cinématique du point* en coordonnées cylindriques pour trouver :

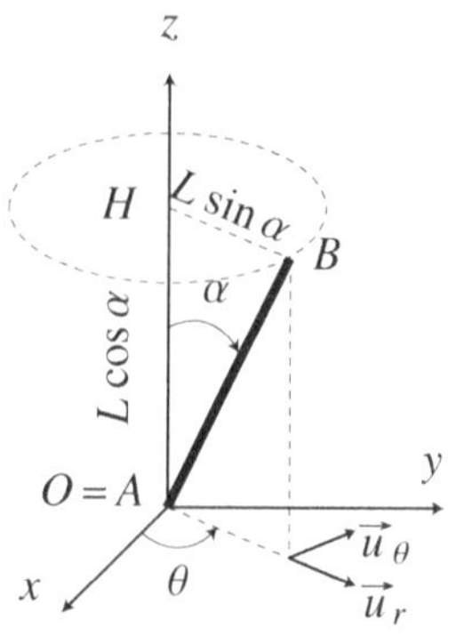

$$\begin{cases} \overrightarrow{OB} r\vec{u}_r + z\vec{u}_z = L\sin\alpha\,\vec{u}_r + L\cos\alpha\,\vec{u}_z & = \\ \vec{v} L\sin(\alpha)\Omega\vec{u}_\theta & = \\ \vec{a} - L\sin(\alpha)\Omega^2\vec{u}_r\,. & = \end{cases}$$

20.2 Mouvement d'une nacelle de grande roue

Une nacelle est en translation circulaire de rayon $R = \frac{1}{2}H$ et parcourt le cercle en une durée $\Delta t = 10\,\text{min}$. Sa vitesse angulaire moyenne est donc $<\dot{\theta}> = \frac{2\pi}{\Delta t} = \frac{2\times 3{,}1415}{10\times 60} = 0{,}010\,\text{rad.s}^{-1}$. Sa vitesse linéaire moyenne est :

$$\langle R\dot{\theta}\rangle = \frac{2\pi R}{\Delta t} = 0{,}31\,\text{m.s}^{-1}.$$

Tous les points de la nacelle décrivent un cercle de même rayon avec la même vitesse moyenne. Par contre, comme on le voit sur la figure ci-contre, la trajectoire n'est pas centrée sur le même point. Le bas de la nacelle décrit un cercle centré sur O_2 alors que le point d'attache de la nacelle sur la roue décrit un cercle centré sur O_1 situé à $d = 2{,}5$ m au-dessus.

20.3 Face cachée de la Lune

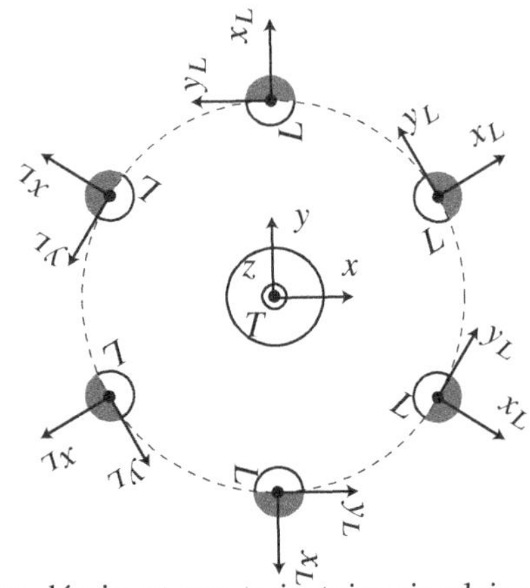

1) La Lune montrant toujours la même face à la Terre, on peut représenter son mouvement dans le référentiel géocentrique comme sur le schéma ci-contre où la face cachée est grisée. Dans le référentiel géocentrique, la Lune à un mouvement de rotation uniforme dans le sens direct autour de l'axe $(T,\vec{u}_z)$.

2) Dans ce référentiel, la Lune retrouve sa position initiale après une durée $\Delta T = 27{,}3\,\text{jours}$, soit $\Delta T = 2{,}359.10^6$ s. La vitesse angulaire de la rotation de la Lune autour de la Terre est donc $\dot{\theta}_0 = \frac{2\pi}{\Delta T} = \frac{2\times 3{,}1415}{2{,}359e6} = 2{,}66.10^{-6}\,\text{rad.s}^{-1}$.

3) Dans ce référentiel, tous les points fixes de la Lune décrivent une trajectoire circulaire et uniforme à la vitesse angulaire $\dot{\theta}_0$. Le centre de la Lune ne déroge pas à cette règle. Le centre de sa trajectoire est T et son rayon D_{TL}. On peut alors appliquer les résultats de la cinématique du point avec $(\overrightarrow{u_{x_L}}, \overrightarrow{u_{y_L}})$ la base mobile des coordonnées polaires de centre T :

$$\overrightarrow{TL} = D_{TL}\overrightarrow{u_{x_L}} \quad ; \quad \overrightarrow{v(L)} = D_{TL}\dot{\theta}_0\overrightarrow{u_{y_L}} \quad ; \quad \overrightarrow{a(L)} = -D_{TL}\dot{\theta}_0^2\overrightarrow{u_{x_L}}.$$

Numériquement, $\|\overrightarrow{v(L)}\| = 3{,}84.10^8 \times 2{,}66.10^{-6} = 1{,}02.10^3\,\text{m.s}^{-1}$.

4) Dans le repère sélénocentrique, la Lune a un mouvement de rotation dans le sens direct autour de l'axe $(L,\vec{u}_z)$. Elle fait un tour sur elle-même en $\Delta T = 27{,}3\,\text{jours}$.

5) La vitesse angulaire $\dot{\theta}_p$ de la rotation de la Lune sur elle-même est donc la même que la vitesse angulaire $\dot{\theta}_0$ de la révolution de la Lune autour de la Terre. On parle de rotation synchrone.

Solide en rotation autour d'un axe fixe

21

Le chapitre *Cinématique du solide* décrit deux grands types de mouvements des solides : les translations et les rotations autour d'un axe fixe. L'étude des translations s'effectue à l'aide du principe fondamental de la dynamique. On étudie ici les rotations autour d'un axe fixe Δ à l'aide du théorème scalaire du moment cinétique par rapport à l'axe Δ. Le moment cinétique et le moment d'une force par rapport à un axe ont été définies dans le chapitre *Moment cinétique*. On les généralise ici aux cas des solides ou des systèmes de points.

1 Moment cinétique d'un solide ou d'un système de points

1.1 Cas d'un point matériel : notion de moment d'inertie

On considère le mouvement d'un point M dans un référentiel galiléen et un axe Δ orienté fixe. On fait coïncider l'axe (Oz) avec Δ et on repère M à l'aide de ses coordonnées cylindriques : $\overrightarrow{OM} = r\vec{u}_r + z\vec{u}_z$ et $\vec{v} = \dot{r}\vec{u}_r + r\dot{\theta}\vec{u}_\theta + \dot{z}\vec{u}_z$. On peut alors calculer le moment cinétique de M par rapport à O :

$$\overrightarrow{L_O} = m\overrightarrow{OM}\wedge\vec{v} = m(r\vec{u}_r+z\vec{u}_z)\wedge(\dot{r}\vec{u}_r+r\dot{\theta}\vec{u}_\theta+\dot{z}\vec{u}_z) = m\left(r^2\dot{\theta}\vec{u}_z + (\dot{r}z - r\dot{z})\,\vec{u}_\theta - zr\dot{\theta}\vec{u}_r\right),$$

puis par rapport à (Oz) :

$$L_{(Oz)} = \overrightarrow{L_O}\cdot\vec{u}_z = mr^2\dot{\theta}.$$

En coordonnées cylindriques d'axe (Oz), on définit le **moment d'inertie** par rapport à l'axe (Oz) d'un point M de coordonnées (r,θ,z) :

$$J_{(Oz)}(M) = mr^2.$$

Le moment cinétique de M par rapport à (Oz) est alors égal au produit du moment d'inertie $J_{(Oz)}(M)$ par la vitesse angulaire $\dot{\theta}$:

$$L_{(Oz)} = J_{(Oz)}(M)\,\dot{\theta}. \qquad (21.1)$$

1.2 Cas d'un système déformable

a) Moment cinétique par rapport à un axe orienté

On considère un système constitué de plusieurs points matériels M_i de masses m_i de moments cinétiques par rapport à l'axe orienté Δ : $L_\Delta(M_i)$. Le moment cinétique du système de points est obtenu par sommation des moments cinétiques de chacun des points :

$$L_\Delta = \sum_i L_\Delta(M_i).$$

Les moments cinétiques par rapport à Δ étant algébriques, il faut être attentifs aux signes.

b) Cas des coordonnées cylindriques

Lorsque l'axe Δ est fixe, on utilise généralement les coordonnées cylindriques d'axe (Oz) confondu avec Δ. Le moment cinétique de chaque point M_i est donné par la relation (21.1) : $L_{(Oz)}(M_i) = m_i r_i^2 \dot{\theta} = J_{(Oz)}(M_i)\dot{\theta}_i$ où $J_{(Oz)}(M_i) = m_i r_i^2$ est le moment d'inertie du point M_i par rapport à (Oz) et $\dot{\theta}_i$ sa vitesse angulaire :

$$L_{(Oz)} = \sum_i L_{(Oz)}(M_i) = \sum_i J_{(Oz)}(M_i)\dot{\theta}_i. \tag{21.2}$$

1.3 Cas d'un solide en rotation par rapport à un axe

On considère un solide en rotation à la vitesse angulaire $\dot{\theta}$ autour d'un axe orienté fixe dans un référentiel $\mathcal{R}$. On choisit l'axe (Oz) pour qu'il coïncide avec cet axe de rotation. On modélise le solide par un ensemble de points matériels M_i de masse m_i repérés en coordonnées cylindriques d'axe (Oz) : $M_i(r_i,\theta_i,z_i)$.

a) Moment d'inertie d'un solide

On rappelle une relation essentielle du chapitre *Cinématique du solide* : **chaque point d'un solide en rotation autour d'un axe fixe possède la même vitesse angulaire.** Le mouvement du solide est un cas particulier du mouvement d'un système de points dans lequel la vitesse angulaire de chacun des points du système est la même. On peut donc factoriser l'expression (21.2) par la vitesse angulaire commune $\dot{\theta}$:

$$L_{(Oz)} = \sum_i L_{(Oz)}(M_i) = \left(\sum_i J_{(Oz)}(M_i)\right)\dot{\theta} = J_{(Oz)}\dot{\theta}.$$

Le **moment d'inertie** $J_{(Oz)}$ du solide par rapport à l'axe (Oz) est défini par la somme des moments d'inertie par rapport à (Oz) de chacun des points le constituant :

$$J_{(Oz)} = \sum_i J_{(Oz)}(M_i).$$

Remarque

On peut également modéliser le solide par une répartition continue de masse. La somme discrète précédente devient alors une intégrale sur le volume du solide.

b) Moment cinétique d'un solide par rapport à un axe orienté (*Oz*)

Le moment cinétique par rapport à un axe (Oz) d'un solide en rotation autour de (Oz) à la vitesse angulaire $\dot{\theta}$ est égal au produit du moment d'inertie $J_{(Oz)}$ du solide par sa vitesse angulaire :

$$L_{(Oz)} = J_{(Oz)}\dot{\theta}.$$

c) Moments d'inertie de quelques solides homogènes

Le moment d'inertie d'un solide par rapport à un axe est une caractéristique intrinsèque que l'on peut mesurer. On peut également le calculer dans certains cas simples. Pour information, le tableau 21.1 regroupe les moments d'inertie par rapport à l'axe (Oz) de quelques solides de masse m.

cylindre vide de rayon R	cylindre plein de rayon R	boule de rayon R	barre de longueur L
mR^2	$\frac{1}{2}mR^2$	$\frac{2}{5}mR^2$	$\frac{1}{12}mL^2$
(Oz) 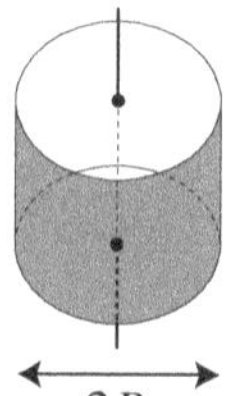 $2R$	(Oz) 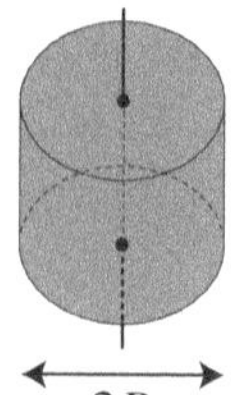 $2R$	(Oz) 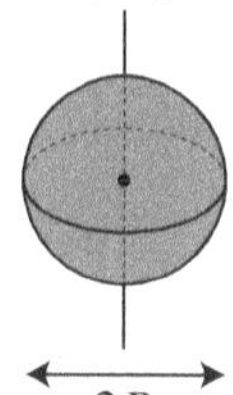 $2R$	(Oz) 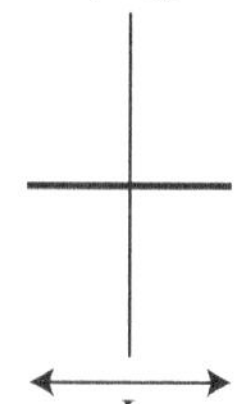 L

Tableau 21.1 – Moment d'inertie de quelques solides.

Exemple

On peut modéliser la jante d'une roue de voiture par un cylindre creux de masse m et de rayon R. Son moment d'inertie par rapport au moyeu est environ égal à mR^2.

d) Évolution du moment d'inertie en fonction de la répartition des masses

La contribution d'une masse m au moment d'inertie d'un solide par rapport à un axe (Oz) est égale à mr^2 où r est sa distance à l'axe (Oz).

> Plus une masse m est éloignée de l'axe de rotation (Oz), plus sa contribution au moment d'inertie par rapport à (Oz) est importante.

Ceci explique pourquoi le moment d'inertie d'un cylindre plein est inférieur à celui d'un cylindre creux de même masse : une partie importante de sa masse est située à faible distance de l'axe et contribue peu à son moment d'inertie.

On peut exploiter cette propriété pour obtenir des informations sur la répartition interne des masses d'un solide.

Exemple

Les mesures astronomiques du moment d'inertie de la Terre par rapport à son axe nord-sud montrent qu'il vaut $0{,}33M_TR_T^2$ où M_T et R_T sont la masse et le rayon de la Terre. Il est inférieur à celui d'une boule homogène de même masse et même rayon qui vaut $0{,}4M_TR_T^2$. On en déduit que la répartition des masses à l'intérieur de la Terre n'est pas homogène et que la couche profonde située près de son axe de rotation est plus dense que les couches superficielles. Cette couche profonde est le noyau. Connaissant sa taille, on peut estimer sa densité. Elle correspond à celle du fer à haute pression. C'est un des principaux arguments prouvant que le noyau est essentiellement composé de fer.

2 Théorème du moment cinétique pour un solide en rotation

On s'intéresse au mouvement d'un solide en rotation autour d'un axe orienté (Oz) fixe dans un référentiel galiléen $\mathcal{R}$. Son moment d'inertie par rapport à (Oz) est noté $J_{(Oz)}$. Son mouvement est caractérisé par sa vitesse angulaire $\dot{\theta}$. Son moment cinétique par rapport à (Oz) vaut $L_{(Oz)} = J_{(Oz)}\dot{\theta}$. Il est soumis aux forces extérieures $\vec{f_i}$ de moments $\mathcal{M}_{(Oz)}\left(\vec{f_i}\right)$.

2.1 Rappel sur le moment d'une force

Le moment d'une force qui s'applique sur un point matériel M s'exprime :

$$\mathcal{M}_\Delta\left(\vec{f}\right) = \overrightarrow{\mathcal{M}_O}\left(\vec{f}\right)\cdot\vec{u}_\Delta = (\overrightarrow{OM}\wedge\vec{f})\cdot\vec{u}_\Delta.$$

Dans ce cas, la force s'applique forcément en M. Lorsque l'on s'occupe d'un système de points ou d'un solide, il faut bien tenir compte du point d'application de la force. Si la force s'applique en un point A du solide, son moment s'écrit :

$$\mathcal{M}_\Delta\left(\vec{f}\right) = \overrightarrow{\mathcal{M}_O}\left(\vec{f}\right)\cdot\vec{u}_\Delta = (\overrightarrow{OA}\wedge\vec{f})\cdot\vec{u}_\Delta.$$

On a cependant souvent intérêt à le déterminer à l'aide du produit « force×bras de levier ».

2.2 Théorème scalaire du moment cinétique pour un solide

Dans un référentiel $\mathcal{R}$ galiléen, la dérivée temporelle du moment cinétique du solide par rapport à son axe de rotation fixe (Oz) est égale à la somme des moments des forces extérieures par rapport à ce même axe :

$$\frac{\mathrm{d}L_{(Oz)}}{\mathrm{d}t} = \sum_i \mathcal{M}_{(Oz)}\left(\vec{f_i}\right). \qquad (21.3)$$

Pour un solide en rotation autour de l'axe (Oz), le moment d'inertie $J_{(Oz)}$ est constant donc :

$$\frac{\mathrm{d}L_{(Oz)}}{\mathrm{d}t} = \frac{\mathrm{d}\left(J_{(Oz)}\dot{\theta}\right)}{\mathrm{d}t} = J_{(Oz)}\ddot{\theta} \quad\Longrightarrow\quad \boxed{J_{(Oz)}\ddot{\theta} = \sum_i \mathcal{M}_{(Oz)}\left(\vec{f_i}\right).}$$

On peut noter la similitude formelle de cette équation, que l'on peut écrire :

$$J_{(Oz)}\ddot{\theta} = \sum_i \overrightarrow{\mathcal{M}_O}\left(\vec{f_i}\right)\cdot\vec{u}_z,$$

avec le principe fondamental de la dynamique écrit pour un solide en translation rectiligne sur l'axe (Ox) :

$$m\ddot{x} = \sum_i \vec{f_i}\cdot\vec{u}_x.$$

L'accélération linéaire $\ddot{x}$ est remplacée par l'accélération angulaire $\ddot{\theta}$, les forces projetées sur l'axe du mouvement par les moments des forces projetés sur l'axe de rotation et la masse inerte m par le moment d'inertie $J_{(Oz)}$. Cela permet de donner une interprétation physique du moment d'inertie du solide.

Le moment d'inertie d'un solide par rapport à l'axe (Oz) est sa caractéristique intrinsèque qui mesure son aptitude à s'opposer aux variations de sa vitesse de rotation autour de cet axe.

2.3 Cas de conservation du moment cinétique

Le moment cinétique d'un solide en rotation autour d'un axe fixe est conservé si la somme des moments des forces extérieures qui lui sont appliquées est nulle.

En effet, le théorème du moment cinétique appliqué au solide s'écrit dans ce cas :

$$\frac{\mathrm{d}L_{(Oz)}}{\mathrm{d}t} = 0 \quad \Longrightarrow \quad L_{(Oz)} = J_{(Oz)}\dot{\theta} = \text{constante.}$$

Le moment d'inertie $J_{(Oz)}$ étant une constante, la vitesse de rotation du solide l'est également.

Cas particulier d'un solide en équilibre Un solide en rotation est à l'équilibre lorsque sa vitesse angulaire reste nulle à tout instant. On obtient donc :

$$\dot{\theta} = 0 \quad \forall t \quad \Longrightarrow \quad L_{(Oz)} = 0 \quad \forall t \quad \Longrightarrow \quad \frac{\mathrm{d}L_{(Oz)}}{\mathrm{d}t} = 0.$$

Le théorème du moment cinétique s'écrit alors :

$$\sum_i \mathcal{M}_{(Oz)}\left(\vec{f_i}\right) = 0.$$

C'est un cas particulier de la situation précédente pour laquelle non seulement la somme des moments des forces est nulle, mais la vitesse angulaire initiale également.

3 Actions mécaniques s'exerçant sur un solide en rotation

De nombreux solides en rotation font partis de systèmes mécaniques appelés **dispositifs rotatifs** dans lesquels un solide indéformable appelé **rotor** est en rotation autour d'un axe fixe par rapport à un solide immobile appelé **stator**. Le stator doit imposer des actions mécaniques au rotor pour permettre une rotation d'axe fixe et pour entraîner ou freiner le rotor. Dans cette partie, on définit deux actions mécaniques essentielles à ce type de dispositifs :

- l'action de type couple qu'exerce le stator sur le rotor pour entraîner ou freiner le rotor ;
- l'action de type liaison pivot qui permet de restreindre le mouvement relatif entre ces deux solides à un mouvement de rotation autour d'un axe fixe.

3.1 Couples

a) Couple de deux forces

Deux forces $\vec{f_1}$ et $\vec{f_2}$ opposées s'appliquant respectivement en A_1 et A_2 forment un couple de forces (figure 21.1). Leur résultante est nulle : $\vec{f_1} + \vec{f_2} = \vec{0}$.

Ces forces ont une norme identique f et s'appliquent sur des droites d'action parallèles. La distance d entre ces droites s'appelle le bras de levier du couple et le moment du couple de force par rapport à l'axe orienté (Oz) est égal au produit de la force par le bras de levier :

$$|\mathcal{M}_{(Oz)}| = fd_1 + fd_2 = fd.$$

Par abus de langage, étant donné que la somme des deux forces est nulle et que seul le moment de ces forces est non nul, on désigne souvent par couple, le moment du couple par rapport à (Oz) et on le note Γ.

Le moment du couple Γ ne dépend pas de la position de l'axe de rotation. Par ailleurs, il est algébrique et on peut trouver son signe en cherchant le sens dans lequel il tend à faire tourner M autour de l'axe orienté (Oz) :

- si ce sens est direct, $\Gamma > 0$;
- si ce sens est indirect, $\Gamma < 0$.

> **Exemple**
>
> Sur le schéma de la figure 21.1, $\Gamma = -fd$.

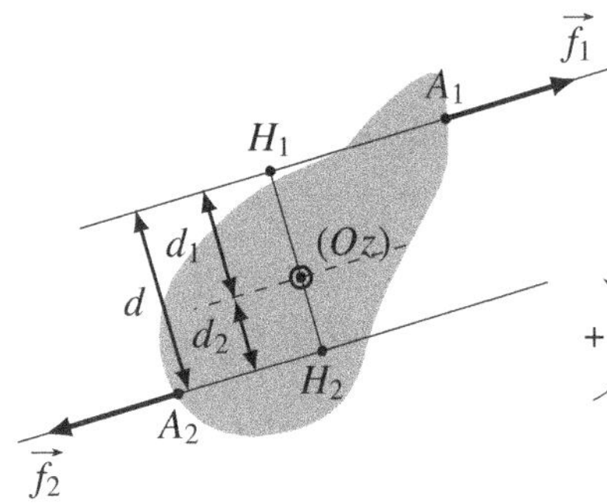

Figure 21.1 – Définition d'un couple de force.

b) Généralisation

On peut généraliser la notion de couple à tous les cas où la somme des forces est nulle et le moment des forces par rapport à un axe (Oz) n'est pas nul, sans se préoccuper de savoir s'il a fallu deux forces pour réaliser cette situation.

c) Couple de torsion

On considère un fil cylindrique métallique d'axe (Oz) dont la section supérieure est fixe et auquel on attache une barre AB. On applique un couple de forces $(\overrightarrow{f_A}, \overrightarrow{f_B})$ de norme f aux extrémités A et B de la barre. Le moment par rapport à (Oz) de ce couple vaut $\Gamma_1 = f \times AB$ et conduit le fil à se tordre d'un angle α appelé **angle de torsion**. D'après le théorème scalaire du moment cinétique appliqué à la barre à l'équilibre, le fil exerce sur la barre un **couple de torsion** de moment Γ tel que :

$$\Gamma + \Gamma_1 = 0 \quad \Rightarrow \quad \boxed{\Gamma = -\Gamma_1.}$$

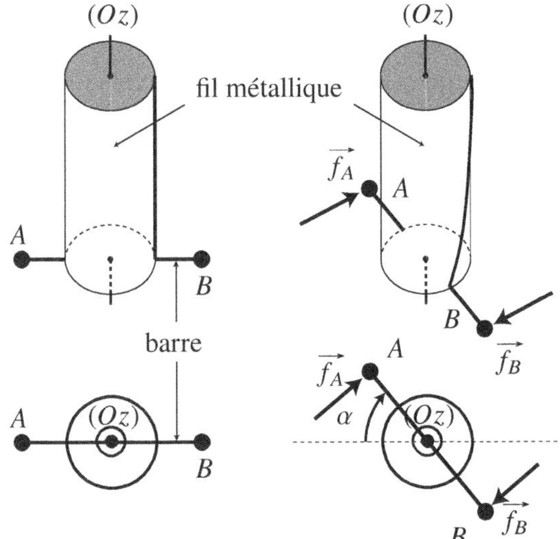

Figure 21.2 – Couple de torsion d'un fil en perspective ou en vue du haut. À gauche, le fil de torsion est au repos. À droite, il subit une torsion sous l'action d'un couple. La section supérieure du fil est fixe.

> Dans le domaine d'élasticité du métal, le moment Γ du couple de torsion exercé par un fil métallique est proportionnel à l'angle de torsion α :
>
> $$\Gamma = -C\alpha,$$
>
> où C est la **constante de torsion** du fil.

La constante de torsion C s'exprime en $\mathrm{N.m.rad^{-1}}$. Elle dépend du diamètre et de la longueur du fil, ainsi que de l'élasticité en torsion du matériau qui le constitue. Le couple de torsion tend à ramener le fil vers la position de torsion nulle. On parle de couple de rappel.

d) Couple moteur et couple de freinage

On considère un solide en rotation autour d'un axe orienté fixe (Oz) auquel on applique un couple de moment par rapport à (Oz) égal à Γ. Le théorème scalaire du moment cinétique par rapport à l'axe (Oz) appliqué au solide implique que :

$$\frac{\mathrm{d}L_{(Oz)}}{\mathrm{d}t} = J_{(Oz)}\ddot{\theta} = \Gamma.$$

On suppose que le solide tourne dans le sens direct autour de (Oz), ce qui implique que $\dot{\theta} > 0$ et on distingue deux cas selon le signe de Γ :

- si $\Gamma > 0$, $\ddot{\theta} > 0$ et la vitesse de rotation du solide augmente. La rotation est accélérée ;
- si $\Gamma < 0$, $\ddot{\theta} < 0$ et la vitesse de rotation du solide diminue. La rotation est freinée.

On peut tenir le même raisonnement dans le cas où $\dot{\theta} < 0$, et finalement :

- lorsque Γ est du même signe que $\dot{\theta}$, la valeur absolue de la vitesse de rotation augmente. Le couple est un **couple moteur** ;
- lorsque Γ est du signe opposé à $\dot{\theta}$, la valeur absolue de la vitesse de rotation diminue. Le couple est un **couple de freinage**.

3.2 Liaison pivot d'axe *(Oz)*

a) Définition

Une **liaison pivot** d'axe (Oz) restreint les possibilités de mouvement du rotor à une rotation d'axe (Oz) par rapport au stator.

On suppose que la liaison pivot est géométriquement idéale. Aussi assure-t-elle un guidage parfait de la rotation autour de l'axe de liaison (Oz) et bloque toute translation le long de (Oz). La liaison pivot est alors entièrement définie par la direction et la position de l'axe (Oz) que l'on précise systématiquement.

Remarque

C'est la liaison la plus commune dans les systèmes mécaniques. Dans un simple vélo, on en compte plus d'une dizaine puisqu'elle est nécessaire pour relier au cadre les éléments suivant : roues (2), guidon (1), pédalier (1), manettes de frein (2), mâchoires de frein (2). Il y en a également pour relier les pédales au pédalier (2) et encore une bonne demi-douzaine si le vélo possède des dérailleurs.

b) Réalisation pratique d'une liaison pivot

Pour réaliser une liaison pivot d'axe (Oz), la solution technique la plus courante consiste à emboîter deux cylindres de même axe et à réaliser des buttées pour empêcher les cylindres de coulisser le long de leur axe commun (figure 21.3).

Remarque
Le contact entre les deux cylindres conduit à l'existence de frottements que l'on peut réduire fortement en utilisant des roulements à billes ou à aiguilles.

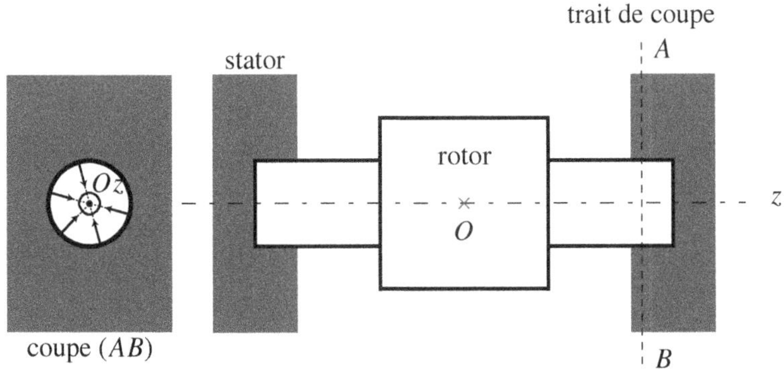

Figure 21.3 – Schéma de principe d'une liaison pivot.

c) Action de liaison et liaison pivot idéale d'axe *(Oz)*

L'action de liaison résulte des forces exercées par le stator sur le rotor. Elle n'est pas déterminée *a priori*. Si l'on regarde de près les forces de contact au niveau des cylindres emboîtés (coupe (AB) de la figure 21.3), on constate que ces forces sont réparties tout au long de la surface de contact. Si l'on peut négliger les frottements, elles sont normales aux surfaces de contact et coupent l'axe de rotation (Oz). Dans ce cas, le moment par rapport à (Oz) de chacune de ces forces est nul et le moment par rapport à (Oz) de la liaison est égal à 0.

L'action de liaison d'une liaison pivot idéale d'axe (Oz) présente un moment nul par rapport à l'axe (Oz) :

$$\mathcal{M}_{(Oz)}(\text{liaison}) = 0.$$

⚠ Seul le moment d'axe (Oz) de la liaison est nul. Ses autres moments et sa résultante ne le sont pas : ce sont ces actions qui réalisent le guidage en rotation autour de l'axe (Oz).

Remarque
En pratique, malgré l'utilisation de roulements à billes ou à aiguilles, il reste des forces de frottement qui produisent un couple résistant d'axe (Oz).

4 Pendule pesant

4.1 Position du problème et équation du mouvement

Un **pendule pesant** est un solide de forme quelconque mobile dans le champ de pesanteur terrestre autour d'un axe horizontal fixe ne passant pas par son centre de gravité (figure 21.4).

On note (Oz) l'axe de rotation du solide, m sa masse, G son centre de gravité et $J_{(Oz)}$ son moment d'inertie par rapport l'axe (Oz). On repère la position du solide par l'angle θ que fait la droite (OG) avec la verticale descendante (Ox). On suppose que la liaison entre le solide et le référentiel terrestre est une liaison pivot d'axe (Oz). Le solide est soumis à :

- l'action exercée par la liaison pivot. On suppose cette liaison pivot idéale, ce qui implique que son moment par rapport à l'axe (Oz) est nul ;
- son poids vertical descendant qui s'applique au centre de gravité G. Son moment par rapport à (Oz) est égal en module au produit $mg \times L$ où $L = d \sin\theta$ est le bras de levier représenté sur la figure 21.4. Cette force tend à ramener le pendule vers sa position d'équilibre. Le signe de son moment par rapport à (Oz) est opposé à celui de $\sin\theta$, comme on le voit sur la figure 21.4 où $\theta > 0$, $\sin\theta > 0$, et $\mathcal{M}_{(Oz)} < 0$. Finalement :

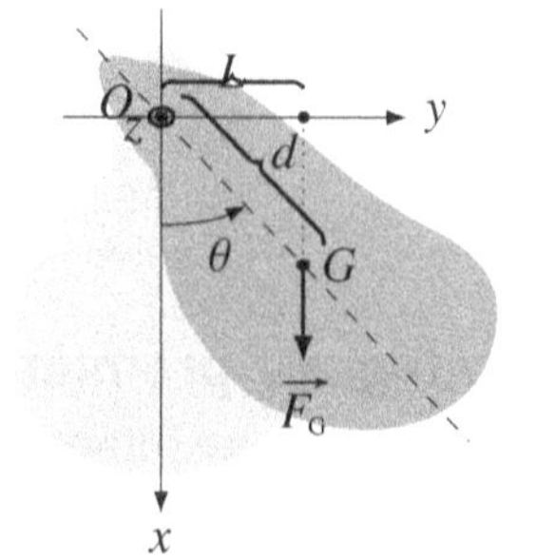

Figure 21.4 – Pendule pesant.

$$\mathcal{M}_{(Oz)} = -mgd \sin\theta.$$

On applique au solide le théorème scalaire du moment cinétique par rapport à l'axe orienté (Oz) fixe dans le référentiel terrestre $\mathcal{R}$ supposé galiléen :

$$\frac{\mathrm{d}L_{(Oz)}}{\mathrm{d}t} = -mgd \sin\theta. \tag{21.4}$$

Le moment cinétique de la barre vaut $L_{(Oz)} = J_{(Oz)}\dot{\theta}$ donc $\dfrac{\mathrm{d}L_{(Oz)}}{\mathrm{d}t} = J_{(Oz)}\ddot{\theta}$. On injecte cette relation dans l'équation (21.4) pour obtenir :

$$J_{(Oz)}\ddot{\theta} = -mgd \sin\theta \quad \Longleftrightarrow \quad \ddot{\theta} + \frac{mgd}{J_{(Oz)}} \sin\theta = 0. \tag{21.5}$$

On obtient une équation différentielle identique à celle vérifiée par le pendule simple :

$$\ddot{\theta} + \omega_0^2 \sin\theta = 0 \quad \text{avec} \quad \omega_0 = \sqrt{\frac{mgd}{J_{(Oz)}}}. \tag{21.6}$$

Les positions d'équilibre $\theta_{\text{éq}_1} = 0$ et $\theta_{\text{éq}_2} = \pi$ annulent le moment du poids par rapport à (Oz). Dans ces positions, la somme des moments des forces appliquées au pendule est nulle. Dans ces cas, le centre de gravité est situé sur une droite verticale partant du point d'attache O. En pratique, seule la position $\theta_{\text{éq}_1} = 0$ est réalisable car c'est la seule qui est stable.

4.2 Oscillations de faible amplitude

Lors des oscillations de faibles amplitudes au voisinage de la position d'équilibre $\theta_{\text{éq}} = 0$, $\sin\theta \simeq \theta$ et l'équation (21.5) peut être linéarisée :

$$\ddot{\theta} + \omega_0^2\theta = 0 \quad \text{où} \quad \omega_0 = \sqrt{\frac{mgd}{J_{(Oz)}}}.$$

On reconnaît l'équation différentielle d'un oscillateur harmonique dont les solutions sont des sinusoïdes de pulsation ω_0 :

$$\theta(t) = \theta_m \cos(\omega_0 t + \varphi_0).$$

θ_m et φ_0 sont des constantes d'intégration que l'on détermine à partir des conditions initiales.

Étant donné que le solide oscille autour d'une position d'équilibre stable, il est normal de trouver des oscillations harmoniques pour les petites oscillations autour de cette position. Ces oscillations présentent la propriété remarquable d'avoir une période indépendante de l'amplitude. C'est l'isochronisme des petites oscillations, déjà observée lors des oscillations de faible amplitude du pendule simple. La mesure de cette période permet de déterminer la valeur de $J_{(Oz)}$ à condition de connaître la position du centre de gravité, la masse du solide et la valeur de l'accélération de pesanteur :

$$T_0 = \frac{2\pi}{\omega_0} = 2\pi\sqrt{\frac{J_{(Oz)}}{mgd}} \quad \Longrightarrow \quad J_{(Oz)} = mgd \times \frac{T_0^2}{4\pi^2}.$$

4.3 Intégrale première du mouvement et étude qualitative

a) Obtention d'une intégrale première du mouvement

On peut établir une intégrale première du mouvement à partir de l'équation (21.5). Pour cela, on la multiplie par $\dot{\theta}$:

$$J_{(Oz)}\ddot{\theta}\dot{\theta} + mgd\sin\theta\dot{\theta} = J_{(Oz)}\frac{\mathrm{d}}{\mathrm{d}t}\left(\frac{\dot{\theta}^2}{2}\right) - mgd\frac{\mathrm{d}}{\mathrm{d}t}(\cos\theta) = 0,$$

puis on l'intègre par rapport au temps :

$$\frac{1}{2}J_{(Oz)}\dot{\theta}^2 - mgd\cos\theta = \text{constante} = E_m.$$

La quantité $\frac{1}{2}J_{(Oz)}\dot{\theta}^2 - mgd\cos\theta = E_m$ est une intégrale première du mouvement homogène à une énergie. En effet, $J_{(Oz)}$ se mesure en kg.m^2 et $\dot{\theta}$ est homogène à l'inverse d'un temps donc $J_{(Oz)}\dot{\theta}^2$ se mesure en kg.m^2.s^{-2} = J, c'est-à-dire en joules.

Le terme $\frac{1}{2}J_{(Oz)}\dot{\theta}^2$ correspond à l'énergie cinétique du pendule en rotation d'axe (Oz). Le terme $-mgd\cos\theta$ est l'énergie potentielle de pesanteur du solide car $-d\cos\theta$ est l'altitude du centre de gravité G comptée à partir de O (voir figure 21.4). E_m est l'énergie mécanique du solide. C'est une constante car le mouvement est conservatif en l'absence de frottements. Elle dépend des conditions initiales du mouvement.

b) Étude qualitative du mouvement

Pour réaliser une étude qualitative du mouvement, on utilise la démarche décrite dans le chapitre *Mouvement conservatif à une dimension* et on l'adapte au cas d'une variable angulaire.

On trace l'énergie potentielle sans dimension $E_p^* = \dfrac{E_p}{mgd} = -\cos\theta$ en fonction de θ. E_p^* est obtenue à partir de l'énergie potentielle $E_p = -mgd\cos\theta$ en prenant l'énergie caractéristique $E_0 = mgd$ comme échelle d'énergie.

L'énergie potentielle est minimale lorsque θ est égal à 0 modulo 2π pour lesquels le centre de gravité G du pendule pesant est situé en dessous de O et à sa verticale. Ces *minima* correspondent à la position d'équilibre stable du pendule pesant. L'énergie potentielle est maximale lorsque θ est un multiple impair de π. Ces *maxima* correspondent à la position d'équilibre instable du pendule pour laquelle G est à la verticale de O mais au-dessus.

On trace la droite horizontale d'ordonnée $E_m^* = \dfrac{E_m}{mgd}$ qui doit être supérieure à E_p^* et doit donc se situer au-dessus de la zone grisée.

On peut voir sur la figure 21.5 page suivante que deux cas se présentent.

- si $-1 < E_m^* = E_{m_1}^* < 1$, le pendule pesant est dans un état lié. Il n'a pas l'énergie mécanique suffisante pour sortir du puits de potentiel et on observe un mouvement pendulaire dont on peut déterminer l'amplitude θ_m graphiquement (voir figure 21.5) ;
- si $E_m^* = E_{m_2}^* > 1$, le pendule pesant est dans un état de diffusion. Il a une énergie suffisante pour sortir du puits de potentiel et on observe des mouvements révolutifs.

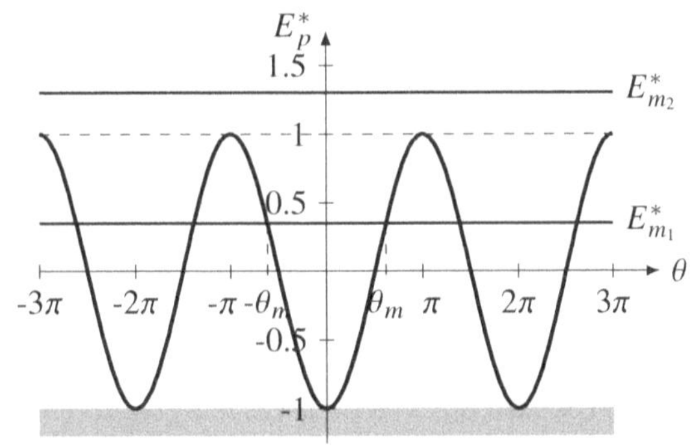

Figure 21.5 – Énergie potentielle d'un pendule pesant. En pointillé, l'énergie mécanique minimale nécessaire pour obtenir un mouvement de révolution.

Les mouvements d'amplitude modérée sont pendulaires : le pendule réalise un mouvement de va-et-vient entre deux positions extrêmes $\pm\theta_m$. En ces positions extrêmes, l'énergie cinétique s'annule, ce qui implique :

$$E_p(\theta_m) = -mgd\cos(\theta_m) = E_m \quad \Longrightarrow \quad \theta_m = \arccos\left(-\frac{E_m}{mgd}\right) \in [0,\pi[.$$

L'angle θ oscille périodiquement dans l'intervalle $[-\theta_m, \theta_m]$.

Pour des énergies plus importantes, le mouvement est révolutif : le pendule effectue une succession de tours complets, toujours décrits dans le même sens. En l'absence de frottements, l'angle θ n'est plus borné et varie de 2π à chaque tour. La vitesse est maximale lorsque le centre de gravité du pendule atteint son point le plus bas et minimale à son point le plus haut.

La transition entre ces deux types de mouvements a lieu lorsque l'énergie mécanique devient supérieure à l'énergie potentielle maximale, ce qui permet au pendule de s'échapper du puits de potentiel et d'être dans un état de diffusion. On en déduit que :

$$E_{m,\text{transition}} = mgd.$$

4.4 Résolution numérique

On peut déterminer l'évolution temporelle de θ en résolvant l'équation (21.6) numériquement. Pour cela, on peut utiliser la période $T_0 = \frac{2\pi}{\omega_0}$ des oscillations de faible amplitude comme échelle de temps. On introduit alors la variable $t^* = t/T_0$, ce qui implique :

$$\frac{d^2\theta}{dt^2} = \frac{d^2\theta}{T_0^2 dt^{*2}} = \frac{\omega_0^2}{4\pi^2}\frac{d^2\theta}{dt^{*2}}.$$

L'équation (21.6) permet alors d'obtenir une équation sans dimension :

$$\frac{d^2\theta}{dt^2} = -\omega_0^2 \sin(\theta) \quad \Longrightarrow \quad \frac{\omega_0^2}{4\pi^2}\frac{d^2\theta}{dt^{*2}} = -\omega_0^2 \sin(\theta) \quad \Longrightarrow \quad \frac{d^2\theta}{dt^{*2}} = -4\pi^2 \sin(\theta).$$

On rend cette équation différentielle vectorielle en introduisant :

$$\theta_p = \frac{d\theta}{dt^*} \quad \Longrightarrow \quad \frac{d^2\theta}{dt^{*2}} = \frac{d\theta_p}{dt^*}.$$

Cela permet de se ramener au système d'équation différentielle suivant :

$$\begin{cases} \dfrac{\mathrm{d}\theta}{\mathrm{d}t^*} = \theta_p \\ \dfrac{\mathrm{d}\theta_p}{\mathrm{d}t^*} = -4\pi^2 \sin(\theta). \end{cases}$$

Il s'agit d'une équation différentielle ordinaire du premier ordre de la forme :

$$\frac{\mathrm{d}\vec{X}}{\mathrm{d}t^*} = \vec{F}\left(\vec{X}, t\right) \quad \text{avec} \quad \vec{X} = \begin{pmatrix} \theta \\ \theta_p \end{pmatrix} \quad \text{et} \quad \vec{F}\left(\vec{X}, t\right) = \begin{pmatrix} \theta_p \\ -4\pi^2 \sin(\theta) \end{pmatrix}.$$

On peut trouver une solution numérique de cette équation à l'aide de la fonction `odeint` du module `scipy.integrate` du langage `Python`. Pour cela, il faut se donner des conditions initiales, à savoir une position et une vitesse angulaire initiale.

La figure 21.6 représente les solutions de l'équation (21.6) pour une vitesse angulaire initiale nulle $\dot{\theta}(0) = 0$ soit $\theta_p(0) = 0$ et pour un angle initial $\theta(0)$ prenant les valeurs $k \times 0{,}15 \times \pi$ pour k entier de l'intervalle [1 ; 7[. La résolution est réalisée à l'aide du programme suivant :

```
def F_vec(Vec,t):
   theta, thetap = Vec
   return np.array([thetap,-4*np.pi**2*np.sin(theta)])
t = np.linspace(0,0,3000)
for theta_0 in np.array([0.15*i*np.pi for i in range(1,7)]):
     CI = np.array([theta_0,0])
     Sol = odeint(F_vec,CI,t)
     theta = Sol[:,0]
     plt.plot(t,theta/2/np.pi,'-k')
plt.ylabel(r'$\theta/(2\pi)$')
plt.xlabel(r'$t/T_0$')
plt.axis([0,3,-.5,.5])
plt.show()
```

Pour de telles conditions initiales, les mouvements sont pendulaires et périodiques. On remarque sur la figure 21.6 que la période est d'autant plus grande que l'amplitude est grande. Seules les oscillations de faibles amplitudes sont sinusoïdales et isochrones avec une période T_0. Cela met en lumière le caractère exceptionnel de l'isochronisme des oscillations qui est uniquement vérifié par les oscillateurs harmoniques.

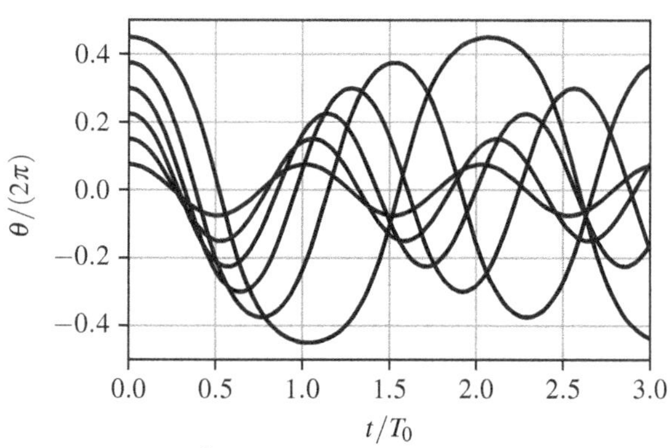

Figure 21.6 – Évolution temporelle de l'angle θ pour des mouvements pendulaires de différentes amplitudes. Noter que la période des oscillations est d'autant plus grande que l'amplitude est grande.

5 Énergie d'un solide en rotation autour d'un axe fixe

On reprend les mêmes notations que dans le paragraphe 2 : on considère un solide en rotation autour d'un axe orienté fixe noté (Oz) à la vitesse angulaire $\dot{\theta}$ par rapport à un référentiel $\mathcal{R}$ galiléen. Dans ce paragraphe, on établit l'expression de l'énergie cinétique et le théorème scalaire de l'énergie cinétique pour un solide en rotation.

5.1 Énergie cinétique d'un solide en rotation

On modélise le solide par un ensemble de points matériels M_i de masse m_i repérés en coordonnées cylindriques d'axe (Oz) : $M_i(r_i,\theta_i,z_i)$. On a vu au paragraphe 1.3 que le moment d'inertie du solide par rapport à (Oz) vaut alors $J_{(Oz)} = \sum_i m_i r_i^2$. Par ailleurs, on a vu dans le chapitre *Cinématique du solide* qu'un point M_i quelconque du solide est en mouvement circulaire de rayon r_i à la vitesse angulaire commune $\dot{\theta}$. Sa vitesse est donc $\vec{v_i} = r_i\dot{\theta}\overrightarrow{u_{\theta_i}}$ et son énergie cinétique $E_c(M_i) = \frac{1}{2}m_i v_i^2 = \frac{1}{2}m_i r_i^2\dot{\theta}^2$.

L'énergie cinétique du solide est obtenue par sommation de l'énergie cinétique de chacun des points qui le constituent :

$$E_c = \sum_i E_c(M_i) = \sum_i \frac{1}{2}m_i r_i^2\dot{\theta}^2 = \frac{1}{2}\left(\sum_i m_i r_i^2\right)\dot{\theta}^2,$$

où on reconnaît l'expression du moment d'inertie du solide : $J_{(Oz)} = \sum_i m_i r_i^2$.

> Un solide de moment d'inertie $J_{(Oz)}$ en rotation autour d'un axe fixe (Oz) à la vitesse angulaire $\dot{\theta}$ possède l'énergie cinétique : $E_c = \dfrac{1}{2} J_{(Oz)}\dot{\theta}^2$.

C'est l'énergie cinétique que l'on a trouvée au paragraphe 4, lors de la détermination de l'intégrale première du mouvement. Il s'agissait alors de cas particuliers du théorème de l'énergie cinétique pour un solide en rotation que l'on va établir dans le paragraphe suivant.

Remarque

On peut mémoriser l'expression de l'énergie cinétique d'un solide en rotation autour de l'axe (Oz) : $E_c = \frac{1}{2}J_{(Oz)}\dot{\theta}^2$ à partir de celle d'un solide en translation rectiligne sur l'axe (Ox) : $E_c = \frac{1}{2}m\dot{x}^2$. Il suffit de remplacer la masse m par le moment d'inertie $J_{(Oz)}$ et la vitesse linéaire $\dot{x}$ par la vitesse angulaire $\dot{\theta}$.

5.2 Puissance d'une force appliquée à un solide en rotation

On considère une force $\vec{f_i}$ qui s'applique au point M_i d'un solide en rotation autour de l'axe (Oz) à la vitesse angulaire $\dot{\theta}$. La puissance de la force $\vec{f_i}$ est égale au produit scalaire de la force $\vec{f_i}$ par la vitesse $\overrightarrow{v_{M_i}} = r_i\dot{\theta}\overrightarrow{u_{\theta_i}}$ du point M_i sur laquelle elle s'applique d'où :

$$\mathcal{P}\left(\vec{f_i}\right) = \vec{f_i}\cdot\overrightarrow{v_{M_i}} = \vec{f_i}\cdot r_i\dot{\theta}\overrightarrow{u_{\theta_i}} = f_{i_\theta} r_i\dot{\theta} = \mathcal{M}_{(Oz)}\left(\vec{f_i}\right)\dot{\theta}.$$

En effet, d'après l'équation 18.2 du chapitre *Moment cinétique*, $r_i f_{i_\theta} = \mathcal{M}_{(Oz)}$.

La puissance de la force $\overrightarrow{f_i}$ appliquée en un point M_i d'un solide en rotation autour d'un axe fixe (Oz), est égale au produit du moment de cette force par rapport à (Oz) par la vitesse angulaire de rotation du solide autour de cet axe :

$$\mathcal{P}\left(\overrightarrow{f_i}\right) = \mathcal{M}_{(Oz)}\left(\overrightarrow{f_i}\right)\dot{\theta}.$$

5.3 Théorème de l'énergie cinétique pour un solide indéformable

Dans le référentiel $\mathcal{R}$ galiléen, la dérivée temporelle de l'énergie cinétique d'un solide indéformable en rotation autour d'un axe fixe, est égale à la puissance de l'ensemble des forces extérieures $\overrightarrow{f_i}$ qu'on lui applique : $\dfrac{\mathrm{d}E_c}{\mathrm{d}t} = \sum_i \mathcal{P}\left(\overrightarrow{f_i}\right)$.

Pour établir ce théorème, on dérive l'expression de l'énergie cinétique et on trouve :

$$\frac{\mathrm{d}E_c}{\mathrm{d}t} = \frac{\mathrm{d}}{\mathrm{d}t}\left(\frac{1}{2}J_{(Oz)}\dot{\theta}^2\right) = J_{(Oz)}\ddot{\theta}\dot{\theta}. \tag{21.7}$$

Or, le théorème scalaire du moment cinétique pour un solide en rotation autour de l'axe (Oz) fixe implique : $J_{(Oz)}\ddot{\theta} = \sum\limits_i \mathcal{M}_{(Oz)}\left(\overrightarrow{f_i}\right)$ où $\mathcal{M}_{(Oz)}\left(\overrightarrow{f_i}\right)$ est le moment par rapport à (Oz) de la force extérieure $\overrightarrow{f_i}$ appliquée au solide. En insérant cette relation dans l'équation (21.7) :

$$\frac{\mathrm{d}E_c}{\mathrm{d}t} = \sum_i \mathcal{M}_{(Oz)}\left(\overrightarrow{f_i}\right)\dot{\theta} = \sum_i \mathcal{P}\left(\overrightarrow{f_i}\right),$$

où $\mathcal{P}\left(\overrightarrow{f_i}\right) = \mathcal{M}_{(Oz)}\left(\overrightarrow{f_i}\right)\dot{\theta}$ est la puissance de la force $\overrightarrow{f_i}$.

Cette démonstration montre que le théorème de l'énergie cinétique et le théorème scalaire du moment cinétique sont équivalents pour étudier le mouvement d'un solide en rotation.

Pour étudier un solide en rotation autour d'un axe fixe, les théorèmes de l'énergie cinétique ou du moment cinétique sont équivalents et donnent des équations identiques.

Par ailleurs, la définition de la puissance confirme la cohérence des notions de couple moteur et de couple de freinage vues au paragraphe 3.1. En effet, on retrouve que :

- la puissance de la force est positive lorsque $\mathcal{M}_{(Oz)}$ est du même signe que $\dot{\theta}$. Le couple est alors moteur ;
- la puissance de la force est négative lorsque $\mathcal{M}_{(Oz)}$ est du signe opposé à $\dot{\theta}$. Le couple est alors résistant.

Remarque

On peut mémoriser l'expression de la puissance $\mathcal{P} = \mathcal{M}_{(Oz)}\dot{\theta}$ d'une action mécanique s'exerçant sur un solide en rotation autour de l'axe (Oz) à partir de celle qui s'applique sur un solide en translation rectiligne sur l'axe (Ox) : $\mathcal{P} = f_x\dot{x}$. Il suffit de remplacer la projection f_x de la force sur l'axe du mouvement (Ox) par la projection $\mathcal{M}_{(Oz)}$ du moment sur l'axe de rotation (Oz) et la vitesse linéaire $\dot{x}$ par la vitesse angulaire $\dot{\theta}$.

5.4 Théorème de l'énergie cinétique pour un système déformable

a) Observation préliminaire : le tabouret d'inertie

On considère une personne portant un haltère dans chaque main et assise sur un tabouret pivotant d'axe de rotation (Oz) vertical ascendant (figure 21.7 et 21.8). On le met en rotation alors qu'il a les bras tendus (figure 21.7) et il replie les bras (figure 21.8). Sa vitesse de rotation augmente significativement, et d'autant plus que les haltères qu'il porte sont lourds.

On peut expliquer ce changement de vitesse en considérant le système constitué de la personne assise, de la partie mobile du tabouret (rotor) et des haltères. Les forces extérieures s'exerçant sur le système sont réduites au poids dirigé selon $-\vec{u}_z$ et à l'action de la liaison pivot d'axe (Oz) supposée idéale. Le moment de ces deux actions par rapport à l'axe de rotation (Oz) est nul. En effet :

$$\mathcal{M}_{(Oz)}(\text{poids}) = \left(\overrightarrow{OG} \wedge (-mg\vec{u}_z)\right) \cdot \vec{u}_z = 0$$

$$\mathcal{M}_{(Oz)}(\text{liaison}) = 0 \quad \text{dans le cas d'une liaison idéale.}$$

D'après le théorème du moment cinétique, le moment cinétique du système se conserve. Or,

- bras tendus, le moment d'inertie du système est J_T ;
- bras repliés, son moment d'inertie est $J_R < J_T$.

En effet, les haltères se rapprochent de l'axe lorsque les bras sont repliés donc leurs contributions au moment d'inertie diminue. En notant $\dot{\theta}_T$ et $\dot{\theta}_R$ les vitesses de rotations bras tendus (indice T) et bras repliés (indice R), la conservation du moment cinétique implique :

$$J_T\dot{\theta}_T = J_R\dot{\theta}_R.$$

Le moment d'inertie diminuant, la vitesse de rotation augmente.

Quand on pousse la réflexion un peu plus loin, on voit apparaître un effet inattendu : l'énergie cinétique de rotation augmente dans les mêmes proportions que la vitesse de rotation. En effet, l'énergie cinétique bras tendus valait :

$$E_{c_T} = \frac{1}{2}J_T\dot{\theta}_T^2.$$

Bras repliés, elle vaut :

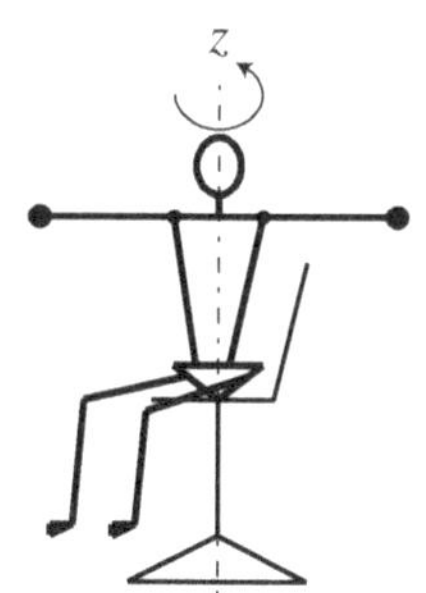

Figure 21.7 – Rotation lente avec les bras tendus.

Figure 21.8 – Rotation rapide avec les bras repliés.

$$E_{c_R} = \frac{1}{2}J_R\dot{\theta}_R^2 = \frac{1}{2}J_R\dot{\theta}_R\dot{\theta}_R = \frac{1}{2}J_T\dot{\theta}_T\dot{\theta}_R = \frac{\dot{\theta}_R}{\dot{\theta}_T}E_{c_T} = \frac{J_T}{J_R}E_{c_T}.$$

Or, au cours du changement de position, le centre de gravité du système reste dans un plan horizontal. Le travail du poids est donc nul. La liaison pivot est idéale donc elle ne travaille pas. En effet :

$$\mathcal{P}(\text{liaison}) = \mathcal{M}_{(Oz)}(\text{liaison})\dot{\theta} = 0 \quad \text{car} \quad \mathcal{M}_{(Oz)}(\text{liaison}) = 0.$$

Des forces que l'on n'a pas envisagées fournissent un travail qui cause l'augmentation de l'énergie cinétique. Ce sont les forces intérieures. Il s'agit ici des forces musculaires exercées par la personne assise pour plier ses bras. Ces forces ne sont jamais intervenues jusque là, car leur puissance est nulle lorsque le système est indéformable.

Lorsqu'un système se déforme, les forces intérieures fournissent une puissance non-nulle. Il faut en tenir compte dans la loi de l'énergie cinétique.

La puissance des forces intérieures est nulle lorsque le système est indéformable.

b) Théorème de l'énergie cinétique pour un système déformable

On considère un système constitué d'un ensemble de points matériels M_i de masse m_i de vitesse $\overrightarrow{v_i}$ et d'énergie cinétique $E_c(M_i) = \frac{1}{2}m_i v_i^2$.

L'énergie cinétique du système de point est obtenue par sommation de l'énergie cinétique de chacun des points qui le constituent :

$$E_c = \sum_i E_c(M_i) = \sum_i \frac{1}{2} m_i v_i^2.$$

Dans le référentiel $\mathcal{R}$ galiléen, la dérivée temporelle de l'énergie cinétique du système est égale à la puissance de l'ensemble des forces extérieures et intérieures qui s'exercent sur lui :

$$\frac{\mathrm{d}E_c}{\mathrm{d}t} = \sum_{i,\,\mathrm{int}} \mathcal{P}\left(\overrightarrow{f_i}\right) + \sum_{j,\,\mathrm{ext}} \mathcal{P}\left(\overrightarrow{f_j}\right).$$

L'évaluation de la puissance des forces est alors délicate et ne peut être menée à bien que dans des situations simples.

MÉTHODOLOGIE

Comment exploiter le caractère algébrique du moment cinétique scalaire pour déterminer le moment cinétique d'un système de point ?
▷ *Tenir compte des sens des mouvements des différents points constituants le système.*

Soient deux points M_1 et M_2 de même masse m sont en rotation circulaire et uniforme de centre O et de rayon R dans le plan (Oxy). Le moment d'inertie de chacun des points vaut alors $J_{(Oz)} = mR^2$. On envisage deux cas :

- le cas où les points M_1 et M_2 ont la même vitesse angulaire $\dot{\theta}$. Le moment cinétique par rapport à (Oz) de chacun des points vaut alors $L_{(Oz)}(M_i) = mR^2\dot{\theta}$. Celui du système vaut donc $L_{(Oz)} = 2mR^2\dot{\theta}$;
- le cas où ils ont des vitesses angulaires opposées et $L_{(Oz)}(M_1) = -L_{(Oz)}(M_2)$. Le moment cinétique du système par rapport à (Oz) vaut donc $L_{(Oz)} = 0$.

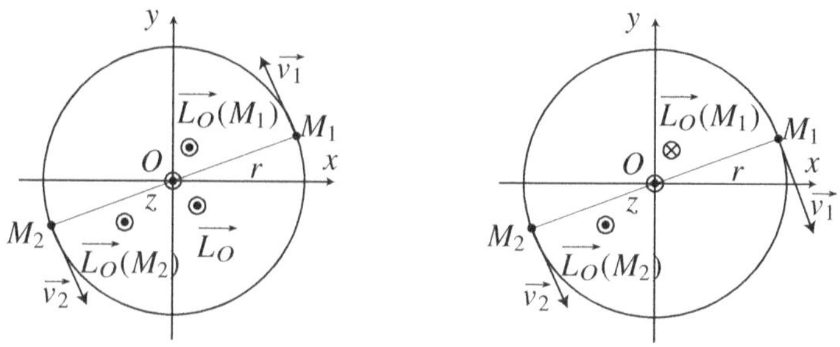

Figure 21.9 – Moment cinétique en O de deux points en révolution circulaire de centre O.

Comment déterminer le moment d'une force par rapport à un axe (Oz) ?
▷ *Chercher le bras de levier de la force. Calculer le produit « force × bras de levier ». Déterminer le signe du moment à l'aide du sens dans lequel cette force tend à faire tourner M autour de l'axe (Oz).*

Cette question est traitée dans la partie méthodologie du chapitre *Moment cinétique* p. 516.

Comment obtenir une intégrale première du mouvement dans le cas d'un pendule ?
▷ *Multiplier le théorème du moment cinétique par la vitesse angulaire avant d'intégrer l'équation obtenue par rapport au temps comme dans le paragraphe 4.3.*

PROGRAMME OFFICIEL ET SOMMAIRE DES EXERCICES

NOTIONS ET CONTENUS	CAPACITÉS EXIGIBLES
Mouvement d'un solide	
Théorème scalaire du moment cinétique appliqué au solide mobile autour d'un axe fixe	
Moment cinétique d'un système discret de points par rapport à un axe orienté.	Utiliser le caractère algébrique du moment cinétique scalaire.
Moment cinétique d'un solide en rotation autour d'un axe : moment d'inertie. ► 21.C1 ▷ 21.1 21.3	Exploiter, pour un solide, la relation entre le moment cinétique scalaire, la vitesse angulaire de rotation et le moment d'inertie fourni. Relier qualitativement le moment d'inertie à la répartition des masses.
Couple. ► 21.C3 21.C4 21.C7	Définir un couple.
Liaison pivot. ► 21.C6	Définir une liaison pivot et justifier le moment qu'elle peut produire.
Théorème scalaire du moment cinétique appliqué au solide en rotation autour d'un axe fixe orienté dans un référentiel galiléen. ▷ 21.4 21.5 21.6 21.8	Exploiter le théorème scalaire du moment cinétique appliqué au solide en rotation autour d'un axe fixe dans un référentiel galiléen.
Pendule de torsion. ► 21.C8	Établir l'équation du mouvement. Établir une intégrale première du mouvement.
Pendule pesant. ▷ 21.9	Établir l'équation du mouvement. Établir une intégrale première du mouvement. TP : réaliser l'étude énergétique d'un pendule pesant et mettre en évidence une diminution de l'énergie mécanique. Capacité numérique : à l'aide d'un langage de programmation, mettre en évidence le non-isochronisme des oscillations.

Notions et contenus	Capacités exigibles
Mouvement d'un solide	
Approche énergétique du mouvement d'un solide en rotation autour d'un axe fixe orienté, dans un référentiel galiléen	
Énergie cinétique d'un solide en rotation autour d'un axe fixe. ► 21.C2 21.C5	Utiliser l'expression de l'énergie cinétique, l'expression du moment cinétique étant fournie.
Théorème de l'énergie cinétique pour un solide en rotation autour d'un axe fixe. ▷ 21.7 21.8	Établir, dans ce cas, l'équivalence entre le théorème scalaire du moment cinétique et celui de l'énergie cinétique.
Système déformable	
Théorème de l'énergie cinétique pour un système déformable. ▷ 21.2 21.3	Prendre en compte le travail des forces intérieures. Utiliser sa nullité dans le cas d'un solide. TP : conduire le bilan énergétique du tabouret d'inertie.

EXERCICES ★ (LE COURS)

21.C1 **Moment cinétique et moment d'inertie : unités** En quelle unité mesure-t-on le moment cinétique et le moment d'inertie ?

21.C2 **Moment cinétique et énergie cinétique d'un solide en rotation** On considère un solide en rotation à la vitesse angulaire ω autour de l'axe (Oz). On note J son moment d'inertie par rapport à (Oz). Exprimer le moment cinétique et l'énergie cinétique de ce solide.

21.C3 **Bras de levier d'une force** Une force $\vec{f}$ est contenue dans un plan orthogonal à l'axe (Oz) et s'applique en un point M situé à la distance L de (Oz). À quelle condition son bras de levier est-il égal à L ?

21.C4 **Moment d'une force** On considère une force de norme F qui s'applique sur un solide en rotation autour de l'axe (Oz). Le bras de levier de cette force vaut L. Exprimer le moment par rapport à (Oz) de cette force.

21.C5 **Puissance d'une action mécanique** Un solide est en rotation autour de l'axe (Oz) à la vitesse angulaire ω. Il est soumis à une action mécanique dont le moment par rapport à (Oz) vaut M. Exprimer la puissance exercée par cette force sur le solide.

21.C6 **Action d'une liaison pivot** Quelles sont les actions mécaniques d'une liaison pivot d'axe (Oz) ? Que peut-on dire lorsque cette liaison est idéale ?

21.C7 **Notion de couple** Qu'est-ce qu'une action de type couple ?

EXERCICES ★★

21.1 Ordres de grandeur des moments cinétiques

1) Le moment d'inertie de la Terre en rotation uniforme autour de l'axe passant par ses pôles vaut $J = 0{,}33 M_T R_T^2$ avec $M_T = 6{,}0.10^{24}$ kg et $R_T = 6{,}4.10^3$ km. Calculer le moment d'inertie de la Terre et son moment cinétique par rapport à l'axe de ses pôles.

2) Un tambour de machine à laver de rayon $R = 25$ cm et de masse $m = 5$ kg tourne à la vitesse angulaire de 1000 tr.min^{-1}. Calculer son moment cinétique par rapport à son axe de rotation sachant que son moment d'inertie par rapport à cet axe vaut $J = mR^2$.

21.2 Variation de la durée du jour lors d'un séisme

Des chercheurs de la NASA ont estimé que le séisme de magnitude 8,8 sur l'échelle de Richter ayant eu lieu en 2010 au Chili avait fait diminuer la durée du jour de $\Delta t = 1{,}3$ µs.

1) Que peut-on dire du moment cinétique de la Terre lors d'un séisme ?

2) Estimer la variation relative du moment d'inertie engendrée par le séisme de 2010 du Chili. On prendra une durée du jour égale à $T = 24$ h pour les applications numériques.

3) Donner qualitativement les causes de ce changement de moment d'inertie.

21.3 Rotation d'une patineuse artistique

Lorsqu'une patineuse passe d'une pirouette arabesque (à gauche) à une pirouette debout (à droite), on observe une augmentation de sa vitesse de rotation. Expliquer qualitativement ces observations en utilisant des lois physiques.

21.4 Démarrage d'une machine tournante

Une machine tournante est entraînée par un moteur de fréquence nominale $1500\,\text{tr.min}^{-1}$. Celui-ci exerce un couple moteur constant de 40 N.m. Le moment d'inertie de l'ensemble de la chaîne cinématique rapporté à l'axe du rotor est de $12{,}5\,\text{kg.m}^2$. Le couple résistant dû aux frottements est supposé constant et égal à 4,0 N.m.

1) Calculer l'accélération du moteur pendant le démarrage.

2) Calculer le temps mis pour atteindre la fréquence nominale.

On tient maintenant compte d'une force de frottement visqueuse qui exerce un couple proportionnel à la vitesse angulaire de rotation du type : $\Gamma = -\alpha\dot{\theta}$.

3) Déterminer l'équation différentielle du mouvement.

4) Estimer la valeur de α permettant d'obtenir une vitesse angulaire limite de $1500\,\text{tr.min}^{-1}$.

5) Déterminer l'évolution temporelle de la vitesse angulaire $\dot{\theta}$ ainsi que le temps mis pour atteindre 99 % de la vitesse angulaire limite.

21.5 Étude d'une poulie

Une masse $m = 5{,}0\,\text{kg}$ est suspendue à l'extrémité d'une corde enroulée sur une poulie de masse $m_p = 1{,}0\,\text{kg}$ et de rayon $R = 10\,\text{cm}$ en liaison pivot idéale autour de son axe avec un support fixe. On prendra $g = 10\,\text{m.s}^{-2}$. Le moment d'inertie de la poulie par rapport à son axe vaut $I = \frac{1}{2}m_pR^2$.

Aspect cinématique : la poulie est en rotation uniforme autour de son axe fixe (Oz) à la vitesse angulaire $\dot{\theta}$.

1) Quelle est la vitesse de la masse m ?

Aspect statique : la poulie est retenue par un opérateur.

2) Quelle force l'opérateur doit-il exercer sur la poulie pour l'empêcher de tourner ?

Aspect dynamique : avec le même dispositif, l'opérateur lâche la poulie.

3) Déterminer l'accélération angulaire du cylindre, l'accélération linéaire de la masse m et la tension de la corde.

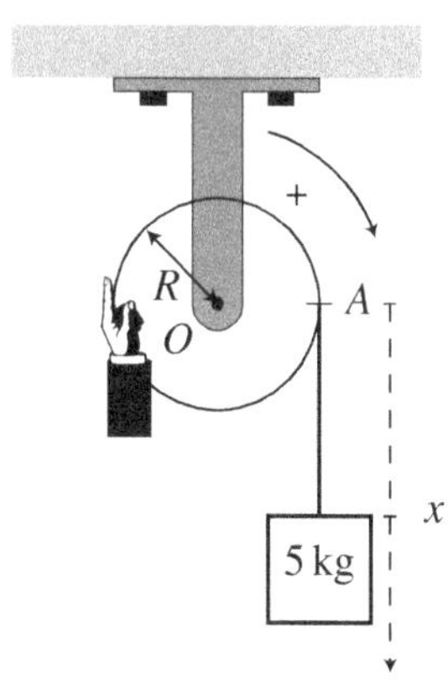

EXERCICES ★★★

21.6 Chute d'un arbre

On assimile un arbre à une tige longue et homogène de longueur L et de masse m. On le scie à sa base et l'arbre bascule en tournant autour de son point d'appui au sol. On suppose que le point d'appui reste fixe et ne glisse pas et on repère la position de l'arbre par l'angle θ qu'il fait avec la verticale. À $t = 0$, l'arbre fait un angle $\theta_0 = 5{,}0°$ avec la verticale et est immobile. On donne le moment d'inertie par rapport à son extrémité : $I = \frac{1}{3}mL^2$.

1) Établir l'équation du mouvement de chute de l'arbre.

2) Montrer que, lorsque l'arbre fait un angle θ avec la verticale, sa vitesse angulaire vaut :

$$\dot{\theta} = \sqrt{\frac{3g}{L}(\cos\theta_0 - \cos\theta)}.$$

3) Montrer que cette relation peut être réécrite : $\sqrt{\frac{3g}{L}}\mathrm{d}t = \frac{\mathrm{d}\theta}{\sqrt{\cos\theta_0 - \cos\theta}}$.

4) Déterminer le temps de chute d'un arbre de 30 m. On prendra $g = 10\,\mathrm{m.s^{-2}}$. On donne pour $\theta_0 = 5{,}0°$: $\int_{\theta_0}^{\frac{\pi}{2}} \frac{\mathrm{d}\theta}{\sqrt{\cos\theta_0 - \cos\theta}} = 5{,}1$.

21.7 Modélisation d'un ascenseur et dimensionnement d'un réducteur

On considère un moteur électrique utilisé pour faire monter un ascenseur. On s'intéresse au régime permanent pendant lequel l'ascenseur monte à la vitesse constante $v = 1\,\mathrm{m.s^{-1}}$. La masse de l'ascenseur est $m = 500\,\mathrm{kg}$.

Un réducteur est placé entre l'arbre du moteur et la poulie permettant d'enrouler le câble tracteur de l'ascenseur. On le modélise par deux disques roulant sans glissement l'un sur l'autre (voir figure). Le premier disque, solidaire de l'arbre du moteur est de rayon R_m. Le deuxième, qui constitue la poulie sur laquelle s'enroule le câble, est de rayon R_p. La condition de roulement sans glissement impose que $R_p\omega_p = R_m\omega_m$.

On suppose que le réducteur ne dissipe pas d'énergie de sorte que l'intégralité de l'énergie fournie par le moteur est disponible pour faire monter l'ascenseur.

On note P la puissance fournie par le moteur et $g = 10\,\mathrm{m.s^{-2}}$ l'accélération de la pesanteur.

La poulie a un diamètre $2R_p = 1{,}0\,\mathrm{m}$. On cherche à dimensionner le réducteur donc à déterminer le rayon R_m du disque solidaire de l'arbre moteur.

1) Déterminer la puissance P nécessaire à l'ascension de l'ascenseur à la vitesse v.

2) Déterminer la vitesse de rotation ω_p de la poulie de rayon R_p.

3) Déterminer le couple Γ_p exercé par l'ascenseur sur la poulie.

4) Sachant que le couple fourni par le moteur de l'ascenseur est constant est égal à $\Gamma_m = 30\,\mathrm{N.m}$, déterminer la vitesse de rotation ω_m à laquelle doit tourner l'arbre du moteur.

5) En déduire le rayon R_m du disque solidaire du moteur.

6) Quel est l'intérêt d'utiliser un réducteur ?

21.8 Le swing de golf

L'objectif du golf est de parvenir, en un nombre de coups le plus faible possible, à envoyer la balle dans chacun des 18 trous du parcours en la frappant à l'aide d'un instrument appelé « club ». Le geste effectué par le joueur avec le club pour frapper la balle est appelé « swing ». On étudie dans cette partie les caractéristiques mécanique du club de golf.

On notera $\dot{X}$ et $\ddot{X}$ les dérivées temporelles première et seconde d'une fonction $X(t)$ quelconque.

Un club de golf est schématiquement composé de deux parties rigidement liées entre elles : le manche et la tête de club. Le joueur tient le club avec ses mains par l'extrémité A du manche, et la tête de club est fixée à l'autre extrémité B et entre en contact avec la balle lors de l'impact. Attention, dans tout l'énoncé, le mot « club » représentera l'ensemble {manche et tête de club}.

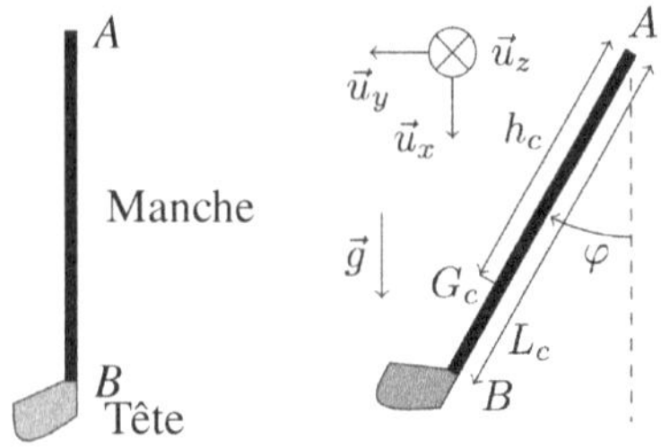

Le manche est une tige rectiligne sans épaisseur de longueur $AB = L_c$ et le club possède un centre de masse G_c qu'on considérera situé sur le manche, avec $AG_c = h_c$, une masse totale m_c et un moment d'inertie total J_c par rapport à un axe perpendiculaire au club passant par A. Il faut bien noter que la tête de club est prise en compte dans G_c, m_c et J_c.

On cherche à déterminer expérimentalement $AG_c = h_c$ et J_c.

1) Expliquer brièvement, en s'appuyant sur un ou deux schéma(s) simple(s) et clair(s), pourquoi, en tendant son index à l'horizontale et en s'arrangeant pour poser le club en équilibre dessus à l'horizontale, on détermine la position de G_c.

Afin de mesurer J_c, on réalise à l'aide du club un pendule pesant, en suspendant l'extrémité supérieure du manche (point A) à un axe horizontal (Az) fixe, par une liaison pivot sans frottement. On repère l'écart du club avec la verticale par l'angle φ.

2) À l'aide du théorème du moment cinétique et en négligeant les frottements de l'air, établir l'équation différentielle du mouvement.

3) On mesure la période des petites oscillations : $T_0 = 2{,}3$ s. Exprimer J_c en fonction de m_c, g, h_c et T_0. Application numérique avec $m_c = 0{,}32$ kg, $g = 9{,}8$ m.s^{-2} et $h_c = 80$ cm (données typiques pour un club de type « driver », utilisé pour frapper les coups les plus longs).

EXERCICES ★★★★

21.9 Action mécanique d'une liaison pivot

On considère un pendule pesant constitué d'un barreau fin et homogène de longueur L et de masse M, relié à un bâtit fixe par une liaison pivot d'axe (Oz). On donne son moment d'inertie par rapport à (Oz) : $J_{(Oz)} = \frac{1}{3}ML^2$.

On note θ l'angle que fait le barreau avec la verticale descendante et on lâche le barreau sans vitesse initiale d'une position repérée par l'angle $\theta_0 \simeq \pi$.

1) Représenter le dispositif.

2) Déterminer l'équation du mouvement.

3) En déduire une intégrale première du mouvement.

4) Rappeler les vecteurs position, vitesse et accélération du centre de gravité du barreau dans une base adaptée au problème. En déduire l'expression de l'accélération en fonction de θ, L, m et g.

5) En déduire la force exercée par le bâtit sur le barreau au niveau de la liaison pivot.

6) Conclure quant à l'action mécanique de la liaison pivot.

CORRIGÉS

21.C1 *Cf.* paragraphe 1 page 575. Le moment cinétique s'exprime en $\mathrm{kg.m^2.s^{-1}} = \mathrm{J.s}$ et le moment d'inertie en $\mathrm{kg.m^2}$.

21.C2 *Cf.* paragraphe 1.3 page 576 et paragraphe 5.1 page 587. Le moment cinétique vaut $J\omega$ et l'énergie cinétique $\frac{1}{2}J\omega^2$.

21.C3 *Cf.* paragraphe 3.2 page 513 et la partie *Méthodologie* page 516 du chapitre *Moment cinétique*. Soit H la projection orthogonale de M sur l'axe (Oz). On a $HM = L$. Pour que le bras de levier soit égal à L il faut que HM soit la distance entre la droite d'application de la force et l'axe (Oz) donc que $\overrightarrow{f} \perp \overrightarrow{HM}$.

21.C4 *Cf.* paragraphe 3.2 page 513 du chapitre *Moment cinétique*. Le moment de la force par rapport à (Oz) égale le produit « force $\times$ bras de levier » soit $M = F \times L$. On doit chercher son signe comme dans la partie *Méthodologie* page 516 du chapitre *Moment cinétique*.

21.C5 *Cf.* paragraphe 5.2 page 587. La puissance exercée vaut $M\omega$.

21.C6 *Cf.* paragraphe 3.2 page 581. Une liaison pivot d'axe (Oz) exerce toutes les actions nécessaires pour maintenir le solide en rotation d'axe (Oz). Lorsque cette liaison est idéale, son moment par rapport à (Oz) et la puissance qu'elle dissipe sont nuls.

21.C7 *Cf.* paragraphe 3.1 page 579. Une action de type couple est une action mécanique dont la résultante est nulle. Elle ne peut donc exercer qu'un moment.

21.1 Ordres de grandeur des moments cinétiques

1) Le moment d'inertie de la Terre par rapport à l'axe des pôles vaut $J = 0{,}33 M_T R_T^2$, soit $J = 8{,}1.10^{37}\ \mathrm{kg.m^2}$. Son moment cinétique vaut $L = J\dot{\theta}$ avec $\dot{\theta} = \frac{2\pi\ \mathrm{rad}}{1\ \mathrm{jour}} = 7{,}3.10^{-5}\ \mathrm{rad.s^{-1}}$. Numériquement, on trouve : $L \simeq 6.10^{33}\ \mathrm{J.s}$.
2) $L = J\dot{\theta}$ avec $J = mR^2 = 3{,}1.10^{-1}\ \mathrm{kg.m^2}$ et $\dot{\theta} = \frac{1000\times 2\times 3{,}1416}{60} = 105\ \mathrm{rad.s^{-1}}$ d'où $L = 33\ \mathrm{J.s}$.

21.2 Variation de la durée du jour lors d'un séisme

1) Les séismes ont une cause interne au système mécanique constitué par la Terre en rotation autour de l'axe des pôles. En l'absence de forces extérieures et d'après le théorème scalaire du moment cinétique appliqué au système Terre dans le référentiel géocentrique galiléen, le moment cinétique de la Terre est conservé au cours du séisme.
2) En notant J le moment cinétique de la Terre et $\Omega = \frac{2\pi}{T}$ la vitesse angulaire de sa rotation propre autour de l'axe des pôles, le moment cinétique s'écrit $L = J\Omega$. Lors du séisme, le moment cinétique est conservé mais le moment d'inertie, la vitesse angulaire et la durée du jour varient. On note avec un indice i la valeur initiale avant le séisme et avec un indice f la valeur finale après le séisme :

$$L = J_i\Omega_i = J_f\Omega_f \quad\Longrightarrow\quad J_f = J_i\frac{\Omega_i}{\Omega_f} \quad\Longrightarrow\quad \frac{J_f - J_i}{J_i} = \frac{\Omega_i - \Omega_f}{\Omega_f} = \frac{T_f - T_i}{T_i} = \frac{-\Delta t}{T_i}.$$

Le moment d'inertie de la Terre a diminué de $\frac{1{,}3.10^{-6}}{86400} = 1{,}5.10^{-11} = 1{,}5.10^{-9}$ %.

3) Cette variation est due au changement de répartition des masses constituant la Terre. Lors d'un séisme de subduction, une partie de la croûte océanique s'enfonce sous le continent et se rapproche de l'axe de rotation de la Terre. Cette partie voit sa contribution au moment cinétique diminuer, ce qui entraîne une diminution du moment cinétique global de la Terre. Il faut savoir que la durée du jour fluctue de manière saisonnière d'environ 100 µs et qu'on ne la mesure pas avec une précision meilleure que 2 µs. De ce fait, ces considérations restent du domaine de la théorie et ne peuvent pas encore être vérifiées (voir https ://www.observatoiredeparis.psl.eu pour plus d'informations).

21.3 Rotation d'une patineuse artistique

Lorsqu'une patineuse passe d'une pirouette arabesque à une pirouette debout, elle rapproche son buste, sa tête et une de ses jambes de l'axe de rotation. Dans toute la suite, on note (Oz) l'axe de rotation vertical de la patineuse représenté sur les figures de l'énoncé. Comme une masse contribue d'autant plus au moment d'inertie qu'elle est éloignée de (Oz), le rapprochement de ces parties de son corps de cet axe entraîne une diminution de son moment d'inertie par rapport à (Oz). Or, au cours de ce mouvement, aucune action mécanique extérieure n'exerce de moment par rapport à (Oz). Le théorème scalaire du moment cinétique permet donc d'en conclure que l'on est dans le cas d'une conservation du moment cinétique par rapport à (Oz). Ce moment cinétique étant égal au produit du moment d'inertie par la vitesse (angulaire) de rotation, si le moment d'inertie diminue, il est nécessaire que la vitesse de rotation augmente dans les mêmes proportions.

21.4 Démarrage d'une machine tournante

1) Au démarrage, le théorème du moment cinétique appliqué au rotor de la machine par rapport à son axe fixe implique que : $J\ddot{\theta} = C_m - C - r$,
où J est le moment d'inertie de l'ensemble de la chaîne cinématique, $\dot{\theta}$ la vitesse de rotation du moteur, C_m le couple moteur et C_r le coupe résistant. On trouve l'accélération angulaire du moteur pendant le démarrage : $\ddot{\theta} = \dfrac{C_m - C - r}{J} = \dfrac{40 - 4}{12{,}5} = 2{,}9\,\text{rad.s}^{-2}$.

2) L'accélération angulaire est constante, la vitesse angulaire est donc une fonction affine du temps. On trouve la durée nécessaire pour atteindre la fréquence nominale par une proportionnalité : $\Delta t = \dfrac{2\pi f_{\text{nom}}}{\ddot{\theta}} = \dfrac{2 \times 3{,}1416 \times 1500/60}{2{,}9} = 55\,\text{s}$.

3) Le théorème du moment cinétique devient :

$$J\ddot{\theta} = C_m - C - r - \alpha\dot{\theta} \quad\Longrightarrow\quad J\ddot{\theta} + \alpha\dot{\theta} = C_m - C - r.$$

4) $\dot{\theta}$ tend vers $\Omega_l = \dfrac{C_m - C_r}{\alpha}$. Cette vitesse limite est égale à la fréquence nominale si :

$$\Omega_l = 1500\,\text{tr.min}^{-1} \quad\Longrightarrow\quad \alpha = \frac{C_m - C_r}{\Omega_l} = \frac{40 - 4}{2 \times 3{,}1416 \times 1500/60} = 0{,}23\,\text{kg.m}^2.\text{s}^{-1}.$$

5) La vitesse angulaire suit une équation différentielle du 1er ordre à coefficient constant. À l'instant $t = 0$, elle est nulle d'où : $e\dot{\theta} = \Omega_l\left(1 - \exp\left(-\frac{t}{\tau}\right)\right)$, où $\tau = \frac{J}{\alpha} = 54\,\text{s}$. La vitesse angulaire $\dot{\theta}$ va donc mettre environ $4{,}6\tau = 250\,\text{s}$ pour atteindre 99 % de la vitesse angulaire nominale.

21.5 Étude d'une poulie

1) Lorsque la poulie tourne d'un angle θ, on déroule une longueur de fil $\ell = R\theta$. Avec le choix des orientations de l'angle θ et de l'axe (Ax), on a donc $\dot{x} = R\dot{\theta}$.

2) On étudie le mouvement de la poulie dans le référentiel terrestre galiléen. Cette poulie est soumise à l'action de la liaison pivot d'axe (Oz), à la force exercée par l'opérateur, à la traction exercée par le fil et à son poids. La poulie est à l'équilibre lorsque la somme des moments de toutes ces forces par rapport à l'axe de rotation (Oz) est nulle.

Le moment de l'action de la liaison pivot idéale est nul, celui du poids de la poulie également ; reste celui des autres forces. Si l'on suppose le fil sans masse, il transmet intégralement le poids $m\vec{g}$ et l'applique en A avec un bras de levier R. L'opérateur exerce une force $\vec{F}$ verticale au point B diamétralement opposé à A avec un bras de levier R également. On trouve alors $FR = mgR$ soit $F = mg = 50\,\text{N}$.

3) Une relation cinématique relie ces deux mouvements puisque la masse est attachée à un fil qui s'enroule autour de la poulie. D'après la question 1, on a : $R\dot{\theta} = \dot{x}$.

On applique le principe fondamentale de la dynamique à la masse m soumise à son poids $m\vec{g}$ et à la tension du fil sur la masse : $\vec{T}_1 = -T_1\vec{u}_x$. En projection sur la verticale on obtient :

$$m\ddot{x} = mg - T_1.$$

On applique la loi du moment cinétique à la poulie en rotation autour d'un axe fixe soumis à la tension du fil qui s'applique au point I : $\vec{T}_2 = T_2\vec{u}_x$ dont le moment par rapport à l'axe de rotation vaut RT_2 : $I\ddot{\theta} = RT_2$.

Si l'on suppose le fil sans masse, il transmet intégralement la tension et $T_1 = T_2 = T$.

En combinant ces équations et en utilisant l'expression de I fournie dans l'énoncé, on trouve :

$$\ddot{\theta} = \frac{g}{R}\frac{1}{1+0{,}5\frac{m_P}{m}} = 91\,\text{rad.s}^{-2} \quad ; \quad \ddot{x} = g\frac{1}{1+0{,}5\frac{m_P}{m}} = 9{,}1\,\text{m.s}^{-2}$$

$$\Rightarrow \quad T = mg - m\ddot{x} = mg\left(\frac{0{,}5\frac{m_P}{m}}{1+0{,}5\frac{m_P}{m}}\right) = 4{,}5\,\text{N}.$$

Le mouvement de la masse m est uniformément accéléré avec une accélération inférieure à g, qui tend vers g si la poulie est de masse négligeable et vers 0 si la poulie est très massive comparativement à m.

21.6 Chute d'un arbre

On étudie le mouvement de la tige en rotation autour de son point d'appui considéré comme un point fixe. La chute se fait dans un plan vertical (xOy) et on repère la position de l'arbre par l'angle θ qu'il fait avec la verticale. L'arbre est soumis à son poids $\vec{P} = m\vec{g}$ qui s'applique en son centre de gravité situé au milieu de la tige et à la réaction du sol qui s'applique au point d'appui.

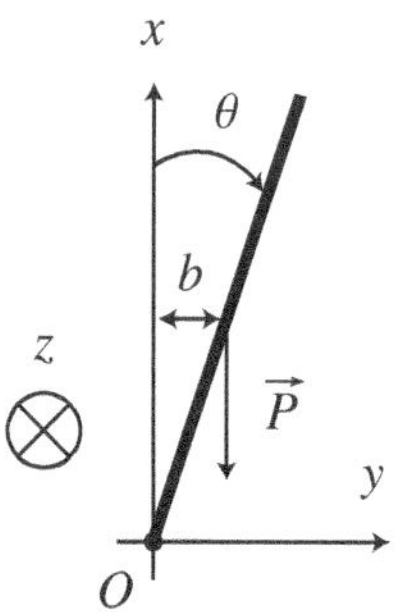

1) On applique le théorème du moment cinétique à l'arbre considéré comme un solide en rotation autour d'un axe fixe (Oz) dans le référentiel terrestre galiléen : $\frac{dJ_{(Oz)}}{dt} = \mathcal{M}_{(Oz)}(\text{forces})$.
Le moment par rapport à (Oz) de la réaction du sol est nul car cette force s'applique sur l'axe de rotation. Le moment du poids est égal au produit de mg par le bras de levier $b = \frac{L}{2}\sin\theta$. Son signe est positif car le poids tend à faire tourner l'arbre dans le sens positif par rapport à l'axe de rotation. Le moment cinétique vaut $J_{(Oz)} = I\dot{\theta} = \frac{1}{3}mL^2\dot{\theta}$. On en déduit $\frac{1}{3}mL^2\ddot{\theta} = mg\frac{1}{2}L\sin\theta$.

2) On cherche une intégrale première de cette équation en la multipliant par $\dot{\theta}$ et en intégrant par rapport au temps :

$$\frac{1}{3}mL^2\ddot{\theta}\dot{\theta} = mg\frac{L}{2}\sin(\theta)\dot{\theta} \quad \Rightarrow \quad \frac{1}{3}mL^2\frac{\dot{\theta}^2}{2} = mg\frac{L}{2}(\cos(\theta_0) - \cos(\theta)),$$

en considérant les conditions initiales $\theta(0) = \theta_0$ et $\dot{\theta}(0) = 0$. Étant donné que $\theta > \theta_0$, $\cos(\theta_0) - \cos(\theta) > 0$ et comme $\dot{\theta} > 0$, on obtient le résultat demandé.

3) On écrit $\dot{\theta} = \frac{d\theta}{dt}$ et on sépare les variables pour obtenir $\sqrt{\frac{3g}{L}}dt = \frac{d\theta}{\sqrt{\cos(\theta_0) - \cos\theta}}$.

4) Le temps de chute de l'arbre est alors le temps nécessaire pour que θ passe de $\theta_0 = 5{,}0° = 0{,}0873$ rad à $\theta_f = \frac{\pi}{2}$ soit $\Delta t = \sqrt{\frac{L}{3g}}\int_{\theta_0}^{\frac{\pi}{2}} \frac{d\theta}{\sqrt{\cos\theta_0 - \cos\theta}} = 5{,}1 \times \sqrt{\frac{30}{3 \times 10}} = 5{,}1$ s.

21.7 Modélisation d'un ascenseur et dimensionnement d'un réducteur

On travaille dans le référentiel terrestre supposé galiléen.

On peut représenter le dispositif comme sur le schéma ci-dessous.

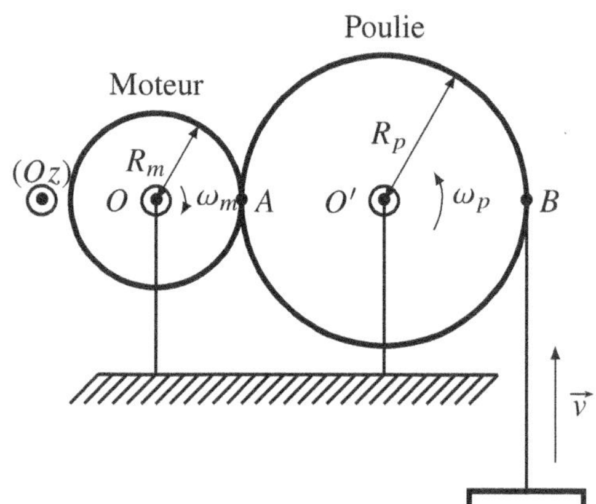

Les orientations des différentes vitesses et vitesses angulaires sont inscrites sur le schéma. On considère ω_p et ω_m positives et on introduira les signes nécessaires pour respecter ces orientations.
La cage d'ascenseur est soumise à deux actions :

- l'action de freinage du poids ;
- l'action motrice du câble.

La poulie est soumise à trois actions :

- l'action de freinage du câble ;
- l'action motrice du disque moteur ;
- l'action de liaison pivot d'axe $O'z$.

Le rotor du moteur est soumis à trois actions :

- l'action de freinage de la poulie ;
- l'action motrice du stator ;
- l'action de liaison pivot d'axe Oz.

1) Le mouvement de l'ascenseur est un mouvement de translation. Il suffit d'étudier le mouvement de son centre de gravité G. On applique le théorème de l'énergie cinétique à G en mouvement rectiligne et uniforme à la vitesse v. G est soumis à son poids et à la tension du câble qui, d'après l'énoncé, transmet intégralement la puissance fournie par le moteur. Au cours du mouvement, l'énergie cinétique est conservée ; le poids est résistant et sa puissance vaut $-mgv$. Au final,

$$\frac{\mathrm{d}}{\mathrm{d}t}(E_c) = P(\text{poids}) + P(\text{moteur}) = -mgv + P(\text{moteur}) = 0 \quad \Longrightarrow \quad P(\text{moteur}) = mgv\,.$$

2) Lorsque le câble s'enroule sur la poulie, la longueur $\ell = 2\pi R_p$ de câble s'enroule à chaque tour de poulie, ce qui fait monter l'ascenseur d'une hauteur ℓ. On note T_p la durée nécessaire pour que la poulie fasse un tour. La vitesse de montée de l'ascenseur est donc liée à la vitesse angulaire de rotation de la poulie par la relation :

$$v = \frac{2\pi R_p}{T_p} = R_p\omega_p \quad \Longrightarrow \quad \omega_p = \frac{v}{R_p} = \frac{1{,}0}{1{,}0} = 1{,}0\,\text{rad.s}^{-1} = \frac{60}{2\pi} = 9{,}5\,\text{tr.min}^{-1}.$$

3) Par ailleurs, avec le même raisonnement qu'à la question 1 pour la poulie en rotation uniforme autour de l'axe $O'z$ fixe, l'énergie cinétique de la poulie est conservée donc la puissance du moment $\Gamma_{(O'z)_p}$ exercé par l'action du câble d'ascenseur sur la poulie est égale à celle du poids :

$$P_p = -mgv = \Gamma_{(O'z)_p}\omega_p \Rightarrow \Gamma_{(O'z)_p} = -\frac{mgv}{\omega_p} = -mgR_p = -500 \times 10 \times 1{,}0 = -5{,}0\,\text{kN.m}.$$

4) On reprend encore le même raisonnement qu'à la question 1 pour le rotor en rotation uniforme autour de l'axe Oz fixe, l'énergie cinétique du rotor est conservée donc la puissance motrice fournie par le stator est égale à $P(\text{moteur}) = mgv$.

Sachant que le couple fournit par le moteur est constant est égal à $\Gamma_m = 30\,\text{N.m}$, le rotor doit être en rotation uniforme autour de l'axe Oz à la vitesse de rotation ω_m telle que la puissance motrice soit $P(\text{moteur}) = \Gamma_m\omega_m = mgv$. On en déduit :

$$\omega_m = \frac{mgv}{\Gamma_m} = \frac{500\times10\times1{,}0}{30} = 167\,\text{rad.s}^{-1} = \frac{167\times60}{2\pi} = 1591 \approx 1600\,\text{tr.min}^{-1}.$$

5) On déduit le rayon R_m du disque solidaire du moteur à partir de la condition de roulement sans glissement : $R_m\omega_m = R_p\omega_p \quad \Longrightarrow \quad R_m = \frac{R_p\omega_p}{\omega_m} = \frac{1{,}0\times1{,}0}{167} = 6{,}0\,\text{mm}.$

Il est évident qu'une pièce aussi petite ne peut pas encaisser les efforts nécessaire au fonctionnement de l'appareil. Le modèle de réducteur est trop simpliste. En pratique, on utilise souvent des réducteurs épicycloïdaux.

6) L'intérêt d'utiliser un réducteur est de réduire le couple moteur et de faire fonctionner le moteur au bon régime. En effet, la puissance optimale d'un moteur électrique est obtenue pour une vitesse de rotation donnée appelée vitesse nominale. Le réglage du rapport de réduction permet de caler le fonctionnement de l'ensemble sur le fonctionnement optimal du moteur.

Lorsque l'on passe les vitesses en vélo ou en voiture, on change le rapport $\frac{R_p}{R_m}$ appelé « rapport de réduction ». Cela explique l'expression « changer de rapport » comme synonyme de changer de vitesse.

21.8 Le swing de golf

1) Si le club, posé sur le doigt, tient en équilibre, la somme des moments des actions extérieures sur le club, pris au point de contact I entre le doigt et le club est nulle. Or le club n'est soumis qu'à son poids et à l'action de contact du doigt.

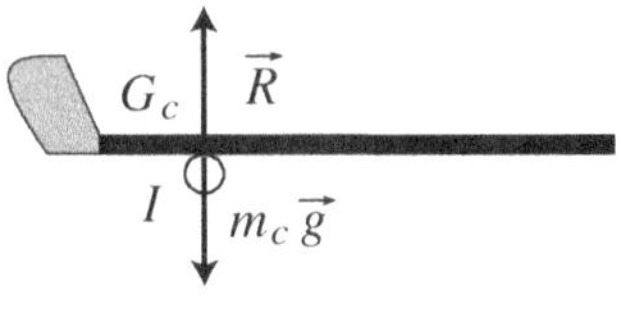

Le moment en I de cette dernière est nul puisque qu'elle s'exerce en I, donc le moment en I du poids du club est nul. Le centre d'inertie du club est donc sur la verticale passant par I.

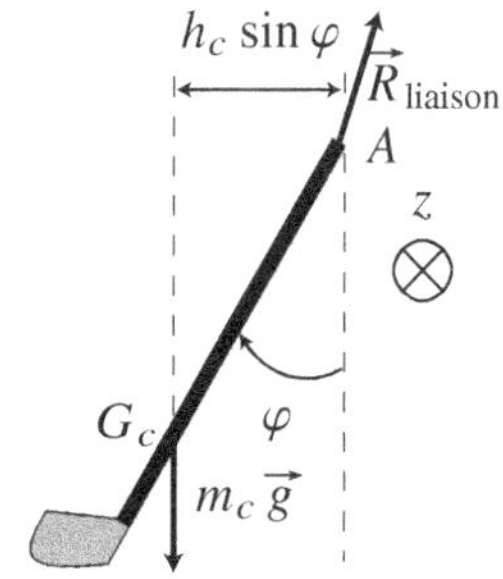

2) Les actions extérieures sur le système {club} sont :

- son poids $m_c\vec{g}$ appliqué en G_c, dont le moment par rapport à l'axe est : $\mathcal{M}_{(Az)}(\text{poids}) = -mgh_c \sin\varphi$.
  En effet, le bras de levier vaut $h_c \sin\varphi$ et le signe $-$ provient du fait que le poids tend à faire tourner le club dans le sens indirect autour de l'axe (Az) ;
- l'action de liaison, dont le moment par rapport à l'axe est nul puisque c'est une liaison pivot sans frottement.

Le théorème du moment cinétique par rapport à l'axe (Az), appliqué au système {club} dans le référentiel terrestre galiléen s'écrit :

$$\frac{\mathrm{d}L_{(Az)}}{\mathrm{d}t} = \mathcal{M}_{(Az)}(\text{poids}) + \mathcal{M}_{(Az)}(\text{liaison}) \quad \Rightarrow \quad J_c\ddot{\varphi} = -m_c g h_c \sin\varphi$$

3) Pour les petites oscillations, $\varphi \ll \frac{\pi}{2}\text{rad}$ donc $\sin\varphi \simeq \varphi$ et l'équation différentielle peut être approchée par : $\ddot{\varphi} = -\dfrac{m_c g h_c}{J_c}\varphi$. C'est l'équation d'un oscillateur harmonique de pulsation propre $\omega_0 = \sqrt{\dfrac{m_c g h_c}{J_c}}$ et de période propre $T_0 = \dfrac{2\pi}{\omega_0} = 2\pi\sqrt{\dfrac{J_c}{m_c g h_c}}$. On a donc : $J_c = \dfrac{T_0^2 m_c g h_c}{4\pi^2} = 0{,}34\,\text{kg.m}^2$.

21.9 Action mécanique d'une liaison pivot

1) Le dispositif est représenté ci-contre.

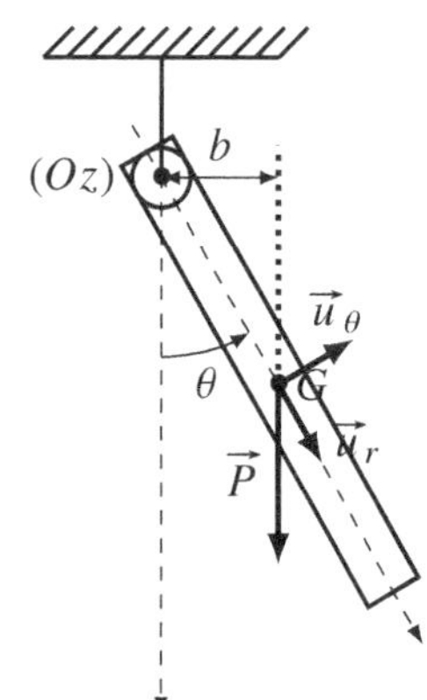

2) On étudie le mouvement du pendule dans le référentiel lié au bâtit supposé galiléen. Le pendule est soumis à :

- l'action du poids qui s'applique en G (situé au milieu de la barre) et dont le moment par rapport à Oz vaut : $M_{Oz} = -Mg \times b = -Mg\frac{L}{2}\sin\theta$, où $b = \frac{L}{2}\sin\theta$ est le bras de levier du poids dessiné sur la figure.
  On détermine le signe sur la figure en observant que le poids tend à ramener le pendule vers la position $\theta = 0$ donc exerce un couple négatif lorsque $\sin\theta > 0$;
- l'action de la liaison pivot d'axe Oz dont le moment par rapport à Oz est nul ;
- l'action de l'air que l'on néglige.

On applique le théorème du moment cinétique par rapport à l'axe Oz fixe : $J_{(Oz)}\ddot{\theta} = M_{Oz}$, soit $\frac{ML^2}{3}\ddot{\theta} = -Mg\frac{L}{2}\sin\theta$ et finalement $\ddot{\theta} + \frac{3g}{2L}\sin\theta = 0$.

3) On multiplie l'équation précédente par $\dot{\theta}$ et on l'intègre par rapport au temps et on obtient $\frac{1}{2}\dot{\theta}^2 - \frac{3g}{2L}\cos\theta = \text{constante}$.

À l'instant initial, cette équation devient :

$$0 - \frac{3g}{2L}\cos(\theta_0) = \text{constante} \simeq -\frac{3g}{2L}\cos(\pi) = \frac{3g}{2L},$$

ce qui donne la valeur de la constante d'intégration et permet de trouver une intégrale première du mouvement :

$$\dot{\theta}^2 - \tfrac{3g}{L}\cos\theta = \tfrac{3g}{L}.$$

4) Le centre de gravité décrit un mouvement circulaire de centre O et de rayon $\frac{L}{2}$. Il est repéré en polaire par sa coordonnée angulaire θ de sorte que sur la base $(\vec{u}_r, \vec{u}_\theta)$:

$$\overrightarrow{OG} = \begin{pmatrix} \frac{1}{2}L \\ 0 \end{pmatrix} \; ; \quad \vec{v} = \begin{pmatrix} 0 \\ \frac{1}{2}L\dot{\theta} \end{pmatrix} \; ; \quad \vec{a} = \begin{pmatrix} -\frac{1}{2}L\dot{\theta}^2 \\ \frac{1}{2}L\ddot{\theta} \end{pmatrix}.$$

On peut écrire son accélération en fonction de θ en exprimant $\dot{\theta}^2$ et $\ddot{\theta}$ à l'aide des expressions trouvées aux questions précédentes :

$$\vec{a} = -\frac{L}{2}\dot{\theta}^2\vec{u}_r + \frac{L}{2}\ddot{\theta}\vec{u}_\theta = -\frac{L}{2}\frac{3g}{L}(\cos\theta + 1)\,\vec{u}_r - \frac{L}{2}\frac{3g}{2L}\sin\theta\,\vec{u}_\theta$$

$$\vec{a} = -\frac{3g}{4}\Big(2(\cos\theta + 1)\,\vec{u}_r + \sin\theta\,\vec{u}_\theta\Big)$$

5) Le principe fondamental de la dynamique appliquée à G soumis à son poids et à la force exercée par la liaison pivot donne : $M\vec{a} = M\vec{g} + \vec{F}_{\text{pivot}}$, d'où $\vec{F}_{\text{pivot}} = M\vec{a} - M\vec{g}$, soit $\vec{F}_{\text{pivot}} = M\vec{a} - Mg(\cos\theta\,\vec{u}_r - \sin\theta\,\vec{u}_\theta)$.

Finalement :

$$\vec{F}_{\text{pivot}} = -\frac{3Mg}{4}\Big(2(\cos\theta + 1)\,\vec{u}_r + \sin\theta\,\vec{u}_\theta\Big) - Mg(\cos\theta\,\vec{u}_r - \sin\theta\,\vec{u}_\theta)$$

$$\vec{F}_{\text{pivot}} = -Mg\left(\left(\tfrac{5}{2}\cos\theta + \tfrac{3}{2}\right)\vec{u}_r - \tfrac{1}{4}\sin\theta\,\vec{u}_\theta\right).$$

6) La liaison pivot a une action mécanique complexe qui permet de maintenir la barre en rotation d'axe Oz. Sa résultante a une expression compliquée et impossible à connaître *a priori*. La seule chose que l'on peut dire sans hésiter est que son moment d'axe Oz est nul lorsqu'elle est idéale.

Système thermodynamique à l'équilibre

22

La thermodynamique est une science née au XIXe siècle qui étudie les propriétés de la matière à l'échelle macroscopique. Son champ d'application est extrêmement vaste : moteurs et centrales électriques thermiques, dispositifs réfrigérateurs destinés à produire du froid, etc.

Ce chapitre présentera des modèles thermodynamiques simples pour un corps pur dans l'état solide, liquide ou gaz. On envisagera aussi le cas où deux de ces états coexistent.

1 Descriptions microscopique et macroscopique de la matière

1.1 Les phases solide, liquide et gaz

a) Aspect macroscopique

La matière existe principalement dans trois **états** bien connus : solide, liquide et gaz. Ces états, appelés aussi **phases**, sont caractérisés d'après l'expérience commune, de la manière suivante :

- un solide a une forme propre et un volume propre invariables ;
- un liquide n'a pas de forme propre (il épouse la forme d'un récipient) mais il a un volume propre invariable ;
- un gaz n'a ni volume propre, ni forme propre (il occupe tout le volume qui lui est offert).

Les phases solide et liquide ont des masses volumiques du même ordre de grandeur, 1000 fois supérieure à l'ordre de grandeur de la masse volumique d'un gaz (par exemple, la masse volumique de l'eau vaut $1.10^3\,\text{kg.m}^{-3}$ et la masse volumique de l'air dans les conditions normales de température et de pression vaut $1{,}29\,\text{kg.m}^{-3}$). Pour cette raison ces deux phases sont appelées **phases condensées**.

Les phases liquide et gaz peuvent s'écouler ; elles sont appelées **phases fluides**. La phase gaz est parfois appelée vapeur.

b) Aspect microscopique

La matière est constituée de particules microscopiques qui peuvent être des atomes (cas des gaz rares tels que le néon Ne, des métaux), des molécules (cas du diazote N_2, de l'eau H_2O) ou des ions (cas d'un sel comme le chlorure de sodium NaCl). À l'échelle de ces particules, appelée échelle microscopique, les états solide, liquide et gaz se différencient par leur structure (voir figure 22.1).

Dans un solide les particules occupent des positions d'équilibre bien définies et régulièrement disposées dans l'espace. Le solide présente un ordre moléculaire à longue portée.

Dans un liquide les particules occupent des positions aléatoires. La distance moyenne entre particules est, comme dans le solide, de l'ordre de la taille des particules. Il existe un ordre moléculaire à courte portée seulement.

Dans un gaz, la distance moyenne entre particules est bien plus grande que leur taille. Il n'y a pas d'ordre moléculaire.

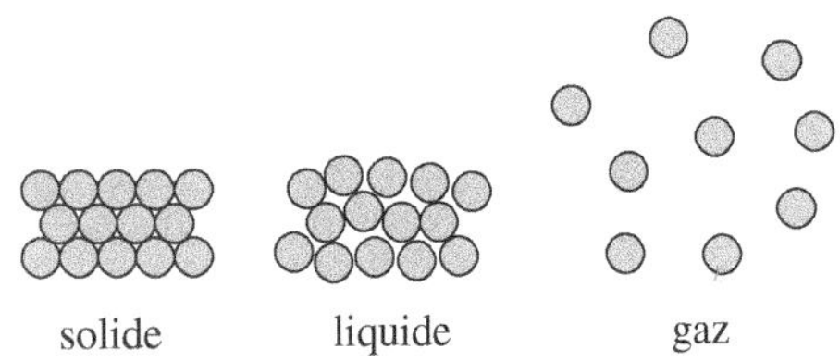

Figure 22.1 – Aspect microscopique des états solide, liquide et gaz.

1.2 L'agitation thermique

Les particules microscopiques sont constamment en mouvement, même lorsque la matière est immobile à l'échelle macroscopique. On parle d'**agitation thermique** à cause du caractère désordonné de ces mouvements.

Le physicien français Jean Perrin, au début du XXe siècle, mit le premier en évidence l'agitation thermique en étudiant le *mouvement brownien*, mouvement de particules de taille de l'ordre de 1 µm en suspension dans un liquide. Ces particules ont des trajectoires constituées de segments de droite successifs dont les directions et les longueurs sont aléatoires (voir figure 22.2). Les changements continuels de direction sont dus aux chocs de la particule brownienne avec les molécules du liquide qui sont en mouvement d'agitation thermique.

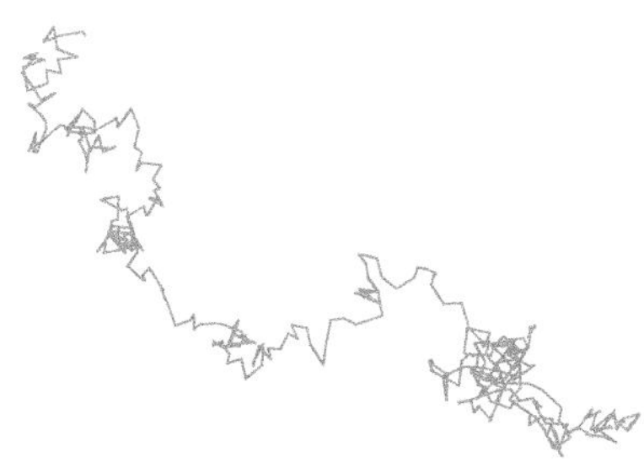

Figure 22.2 – Simulation d'une trajectoire brownienne.

Dans un solide, les particules microscopiques vibrent autour de leur position d'équilibre.

Dans un liquide ou un gaz les particules se déplacent en s'entrechoquant continuellement. Leur mouvement est analogue à un mouvement brownien.

1.3 Libre parcours moyen

On appelle **libre parcours moyen** la distance moyenne ℓ parcourue par une particule entre deux chocs. L'ordre de grandeur du libre parcours moyen est :

$\ell \lesssim 10^{-10}$ m dans un liquide ;
$\ell \sim 10^{-7}$ m dans un gaz dans les conditions normales.

Le libre parcours moyen est inférieur à la taille de la particule dans un liquide parce que les particules sont serrées les unes contres les autres.

L'ordre de grandeur du libre parcours moyen dans un gaz peut s'obtenir par le raisonnement suivant. On assimile les molécules du gaz à des sphères de diamètre $d \simeq 3.10^{-10}$ m. En se déplaçant sur une distance ℓ une molécule de gaz a en moyenne un choc avec une autre molécule. Or les molécules qu'elle rencontre ont leur centre à l'intérieur d'un cylindre de diamètre $2d$ et longueur ℓ (figure 22.3). Il y a ainsi en moyenne une molécule dans le volume $V = \pi d^2 \ell$. Or le volume molaire d'un gaz dans les conditions normales de température et de pression (température $T = 273$ K et pression $P = 10^5$ Pa) est $V_m \simeq 22\,\text{L.mol}^{-1}$ (on verra plus loin comment on peut calculer cette valeur). On peut donc écrire :

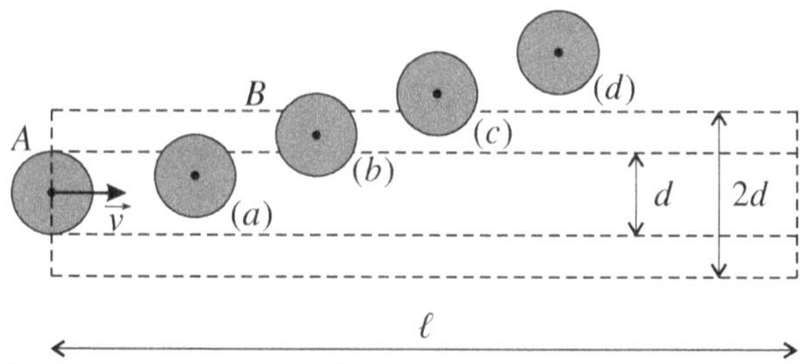

Figure 22.3 – Dans son déplacement la molécule A rencontre la molécule B dans les positions (a) ou (b), mais pas (c) ou (d).

$$\pi d^2 \ell \sim \frac{V_m}{\mathcal{N}_A} \quad \text{soit} \quad \ell \sim \frac{V_m}{\pi d^2 \mathcal{N}_A} = \frac{22.10^{-3}}{\pi (3.10^{-10})^2 \times 6.10^{23}} \sim 10^{-7}\ \text{m}.$$

1.4 Échelles microscopique, mésoscopique et macroscopique

À notre échelle, tout échantillon de matière contient un très grand nombre de particules élémentaires (atomes ou molécules), nombre dont l'ordre de grandeur est donné par le nombre d'Avogadro $\mathcal{N}_A = 6{,}02.10^{23}\ \text{mol}^{-1}$.

On distingue trois échelles de longueurs :

- L'**échelle macroscopique** est notre échelle, son ordre de grandeur est 1 m. À cette échelle, la matière paraît continue.
- L'**échelle microscopique** est celle des particules élémentaires du système. Son ordre de grandeur est 10^{-10} m. À cette échelle, la matière est discontinue.
- L'**échelle mésoscopique** est une échelle intermédiaire, à la fois très petite devant l'échelle macroscopique et très grande devant l'échelle microscopique et le libre parcours moyen. Un volume de taille mésoscopique contient un très grand nombre de particules. À cette échelle la matière apparaît encore comme continue.

1.5 État microscopique et état macroscopique

Une description théorique complète d'un échantillon de matière à l'échelle microscopique suppose la connaissance de l'**état microscopique** : les positions au cours de temps de chacune des N molécules de cet échantillon, soit de $3N$ coordonnées en fonction du temps avec N de l'ordre de 10^{23}.

Ceci est impossible, même avec les ordinateurs les plus puissants (les méthodes de la *dynamique moléculaire* permettent de réaliser la simulation d'échantillon dont la taille, dépendant de la puissance de calcul disponible, a pu atteindre $N \sim 10^{12}$ atomes).

En thermodynamique on se place à l'échelle macroscopique (ou éventuellement mésoscopique) et on s'intéresse à l'**état macroscopique** : des variables telles que la température T et la pression P. Ces grandeurs ne correspondent pas une particule microscopique individuelle mais résultent d'une statistique sur un très grand nombre de molécules.

2 Étude d'un gaz à l'échelle microscopique

Dans ce paragraphe on étudie un gaz en se plaçant à l'échelle des particules microscopiques que l'on appellera « molécules ».

2.1 Distribution des vitesses moléculaires

a) Homogénéité et isotropie

Comme il est impossible de connaître la vitesse de chaque molécule d'un échantillon de gaz de taille macroscopique on fait l'hypothèse que les vitesses des molécules de l'échantillon sont aléatoires et on s'intéresse à la **distribution des vitesses**.

Dès lors la question à laquelle on cherche à répondre est : quel est le nombre moyen de molécules ayant une vitesse $\vec{v}$ donnée dans l'échantillon de N molécules ou, ce qui revient au même, quelle est la probabilité pour une molécule d'avoir la vitesse $\vec{v}$?

Dans ce qui suit on considère un gaz immobile à l'échelle macroscopique. On suppose de plus molécules n'interagissent pas entre elles, ce qui revient à considérer le gaz comme un **gaz parfait** (cette notion sera développée dans la suite du chapitre).

On émet alors les hypothèses suivantes :

La distribution des vitesses est :

- **homogène** : la probabilité pour une molécule d'avoir une vitesse $\vec{v}$ est indépendante de sa position (il n'y a pas de position privilégiée);
- **isotrope** : la probabilité est la même pour deux vitesses de même norme mais de directions différentes (il n'y a pas de direction privilégiée).

Un raisonnement mathématique dépassant le cadre du programme permet d'en déduire complètement cette loi de probabilité.

b) Vitesse moyenne, vitesse quadratique moyenne

Soit N le nombre de molécules de l'échantillon, de l'ordre de 10^{23}. Si l'on note $\vec{v}_i$ la vitesse de la molécule numéro i ($i = 1,\ldots,N$) on appelle **vitesse moyenne** $\langle\vec{v}\rangle$:

$$\langle\vec{v}\rangle = \frac{1}{N}\sum_{i=1}^{N}\vec{v}_i.$$

En raison de l'isotropie de la distribution, la vitesse moyenne des molécules est nulle.

Il y a en effet autant de molécules ayant la vitesse $\vec{v}$ que la vitesse opposée $-\vec{v}$

En revanche, la valeur moyenne du carré de la vitesse $\langle v^2\rangle$ n'est pas nulle puisqu'elle résulte de la somme de termes positifs :

$$\langle v^2\rangle = \frac{1}{N}\sum_{i=1}^{N}v_i^2.$$

La **vitesse quadratique moyenne** u est par définition la racine carrée de la valeur moyenne du carré des vitesses, soit :

$$u = \sqrt{\langle v^2 \rangle}. \qquad (22.1)$$

2.2 Pression

On considère un échantillon macroscopique de gaz de N molécules, contenu dans un récipient de volume V dont la forme peut être quelconque (voir figure 22.4). Dans leur mouvement désordonné d'agitation thermique, les molécules entrent en collision avec la paroi du récipient. Elle exercent de ce fait une force sur la paroi qui est dirigée du gaz vers la paroi. Pour exprimer la force sur un petit élément de paroi de surface élémentaire $\mathrm{d}S$, on définit le **vecteur surface** $\overrightarrow{\mathrm{d}S}$ de la manière suivante :

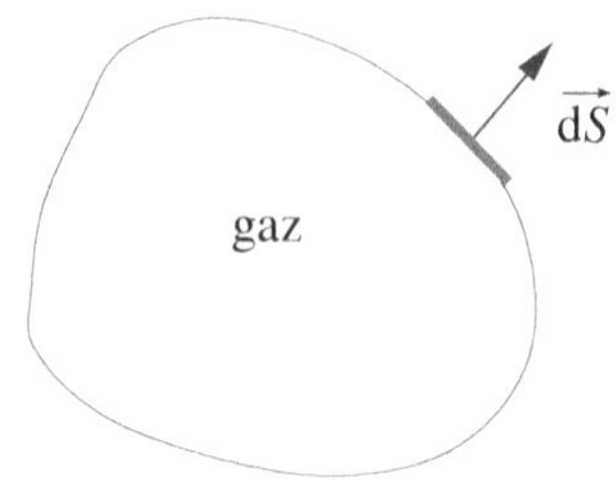

Figure 22.4 – Gaz contenu dans un récipient. Élément de surface de la paroi.

- sa norme est égale à la surface élémentaire $\mathrm{d}S$;
- il est orthogonal à l'élément de paroi et dirigé du gaz vers la paroi, c'est-à-dire vers l'extérieur du récipient.

On appelle **pression** P du gaz la grandeur physique telle que la force $\overrightarrow{\mathrm{d}F}$ exercée par le gaz sur l'élément de paroi $\overrightarrow{\mathrm{d}S}$ est égale à :

$$\overrightarrow{\mathrm{d}F} = P\,\overrightarrow{\mathrm{d}S}.$$

L'unité de pression est le pascal (Pa) : 1 Pa = 1 N.m^{-2}.

Remarque

Le pascal est une unité assez petite. On utilise souvent souvent le bar : 1 bar = 10^5 Pa, mais il ne faut pas oublier que l'unité du Système International est le pascal.

2.3 Température cinétique

La température T est une grandeur qui mesure l'énergie cinétique du mouvement d'agitation thermique des particules microscopiques.

Dans un **gaz parfait monoatomique** (c'est-à-dire dont les molécules ne comportent qu'un seul atome) l'énergie cinétique moyenne d'une molécule est :

$$\langle E_c \rangle = \frac{3}{2} k_B T.$$

où $k_B = 1{,}380\,66.10^{-23}$ J.K^{-1} est la **constante de Boltzmann**.

La température T se mesure en kelvins, de symbole K.

La température T est parfois repérée par une valeur θ exprimée en degrés Celsius, de symbole °C, avec :

$$\theta = T - 273{,}15 \text{ K}.$$

a) Lien entre la température et la vitesse quadratique moyenne

L'énergie cinétique moyenne d'une molécule monoatomique, assimilable à un point matériel de masse m^* et vitesse $\vec{v}$ est $E_c = \frac{1}{2}m^*v^2$. L'énergie cinétique moyenne d'une molécule est donc :

$$\langle E_c \rangle = \frac{1}{2}m^*\langle v^2 \rangle = \frac{1}{2}m^*u^2.$$

Or, comme on vient de le voir, $\langle E_c \rangle = \frac{3}{2}k_BT$. On en déduit la relation entre la vitesse quadratique moyenne et la température :

$$u = \sqrt{\frac{3k_BT}{m^*}}. \tag{22.2}$$

On admet que cette relation est valable aussi dans le cas d'un gaz de molécules polyatomiques.

b) Ordre de grandeur de la vitesse quadratique moyenne

On peut calculer u dans le cas de deux gaz pour se rendre compte de l'ordre de grandeur important de cette vitesse à une température de 300 K :

- pour le dihydrogène H_2, $m^*_{H_2} = 2 \times 1{,}67.10^{-27}$ kg (deux fois la masse d'un proton) et :

$$u_{H_2} = \sqrt{\frac{3 \times 1{,}38\ 10^{-23} \times 300}{2 \times 1{,}67\ 10^{-27}}} = 1{,}9.10^3\ \text{m.s}^{-1},$$

- pour le dioxygène O_2, $m^*_{O_2} \simeq 32 \times 1{,}67.10^{-27}$ kg et :

$$u_{O_2} \simeq \frac{1}{\sqrt{16}}u_{H_2} = 4{,}8.10^2\ \text{m.s}^{-1}.$$

On peut être impressionné par des valeurs aussi élevées (la vitesse quadratique moyenne est du même ordre de grandeur que la célérité du son dans le gaz).

3 Système thermodynamique, variables d'état

3.1 Système thermodynamique

On appelle **système thermodynamique** tout système constitué d'un très grand nombre de particules microscopiques.

Un échantillon de matière de taille macroscopique est un système thermodynamique. Un échantillon de matière de dimensions mésoscopiques est aussi un système thermodynamique.

On peut prendre pour système un objet complexe comme, par exemple, un appareil de climatisation.

Choisir un système (on dit aussi « isoler » un système) revient à partager par l'esprit le monde en deux : d'une part le système choisi et d'autre part le reste de l'univers que l'on dénomme **extérieur**. On s'intéresse ensuite aux différents échanges (matière, énergie) entre le système et l'extérieur.

Un **système fermé** est un système qui n'échange pas de matière avec l'extérieur. Dans le cas contraire on parle de **système ouvert**.

Exemple

Le système constitué par l'air contenu dans la chambre à air d'un pneu est un système ouvert pendant qu'on gonfle le pneu. C'est un système fermé quand la voiture roule. En cas de crevaison, c'est un système ouvert !

Un système fermé n'échange pas de matière avec l'extérieur, mais il peut échanger de l'énergie. Les échanges d'énergie sont étudiés au chapitre suivant.

Un **système isolé** est un système qui n'échange ni matière ni énergie avec l'extérieur. Il n'a aucun échange avec l'extérieur.

3.2 Variables d'état

a) Définition

Les **variables d'état** sont les grandeurs macroscopiques permettant de définir l'état d'un système thermodynamique.

Les variables d'état d'un échantillon de corps pur dans une seule phase sont : la température T, la pression P, le volume V et la quantité de matière n (ou la masse m).

Certaines variables d'état sont des grandeurs purement macroscopiques comme le volume ou la masse. D'autres proviennent de l'agitation thermique des particules microscopiques contenues dans le système comme la pression et la température.

b) Variables extensives

Si l'on mélange deux volumes d'eau V identiques à la même température température T, on obtient un volume $2V$ d'eau à la température T. Le volume et la température sont des variables de natures différentes : le volume est une variable extensive et la température une variable intensive.

Une **variable extensive** est une variable X qui dépend de la taille du système.

Si l'on réunit deux systèmes Σ_1 et Σ_2 identiques caractérisés par les valeurs $X_{\Sigma_1} = X_{\Sigma_2}$, la valeur de X pour le système $\Sigma_1 + \Sigma_2$ est :

$$X_{\Sigma_1+\Sigma_2} = X_{\Sigma_1} + X_{\Sigma_2} = 2X_{\Sigma_1}.$$

Le volume V, le nombre de particules microscopiques N, la quantité de matière $n = \frac{N}{N_A}$ qui s'exprime en moles (unité du Système International de symbole mol) et la masse m sont des variables d'état extensives.

c) Variables intensives

Une **variable intensive** est une variable Y qui ne dépend pas de la taille du système.

Si l'on réunit deux systèmes Σ_1 et Σ_2 identiques caractérisés par les valeurs $Y_{\Sigma_1} = Y_{\Sigma_2}$, la valeur de Y pour le système $\Sigma_1 + \Sigma_2$ est :

$$Y_{\Sigma_1+\Sigma_2} = Y_{\Sigma_1} = Y_{\Sigma_2}.$$

La pression P, la température T sont deux variables intensives.

d) Grandeurs molaires et massiques d'un corps pur monophasé

Dans ce paragraphe on suppose que le système est un échantillon de corps pur dans une seule phase. Toute grandeur extensive X relative à Σ peut s'exprimer en utilisant :

- la quantité de matière n dans le système et la **grandeur molaire** X_m par la formule :

$$X = nX_m\ ;$$

- la masse m dans le système et la **grandeur massique** x par la formule :

$$X = mx.$$

Remarque
Les grandeurs molaires X_m et massiques x sont des grandeurs *intensives* car elles sont le quotient de deux grandeurs extensives.

On définit ainsi le **volume molaire** :

$$V_m = \frac{V}{n},$$

et le **volume massique** :

$$v = \frac{V}{m} = \frac{1}{\rho},$$

où $\rho = \frac{m}{V}$ est la masse volumique.

Les grandeurs molaires et massiques d'usage courant sont rassemblées dans le tableau 22.1.

grandeur extensive	notation	grandeur molaire	grandeur massique
volume	V	V_m	$v = \frac{1}{\rho}$
masse	m	M	1
quantité de matière	n	1	$\frac{1}{M}$
énergie interne	U	U_m	u
capacité thermique	C_V	$C_{V,m}$	c_V

Tableau 22.1 – Grandeurs extensives X, valeur molaires X_m et valeur massique x. L'énergie interne et la capacité thermique sont définies dans le paragraphe 5.

4 Équilibre thermodynamique

4.1 Définition

Tout système thermodynamique abandonné à lui-même tend vers un état d'équilibre dans lequel ses variables d'état ne changent plus.

Un **système thermodynamique à l'équilibre** est un système dont les variables d'état sont toutes définies et constantes dans le temps.

4.2 Équilibre thermodynamique local

Il arrive qu'un système Σ soumis à une contrainte externe atteigne un état stationnaire (c'est-à-dire invariable dans le temps) mais dans lequel un paramètre d'état intensif Y n'est pas homogène (sa valeur dépend du point du système où on le mesure). Dans ce cas on ne peut pas attribuer une valeur à Y pour le système Σ et donc Σ n'est pas un système à l'équilibre.

Cependant on peut diviser Σ en volumes **mésoscopiques** pour lesquels Y a une valeur bien déterminée : il suffit que la taille des volumes mésoscopiques soit très inférieure à la distance caractéristique de variation de Y. Ceci permet de définir $Y(M)$, valeur locale de Y en un point M du système.

On émet de plus l'hypothèse d'**équilibre thermodynamique local** selon laquelle ces volumes mésoscopiques sont quasiment des systèmes thermodynamiques à l'équilibre.

Le système hors d'équilibre Σ peut être dès lors être décrit comme une réunion de systèmes thermodynamiques de tailles mésoscopiques à l'équilibre.

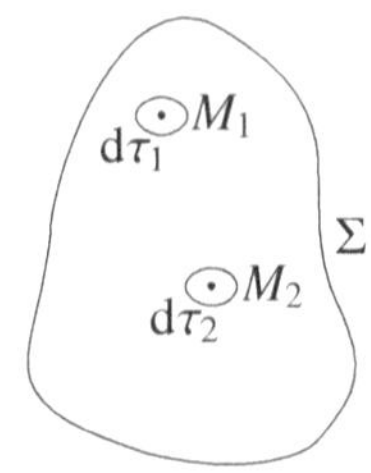

Figure 22.5 – $Y(M_1) \neq Y(M_2)$ donc Σ n'est pas un système à l'équilibre, mais $d\tau_1$ et $d\tau_2$ sont des systèmes à l'équilibre.

4.3 Conditions d'équilibre

L'équilibre thermodynamique d'un système implique que soient réalisées les trois conditions d'équilibre suivantes :

- la condition d'**équilibre mécanique** ;
- la condition d'**équilibre thermique** ;
- la condition d'**équilibre de diffusion**.

a) Équilibre mécanique

La condition d'équilibre mécanique suppose l'absence de tout mouvement macroscopique de matière dans le système.

Elle impose aussi que la somme des forces appliquées soit nulle sur toutes les parties mobiles dans le système et à la frontière du système.

Par exemple, les forces appliquées sur une paroi mobile de surface S séparant deux gaz de pressions P_1 et P_2 (voir figure 22.6) sont :

- la force de pression exercée par le gaz à la pression P_1 qui s'écrit : $P_1 S \, \vec{u}_{1\to2}$ où $\vec{u}_{1\to2}$ est un vecteur unitaire dirigé du coté 1 du piston vers le côté 2 ;
- la force de pression exercée par le gaz à la pression P_2 qui s'écrit $-P_2 S \, \vec{u}_{1\to2}$;
- d'autres forces éventuelles (force de frottement, poids, ...) dont la résultante suivant le vecteur $\vec{u}_{1\to2}$ s'écrit $F_{1\to2}\vec{u}_{1\to2}$.

La condition d'équilibre mécanique de la paroi s'écrit :

$$0 = P_1 S - P_2 S + F_{1\to2},$$

d'où $P_1 = P_2 - \dfrac{F_{1\to2}}{S}$.

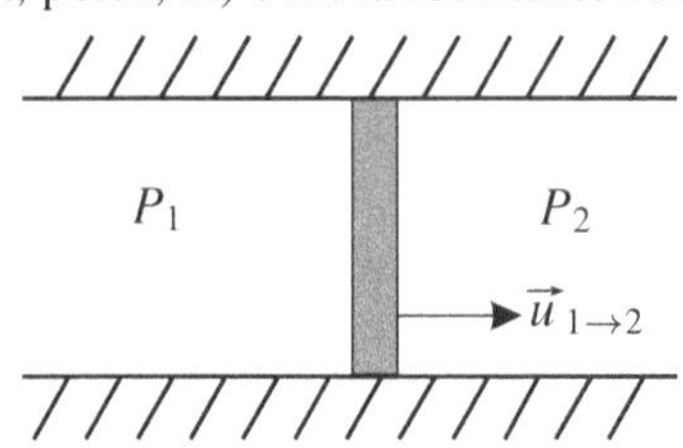

Figure 22.6 – Paroi mobile séparant deux gaz.

Si la paroi se déplace sans frottement et si aucune force autre que les forces de pression ne s'y applique $F_{1\to2} = 0$, et dans ce cas la condition d'équilibre est :

$$P_1 = P_2.$$

b) Équilibre thermique

La condition d'équilibre thermique impose l'égalité de température dans tout le système.

Elle impose aussi l'égalité entre la température du système et la température du milieu extérieur autour du système (qui doit être uniforme elle aussi).

> **Remarque**
> On introduira dans le chapitre suivant la notion de paroi adiabatique. Quand une telle paroi sépare deux systèmes, on peut considérer un état d'équilibre transitoire dans lequel les températures des deux systèmes ne sont pas égales.

c) Équilibre de diffusion

Cette condition intervient lorsque le système est un échantillon de corps pur *diphasé* (c'est-à-dire sous deux phases physiques différentes). Elle impose une relation entre la pression P et la température T dans le système. Ceci sera précisé dans le paragraphe 7.

4.4 Équation d'état

a) Définition

L'expérience montre que les variables d'état d'un système ne sont pas indépendantes mais qu'il existe entre ces variables une relation vérifiée dans tous les états d'équilibre d'un système donné.

> On appelle **équation d'état** une relation vérifiée par les variables d'état du système à l'équilibre.
> Dans le cas d'un échantillon de matière sous une seule phase, il s'agit d'une relation liant la température T, la pression P, le volume V et la quantité de matière n, qui peut s'écrire symboliquement :
> $$f(T,P,V,n) = 0.$$

L'équation d'état est un renseignement très utile quand on cherche à déterminer l'ensemble des variables d'état du système dans un état d'équilibre inconnu.

b) Équation d'état d'un gaz parfait

> Le gaz parfait est un modèle théorique de gaz dans lequel les molécules n'ont aucune interaction entre elles.

Ce modèle correspond à la réalité si les molécules du gaz sont très éloignées les une des autres, c'est-à-dire à faible pression. On observe alors expérimentalement l'équation suivante, où N est le nombre de molécules et V le volume :

$$\boxed{PV = Nk_BT.} \tag{22.3}$$

On écrit le plus souvent cette relation en remplaçant le nombre des particules microscopiques par leur quantité de matière $n = \dfrac{N}{\mathcal{N}_A}$ où $\mathcal{N}_A$ est le nombre d'Avogadro, ce qui fait apparaître la **constante des gaz parfaits** :

$$\boxed{R = \mathcal{N}_A k_B = 8{,}314\,\text{J.K}^{-1}.\text{mol}^{-1}.}$$

On obtient l'**équation d'état du gaz parfait** :

$$\boxed{PV = nRT.} \tag{22.4}$$

D'après l'équation du gaz parfait le volume molaire V_m d'un gaz parfait, pour une température T et une pression P, est :

$$V_m = \frac{V}{n} = \frac{RT}{P},$$

et le volume massique :

$$v = \frac{V}{m} = \frac{nRT}{mP} = \frac{RT}{MP},$$

où M est la masse molaire du gaz parfait.

Exemple

Bien qu'un gaz réel ne se comporte pas, en général, comme un gaz parfait, cette formule permet de trouver le bon ordre de grandeur du volume molaire d'un gaz. Par exemple, dans les **conditions normales de température et pression (CNTP)**, soit pour $T = 273{,}15\,\text{K}$ et $P = 1{,}0133.10^5$ Pa, on calcule :

$$V_m = \frac{8{,}3145 \times 273{,}15}{1.0133.10^5} = 22{,}41.10^{-3}\,\text{m}^3.\text{mol}^{-1} = 22{,}41\,\text{L.mol}^{-1},$$

valeur qui a déjà été utilisée dans le courant de ce chapitre. Dans des conditions de température et de pression les gaz parfaits ont tous le même volume molaire, mais leur volume massique dépend de la masse molaire. Pour de l'air, de masse molaire $M_{\text{air}} = 29{,}0.10^{-3}\,\text{kg.mol}^{-1}$, le volume massique dans les conditions normales est :

$$v_{\text{air}} = \frac{V_m}{M_{\text{air}}} = \frac{22{,}41}{29{,}0.10^{-3}} = 0{,}773\,\text{m}^3.\text{kg}^{-1}$$

et la masse volumique :

$$\rho_{\text{air}} = \frac{1}{v_{\text{air}}} = 1{,}29\,\text{kg.m}^{-3}.$$

c) Équation d'état d'une phase condensée idéale

On appelle phase condensée un solide ou un liquide. Une phase condensée se distingue fortement d'un gaz par les caractères suivants :

- elle a une masse volumique nettement plus importante (d'où son nom de phase condensée) qui est typiquement 1000 fois plus grande que la masse volumique d'un gaz ;
- son volume diminue très peu lorsque la pression augmente : une phase condensée est très peu compressible ;
- son volume augmente très peu lorsque la température augmente : une phase condensée est très peu dilatable.

La modèle le plus simple est la **phase condensée indilatable et incompressible** dont le volume est une constante, indépendante de la température et de la pression. Son équation d'état s'écrit :

$$\boxed{V = nV_{m,0},}$$

où $V_{m,0}$ est le volume molaire qui a une valeur constante, indépendante de la température et de la pression.

Exemple

Il faut connaître l'ordre de grandeur du volume molaire d'une phase condensée. On peut prendre comme point de repère l'exemple de l'eau dont la masse volumique dans les conditions normales est bien connue : $\rho_{\text{eau}} = 1{,}0.10^3$ kg.m^{-3}.

La masse molaire de l'eau étant $M_{\text{eau}} = 18.10^{-3}$ kg.m^{-3}, on peut en déduire :

$$V_{m,\text{eau}} = \frac{M_{\text{eau}}}{\rho_{\text{eau}}} = \frac{18.10^{-3}}{1{,}0.10^3} = 1{,}8.10^{-5}\ \text{m}^3.\text{mol}^{-1}.$$

Il est environ 1000 fois plus petit que le volume molaire du gaz parfait dans les conditions normales de température et de pression que l'on a calculé plus haut.

5 Énergie interne, capacité thermique à volume constant

5.1 L'énergie interne *U*

a) Définition

Pour définir l'énergie interne d'un système thermodynamique Σ on se place dans un référentiel où Σ est *macroscopiquement au repos*, c'est-à-dire qu'il n'y a pas de mouvement de matière à l'échelle macroscopique.

L'**énergie interne** U du système thermodynamique Σ est la valeur moyenne de l'énergie totale des particules microscopiques de Σ. Elle comprend :

- l'énergie cinétique des particules microscopiques ;
- l'énergie potentielle d'interaction de ces particules.

L'énergie interne se mesure en joules, de symbole J.

U dépend des variables d'état T, P, V, n du système Σ. C'est une **fonction d'état** du système :

$$U = U(T,P,V,n).$$

b) Propriétés

L'énergie interne est une fonction d'état **extensive** : pour un échantillon de corps pur monophasé, elle est proportionnelle à la quantité de matière. Elle est aussi **additive**, ce qui s'écrit :

$$U_{\Sigma_1+\Sigma_2} = U_{\Sigma_1} + U_{\Sigma_2},$$

où $\Sigma_1 + \Sigma_2$ désigne la réunion des systèmes Σ_1 et Σ_2. Cette propriété sera utilisée pour calculer l'énergie interne d'un système complexe. Les propriétés d'extensivité et d'additivité sont liées (en particulier l'additivité implique l'extensivité) et très souvent confondues. On pourra considérer que les deux adjectifs sont synonymes.

5.2 La capacité thermique à volume constant C_V

a) Définition

Elle est précisée dans l'encadré page suivante.

On appelle **capacité thermique à volume constant** d'un système *fermé* Σ la grandeur C_V telle que la variation $\mathrm{d}U$ de l'énergie interne de Σ lorsque la température varie de $\mathrm{d}T$, *le volume restant constant*, est :

$$\mathrm{d}U = C_V\,\mathrm{d}T.$$

C_V se mesure en joules par kelvin : $\mathrm{J.K^{-1}}$.

b) Propriétés

La capacité thermique à volume constant est une grandeur **extensive** et **additive**.

Pour un échantillon de corps pur, dont la « taille » est donnée par la quantité de matière n elle se calcule par :

$$C_V = nC_{Vm},$$

où C_{Vm} est la **capacité thermique molaire à volume constant** qui s'exprime en $\mathrm{J.K^{-1}.mol^{-1}}$.

Si la « taille » est donnée par la masse m, on la calcule par :

$$C_V = mc_V,$$

où c_V est la **capacité thermique massique à volume constant** qui s'exprime en $\mathrm{J.K^{-1}.kg^{-1}}$. En notant M la masse molaire du corps pur, on a $m = nM$, donc :

$$C_{Vm} = Mc_V.$$

5.3 Cas d'un gaz parfait

a) Cas du gaz parfait monoatomique

Dans un gaz parfait les particules n'interagissent pas donc leur énergie potentielle d'interaction est nulle. Ainsi l'énergie interne se réduit à l'énergie cinétique des particules.

L'expression **gaz parfait monoatomique** désigne un gaz parfait dont les molécules ne comportent qu'un atome (cas des gaz rares comme l'hélium et le néon). On a vu que l'énergie cinétique moyenne par particule est alors : $\langle E_c\rangle = \frac{3}{2}k_BT$ où k_B est la constante de Boltzmann. Par suite l'énergie interne d'un échantillon de N particules d'un gaz parfait monoatomique est :

$$U = N\langle E_c\rangle = \frac{3}{2}Nk_BT.$$

On peut aussi l'exprimer en fonction de la quantité de matière $n = \dfrac{N}{\mathcal{N}_A}$:

$$U = \frac{3}{2}nRT, \qquad (22.5)$$

puisque $R = \mathcal{N}_A k_B$. Si T varie de $\mathrm{d}T$, U varie de $\mathrm{d}U = \frac{3}{2}nR\mathrm{d}T$ donc la capacité thermique à volume constant est :

$$C_V = \frac{3}{2}nR. \qquad (22.6)$$

La capacité thermique à volume constant molaire et la capacité thermique à volume constant massique sont donc, en notant M la masse molaire du gaz :

$$C_{Vm} = \frac{3}{2}R \quad \text{et} \quad c_V = \frac{3}{2}\frac{R}{M}.$$

Numériquement : $C_{Vm} = 12{,}5\,\text{J.K}^{-1}.\text{mol}^{-1}$. La capacité thermique molaire ne dépend pas de la masse molaire du gaz parfait, mais la capacité thermique massique en dépend. Dans le cas, par exemple, de l'hélium de masse molaire $M_{\text{He}} = 4{,}00.10^{-3}\,\text{kg.mol}^{-1}$, on calcule $c_V = 3{,}13.10^3\,\text{J.K}^{-1}.\text{kg}^{-1}$.

D'après l'équation (22.5), l'énergie interne molaire du gaz parfait monoatomique est

$$U_m = \frac{3}{2}RT.$$

Elle ne dépend que de la température. Ce résultat est connu sous le nom de **première loi de Joule** et il est vérifié par tous les gaz parfaits.

b) Cas d'un gaz parfait diatomique

Le cas du **gaz parfait diatomique** est particulièrement important. En effet l'air est constitué essentiellement de diazote N_2 et de dioxygène O_2, deux gaz diatomiques.

Pour un gaz parfait non monoatomique, la capacité thermique à volume constant dépend *a priori* de la température. Pour un gaz parfait diatomique aux températures usuelles, elle vaut :

$$C_V = \frac{5}{2}nR. \tag{22.7}$$

La capacité thermique molaire à volume constant et la capacité thermique massique à volume constant du gaz parfait diatomique sont alors :

$$C_{Vm} = \frac{5}{2}R \quad \text{et} \quad c_V = \frac{5}{2}\frac{R}{M}.$$

Numériquement : $C_{Vm} = 20{,}8\,\text{J.K}^{-1}.\text{mol}^{-1}$. Elle est plus élevée que pour un gaz parfait monoatomique. Dans le cas de l'air qui peut être considéré comme un gaz parfait diatomique de masse molaire $M_{\text{air}} = 29{,}0.10^{-3}\,\text{kg.mol}^{-1}$, $c_V = 7{,}2.10^2\,\text{J.K}^{-1}.\text{kg}^{-1}$.

c) Première loi de Joule

Les gaz parfaits vérifient la **première loi de Joule** : leur énergie interne molaire ne dépend que de la température, ce que l'on peut écrire :

$$U_m = U_m(T).$$

La capacité thermique molaire à volume constante est alors : $C_{Vm} = \dfrac{\mathrm{d}U_m}{\mathrm{d}T}$.

Sur un domaine de température où C_{Vm} peut être considérée comme constante on a :

$$U_m(T) = C_{V_m}T + \text{constante}.$$

Et si la température varie de T_i à T_f la variation de l'énergie interne molaire, différence entre l'énergie interne molaire dans l'état final $U_{m,f}$ et dans l'état initial $U_{m,i}$ est :

$$\Delta U_m = U_{m,f} - U_{m,i} = C_{Vm}(T_f - T_i). \tag{22.8}$$

5.4 Cas d'une phase condensée incompressible

a) Énergie interne d'une phase condensée incompressible

Comme il a été dit plus haut, les phases condensées (solide et liquide) sont quasi incompressibles. Ainsi, le volume molaire V_m est une constante V_{m0}. L'énergie interne molaire U_m peut dépendre *a priori* de la température T et de la pression P. On admettra qu'une variation de pression est sans influence, non seulement sur le volume, mais aussi sur les autres propriétés thermodynamiques de la phase condensée incompressible, parmi lesquelles son énergie interne.

L'énergie interne d'une phase condensée (solide ou liquide) incompressible ne dépend que de la température :

$$U_m = U_m(T).$$

La capacité thermique molaire à volume constant est donc :

$$C_{Vm} = \frac{\mathrm{d}U_m}{\mathrm{d}T}.$$

On utilise souvent pour les phases condensées l'énergie interne massique $u(T)$ et la capacité thermique à volume constant massique :

$$c_V = \frac{\mathrm{d}u}{\mathrm{d}T}.$$

b) Capacité thermique à volume constant

La capacité thermique à volume constant n'a pas la même valeur que pour un gaz parfait, elle peut être beaucoup plus grande. Par exemple, pour l'eau :

$$c_{V,\text{eau}} = 4{,}18.10^3\,\text{J.K}^{-1}.\text{kg}^{-1},$$

soit $C_{Vm,\text{eau}} = 75{,}2\,\text{J.K}^{-1}.\text{mol}^{-1}$. Toutefois l'eau est un liquide de capacité thermique particulièrement élevée.

La capacité thermique molaire à volume constant de nombreux corps purs à l'état solide aux température usuelles vérifie $C_{Vm} \simeq 3R$ soit $C_{Vm} \approx 25.10^3\,\text{J.K}^{-1}.\text{mol}^{-1}$. Ce résultat est la loi empirique de Dulong et Petit.

c) Variation de l'énergie interne molaire entre deux températures

La capacité thermique à volume constant d'une phase condensée dépend en toute rigueur de la température. Cependant, dans un domaine de température *limité*, on pourra la considérer comme quasi constante et écrire la variation d'énergie interne molaire entre deux températures T_1 et T_2 de la manière suivante :

$$\Delta U_m = U_m(T_2) - U_m(T_1) = C_{Vm}(T_2 - T_1).$$

6 Étude expérimentale d'un fluide réel

Ce paragraphe est consacré à l'étude expérimentale de l'équation d'état d'un fluide réel, l'hexafluorure de soufre SF_6.

6.1 Dispositif expérimental

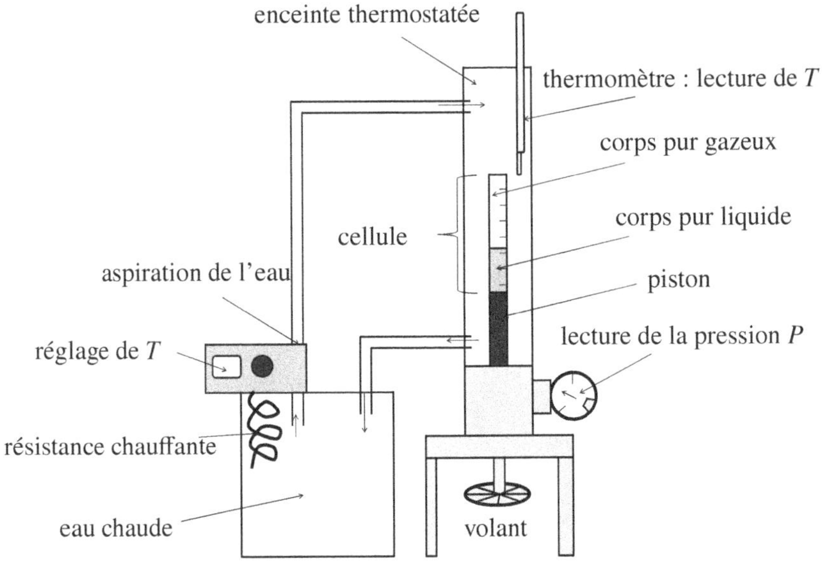

Figure 22.7 – Dispositif pour l'étude de l'équation d'état d'un corps pur.

L'appareil est représenté sur la figure 22.7. L'échantillon étudié est contenu dans une cellule dont on peut faire varier le volume en tournant un volant situé au bas de l'appareil, ce qui a pour effet de déplacer un piston. Il est placé dans une enceinte thermostatée grâce à un dispositif de circulation d'eau chaude, ce qui permet de contrôler et faire varier à volonté la température T. Un thermomètre permet de savoir si la température est bien stabilisée à la valeur demandée. Un manomètre mesure la pression P dans la cellule.

La cellule et l'enceinte thermostatée sont transparentes, ce qui permet de savoir si l'échantillon est gazeux, liquide ou les deux à la fois.

6.2 Étude expérimentale du gaz SF_6 dans le diagramme d'Amagat

a) Tracé expérimental d'isothermes dans le diagramme d'Amagat

Le **diagramme d'Amagat** est le diagramme (PV,P) dans lequel on a en abscisse la pression P et en ordonnée le produit PV de la pression par le volume.

⚠ L'usage en thermodynamique est de désigner un diagramme plan par l'expression « diagramme (Y,X) » où Y est la grandeur portée en ordonnée et X la grandeur portée en abscisse.

Pour tracer une isotherme dans le diagramme d'Amagat, on maintient la température constante à une valeur T_0 et on fait varier pas à pas le volume V, ce qui entraîne une variation de la pression P. Il faut attendre à chaque fois plusieurs minutes afin de laisser le temps au système d'atteindre son état d'équilibre. On lit les valeurs de P et V et on porte sur le graphe le point d'ordonnée PV et d'abscisse P.

Les résultats d'expériences dans lesquelles l'échantillon est constamment gazeux est représenté sur la figure 22.8, pour quelques valeurs de la température T_0.

L'incertitude de lecture sur la pression est de $\pm 0{,}25$ bar, celle sur le volume de $\pm 0{,}05$ mL et celle sur la température de $\pm 0{,}5$ °C.

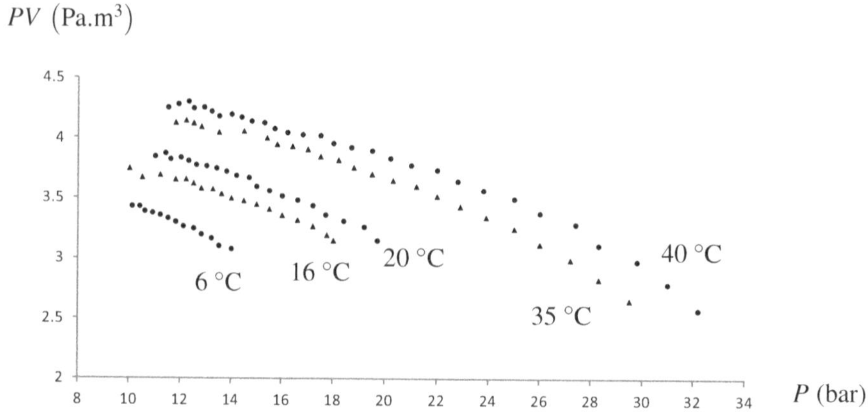

Figure 22.8 – Isothermes de SF_6 dans le diagramme d'Amagat.

b) Interprétation

La première observation sur la figure 22.8 est que *le gaz étudié ne se comporte pas comme un gaz parfait*. En effet, pour un gaz parfait à la température T_0, $PV = nRT_0$ où n est la quantité de matière de l'échantillon, soit PV = constante si la température T_0 est fixée, donc les isothermes sont des droites horizontales. Ce n'est manifestement pas le cas ici.

Cependant, aux plus basses pressions (comprises entre 10 et 19 bar), les points d'une isotherme sont pratiquement alignés (voir figure 22.9).

Pour chaque température on a cherché la droite $PV = a + bP$ passant le plus près possible des points expérimentaux. Les valeurs de a trouvées pour les différentes températures sont rassemblées dans le tableau 22.2. Si l'on calcule $\frac{a}{RT_0}$, on trouve une valeur constante, aux incertitudes de l'expérience près. Donc la limite du terme $\frac{PV}{RT_0}$ lorsque P tend vers 0 est une constante. Or, si le gaz était parfait, $\frac{PV}{RT_0} = n$ serait constant. On voit ici se manifester une propriété générale des gaz réels :

> Lorsque la pression P tend vers 0, tous les gaz réels se comportent comme des gaz parfaits.

Remarque

Cette propriété s'interprète facilement : un gaz parfait est un gaz dont les molécules n'interagissent pas entre elles. Lorsque la pression diminue, les molécules sont tellement séparées qu'elles ne peuvent plus interagir.

On détermine ainsi la quantité de matière de l'échantillon : $n = (1{,}89 \pm 0{,}03)\,.10^{-3}$ mol.

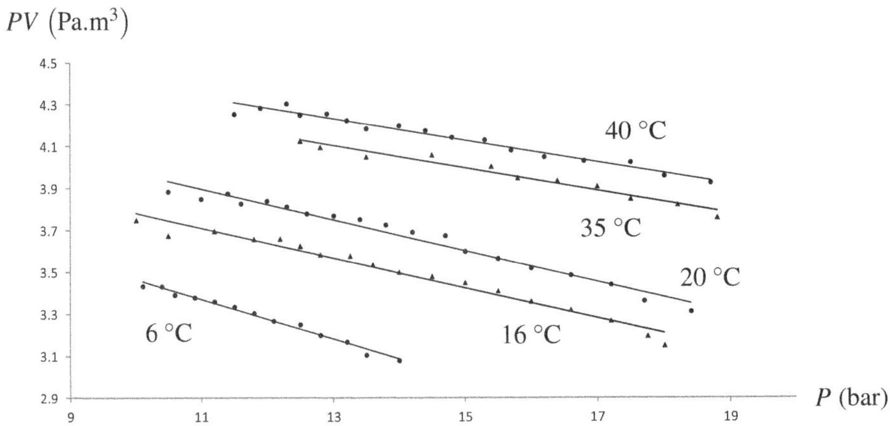

Figure 22.9 – Approximation des isothermes par des droites aux faibles pressions.

T_0 (°C)	6	16	20	35	40
T_0 (K)	279	289	293	308	313
a (Pa.m^3)	$4{,}41 \pm 0{,}09$	$4{,}50 \pm 0{,}09$	$4{,}7 \pm 0{,}09$	$4{,}81 \pm 0{,}13$	$4{,}90 \pm 0{,}08$
$10^3 \dfrac{a}{RT_0}$ (mol)	$1{,}90 \pm 0{,}05$	$1{,}87 \pm 0{,}04$	$1{,}93 \pm 0{,}04$	$1{,}88 \pm 0{,}06$	$1{,}89 \pm 0{,}04$

Tableau 22.2 – Détermination de la quantité de matière de l'échantillon.

6.3 Étude expérimentale de SF_6 dans le diagramme de Clapeyron

a) Tracé expérimental d'isothermes dans le diagramme de Clapeyron

Le **diagramme de Clapeyron** est le diagramme (P,V) : diagramme dans lequel on porte en ordonnée la pression P et en abscisse le volume V.

Pour tracer une isotherme de SF_6 dans le diagramme de Clapeyron, on maintient la température constante à une valeur T_0 et on fait varier le volume V, ce qui entraîne une variation de la pression P. On lit à chaque fois les valeurs de P et V et on porte sur le graphe le point d'ordonnée P et d'abscisse V.

Les isothermes trouvées pour T_0 = 6 °C, 16 °C, 20 °C, 25 °C, 30 °C, 35 °C, 40 °C, 45,5 °C, 50 °C et 55 °C sont représentées sur la figure 22.10 page suivante.

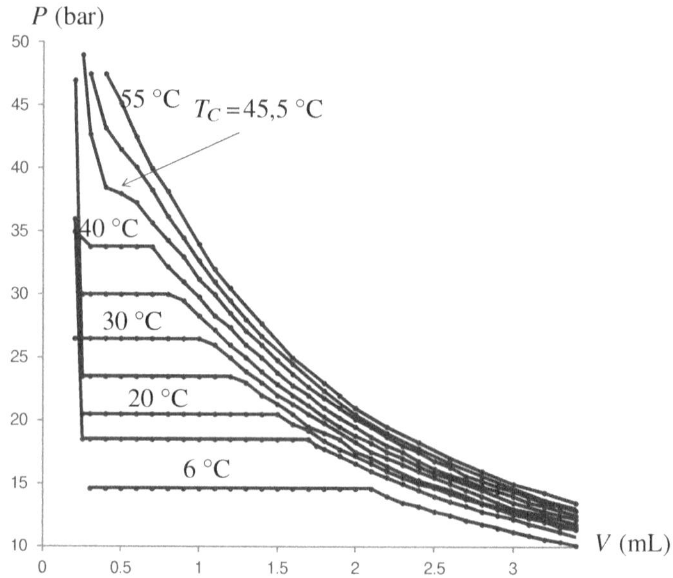

Figure 22.10 – Isothermes expérimentales de SF_6 dans le diagramme de Clapeyron.

b) Comparaison avec le gaz parfait

Pour un gaz parfait, l'isotherme T_0 dans le diagramme de Clapeyron a pour équation : $P = \dfrac{nRT_0}{V}$. C'est une branche d'hyperbole.

Seule l'isotherme $T_0 = 55$ °C ressemble à une branche d'hyperbole, mais on a vu que le gaz SF_6 ne se comporte pas comme un gaz parfait.

c) Analyse des résultats

Palier de liquéfaction Les isothermes de température inférieure à 40 °C présentent un palier horizontal (voir figure 22.10). L'observation de l'échantillon montre que sur ce palier le système est *diphasé* : il comprend une phase liquide et une phase gaz (la phase liquide est nettement visible au bas de la cellule). Ce palier est appelé *palier de liquéfaction*.

Lorsque le volume diminue, la température étant constante, l'échantillon est d'abord entièrement gazeux (à droite du palier de liquéfaction), puis diphasé (sur le palier de liquéfaction), puis entièrement liquide (à gauche du palier de liquéfaction).

Comparaison des compressibilités du gaz et du liquide Dans la partie de ces isothermes où l'échantillon est entièrement liquide (pour un volume inférieur à environ 0,20 mL), les isothermes ont une pente négative très grande : la pression augmente de plusieurs dizaines de bars pour une variation du volume de 0,01 mL (il faut d'ailleurs faire attention car la pression ne doit pas dépasser 50 bar). Cette pente très négative montre que le liquide est très difficilement compressible, il garde quasiment un volume constant même pour des variations importantes de la pression.

Les isothermes ont des pentes beaucoup plus faibles dans la partie où l'échantillon est gazeux, ce qui montre que le gaz est plus facilement compressible.

6.4 Diagramme de phase (*P*,*T*) expérimental

Pour chaque température T_0 la valeur de la pression correspondant au palier de liquéfaction sur l'isotherme T_0 est appelée **pression de vapeur saturante** à la température T_0 et notée $P_{sat}(T_0)$.

Les valeurs de la pression de vapeur saturante déterminées expérimentalement pour les températures T_0 = 6 °C, 16 °C, 20 °C, 25 °C, 30 °C, 35 °C, 40 °C ont été portées en fonction de la température sur la figure 22.11.

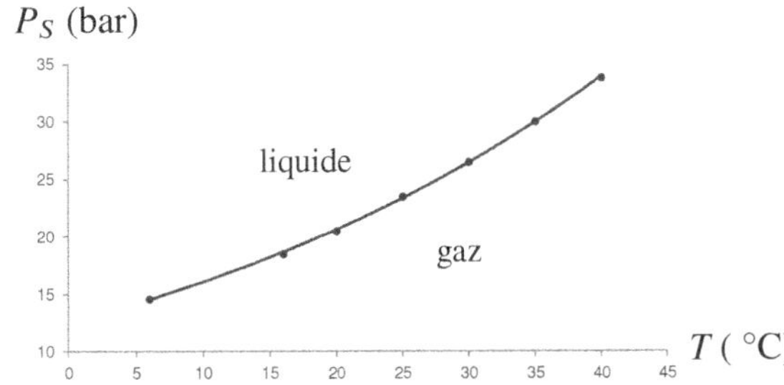

Figure 22.11 – Pression de vapeur saturante en fonction de la température.

Pour chacune de ces températures on a pu constater que :

- le système contient uniquement du gaz si $T = T_0$ et $P < P_{sat}(T_0)$;
- le système contient à la fois du gaz et du liquide si $T = T_0$ et $P = P_{sat}(T_0)$;
- le système contient uniquement du liquide si $T = T_0$ et $P > P_{sat}(T_0)$.

Ainsi, au-dessus de la courbe de la figure 22.11, on observe du liquide et en dessous du gaz. Sur la courbe le liquide et le gaz coexistent, le système est diphasé.

7 Corps pur diphasé en équilibre

Ce paragraphe est consacré aux **systèmes diphasés**, c'est-à-dire qui contiennent un corps pur simultanément dans deux phases physiques différentes.

7.1 Changements d'état physique

Lorsque la matière évolue d'un état physique (solide, liquide ou gaz) à un autre, on dit qu'il y a **changement d'état**. Les noms des différents changements d'état sont donnés sur la figure 22.12.

Les changements d'état ont une très grande importance. Ils interviennent dans des phénomènes naturels comme le cycle de l'eau qui fait alterner précipitation et évaporation. Dans la vie courante, certains appareils utilisent ces transformations tels les réfrigérateurs, congélateurs, climatiseurs, pompes à chaleur (voir chapitre 26).

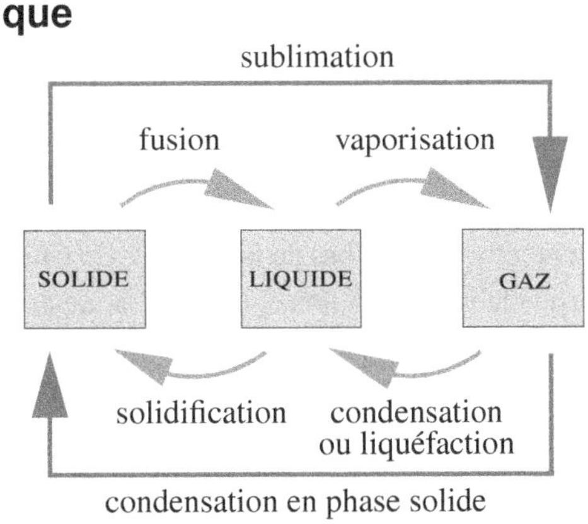

Figure 22.12 – Le vocabulaire des changements d'état.

> **Remarque**
> Pour certains corps, il existe plusieurs phases solides appelées *variétés allotropiques*. Pour l'eau, par exemple, on connaît plus de 11 types de glace. Le changement d'état entre deux variétés allotropiques d'un solide s'appelle *transition allotropique*.

7.2 Diagramme de phases (*P*,*T*)

Pour chaque corps pur on établit expérimentalement des **diagrammes de phases** qui indiquent sous quelle phase physique ce corps se présente suivant les valeurs de certains paramètres d'état. Le diagramme le plus simple est le diagramme (P,T) sur lequel on a la pression en ordonnée et la température en abscisse.

a) Deux exemples

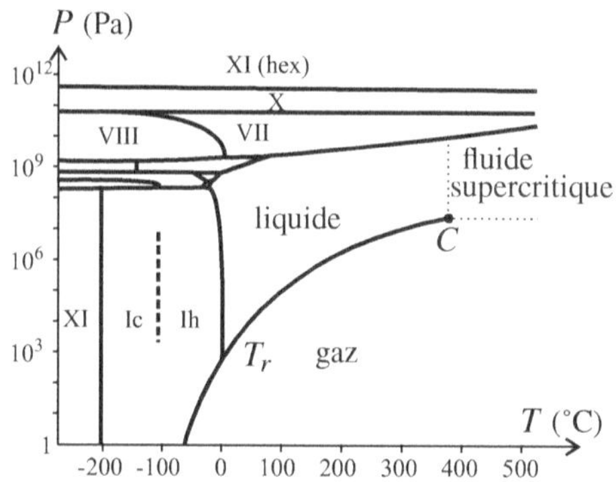

Figure 22.13 – Diagramme de phases (P,T) de l'eau. Chaque chiffre romain correspond à une variété allotropique de la glace.

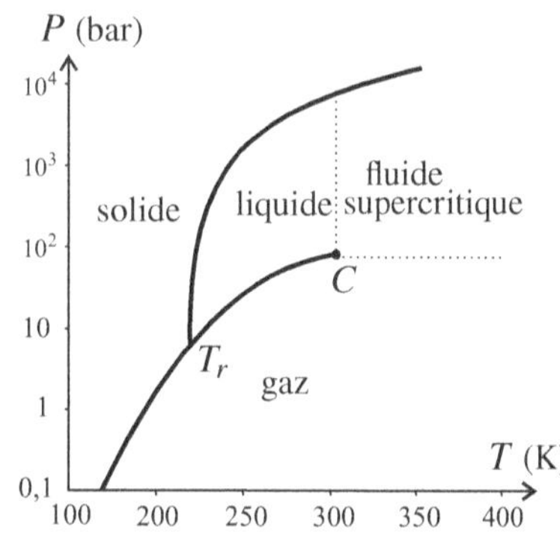

Figure 22.14 – Diagramme de phases (P,T) du dioxyde de carbone CO_2.

Les figures 22.13 et 22.14 montrent les diagrammes de phases (P,T) de l'eau et du dioxyde de carbone avec une échelle logarithmique pour la pression afin de couvrir une très large gamme de valeurs. Les figures 22.15 et 22.16 montrent une partie des mêmes diagrammes avec une échelle linéaire pour la pression (et une gamme de pressions réduite). Dans la suite on raisonne sur ces deux diagrammes, plus simples.

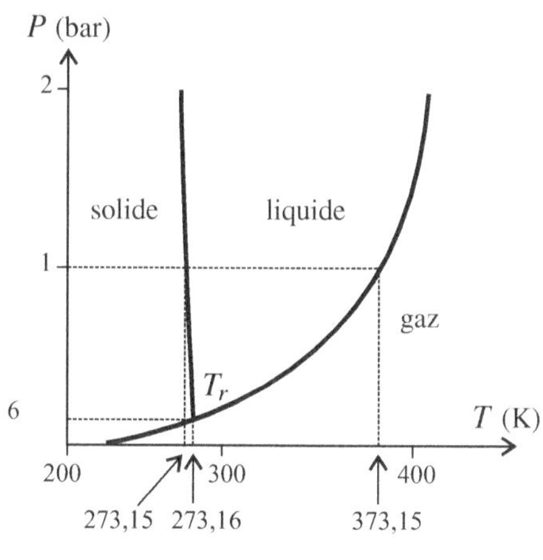

Figure 22.15 – Diagramme de phases de l'eau.

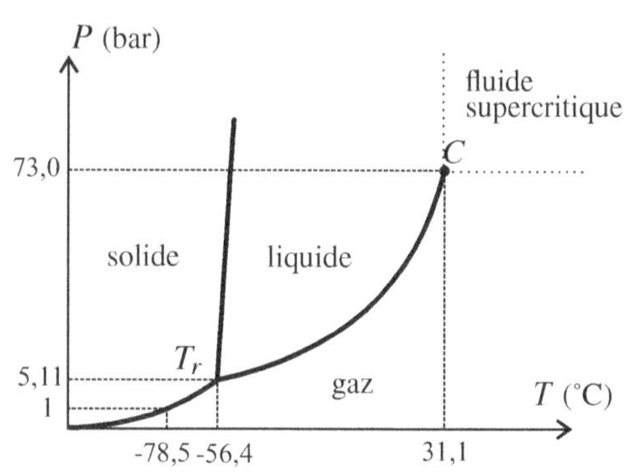

Figure 22.16 – Diagramme de phases du dioxyde de carbone.

b) Interprétation du diagramme

Identification des zones On peut retrouver facilement sur un diagramme simple comme ceux des figures 22.15 et 22.16 l'attribution des trois zones aux phases solide, liquide et gaz :

- la phase stable pour les plus hautes pressions et les plus basses températures est la phase solide ;
- le liquide est stable pour des pressions plus élevées que le gaz.

Condition d'équilibre entre deux phases Deux phases différentes ne coexistent à l'équilibre que sur la courbe du diagramme (P,T) qui sépare leurs zones de stabilité. Ceci impose une relation entre la pression P et la température T appelée la condition d'équilibre de diffusion :

Un corps ne peut exister à l'équilibre simultanément dans deux phases différentes I et II que si la pression et la température vérifient :

$$P = P_{I-II}(T),$$

où $P_{I-II}(T)$ est la **pression d'équilibre** à la température T pour les phases I et II de ce corps pur.

La courbe séparant les zones de stabilité des phases I et II dans le diagramme de phases (P,T) est la représentation graphique de la pression d'équilibre P_{I-II} en fonction de T.

Exemple

Sur le diagramme de l'eau figure 22.15 on retrouve des valeurs connues :

- $P_{L-G}(373{,}15\text{K}) = 1$ bar, ce qui correspond au fait que l'eau bout à 100 °C ;
- $P_{S-L}(273{,}15\text{K}) = 1$ bar, ce qui correspond au fait que l'eau gèle à 0 °C.

Sur le diagramme du CO_2, figure 22.16, on lit : $P_{S-G}(-78{,}5\ °\text{C}) = 1$ bar. Ainsi, sous une pression de 1 bar le gaz se transforme en solide (neige carbonique) à la température de $-78{,}5$ °C.

Point triple Il existe sur le diagramme un point, appelé **point triple**, où les trois phases solide, liquide et gaz coexistent à l'équilibre. C'est le point noté T_r sur le diagramme, dont les coordonnées (P_{T_r}, T_{T_r}) sont telles que :

$$P_{T_r} = P_{S-L}(T_{T_r}) = P_{L-G}(T_{T_r}) = P_{S-G}(T_{T_r}).$$

Les coordonnées du point triple sont caractéristiques du corps pur.

Exemple

Les coordonnées du point triple de l'eau sont : $T_{T_r,H_2O} = 273{,}16$ K et $P_{T_r,H_2O} = 611$ Pa.

Les coordonnées du point triple du dioxyde de carbone sont : $T_{T_r,CO_2} = 56{,}4$ K et $P_{T_r,CO_2} = 5{,}11$ bar.

Point critique On peut constater sur les figures 22.13, 22.14 et 22.16 que la courbe d'équilibre entre le liquide et le gaz s'interrompt en un point noté C. Ce point est appelé **point critique**. Les coordonnées P_C et T_C de ce point sont appelées pression critique et température critique.

L'état physique du corps pur pour une température supérieure à sa température critique et une pression supérieure sa pression critique est appelé **fluide supercritique**. Cet état fluide ne peut être qualifié ni de gazeux, ni de liquide.

> **Exemple**
> Les coordonnées du point critique de l'eau sont : $T_{C,H_2O} = 647$ °C et $P_{C,H_2O} = 218$ bar.

7.3 Variables d'état d'un système diphasé

On considère un système Σ en équilibre thermodynamique constitué par un corps pur simultanément sous deux phases différentes I et II. Quelles sont les variables d'état nécessaires pour décrire ce système à l'équilibre ?

Si l'on connaît la température T de Σ on connaît sa pression puisqu'elle est nécessairement égale à $P_{I,II}(T)$, pression d'équilibre entre les phases I et II. De même si l'on connaît la pression P de Σ on connaît sa température T puisqu'elle est telle que : $P_{I,II}(T) = P$.

Il faut un paramètre qui donne la proportion des phases I et II dans le système Σ. On peut préciser les masses m_I et m_{II} respectives des deux phases, la masse du système étant $m = m_I + m_{II}$. On peut aussi donner les quantités de matière n_I et n_{II} respectives des deux phases, la quantité de matière du système étant $n = n_I + n_{II}$.

On utilise souvent les **titres massiques** w_I et w_{II} respectifs des phases I et II dans le système définis par :

$$w_I = \frac{m_I}{m_I + m_{II}} \quad \text{et} \quad w_{II} = \frac{m_{II}}{m_I + m_{II}},$$

ou les **titres molaires** :

$$x_I = \frac{n_I}{n_I + n_{II}} \quad \text{et} \quad x_{II} = \frac{n_{II}}{n_I + n_{II}}.$$

Ces titres vérifient les relations : $w_I + w_{II} = 1$ et $x_I + x_{II} = 1$. De plus, M étant la masse molaire du corps pur considéré, on a : $m_I = n_I M$ et $m_{II} = n_{II} M$, de sorte que :

$$w_I = x_I \quad \text{et} \quad w_{II} = x_{II}.$$

> L'état d'un échantillon de corps pur diphasé comportant les phases I et II est entièrement déterminé par les variables d'état suivantes :
> - température T ;
> - masse m ou quantité de matière n ;
> - titre massique (ou molaire) x_{II} de la phase II.

Par exemple, si l'on connaît (T,m,x_{II}) on en déduit :

- la pression, qui est nécessairement :

$$P = P_{I-II}(T),$$

- les masses des deux phases :

$$m_I = (1 - x_{II})m \quad \text{et} \quad m_{II} = x_{II}m,$$

- les volumes des deux phases : $V_I = m_I v_I = (1 - x_{II}) m v_I$ et $V_{II} = m_{II} v_{II} = x_{II} m v_{II}$, en notant v_I et v_{II} les volumes massiques respectifs des deux phases, et le volume du système :
$$V = V_I + V_{II} = m(1 - x_{II}) v_I + m x_{II} v_{II},$$
- le volume massique global du système :
$$v = \frac{V}{m} = (1 - x_{II}) v_I + x_{II} v_{II}.$$

7.4 Étude de l'équilibre liquide-gaz

Dans ce paragraphe on s'intéresse à l'équilibre entre un corps pur sous les formes liquide et gaz. Dans ce contexte, le gaz est fréquemment désigné par le mot « vapeur ».

a) Pression de vapeur saturante

La pression d'équilibre entre le liquide et le gaz à la température T, $P_{L-G}(T)$, est appelée **pression de vapeur saturante**. Dans la suite on la notera $P_{\text{sat}}(T)$, selon l'usage le plus répandu.

La courbe représentative de $P_{\text{sat}}(T)$ en fonction de T commence au point triple et se termine au point critique. C'est, dans le plan (P,T), le lieu des points où il y a équilibre entre le liquide et la vapeur. Elle sépare le domaine où le corps pur est liquide du domaine où il est gazeux.

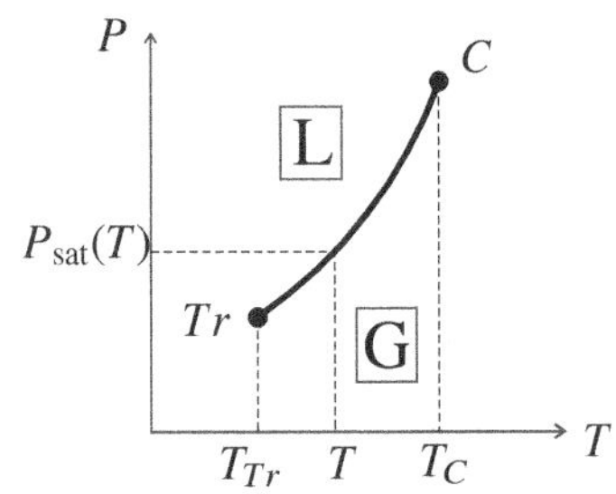

Figure 22.17 – Courbe $P_{\text{sat}}(T)$.

Pour un système contenant un corps pur, à la température T et la pression P :
- si $P < P_{\text{sat}}(T)$, le système à l'équilibre ne contient que de la vapeur, qualifiée de « vapeur sèche » ;
- si $P = P_{\text{sat}}(T)$, le système à l'équilibre contient à la fois du liquide et de la vapeur ;
- si $P > P_{\text{sat}}(T)$, le système à l'équilibre ne contient que du liquide.

On ne peut donc pas observer de vapeur sèche pour une pression supérieure à la pression de vapeur saturante.

Remarque

Plus $P_{\text{sat}}(T)$ est élevée, plus le corps est volatil. Ainsi l'éther (beaucoup plus volatil que l'eau) a une pression de vapeur saturante égale à 0,59 bar à 293 K alors que celle de l'eau est 0,023 bar.

b) Variation de P_{sat} avec T

Comme on le voit sur la figure 22.17, P_{sat} est une fonction croissante de la température.

Pour l'eau, il existe formules semi-empiriques ou approchées donnant la pression de P_{sat} en fonction de T :

- la formule de Duperray, qui est valable sur un large domaine de température :
$$\ln P_{\text{sat}} = A - \frac{B}{T} - C \ln T \quad \text{où } A, B \text{ et } C \text{ sont des constantes ;}$$

- la formule de Duperray ci-dessous, dans laquelle θ est la température en °C et qui est valable seulement autour de 100 °C :

$$P_{\text{sat}} = P_0 \left(\frac{\theta}{\theta_0} \right)^4 \quad \text{avec} \quad P_0 = 1 \text{ bar et } \theta_0 = 100 \text{ °C}.$$

c) Température d'ébullition

On appelle **température d'ébullition** sous la pression P la température $T_{eb}(P)$ telle que :

$$P_{\text{sat}}(T_{eb}(P)) = P.$$

La température d'ébullition est une fonction croissante de la pression.

Exemple

La température d'ébullition de l'eau à la pression $P_0 = 1{,}0$ bar est $\theta_{eb,0} = 100$ °C. En altitude, la pression atmosphérique est notablement plus faible que P_0. La température d'ébullition est donc inférieure à celle observée au niveau de la mer. À 5 000 m la pression n'est plus que $P = 0{,}7$ bar en moyenne et, d'après la formule de Duperray, sous cette pression la température d'ébullition est : $\theta_{eb} = \theta_{eb,0} \left(\frac{P}{P_0} \right)^{\frac{1}{4}} \simeq 90$ °C. Ceci n'est pas sans conséquence : en altitude, il faut plus de temps pour cuire un aliment dans l'eau bouillante car la température de l'eau est plus faible !

d) Diagramme de Clapeyron

Dans ce paragraphe on étudie l'équilibre liquide-gaz dans le diagramme de Clapeyron (P,v) avec la pression P en ordonnée et le volume massique v en abscisse. On se limite à des températures et pression supérieures à T_{T_r} et P_{T_r}, valeurs du point triple. On a déjà rencontré ce diagramme dans le paragraphe 6.

Les isothermes de température T comprises entre T_{T_r} et T_C présentent un palier AB correspondant à l'existence simultanée du liquide et du gaz. Elles sont appelées *isothermes d'Andrews*. L'ordonnée du palier est la pression de vapeur saturante $P_{\text{sat}}(T)$ (voir figure 22.18).

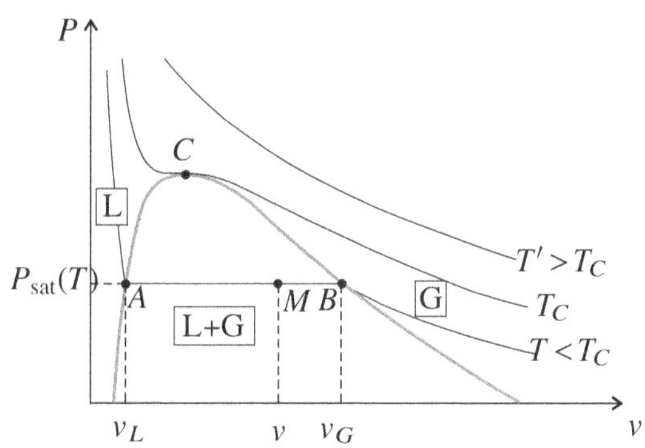

Figure 22.18 – Diagramme de Clapeyron ($P > P_{T_r}$ et $T > T_{T_r}$).

Les points A et B aux extrémités de ces paliers forment une courbe en forme de cloche (en gris sur la figure 22.18), appelée **courbe de saturation**, qui délimite le domaine d'existence simultanée de liquide et de gaz (domaine L+G sur la figure). La partie de la courbe de saturation située à gauche de C, de forte pente positive, s'appelle la **courbe d'ébullition**. La partie située à droite de C de pente négative moins importante est la **courbe de rosée**.

De l'autre côté de la courbe de saturation par rapport au domaine L+G on trouve :

- du côté des petits volumes massiques, le domaine où le liquide existe seul (domaine L sur la figure) ;
- du côté des grands volumes massiques, le domaine où le gaz existe seul (domaine G sur la figure).

e) Composition du mélange liquide-gaz

On considère, à la température T et à la pression $P_{\text{sat}}(T)$, un échantillon de corps pur contenant du liquide et du gaz. Ce système est représenté par le point M sur le diagramme de Clapeyron (voir figure 22.18). L'abscisse de M est le volume massique v de l'échantillon.

Pour connaître l'état du système il faut connaître les titres molaires ou massiques (ici identiques) x_L et x_G respectifs des phases liquide et gaz. On va voir que la position du point M sur le palier de liquéfaction AB donne ce renseignement.

On peut d'abord remarquer que si M est en A, c'est-à-dire sur la frontière avec le domaine du liquide seul, $x_L = 1$ et $x_G = 0$. On a du liquide en équilibre avec une quantité infinitésimale de vapeur, ce que l'on appelle du **liquide saturant seul**. Le volume massique du liquide saturant seul, noté v_L, se lit à l'abscisse du point A (voir figure 22.18).

De même, si M est en B, $x_L = 0$ et $x_G = 1$. On a de la vapeur en équilibre avec une quantité infinitésimale de liquide, ce que l'on appelle de la **vapeur saturante seule**. Le volume massique de la vapeur saturante seule, noté v_G, se lit à l'abscisse du point B (voir figure 22.18).

Le liquide contenu dans le système a pour volume massique v_L et le gaz a pour volume massique v_G. Ainsi, le volume total du système est : $V = m_L v_L + m_G v_G = m x_L v_L + m x_G v_G$. On a aussi : $V = mv$. Il vient donc : $v = x_L v_L + x_G v_G$ soit :

$$v = (1 - x_G) v_L + x_G v_G.$$

On en déduit :

$$x_G = \frac{v - v_L}{v_G - v_L} = \frac{AM}{AB} \quad \text{et} \quad x_L = 1 - x_G = \frac{v_G - v}{v_G - v_L} = \frac{MB}{AB}.$$

Ainsi, plus le point M est près de B (respectivement de A) plus il y a de gaz (respectivement de liquide) dans le système.

Exemple

On connaît la valeur des volumes massiques de la vapeur saturante et de l'eau liquide à $T = 423\,\text{K}$:

$$v_G = 0{,}393\,\text{m}^3.\text{kg}^{-1} \quad \text{et} \quad v_L = 1{,}09.10^{-3}\,\text{m}^3.\text{kg}^{-1}.$$

On cherche la nature de l'état final quand on met dans une enceinte vide, maintenue à 423 K, de volume variable V une masse $m = 100\,\text{g}$ d'eau liquide. Dans un premier cas $V = V_1 = 50\,\text{L}$, dans un deuxième cas $V = V_2 = 1\,\text{L}$.

Pour répondre à la question on calcule le volume massique du système :

- dans le premier cas : $v_1 = \dfrac{V_1}{m} = \dfrac{50.10^{-3}}{0{,}100} = 0{,}50\,\text{kg.m}^{-3}$;

- dans le deuxième cas : $v_2 = \frac{V_2}{m} = \frac{1{,}0.10^{-3}}{0{,}100} = 0{,}010\,\text{kg.m}^{-3}$.

On a : $v_L < v_2 < v_G < v_1$. Donc dans le premier cas le système à l'équilibre ne comporte que de la vapeur et dans le deuxième cas il comporte les deux phases. On obtient le titre massique de la phase vapeur en appliquant la formule encadrée ci-dessus :

$$x_G = \frac{v_2 - v_L}{v_G - v_L} = \frac{0{,}010 - 0{,}001}{0{,}393 - 0{,}001} = 0{,}23.$$

f) Point critique

On revient au diagramme de Clapeyron, figure 22.18. Les courbes d'ébullition et de rosée se rejoignent au **point critique** C qui est le sommet de la courbe de saturation. L'abscisse de ce point dans le diagramme de Clapeyron est le **volume massique critique** v_C. À la température T_C, les volumes massiques v_L et v_G se rejoignent, il n'y a plus de différence entre les propriétés thermodynamiques du liquide et de la vapeur.

Remarque

Ainsi, un liquide a une masse volumique très supérieure à celle de sa vapeur seulement si la température est très inférieure à la température critique.

7.5 Équilibre entre le liquide et la vapeur en présence d'une atmosphère inerte

À la température ambiante typique de 293 K la pression de vapeur saturante de l'eau est $P_{sat,\,\text{eau}} = 2337$ Pa. Elle est nettement inférieure à la pression atmosphérique habituelle qui est proche de 1.10^5 Pa, donc si l'on applique le critère du paragraphe 7.4.a) on en déduit que l'eau est uniquement liquide et que la vapeur d'eau ne doit pas se former. Or on constate tous les jours que l'eau a tendance à s'évaporer, que le linge sèche... En fait le critère précédent n'est valable que si la phase gazeuse ne contient que de la vapeur d'eau. Il faut le modifier lorsqu'on s'intéresse à l'équilibre entre l'eau liquide et la vapeur d'eau mélangée à d'autres gaz (comme l'air dans notre exemple).

a) Pression partielle

On appelle **pression partielle** d'un constituant A d'un mélange gazeux la pression P_A qu'exercerait ce gaz s'il occupait seul l'ensemble du volume offert au mélange.

La pression partielle P_A est donc toujours inférieure à la pression P exercée par le mélange gazeux qui appelée dans ce cas pression totale.

Exemple

L'air est un mélange contenant, en moles, 80 % de diazote N_2 et 20 % de dioxygène O_2. Si la pression de l'air est $P = 1$ bar, quelle est la pression partielle du dioxygène ?

On note n la quantité d'air et n_{O_2} la quantité de dioxygène dans un volume V. D'après la loi des gaz parfaits, appliquée à l'air : $P = n\frac{RT}{V}$, en notant T la température.

D'après la définition, la pression partielle de dioxygène P_{O_2} se calcule comme s'il était seul dans le volume V, soit : $P_{O_2} = n_{O_2}\frac{RT}{V}$. Et d'après la composition de l'air, $n_{O_2} = 0{,}20n$, donc :

$$P_{O_2} = n_{O_2}\frac{RT}{V} = 0{,}20n\frac{RT}{V} = 0{,}20P = 0{,}20\,\text{bar}.$$

On trouve de même que la pression partielle du diazote est : $P_{N_2} = 0{,}80$ bar. On remarque que :

$$P_{O_2} + P_{N_2} = P.$$

b) Critère de stabilité d'une phase liquide en présence d'une phase gazeuse

L'apparition de la phase A liquide dépend de la vapeur de P_A par rapport $P_{\text{sat},A}(T)$, pression de vapeur saturante de A .

Pour un système à l'équilibre à la température T contenant un corps pur A dans une phase gazeuse :

- la pression partielle de A est inférieure ou égale à sa pression de vapeur saturante,
- si $P_A < P_{\text{sat},A}(T)$, le système à l'équilibre ne contient pas de corps pur A liquide,
- si $P_A = P_{\text{sat},A}(T)$, le système à l'équilibre contient le corps pur A liquide.

Si dans un état initial (qui n'est pas un état d'équilibre) $P_A > P_{\text{sat},A}(T)$, il y a apparition du liquide A, ce qui appauvrit la phase gazeuse en A et fait baisser la pression partielle P_A jusqu'à ce qu'elle atteigne la valeur $P_{\text{sat},A}(T)$.

Exemple

Dans une bouteille d'eau minérale fermée depuis longtemps, la phase gazeuse contient de la vapeur d'eau, à la pression de vapeur saturante.

Si l'on abandonne un liquide dans une coupelle à l'air libre, il finit par s'évaporer totalement, parce que, l'air au-dessus étant toujours renouvelé, il n'est pas possible que la pression partielle atteigne la pression de vapeur saturante.

MÉTHODOLOGIE

Comment savoir si une variable est intensive ou extensive ?
▷ *Imaginer un système deux fois plus grand : si la variable a une valeur double, elle est extensive.*

Comment savoir si une grandeur extensive est relative à un système, massique ou molaire ?
▷ *Si la notation du programme officielle a été respectée il n'y a pas d'ambiguïté (voir cours). En cas de doute regarder si l'unité contient* kg^{-1} *ou* mol^{-1}.

Quand et comment appliquer une condition d'équilibre mécanique ?
▷ *Elle ne s'applique que s'il y a une paroi mobile ; il faut recenser les forces sur cette paroi et exprimer la nullité de leur somme.*

Quand et comment appliquer une condition d'équilibre thermique ?
▷ *Elle ne s'applique que s'il y a une paroi diathermane (voir chapitre suivant) ; alors la température est la même des deux côtés de la paroi.*

Quand et comment appliquer une condition d'équilibre de diffusion ?
▷ *Dans le cadre du programme, cette condition intervient dans le seul cas où une molécule est simultanément dans une phase gaz (pure ou un mélange) et une phase liquide pure en contact ; alors la pression partielle dans la phase gaz est égale à la pression de vapeur saturante.*

Comment savoir si un gaz se comporte comme un gaz parfait ?
▷ *On ne peut répondre à cette question qu'au vu de résultats expérimentaux. Tester si l'équation d'état* $PV = nrT$ *est bien vérifiée et si la première loi de Joule est bien vérifiée.*

Comment trouver la valeur du volume massique d'un fluide à T et P données ?
▷ *Si c'est un gaz et que l'énoncé ne donne pas de valeur de volume massique, on peut en calculer une valeur approchée avec le modèle du gaz parfait :* $v = \frac{RT}{MP}$ *(où* M *est la masse molaire). Si c'est un liquide, l'hypothèse de liquide incompressible et indilatable permet d'utiliser une valeur fournie correspondant éventuellement à d'autres température et pression* T_0 *et* P_0.

PROGRAMME OFFICIEL ET SOMMAIRE DES EXERCICES

NOTIONS ET CONTENUS	CAPACITÉS EXIGIBLES
Échelles microscopique, mésoscopique, et macroscopique. Libre parcours moyen.	Définir l'échelle mésoscopique et en expliquer la nécessité. Citer quelques ordres de grandeur de libres parcours moyens.
État microscopique et état macroscopique.	Préciser les paramètres nécessaires à la description d'un état microscopique et d'un état macroscopique sur un exemple.
Distribution des vitesses moléculaires d'un gaz (homogénéité et isotropie). Vitesse quadratique moyenne. Température cinétique. Exemple du gaz parfait monoatomique : $E_c = \frac{3}{2}\,k_BT$.	Calculer l'ordre de grandeur d'une vitesse quadratique moyenne dans un gaz parfait. ► 22.C2
Système thermodynamique.	Identifier un système ouvert, un système fermé, un système isolé. ► 22.C3
État d'équilibre d'un système soumis aux seules forces de pression. Pression, température, volume, équation d'état. Grandeur extensive, grandeur intensive. Exemples du gaz parfait et d'une phase condensée indilatable et incompressible.	Calculer une pression à partir d'une condition d'équilibre mécanique. ▷ 22.1 Déduire une température d'une condition d'équilibre thermique. Citer quelques ordres de grandeur de volumes molaires ou massiques dans les conditions usuelles de pression et de température. Citer et utiliser l'équation d'état des gaz parfaits. ► 22.C1 22.C4 ▷ 22.4 22.5
Énergie interne d'un système. Capacité thermique à volume constant dans le cas du gaz parfait.	Exprimer l'énergie interne d'un gaz parfait monoatomique à partir de l'interprétation microscopique de la température. ► 22.C5 22.C6 Exploiter la propriété $U_m = U_m(T)$ pour un gaz parfait.
Énergie interne et capacité thermique à volume constant d'une phase condensée considérée incompressible et indilatable.	Exploiter la propriété $U_m = U_m(T)$ pour une phase condensée incompressible et indilatable.
Approximation des phases condensées peu compressibles et peu dilatables.	Interpréter graphiquement la différence de compressibilité entre un liquide et un gaz à partir d'isothermes expérimentales.

Du gaz réel au gaz parfait.	Comparer le comportement d'un gaz réel au modèle du gaz parfait sur des réseaux d'isothermes expérimentales en coordonnées de Clapeyron ou d'Amagat.
Corps pur diphasé en équilibre. Diagramme de phases (P,T). Cas de l'équilibre liquide-vapeur : diagramme de Clapeyron (P,v), titre en vapeur.	Analyser un diagramme de phase expérimental (P,T). ► 22.C8 ▷ 22.2 22.3 Proposer un jeu de variables d'état suffisant pour caractériser l'état d'équilibre d'un corps pur diphasé soumis aux seules forces de pression. Positionner les phases dans les diagrammes (P,T) et (P,v). Déterminer la composition d'un mélange diphasé en un point d'un diagramme (P,v). ► 22.C7 ▷ 22.6

EXERCICES ★ (LE COURS)

22.C1 Pression Quelle est la force exercée par l'air atmosphérique à la pression $P = 1.10^5$ Pa sur la face supérieure d'une table de 1 m^2 de surface ? Et sur les deux faces de la table ?

22.C2 Vitesse quadratique moyenne et température

1) Comment évolue la vitesse quadratique d'agitation dans un gaz si on multiplie sa température absolue par 2 ?

2) Comparer la vitesse quadratique moyenne d'agitation thermique des « molécules » dans un échantillon de gaz hélium ($M_{He} = 4\,g.mol^{-1}$) et un échantillon de gaz dioxygène ($M_{O_2} = 32\,g.mol^{-1}$) à la même température.

22.C3 Nature d'un système On gonfle un pneu avec une pompe à vélo. Les systèmes suivants sont-ils ouverts ou fermés : a) { air contenu dans la pompe } ; b) { air contenu dans la pompe et la chambre à air }.

22.C4 Équation d'état du gaz parfait Calculer la masse volumique du dioxyde de carbone (masse molaire 44 $g.mol^{-1}$) à 298 K.

22.C5 Capacité thermique d'un gaz parfait Partant de la formule $\langle E_c \rangle = \frac{3}{2} k_B T$ retrouver l'expression de l'énergie interne d'un gaz parfait monoatomique et sa capacité thermique.

22.C6 Capacité thermique de l'eau Calculer la variation d'énergie interne d'un mètre cube d'eau porté de 20 °C à 100 °C.

22.C7 Diagramme de Clapeyron On donne le volume massique de SF_6 liquide : $v_L = 5{,}3.10^{-4}\,m^3.kg^{-1}$.

1) Calculer la masse de l'échantillon correspondant à la figure 22.10 page 625.

2) Lire le volume massique v_G du gaz saturant à 20 °C.

3) Calculer la fraction massique x_G de la phase vapeur du fluide de volume massique $v = 2v_L$ à cette température.

22.C8 Diagramme des phases Quel est l'état de l'eau à 100 °C sous 10 bar ? Et sous 1.10^5 bar ?

EXERCICES ★★

22.1 Pression de pneumatiques

En hiver, par une température extérieure de -10 °C, un automobiliste règle la pression de ses pneus à $p_1 = 2{,}0$ atm, pression préconisée par le constructeur. Cette valeur est affichée sur un manomètre qui mesure l'écart entre la pression des pneumatiques et la pression atmosphérique. On rappelle que 1 atm = $1{,}013.10^5$ Pa.

1) Quelle serait l'indication p_2 du manomètre en été à 30 °C ? On suppose que le volume des pneus ne varie pas et qu'il n'y aucune fuite au niveau de ce dernier.

2) Calculer la variation relative de pression due au changement de température. Conclure

22.2 Questions qualitatives sur les changements d'état

1) Dans une centrale nucléaire à REP (réacteur à eau pressurisée) le circuit primaire contient de l'eau liquide dont la température varie entre 286 °C en entrée de la cuve du réacteur et 323 °C en sortie de cuve. En utilisant un document du cours, déterminer si la pression est de 1,55 bar, 15,5 bar ou 155 bar.

2) Pourquoi les patins glissent-ils sur la glace ?

3) On remplit à moitié une bouteille d'eau minérale en plastique avec de l'eau chaude, puis on la ferme bien. Que se passe-t-il quand la bouteille refroidit ? Pourquoi ?

22.3 Étude de quelques transformations

On s'intéresse à l'eau dont le diagramme des phases est donné ci-contre.

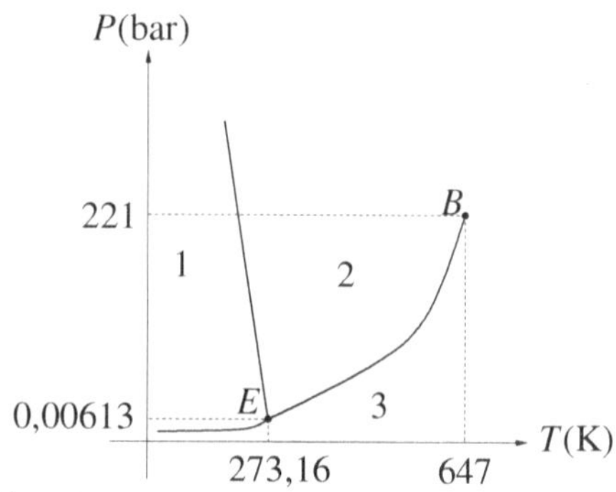

1) Reproduire ce diagramme et le compléter en donnant les domaines d'existence des différentes phases et en définissant les points caractéristiques.

2) Définir la pression de vapeur saturante et préciser de quel(s) paramètre(s) elle dépend.

3) Comment appelle-t-on le passage de la vapeur au liquide ?

4) Représenter le diagramme donnant la pression en fonction du volume pour la transformation correspondante. On définira les domaines et on tracera les courbes de rosée et d'ébullition.

5) Soit une enceinte cylindrique diathermane de volume initial V, ce volume pouvant être modifié en déplaçant sans frottement un piston. L'ensemble est maintenu sous la pression atmosphérique à la température $T = 373$ K. A cette température la pression de vapeur saturante vaut 1,0 bar. La vapeur d'eau sèche et saturante sera considérée comme un gaz parfait. On néglige le volume occupé par la phase liquide devant le volume occupé par la vapeur, ainsi le volume de la phase gazeuse est égal au volume total de l'enceinte. Le cylindre étant initialement vide, on introduit, piston bloqué, une masse m d'eau. Déterminer la masse maximale m_{max} d'eau qu'on peut introduire pour que l'eau soit entièrement sous forme vapeur. On donnera sa valeur en fonction de R, T, V, P_S la pression de vapeur saturante et M_{eau} la masse molaire de l'eau.

6) La masse d'eau introduite est inférieure à m_{max}. Dans quel état se trouve l'eau ?

7) Pour obtenir l'équilibre entre les phases liquide et vapeur de l'eau, faut-il augmenter ou diminuer le volume ?

Déterminer le volume limite V_{lim} à partir duquel on a cet équilibre.

8) La masse m d'eau introduite est telle qu'on a l'équilibre entre les phases liquide et vapeur. Déterminer la fraction massique d'eau sous forme vapeur.

EXERCICES ★★★

22.4 Équilibre d'un piston

Un cylindre vertical fermé aux deux bouts est séparé en deux compartiments égaux par un piston homogène, se déplaçant sans frottement. La masse du piston par unité de surface est $\sigma = 1360$ kg.m^{-2}. Les deux compartiments contiennent un gaz parfait à la température

$t_1 = 0$ °C. La pression qui règne dans le compartiment supérieur est égale à $P_H = 0{,}133$ bar. L'intensité de la pesanteur est $g = 10$ m.s^{-2}.

1) En écrivant que le piston est à l'équilibre, déterminer la pression, en bars, du gaz dans le compartiment du bas.

2) On porte les deux compartiments à $t_2 = 100$ °C. De combien se déplace le piston ?

22.5 Étude d'un compresseur

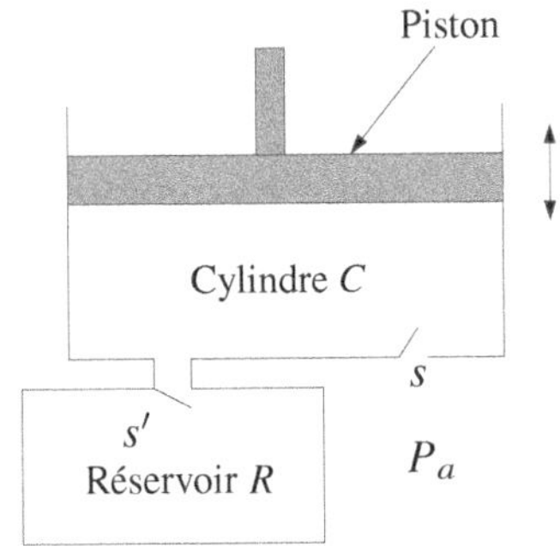

Un compresseur est constitué de la façon suivante : un piston se déplace dans un cylindre C qui communique par des soupapes s et s' respectivement avec l'atmosphère (pression P_a) et avec le réservoir R contenant l'air comprimé. Le réservoir R contient initialement de l'air considéré comme gaz parfait à la pression $P_0 \geqslant P_a$.

Le volume du réservoir R, canalisations comprises, est V. Le volume offert au gaz dans C varie entre un volume maximum V_M et un volume minimum V_m, volume nuisible résultant de la nécessité d'allouer un certain espace à la soupape s.

- La soupape s s'ouvre lorsque la pression atmosphérique P_a devient supérieure à la pression dans le cylindre C et se ferme pendant la descente du piston.
- La soupape s' s'ouvre lorsque la pression dans le réservoir devient supérieure à celle du gaz dans le cylindre C et se ferme pendant la montée du piston.

Au départ, le piston est dans sa position la plus haute ($V = V_M$), s' est fermée, s est ouverte et le volume V_M est empli d'air à la pression P_a.

1) En supposant que le piston se déplace assez lentement pour que l'air reste à température constante, calculer le volume V'_1 pour lequel s' s'ouvre, en fonction de P_0, P_a et V_M.

2) Calculer la pression P_1 dans le réservoir R après le premier aller et retour.

3) En écrivant une condition sur V'_1, calculer la valeur P_{max} au-dessus de laquelle la pression ne peut pas monter dans le réservoir.

4) Calculer la pression P_2 dans le réservoir R après 2 allers et retours du piston. En déduire P_n, après n allers et retours du piston. Donner la valeur limite de P_n quand $n \gg 1$. Comparer cette limite avec P_{max}.

5) Calculer P_1 et P_{max} avec $V = 5$ L, $V_M = 0{,}25$ L, $V_m = 10$ cm^3, $P_0 = P_a = 1$ bar.

22.6 Évaporation de l'eau

Dans une pièce hermétiquement fermée, de volume $V = 40$ m^3, on place un récipient contenant un volume $V_0 = 200$ mL d'eau liquide.

L'air de la pièce est à la pression $P_0 = 1{,}0.10^5$ Pa et à la température $T_0 = 20$ °C $= 293$ K. Son degré d'hygrométrie est $H = 60$ %. H est le rapport de la pression partielle de l'eau divisée par la pression de vapeur saturante de l'eau, valant dans ces conditions $P_{sat}(20\text{ °C}) = 2{,}3$ kPa.

On assimile l'eau à un gaz parfait de masse molaire $M = 18$ g.mol^{-1}.

1) Calculer la quantité d'eau initialement contenue dans l'atmosphère de la pièce.

2) Montrer que toute l'eau contenue dans le verre s'évapore. Quel est le degré d'hygrométrie final de l'air de la pièce ?

3) Quel volume d'eau liquide faut-il évaporer pour saturer la pièce en eau ?

CORRIGÉS

22.C1 $F = PS = 1.10^5$ N ; $F = 0$ (les forces sur les deux faces s'annulent).

22.C2 **1)** Elle est multipliée par 2. **2)** $\frac{u_{He}}{u_{O_2}} = \sqrt{\frac{32}{4}} \simeq 3$.

22.C3 a) ouvert ; b) ouvert quand on remplit d'air la pompe et fermé quand on injecte l'air dans la chambre à air.

22.C4 $1{,}8\,\mathrm{kg.m^{-3}}$.

22.C5 *Cf.* paragraphe a) page 619.

22.C6 334 MJ.

22.C7

1) Sur la figure 22.10, page 625, on lit un volume $V = 0{,}25$ mL lorsque l'échantillon est liquide (quelle que soit la pression et la température) donc sa masse est $m = \frac{0{,}25.10^{-6}}{5{,}3.10^{-4}} = 0{,}47$ g.

2) D'après l'abscisse de l'extrémité droite du palier à 20 °C : $mv_G = 1{,}5$ mL donc $v_G = \frac{1{,}5.10^{-3}}{0{,}47.10^{-3}} = 3{,}2.10^{-3}\,\mathrm{m^3.kg^{-1}}$.

3) $x_G = \frac{v - v_L}{v_G - v_L} = 0{,}2$.

22.C8 D'après la figure 22.13, page 627 : liquide et glace VII.

22.1 Pression de pneumatiques

1) En considérant le gaz à l'intérieur comme parfait et le volume constant, on peut écrire $\frac{P_1}{T_1} = \frac{nR}{V_1} = \frac{nR}{V_2} = \frac{P_2}{T_2}$ avec $P_1 = P_0 + p_1$ et $P_2 = P_0 + p_2$, donc $p_2 = \frac{T_2}{T_1}(P_0 + p_1) - P_0$ soit 2,5 atm.

2) $\Delta p = 0{,}50$ atm soit 20 % qui est supérieur à l'écart maximal toléré donc il faut changer la pression en fonction de la saison.

22.2 Questions qualitatives sur les changements d'état

1) D'après le diagramme d'équilibre de l'eau représenté sur la figure 22.13, page 627, pour que l'eau soit liquide à un température voisine de 300 °C, il faut que la pression soit de l'ordre de 1.10^7 Pa. La réponse est donc 155 bar.

2) Sous les patins à glace la pression est plus forte que la pression atmosphérique. Elle est augmentée du rapport du poids du patineur divisé par la surface de contact des patins. À cause de la pente négative de la courbe d'équilibre liquide-solide dans le diagramme (P,T) de l'eau (voir figure 22.15, page 627), une augmentation de pression peut faire passer le point représentant l'état de l'eau de la zone du solide à la zone du liquide. Ainsi la glace fond sous les patins.

3) Quand elle refroidit, la bouteille est écrasée par la pression atmosphérique parce que sa pression interne diminue et devient fortement inférieure à la pression atmosphérique. Il y a deux raisons pour cela :

- d'après la loi des gaz parfaits, la pression diminue si la température diminue ;
- la quantité d'eau dans la phase gazeuse à l'intérieur de la bouteille diminue parce qu'elle est fixée par la condition d'équilibre : $P_{\text{eau}} = \frac{n_{\text{eau}}RT}{V} = P_{sat}(T)$ et que $P_{sat}(T)$ diminue fortement avec la température.

22.3 Étude de quelques transformations d'un corps

1) Le domaine (1) est le domaine de stabilité de la phase solide, (2) celui de la phase liquide et (3) celui de la phase gazeuse. Le point (B) est le point critique au-delà duquel on ne distingue plus les phases liquide et vapeur : on a une phase fluide.

Le point (E) est le point triple, en ce point coexistent les trois phases.

2) La pression de vapeur saturante est la pression d'équilibre entre la phase gazeuse et la phase liquide à une température donnée ; elle ne dépend que de la température.

3) Le passage de la vapeur au liquide s'appelle liquéfaction.

4) Le diagramme demandé est figuré page 631.

5) Les vapeurs étant considérées comme des gaz parfaits, on peut écrire $P_sV = n_{\max}RT$. On en déduit $m_{\max} = \dfrac{M_{\text{eau}}P_sV}{RT}$.

6) Si $m < m_{\max}$, on a de la vapeur car cela correspond à $P < P_s$.

7) On n'a que du gaz si $P < P_s$ soit $V > V_{\lim} = \dfrac{mRT}{M_{\text{eau}}P_s}$.

8) Le titre de vapeur est $x_{\text{vap}} = \dfrac{m_{\max}}{m} = \dfrac{M_{\text{eau}}P_sV}{mRT}$.

22.4 Équilibre d'un piston

On utilisera un indice B (respectivement H) pour les variables relatives au gaz du bas (respectivement au gaz du haut).

1) Les forces qui s'exercent sur le piston sont : son poids $m\vec{g}$, la force de pression exercée par le gaz du bas $\vec{F}_{p,B}$ dirigée vers le haut, et la force de pression exercée par le gaz du haut $\vec{F}_{p,H}$ dirigée vers le bas. On projette le principe fondamental de la dynamique à l'équilibre sur un axe vertical ascendant : $-mg + P_BS - P_HS = 0$, où S est la section du tube. La masse par unité de surface σ étant $\frac{m}{S}$, on obtient la relation cherchée : $P_B = P_H + \sigma g$. L'application numérique donne : $P_B = \left(\frac{10}{76}1{,}013.10^5 + 13600\right)$ Pa $= 0{,}269$ bar.

2) On cherche à déterminer la pression finale dans le compartiment du haut, ce qui permettra de déterminer le volume final de ce compartiment et donc le déplacement du piston. Le volume total, noté V, se conserve.

Pour le système gaz du haut (nombre de moles n_H) :

État initial		État final	
	$P_H = P_1$		P'_H
	$V_H = \frac{V}{2}$		V'_H
	$T_H = 273$ K		$T'_H = 373$ K

Pour le système gaz du bas (nombre de moles n_B) :

État initial		État final	
	$P_B = P_1 + \sigma g$		P'_B
	$V_B = \frac{V}{2}$		V'_B
	$T_B = 273$ K		$T'_B = 373$ K

L'équilibre du piston entraîne : $P'_B = P'_H + \sigma g$.
L'équation du gaz parfait donne, pour le gaz H : $n_H R = \frac{P_1 V_H}{T_1} = \frac{P'_H V'_H}{T_2}$ donc $V'_H = \frac{T_2}{T_1} P_1 V_H$ et pour le gaz B : $n_B R = \frac{(P_1+\sigma g)V_B}{T_1} = \frac{(P'_H+\sigma g)V'_B}{T_2}$ donc $V'_B = \frac{T_2}{T_1}\frac{P_1+\sigma h}{P'_H+\sigma g} V_B$.
La conservation du volume entraîne : $V = V_H + V_B = V'_H + V'_B$ soit $2V_H = V'_H + V'_B$. On remplace V'_H et V'_B par les expressions obtenues plus haut :$2V_H = \frac{T_2 P_1}{T_1 P'_H} V_H + \frac{T_2}{T_1}\frac{P_1+\sigma g}{P'_H+\sigma g} V_H$.

P'_H vérifie l'équation du 2e degré : $2\frac{T_1}{T_2} P'^2_H + P'_H \left(2\frac{T_1}{T_2}\sigma g - 2P_1 - \sigma g\right) - P_1 \sigma g = 0$, dont la seule solution positive est $P'_H = 1{,}99.10^4$ Pa.
Pour calculer le rapport $\frac{h'}{h}$ des hauteurs du piston dans l'état final et dans l'état initial, il suffit d'écrire : $\frac{h'}{h} = \frac{V'_H}{V_H} = \frac{P_1 T_2}{P'_H T_1} = 0{,}9$. Le piston monte donc de $0{,}1h$.

22.5 Étude d'un compresseur

1) Initialement le piston est en haut. Lorsqu'il commence sa descente, la soupape s se ferme. Le système considéré est donc le gaz dans le cylindre de pression P, jusqu'à l'ouverture de s' pour V'_1 et $P = P_0$.

État initial		État final	
	$P = P_a$		$P = P_0$
	$V = V_M$		$V = V'_1$
	T		T
	n_C		n_C

On applique l'équation du gaz parfait pour trouver V'_1 : $V'_1 = \dfrac{P_a V_M}{P_0}$.

2) La soupape s' étant ouverte, le système est constitué du gaz dans le cylindre et du gaz dans le réservoir. L'état final est obtenu lorsque le piston est au fond du cylindre.

État initial		État final	
	P_0		P_1
	$V'_1 + V$		$V_m + V$
	T		T
	$n_C + n_R$		$n_C + n_R$

On applique de nouveau l'équation du gaz parfait : $(n_C + n_R)RT = P_1(V + V_m) = P_0(V + V'_1)$. En utilisant la relation $P_0 V'_1 = P_a V_M$, on obtient : $P_1 = P_a \frac{V_M}{V+V_m} + P_0 \frac{V}{V+V_m}$.

3) Pour que la soupape s' s'ouvre, il faut que le volume V'_1 soit atteint avant que le piston ne soit complètement descendu, donc que : $V'_1 \geq V_m$. On en déduit : $P_0 \leq P_{\max}$ avec $P_{\max} = P_a \dfrac{V_M}{V_m}$.

4) Pour les allers et retours suivants le raisonnement est semblable. Pour obtenir la pression P_2, il suffit de remplacer P_0 par P_1, dans l'expression du **2)** : $P_2 = P_a \frac{V_M}{V+V_m} + P_1 \frac{V}{V+V_m}$.

On remplace P_1 par son expression : $P_2 = P_a \left(\frac{V_M}{V+V_m} + \left(\frac{V_M}{V+V_m}\right)^2\right) + P_0 \left(\frac{V}{V+V_m}\right)^2$.

On voit apparaître la formule de récurrence suivante :

$$P_n = P_a \sum_{i=1}^{n} \left(\frac{V_M}{V + V_m} \right)^i + P_0 \left(\frac{V}{V + V_m} \right)^n = P_a \frac{1 - \left(\frac{V_M}{V+V_m} \right)^n}{1 - \left(\frac{V_M}{V+V_m} \right)} + P_0 \left(\frac{V}{V + V_m} \right)^n .$$

La limite pour n très grand donne : $\lim_{n \to \infty} P_n = P_a \frac{1}{1 - \frac{V_M}{V+V_m}} = P_{\max}$.

5) Applications numériques : $P_1 = 1{,}05$ bar et $P_{\max} = 25$ bar.

22.6 Évaporation de l'eau

1) Si on a un degré d'hygrométrie de $H = 60$ %, on a au départ une pression partielle en eau $P_{H_2O} = 0{,}60 P_{sat}(20\ °\text{C}) = 1{,}4.10^3$ Pa. D'après la loi des gaz parfaits, la quantité d'eau dans l'air de la pièce est $n' = \frac{P_{H_2O} V}{RT_0} = 23$ mol.

2) On suppose que toute l'eau du verre s'est évaporée. La masse d'eau initialement présente dans le récipient est $m_0 = 200$ g (masse volumique de l'eau : 1 kg.m^{-3}). Si $n_0 = \frac{m_0}{M} = 11$ mol se vaporise, la quantité d'eau dans la pièce égale devient $n_{H_2O} = n_0 + n' = 34$ mol. La pression partielle devient alors $P_{H_2O} = \frac{n_{H_2O} RT_0}{V} = 2{,}1 \text{ kPa} < P_{sat}(20\ °\text{C})$. On a donc bien vaporisation de toute l'eau. Le taux d'hygrométrie final est $H = \frac{2{,}1}{2{,}3} = 91$ %.

3) Pour saturer la pièce en eau, il faut que le degré d'hygrométrie soit de 100 % donc ajouter $n'' = \frac{P_{sat}(T_0) V}{RT_0} - n' = 15$ mol, ce qui équivaut à 0,27 kg d'eau, soit un volume de 0,27 L.

Énergie échangée par un système au cours d'une transformation 23

La thermodynamique des systèmes à l'équilibre s'intéresse à des transformations d'un système thermodynamique d'un état d'équilibre à un autre. Dans ce chapitre on va définir différents types de transformations. On va ensuite s'intéresser aux deux types d'échanges d'énergie que le système peut avoir avec l'extérieur au cours d'une transformation : le travail et le transfert thermique.

1 Transformation thermodynamique

1.1 Transformation, état initial, état final

On appelle **transformation thermodynamique** le passage d'un système thermodynamique d'un état d'équilibre, appelé **état initial**, à un nouvel état d'équilibre, appelé **état final**.

Lorsqu'on étudie une transformation thermodynamique il faut toujours bien préciser le système Σ considéré. Celui-ci devra toujours être un **système fermé**.

Pour provoquer la transformation d'un système Σ il faut imposer à Σ une modification d'une de ses variables d'état ou bien changer les conditions extérieures. On met ainsi le système hors d'équilibre et il évolue vers un nouvel état d'équilibre.

On connaît toujours l'état d'équilibre initial. Comment détermine-t-on l'état d'équilibre final ?

On obtient des renseignements sur les variables d'état finales en appliquant :

- la condition d'équilibre mécanique ;
- la condition d'équilibre thermique (sauf si la transformation est trop rapide pour qu'il s'établisse, voir paragraphe 3) ;
- la condition d'équilibre de diffusion dans le cas d'un système diphasé ;
- les équations d'état des différentes phases existant dans le système.

Ces différents renseignements ne sont pas toujours suffisants. Il faut parfois utiliser d'autres informations concernant la transformation. Celle-ci peut avoir différentes propriétés que l'on va définir maintenant.

1.2 Différents types de transformations

a) Transformation isochore

Une transformation est **isochore** quand le volume du système est constant au cours de la transformation.

En notant V_i, V_f et V le volume du système respectivement dans l'état initial, dans l'état final et dans un état intermédiaire quelconque au cours de la transformation, on a : $V_i = V = V_f$.

Un système enfermé dans un récipient rigide indéformable subit des transformations obligatoirement isochores. Lorsque la transformation est isochore on connaît *a priori* le volume dans l'état final.

Exemple

Soit un échantillon de gaz dans l'état initial (T_i, P_i, V_i) enfermé dans un récipient indéformable. On peut le faire passer dans un état final $(T_f, P_f, V_f = V_i)$ de manière isochore en le plaçant dans un milieu extérieur à la température T_0. La transformation est terminée quand l'équilibre thermique entre le gaz et l'extérieur est établi donc quand : $T_f = T_0$.

Si le gaz est parfait, on calcule la pression de l'état final P_f par la loi des gaz parfaits : $\frac{P_iV_i}{T_i} = \frac{P_fV_f}{T_f} = nR$, en notant n la quantité de gaz, d'où :

$$P_f = P_i\frac{T_f}{T_i} = P_i\frac{T_0}{T_i}.$$

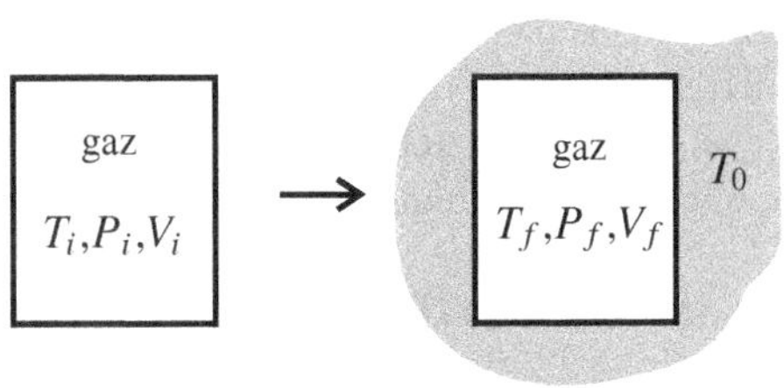

Figure 23.1 – Exemple de transformations isochore d'un échantillon de gaz. Le récipient indéformable impose un volume constant au gaz.

b) Transformation isobare

Une transformation est **isobare** quand la pression du système est définie tout au long de la transformation et garde une valeur constante.

En notant P_i, P_f et P la pression du système respectivement dans l'état initial, dans l'état final et dans un état intermédiaire quelconque au cours de la transformation, on a : $P_i = P = P_f$.

En pratique une transformation isobare est une transformation assez lente, dans laquelle on impose de l'extérieur sa pression au système.

Exemple

Soit un échantillon de gaz dans l'état initial (T_i, P_i, V_i) enfermé dans un récipient fermé par un piston sur lequel une force constante $\vec{F}$ s'exerce. On peut le faire passer dans un état final $(T_f, P_f = P_i, V_f)$ de manière isobare en le plaçant dans un milieu extérieur à la température T_0. La transformation est terminée quand l'équilibre thermique entre le gaz et l'extérieur est établi donc quand : $T_f = T_0$.

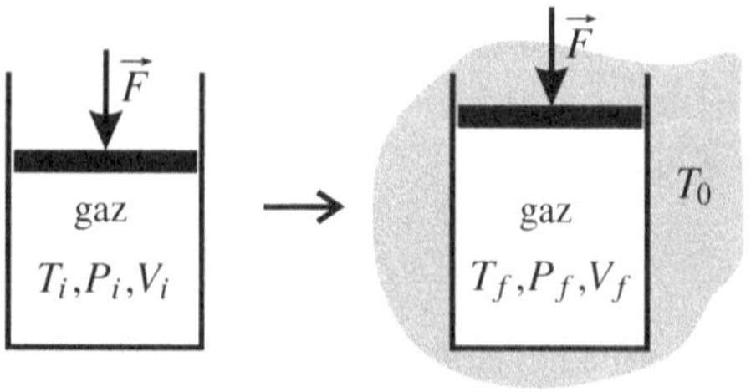

Figure 23.2 – Exemple de transformations isobare d'un échantillon de gaz. L'équilibre mécanique du piston de surface S impose au gaz une pression constante, $P_i = P = P_f = \frac{F}{S}$. Dans le cas représenté $T_f = T_0 > T_i$ donc $V_f > V_i$.

Si le gaz est parfait, on peut calculer le volume de l'état final V_f par l'équation d'état des gaz parfaits :

$\frac{P_i V_i}{T_i} = \frac{P_f V_f}{T_f} = nR$, en notant n la quantité de gaz, d'où : $V_f = V_i \frac{T_f}{T_i} = V_i \frac{T_0}{T_i}$.

c) Transformation monobare

Une transformation **monobare** est une transformation au cours de laquelle la pression exercée par le milieu extérieur sur les parois mobiles du système garde une valeur P_0 constante :

$$P_{\text{ext}} = P_0.$$

Une transformation isobare est obligatoirement monobare si le système a une paroi mobile.

Exemple

La transformation représentée sur la figure 23.2 est monobare avec : $P_{\text{ext}} = \frac{F}{S}$.

Toute transformation d'un système en contact direct (ou bien par une paroi mobile) avec l'atmosphère, dont la pression P_{atm} est constante, subit une transformations monobare.

d) Transformation isotherme

Une transformation est **isotherme** quand la température du système est définie tout au long de la transformation et garde une valeur constante.

En notant T_i, T_f et T la température du système respectivement dans l'état initial, dans l'état final et dans un état intermédiaire au cours de la transformation, on a : $T_i = T = T_f$.

Ces conditions sont très contraignantes et difficilement réalisables en pratique. La transformation isotherme est une transformation théorique idéale. On reviendra sur ce point dans le paragraphe 3.

e) Transformation monotherme

Une transformation **monotherme** est une transformation au cours de laquelle le milieu extérieur avec lequel le système échange de l'énergie par transfert thermique (voir paragraphe 3) a une température T_0 constante :

$$T_{\text{ext}} = T_0.$$

Une transformation isotherme est obligatoirement monotherme s'il y a un transfert thermique.

Si le système est en contact thermique avec ce milieu extérieur dans l'état final, la condition d'équilibre thermique impose : $T_f = T_0$.

Exemple

Les transformations représentées sur les figures 23.1 et 23.2 sont monothermes. Au cours de ces transformations, la température du système n'est pas définie dans les états intermédiaires qui ne sont pas des états d'équilibre. Elle est définie seulement dans l'état initial et dans l'état final.

1.3 Influence du choix du système

Pour interpréter une expérience on a parfois le choix entre plusieurs systèmes possibles. Suivant le système choisi, la transformation n'a pas les mêmes propriétés.

Pour illustrer ceci on considère l'expérience représentée sur la figure 23.3 : une enceinte indéformable est séparée en deux compartiments par une cloison étanche et mobile. Dans l'état initial les deux compartiments contiennent des échantillons de gaz : les variables d'état initiales du gaz contenu dans le compartiment 1 sont (T_i, P_i, V_i, n), pour le gaz contenu dans le compartiment 2 elles valent $(T_i, 2P_i, V_i, 2n)$ et une cale bloque la cloison mobile. On enlève la cale et on place l'enceinte dans un environnement à température T_0. Quelles sont les variables d'état des gaz dans l'état d'équilibre final ?

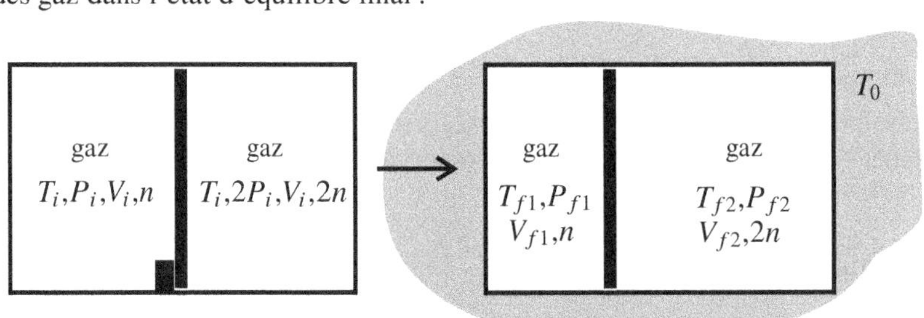

Figure 23.3 – Transformation d'un système composé.

Dans l'état final on doit avoir :

- équilibre thermique avec l'extérieur, donc les températures dans les deux compartiments sont : $T_{f1} = T_{f2} = T_0$;
- équilibre mécanique de la cloison mobile, donc des pressions égales dans les deux compartiments : $P_{f1} = P_{f2}$.

Par ailleurs, le volume total de l'enceinte étant invariable, $V_{f1} + V_{f2} = 2V_i$.

Enfin l'équation d'état des gaz parfaits donne : $P_{f1}V_{f1} = nRT_{f1}$ et $P_{f2}V_{f2} = 2nRT_{f2}$. Étant donné que $T_{f1} = T_{f2}$ et $P_{f1} = P_{f2}$, ceci entraîne que : $V_{f2} = 2V_{f1}$.

On en déduit $V_{f1} = \dfrac{2}{3}V_i$ et $V_f = \dfrac{4}{3}V_i$. Puis : $P_{f1} = P_{f2} = \dfrac{3}{2}\dfrac{nRT_0}{V_i}$.

Pour qualifier la transformation il faut préciser quel est le système considéré : soit le gaz contenu dans le compartiment 1 (système Σ_1), soit le gaz contenu dans le compartiment 2 (système Σ_2), soit tout ce qui se trouve à l'intérieur de l'enceinte (système Σ).

La transformation du système Σ est isochore et monotherme. Mais la transformation du système Σ_1 (ou Σ_2) n'a aucune propriété remarquable. Elle n'est pas monotherme car Σ_1 et Σ_2 peuvent *a priori* avoir un échange thermique à travers la paroi mobile qui les sépare (et ils n'ont pas des températures constantes). Toutefois, si cette paroi est suffisamment épaisse pour qu'on puisse négliger cet échange thermique (voir le paragraphe 3), les transformations de Σ_1 et Σ_2 sont monothermes.

2 Travail des forces de pression

Au cours d'une transformation, un système échange généralement de l'énergie avec l'extérieur. D'une manière générale :

> Les échanges d'énergie d'un système sont toujours exprimés en valeur algébrique : ils sont positifs lorsque le système choisi reçoit de l'énergie et négatifs lorsqu'il en cède.

Dans ce paragraphe on s'intéresse à l'énergie reçue par un système grâce aux forces de pression. Cette énergie n'est autre que le **travail** (voir la partie *Mécanique*) de ces forces.

2.1 Expression générale du travail de la pression extérieure

a) Travail élémentaire des forces de pression dans le déplacement d'un piston

On considère dans ce paragraphe un fluide contenu dans un cylindre indéformable fermé par un piston mobile (voir figure 23.4). On prend pour système Σ l'ensemble { fluide + piston }.

La pression P_{ext} régnant à l'extérieur du système applique au piston une force

$$\vec{F} = -P_{ext}S\vec{u},$$

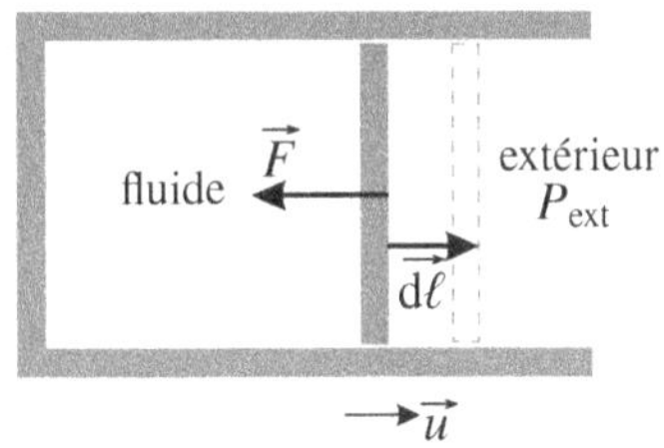

Figure 23.4 – Calcul du travail de la force de pression s'exerçant sur le piston.

où S est la surface du piston et $\vec{u}$ un vecteur unitaire perpendiculaire à la surface du piston dirigé de l'intérieur du système vers l'extérieur (voir figure 23.4). Pour un déplacement élémentaire du piston $\vec{d\ell} = d\ell\vec{u}$, le travail élémentaire de cette force s'écrit :

$$\delta W = \vec{F} \cdot \vec{d\ell} = (d\ell\vec{u}) \cdot (-P_{ext}S\vec{u}) = -P_{ext}Sd\ell.$$

Or $Sd\ell$ est le volume balayé par le piston dans son déplacement, et aussi la variation algébrique dV du volume V du système Σ (on se convainc facilement en observant la figure que $dV > 0$ pour $d\ell > 0$ et inversement). Ainsi :

$$\delta W = -P_{ext}\,dV. \tag{23.1}$$

⚠ Il est très important de bien respecter la notation. Le travail élémentaire se note δW avec un δ et non un d parce que *ce n'est pas la variation d'une fonction de l'état du système*. Pour la même raison le travail total sur une transformation se note W « sans rien » et surtout pas avec un Δ, la notation ΔX étant réservée à la variation d'une grandeur X fonction de l'état du système ($\Delta X = X_f - X_i$). On reviendra sur ce point au chapitre 24, page 667.

Remarque

Quel est le travail reçu par le système Σ' contenant uniquement le fluide ?

On ne peut répondre à cette question que dans le cas où le piston est « sans masse ». En effet, un système sans masse transmet les actions mécaniques. Ainsi, s'il est sans masse, le piston exerce sur le fluide une force égale à la force $\vec{F}$ qu'il subit de la part du milieu extérieur et le fluide reçoit donc de sa part exactement le travail δW donné par (23.1).

De plus, si le piston est sans masse, sa capacité thermique à volume constant est nulle (puisque $C_{V,\text{piston}} = m_{\text{piston}} c_{V,\text{piston}}$). Il « ne compte pas », ce qui fait que les systèmes Σ et Σ' sont équivalents.

Dans la pratique on se placera, sauf précision contraire, dans cette hypothèse et on considérera que le travail δW est reçu aussi bien par Σ' que par Σ.

b) Généralisation du résultat précédent

On considère de manière plus générale un système Σ soumis à une pression extérieure P_{ext} **uniforme** (c'est-à-dire identique en tous les points de la surface du système).

On suppose que la frontière du système se déforme de manière infinitésimale, passant de $\mathcal{S}$ à $\mathcal{S}'$: tout point M de $\mathcal{S}$ se déplace en un point M' de $\mathcal{S}'$ et on note $\overrightarrow{\mathrm{d}\ell} = \overrightarrow{MM'}$ le petit déplacement de ce point (voir figure 23.5). On note $\overrightarrow{\mathrm{d}S}$ le vecteur surface élémentaire de $\mathcal{S}$ en M, vecteur dirigé vers l'extérieur du système.

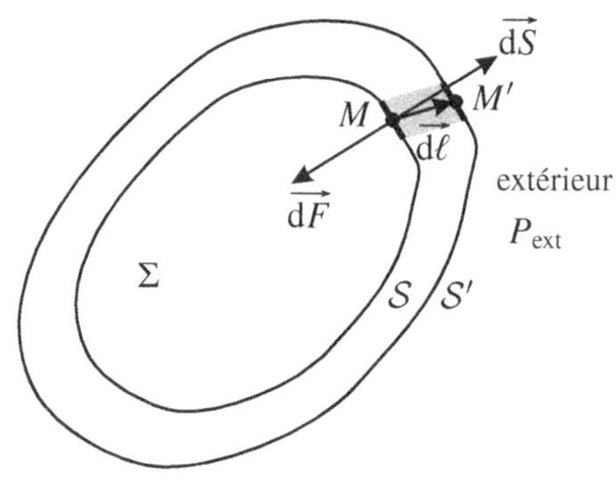

Figure 23.5 – Calcul du travail de la force de pression, dans le cas général.

La force exercée par l'extérieur sur l'élément de surface $\mathrm{d}S$ est $\overrightarrow{\mathrm{d}F} = -P_{\text{ext}}\overrightarrow{\mathrm{d}S}$ et son travail élémentaire dans ce déplacement est :

$$\delta^2 W = \overrightarrow{\mathrm{d}F} \cdot \overrightarrow{\mathrm{d}\ell} = -P_{\text{ext}}\overrightarrow{\mathrm{d}S} \cdot \overrightarrow{\mathrm{d}\ell},$$

où l'exposant 2 dans la notation $\delta^2 W$ est là pour rappeler que ce travail est doublement élémentaire : parce que le vecteur surface $\overrightarrow{\mathrm{d}S}$ est élémentaire et parce que le déplacement $\overrightarrow{\mathrm{d}\ell}$ est élémentaire.

Ainsi le travail des forces de pression s'exerçant sur toute la surface du système est :

$$\delta W = \int_{M \in \mathcal{S}} \delta^2 W = -P_{\text{ext}} \int_{M \in \mathcal{S}} \overrightarrow{\mathrm{d}S} \cdot \overrightarrow{\mathrm{d}\ell} = -P_{\text{ext}}\,\mathrm{d}V,$$

où $\mathrm{d}V$ est le volume compris entre $\mathcal{S}$ et $\mathcal{S}'$ soit la variation élémentaire de volume du système. On retrouve l'expression (23.1) qui est donc valable dans un cas plus général.

Dans ce calcul, pour sortir P_{ext} de l'intégrale, on a utilisé l'hypothèse selon laquelle cette pression est uniforme, donc identique en tous les points de la surface du système. Cette hypothèse sera supposée vérifiée dans toute la suite du chapitre.

c) Travail des forces de pression reçu par un système dans une transformation

Lors d'une transformation d'un système entre un état initial i et un état final f, le travail des forces de la pression extérieure sur le système est :

$$W = \int_i^f \delta W \quad \text{soit, d'après (23.1) :} \quad \boxed{W = -\int_i^f P_{\text{ext}}\, \mathrm{d}V.} \qquad (23.2)$$

Il faut bien comprendre la signification physique du signe « – » dans cette formule. Il s'agit du travail *reçu* par le système constitué par le gaz. Il est positif lorsque le volume du gaz diminue ($\mathrm{d}V < 0$) : il faut fournir un travail pour comprimer un gaz dans un volume plus petit (on expérimente très clairement ce résultat lorsqu'on gonfle un pneu de vélo). Inversement, un gaz qui se détend en augmentant de volume ($\mathrm{d}V > 0$) reçoit un travail négatif de l'extérieur, donc en fait fournit du travail.

2.2 Travail des forces de pression dans deux cas particuliers

Dans toute la suite on suppose que la pression P_{ext} appliquée par l'extérieur sur le système est uniforme (identique sur toute la surface du système), ce qui permet d'appliquer la formule (23.1).

a) Cas d'une transformation isochore

Pour une transformation isochore, le volume ne variant pas $\mathrm{d}V = 0$, donc le travail élémentaire est nul : $\delta W = -P_{\text{ext}}\mathrm{d}V = 0$.

> Au cours d'une transformation isochore le travail des forces de pression est nul.

b) Cas d'une transformation monobare

Dans le cas d'une transformation monobare, $P_{\text{ext}} = P_0$ où P_0 est une constante.

Le travail élémentaire des forces de pression s'écrit alors : $\delta W = -P_{\text{ext}}\mathrm{d}V = -P_0\mathrm{d}V$.

Sur la transformation complète entre l'état initial i et l'état final f, le volume varie entre le volume initial V_i et le volume final V_f, et le travail des forces de pression est :

$$W = \int_i^f \delta W = \int_i^f -P_0\mathrm{d}V = -P_0 \int_{V_i}^{V_f} \mathrm{d}V = -P_0(V_f - V_i).$$

> Le travail des forces de pression au cours d'une transformation monobare telle que $P_{\text{ext}} = P_0$ est :
>
> $$W = -P_0\Delta V, \qquad (23.3)$$
>
> où $\Delta V = V_f - V_i$ est la variation de volume du système.

c) Cas d'une transformation isobare

Si la transformation est isobare et que le volume varie, elle est obligatoirement monobare et $P = P_{\text{ext}} = P_0$. Le résultat précédent s'applique donc :

Le travail des forces de pression au cours d'une transformation isobare est :

$$W = -P(V_f - V_i) = -P\Delta V. \tag{23.4}$$

2.3 Travail des forces de pression dans le cas d'une transformation mécaniquement réversible

a) Expression du travail

Une transformation **mécaniquement réversible** est une transformation au cours de laquelle la pression P du système est définie à chaque instant et toujours égale à la pression extérieure, soit :

$$P = P_{\text{ext}}.$$

Dans le cas d'une transformation mécaniquement réversible le travail des forces de pression s'exerçant sur le système s'écrit :

$$W = -\int_i^f P\mathrm{d}V. \tag{23.5}$$

où P est la pression dans le système.

b) Interprétation géométrique

Le travail des forces de pression s'interprète géométriquement dans le diagramme de Clapeyron, diagramme (P,V) avec la pression du système P en ordonnée et son volume V en abscisse.

On représente la courbe suivie par le système dans sa transformation entre le point (P_i,V_i) représentant l'état initial et le point (P_f,V_f) représentant l'état final (voir figure 23.6). Sauf exception, cette courbe ne passe pas deux fois par la même valeur de V et c'est donc la représentation d'une fonction $P(V)$. Le travail $W = -\int_{V_i}^{V_f} P(V)\mathrm{d}V$ est au signe près, d'après une propriété classique de l'intégrale, l'aire $\mathcal{A}$ comprise entre la courbe de la fonction $P(V)$ et l'axe des abscisses, aire grisée sur la figure 23.6(a) page suivante.

La valeur absolue du travail des forces de pression est égale à l'aire $\mathcal{A}$ comprise entre la courbe représentant la transformation du système dans le diagramme de Clapeyron et l'axe des abscisses.

Le travail algébrique est :

- $W = +\mathcal{A}$ si $V_f < V_i$ (le gaz reçoit du travail si son volume diminue) ;
- $W = -\mathcal{A}$ si $V_f > V_i$ (le gaz cède du travail si son volume augmente).

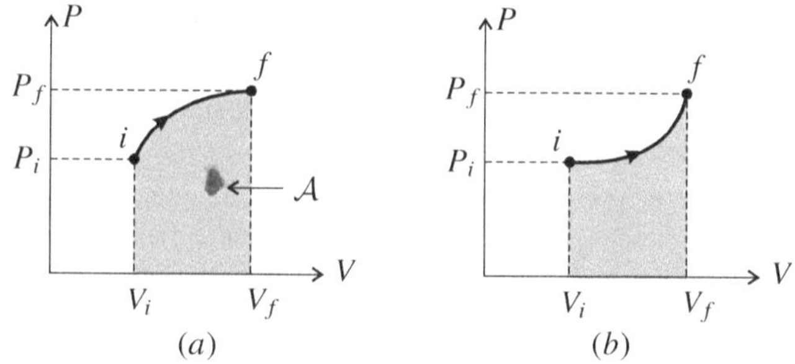

Figure 23.6 – Interprétation géométrique du travail des forces de pression.

D'autre part, les figures 23.6(a) et 23.6(b) montrent deux transformations différentes menant de l'état i à l'état f et représentées par deux courbes différentes. Les aires sous ces deux courbes sont différentes, donc le système ne reçoit pas le même travail dans les deux transformations qui vont pourtant du même état initial au même état final. On constate donc que :

Le travail de pression dépend de la transformation entre l'état initial et l'état final.

c) Travail reçu par le système au cours d'une évolution cyclique

On s'intéresse à une transformation cyclique du système au cours de laquelle il passe d'un état A à un état B, puis revient à l'état A par un autre chemin : $A \longrightarrow B \longrightarrow A$.

On suppose pour fixer les idées que $V_B > V_A$. Le travail reçu par le système est négatif lors de la transformation $A \longrightarrow B$ soit $W_{A \longrightarrow B} = -\mathcal{A}$ où $\mathcal{A}$ est l'aire sous la courbe suivie par le point représentatif du système dans le diagramme de Clapeyron (voir figure 23.7(a)). Le travail est positif lors de la transformation $B \rightarrow A$ soit $W_{B \rightarrow A} = +\mathcal{A}'$ en notant $\mathcal{A}'$ l'aire sous la courbe suivie (voir figure 23.7(b)). Le travail algébrique reçu par le système sur le cycle,

$$W_{\text{cycle}} = W_{A \rightarrow B} + W_{B \rightarrow A} = \mathcal{A}' - \mathcal{A},$$

n'est pas nul. Il est égal en valeur absolue à l'aire $\mathcal{A}_{\text{cycle}}$ entourée par le chemin du cycle dans le diagramme de Clapeyron (voir figure 23.7(c)).

Sur la figure 23.7(c) le cycle est décrit dans le sens des aiguilles d'une montre et $W < 0$. Il aurait été positif si le cycle avait été parcouru dans l'autre sens.

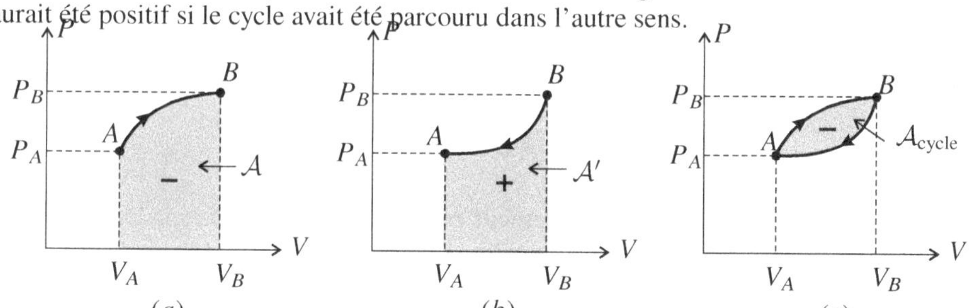

Figure 23.7 – Travail des forces de pression reçu par un système au cours d'un cycle.

Le travail W des forces de pression reçu par un système au cours d'un cycle est négatif lorsque le cycle est décrit dans le sens horaire dans le diagramme de Clapeyron. Dans ce cas le système fournit du travail. Un tel cycle est appelé **cycle moteur**.

Le travail W des forces de pression reçu par un système au cours d'un cycle est positif lorsque le cycle est décrit dans le sens trigonométrique dans le diagramme de Clapeyron. Dans ce cas le système reçoit du travail. Un tel cycle est appelé **cycle récepteur**.

Dans les deux cas, la valeur absolue du travail échangé par le système est égale à l'aire de la surface délimitée par le cycle : $|W| = \mathcal{A}_{\text{cycle}}$.

Remarque

Ces résultats montrent bien que le travail n'est pas la variation d'une fonction d'état X entre l'état initial et l'état final puisque :

- toute variation $\Delta X = X_f - X_i$ entre un état initial i et un état final f est indépendante du chemin suivi entre ces deux états, ce qui n'est pas le cas du travail ;
- lors d'un cycle, la variation de toute fonction d'état est nulle ($\Delta X = X_A - X_A = 0$), ce qui n'est pas le cas du travail.

d) Exemples de calculs pour un échantillon de gaz parfait

Dans ce paragraphe on calcule l'intégrale (23.5) pour un système constitué par une quantité de matière n de gaz parfait (plus éventuellement une paroi mobile). Les formules ne sont pas à retenir, mais il faut savoir refaire ces calculs.

Transformation isotherme mécaniquement réversible Dans le cas d'une transformation isotherme la température T du système reste constamment égale à $T_0 = T_i = T_f$. On peut donc écrire en appliquant l'équation d'état du gaz parfait :

$$PV = nRT = nRT_0 \quad \text{d'où} \quad P = \frac{nRT_0}{V}.$$

Le travail des forces de pression s'écrit alors :

$$W = -\int_i^f P\,\mathrm{d}V = -\int_i^f \frac{nRT_0}{V}\,\mathrm{d}V = -nRT_0 \int_{V_i}^{V_f} \frac{\mathrm{d}V}{V} = -nRT_0 \ln \frac{V_f}{V_i}.$$

Par ailleurs, $P_iV_i = P_fV_f = nRT_0$ donc : $\dfrac{V_f}{V_i} = \dfrac{P_i}{P_f}$. Ainsi :

$$W = -nRT_0 \ln \frac{V_f}{V_i} = nRT_0 \ln \frac{P_f}{P_i}. \tag{23.6}$$

Transformation polytropique mécaniquement réversible Une transformation polytropique est une transformation au cours de laquelle la pression (définie à chaque instant) et le volume vérifient une relation de la forme PV^k = constante, où k est un exposant dépendant de la transformation. Comme une augmentation de volume s'accompagne naturellement d'une diminution de pression, l'exposant k est positif.

La pression P au cours de la transformation vérifie donc : $PV^k = P_iV_i^k$ soit $P = P_i\left(\dfrac{V_i}{V}\right)^k$.

Le travail reçu par le système s'écrit ainsi :

$$W = -\int_i^f P\,\mathrm{d}V = -\int_i^f P_i\left(\frac{V_i}{V}\right)^k \mathrm{d}V = -P_iV_i^k\int_{V_i}^{V_f}\frac{\mathrm{d}V}{V^k} = -P_iV_i^k\frac{V_f^{1-k}-V_i^{1-k}}{1-k}.$$

En utilisant $P_fV_f^k = P_iV_i^k$ et l'équation d'état du gaz parfait, on peut mettre ce résultat sous deux formes simples :

$$W = \frac{1}{k-1}\left(P_fV_f - P_iV_i\right) = \frac{nR}{k-1}(T_f - T_i). \qquad (23.7)$$

3 Transfert thermique

3.1 Définition

Un système thermodynamique peut recevoir de l'énergie sans l'intervention d'une action mécanique mesurable à l'échelle macroscopique. Ce transfert d'énergie complémentaire du travail mécanique s'appelle **transfert thermique**.

La quantité d'énergie échangée entre un système Σ et l'extérieur par transfert thermique est notée Q. Elle est algébrique et, par convention, positive lorsque Σ reçoit de l'énergie. Le transfert thermique Q est parfois appelée **chaleur**. Il se mesure en joules.

3.2 Les trois modes de transfert thermique

Le transfert thermique s'opère entre deux systèmes en contact si leurs températures sont différentes. Le système dont la température est la plus élevée cède de l'énergie au système dont la température est la plus basse. Ce transfert d'énergie se passe à l'échelle microscopique et il n'est perceptible à l'échelle macroscopique que par la transformation des systèmes qu'il provoque : variation de température, changement d'état...

Il existe trois **modes de transfert thermique**, schématisés sur la figure 23.8 :

1. La **conduction thermique** est le mode de transfert thermique entre deux systèmes séparés par un milieu matériel immobile, par exemple une paroi solide. Le transfert d'énergie résulte des collisions entre les particules microscopiques constituant les systèmes et la paroi. Ces particules sont animées d'un mouvement d'agitation thermique quelle que soit la nature (solide, liquide ou gaz) des systèmes. Les particules du système ayant la température la plus élevée (« système chaud ») ont une énergie cinétique d'agitation thermique supérieure à celle du système ayant une température plus basse (« système froid »). Lors des chocs, les premières cèdent de l'énergie aux particules de la paroi et les deuxièmes reçoivent de l'énergie de la paroi.
2. La **convection thermique** met en jeu un fluide en mouvement. Le fluide passe d'un système à l'autre, reçoit de l'énergie du système chaud et cède de l'énergie au système froid.
3. Le **rayonnement thermique** met en jeu les ondes électromagnétiques émises par les particules microscopiques des systèmes à cause de leur mouvement d'agitation thermique (quelle que soit la nature des systèmes). Les photons émis par chacun des systèmes sont reçus par l'autre qui en absorbe une partie. Il y a ainsi transfert d'énergie dans les deux sens, mais du fait que le système chaud émet plus d'énergie que le système froid, le transfert d'énergie global se fait du système chaud vers le système froid.

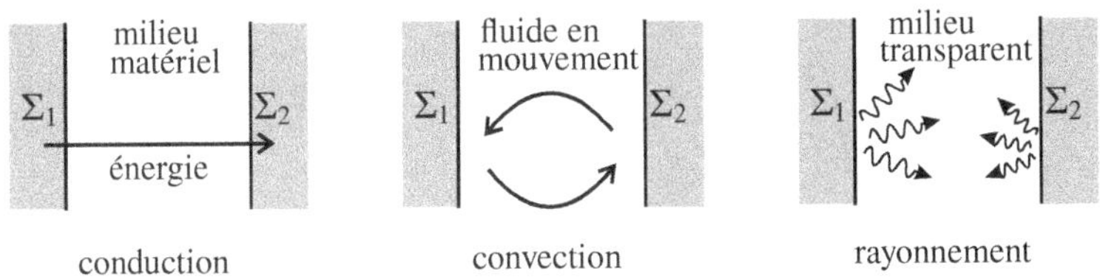

Figure 23.8 – Les trois modes de transfert thermique entre un système Σ_1 de température T_1 et un système Σ_2 de température $T_2 < T_1$.

Exemple

Le transfert thermique entre l'intérieur d'une habitation et l'extérieur est :

- conductif à travers un mur ou une fenêtre fermée ;
- convectif à travers une fenêtre ouverte ;
- radiatif quand le rayonnement du soleil entre à travers une vitre.

La cuisson d'un plat dans un four électrique classique est due à un transfert thermique entre la résistance chauffante du four et le plat qui passe pour l'essentiel par le rayonnement et pour une petite par la conduction thermique à travers l'air. Dans un four dit « à chaleur tournante » un ventilateur provoque un mouvement d'air à l'intérieur du four qui ajoute un transfert par convection très efficace.

3.3 Transformation adiabatique

a) Définition

Une transformation **adiabatique** est une transformation au cours de laquelle le système n'a aucun échange d'énergie par transfert thermique : $Q = 0$.

Dans le cas d'une transformation adiabatique, la température du système dans l'état final n'est pas déterminée par une condition d'équilibre thermique, puisque le système n'est en contact thermique avec aucun autre système.

b) Réalisation pratique

La définition théorique de la transformation adiabatique correspond à une idéalisation dont la réalité ne peut que s'approcher. Pour réaliser une transformation adiabatique, on entoure le système d'un matériau dit « isolant thermique », à travers lequel la conduction thermique est difficile.

Exemple

La vase de Dewar est un récipient à double paroi de verre entre lesquelles il y a de l'air sous très faible pression pour réduire fortement le transfert thermique conductif. De plus la paroi de verre est métallisée pour réduire le transfert thermique par rayonnement.

Les calorimètres utilisés en travaux pratiques (voir chapitre suivant), bien que de fabrication moins coûteuse, sont conçus sur le même principe.

L'efficacité d'un tel dispositif est limitée dans le temps et le système finit toujours par être en équilibre thermique avec l'extérieur. Le rôle de l'isolation thermique est d'augmenter fortement le temps caractéristique d'établissement de l'équilibre thermique. Celui-ci peut facilement devenir très long.

Exemple

Le temps caractéristique d'établissement du transfert thermique conductif à travers une paroi d'épaisseur e est $\tau = \dfrac{e^2}{a}$ où a est la diffusivité thermique du matériau constituant la paroi. La diffusivité thermique du liège est $a = 3{,}0.10^{-7}\,\text{m}^2.\text{s}^{-1}$, donc pour $e = 2{,}0\,\text{cm}$ on trouve $\tau = 1{,}3.10^3\,\text{s} \simeq 22\,\text{min}$.

Dans ce cas, l'équilibre mécanique du système s'établit beaucoup plus rapidement que l'équilibre thermique et on peut dire que le système, au moment où il atteint l'équilibre mécanique, a subi une transformation adiabatique.

Une transformation rapide peut être considérée comme adiabatique.

Exemple

Le cylindre d'un moteur est en acier de diffusivité thermique $a = 1{,}5.10^{-5}\,\text{m}^2.\text{s}^{-1}$ et d'épaisseur $e \simeq 0{,}5\,\text{cm}$. Le temps caractéristique pour les échanges thermiques est $\tau = \dfrac{e^2}{a} \simeq 167\,\text{s}$. Pour un moteur ayant une vitesse de rotation de l'ordre de 1000 tours par minute, le cycle de transformation des gaz dure environ 0,06 s et les échanges thermiques n'ont pas le temps de se faire. On peut faire une modélisation adiabatique.

3.4 Notion de thermostat

a) Définition

Un **thermostat** est un système thermodynamique dont la température T_0 ne varie pas, même s'il échange de l'énergie (sous forme de transfert thermique ou de travail).

b) Intérêt pratique de la notion de thermostat

Soient deux systèmes monophasés Σ et Σ_0 échangeant de l'énergie par transfert thermique et de capacités thermiques à volume constant C_V et C_{V0} telles que $C_{V0} \gg C_V$. Lorsqu'un transfert thermique algébrique Q est fourni par Σ_0 et reçue par Σ, dans une transformation où les volumes des deux systèmes sont constants, cela induit des variations ΔT et ΔT_0 des températures respectives de Σ et Σ_0 telles que :

$$Q = \Delta U_\Sigma = C_V \Delta T \quad \text{et} \quad -Q = \Delta U_{\Sigma_0} = C_{V0}\Delta T_0,$$

d'après le premier principe, appliqué successivement aux deux systèmes. Il en résulte que :

$$|\Delta T_0| = \frac{C_V}{C_{V0}}|\Delta T| \ll |\Delta T|.$$

Ainsi le système Σ_0 peut être considéré comme un thermostat dans son interaction avec Σ.

Lorsque deux systèmes échangeant de l'énergie par transfert thermique ont des capacités thermiques d'ordres de grandeur très différents, on peut modéliser le système ayant la plus grande capacité thermique par un thermostat.

Exemple

Les centrales nucléaires sont construites à proximité d'un fleuve dont elles utilisent l'eau pour le refroidissement et qui peut être modélisé par un thermostat.

On peut aussi réaliser un thermostat de petite taille. Au laboratoire on utilise un mélange eau-glace. En effet un tel mélange est à température fixe, voisine de 273 K sous la pression atmosphérique. Quand ce système reçoit (resp. cède) un transfert thermique $Q > 0$, cela provoque la fusion d'une partie de la glace (resp. la solidification d'une partie de l'eau liquide) mais la température ne change pas. Bien sûr, il ne faut pas que la quantité d'énergie Q soit trop grande.

3.5 Retour sur les transformations monotherme et isotherme

On peut reformuler la définition de la transformation monotherme :

Une transformation est monotherme si le système échange de l'énergie par transfert thermique avec un et un seul thermostat.

Pour qu'une transformation soit **isotherme** il faut que la température du système ne varie pas. Or dans la plupart des cas (l'exception étant le mélange diphasé évoqué ci-dessus) tout apport d'énergie au système tend à faire varier sa température.

La réalisation d'une transformation isotherme nécessite donc un contrôle de la température que l'on obtient en mettant le système en contact avec un thermostat. Il faut que les échanges thermiques entre le système et le thermostat soient faciles. Ceux-ci doivent donc être séparés par une **paroi diathermane**, c'est-à-dire perméable à la chaleur. De plus l'évolution du système doit être suffisamment lente pour que les échanges thermiques aient le temps de s'établir et assurent le maintien de la température T du système à la même valeur que la température T_0 du thermostat. La plupart des transformations isothermes sont des transformations lentes, au cours desquelles le système est constamment en équilibre thermique avec un thermostat.

MÉTHODOLOGIE

Comment vérifier le signe d'un travail que l'on a calculé ?
▷ *Le travail est positif quand il est reçu par le système considéré.*

Comment sait-on si un gaz reçoit ou fournit du travail au cours d'un cycle de transformations ?
▷ *On représente le cycle dans un diagramme de Clapeyron : le gaz reçoit du travail quand il décrit le cycle dans le sens trigonométrique.*

Comment déterminer les modes de transferts thermiques mis en jeu ?
▷ *Les trois modes de transferts peuvent coexister. À travers le vide, il n'y a que du transfert par rayonnement. À travers un milieu solide il y a uniquement de la conduction et, si le milieu est transparent, du rayonnement. Dès qu'il y a un fluide en mouvement, il y a de la convection.*

PROGRAMME OFFICIEL ET SOMMAIRE DES EXERCICES

NOTIONS ET CONTENUS	CAPACITÉS EXIGIBLES
Transformation thermodynamique subie par un système. Évolutions isochore, isotherme, isobare, monobare, monotherme.	Définir un système adapté à une problématique donnée. Exploiter les conditions imposées par le milieu extérieur pour déterminer l'état d'équilibre final. ► 23.C1 ▷ 23.3
Travail des forces de pression. Transformations isochore, monobare.	Évaluer un travail par découpage en travaux élémentaires et sommation sur un chemin donné dans le cas d'une seule variable. ► 23.C2 23.C3 Interpréter géométriquement le travail des forces de pression dans un diagramme de Clapeyron. ▷ 23.4
Transferts thermiques. Transformation adiabatique. Thermostat, transformations monotherme et isotherme.	Distinguer qualitativement les trois types de transferts thermiques : conduction, convection et rayonnement. ► 23.C5 Identifier dans une situation expérimentale le ou les systèmes modélisables par un thermostat. ► 23.C4 ▷ 23.1 23.2

EXERCICES ★ (LE COURS)

23.C1 Nature des transformations Retrouver les définitions des adjectifs isotherme, monotherme, isobare et monobare.

23.C2 Travail des forces de pression Quelle est la bonne expression du travail élémentaire des forces de pression : $\delta W = -P_{\text{ext}}\mathrm{d}V$ ou $\delta W = -P\mathrm{d}V$?

23.C3 Travail des forces de pression Un gaz voit son volume varier de V_0 à $2V_0$ au cours d'une transformation mécaniquement réversible réalisée dans des conditions telles que sa pression vérifie : $P = P_0 + A(V - V_0)$ où P_0, V_0 et A sont des constantes. Donner sans calcul le signe du travail W reçu par le gaz. Exprimer W sous la forme d'une intégrale. Sans calculer l'intégrale donner l'expression de W en fonction de P_0, V_0 et A.

23.C4 Notion de thermostat On met un glaçon sortant du congélateur à -18 °C dans un verre d'eau à 10 °C ; le verre placé dans une pièce à 20 °C. Quel est l'état final ? Comment qualifier la transformation du système {glaçon + eau} ?

23.C5 Modes de transfert thermique Quel mode de transfert thermique met en jeu un fluide en mouvement ?

EXERCICES ★★

23.1 Questions qualitatives

1) On dépose un glaçon sortant d'un congélateur dans une coupelle et on l'abandonne à l'air libre. Quel est l'état final ? Dans cette transformation le système constitué par le glaçon reçoit-il du travail ? du transfert thermique ?

2) En hiver, un ballon de baudruche initialement à l'équilibre dans un lieu chauffé est apporté à l'extérieur. Le système constitué par le ballon et l'air qu'il contient reçoit-il du travail ? du transfert thermique ?

3) Comment peut-on qualifier les transformations précédentes ?

23.2 Transfert thermique et cuisson

1) Citer un procédé de cuisson dans lequel l'aliment reçoit du transfert thermique majoritairement par conduction, par convection, par rayonnement.

2) On cuit un œuf en le plongeant dans un casserole d'eau bouillante. Quel est le mode de transfert thermique dominant pour le système {œuf} ? pour le système {œuf + eau} ? pour le système {jaune d'œuf} ?

23.3 Recherche d'un état final

Une enceinte indéformable aux parois calorifugées est séparée en deux compartiments par une cloison étanche de surface S, mobile, diathermane et reliée à un ressort de constante de raideur k. Les deux compartiments contiennent chacun un gaz parfait. Dans l'état initial, le gaz du compartiment 1 est dans l'état (T_0, P_0, V_0), le gaz du compartiment 2 dans l'état

$(T_0, 2P_0, V_0, 2n)$, une cale bloque la cloison mobile et le ressort est au repos. On enlève la cale et on laisse le système atteindre un état d'équilibre.

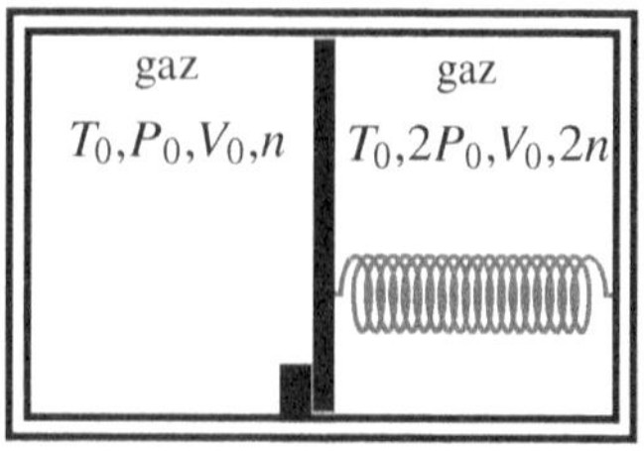

1) Décrire l'évolution du système.

2) Écrire cinq relations faisant intervenir certaines des six variables d'état : V_1, V_2 (volumes finaux des deux compartiments), P_1, P_2 (pressions finales dans les deux compartiments), T_1, T_2 (températures finales dans les deux compartiments).

EXERCICES ★★★

23.4 Étude d'un compresseur

Le problème étudie le compresseur d'un moteur à air comprimé (celui d'un marteau-piqueur, par exemple). L'air est assimilé à un gaz parfait de masse molaire $M = 29$ g.mol^{-1}, de capacité thermique massique à pression constante $c_p = 1{,}00$ kJ.kg^{-1}.K^{-1} et de rapport des capacités thermiques à pression et à volume constants $\gamma = 1{,}4$. La constante des gaz parfaits est $R = 8{,}314$ J.K^{-1}.mol^{-1}.

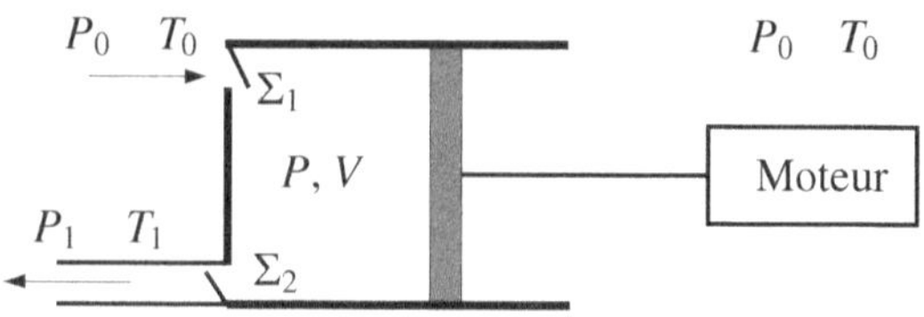

L'air est aspiré dans les conditions atmosphériques, sous la pression $P_0 = 1$bar et à la température $T_0 = 290$ K, jusqu'au volume V_m, puis comprimé jusqu'à la pression P_1, où il occupe le volume V_1, et refoulé à la température T_1 dans un milieu où la pression est $P_1 = 6$ bar. Bien que le mécanisme réel d'un compresseur soit différent, on suppose que celui-ci fonctionne comme une pompe à piston, qui se compose d'un cylindre, d'un piston coulissant entraîné par un moteur et de deux soupapes.

- La soupape d'entrée Σ_1 est ouverte si la pression P dans le corps de pompe est inférieure ou égale à la pression atmosphérique P_0.
- La soupape de sortie Σ_2 est ouverte si P est supérieure à P_1.
- Le volume V du corps de pompe est compris entre 0 et V_m.
- À chaque cycle (aller et retour du piston), la pompe aspire et refoule une mole d'air.

1) Tracer sur un diagramme de Watt (P en ordonnée, V en abscisse) l'allure de la courbe représentant un aller et un retour du piston. Indiquer le sens de parcours par une flèche.

2) Montrer que le travail de l'air situé à droite du piston est nul sur un aller-retour.

3) Montrer que le travail fourni par le moteur qui actionne le piston est égal à l'aire d'une surface sur le diagramme. On supposera que le mouvement est assez lent pour que l'évolution soit mécaniquement réversible.

4) Pendant la phase de compression, l'air suit une loi polytropique $PV^k = \text{cste}$; il sort du compresseur à la température $T_1 = 391$ K. Trouver la valeur de k.

5) Exprimer le travail mécanique W_{moteur} fourni par le moteur pendant un aller-retour en fonction de R, n, k, T_1 et T_0.

6) Le débit massique de l'air dans le compresseur est $D_m = 0{,}013$ kg.s^{-1}. Calculer la puissance $\mathcal{P}_{\text{moteur}}$ fournie par le moteur.

CORRIGÉS

23.C1 *Cf.* paragraphe 1.2 page 646.

23.C2 La première est la seule générale ; la deuxième est valable uniquement quand il y a réversibilité mécanique.

23.C3 Le volume du gaz augmente donc le travail des forces de pressions est négatif.

$$W = \int_{V_0}^{2V_0} -P\mathrm{d}V = \int_{V_0}^{2V_0} -(P_0 + \alpha(V - V_0))\mathrm{d}V$$

Ce travail est l'opposé de l'aire grisée sur la figure ci-contre. En appliquant la formule de l'aire d'un trapèze on a directement :

$$W = -\left(P + \frac{1}{2}\alpha V_0\right) V_0 .$$

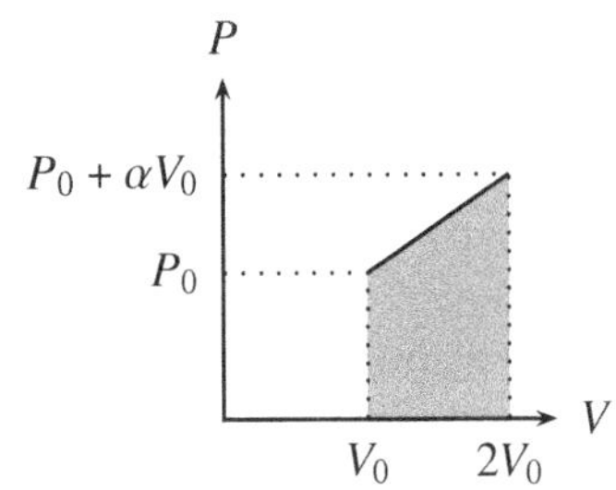

23.C4 L'air de la pièce a une capacité thermique très supérieure à celle de l'eau et du glaçon donc on peut le considérer comme un thermostat. Dans l'état final le glaçon a fondu et on a dans le verre de l'eau à 20 °C. La transformation est monotherme.

23.C5 La convection thermique.

23.1 Questions qualitatives

1) Dans l'état final le glaçon a fondu : il est devenu de l'eau liquide à la température de la pièce. Comme il est au départ à température plus basse que la pièce, il a reçu du transfert thermique. Le glace ayant un volume massique plus grand que l'eau liquide, le volume du système a diminué, donc il a reçu du travail des forces de pression atmosphérique.

2) Le système ballon, initialement à température plus élevée que l'air extérieur, cède du transfert thermique. Dans l'état final il a une température égale à la température de l'air atmosphérique qui est un thermostat. De ce fait, le gaz contenu dans le ballon a diminué de volume, donc le système ballon a reçu du travail des forces de pression atmosphérique.

3) L'atmosphère est un thermostat et un pressiostat (système de pression constante). Les deux transformations sont monobares et monothermes. Comme elles sont lentes et qu'au départ les deux systèmes sont à la pression atmosphérique, elles sont aussi isobares.

23.2 Transfert thermique et cuisson

1) On peut citer :

- pour la conduction : la cuisson dans une casserole (le système constitué par le contenu de la casserole reçoit un transfert thermique conductif traversant le fond de la casserole) ;
- pour la convection : la cuisson vapeur et la cuisson au bain-marie dans lesquelles le système constitué par l'aliment reçoit le transfert thermique de la vapeur chaude ou de l'eau chaude en mouvement ;
- pour le rayonnement : la cuisson dans un four traditionnel, la cuisson au barbecue.

2) Pour le système {œuf} c'est un transfert thermique convectif, pour le système {œuf + eau} un transfert thermique conductif et pour le système {jaune d'œuf} un transfert thermique conductif (quand l'oeuf est dur).

Remarque : si la casserole est posée sur une plaque halogène, le système constitué par la casserole et son contenu reçoit du transfert thermique essentiellement par rayonnement. Ainsi, le mode de transfert thermique mis en jeu dans une situation donnée dépend du système considéré.

23.3 Recherche d'un état final

1) La paroi mobile n'est pas à l'équilibre. Attendu que la pression est plus forte dans le compartiment 2, elle est poussée vers la gauche.

2) On peut écrire les conditions suivantes :

1. conservation du volume total : $V_1 + V_2 = 2V_0$;
2. équation d'état pour le gaz du compartiment 1 : $\frac{P_1 V_1}{T_1} = \frac{P_0 V_0}{T_0}$;
3. équation d'état pour le gaz du compartiment 2 : $\frac{P_2 V_2}{T_2} = \frac{2P_0 V_0}{T_0}$;
4. équilibre thermique de part et d'autre de la cloison diathermane : $T_1 = T_2$;
5. équilibre mécanique de la cloison mobile : $P_1 = P_2 - k\frac{V_2 - V_0}{S^2}$, en tenant compte de la force du ressort qui est allongé.

Attention ! Il n'y a aucune raison pour que T_1 et T_2 soient égales à T_0. L'enceinte étant calorifugée et indéformable, le système global est isolé et on obtient, en appliquant le premier principe de la thermodynamique (voir chapitre suivant), la relation suivante : $T_1 = T_2 = T_0 - \frac{k}{6nC_{V,m}}\left(\frac{V_2 - V_0}{S}\right)^2$. La température finale est donc plus petite que T_0.

23.4 Étude d'un compresseur

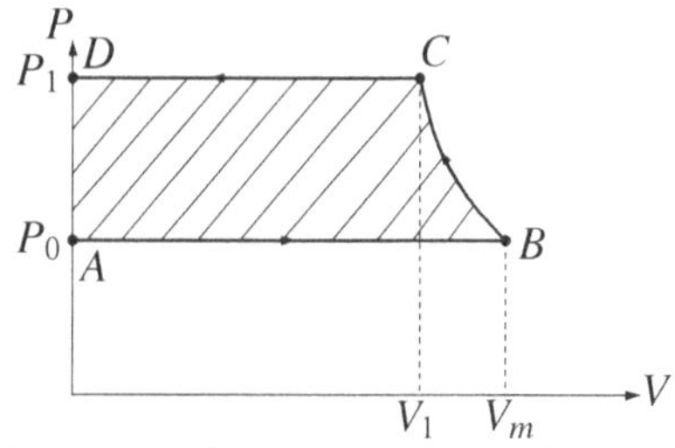

1) Le système est le gaz qui entre dans le corps de la pompe pendant la première phase.

L'évolution étudiée comporte les trois étapes suivantes :

- admission du gaz de A à B à la pression P_0 ;
- compression de B à C ;
- refoulement de C à D à la pression P_1.

2) La pression extérieure est constante, donc le travail des forces de pression du gaz à droite du piston est :

$$W_{\text{droite}} = W_{\text{droite},AB} + W_{\text{droite},BC} + W_{\text{droite},CD} = P_0(V_B - V_A + V_C - V_B + V_D - V_C) = 0.$$

Effectivement, puisque le piston effectue un aller-retour, le volume balayé est le même à l'aller (travail résistant) et au retour (travail moteur).

3) La force exercée par le moteur pour déplacer le piston est $F = (P - P_0)s$, où s est la section du piston, donc le travail fourni par le moteur est :

$$W_{\text{moteur}} = -\int_{ABCD}(P - P_0)\mathrm{d}V = -\int_{ABCD} P\mathrm{d}V - W_{\text{droite}} = -\int_{ABCD} P\mathrm{d}V.$$

W_{moteur} est donc l'aire du cycle. C'est ce qu'on appelle habituellement le travail de l'opérateur.

4) On étudie le gaz dans le corps de pompe entre B et C. La loi polytropique et l'équation du gaz parfait donnent : $\begin{cases} P_B V_B^k = P_C V_C^k \\ P_B V_m = nRT_B \quad \text{et} \quad P_C V_C = nRT_C \end{cases}$

En combinant ces expressions, on obtient : $\left(\dfrac{P_B}{P_C}\right) = \left(\dfrac{V_B}{V_C}\right)^k$ et $\left(\dfrac{P_B}{P_C}\right)^{1-k} = \left(\dfrac{T_B}{T_C}\right)^{-k}$.

Comme on veut calculer k, on prend le logarithme de cette expression, ce qui donne :

$$k = \frac{\ln \frac{P_B}{P_C}}{-\ln \frac{T_B}{T_C} + \ln \frac{P_B}{P_C}} = \frac{\ln \frac{P_0}{P_1}}{-\ln \frac{T_0}{T_1} + \ln \frac{P_0}{P_1}} = 1{,}2.$$

5) On a vu précédemment que $W_{\text{moteur}} = \displaystyle\int (-P\mathrm{d}v)$. On décompose le calcul suivant les trois transformations élémentaires :

Dans la transformation de A à B, $P = P_0$ le travail fourni par le moteur est :

$$W_{\text{moteur},AB} = -P_0 \int_0^{V_m} \mathrm{d}V = -P_0 V_m = -nRT_0.$$

Dans la transformation de B à C, il vaut :

$$W_{\text{moteur},BC} = \int_{V_m}^{V_1} (-P\mathrm{d}V) = -P_0 V_m^k \int_{V_m}^{V_1} \frac{\mathrm{d}V}{V^k} = \frac{P_0 V_m^k}{k-1} \left[V^{-k+1}\right]_{V_m}^{V_1},$$

ce qui peut s'écrire : $W_{\text{moteur,BC}} = \dfrac{P_0 V_m}{k-1} \left(\left(\dfrac{V_m}{V_1}\right)^{k-1} - 1 \right)$.

Or :

$$\left(\frac{V_m}{V_1}\right)^{k-1} = \left(\frac{V_m}{V_1}\right)^k \frac{V_1}{V_m} = \frac{P_1 V_1}{P_0 V_m} = \frac{T_1}{T_0},$$

d'où finalement :

$$W_{\text{moteur},BC} = \frac{P_0 V_m}{k-1} \left(\frac{T_1}{T_0} - 1 \right).$$

Dans la transformation de C à D, $P = P_1$ et le travail du moteur est :

$$W_{CD} = -\int_{V_1}^{0} P_1 dV = P_1 V_1 = nRT_1.$$

Ainsi, finalement :

$$W_{\text{moteur}} = \frac{k}{k-1} nR(T_1 - T_0).$$

6) Par définition de la puissance : $W_{\text{moteur}} = \mathcal{P}_{\text{moteur}} \Delta t$.

En $\Delta t = 1$ s, la quantité d'air passant dans le compresseur est : $n = \dfrac{D_m \Delta t}{M}$. Ainsi :

$$\mathcal{P}_{\text{moteur}} = \frac{k}{k-1} \frac{D_m}{M} R(T_1 - T_0) = 2{,}26 \text{ kW}.$$

Premier principe - Bilans d'énergie

24

Le premier principe de la thermodynamique exprime la conservation de l'énergie. Ainsi, un système isolé, c'est-à-dire un système n'ayant aucun échange d'énergie avec l'extérieur, a une énergie constante. Les échanges d'énergie d'un système non isolé sont le travail mécanique et le transfert thermique, qui ont été étudiés au chapitre précédent. Faire le bilan d'énergie d'une transformation d'un système choisi consiste à calculer sa variation d'énergie, ainsi que les contributions respectives de ces deux types d'échange d'énergie à cette variation.

1 Le premier principe de la thermodynamique

1.1 Énergie d'un système

La notion d'énergie généralise au cas où il y a un mouvement de matière à l'échelle macroscopique la notion d'énergie interne, définie au chapitre 22.

L'**énergie** E d'un système thermodynamique Σ est la somme de :

- son énergie interne U,
- son énergie cinétique macroscopique E_c dans le référentiel de l'étude,
- une éventuelle énergie potentielle d'interaction avec un système extérieur $E_{p,\text{ext}}$,

soit :

$$E = U + E_c + E_{p,\text{ext}}.$$

L'énergie cinétique macroscopique est l'énergie cinétique attribuée aux mouvements observables à l'échelle macroscopique. Pour la calculer on divise le système en volumes mésoscopiques $\mathrm{d}\tau$ de masse $\mathrm{d}m$. Chacun des volumes mésoscopiques est assimilable, du fait de sa très petite taille, à un point matériel animé d'une vitesse $\vec{v}$ et a donc une énergie cinétique égale à $\frac{1}{2}\,\mathrm{d}m\, v^2$. L'énergie cinétique de Σ est la somme des énergies cinétiques de tous les volumes mésoscopiques qui le composent.

L'énergie potentielle d'interaction avec un système extérieur est dans la plupart des cas l'énergie potentielle de pesanteur (interaction avec la Terre), qui est :

$$E_{p,\text{ext}} = mgz_G,$$

où m est la masse de Σ et z_G l'altitude du centre d'inertie du système, c'est-à-dire sa coordonnée sur une axe (Oz) vertical dirigé vers le haut. $E_{p,\text{ext}}$ est définie à une constante additive près correspondant au choix de l'origine O.

L'énergie E est définie à une constante additive près. Ceci n'est pas gênant parce que les expériences ne permettent de mesurer que des variations de E entre deux états.

Remarque

Par rapport à la définition qui a été donnée au chapitre 22, on ajoute parfois à l'énergie interne l'énergie de masse mc^2 où m est la masse de Σ et c la célérité de la lumière. Comme cette énergie ne varie pas dans les phénomènes courants, cela revient simplement à changer la constante additive.

1.2 Premier principe de la thermodynamique

Le **premier principe de la thermodynamique** s'applique à un système Σ donné pour une transformation thermodynamique donnée. On notera, pour la transformation considérée,

$$\Delta X = X_f - X_i$$

la variation d'une fonction d'état quelconque X du système, différence entre la valeur X_f dans l'état final et la valeur X_i dans l'état initial. Ainsi, ΔE est la variation d'énergie, ΔU la variation d'énergie interne, ΔE_c la variation d'énergie cinétique macroscopique, etc.

a) Énoncé

Au cours d'une transformation thermodynamique quelconque d'un système fermé Σ, la variation de l'énergie E de Σ est égale à l'énergie qu'il reçoit, somme du travail mécanique W et du transfert thermique Q, soit :

$$\Delta E = W + Q. \tag{24.1}$$

Le premier principe exprime la **conservation de l'énergie**.

Il est important de se rappeler que le travail W et le transfert thermique Q sont des **grandeurs algébriques**. Ces énergies sont, par convention, positives si elle sont effectivement reçues par le système Σ de l'extérieur et négatives si elles sont données par Σ à l'extérieur.

Les grandeurs ΔE, W et Q dépendent du système choisi et de la transformation considérée, qu'il faudra toujours préciser avec soin.

b) Cas d'un système isolé

Un **système isolé** est un système fermé n'échangeant pas d'énergie avec l'extérieur.

Un système isolé n'a pas d'interaction avec l'extérieur donc $E_{p,\text{ext}} = 0$. Son énergie s'écrit ainsi : $E = U + E_c$.

De plus, l'absence d'échange d'énergie se traduit par $Q = 0$ et $W = 0$ lors de toute transformation du système. Ainsi :

L'énergie $E = U + E_c$ d'un système isolé est constante.

Il peut y avoir à l'intérieur du système des transformation d'une forme d'énergie en une autre, mais l'énergie E du système, somme de toutes les formes d'énergie, est constante.

c) Forme usuelle du premier principe

La variation d'énergie du système peut s'écrire :

$$\begin{aligned}\Delta E &= (U_f + E_{c,f} + E_{p,\text{ext}\,f}) - (U_i + E_{c,i} + E_{p,\text{ext}\,i}) \\ &= (U_f - U_i) + (E_{c,f} - E_{c,i}) + (E_{p,\text{ext}\,f} - E_{p,\text{ext}\,i}) = \Delta U + \Delta E_c + \Delta E_{p,\text{ext}}.\end{aligned}$$

Dans le cadre de cet ouvrage on se limitera à des cas où l'énergie cinétique est nulle (ou négligeable) donc sa variation aussi et où l'énergie potentielle d'interaction avec l'extérieur est soit nulle soit constante. Alors : $\Delta E_c = \Delta E_{p,\text{ext}} = 0$

Dans les cas usuels le premier principe s'écrit :

$$\Delta U = W + Q. \quad (24.2)$$

d) Remarque importante

L'équation (24.2) est relative à un système et à une transformation de ce système qui se définit par : un état initial i, un état final f, *et un chemin menant de l'état initial à l'état final.*

Le terme $\Delta U = U_f - U_i$ ne dépend que de l'état initial i et de l'état final f et pas du chemin suivi.

En revanche, les termes Q et W *dépendent du chemin suivi* (ceci a été montré au chapitre précédent pour W).

Il y a donc une différence de statut entre les termes de l'équation, différence que la notation souligne par la présence ou absence d'un « Δ ».

⚠ Écrire un « Δ » devant le W ou le Q est une grave erreur.

1.3 Premier principe de la thermodynamique entre deux états voisins

a) Énoncé

Dans ce paragraphe on suppose que l'état final et l'état initial sont très proches. Il est alors commode d'assimiler la très petite variation de l'énergie interne à une variation infinitésimale qui est notée $\mathrm{d}U$.

Le transfert thermique reçu par le système est aussi très petit et, pour le marquer, on adopte la notation δQ et on l'appelle **transfert thermique élémentaire**.

De même le travail reçu par le système est noté δW et appelé **travail élémentaire**.

Le premier principe prend alors une forme mathématique particulière :

Premier principe de la thermodynamique infinitésimal :

$$\mathrm{d}U + \mathrm{d}E_c + \mathrm{d}E_p = \delta Q + \delta W,$$

et dans les cas usuels :

$$\mathrm{d}U = \delta Q + \delta W. \quad (24.3)$$

b) Remarque importante

Il faut être conscient de la différence de statut entre :

- le terme $\mathrm{d}U$ et les éventuels termes $\mathrm{d}E_c$, $\mathrm{d}E_{p,\text{ext}}$ qui sont des *variations de quantités relatives aux systèmes* ;
- les termes δQ et δW qui sont de simples termes de transfert dépendant de la manière dont la transformation est menée.

Il importe de respecter scrupuleusement ces notations.

On retiendra la traduction entre les deux formes du premier principe :

- un terme de variation ΔX devient $\mathrm{d}X$;
- un terme de transfert Y sans marque particulière devient un transfert élémentaire δY.

1.4 Obtention de la valeur du transfert thermique

Dans le cadre de la thermodynamique des états d'équilibre étudiée dans le cours de première année, le premier principe est la seule loi permettant de calculer le transfert thermique Q reçu par un système au cours d'une transformation. Si on ne fait pas l'hypothèse d'une transformation adiabatique, on ne peut obtenir Q que par l'équation :

$$\boxed{Q = \Delta U - W \quad \text{ou} \quad \delta Q = \mathrm{d}U - \delta W.} \tag{24.4}$$

Remarque

La théorie des transferts thermiques, qui sera vue en seconde année, donnera un moyen de calculer le transfert thermique Q directement.

1.5 Transfert thermique dans une transformation isochore sans travail autre que celui de la pression

Dans une transformation isochore le travail des forces de pression est nul (voir chapitre précédent). S'il n'y a pas d'autre force que les forces de pression, le système ne reçoit aucun travail : $W = 0$ ou $\delta W = 0$. Le premier principe s'écrit alors :

$$\boxed{Q = \Delta U \quad \text{ou} \quad \delta Q = \mathrm{d}U.} \tag{24.5}$$

1.6 Exemples d'application du premier principe

a) Échauffement isochore d'un gaz (exemple du chapitre 23, page 646)

On prend pour système le gaz contenu dans le récipient. La transformation est un passage isochore de la température T_i à la température $T_f = T_0$. On est dans le cas du paragraphe 1.5.

Si T_0 est très proche de T_i soit $T_0 = T_i + \mathrm{d}T$ alors le premier principe s'écrit :

$$\delta Q = \mathrm{d}U = C_V \mathrm{d}T.$$

Si ce n'est pas le cas le premier principe s'écrit :

$$Q = \Delta U = \int_{T_i}^{T_f} C_V \mathrm{d}T.$$

Cette expression se simplifie si C_V est indépendante de T. Par exemple pour un gaz de capacité thermique à volume constant C_V indépendante de T, $C_V = nC_{Vm}$ où n est la quantité de matière dans le système et :

$$Q = \Delta U = nC_{V_m}(T_f - T_i) = nC_{V_m}(T_0 - T_i).$$

b) Échauffement isobare d'un gaz (exemple du chapitre 23, page 647)

On prend pour système l'ensemble $\{$gaz contenu dans le récipient + piston$\}$.

La transformation est un passage isobare de l'état (T_i, V_i) à l'état $(T_f = T_0, V_f)$.

Si T_0 est très proche de T_i soit $T_0 = T_i + \mathrm{d}T$ alors V_f est très proche de V_i :

$$V_f = V_i \frac{T_f}{Ti} = V_i + \frac{V_i}{T_i}\mathrm{d}T = V_i + \mathrm{d}V.$$

Le travail reçu par le gaz est celui de la force F assimilable à une pression extérieure constante $P_{\text{ext}} = \frac{F}{S}$ donc $\delta W = -P_{\text{ext}}\mathrm{d}V = -\frac{F}{S}\mathrm{d}V$. Le premier principe s'écrit :

$$\delta Q = \mathrm{d}U - \delta W = C_V\mathrm{d}T + \frac{F}{S}\mathrm{d}V.$$

Si ce n'est pas le cas le travail reçu par le gaz est :

$$W = \int_{V_i}^{V_f} -P_{\text{ext}}\mathrm{d}V = -P_{\text{ext}}(V_f - V_i) = -\frac{F}{S}(V_f - V_i).$$

Le premier principe s'écrit :

$$Q = \Delta U - W = \int_{T_i}^{T_f} C_V\mathrm{d}T + \frac{F}{S}(V_f - V_i).$$

Supposons $T_0 > T_i$. On remarque sur l'expression de δQ comme sur cette de Q que le transfert thermique nécessaire pour chauffer le gaz est plus grand que la variation d'énergie interne ($\mathrm{d}V > 0$ et $V_f > V_i$).

Ceci est dû au fait que le gaz fournit du travail en poussant le piston.

On verra, dans la section 2, une manière directe de calculer le transfert thermique dans ce cas.

c) Échauffement d'un gaz par compression

Un cylindre fermé par un piston étanche contient de l'air à la température T_i. On déplace brutalement le piston sur une longueur ℓ en exerçant une force de norme F constante. D'autre part il s'exerce sur le piston qui se déplace une force de frottement de norme F_f constante. Quelle est la température finale T_f de l'air dans le cylindre ?

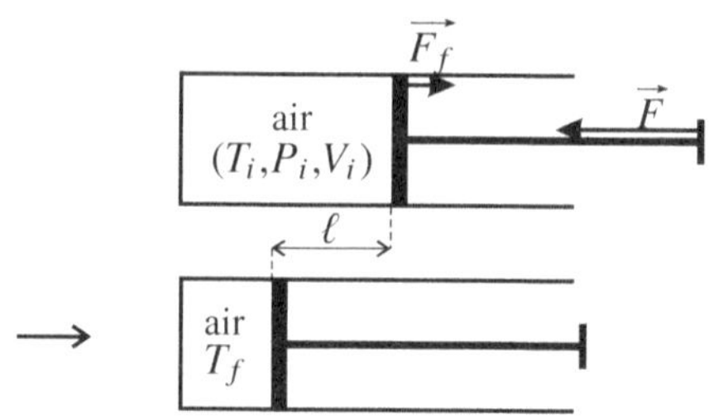

Figure 24.1 – Compression brutale d'un gaz.

On applique le premier principe au système constitué par l'air contenu dans le cylindre pour cette transformation. On fait l'hypothèse que l'air est un gaz parfait diatomique de capacité thermique à volume constant $C_{Vm} = \frac{5}{2}R$ indépendante de la température.

La variation d'énergie interne s'écrit :

$$\Delta U = nC_{Vm}(T_f - T_i) = \frac{5}{2}nR(T_f - T_i),$$

en notant n la quantité de matière dans le système.

La transformation étant brutale, on peut la considérer comme adiabatique, soit : $Q = 0$.

Le travail reçu par le gaz est le travail de la force $F - F_f$ exercée par le piston supposé sans masse, soit : $W = (F - F_f)\ell$, car les forces $\vec{F}$ et $\vec{F_f}$ sont de normes constantes.

Le premier principe s'écrit donc :

$$\Delta U = W \quad \text{soit} \quad \frac{5}{2}nR(T_f - T_i) = (F - F_f)\ell.$$

On en tire : $T_f = T_i + \frac{2}{5nR}(F - F_f)\ell$, expression que l'on peut réécrire, en utilisant l'équation d'état du gaz parfait $P_iV_i = nRT_i$, sous la forme :

$$T_f = T_i\left(1 + \frac{2}{5}\frac{(F - F_f)\ell}{P_iV_i}\right).$$

Cet exemple illustre le fait que la température peut augmenter sans qu'il y ait un transfert thermique, quand le système reçoit l'énergie correspondante sous forme de travail.

L'expérience est réalisable et spectaculaire : l'augmentation de température du gaz est suffisante pour provoquer l'ignition d'un petit morceau de papier placé à l'intérieur. Par exemple, si on utilise un tube de diamètre $d = 1$ cm dans lequel l'air occupe initialement une longueur $L = 15$ cm, on a $V_i = \frac{1}{4}\pi d^2 L = 1{,}2.10^{-5}$ m^3 et, avec $P_i = 1.10^5$ Pa, on a : $P_iV_i = 1{,}2$ J. Si la force de frottement vaut $F_f = 5$ N et qu'on exerce la force $F = 45$ N en déplaçant le piston de $\ell = 10$ cm, alors $(F - F_f)\ell = (45 - 5) \times 0{,}10 = 4{,}0$ J. Dans ce cas la température passe de la valeur $T_i = 300$ K à $T_f = 300 \times \left(1 + \frac{2}{5}\frac{4{,}0}{1{,}2}\right) = 700$ K !

d) Transformation d'un système composé (voir figure 23.3 du chapitre 23, page 648)

On fait le bilan d'énergie du système Σ constitué par tout ce que l'enceinte contient.

Le système ayant une paroi indéformable, il ne reçoit pas de travail :

$$W = 0.$$

Par additivité de l'énergie interne, la variation d'énergie interne de Σ est :

$$\Delta U = \Delta U_{\Sigma_1} + \Delta U_{\text{cloison}} + \Delta U_{\Sigma_2} = C_{V,\Sigma_1}(T_{f1} - T_i) + 0 + C_{V,\Sigma_2}(T_{f2} - T_i),$$

puisque la cloison sans masse a une capacité thermique à volume constant nulle. En supposant que les deux compartiments contiennent un même gaz parfait de capacité thermique à volume constant molaire C_{Vm}, il vient :

$$\Delta U = nC_{Vm}(T_0 - T_i) + 2nC_{Vm}(T_0 - T_i) = 3nC_{Vm}(T_0 - T_i).$$

On en déduit par application du premier principe le transfert thermique reçu par Σ :

$$Q = \Delta U = 3nC_{Vm}(T_0 - T_i).$$

Le bilan d'énergie du système Σ_1 ne peut être établi complètement. En effet, on sait calculer ΔU_{Σ_1} mais on ne sait pas calculer le travail W_{Σ_1} reçu par Σ_1 de la part de la cloison qui se déplace. Ce travail est positif puisque le volume de Σ_1 diminue. De même Σ_2 reçoit un travail W_{Σ_2} négatif. Si la cloison est sans masse, $W_{\Sigma_1} = -W_{\Sigma_2}$: les deux systèmes Σ_1 et Σ_2 échangent de l'énergie sous forme de travail. Ils en échangent aussi sous forme de transfert thermique si la cloison n'est pas adiabatique.

Ainsi, le choix du système Σ englobant Σ_1 et Σ_2 permet d'ignorer les échanges d'énergie entre ces deux systèmes que l'on ne sait pas modéliser.

e) Transformation adiabatique et mécaniquement réversible d'un gaz parfait

Considérons un échantillon de n moles d'un gaz parfait de capacité thermique molaire à volume constant C_{Vm} = subissant une évolution **adiabatique** et **mécaniquement réversible**. Appliquons à une transformation infinitésimale le premier principe :

$$\mathrm{d}U = \delta Q + \delta W \quad \text{soit} \quad nC_{Vm}\mathrm{d}T = 0 - P\mathrm{d}V = -\frac{nRT}{V}\mathrm{d}V.$$

On en tire, en divisant par nRT :

$$\frac{C_{Vm}}{R}\frac{\mathrm{d}T}{T} + \frac{\mathrm{d}V}{V} = 0 \quad \text{soit} \quad \frac{C_{Vm}}{R}\ln T + \ln V = \text{Cste}, \quad \text{soit} \quad TV^{\gamma-1} = \text{Cste}$$

en posant $\dfrac{C_{Vm}}{R} = \dfrac{1}{\gamma - 1}$ (la signification de γ apparaîtra plus loin). Ce résultat est connu sous le nom de **loi de Laplace** valable pour toute transformation adiabatique et mécaniquement réversible d'un gaz parfait.

2 La fonction d'état enthalpie

2.1 Définitions

a) Enthalpie d'un système thermodynamique

On appelle **enthalpie** d'un système thermodynamique la fonction d'état :

$$H = U + PV,$$

où U est l'énergie interne, P la pression et V le volume.
L'enthalpie se mesure en joules.

H est une fonction d'état **extensive**, puisque U et le produit PV sont des fonctions extensives (le produit de la variable intensive P par la variable extensive V est extensif). Elle est aussi **additive** :

$$H_{\Sigma_1+\Sigma_2} = H_{\Sigma_1} + H_{\Sigma_2},$$

si on réunit deux systèmes Σ_1 et Σ_2.

b) Capacité thermique à pression constante

On appelle **capacité thermique à pression constante** d'un système *fermé* Σ la grandeur C_P telle que la variation $\mathrm{d}H$ de l'enthalpie de Σ lorsque la température varie de $\mathrm{d}T$, *la pression restant constante*, est :

$$\mathrm{d}H = C_P\,\mathrm{d}T.$$

C_P se mesure en joules par kelvin : J.K^{-1}.

La capacité thermique à pression constante est une grandeur **extensive** et **additive** qui s'exprime en J.K^{-1}.

Pour un échantillon de corps pur monophasé on définit la **capacité thermique massique à pression constante** c_P en J.kg^{-1}.K^{-1} et la **capacité thermique molaire à pression constante**

C_{Pm} en J.mol^{-1}.K^{-1}. On a alors :

$$C_P = mc_P = nC_{Pm},$$

en notant m la masse et n la quantité de matière du système. De plus, comme $m = nM$, où M est la masse molaire du corps pur :

$$C_{Pm} = Mc_P.$$

2.2 Premier principe pour une transformation monobare avec équilibre mécanique dans l'état initial et l'état final

On considère donc un système subissant une évolution monobare, sous la pression extérieure constante $P_{\text{ext}} = P_0$ constante, entre un état initial i caractérisé par les variables d'état (T_i, P_i, V_i) et un état final f caractérisé par les variables (T_f, P_f, V_f). On suppose de plus qu'il y a équilibre mécanique entre le système et l'extérieur dans l'état final et l'état initial, soit :

$$P_i = P_f = P_0.$$

Le travail des forces de pression est donné par la formule (23.3), page 651 :

$$W_{\text{pression}} = -P_0(V_f - V_i) = -P_fV_f + P_iV_i = -\Delta(PV).$$

On appelle W_{autre} le travail des forces autres que les forces de pression : $W = W_{\text{pression}} + W_{\text{autre}}$.

Le premier principe usuel s'écrit :

$$\Delta U = W + Q \quad \text{soit} \quad \Delta U = -\Delta(PV) + W_{\text{autre}} + Q.$$

Or : $\Delta U + \Delta(PV) = \Delta(U + PV) = \Delta H$. Finalement :

Pour un système subissant une **transformation monobare**, avec **équilibre mécanique dans l'état initial et l'état final**, le premier principe usuel s'écrit sous la forme :

$$\Delta H = W_{\text{autre}} + Q, \tag{24.6}$$

où W_{autre} est le travail des forces autres que les forces de pression.

L'intérêt de cette formule est qu'elle évite le calcul du travail des forces de pression pour évaluer le transfert thermique.

2.3 Premier principe pour une transformation isobare

Le raisonnement précédent s'applique aussi à une transformation isobare (donc monobare).

Pour un système subissant une **transformation isobare**, le premier principe usuel s'écrit sous la forme :

$$\Delta H = W_{\text{autre}} + Q \quad \text{ou} \quad \mathrm{d}H = \delta W_{\text{autre}} + \delta Q, \tag{24.7}$$

où W_{autre} ou δW_{autre} est le travail des forces autres que les forces de pression.

2.4 Transfert thermique dans une transformation isobare sans travail autre que celui de la pression

Quand un système subit une transformation isobare sans apport de travail autre que celui des forces de pressions :

$$Q = \Delta H = \int_{T_i}^{T_f} C_P \mathrm{d}T \quad \text{ou} \quad \delta Q = \mathrm{d}H = C_P \mathrm{d}T. \tag{24.8}$$

Il faut rapprocher la formule (24.8) de la formule (24.5) et ne pas les confondre. L'encadré ci-dessous récapitule les expressions du transfert thermique à connaître.

Pour un système n'ayant pas d'énergie cinétique et ne recevant de travail que des forces de pression :

- $Q = \Delta U$ ou $\delta Q = \mathrm{d}U$ si la transformation est **isochore** ;
- $Q = \Delta H$ ou $\delta Q = \mathrm{d}H$ si la transformation est **isobare**.

2.5 Enthalpie d'un gaz parfait

a) Gaz parfait quelconque

Dans le cas d'un gaz parfait, l'enthalpie molaire s'écrit :

$$H_m = U_m + PV_m = U_m + RT, \tag{24.9}$$

en notant U_m et V_m l'énergie interne et le volume molaires et en utilisant l'équation d'état du gaz parfait. D'après la première loi de Joule, U_m ne dépend que de T. Il en est clairement de même pour H_m. C'est la **deuxième loi de Joule** :

L'enthalpie molaire d'un gaz parfait ne dépend que de sa température, ce que l'on peut écrire :

$$H_m = H_m(T).$$

La capacité thermique à pression constante molaire du gaz parfait est : $C_{Pm} = \dfrac{\mathrm{d}H_m}{\mathrm{d}T}$.

Dans un domaine de température où C_{Pm} est une constante on a :

$$\boxed{H_m(T) = C_{Pm}T + \text{constante},}$$

et, pour une transformation entre un état i et un état f :

$$\boxed{\Delta H_m = C_{Pm}(T_f - T_i).} \tag{24.10}$$

En dérivant l'équation (24.9) par rapport à T on obtient : $\dfrac{\mathrm{d}H_m}{\mathrm{d}T} = \dfrac{\mathrm{d}U_m}{\mathrm{d}T} + R$, soit :

$$\boxed{C_{Pm} - C_{Vm} = R,} \tag{24.11}$$

qui est la **relation de Mayer**. Ainsi, la capacité thermique à pression constante du gaz parfait est supérieure à sa capacité thermique à volume constant.

On donne souvent, pour un gaz parfait, le **rapport des capacités thermiques** :

$$\boxed{\gamma = \frac{C_{Pm}}{C_{Vm}}.} \tag{24.12}$$

Ce rapport est toujours supérieur à 1, d'après la relation de Mayer. On déduit facilement des relations (24.11) et (24.12) les expressions des deux capacités thermiques molaires :

$$C_{Vm} = \frac{R}{\gamma - 1} \quad \text{et} \quad C_{Pm} = \frac{R\gamma}{\gamma - 1}. \qquad (24.13)$$

Il en découle les expression des capacités thermiques d'un échantillon de gaz de quantité de matière n :

$$C_P - C_V = nR, \quad C_V = \frac{nR}{\gamma - 1} \quad \text{et} \quad C_P = \frac{nR\gamma}{\gamma - 1},$$

et les expressions des capacités thermiques massiques :

$$c_P - c_V = \frac{R}{M}, \quad c_V = \frac{R}{M(\gamma - 1)} \quad \text{et} \quad c_P = \frac{R\gamma}{M(\gamma - 1)}.$$

b) Gaz parfait monoatomique

Dans le cas d'un gaz parfait monoatomique on a vu au chapitre 22 que :

$$C_{Vm} = \frac{3}{2}R.$$

On en déduit que :

$$C_{Pm} = \frac{5}{2}R \quad \text{et} \quad \gamma = \frac{5}{3}.$$

c) Gaz parfait diatomique

Dans le cas d'un gaz parfait diatomique, aux températures usuelles, on a vu au chapitre 22 que :

$$C_{Vm} = \frac{5}{2}R.$$

On en déduit que :

$$C_{Pm} = \frac{7}{2}R \quad \text{et} \quad \gamma = \frac{7}{5} = 1{,}4.$$

2.6 Enthalpie d'une phase condensée indilatable et incompressible

Pour les solides et liquides incompressibles, on a vu au chapitre 22 que l'énergie interne molaire est fonction uniquement de la température $U_m(T)$. On ne peut pas dire la même chose de l'enthalpie molaire $H_m = U_m(T) + PV_m$, parce qu'elle dépend explicitement de la pression.

Cependant, la variation d'enthalpie molaire correspondant à une variation de pression ΔP, égale à $V_m\Delta P$, est souvent négligeable parce que le volume molaire d'une phase condensée est très inférieur à celui d'un gaz. Dans le cadre du programme, on considérera que H_m ne dépend que de T.

D'autre part, si la température varie de $\mathrm{d}T$, *la pression restant constante*, le terme PV_m ne varie pas, puisque V_m est une constante V_{m0}, donc la variation de l'enthalpie molaire est $\mathrm{d}H_m = \mathrm{d}U_m = C_{Vm}\mathrm{d}T$. Or par définition, $\mathrm{d}H_m = C_{Pm}\mathrm{d}T$, on a donc $C_{Pm} = C_{Vm}$.

Pour une phase condensée incompressible et indilatable, on peut faire l'approximation que l'enthalpie molaire est indépendante de la pression, soit :

$$H_m \simeq H_m(T).$$

De plus les capacités thermiques molaires a pression constante et à volume constant sont pratiquement égales :

$$C_{Pm} \simeq C_{Vm}.$$

La valeur commune aux deux capacités thermiques molaires est noté le plus souvent C_m. Sur un domaine de température où C_m est une constante, on peut écrire :

$$U_m = C_m T + \text{constante} \quad \text{et} \quad H_m = C_m T + \text{constante}', \tag{24.14}$$

avec deux constantes différentes. Et pour une transformation au cours de laquelle la température varie de ΔT :

$$\Delta U_m = \Delta H_m = C_m \Delta T. \tag{24.15}$$

Pour les grandeurs massiques, on a de même :

$$u = cT + \text{constante}, \quad h = cT + \text{constante}' \quad \text{et} \quad \Delta u = \Delta h = c\Delta T,$$

où c est la capacité thermique massique.

Remarque
Le modèle de la phase condensée incompressible et indilatable est un modèle théorique limite. Pour les liquides et solides réels : $c_P \simeq c_V$.

Il faut connaître l'ordre de grandeur de la capacité thermique massique de l'eau liquide dont la valeur à température ambiante est : $c_{\text{eau}} = 4{,}18.10^3\ \text{J.K}^{-1}.\text{kg}^{-1}$. C'est une valeur particulièrement élevée.

2.7 Enthalpie d'un système diphasé

a) Expression de l'enthalpie

On considère un système constitué par un corps pur dans deux phases différentes notées I et II (I et II représentant deux des lettres S pour solide, L pour liquide ou G pour gaz) et dont l'état est déterminé par les variables d'état suivantes : la quantité de matière totale n ou la masse m, la température T et le titre massique x_{II} de la phase II (qui est aussi le titre molaire voir chapitre 22, page 629).

Pour calculer l'enthalpie du système on utilise l'additivité de l'enthalpie :

$$H = n_I H_{m,I} + n_{II} H_{m,II} = n\big((1 - x_{II})H_{m,I} + x_{II} H_{m,II}\big),$$

ou encore :

$$H = m_I h_I + m_{II} h_{II} = m\big((1 - x_{II})h_I + x_{II} h_{II}\big).$$

Soit, en regroupant les termes en x_{II} :

$$H = n\big(H_{m,I} + x_{II}(H_{m,II} - H_{m,I})\big) = m\big(h_I + x_{II}(h_{II} - h_I)\big). \tag{24.16}$$

b) Enthalpies de changement d'état

On appelle **enthalpie molaire de changement d'état** $\Delta_{I-II}H_m$ la variation d'enthalpie au cours de la transformation d'une mole de corps pur de l'état I à l'état II en un point du plan (P,T) où les phases I et II coexistent, soit :

$$\Delta_{I-II}H_m = H_{m,II} - H_{m,I}.$$

$\Delta_{I-II}H_m$ se mesure en J.mol^{-1} ; elle **ne dépend que de** T.

On appelle **enthalpie massique de changement d'état** $\Delta_{I-II}h$ la variation d'enthalpie au cours de la transformation d'un kilogramme de corps pur de l'état I à l'état II en un point du plan (P,T) où les phases I et II coexistent, soit :

$$\Delta_{I-II}h = h_{II} - h_I.$$

$\Delta_{I-II}h$ se mesure en J.kg^{-1} ; elle **ne dépend que de** T.

Dans la pratique, l'habitude est de prendre toujours la phase II moins ordonnée que la phase I. De plus, l'indice « $I - II$ » est remplacé par les trois premières lettres du nom du changement d'état (voir figure 22.12, page 626) :

$$S - L = \text{fus}, \quad L - V = \text{vap} \quad \text{et} \quad S - G = \text{sub},$$

Par exemple l'**enthalpie molaire de fusion** est notée $\Delta_{\text{fus}}H_m$ et l'**enthalpie massique de vaporisation** est notée $\Delta_{\text{vap}}h$. L'« enthalpie massique de liquéfaction » n'a pas de notation propre, mais elle est égale à $-\Delta_{\text{vap}}h$.

L'enthalpie d'un échantillon de corps pur diphasé, comportant les phases I et II, peut se mettre sous les formes suivantes :

$$H = n\left(H_{m,I} + x_{II}\Delta_{I-II}H_m\right) = m\left(h_I + x_{II}\Delta_{I-II}h\right). \qquad (24.17)$$

c) Variation d'enthalpie due à un changement d'état isotherme et isobare

On considère une transformation d'un échantillon de corps pur de masse totale m passant d'un état d'équilibre initial où il se trouve dans les phases I et II décrit par les variables d'état $(T_0,P_0,x_{II,i})$ à un état d'équilibre final du même type décrit par les variables $(T_0,P_0,x_{II,f})$.

On a donc : $P_0 = P_{I-II}(T_0)$.

La variation d'enthalpie est :

$$\Delta H = m\left(h_I + x_{II,f}\Delta_{I-II}h\right) - m\left(h_I + x_{II,i}\Delta_{I-II}h\right),$$

soit :

$$\Delta H = m(x_{II,f} - x_{II,i})\Delta_{I-II}h. \qquad (24.18)$$

En utilisant les enthalpies molaires et la quantité de matière on trouve de la même manière :

$$\Delta H = n(x_{II,f} - x_{II,i})\Delta_{I-II}H_m. \qquad (24.19)$$

Dans le cas où $x_{II,f}$ est très voisin de $x_{II,i}$ on peut écrire $x_{II,f} - x_{II,i} = \mathrm{d}x$ et la variation d'enthalpie est infinitésimale :

$$\mathrm{d}H = m\,\mathrm{d}x\,\Delta_{I-II}h \quad \text{ou} \quad \mathrm{d}H = n\,\mathrm{d}x\,\Delta_{I-II}H_m. \qquad (24.20)$$

Le changement d'état est par nature isobare, donc cette variation d'enthalpie mesure le transfert thermique reçu par le système en l'absence de travail autre que celui des forces de pression :

$$Q = \Delta H \quad \text{ou} \quad \delta Q = \mathrm{d}H.$$

3 Mesures de grandeurs thermodynamiques

On s'intéresse ici à des expériences permettant la mesure des grandeurs suivantes :

- capacité thermique à pression constante ;
- enthalpie de changement d'état.

Ces expériences, réalisables en travaux pratiques, nécessitent un dispositif appelé calorimètre.

3.1 Le calorimètre

Un calorimètre (voir figure 24.2) est un récipient composé en général d'une paroi extérieure et d'une cuve intérieure, fermé par un couvercle percé de petites ouvertures permettant d'introduire un agitateur, un thermomètre, une résistance chauffante. La cuve intérieure étant séparée de la paroi extérieure par de l'air, le système est relativement bien isolé et on peut négliger sur la durée d'une expérience de travaux pratiques les échanges thermiques avec l'extérieur.

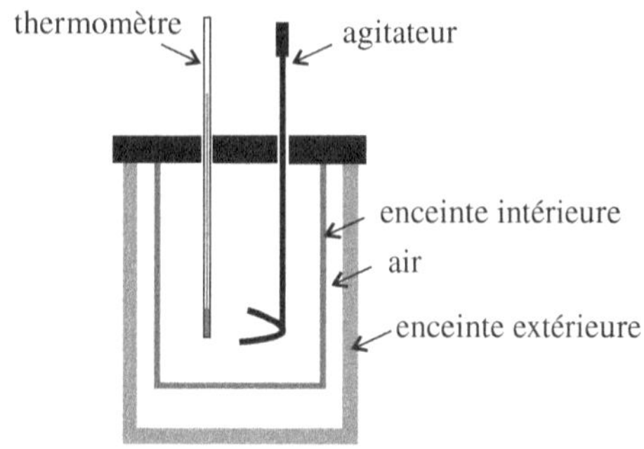

Figure 24.2 – Calorimètre.

Le système thermodynamique Σ étudié sera le système {calorimètre + son contenu}. Pour appliquer le premier principe on devra tenir compte de la capacité thermique du calorimètre parce qu'elle n'est pas négligeable en général devant la capacité thermique de ce qu'il contient. Par habitude, au lieu de donner la capacité thermique du calorimètre, on donne la masse d'eau qui aurait la même capacité thermique que l'on appelle **valeur en eau du calorimètre**. Ainsi, un calorimètre ayant une valeur en eau $\mu = 20$ g a une capacité thermique :

$$C = 4{,}18 \times 10^3 \times 20.10^{-3} = 84\,\mathrm{J.K^{-1}}.$$

La valeur en eau du calorimètre tient compte de la capacité thermique de tous les instruments du calorimètre.

Quelle fonction d'état faut-il utiliser pour appliquer le premier principe au système Σ ? Les expériences dans un calorimètre se font à pression extérieure constante, le système étant en contact avec l'atmosphère par les petites ouvertures laissant passer le thermomètre et l'agitateur. Les transformations sont donc monobares. On utilisera donc l'enthalpie H, plutôt que l'énergie interne U, et le premier principe sous la forme (24.7).

Dans ce qui suit les températures seront notées θ et exprimées en degrés Celsius.

3.2 Détermination d'une capacité thermique massique

On souhaite déterminer la capacité thermique massique c_{Fe} d'un échantillon fer.

Le principe de l'expérience consiste à mesurer la température obtenue en mettant en contact thermique l'échantillon et une quantité connue d'eau, dont la capacité thermique à pression constante c_{eau} est connue. On réalise l'expérience dans le calorimètre pour avoir un système isolé thermiquement.

Expérience

On verse dans le calorimètre, de valeur en eau $\mu = 20$ g, une masse $m_{\text{eau}} = 400$ g d'eau très froide et on mesure la température qui se stabilise après quelques instants. On trouve $\theta_0 = 2{,}0$ °C. On introduit dans le calorimètre l'échantillon de fer, que l'on a préalablement pesé (sa masse est $m_{\text{Fe}} = 200$ g) et qui est initialement à la température d'une étuve thermostatée, $\theta_1 = 85{,}0$ °C. On vérifie que l'échantillon est bien entièrement couvert d'eau. On attend que la température se stabilise et on mesure la température finale $\theta_F = 6{,}4$ °C.

On applique le premier principe de la thermodynamique au système

$$\Sigma = \{\text{ calorimètre et instruments + eau + fer}\}$$

sur la transformation suivante :

État initial	Eau + calorimètre : θ_0 Fer : θ_1	État final	Eau + calorimètre : θ_F Fer : θ_F

L'évolution est *monobare avec équilibre mécanique dans l'état initial et l'état final*, il n'y a pas de travail autre que celui de la pression. On a donc $\Delta H = Q$. Si le calorimètre est bien isolé, le système n'a pas d'échange thermique avec l'extérieur durant l'expérience donc :

$$\Delta H = 0.$$

L'enthalpie H est une fonction additive donc :

$$\Delta H = \Delta H_{\text{eau}} + \Delta H_{\text{calorimètre}} + \Delta H_{\text{Fe}}.$$

En supposant les différentes capacités thermiques à pression constantes indépendantes de la température, on a, d'après l'expression (24.10) page 673 :

$$\Delta H_{\text{eau}} = m_{\text{eau}} c_{\text{eau}}(\theta_F - \theta_0), \quad \Delta H_{\text{calorimètre}} = \mu c_{\text{eau}}(\theta_F - \theta_0), \quad \Delta H_{\text{Fe}} = m_{\text{Fe}} c_{\text{Fe}}(\theta_F - \theta_1),$$

en notant μ la valeur en eau du calorimètre. L'équation $\Delta H = 0$ conduit alors à :

$$\begin{aligned} c_{\text{Fe}} &= \frac{(m_{\text{eau}} + \mu) c_{\text{eau}}(\theta_F - \theta_0)}{m_{\text{Fe}}(\theta_1 - \theta_F)} \\ &= \frac{(400 + 20).10^{-3} \times 4{,}18.10^3 \times (6{,}4 - 2{,}0)}{200.10^{-3} \times (85{,}0 - 6{,}4)} = 4{,}9.10^2\ \text{J.K}^{-1}.\text{kg}^{-1}. \end{aligned}$$

La valeur que l'on trouve dans les tables est : $c_{\text{Fe}} = 452\ \text{J.K}^{-1}.\text{kg}^{-1}$.

Remarque

Les pertes du calorimètre engendrent une erreur systématique sur le résultat. En effet, la température du calorimètre est en dessous de la température de la pièce donc les fuites thermiques sont vers l'intérieur du calorimètre et tendent à faire augmenter θ_F, ce qui fait grandir la valeur de c_{Fe} déterminée. Il est donc normal que l'on trouve une valeur trop élevée.

3.3 Détermination d'une enthalpie de changement d'état

On souhaite déterminer l'enthalpie massique de fusion $\Delta_{\text{fus,eau}}h$ de l'eau. On dispose de glaçons sortant d'un congélateur à -18 °C, d'eau, d'une balance, d'une bouilloire et d'un calorimètre.

L'idée est de mesurer la température finale d'un système dans lequel on a mis une quantité connue d'eau chaude (de température connue) et un glaçon (de masse et température connues). Il est souhaitable de choisir la quantité d'eau et sa température de telle manière, dans l'état final, que le système soit composé uniquement d'eau liquide, pour avoir une température qui s'homogénéise rapidement dans le système et dont la mesure détermine complètement l'état final du système.

Expérience

On verse dans le calorimètre, de valeur en eau $\mu = 20$ g, une masse $m_{\text{eau}} = 50$ g d'eau chaude et on mesure la température qui se stabilise après quelques instants à la valeur $\theta_0 = 74$ °C.

On introduit ensuite dans le calorimètre un glaçon sortant du congélateur, à la température $\theta_1 = -18$ °C, après en avoir déterminé la masse $m_{\text{glace}} = 19$ g. On attend que la température se stabilise et on mesure la température finale : $\theta_F = 38$ °C.

La capacité thermique massique de l'eau liquide est $c_{\text{eau}} = 4{,}18$ kJ.K^{-1}.kg^{-1} et celle de la glace $c_S = 2{,}06$ kJ.K^{-1}.kg^{-1} (indépendantes de T).

On applique le premier principe de la thermodynamique au système

$$\Sigma = \{\text{ calorimètre et instruments + eau + glace}\}$$

sur la transformation suivante :

État initial	Eau liquide : m, θ_0 Calorimètre : μ, θ_0 Glace : $m_{\text{glace}}, \theta_1$	État final	Eau liquide : $m_{\text{eau}} + m_{\text{glace}}, \theta_F$ Calorimètre : θ_F

L'évolution est *monobare avec équilibre mécanique dans l'état initial et l'état final*, il n'y a pas de travail autre que celui de la pression. On a donc $\Delta H = Q$. Si le calorimètre est bien isolé, le système n'a pas d'échange thermique avec l'extérieur durant l'expérience donc :

$$\Delta H = 0.$$

L'enthalpie H est une fonction additive donc :

$$\Delta H = \Delta H_{\text{eau}} + \Delta H_{\text{calorimètre}} + \Delta H_{\text{glace}}.$$

En supposant les différentes capacités thermiques à pression constante indépendantes de la température, on a, d'après l'expression (24.10) (μ est la valeur en eau du calorimètre) :

$$\Delta H_{\text{eau}} = m_{\text{eau}} c_{\text{eau}}(\theta_F - \theta_0), \quad \Delta H_{\text{calorimètre}} = \mu c_{\text{eau}}(\theta_F - \theta_0).$$

La valeur de ΔH_{glace} dépend de la capacité thermique de la glace : $c_S = 2{,}06\,\text{kJ.K}^{-1}.\text{kg}^{-1}$ et l'enthalpie massique de fusion de la glace $\Delta_{\text{fus}}h$ que l'on souhaite mesurer. Pour calculer cette variation d'enthalpie entre deux états, indépendante du chemin suivi, on imagine entre l'état initial (glace à θ_1) et l'état final (eau à θ_F) trois étapes :

- transformation isobare dans laquelle la température passe de θ_1 à 0°C, l'enthalpie varie de : $m_{\text{glace}} c_S(0 - \theta_1)$;
- fusion isobare et isotherme de la glace à 0°C, l'enthalpie varie de : $m_{\text{glace}} \Delta_{\text{fus}} h$;
- transformation isobare dans laquelle l'eau liquide passe de 0°C à θ_F, l'enthalpie varie de : $m_{\text{glace}} c_{\text{eau}}(\theta_F - 0)$.

La variation d'enthalpie est la somme des variations aux cours des trois étapes :

$$\Delta H_{\text{glace}} = m_{\text{glace}} \left(c_{\text{eau}} \theta_F + \Delta_{\text{fus}} h - c_S \theta_1 \right).$$

Finalement : $\Delta H = (m_{\text{eau}} + \mu) c_{\text{eau}}(\theta_F - \theta_0) + m_{\text{glace}} \left(c_{\text{eau}} \theta_F + \Delta_{\text{fus}} h - c_S \theta_1 \right)$. Et de la relation $\Delta H = 0$ on déduit :

$$\Delta_{\text{fus}} h = \frac{(m_{\text{eau}} + \mu)}{m_{\text{glace}}} c_{\text{eau}}(\theta_0 - \theta_F) + c_S \theta_1 - c_{\text{eau}} \theta_F = 3{,}6.10^5\,\text{J.kg}^{-1}.$$

La valeur que l'on trouve dans les tables est : $\Delta_{\text{fus}} h = 334\,\text{kJ.kg}^{-1}$.

Remarque

Étant donné que la température finale θ_F est au-dessus de la température ambiante, les fuites thermiques font qu'elle est plus basse que ce que l'on calcule. L'expression de $\Delta_{\text{fus}} h$ ci-dessus montre qu'elle est alors surestimée. C'est une erreur systématique.

3.4 Mesure de la valeur en eau du calorimètre

Pour pouvoir réaliser les expériences précédentes il faut connaître la valeur en eau μ du calorimètre. Pour la déterminer on dispose d'une résistance électrique chauffante $R = 10\ \Omega$, d'une alimentation continue 6-12 V et d'eau.

L'idée est de mesurer l'élévation de température du calorimètre lorsqu'on apporte une quantité d'énergie connue par la résistance.

Expérience

On remplit le calorimètre avec une masse $m_{\text{eau}} = 50\,\text{g}$ d'eau. On place la résistance $R = 10\ \Omega$ dans le calorimètre sans la connecter. On laisse l'équilibre s'établir et on mesure la température : $\theta_0 = 21$ °C. On branche la résistance sur l'alimentation réglée sur $U = 12\,\text{V}$ et pendant une durée $\tau = 2\,\text{min}$. On attend que l'équilibre soit établi et on lit la température finale : $\theta_F = 27$ °C. La capacité thermique massique de l'eau liquide est $c_{\text{eau}} = 4{,}18\ \text{kJ.K}^{-1}.\text{kg}^{-1}$.

On applique le premier principe de la thermodynamique au système

$$\Sigma = \{\text{ calorimètre et instruments + eau + résistance}\}$$

sur la transformation suivante :

État initial	Eau + calorimètre : θ_0	||	État final	Eau + calorimètre : θ_F

Le système Σ subit une transformation *monobare avec équilibre mécanique dans l'état initial et l'état final*. On peut appliquer le premier principe sous la forme de l'équation (24.6) page 672.

Le calorimètre étant bien isolé, Σ ne reçoit aucun transfert thermique sur la durée de l'expérience : $Q = 0$. Par ailleurs Σ reçoit un travail autre que celui des forces de pression, le travail électrique fourni par le générateur : $W_{\text{autre}} = \mathcal{P}_{\text{Joule}}\tau = \dfrac{U^2}{R}\tau$. Le premier principe s'écrit donc :

$$\Delta H = \frac{U^2}{R}\tau.$$

La variation d'enthalpie se calcule comme au paragraphe 3.2 :

$$\Delta H_{\text{eau}} = m_{\text{eau}} c_{\text{eau}}(\theta_F - \theta_0), \qquad \Delta H_{\text{calorimètre}} = \mu c_{\text{eau}}(\theta_F - \theta_0), \qquad \Delta H_{\text{résistance}} \simeq 0,$$

en négligeant la capacité thermique de la résistance. Ainsi :

$$\Delta H = (m_{\text{eau}} + \mu) c_{\text{eau}}(\theta_F - \theta_0) = \frac{U^2}{R}\tau.$$

Il vient donc :

$$\mu = \frac{U^2\tau}{R c_{\text{eau}}(\theta_F - \theta_0)} - m_{\text{eau}} = \frac{12^2 \times 2 \times 60}{10 \times 4{,}18.10^3 \times (27 - 21)} - 50.10^{-3} = 1{,}9.10^{-2}\,\text{kg}.$$

MÉTHODOLOGIE

Comment choisit-on le système auquel on applique le premier principe ?
▷ *Si le but est de calculer un paramètre de l'état final, il faut choisir le système le plus petit dont l'énergie interne/l'enthalpie dépend de ce paramètre.*

Si le but est de calculer un transfert thermique ou un travail, étant donné que le premier principe fait intervenir les échanges d'énergie entre l'extérieur et le système (pas les échanges à l'intérieur du système) il faut prendre le plus petit système pour lequel le terme recherché fait partie de ces échanges.

Quelle est la différence entre le premier principe entre deux états quelconques et entre deux états voisins ?
▷ *Il n'y a pas de différence de signification, seulement une différence des notations. Dans le premier principe entre états voisins, les termes du type* dX *sont considérés comme des différentielles mathématiques, ce qui permet d'utiliser certaines règles de calcul comme par exemple :* $\mathrm{d}(PV) = P\mathrm{d}V + V\mathrm{d}P$.

Est-il obligatoire de respecter les notations du premier principe ?
▷ *Comme indiqué dans le cours, c'est tout-à-fait indispensable.*

Quand doit-on utiliser l'enthalpie à la place de l'énergie interne ?
▷ *L'usage de l'enthalpie à la place de l'énergie interne permet d'aller plus vite quand on a une transformation isobare ou une transformation monobare avec équilibre mécanique dans l'état initial et final. Il s'impose lorsque la transformation comporte un changement d'état et dans l'interprétation des expériences de calorimétrie.*

Comment calcule-t-on la variation d'énergie interne ou d'enthalpie pour un système complexe ?
▷ *On sépare la système en sous systèmes disjoints. La variation d'énergie interne ou d'enthalpie est la somme des variations pour chacun des sous systèmes.*

Comment calcule-t-on la variation d'énergie interne pour une transformation complexe ?
▷ *On imagine une suite de transformations simples partant du même état initial et aboutissant au même état final. La variation d'énergie interne ou d'enthalpie est la somme des variations correspondant à chaque étape.*

Programme officiel et sommaire des exercices

Notions et contenus	Capacités exigibles
Premier principe de la thermodynamique.	Définir un système fermé et établir pour ce système un bilan énergétique faisant intervenir travail et transfert thermique. ► 24.C2 24.C8 Utiliser le premier principe de la thermodynamique entre deux états voisins. Exploiter l'extensivité de l'énergie interne. Distinguer le statut de la variation de l'énergie interne du statut des termes d'échange. ► 24.C1 Calculer le transfert thermique sur un chemin donné connaissant le travail et la variation de l'énergie interne. ► 24.C3 ▷ 24.1 24.2 24.6 24.9
Enthalpie d'un système. Capacité thermique à pression constante dans le cas du gaz parfait et d'une phase condensée incompressible et indilatable.	Exprimer le premier principe sous forme de bilan d'enthalpie dans le cas d'une transformation monobare avec équilibre mécanique dans l'état initial et dans l'état final. ► 24.C4 Exprimer l'enthalpie $H_m(T)$ du gaz parfait à partir de l'énergie interne. Justifier que l'enthalpie H_m d'une phase condensée peu compressible et peu dilatable peut être considérée comme une fonction de l'unique variable T. ► 24.C5 24.C6 ▷ 24.3 24.4 24.7 24.8 Citer l'ordre de grandeur de la capacité thermique massique de l'eau liquide.
Enthalpie associée à une transition de phase : enthalpie de fusion, enthalpie de vaporisation, enthalpie de sublimation.	Exploiter l'extensivité de l'enthalpie et réaliser des bilans énergétiques en prenant en compte des transitions de phases. ► 24.C7 ▷ 24.5 24.10 TP : mettre en œuvre un protocole expérimental de mesure d'une grandeur thermodynamique énergétique (capacité thermique, enthalpie de fusion, etc.).

EXERCICES ★ (LE COURS)

24.C1 **Statut des termes du premier principe** Pourquoi note-t-on ΔU et ΔH avec Δ, et Q et W sans Δ ?

24.C2 **Écriture usuelle du premier principe** Quels termes ignore-t-on quand on écrit $\Delta U = Q + W$?

24.C3 **Obtention du transfert thermique** Comment calcule-t-on un transfert thermique Q ? un transfert thermique élémentaire δQ ?

24.C4 **Obtention du transfert thermique** Dans quels cas le transfert thermique Q est-il égal à la variation d'une fonction d'état ?

24.C5 **Capacités thermiques** Pourquoi peut-on faire l'approximation $H \simeq U$ dans le cas d'une phase condensée et pas dans le cas d'un gaz ?

24.C6 **Enthalpies de changement d'état** Soit T_r la température du point triple d'une substance. Quelle relation a-t-on entre $\Delta_{\text{fus}}h(T_r)$, $\Delta_{\text{vap}}h(T_r)$ et $\Delta_{\text{sub}}h(T_r)$?

24.C7 **Variation d'enthalpie associée à un changement d'état isobare** Exprimer en fonction de l'enthalpie molaire de vaporisation de l'eau $\Delta H_m(T)$ l'énergie absorbée par une goutte d'eau sphérique de rayon R qui se vaporise de manière isotherme et isobare à T.

24.C8 **Transformation adiabatique d'un gaz parfait** Une transformation adiabatique d'un échantillon de gaz parfait est-elle isotherme ? Comment varie la température du gaz lors d'une compression (diminution de volume) adiabatique ? lors d'une détente (augmentation de volume) adiabatique ?

EXERCICES ★★

24.1 Vrai ou faux ?

Justifier les réponses et rectifier les affirmations fausses si c'est possible.

1) L'énergie interne d'un gaz ne dépend que de la température.

2) Au cours d'une transformation monobare, le transfert thermique est égal à la variation d'enthalpie.

3) La température d'un corps pur augmente quand on lui fournit un transfert thermique.

4) La température d'un système isolé reste constante.

5) Un système fournit adiabatiquement du travail.

- **a.** Sa température ne varie pas.
- **b.** Son énergie interne diminue.

6) Un gaz est contenu dans un cylindre fermé par un piston. On diminue son volume de moitié de manière soit adiabatique, soit isotherme. Le travail à fournir est :

- **a.** plus grand si la compression est adiabatique que si elle est isotherme ;
- **b.** égal à la variation d'énergie interne dans les deux cas.

24.2 Chauffage d'une enceinte

On étudie le système ci-contre. Les enceintes contiennent des gaz parfaits et l'enceinte A est parfaitement calorifugée. On note $\gamma = \frac{C_P}{C_V}$. On chauffe l'enceinte A jusqu'à la température T_1 par la résistance chauffante. Les transformations seront considérées comme quasi statiques.

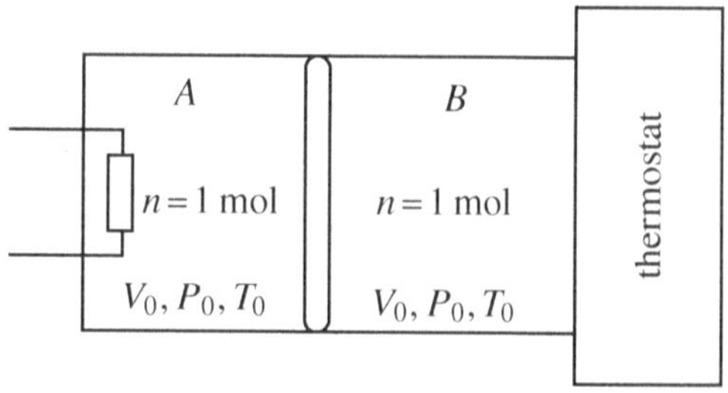

1) Déterminer les volumes finaux des deux enceintes ainsi que la pression finale.

2) Calculer la variation d'énergie interne de chacune des enceintes A et B ainsi que celle de l'ensemble $\{A + B\}$.

3) Quelle est la nature de la transformation de l'enceinte B ? En déduire le travail W reçu par B de la part de A ainsi que le transfert thermique Q_1 reçu par B de la part du thermostat.

4) Déterminer le transfert thermique Q_2 fourni par la résistance.

24.3 Valeur en eau d'un calorimètre

On réalise l'expérience encadrée page 680. En déduire la valeur en eau μ du calorimètre utilisé.

24.4 Capacité thermique massique du fer

On réalise l'expérience encadrée page 678. En déduire la capacité thermique massique c_{Fe} du fer.

24.5 Enthalpie passique de fusion de l'eau

On réalise l'expérience encadrée page 679. En déduire l'enthalpie massique de fusion $\Delta_{\text{fus}}h$ de l'eau.

24.6 Énergie interne d'un gaz - Gaz réel ou parfait ?

Les valeurs expérimentales de l'énergie interne massique de la vapeur d'eau, en kJ.kg^{-1}, d'eau ci-contre.

T (K)	523	573	623	673
à P = 10 bar	2711	2793	2874	2956
à P = 20 bar	2683	2773	2859	2944

1) Tracer les courbes donnant l'énergie interne en fonction de la température.

2) A-t-on un gaz parfait ? Justifier.

3) Comparer la capacité thermique à volume constant à celle d'un gaz parfait monoatomique.

EXERCICES ★★★

24.7 Valeur en eau d'un calorimètre

On mélange 95 g d'eau à 20 °C et 71 g d'eau à 50 °C dans un calorimètre dont la température initiale est 20 °C .

1) Quelle est la température finale à l'équilibre, en négligeant l'influence du calorimètre ?

2) Expérimentalement on obtient 31,3 °C. Expliquer.

3) En déduire la valeur en eau du calorimètre.

24.8 Détermination de la capacité thermique massique du cuivre

Dans un calorimètre dont la valeur en eau est de 41 g, on verse 100 g d'eau. Une fois l'équilibre thermique atteint, on mesure une température de 20 °C. On plonge alors une barre métallique dont la masse est 200 g et dont la température initiale est de 60 °C. À l'équilibre, on mesure une température de 24,5 °C. Déterminer la capacité thermique massique du métal.

On donne la capacité thermique massique de l'eau $c_e = 4{,}18$ kJ.kg^{-1}.K^{-1} et on suppose que les capacités thermiques massiques sont constantes dans le domaine de températures considérées.

24.9 Transformations polytropiques

Une transformation polytropique est une transformation quasi statique vérifiant PV^k constante.

1) Calculer le travail des forces de pression pour un gaz parfait subissant une transformation polytropique entre (P_0,V_0,T_0) et (P_1,V_1,T_1) en fonction des pressions et volumes ainsi que de k.

2) On note $\gamma = \dfrac{C_p}{C_v}$ qui est une constante pour un gaz parfait. Trouver une expression du transfert thermique au cours de la transformation précédente de la forme $C(T_1 - T0)$ où C est une constante.

3) Donner une interprétation physique de C.

4) Étudier en les interprétant physiquement les cas suivants : $k = \gamma$, $k = 0$, $k \to \infty$ et $k = 1$.

EXERCICES ★★★★

24.10 Formation de la neige artificielle

La neige artificielle est obtenue en pulvérisant de fines gouttes d'eau liquide à $T_1 = 10$ °C dans l'air ambiant à $T_a = -15$ °C.

Dans un premier temps la goutte d'eau supposée sphérique (rayon $R = 0{,}2$ mm) se refroidit en restant liquide. Elle reçoit de l'air extérieur un transfert thermique $h(T_a - T(t))$ par unité de temps et de surface, où $T(t)$ est la température de la goutte. On rappelle que la masse volumique de l'eau est $\rho = 10^3$ kg.m^{-3} et sa capacité thermique massique $c = 4{,}18.10^3$ J.kg^{-1}.

1) Établir l'équation différentielle vérifiée par $T(t)$.

2) En déduire le temps t auquel $T(t)$ est égale à -5 °C. Effectuer l'application numérique pour $h = 65$ W.m^{-2}.K^{-1}.

3) Lorsque la goutte atteint la température de -5 °C, la surfusion cesse : la goutte est partiellement solidifiée et la température devient égale à 0 °C. Calculer la fraction x de liquide restant à solidifier en supposant la transformation très rapide et adiabatique. On néglige aussi la variation de volume. L'enthalpie massique de fusion de la glace est $L_f = 335.10^3$J.kg^{-1}.

4) Au bout de combien de temps la goutte est-elle complètement solidifiée ?

CORRIGÉS

24.C1 *Cf.* paragraphe 1.2 page 666.

24.C2 On ignore les termes ΔE_c et ΔE_p.

24.C3 Par application du premier principe : $Q = \Delta U - W$ ou $\delta Q = \mathrm{d}U - \delta W$.

24.C4 Dans le cas d'un fluide ne recevant aucun autre travail que celui des forces de pression, pour une transformation isochore $Q = \Delta H$ et pour une transformation isobare ou monobare avec équilibre mécanique dans l'état initial et l'état final $Q = \Delta H$.

24.C5 *Cf.* paragraphe 2.6, page 674.

24.C6 $\Delta_{\text{sub}} h(T_r) = \Delta_{\text{fus}} h(T_r) + \Delta_{\text{vap}} h(T_r)$ car on peut remplacer la sublimation par une fusion suivie d'une vaporisation.

24.C7 $\Delta H = \dfrac{\frac{4}{3}\pi R^3 \mu_{\text{eau}}}{M_{\text{eau}}} \Delta_{\text{vap}} H_m(T)$ (μ_{eau} masse volumique de l'eau, M_{eau} masse molaire).

24.C8 Non, car le premier principe s'écrit $\Delta U = W$ donc *a priori* $\Delta U \neq 0$ et comme U est une fonction de T seulement cela veut dire que $\Delta T \neq 0$. Dans le cas d'une compression, $W > 0$ (car $\delta W = -P_{\text{ext}}\mathrm{d}V$ et $\mathrm{d}V < 0$) donc $\Delta U > 0$ et T augmente. Dans le cas d'une détente, $W < 0$ donc $\Delta U < 0$ et T diminue.

24.1 Vrai ou faux ?

1) Faux. Ce n'est pas forcément le cas si le gaz n'est pas un gaz parfait.

2) Faux. Il faut en plus que l'état initial et l'état final soient des états d'équilibre avec l'extérieur.

3) Faux : si le corps pur est diphasé, l'apport de transfert thermique provoque un changement d'état et non une augmentation de la température. Autre exemple : au cours d'une détente isotherme d'un gaz parfait, le gaz fournit du travail, reçoit du transfert thermique, et sa température ne varie pas.

4) Faux. D'après le premier principe $\Delta U = 0$ mais U n'est pas fonction que de température en général, donc T n'est pas forcément constante. Pour un gaz parfait ou une phase condensée incompressible et indilatable en revanche, le résultat est vrai.

5) **a.** Faux. Adiabatique ne veut pas dire isotherme.

b. Vrai car $W < 0$ et $Q = 0$.

6) **a.** Vrai. Le travail à fournir est égal à l'aire sous la courbe représentative de la transformation dans le diagramme de Clapeyron (P, V). Or la pente de l'adiabatique étant supérieure à celle de l'isotherme (voir chapitre 25 page 698) à l'état initial, il faut fournir plus de travail pour comprimer le système de manière adiabatique.

b. Faux. $W = \Delta U$ uniquement si la transformation est adiabatique.

24.2 Chauffage d'une enceinte

1) Dans l'état final, la température de l'enceinte A est T_1 puisqu'on a chauffé cette enceinte et la température de l'enceinte B toujours en contact avec le thermostat est T_0. Par ailleurs, l'équilibre mécanique se traduit par l'égalité des pressions dans les deux enceintes soit avec l'équation des gaz parfaits $P_f = \frac{RT_1}{V_A} = \frac{RT_0}{V_B}$. On a conservation du volume c'est-à-dire que les volumes V_A et V_B vérifient $V_A + V_B = 2V_0$. De l'égalité des pressions, on tire $V_B = V_A \frac{T_0}{T_1}$ donc en reportant dans la conservation du volume, on obtient $V_A = \frac{2V_0T_1}{T_1 + T_0}$ puis $V_B = \frac{2V_0T_0}{T_1 + T_0}$.

Finalement la pression finale vaut $P_f = \frac{R(T_0 + T_1)}{2V_0}$.

2) Comme les gaz sont parfaits, les variations d'énergie interne ne dépendent que des variations de température. Par conséquent, dans l'enceinte B, la variation d'énergie interne est nulle $\Delta U_B = 0$. Pour l'enceinte A, on a $\Delta U_A = C_V(T_1 - T_0)$.

De la relation de Mayer $C_P - C_V = nR$ et de la définition de γ rappelée dans l'énoncé, on obtient $C_V = \frac{nR}{\gamma-1}$ et finalement $\Delta U_A = \frac{R}{\gamma-1}(T_1 - T_0)$ (ici $n = 1$ mole). La variation d'énergie interne de l'ensemble s'obtient en appliquant l'extensivité de l'énergie interne soit :

$$\Delta U = \Delta U_A + \Delta U_B = \frac{R}{\gamma - 1}(T_1 - T_0).$$

3) L'évolution de l'enceinte B est quasi statique et à température constante : elle est donc isotherme. On en déduit l'expression du travail reçu par l'enceinte B :

$$W = -\int_{V_0}^{V_B} P\mathrm{d}V = -\int_{V_0}^{V_B} RT_0 \frac{\mathrm{d}V}{V} = -RT_0 \ln \frac{V_B}{V_0} = RT_0 \ln \frac{T_1 + T_0}{2T_0}.$$

On déduit le transfert thermique Q_1 reçu par l'enceinte B en provenance du thermostat (il n'y a pas d'échange avec l'enceinte A qui est calorifugée) en appliquant le premier principe :

$$\Delta U_B = 0 = Q_1 + W \quad \text{soit} \quad Q_1 = RT_0 \ln \frac{2T_0}{T_0 + T_1}.$$

4) On considère que le gaz de l'enceinte A et la résistance constitue le système calorifugé. L'application du premier principe au gaz de l'enceinte A donne $\Delta U_A = -W + Q_2$ où Q_2 est le transfert thermique fourni par la résistance au gaz de l'enceinte A soit :

$$Q_2 = \frac{R}{\gamma - 1}(T_1 - T_0) + RT_0 \ln \frac{T_1 + T_0}{2T_0}.$$

24.3 Valeur en eau d'un calorimètre

Cf. page 681.

24.4 Capacité thermique massique du fer

Cf. page 678.

24.5 Enthalpie passique de fusion de l'eau

Cf. page 679.

24.6 Énergie interne d'un gaz - Gaz réel ou parfait ?

1) On obtient le graphe page ci-dessous.

2) La variation d'énergie interne est proportionnelle à celle de la température du fait qu'on a une droite mais les deux courbes ne sont pas confondues donc l'énergie interne dépend de la pression. Le gaz n'est pas parfait : il faut tenir compte des interactions entre molécules.

3) Le calcul des pentes donne $28\,\text{J.mol}^{-1}$ pour $P = 10$ bar et $29\,\text{J.mol}^{-1}$ pour $P = 20$ bar. Ce sont les valeurs des capacités thermiques. Dans le cas d'un gaz parfait monoatomique, on aurait $\frac{3}{2}R = 12{,}5\,\text{J.K}^{-1}.\text{mol}^{-1}$. On a donc une pente plus élevée du fait des vibrations et des rotations.

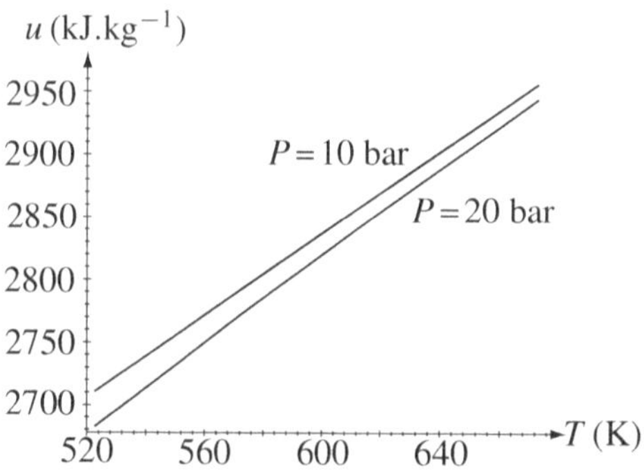

24.7 Valeur en eau d'un calorimètre

Le système considéré est constitué du calorimètre et des deux masses d'eau qu'on y met.

1) En négligeant la capacité thermique du calorimètre, le bilan énergétique se traduit par : $\Delta H_{\text{masse 1}} + \Delta H_{\text{masse 2}} = 0$ puisqu'il n'y a pas de travail ni d'échange avec l'extérieur. On obtient l'équation $m_1 c_0 \left(\theta_f - \theta_1\right) + m_2 c_0 \left(\theta_f - \theta_2\right) = 0$ soit $\theta_f = \dfrac{m_2\theta_2 + m_1\theta_1}{m_1 + m_2} = 32{,}8\ °\text{C}$.

2) L'écart de température entre la valeur théorique et la valeur constatée prouve qu'on ne peut pas négliger la capacité thermique du calorimètre.

D'autre part, la température constatée étant inférieure à la température théorique, on peut en déduire qu'on commence par mettre l'eau la plus froide dans le calorimètre.

3) En notant m_0 la valeur en eau du récipient, le nouveau bilan énergétique s'écrit

$$(m_0 + m_1)\, c_0 \left(\theta'_f - \theta_1\right) + m_2 c_0 \left(\theta'_f - \theta_2\right) = 0 \quad \text{soit} \quad m_0 = m_2 \frac{\theta_2 - \theta'_f}{\theta'_f - \theta_1} - m_1 = 22{,}5\ \text{g}.$$

24.8 Détermination de la capacité thermique massique du cuivre

Le système considéré est constitué du calorimètre, de l'eau qu'il contient et de la barre métallique qu'on y introduit.

Comme il n'y a ni transfert thermique avec l'extérieur ni travail, le bilan énergétique se traduit par : $\Delta H = 0$ soit $(\mu + m_e)\, c_e \left(\theta_f - \theta_e\right) + m_m c_m \left(\theta_f - \theta_m\right) = 0$.

On en déduit : $c_m = c_e \dfrac{(\mu + m_e)\left(\theta_f - \theta_e\right)}{m_m \left(\theta_m - \theta_f\right)} = 3{,}7.10^2\ \text{J.K}^{-1}.\text{kg}^{-1}$. La valeur tabulée de la capacité thermique massique du cuivre est : $c_{\text{Cu}} = 385\ \text{J.K}^{-1}.\text{kg}^{-1}$.

24.9 Transformations polytropiques

1) Le calcul du travail pour un transformation polytropique mécaniquement réversible a été calculé au chapitre 24, page 655 : $W = \dfrac{1}{k-1}\left(P_1V_1 - P_0V_0\right) = \dfrac{nR}{k-1}\left(T_1 - T_0\right)$.

2) En appliquant le premier principe on en déduit $Q = \Delta U + \Delta E_c - W$, soit

$$Q = nC_V(T_1 - T_0) + 0 - \frac{nR}{k-1}(T_1 - T_0) = nR\left(\frac{1}{\gamma-1} - \frac{1}{k-1}\right)(T_1 - T_0),$$

donc : $C = \dfrac{(k-\gamma)nR}{(\gamma-1)(k-1)}$.

3) C est homogène à une capacité thermique.

4) Pour $k = \gamma$, $C = 0$, ce qui signifie qu'il n'y a pas d'échange thermique : la transformation est adiabatique.

Pour $k = 0$, la loi polytropique s'écrit P = constante et $C = \frac{\gamma nR}{\gamma-1} = C_P$, ce qui est cohérent.

Pour k infini, la loi polytropique s'écrit $P^{\frac{1}{k}}V = V$ = constante et $C = \frac{nR}{\gamma-1} = C_V$, ce qui est bien cohérent.

Pour $k = 1$, la loi polytropique s'écrit PV = constante soit T = constante, c'est une transformation isotherme. La formule donne C tendant vers l'infini, ce qui signifie que le système peut emmagasiner tout transfert thermique sans variation de température.

24.10 Formation de neige artificielle

1) On applique le premier principe à la goutte entre t et $t + \mathrm{d}t$. Son volume ne varie pas donc elle ne reçoit que du transfert thermique. D'autre part, elle est liquide donc : $\mathrm{d}U \simeq \mathrm{d}H$, soit :

$$\mathrm{d}U \simeq \mathrm{d}H = \delta Q \quad \Rightarrow \quad \tfrac{4}{3}\pi R^3 \rho c \mathrm{d}T = 4\pi R^2 h(T_a - T)\mathrm{d}t \quad \Rightarrow \quad \frac{\mathrm{d}T}{\mathrm{d}t} + \frac{3h}{\rho Rc}T = \frac{3h}{\rho Rc}T_a.$$

2) La solution de l'équation précédente est : $T(t) = T_a + (T_1 - T_a)\exp\left(-\dfrac{t}{\tau}\right)$ avec $\tau = \dfrac{\rho Rc}{3h}$.

L'application numérique donne : $\tau = 4{,}3$ s et $t = \tau \ln \dfrac{T_1 - T_a}{T - T_a} = 3{,}9$ s.

3) On suppose d'après l'énoncé que l'eau liquide n'est pas complètement solidifiée, donc à l'état final la température du mélange est $T_f = 0$°C. On imagine la suite de transformations suivante :

$$m \text{ liquide à } T_i = -5\ °\mathrm{C} \xrightarrow{(1)} m \text{ liquide à } T_f = 0\ °\mathrm{C},$$

puis :

$$m \text{ liquide à } T_f = 0\ °\mathrm{C} \xrightarrow{(2)} mx \text{ liquide} + m(1-x) \text{ glace à } T_f = 0\ °\mathrm{C}.$$

On rappelle que la variation d'une fonction d'état est indépendante du chemin suivi. On applique le premier principe sur les deux transformations :

$$\Delta H = Q = 0 \quad \Leftrightarrow \quad mc(T_f - T_i) - m(1-x)L_f = 0 \quad \Leftrightarrow \quad x = 1 - \frac{c(T_f - T_i)}{L_f} = 0{,}94.$$

4) On applique le premier principe à la goutte, sachant qu'elle reste à $T = 0$°C pendant la solidification. On appelle $\mathrm{d}m$ la masse d'eau solidifiée pendant $\mathrm{d}t$ et $\mathrm{d}H$ la variation d'enthalpie du système :

$$\mathrm{d}H = 4\pi R^2 h(T_a - T)\mathrm{d}t \quad \text{et} \quad \mathrm{d}H = -\mathrm{d}mL_f \quad \Rightarrow \quad \mathrm{d}m = \frac{4\pi R^2 h(T - T_a)}{L_f}\mathrm{d}t,$$

soit en intégrant : $m(t) = \frac{4\pi R^2 h(T-T_a)}{L_f}t + m_0$. La masse de liquide qui reste à solidifier est : $m(t) - m_0 = \frac{4}{3}\pi R^3 \rho x$, soit après simplification : $t = \dfrac{xRL_f\rho}{3h(T - T_a)} = 21{,}5$ s.

Deuxième principe - Bilans d'entropie

25

LE deuxième principe de la thermodynamique fixe une condition pour le sens d'évolution d'un système et établit une différence entre les deux types d'échange d'énergie, travail et transfert thermique. Sa formulation fait apparaître une nouvelle fonction d'état du système, l'entropie, dont la valeur, mesurable à l'échelle macroscopique, traduit le caractère désordonné de la matière à l'échelle microscopique.

1 Le deuxième principe de la thermodynamique

1.1 Transformations irréversibles et transformations réversibles

a) Exemples

Détente de Joule - Gay Lussac Un récipient calorifugé rigide et indéformable comporte deux compartiments de volumes V_0 et V_1. Dans l'état initial, l'un contient un gaz de variables d'état $(T_i, P_i, V_i = V_0)$ et l'autre est vide (voir figure 25.1). On ouvre le robinet permettant la communication entre les deux compartiments. Dans l'état d'équilibre final, le gaz occupe les deux compartiments et ses variables d'état sont $(T_f, P_f, V_f = V_0 + V_1)$.

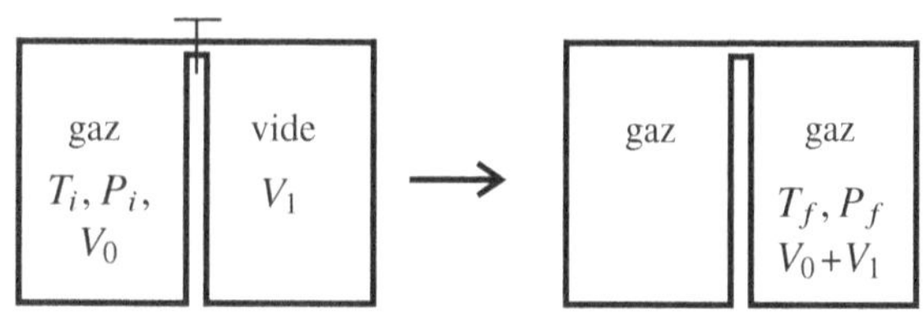

Figure 25.1 – Détente de Joule - Gay Lussac.

Cette transformation est un exemple de **transformation irréversible**. Il n'est pas possible de revenir en arrière. Pour ramener l'échantillon de gaz dans l'état initial il faut utiliser un matériel supplémentaire (compresseur).

Mise en contact avec un thermostat On considère un échantillon de métal initialement à la température 10 °C que l'on met en contact avec un thermostat de température égale à 20 °C. La figure 25.2(a) montre le résultat d'un calcul de simulation donnant la température θ du métal en fonction du temps (courbe gris foncé) : θ évolue de 10 °C à 20 °C, température imposée par le thermostat, en une durée de l'ordre de 5 minutes.

Pour ramener le métal à l'état initial on le met en contact avec un thermostat à 10 °C. Le résultat de la simulation est la courbe gris clair de la figure 25.2 (a).

Les deux transformations sont-elles inverses l'une de l'autre? La réponse est négative : par exemple la température met moins de temps pour diminuer de 20 °C à 19 °C dans la deuxième expérience que pour augmenter 19 °C à 20 °C dans la première. En fait, la première transformation est **irréversible** : elle ne peut être décrite « à l'envers ».

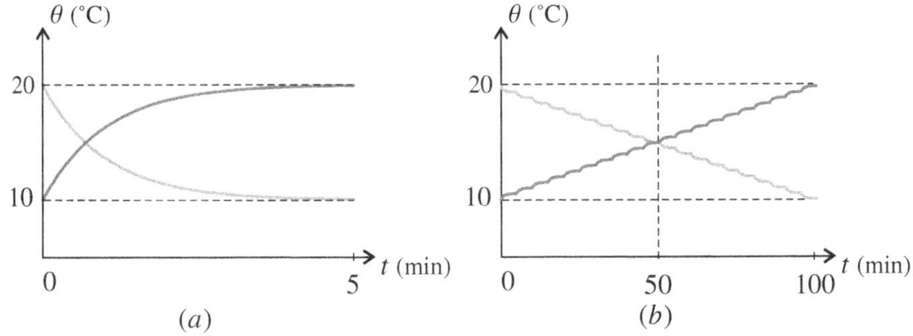

Figure 25.2 – Évolution de la température du métal entre 10 °C et 20 °C : (*a*) transformation en une étape ; (*b*) la transformation en 20 en étapes.

Peut-on faire évoluer le métal du même état initial vers le même état final par une transformation réversible ?

On voit sur la figure 25.2(*b*) la simulation d'une expérience en 20 étapes : le métal, initialement à 10 °C, est mis successivement en contact, pendant 5 min, avec des thermostats de températures 10,5 - 11,0 - 11,5 °C... qui augmentent à chaque étape de 0,5 °C, jusqu'à 20 °C. L'évolution de sa température est représentée en gris foncé. La courbe est constitué de 20 petites courbes analogues à la courbe en gris foncé de la figure 25.2(*a*) : la température du métal atteint la température de chacun des thermostats successifs en 5 minutes (cette durée est indépendante de la différence de température initiale entre le métal et le thermostat). Comme la différence de température entre deux thermostats successifs est petite, la différence entre la température du métal et la température du thermostat reste toujours petite.

On voit aussi sur la figure 25.2(*b*) l'évolution de la température du métal initialement à 20 °C que l'on met en contact avec les mêmes thermostats dans l'ordre inverse (courbe en gris clair). Les courbes sont presque symétriques l'une de l'autre par rapport à la droite verticale $t = 50\,\text{min}$. Les deux transformations sont quasi identiques mais de sens inverses. Ces transformations sont presque réversibles. Cependant elles prennent un temps beaucoup plus long que les transformations avec un seul thermostat.

b) Causes d'irréversibilité

Comme on l'a vu au chapitre 23, un système initialement à l'équilibre dont on change les conditions extérieures évolue de son état d'équilibre initial i (dans lequel il ne peut plus rester) vers un état d'équilibre f. Une telle évolution est toujours irréversible.

L'irréversibilité n'est pas l'impossibilité de revenir de l'état f à l'état i, mais l'impossibilité de le faire sans changer fortement les conditions extérieures (par exemple pour la transformation de la figure 25.2(*a*), il faut changer de thermostat).

Tout déséquilibre d'un système thermodynamique provoque une évolution irréversible. Ainsi, une transformation est irréversible dans les circonstances suivantes :

1. Il n'y a pas équilibre mécanique : la pression n'est pas pas la même de part et d'autre d'une paroi mobile située à l'intérieur du système ou bien séparant le système de l'extérieur. C'est l'**irréversibilité mécanique**.
2. Il n'y a pas équilibre thermique : la température n'est pas homogène dans le système ou la température du système est différente de la température de l'extérieur avec lequel il échange du transfert thermique. C'est l'**irréversibilité thermique**.
3. Il n'y a pas équilibre de diffusion : la densité moléculaire est inhomogène ou un changement d'état a lieu à une température T sous une pression P telles que $P \neq P_{I-II}(T)$, pression d'équilibre entre les deux phases concernées.

Il existe aussi des phénomènes dont la présence rend les transformations irréversibles : l'effet Joule dans une résistance électrique, les frottements à l'intérieur d'un fluide (frottements visqueux), les frottements entre un fluide et un solide ou entre deux solides.

c) Transformations réversibles

Une transformation thermodynamique d'un système est **réversible** si :

- les contraintes extérieures varient continûment et suffisamment lentement pour que le système soit toujours à l'équilibre ;
- on peut inverser le sens de la transformation par un changement infinitésimal de ces contraintes.

La première condition définit une transformation **quasi statique**. Elle assure que les variables et fonctions d'état du système restent constamment définies tout au long de la transformation. Toute transformation réversible est quasi statique, mais la réciproque n'est pas vraie.

Une transformation réversible est nécessairement infiniment lente. C'est donc un modèle théorique de peu d'intérêt pratique *a priori*. Cependant, la théorie des machines thermiques (voir le chapitre suivant) montre qu'une machine fonctionnant avec des transformations réversibles a un rendement maximal. L'intérêt de ce modèle théorique est qu'il permet de savoir quelle performance maximale on peut atteindre. Pour se rapprocher de la performance maximale on cherche à réduire le plus possible les causes d'irréversibilité.

1.2 Le deuxième principe de la thermodynamique

Le deuxième principe de la thermodynamique introduit une distinction entre les transformations réversibles et les transformations irréversibles que le premier principe ne fait pas.

a) La fonction d'état entropie

Le deuxième principe de la thermodynamique suppose l'existence d'une nouvelle fonction d'état des systèmes thermodynamiques appelée **entropie**, fonction d'état **extensive** et **additive**, soit telle que :

$$S_{\Sigma_1+\Sigma_2} = S_{\Sigma_1} + S_{\Sigma_2},$$

si on réunit deux systèmes Σ_1 et Σ_2. Cette fonction est définie par le deuxième principe dont l'énoncé est donné ci-dessous et on peut lui donner une interprétation à l'échelle microscopique qui sera commentée à la fin de ce chapitre : il s'agit d'une mesure du désordre moléculaire.

L'entropie se mesure en $\mathrm{J.K^{-1}}$.

b) Énoncé

Le **deuxième principe** s'énonce ainsi :

Lorsqu'un système Σ subit une transformation d'un état initial i à un état final f, la variation $\Delta S = S_f - S_i$ de son entropie s'écrit :

$$\Delta S = S_{\text{éch}} + S_{\text{créée}}. \tag{25.1}$$

où $S_{\text{éch}}$ est l'**entropie échangée**, reçue de l'extérieur par le système et $S_{\text{créée}}$ l'**entropie créée** à l'intérieur du système.

L'**entropie créée** est telle que :

$$S_{\text{créée}} \geq 0,$$

avec :

- $S_{\text{créée}} > 0$, pour une transformation irréversible ;
- $S_{\text{créée}} = 0$, pour une transformation réversible.

L'**entropie échangée** est liée au transfert thermique reçu le système.

Si au cours de la transformation le système reçoit des transferts thermiques Q_i provenant de différentes sources de températures T_i :

$$S_{\text{créée}} = \sum_i \frac{Q_i}{T_i} \tag{25.2}$$

T_i est aussi la température de la partie de la surface du système en contact avec la source de température T_i.

c) Cas d'un système isolé

Dans le cas d'un système isolé, système n'échangeant ni énergie ni matière avec l'extérieur, Q est nul donc le terme d'échange aussi : $S_{\text{éch}} = 0$. Par suite : $\Delta S = S_{\text{créée}} \geq 0$.

L'entropie S d'un système isolé ne peut que croître au cours d'une transformation.

Lors d'une évolution spontanée d'un système isolé, évolution nécessairement irréversible, son entropie croît. L'évolution s'arrête lorsque le système isolé a atteint un état dans lequel son entropie est maximale, qu'il ne peut plus quitter (car son entropie diminuerait).

L'état d'équilibre d'un système isolé est celui dans lequel son entropie est maximale.

d) Cas d'une transformation adiabatique

Dans le cas d'une transformation adiabatique, le transfert thermique reçu est nul donc l'entropie échangée aussi : $S_{\text{éch}} = 0$. Par suite, $\Delta S = S_{\text{créée}} \geq 0$ donc $\Delta S > 0$ si la transformation est irréversible et $\Delta S = 0$ si la transformation est réversible.

L'entropie d'un système augmente au cours d'une transformation adiabatique et irréversible.

L'entropie d'un système ne varie pas au cours d'une transformation adiabatique et réversible. Une transformation **adiabatique et réversible** est une transformation **isentropique**.

e) Remarque importante

L'équation (25.1) est relative à un système Σ et à une transformation de ce système. Chaque fois qu'on l'écrit il faut bien préciser le système choisi et la transformation considérée.

Le terme $\Delta S = S_f - S_i$ ne dépend que des états initial et final de la transformation et ne dépend pas du chemin suivi. C'est ce qui est contenu dans la notation abrégée « Δ ».

En revanche :

- le terme d'entropie échangée $S_{\text{éch}}$ dépend du chemin suivi entre l'état initial et l'état final comme le transfert thermique Q à partir duquel il se calcule ;
- par conséquent, le terme d'entropie créée $S_{\text{créée}}$ dépend aussi du chemin suivi.

Les trois termes de l'équation (25.1) n'ont pas le même statut, ce que la notation souligne par la présence ou l'absence du « Δ » devant les termes.

⚠ C'est une erreur grave de mettre un « Δ » devant $S_{\text{éch}}$ ou $S_{\text{créée}}$.

2 Entropie d'un échantillon de corps pur

On va donner les expressions de la fonction d'état entropie pour un échantillon de corps pur. Ces expressions seront systématiquement fournies au candidat si elles sont nécessaires lors des épreuves des concours. Toutefois les résultats encadrés en gris sont à connaître par cœur ou à savoir retrouver seul.

En utilisant l'extensivité et l'additivité de l'entropie, on peut calculer à partir de ces expressions l'entropie de systèmes plus compliqués.

2.1 Entropie d'un gaz parfait

a) Entropies molaire et massique

On considère un échantillon de gaz parfait de taille donnée par sa quantité de matière n ou sa masse m. Ce gaz parfait a un rapport des capacités thermiques molaires à pression constante et à volume constant γ **supposé indépendant de la température**. L'état du système est déterminé par les trois variables d'état (T,P,V) liées par l'équation d'état $PV = nRT$. L'entropie du système dans l'état (T,P,V) est, par extensivité :

$$S = n\, S_m(T,P) = m\, s(T,P),$$

où $S_m(T,P)$ est l'entropie molaire du gaz parfait et $s(T,P)$ l'entropie massique, à la température et sous la pression du système.

Les entropies molaire et massique sont des grandeurs intensives qui se mesurent respectivement en $\text{J.K}^{-1}.\text{mol}^{-1}$ et $\text{J.K}^{-1}.\text{kg}^{-1}$.

L'entropie molaire est donnée en fonction des variables intensives (T,P) par l'expression :

$$S_m = \frac{R\gamma}{\gamma - 1} \ln\left(\frac{T}{T_0}\right) - R \ln\left(\frac{P}{P_0}\right) + S_{m0}, \tag{25.3}$$

où T_0 et P_0 sont une température et une pression de référence et S_{m0} l'entropie molaire dans l'état (T_0,P_0). De même :

$$s = \frac{R\gamma}{M(\gamma - 1)} \ln\left(\frac{T}{T_0}\right) - \frac{R}{M} \ln\left(\frac{P}{P_0}\right) + s_0, \tag{25.4}$$

où M est la masse molaire du gaz parfait et s_0 l'entropie massique dans l'état (T_0, P_0).

b) Entropie d'un échantillon de gaz parfait

En utilisant ce qui précède et l'équation d'état $PV = nRT$ des gaz parfaits, on peut exprimer l'entropie de l'échantillon de gaz :

- en fonction des variables d'état (T,P) :

$$S = \frac{nR\gamma}{\gamma - 1} \ln\left(\frac{T}{T_0}\right) - nR \ln\left(\frac{P}{P_0}\right) + S_0, \tag{25.5}$$

  en notant $S_0 = nS_{m0}$ l'entropie dans l'état (T_0, P_0) ;
- en fonction des variables d'état (T,V) :

$$S = \frac{nR}{\gamma - 1} \ln\left(\frac{T}{T_0}\right) + nR \ln\left(\frac{V}{V_0}\right) + S_0, \tag{25.6}$$

  où $V_0 = \dfrac{nRT_0}{P_0}$ et où S_0 est l'entropie dans l'état (T_0,V_0) ;
- en fonction des variables d'état (P,V) :

$$S = \frac{nR}{\gamma - 1} \ln\left(\frac{P}{P_0}\right) + \frac{nR\gamma}{\gamma - 1} \ln\left(\frac{V}{V_0}\right) + S_0, \tag{25.7}$$

  où S_0 est l'entropie dans l'état (P_0,V_0).

Sur toutes ces formules on voit que l'entropie augmente avec la température et le volume, ce qui se comprend intuitivement : si la température augmente la vitesse d'agitation thermique augmente donc le désordre moléculaire augmente. Si le volume accessible aux molécules augmente le désordre moléculaire augmente aussi.

En revanche, on ne peut rien dire *a priori* sur l'influence de la pression : d'après la formule (25.7) l'entropie augmente avec la pression quand on maintient le volume constant et d'après la formule (25.5) elle diminue avec la pression quand on maintient la température constante.

c) Loi de Laplace

La **loi de Laplace** est une relation vérifiée par des variables d'état d'un gaz parfait au cours d'une **transformation adiabatique et réversible**.

On a vu plus haut qu'une transformation adiabatique ($Q = 0$ donc $S_{\text{éch}} = 0$) et réversible ($S_{\text{créée}} = 0$) est une transformation **isentropique** : $\Delta S = 0$ soit $S_f = S_i$.

Si la transformation est réversible, le système est à chaque instant très proche d'un état d'équilibre, de sorte que ses variables d'état et ses fonctions d'état restent constamment définies. Ainsi, on peut dire que tout au long de la transformation adiabatique et réversible, l'entropie est définie et garde une valeur constante, où S_i est sa valeur dans l'état initial :

$$S = \text{constante} = S_i,$$

Dans le cas d'un gaz parfait, on en déduit, en utilisant la relation (25.7) que :

$$\frac{nR}{\gamma-1}\ln\left(\frac{P}{P_0}\right)+\frac{nR\gamma}{\gamma-1}\ln\left(\frac{V}{V_0}\right)+S_0=\frac{nR}{\gamma-1}\ln\left(\frac{P_i}{P_0}\right)+\frac{nR\gamma}{\gamma-1}\ln\left(\frac{V_i}{V_0}\right)+S_0,$$

soit, après multiplication des deux membres de l'égalité par $\frac{\gamma-1}{nR}$ et simplification :

$$\ln\left(\frac{P}{P_0}\right)+\gamma\ln\left(\frac{V}{V_0}\right)=\ln\left(\frac{P_i}{P_0}\right)+\gamma\ln\left(\frac{V_i}{V_0}\right),$$

soit encore, en utilisant les formules $\alpha\ln x=\ln(x^\alpha)$ et $\ln x+\ln y=\ln(xy)$:

$$\ln\left(\frac{PV^\gamma}{P_0V_0^\gamma}\right)=\ln\left(\frac{P_iV_i^\gamma}{P_0V_0^\gamma}\right),$$

et finalement, en prenant l'exponentielle des deux membres (pour $x>0$, $\exp(\ln x)=x$) et en multipliant les deux membres de l'égalité par $P_0V_0^\gamma$, on arrive à :

$$\boxed{PV^\gamma=P_iV_i^\gamma.}\qquad(25.8)$$

En partant de l'expression (25.5) de l'entropie et en appliquant la même méthode, on aboutit à la relation :

$$\boxed{T^\gamma P^{1-\gamma}=T_i^\gamma P_i^{1-\gamma}.}\qquad(25.9)$$

Enfin, en partant de l'expression (25.6) de l'entropie et en appliquant la même méthode on aboutit à la relation :

$$\boxed{TV^{\gamma-1}=T_iV_i^{\gamma-1}.}\qquad(25.10)$$

Les relations (25.8), (25.9) et (25.10) sont les trois formes de la loi de Laplace, qu'il faut connaître. Cependant, un seul effort de mémoire est nécessaire car on retrouve facilement les deux autres à partir de l'une d'entre elles. Par exemple, si l'on sait que $PV^\gamma=P_iV_i^\gamma$, on trouve la relation entre T et P (par exemple) en utilisant l'équation d'état. Pour cela on remplace V par $\frac{nRT}{P}$ et V_i par $\frac{nRT_i}{P_i}$. Il vient :

$$P\left(\frac{nRT}{P}\right)^\gamma=P_i\left(\frac{nRT_i}{P_i}\right)^\gamma\quad\text{soit}\quad P^{1-\gamma}T^\gamma=P_i^{1-\gamma}T_i^\gamma,$$

après simplification du facteur $(nR)^\gamma$.

> Si un gaz parfait, dont le rapport des capacités thermiques à pression et volume constants γ ne dépend pas de T, subit une transformation **adiabatique et réversible** ou bien **isentropique**, ses variables d'état (T_i,P_i,V_i) dans l'état initial, (T,P,V) dans un état quelconque au cours de la transformation et (T_f,P_f,V_f) dans l'état final vérifient :
>
> $$P_iV_i^\gamma=PV^\gamma=P_fV_f^\gamma,\quad T_i^\gamma P_i^{1-\gamma}=T^\gamma P^{1-\gamma}=T_f^\gamma P_f^{1-\gamma},\quad T_iV_i^{\gamma-1}=TV^{\gamma-1}=T_fV_f^{\gamma-1}.$$

La loi de Laplace, lorsqu'elle s'applique, peut être mise à profit pour trouver les variables d'état dans l'état final.

Elle permet aussi de tracer le chemin suivi par le système dans le diagramme de Clapeyron (P,V) pour une transformation adiabatique et réversible. La courbe correspondant est appelée **courbe adiabatique** (le mot courbe est souvent sous-entendu et on dit « une adiabatique »). Elle a une équation de la forme : $PV^{\gamma} = \text{constante}$.

Il faut savoir distinguer, dans le diagramme de Clapeyron, une courbe adiabatique d'une **courbe isotherme** (souvent appelée simplement « isotherme ») dont l'équation est, d'après la loi des gaz parfaits, de la forme : $PV = \text{constante}$. Les deux courbes sont des courbes décroissantes (P diminue si V augmente) mais lorsqu'elles se coupent en un point **la pente de la courbe adiabatique est plus forte en valeur absolue que la pente de la courbe isotherme**. En effet, si une adiabatique coupe une isotherme au point (P_0,V_0) (voir figure 25.3 ci-contre) :

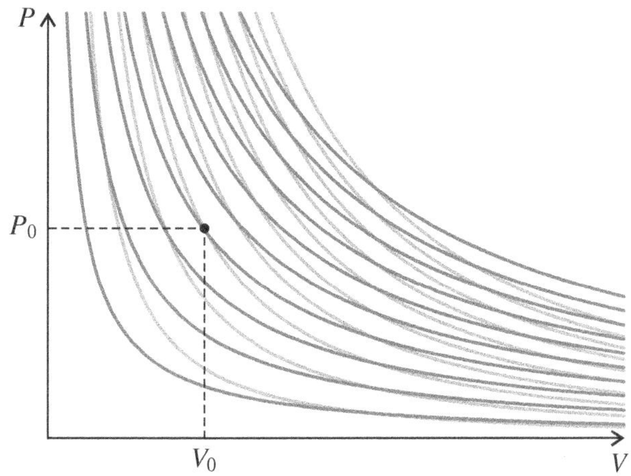

Figure 25.3 – Diagramme de Clapeyron pour un gaz parfait : les isothermes sont en gris foncé et les adiabatiques en gris clair.

La pente de la courbe adiabatique est plus négative puisque $\gamma > 1$.

- pour la courbe isotherme dont l'équation est $PV = P_0V_0$ la pente au point (P_0,V_0) est :

$$\left(\frac{\mathrm{d}P}{\mathrm{d}V}\right)_{\text{isotherme}} = \frac{\mathrm{d}}{\mathrm{d}V}\left(\frac{P_0V_0}{V}\right) = -\frac{P_0V_0}{V_0^2} = -\frac{P_0}{V_0};$$

- pour la courbe isotherme dont l'équation est $PV^{\gamma} = P_0V_0^{\gamma}$ la pente au point (P_0,V_0) est :

$$\left(\frac{\mathrm{d}P}{\mathrm{d}V}\right)_{\text{adiabatique}} = \frac{\mathrm{d}}{\mathrm{d}V}\left(\frac{P_0V_0^{\gamma}}{V^{\gamma}}\right) = -\gamma\frac{P_0V_0^{\gamma}}{V_0^{\gamma+1}} = -\gamma\frac{P_0}{V_0}.$$

2.2 Entropie d'une phase condensée indilatable et incompressible

Par extensivité, l'entropie d'un échantillon d'une phase condensée de quantité de matière n et de masse m est :

$$S = n\,S_m(T) = m\,s(T),$$

où $S_m(T)$ est l'entropie molaire et $s(T)$ l'entropie massique à la température T de l'échantillon.

L'entropie molaire S_m et l'entropie massique s d'une phase condensée et indilatable ne dépendent que de sa température (elles ne dépendent pas de la pression) et s'écrivent :

$$S_m(T) = C_m \ln\left(\frac{T}{T_0}\right) + S_{m,0}, \quad (25.11)$$

où C_m est la capacité thermique molaire et S_{m0} est l'entropie molaire à la température T_0 ;

$$s(T) = c \ln\left(\frac{T}{T_0}\right) + s_0, \tag{25.12}$$

où c est la capacité thermique massique et s_0 l'entropie massique à la température T_0.

2.3 Entropie d'un système diphasé

a) Expression de l'entropie

On considère un échantillon d'un corps pur sous deux phases I et II, de masse m et quantité de matière n. On appelle x_{II} la fraction molaire (et massique) de la phase II dans le système.

Par additivité de l'entropie on a, comme au paragraphe 2.7 du chapitre 24, page 675 :

$$S = n\big(S_{m,I} + x_{II}(S_{m,II} - S_{m,I})\big) = m\big(s_I + x_{II}(s_{II} - s_I)\big). \tag{25.13}$$

b) Entropies de changement d'état

On appelle **entropie molaire de changement d'état** $\Delta_{I-II}S_m$ la variation d'entropie au cours de la transformation d'une mole de corps pur de l'état I à l'état II en un point du plan (P,T) où les phases I et II coexistent, soit :

$$\Delta_{I-II}S_m = S_{m,II} - S_{m,I}.$$

$\Delta_{I-II}S_m$ se mesure en $\text{J.K}^{-1}.\text{mol}^{-1}$.

On appelle **entropie massique de changement d'état** $\Delta_{I-II}s$ la variation d'entropie au cours de la transformation d'un kilogramme de corps pur de l'état I à l'état II en un point du plan (P,T) où les phases I et II coexistent, soit :

$$\Delta_{I-II}s = s_{II} - s_I.$$

$\Delta_{I-II}s$ se mesure en $\text{J.K}^{-1}.\text{kg}^{-1}$.

Les entropies molaire et massique de changement d'état ne dépendent que de la température T puisque la pression est imposée par la condition d'équilibre de diffusion, $P = P_{I-II}(T)$, nécessaire à la coexistence, à l'équilibre, des phases I et II.

L'entropie d'un échantillon de corps pur diphasé, comportant les phases I et II, peut se mettre sous les formes suivantes :

$$S = n\left(S_{m,I} + x_{II}\Delta_{I-II}S_m\right) = m\left(s_I + x_{II}\Delta_{I-II}s\right). \tag{25.14}$$

c) Variation d'entropie au cours d'un changement d'état isotherme et isobare

On considère une transformation d'un échantillon de corps pur de masse totale m passant d'un état d'équilibre initial où il se trouve dans les phases I et II et décrit par les variables d'état $(T_0,P_0,x_{II,i})$, à un état d'équilibre final du même type décrit par les variables $(T_0,P_0,x_{II,f})$.

On a donc : $P_0 = P_{I-II}(T_0)$.

La variation d'entropie est :

$$\Delta S = n(x_{II,f} - x_{II,i})\Delta_{I-II}S_m = m(x_{II,f} - x_{II,i})\Delta_{I-II}s. \tag{25.15}$$

d) Lien entre l'enthalpie et l'entropie de changement d'état

Si on réalise la transformation en mettant en contact le système avec un milieu extérieur de même température T_0 et de même pression P_0 que lui, la transformation est *réversible* puisqu'il y a équilibre thermique, mécanique, et équilibre de diffusion (puisque $P_0 = P_{I-II}(T_0)$). Cette transformation est aussi *isobare* et *isotherme*.

D'après le deuxième principe, $S_{\text{créée}} = 0$, $\Delta S = S_{\text{éch}} + S_{\text{créée}} = S_{\text{éch}}$ et $S_{\text{éch}} = \dfrac{Q}{T_0}$ où Q est le transfert thermique reçu par le système. Ainsi :

$$\Delta S = \frac{Q}{T_0}.$$

D'après le paragraphe 2.4 du chapitre 24, la transformation étant isobare, le transfert thermique reçu par le système est :

$$Q = \Delta H = m(x_{II,f} - x_{II,i})\Delta_{I-II}h,$$

expression donnée par la formule (24.18), page 676. Il vient donc :

$$\Delta S = m(x_{II,f} - x_{II,i})\frac{\Delta_{I-II}h}{T_0}.$$

En comparant cette expression avec la formule (25.15) on trouve que : $\dfrac{\Delta_{I-II}h}{T_0} = \Delta_{I-II}s$.

> L'enthalpie de changement d'état et l'entropie de changement d'état, massiques ou molaires, à la température T sont liées par la relation :
>
> $$\Delta_{I-II}h(T) = T\Delta_{I-II}s(T) \quad \text{ou} \quad \Delta_{I-II}H_m(T) = T\Delta_{I-II}S_m(T). \qquad (25.16)$$

3 Exemples de bilans d'entropie

3.1 Méthode générale

Faire le bilan d'entropie pour une transformation donnée d'un système Σ consiste à :

- exprimer ou calculer la variation d'entropie ΔS du système ;
- exprimer ou calculer l'entropie échangée $S_{\text{éch}}$;
- en déduire l'entropie créée $S_{\text{créée}}$.

On peut ensuite conclure sur le caractère réversible ou irréversible de la transformation et analyser les causes de l'irréversibilité éventuelle.

Dans les paragraphes suivants on applique cette démarche à différents exemples.

3.2 Exemple 1 : détente de Joule - Gay Lussac

On revient sur la détente de Joule - Gay Lussac décrite au paragraphe 1.1.

On prend pour système le gaz que l'on suppose parfait, et de rapport des capacités thermiques γ indépendant de la température. On note n la quantité de gaz.

On fait l'hypothèse que la transformation est adiabatique (elle est rapide et le récipient est calorifugé). Le premier principe donne donc un renseignement sur l'état final. Il s'écrit : $\Delta U + \Delta E_c = W + Q$. On a $\Delta E_c = 0$ car le système est, à l'échelle macroscopique, au repos dans l'état initial et dans l'état final. De plus $W = 0$ parce que les parois sont indéformables, et $Q = 0$ par hypothèse. Ainsi :

$$\Delta U = 0.$$

Or, d'après la première loi de Joule, U ne dépend que de T donc si U ne varie pas, T ne varie pas non plus. Ainsi :

$$T_f = T_i.$$

Pour calculer ΔS on utilise l'expression (25.6) puisqu'on connaît T_i, V_i , T_f et V_f :

$$\begin{aligned}\Delta S &= \left(\frac{nR}{\gamma - 1}\ln\left(\frac{T_f}{T_0}\right) + nR\ln\left(\frac{V_f}{V_0}\right) + S_0\right) - \left(\frac{nR}{\gamma - 1}\ln\left(\frac{T_i}{T_0}\right) + nR\ln\left(\frac{V_i}{V_0}\right) + S_0\right)\\ &= \frac{nR}{\gamma - 1}\ln\left(\frac{T_f}{T_i}\right) + nR\ln\left(\frac{V_f}{V_i}\right),\end{aligned}$$

en utilisant deux fois $\ln x - \ln y = \ln\left(\frac{x}{y}\right)$. Ainsi :

$$\Delta S = nR\ln\left(1 + \frac{V_1}{V_0}\right).$$

Comme la transformation est adiabatique, l'entropie échangée est nulle et :

$$S_{\text{créée}} = \Delta S = nR\ln\left(1 + \frac{V_1}{V_0}\right).$$

Elle est strictement positive. Comme dit plus haut, la transformation est irréversible. L'irréversibilité est due au déséquilibre mécanique.

Numériquement, pour $n = 1$ mol et $V_1 = V_0$, $\Delta S = S_{\text{créée}} = 5{,}76\,\text{J.K}^{-1}$.

3.3 Exemple 2 : mise en contact avec un thermostat

Un échantillon de gaz de température initiale T_i est mis en contact avec un thermostat de température T_0. Dans l'état final le gaz est à la température T_0 du thermostat. On envisage soit une évolution isochore, situation représentée sur la figure 23.1 page 646, soit une évolution isobare représentée sur la figure 23.2 page 647.

On suppose le gaz parfait et de rapport des capacités thermiques γ indépendant de la température.

On note n la quantité de matière de l'échantillon. L'état initial est caractérisé par les variables d'état (T_i, P_i, V_i), l'état final par (T_f, P_f, V_f) avec $T_f = T_0$.

a) Cas isochore

On prend pour système le gaz et les parois du récipient qui le contient (voir figure 23.1 page 646). On supposera que ces parois ont une capacité thermique négligeable devant celle du gaz, ce qui permet d'assimiler les variations d'énergie interne et d'entropie du système aux variations de ces fonctions pour le gaz seulement.

On peut exprimer la variation d'entropie du gaz entre l'état initial et l'état final en utilisant la formule (25.6). Il vient comme plus haut :

$$\Delta S = \frac{nR}{\gamma - 1}\ln\left(\frac{T_f}{T_i}\right) + nR\ln\left(\frac{V_f}{V_i}\right).$$

Puisque $V_f = V_i$ et $T_f = T_0$ on a : $\Delta S = \frac{nR}{\gamma - 1}\ln\left(\frac{T_0}{T_i}\right) = C_V\ln\left(\frac{T_0}{T_i}\right)$.

Pour exprimer l'entropie échangée, on a besoin du transfert thermique que l'on obtient par application du premier principe : $Q = \Delta U - W$. On a : $\Delta U = C_V(T_f - T_i)$ puisque $C_V = \dfrac{nR}{\gamma - 1}$ est indépendante de la température comme γ et $W = 0$ car la transformation est isochore. Ainsi :

$$Q = \Delta U = C_V(T_f - T_i) = C_V(T_0 - T_i).$$

Le système reçoit ce transfert thermique du thermostat de température T_0 donc :

$$S_{\text{éch}} = \frac{Q}{T_0} = C_V\left(1 - \frac{T_i}{T_0}\right).$$

On en déduit l'entropie créée :

$$S_{\text{créée}} = \Delta S - S_{\text{éch}} = C_V\left(\frac{T_i}{T_0} - 1 - \ln\left(\frac{T_i}{T_0}\right)\right),$$

en utilisant la formule $\ln\left(\frac{1}{x}\right) = -\ln x$. Numériquement : pour $n = 1\,\text{mol}$ et $\gamma = 1{,}4$ on calcule $C_V = 20{,}8\,\text{J.K}^{-1}$, et pour $T_i = 293\,\text{K}$ et $T_0 = 373\,\text{K}$, on trouve $\Delta S = 5{,}02\,\text{J.K}^{-1}$, $S_{\text{éch}} = 4{,}46\,\text{J.K}^{-1}$ et $S_{\text{créée}} = 0{,}56\,\text{J.K}^{-1}$.

L'entropie créée ne peut être que positive ou nulle. C'est bien le cas quelles que soient les températures T_0 et T_i (la capacité thermique C_V est positive) parce que, pour tout réel x, on a $x - 1 \geq \ln x$, inégalité qui exprime le fait que la courbe de la fonction logarithme est au-dessous de sa tangente au point $(1, \ln 1 = 0)$ (voir figure ci-contre).

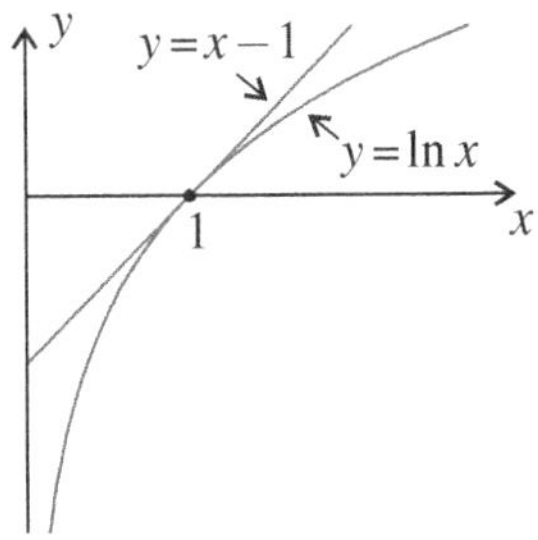

Pour T_i différent de T_0, $S_{\text{créée}} > 0$ donc la transformation est irréversible.

L'irréversibilité est due au déséquilibre thermique entre le système et le thermostat.

Il est intéressant de regarder le comportement de $S_{\text{créée}}$ lorsque la température initiale du système est très proche de la température du thermostat. On pose alors : $T_i = T_0(1 + \varepsilon)$ avec $\varepsilon \ll 1$ et il vient :

$$S_{\text{créée}} = C_V(\varepsilon - \ln(1 + \varepsilon)) \simeq \frac{1}{2}C_V\varepsilon^2,$$

en utilisant le développement limité $\ln(1 + \varepsilon) \simeq \varepsilon - \frac{1}{2}\varepsilon^2$. Cette formule montre bien que $S_{\text{créée}} > 0$ pour ε différent de 0. De plus, elle montre que le terme de création est du deuxième ordre en ϵ, alors que le transfert thermique, $Q = -C_V T_0 \varepsilon$, est du premier ordre.

On revient au cas où T_i n'est pas proche de T_0. On peut porter le système à la température T_0 de manière quasi réversible, en le mettant en contact successivement avec N thermostats de températures $T_1 = T_i + \dfrac{T_0 - T_i}{N}$, $T_2 = T_i + 2\dfrac{T_0 - T_i}{N}$, ..., $T_{N-1} = T_i + (N-1)\dfrac{T_0 - T_i}{N}$, $T_N = T_0$. On divise ainsi par N l'écart de température entre le système et le thermostat avec lequel il est mis en contact et par N^2 la création d'entropie à chaque étape (pour N grand). Comme il y a N étapes, la création d'entropie globale tend vers 0 quand N tend vers ∞. Pour N grand la transformation est quasi réversible. C'est bien ce que l'on a observé sur la figure 25.2.

b) Cas isobare

Ce cas est tout à fait analogue au cas précédent. On prend pour système le gaz et les parois du récipient qui le contient (voir figure 23.2 page 647). On suppose que ces parois ont une capacité thermique négligeable devant celle du gaz, ce qui permet d'assimiler les variations d'enthalpie et d'entropie du système aux variations de ces fonctions pour le gaz seulement.

On peut exprimer la variation d'entropie du gaz entre l'état initial et l'état final en utilisant la formule (25.5) :

$$\Delta S = \left(\frac{nR\gamma}{\gamma - 1}\ln\left(\frac{T_f}{T_0}\right) - nR\ln\left(\frac{P_f}{P_0}\right) + S_0\right) - \left(\frac{nR\gamma}{\gamma - 1}\ln\left(\frac{T_f}{T_0}\right)_n R\ln\left(\frac{P_i}{P_0}\right) + S_0\right)$$

$$= \frac{nR\gamma}{\gamma - 1}\ln\left(\frac{T_f}{T_i}\right) - nR\ln\left(\frac{P_f}{P_i}\right).$$

Puisque $P_f = P_i$ et $T_f = T_0$, on a :

$$\Delta S = \frac{nR\gamma}{\gamma - 1}\ln\left(\frac{T_0}{T_i}\right) = C_P\ln\left(\frac{T_0}{T_i}\right).$$

Pour exprimer l'entropie échangée, on a besoin du transfert thermique que l'on obtient par le premier principe pour une transformation isobare : $Q = \Delta H + \Delta E_c - W_{\text{autre}}$. On a : $\Delta H = C_P(T_f - T_i)$ puisque $C_P = \dfrac{nR\gamma}{\gamma - 1}$ est indépendante de la température comme γ, $\Delta E_c = 0$ et $W_{\text{autre}} = 0$ car seules les forces de pression travaillent. Ainsi :

$$Q = \Delta H = C_P(T_f - T_i) = C_P(T_0 - T_i).$$

Pour la même raison que dans le cas isochore :

$$S_{\text{éch}} = \frac{Q}{T_0} = C_P\left(1 - \frac{T_i}{T_0}\right).$$

On en déduit l'entropie créée :

$$S_{\text{créée}} = \Delta S - S_{\text{éch}} = C_P\left(\frac{T_i}{T_0} - 1 - \ln\left(\frac{T_i}{T_0}\right)\right).$$

La conclusion est la même : la transformation est irréversible si T_i est différent de T_0 à cause du déséquilibre thermique entre le thermostat et le système. On a une transformation réversible si on utilise un grand nombre de thermostats successifs dont les températures sont réparties entre T_i et T_0.

3.4 Exemple 3 : compression d'un gaz parfait

a) Compression monotherme et irréversible

Un gaz, supposé parfait et de rapport des capacités thermiques γ indépendant de la température, est contenu dans un récipient maintenu à la température T_0 fermé par un piston adiabatique (c'est-à-dire qui ne laisse pas passer le transfert thermique), de surface S et de masse négligeable (voir figure 25.4).

Dans l'état initial il y a équilibre, les paramètres d'état du gaz sont (T_i, P_i, V_i). On rompt cet équilibre en posant une masse m sur le piston. Le système évolue vers un nouvel état d'équilibre (P_f, V_f, T_f).

On prend pour système le gaz et le piston. On appelle n la quantité de gaz. La transformation est monotherme car le gaz ne reçoit de transfert thermique que du thermostat de température T_0. Elle n'est pas isotherme car elle est brutale et que la température du gaz n'est pas toujours définie.

On doit préciser les états initial et final du système. Dans l'état initial, comme dans l'état final, la condition d'équilibre thermique impose : $T_i = T_0$ et $T_f = T_0$.

La condition d'équilibre mécanique du piston s'écrit :

- dans l'état initial : $P_i = P_0$;
- dans l'état final : $P_f = P_0 + \dfrac{mg}{S}$.

Enfin l'équation d'état du gaz parfait donne :

$$V_i = \frac{nRT_0}{P_0}$$

et

$$V_f = \frac{nRT_0}{P_0 + \frac{mg}{S}}.$$

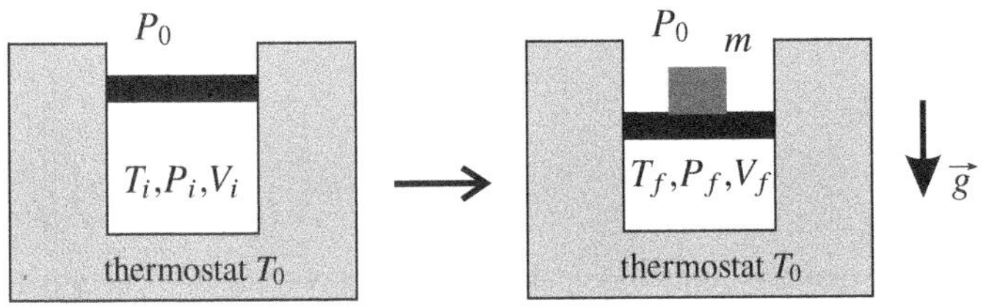

Figure 25.4 – Compression monotherme et irréversible d'un gaz.

La variation d'entropie du gaz peut être calculé à partir de l'expression (25.5). On trouve :

$$\Delta S = \frac{nR\gamma}{\gamma - 1} \ln\left(\frac{T_f}{T_i}\right) - nR \ln\left(\frac{P_f}{P_i}\right) = -nR \ln\left(1 + \frac{mg}{P_0 S}\right).$$

Le transfert thermique s'obtient par application du premier principe, avec ici $\Delta E_c = 0$: $Q = \Delta U - W$. $\Delta U = 0$ parce que $T_i = T_f$ et que l'énergie interne du gaz parfait ne dépend que de sa température (première loi de Joule), donc $Q = -W$.

Pour calculer le travail on peut remarquer que le poids de la surcharge correspond à un supplément de pression $\dfrac{mg}{S}$ sur le piston. La transformation est donc monobare avec $P_{\text{ext}} = P_0 + \dfrac{mg}{S}$ et le travail donné par la formule (23.3), page 651. Ainsi :

$$Q = -W = \left(P_0 + \frac{mg}{S}\right)(V_f - V_i) = \left(P_0 + \frac{mg}{S}\right) nRT_0 \left(\frac{1}{P_0 + \frac{mg}{S}} - \frac{1}{P_0}\right) = -nRT_0 \frac{mg}{P_0 S}.$$

On en déduit l'entropie échangée $S_{\text{éch}} = \dfrac{Q}{T_0}$, puisque le système reçoit ce transfert thermique d'une source à la température T_0, soit :

$$S_{\text{éch}} = -nR \frac{mg}{P_0 S}.$$

Finalement, on obtient l'entropie créée en appliquant le deuxième principe :

$$S_{\text{créée}} = \Delta S - S_{\text{éch}} = nR\left(\frac{mg}{P_0 S} - \ln\left(1 + \frac{mg}{P_0 S}\right)\right).$$

$S_{\text{créée}} > 0$ quelle que soit la valeur non nulle de m, d'après l'inégalité $x - 1 > \ln x$ (avec $x = 1 + \dfrac{mg}{P_0 S}$). La transformation est donc irréversible. L'irréversibilité est due au déséquilibre mécanique du piston.

Avec $n = 1$ mol, $S = 1{,}0.10^{-2}\,\text{m}^2$, $m = 10\,\text{kg}$, $g = 9{,}8\,\text{m.s}^{-2}$ et $P_0 = 1{,}0.10^5$ Pa, on calcule : $\dfrac{mg}{P_0 S} = 9{,}8.10^{-2}$, $\Delta S = -7{,}8.10^{-1}\,\text{J.K}^{-1}$, $S_{\text{éch}} = -8{,}1.10^{-1}\,\text{J.K}^{-1}$ et $S_{\text{créée}} = 3{,}7.10^{-2}\,\text{J.K}^{-1}$.

Si la masse ajoutée est faible, plus précisément si $\frac{mg}{P_0 S} \ll 1$, on a comme plus haut :

$$S_{\text{créée}} \simeq \frac{1}{2} nR \left(\frac{mg}{P_0 S} \right)^2,$$

qui est du deuxième ordre. On doit donc pouvoir rendre la transformation réversible en ajoutant progressivement de très petites masses sur le piston.

b) Compression isotherme et réversible

On ajoute dorénavant la même masse m sur le piston mais en N étapes, en ajoutant la masse $\frac{m}{N}$ à chaque fois. On peut par exemple poser des petites billes une à une ou verser du sable très lentement (voir figure 25.5).

Une très faible masse est à chaque fois ajoutée, le piston est toujours quasiment à l'équilibre, la transformation est donc mécaniquement réversible. Elle est aussi isotherme car le gaz, très peu perturbé à chaque étape, garde une température définie et toujours égale à T_0.

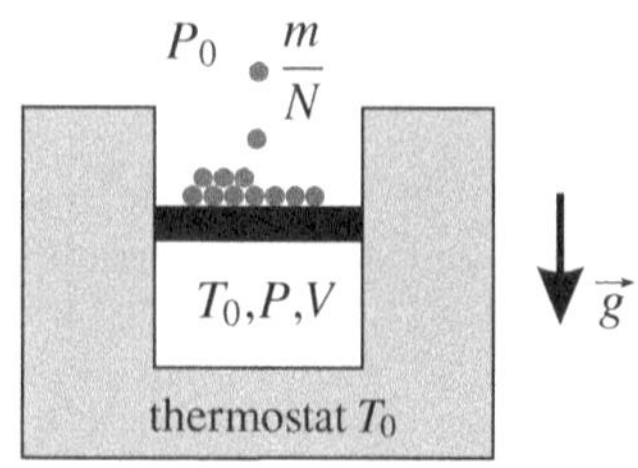

Figure 25.5 – Compression isotherme et réversible d'un gaz : un état intermédiaire.

On effectue le bilan d'entropie de cette transformation. L'état initial et l'état final sont les mêmes qu'au paragraphe précédent donc la variation d'entropie aussi.

Pour calculer le travail on peut appliquer la formule (23.6), page 654 valable pour une transformation isotherme d'un gaz parfait :

$$W_{\text{rev}} = nRT_0 \ln \left(\frac{P_f}{P_i} \right) = nRT_0 \ln \left(1 + \frac{mg}{P_0 S} \right).$$

On en déduit le transfert thermique : $Q = \Delta U + \Delta E_c - W = -W$, pour les mêmes raisons que plus haut, puis l'entropie échangée :

$$S_{\text{éch, rev}} = \frac{Q}{T_0} = -nR \ln \left(1 + \frac{mg}{P_0 S} \right).$$

On constate que $S_{\text{éch,rev}} = \Delta S$ donc que l'entropie créée dans cette transformation est nulle. La transformation est réversible.

3.5 Exemple 4 : chauffage par effet Joule

On place une masse m d'eau liquide dans un calorimètre (dont on négligera la valeur en eau μ devant m) supposé parfaitement isolé. On plonge une résistance électrique R dans cette eau. Dans l'état initial l'eau est à la température T_i.

On fait passer un courant d'intensité I pendant une durée τ dans la résistance. Dans l'état final l'eau a une température T_f. Comment s'établit le bilan d'entropie ? La transformation est-elle réversible ?

On prend comme système le calorimètre et tout ce qu'il contient soit la masse m d'eau et la résistance. On suppose pour simplifier les écritures que les capacités thermiques de la résistance et du calorimètre sont négligeables devant celle de l'eau. Les variations d'enthalpie et d'entropie du système sont donc pratiquement égales à celles de l'eau seule.

Quel est l'état final de l'eau ? On va le déterminer en appliquant le premier principe sous la forme $\Delta H + \Delta E_c = W_{\text{autre}} + Q$, puisque la transformation est monobare, avec $\Delta E_c = 0$. $\Delta H = mc_{\text{eau}}(T_f - T_i)$ en notant c_{eau} la capacité thermique de l'eau. Le travail des forces autres que la pression est le travail électrique fourni par le générateur : $W_{\text{autre}} = UI\tau = RI^2\tau$. Enfin, le transfert thermique Q est nul si le calorimètre est très bien isolé thermiquement. Ainsi, le premier principe s'écrit :

$$mc_{\text{eau}}(T_f - T_i) = RI^2\tau \quad \text{d'où} \quad T_f = T_i + \frac{RI^2\tau}{mc_{\text{eau}}}.$$

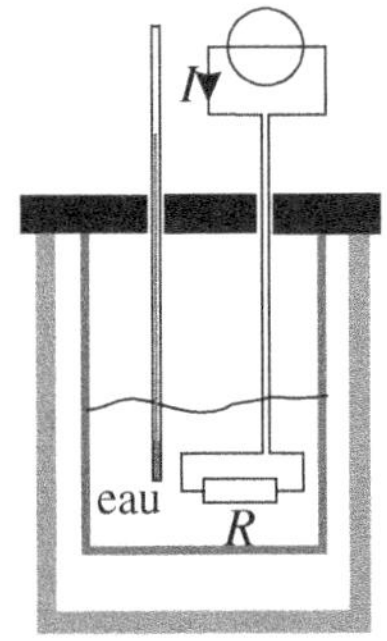

Figure 25.6 – Chauffage monobare par effet Joule.

La variation d'entropie de l'eau se calcule en utilisant l'expression (25.12) de l'entropie d'une phase condensée :

$$\Delta S = m\left(c_{\text{eau}} \ln\left(\frac{T_f}{T_0}\right) + s_0\right) - m\left(c_{\text{eau}} \ln\left(\frac{T_i}{T_0}\right) + s_0\right) = mc_{\text{eau}} \ln\left(\frac{T_f}{T_i}\right),$$

en utilisant $\ln x - \ln y = \ln\left(\frac{x}{y}\right)$. L'entropie échangée est nulle puisqu'il n'y a pas de transfert thermique : $S_{\text{éch}} = 0$. Il vient finalement :

$$S_{\text{créée}} = \Delta S = mc_{\text{eau}} \ln\left(1 + \frac{RI^2\tau}{mc_{\text{eau}}T_i}\right).$$

L'entropie créée est strictement positive, la transformation est donc irréversible.

L'irréversibilité est due à l'effet Joule.

Si $RI^2\tau \ll mc_{\text{eau}}T_i$, $S_{\text{créée}} \simeq \frac{RI^2\tau}{T_i} = \frac{W_{\text{autre}}}{T_i}$. Ainsi, pour une énergie dissipée par effet Joule de 300 J et $T_i = 293$ K, l'entropie créée est $S_{\text{créée}} \simeq 1$ J.K^{-1}.

3.6 Exemple 5 : solidification d'un liquide surfondu

Lorsqu'on refroidit progressivement un échantillon de corps pur liquide, dans un récipient en parfait état (il ne doit pas y avoir de rayures sur la paroi), le corps reste liquide même en dessous de la température de fusion T_{fus} du corps. Ce phénomène s'appelle la **surfusion** et on dit que le liquide est surfondu. Cet état d'équilibre est métastable : une très petite perturbation provoque la solidification d'une partie ou de la totalité du liquide surfondu.

Dans l'expérience considérée, un tube à essai contient une masse m d'eau surfondue (donc entièrement liquide) à une température T_i inférieure à $T_{\text{fus}} = 273$ K, température de fusion de l'eau sous $P_0 = 1$ bar. On fait cesser la surfusion en frappant légèrement sur le tube à essai avec un agitateur. Une partie de l'eau se solidifie presque instantanément. On se propose de faire le bilan d'entropie du système constitué par l'eau lors de cette transformation.

Dans l'état initial, l'eau est liquide à la température T_i, à la pression P_0 imposée par l'atmosphère. Dans l'état final, le système contient une masse $mx_{L,f}$ d'eau liquide et une masse $m(1 - x_{L,f})$ de glace, à la température T_{fus}, sous la pression P_0. Il faut calculer $x_{L,f}$ pour connaître complètement l'état final.

La transformation est extrêmement rapide. On fait donc l'approximation qu'elle est adiabatique. Le système est en contact avec l'atmosphère donc elle est monobare.

Pour trouver x_L on peut appliquer le premier principe sous la forme $\Delta H + \Delta E_c = W_{\text{autre}} + Q$. Dans cette transformation $\Delta E_c = 0$, $W_{\text{autre}} = 0$ car il n'y a pas d'autre force que les forces de pression et $Q = 0$ par hypothèse. Il vient donc : $\Delta H = 0$.

Pour exprimer ΔH on utilise la méthode vue page 673 du chapitre 24. On imagine un état intermédiaire dans lequel l'eau est totalement liquide à la température T_{fus} et on écrit :

$$\Delta H = H_f - H_i = (H_f - H_{\text{int}}) + (H_{\text{int}} - H_i) = -m(1 - x_{L,f})\Delta_{\text{fus}}h(T_{\text{fus}}) + mc_{\text{eau}}(T_{\text{fus}} - T_i),$$

en utilisant les formules (24.18) et (24.10), page 676. De la relation $\Delta H = 0$ on tire :

$$x_{L,f} = 1 - \frac{c_{\text{eau}}(T_{\text{fus}} - T_i)}{\Delta_{\text{fus}}h(T_{\text{fus}})}.$$

Remarque

On doit avoir $0 < x_{L,f} < 1$, ce qui suppose que : $T_{\text{fus}} - \dfrac{\Delta_{\text{fus}}h(T_{\text{fus}})}{c_{\text{eau}}} < T_i < T_{\text{fus}}$, soit, avec $\Delta_{\text{fus}}h(T_{\text{fus}}) = 334\,\text{kJ.kg}^{-1}$ et $c_{\text{eau}} = 4{,}18\,\text{kJ.K}^{-1}.\text{kg}^{-1}$, $193\,\text{K} < T_i < 273\,\text{K}$. Cette condition est réaliste.

Pour calculer la variation d'entropie on utilise la même méthode :

$$\Delta S = S_f - S_i = (S_f - S_{\text{int}}) + (S_{\text{int}} - S_i) = -m(1 - x_{L,f})\Delta_{\text{fus}}s(T_{\text{fus}}) + mc_{\text{eau}} \ln\left(\frac{T_{\text{fus}}}{T_i}\right),$$

en utilisant les formules (25.15) et (25.12), page 699.

La transformation étant supposée adiabatique, l'entropie échangée est nulle. Ainsi, l'entropie créée est $S_{\text{créée}} = \Delta S$. En utilisant la relation $T_{\text{fus}}\Delta_{\text{fus}}s(T_{\text{fus}}) = \Delta_{\text{fus}}h(T_{\text{fus}})$ et l'expression ci-dessus de $x_{L,f}$, on peut la mettre sous la forme :

$$S_{\text{créée}} = \Delta S = mc_{\text{eau}}\left(\frac{T_i}{T_{\text{fus}}} - 1 - \ln\left(\frac{T_i}{T_{\text{fus}}}\right)\right).$$

Il apparaît alors clairement que $S_{\text{créée}} > 0$ pour $T_i \neq T_{\text{fus}}$. La transformation est irréversible.

L'irréversibilité est due au fait que la transformation de phase n'est pas faite dans les conditions de l'équilibre.

Pour $T_i = 265$ K et $m = 0{,}10$ kg on trouve $S_{\text{créée}} = 25.10^{-3}\,\text{J.K}^{-1}$.

4 Interprétation microscopique de l'entropie

La **formule de Boltzmann**, introduite en 1877, établit un lien entre l'entropie, fonction d'état d'un système macroscopique, et la structure microscopique du système. Cette formule donne une interprétation physique de l'entropie : c'est une mesure du **désordre moléculaire**.

L'entropie d'un système thermodynamique *isolé* est donnée par la **formule de Boltzmann** :

$$S = k_B \ln \Omega, \qquad (25.17)$$

où Ω est le nombre de configurations possibles des particules microscopiques constituant le système et $k_B = 1{,}38.10^{-23}\,\text{J.K}^{-1}$ la constante de Boltzmann.

Ω est le **nombre d'états microscopiques** (c'est-à-dire état des particules microscopiques) compatibles avec les paramètres macroscopiques connus est appelé **nombre de configurations** ou **nombre de complexions**. Ce nombre est extrêmement grand.

Pourquoi parelr d'état microscopique ? Les variables d'état d'un système thermodynamique Σ ne donnent pas toute l'information sur l'état du système à l'échelle microscopique. Par exemple, pour un échantillon de gaz contenu dans une enceinte de volume V et avec une température T, on ne connaît ni la position de chaque molécule (on sait seulement qu'elle est dans l'enceinte), ni sa vitesse.

D'après la formule de Boltzmann, plus Ω est grand, plus l'entropie est importante. Or, plus Ω est grand, moins on connaît l'état microscopique du système. L'entropie traduit donc le fait qu'il nous manque de l'information sur le système à l'échelle microscopique. C'est pour cela que l'on dit que l'entropie mesure le désordre moléculaire.

On peut se demander pourquoi l'entropie est proportionnelle au logarithme de Ω plutôt qu'à n'importe quelle autre fonction croissante de Ω. La raison est que l'entropie est une fonction d'état extensive et additive. Or, si on réunit deux systèmes Σ_1 et Σ_2, le nombre de configurations du système $\Sigma = \Sigma_1 + \Sigma_2$ est :

$$\Omega = \Omega_1 \Omega_2,$$

où Ω_1 et Ω_2 sont les nombres de configurations de Σ_1 et Σ_2. En effet, un état microscopique de Σ est le couple de deux états microscopiques de Σ_1 et Σ_2. On a donc :

$$\ln \Omega = \ln \Omega_1 + \ln \Omega_2.$$

On voit bien que la fonction entropie ne peut être proportionnelle qu'à $\ln \Omega$.

MÉTHODOLOGIE

Quand peut-on supposer qu'une transformation est réversible ?
▷ *Aucune transformation réelle n'est vraiment réversible. Une transformation* ***très lente*** *dans laquelle on a réduit au maximum tous les déséquilibres (mécanique, thermique ou de diffusion) peut être modélisée comme une transformation réversible.*

En quoi consiste un bilan d'entropie ?
▷ *Faire le bilan d'entropie consiste à calculer les trois termes (ΔS, $S_{éch}$ et $S_{créée}$) du deuxième principe. Le terme de création ne peut être calculé qu'en appliquant le deuxième principe. On trouve une valeur positive ou nulle, jamais négative, et quand elle n'est pas nulle cela montre (ou confirme) le caractère irréversible de la transformation.*

Que doit-on retenir concernant la loi de Laplace ?
▷ *Il faut retenir ses conditions d'application (transformation adiabatique et réversible d'un gaz parfait) et l'une des ses trois formes, par exemple $PV^\gamma = Cste$. On retrouve facilement les deux autres en utilisant la loi des gaz parfaits.*

Comment applique-t-on la loi de Laplace ?
▷ *Dans la formulation $PV^\gamma = Cste$, la constante n'est pas une constante universelle ! Elle dépend de l'état initial qui est en général connu. On écrit donc $P_iV_i^\gamma = P_fV_f^\gamma$.*

Comment tracer une isentropique pour un gaz parfait dans un diagramme de Clapeyron ?
▷ *Une isotherme a l'allure de la représentation graphique de la fonction $x \mapsto \frac{1}{x}$. L'isentropique aussi, mais c'est une courbe de pente plus fortement négative que l'isotherme (en un point donné).*

Que faut-il retenir concernant l'entropie des phases condensées ?
▷ *Rien, car la formule de l'entropie doit être fournie si elle est nécessaire. Il peut être utile en revanche de se souvenir que* ***dans le modèle de la phase condensée incompressible et indilatable*** *l'entropie S ne dépend que de la température T (de même que l'énergie interne U et l'enthalpie H).*

PROGRAMME OFFICIEL ET SOMMAIRE DES EXERCICES

NOTIONS ET CONTENUS	CAPACITÉS EXIGIBLES
Fonction d'état entropie.	Interpréter qualitativement l'entropie en termes de désordre statistique à l'aide de la formule de Boltzmann fournie. ► 25.C1 25.C10
Deuxième principe de la thermodynamique : entropie créée, entropie échangée. $\Delta S = S_{\text{ech}} + S_{\text{créée}}$ avec $S_{\text{ech}} = \sum \frac{Q_i}{T_i}$.	Définir un système fermé et établir pour ce système un bilan entropique. Relier la création d'entropie à une ou plusieurs causes physiques de l'irréversibilité. ► 25.C2 25.C5 25.C6 Analyser le cas particulier d'un système en évolution adiabatique. ► 25.C3 25.C4
Variation d'entropie d'un système.	Utiliser l'expression fournie de la fonction d'état entropie. ► 25.C7 25.C8 Exploiter l'extensivité de l'entropie. ▷ 25.1 25.2 25.4 25.5 25.6 ▷ 25.7 25.8 25.9 25.11 ▷ 25.16 25.17 25.18 25.19
Loi de Laplace.	Citer et utiliser la loi de Laplace et ses conditions d'application. ▷ 25.10 25.18
Cas particulier d'une transition de phase.	Citer et utiliser la relation entre les variations d'entropie et d'enthalpie associées à une transition de phase : $\Delta h_{12}(T) = T\Delta s_{12}(T)$. ► 25.C9 ▷ 25.3 25.12 25.13 25.14 25.15 25.20

EXERCICES ★ (LE COURS)

25.C1 **Fonction entropie** Quelle est l'unité de l'entropie ? Quelles sont les deux propriétés de cette fonction d'état ?

25.C2 **Statut des termes du deuxième principe** Pourquoi ne met-on pas de « Δ » devant l'entropie créée ou l'entropie échangée ?

25.C3 **Adiabatique, réversible, isentropique** Montrer que deux quelconques de ces qualificatifs pour une transformation entraînent automatiquement le troisième.

25.C4 **Système isolé** Pourquoi l'entropie d'un système isolé ne peut-elle que croître ?

25.C5 **Échauffement réversible** Comment faire passer un système d'une température T_i à une température T_f de manière réversible ?

25.C6 **Compression réversible** Comment faire comprimer un gaz d'une pression P_i à une pression P_f de manière réversible ?

25.C7 **Variation de S avec T** Comment l'entropie évolue-t-elle pour un gaz parfait lorsque sa température augmente de manière isobare ? Et de manière isotherme ? Cela vous paraît-il normal ?

25.C8 **Variation de S avec T** Comment l'entropie évolue-t-elle pour une phase condensée incompressible et indilatable lorsque sa température augmente ? Cela vous paraît-il normal ?

25.C9 **Lien entre l'enthalpie et l'entropie de changement d'état** Établir à partir des deux principes la formule $\dfrac{\Delta_{I-II}h}{T_0} = \Delta_{I-II}s$.

25.C10 **Entropie d'un solide, liquide ou gaz** Comparer l'entropie massique d'une même substance en solide, liquide ou gaz.

EXERCICES ★★

25.1 Refroidissement d'un solide

Un morceau de fer de 2 kg, chauffé à blanc (à la température de 880 K) est jeté dans un lac à 5 °C. Quelle est l'entropie créée ? On donne la capacité calorifique massique du fer : $c_{\text{fer}} = 4{,}6.10^3$ kJ.kg^{-1}.K^{-1}. Quelle est la cause de cette création d'entropie ?

25.2 Égalisation des températures de deux systèmes

Dans une enceinte thermiquement isolée, on met en contact thermique deux systèmes Σ_1 et Σ_2 constitués chacun d'un corps pur monophasé, de températures respectives T_1 et T_2 et de capacités thermiques à pression constante respectives C_1 et C_2. La transformation est isobare.

1) Déterminer la température finale des deux systèmes.

2) Exprimer l'entropie créée dans la transformation.

25.3 Fonte de glace dans l'eau

Dans un récipient parfaitement calorifugé, on met un morceau de glace à la température de 0 °C dans un kilogramme d'eau initialement à la température de 20 °C.

On donne la capacité thermique massique de l'eau $c = 4{,}2.10^3$ J.K^{-1}.kg^{-1} et l'enthalpie massique de fusion de la glace $\Delta_{\text{fus}}h = 336.10^3$ J.kg^{-1}.

1) Déterminer la masse minimale de glace nécessaire pour que l'eau soit à la température de 0 °C dans l'état final.

2) Calculer dans ce cas ΔS_e la variation d'entropie de l'eau initialement à l'état liquide.

3) Même question pour ΔS_{ge} pour l'eau initialement sous forme de glace.

4) En déduire le bilan d'entropie de l'évolution. Conclure.

25.4 Détente de Joule Gay-Lussac

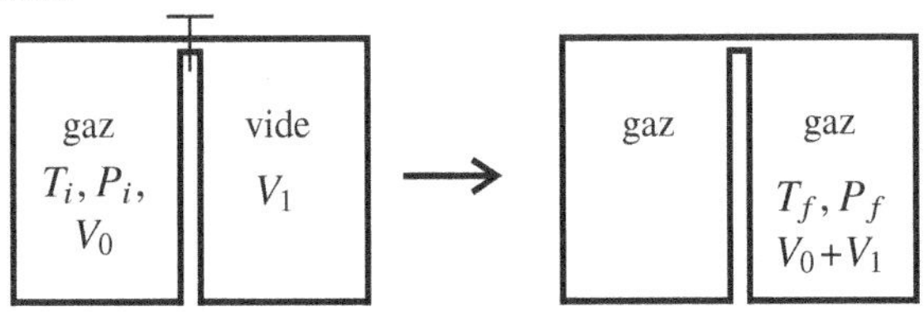

Un récipient calorifugé rigide et indéformable comporte deux compartiments de volumes V_0 et V_1 identiques. Dans l'état initial, celui de gauche contient $n = 1{,}0$ mol de gaz parfait à la température T_i et l'autre est vide. On ouvre le robinet permettant la communication entre les deux compartiments. Dans l'état d'équilibre final, le gaz occupe les deux compartiments.

1) Pourquoi la transformation est-elle adiabatique ?

2) Que vaut la température finale T_f du gaz ?

3) Établir l'expression littérale puis numérique de l'entropie créée entre les états initial et final.

25.5 Évolution isochore

On étudie la transformation de la figure 23.1 page 646 : $n = 1{,}0$ mol de gaz parfait, de rapport des capacités thermiques $\gamma = 1{,}4$, initialement dans l'état initial (T_i, P_i, V_i), est enfermée dans un récipient indéformable, qui passe dans un état final $(T_f, P_f, V_f = V_i)$ de manière isochore, en le plaçant dans un milieu extérieur à la température T_0. La transformation est terminée quand l'équilibre thermique entre le gaz et l'extérieur est établi.

1) Chercher dans le cours l'expression de la variation d'entropie d'un gaz parfait.

2) Donner l'expression de la capacité thermique à volume constant C_V. AN ?

3) Établir l'expression littérale puis numérique de l'entropie créée entre les états initial et final, sachant que $T_i = 293$ K et $T_0 = 373$ K.

25.6 Évolution isobare

On étudie la transformation de la figure 23.2 page 647 : n mol de gaz parfait, de rapport des capacités thermiques γ, initialement dans l'état initial (T_i, P_i, V_i), sont enfermées dans un récipient, qui passe dans l'état final $(T_f, P_f, V_f = V_i)$ de manière isobare, en le plaçant dans un milieu extérieur à la température T_0, tout en appuyant convenablement dessus afin de garder sa pression toujours égale à P_i. La transformation est terminée quand l'équilibre thermique entre le gaz et l'extérieur est établi.

1) Chercher dans le cours l'expression de la variation d'entropie d'un gaz parfait.

2) Établir l'expression littérale de l'entropie créée entre les états initial et final.

25.7 Compression d'un gaz parfait

$n = 1{,}0$ mol de gaz parfait est contenue dans un récipient adiabatique, maintenu à la température T_0, de surface S et de masse négligeable. L'état initial est à l'équilibre, de paramètres d'état (T_i,P_i,V_i). On rompt cet équilibre en posant une masse m sur le piston. Le système évolue vers un nouvel état d'équilibre (P_f,V_f,T_f). On prendra $n = 1{,}0$ mol, $m = 10$ kg, $P_i = 1{,}0.10^5$ Pa.

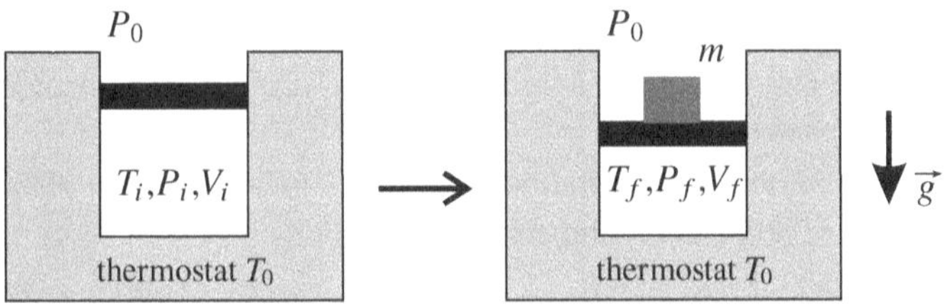

1) Établir les expressions des paramètres d'état dans l'état final (T_f,P_f,V_f).

2) Établir les expressions du travail W et du transfert thermique Q reçus par le gaz et le piston lors de la transformation. En déduire l'expression de l'entropie échangée ; application numérique.

3) Chercher dans le cours l'expression de la variation d'entropie d'un gaz parfait ; application numérique pour la transformation.

4) Établir l'expression de l'entropie créée lors de la transformation ; application numérique.

25.8 Chauffage par effet Joule

On place une masse m d'eau liquide dans un calorimètre (dont on négligera la valeur en eau μ devant m) supposé parfaitement isolé. On plonge dans cette eau une résistance électrique R. Dans l'état initial l'eau est à la température T_i. On fait passer un courant d'intensité I pendant une durée τ dans la résistance. Dans l'état final l'eau a une température T_f.

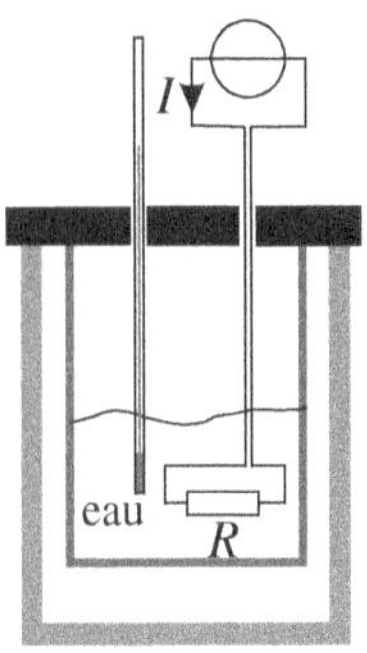

1) Établir l'expression de la température finale T_f de l'eau.

2) Chercher dans le cours l'expression de la variation d'entropie d'un liquide.

3) Établir l'expression de l'entropie créée entre les états initial et final.

25.9 Sens d'un cycle monotherme

Une mole de gaz parfait ($\gamma = 1{,}4$) subit la succession de transformations suivante :

- détente isotherme de $P_A = 2$ bar et $T_A = 300$ K jusqu'à $P_B = 1$ bar, en restant en contact avec un thermostat à $T_T = 300$ K ;
- évolution isobare jusqu'à $V_C = 20{,}5$ L toujours en restant en contact avec le thermostat à T_T ;
- compression adiabatique réversible jusqu'à l'état A.

1) Représenter ce cycle en diagramme (P, V). S'agit-il d'un cycle moteur ou récepteur ?

2) Déterminer l'entropie créée entre A et B.

3) Calculer la température en C, le travail W_{BC} et le transfert thermique Q_{BC} reçus par le gaz au cours de la transformation BC. En déduire l'entropie échangée avec le thermostat ainsi que l'entropie créée.

4) Calculer la valeur numérique de l'entropie créée au cours d'un cycle. Le cycle proposé est-il réalisable ? Le cycle inverse l'est-il ?

25.10 Compressions et détentes successives d'un gaz parfait

On étudie les compressions et détentes successives d'un gaz parfait ($\gamma = 1{,}4$). On suppose que les transformations sont mécaniquement réversibles.

1) Le gaz subit une compression isotherme (température $T_0 = 273$ K) de $P_0 = 1$ bar à $P_1 = 20$ bar, puis une détente adiabatique jusqu'à P_0. Calculer la température T_1 après les deux transformations.

2) On recommence l'opération. Calculer T_2 puis T_n après n séries de transformations. Effectuer l'application numérique pour $n = 5$.

25.11 Étude de quelques transformations du gaz parfait

On étudie différentes transformations de n moles d'un gaz parfait. On note P sa pression, V son volume, T sa température, C_{Vm} sa capacité calorifique molaire à volume constant, c_{Pm} sa capacité calorifique molaire à pression constante et γ leur rapport.

1) On enferme le gaz dans une enceinte diathermane (permettant les transferts thermiques) dont une paroi de masse négligeable est mobile verticalement sans frottement. Le milieu extérieur se comporte comme un thermostat de température T_1. Initialement le gaz est caractérisé par une pression P_1, un volume V_1 et une température T_1. On suppose que la paroi est dans un premier temps bloquée. On la débloque et on la déplace de manière quasi statique jusqu'à ce que le volume V_1' offert au gaz soit égal à $2V_1$ et on la rebloque.
Déterminer la pression P_1' du gaz à l'état final.

2) Déterminer le travail W_1 reçu lors de la transformation en fonction de n, R et T_1.

3) Calculer la variation d'énergie interne au cours de la transformation et en déduire le transfert thermique reçu par le gaz.

4) Donner l'expression de l'entropie échangée avec le milieu extérieur.

5) Établir la variation d'entropie au cours de la transformation.

6) En déduire l'expression de l'entropie créée. Que peut-on en conclure ?

7) Les parois sont dorénavant athermanes (ne permettant pas les échanges thermiques). Le récipient est divisé en deux compartiments de volumes identiques, le gaz se trouvant dans l'un d'eux et le deuxième étant vide. On enlève la séparation sans fournir de travail.

8) Établir l'expression de la variation d'énergie interne au cours de la transformation.

9) Déterminer les valeurs de la température T_1' et de la pression P_1' à l'équilibre.

10) Déterminer la variation d'entropie au cours de l'évolution.

11) Quelle est l'entropie échangée ?

12) En déduire l'entropie créée. Que peut-on en conclure ?

13) Comparer ces deux transformations.

25.12 Vaporisation réversible

On vaporise une masse $m = 1$ g d'eau liquide. La masse m est enfermée à 100°C sous la pression atmosphérique, dans un cylindre fermé par un piston. Par déplacement lent du piston, on augmente le volume à température constante et on s'arrête dès que toute l'eau est vaporisée. Le volume est alors égal à $V = 1{,}67$ L. L'enthalpie massique de vaporisation de l'eau est $\Delta_{\text{vap}}h = 2{,}25.10^6$ J.kg^{-1}.

1) Établir le transfert thermique fourni par le thermostat et les variations d'énergie interne, d'enthalpie et d'entropie de l'eau.

2) Établir l'entropie créée lors du processus.

EXERCICES ★★★

25.13 Mélange eau-glace

On place dans un calorimètre $m_\ell = 1{,}0$ kg d'eau liquide à $T_\ell = 20$ °C et $m_g = 0{,}40$ kg de glace à $T_g = -10$ °C.

Les capacités thermiques massiques de l'eau liquide et de la glace sont $c_\ell = 4{,}18$ kJ.K^{-1}.kg^{-1} et $c_g = 2{,}1$ kJ.K^{-1}.kg^{-1}. L'enthalpie massique de fusion de la glace est $L_{fus} = 333$ kJ.kg^{-1}.

1) Quel est l'état final du système ?

2) Quelle est l'entropie créée lors de la transformation ?

25.14 Vaporisation d'eau liquide

Un récipient thermostaté à la température T, contient, dans sa partie inférieure de volume V variable, une masse m d'eau liquide en équilibre avec sa vapeur, et demeure vide dans sa partie supérieure. Les deux parties sont séparées par un piston étanche, de volume nul, qui coulisse parallèlement à lui-même, sans frottement, lorsqu'il est actionné par un opérateur. Le piston et le récipient sont diathermes (ils laissent passer les transferts thermiques). La vapeur sera décrite comme un gaz parfait.

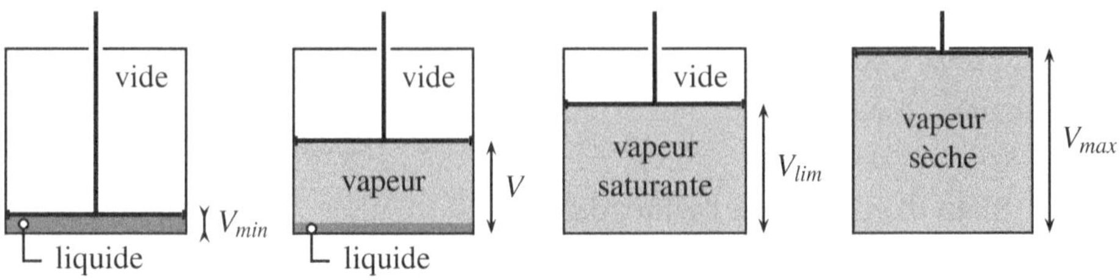

On note L l'enthalpie massique de vaporisation de l'eau, P_s sa pression de valeur saturante à la température T, $\mathcal{M}$ sa masse molaire et μ la masse volumique du liquide.

Dans l'état initial de gauche sur le schéma, l'opérateur enfonce le piston afin que l'eau soit entièrement liquide.

1) Quel est alors le volume V_{min} occupé par l'eau ?

L'opérateur tire lentement sur le piston pour augmenter le volume V occupé par l'eau.

2) Quel est le volume V_{lim} occupé par l'eau pour lequel la dernière goutte de liquide disparaît ?

3) Quelle est la fraction massique x en vapeur pour $V \leqslant V_{lim}$?

4) Quelle est la pression dans l'eau pour $V \geqslant V_{lim}$?

L'opérateur tire infiniment lentement sur le piston afin que le volume occupé par l'eau passe de V_{min} à V_{max}.

5) Établir les expressions du travail W et du transfert thermique Q reçus par l'eau, en fonction de P_s, L, V_{lim}, V_{max} et de constantes.

6) Établir les expressions des variations de l'énergie interne et de l'entropie de l'eau.

7) Quelle est l'entropie créée au cours de la transformation ?

25.15 Vaporisation contre le vide

On considère une masse $m = 10$ g d'eau liquide, chauffée à la température $T_0 = 100$ °C sous la pression atmosphérique. On note L l'enthalpie massique de changement d'état.

1) Quel volume V_0 cette masse m d'eau occuperait-elle sous forme de gaz saturant à T_0 ?

On place cette masse m d'eau liquide dans un récipient vide, de volume V_0, thermostaté à T_0.

2) Quel est l'état final de l'eau ?

3) Quelle est l'entropie créée lors de la transformation ?

25.16 Mise à l'équilibre entre deux gaz

Une enceinte indéformable aux parois calorifugées est séparée en deux compartiments par une cloison étanche de surface S, mobile et diathermane (c'est-à-dire qui laisse parfaitement passer les échanges thermiques). Les deux compartiments contiennent chacun un gaz parfait.

Dans l'état initial, le gaz du compartiment 1 est dans l'état ($T = 300$ K, $P_1 = 1$ bar, $V = 1$ L), le gaz du compartiment 2 dans l'état $(T, 2P_1, V)$, une cale bloque la cloison mobile. On enlève la cale et on laisse le système atteindre un état d'équilibre.

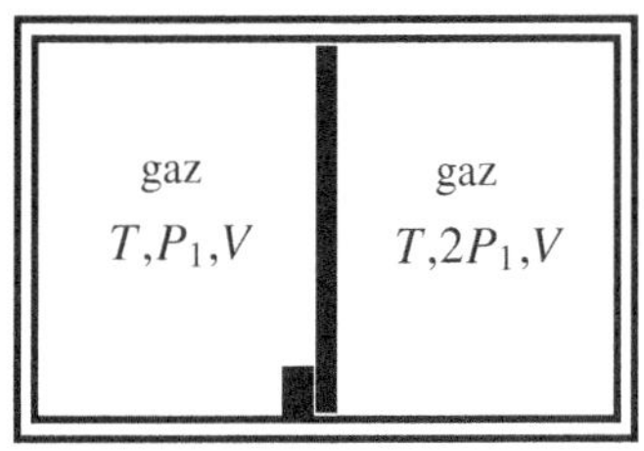

1) Déterminer l'état final.

2) Calculer l'entropie créée.

25.17 Bilan d'entropie de l'effet Joule

On considère une masse de 100 g d'eau dans laquelle plonge un conducteur de résistance $R = 20\ \Omega$. Cette dernière est parcourue par un courant de 10 A pendant 1 s. On note Σ le système formé de l'eau et de la résistance. On donne :

- masse du conducteur : $m_c = 19$ g ;
- capacité thermique massique du conducteur : $c_c = 0{,}42$ J.g^{-1}.K^{-1} ;
- capacité thermique massique de l'eau : $c_e = 4{,}18$ J.g^{-1}.K^{-1}.

1) La température de l'ensemble est maintenue constante et égale à 20°C. Quelle est la variation d'entropie de Σ ? Quelle est l'entropie créée ? Quelle est la cause de la création d'entropie ?

2) Le même courant passe dans le conducteur pendant la même durée mais maintenant S est isolé thermiquement. Calculer la variation d'entropie de Σ et l'entropie créée. Quelle est la cause de la création d'entropie ?

25.18 Compression quasi statique ou non

Un cylindre vertical à parois adiabatiques est fermé par un piston adiabatique, de section s et de masse m_0, mobile sans frottement. Il contient un gaz parfait dont on supposera le rapport de capacités thermiques indépendant de la température et égal à $\gamma = 1{,}4$. Le cylindre est placé dans le vide, la pression du gaz étant équilibrée par le poids du piston. Initialement la température du gaz est $T_0 = 273$ K et le piston se trouve à une hauteur $h = 10$ cm.

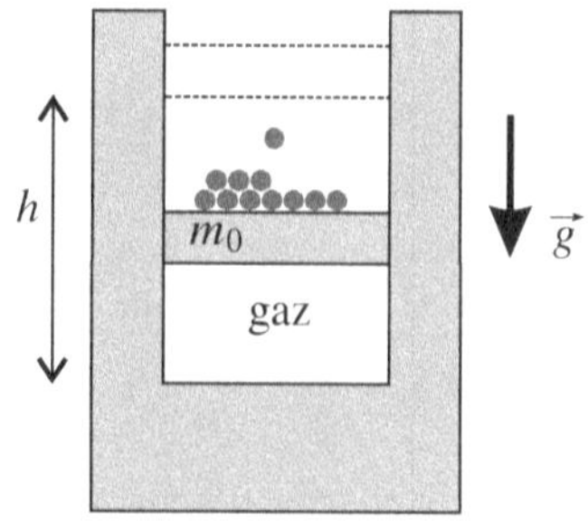

1) On ajoute progressivement de très petites masses sur le piston dont la somme est $m = 2m_0$. Exprimer, en fonction des données, la hauteur h_1 à laquelle est descendu le piston une fois l'équilibre final réalisé, ainsi que la température finale T_1.

2) Partant du même état initial, on pose en une fois une masse m sur le piston. Exprimer, en fonction des données, la hauteur h_2 à laquelle est descendu le piston une fois l'équilibre final réalisé ainsi que la température finale T_2.

EXERCICES ★★★★

25.19 Remplissage d'une bouteille vide

On considère une bouteille vide, fermée par un bouchon. On enlève le bouchon, l'air atmosphérique s'engouffre dans la bouteille. Quelle est la température de l'air entré dans la bouteille ? Quelle est l'entropie créée lors de la transformation (on utilisera la formule de l'entropie d'un gaz parfait en variables P et T, page 696) ?

25.20 Solidification d'un liquide surfondu

Lorsqu'on refroidit progressivement un échantillon de corps pur liquide, dans un récipient en parfait état (il ne doit pas y avoir de rayures sur la paroi), le corps reste liquide même en dessous de la température de fusion T_{fus} du corps. Ce phénomène s'appelle la **surfusion** et on dit que le liquide est surfondu. Cet état d'équilibre est métastable : une très petite perturbation provoque la solidification d'une partie ou de la totalité du liquide surfondu.

Dans l'expérience considérée, un tube à essai contient une masse $m = 0{,}10$ kg d'eau surfondue (donc entièrement liquide, de capacité thermique massique $c_{\text{eau}} = 4{,}18\,\text{kJ.K}^{-1}.\text{kg}^{-1}$) à une température T_i inférieure à $T_{\text{fus}} = 273$ K, température de fusion de l'eau sous $P_0 = 1$ bar. On fait cesser la surfusion en frappant légèrement sur le tube à essai avec un agitateur. Une partie de l'eau se solidifie presque instantanément. On se propose de faire le bilan d'entropie du système constitué par l'eau lors de cette transformation.

Dans l'état initial, l'eau est liquide à la température T_i, à la pression P_0 imposée par l'atmosphère. Dans l'état final, le système contient une masse $mx_{L,f}$ d'eau liquide et une masse $m(1 - x_{L,f})$ de glace, à la température T_{fus}, sous la pression P_0.

La transformation est extrêmement rapide.

1) Pourquoi la transformation est-elle adiabatique ?

2) Établir l'expression littérale de $x_{L,f}$.

3) Chercher dans le cours l'expression de la variation d'entropie d'un liquide.

4) Établir l'expression littérale puis numérique de l'entropie créée entre les états initial et final, sachant que $T_i = 265$ K.

CORRIGÉS

25.C1 L'entropie est une fonction d'état extensive et additive qui se mesure en J.K^{-1} (*cf.* la formule $S_{\text{éch}} = \sum_i \frac{Q_i}{T_i}$).

25.C2 Le terme d'échange et le terme de création ne sont pas des variations d'une fonction thermodynamique. Ils peuvent être différents pour deux transformations entre les mêmes états. Par exemple le terme de création est nul si la transformation est réversible.

25.C3 Le deuxième principe s'écrit $\Delta S = S_{\text{éch}} + S_{\text{créée}}$. Chacun des trois adjectifs signifie que l'un des trois termes de cette équation est nul. Si deux des termes sont nuls, le troisième l'est aussi.

25.C4 *Cf.* paragraphe c) page 694.

25.C5 *Cf.* paragraphe a) page 691 : il faut mettre en contact le système avec des thermostats de températures variant progressivement entre T_i et T_f.

25.C6 Il faut faire varier très progressivement la pression de P_i à P_f (*Cf.* paragraphe a) page 703).

25.C7 D'après la formule (25.5) page 696 l'entropie augmente avec T de manière isobare. D'après la formule (25.6) page 696 l'entropie augmente avec T de manière isochore. Ceci correspond au fait que l'entropie mesure le désordre moléculaire qui croît avec l'agitation thermique.

25.C8 D'après la formule (25.11) page 698, l'entropie augmente avec T. L'interprétation est la même que pour le gaz.

25.C9 *Cf.* paragraphe d) page 700.

25.C10 L'entropie étant une mesure du désordre moléculaire, elle est plus forte pour le liquide que le solide et plus forte pour le gaz que liquide.

25.1 Refroidissement d'un solide

On peut considérer le lac comme un thermostat. Dans l'état final, le fer est à la même température que le lac.

La variation d'entropie du fer est (p. 698) : $\Delta S_{\text{fer}} = mc_{\text{fer}} \ln \frac{T_{\text{lac}}}{T_0} = -10{,}6.10^6\ \text{J.K}^{-1}$.

L'entropie échangée est $S_{\text{éch}} = \frac{Q}{T_{\text{lac}}} = \frac{mc_{\text{fer}}(T_{\text{lac}} - T_0)}{T_{\text{lac}}} = -19{,}9.10^6\ \text{J.K}^{-1}$.

L'entropie créée est donc : $S_{\text{créée}} = \Delta S_{\text{fer}} - S_{\text{éch}} = 9.10^6\ \text{J.K}^{-1} > 0$: la transformation est irréversible.

Cette création d'entropie est due la mise en contact de deux corps à températures différentes. La température de l'ensemble est inhomogène, il y a donc un transfert thermique du morceau de fer vers le lac, ce phénomène irréversible donc crée de l'entropie.

25.2 Égalisation des températures de deux systèmes

1) Le système $\{\Sigma_1 + \Sigma_2\}$ est thermiquement isolé et a une évolution isobare. Le premier principe s'écrit donc, en notant T_f la température finale commune aux deux solides et en utilisant l'additivité de la fonction d'état enthalpie : $\Delta H_{\Sigma_1} + \Delta H_{\Sigma_2} = 0$, soit en développant $C_1(T_f - T_1) + C_2(T_F - T_2) = 0$. On en tire : $T_f = \dfrac{C_1T_1 + C_2T_2}{C_1 + C_2}$.

2) Le système $\{\Sigma_1 + \Sigma_2\}$ est thermiquement isolé donc le deuxième principe s'écrit, en utilisant l'additivité de la fonction d'état entropie : $\Delta S_{\Sigma_1} + \Delta S_{\Sigma_2} = S_{\text{créée}}$.
Quelle que soit la nature des systèmes (gaz parfait ou bien phase condensée incompressible et indilatable) leurs variations d'entropie dans cette transformation isobare s'écrivent (pages 696 et 698) : $\Delta S_{\Sigma_1} = C_1 \ln\left(\dfrac{T_f}{T_1}\right)$ et $\Delta S_{\Sigma_1} = C_2 \ln\left(\dfrac{T_f}{T_2}\right)$; $S_{\text{créée}} = C_1 \ln\left(\dfrac{T_f}{T_1}\right) + C_2 \ln\left(\dfrac{T_f}{T_2}\right)$.

25.3 Fonte de glace dans l'eau

1) Soient m la masse de glace qui aura fondu et m_e la masse initiale d'eau. Dans l'état final pour lequel on a juste la quantité de glace nécessaire pour avoir de l'eau à $\theta_0 = 0{,}0$ °C sans qu'il reste de glace, on a une masse d'eau $m + m_e$ et plus de glace. Le premier principe appliqué au système glace + eau sur la transformation s'écrit : $\Delta H = 0$ soit $m_e c\,(\theta_0 - \theta_i) + m\Delta_{\text{fus}}h = 0$.
On en déduit la masse de glace nécessaire : $m = -\dfrac{m_e c\,(\theta_0 - \theta_i)}{\Delta_{\text{fus}}h} = 250$ g. Il s'agit de la masse minimale : pour une masse de glace plus grande on obtient dans l'état final une mélange eau - glace à 0,0 °C qui est en équilibre..

2) Pour l'eau, la variation d'entropie est (p. 698) : $\Delta S_e = m_e c \ln \frac{T_f}{T_i} = -297$ J.K^{-1}.

3) Pour la glace se transformant en eau, on a $\Delta S_g = m\Delta_{\text{fus}}s = \dfrac{m\Delta_{\text{fus}}h}{T_0} = 308$ J.K^{-1}.

4) Finalement la variation d'entropie pour l'ensemble est $\Delta S = \Delta S_e + \Delta S_g = 11$ J.K^{-1}.
Le système étant calorifugé, il n'y a pas d'entropie échangée et l'entropie créée est égale à la variation d'entropie soit $S_{\text{cr}} = \Delta S > 0$ et la transformation est irréversible.

25.4 Détente de Joule Gay-Lussac

Cf. page 700 (exemple 1).

25.5 Évolution isochore

1) *Cf.* page 696 (exemple 2, a) **2)** $C_V = \frac{nR}{\gamma - 1} = 20{,}8$ J.K^{-1} **3)** *Cf.* page 701.

25.6 Évolution isobare

1) *Cf.* page 696 (exemple 2, b) **2)** *Cf.* page 702.

25.7 Compression d'un gaz parfait

1) *Cf.* page 703 (exemple 3) **2)** *Cf.* page 696 **3)** page 703 **4)** page 703.

25.8 Chauffage par effet Joule

1) *Cf.* page 706 (exemple 4) **2)** *Cf.* page 699 **3)** *Cf.* page 706.

25.9 Sens d'un cycle monotherme

Le système étudié est le gaz qui décrit le cycle.

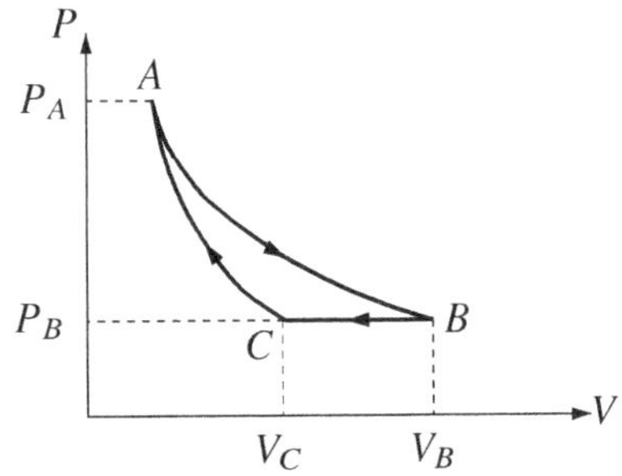

1) Pour calculer V_B, on applique l'équation du gaz parfait en B sachant que $T_B = T_A$, soit : $V_B = \dfrac{nRT_A}{P_B}$ et $V_B = 24{,}9$ L.
On a donc $V_B > V_C$. Le cycle tourne dans le sens horaire : c'est un cycle moteur.

2) En utilisant l'expression de l'entropie en fonction des variables (T,V) ou en fonction des variables (T,P) on trouve, pour la transformation isotherme AB : $\Delta_{AB}S = nR\ln\frac{V_B}{V_A}$, ou $\Delta S_{AB} = nR\ln\frac{P_A}{P_B}$ (page 700).
La transformation étant isotherme et le gaz parfait, $\Delta_{AB}U = 0$ donc $Q = -W$. L'évolution du gaz est de plus mécaniquement réversible et isotherme, dans ce cas le calcul fait au chapitre 24 donne : $W = -nRT_A\ln\frac{V_B}{V_A} = nRT_A\ln\frac{P_B}{P_A}$. Finalement : $Q = -nRT_A\ln\frac{P_B}{P_A}$.
On en déduit l'entropie échangée avec le thermostat à $T_T = T_A$: $S_{\text{éch}} = -nR\ln\frac{P_B}{P_A}$.
On remarque donc que $S_{\text{éch}} = \Delta S$: l'entropie créée est nulle, ce qui prouve que le transformation est réversible.

3) Pour calculer T_C, on applique l'équation du gaz parfait : $T_C = \dfrac{P_BV_C}{nR} = 246{,}6$ K.
Il s'agit d'une transformation isobare donc : $W_{BC} = P_B(V_B - V_C) = 440$ J ; et avec le premier principe : $Q_{BC} = \Delta_{BC}H = \frac{nR\gamma}{\gamma-1}(T_C - T_B) = -1{,}55$ kJ.
On peut aussi utiliser $Q_{BC} = \Delta_{BC}U - W_{BC}$, on obtient bien évidemment le même résultat.
On déduit du calcul précédent : $S_{\text{éch}} = \frac{Q}{T_T} = -5{,}17$ J.K^{-1}.
Pour calculer l'entropie créée, il faut d'abord calculer la variation d'entropie du gaz entre B et C. En utilisant l'expression de l'entropie du gaz parfait en variables (T,P) (puisque la transformation est isobare) on a : $\Delta_{BC}S = \frac{nR\gamma}{\gamma-1}\ln\frac{T_C}{T_B} = -5{,}7$ J.K^{-1}.
On peut alors calculer l'entropie créée : $S_{\text{créée}} = \Delta S - S_{\text{éch}} = -0.54$ J.K^{-1}. Ce résultat est en contradiction avec le deuxième principe, puisque l'entropie créée ne peut être que positive : cette transformation est donc irréalisable.

4) Ce cycle est donc irréalisable pratiquement puisque l'entropie créée serait négative dans une des transformations. En revanche le cycle récepteur correspondant $(ACBA)$ est possible. On verra effectivement dans le chapitre suivant, sur les machines thermiques, qu'un cycle moteur monotherme (c'est-à-dire en contact avec un seul thermostat) ne peut exister.

25.10 Compressions et détentes successives d'un gaz parfait

Le système considéré est le gaz.

1) On décompose la première transformation en deux étapes :

- état initial : P_0, T_0 ;
- état intermédiaire : $P_1 = 20P_0$, T_0 ;
- état final : P_0, T_1.

La seconde étape est adiabatique et mécaniquement réversible donc :

$$P_1^{1-\gamma}T_0^{\gamma} = P_0^{1-\gamma}T_1^{\gamma} \Rightarrow T_1 = T_0\left(\frac{P_1}{P_0}\right)^{\frac{1-\gamma}{\gamma}} = 115\text{ K}.$$

2) De même : $T_2 = T_1\left(\frac{P_1}{P_0}\right)^{\frac{1-\gamma}{\gamma}} = T_0\left(\frac{P_1}{P_0}\right)^{2\frac{1-\gamma}{\gamma}}$, $T_n = T_{n-1}\left(\frac{P_1}{P_0}\right)^{\frac{1-\gamma}{\gamma}} = T_0\left(\frac{P_1}{P_0}\right)^{n\frac{1-\gamma}{\gamma}}$ par récurrence.

L'application numérique donne, pour $n = 5$: $T_5 = 3{,}78$ K. C'est une méthode qui peut sembler très efficace pour refroidir un gaz mais en fait on a supposé la transformation réversible et le gaz parfait. À très basse température, même si le système est encore gazeux, le modèle de gaz parfait est insuffisant.

25.11 Étude de quelques transformations d'un gaz parfait

1) L'état final est défini par $T_1' = T_1$ et $V_1' = 2V_1$. De l'équation d'état, on en déduit $P_1' = \frac{1}{2}P_1$.

2) La transformation est quasi statique donc on peut identifier la pression à la pression extérieure, ce qui permet d'écrire $\delta W = -P\mathrm{d}V = -nRT_1\frac{\mathrm{d}V}{V}$ en utilisant le fait que la transformation est isotherme. On a donc $W_1 = -nRT_1 \ln 2$.

3) La variation d'énergie interne est nulle puisque $\Delta U_1 = nC_{Vm}\Delta T = 0$ du fait du caractère isotherme de la transformation. On en déduit le transfert thermique $Q_1 = -W_1 = nRT_1 \ln 2$.

4) L'extérieur étant un thermostat, l'entropie échangée vaut $S_{\text{éch}} = \frac{Q_1}{T_1} = nR\ln 2$.

5) D'après la relation de la question 4, la variation d'entropie vaut $\Delta S_1 = nR\ln 2$.

6) Des deux questions précédentes, on déduit l'expression de l'entropie créée $S_{\text{cr}} = \Delta S - S_{\text{éch}} = 0$. La transformation est donc réversible.

7) Les parois sont fixes donc il n'y a pas de travail $W = 0$. De plus, l'enceinte étant calorifugée, il n'y a pas de transfert thermique $Q = 0$. On en déduit que la variation d'énergie interne est nulle $\Delta U_2 = 0$.

8) Comme les gaz sont parfaits, la nullité de la variation d'énergie interne entraîne l'absence de variation de température $\Delta T = 0$ soit $T_1 = T_1'$. L'état final vérifie d'autre part $V_1' = 2V_1$ donc par la relation d'état, on en déduit $P_1' = \frac{1}{2}P_1$.

9) Pour un gaz non parfait, l'énergie interne U ne dépend pas uniquement de la température donc la variation de température ne serait pas nulle $\Delta T \neq 0$.

10) On a la même chose qu'au cas précédent puisque les états initial et final sont les mêmes.

11) L'entropie échangée est nulle $S'_{\text{éch}} = 0$ car le système est calorifugé.

12) On en déduit l'entropie créée $S'_{\text{cr}} = \Delta S_2 > 0$ donc la transformation est irréversible.

13) Les transformations correspondent aux mêmes états initial et final mais la transformation est réversible dans un cas et pas dans l'autre.

25.12 Vaporisation réversible

1) Le système considéré est l'eau contenue dans le cylindre.

Puisque le déplacement du piston est lent, on peut supposer que la pression à l'intérieur du cylindre est maintenue en permanence égale à la pression atmosphérique. Dans ce cas la transformation a lieu à température et pression constantes ; alors $\Delta H = Q_1 = m\Delta_{\text{vap}}h = 2{,}25$ kJ et $\Delta S = \frac{Q}{T} = \frac{\Delta H}{T} = 6{,}03$ J.K^{-1}. On calcule maintenant la variation d'énergie interne :

$$\Delta U = \Delta H - \Delta(PV) = \Delta H - P_s(V_{\text{final}} - V_{\text{initial}}) \simeq \Delta H - P_s V_{\text{final}} = 2{,}08\text{ kJ}.$$

2) $S_{\text{éch}} = \dfrac{Q_1}{T} = \dfrac{m\Delta_{\text{vap}}h}{T}$ et $S_{\text{créée}} = \Delta S - S_{\text{éch}} = 0$, et on retrouve que la transformation est réversible.

25.13 Mélange eau-glace

La température de fusion de l'eau est de $T_{fus} = 0$ °C sous la pression $P = P^\circ = 1{,}0$ bar. On supposera donc que la pression de l'atmosphère en contact avec le système vaut P°. De plus, la valeur en eau du calorimètre n'est pas précisée, on la suposera nulle.

1) Trois cas sont possibles pour l'état final à la température T_f :

- que du liquide à $T_f > T_{fus}$;
- équilibre liquide-solide à $T_f = T_{fus}$;
- que de la glace à $T_f < T_{fus}$.

On suppose qu'on est dans le premier cas, donc toute la glace fond. Alors :

- pour le liquide qui passe de T_ℓ à T_f : $\Delta H_\ell = m_\ell c_\ell \left(T_f - T_\ell\right)$;
- pour la glace, qui suit la transformation :

$$H_2O\,(s) \text{ à } T_g \longrightarrow \underbrace{H_2O\,(s) \text{ à } T_{fus} \longrightarrow H_2O\,(\ell) \text{ à } T_{fus}}_{\text{changement d'état à température constante}} \longrightarrow H_2O\,(\ell) \text{ à } T_f.$$

$$\Delta H_g = m_g c_g \left(T_{fus} - T_g\right) + m_g L_{fus} + m_g \underbrace{\boxed{c_\ell}}_{\text{car la glace a fondu}} \left(T_f - T_{fus}\right).$$

Le système évolue à pression constante de 1,0 bar donc $\Delta H = Q$. Le système est calorifugé donc $Q = 0$. Il vient $\Delta H = \Delta H_\ell + \Delta H_g = 0$ soit :

$$m_\ell c_\ell \left(T_f - T_\ell\right) + m_g c_g \left(T_{fus} - T_g\right) + m_g L_{fus} + m_g c_\ell \left(T_f - T_{fus}\right) = 0,$$

$$\left(m_\ell + m_g\right) c_\ell T_f = m_\ell c_\ell T_\ell + m_g c_g T_g + m_g \left(c_\ell - c_g\right) T_{fus} - m_g L_{fus}.$$

Attention à ne pas oublier les 10^3 dans c_ℓ, c_g et L_{fus} ; alors $T_f = 263$ K $< T_{fus}$. L'hypothèse est fausse : l'eau n'est pas sous forme liquide.

On suppose alors que l'eau est finalement sous forme de glace, que tout le liquide se solidifie :

- pour la glace qui passe de T_g à T_f : $\Delta H_g = m_g c_g \left(T_f - T_g\right)$;
- pour le liquide, qui suit la transformation :

$$H_2O\,(\ell) \text{ à } T_\ell \longrightarrow \underbrace{H_2O\,(\ell) \text{ à } T_{fus} \longrightarrow H_2O\,(s) \text{ à } T_{fus}}_{\text{changement d'état à température constante}} \longrightarrow H_2O\,(s) \text{ à } T_f.$$

car la solidification est l'opposé de la fusion

$$\Delta H_\ell = m_\ell c_\ell \left(T_{fus} - T_\ell\right) \ominus m_\ell L_{fus} + m_\ell \underbrace{\boxed{c_g}}_{\text{car le liquide s'est solidifié}} \left(T_f - T_{fus}\right).$$

De même $\Delta H = 0$ mène à :

$$m_g c_g \left(T_f - T_g\right) + m_\ell c_\ell \left(T_{fus} - T_\ell\right) - m_\ell L_{fus} + m_\ell c_g \left(T_f - T_{fus}\right) = 0,$$

$$\left(m_g + m_\ell\right) c_g T_f = m_g c_g T_g + m_\ell c_\ell T_\ell + m_\ell \left(c_g - c_\ell\right) T_{fus} + m_\ell L_{fus}.$$

Alors $T_f = 412$ K $> T_{fus}$ et l'hypothèse est encore fausse.

Le système est alors sous la forme d'un équilibre liquide-glace à $T_f = T_{fus}$. Deux cas sont alors possibles :

- soit de la glace fond ;
- soit du liquide se solidifie.

On suppose qu'une masse m' de glace fond ; il reste une masse $m_g - m'$ de glace. Alors :

- pour le liquide qui passe de T_ℓ à T_{fus} : $\Delta H_\ell = m_\ell c_\ell \left(T_{fus} - T_\ell\right)$;
- pour la glace qui change de température sans fondre : $\Delta H_g = \left(m_g - m'\right) c_g \left(T_{fus} - T_g\right)$;
- pour la glace qui fond : $\Delta H_g = m' c_g \left(T_{fus} - T_g\right) + m' L_{fus}$.

$\Delta H = 0$ mène à :

$$m_\ell c_\ell \left(T_{fus} - T_\ell\right) + m_g c_g \left(T_{fus} - T_g\right) + m' L_{fus} = 0,$$

$$m' = \frac{m_\ell c_\ell \left(T_\ell - T_{fus}\right) + m_g c_g \left(T_g - T_{fus}\right)}{L_{fus}} = 0{,}23 \text{ kg},$$

qui est positif, donc cohérent. Il eut été incohérent de trouver $m' < 0$, l'hypothèse aurait été infirmée et on aurait su que de l'eau liquide gèle.
Finalement, le système final est à $T_{fus} = 0$ °C et composé de $m_\ell + m' = 1{,}23$ kg d'eau liquide et $m_g - m' = 0{,}17$ kg de glace.

2) $\Delta S = S_{\text{éch}} + S_{\text{créée}}$, où $S_{\text{éch}} = 0$ car l'évolution est adiabatique. Et $\Delta S = \Delta S_\ell + \Delta S_g$, calculées avec, par exemple, la seconde identité thermodynamique $\mathrm{d}H = V\mathrm{d}P + T\mathrm{d}S$, avec $\mathrm{d}P = 0$ car l'évolution demeure à pression constante. Il reste :

- pour le liquide qui se refroidit $\mathrm{d}H_\ell = m_\ell c\ell \mathrm{d}T = T\mathrm{d}S_\ell$, soit $\mathrm{d}S_\ell = m_\ell c_\ell \frac{\mathrm{d}T}{T}$, puis $\Delta S = m_\ell c\ell \ln \frac{T_{\text{fus}}}{T_\ell}$;
- pour la glace qui se réchauffe et se liquéfie, $\Delta S = m_g c_g \ln \frac{T_{\text{fus}}}{T_g} + \frac{m' L_{\text{fus}}}{T_{\text{fus}}}$.

Ainsi $S_{\text{créée}} = m_\ell c_\ell \ln \dfrac{T_{\text{fus}}}{T_\ell} + m_g c_g \ln \dfrac{T_{\text{fus}}}{T_g} + \dfrac{m' L_{\text{fus}}}{T_{\text{fus}}} = 1{,}6.10^{-2}$ kJ.K^{-1}. $S_{\text{créée}} > 0$ donc la transformation est irréversible.

25.14 Vaporisation d'eau liquide

1) $V_{min} = \frac{m}{\mu}$.

2) Il y a encore équilibre entre le liquide et sa vapeur lorsque la dernière goutte de liquide disparaît, la pression vaut donc P_s. Alors $V_{lim} = \frac{mRT}{\mathcal{M} P_s}$.

3) Il y a équilibre entre le liquide et sa vapeur donc $P = P_s$. En négligeant le volume du liquide devant celui de la vapeur, la masse de vapeur est $m_v = \mathcal{M} \frac{P_s V}{RT}$, d'où $x = \frac{\mathcal{M}}{m} \frac{P_s V}{RT}$.

4) Toute l'eau est vaporisée donc $P = \frac{mRT}{\mathcal{M} V}$.

5) « L'opérateur tire infiniment lentement sur le piston », la transformation est donc quasi statique : $W = -\displaystyle\int_{V_{min}}^{V_{max}} P_{ext} \,\mathrm{d}V = -\int_{V_{min}}^{V_{max}} P \,\mathrm{d}V$:

- de V_{min} à V_{lim}, $P = P_s$ et $W_1 = -P_s \left(V_{lim} - V_{min}\right) \simeq -P_s V_{lim}$;
- de V_{lim} à V_{max}, $P = \frac{mRT}{\mathcal{M} V}$ et $W_2 = -\frac{mRT}{\mathcal{M}} \ln \left(\frac{V_{max}}{V_{lim}}\right)$;
- d'où $W = -P_s V_{lim} - \frac{mRT}{\mathcal{M}} \ln \left(\frac{V_{max}}{V_{lim}}\right)$.

Quant à Q :

- de V_{min} à V_{lim}, la vaporisation est isobare ($P = P_s$) donc $Q_1 = \Delta H_1$ et $Q_1 = mL$;

- de V_{lim} à V_{max}, transformation isotherme d'un gaz parfait : $\Delta U = 0 = W_2 + Q_2$, soit $Q_2 = \frac{mRT}{\mathcal{M}} \ln\left(\frac{V_{max}}{V_{lim}}\right)$;
- d'où $Q = mL + \frac{mRT}{\mathcal{M}} \ln\left(\frac{V_{max}}{V_{lim}}\right)$.

6) $\Delta U = W + Q = mL - P_s V_{lim}$ et :

- de V_{min} à V_{lim}, l'eau est vaporisée et $\Delta S_1 = \frac{\Delta H_1}{T} = \frac{mL}{T}$;
- de V_{lim} à V_{max}, transformation isotherme d'un gaz parfait, $\mathrm{d}U = -P\mathrm{d}V + T\mathrm{d}S = 0$, soit $\mathrm{d}S = \frac{P}{T}\mathrm{d}V = nR\frac{\mathrm{d}V}{V}$ et $\Delta S_2 = nR \ln\left(\frac{V_{max}}{V_{lim}}\right)$;
- d'où $\Delta S = \frac{mL}{T} + \frac{mR}{\mathcal{M}} \ln\left(\frac{V_{max}}{V_{lim}}\right)$.

7) $\Delta S = S_{éch} + S_c = \frac{Q}{T} + S_c$. Or $\Delta S = \frac{Q}{T}$ donc $S_c = 0$ et la transformation est réversible.

25.15 Vaporisation réversible ou irréversible

1) On suppose que le gaz est parfait, bien qu'on sache que cette hypothèse soit éloignée de la réalité pour un gaz saturant, $P_{vs}V_0 = nRT_0 = \frac{m}{\mathcal{M}}RT_0$, donc, avec $P_{vs}\,(100\ °\mathrm{C}) = 10^5$ Pa :

$$V_0 = \frac{mRT_0}{\mathcal{M}P_{vs}} = \frac{10.10^{-3} \times 8{,}314 \times 373}{18.10^{-3} \times 10^5} = 1{,}7.10^{-2}\ \mathrm{m}^3.$$

Remarque : en s'aidant des valeurs des tables, on trouverait un volume exact de $1{,}67.10^{-2}$ m^3 contre $1{,}72.10^{-2}$ m^3 dans le cas du gaz parfait. L'approximation du gaz parfait donne un résultat satisfaisant.

2) L'eau est sous forme de gaz saturant. L'état final est décrit par $P_{vs} = P_0$, V_0 et T_0 (le récipient est thermostaté à T_0).

3) Pour établir l'expression de S_c, on passe par ΔS et $S_{éch}$, qui requiert le transfert thermique Q reçu par le système.

L'eau est initialement à la pression atmosphérique, c'est-à-dire P_0, qui est aussi $P_{vs}\,(T_0)$. L'eau se vaporise et retrouve la pression $P_{vs} = P_0$ à l'état final. Attention, l'eau se vaporise et se détend immédiatement en même temps ; ni la pression ni la température ne sont définies lors de la transformation, car l'eau est trop éloignée d'un état d'équilibre. On rappelle que P et T sont clairement définies à l'équilibre, ou proche d'un état d'équilibre ; c'est la raison pour laquelle elles sont nommées paramètres d'état d'équilibre.

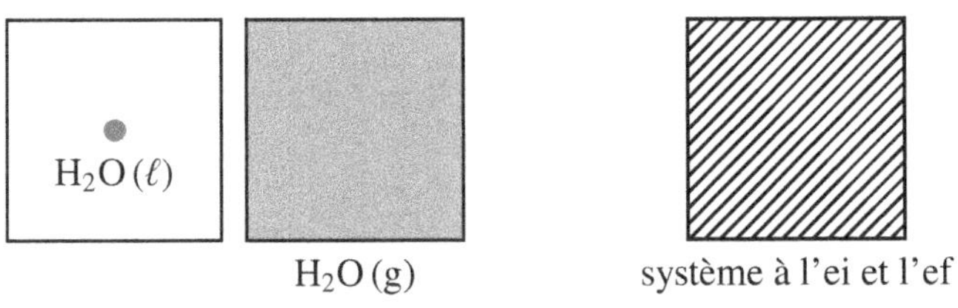

Le système est l'eau et le vide qui l'entoure. La transformation est alors isochore.

On imagine le chemin suivant, qui mène du même état initial A (liquide saturant) au même état final B (gaz saturant) : $\Delta_{AB}H = mL$ et $\Delta_{AB}S = \frac{mL}{T_0}$.

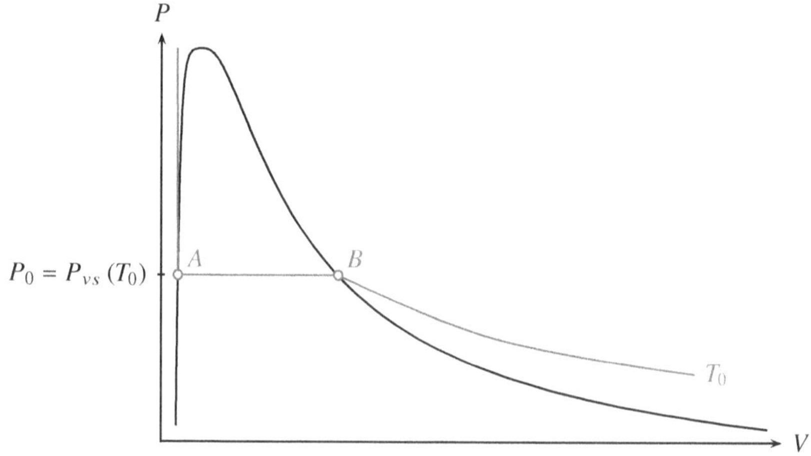

Puis $\Delta_{AB}U = \Delta_{AB}H - \Delta_{AB}(PV)$, où $\Delta_{AB}(PV) = P_BV_B - P_AV_A = P_{vs}V_0 - P_0V_{H_2O(\ell)}$.
Or $V_{H_2O(\ell)} = \frac{m}{\mu} = \frac{10.10^{-3}}{10^3} = 10^{-5}$ m$^3 \ll$ V$_0$. Il reste donc $\Delta_{AB}U = mL - P_{vs}V_0$.
Attendu que le système est isochore, $W = 0$ et donc $Q = \Delta_{AB}U$, soit $Q = mL - P_{vs}V_0$. L'extérieur est à T_0 et thermostate le système à cette température donc $S_{éch} = \frac{Q}{T_0} = \frac{1}{T_0}(mL - P_{vs}V_0)$.
Le deuxième principe mène à $S_c = \Delta_{AB}S - S_{éch} = \dfrac{P_{vs}V_0}{T_0} = \dfrac{mR}{\mathcal{M}} > 0$. La transformation est irréversible.

25.16 Mise à l'équilibre entre deux gaz

1) Le système considéré contient : les gaz à l'intérieur des deux compartiments, l'enceinte et le piston.

- Gaz (1) : état initial (P_1,V,T), état final (P',V_1',T').
- Gaz (2) : état initial (P_2,V,T), état final (P',V_2',T').

Le nombre de moles dans le compartiment de gauche est $n_2 = 2n_1$, puisque les volumes et températures sont égaux et que $P_2 = 2P_1$.
La paroi étant diathermane, la température finale est la même dans les deux compartiments. La cloison étant mobile, la pression finale est la même pour les deux gaz. On applique le premier principe pour déterminer l'état final :

$$\Delta U_1 + \Delta U_2 + \Delta U_{\text{enceinte}} + \Delta U_{\text{cloison}} + \Delta E_{c\text{cloison}} \simeq \Delta U_1 + \Delta U_2 = W + Q.$$

Le système est isolé thermiquement et l'enceinte est indéformable donc : $\Delta U_1 + \Delta U_2 = 0$ d'où $\frac{n_1R}{\gamma-1}(T' - T) + \frac{2n_1R}{\gamma-1}(T' - T) = 0$ puis $T' = T$.
Pour déterminer les pressions et les volumes, on utilise l'équation d'état du gaz parfait et l'invariance du volume total, égal à $2V$. À l'état final, $P'V_1' = n_1RT$ et $P'V_2' = n_2RT$. En calculant le rapport des deux expressions : $\dfrac{V_2'}{V_1'} = \dfrac{n_2}{n_1} = 2$. Sachant que $V_1' + V_2' = V$, on en déduit $V_1' = \frac{2}{3}V$ et $V_2' = \frac{4}{3}V$. Pour la pression, les équations d'état donnent : $P' = \frac{1}{2}(P_1 + P_2)$, soit $P' = 1{,}5$ bar.

2) Puisque l'évolution est adiabatique, l'entropie échangée est nulle et l'entropie créée est égale à la variation d'entropie totale des gaz que l'on peut calculer en utilisant l'expression de l'entropie molaire d'un gaz parfait en fonction des variables (T,V) (p. 696) :

$$S_{\text{créée}} = \Delta S_T = n_1 R \ln \frac{V_1'}{V} + n_2 R \ln \frac{V_2'}{V} = 5{,}66\ 10^{-2}\ \text{J.K}^{-1}.$$

L'entropie créée est strictement positive, ce qui prouve que la transformation est irréversible.

25.17 Bilan d'entropie de l'effet Joule

1) Puisque l'eau et la résistance formant le système Σ sont complètement décrits par leur température, les fonctions d'état U, H et S ne dépendent que de T, donc ces fonctions restent constantes pendant la transformation qui est isotherme : $\Delta U = 0$, $\Delta H = 0$ et $\Delta S = 0$.

Puisque l'ensemble est maintenu à la température T, c'est que Σ est en contact avec un thermostat à la même température, donc l'entropie échangée est : $S_{\text{éch}} = \frac{Q}{T}$.

On applique le premier principe pour déterminer Q (il s'agit d'un liquide et d'un solide, donc $\Delta U \simeq \Delta H$, on utilise indifféremment l'une ou l'autre de ces deux fonctions) : $\Delta H = W_{\text{élec}} + Q = 0$ donc $Q = -W_{\text{élec}} = -RI^2 t = -2$ kJ, d'où $S_{\text{éch}} = \frac{Q}{T} = -6{,}82\ \text{J.K}^{-1}$. On en déduit l'entropie créée : $S_{\text{créée}} = \Delta S - S_{\text{éch}} = -S_{\text{éch}} = 6{,}82\ \text{J.K}^{-1} > 0$.

L'origine de l'irréversibilité de la transformation est l'effet Joule : il y a une transformation irréversible du travail électrique reçu par la résistance en transfert thermique cédé à l'eau.

2) L'évolution est adiabatique donc : $\Delta H = W_{\text{élec}}$, soit : $(m_e c_e + m_c c_c)(T_f - T_i) = RI^2 t$. La température finale est $T_f = 297{,}7$ K. Puisque l'évolution est adiabatique, l'entropie créée est égale à la variation d'entropie : $S_{\text{créée}} = \Delta S_T = (m_e c_e + m_c c_c) \ln \frac{T_f}{T_i} = 6{,}77\ \text{J.K}^{-1} > 0$.

25.18 Compression quasi statique ou non

1) Le système Σ considéré est constitué du gaz, du piston, du cylindre et de la masse posée sur le piston.

À l'état initial, le gaz est à la pression P_0, température T_0, volume $V_0 = hs$. À l'état final, le gaz est à la pression P_1, température T_1, volume $V_1 = h_1 s$. Le piston ayant une masse m_0 et n'étant pas surmonté par un gaz, $P_0 = \dfrac{m_0 g}{s}$ et $P_1 = \dfrac{3m_0 g}{s}$ (on rappelle que pour déterminer les pressions, il suffit d'écrire l'équilibre mécanique du piston).

La transformation est adiabatique réversible, donc on peut appliquer la loi de Laplace au gaz parfait contenu dans le cylindre : $P_0 V_0^\gamma = P_1 V_1^\gamma \quad \Leftrightarrow \quad h_1 = h\left(\frac{1}{3}\right)^{\frac{1}{\gamma}} = 4{,}6$ cm.

Pour obtenir la température, on applique aussi une des lois de Laplace : $P_0^{1-\gamma} T_0^\gamma = P_1^{1-\gamma} T_1^\gamma$ donc $T_1 = T_0 3^{\frac{\gamma-1}{\gamma}} = 374$ K.

2) On étudie le même système. L'état initial est le même que précédemment et dans l'état final, le gaz est à la pression P_2, son volume est V_2 et sa température T_2. Puisque la masse totale déposée est la même, la pression finale P_2 est égale à P_1. D'autre part, la masse est posée dès le début de l'évolution, donc la pression extérieure exercée sur le gaz est constante et égale à P_1.

On applique le premier principe au système Σ : $\Delta U_{\text{gaz}} + \Delta U_{\text{enceinte}} + \Delta U_{\text{piston}} + \Delta E_{c\text{piston}} = W + Q$.

Le piston est immobile au départ et à l'arrivée et on suppose que les capacités thermiques du piston et de l'enceinte sont négligeables. La transformation est adiabatique donc $Q = 0$. La pression extérieure est constante donc $W = P_1(V_0 - V_2)$. On obtient alors :

$$\Delta U_{\text{gaz}} = \frac{nR}{\gamma-1}(T_2 - T_0) = P_1(V_0 - V_2).$$

Or $nRT_0 = P_0V_0$ et $nRT_2 = P_1V_2$, d'où : $T_2 = \frac{3(\gamma-1)+1}{\gamma}T_0 = 429$ K et $h_2 = 5{,}2$ cm.

25.19 Remplissage d'une bouteille vide

Du gaz entre dans le récipient. À l'état final, le gaz dans le récipient est immobile, donc sa pression vaut la pression extérieure P_0. Afin de simplifier l'étude, on inclut le vide dans le système.

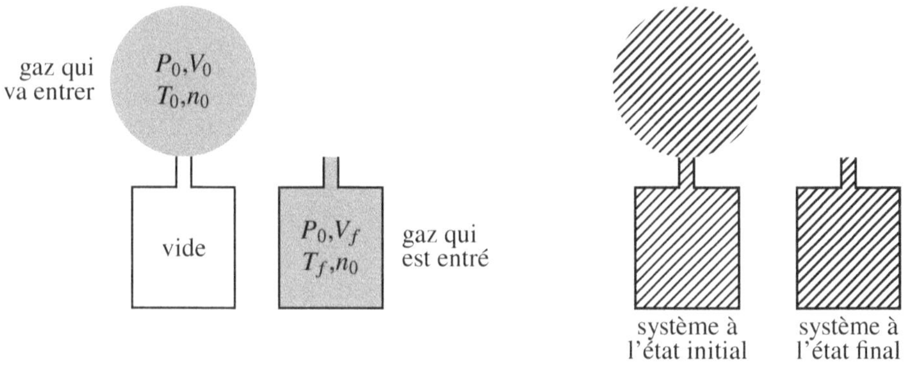

Attention ! *A priori* $V_f \neq V_0$, car T varie.

La transformation est extrêmement rapide, les échanges thermiques n'ont pas le temps de s'effectuer et $Q = 0$. Puis $W = -P_{ext}\,\Delta V = -P_0\,(-V_0)$ (attention, la transformation n'est pas lente, donc $P \neq P_{ext}$).

Le premier principe mène à $\Delta U = 0 + P_0V_0$, soit, pour un gaz parfait $\frac{n_0R}{\gamma-1}\left(T_f - T_0\right) = P_0V_0 = n_0RT_0$, d'où $T_f = \gamma T_0$.

Puis $\Delta S = \dfrac{n\gamma R}{\gamma - 1}\ln\left(\dfrac{T_f}{T_0}\right) - nR\ln\left(\dfrac{P_f}{P_0}\right) = \dfrac{n\gamma R}{\gamma - 1}\ln(\gamma) - 0$. Puis, attendu que $Q = 0$, $S_{éch} = 0$ et le deuxième principe mène à $S_c = \Delta S - S_{éch} = \frac{n\gamma R}{\gamma-1}\ln(\gamma) > 0$. La transformation est bien irréversible.

25.20 Solidification d'un liquide surfondu

1) Car très rapide, les échanges thermiques n'ont pas le temps de s'établir.

2) *Cf.* page 706 (exemple 5) **3)** *Cf.* page 699 **4)** *Cf.* page 706.

26 Machines thermiques

Les machines thermiques sont des systèmes thermodynamiques avec lesquels on modélise de nombreux appareils et installations réels : moteurs à essence et Diesel, réfrigérateurs, pompes à chaleur, centrales électriques thermiques, usines d'incinération...

1 Machines thermiques dithermes

1.1 Introduction

Une machine thermique est un système thermodynamique (M) échangeant du travail avec un système mécanique (ou électrique) SM et du transfert thermique avec un ou plusieurs thermostats au cours de transformations successives formant un **cycle** : quand il a subi toutes les transformations, le système est revenu dans son état initial.

Une **machine ditherme** (M) échange du transfert thermique avec deux thermostats :

- un thermostat TH_{ch} de température T_{ch} appelé **source chaude** ;
- un thermostat TH_{fr} de température T_{fr} appelé **source froide**.

Comme le vocabulaire employé l'indique : $T_{ch} > T_{fr}$.

On note W le travail algébrique reçu par la machine de la part du système SM au cours du cycle, Q_{ch} et Q_{fr} les transferts thermiques reçus par la machine au cours du cycle de la part des thermostats TH_{ch} et TH_{fr} respectivement. Les conventions de signe pour ces échanges énergétiques sont schématisées sur la figure 26.1.

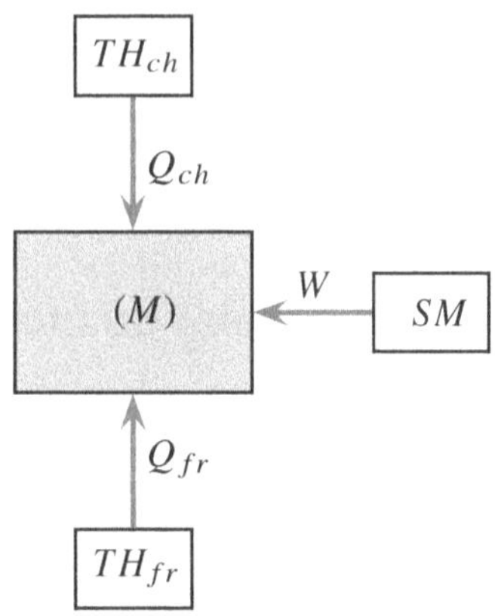

Figure 26.1 – Définition des échanges d'énergie algébriques : W, Q_{ch} et Q_{fr} sont positifs s'ils sont effectivement reçus par (M) et négatifs s'ils sont cédés par (M).

1.2 Application des deux principes à une machine thermique

On applique les deux principes de la thermodynamique à la machine (M) sur le cycle complet. À la fin de cette transformation la machine est revenue dans son état initial donc $\Delta U = U_i - U_i = 0$ et $\Delta S = S_i - S_i = 0$. On obtient donc, en notant $S_{\text{créée}}$ l'entropie créée à l'intérieur de la machine au cours de son cycle :

$$\Delta U = W + Q_{ch} + Q_{fr} = 0 \qquad \text{et} \qquad \Delta S = \frac{Q_{ch}}{T_{ch}} + \frac{Q_{fr}}{T_{fr}} + S_{\text{créée}} = 0.$$

Ces deux équations sont les équations de base pour l'analyse des machines thermiques dithermes.

2 Moteur thermique

2.1 Sens des échanges d'énergie

Un moteur est destiné à fournir du travail mécanique donc $W < 0$.
D'après le premier principe : $Q_{ch} + Q_{fr} > 0$; or, d'après le deuxième principe : $Q_{fr} = -T_{fr} S_{\text{créée}} - \dfrac{T_{fr}}{T_{ch}} Q_{ch}$; il vient donc : $\left(1 - \dfrac{T_{fr}}{T_{ch}}\right) Q_{ch} - T_{fr} S_{\text{créée}} > 0$. Comme $S_{\text{créée}} \geq 0$, on en déduit que $Q_{ch} > 0$: le moteur reçoit du transfert thermique de la source chaude.
Enfin, avec $Q_{fr} = -T_{fr} S_{\text{créée}} - \dfrac{T_{fr}}{T_{ch}} Q_{ch}$ on trouve que $Q_{fr} < 0$: le moteur cède du transfert thermique à la source froide.

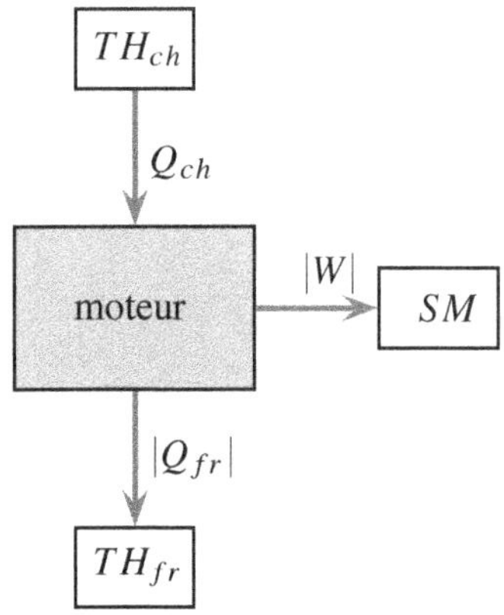

Figure 26.2 – Sens réels des échanges d'énergie d'un moteur thermique.

En résumé : la source chaude cède du transfert thermique, la source froide en reçoit (sens naturel d'un échange thermique) et le moteur « prélève au passage » de l'énergie qu'il transforme en travail.

2.2 Rendement du moteur

> La performance d'une machine thermique est donnée, d'une manière générale, par le rapport sans dimension : $\left|\dfrac{\text{énergie utile}}{\text{énergie coûteuse}}\right|$.
> Quand ce rapport est inférieur à 1, il est appelé **rendement** et quand il est supérieur à 1 il est appelé **efficacité**.

Pour un moteur, l'énergie utile est le travail $-W$ qu'il fournit et l'énergie coûteuse le transfert thermique Q_{ch} qu'il reçoit de la source chaude. On définit donc le **rendement du moteur** de la manière suivante :

$$\rho_{\text{moteur}} = \left|\frac{W}{Q_{ch}}\right| = -\frac{W}{Q_{ch}}, \qquad (26.1)$$

puisque $W < 0$ et $Q_{ch} > 0$. $W = -(Q_{ch} + Q_{fr})$, l'expression précédente devient donc :

$$\rho_{\text{moteur}} = 1 + \frac{Q_{fr}}{Q_{ch}}.$$

Étant donné que $Q_{ch} > 0$ et $Q_{fr} < 0$ on a $0 < \rho_{\text{moteur}} < 1$. C'est la fraction de l'énergie fournie par la source chaude qui est transformée en travail.

2.3 Théorème de Carnot

De l'équation du deuxième principe on tire : $\frac{Q_{fr}}{Q_{ch}} = -\frac{T_{fr}}{T_{ch}} - \frac{T_{fr}S_{\text{créée}}}{Q_{ch}}$. Donc :

$$\rho_{\text{moteur}} = 1 - \frac{T_{fr}}{T_{ch}} - \frac{T_{fr}S_{\text{créée}}}{Q_{ch}}. \tag{26.2}$$

Comme $S_{\text{créée}} \geq 0$ et $Q_{ch} > 0$, on constate sur cette expression que :

$$\rho_{\text{moteur}} \leq 1 - \frac{T_{fr}}{T_{ch}}.$$

L'égalité est réalisée si et seulement si $S_{\text{créée}} = 0$, c'est-à-dire si le cycle est réversible. Ce résultat est le **théorème de Carnot** :

Le rendement d'un moteur ditherme réversible est :

$$\rho_{\text{moteur,rev}} = 1 - \frac{T_{fr}}{T_{ch}}, \tag{26.3}$$

où T_{ch} est la température de la source chaude et T_{fr} la température de la source froide. Ce rendement est appelé **rendement de Carnot**. C'est la valeur maximale du rendement d'un moteur thermique fonctionnant avec ces sources.

Un moteur ditherme fonctionnant sur un cycle comportant au moins une transformation irréversible a un rendement plus faible que le rendement de Carnot.

Pour avoir le rendement de Carnot le plus élevé possible il faut avoir deux sources de températures aussi éloignées que possible.

2.4 Rendements des moteurs thermiques réels

Une centrale électrique nucléaire peut être modélisée par une machine thermique fournissant du travail électrique et travaillant avec, comme source chaude, le réacteur et, comme source froide, l'eau d'une rivière. Pour les valeurs typiques $T_{ch} = 600$ K et $T_{fr} = 300$ K le rendement de Carnot est égal à 0,5. En pratique le rendement est compris entre 30 et 40 %. Il est plus faible que le rendement de Carnot en raison des irréversibilités et de diverses pertes.

Dans le cas d'un moteur de voiture, la source froide est l'air atmosphérique, de température typique $T_{fr} = 300$ K. Le transfert thermique est apporté au moteur par les gaz en combustion dont la température peut valoir $T_{ch} = 3000$ K. Pour ces valeurs le rendement de Carnot vaut 0,9. En pratique le rendement peut atteindre 36 % pour un moteur à essence et 42 % pour un moteur Diesel dans des conditions optimales, mais il est souvent dégradé et en ville n'atteint que 15 %.

2.5 Cogénération

Un moteur thermique rejette de l'énergie sous forme de transfert thermique transmis à la source froide. Dans le cas d'une centrale électrique ce transfert thermique chauffe l'air ambiant ou l'eau d'une rivière. Il serait plus profitable pour économiser l'énergie et mieux respecter l'environnement d'utiliser cette énergie thermique.

La **cogénération** consiste à coupler la production d'énergie électrique (travail) avec une production d'énergie thermique destinée au chauffage de locaux, à la production d'eau chaude ou à un procédé industriel nécessitant un apport d'énergie par transfert thermique.

La fonction principale d'une installation de cogénération peut être soit la production d'électricité, soit la production d'énergie thermique. La source d'énergie est en général une combustion (de charbon, de déchets...) On définit les grandeurs positives suivantes :

- le transfert thermique Q_C libéré par la combustion ;
- le transfert thermique utile Q_u récupéré pour le procédé industriel ou le chauffage ;
- le travail mécanique ou électrique W_u produit.

L'installation est caractérisée par :

- son rendement global $\rho_g = \dfrac{W_u + Q_u}{Q_C}$;
- le rapport chaleur-force $CF = \dfrac{Q_u}{W_u}$ qui donne la répartition de l'énergie produite entre la chaleur et l'électricité.

Considérons par exemple l'installation dont le principe est montré sur la figure 26.3 : elle comporte deux moteurs thermiques (M_1) et (M_2) travaillant avec la même source chaude TH_{ch} (représentant la chambre de combustion) de température $T_{ch} \sim 1000$ °C. La source froide de TH_{fr1} est l'environnement ambiant de température $T_{fr1} \sim 20$ °C et le transfert thermique que lui cède (M_1) est perdu. En revanche la source froide TH_{fr2} de température $T_{fr2} \sim 100$ °C est connectée à un dispositif de chauffage qui reçoit, compte tenu des pertes, une fraction $\eta \simeq 0{,}9$ du transfert thermique cédé par (M_2) à TH_{fr2}.

Avec les notations de la figure le travail fourni par l'installation est : $W_u = |W_1| + |W_2|$ et le transfert thermique utile : $Q_u = \eta|Q_{fr2}|$. Elle reçoit de la source chaude le transfert thermique : $Q_C = Q_{ch1} + Q_{ch2}$.

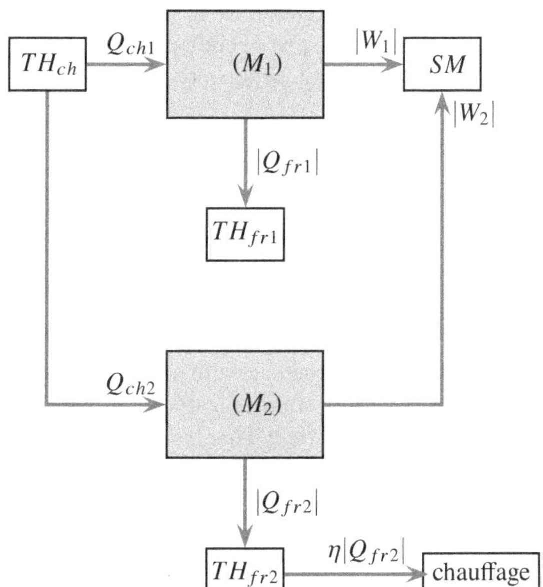

Figure 26.3 – Schéma de principe d'une installation de cogénération.

Ainsi son rendement global et son rapport chaleur-force sont :

$$\rho = \frac{|W_1| + |W_2| + \eta|Q_{fr2}|}{Q_{ch1} + Q_{ch2}} \quad \text{et} \quad CF = \frac{\eta|Q_{fr2}}{|W_1| + |W_2|}.$$

Les températures sont imposées et déterminent les rendements ρ_1 et ρ_2 des machines (M_1) et (M_2). Étant donné que l'écart de température est plus grand entre T_{ch} et T_{fr1} qu'entre T_{ch} et T_{fr2} on a $\eta_1 > \eta_2$ (on va supposer qu'ils ont les valeurs typiques $\eta_1 = 0{,}5$ et $\eta_2 = 0{,}35$).

Les équations de cette installation sont :

$$|W_1| = \eta_1 Q_{ch1}, \quad |W_2| = \eta_2 Q_{ch2} \quad \text{et} \quad |Q_{fr2}| = (1 - \eta_2) Q_{ch2}$$

Ainsi :

$$\rho_g = \frac{\eta_1 Q_{ch1} + (\eta_2 + \eta(1 - \eta_2) Q_{ch2}}{Q_{ch1} + Q_{ch2}} \quad \text{et} \quad CF = \frac{\eta(1 - \eta_2)) Q_{ch2}}{\eta_1 Q_{ch1} + \eta_2 Q_{ch2}}$$

Notons : $x = \dfrac{Q_{ch2}}{Q_{ch1}}$. Ce rapport peut être modifié en fonction des besoins du système SM et de l'installation de chauffage. Alors :

$$\rho_g = \frac{\eta_1 + (\eta_2 + \eta(1 - \eta_2))x}{1 + x} = \frac{0{,}35 + 0{,}935x}{1 + x} \quad \text{et} \quad CF = \frac{x\eta(1 - \eta_2)}{\eta_1 + \eta_2 x} = \frac{0{,}585x}{0.5 + 0{,}35x}$$

Le rendement global ρ_g augmente avec x ; il vaut 0,84 pour $x = 5$, alors $CF = 1{,}3$.

3 Machine frigorifique

3.1 Sens des échanges d'énergie

Le but d'une machine frigorifique est de produire du froid. Il s'agit donc de prendre du transfert thermique à la source froide : $Q_{fr} > 0$.

D'après le deuxième principe, $Q_{ch} = -\dfrac{T_{ch}}{T_{fr}} Q_{fr} - T_{ch} S_{\text{créée}}$ avec $S_{\text{créée}} \geq 0$; donc $Q_{ch} < 0$: la machine cède du transfert thermique à la source chaude.

Et d'après le premier principe : $W = -Q_{ch} - Q_{fr} = \left(\dfrac{T_{ch}}{T_{fr}} - 1\right) Q_{fr} + T_{ch} S_{\text{créée}}$ avec $Q_{fr} > 0$ et $S_{\text{créée}} \geq 0$ donc $W > 0$: la machine frigorifique reçoit du travail.

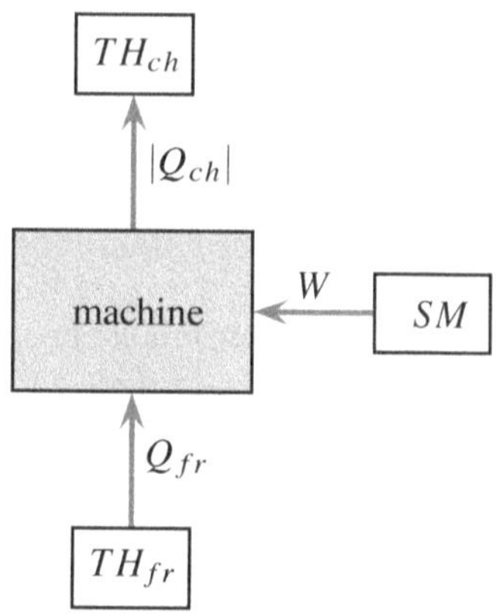

Figure 26.4 – Sens réels des échanges d'énergie dans une machine frigorifique ou une pompe à chaleur

3.2 Efficacité d'une machine frigorifique

L'énergie utile est ici Q_{fr} et l'énergie coûteuse le travail W fourni à la machine. On définit l'**efficacité** de la machine frigorifique par :

$$e_{\text{frigo}} = \left| \frac{Q_{fr}}{W} \right| = \frac{Q_{fr}}{W}. \tag{26.4}$$

D'après le premier principe, $W = -(Q_{fr} + Q_{ch})$ donc : $e_{\text{frigo}} = -\dfrac{Q_{fr}}{Q_{fr} + Q_{ch}} = -\dfrac{1}{1 + \dfrac{Q_{ch}}{Q_{fr}}}$.

Sur cette expression il apparaît que $e_{\text{frigo}} > 1$ puisque $\dfrac{Q_{ch}}{Q_{fr}} < 0$.

3.3 Théorème de Carnot

De l'équation du deuxième principe on tire : $\dfrac{Q_{ch}}{Q_{fr}} = -\dfrac{T_{ch}}{T_{fr}} - \dfrac{T_{ch}S_{\text{créée}}}{Q_{fr}}$. On en déduit :

$$e_{\text{frigo}} = \frac{1}{\dfrac{T_{ch}}{T_{fr}} - 1 + \underbrace{\dfrac{T_{ch}S_{\text{créée}}}{Q_{fr}}}_{\geq 0}}. \tag{26.5}$$

Comme $S_{\text{créée}} \geq 0$ et (pour une machine frigorifique) $Q_{fr} > 0$, on voit sur cette expression que :

$$e_{\text{frigo}} \leq \frac{1}{\dfrac{T_{ch}}{T_{fr}} - 1} = \frac{T_{fr}}{T_{ch} - T_{fr}}.$$

L'égalité est réalisée si et seulement si $S_{\text{créée}} = 0$, c'est-à-dire si le cycle est réversible. Ce résultat est le **théorème de Carnot** :

L'efficacité d'une machine frigorifique réversible est :

$$e_{\text{frigo,rev}} = \frac{T_{fr}}{T_{ch} - T_{fr}}, \tag{26.6}$$

où T_{ch} est la température de la source chaude et T_{fr} la température de la source froide. C'est la valeur maximale de l'efficacité d'une machine frigorifique fonctionnant avec ces sources.

Une machine frigorifique fonctionnant sur un cycle non réversible a une efficacité plus faible que $e_{\text{frigo,rev}}$.

D'après la formule (26.6), l'efficacité est plus grande quand les températures des deux sources sont plus proches.

3.4 Efficacité d'une machine thermique réelle

Un congélateur domestique est modélisable par une machine thermique ditherme avec pour source froide l'intérieur du congélateur, à la température $T_{fr} = -18$ °C $= 255$ K, et pour source chaude l'air de la pièce de température $T_{ch} = 300$ K. Pour ces températures, $e_{\text{frigo,rev}} = 5{,}7$. Dans la pratique le coefficient d'efficacité est au mieux voisin de 2.

L'efficacité d'un réfrigérateur domestique peut valoir jusqu'à 8. Cette valeur meilleure, s'explique par le fait que la température de la source froide (intérieur du réfrigérateur) est plus proche de la température de la source chaude (air de la pièce) que dans le cas du congélateur.

4 Pompe à chaleur

4.1 Sens des échanges d'énergie

Le but d'une pompe à chaleur est de fournir un transfert thermique à la source chaude donc : $Q_{ch} < 0$.

D'après le premier principe : $W = -Q_{ch} - Q_{fr} = |Q_{ch}| - Q_{fr}$. Si Q_{fr} est négatif, il faut fournir un travail plus grand que le transfert thermique reçu par la source chaude, ce qui n'a aucun intérêt ! On prend donc : $\boxed{Q_{fr} > 0}$. Ainsi la source froide cède du transfert thermique.

C'est compatible avec le deuxième principe puisque : $Q_{fr} = \underbrace{-\frac{T_{fr}}{T_{ch}} Q_{ch}}_{>0} - T_{fr} S_{\text{créée}}$.

Si l'on reprend le premier principe : $W = -Q_{ch} - Q_{fr} = -\left(1 - \frac{T_{fr}}{T_{ch}}\right) Q_{ch} + T_{fr} S_{\text{créée}}$ avec $Q_{ch} < 0$ et $S_{\text{créée}} \geq 0$ donc : $\boxed{W > 0.}$ La pompe à chaleur consomme du travail.

4.2 Efficacité d'une pompe à chaleur

Le but d'une pompe à chaleur est de chauffer la source chaude. L'énergie utile est donc Q_{ch}. L'énergie coûteuse est le travail W consommé. On définit donc l'**efficacité** de la pompe à chaleur :

$$\boxed{e_{\text{pac}} = \left|\frac{Q_{ch}}{W}\right| = -\frac{Q_{ch}}{W}.} \tag{26.7}$$

D'après le premier principe, $W = -(Q_{fr} + Q_{ch})$ donc :

$$e_{\text{pac}} = \frac{Q_{ch}}{Q_{fr} + Q_{ch}} = \frac{1}{1 + \dfrac{Q_{fr}}{Q_{ch}}}.$$

Sur cette expression il apparaît que $\boxed{e_{\text{pac}} > 1}$ puisque $\dfrac{Q_{ch}}{Q_{fr}} < 0$. Pour cette raison l'efficacité ne doit pas être appelée rendement.

4.3 Théorème de Carnot

De l'équation du deuxième principe on tire : $\dfrac{Q_{fr}}{Q_{ch}} = -\dfrac{T_{fr}}{T_{ch}} - \dfrac{T_{fr} S_{\text{créée}}}{Q_{ch}} = 0$. On en déduit :

$$e_{\text{pac}} = \frac{1}{1 - \dfrac{T_{fr}}{T_{ch}} - \underbrace{\dfrac{T_{fr} S_{\text{créée}}}{Q_{ch}}}_{\leq 0}}. \tag{26.8}$$

Comme $S_{\text{créée}} \geq 0$ et (pour une pompe à chaleur) $Q_{ch} < 0$, on voit sur cette expression que :

$$e_{\text{pac}} \leq \frac{1}{1 - \dfrac{T_{fr}}{T_{ch}}} = \frac{T_{ch}}{T_{ch} - T_{fr}}.$$

L'égalité est réalisée si et seulement si $S_{\text{créée}} = 0$, c'est-à-dire si le cycle est réversible. Ce résultat est le **théorème de Carnot** :

L'efficacité d'une machine pompe à chaleur réversible est :

$$e_{\text{pac,rev}} = \frac{T_{ch}}{T_{ch} - T_{fr}}, \tag{26.9}$$

où T_{ch} est la température de la source chaude et T_{fr} la température de la source froide. C'est la valeur maximale de l'efficacité d'une pompe à chaleur fonctionnant avec ces sources.

Une pompe à chaleur fonctionnant sur un cycle irréversible a une efficacité plus faible que $e_{\text{pac,rev}}$.

D'après la formule (26.9), l'efficacité est plus grande quand les températures des deux sources sont plus proches. L'efficacité est aussi supérieure à 1 (alors que le rendement d'un moteur est inférieur à 1). C'est pour cela que la pompe à chaleur est intéressante : en utilisant le travail W on peut fournir à la source chaude un transfert thermique égal à $e_{\text{pac}}W$, plus grand que W. La différence est l'énergie fournie par la source froide.

4.4 Efficacité d'une pompe à chaleur réelle

Une pompe à chaleur, utilisée pour chauffer une maison en hiver, travaille avec l'eau du circuit de chauffage pour source chaude et l'air à l'extérieur de la maison pour source froide. Ainsi, on chauffe la maison en refroidissant le jardin. L'efficacité e_{pac} diminue avec l'écart des températures des deux sources. C'est pourquoi il est préférable d'avoir un chauffage par le sol (eau à T_{ch} = 35 °C) plutôt que par radiateur (eau à T_{ch} = 60 °C). On trouve dans la notice d'une pompe à chaleur le coefficient d'efficacité, appelé COP dans ce contexte, correspondant à T_{ch} = 35 °C et T_{fr} = 7 °C. Le COP varie entre 3 et 5. La pompe à chaleur est de classe A selon les normes européennes si son COP est supérieur à 3,65. La valeur maximale théorique correspondant aux températures précédentes est : $e_{\text{pac,rev}} = \frac{273+35}{35-7} = 11$. La différence entre $e_{\text{pac,rev}}$ et le COP réel est due au fait que la machine réelle n'est pas réversible, mais aussi à la consommation d'énergie pour des tâches annexes.

MÉTHODOLOGIE

Comment retrouver rapidement l'expression du rendement (ou l'efficacité) de Carnot d'une machine ditherme ?

▷ *Méthode :*

- *écrire les deux principes de la thermodynamique appliqués à la machine sur un cycle, en tenant compte pour le deuxième principe de la réversibilité :*

$$\begin{cases} 0 = W + Q_{ch} + Q_{fr} \\ 0 = \dfrac{Q_{ch}}{T_{ch}} + \dfrac{Q_{fr}}{T_{fr}} \end{cases} ;$$

- *identifier l'énergie utile et l'énergie coûteuse pour exprimer le rendement (ou l'efficacité), par exemple pour le moteur :* $\rho = -\dfrac{W}{Q_{ch}}$ *;*
- *utiliser le premier principe pour exprimer ce rendement (cette efficacité) en fonction de* Q_{ch} *et* Q_{fr} *uniquement, par exemple pour le moteur :* $\rho = \dfrac{Q_{fr} + Q_{ch}}{Q_{ch}}$ *;*
- *utiliser la relation* $\dfrac{Q_{fr}}{Q_{ch}} = -\dfrac{T_{fr}}{T_{ch}}$ *issue du deuxième principe pour exprimer ce rendement (cette efficacité) en fonction des températures.*

Comment retrouver rapidement le sens des transferts d'énergie d'une machine ditherme ?

▷ *Appliquer les idées suivantes :*

- *« dans le moteur on profite du transfert thermique naturel de la source chaude vers la source froide pour prélever une partie de cette énergie sous forme de travail » ;*
- *« dans une machine frigorifique ou une pompe à chaleur, on provoque un transfert thermique contraire au sens naturel, du froid vers le chaud, en fournissant du travail. »*

Vaut-il mieux définir des transferts d'énergie (travail, transfert thermique avec la source chaude, transfert thermique avec la source froide) tous positifs ou les algébriser du point de vue de la machine ?

▷ *C'est le deuxième choix qui a été fait dans le cours. Il présente l'avantage que les deux principes s'écrivent de la même manière pour les trois types de machines et l'inconvénient qu'il apparaît parfois un signe « – » dans l'expression du rendement.*

Quand on fait le premier choix, dans les équations des deux principes, il y a un signe « – » devant chaque énergie qui est cédée par la machine et pas de signe dans l'expression du rendement.

Chacun est libre de faire son choix mais il faut absolument le préciser clairement.

PROGRAMME OFFICIEL ET SOMMAIRE DES EXERCICES

NOTIONS ET CONTENUS	CAPACITÉS EXIGIBLES
Application du premier principe et du deuxième principe de la thermodynamique aux machines thermiques cycliques dithermes : rendement, efficacité, théorème de Carnot.	Donner le sens des échanges énergétiques pour un moteur ou un récepteur thermique ditherme. ► 26.C1 Analyser un dispositif concret et le modéliser par une machine cyclique ditherme. ▷ 26.1 Définir un rendement ou une efficacité et les relier aux énergies échangées au cours d'un cycle. ► 26.C3 ▷ 26.3 26.4 26.5 26.6 26.10 26.11 Justifier et utiliser le théorème de Carnot. ► 26.C2 26.C4 26.C5 26.C6 ▷ 26.2 26.7 26.8 26.9 Citer quelques ordres de grandeur des rendements des machines thermiques réelles actuelles. Expliquer le principe de la cogénération. ► 26.C7 TP : mettre en œuvre une machine thermique cyclique ditherme.

EXERCICES ★ (LE COURS)

26.C1 Équations issues des deux principes Pourquoi les équations issues de l'application des deux principes de la thermodynamique à une machine thermique ont-elles un second membre nul ?

26.C2 Machine réversible Qu'est-ce qui distingue une machine réversible dans ces équations ?

26.C3 Rendement ou efficacité ? Pourquoi parle-t-on du « rendement » d'un moteur et de l'« efficacité » d'une machine frigorifique ou d'une pompe à chaleur.

26.C4 Rendement de Carnot d'un moteur Retrouver l'expression du rendement de Carnot d'un moteur ditherme.

26.C5 Rendement de Carnot d'un réfrigérateur Retrouver l'expression du rendement de Carnot d'un réfrigérateur.

26.C6 Rendement de Carnot d'une pompe à chaleur Retrouver l'expression du rendement de Carnot d'une pompe à chaleur.

26.C7 Cogénération Quel est l'intérêt de la cogénération ?

EXERCICES ★★

26.1 Moteur réel

Un moteur réel fonctionnant entre deux sources de chaleur, l'une à $T_{fr} = 400$ K, l'autre à $T_{ch} = 650$ K, produit 500 J par cycle, pour 1500 J de transfert thermique fourni.

1) Comparer son rendement à celui d'une machine de Carnot fonctionnant entre les deux mêmes sources.

2) Calculer l'entropie créée par cycle, notée $S_{\text{créée}}$.

26.2 Moteur de Stirling

On considère $n = 40.10^{-3}$ mol d'air, considéré comme un gaz parfait de rapport $\gamma = \frac{C_P}{C_V}$ constant et égal à 1,4, subissant un cycle modélisé par les évolutions suivantes à partir de l'état A : $P_1 = 1$ bar et $T_1 = 300$ K :

- compression isotherme réversible au contact de la source TH_1 à T_1, jusqu'à l'état B, de volume $V_2 = \frac{1}{10}V_1$;
- échauffement isochore au contact thermique de la source TH_2 à $T_2 = 600$ K jusqu'à l'état C de température T_2 ;
- détente isotherme réversible au contact de la source TH_2 jusqu'à l'état D de volume V_1 ;
- refroidissement isochore au contact thermique de la source TH_1 jusqu'à l'état A.

1) Calculer les valeurs numériques de P, V et T pour chacun des états A, B, C et D.

2) Représenter le cycle dans le diagramme de Clapeyron (P,V). Comment peut-on, sans calcul, savoir si le cycle proposé est celui d'un moteur ou d'un système mécaniquement récepteur ?

3) Calculer pour chaque étape le transfert thermique et le travail reçus par le fluide.

4) Commenter ces résultats. A-t-on bien un cycle moteur ?

5) Quel est, sur le plan énergétique, la production de ce système sur un cycle ? Quel est le coût sur le plan énergétique ? En déduire l'expression et la valeur du rendement.

6) Calculer l'entropie créée par irréversibilité au sein du système au cours du cycle. Quel type d'irréversibilité entre en jeu ici ?

L'invention des frères Stirling (1816) a permis d'améliorer considérablement le rendement de la machine précédente. Leur idée est de faire en sorte que le gaz échange du transfert thermique au cours des transformation BC et DA, non pas avec TH_1 et TH_2, mais avec un système appelé régénérateur RG n'ayant aucun échange d'énergie avec l'extérieur autre que les échanges avec les gaz au cours des transformations BC et DA.

7) Justifier l'idée des frères Stirling.

8) Quelle est dans ces nouvelles conditions le rendement ? Ce rendement peut-il être encore amélioré sans changer les sources ?

EXERCICES ★★★

26.3 Moteur à cycle à combustion isobare

Une certaine quantité de matière de gaz parfait (n mol) suit le cycle ci-contre ; les transformations BC et DA sont adiabatiques et réversibles. AB est l'étape de combustion.

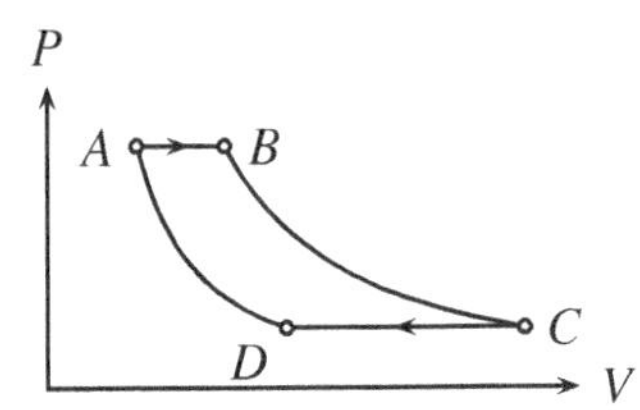

1) Définir puis établir le rendement en fonction des températures T_A, T_B, T_C et T_D.

2) Établir le rendement en fonction de $\beta = \frac{P_A}{P_D}$, sous la forme $\eta = 1 - \beta^a$, où a dépend de γ.

26.4 Moteur à cycle d'Otto

Une certaine quantité de matière de gaz parfait (n mol) suit le cycle ci-contre ; les transformations AB et CD sont adiabatiques et réversibles.

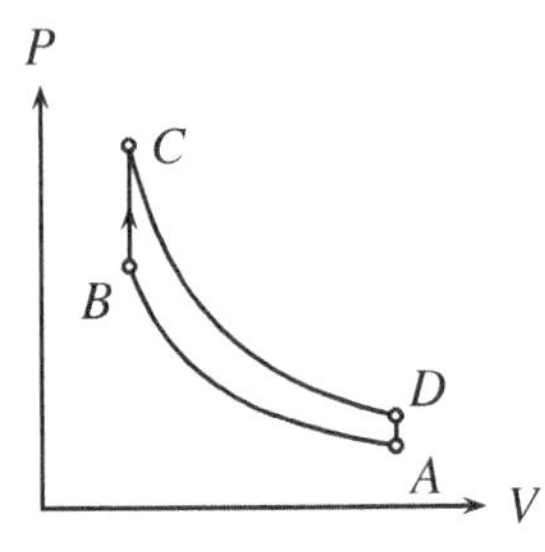

1) Définir puis établir le rendement en fonction des températures T_A, T_B, T_C et T_D.

2) Établir le rendement en fonction de $\varepsilon = \frac{V_B}{V_A}$, sous la forme $\eta = 1 - \varepsilon^a$, où a dépend de γ.

26.5 PAC à gaz parfait

Une pompe à chaleur est constituée de n mol de gaz parfait qui effectuent un cycle constitué d'une isotherme réversible, d'une isobare et d'une adiabatique réversible.

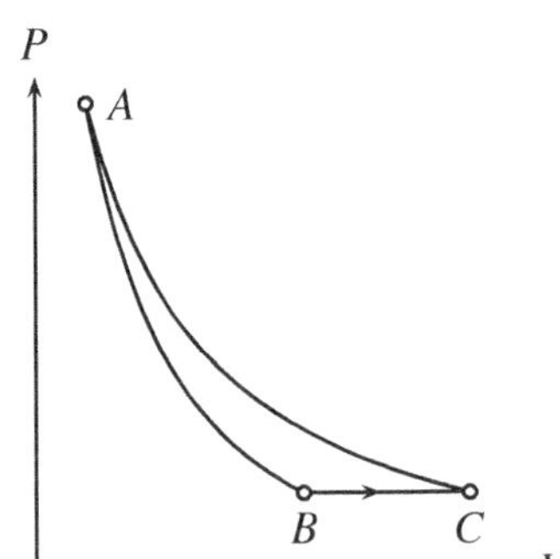

1) Pourquoi le cycle ne peut-il pas être celui d'un moteur ?

2) Quelle est la transformation isotherme ? Quelle est l'adiabatique réversible ?

3) Établir l'efficacité de la PAC en fonction des températures T_A et T_B.

26.6 Réfrigérateur à cycle d'Otto

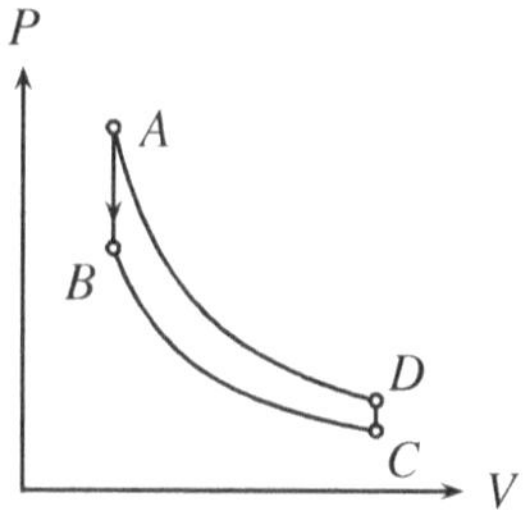

Une certaine quantité de matière de gaz parfait (n mol) suit le cycle ci-contre d'un réfrigérateur ; les transformations BC et DA sont adiabatiques et réversibles.

1) Définir l'efficacité puis établir son inverse en fonction des températures T_A, T_B, T_C et T_D.

2) Établir l'efficacité en fonction de $\alpha = \frac{V_C}{V_B}$.

26.7 Moteur Diesel

Dans l'étude théorique du moteur Diesel, le fonctionnement est décrit par le cycle de Diesel dans lequel la combustion s'effectue à pression constante. Dans les moteurs actuels et notamment dans ceux dits rapides, on a cherché à réaliser une combustion procédant sous deux régimes : la combustion commence à volume constant et se termine à pression constante. Le cycle consiste alors en une compression adiabatique AB, un échauffement isochore BC, un échauffement isobare CD, une détente adiabatique DE et une compression isochore EA.

L'objet de ce problème est d'étudier un tel moteur. On considère un moteur Diesel à six cylindres fonctionnant suivant le cycle mixte à quatre temps. Le moteur à quatre temps effectue un cycle tous les deux tours. Il présente un rapport de compression volumétrique $a = \frac{V_A}{V_B} = 15$ et une cylindrée $\mathcal{C} = V_A - V_B = 3$ L. V_A est le volume maximal d'air aspiré, V_B le volume disponible dans le cylindre au moment où commence l'injection du combustible, V_D le volume quand la combustion se termine. On note $c = \frac{V_D}{V_B}$ le rapport d'injection. On désigne par P_A la pression de l'air à l'aspiration, P_B celle au moment où commence l'injection du combustible et P_C la pression maximale atteinte dans le cylindre. On suppose que le cycle est décrit de manière quasi statique.

On admet que le gaz constitué essentiellement d'air est assimilable à un gaz parfait et que la masse de carburant est négligeable devant celle de l'air pour un cycle. On raisonnera sur un cycle fictif fermé sans se préoccuper des étapes consistant à évacuer les gaz issus de la combustion (échappement) pour les remplacer par de l'air frais (admission) qu'on modélisera par l'évolution isochore EA.

On note c_V et $c_P = 1{,}02$ kJ.kg^{-1}.K^{-1} les capacités thermiques massiques respectivement à volume et à pression constants, on admet qu'ils sont constants. Enfin $\gamma = \dfrac{c_P}{c_V} = 1{,}39$ et m désigne la masse d'air aspirée par cycle et par cylindre.

1) Représenter le cycle $ABCDEA$ dans un diagramme (P,V). Vérifier graphiquement qu'il s'agit d'un cycle moteur.

2) Exprimer les transferts thermiques lors des transformations BC, CD et EA en fonction des températures, de m et de c_V et γ.

3) Justifier qu'on définisse le rendement par $r_{th} = -\dfrac{W}{Q_{BC} + Q_{CD}}$.

4) Donner son expression en fonction des températures et de γ.

5) Exprimer les températures T_B, T_C, T_D et T_E en fonction de T_A, a, c, $d = \dfrac{P_D}{P_B}$ et γ.

6) En déduire l'expression du rendement en fonction de a, c, d et γ.

7) La combustion d'une masse m' de carburant produit un transfert thermique $\eta m'$ où

η = 42,2 MJ.kg^{-1} désigne le pouvoir calorifique dont l'unité est J.kg^{-1}. On admet qu'il s'agit d'une constante indépendante des conditions durant la combustion. La masse de combustible pulvérisé dans un cylindre à chaque cycle est égale à αm avec $\alpha = 0{,}040$. Au début de la compression, la température est $T_A = 338$ K et la pression P_A. On désigne par μ la masse totale de combustible injectée par cycle et par cylindre et par μ_V celle qui brûle à volume constant. Le cycle est caractérisé par $k_V = 100\dfrac{\mu_V}{\mu}$. On note $M_{air} = 29$ g.mol^{-1} la masse molaire de l'air.

Exprimer la masse d'air contenue dans le cylindre m en fonction de a, $\mathcal{C}$, P_A, T_A, R et M_{air}.

8) Exprimer Q_{BC} en fonction de k_V, η, m et α.

9) En comparant les deux expressions obtenues pour Q_{BC}, établir l'expression de T_C et P_C en fonction de T_A, P_A, a, γ, k_V, η, α et c_V.

10) Exprimer Q_{CD} en fonction de k_V, η, m et α.

11) En déduire l'expression de T_D en fonction de T_A, a, γ, k_V, η, α et c_V.

12) Quelle valeur doit-on donner à k_V pour que la pression maximale dans le cylindre ne dépasse pas $P_{\max} = 65$ bars sachant que $P_A = 1{,}0$ bar ?

13) Si k_V prend cette valeur, déterminer les valeurs de V_A, V_B, T_B, T_C, T_D, c, d, T_E et b.

14) Déterminer la valeur du rendement théorique.

15) Calculer la puissance du moteur sachant qu'il tourne à 2300 tours par minute.

16) La puissance réelle est-elle inférieure ou supérieure à cette valeur théorique ? Justifier votre réponse.

26.8 Optimisation du chauffage d'un local

On souhaite maintenir la température d'un local à $\theta_1 = 20$ °C alors que la température extérieure est $\theta_2 = -2$ °C. L'énergie thermique nécessaire est de 32 MJ par heure. Par un système de chauffage central, on brûle a litres de fuel par jour (a est de l'ordre de 25 litres, sa valeur exacte n'intervient pas dans l'exercice).

1) On utilise une pompe à chaleur fonctionnant réversiblement entre le local et l'extérieur, le fuel servant à faire fonctionner le moteur de cette pompe, comme nous le décrit la question 2. Calculer l'efficacité de la pompe à chaleur. En déduire la puissance consommée par le moteur de cette pompe.

2) Deux conseillers proposent chacun un dispositif qu'ils déclarent thermodynamiquement plus avantageux que le chauffage central :

- *dispositif du conseiller n° 1* : les a litres de fuel sont brûlés, l'énergie thermique Q récupérée permet d'assurer la vaporisation de l'eau d'une chaudière auxiliaire à la température $\theta_3 = 210$ °C qui sert de source chaude à un moteur ditherme réversible dont la source froide est le local, le travail fourni servant à faire fonctionner la pompe à chaleur étudiée à la question 1 ;
- *dispositif du conseiller n° 2* : le principe est le même mais la chaudière auxiliaire est à la température $\theta_4 = 260$ °C et le moteur fonctionne entre cette chaudière et l'air extérieur.

Dans les deux cas, on suppose que toute l'énergie thermique Q obtenue par combustion du fuel est fournie par la chaudière auxiliaire au fluide du moteur.

a. Dans les deux cas, calculer la durée Δt (en jours) pendant lequel le chauffage sera assuré avec les a litres de fuel.

b. Lequel de ces deux systèmes est le plus économique ? Le système le plus économique tire-t-il son avantage de la température à laquelle fonctionne la chaudière auxiliaire ou cet avantage se maintient-il pour $\theta_3 = \theta_4$? Expliquer.

c. La durée de chauffage, pour une quantité de fuel donnée, augmentant avec la température de la chaudière auxiliaire, un troisième conseiller prétend qu'il pourra, en utilisant le même dispositif, augmenter la durée de chauffage. A-t-il tort ou raison ? Pourquoi ?

26.9 Perte de performance d'un congélateur

Un congélateur neuf a un coefficient d'efficacité $e = 2{,}0$. Un appareil dans lequel on a laissé s'accumuler une couche de glace a une efficacité réduite. On suppose que l'effet de la couche de glace est de multiplier par 2 l'entropie créée pour un même transfert thermique pris à la source froide. L'intérieur du congélateur est à -20 °C et la pièce dans laquelle il se trouve à 19 °C.

1) Calculer numériquement α, rapport entre l'efficacité du congélateur neuf et l'efficacité d'une machine réversible fonctionnant avec les mêmes sources.

2) Montrer que ce rapport devient, pour le réfrigérateur usagé : $\alpha' = \dfrac{\alpha}{2-\alpha}$. Calculer α' et l'efficacité réduite e'.

EXERCICES ★★★★

26.10 Moteur à cycle à combustion isochore

Une certaine quantité de matière de gaz parfait (n mol) suit le cycle ci-contre ; les transformations BC et DA sont adiabatiques et réversibles. AB est l'étape de combustion isochore.

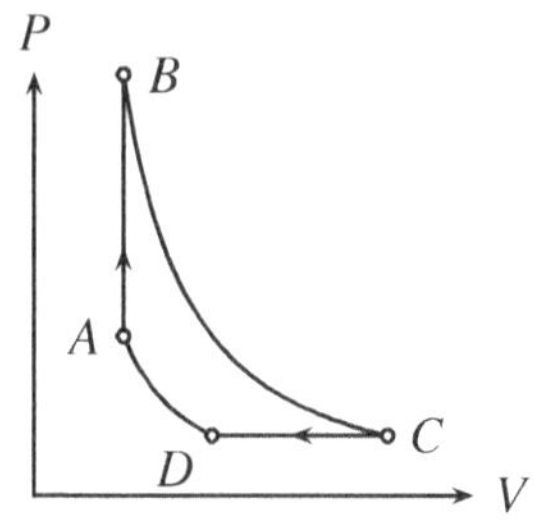

1) Définir puis établir le rendement en fonction des températures T_A, T_B, T_C et T_D.

2) Établir le rendement en fonction de $\beta = \frac{P_A}{P_D}$ et $\lambda = \frac{P_B}{P_A}$, sous la forme $\eta = 1 - \gamma\beta^b \frac{\lambda^a - 1}{\lambda - 1}$, où a et b dépendent de γ.

26.11 Moteur à cycle Diesel

Une certaine quantité de matière de gaz parfait (n mol) suit le cycle Diesel ci-contre ; les transformations BC et DA sont adiabatiques et réversibles.

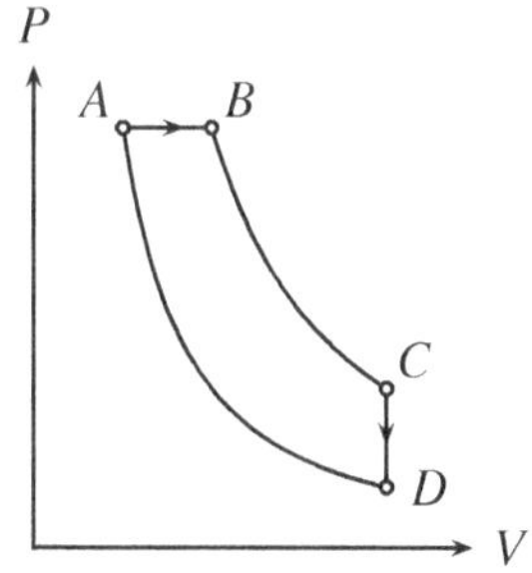

1) Définir puis établir le rendement en fonction des températures T_A, T_B, T_C et T_D.

2) Établir le rendement en fonction de $\rho = \frac{V_B}{V_A}$ et $\varepsilon = \frac{V_D}{V_A}$, sous la forme $\eta = 1 - \frac{1}{\varepsilon^a}\frac{\rho^b - 1}{\rho - 1}$, où a et b dépendent de γ.

CORRIGÉS

26.C1 *Cf.* premier paragraphe de la section 1.2, page 729.

26.C2 Le terme $S_{\text{créée}}$ disparaît de l'expression du deuxième principe car il est nul.

26.C3 Le rendement est compris entre 0 et 1 alors que l'efficacité est supérieure à 1 (cf. paragraphes 2.2, 3.2 et 4.2).

26.C4 *Cf.* premier point de la méthodologie page 737.

26.C5 $$e = \frac{Q_{fr}}{W} = -\frac{Q_{fr}}{Q_{fr}+Q_{ch}} = -\frac{1}{1+\dfrac{Q_{ch}}{Q_{fr}}} = -\frac{1}{1-\dfrac{T_{ch}}{T_{fr}}} = \frac{T_{fr}}{T_{ch}-T_{fr}}.$$

26.C6 $$e = -\frac{Q_{ch}}{W} = \frac{Q_{ch}}{Q_{fr}+Q_{ch}} = \frac{1}{1+\dfrac{Q_{fr}}{Q_{ch}}} = \frac{1}{1-\dfrac{T_{fr}}{T_{ch}}} = \frac{T_{ch}}{T_{ch}-T_{fr}}.$$

26.C7 La cogénération permet de valoriser l'énergie thermique cédée à la source froide d'un moteur.

26.1 Moteur réel

1) Le rendement du moteur étudié est $\rho = \frac{500}{1500} = \frac{1}{3}$. Le rendement du moteur de Carnot correspondant est $\rho_C = 1 - \dfrac{T_{fr}}{T_{ch}} = 1 - \dfrac{400}{650} = 0{,}385 > \rho$, ce qui est normal.

2) Le deuxième principe, appliqué au fluide sur un cycle, s'écrit :

$$\Delta S = 0 = S_{\text{éch}} + S_{\text{créée}} = \frac{Q_{fr}}{T_{fr}} + \frac{Q_{ch}}{T_{ch}} + S_{\text{créée}}$$

Or, $Q_{ch} = 1500$ J et $Q_{fr} = -W - Q_{ch}$ d'après le premier principe, avec $W = -500$ J, donc $Q_{fr} = -1000$ J. Finalement, $S_{\text{créée}} = 0{,}19\ \text{J.K}^{-1}$ par cycle. L'entropie créée est strictement positive : le moteur est irréversible.

26.2 Moteur de Stirling

1) En utilisant les informations de l'énoncé et l'équation d'état du gaz parfait on obtient :

état A	état B	état C	état D
$P_1 = 1\,\text{bar}$	$P_2 = 10P_1 = 10\,\text{bar}$	$P_3 = P_2\dfrac{T_2}{T_1} = 20\,\text{bar}$	$P_4 = P_3\dfrac{V_2}{V_1} = 2\,\text{bar}$
$V_1 = \dfrac{nRT_1}{P_1} = 0{,}98\,\text{L}$	$V_2 = \dfrac{V_1}{10} = 0{,}098\,\text{L}$	V_2	V_1
$T_1 = 300\,\text{K}$	T_1	$T_2 = 600\,\text{K}$	T_2

2) Le cycle est décrit dans le sens horaire : il s'agit d'un cycle moteur.

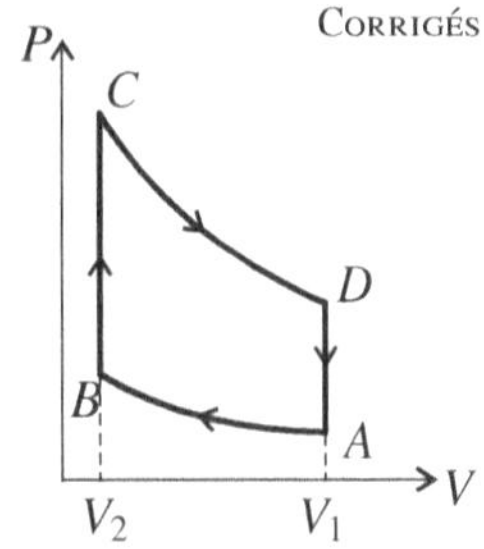

3) La transformation AB est mécaniquement réversible donc : $W_{AB} = \int_A^B -P\mathrm{d}V = \int_A^B \frac{nRT_1}{V}\mathrm{d}V = -nRT_1 \ln\frac{V_2}{V_1} = nRT_1 \ln 10$, soit $W_{AB} = 230\,\mathrm{J}$.

Les transformations BC et DA sont isochores donc $W_{BC} = W_{DA} = 0$.

Par le même calcul que W_{AB}, on trouve : $W_{CD} = -nRT_2 \ln 10$, soit $W_{CD} = -459\,\mathrm{J}$.

D'après le premier principe appliqué au système formé par le gaz sur la transformation AB on trouve : $Q_{AB} = \Delta U_{AB} - W_{AB}$; la transformation AB étant isotherme $\Delta U_{AB} = 0$ car le gaz parfait suit la première loi de Joule. Finalement : $Q_{AB} = -nRT_1 \ln 10 = -230\,\mathrm{J}$.

En appliquant le premier principe au même système sur la transformation BC on trouve : $Q_{BC} = \Delta U_{BC} = \frac{nR}{\gamma-1}(T_2 - T_1) = 249\,\mathrm{J}$.

Il vient de même : $Q_{CD} = nRT_2 \ln 10 = 460\,\mathrm{J}$ et $Q_{DA} = -\frac{nR}{\gamma-1}(T_2 - T_1) = -249\,\mathrm{J}$.

4) Le travail total échangé par le gaz au cours du cycle est : $W = W_{AB} + W_{CD}$, soit $W = -nR(T_2 - T_1)\ln(10) < 0$. Le gaz cède donc du travail, c'est bien un cycle moteur.

5) L'énergie utile est $-W$ et l'énergie coûteuse $Q_{BC} + Q_{CD}$, transfert thermique reçu de la source chaude TH_2. Le rendement est donc :

$$\rho = -\frac{W}{Q_{BC} + Q_{CD}} = \frac{(T_2 - T_1)\ln 10}{\frac{1}{\gamma-1}(T_2 - T_1) + T_2 \ln 10} = 0{,}32.$$

6) Le bilan d'entropie pour le système formé par le gaz sur le cycle complet s'écrit :

$$0 = S_{\text{éch}} + S_{\text{créée}}, \text{ donc : } S_{\text{créée}} = -S_{\text{éch}} = -\frac{Q_{DA} + Q_{AB}}{T_1} - \frac{Q_{BC} + Q_{CD}}{T_2} = \frac{nR(T_2 - T_1)^2}{(\gamma - 1)T_1 T_2} > 0.$$

Numériquement : $S_{\text{créée}} = 0{,}42\,\mathrm{J.K^{-1}}$. La création d'entropie est due aux transferts thermiques lors des transformations BC et DA au cours desquelles le système n'a pas la même température que la source avec laquelle il est contact (irréversibilité thermique).

7) On a $Q_{BC} = -Q_{DA}$. L'idée des frères Stirling est que le régénérateur reçoit du gaz ce transfert thermique au cours de l'étape DA et le lui rend au cours de l'étape BC.

8) Alors TH_2 ne doit plus fournir que Q_{CD}. Le rendement devient : $\rho = -\frac{W}{Q_{CD}} = 1 - \frac{T_2}{T_1}$.

C'est le rendement de Carnot, donc le rendement maximal possible avec ces deux sources.

26.3 Moteur à cycle à combustion isobare

1) Le cycle est bien moteur car il tourne dans le sens trigonométrique négatif : $W < 0$. On calcule les transferts thermiques reçus par les n mol de gaz parfait du système, puis on en déduit le travail *via* le premier principe.

<u>AB</u> est isobare, donc $Q_{AB} = \Delta_{AB}H = C_p\,(T_B - T_A) = \frac{n\gamma R}{\gamma-1}\,(T_B - T_A)$.

<u>BC</u> et <u>DA</u> sont adiabatiques, donc $Q_{BC} = 0$ et $Q_{DA} = 0$.

<u>CD</u> est isobare, donc $Q_{CD} = \Delta_{CD}H = C_p\,(T_D - T_C) = \frac{n\gamma R}{\gamma-1}\,(T_D - T_C)$.

Le premier principe, appliqué au système sur un cycle, mène à $\Delta_{cycle}U = W + \sum Q = 0$, d'où $W = -Q_{AB} - Q_{CD}$.

Pour un moteur, $\eta = -\frac{W}{Q_C}$. Quels sont les transferts thermiques reçus des sources chaude et froide ? Pour un moteur, $Q_C > 0$ et $Q_F < 0$.

Or $T_A = \frac{P_A V_A}{nR}$ et $T_B = \frac{P_B V_B}{nR} = \frac{P_A V_B}{nR} > T_A$ car $V_B > V_A$ d'après le cycle ; d'où $Q_{AB} > 0$ donc $Q_{AB} = Q_C > 0$. On vérifie alors $Q_{CD} = Q_F < 0$. $T_C = \frac{P_C V_C}{nR}$ et $T_D = \frac{P_D V_D}{nR} = \frac{P_D V_C}{nR}$. Or $P_C > P_D$ d'après le cycle, donc $T_C > T_D$ et ainsi $Q_{CD} < 0$.
Ainsi $\eta = -\frac{-Q_{AB}-Q_{CD}}{Q_{AB}} = 1 + \frac{Q_{CD}}{Q_{AB}} = 1 + \frac{T_D - T_C}{T_B - T_A} = \eta$.

2) BC et DA sont des adiabatiques réversibles d'un gaz parfait, la loi de Laplace $PV^\gamma = C$ y est donc valable, soit $P\left(nR\frac{T}{P}\right)^\gamma = C$, ou $P^{1-\gamma}T^\gamma = C'$.

Ainsi, sur $\underline{BC}$, $T_B^\gamma P_B^{1-\gamma} = T_C^\gamma P_C^{1-\gamma}$, soit $T_C = T_B\left(\frac{P_B}{P_C}\right)^{(\gamma-1)/\gamma} = T_B\beta^{(1-\gamma)/\gamma}$.

Sur $\underline{DA}$, $T_D^\gamma P_D^{1-\gamma} = T_A^\gamma P_A^{1-\gamma}$, soit $T_D = T_A\left(\frac{P_A}{P_D}\right)^{(1-\gamma)/\gamma} = T_A\beta^{(1-\gamma)/\gamma}$.

Le rapport de températures dans η devient $\dfrac{T_D - T_C}{T_B - T_A} = \dfrac{T_A\beta^{(1-\gamma)/\gamma} - T_B\beta^{(1-\gamma)/\gamma}}{T_B - T_A} = -\beta^{(1-\gamma)/\gamma}$, et le rendement est alors $\eta = 1 - \beta^{(1-\gamma)/\gamma}$.

26.4 Moteur à cycle d'Otto

1) Le cycle est bien moteur car il tourne dans le sens trigonométrique négatif : $W < 0$. On calcule les transferts thermiques reçus par les n mol de gaz parfait du système, puis on en déduit le travail *via* le premier principe.
$\underline{AB}$ et $\underline{CD}$ sont adiabatiques, donc $Q_{AB} = 0$ et $Q_{CD} = 0$.
$\underline{BC}$ est isochore, donc $Q_{BC} = \Delta_{BC}U = C_v(T_C - T_B) = \frac{nR}{\gamma-1}(T_C - T_B)$.
$\underline{DA}$ est isochore, donc $Q_{DA} = \Delta_{DA}U = C_v(T_A - T_D) = \frac{nR}{\gamma-1}(T_A - T_D)$.

Le premier principe, appliqué au système sur un cycle, mène à $\Delta_{cycle}U = W + \sum Q = 0$, d'où $W = -Q_{BC} - Q_{DA}$.
Pour un moteur, $\eta = -\frac{W}{Q_C}$. Quels sont les transferts thermiques reçus des sources chaude et froide ? Pour un moteur, $Q_C > 0$ et $Q_F < 0$.
$T_C = \frac{P_C V_C}{nR}$ et $T_B = \frac{P_B V_B}{nR} = \frac{P_B V_C}{nR}$. Or $P_C > P_B$ d'après le cycle, donc $T_C > T_B$ et ainsi $Q_{BC} > 0$ donc $Q_{BC} = Q_C > 0$. On vérifie alors $Q_{DA} = Q_F < 0$. $T_D = \frac{P_D V_D}{nR}$ et $T_A = \frac{P_A V_A}{nR} = \frac{P_A V_D}{nR}$. Or $P_D > P_A$ d'après le cycle, donc $T_D > T_A$ et ainsi $Q_{DA} < 0$.
Ainsi $\eta = -\frac{-Q_{BC}-Q_{DA}}{Q_{BC}} = 1 + \frac{Q_{DA}}{Q_{BC}} = 1 + \frac{T_A - T_D}{T_C - T_B} = \eta$.

2) AB et CD sont des adiabatiques réversibles d'un gaz parfait, la loi de Laplace $PV^\gamma = C$ y est donc valable, soit $nR\frac{T}{V}V^\gamma = C$, ou $TV^{\gamma-1} = C'$.

Ainsi, sur $\underline{AB}$, $T_A V_A^{\gamma-1} = T_B V_B^{\gamma-1}$, soit $T_A = T_B\left(\frac{V_B}{V_A}\right)^{\gamma-1} = T_B\varepsilon^{\gamma-1}$.

Sur $\underline{CD}$, $T_C V_C^{\gamma-1} = T_D V_D^{\gamma-1}$, soit $T_D = T_C\left(\frac{V_C}{V_D}\right)^{\gamma-1} = T_C\varepsilon^{\gamma-1}$.

Le rapport de températures dans η devient $\frac{T_A - T_D}{T_C - T_B} = \dfrac{T_B\varepsilon^{\gamma-1} - T_C\varepsilon^{\gamma-1}}{T_C - T_B} = -\varepsilon^{\gamma-1}$, et le rendement est alors $\eta = 1 - \varepsilon^{\gamma-1}$.

26.5 PAC à gaz parfait

1) Le cycle est récepteur car il tourne dans le sens trigonométrique positif : $W > 0$, alors que pour un moteur $W < 0$.

2) L'isentropique (adiabatique réversible) est γ plus pentue que l'isotherme, donc CA est l'isotherme et AB l'isentropique.

3) Pour une PAC : $e = -\frac{Q_C}{W}$. On calcule Q pour chaque transformation et on sait que, pour une PAC, $Q_C < 0$ et $Q_F > 0$. Pour W, on utilisera le premier principe sur un cycle car $\Delta_{cycle}U = 0 = W + Q$.

Sur AB : $Q_{AB} = 0$ car adiabatique.

Sur BC : à pression constante, $Q_{BC} = \Delta_{BC}H = C_p(T_C - T_B)$, où $C_p = \frac{n\gamma R}{\gamma - 1}$. Attendu que CA est isotherme, $T_C = T_A$ et $Q_{BC} = \frac{n\gamma R}{\gamma-1}(T_A - T_B)$.

Sur CA : isotherme donc $\Delta_{CA}U = 0 = W_{CA} + Q_{CA}$ et $W_{CA} = -\int_C^A P_{ext}\,\mathrm{d}V = -\int_C^A P\mathrm{d}V$ car la transformation est quasi statique (car réversible). Alors $Q_{CA} = nRT_A\int_C^A \frac{\mathrm{d}V}{V}$, soit $Q_{CA} = nRT_A \ln\left(\frac{V_A}{V_C}\right) < 0$ car $V_A < V_C$ graphiquement ; ainsi $Q_{CA} = Q_C$.

La suite est un peu technique : on passe du rapport de volumes à un rapport de pressions en utilisant l'isobare, puis on introduit un rapport de températures avec la loi de Laplace. Ainsi $V_A = \frac{nRT_A}{P_A}$ et $V_C = \frac{nRT_C}{P_C}$, d'où $\frac{V_A}{V_C} = \frac{P_C}{P_A} = \frac{P_B}{P_A}$. Puis, pour une transformation isentropique d'un gaz parfait, $PV^\gamma =$ constante ou $P^{1-\gamma}T^\gamma =$ constante' ; ainsi $P_A^{1-\gamma}T_A^\gamma = P_B^{1-\gamma}T_B^\gamma$ et $\frac{P_B}{P_A} = \left(\frac{T_A}{T_B}\right)^{\gamma/(1-\gamma)}$. Il en résulte $Q_{CA} = \frac{nR\gamma}{1-\gamma}T_A\ln\left(\frac{T_A}{T_B}\right) = \frac{n\gamma R}{\gamma-1}T_A\ln\left(\frac{T_B}{T_A}\right)$.

Puis $\Delta_{cycle}U = 0 = W + Q_{AB} + Q_{BC} + Q_{CA}$ donc $W = -\frac{n\gamma R}{\gamma-1}(T_A - T_B) - \frac{n\gamma R}{\gamma-1}T_A\ln\left(\frac{T_B}{T_A}\right)$, soit $W = -\frac{n\gamma R}{\gamma-1}\left(T_A - T_B + T_A\ln\left(\frac{T_B}{T_A}\right)\right) = -\frac{n\gamma R}{\gamma-1}T_A\left(1 - \frac{T_B}{T_A} + \ln\left(\frac{T_B}{T_A}\right)\right)$.

Finalement $e = \frac{Q_{CA}}{W} = \dfrac{\ln\left(\frac{T_B}{T_A}\right)}{1 - \frac{T_B}{T_A} + \ln\left(\frac{T_B}{T_A}\right)}$.

26.6 Réfrigérateur à cycle d'Otto

1) Le cycle est bien récepteur car il tourne dans le sens trigonométrique positif : $W > 0$. On calcule les transferts thermiques reçus par les n mol de gaz parfait du système, puis on en déduit le travail *via* le premier principe.

$\underline{AB}$ est isochore, donc $Q_{AB} = \Delta_{AB}U = C_v(T_B - T_A) = \frac{nR}{\gamma-1}(T_B - T_A)$; de même sur $\underline{CD}$, $Q_{CD} = C_v(T_D - T_C)$.

$\underline{BC}$ et $\underline{DA}$ sont adiabatiques donc $Q_{BC} = 0$ et $Q_{DA} = 0$.

Le premier principe, appliqué au système sur un cycle, mène à $\Delta_{cycle}U = W + \sum Q = 0$, d'où $W = -Q_{AB} - Q_{CD}$.

Pour un réfrigérateur, $e = \frac{Q_F}{W}$. Quels sont les transferts thermiques reçus des sources chaude et froide ? Pour un réfrigérateur, $Q_F > 0$ et $Q_C < 0$.

$T_A = \frac{P_AV_A}{nR}$ et $T_B = \frac{P_BV_B}{nR} = \frac{P_BV_A}{nR}$. Or $P_A > P_B$ d'après le cycle, donc $T_A > T_B$ et ainsi $Q_{AB} < 0$ donc $Q_{AB} = Q_C < 0$. On vérifie alors $Q_{CD} = Q_F > 0$. $T_C = \frac{P_CV_C}{nR}$ et $T_D = \frac{P_DV_D}{nR} = \frac{P_DV_C}{nR}$. Or $P_D > P_C$ d'après le cycle, donc $T_D > T_C$ et ainsi $Q_{CD} > 0$.

Ainsi $\frac{1}{e} = \frac{-Q_{AB} - Q_{CD}}{Q_{CD}} = -1 - \frac{Q_{AB}}{Q_{CD}} = -1 - \frac{T_B - T_A}{T_D - T_C} = \frac{1}{e}$.

2) AB et CD sont des adiabatiques réversibles d'un gaz parfait, la loi de Laplace $PV^\gamma = C$ y est donc valable, soit $nR\frac{T}{V}V^\gamma = C$, ou $TV^{\gamma-1} = C'$.

Ainsi, sur $\underline{BC}$, $T_B V_B^{\gamma-1} = T_C V_C^{\gamma-1}$, soit $T_B = T_C\left(\frac{V_C}{V_B}\right)^{\gamma-1} = T_C\alpha^{\gamma-1}$.

Sur $\underline{DA}$, $T_D V_D^{\gamma-1} = T_A V_A^{\gamma-1}$, soit $T_A = T_D\left(\frac{V_D}{V_A}\right)^{\gamma-1} = T_D\alpha^{\gamma-1}$.

Le rapport de températures dans $\frac{1}{e}$ devient $\frac{T_B-T_A}{T_D-T_C} = \frac{T_C\alpha^{\gamma-1}-T_D\alpha^{\gamma-1}}{T_D-T_C} = -\alpha^{\gamma-1}$, et l'inverse de l'efficacité est $\frac{1}{e} = -1+\alpha^{\gamma-1}$, soit $e = \frac{1}{-1+\alpha^{\gamma-1}}$.

26.7 Moteur Diesel

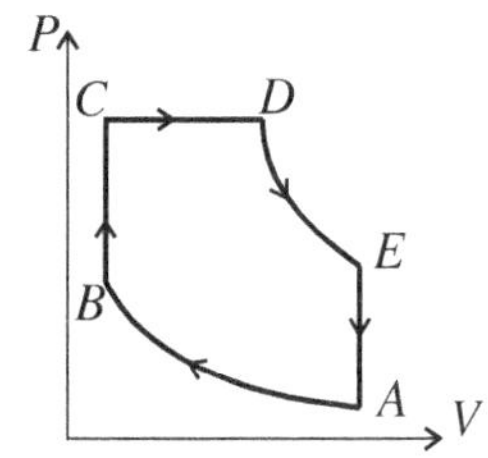

1) Voir figure ci-contre.

On a un cycle moteur s'il fournit du travail donc, avec la convention usuelle de compter positivement ce qui est reçu, on doit avoir $W < 0$ pour un moteur. Dans ces conditions, l'interprétation graphique du travail impose d'avoir un sens horaire pour parcourir le cycle, ce qui est bien le cas.

2) La transformation BC est isochore donc le travail est nul ($W_{BC} = 0$) et le transfert thermique est $Q_{BC} = \Delta_{BC}U = mc_V(T_C - T_B)$.

La transformation CD est isobare donc le calcul du travail donne $W_{CD} = -\Delta_{CD}(PV)$ et on en déduit celui du transfert thermique $Q_{CD} = \Delta_{CD}H = m\gamma c_V(T_D - T_C)$.

La transformation EA est isochore donc le travail est nul ($W_{EA} = 0$) et le calcul du transfert thermique donne $Q_{EA} = \Delta_{EA}U = mc_V(T_A - T_E)$.

3) Les transferts thermiques sont tels que $Q_{BC} > 0$ et $Q_{CD} > 0$ donc ils correspondent à une dépense. Le travail W est utile. Par conséquent, le rendement est défini par $r_{th} = -\dfrac{W}{Q_{BC}+Q_{CD}}$.

4) L'écriture du premier principe sur le cycle donne $\Delta U = 0$, soit, en explicitant la variation d'énergie interne, $\Delta U = W + Q_{AB} + Q_{BC} + Q_{CD} + Q_{DE} + Q_{EA}$.

Par ailleurs, on a $Q_{AB} = Q_{DE} = 0$ car ces transformations sont adiabatiques. On en déduit :

$$r_{th} = 1 + \frac{Q_{EA}}{Q_{BC}+Q_{CD}} = 1 + \frac{T_A - T_E}{\gamma(T_D - T_C) + T_C - T_B}.$$

5) La transformation AB est adiabatique et réversible. De plus, elle concerne un gaz parfait donc on peut appliquer les relations de Laplace par exemple $TV^{\gamma-1}$ constant. On en déduit $T_B = a^{\gamma-1}T_A$.

La transformation BC est isochore donc, en utilisant la loi des gaz parfaits et la relation précédente, on a $T_C = \frac{P_C}{P_B}T_B = da^{\gamma-1}T_A$.

La transformation CD est isobare donc, en utilisant la loi des gaz parfaits et la relation précédente, on obtient $T_D = \frac{V_D}{V_C}T_C = cda^{\gamma-1}T_A$.

La transformation DE est adiabatique et réversible et elle s'applique à un gaz parfait donc les relations de Laplace sont valables comme $TV^{\gamma-1}$ constant, donc $T_E = c^\gamma dT_A$.

6) En reportant les expressions de la question précédente : $r_{th} = 1 + \dfrac{1 - c^\gamma d}{d - 1 + \gamma(c-1)d}a^{1-\gamma}$.

7) La relation des gaz parfaits avec $n = \dfrac{m}{M_{\text{air}}}$ permet d'écrire $m = \dfrac{M_{\text{air}} P_A V_A}{RT_A}$ ainsi que $\mathcal{C} = V_A - V_B = V_A \dfrac{a-1}{a}$. On en déduit $m = \dfrac{a}{a-1}\dfrac{M_{\text{air}} P_A \mathcal{C}}{RT_A}$.

8) Par définition, $Q_{BC} = \eta\mu_V = \dfrac{k_V}{100}\eta\alpha m$.

9) Comme $Q_{BC} = mc_V(T_C - T_B)$, il vient : $T_C = a^{\gamma-1}T_A + \dfrac{k_V\eta\alpha}{100c_V}$.

La relation des gaz parfaits donne $P_C = \dfrac{V_A}{V_C}\dfrac{T_C}{T_A}P_A$ donc : $P_C = a\left(a^{\gamma-1} + \dfrac{k_V\eta\alpha}{100c_V T_A}\right)P_A$.

10) Maintenant on a $Q_{CD} = \eta(\mu - \mu_V) = \left(1 - \dfrac{k_V}{100}\right)\eta\alpha m$.

11) Comme $Q_{CD} = mc_P(T_D - T_C)$, il vient : $T_D = a^{\gamma-1}T_A + \dfrac{\eta\alpha}{\gamma c_V}\left(\dfrac{k_V}{100}(\gamma-1) + 1\right)$.

12) On veut $P_C < P_{\max}$. Il faut pour cela que $k_V < \dfrac{100c_P T_A}{\eta\alpha a\gamma}\left(\dfrac{P_{\max}}{P_A} - a^\gamma\right)$, soit, numériquement : $k_V < 21{,}4$.

13) $V_A = \dfrac{a}{a-1}\mathcal{C} = 3{,}21$ L, $V_B = \dfrac{V_A}{a} = 0{,}214$ L et $T_B = a^{\gamma-1}T_A = 972$ K, puis $T_C = a^{\gamma-1}T_A + \dfrac{k_V\eta\alpha}{100c_V} = 1464$ K, $T_D = a^{\gamma-1}T_A + \dfrac{\eta\alpha}{\gamma c_V}\left(\dfrac{k_V}{100}(\gamma-1)+1\right) = 2765$ K, $c = \dfrac{T_D}{T_C} = 1{,}89$, $d = \dfrac{T_C}{T_B} = 1{,}51$, $T_E = c^\gamma d T_A = 1236$ K.

14) On en déduit le rendement théorique $r_{th} = 1 + \dfrac{1 - c^\gamma d}{d - 1 + \gamma(c-1)d}a^{1-\gamma} = 0{,}61$.

15) De même, $m = \dfrac{a}{a-1}\dfrac{M_{\text{air}}P_A\mathcal{C}}{RT_A} = 3{,}32$ g, d'où $Q_{BC} = \dfrac{k_V}{100}\eta\alpha m = 1199$ J et $Q_{CD} = \left(1 - \dfrac{k_V}{100}\right)\eta\alpha m = 4405$ J. On en déduit $W = r_{th}(Q_{BC} + Q_{CD}) = 3418$ J par cycle et par cylindre. La puissance $\mathcal{P}$ est le produit du nombre de cylindres 6, du nombre de cycles par tour 0,5, du nombre de tours par seconde $\frac{2300}{60}$ et du travail, soit $\mathcal{P} = 362$ kW.

16) Le cycle est réel et non réversible donc la puissance réelle est inférieure.

26.8 Optimisation du chauffage d'un local

1) On note T la température en kelvins et θ la température en degrés Celsius.
La pompe à chaleur réversible, fonctionnant entre le local de température T_1 et l'extérieur de température T_2, a pour efficacité : $e_{\text{rev}} = \frac{T_1}{T_1 - T_2} = 13{,}3$. Ainsi, la puissance consommée est 13,3 fois plus petite que la puissance thermique fournie au local. La puissance du moteur faisant fonctionner cette pompe est donc : $P = \dfrac{32.10^6}{3600 \times 13{,}3} = 668$ W.

2) a. Les schémas de principe des deux dispositifs proposés sont les suivants ($\mathcal{P}$ désigne la pompe à chaleur et $\mathcal{M}$ le moteur) :

• *Dispositif du premier conseiller* :

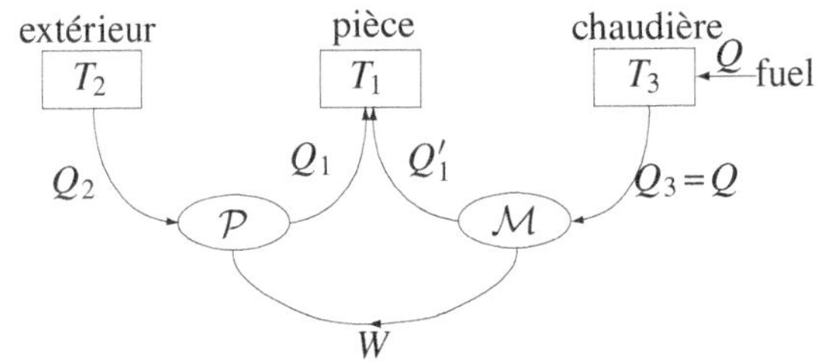

• *Dispositif du deuxième conseiller* :

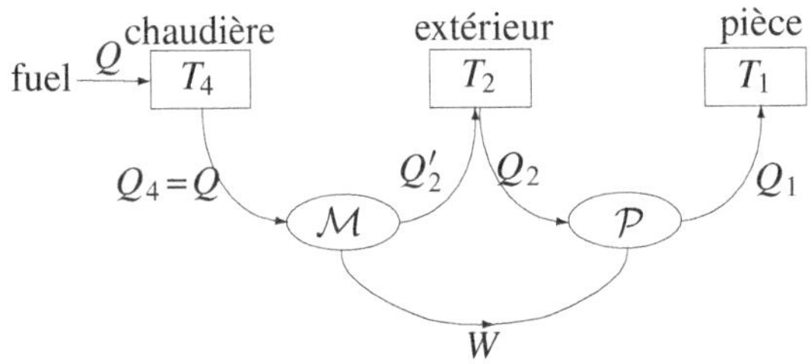

Dans chaque cas, on applique le premier principe et le deuxième principe (sous forme de l'égalité de Clausius) au fluide qui décrit des cycles, pour la pompe à chaleur et pour le moteur. Attention, si on appelle W le travail reçu par le fluide au cours d'un cycle dans la pompe à chaleur, le travail que reçoit le fluide dans le moteur est $-W$.

• *Dispositif du premier conseiller* :

- Pompe à chaleur : $\begin{cases} W + Q_1 + Q_2 = 0 \\ \dfrac{Q_1}{T_1} + \dfrac{Q_2}{T_2} = 0 \end{cases}$ Moteur : $\begin{cases} -W + Q'_1 + Q = 0 \\ \dfrac{Q'_1}{T_1} + \dfrac{Q}{T_3} = 0 \end{cases}$

Le local reçoit le transfert thermique : $Q_{\text{local}} = -Q_1 - Q'_1 = \dfrac{1-\frac{T_1}{T_3}}{1-\frac{T_2}{T_1}}Q + \dfrac{T_1}{T_3}Q = \dfrac{T_3 - T_2}{T_1 - T_2}Q.$

Numériquement, $Q_{\text{local}} = 5{,}8Q$. Ainsi, avec a litres de fuel, on chauffe le local pendant 5,8 jours.

• *Dispositif du deuxième conseiller* :

- Pompe à chaleur : $\begin{cases} W + Q_1 + Q_2 = 0 \\ \dfrac{Q_1}{T_1} + \dfrac{Q_2}{T_2} = 0 \end{cases}$ Moteur : $\begin{cases} -W + Q + Q'_2 = 0 \\ \dfrac{Q}{T_4} + \dfrac{Q'_2}{T_2} = 0 \end{cases}$

Le local reçoit le transfert thermique : $Q_{\text{local}} = -Q_1 = \dfrac{1-\frac{T_2}{T_4}}{1-\frac{T_2}{T_1}}Q = \dfrac{T_4 - T_2}{T_1 - T_2}Q.$

Numériquement, $Q_{\text{local}} = 6{,}5Q$. Ainsi, avec a litres de fuel, on chauffe le local pendant 6,5 jours.

b. Le deuxième dispositif semble meilleur mais uniquement parce $T_4 > T_3$. Si $T_3 = T_4$, les deux systèmes sont équivalents. Le premier semble plus astucieux car l'énergie thermique fournie à la source froide du moteur est utilisée pour chauffer la salle mais le rendement du moteur du deuxième dispositif est meilleur puisqu'il fonctionne entre la source la plus froide et la source la plus chaude.

c. Augmenter la température de la chaudière auxiliaire augmente le rendement, mais une installation supportant une température plus élevée coûte aussi plus cher d'où un investissement plus grand au départ. D'autre part, plus cette température est élevée, plus il y de pertes par fuites thermiques.

26.9 Perte de performance d'un congélateur

1) Pour une machine réversible, $e_{\text{rev}} = \dfrac{T_{fr}}{T_{ch} - T_{fr}} = \dfrac{253}{292 - 253} = 6{,}5$. Donc : $\alpha = 0{,}31$.

2) Dans le cours, on a montré que : $\dfrac{1}{e} = \dfrac{T_{ch}}{T_{fr}} - 1 + \dfrac{T_{ch}S_{\text{créée}}}{Q_{fr}} = \dfrac{1}{e_{\text{rev}}} + \dfrac{T_{ch}S_{\text{créée}}}{Q_{fr}}$.

Si le terme $\dfrac{T_{ch}S_{\text{créée}}}{Q_{fr}}$ est doublé, l'efficacité devient e' avec :

$$\frac{1}{e'} - \frac{1}{e_{\text{rev}}} = 2\frac{T_{ch}S_{\text{créée}}}{Q_{fr}} = 2\left(\frac{1}{e} - \frac{1}{e_{\text{rev}}}\right) \quad \text{soit } e' = \frac{e e_{\text{rev}}}{2e_{\text{rev}} - e} \quad \text{soit } \alpha' = \frac{e'}{e_{\text{rev}}} = \frac{\alpha}{2 - \alpha}.$$

Numériquement : $\alpha' = 0{,}18$ et $e' = 1{,}2$.

26.10 Moteur à cycle à combustion isochore

1) Le cycle est bien moteur car il tourne dans le sens trigonométrique négatif : $W < 0$. On calcule les transferts thermiques reçus par les n mol de gaz parfait du système, puis on en déduit le travail *via* le premier principe.
$\underline{AB}$ est isochore, donc $Q_{AB} = \Delta_{AB}U = C_v(T_B - T_A) = \frac{nR}{\gamma-1}(T_B - T_A)$.
$\underline{BC}$ et $\underline{DA}$ sont adiabatiques, donc $Q_{BC} = 0$ et $Q_{DA} = 0$.
$\underline{CD}$ est isobare, donc $Q_{CD} = \Delta_{CD}H = C_p(T_D - T_C) = \frac{n\gamma R}{\gamma-1}(T_D - T_C)$.

Le premier principe, appliqué au système sur un cycle, mène à $\Delta_{cycle}U = W + \sum Q = 0$, d'où $W = -Q_{AB} - Q_{CD}$.
Pour un moteur, $\eta = -\frac{W}{Q_C}$. Quels sont les transferts thermiques reçus des sources chaude et froide ? Pour un moteur, $Q_C > 0$ et $Q_F < 0$.
Or $T_A = \frac{P_AV_A}{nR}$ et $T_B = \frac{P_BV_B}{nR} = \frac{P_AV_B}{nR} > T_A$ car $V_B > V_A$ d'après le cycle ; d'où $Q_{AB} > 0$ donc $Q_{AB} = Q_C > 0$. On vérifie alors $Q_{CD} = Q_F < 0$. $T_C = \frac{P_CV_C}{nR}$ et $T_D = \frac{P_DV_D}{nR} = \frac{P_DV_C}{nR}$.
Or $P_C > P_D$ d'après le cycle, donc $T_C > T_D$ et ainsi $Q_{CD} < 0$.
Ainsi $\eta = -\frac{-Q_{AB}-Q_{CD}}{Q_{AB}} = 1 + \frac{Q_{CD}}{Q_{AB}} = 1 + \gamma\frac{T_D - T_C}{T_B - T_A} = \eta$.
2) On exprime ensuite les températures en fonction de T_A (choix arbitraire) et des pressions.
$\underline{AB}$ est isochore donc $V_A = V_B$, soit $nR\frac{T_A}{P_A} = nR\frac{T_B}{P_B}$, d'où $T_B = T_A\frac{P_B}{P_A} = \lambda T_A$.
BC et DA sont des adiabatiques réversibles d'un gaz parfait, la loi de Laplace $PV^\gamma = C$ y est donc valable, soit $P\left(nR\frac{T}{P}\right)^\gamma = C$, ou $P^{1-\gamma}T^\gamma = C'$.

Ainsi, sur $\underline{BC}$, $P_B^{1-\gamma}T_B^\gamma = P_C^{1-\gamma}T_C^\gamma$, soit $T_C = T_B\left(\frac{P_B}{P_C}\right)^{(1-\gamma)/\gamma} = \lambda T_A\left(\frac{P_B}{P_C}\right)^{(1-\gamma)/\gamma}$. De plus $\frac{P_B}{P_C} = \frac{P_B}{P_D} = \frac{P_B}{P_A}\frac{P_A}{P_D} = \lambda\beta$, d'où $T_C = \lambda T_A(\lambda\beta)^{(1-\gamma)/\gamma} = T_A\lambda^{1/\gamma}\beta^{(1-\gamma)/\gamma}$.

Sur $\underline{DA}$, $P_D^{1-\gamma}T_D^{\gamma} = P_A^{1-\gamma}T_A^{\gamma}$, soit $T_D = T_A\left(\frac{P_A}{P_D}\right)^{(1-\gamma)/\gamma} = T_A\beta^{(1-\gamma)/\gamma}$.

Le rapport de températures dans η devient $\dfrac{T_D - T_C}{T_B - T_A} = \dfrac{\beta^{(1-\gamma)/\gamma} - \lambda^{1/\gamma}\beta^{(1-\gamma)/\gamma}}{\lambda - 1}$, et le rendement devient $\eta = 1 - \gamma\beta^{(1-\gamma)/\gamma}\dfrac{\lambda^{1/\gamma} - 1}{\lambda - 1}$.

26.11 Moteur à cycle Diesel

1) Le cycle est bien moteur car il tourne dans le sens trigonométrique négatif : $W < 0$. On calcule les transferts thermiques reçus par les n mol de gaz parfait du système, puis on en déduit le travail *via* le premier principe.

$\underline{AB}$ est isobare, donc $Q_{AB} = \Delta_{AB}H = C_p(T_B - T_A) = \frac{n\gamma R}{\gamma-1}(T_B - T_A)$.

$\underline{BC}$ et $\underline{DA}$ sont adiabatiques, donc $Q_{BC} = 0$ et $Q_{DA} = 0$.

$\underline{CD}$ est isochore, donc $Q_{CD} = \Delta_{CD}U = C_v(T_D - T_C) = \frac{nR}{\gamma-1}(T_D - T_C)$.

Le premier principe, appliqué au système sur un cycle, mène à $\Delta_{cycle}U = W + \sum Q = 0$, d'où $W = -Q_{AB} - Q_{CD}$.

Pour un moteur, $\eta = -\frac{W}{Q_C}$. Quels sont les transferts thermiques reçus des sources chaude et froide ? Pour un moteur, $Q_C > 0$ et $Q_F < 0$.

Or $T_A = \frac{P_AV_A}{nR}$ et $T_B = \frac{P_BV_B}{nR} = \frac{P_AV_B}{nR} > T_A$ car $V_B > V_A$ d'après le cycle ; d'où $Q_{AB} > 0$ donc $Q_{AB} = Q_C > 0$. On vérifie alors $Q_{CD} = Q_F < 0$. $T_C = \frac{P_CV_C}{nR}$ et $T_D = \frac{P_DV_D}{nR} = \frac{P_DV_C}{nR}$.

Or $P_C > P_D$ d'après le cycle, donc $T_C > T_D$ et ainsi $Q_{CD} < 0$.

Ainsi $\eta = -\frac{-Q_{AB}-Q_{CD}}{Q_{AB}} = 1 + \frac{Q_{CD}}{Q_{AB}} = 1 + \frac{1}{\gamma}\frac{T_D - T_C}{T_B - T_A} = \eta$.

2) On exprime ensuite les températures en fonction de T_A (choix arbitraire) et des volumes.

$\underline{AB}$ est isobare donc $P_A = P_B$, soit $nR\frac{T_A}{V_A} = nR\frac{T_B}{V_B}$, d'où $T_B = T_A\frac{V_B}{V_A}$.

BC et DA sont des adiabatiques réversibles d'un gaz parfait, la loi de Laplace $PV^{\gamma} = C$ y est donc valable, soit $nR\frac{T}{V}V^{\gamma} = C$, ou $TV^{\gamma-1} = C'$.

Ainsi, sur $\underline{BC}$, $T_BV_B^{\gamma-1} = T_CV_C^{\gamma-1}$, soit $T_C = T_B\left(\frac{V_B}{V_C}\right)^{\gamma-1} = T_A\frac{V_B}{V_A}\left(\frac{V_B}{V_C}\right)^{\gamma-1}$.

Sur $\underline{DA}$, $T_DV_D^{\gamma-1} = T_AV_A^{\gamma-1}$, soit $T_D = T_A\left(\frac{V_A}{V_D}\right)^{\gamma-1}$.

Le rapport de températures dans η devient $\dfrac{T_D - T_C}{T_B - T_A} = \dfrac{T_A\left(\frac{V_A}{V_D}\right)^{\gamma-1} - T_A\frac{V_B}{V_A}\left(\frac{V_B}{V_C}\right)^{\gamma-1}}{T_A\frac{V_B}{V_A} - T_A}$, soit avec ε et ρ :

$$\frac{T_D - T_C}{T_B - T_A} = \frac{\left(\frac{1}{\varepsilon}\right)^{\gamma-1} - \rho\left(\frac{V_B}{V_A}\frac{V_A}{V_C}\right)^{\gamma-1}}{\rho - 1} = \frac{\left(\frac{1}{\varepsilon}\right)^{\gamma-1} - \rho\rho^{\gamma-1}\left(\frac{1}{\varepsilon}\right)^{\gamma-1}}{\rho - 1} = -\frac{1}{\varepsilon^{\gamma-1}}\frac{\rho^{\gamma} - 1}{\rho - 1}.$$

Le rendement est $\eta = 1 - \dfrac{1}{\varepsilon^{\gamma-1}}\dfrac{\rho^{\gamma} - 1}{\rho - 1}$.

Champ et moment magnétiques 27

De la relativité générale à la physique quantique, en passant par les moteurs électriques, la physique moderne travaille sur des champs ; ils sont omniprésents. Ce chapitre en introduit un, le champ magnétique, qui intervient dans les moteurs électriques, les mémoires informatiques, l'IRM...

1 Le champ magnétique

1.1 Les champs en physique

Un **champ** est une grandeur physique qui dépend de la position et du temps.

Par exemple, à la surface du globe, on définit le champ de température : en tout point M, $T(M,t)$ est la température à la date t. On définit aussi le champ de pression $P(M,t)$. Ces deux champs sont des champs scalaires, car la température et la pression sont des scalaires, c'est-à-dire qu'ils ne sont définis que par un unique nombre.

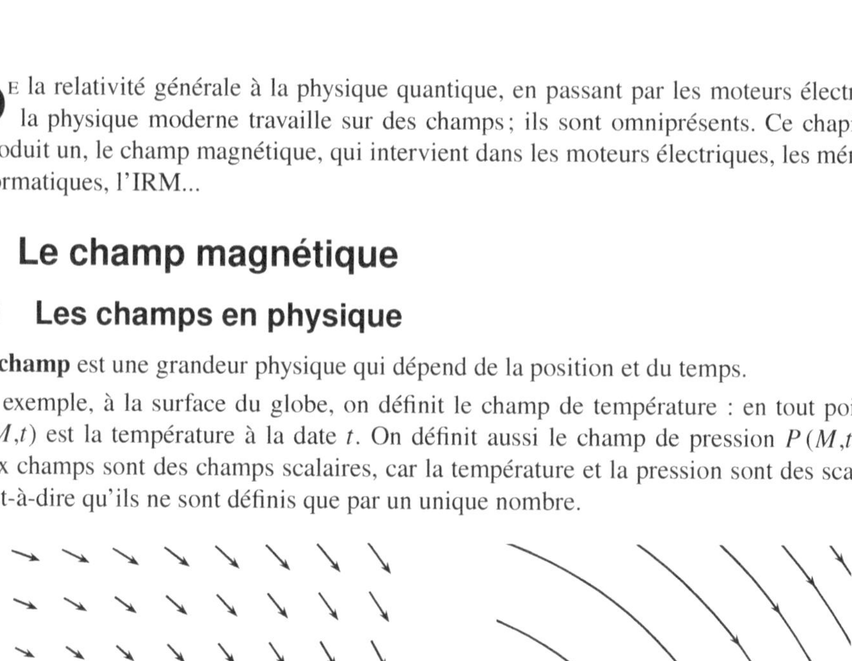

Figure 27.1 – Exemple de champ vectoriel (à gauche) et de ligne de champ (à droite).

Un champ vectoriel est, quant à lui, défini par trois nombres, les coordonnées d'un vecteur dans un espace à trois dimensions. Toujours dans le cas météorologique, on définit le champ des vitesses $\vec{v}(M,t)$, qui représente la vitesse de l'atmosphère au point M, à la date t. Ce champ vectoriel est représenté graphiquement en traçant, en de nombreux points de l'espace, le vecteur vitesse des particules.

On passe aux **lignes de champ** en traçant les courbes qui sont en tout point tangentes aux vecteurs. Si une ligne de champ montre bien la direction que prend le champ dans l'espace, l'information relative à la norme du vecteur semble perdue. Toutefois, on peut prendre la convention que plus la norme est importante, plus on dessine des lignes de champ serrées, convention qui est appliquée sur la figure 27.1.

1.2 Un champ vectoriel permet de décrire une interaction à distance

Lorsqu'on approche un aimant d'une pièce de 1, 2 ou 5 centimes d'euro, la pièce est attirée par l'aimant. Mais comment? Il n'y a rien qui relie les deux objets, aucun fil visible. On utilise le concept de champ pour interpréter cette action à distance : l'aimant crée un **champ magnétique** en tout point de l'espace autour de lui et c'est ce champ qui a une influence sur la pièce métallique.

On interprète de la même façon l'attraction gravitationnelle avec un champ gravitationnel (par exemple, le Soleil crée dans tout le système solaire un champ gravitationnel qui agit sur les planètes) ou l'interaction électrostatique de deux corps électrisés avec la notion de champ électrique. Dans ces théories les champs (électrique, magnétique, de gravitation) sont les intermédiaires qui transmettent les actions mécaniquement observables.

1.3 Unités et ordres de grandeur

Quelle est l'unité du champ magnétique? Raisonnons sur des équations aux unités, avec l'expression de la force magnétique et le lien entre l'intensité du courant et la charge :

$$\begin{cases} \vec{f} = q\vec{v} \wedge \vec{B} = m\dfrac{\mathrm{d}\vec{v}}{\mathrm{d}t} \\ i = \dfrac{q}{\Delta t} \end{cases} \quad \text{donc} \quad \begin{cases} \mathrm{N} = \mathrm{C.m.s^{-1}}\,[B] = \mathrm{kg.m.s^{-2}} \\ \mathrm{A} = \mathrm{C.s^{-1}} \end{cases}$$

Au final, l'unité du champ magnétique est le $\mathrm{kg.s^{-2}.A^{-1}}$, qu'on nomme usuellement **Tesla** [1], symbolisé par un T majuscule.

L'unité du champ magnétique est le **Tesla**, de symbole T.

Les champs magnétiques existent tout autour de nous, mais leur valeur dépend de leur utilisation et de leur source.

	champ terrestre	aimant usuel	appareil d'IRM
ordre de grandeur (en T)	$4{,}7.10^{-5}$	0,1 à 1	3

2 Cartes de champ magnétique

Les lignes de champ magnétique sont expérimentalement observable ens saupoudrant de la limaille de fer sur une feuille de papier, qui s'aligne sur le champ magnétique. On observe successivement plusieurs cartes de champs de situation très classiques.

1. En l'honneur de Nikola Tesla, 1856-1943, ingénieur serbe naturalisé américain, dont les travaux portèrent sur l'électromagnétisme et ses applications.

2.1 Spire circulaire de courant

On examine les lignes de champ créé par le circuit le plus simple : une spire circulaire, parcourue par un courant d'intensité constante, dû à un générateur non représenté.
On observe que le champ magnétique n'est pas uniforme en tout point de l'espace, les lignes de champ sont resserrées sur la surface de la spire : c'est là qu'on observe que la norme du champ est la plus importante. On retiendra de plus l'observation expérimentale suivante :

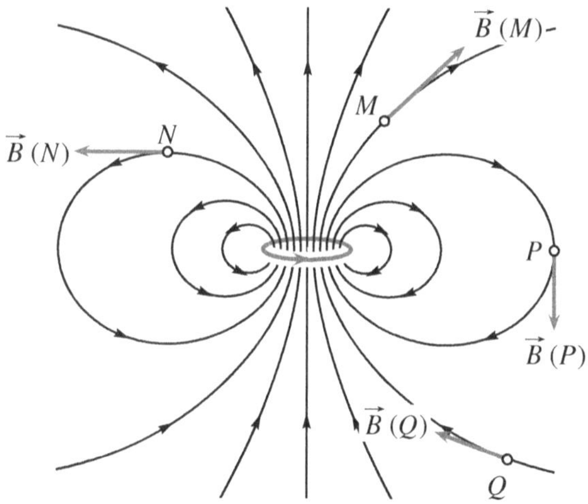

Sur une carte de ligne de champ magnétique, le champ magnétique est le plus intense là où les lignes de champ se resserrent.

Figure 27.2 – Lignes de champ magnétique (en noir) d'une spire circulaire (en gris) parcourue par un courant dans le sens de la flèche.

D'autre part, on constate que les lignes de champ s'enroulent autour du courant et sont orientées selon la règle de la main droite donnée ci-dessus.

Règle de la main droite : si on appose la main sur la spire avec les doigts qui épousent la courbe, le courant allant de la base vers le bout des doigts, le pouce indique alors le sens du vecteur champ magnétique.

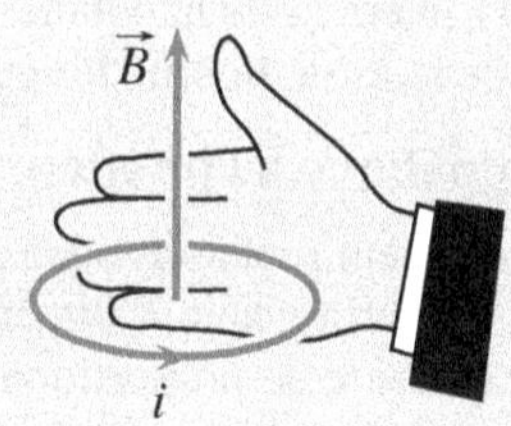

Figure 27.3 – Règle de la main droite.

Cette propriété est générale et elle permet d'orienter systématiquement le champ magnétique par rapport au courant qui le crée.

2.2 Bobine longue

Une bobine est constituée de N de spires jointives, de rayon r, de même axe, alignées sur une distance ℓ, toutes parcourues par le même courant d'intensité i. On définit le nombre de spires par unité de longueur n par : $n = \frac{N}{\ell}$.
Les lignes de champ magnétique, créé par la bobine, sont représentées sur la figure 27.5. Elles vérifient la règle de la main droite quant à leur orientation par rapport aux spires de la bobine.

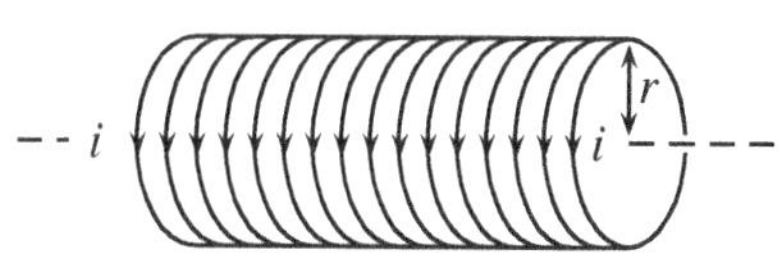

N spires sur une longueur ℓ

Figure 27.4 – Bobine (chaque spire est parcourue par le même courant).

a) Observation du champ magnétique créé

Les lignes du champ magnétique créé par la bobine parcourue par un courant d'intensité I sont représentées sur la figure 27.5. Elles vérifient la règle de la main droite quant à leur orientation par rapport aux sens du courant dans les spires de la bobine.

On observe qu'à l'intérieur de la bobine les lignes de champ sont proches d'être des droites parallèles.

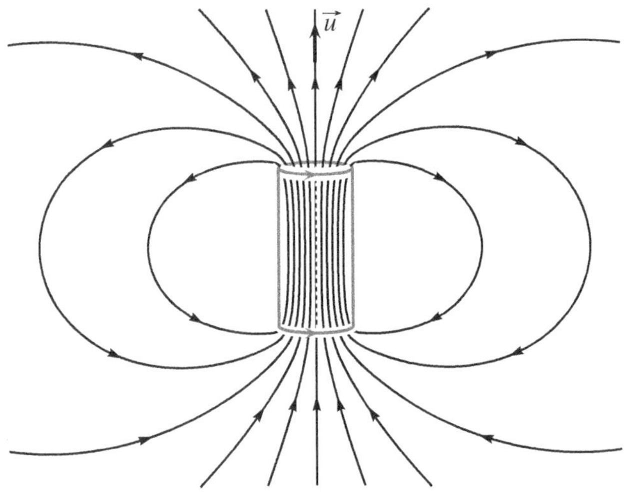

Figure 27.5 – Lignes de champ magnétique, en noir, d'une bobine, en gris (seules les spires extrêmes sont représentées, afin de voir les lignes de champ dans la bobine).

Or, lorsque les lignes de champ magnétiques sont des droites parallèles, l'écartement entre deux lignes voisines est constant, signe que le champ a une norme *constante le long des lignes de champ*. Il en résulte que le champ magnétique est uniforme à l'intérieur du solénoïde.

En conclusion : le champ magnétique créé par la bobine représentée sur la figure 27.5 est quasi uniforme à l'intérieur de la bobine. Ceci est vrai pour une bobine telle que le rapport $\frac{\ell}{r}$ est grand ; on parle alors de **bobine longue** [2] ou de **solénoïde** [3].

b) Champ magnétique à l'intérieur de la bobine

Des mesures permettent d'établir expérimentalement que la norme du champ à l'intérieur de la bobine est proportionnelle à l'intensité I du courant et au nombre spires par unité de longueur n. La constante de proportionnalité, notée μ_0, s'appelle la **perméabilité du vide** ; elle vaut :

$$\mu_0 = 4\pi.10^{-7}\ \text{H.m}^{-1}.$$

> **Remarque**
>
> On explique, page 794 pourquoi l'unité de perméabilité du vide fait apparaître le henry H, unité d'inductance.

On a ainsi : $\|\vec{B}(M)\| = \mu_0 nI$ à l'intérieur du solénoïde.

Par exemple, une bobine longue, constituée de 10 spires par centimètre, c'est-à-dire $n = 10\ \text{cm}^{-1}$, et parcourue par un courant d'intensité $I = 1{,}2$ A, crée un champ magnétique à l'intérieur d'elle-même de :

$$B = 4\pi.10^{-7} \times 10\frac{1}{10^{-2}} \times 1{,}2 = 1{,}5.10^{-3}\ \text{T}.$$

2. Une bobine telle $\frac{\ell}{r} \ll 1$ est appelée **bobine plate** ; dans ce cas toutes les spires de la bobine sont quasi confondues et le champ est identique au champ d'une seule spire, parcourue par le courant d'intensité NI.

3. Le mot solénoïde provient du mot grec signifiant tuyau.

Attention : $n = 10\ \text{cm}^{-1} = \dfrac{10}{1\ \text{cm}} = \dfrac{10}{10^{-2}\ \text{m}} = \dfrac{10}{10^{-2}}\ \text{m}^{-1} = 1{,}0.10^3$ spires par mètre.

c) Effets de bord

Il faut noter toutefois, que la zone où le champ magnétique est uniforme ne couvre pas l'intégralité de la bobine. La formule du champ magnétique précédente n'est valable que loin des bords, là où la courbure des lignes de champ reste imperceptible.

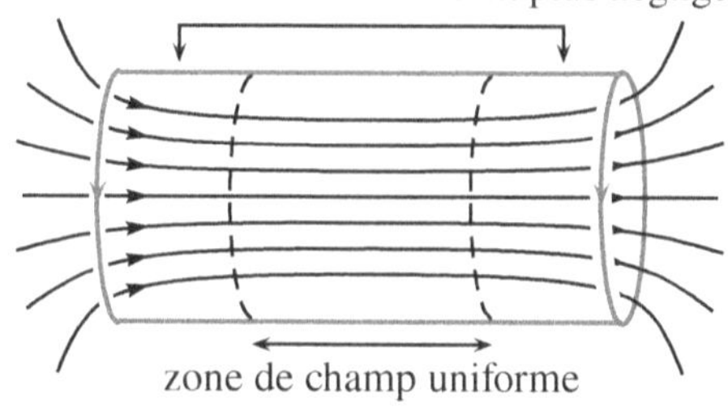

Figure 27.6 – Zoom des lignes de champ magnétique, en noir, d'une bobine, en gris.

On parle d'**effet de bord** pour nommer le phénomène où les lignes de champ s'évasent à proximité des bords de la bobine. On conçoit que plus la bobine est est longue, par rapport à son rayon, plus la zone touchée par les effets de bord représente un faible partie du volume intérieur du solénoïde.

Ceci est illustré sur la figure 27.7, où l'on voit la norme du champ magnétique, sur l'axe de la bobine, pour des bobines de plus en plus longues par rapport à leur rayon. Le nombre n de spires par unité de longueur, le rayon r, ainsi que l'intensité I du courant, sont identiques dans chaque bobine ; seule la longueur ℓ varie. $B(x)$ est la norme du champ magnétique à l'abscisse x, repérée par rapport au centre de la bobine.

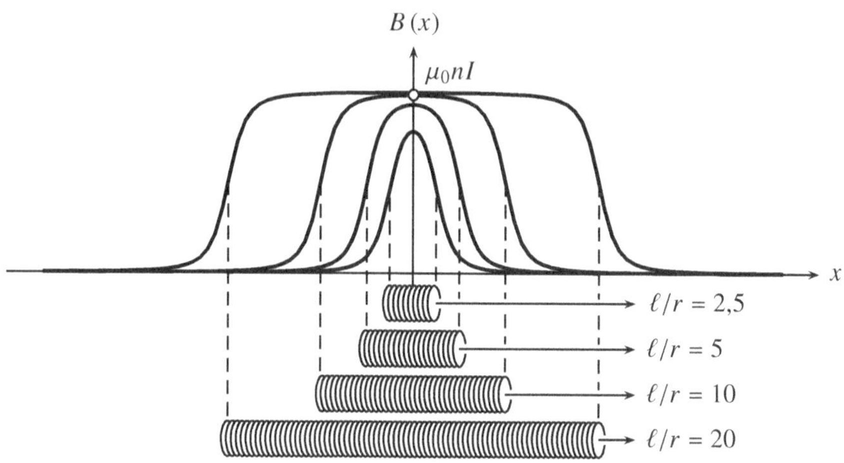

Figure 27.7 – Norme du champ magnétique sur l'axe de diverses bobines : effets de bord.

Pour les deux bobines les plus longues, $\ell/R = 10$ ou 20, la norme du champ magnétique vaut $\mu_0 n I$ presque partout, sauf proche des bords. Mais pour les deux bobines les plus courtes, $\ell/R = 2{,}5$ ou 5, la norme du champ est inférieure à $\mu_0 n I$; la zone où les effets de bord ne sont pas négligeables occupe l'intégralité de la bobine.

Remarque

On observe sur le graphe de la figure 27.7 que la norme du champ magnétique sur l'axe d'une bobine décroît fortement à l'extérieur de celle-ci. Ce résultat est cohérent avec les lignes de champ, représentées sur la figure 27.5, qui s'écartent nettement au sortir de la bobine.

2.3 Aimant

La carte de champ d'un aimant est similaire à celle d'une spire ou d'une bobine. Par convention, on appelle pôle nord la face de l'aimant d'où les lignes de champ sortent et pôle sud la face de l'aimant dans laquelle les lignes de champ entrent.

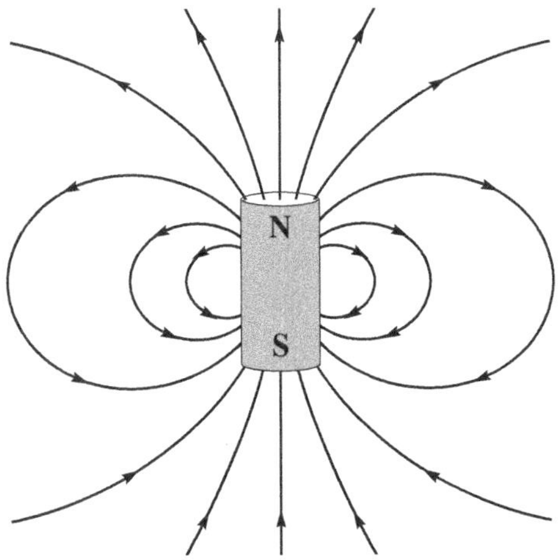

Figure 27.8 – Lignes de champ magnétique d'un aimant. **N** est le pôle nord et **S** le pôle sud.

3 Invariances d'une distribution de courant

L'observation de la répartition dans l'espace, des courants qui créent le champ magnétique, permet de prédéterminer le sens et la direction de $\vec{B}$.

3.1 Invariance par translation le long d'un axe

Soit un très long fil électrique, c'est-à-dire de longueur très supérieure à son rayon, parcouru par un courant électrique. Un repère cylindrique est bâti par dessus, qui confond l'axe (Oz) avec le fil.
La valeur de l'intensité du courant est la même tout le long du fil, il y a invariance par translation selon l'axe (Oz).
Le champ magnétique, créé par ce courant au point M, ne peut donc pas dépendre de la coordonnée z. En effet, si le point M est translaté selon (Oz), c'est le même fil avec la même intensité qui est vue de M ; la situation étant rigoureusement identique entre deux points de cotes z_1 et z_2, la valeur du champ magnétique doit aussi être rigoureusement identique en z_1 et z_2.

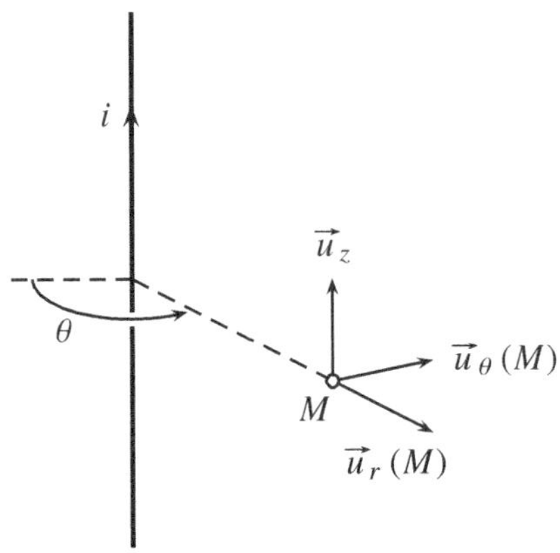

Figure 27.9 – Invariances d'un courant qui parcourt un fil rectiligne.

3.2 Invariance par rotation autour d'un axe

On reprend la situation du paragraphe précédent.

Quand le point M tourne autour du fil (à r et z constants), il voit toujours la même fil et la même intensité. On en conclut, avec les mêmes arguments que précédemment, que le champ magnétique créé par ce fil ne peut pas dépendre de θ.

3.3 Conclusion

Le champ magnétique, engendré par une distribution de courant invariante, est indépendant de la variable d'espace qui caractérise l'invariance.

4 Propriétés de symétries du champ magnétique

Il est possible de prédéterminer la direction d'un champ magnétique, en observant les symétries et antisymétries des courants qui le crée.

4.1 Symétries et antisymétries d'une distribution de courant

Soient deux fils, géométriquement symétriques par rapport à un plan.

Distribution de courant symétrique Deux distributions de courants (deux fils sur la figure ci-dessous, à gauche), sont symétriques, si, quels que soient les deux points M et M', symétriques par rapport au plan de symétrie Π_s, le courant électrique est lui aussi symétrique par rapport au plan Π_s.

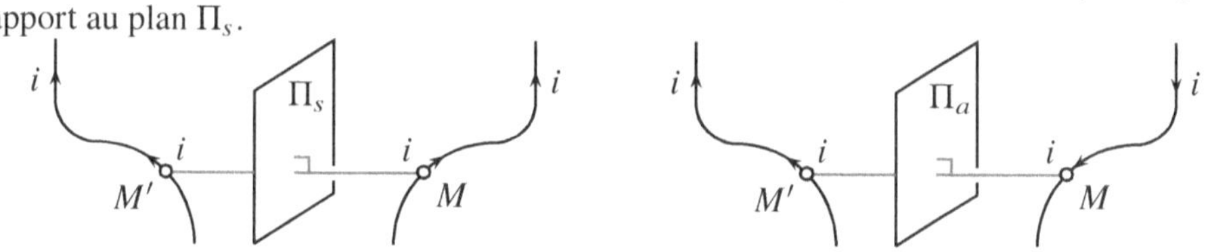

Figure 27.10 – Courants symétriques (à gauche) ou antisymétriques (à droite).

Distribution de courant antisymétrique Deux distributions de courants (deux fils sur la figure ci-dessous, à gauche), sont antisymétriques, si, quels que soient les deux points M et M', symétriques par rapport au plan de symétrie Π_a, le courant électrique est antisymétrique par rapport au plan Π_a.

Concrètement, le courant circule dans l'autre sens de l'autre coté de Π_a dans le cas d'une antisymétrie.

Comment tracer l'antisymétrique d'un courant ? On trace le symétrique, puis en prend le sens opposé.

Exemple d'une spire de courant circulaire Le plan de la spire, en gris clair sur la figure 27.11, est un plan de symétrie pour le courant car l'espace est symétrique de par et d'autre de ce plan Π_s, sans aucun courant.

Le plan orthogonal à celui de la spire, en gris foncé, est un plan d'antisymétrie pour le courant car les courants sont antisymétrique de par et d'autre de Π_a (on rappelle qu'une antisymétrie est une symétrie, suivie d'un changement de sens du courant).

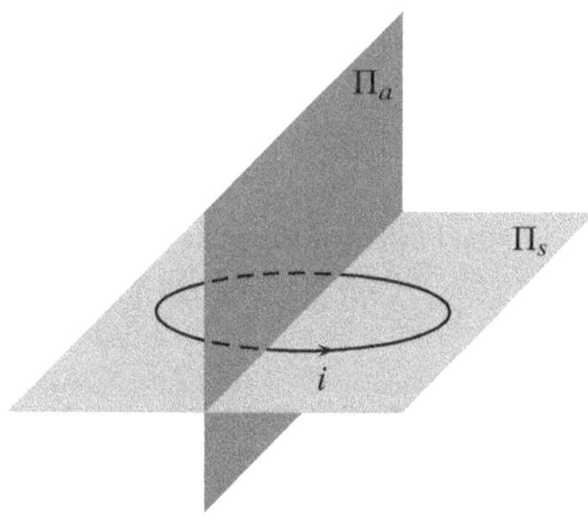

Figure 27.11 – Plans de symétries d'une spire de courant circulaire.

4.2 Observation du champ magnétique d'une spire de courant

D'après le paragraphe précédent, le plan gris clair est un plan de symétrie Π_s du courant et le plan gris foncé Π_a un plan d'antisymétrie de ce même courant. On observe les lignes de champs sur la figure 27.12 page suivante.

Symétries par rapport à Π_a : M_1 et M_2 sont symétriques par rapport à Π_a, $\vec{B}_1$ et $\vec{B}_2$ aussi ; de même pour M_4/M_5 et $\vec{B}_4/\vec{B}_5$.

Symétries par rapport à Π_s : M_2 et M_3 sont symétriques par rapport à Π_s, mais $\vec{B}_2$ et $\vec{B}_3$ sont antisymétriques.

En un point de Π_a : en M_6, $\vec{B}_6$ est inclus dans Π_a.

En un point de Π_s : en M_4 et M_5, $\vec{B}_4$ et $\vec{B}_5$ sont orthogonaux à Π_s.

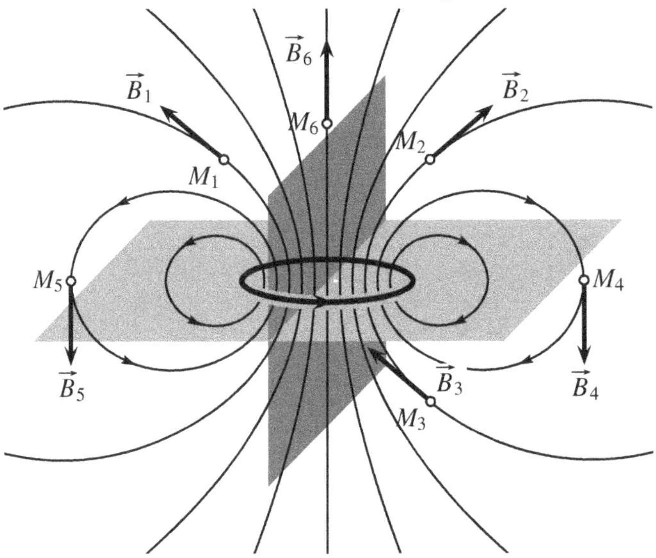

Figure 27.12 – Lignes de champ magnétique d'une spire circulaire.

4.3 Règles de symétrie pour le champ magnétique

On admet la généralisation des observations précédentes.

Soient M et M' deux point symétriques par rapport à un plan :

- de symétrie Π_s pour les courants, alors $\vec{B}$ est antisymétrique par rapport à Π_s :
$$\vec{B}(M') = -\mathrm{Sym}_{\Pi_s}\left(\vec{B}(M')\right);$$
- d'antisymétrie Π_a pour les courants, alors $\vec{B}$ est symétrique par rapport à Π_a :
$$\vec{B}(M') = \mathrm{Sym}_{\Pi_a}\left(\vec{B}(M')\right).$$

En un point M d'un plan :

- de symétrie Π_s pour les courants, $\vec{B}(M)$ est orthogonal à Π_s ;
- d'antisymétrie Π_a pour les courants, $\vec{B}(M)$ est inclus dans Π_a.

5 Moment magnétique

Une spire, une bobine longue, un aimant, admettent tous trois des lignes de champ magnétique de même allure à grande distance, c'est-à-dire en un point M tel que, si on note O le centre de la spire, de la bobine ou de l'aimant, la distance OM est très supérieure à la taille de la spire, de la bobine ou de l'aimant. Afin de comparer leur effets magnétiques, on introduit le **moment magnétique**.

5.1 Vecteur surface d'une spire plane

Pour définir le moment magnétique d'une spire plane, il faut d'abord définir son **vecteur surface** $\vec{S}$. C'est un vecteur normal à la spire, de norme égale à sa surface S et dont le sens est lié au sens conventionnel positif du courant par la règle de la main droite (voir figure 27.13).

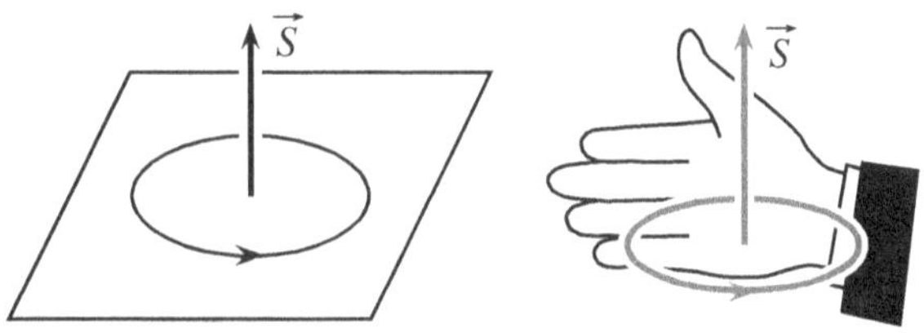

Figure 27.13 – Spire plane orientée et vecteur surface.

Le vecteur surface $\vec{S}$ d'une spire plane orientée se définit comme suit :

- sa norme est égale à la surface S de la spire ;
- sa direction est orthogonale au plan de la spire ;
- son sens se déduit du sens conventionnel positif du courant selon la règle de la main droite.

On définit aussi le vecteur normal à la surface $\vec{n}$, par $\vec{S} = S\vec{n}$. Ce vecteur normal est unitaire, c'est-à-dire que sa norme vaut 1.

5.2 Définition du moment magnétique

Le **moment magnétique** d'une boucle de courant plane, de surface S, parcourue par un courant d'intensité i, est le vecteur $\vec{\mathcal{M}} = i\vec{S}$. Il s'exprime en $A.m^2$.

5.3 Moment magnétique d'un aimant

Attendu que les lignes de champ d'une boucle de courant et d'un aimant sont identiques à grande distance, on étend la notion de moment magnétique aux aimants. Toutefois, ceux-ci ne sont parcourus par aucun courant interne. Le moment magnétique d'un aimant, bien qu'exprimé en $A.m^2$, ne représente plus le produit de deux termes.

Le moment magnétique d'un aimant dépend de sa taille. L'ordre de grandeur du moment magnétique d'un aimant usuel est d'environ 10 $A.m^2$. Le moment magnétique de la Terre vaut $7{,}9.10^{22}$ $A.m^2$.

5.4 Lignes de champ d'un moment magnétique

Un moment magnétique $\overrightarrow{\mathcal{M}}$ représente tout aussi bien une boucle de courant, une bobine ou un aimant. On démontre que le champ magnétique créé par ces sources à distance très supérieure à leur taille caractéristique (rayon de la spire, longueur de la bobine ou plus grande dimension de l'aimant) ne dépend, en première approximation, que de la valeur de $\overrightarrow{\mathcal{M}}$. Ses lignes de champ ont l'allure montrée sur la figure suivante.

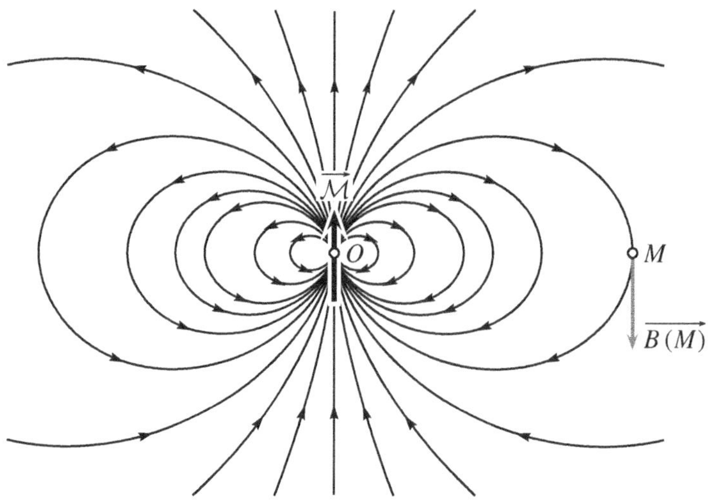

Figure 27.14 – Lignes de champ magnétique d'un moment magnétique.

La distance OM est très supérieure à la taille caractéristique de la source modélisée par $\overrightarrow{\mathcal{M}}$. Cette source n'est pas représentée, car elle est concentrée au voisinage point O.

MÉTHODOLOGIE

Comment reconnaître une carte de champ magnétique $\vec{B}$?
▷ *Les lignes de champ sont fermées et tournent autour de leur source d'après la règle de la main droite.*

Comment orienter le champ $\vec{B}$ créé par une spire de courant ?
▷ *Avec la règle de la main droite ; les doigts longent les courants, le pouce indique le sens de* $\vec{B}$.

Comment reconnaître un plan de symétrie ou d'antisymétrie pour les courants ?
▷ *Tracer un plan qui coupe les courants en deux moitiés identiques, géométriquement symétriques, puis :*

- *c'est un plan de symétrie si, de part et d'autre du plan, les courant sont bien symétriques ;*
- *c'est un plan d'antisymétrie si, de part et d'autre du plan, les courant sont opposés.*

PROGRAMME OFFICIEL ET SOMMAIRE DES EXERCICES

NOTIONS ET CONTENUS	CAPACITÉS EXIGIBLES
Sources de champ magnétique ; cartes de champ magnétique.	Exploiter une représentation graphique d'un champ vectoriel, identifier les zones de champ uniforme, de champ faible, et l'emplacement des sources. ► 27.C1 Tracer l'allure des cartes de champs magnétiques pour un aimant droit, une spire circulaire et une bobine longue. ▷ 27.1 Décrire un dispositif permettant de réaliser un champ magnétique quasi uniforme. ► 27.C2 Connaître des ordres de grandeur de champs magnétiques : au voisinage d'aimants, dans un appareil d'IRM, dans le cas du champ magnétique terrestre.
Symétries et invariances des distributions de courant.	Exploiter les propriétés de symétrie et d'invariance des sources pour prévoir des propriétés du champ créé. ▷ 27.5
Lien entre le champ magnétique et l'intensité du courant.	Évaluer l'ordre de grandeur d'un champ magnétique à partir d'expressions fournies. ▷ 27.2 27.3 27.4 27.6
Moment magnétique.	Définir le moment magnétique associé à une boucle de courant plane. ► 27.C3 Associer à un aimant un moment magnétique par analogie avec une boucle de courant. Citer un ordre de grandeur du moment magnétique associé à un aimant usuel.

EXERCICES ★ (LE COURS)

27.C1 Cartes de champ

1) Tracer l'allure de la carte de champ magnétique créé par une spire circulaire. Préciser les orientations du courant et du champ.

2) Même question pour un solénoïde puis un aimant.

27.C2 Champ uniforme Décrire une dispositif qui permet de créer un champ magnétique uniforme.

27.C3 Moment magnétique d'une spire Soit une spire circulaire de courant de rayon R, parcourue par un courant d'intensité i. Préciser l'expression de son vecteur moment magnétique, en indiquant les unités.

EXERCICES ★★

27.1 Cartes de champ

Dans les cartes de champs magnétique suivantes, où le champ est-il le plus intense ? Où sont placées les sources ? Le courant sort-il ou rentre-t-il du plan de la figure ?

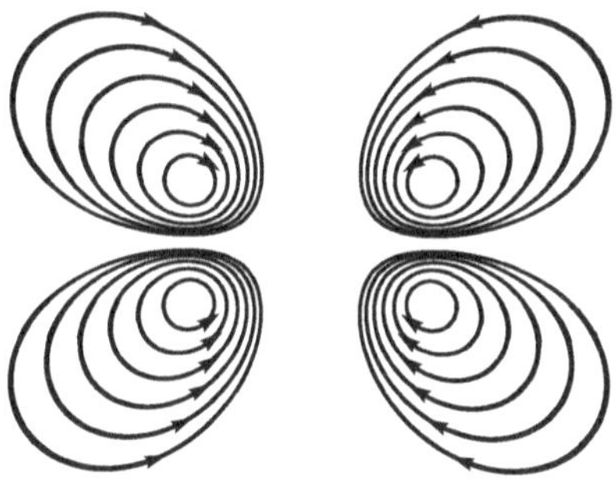

27.2 Champ créé par une bobine longue

On considère une bobine de longeur $L = 60$ cm, de rayon $R = 4{,}0$ cm, parcouru par un courant d'intensité $i = 0{,}60$ A.

1) La formule du champ dans un solénoïde ($B = \mu_0 nI$) est-elle valable ?

2) Déterminer le nombre de spires nécessaires pour obtenir un champ magnétique de $1{,}0.10^{-3}$ T.

3) La bobine est réalisée en enroulant un fil de 1,5 mm de diamètre autour d'un cylindre en carton. Combien de couches faut-il bobiner pour obtenir le champ précédent ?

27.3 Champ magnétique terrestre

Le champ magnétique terrestre est décrit en première approximation par le champ magnétique d'un dipôle magnétique situé au centre de la Terre O, de moment magnétique $\overrightarrow{\mathcal{M}} = -\mathcal{M}\vec{u}_z$ ($\mathcal{M} = 7{,}9.10^{22}$ A.m^2 et $\vec{u}_z$ désigne le vecteur unitaire de l'axe géomagnétique de la Terre, qui est légèrement incliné par rapport à l'axe de rotation terrestre). En un point éloigné de O, les composantes de $\vec{B}$ s'écrivent, en coordonnées sphériques :

$$B_r = -\frac{\mu_0}{4\pi}\mathcal{M}\frac{2\cos\phi}{r^3}, \quad B_\phi = -\frac{\mu_0}{4\pi}\mathcal{M}\frac{\sin\phi}{r^3} \quad \text{et} \quad B_\psi = 0.$$

Calculer la norme du champ magnétique vers le centre de la France métropolitaine, où $r = 6300$ km et $\phi = 42°$.

EXERCICES ★★★

27.4 Champ créé par une spire sur son axe

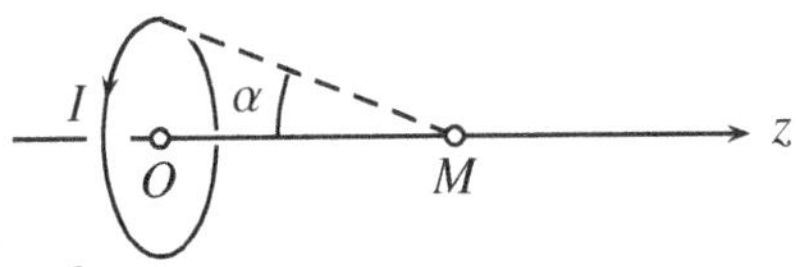

Une spire de centre O et rayon R, parcourue par un courant d'intensité I, crée en tout point M de son axe (Oz), un champ parallèle à $\vec{u}_z$ de norme $B_{\text{spire}} = \dfrac{\mu_0 I}{2R}\sin^3\alpha$, où α est l'angle sous lequel on voit la spire depuis le point M.

1) Le sens réel du courant étant celui indiqué sur la figure, le champ est-il dirigé suivant $+\vec{u}_z$ ou suivant $-\vec{u}_z$?

2) Exprimer B_{spire} en fonction de la coordonnée z de M. Représenter l'allure de la courbe $B_{\text{spire}}(z)$. Calculer numériquement la norme du champ magnétique à 10 cm du centre de la spire, sachant que $R = 20$ cm et $I = 0{,}50$ A.

27.5 Symétrie du solénoïde

Soit un solénoïde d'axe de révolution (Oz), considéré comme infiniment long, parcouru par un courant d'intensité I. Montrer, par des arguments de symétrie, que le champ magnétique est porté par le vecteur $\vec{u}_z$.

EXERCICES ★★★★

27.6 Bobines de Helmholtz

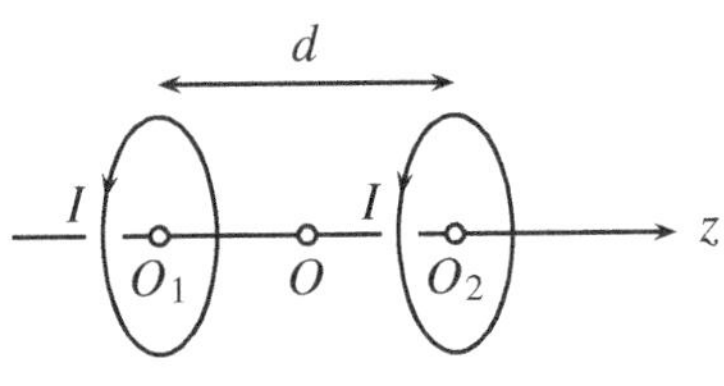

Deux bobines identiques ont le même axe de symétrie (Oz) et sont placées symétriquement par rapport au point O. Elles comportent chacune N spires circulaires qui ont toutes un rayon R, sont toutes parcourues par un courant d'intensité I dans le sens positif autour de (Oz), selon la règle de la main droite, et créent chacune un champ magnétique identique à celui de la spire de l'exercice 27.4. Les champs magnétiques des spires s'ajoutent vectoriellement en chaque point M de l'espace.

1) Le champ magnétique en un point M quelconque de l'axe (Oz) de coordonnée z est : $\vec{B}(M) = B(z)\vec{u}_z$. Donner l'expression de $B(z)$ en fonction de μ_0, I, R, $d = O_1O_2$ et z.

2) Représenter l'allure de la courbe $B(z)$ dans les deux cas $d \ll R$ et $d \gg R$.

3) On montre que, pour $d = R$, $\dfrac{\mathrm{d}^2 B}{\mathrm{d}z^2}(0) = 0$. Montrer que dans ce cas : $B(z) = B(0) + o(z^4)$. Quel est l'intérêt pratique de cette situation ?

4) *Application numérique :* calculer $B(0)$ pour $R = d = 20$ cm, $N = 100$ et $I = 0{,}50$ A.

CORRIGÉS

27.C1 (**1**) *Cf.* p. 755. (**2**) *Cf.* p. 756 puis p. 758.

27.C2 Se placer à l'intérieur d'un solénoïde (bobine longue) ; *cf.* p. 756.

27.C3 *Cf.* p. 761 : $\overrightarrow{\mathcal{M}} = i \times \pi R^2 \, \vec{u}_z$, où $\vec{u}_z$ est le vecteur normal à la spire, orienté d'après la règle de la main droite.

27.1 Cartes de champ

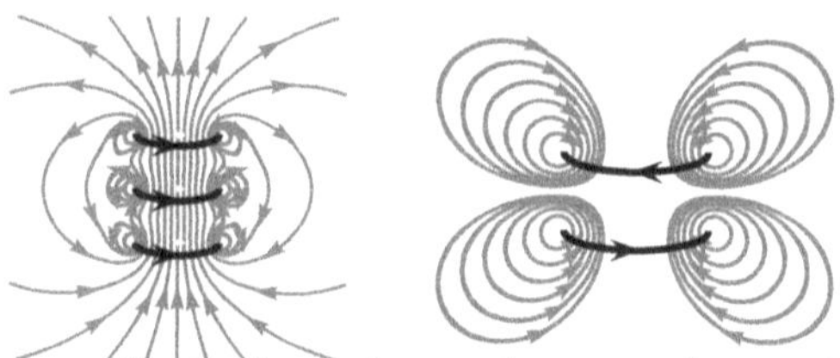

Le champ est le plus intense là où les lignes sont les plus serrées, c'est-à-dire dans la zone centrale, où les lignes sont verticales, dans le cas de gauche, et proche des sources, dans le cas de droite.

Les lignes de champ tournent autour des sources. Sur la figure de gauche : on a donc trois sources (trois spires). Sur la figure de droite, on a deux spires.

27.2 Champ créé par une bobine longue

1) $L/R = 15$, la formule $B = \mu_0 n i$ est valable.

2) $B = \mu_0 n i = \mu_0 \frac{N}{L} i$ donc $N = 796$ spires.

3) Il s'agit d'un problème d'encombrement spatial. Combien de spires de diamètre $d = 1{,}5$ mm peut-on enrouler sur une distance $L = 60$ cm ? $L/d = 400$ spires. Pour caser les 796 spires, il faut donc 2 couches.

27.3 Champ magnétique terrestre

La norme du vecteur est $\left\| \vec{B} \right\| = \sqrt{B_r^2 + B_\phi^2 + B_\psi^2}$. On la note aussi B pour simplifier. Pour le calcul du sinus et du cosinus, on passe en mode degrés de la calculatrice, ou alors on reste en mode radians, en convertissant les degrés en radians : $\phi = 42° = 42 \times \frac{\pi}{180}$ radian. Ainsi :

$$B = \sqrt{\left(\frac{4\pi 10^{-7}}{4\pi} \times 7{,}9.10^{22} \times \frac{2\cos(42°)}{\left(6300.10^3\right)^3} \right)^2 + \left(\frac{4\pi 10^{-7}}{4\pi} \times 7{,}9.10^{22} \times \frac{\sin(42°)}{\left(6300.10^3\right)^3} \right)^2},$$

soit : $B = 5{,}1.10^{-5}$ T.

27.4 Champ créé par une spire sur son axe

1) D'après la règle de la main droite, le champ en M est dirigé suivant $+\vec{u}_z$.

2) Il faut exprimer le sinus de l'angle α en fonction de la coordonnée z : $\sin\alpha = \frac{R}{\sqrt{z^2 + R^2}}$. Ainsi :

$$B_{\text{spire}}(z) = \frac{\mu_0 I}{2R} \frac{R^3}{\left(z^2 + R^2\right)^{3/2}},$$ qui décroît quand on s'éloigne du centre de la spire.

$B_{\text{spire}}(10 \text{ cm}) = 1{,}1.10^{-6}$ T.

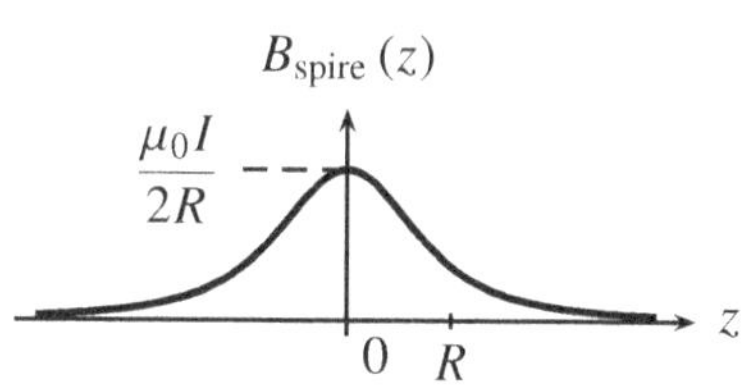

27.5 Symétrie du solénoïde

Soit un plan $\mathcal{P}$ orthogonal à l'axe (Oz). Il coupe le solénoïde en deux tuyaux semi infinis. Les courants sont identiques de part et d'autre de ce plan (ils tournent avec la même orientation), c'est donc un plan de symétrie. Ainsi, en un point M de ce plan, $\vec{B}(M) \perp \mathcal{P}$; il est donc porté par $\vec{u}_z$.

27.6 Bobines de Helmholtz

1) Le champ $\dfrac{\mu_0 I}{2R}\dfrac{R^3}{\sqrt{\left(z+d/2\right)^2+R^2}}\vec{u}_z$ est créé par chaque spire de la bobine centrée en O_1 crée au point M ; le champ $\dfrac{\mu_0 I}{2R}\dfrac{R^3}{\sqrt{\left(z-d/2\right)^2+R^2}}\vec{u}_z$ est créé par chaque spire de la bobine centrée en O_2. Tous ces champs s'ajoutent vectoriellement, donc le champ magnétique en M est :

$$\vec{B}(M) = B_0\left(\frac{R^3}{\sqrt{\left(z+d/2\right)^2+R^2}}+\frac{R^3}{\sqrt{\left(z-d/2\right)^2+R^2}}\right)\vec{u}_z \quad \text{avec} \quad B_0 = \frac{\mu_0 N I}{2R}.$$

2) Pour $d \gg R$ on observe sur l'axe (Oz) deux *maxima* de champ électrique à peu près aux centres des deux bobines comme on le voit sur la figure ci-dessous à gauche qui a été tracée avec $d = 6R$.

Pour $d \ll R$, on observe un seul maximum de champ électrique, plus important, au point O comme on le voit sur la figure ci-dessus à droite qui a été tracée avec $d = 0{,}4R$.

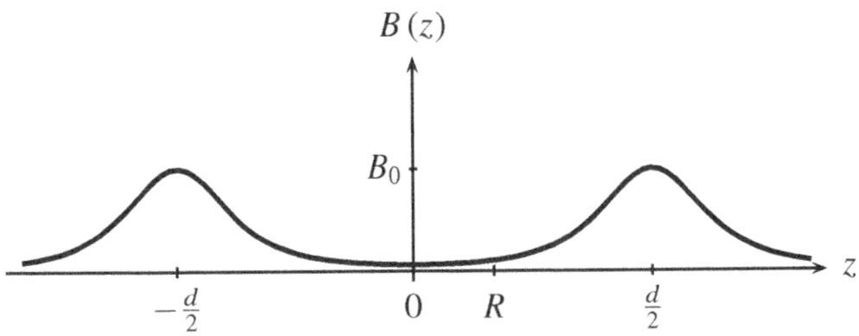

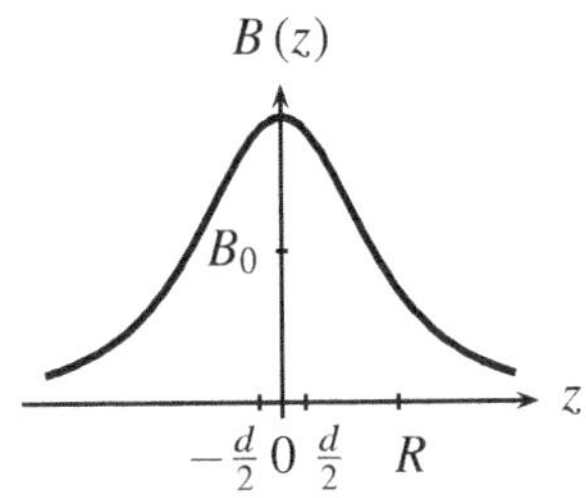

3) $B(z) = B(0) + z\dfrac{\mathrm{d}B}{\mathrm{d}z}(0) + \dfrac{z^2}{2}\dfrac{\mathrm{d}^2B}{\mathrm{d}z^2}(0) + \dfrac{z^3}{6}\dfrac{\mathrm{d}^3B}{\mathrm{d}z^3}(0) + O\left(z^4\right)$. Attendu que la fonction B est une fonction paire, $B(-z) = B(z)$, elle ne peut pas avoir dans son développement de Taylor de termes qui ne vérifient pas sa parité, c'est-à-dire de terme impairs en z ou z^3 ; ainsi, les dérivées d'ordre impair sont nulles. En $d = R$, la dérivée seconde est aussi nulle, donc le développement limité de B au voisinage de 0 se limite à $B(z) = B(0) + O\left(z^4\right)$. Par suite, $B(z)$ est pratiquement constant autour de O, ce qui se voit bien sur la figure, tracée avec $d = R$.

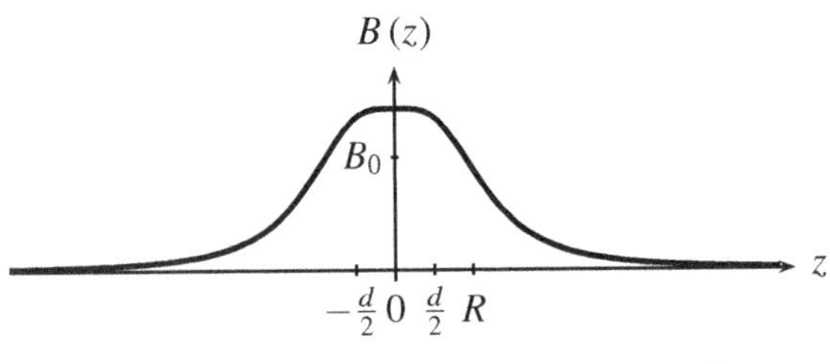

Ce dispositif permet de créer un champ magnétique quasi uniforme dans une zone, l'espace entre les bobines, plus facilement accessible que l'intérieur d'un solénoïde.

4) $B(0) = \dfrac{8}{5\sqrt{5}}\dfrac{\mu_0 N I}{R} = 2{,}2.10^{-4}\,\mathrm{T}$.

Actions d'un champ magnétique 28

UN champ magnétique exerce des efforts sur un courant ou aimant, qu'on détermine dans ce chapitre. Ces forces et moments génèrent le mouvement de nombreux actionneurs, comme les microphones et écouteurs de téléphone, les moteurs électriques (motorisation des trains, des voitures, des machines à laver le linge, d'appareils d'électroménager...).

1 Densité linéique de force de Laplace

1.1 Force de Laplace sur un tronçon rectiligne dans un champ uniforme

On considère un tronçon de conducteur rectiligne MN parcouru par un courant d'intensité i, comptée positivement de M vers N, et plongé dans un champ magnétique extérieur uniforme $\overrightarrow{B}$, l'adjectif « extérieur » signifiant que $\overrightarrow{B}$ n'est pas créé par le courant passant le conducteur, mais un autre dispositif (courant ou aimant). $\overrightarrow{B}$ exerce alors une force sur le tronçon MN de conducteur, nommée force de Laplace [1].

L'expérience montre que la force de Laplace, notée $\overrightarrow{f}_L$, a les propriétés suivantes :

- $\overrightarrow{f}_L$ est perpendiculaire à $\overrightarrow{B}$ et à $\overrightarrow{MN}$;
- $\|\overrightarrow{f}_L\|$ est proportionnelle à la longueur MN, à l'intensité i du courant, à la norme $\|\overrightarrow{B}\|$ du champ magnétique ;
- $\overrightarrow{f}_L$ change de sens si i change de sens, de même si $\overrightarrow{B}$ change de sens.

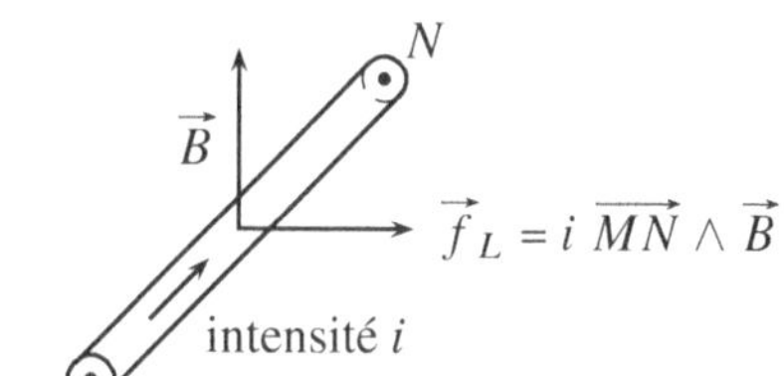

Figure 28.1 – Force de Laplace sur une barre plongée dans un champ magnétique uniforme.

On déduit de ces observations expérimentales que la force de Laplace se met sous la forme :

$$\overrightarrow{f}_L = i\,\overrightarrow{MN} \wedge \overrightarrow{B}.$$

1. En l'honneur de Pierre Simon de Laplace, 1749-1827, astronome, physicien et mathématicien français. Il est l'auteur d'une équation célèbre sur le champ de potentiel gravitationnel, de la méthode d'intégration par variation de la constante et d'avancées en calcul de probabilités.

1.2 Force élémentaire de Laplace

Dans le cas d'un tronçon élémentaire de fil, de longueur $d\ell$, parcouru par un courant d'intensité i et plongé dans un champ magnétique extérieur $\vec{B}$, la force élémentaire de Laplace, notée $\delta\vec{f}_L$, s'exprime par :

$$\delta\vec{f}_L = i\,\overrightarrow{d\ell} \wedge \vec{B},$$

où le vecteur $\overrightarrow{d\ell}$ est parallèle au fil et orienté dans le sens de l'intensité i.

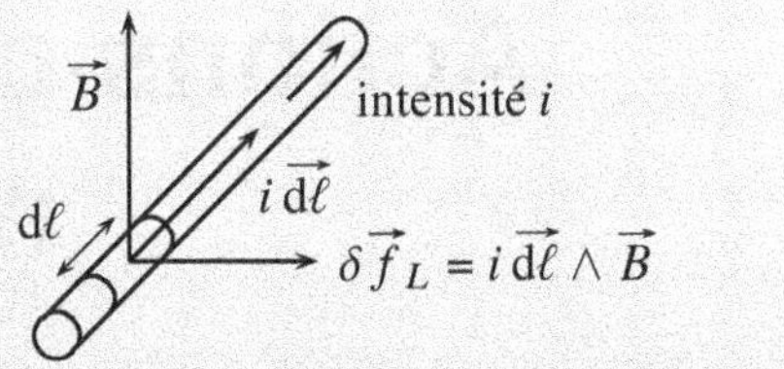

Figure 28.2 – Force élémentaire de Laplace.

Le champ magnétique $\vec{B}$ ne représente que le champ magnétique extérieur. En effet, le fil ne ressent pas son propre champ magnétique, créé par le courant qui le traverse.

1.3 De la force de Lorentz à la force de Laplace

La force de Lorentz, qui s'exercice sur une particule de charge q, animée d'une vitesse $\vec{v}$ dans un champ magnétique $\vec{B}$, est $\vec{f}_q = q\vec{v} \wedge \vec{B}$. Sur l'exemple de la figure 28.1, la vitesse $\vec{v}$ des porteurs de charges, ici des électrons de conduction, est colinéaire à $\overrightarrow{MN}$.

Le conducteur MN astreint les électrons à se déplacer le long de MN ; la force de Lorentz, qui s'exerce sur tous les électrons, se répercute sur les atomes fixes du réseau cristallin, d'après le principe des actions réciproques.

Les forces de Laplace et de Lorentz représentent donc le même phénomène, mais à des échelles distinctes :

- au niveau microscopique, la force de Lorentz $\vec{f}_q = q\vec{v} \wedge \vec{B}$ s'exerce sur une particule de charge q ;
- au niveau macroscopique, la force de Laplace $\delta\vec{f}_L = i\,\overrightarrow{d\ell} \wedge \vec{B}$ s'exerce sur un tronçon de conducteur de longueur $\overrightarrow{d\ell}$.

2 Résultante et puissance dans le cas d'une translation

2.1 Force de Laplace sur une tige en translation

Une tige $\mathcal{T}$, conductrice, est posée sur deux rails, eux aussi conducteurs, nommés rails de Laplace. L'ensemble forme un circuit électrique fermé, parcouru par un courant i, créé par un générateur. L'ensemble est plongé dans un champ magnétique uniforme et stationnaire $\vec{B} = B\vec{u}_y$, orthogonal au plan des rails.

La force de Laplace $\vec{f}_L$ qui s'exerce sur la tige $\mathcal{T}$ est due à la présence simultanée du courant i et du champ magnétique $\vec{B}$. Pour la calculer, on représente sur un schéma clair le sens positif choisi pour l'intensité i du courant dans le circuit.

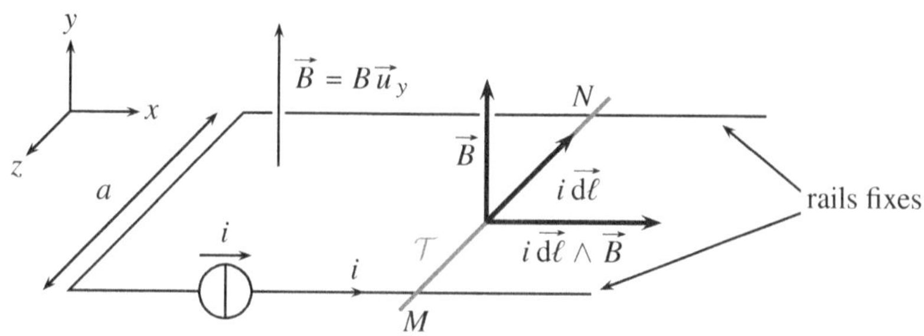

Figure 28.3 – Force de Laplace sur la tige $\mathcal{T}$ (en gris).

La force de Laplace s'exerce sur la portion de la tige $\mathcal{T}$ comprise entre les points M et N, de longueur $a = MN$. Avec le sens positif choisi, le vecteur déplacement élémentaire est $\mathrm{d}\vec{\ell} = -\mathrm{d}\ell\,\vec{u}_z$. La force de Laplace se calcule par la formule :

$$\vec{f}_L = \int_{\mathcal{T}} i\,\mathrm{d}\vec{\ell} \wedge \vec{B} = \int_M^N (-i\,\mathrm{d}\ell\,\vec{u}_z) \wedge \left(B\vec{u}_y\right) = \int_M^N i\,B\vec{u}_x\,\mathrm{d}\ell,$$

car $\vec{u}_z \wedge \vec{u}_y = -\vec{u}_x$. Attendu que ni i, ni B, ni $\vec{u}_x$ ne dépendent du point considéré sur la tige $\mathcal{T}$, ce sont des constantes qu'on sort de l'intégrale. Il vient donc :

$$\vec{f}_L = i\,B\vec{u}_x \int_M^N \mathrm{d}\ell = i\,B\,\vec{u}_x\,a,$$

car $\int_M^N \mathrm{d}\ell = MN = a$; en effet, $\int_M^N \mathrm{d}\ell$ signifie qu'on intègre la longueur sur toute la tige, du point M, où la longueur parcourue sur la tige est nulle ($\ell = 0$), au point N, où la longueur parcourue sur la tige vaut a ($\ell = a$) :

$$\int_M^N \mathrm{d}\ell = \int_{\ell=0}^a \mathrm{d}\ell = a.$$

Ainsi, la force de Laplace est parallèle aux rails. Sa norme est proportionnelle à l'intensité du courant et à la norme du champ magnétique. Elle change de sens si le courant change de sens, ou si le champ magnétique change de sens.

De plus, attendu que $\overrightarrow{MN} = -a\,\vec{u}_z$, et $\vec{B} = B\,\vec{u}_y$, la force de Laplace peut se mettre sous la forme du début de chapitre : $\vec{f}_L = i\,\overrightarrow{MN} \wedge \vec{B}$.

2.2 Puissance de la force Laplace

Si le tronçon MN a un mouvement de translation de vitesse $\vec{v}$ dans un référentiel $\mathcal{R}$, la puissance de la force de Laplace dans ce référentiel est :

$$\mathcal{P}\left(\vec{f}_L\right) = \vec{f}_L \cdot \vec{v}.$$

Cette puissance n'est pas *a priori* nulle comme l'est la puissance de la force de Lorentz $\vec{f}_q = q\,\vec{v}_q \wedge \vec{B}$ exercée par un champ magnétique sur une charge ponctuelle q animée de la vitesse $\vec{v}_q$. La force de Laplace est perpendiculaire à $\overrightarrow{MN}$ donc à la vitesse moyenne des électrons qui se déplacent à l'intérieur du conducteur MN et font le courant d'intensité i, mais elle n'est pas perpendiculaire à la vitesse de translation de MN.

La puissance de la force de Laplace n'est pas nulle *a priori*. La force de Laplace peut apporter ou prendre de l'énergie à un conducteur parcouru par un courant électrique en mouvement dans un champ magnétique.

3 Couple magnétique

3.1 Couple de Laplace exercé par un champ magnétique uniforme sur une spire rectangulaire

On calcule ici le moment par rapport à l'axe (Oz) des forces exercées par le champ magnétique sur la spire $MNPQ$, parcourue par le courant d'intensité i. Pour cela, on calcule les moments des forces de Laplace appliquées sur les quatre côtés MN, NP, PQ et QM, dont on admet qu'elles s'appliquent en leurs milieux respectifs J, L, K et H.

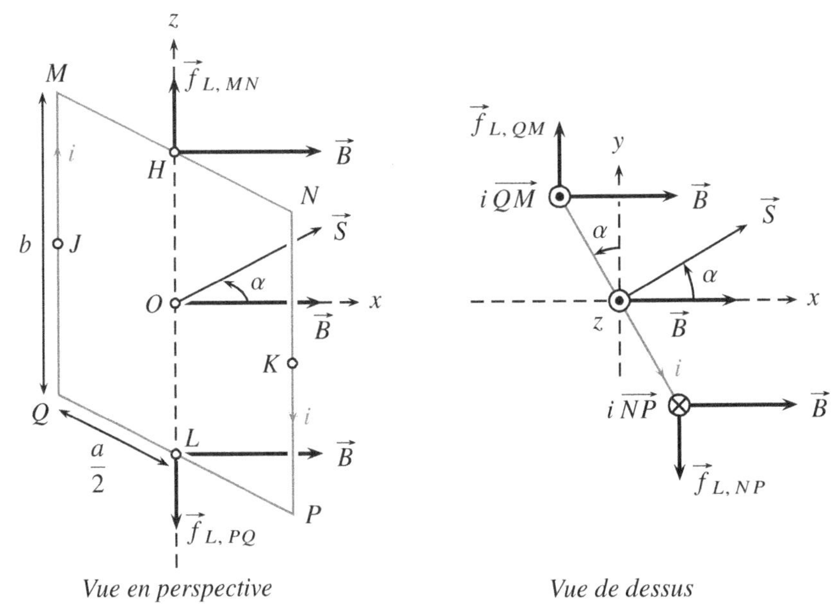

Figure 28.4 – Schéma des moments des forces de Laplace.

Ces forces sont représentées sur la figure 28.4 ; leurs orientations sont données par la règle des trois doigts du produit vectoriel. L'observation de la figure montre immédiatement que la somme de ces forces est nulle car :

$$\vec{f}_{L,NP} = -\vec{f}_{L,QM} \quad \text{et} \quad \vec{f}_{L,MN} = -\vec{f}_{L,PQ}.$$

Le champ magnétique exercice bien un couple sur le cadre.

Les forces $\vec{f}_{L,MN}$ et $\vec{f}_{L,PQ}$ ont des moments par rapport à (Oz) nuls car elles sont parallèles à cet axe et, de plus, elles s'appliquent en des points de cet axe.

Les forces $\vec{f}_{L,NP}$ et $\vec{f}_{L,QM}$ forment un couple dont le moment par rapport à (Oz) est :

$$\Gamma_y = \vec{\Gamma} \cdot \vec{u}_z \quad \text{où} \quad \vec{\Gamma} = \overrightarrow{OJ} \wedge \vec{f}_{L,QM} + \overrightarrow{OK} \wedge \vec{f}_{L,NP}.$$

On calcule, en introduisant l'angle orienté α entre les vecteurs $\vec{S}$ et $\vec{B}$:

$$\vec{f}_{L,QM} = i\,\overrightarrow{QM} \wedge \vec{B} = i\,(b\vec{u}_z) \wedge (B\vec{u}_x) = ibB\vec{u}_y,$$

puis :

$$\overrightarrow{OJ} \wedge \vec{f}_{L,QM} = \frac{a}{2}\left(-\sin\alpha\,\vec{u}_x + \cos\alpha\,\vec{u}_y\right) \wedge \left(ibB\vec{u}_y\right) = -\frac{a}{2}\,ibB\sin\alpha\,\vec{u}_z.$$

De même : $\vec{f}_{L,NP} = i\,\overrightarrow{NP} \wedge \vec{B} = i\,(-b\vec{u}_z) \wedge (B\vec{u}_x) = -ibB\vec{u}_y$, et :

$$\overrightarrow{OK} \wedge \vec{f}_{L,NP} = \frac{a}{2}\left(\sin\alpha\,\vec{u}_x + \cos\alpha\,\vec{u}_y\right) \wedge \left(-ibB\vec{u}_y\right) = -\frac{a}{2}\,ibB\sin\alpha\,\vec{u}_z.$$

Finalement :

$$\vec{\Gamma}_L = -iabB\sin\alpha\,\vec{u}_z.$$

Ce couple s'exprime simplement avec le moment magnétique $\vec{\mathcal{M}} = i\vec{S}$ de la spire, défini dans la chapitre précédent, page 761 : $\vec{\Gamma}_L = \vec{\mathcal{M}} \wedge \vec{B} = i\vec{S} \wedge \vec{B}.$

En effet, attendu que la surface S de la spire est égale au produit ab :

$$\vec{\mathcal{M}} = i\vec{S} = i\,ab\left(\cos\alpha\,\vec{u}_x + \sin\alpha\,\vec{u}_y\right),$$

on calcule :

$$\vec{\Gamma}_L = i\,ab\left(\cos\alpha\,\vec{u}_x + \sin\alpha\,\vec{u}_y\right) \wedge B\vec{u}_x = -iabB\sin\alpha\,\vec{u}_z,$$

qui est bien l'expression précédemment établie.

3.2 Influence du couple de Laplace

On observe sur la figure 28.4 que le couple de Laplace, en projection sur $\vec{u}_z$, est négatif, c'est-à-dire qu'il fait tourner la spire dans le sens négatif : le vecteur surface $\vec{S}$ de la spire s'aligne sur le champ magnétique $\vec{B}$. Lorsque § et $\vec{B}$ sont colinéaires, alors le couple exercé est nul (produit vectoriel de deux vecteurs colinéaires).

L'action d'un champ magnétique extérieur $\vec{B}$ sur un circuit de moment magnétique $\vec{\mathcal{M}}$ est un couple de moment :

$$\vec{\Gamma}_L = \vec{\mathcal{M}} \wedge \vec{B},$$

qui tend à **aligner $\vec{\mathcal{M}}$ sur $\vec{B}$**.

3.3 Puissance du couple de Laplace

D'après la figure 28.4, la spire $MNPQ$ tourne autour de l'axe (Oz) à la vitesse angulaire $\omega = \dot{\alpha}$. Le vecteur rotation de la spire est alors :

$$\vec{\omega} = \dot{\alpha}\,\vec{u}_z.$$

La puissance du couple exercée par le champ magnétique est alors :

$$\mathcal{P}_L = \vec{\Gamma}_L \cdot \vec{\omega} = -iabB\sin\alpha\,\vec{u}_z \cdot \dot{\alpha}\vec{u}_z = -iabB\dot{\alpha}\sin\alpha.$$

4 Action d'un champ magnétique uniforme sur un aimant

4.1 Orientation d'un aimant

Le couple magnétique exercé par un champ magnétique $\vec{B}$ sur un aimant de moment magnétique $\vec{\mathcal{M}}$ tend à aligner le vecteur $\vec{\mathcal{M}}$ sur le vecteur $\vec{B}$. On peut s'en convaincre en considérant le cas d'un aimant pouvant tourner autour d'un pivot d'axe (Oz) représenté sur la figure ci-contre.

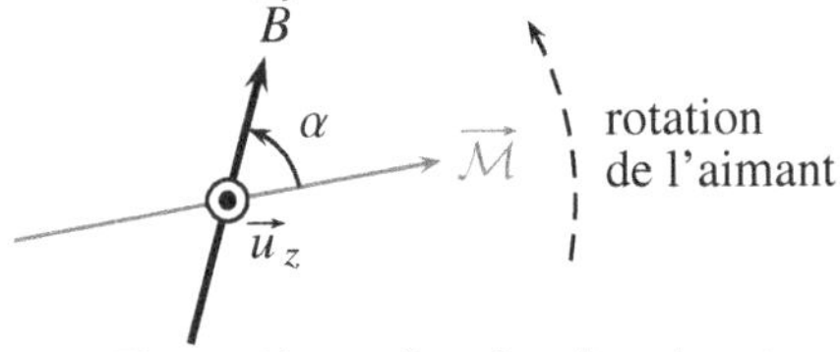

Figure 28.5 – Rotation d'un aimant dans un champ magnétique.

Dans la configuration de la figure, le couple exercée par le champ magnétique sur l'aimant est $\vec{\Gamma}_L = \mathcal{M}B\sin\alpha\,\vec{u}_z$. Ce couple est porté par $+\vec{u}_z$, il tend donc à faire tourner l'aimant dans le sens positif lié à $\vec{u}_z$, indiqué par la règle de la main droite. L'effet de $\vec{\Gamma}_L$ est donc d'amener le moment magnétique dans la direction et le sens du champ magnétique. Lorsque l'aimant est parallèle au champ magnétique, l'angle α est nul, le couple s'annule ; l'aimant peut rester dans cette position.

> Le couple magnétique exercé par un champ magnétique extérieur $\vec{B}$ sur un aimant de moment magnétique $\vec{\mathcal{M}}$ tend à aligner le vecteur $\vec{\mathcal{M}}$ sur le vecteur B ; son expression est :
>
> $$\vec{\Gamma}_L = \vec{\mathcal{M}} \wedge \vec{B}.$$

4.2 Positions d'équilibre

Les positions d'équilibre sont celles pour lesquelles le couple $\vec{\Gamma}_L = \vec{\mathcal{M}} \wedge \vec{B}$ s'annule. D'après les propriétés du produit vectoriel il y en a deux : $\vec{\mathcal{M}}$ parallèle à $\vec{B}$ et de même sens soit $\alpha = 0$, ou bien $\vec{\mathcal{M}}$ antiparallèle à $\vec{B}$ (c'est-à-dire parallèle et de sens contraire) soit $\alpha = \pi$.

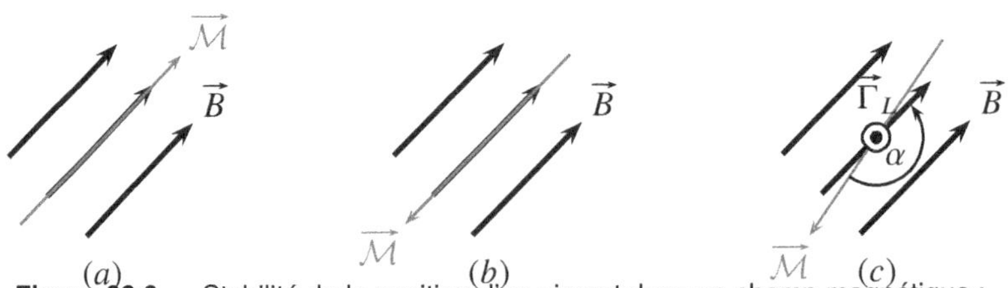

Figure 28.6 – Stabilité de la position d'un aimant dans un champ magnétique : (a) parallèle ; (b) antiparallèle ; (c) antiparallèle perturbé.

La position antiparallèle n'est pas stable : si l'aimant tourne d'un angle faible dans le sens positif, comme sur la figure 28.6.(c), le couple qui apparaît est dirigé vers l'avant de la figure (d'après la géométrie du produit vectoriel) et tend donc à faire tourner l'aimant dans le sens trigonométrique, ce qui l'amène dans la position parallèle.

4.3 Effet moteur d'un champ magnétique tournant

a) Création d'un champ magnétique tournant

On peut obtenir un champ magnétique tournant avec le dispositif représenté sur la figure ci-contre. Deux bobines $\mathcal{B}_x$ et $\mathcal{B}_y$ d'axes respectifs (Ox) et (Oy) sont parcourues par des courants d'intensités respectives $i_x(t)$ et $i_y(t)$. La bobine $\mathcal{B}_x$ crée en O le champ dépendant du temps $\overrightarrow{B}_x(O,t) = Ki_x(t)\overrightarrow{u}_x$ et $\mathcal{B}_y$ crée en O le champ $\overrightarrow{B}_y(O,t) = Ki_y(t)\overrightarrow{u}_y$. K est un facteur commun aux deux bobines qui dépend de leur géométrie et de constantes fondamentales. Les champs des deux bobines s'ajoutent vectoriellement et le champ résultant en O est :

$$\overrightarrow{B}(t) = \overrightarrow{B}_x(O) + \overrightarrow{B}_y(O).$$

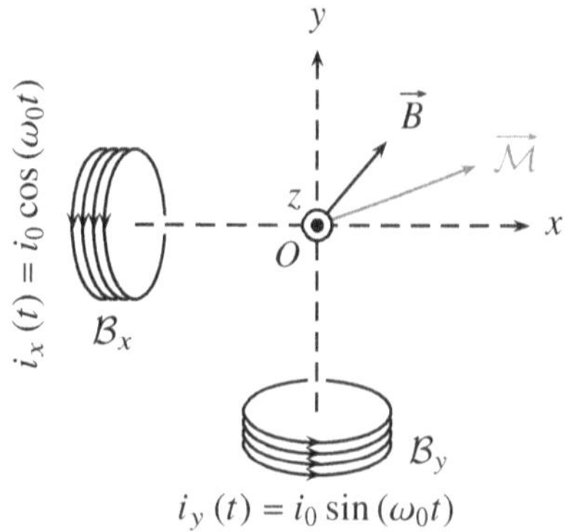

Figure 28.7 – Dispositif créant un champ magnétique tournant.

On fait en sorte que les intensité dans les deux bobines varient sinusoïdalement dans le temps, avec la même amplitude i_0 et la même pulsation ω_0, et soient en quadrature de phase :

$$i_x(t) = i_0 \cos(\omega_0 t) \quad \text{et} \quad i_y(t) = i_0 \sin(\omega_0 t).$$

Le champ total créé par les deux bobines en O est alors :

$$\overrightarrow{B}(t) = \begin{pmatrix} Ki_x(t) \\ Ki_y(t) \\ 0 \end{pmatrix} = Ki_0 \begin{pmatrix} \cos(\omega_0 t) \\ \sin(\omega_0 t) \\ 0 \end{pmatrix}.$$

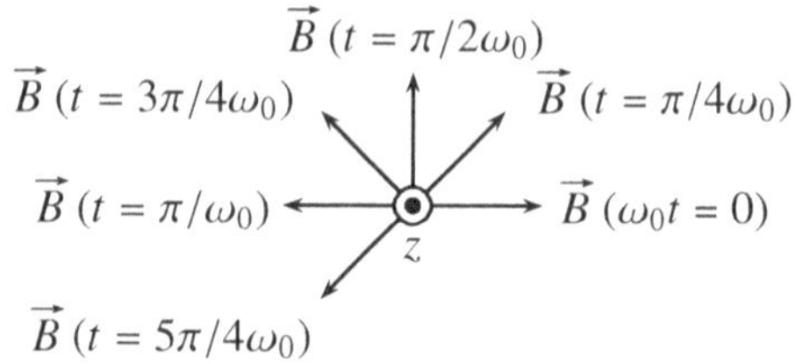

C'est un vecteur tournant autour de l'axe (Oz) à la vitesse angulaire ω_0.

> Un champ magnétique tournant est créé avec deux bobines d'axes perpendiculaires, alimentées par des courants en quadrature de phase.

b) Action sur un aimant

Qualitativement, lorsqu'on place un aimant en O, mobile en rotation autour de l'axe (Oz), le champ magnétique exerce un couple sur l'aimant de moment magnétique $\overrightarrow{\mathcal{M}}$. Ainsi l'aimant tourne pour s'orienter parallèlement au champ magnétique. Quand celui-ci tourne, celui-là en fait de même. L'aimant tourne donc à la vitesse angulaire ω_0 autour de (Oz). C'est le principe des moteurs synchrones, dans lesquels le champ magnétique et l'aimant tournent à la même vitesse angulaire.

MÉTHODOLOGIE

Comment calculer une force de Laplace ?

▷ *Repérer la tige mobile qui bouge sous l'action de cette force puis (on suit le calcul présenté page 771) :*

- *observer le sens positif du courant dans la tige, afin de placer le vecteur* $i\,\overrightarrow{d\ell}$ *dans le même sens que* i *;*
- *dessiner, en un point de cette tige, les vecteurs* $\overrightarrow{B}$, $i\,\overrightarrow{d\ell}$ *et* $\delta\overrightarrow{f}_L = i\,\overrightarrow{d\ell} \wedge \overrightarrow{B}$ *avec la règle des trois doigts ;*
- *écrire* $\overrightarrow{f}_L$ *avec une intégrale ;*
- *expliquer que* i *et* B *sortent de l'intégrale car ils sont constants sur la tige ;*
- *calculer l'intégrale* $\int_{\ell=0}^{a} d\ell = a$*, longueur de la tige ;*
- *écrire l'expression finale de la force de Laplace.*

Comment distinguer la force de Lorentz de la force de Laplace ?

▷ *La force de Lorentz,* $\overrightarrow{f} = q\overrightarrow{v}_q \wedge \overrightarrow{B}$ *s'applique sur les porteurs de charge alors que la force de Laplace,* $\overrightarrow{F}_L = i\,\overrightarrow{MN} \wedge \overrightarrow{B}$ *ou* $\delta\overrightarrow{f}_L = i\,\overrightarrow{d\ell} \wedge \overrightarrow{B}$ *s'applique sur un fil électrique, de longueur* MN *ou* $d\ell$*, parcouru par le courant d'intensité* i*.*

Rapport du Jury (CCINP) : « les confusions entre force de Laplace et force de Lorentz sont fréquentes, autant dans l'appellation que dans l'utilisation. »

Rapport du Jury (Centrale) : « la confusion persiste entre force de Lorentz et force de Laplace. »

Rapport du Jury (École navale) : « les meilleurs candidats expliquent que la force de Laplace est la traduction macroscopique de la force magnétique de Lorentz. »

Programme officiel et sommaire des exercices

Notions et contenus	Capacités exigibles
Densité linéique de la force de Laplace dans le cas d'un élément de courant filiforme.	Différencier le champ magnétique extérieur subi du champ magnétique propre créé par le courant filiforme. ► 28.C1
Résultante et puissance des forces de Laplace.	Établir et citer l'expression de la résultante des forces de Laplace dans le cas d'une barre conductrice placée dans un champ magnétique extérieur uniforme et stationnaire. Exprimer la puissance des forces de Laplace. ► 28.C2 ▷ 28.1
Couple et puissance des actions mécaniques de Laplace dans le cas d'une spire rectangulaire, parcourue par un courant, en rotation autour d'un axe de symétrie de la spire passant par les deux milieux de côtés opposés et placée dans un champ magnétique extérieur uniforme et stationnaire orthogonal à l'axe.	Établir et citer l'expression du moment du couple subi en fonction du champ magnétique extérieur et du moment magnétique. Exprimer la puissance des actions mécaniques de Laplace. ► 28.C3 28.C4 ▷ 28.4 28.5 28.6 28.7
Action d'un champ magnétique extérieur uniforme sur un aimant. Positions d'équilibre et stabilité.	TP : mettre en œuvre un dispositif expérimental pour étudier l'action d'un champ magnétique uniforme sur une boussole. ▷ 28.2 28.3
Effet moteur d'un champ magnétique tournant.	TP : créer un champ magnétique tournant à l'aide de deux ou trois bobines et mettre en rotation une aiguille aimantée.

EXERCICES ★ (LE COURS)

28.C1 Force de Laplace élémentaire Citer l'expression de la force de Laplace.

28.C2 Force de Laplace Établir l'expression de la résultante des forces de Laplace dans le cas de la barre conductrice de la figure 28.3 page 771

28.C3 Couple de Laplace Établir l'expression du couple de Laplace dans le cas de la spire rectangulaire de la figure 28.4 page 772.

28.C4 Couple de Laplace et moment magnétique Citer l'expression du couple de Laplace qui s'exerce sur un moment magnétique $\overrightarrow{\mathcal{M}}$.

EXERCICES ★★

28.1 Canon magnétique

Dans le circuit électrique horizontal ci-contre, alimenté par une source de courant stationnaire $I = 1{,}0.10^3$ A, le conducteur AB de masse $m = 500$ g glisse sans frottement et sans que le contact électrique ne soit rompu, sur les conducteurs QQ' et PP'. L'ensemble est placé dans un champ magnétique uniforme $\vec{B}$ normal au plan du circuit. La distance entre les rails est $\ell = 10$ cm.

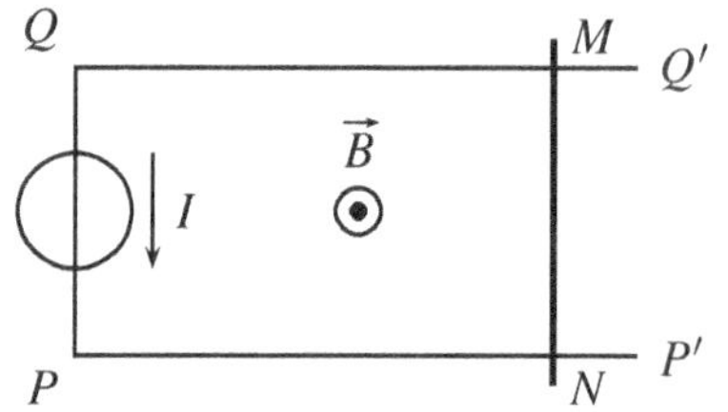

Déterminer la valeur de B pour que la tige MN accélère jusqu'à une vitesse $v = 2{,}4.10^3$ m.s^{-1} sur une distance $d = 3{,}0$ m.

28.2 Aimant en équilibre

Un aimant très fin, de moment magnétique $\overrightarrow{\mathcal{M}}$ et de masse m, est en contact avec une pointe verticale en un point O différent de son centre de gravité G. Il est soumis à l'action d'un champ magnétique uniforme $\vec{B}$ et à son poids.

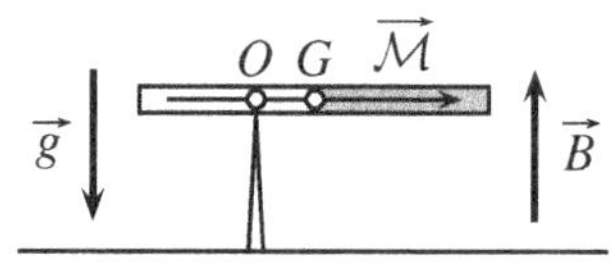

Quelle doit être la distance $d = OG$ pour que l'aimant soit en équilibre en position horizontale ?

28.3 Petites oscillations d'une aiguille de boussole

Une aiguille de boussole, de moment magnétique $\overrightarrow{\mathcal{M}}$, peut tourner librement autour d'un axe vertical passant par son centre de gravité G. Son moment d'inertie par rapport à cet axe est J. Elle est placée dans un champ magnétique uniforme et stationnaire horizontal $\vec{B}$.

1) Déterminer la période des petites oscillations de l'aiguille autour de sa position d'équilibre.

2) On utilise cette relation pour mesurer la composante horizontale $\vec{B}_H$ du champ magnétique terrestre, sans avoir à connaître ni la valeur de la norme $\mathcal{M}$ du moment magnétique, ni la valeur de J. On réalise pour cela deux expériences. Dans la première expérience on place l'aiguille à l'intérieur d'une bobine dans laquelle passe un courant qui crée un champ $\vec{B}_{\text{bob}}$

de même direction et sens que $\overrightarrow{B}_H$ et de norme $B_{\text{bob}} > B_H$; on mesure la période τ_1 des petites oscillations. Dans la deuxième expérience, on inverse le sens du courant passant dans la bobine et on mesure la période τ_2 des petites oscillations.

Exprimer B_H en fonction de B_{bob} et du rapport τ_1/τ_2.

EXERCICES ★★★

28.4 Balance de Cotton

La balance de Cotton était jadis utilisée pour mesurer des champs magnétiques uniformes. Elle est constituée de deux parties rigidement liées l'une à l'autre en O. La partie de droite est une tige à l'extrémité de laquelle est attachée un plateau supportant une masse m.

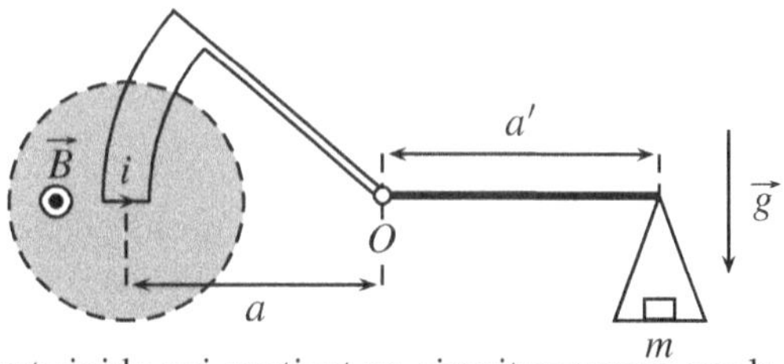

La partie de gauche est constituée d'un support rigide qui soutient un circuit parcouru par le courant d'intensité i. Dans le zone grisée où règne le champ magnétique, les conducteurs aller et retour sont des arc de cercles de centre O, reliés par une portion horizontale de longueur L. La balance peut tourner dans le plan vertical autour du point O, mais est utilisée à l'équilibre, dans la configuration du schéma. À vide, c'est-à-dire sans champ magnétique ni masse m, elle est à l'équilibre et le bras de droite est parfaitement horizontal.

1) Calculer le moment en O des forces de Laplace qui s'exercent sur la balance.

2) En déduire le lien entre B et m.

3) Application numérique pour $a = a' = 25$ cm, $L = 2{,}0$ cm, $m = 10$ g et $i = 3{,}0$ A.

28.5 Deux cadres croisés

Deux cadres rectangulaires identiques $\mathcal{C}_1$ et $\mathcal{C}_2$ sont rigidement fixés l'un à l'autre afin que leurs plans forment un angle droit. L'ensemble est suspendu à un fil souple et tourne librement autour de l'axe vertical (Oz) matérialisé par le fil. $\mathcal{C}_1$ et $\mathcal{C}_2$ sont parcourus par des courants d'intensités respectives I_1 et I_2 constantes.

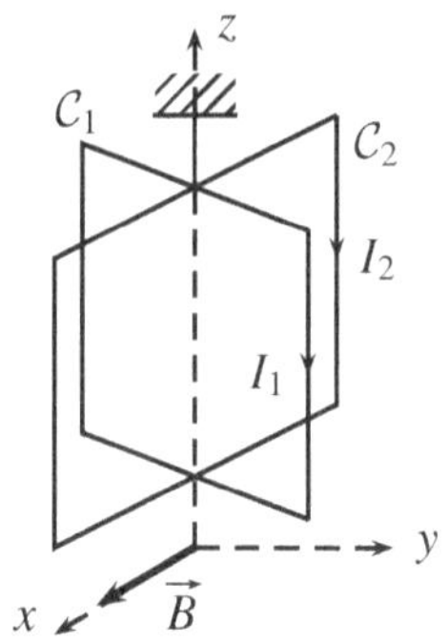

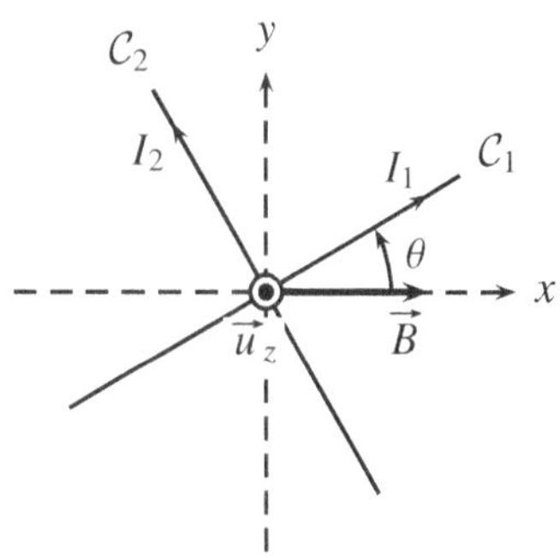

Ils sont placés dans un champ magnétique uniforme et stationnaire $\overrightarrow{B} = B\overrightarrow{u}_x$ horizontal.

Trouver la relation entre le rapport I_1/I_2 et l'angle θ entre le plan du cadre $\mathcal{C}_1$ et le plan (Ozx) à l'équilibre.

28.6 Équilibre d'un cadre

Un cadre conducteur rectangulaire, de largeur a et longueur b, tourne sans frottement autour d'un axe horizontal Δ coïncidant avec l'un de ses grands côtés. La masse du cadre est m, son moment d'inertie par rapport à Δ est J. Un dispositif, non représenté sur la figure, impose un courant d'intensité I constante dans le cadre.

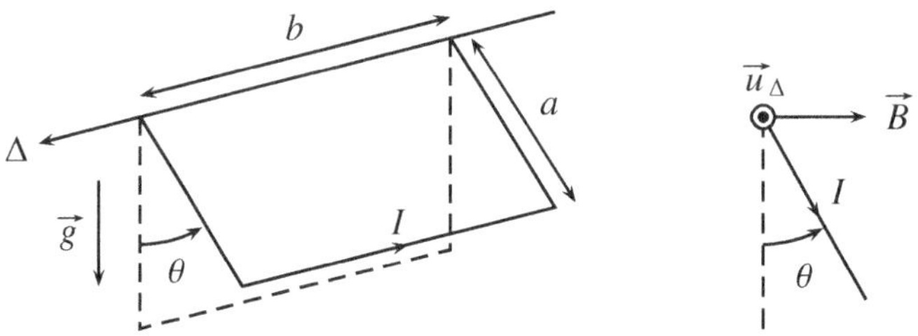

Le cadre est placé dans un champ magnétique uniforme et stationnaire $\vec{B}$, horizontal et perpendiculaire à l'axe Δ. Sa position est repérée par l'angle θ entre son plan et le plan vertical contenant Δ.

1) Quelle est la position d'équilibre θ_0 ?

2) On écarte légèrement le cadre de sa position d'équilibre. Exprimer la pulsation des petites oscillations alors observées en fonction de J, a, b, I, B, m et g.

EXERCICES ★★★★

28.7 Action magnétique sur un cadre

On reprend le cadre de l'exercice précédent. Mais cette fois, le champ magnétique est vertical, de sens opposé à celui de $\vec{g}$.

1) Quelle est la position d'équilibre θ_0 ?

2) On écarte légèrement le cadre de sa position d'équilibre. Quelle est la pulsation des petites oscillations alors observées autour de θ_0 ? On répondra en fonction de $\sin(\theta_0)$, $\cos(\theta_0)$, J, a, b, m, g, i et B.

CORRIGÉS

28.C1 $\delta\vec{f}_L = i\,\mathrm{d}\vec{\ell} \wedge \vec{B}$.

28.C2 *Cf.* p. 771 : $\vec{F}_L = iaB\vec{u}_x$.

28.C3 *Cf.* p. 772 : $\vec{\Gamma}_L = -iabB\sin\alpha\,\vec{u}_z$.

28.C4 $\vec{\Gamma}_L = \vec{\mathcal{M}} \wedge \vec{B}$.

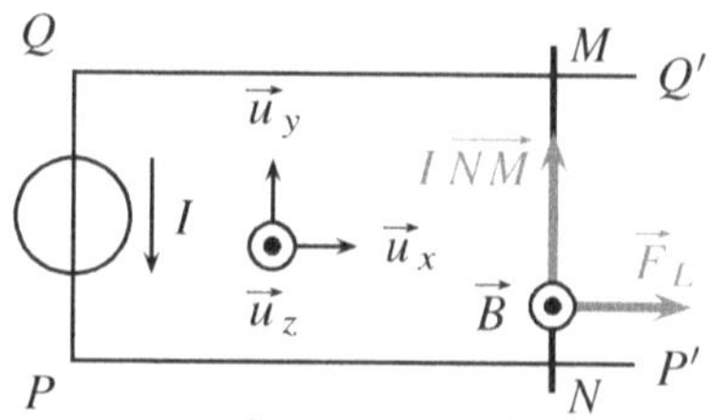

28.1 Canon magnétique

La barre NM (figure ci-dessus) est soumise à la force de Laplace $\vec{F}_L = I \times \overrightarrow{NM} \wedge \vec{B}$, soit $\vec{F}_L = I\left(\ell\vec{u}_y\right) \wedge (B\vec{u}_z) = I\ell B\vec{u}_x$. Elle est aussi soumise a son poids $m\vec{g} = -mg\vec{u}_z$ et aux réactions $\vec{R}_N$ et $\vec{R}_M$ des deux rails qui sont normales selon $\vec{u}_z$ puisque la barre se déplace sans frottement. La loi de la quantité de mouvement appliquée à la barre s'écrit $m\vec{a} = \vec{F}_L + m\vec{g} + \vec{R}_N + \vec{R}_M$.

En projection sur l'horizontale, $\vec{a} = \frac{1}{m}\vec{F}_L = \frac{I\ell B}{m}\vec{u}_x$. On a donc : $a = \ddot{x} = \frac{I\ell B}{m}$, $v = \dot{x} = \frac{I\ell B}{m}t$ (en supposant la vitesse initiale nulle) et $x(t) = x(0) + \frac{I\ell B}{2m}t^2$. La vitesse v voulue est atteinte à l'instant $t_0 = \frac{mv}{I\ell B}$ et la distance parcourue à ce moment est $d = x(t_0) - x(0) = \frac{I\ell B}{2m}t_0^2 = \frac{mv^2}{2I\ell B}$. Le champ magnétique nécessaire est $B = \frac{mv^2}{2I\ell d} = 5{,}0\,\mathrm{T}$. C'est un champ assez important.

28.2 Aimant en équilibre

L'aimant est soumis à trois actions : le couple magnétique de moment $\vec{\Gamma}_L = \vec{\mathcal{M}} \wedge \vec{B}$, le poids de moment $\vec{\mathcal{M}}_O\,(\text{poids}) = \overrightarrow{OG} \wedge m\vec{g}$ et la force de réaction de la pointe, de moment nul en O puisqu'elle s'applique en ce point.

On définit un vecteur $\vec{u}_x$, orthogonal au plan de la feuille, dirigé vers le lecteur. Alors, lorsque l'aimant est en position horizontale : $\vec{\Gamma}_L = \mathcal{M}B\vec{u}_x$ et $\vec{\mathcal{M}}_O\,(\text{poids}) = -dmg\,\vec{u}_x$.

D'après le théorème du moment cinétique au point O appliqué au cadre, l'aimant est en équilibre si $\vec{\Gamma}_L + \vec{\mathcal{M}}_O\,(\text{poids}) = \vec{0}$ donc $d = \frac{\mathcal{M}B}{mg}$.

28.3 Petites oscillations d'un aimant

1) (Gz) est l'axe de rotation de l'aiguille ; θ est l'angle le moment magnétique et le champ magnétique.

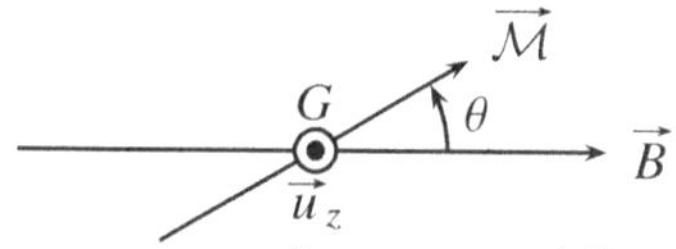

L'aiguille est soumis à son poids qui s'applique en G donc a un moment nul par rapport à l'axe (Gz), à la réaction de l'axe qui a un moment nul par rapport à (Gz) parce l'aiguille tourne librement (sans frottement) et au couple magnétique de moment par rapport à (Gz) :

$$\Gamma_{Lz} = \vec{\Gamma}_L \cdot \vec{u}_z = \left(\vec{\mathcal{M}} \wedge \vec{B}\right) \cdot \vec{u}_z = (\mathcal{M}B\sin(-\theta)\,\vec{u}_z) \cdot \vec{u}_z = -\mathcal{M}B\sin\theta.$$

Attention au signe de l'angle dans le sinus : pour calculer le produit vectoriel, on part de $\vec{\mathcal{M}}$ pour aller vers $\vec{B}$, on parcourt donc l'angle $-\theta$.

Le théorème du moment cinétique, appliqué à l'aiguille par rapport à l'axe (Gz) s'écrit $J\ddot{\theta} = -\mathcal{M}B\sin\theta$. Dans le cas de petites oscillations, $\theta \ll 1$ et $\sin\theta = \theta + o(\theta)$. L'équation devient : $\dfrac{\mathrm{d}^2\theta}{\mathrm{d}t^2} + \dfrac{\mathcal{M}B}{J}\theta = 0$, oscillateur harmonique de période $T = 2\pi\sqrt{\frac{J}{\mathcal{M}B}}$.

2) Dans les deux expériences le champ magnétique créé par la bobine s'ajoute vectoriellement au champ magnétique terrestre. Dans la première expérience, le champ résultant a pour norme $B = B_H + B_{\text{bob}}$ donc $\tau_1 = 2\pi\sqrt{\frac{J}{\mathcal{M}(B_{\text{bob}}+B_H)}}$. Dans la deuxième expérience, le champ de la bobine est en direction opposé du champ magnétique terrestre donc le champ résultant a pour norme $B = B_{\text{bob}} - B_H$ et $\tau_2 = 2\pi\sqrt{\frac{J}{\mathcal{M}(B_{\text{bob}}-B_H)}}$.

De ces deux équations on tire $B_H = B_{\text{bob}}\dfrac{1-\left(\frac{\tau_1}{\tau_2}\right)^2}{1+\left(\frac{\tau_1}{\tau_2}\right)^2}$.

28.4 Balance de Cotton

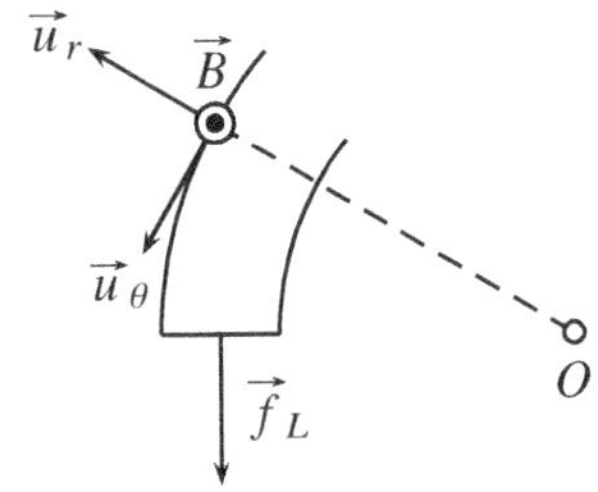

1) Les conducteurs circulaires sont des arcs de cercles de centre O. Ainsi $i\overrightarrow{d\ell}$ est porté par $\pm\vec{u}_\theta$ ($\oplus$ pour le conducteur aller, $\ominus$ pour le conducteur retour) et la force de Laplace $i\overrightarrow{d\ell}\wedge\vec{B}$ par $\pm\vec{u}_r$. Ce sont donc des forces centrales dont le moment en O est nul ($\overrightarrow{OM}$ est porté par $\vec{u}_r$, comme $\mathrm{d}\vec{f}$, et donc $\overrightarrow{OM}\wedge\mathrm{d}\vec{f} = \vec{0}$).
Sur le conducteur horizontal de longueur L, la force de Laplace est $iLB\vec{u}_\theta$ et son moment par rapport à O est $\overrightarrow{\mathcal{M}_0} = aiLB\vec{u}_z$, où l'axe (Oz) est normal au plan de la feuille, dirigé vers le lecteur.

2) Attendu que la balance est à l'équilibre à vide, les moments des forces de gravité dues aux tiges qui supportent le plateau et le fil électrique se compensent parfaitement. Le moment en O du poids du plateau de masse m est $\overrightarrow{\mathcal{M}'_0} = -a'mg\vec{u}_z$.

À l'équilibre de la balance, $\overrightarrow{\mathcal{M}_0} + \overrightarrow{\mathcal{M}'_0} = \vec{0}$ d'où $B = \frac{a'mg}{aiL}$.

3) L'énoncé ne donne pas la valeur de g, on prend $g = 9{,}8\ \text{m.s}^{-2}$; alors $B = 1{,}6\ \text{T}$.

28.5 Deux cadres croisés

Le solide $\mathcal{C}_1 + \mathcal{C}_2$ est soumis à deux couples de Laplace. Pour calculer ces couples il faut d'abord exprimer les moments magnétiques des deux cadres. En appliquant la règle de la main droite on trouve :

$$\overrightarrow{\mathcal{M}_1} = I_1S\left(-\sin\theta\vec{u}_x + \cos\theta\vec{u}_y\right) \quad \text{et} \quad \overrightarrow{\mathcal{M}_2} = I_2S\left(-\cos\theta\vec{u}_x - \sin\theta\vec{u}_y\right),$$

en notant S la valeur de la surface commune au deux cadres. Les couples de Laplace sont :

$$\vec{\Gamma}_1 = \overrightarrow{\mathcal{M}_1}\wedge\vec{B} = -I_1SB\cos\theta\vec{u}_z \quad \text{et} \quad \vec{\Gamma}_2 = \overrightarrow{\mathcal{M}_2}\wedge\vec{B} = I_2SB\sin\theta\vec{u}_z.$$

En plus de ces couples, le solide est soumis à son poids et à la tension du fil de suspension, forces dont les moments par rapport à l'axe (Oz) sont nuls. À l'équilibre, d'après le théorème du moment cinétique par rapport à l'axe (Oz) appliqué à $\mathcal{C}_1 + \mathcal{C}_2$:

$$\vec{\Gamma}_1\cdot\vec{u}_z + \vec{\Gamma}_2\cdot\vec{u}_z = 0 \quad\Leftrightarrow\quad \tan\theta = \frac{I_1}{I_2}.$$

28.6 Équilibre d'un cadre

1) Le cadre est soumis à son poids $m\vec{g}$, au couple de Laplace $\vec{\Gamma}_L$ et à l'action de liaison.
On exprime le couple de Laplace en s'aidant de la figure ci-dessous à droite :

$$\vec{\Gamma}_L = \overrightarrow{\mathcal{M}}\wedge\vec{B} = i\vec{S}\wedge\vec{B} = iabB\sin(-\theta)\,\vec{u}_\Delta = -iabB\sin\theta\,\vec{u}_\Delta.$$

Attention, dans le produit vectoriel $\overrightarrow{\mathcal{M}}\wedge\vec{B}$, on va de $\overrightarrow{\mathcal{M}}$ à $\vec{B}$ et donc on parcourt l'angle $-\theta$.
Son moment par rapport à l'axe de rotation Δ est $\mathcal{M}_\Delta(\text{Laplace}) = \vec{\Gamma}_L\cdot\vec{u}_\Delta = -iabB\sin\theta$.

On s'aide de la figure ci-contre à gauche, sur laquelle G est le centre de gravité du cadre, pour calculer, par la méthode du bras de levier, le moment du poids par rapport à Δ :

$$\mathcal{M}_\Delta(\text{poids}) = -\tfrac{a}{2}mg\sin\theta.$$

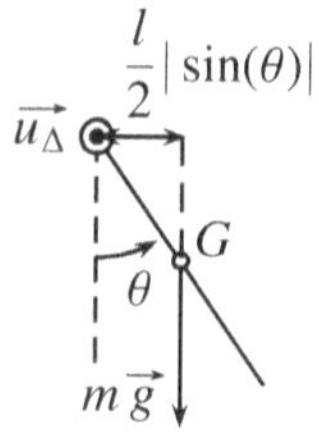

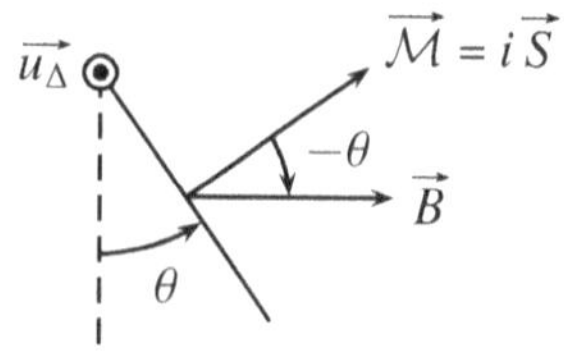

La liaison pivot est réputée parfaite : $\mathcal{M}_\Delta(\text{liaison}) = 0$.

Le théorème du moment cinétique par rapport à l'axe Δ appliqué au cadre à l'équilibre s'écrit :

$$-iabB\sin\theta_0 - \frac{a}{2}mg\sin\theta_0 = 0 \quad \text{d'où} \quad \theta_0 = 0.$$

2) Le théorème du moment cinétique par rapport à l'axe Δ appliqué au cadre s'écrit :

$$J\frac{\mathrm{d}^2\theta}{\mathrm{d}t^2} = -iabB\sin\theta - \frac{a}{2}mg\sin\theta.$$

Dans le cas d'oscillations de faible amplitude, on linéarise l'équation qui devient :

$$J\frac{\mathrm{d}^2\theta}{\mathrm{d}t^2} + a\left(ibB + \frac{mg}{2}\right)\theta = 0.$$

C'est l'équation d'un oscillateur harmonique de période : $T = 2\pi\sqrt{\dfrac{J}{a\left(ibB + \frac{mg}{2}\right)}}$.

28.7 Action magnétique sur un cadre

1) Par rapport à l'exercice précédent, seul change le moment des actions de Laplace par rapport à l'axe de rotation Δ : $\vec{\Gamma}_L = \vec{\mathcal{M}} \wedge \vec{B} = i\vec{S} \wedge \vec{B} = iabB\sin\left(\dfrac{\pi}{2} - \theta\right)\vec{u}_\Delta = iabB\cos\theta\,\vec{u}_\Delta$.

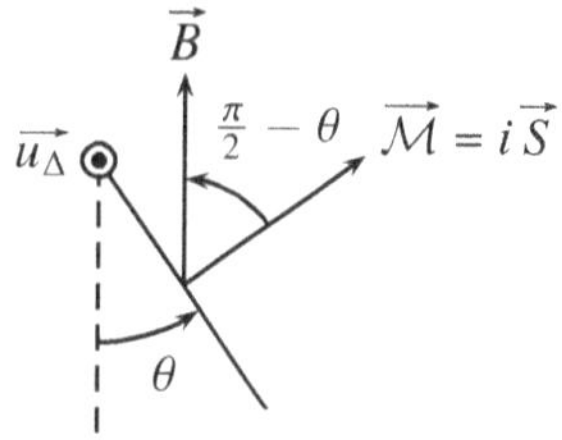

Soit G le centre de gravité du cadre, en son centre. Le moment du poids par rapport à O est : $\vec{\Gamma}_p = \vec{OG} \wedge m\vec{g} = \frac{a}{2}mg\sin(-\theta)\,\vec{u}_\Delta = -\frac{a}{2}mg\sin\theta\,\vec{u}_\Delta$.

Le théorème du moment cinétique, projeté sur l'axe Δ, mène à l'équilibre à :

$$iabB\cos\theta_0 - \frac{a}{2}mg\sin\theta_0 = 0 \quad \text{d'où} \quad \tan\theta_0 = \tfrac{2ibB}{mg}.$$

2) Le théorème du moment cinétique, appliqué au cadre, projeté sur l'axe Δ, mène à :

$$J\tfrac{\mathrm{d}^2\theta}{\mathrm{d}t^2} = iabB\cos\theta - \tfrac{a}{2}mg\sin\theta.$$

Le cadre oscille autour de sa position d'équilibre θ_0. Soit ε l'angle que fait le cadre par rapport à θ_0, c'est-à-dire : $\theta = \theta_0 + \varepsilon$, où $|\varepsilon| \ll \theta_0$.

On effectue un développement limité de $\cos(\theta_0 + \varepsilon)$ et $\sin(\theta_0 + \varepsilon)$, autour de θ_0, au premier ordre en ε. La formule de Taylor est $f(x_0 + \varepsilon) = f(x_0) + \varepsilon f'(x_0) + o(\varepsilon)$ et donc :

$$\cos(\theta_0 + \varepsilon) = \cos(\theta_0) - \varepsilon\sin(\theta_0) + o(\varepsilon) \quad \text{et} \quad \sin(\theta_0 + \varepsilon) = \sin(\theta_0) + \varepsilon\cos(\theta_0) + o(\varepsilon).$$

Avec $\frac{\mathrm{d}^2\theta}{\mathrm{d}t^2} = \frac{\mathrm{d}^2}{\mathrm{d}^2}(\theta_0 + \varepsilon) = \frac{\mathrm{d}^2\varepsilon}{\mathrm{d}t^2}$, le théorème du moment dynamique devient :

$$J\tfrac{\mathrm{d}^2\varepsilon}{\mathrm{d}t^2} = iabB\cos\theta_0 - \tfrac{a}{2}mg\sin\theta_0 - iabB\sin\theta_0\varepsilon - \tfrac{a}{2}mg\cos\theta_0\varepsilon.$$

Les termes constants s'annulent (ils définissent la position d'équilibre) et il reste :

$$J\frac{\mathrm{d}^2\varepsilon}{\mathrm{d}t^2} + a\left(ibB\sin\theta_0 + \frac{mg}{2}\cos\theta_0\right)\varepsilon = 0 \quad \text{soit} \quad \frac{\mathrm{d}^2\varepsilon}{\mathrm{d}t^2} + \frac{a}{J}\left(ibB\sin\theta_0 + \frac{mg}{2}\cos\theta_0\right)\varepsilon = 0,$$

qui est l'équation d'un oscillateur de pulsation ω_0 telle que $\omega_0^2 = \frac{a}{J}\left(ibB\sin\theta_0 + \frac{mg}{2}\cos\theta_0\right)$.

D'où la période des petites oscillations :

$$T = \frac{2\pi}{\omega_0} = 2\pi\sqrt{\frac{J}{a\left(ibB\sin\theta_0 + \frac{mg}{2}\cos\theta_0\right)}}.$$

Lois de l'induction

29

Le chapitre *Champ et moment magnétiques* explique qu'un courant électrique crée un champ magnétique. Réciproquement, un champ magnétique peut créer un courant électrique. C'est le phénomène d'induction électromagnétique dont les applications sont très nombreuses : alternateur de centrale électrique, transformateur, chauffage par induction, etc.

1 Expériences d'induction électromagnétique

1.1 Expérience historique de Faraday

L'expérience schématisée ci-dessous a été réalisée par Faraday [1], en 1831.

Deux enroulements de fils sur un cylindre en bois étaient reliés l'un à une pile par l'intermédiaire d'un interrupteur, l'autre à un ampèremètre. Dans un premier temps, Faraday espérait mesurer un courant avec l'ampèremètre en alimentant le premier enroulement pour créer un champ magnétique.

Quand l'interrupteur était fermé, il n'observait rien. Il se rendit compte cependant que l'aiguille de l'ampèremètre déviait dans un sens, de manière très brève, à la fermeture de l'interrupteur et dans l'autre sens à l'ouverture.

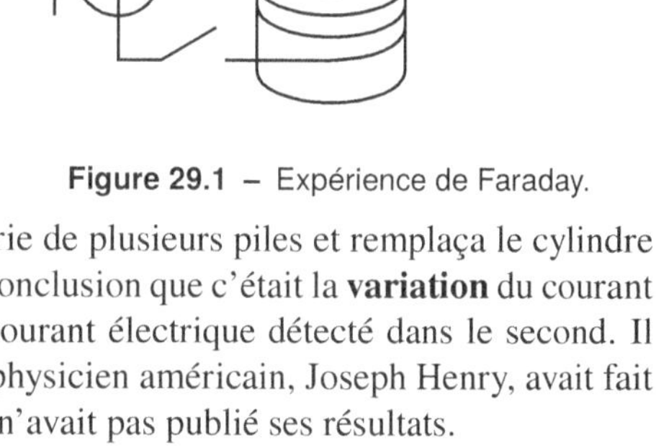

Figure 29.1 – Expérience de Faraday.

Pour amplifier le phénomène, il utilisa une batterie de plusieurs piles et remplaça le cylindre en bois par un cylindre en fer doux. Il arriva à la conclusion que c'était la **variation** du courant dans le premier circuit qui était à l'origine du courant électrique détecté dans le second. Il publia ses résultats en 1831. Pour l'anecdote, le physicien américain, Joseph Henry, avait fait presque la même expérience un an plus tôt mais n'avait pas publié ses résultats.

Faraday utilisa cette découverte pour construire le premier générateur électrique de courant alternatif, qui fut l'une des plus importantes innovations de l'époque.

1. Michael Faraday, 1791-1867, physicien anglais, célèbre pour ses travaux fondateurs en électromagnétisme. Il fut membre de la Royal Society, où il fonda les leçons du vendredi, toujours en vigueur. Il contribua aussi à l'étude de l'électrochimie, et fut professeur de chimie à l'académie militaire de Wollwich.

1.2 Autres expériences

a) Expérience avec un aimant et une bobine

On effectue l'expérience représentée sur la figure 29.2 : une bobine est reliée à un ampèremètre, ils forment un circuit électrique fermé. On approche le pôle nord d'un aimant de la bobine. On constate l'apparition d'un courant dans la bobine dans le sens indiqué sur la figure ; ce courant est appelé courant induit. Il est d'autant plus fort que l'aimant avance vite.

Si on éloigne l'aimant, le courant est dans l'autre sens. Si on retourne l'aimant et qu'on avance le pôle sud de l'aimant vers la bobine, le sens du courant est le même que quand on éloigne le pôle nord.

Si on déplace la bobine au lieu de l'aimant, les résultats sont identiques : le sens du courant est le même que l'on approche la bobine de l'aimant fixe, ou que l'on approche l'aimant de la bobine fixe.

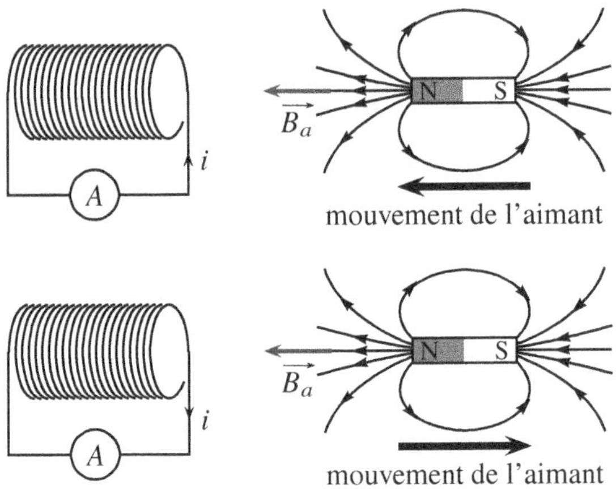

Figure 29.2 – Courant induit par un aimant en déplacement.

b) Expérience avec deux bobines

Si on remplace l'aimant par une bobine alimentée par un générateur de courant qui impose une intensité I constante (voir figure 29.3), on observe encore un courant dans l'autre bobine non alimentée. Le courant induit dans la deuxième bobine est de sens opposé au courant dans la première bobine quand on rapproche les deux bobines et de même sens quand on les éloigne.

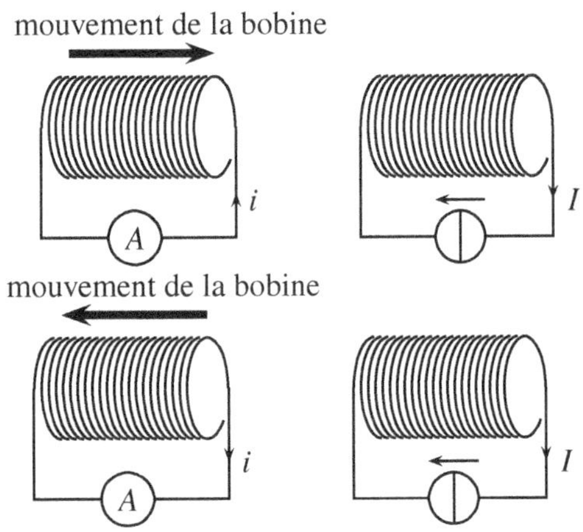

Figure 29.3 – Courant induit par déplacement d'une bobine.

1.3 Interprétation

Ces expériences mettent en évidence le phénomène d'induction électromagnétique qui se manifeste par l'apparition d'un courant dans un circuit fermé sans qu'il y ait de générateur à l'intérieur dans le circuit.

> Un **phénomène d'induction** apparaît dans un circuit si *le champ magnétique « traversant le circuit » varie dans le temps*. Cette variation peut avoir deux causes :
> - le circuit est plongé dans un champ magnétique variable ;
> - le circuit se déplace dans le champ magnétique.

Dans l'expérience de Faraday on est dans le premier cas au moment où l'on ouvre ou ferme l'interrupteur. Ce cas est observé aussi dans les autres expériences, quand on déplace l'aimant ou la bobine alimentée.

La deuxième cas est observé dans les expériences précédentes quand on déplace la bobine reliée à l'ampèremètre.

2 Loi de Faraday

L'équation régissant le phénomène d'induction est la loi de Faraday qui est exposée dans le paragraphe suivant. Cette loi fait intervenir une grandeur reliée au circuit et au champ magnétique dans lequel il est placé : le flux magnétique.

2.1 Flux magnétique

a) Flux d'un champ magnétique uniforme à travers une spire plane

Soit une spire plane de forme quelconque placée dans un champ magnétique uniforme $\vec{B}$. On suppose qu'un sens positif conventionnel pour le courant circulant dans la spire a été choisi.

Par définition, le **flux magnétique** traversant la spire est :

$$\varphi = \vec{B} \cdot \vec{S},$$

où $\vec{S}$ est le vecteur surface de la spire, défini au chapitre *Champ magnétique*, page 761.

Le flux magnétique est une grandeur algébrique. Son signe dépend du choix d'orientation de la spire et il est changé en son opposé si le champ magnétique change de sens.

Quelle est la signification physique de φ ? Il quantifie la « quantité » de champ magnétique qui traverse la spire dans le sens du vecteur surface. Par exemple avec une spire rectangulaire de surface S placée dans un champ magnétique uniforme vertical (figure 29.4) :

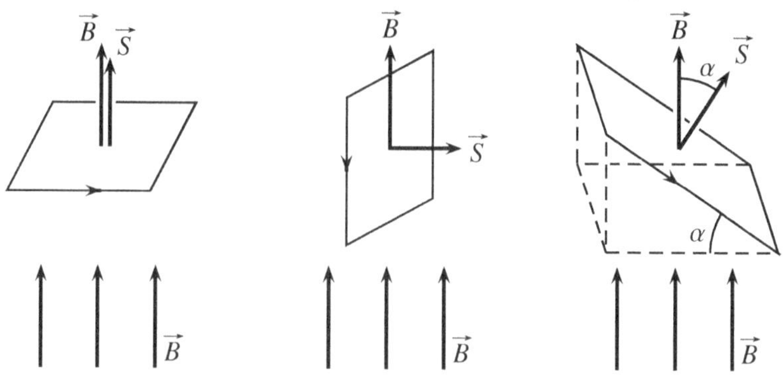

Figure 29.4 – Flux du champ magnétique à travers une spire rectangulaire.

- dans le cas (a), la totalité de la surface est offerte au champ magnétique qui la traverse dans le sens du vecteur $\vec{S}$; l'angle entre les vecteurs $\vec{B}$ et $\vec{S}$ est nul donc, en notant $B = \|\vec{B}\|$:

$$\varphi = \|\vec{B}\| \times \|\vec{S}\| \cos(0) = BS ;$$

- dans le cas (b), la spire, verticale, n'est pas traversée par le champ magnétique ; les vecteurs $\vec{B}$ et $\vec{S}$ sont orthogonaux donc :

$$\varphi = \|\vec{B}\| \times \|\vec{S}\| \cos\left(\frac{\pi}{2}\right) = 0 ;$$

- dans le cas (c), le champ magnétique traverse la surface dans le sens de $\vec{S}$ mais la surface offerte est seulement la projection de S sur un plan horizontal qui vaut $S\cos\alpha$; l'angle entre les vecteurs $\vec{B}$ et $\vec{S}$ est α donc :

$$\varphi = \|\vec{B}\| \times \|\vec{S}\| \cos\alpha = BS\cos\alpha.$$

b) Flux d'un champ magnétique uniforme à travers une bobine

Le flux magnétique à travers une bobine est égale à la somme des flux magnétiques à travers toutes ses spires.

c) Unité de flux magnétique

L'unité de flux champ magnétique est le **weber** [2], de symbole Wb. Comment exprimer les webers dans les unités de base du Système International ? Dans le chapitre *Champ et moment magnétiques*, on montre que le tesla, unité du champ magnétique, est identique à des kg.s^{-2}.A^{-1}. Ainsi :

$$\varphi = \vec{B} \cdot \vec{S} \quad \text{donc} \quad \text{Wb} = \text{T.m}^2 = \text{m}^2.\text{kg.s}^{-2}.\text{A}^{-1}.$$

2.2 Force électromotrice induite

Dans toutes les expériences décrites dans le premier paragraphe, une *variation du flux magnétique* φ à travers le circuit provoque l'apparition d'un courant dans celui-ci.

En 1831, Faraday déduisit de ses expériences la loi suivante :

Loi de Faraday : le courant induit dans le circuit est égal à celui que produit un générateur fictif dont la force électromotrice e, appelée **force électromotrice induite** (en abrégé f.é.m. induite) est donnée par la formule :

$$e = -\frac{\mathrm{d}\varphi}{\mathrm{d}t},$$

où φ est le flux magnétique à travers le circuit.

2.3 Convention d'algébrisation

Si l'on veut étudier un circuit électrique qui est le siège d'un phénomène d'induction électromagnétique, il faut ajouter dans le schéma électrocinétique le générateur induit. Dans quel sens doit-on placer la flèche de ce générateur ? La réponse est donnée par le schéma ci-dessous : la flèche du générateur induit doit être mise dans le sens positif conventionnel choisi pour orienter le circuit et le vecteur surface.

2. En l'honneur de Wilhelm Eduard Weber, 1804-1891, physicien allemand, professeur et directeur de l'observatoire de l'université de Göttingen, connu pour ses travaux sur l'électrodynamique.

La f.é.m. induite e est comptée positive dans le sens conventionnel positif du courant, c'est-à-dire en **convention générateur**.

$$e = -\frac{d\varphi}{dt}$$

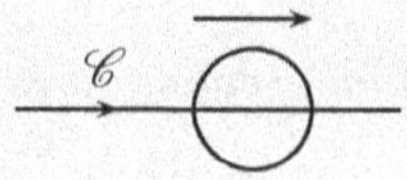

2.4 Exceptions à la règle du flux

a) Premier exemple

On considère tout d'abord le cas d'un circuit dans lequel une f.é.m. est induite, mais sans variation de flux : la roue de Barlow. Un disque de surface S tourne autour de son axe. L'ensemble est en métal conducteur et plongé dans un champ magnétique uniforme et stationnaire. Deux contacts glissants relient le centre du disque à sa périphérie pour mesurer, avec un voltmètre, la f.é.m. induite.

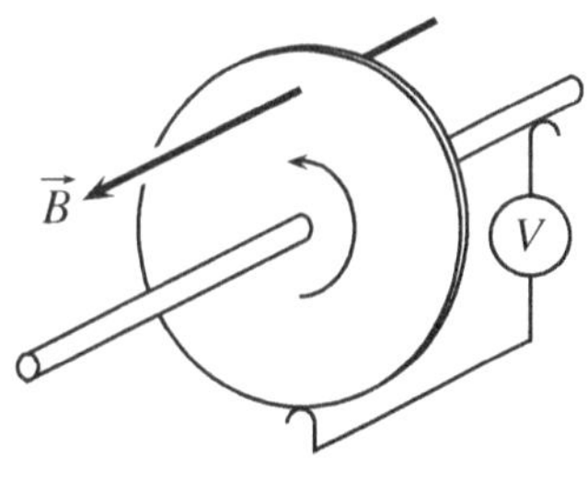

Figure 29.5 – Roue de Barlow.

Le flux du champ magnétique $\vec{B}$ à travers la roue de surface S est simplement BS. Ce flux reste constant lors du mouvement de la roue, alors qu'on observe expérimentalement une f.é.m. non nulle. La loi de Faraday n'est ici pas applicable.

b) Second exemple

On considère maintenant le cas, assez rare, d'un circuit où nulle f.é.m. n'est induite alors que le flux du champ magnétique varie au cours du temps : l'expérience d'André Blondel [3].

Deux bobines, $\mathcal{B}_1$ et $\mathcal{B}_2$, tournent autour de leurs axes, qui restent parallèles. On déroule une bobine afin d'enrouler le fil électrique sur l'autre, comme le montre le schéma. Deux contacts, placés sur les axes des spires, permettent de mesurer la f.é.m. induite au moyen d'un voltmètre. La bobine $\mathcal{B}_1$ est placé dans une région où règne un champ magnétique uniforme et stationnaire, parallèle à son axe.

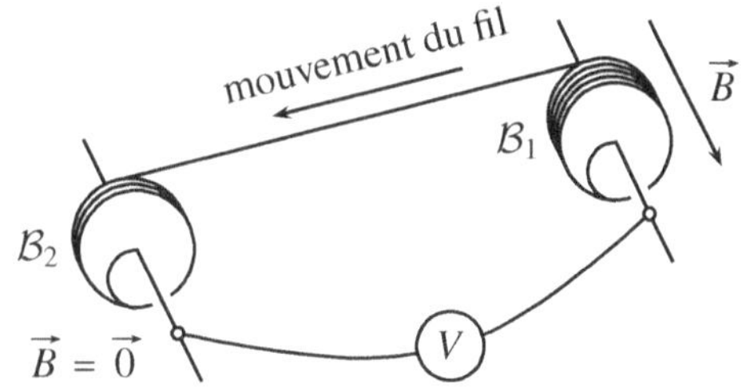

Figure 29.6 – Expérience d'André Blondel.

La bobine $\mathcal{B}_2$ est dans une zone de l'espace sans aucun champ magnétique.

Si l'on note n_1 le nombre de spires de la bobine $\mathcal{B}_1$, alors n_1 diminue au cours du temps lorsqu'on la déroule. Le flux du champ magnétique $\vec{B}$ à travers les n_1 spires de la bobine $\mathcal{B}_1$, toutes de surface S, vaut $n_1 BS$. Bien que ce flux varie au cours du temps, nulle f.é.m. n'est expérimentalement induite.

3. 1863-1938, ancien élève de l'École polytechnique, corps des Ponts, il est l'auteur d'avancées fondamentales dans le fonctionnement des machines synchrones (MS) et leur couplage au réseau. Le diagramme de Blondel, méthode d'étude de l'induit d'une MS à pôles saillants avec les vecteurs de Fresnel, est toujours couramment utilisé.

2.5 Conditions d'application de la loi de Faraday dans le cas d'un conducteur en mouvement dans un champ magnétique

Compte tenu des exceptions développées dans le précédent paragraphe, on admet les conditions suffisantes de validité de la loi de Faraday :

> Dans le cas d'un **conducteur en mouvement dans un champ magnétique**, la loi de Faraday est valable si :
> - le conducteur constitue un circuit à travers lequel le flux magnétique $\varphi(t)$ est défini à chaque instant ;
> - le conducteur coupe des lignes de champ magnétique dans son mouvement.

L'exemple ci-contre précise l'expression « couper des ligne de champs ». Une tige conductrice $\mathcal{T}$ se déplace en translation en restant en contact sur un conducteur en forme de U. L'ensemble est plongé dans un champ magnétique $\overrightarrow{B}$ perpendiculaire au plan formé par les deux conducteurs. Le champ magnétique est analogue à un champ de blé. Si l'on imagine que la tige $\mathcal{T}$ est tranchante, les vecteurs $\overrightarrow{B}$ sont coupés par $\mathcal{T}$ dans son mouvement, comme du blé moissonné.

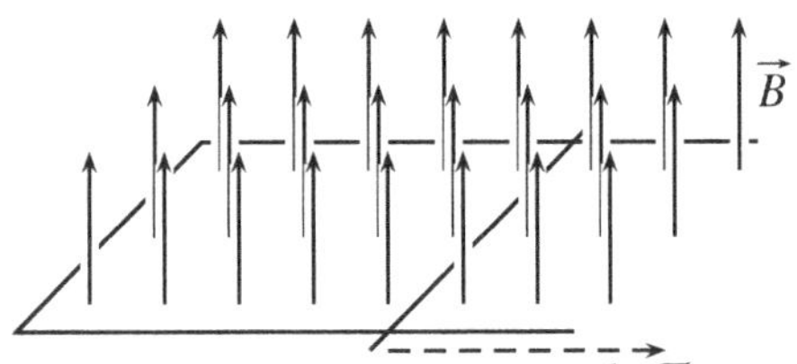

Figure 29.7 – Justification de la loi de Faraday.

La loi de Faraday est ici applicable et on observe un phénomène d'induction. La roue de Barlow ne délimite pas un circuit filiforme ; dans l'expérience d'André Blondel, le fil électrique ne coupe aucune ligne de champ magnétique car il passe, dans son mouvement, « entre les lignes de $\overrightarrow{B}$ ».

3 Loi de Lenz

La loi de Lenz [4] est une loi empirique qualitative que l'on peut énoncer ainsi :

> **Loi de Lenz** : les phénomènes d'induction s'opposent, par leurs effets, aux causes qui leur ont donné naissance.

Exemple

Dans la première expérience du paragraphe 1.2, page 786, quand l'aimant s'approche de la bobine, la norme du champ $\overrightarrow{B_a}$ qu'il crée au niveau de celle-ci augmente ; or le courant induit, qui est dans le sens indiqué sur la figure 29.2, crée un autre champ magnétique dirigé vers la droite, d'après la règle de la main droite, donc de sens contraire à $\overrightarrow{B_a}$. Le courant induit ainsi crée un champ qui s'*oppose* à l'augmentation de la norme du champ magnétique au niveau de la bobine. C'est une manifestation de la loi de Lenz.

4. En l'honneur de son découvreur, Heinrich Friedrich Emil Lenz, 1804-1865, physicien balte d'origine allemande, sujet russe, professeur puis recteur à l'université de Saint-Pétersbourg.

MÉTHODOLOGIE

Comment orienter la f.é.m. induite ?
▷ *Dans le même sens que celui de l'orientation du circuit.*

Avec le circuit plan carré ci-dessous, l'orientation du circuit $\mathscr{C}$ impose le sens du vecteur surface $\overrightarrow{S}$, d'après la règle de la main droite, et celle de la f.é.m. induite e.

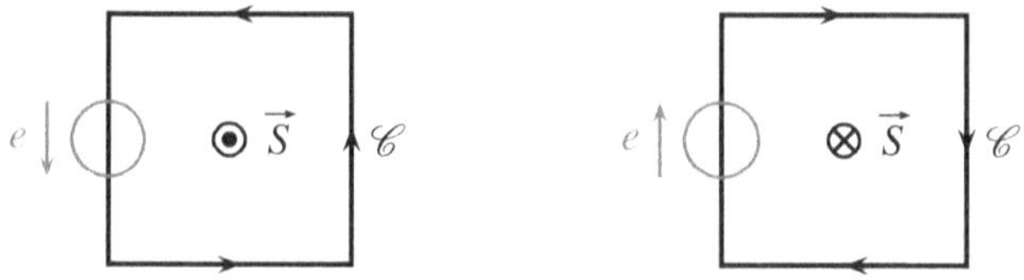

PROGRAMME OFFICIEL

Les exercices qui utilisent les notions de ce chapitre sont répartis dans les deux suivants :

- *Circuit fixe dans un champ magnétique variable ;*
- *Circuit mobile dans un champ magnétique stationnaire.*

NOTIONS ET CONTENUS	CAPACITÉS EXIGIBLES
Flux d'un champ magnétique :	
Flux d'un champ magnétique à travers une surface s'appuyant sur un contour fermé orienté.	Évaluer le flux d'un champ magnétique uniforme à travers une surface s'appuyant sur un contour fermé orienté plan.
Loi de Faraday :	
Courant induit par le déplacement relatif d'une boucle conductrice par rapport à un aimant ou un circuit inducteur. Sens du courant induit.	TP : Décrire, mettre en oeuvre et interpréter des expériences illustrant les lois de Lenz et de Faraday.
Loi de modération de Lenz.	Utiliser la loi de Lenz pour prédire ou interpréter les phénomènes physiques observés.
Force électromotrice induite, loi de Faraday.	Utiliser la loi de Faraday en précisant les conventions d'algébrisation.

Circuit fixe dans un champ magnétique variable

30

DANS ce chapitre, on étudie des phénomènes d'induction dans des circuits fixes mettant en jeu des champs magnétiques variant dans le temps. C'est le principe des plaques de cuisson à induction, ou de la recharge sans fil d'un téléphone portable.

1 Auto-induction

1.1 Coefficient d'auto-induction

Soit un circuit filiforme, parcouru par un courant d'intensité i, une spire par exemple, bien que ce puisse être n'importe quel autre circuit plus compliqué. Il crée un champ magnétique $\vec{B}$, dont la norme est proportionnelle à l'intensité i du courant qui le traverse. Attendu que les lignes de champ magnétique s'enroulent autour de leurs sources, ce champ magnétique traverse le circuit qui lui a donné naissance, comme le montre la figure 30.1 ; il crée donc un flux magnétique à travers ce circuit, nommé **flux propre**.

L'expression de ce flux magnétique propre, noté φ_p, est compliquée car le champ n'est pas nécessairement uniforme sur toute la surface du circuit. Toutefois, φ_p est proportionnel à la norme de $\vec{B}$, qui est elle même proportionnelle à l'intensité i du courant ; φ_p est finalement proportionnel à i.

Le flux, à travers un circuit, de son propre champ magnétique s'écrit :

$$\varphi_p = Li,$$

où i est l'intensité dans le circuit et L le **coefficient d'auto-induction** ou **inductance propre** du circuit.

Remarque

L'inductance propre et celle vue dans le cours d'électrocinétique sont identiques.

L'auto-inductance d'un circuit est toujours *positive*. On le vérifie en considérant la figure 30.1 sur laquelle la flèche indique le sens *réel* du courant.
Si on choisit pour sens conventionnel positif le long de la spire ce même sens, alors $i > 0$ et, en appliquant la règle de la main droite, on constate que le champ magnétique traverse la surface de la spire dans le sens positif donc que $\varphi_p > 0$. Si l'on fait le choix inverse, i et φ_p sont sont tous les deux négatifs. Le signe du flux propre est donc toujours le même que celui de l'intensité. Il en résulte que :

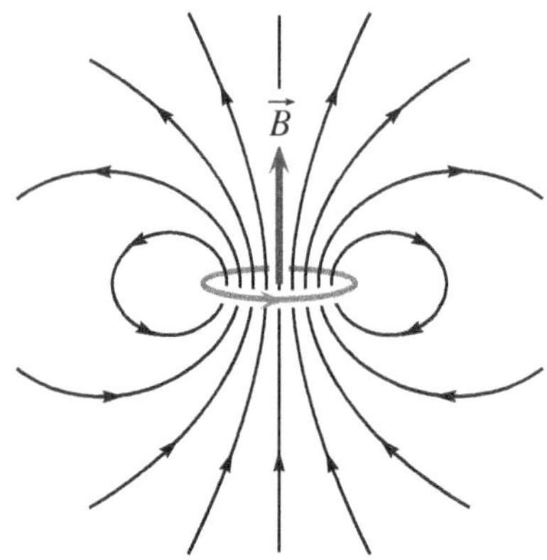

Figure 30.1 – Lignes de champ magnétique, en noir, d'une spire circulaire, en gris.

Une auto-inductance est toujours positive.

Comme expliqué en électrocinétique, l'unité d'inductance est le **henry** [1], noté H. Comment exprimer les henrys dans les unités de base du système international ? On montre, dans le chapitre précédent, page 788, que le weber Wb, unité de flux magnétique, s'exprime sous la forme kg.m^2.s^{-2}.A^{-1}. On peut donc écrire en utilisant la définition de l'auto-inductance :

$$\varphi_p = Li \quad \text{donc} \quad \text{Wb} = \text{H.A} \quad \text{soit} \quad \text{H} = \text{m}^2.\text{kg.s}^{-2}.\text{A}^{-2}.$$

Ce résultat n'est pas à retenir, mais la méthode suivie doit être connue. Il montre l'intérêt à utiliser une unité dérivée afin d'alléger les notations.

1.2 Exemple de calcul d'une inductance propre

On calcule l'auto-inductance L d'un solénoïde de longueur ℓ comportant N spires de surface S. On note $\vec{u}$ un vecteur unitaire parallèle à l'axe de la bobine et on choisit le sens conventionnel positif pour l'intensité i dans les spires qui est donné par la règle de la main droite avec le vecteur $\vec{u}$.

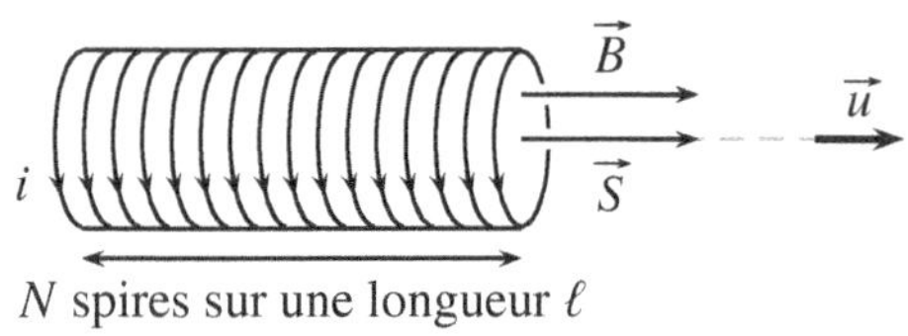

Figure 30.2 – Inductance propre d'un solénoïde.

Le calcul, mené en méthodologie page 804, mène à $L = \mu_0 \frac{N^2}{\ell} S$. Numériquement, pour une bobine de 1000 spires de rayon a = 3 cm, réparties sur une longueur ℓ = 30 cm, on calcule $L = 4\pi.10^{-7} \times \frac{1000^2}{30.10^{-2}} \times \pi \left(3.10^{-2}\right)^2 = 12$ mH.
La formule encadrée impose les unités de la perméabilité μ_0. En effet, les unités sont :

$$\text{H} = [\mu_0] \times \frac{1}{\text{m}} \times \text{m}^2 \quad \Rightarrow \quad [\mu_0] = \text{H.m}^{-1}.$$

1. En l'honneur de Joseph Henry, 1797-1878, physicien américain, successivement professeur de « natural philosophy » à Princeton, directeur de la Smithonian Institution et président de la National Academy of Sciences. Ses travaux abordèrent avec éclectisme de nombreux thèmes, dont la météorologie. Il reste célèbre pour sa découverte des phénomènes d'auto-induction et de mutuelle induction, exposés dans son article de 1838, « On Electro-Dynamic Induction ». Faraday découvrit en même temps ces phénomènes au Royaume-Uni, mais Henry publia en premier.

1.3 Force électromotrice auto-induite

Si l'intensité du courant traversant le circuit varie dans le temps, le flux propre varie et il apparaît donc une force électromotrice induite, nommée **force électromotrice auto-induite** $e(t)$. D'après la loi de Faraday :

$$e(t) = -\frac{d\varphi_p}{dt} \quad \text{soit} \quad \boxed{e(t) = -L\frac{di}{dt}},$$

en supposant que l'auto-inductance L ne dépend pas du temps, c'est-à-dire que le circuit ne se déforme pas.

1.4 Schéma électrique

Pour tenir compte du phénomène d'auto-induction, il faut incorporer dans le schéma électrocinétique du circuit :

- soit un générateur de tension de f.é.m. $e(t) = -L\frac{di}{dt}(t)$ avec sa flèche *dans le sens conventionnel positif du courant* (c'est-à-dire en convention générateur) ;
- soit une inductance L, telle que la tension à ses bornes, en convention récepteur, soit : $u_L(t) = L\frac{di}{dt}(t)$.

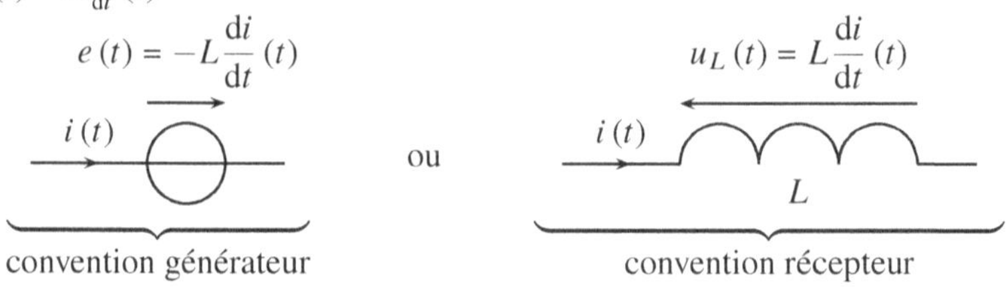

Figure 30.3 – Schémas électriques équivalents pour l'auto-induction.

1.5 Loi de Lenz

Ces résultats sont cohérents avec la loi de modération de Lenz. Si, par exemple, un générateur impose une intensité croissante dans le circuit, $\frac{di}{dt} > 0$, alors, $e(t) = -L\frac{di}{dt} < 0$ et d'après le schéma électrique de la figure 30.3, cette f.é.m. induite négative *s'oppose* à l'augmentation du courant.

1.6 Mesure expérimentale de l'inductance propre d'une bobine

Le lecteur est renvoyé à l'exercice **30.4**.

1.7 Bilan d'énergie

On étudie le montage électrique inductif de la figure 30.4. Un générateur de force électromotrice u_g alimente deux dipôles en série, une résistance R et une bobine d'inductance L et de résistance négligeable devant R. La loi des mailles mène à :

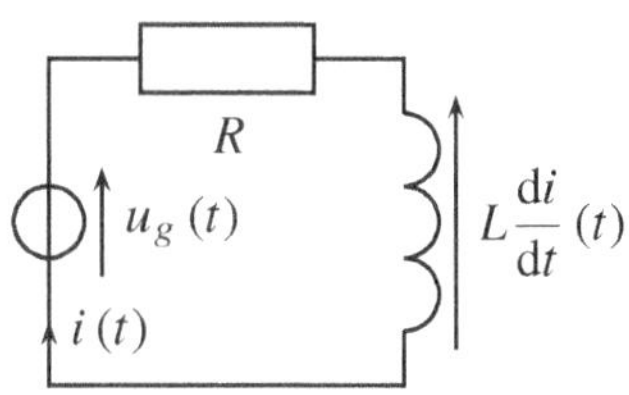

Figure 30.4 – Circuit inductif.

$$u_g(t) = Ri(t) + L\frac{di}{dt}(t).$$

Le bilan de puissance est mené en méthodologie, où l'on aboutit à :

$$u_g(t)\,i(t) = \frac{d}{dt}\left(\frac{1}{2}Li(t)^2\right) + Ri(t)^2.$$

On reconnaît dans cette relation :

- la puissance $\mathcal{P}_g(t) = u_g(t)\,i(t)$ cédée au circuit par le générateur ;
- la puissance $\mathcal{P}_{\text{Joule}}(t) = Ri(t)^2$, dissipée par effet Joule dans la résistance R.

Ainsi :

$$\mathcal{P}_g(t) - \mathcal{P}_{\text{Joule}}(t) = \frac{\mathrm{d}}{\mathrm{d}t}\left(\frac{1}{2}Li^2(t)\right).$$

On constate que la puissance apportée par le générateur est supérieure à celle dissipée par effet Joule : la différence est stockée dans le circuit, sous forme d'énergie magnétique, qui est l'énergie du champ magnétique créé par le circuit.

Cette énergie magnétique est de la forme $\frac{1}{2}Li^2$ + constante. Si l'intensité s'annule, le champ magnétique s'annule et l'énergie aussi, ce qui montre que la constante est égale à zéro.

L'**énergie magnétique** d'un circuit d'auto-inductance L parcouru par un courant d'intensité i est :

$$\mathcal{E}_{magné} = \frac{1}{2}Li^2.$$

Cette loi apparaît aussi dans le cours d'électrocinétique.

2 Induction mutuelle

2.1 Coefficient d'induction mutuelle

La figure 30.5 présente une situation de grande importance pratique. Un premier circuit (une spire par exemple, bien que ce puisse être n'importe quel autre circuit plus compliqué) que l'on appellera dans la suite circuit 1, est parcouru par un courant d'intensité i_1 et crée un champ magnétique $\vec{B}_1$, dont la norme est proportionnelle à l'intensité i_1. Un deuxième circuit, appelé circuit 2, est disposé dans le champ $\vec{B}_1$ dont il intercepte des lignes de champ. Le champ $\vec{B}_1$ a ainsi un flux non nul à travers le circuit 2. On note ce flux $\varphi_{1\to 2}$: c'est le flux envoyé par le circuit 1 à travers le circuit 2.

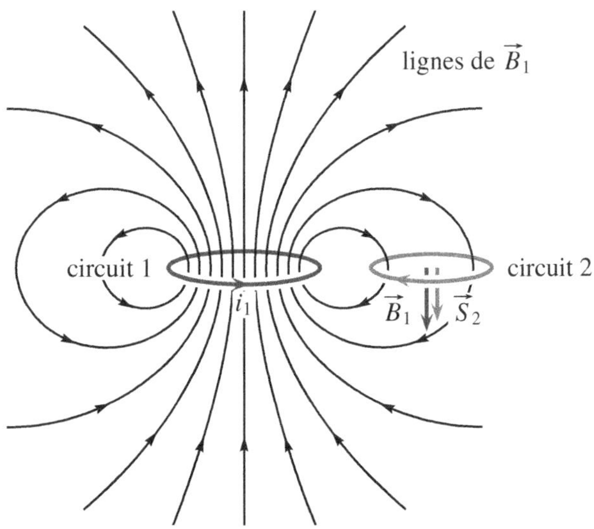

Figure 30.5 – Deux circuits magnétiquement couplés.

L'expression de ce flux magnétique $\varphi_{1\to 2}$ est compliquée car $\vec{B}_1$ n'est pas nécessairement uniforme sur toute la surface du circuit 2. Toutefois, on sait que $\varphi_{1\to 2}$ est proportionnel à la norme de $\vec{B}_1$, qui est elle même proportionnelle à l'intensité i_1 du courant. On peut donc affirmer que le flux $\varphi_{1\to 2}$ est proportionnel à i_1, ce qui s'écrit :

$$\varphi_{1\to 2} = M_{1\to 2}\,i_1,$$

où $M_{1\to 2}$ est un coefficient, qui s'exprime en henrys.

De même, si le circuit 2 est parcouru par le courant i_2, il crée un champ magnétique $\overrightarrow{B_2}$ qui a un flux non nul à travers le circuit 1. On appelle ce flux $\varphi_{2\to 1}$, c'est le flux magnétique envoyé par le circuit 2 à travers le circuit 1 qui est proportionnel à i_2 :

$$\varphi_{2\to 1} = M_{2\to 1}\, i_2.$$

Comme on peut s'en convaincre en observant la figure 30.5, plus le circuit 2 est exposé au champ magnétique $\overrightarrow{B}_1$, plus le circuit 1 est exposé au champ magnétique $\overrightarrow{B}_2$.

On admet que les coefficients $M_{1\to 2}$ et $M_{2\to 1}$ sont égaux. Ce résultat correspond au théorème de Neumann [2] que l'on admettra ici. Leur valeur commune M est appelé **inductance mutuelle** entre les deux circuits 1 et 2.

Les flux magnétiques envoyés réciproquement par un circuit 1 et un circuit 2 l'un à travers l'autre sont donnés par les formules :

$$\varphi_{1\to 2} = Mi_1 \quad \text{et} \quad \varphi_{2\to 1} = Mi_2,$$

où M l'**inductance mutuelle** entre les deux circuits 1 et 2.

L'inductance mutuelle se mesure en henrys, de symbole H.

L'intensité du courant qui apparaît dans l'expression de ces flux est à chaque fois l'intensité dans le circuit qui crée le champ magnétique.

2.2 Exemple de calcul d'une inductance mutuelle

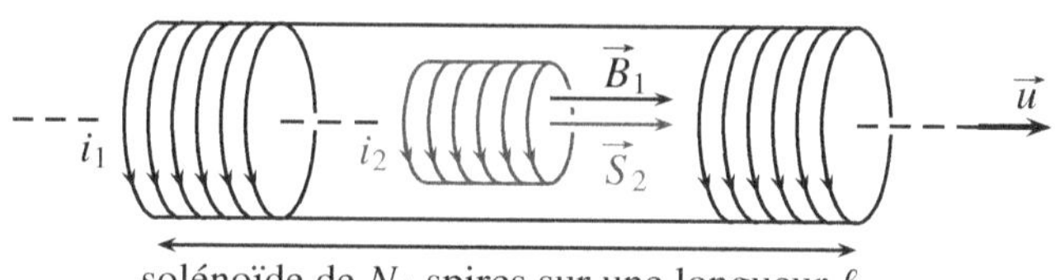

Figure 30.6 – Bobine orientée et solénoïde dont on calcule l'inductance mutuelle (la partie centrale du solénoïde n'est pas représentée afin de laisser voir la bobine intérieure).

L'expression de l'inductance mutuelle M entre un solénoïde 1 et une bobine 2, est développée en méthodologie, page 805, où l'on aboutit à $M = \mu_0 \frac{N_1 N_2}{\ell_1} S_2$. De plus, on y observe que :

Le signe de l'inductance mutuelle est arbitraire. Il dépend de l'orientation relative des deux circuits.

2. Nommé d'après son découvreur, Franz Ernst Neumann, 1798-1895, physicien allemand, professeur à l'université de Königsberg, dont les recherches portèrent sur la cristallographie, la thermodynamique, les ondes lumineuses et l'induction.

2.3 Forces électromotrices induites dans les deux circuits

On considère deux circuits 1 et 2 couplés par mutuelle induction, c'est-à-dire tels que le coefficient de mutuelle induction ne soit pas nul : dès qu'un courant circule dans un des deux circuits, des f.é.m. dans les deux circuits. Quelles sont les f.é.m. induites dans chacun des circuits ? Le flux magnétique à travers le circuit 1 est la somme de deux termes :

- le flux de son propre champ $\overrightarrow{B}_1$ qui s'écrit $\varphi_{1,p} = L_1 i_1$ où L_1 est le coefficient d'auto-induction du circuit 1 ;
- le flux $\varphi_{2\to 1}$ du champ $\overrightarrow{B}_2$ du circuit 2 : $\varphi_{2\to 1} = M i_2$.

Le flux total à travers le circuit 1 est donc :

$$\varphi_1 = \varphi_{1,p} + \varphi_{2\to 1} = L_1 i_1 + M i_2.$$

La f.é.m. induite dans ce circuit est alors :

$$e_1(t) = -\frac{\mathrm{d}\varphi_1}{\mathrm{d}t} \quad \text{soit} \quad e_1(t) = -L_1\frac{\mathrm{d}i_1}{\mathrm{d}t} - M\frac{\mathrm{d}i_2}{\mathrm{d}t}.$$

On procède de même pour la f.é.m. induite dans le circuit 2 :

$$\varphi_2 = \varphi_{2,p} + \varphi_{1\to 2} = L_2 i_2 + M i_1 \quad \text{donc} \quad e_2(t) = -L_2\frac{\mathrm{d}i_2}{\mathrm{d}t} - M\frac{\mathrm{d}i_1}{\mathrm{d}t}.$$

2.4 Schéma électrique

Deux possibilités se présentent pour tenir compte des phénomènes induction dans les deux circuits :

- Des générateurs tension de f.é.m. respectives $e_1(t) = -L_1\frac{\mathrm{d}i_1}{\mathrm{d}t} - M\frac{\mathrm{d}i_2}{\mathrm{d}t}$, ainsi que $e_2(t) = -L_2\frac{\mathrm{d}i_2}{\mathrm{d}t} - M\frac{\mathrm{d}i_1}{\mathrm{d}t}$, sont ajoutés dans les schémas des circuits 1 et 2, avec leurs flèches dans le sens conventionnel positif du courant, c'est-à-dire en **convention générateur**.

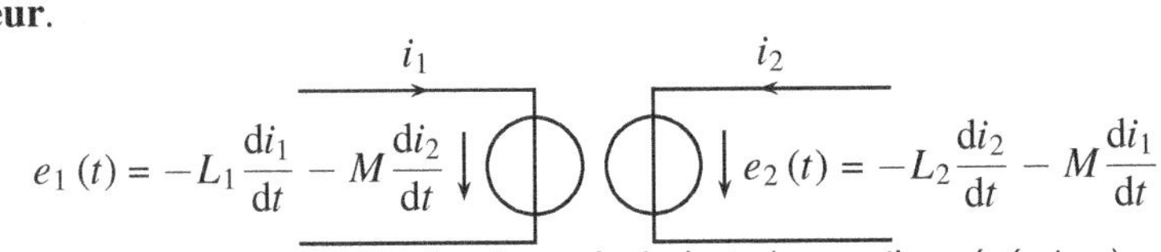

Figure 30.7 – Circuits électriques équivalents (convention générateur).

- Les circuits sont représentés en plaçant entre eux le quadripôle (composant relié par quatre fils) défini dans l'encadré ci-dessous.

Le schéma électrique représentant deux bobines idéales couplées par mutuelle inductance est ci-contre. Il correspond aux lois :

$$u_1(t) = L_1\frac{\mathrm{d}i_1}{\mathrm{d}t} + M\frac{\mathrm{d}i_2}{\mathrm{d}t}, \quad u_2(t) = L_2\frac{\mathrm{d}i_2}{\mathrm{d}t} + M\frac{\mathrm{d}i_1}{\mathrm{d}t},$$

qui s'appliquent avec la **convention récepteur** des deux côtés.

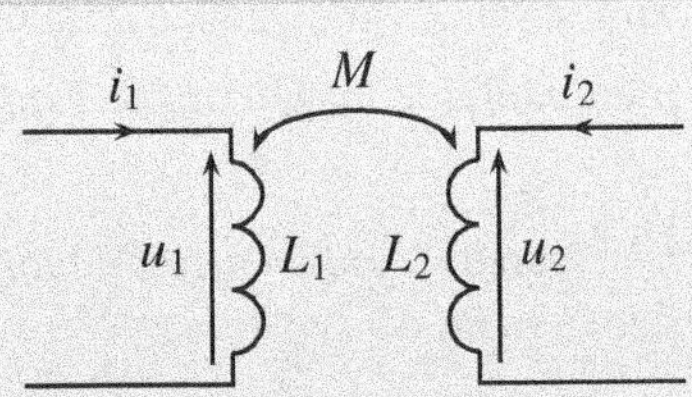

Figure 30.8 – Circuits couplés par mutuelle induction.

2.5 Étude de deux circuits couplés

a) Situation étudiée

L'expérience étudiée est représentée sur la figure 30.9. Deux bobines sont placées face à face pour que le champ magnétique créé par chacune d'elle traverse l'autre. La bobine 1 est alimenté par un générateur de f.é.m. variable $u_g(t)$ tandis que la bobine 2 est simplement fermé sur elle-même. Des courants d'intensités $i_1(t)$ et $i_2(t)$ circulent respectivement dans les bobines 1 et 2.

b) Équations électriques

Pour obtenir les équations vérifiées par les intensités on représente le schéma électrique de l'expérience. Il faut tenir compte du fait que les bobines ne sont pas idéales et qu'elles ont des résistances R_1 et R_2.

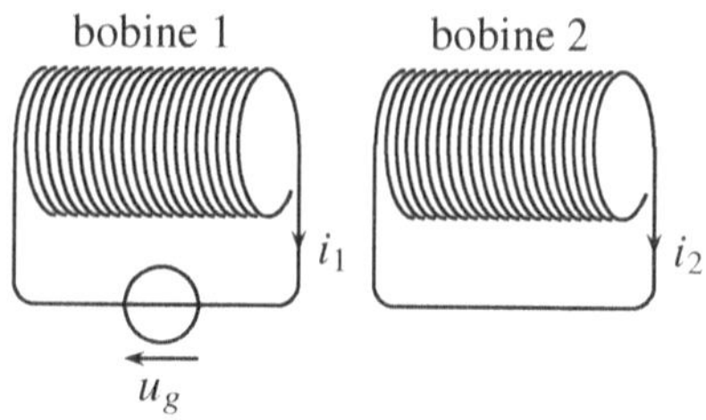

Figure 30.9 – Deux circuits en mutuelle induction.

Première méthode On représente les deux circuits séparément, en incorporant dans chacun les générateurs induits, comme sur la figure 30.10.

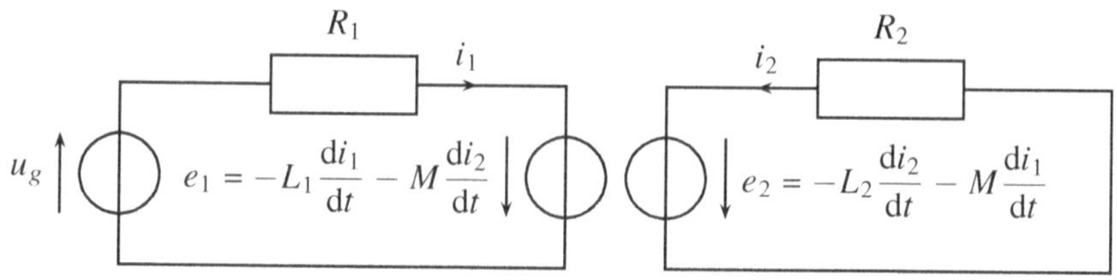

Figure 30.10 – Circuits électriques équivalents.

On écrit ensuite les équations vérifiées par les intensités $i_1(t)$ et $i_2(t)$ en appliquant la loi des mailles dans chacun des circuits :

$$\begin{cases} u_g(t) - R_1 i_1(t) + e_1(t) = 0 \\ e_2(t) - R_2 i_2(t) = 0 \end{cases} \quad \text{soit} \quad \begin{cases} e_g(t) = R_1 i_1(t) + L_1\dfrac{di_1}{dt}(t) + M\dfrac{di_2}{dt}(t), \\ 0 \quad = R_2 i_2(t) + L_2\dfrac{di_2}{dt} + M\dfrac{di_1}{dt}. \end{cases}$$

Deuxième méthode On utilise la schématisation des bobines couplées par mutuelle inductance, montrée sur la figure ci-contre, puis on écrit la loi des mailles dans chacun des circuits et les lois des bobines couplées :

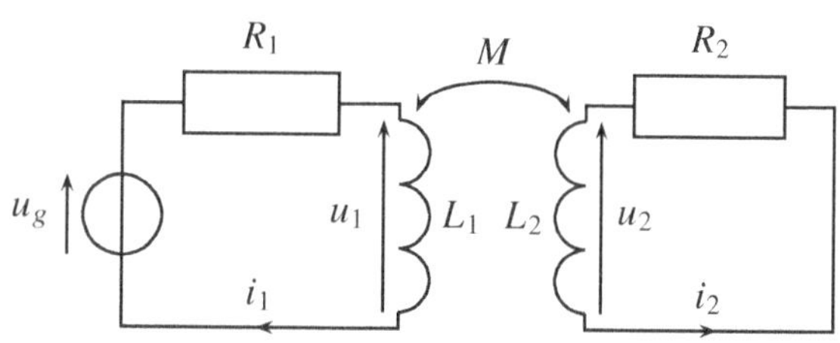

Figure 30.11 – Schéma électrocinétique de deux circuits couplés.

$$\begin{cases} u_g(t) - R_1 i_1(t) - u_1(t) = 0 \\ u_2(t) + R_2 i_2(t) = 0 \\ u_1(t) = L_1 \dfrac{di_1}{dt}(t) + M\dfrac{di_2}{dt}(t) \\ u_2(t) = L_2 \dfrac{di_2}{dt}(t) + M\dfrac{di_1}{dt}(t) \end{cases} \Rightarrow \begin{cases} u_g(t) = R_1 i_1(t) + L_1\dfrac{di_1}{dt}(t) + M\dfrac{di_2}{dt}(t) \\ 0 \quad = R_2 i_2(t) + L_2\dfrac{di_2}{dt} + M\dfrac{di_1}{dt}(t). \end{cases}$$

Les deux méthodes conduisent au même système de deux équations différentielles couplées pour les intensités $i_1(t)$ et $i_2(t)$.

c) Étude en régime sinusoïdal permanent

On suppose que le générateur délivre une tension sinusoïdale de pulsation ω :

$$u_g(t) = E_0 \cos(\omega t).$$

Pour étudier le régime sinusoïdal permanent (ou établi) on utilise la notation complexe. Le système précédemment obtenu s'écrit :

$$\begin{cases} \underline{u}_g = (R_1 + jL_1\omega)\underline{i_1} + jM\omega\underline{i_2} \\ 0 = (R_2 + jL_2\omega)\underline{i_2} + jM\omega\underline{i_1}. \end{cases}$$

La seconde équation mène à :

$$\underline{i_2} = -\frac{jM\omega}{R_2 + jL_2\omega}\underline{i_1},$$

qu'on injecte dans le première pour obtenir :

$$\underline{u}_g = \underbrace{\left(R_1 + jL_1\omega - \frac{(jM\omega)^2}{R_2 + jL_2\omega}\right)}_{\underline{Z}}\underline{i_1}.$$

Ainsi, pour le générateur, la bobine 1 est équivalente à un dipôle dont l'impédance $\underline{Z}$ dépend des caractéristiques de la bobine 2 à cause du couplage inductif.

d) Bilan d'énergie

Il est mené en méthodologie, page 804, où l'on aboutit à :

$$u_g(t)i_1(t) = \frac{d}{dt}\left(\frac{1}{2}L_1 i_1^2(t) + \frac{1}{2}L_2 i_2^2(t) + Mi_1i_2\right) + R_1 i_1^2(t) + R_2 i_2^2(t).$$

Cette égalité fait apparaître deux puissances interprétables :

- $\mathcal{P}_g(t) = u_g(t)i(t)$ est la puissance cédée par le générateur ;
- $\mathcal{P}_{\text{Joule}}(t) = R_1 i_1(t)^2 + R_2 i_2(t)^2$ est la puissance instantanée perdue par effet Joule dans les deux circuits.

Ainsi :

$$\mathcal{P}_g(t) - \mathcal{P}_{\text{Joule}}(t) = \frac{d}{dt}\left(\frac{1}{2}L_1 i_1^2(t) + \frac{1}{2}L_2 i_2^2(t) + Mi_1(t)i_2(t)\right).$$

Le membre de droite de cette équation s'interprète en disant que le circuit stocke de l'énergie. Si l'énergie apportée par le générateur est supérieure à l'énergie dissipée par effet Joule, la différence est stockée dans le circuit.

L'énergie stockée par les circuits est de l'énergie magnétique ; c'est l'énergie du champ magnétique $\overrightarrow{B_1} + \overrightarrow{B_2}$ qui est créé dans tout l'espace par les deux circuits.

L'énergie magnétique stockée par deux circuits couplés par mutuelle induction, est :

$$\mathcal{E}_{\text{magné}} = \frac{1}{2}L_1 i_1^2 + \frac{1}{2}L_2 i_2^2 + M i_1 i_2.$$

3 Transformateur de tension

3.1 Constitution

Un **transformateur** est modifie l'amplitude de tensions et de courants alternatifs.

Il se compose d'une carcasse **ferromagnétique**, et de deux enroulements. Le matériau ferromagnétique est choisi pour sa capacité à canaliser les lignes de champ magnétique, de même qu'un tuyau canalise un liquide en écoulement. Ainsi, il n'existe de champ magnétique qu'à l'intérieur du « circuit magnétique » formé par le ferromagnétique.

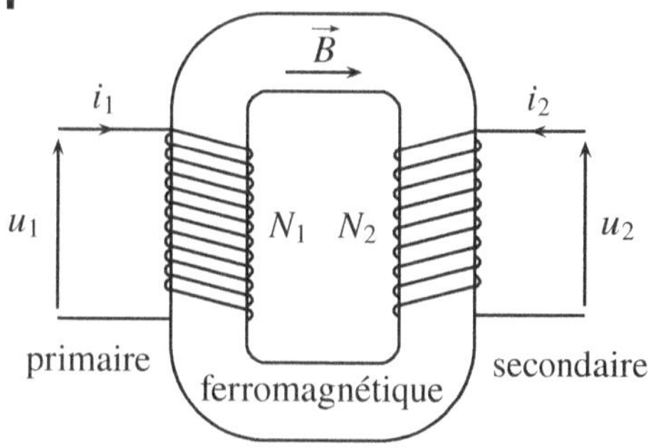

Figure 30.12 – Transformateur.

Les enroulements sont constitués de fils de cuivre, bobinés autour du circuit magnétique.

L'enroulement primaire, ou plus simplement le **primaire**, ici constitué de N_1 spires, est celui qui reçoit l'énergie électrique, que restitue à la charge l'enroulement secondaire, ou **secondaire**, constitué de N_2 spires.

3.2 Principe de fonctionnement

Le primaire, soumis à la tension alternative $u_1(t)$, est parcouru par le courant alternatif d'intensité $i_1(t)$. Ce courant $i_1(t)$ crée un champ magnétique variable $\vec{B}(t)$. Le ferromagnétique canalise ce champ jusqu'au secondaire. Le champ variable $\vec{B}(t)$ crée alors un flux variable dans l'enroulement secondaire. Une f.é.m. est donc induite au secondaire.

Quel est le lien entre $u_2(t)$, tension au secondaire, et $u_1(t)$, tension au primaire ?

Soit S la section du circuit magnétique. Le flux de $\vec{B}(t)$ à travers une section droite, c'est-à-dire orthogonale au champ magnétique, est donc $B(t)S$. Le flux total à travers les N_1 spires du primaire est donc $\varphi_1(t) = N_1 B(t) S$, celui au secondaire est $\varphi_2(t) = N_2 B(t) S$. Les f.é.m. induites au primaire et au secondaire sont alors :

$$e_1(t) = -\frac{\mathrm{d}\varphi_1}{\mathrm{d}t}(t) = -N_1 S \frac{\mathrm{d}B}{\mathrm{d}t}(t) \quad \text{et} \quad e_2(t) = -N_2 S \frac{\mathrm{d}B}{\mathrm{d}t}(t).$$

Le schéma électrique équivalent est donc, en se souvenant bien que les f.é.m. induites sont dans le même sens que les courants :

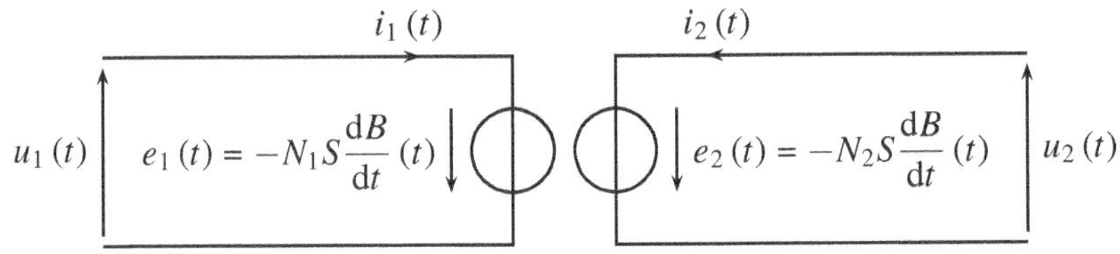

Figure 30.13 – Circuit électrique équivalent du transformateur.

Ainsi $u_1 = -e_1$ et $u_2 = -e_2$. Attendu que $B(t)$ est variable, $\frac{dB}{dt}$ est différent de 0 :

$$\begin{cases} u_1(t) = N_1 S \frac{dB}{dt}(t) \\ u_2(t) = N_2 S \frac{dB}{dt}(t) \end{cases} \quad \text{implique} \quad \frac{u_2(t)}{u_1(t)} = \frac{N_2}{N_1} = m \text{ (rapport de transformation).}$$

⚠ La formule précédente n'est valable que pour des tensions alternatives. En régime indépendant du temps, $u_2 = 0$: **un transformateur ne laisse pas passer le continu.**

Les tensions primaire et secondaire, dans un transformateur en régime alternatif, sont reliées par le **rapport de transformation** m :

$$\frac{u_2(t)}{u_1(t)} = \frac{N_2}{N_1} = m,$$

qui n'est vrai que pour des tensions alternatives.

3.3 Utilisations

La principale utilité des transformateurs est d'abaisser ou d'élever des tensions alternatives. Citons, par exemple, les transformateurs EDF qui transforment la moyenne tension 20 kV en tension domestique 230 V, ou bien les transformateurs des chargeurs de portable, aujourd'hui de petite dimension et logés dans la prise.

Un transformateur permet aussi d'isoler électriquement deux circuits. On l'utilise en **transformateur d'isolement** pour lequel le rapport de transformation est $m = 1$. La tension secondaire est une copie conforme de la tension primaire alternative. Les circuits primaire et secondaire n'ont aucun lien électrique. Ils peuvent en particulier avoir deux masses différentes, sans risquer de court-circuit.

MÉTHODOLOGIE

Comment utiliser la loi de modération de Lenz ?

▷ *Le champ magnétique propre $\vec{B}_i$ créé par le courant induit d'intensité i, s'oppose aux causes qui lui ont donné naissance, c'est-à-dire la variation du champ magnétique extérieur $\vec{B}_{ext}$; on en déduit le sens du courant induit, d'après la règle de la main droite :*

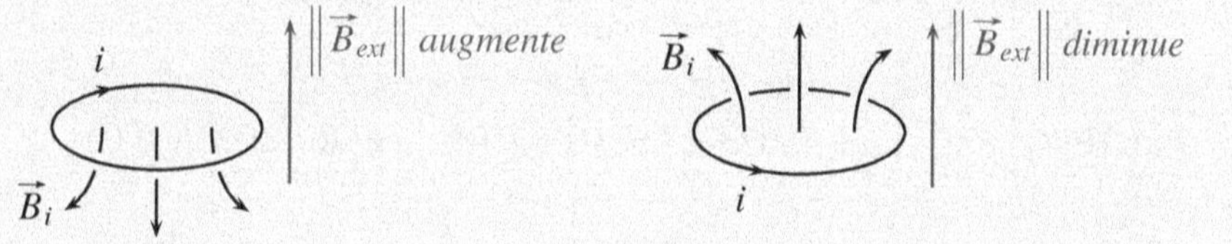

Rapport du Jury (CCINP) : « aucun [candidat], ou presque, relie l'induction à la variation temporelle du flux et au caractère conducteur d'un circuit fermé pour obtenir une intensité induite. Pour prévoir le sens réel du courant induit, utiliser directement que le sens [du courant] est celui qui crée un champ B de sens contraire (resp. même sens) si le flux augmente (resp. diminue). »

Comment réaliser un bilan de puissance et d'énergie ?

▷ *Écrire la loi des mailles ; la multiplier par l'intensité i (t) ; faire apparaître la dérivée temporelle de l'énergie magnétique et les puissances apportée par le générateur ou perdue en effet Joule.*

Premier exemple du circuit de la figure 30.4 page 795, dont $u_g(t) = Ri(t) + L\dfrac{\mathrm{d}i}{\mathrm{d}t}(t)$ est la loi des mailles, qu'on multiplie par $i(t)$:

$$u_g(t)\,i(t) = L\frac{\mathrm{d}i}{\mathrm{d}t}(t)\,i(t) + Ri(t)^2 \quad \text{soit} \quad \underbrace{u_g(t)\,i(t)}_{\text{puissance apportée au circuit par le générateur}} = \overbrace{\frac{\mathrm{d}}{\mathrm{d}t}\left(\frac{1}{2}Li(t)^2\right)}^{\text{stockage d'énergie magnétique}} + \underbrace{Ri(t)^2}_{\text{puissance Joule}}$$

Second exemple du circuit de la figure 30.11 page 799, dont les lois des mailles sont :

$$\begin{cases} u_g(t) = R_1 i_1(t) + L_1\dfrac{\mathrm{d}i_1}{\mathrm{d}t}(t) + M\dfrac{\mathrm{d}i_2}{\mathrm{d}t}(t) \\[2ex] 0 \;\;\;\;= R_2 i_2(t) + L_2\dfrac{\mathrm{d}i_2}{\mathrm{d}t} + M\dfrac{\mathrm{d}i_1}{\mathrm{d}t}(t), \end{cases}$$

qu'on multiplie par $i_1(t)$ et $i_2(t)$ respectivement :

$$\begin{cases} u_g(t)\,i_1(t) = L_1\dfrac{\mathrm{d}i_1}{\mathrm{d}t}i_1(t) + M\dfrac{\mathrm{d}i_2}{\mathrm{d}t}i_1(t) + R_1 i_1^2(t) \\[2ex] 0 = L_2\dfrac{\mathrm{d}i_2}{\mathrm{d}t}i_2(t) + M\dfrac{\mathrm{d}i_1}{\mathrm{d}t}i_2(t) + R_2 i_2^2(t). \end{cases}$$

On additionne ces équations :

$$u_g(t)i_1(t) = \frac{\mathrm{d}}{\mathrm{d}t}\left(\frac{1}{2}L_1 i_1(t)^2 + \frac{1}{2}L_2 i_2^2(t)\right) + \underbrace{M\frac{\mathrm{d}i_1}{\mathrm{d}t}i_2(t) + M\frac{\mathrm{d}i_2}{\mathrm{d}t}i_1(t)}_{=\frac{\mathrm{d}}{\mathrm{d}t}(Mi_1(t)i_2(t))} + R_1 i_1^2(t) + R_2 i_2^2(t),$$

stockage d'énergie magnétique

$$\underbrace{u_g(t)\,i_1(t)}_{\text{puissance apportée au circuit par le générateur}} = \overbrace{\frac{\mathrm{d}}{\mathrm{d}t}\left(\frac{1}{2}L_1 i_1^2(t) + \frac{1}{2}L_2 i_2^2(t) + Mi_1 i_2\right)}^{\text{stockage d'énergie magnétique}} + \underbrace{R_1 i_1^2(t) + R_2 i_2^2(t)}_{\text{puissance Joule}}$$

puissance apportée au circuit par le générateur — puissance Joule

> Comment déterminer l'expression de l'inductance propre d'un solénoïde ?
> ▷ *Rappeler le champ magnétique créé dans un solénoïde ; établir le flux magnétique φ_1 à travers une seule spire, puis φ à travers les N spires ; conclure avec $\varphi = Li$.*

Le champ magnétique créé dans la bobine a pour expression $\vec{B} = \mu_0 \frac{N}{\ell} i\vec{u}$, dont le flux à travers *une* spire du solénoïde est :

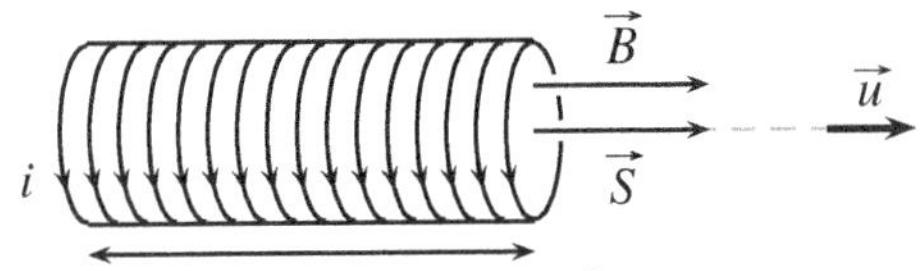

$$\varphi_{1\ \text{spire}} = \vec{B}\cdot\vec{S} = \left(\mu_0 \frac{N}{\ell} i\vec{u}\right)\cdot(S\vec{u}) = \mu_0 \frac{N}{\ell} Si.$$

N spires sur une longueur ℓ

Le flux total à travers les N spires, c'est-à-dire le flux propre à travers le solénoïde, est :

$$\varphi_p = N\varphi_{1\ \text{spire}} = \mu_0 \frac{N^2}{\ell} Si.$$

On identifie alors l'expression de l'auto-inductance :

$$\varphi_p = Li = \mu_0 \frac{N^2}{\ell} Si \quad \text{donc} \quad \boxed{L = \mu_0 \frac{N^2}{\ell} S.}$$

> Comment déterminer l'expression d'une inductance mutuelle ?
> ▷ *Rappeler le champ magnétique $\vec{B}_1$ créé dans un solénoïde par i_1 ; établir le flux magnétique $\varphi_{1\to 2,\ 1\ spire}$ à travers une seule spire, puis $\varphi_{1\to 2}$ à travers les N spires ; conclure avec $\varphi_{1\to 2} = Mi_1$.*

On cherche à établir l'expression de l'inductance mutuelle M entre un solénoïde 1, de longueur ℓ_1 et constitué de N_1 spires, et une bobine 2 constitué de N_2 spires placé à l'intérieur du solénoïde 1. Les circuits 1 et 2 ont le même axe, dirigé par le vecteur unitaire $\vec{u}$. Dans chaque circuit, le sens conventionnel positif du courant est donné par la règle de la main droite avec le vecteur $\vec{u}$. Les spires de la bobine 2 ont une surface S_2.

Le champ magnétique créé par le solénoïde a pour expression :

$$\vec{B}_1 = \mu_0 \frac{N_1}{\ell_1} i_1 \vec{u}.$$

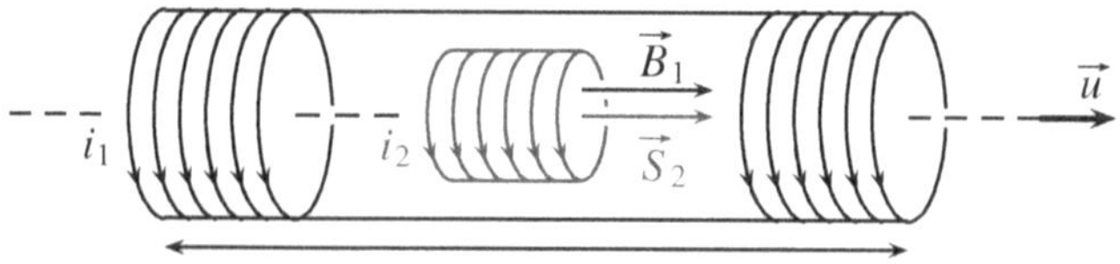

Figure 30.14 – Bobine orientée et solénoïde dont on calcule l'inductance mutuelle (la partie centrale du solénoïde n'est pas représentée afin de laisser voir la bobine intérieure).

Le flux de ce champ à travers *une* spire de la bobine 2 de vecteur surface $\vec{S}_2 = S_2\vec{u}$, est :

$$\varphi_{1\to 2,\ 1\ \text{spire}} = \vec{B}_1 \cdot \vec{S}_2 = \left(\mu_0 \frac{N_1}{\ell_1} i_1 \vec{u}\right) \cdot (S_2\vec{u}) = \mu_0 \frac{N_1}{\ell_1} S_2 i_1,$$

et son flux à travers toute la bobine 2 est :

$$\varphi_{1\to 2} = N_2 \varphi_{1\to 2,\ 1\ \text{spire}} = \mu_0 \frac{N_1 N_2}{\ell_1} S_2 i_1.$$

On identifie alors l'expression de la mutuelle inductance :

$$\varphi_{1\to 2} = M i_1 = \mu_0 \frac{N_1 N_2}{\ell_1} S_2 i_1 \quad \text{donc} \quad \boxed{M = \mu_0 \frac{N_1 N_2}{\ell_1} S_2.}$$

Le signe de M dépend du choix arbitraire de l'orientation des deux bobines. Par exemple, si on inverse le sens positif de i_2, alors, d'après la règle de la main droite, le vecteur surface de la spire devient $\vec{S}_2 = -S_2\vec{u}$. Dès lors $\varphi_{1\to 2}$ change de signe et $M = -\mu_0 \frac{N_1 N_2}{\ell_1} S_2$.

PROGRAMME OFFICIEL ET SOMMAIRE DES EXERCICES

NOTIONS ET CONTENUS	CAPACITÉS EXIGIBLES
Auto-induction :	
Flux propre et inductance propre.	Différencier le flux propre des flux extérieurs. Utiliser la loi de modération de Lenz. Évaluer et citer l'ordre de grandeur de l'inductance propre d'une bobine de grande longueur. ► 30.C1 ▷ 30.1 30.3 30.4 TP : Mesurer la valeur de l'inductance propre d'une bobine.
Étude énergétique.	Réaliser un bilan de puissance et d'énergie dans un système siège d'un phénomène d'auto-induction en s'appuyant sur un schéma électrique équivalent. ► 30.C2
Cas de deux bobines en interaction :	
Inductance mutuelle entre deux bobines.	Déterminer l'inductance mutuelle entre deux bobines de même axe de grande longueur en « influence totale ». ► 30.C3 ▷ 30.2 TP : Mesurer la valeur de l'inductance mutuelle entre deux bobines et étudier l'influence de la géométrie.
Circuits électriques à une maille couplés par le phénomène de mutuelle induction en régime sinusoïdal forcé.	Citer des applications dans le domaine de l'industrie ou de la vie courante. Établir le système d'équations en régime sinusoïdal forcé en s'appuyant sur des schémas électriques équivalents. ► 30.C5 ▷ 30.5 30.7 30.8 30.9 30.10
Transformateur de tension.	Établir la loi des tensions. ► 30.C6 ▷ 30.6
Étude énergétique.	Conduire un bilan de puissance et d'énergie. ► 30.C4

EXERCICES ★ (LE COURS)

30.C1 Auto-inductance Établir l'expression de l'inductance propre du circuit de la figure 30.2, page 794.

30.C2 Bilan de puissance dans le cas de l'auto-induction Établir un bilan de puissance pour le circuit de la figure 30.4, page 795.

30.C3 Mutuelle inductance Établir l'expression de l'inductance mutuelle entre les deux circuits de la figure 30.6, page 797.

30.C4 Bilan de puissance dans le cas de l'induction mutuelle Établir un bilan de puissance pour le circuit de la figure 30.11, page 799.

30.C5 Régime sinusoïdal forcé Établir le système d'équations en régime sinusoïdal forcé pour le circuit de la figure 30.11, page 799.

30.C6 Rapport de transformation d'un transformateur Établir le rapport de transformation m du transformateur représenté à la figure 30.12, page 801.

EXERCICES ★★

30.1 Auto-inductance d'un solénoïde

On double le nombre de spires d'un solénoïde. Comment varie son inductance propre ?

30.2 Mutuelle inductance entre deux spires

Quel est le signe du coefficient de mutuelle inductance pour les spires représentées ci-dessous ? Les spires ont soit le même axe, soit deux axes orthogonaux.

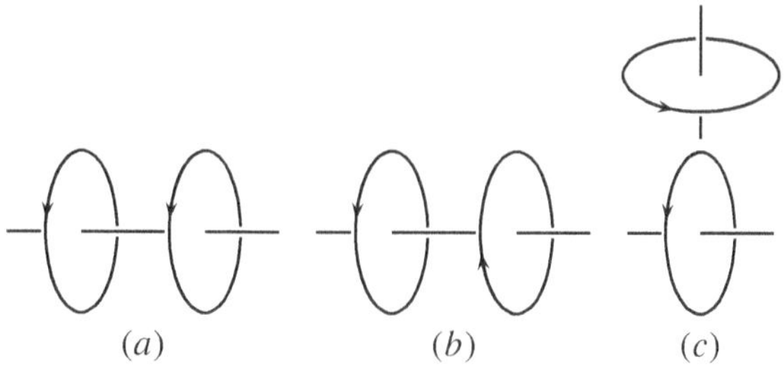

30.3 Spire autour d'un solénoïde

Un solénoïde de rayon $R_1 = 2$ cm, constitué de $n = 10$ spires par cm, est alimenté par un générateur de f.é.m. $U = 30$ V. La résistance interne du générateur est de 1,2 Ω et celle du fil du solénoïde est 6,8 Ω. Une spire conductrice $\mathcal{S}$, de rayon $R_2 = 4$ cm, est placée autour du solénoïde ; elle a le même axe que celui-ci. Le champ magnétique à l'intérieur d'un solénoïde vaut $B = \mu_0 n I$ à l'intérieur et est nul à l'extérieur.

1) Quelle est la valeur numérique du flux magnétique à travers la spire ?

2) L'intensité du courant qui traverse le solénoïde décroît à partir de $t = 0$ selon la loi $i(t) = i_0 \exp\left(-\frac{t}{\tau}\right)$. Quelle est l'unité de τ ?

3) Quelle est la f.é.m. induite dans le spire pour $t > 0$?

30.4 Mesure d'une auto-inductance

On réalise le montage ci-dessous, avec R = 1,0 kΩ et où le générateur de f.é.m. e délivre une tension créneaux de valeur moyenne nulle. Les tensions e et v sont observées à l'oscilloscope.

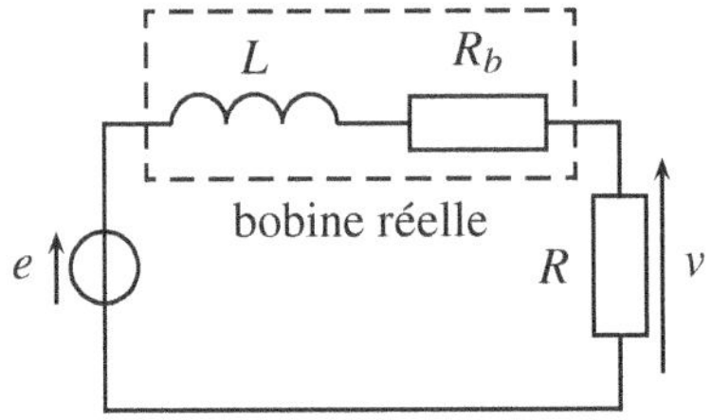

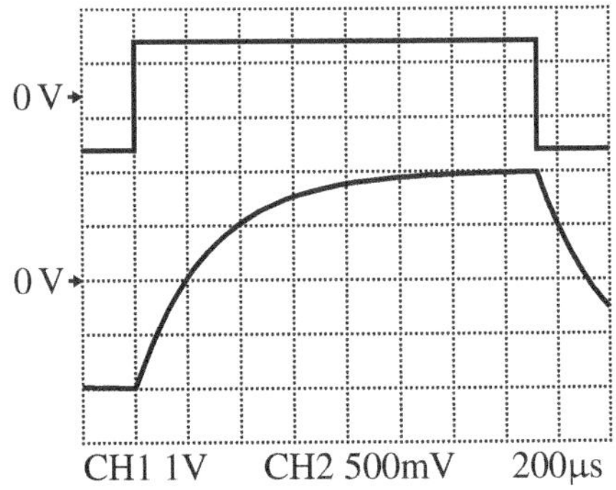

1) On mesure R_b = 1,2 Ω. Proposer un montage qui permette de mesurer cette valeur. On dispose de tout l'appareillage classique d'électricité : voltmètre, ampèremètre, oscilloscope, générateur de tension continue ou alternative...

2) Déduire des graphes la valeur de L.

30.5 Table à induction

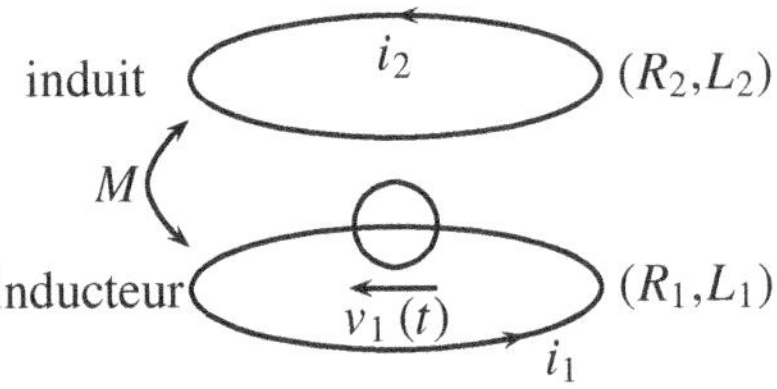

Dans la cuisson à induction, le chauffage du fond métallique des récipients de cuisson peut être directement réalisé au moyen de courants de Foucault induits par un champ magnétique variable.

Logé dans une table en céramique, un bobinage, nommé l'inducteur, alimenté en courant sinusoïdal génère ce champ. Le transfert d'énergie électrique s'effectue par induction mutuelle entre ce bobinage et la plaque circulaire assimilable à une spire unique fermée sur elle même, situé au fond d'une casserole.

L'inducteur, de 5 cm de rayon, comporte 20 spires de cuivre de résistance électrique $R_1 = 1{,}8.10^{-2}$ Ω et d'auto-inductance L_1 = 30 µH. Il est alimenté par une tension $v_1\,(t)$.

La plaque de résistance R_2 = 8,3 mΩ et d'auto-inductance L_2 = 0,24 µH, nommée l'induit, est assimilable à une spire unique refermée sur elle-même. L'ensemble plaque (induit) – inducteur se comporte comme deux circuits couplés par une mutuelle M.

1) Écrire les équations électriques relatives aux deux circuits (équations de couplage entre i_1 et i_2).

2) En déduire l'expression littérale du rapport des amplitudes complexes $\dfrac{\underline{I}_2}{\underline{I}_1}$.

3) En déduire l'expression littérale de l'impédance d'entrée complexe du système : $\underline{Z}_e = \dfrac{\underline{V}_1}{\underline{I}_1}$.

4) On choisit ω telle que $R_1 \ll L_1\omega$ et $R_2 \ll L_2\omega$. Simplifier les deux expressions littérales précédentes, puis effectuer le calcul numérique de leur module, sachant que l'inductance mutuelle est estimée à M = 2 µH.

5) On soulève la plaque à chauffer ; on demande un raisonnement purement qualitatif. L'amplitude du courant i_1 appelé par l'inducteur augmente-t-il ou décroît-il ?

30.6 Dimensionnement d'un transformateur

On cherche à dimensionner le transformateur utilisé pour recharger un portable. La chaîne d'énergie, logée dans un boîtier placé sur le cordon d'alimentation du portable, se compose successivement :

- de l'alimentation EDF du secteur qui délivre la tension $v_1(t) = V_0 \sin(2\pi f_0 t)$, où $f_0 = 50$ Hz et $V_0 = 240$ V ;
- d'un transformateur, dont la sortie est $v_2(t) = V_{0,2} \sin(2\pi f_0 t)$, et dont le rapport de transformation est noté m ;
- d'un redresseur, montage qui délivre la valeur absolue v_3 de la tension d'entrée v_2 ;
- d'un filtre moyenneur, dont la sortie v_4 est la valeur moyenne de la tension d'entrée v_3. La batterie du portable est branchée à la sortie, elle requiert une tension de charge constante $v_4 = 12$ V.

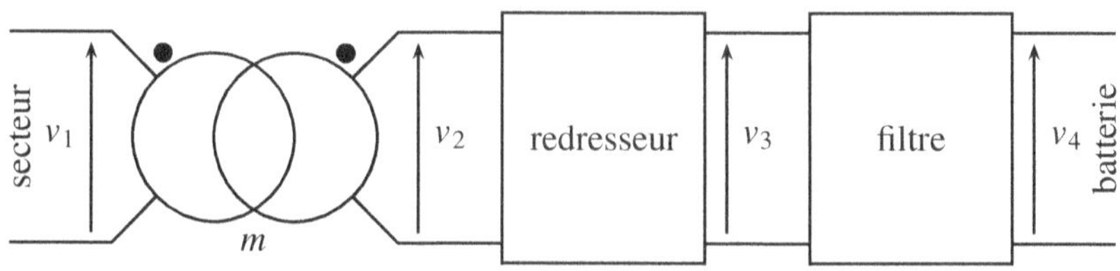

1) Que vaut $V_{0,2}$ en fonction de V_0 ?

2) Tracer le graphe de la tension $v_3(t)$.

3) Quelle est la nature du filtre utilisé entre v_3 et v_4 (passe-bas, haut, bande...) ? Proposer une valeur pour sa fréquence de coupure.

4) Établir l'expression de la tension v_4 en fonction de V_0.

5) En déduire la valeur de m.

EXERCICES ★★★

30.7 Mutuelle entre une spire et un solénoïde

Une spire conductrice de rayon a_1 est placée autour d'un solénoïde de rayon $a_2 < a_1$, dont le nombre de spires par unité de longueur est n. La spire et le solénoïde ont même axe (Oz). Les intensités i_1 dans la spire et i_2 dans le solénoïde sont comptées positivement dans le sens positif autour de (Oz).

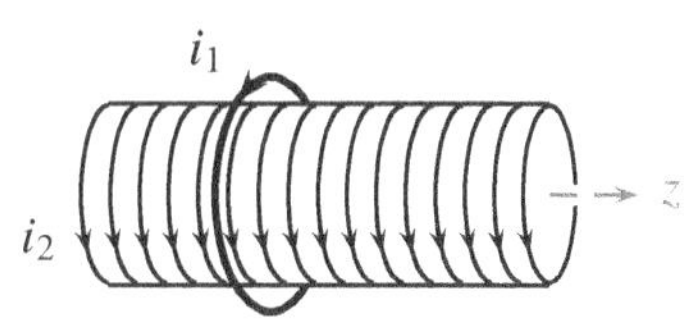

1) Exprimer le flux magnétique envoyé par le solénoïde à travers la spire. Le champ magnétique créé par un solénoïde est $B = \mu_0 n I$ dans celui-ci et est nul à l'extérieur.

2) Exprimer le flux magnétique envoyé par la spire à travers le solénoïde.

3) L'intensité dans le solénoïde est $i_2(t) = I_0 \cos(\omega t)$. On note R et L la résistance et l'autoinductance de la spire. Déterminer l'intensité $i_1(t)$ en régime permanent.

30.8 Circuits couplés par mutuelle

Un circuit LC série oscille naturellement à la pulsation $\omega_0 = \frac{1}{\sqrt{LC}}$. Cette pulsation est modifiée lorsqu'on approche un autre circuit LC, identique au premier, mais dans une configuration telle que les deux circuits deviennent couplés par mutuelle induction.

Dans le circuit suivant, le condensateur de capacité C_1 est chargé sous la tension u_0 à la date $t = 0$ où l'on ferme l'interrupteur K. On prendra dans toute la suite $C_1 = C_2 = C$ et $L_1 = L_2 = L$.

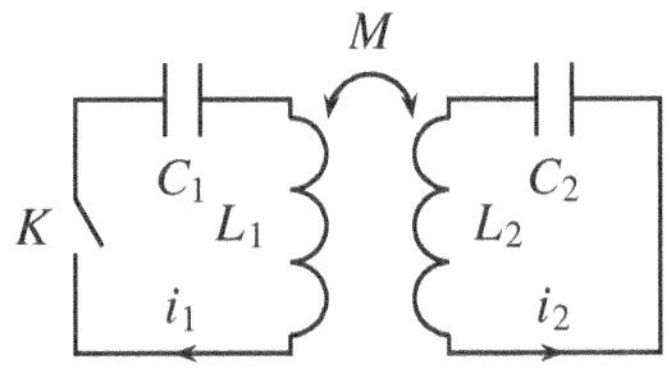

1) Que signifie, pour les lignes de champ magnétique, que les circuits soient couplés par mutuelle induction ?

2) Établir deux équations différentielles couplées sur les tensions u_{C1} et u_{C2} aux bornes des condensateurs.

3) Découpler ces équations en formant les équations sur les fonctions somme $\sigma = u_{C1} + u_{C2}$ et différence $\delta = u_{C1} - u_{C2}$. Les intégrer et en déduire les expressions des tensions aux bornes des condensateurs.
On pourra poser $\omega_1 = \dfrac{1}{\sqrt{C(L+M)}}$ et $\omega_2 = \dfrac{1}{\sqrt{C(L-M)}}$.

4) Si $M \ll L$, comparer ω_1 et ω_2 Quelle est alors l'allure du graphe de u_{C1} ? Comment s'appelle le phénomène observé ? Cette question ne requiert aucun calcul.

5) Dans le cas où $M \ll L$, montrer que ω_1 et ω_2 s'écrivent $\omega_1 = \omega_0\left(1 - \frac{M}{nL}\right)$, où n est un entier à préciser, et $\omega_2 = \omega_0\left(1 + \frac{M}{nL}\right)$. En déduire l'expression de $u_{C1}(t)$ sous la forme d'un produit de cosinus, puis une méthode qui permette de mesurer expérimentalement le rapport M/L à l'oscilloscope, avec les mesures des périodes des phénomènes.

30.9 Écrantage d'un champ magnétique

On utilisera les coordonnées cylindriques (r,θ,z) et la base locale $(\vec{u}_r, \vec{u}_\theta \vec{u}_z)$.
On considère deux solénoïdes Σ_1 et Σ_2 coaxiaux, d'axe (Oz), de même longueur $L = 20$ cm, de rayons $r_1 = 10$ cm et $r_2 = 5$ cm et comportant respectivement $N_1 = 700$ et $N_2 = 500$ spires jointives, enroulées dans le même sens.

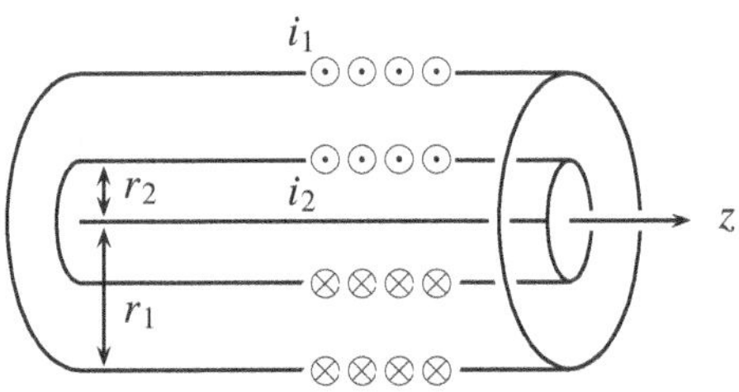

On négligera les effets de bord ; on considèrera donc les solénoïdes comme très longs. Ces deux bobines ont pour résistance respectivement R_1 et $R_2 = 50\ \Omega$. On pourra introduire les nombres de spires par unité de longueur $n_i = N_i/L$. Le champ magnétique créé par un solénoïde est $\mu_0 n I$ à l'intérieur et est nul à l'extérieur.

Le solénoïde Σ_1 est parcouru par un courant d'intensité i, Σ_2 étant en circuit ouvert.

1) Exprimer le champ magnétique $\overrightarrow{B_1}$ créé dans tout l'espace.

2) En déduire que le coefficient d'inductance L_1 de Σ_1 vaut $\mu_0 \frac{N_1^2}{L} \pi r_1^2$; donner l'expression de L_2, inductance de Σ_2 et calculer sa valeur numérique.

3) Définir le coefficient de mutuelle inductance M entre les deux solénoïdes. Montrer que $M = \mu_0 \frac{N_1 N_2}{L} \pi r_2^2$.

Le solénoïde Σ_1 est alimenté par un générateur idéal de courant $i_0(t) = I_0 \cos(\omega t)$ avec $I_0 = 1{,}0$ A ; les deux extrémités du solénoïde Σ_2 sont reliées par un fil sans résistance.

4) Déterminer l'amplitude complexe du courant $i_2(t)$ circulant dans Σ_2 en fonction de M, L_2 et R_2. La mettre sous la forme : $\underline{i_2} = K \dfrac{j\frac{\omega}{\omega_c}}{1 + j\frac{\omega}{\omega_c}} \underline{i_0}$. On donnera l'expression de K en fonction de N_1 et N_2 et celle de ω_c en fonction de R_2 et L_2.

5) En déduire l'expression de l'amplitude complexe $\underline{B}_2$ du champ magnétique total à l'intérieur du solénoïde Σ_2. Montrer que ce champ tend vers 0 à haute fréquence. Commenter.

6) Application numérique : calculer ω_c ainsi que les amplitudes de i_2 et de B_2 pour une fréquence de 11 kHz. Calculer le rapport des amplitudes B_2/B_1.

EXERCICES ★★★★

30.10 Flux d'un aimant dans une bobine

Un petit aimant, de moment magnétique $\vec{\mathcal{M}} = \mathcal{M}\vec{u}_z$, est placé sur l'axe d'un solénoïde. On note n le nombre de spires par unité de longueur du solénoïde.

Exprimer le flux magnétique envoyé par l'aimant à travers le solénoïde.

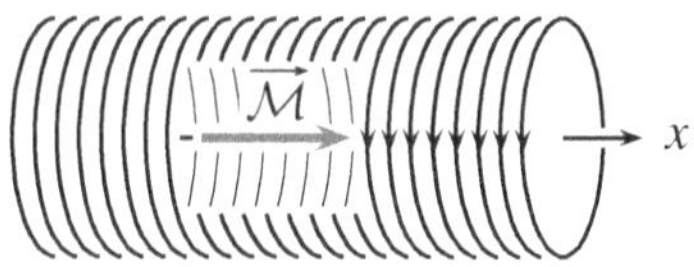

CORRIGÉS

30.C1 *Cf.* méthodologie p.804

30.C2 *Cf.* méthodologie p.804 (premier exemple)

30.C3 *Cf.* méthodologie p.805

30.C4 *Cf.* méthodologie p.804 (second exemple)

30.C5 *Cf.* cours p.799.

30.C6 *Cf.* cours p.801.

30.1 Auto-inductance d'un solénoïde

Quand on double le nombre de spires, on double à la fois le champ magnétique propre et la surface donc le flux. L'inductance propre est donc multipliée par quatre.

30.2 Mutuelle inductance entre deux spires

Dans le cas (a), les champs magnétiques créés par les deux spires sont orientés de la gauche vers la droite, d'après la règle de la main droite. Les vecteurs surfaces sont orientés de même, de la gauche vers la droite. Les flux magnétiques sont donc positifs. Attendu que $\varphi_{1\to 2} = Mi_1$ et que i_1 est positif, alors M est positif.

Dans le cas (b) : $M < 0$ car les champs magnétiques ont un produit scalaire négatif avec les vecteurs surfaces.

Dans le cas (c), les champs magnétiques sont orthogonaux aux vecteurs surface. Les flux sont donc nuls et $M = 0$.

30.3 Spire autour d'un solénoïde

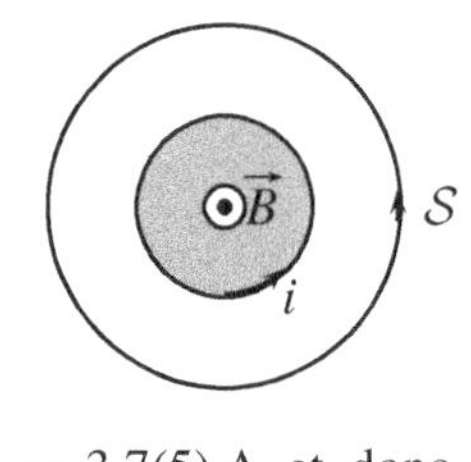

1) L'énoncé ne précise pas l'orientation de la spire $\mathcal{S}$. On la choisit arbitrairement comme le montre le schéma. Le champ magnétique créé par le solénoïde vaut, à l'intérieur $\overrightarrow{B} = \mu_0 ni\overrightarrow{u}_z$ (zone grisée), où (Oz) est l'axe commun au solénoïde et à la spire, et est nul à l'extérieur (zone laissée en blanc). La spire $\mathcal{S}$ ne « voit » de champ magnétique que dans la zone grisée, c'est-à-dire sur une surface πR_1^2. D'où un flux magnétique à travers $\mathcal{S}$: $\varphi_{\mathcal{S}} = \overrightarrow{B}\cdot\overrightarrow{S_{\mathcal{S}}} = \mu_0 ni \times \pi R_1^2$.

L'intensité du courant qui traverse la solénoïde est $i = \dfrac{30}{1{,}2+6{,}8} = 3{,}7(5)$ A et donc $\varphi_{\mathcal{S}} = 5{,}9.10^{-6}$ Wb.

Attention aux unités : $R_1 = 2$ cm $= 2.10^{-2}$ m et $n = 10$ spires par cm $= \dfrac{10 \text{ spires}}{1 \text{ cm}} = \dfrac{10 \text{ spires}}{10^{-2}\text{ m}}$, soit $n = 10^3$ spires.m^{-1}.

2) L'exponentielle travaille sur un nombre sans dimension et délivre un nombre sans dimension. Ainsi t et τ ont la même unité, la seconde.

3) $\varphi_{\mathcal{S}} = \overrightarrow{B}\cdot\overrightarrow{S_{\mathcal{S}}} = \mu_0 ni(t)\pi R_1^2$ et : $e_{\mathcal{S}} = -\dfrac{\mathrm{d}\varphi_{\mathcal{S}}}{\mathrm{d}t} = -\mu_0 n\pi R_1^2\dfrac{\mathrm{d}i}{\mathrm{d}t} = \dfrac{\mu_0 ni_0\pi R_1^2}{\tau}\exp\left(-\dfrac{t}{\tau}\right)$.

30.4 Mesure d'une auto-inductance

1) On câble le montage ci-contre, où E est un générateur de tension constante. L'équation différentielle à laquelle obéit l'intensité $i(t)$ du courant est $E = L\frac{\mathrm{d}i}{\mathrm{d}t} + R_b i$ (on rappelle que le voltmètre a une impédance infinie et ne se laisse traverser par aucun courant). Au bout de quelques L/R_b, on arrive en régime permanent où l'intensité est décrite par la solution particulière $i = E/R_b$. Dans ce cas, i = constante, la tension aux bornes de la bobine réelle, que mesure le voltmètre, vaut $E = R_b i$. R_b est alors le rapport de la tension mesurée au voltmètre par l'intensité du courant qui traverse l'ampèremètre.

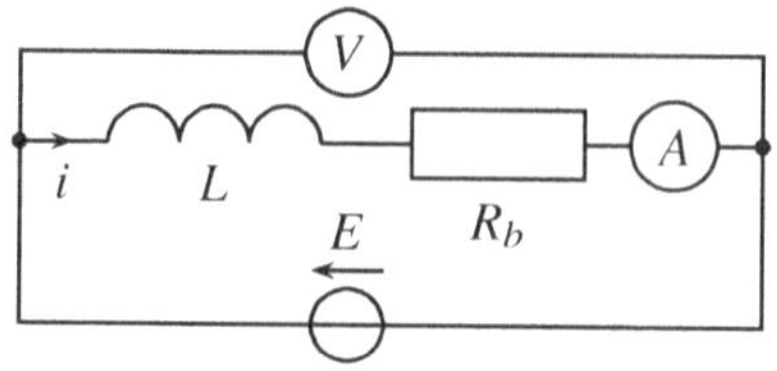

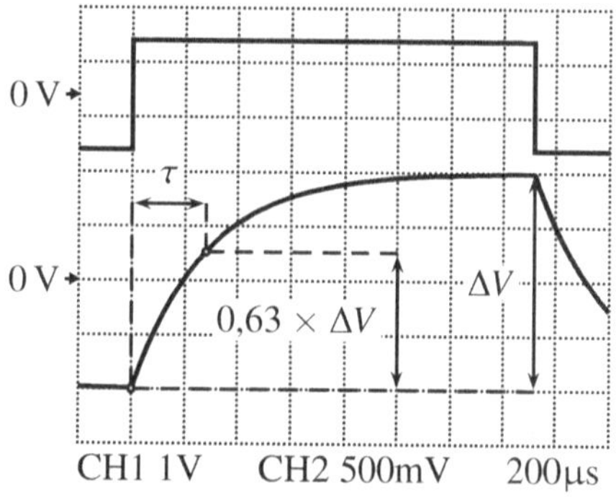

2) On néglige $R_b = 1{,}2\ \Omega$ devant $R = 10^3\ \Omega$. La fonction de transfert, entre les tensions $\underline{v}$ et $\underline{e}$, s'obtient avec la formule du diviseur de tensions : $\frac{\underline{v}}{\underline{e}} = \frac{R}{R+jL\omega} = \frac{1}{1+j\tau\omega}$ où $\tau = \frac{L}{R}$.

On reconnaît un passe-bas du premier ordre ; on utilise donc la méthode du temps de montée à 63 %. On mesure sur le graphe $\Delta V = 2$ V d'où $0{,}63 \times \Delta V = 1{,}26$ V et : $\tau = 1{,}4$ carreau $\times$ 200 µs par carreau = 280 µs = $\frac{L}{R}$.

Finalement, $L = \tau R = 280$ mH. Attendu l'imprécision graphique, on gardera comme résultat $L = 2{,}8.10^2$ mH.

30.5 Table à induction

1) $$\begin{cases} v_1 = R_1 i_1 + L_1\dfrac{\mathrm{d}i_1}{\mathrm{d}t} + M\dfrac{\mathrm{d}i_2}{\mathrm{d}t} \\ 0 = R_2 i_2 + L_2\dfrac{\mathrm{d}i_2}{\mathrm{d}t} + M\dfrac{\mathrm{d}i_1}{\mathrm{d}t}. \end{cases}$$

2) $$\begin{cases} \underline{v}_1 = (R_1 + jL_1\omega)\underline{i}_1 + jM\omega\underline{i}_2 \\ 0 = (R_2 + jL_2\omega)\underline{i}_2 + jM\omega\underline{i}_1 \end{cases} \quad \text{donc} \quad \frac{\underline{I}_2}{\underline{I}_1} = -\frac{jM\omega}{R_2 + jL_2\omega}.$$

3) $$\underline{v}_1 = (R_1 + jL_1\omega)\underline{i}_1 + jM\omega\left(-\frac{jM\omega}{R_2 + jL_2\omega}\underline{i}_1\right), \text{ donc } \underline{Z}_e = R_1 + jL_1\omega + \frac{(M\omega)^2}{R_2 + jL_2\omega}.$$

4) $$\begin{cases} R_1 \ll L_1\omega \\ R_2 \ll L_2\omega \end{cases} \text{donc} \begin{cases} \dfrac{\underline{I}_2}{\underline{I}_1} = -\dfrac{M}{L_2} \\ \underline{Z}_e = jL_1\omega\left(1 - \dfrac{M^2}{L_1L_2}\right) \end{cases} \text{donc} \begin{cases} \dfrac{I_2}{I_1} = -8{,}3 \\ |Z_e| = 2{,}1\,\Omega. \end{cases}$$

5) Le champ magnétique, créé par l'inducteur et vu par la plaque, diminue lorsqu'on éloigne la plaque. Le flux de $\vec{B}$ à travers la plaque diminue et donc M diminue. Alors Z_e augmente et, pour une même tension d'alimentation, le courant décroît.

30.6 Dimensionnement d'un transformateur

1) $V_{0,2} = mV_0$.

2) $v_3(t)$ est la valeur absolue de $v_2(t) = mV_0 \sin(2\pi f t)$:

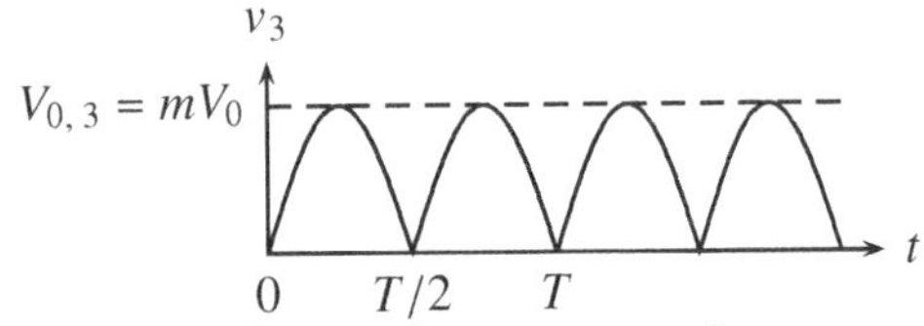

3) Le signal de tension v_3, de période $T/2$, est composé d'une valeur moyenne, à conserver, d'un fondamental à la pulsation $\omega_1 = \frac{2\pi}{\text{période}} = \frac{4\pi}{T} = 4\pi f_0$ et d'harmoniques de pulsations multiples entières du fondamental, $\omega_n = n\omega_1$. Pour ne garder que la valeur moyenne, il faut filtrer les hautes fréquences. On utilise donc un passe-bas de fréquence de coupure très inférieure à $f_1 = \frac{\omega_1}{2\pi} = 2f_0 = 100$ Hz, par exemple inférieure à 10 Hz.

4) Calculons sur une période la valeur moyenne du signal v_3, de période $T/2$ (d'où le 1/période = $2/T$ en début de formule) :

$$\langle v_3 \rangle = \frac{2}{T}\int_0^{T/2} mV_0 \sin(2\pi f_0 t)\,\mathrm{d}t = \frac{2mV_0}{T}\left[-\frac{\cos(2\pi f_0 t)}{2\pi f_0}\right]_0^{T/2} = \frac{2mV_0}{\pi} = V_4.$$

5) $m = \dfrac{\pi v_4}{2V_0} = 7{,}8.10^{-2} < 1$, il y a plus de spires au primaire qu'au secondaire.

30.7 Mutuelle entre une spire et un solénoïde

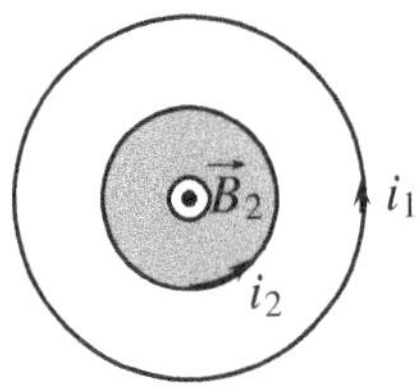

1) Le champ magnétique créé par le solénoïde est $\vec{B}_2 = \mu_0 n i_2 \vec{u}_z$ à l'intérieur du solénoïde et est nul à l'extérieur. La spire n'est traversée par le champ $\vec{B}_2$ que sur un disque de rayon a_2 (en gris sur la figure). Le flux magnétique à travers la spire est donc $\varphi_{2\to 1} = (\mu_0 n i_2 \vec{u}_z)\cdot\left(\pi a_2^2 \vec{u}_z\right) = \pi\mu_0 n a_2^2 i_2$.

2) L'inductance mutuelle entre la spire et le solénoïde est $M = \dfrac{\varphi_{2\to 1}}{i_2} = \pi\mu_0 n a_2^2 i_2$. Le flux envoyé par la spire à travers le solénoïde est donc $\varphi_{1\to 2} = M i_1 = \pi\mu_0 n a_2^2 i_1$.

3) le flux magnétique total à travers la spire est $\varphi_1 = L_1 i_1 + M i_2$, d'où la f.é.m. induite dans la spire $e_1 = -L\frac{\mathrm{d}i_1}{\mathrm{d}t} - M\frac{\mathrm{d}i_2}{\mathrm{d}t}$.

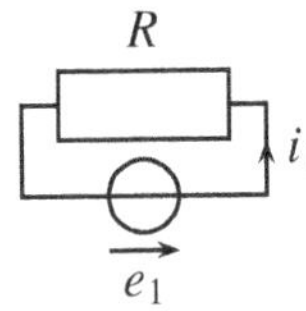

Le schéma électrique de la spire figure ci-contre. La loi des mailles appliquée à la spire s'écrit $Ri_1(t) = e_1(t)$, soit, en notation complexe $R\underline{i}_1 = -jL\omega\underline{i}_1 - jM\omega\underline{i}_2$, puis $(R + jL\omega)\underline{i}_1 = -jM\omega I_0 e^{j\omega t}$. On isole $\underline{i}_1$ puis on prend la partie réelle :

$$i_1(t) = Re\left(\underline{i}_1(t)\right) = Re\left(-\frac{jM\omega I_0 (R + jL\omega)(\cos(\omega t) + j\sin(\omega t))}{R^2 + (L\omega)^2}\right)$$ et finalement :

$$i_1(t) = \frac{M\omega I_0}{R^2 + (L\omega)^2}\left(R\cos(\omega t) - L\omega\sin(\omega t)\right).$$

30.8 Circuits couplés par mutuelle

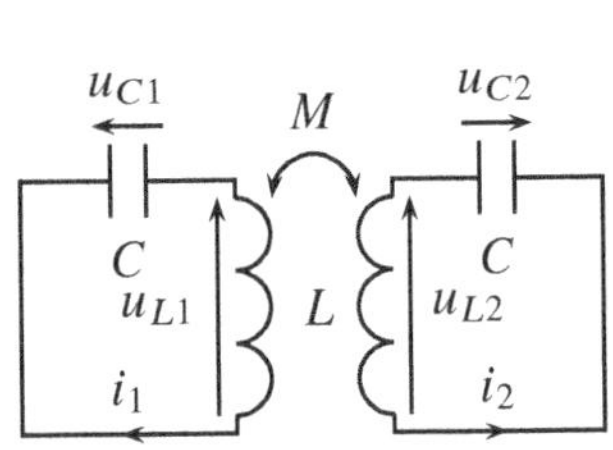

1) Si les circuits sont couplés, alors des lignes du champ magnétique $\vec{B}_1$, créé par i_1, traversent le circuit 2 ; de même, celle de $\vec{B}_2$, créé par i_2, traversent le circuit 1.

2) Les tensions doivent être dessinées en convention récepteur. La loi des mailles dans le circuit 1 impose $u_{L1} + u_{C1} = 0$. De plus, $u_{L1} = L\dfrac{\mathrm{d}i_1}{\mathrm{d}t} + M\dfrac{\mathrm{d}i_2}{\mathrm{d}t}$, $i_1 = C\dfrac{\mathrm{d}u_{C1}}{\mathrm{d}t}$ et $i_2 = C\dfrac{\mathrm{d}u_{C2}}{\mathrm{d}t}$.

Ainsi : $LC\dfrac{\mathrm{d}^2u_{C1}}{\mathrm{d}t^2} + MC\dfrac{\mathrm{d}^2u_{C2}}{\mathrm{d}t^2} + u_{C1} = 0$. De même 2 : $LC\dfrac{\mathrm{d}^2u_{C2}}{\mathrm{d}t^2} + MC\dfrac{\mathrm{d}^2u_{C1}}{\mathrm{d}t^2} + u_{C2} = 0$.

3) Sommons ces deux équations : $C(L+M)\dfrac{\mathrm{d}^2}{\mathrm{d}t^2}(u_{C1}+u_{C2})+(u_{C1}+u_{C2}) = 0$ soit $\dfrac{1}{\omega_1^2}\dfrac{\mathrm{d}^2\sigma}{\mathrm{d}t^2}+\sigma=0$, qui s'intègre en : $\sigma(t)=\sigma_0\cos(\omega_1 t)+\sigma_0'\sin(\omega_1 t)$.

Et pour la différence : $C(L-M)\dfrac{\mathrm{d}^2}{\mathrm{d}t^2}(u_{C1}-u_{C2})+(u_{C1}-u_{C2})=0$ soit $\dfrac{1}{\omega_2^2}\dfrac{\mathrm{d}^2\delta}{\mathrm{d}t^2}+\delta=0$, qui s'intègre en : $\delta(t)=\delta_0\cos(\omega_2 t)+\delta_0'\sin(\omega_2 t)$.

Les tensions aux bornes des condensateurs sont continues donc les conditions initiales sont $u_{C1}(0)=u_0$ et $u_{C2}(0)=0$. Ainsi : $\sigma_0=\delta_0=u_0$.

Les intensités des courants qui traversent les bobines sont continues donc les conditions initiales sont $\left.\dfrac{\mathrm{d}u_{C1}}{\mathrm{d}t}\right)_0=\dfrac{i_1(0)}{C}=0$ et $\left.\dfrac{\mathrm{d}u_{C2}}{\mathrm{d}t}\right)_0=\dfrac{i_2(0)}{C}=0$. Ainsi : $\sigma_0'=\delta_0'=0$. Finalement :

$$\begin{cases} u_{C1}(t)=\dfrac{\sigma(t)+\delta(t)}{2}=\dfrac{u_0}{2}\left(\cos(\omega_1 t)+\cos(\omega_2 t)\right)\\ u_{C2}(t)=\dfrac{\sigma(t)-\delta(t)}{2}=\dfrac{u_0}{2}\left(\cos(\omega_1 t)-\cos(\omega_2 t)\right).\end{cases}$$

4) Si $M \ll L$ alors $\omega_1 \approx \omega_2$. Le signal u_{C1} est la somme de deux signaux sinusoïdaux de pulsations proches, on observe des battements :

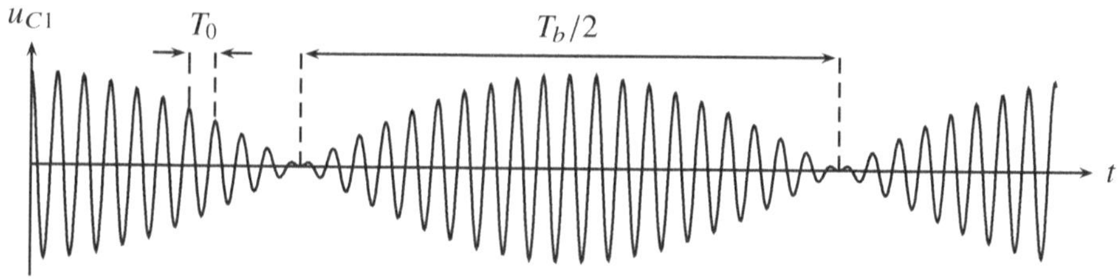

5) $\omega_0=\dfrac{1}{\sqrt{LC}}$ et : $\begin{cases}\omega_1=\dfrac{1}{\sqrt{C(L+M)}}=\dfrac{1}{\sqrt{LC\left(1+\frac{M}{L}\right)}}\\ \omega_1=\omega_0\left(1+\frac{M}{L}\right)^{-1/2}=\omega_0\left(1-\frac{M}{2L}+o\left(\frac{M}{L}\right)\right).\end{cases}$

Au premier ordre en $\frac{M}{L}$, $\omega_1=\omega_0\left(1-\frac{M}{2L}\right)$. De même $\omega_2=\omega_0\left(1+\frac{M}{2L}\right)$. Et la tension u_{C1} devient :

$$u_{C1}(t)=\frac{u_0}{2}\left(\cos(\omega_1 t)+\cos(\omega_2 t)\right)=u_0\cos\left(\frac{\omega_1+\omega_2}{2}t\right)\cos\left(\frac{\omega_1-\omega_2}{2}t\right)$$
$$=u_0\cos(\omega_0 t)\cos\left(-\omega_0\frac{M}{2L}t\right).$$

Le second cosinus a une pulsation $\omega_b=\omega_0\frac{M}{2L}$ beaucoup plus faible que ω_0. On lit sur le graphe les valeurs de $T_0=\frac{2\pi}{\omega_0}$ et $T_b=\frac{2\pi}{\omega_b}$. On en déduit $\frac{M}{L}=\frac{2T_0}{T_b}$.

30.9 Écrantage d'un champ magnétique

1) $\vec{B}_1(r<r_1)=\mu_0 n_1 i\vec{u}_z$ et $\vec{B}_1(r>r_1)=\vec{0}$.

2) Le flux de $\overrightarrow{B_1}$ à travers les N_1 spires de Σ_1 est : $\phi_1 = N_1 \mu_0 n_1 i \pi r_1^2 = L_1 i$ donc $L_1 = \mu_0 \frac{N_1^2}{L} \pi r_1^2$. De même : $L_2 = \mu_0 \frac{N_2^2}{L} \pi r_2^2 = 1{,}2.10^{-2}$ H.

3) Le flux de $\overrightarrow{B_1}$ à travers les N_2 spires de Σ_2 est : $\phi_{1\to 2} = N_2 \mu_0 n_1 i \pi r_2^2 = Mi$ donc $M = \mu_0 \frac{N_1 N_2}{L} \pi r_2^2$.

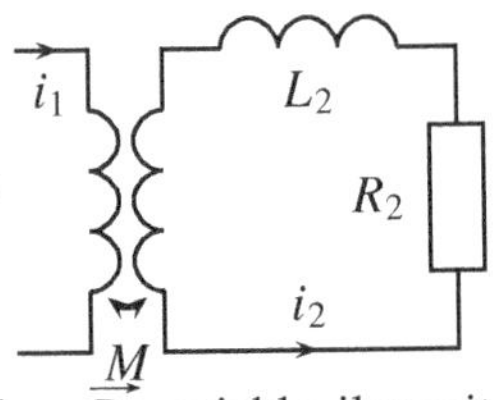

4) Le système est ci-contre ; d'où : $L_2 \frac{\mathrm{d}i_2}{\mathrm{d}t} + M \frac{\mathrm{d}i_1}{\mathrm{d}t} + Ri_2 = 0$. En régime harmonique à la pulsation ω : $(R_2 + jL_2\omega)\underline{i}_2 + jM\omega\underline{i}_1 = 0$ donc $\underline{i}_2 = -\dfrac{\frac{M}{L_2} j \frac{L_2}{R_2}\omega}{1 + j\frac{L_2}{R_2}\omega}\underline{i}_1$. Ainsi $\omega_c = \dfrac{R_2}{L_2}$ et $K = -\dfrac{M}{L_2} = -\dfrac{N_1}{N_2}$.

Remarque physique : $i_1(t)$ crée $\overrightarrow{B_1}(t)$. Donc Σ_2 devient un circuit fixe dans $\overrightarrow{B_1}$ variable, il reçoit un flux de Σ_1 ($\phi_{1\to 2} = Mi_1$) ; une f.é.m. $e_2 = -M\mathrm{d}i_1/\mathrm{d}t$ est induite. Σ_2 est fermé et conducteur donc un courant induit i_2 circule. i_2 crée un champ magnétique propre qui a un flux à travers Σ_2 ($\phi_{2\to 2} = L_2 i_2$). Ce flux propre crée une seconde f.é.m. induite $e_2' = -L_2\,\mathrm{d}i_2/\mathrm{d}t$.

5) Le champ magnétique total $\overrightarrow{B_2}$ est créé par i_1 et i_2 : $\overrightarrow{B_2} = (\mu_0 n_1 i_1 + \mu_0 n_2 i_2)\,\overrightarrow{u}_z$. En régime harmonique à la pulsation ω et en tenant compte de l'expression de $\underline{i}_2$:

$$\underline{B}_2 = \frac{\mu_0}{L}\left(N_1\underline{i}_1 - N_2\frac{N_1}{N_2}\frac{j\frac{\omega}{\omega_c}}{1+j\frac{\omega}{\omega_c}}\underline{i}_1\right) = \frac{\mu_0}{L}N_1\left(1 - \frac{j\frac{\omega}{\omega_c}}{1+j\frac{\omega}{\omega_c}}\right)\underline{i}_1 \underset{\omega\gg\omega_c}{\longrightarrow} 0.$$

Σ_2 réagit par induction en créant un champ magnétique qui s'oppose à celui de Σ_1 (loi de Lenz).

6) $\omega_c = 4{,}0.10^3$ rad.s^{-1}, $i_2 = |\underline{i}_2| = 1{,}40$ A, $B_2 = |\underline{B}_2| = 2{,}57.10^{-4}$ T et $\dfrac{B_1}{B_2} = 17{,}1$.

30.10 Flux d'un aimant dans une bobine

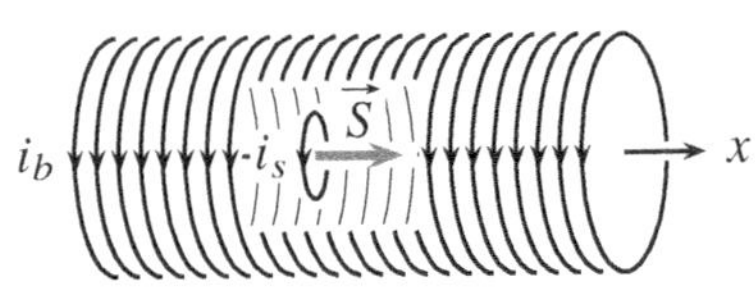

Un moment magnétique $\overrightarrow{\mathcal{M}}$ représente tout aussi bien uns spire qu'un aimant, les deux créant le même champ magnétique autour d'eux, à grande distance. Ainsi, le petit aimant envoie le même flux à travers le solénoïde qu'une petite spire fictive, de surface S, parcourue par un courant d'intensité i_s tels que $\overrightarrow{\mathcal{M}} = i_s\overrightarrow{S} = i_s S\overrightarrow{u}_x$.

Le flux envoyé par cette spire fictive à travers la bobine est $\varphi_{s\to b} = Mi_s$, où M est la mutuelle entre la spire et la bobine. Pour calculer M, on exprime le flux envoyé par la bobine, lorsqu'elle est parcourue par un courant d'intensité i_b. La champ magnétique dans la bobine étant $\overrightarrow{B_b} = \mu_0 n i_b \overrightarrow{u}_x$, ce flux est $\varphi_{b\to s} = \overrightarrow{B_b}\cdot\overrightarrow{S} = \mu_0 n i_b S$, d'où $M = \mu_0 n S$.

Il vient ensuite $\varphi_{s\to b} = Mi_s = \mu_0 n i_s = \mu_0 n \mathcal{M}$, qui est le flux cherché.

Circuit mobile dans un champ magnétique stationnaire

31

On étudie ici des phénomènes d'induction dans des circuits mobiles. Les dispositifs présentés fonctionnent soit en générateur, quand ils transforment une puissance mécanique en puissance électrique, soit en moteur, quand ils transforment une puissance électrique en puissance mécanique.

1 Conversion de puissance mécanique en puissance électrique

1.1 Rails de Laplace générateurs

a) Présentation

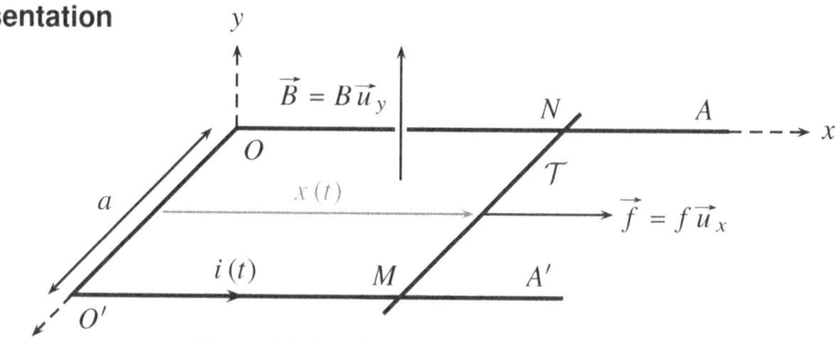

Figure 31.1 – Rails de Laplace générateurs.

Une tige $\mathcal{T}$, conductrice, est posé sur deux rails parallèles OA et $O'A'$, eux aussi conducteur, nommés **rail de Laplace**. Il y a contact électrique entre $\mathcal{T}$ et les rails aux points M et N. L'ensemble est plongé dans un champ magnétique uniforme et stationnaire, orthogonal au plan (Oxz) des rails, et noté $\vec{B} = B\vec{u}_y$.

La tige a une masse m. Elle a un mouvement de translation de vitesse $\overrightarrow{(t)} = v(t)\,\vec{u}_x$ et reste constamment parallèle a $\vec{u}_z$. Le contact avec les rails est supposée sans frottement et le plan (Oxz) est horizontal.

Dans une première expérience, les rails sont relié par un fil conducteur OO' qui ferme le circuit électrique $OO'MN$, constitué par les deux rails et la tige $\mathcal{T}$. On exerce sur la tige une force de traction constante $\vec{f} = f\vec{u}_x$.

La résistance électrique du circuit est notée R, valeur supposée indépendante de la position, et on néglige son auto-inductance.

b) Analyse qualitative

Quels sont les phénomènes physiques qui s'enchaînent dans la tige $\mathcal{T}$?

- la tige $\mathcal{T}$ est mise en mouvement par la force $\vec{f}$;
- $\mathcal{T}$ est alors mobile dans le champ $\vec{B}$ stationnaire, dont elle coupe les lignes de champ : il apparaît dans ce conducteur une f.é.m. induite e ;
- le circuit, constitué des rails et de $\mathcal{T}$, est fermé et conducteur : un courant induit circule, d'intensité i ;
- i et $\vec{B}$ créent une force de Laplace $\vec{f}_L$, qui, d'après la loi de Lenz, s'oppose à la cause qui lui donna naissance, la force $\vec{f}$.

L'analyse qualitative s'achève toujours par la loi de Lenz.

c) Choix des orientations

On bâtit un repère cartésien $(Oxyz)$, indiqué sur la figure 31.1.

On choisit arbitrairement le sens conventionnel positif du courant indiqué sur la figure 31.1. Avec ce choix, le vecteur surface du circuit $OO'MN$ est dirigé suivant $+\vec{u}_y$ d'après la règle de la main droite et s'écrit $\vec{S} = ax(t)\ \vec{u}_y$, où $x(t)$ est l'abscisse de la tige $\mathcal{T}$.

Les inconnues sont ici de deux types :

- une grandeur mécanique, l'abscisse $x(t)$ de $\mathcal{T}$, ou sa vitesse $v(t) = \frac{dx}{dt}(t)$;
- une grandeur électrique $i(t)$.

d) F.é.m. induite et équation électrique

Le flux magnétique à travers le circuit $OO'MN$ est :

$$\varphi(t) = \vec{B}\cdot\vec{S} = \left(B\vec{u}_y\right)\cdot\left(ax(t)\,\vec{u}_y\right) = Bax(t)\,.$$

Attendu que ce flux varie dans le temps et coupe des lignes de champ magnétique dans son déplacement, la f.é.m. induite est donnée par la loi de Faraday :

$$e(t) = -\frac{d\varphi}{dt}(t) = -Ba\frac{dx}{dt}(t) = -Bav(t)\,.$$

Soit R la résistance des rails et de la tige $\mathcal{T}$, supposée constante quelle que soit la position de $\mathcal{T}$. On ne tient pas compte de l'auto-inductance du circuit.

Aucun générateur n'est présent dans le circuit $OO'MN$, mais la f.é.m. $e(t)$ se comporte comme une source de tension, orienté dans le sens conventionnel positif du courant.

Le système est équivalent au circuit électrique de la figure 31.2.

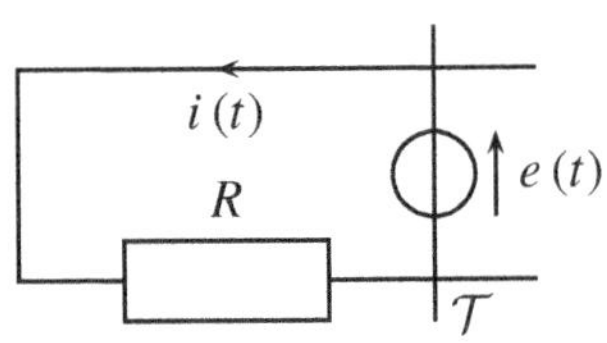

Figure 31.2 – Schéma électrique équivalent.

La loi des mailles mène à l'équation électrique (EE) du circuit :

$$e(t) - Ri(t) = 0 \quad \text{d'où} \quad \boxed{Bav(t) + Ri(t) = 0 \ (EE).}$$

L'équation électrique (EE) consiste en la loi des mailles et relie les deux inconnues, $i(t)$ et $v(t)$.

e) Force de Laplace et équation mécanique

La force de Laplace $\vec{f}_L$ qui s'exerce sur la tige $\mathcal{T}$ est due à la présence simultanée du courant et du champ magnétique. Elle est calculée au chapitre 28 et son expression est :

$$\vec{f}_L(t) = i(t)\,\overrightarrow{MN} \wedge \vec{B} = i(t)aB\vec{u}_x.$$

La tige $\mathcal{T}$ est soumise à :

- la force de Laplace $\vec{f}_L = i(t)aB\vec{u}_x$,
- la force de traction $\vec{f} = f\vec{u}_x$,
- le poids $m\vec{g} = -mg\vec{u}_y$,
- la réaction des rails, normale au déplacement car $\mathcal{T}$ glisse sans frottement : $\vec{R} = R\vec{u}_y$.

Le principe fondamental de la dynamique, appliqué à la tige $\mathcal{T}$, en projection sur $\vec{u_x}$, mène à l'équation mécanique (EM) : $\boxed{m\frac{\mathrm{d}v}{\mathrm{d}t}(t) = i(t)aB + f \ (EM).}$

L'équation mécanique (EM) consiste en la deuxième loi de Newton et relie les deux inconnues, $v(t)$ et $i(t)$.

f) Établissement de la vitesse

L'équation électrique (EE) et l'équation mécanique (EM) sont couplées : la vitesse $v(t)$ intervient dans (EE), l'intensité du courant $i(t)$ dans (EM). Il faut les découpler pour établir les expressions de $v(t)$ et de $i(t)$. Pour obtenir une équation différentielle sur $v(t)$, on injecte dans l'équation (EM) l'expression de $i(t)$ que fournit l'équation (EE) :

$$\begin{cases} m\dfrac{\mathrm{d}v}{\mathrm{d}t}(t) = i(t)aB + f \\ Bav(t) + Ri(t) \end{cases} \Leftrightarrow \begin{cases} m\dfrac{\mathrm{d}v}{\mathrm{d}t}(t) = i(t)aB + f \\ i(t) = -\frac{Ba}{R}v(t) \end{cases} \Rightarrow m\frac{\mathrm{d}v}{\mathrm{d}t}(t) = -\frac{(Ba)^2}{R}v(t) + f.$$

Le premier enseignement de cette équation, est que la force de Laplace s'écrit *in fine* sous la forme d'une **force de frottement fluide** en « $-$constante $\times\, v$ ». Elle s'oppose ainsi au déplacement de la tige, conformément à la **loi de Lenz**. On reviendra sur cet aspect dans le paragraphe 1.2.

La vitesse $v(t)$ vérifie une équation différentielle du premier ordre qu'on écrit :

$$\tau\frac{\mathrm{d}v}{\mathrm{d}t}(t) + v(t) = v_\infty \quad \text{où} \quad \tau = \frac{mR}{(aB)^2} \quad \text{et} \quad v_\infty = \frac{Rf}{(aB)^2}.$$

τ est la constante de temps du système. La solution de cette équation est de la forme $v(t) = v_\infty + \lambda \exp\left(-\frac{t}{\tau}\right)$, où λ est une constante. Si la tige a une vitesse nulle à l'instant initial $t = 0$, alors $\lambda = -v_\infty$ et la solution du couple {équation différentielle, condition initiale} est :

$$v(t) = v_\infty \left(1 - \exp\left(-\frac{t}{\tau}\right)\right).$$

g) Établissement de l'intensité

Quant à l'intensité du courant $i(t)$, l'équation électrique (EE) précise sa valeur :

$$i(t) = -\frac{Bav(t)}{R} = -\frac{f}{Ba}\left(1 - \exp\left(-\frac{t}{\tau}\right)\right).$$

h) Bilan de puissance

Ce bilan mené en méthodologie, page 830, aboutit à

$$fv(t) = \frac{\mathrm{d}}{\mathrm{d}t}\left(\frac{1}{2}mv^2\right) + Ri^2(t) \quad \text{soit} \quad \mathcal{P}\left(\vec{f}\right) = \frac{\mathrm{d}E_c}{\mathrm{d}t} + \mathcal{P}_{\text{Joule}},$$

en notant :

- $\mathcal{P}\left(\vec{f}\right) = \vec{f} \cdot \vec{v} = fv(t)$ la puissance fournie par la force $\vec{f}$;
- $E_c = \frac{1}{2}mv^2$ l'énergie cinétique de $\mathcal{T}$;
- $\mathcal{P}_{\text{Joule}} = Ri^2$ la puissance de l'effet Joule.

Cette dernière équation montre qu'une partie de la puissance mécanique fournie par la force de traction est transformée en puissance électrique consommée dans le circuit, où elle est dissipée par effet Joule.

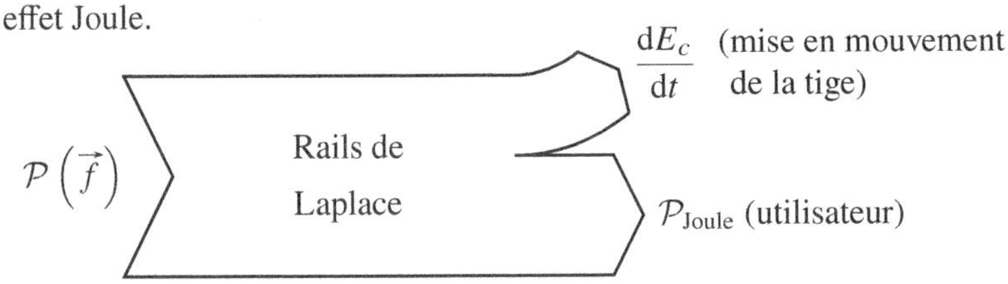

Figure 31.3 – Transferts de puissance pour des rails de Laplace générateurs.

En régime établi, soit pour $t > 4{,}6\,\tau$, lorsque v et i sont constants, le bilan de puissance devient $\mathcal{P}\left(\vec{f}\right) = \mathcal{P}_{\text{Joule}}$. Toute la puissance mécanique développée en entrée est convertie en puissance électrique consommée dans le circuit.

L'apparition du courant d'intensité $i(t)$, ainsi que la transformation de puissance mécanique en puissance électrique, justifient le terme de **générateur** associés aux rails de Laplace dans cette situation.

i) Relation des puissances

Que représente le terme de couplage électromécanique $Bav(t)i(t)$? C'est à la fois :

- l'opposé de la puissance de la f.é.m. : $\mathcal{P}_{fém} = e(t)i(t) = -Bav(t)i(t)$;
- la puissance de la force de Laplace : $\mathcal{P}_L = \vec{f}_L \cdot \vec{v} = iab\vec{u}_y \cdot v(t)\,\vec{u}_y = Bav(t)i(t)$.

Ces deux puissances soient égales et opposées. C'est un fait général que l'on admettra dans le cas d'un champ magnétique stationnaire (constant dans le temps).

Pour un circuit mobile dans un champ magnétique stationnaire, la somme de la puissance de Laplace et de la f.é.m. induite est nulle : $\mathcal{P}_{fém} + \mathcal{P}_L = 0$. Cette relation est *a priori* fausse si le champ magnétique dépend du temps.

1.2 Freinage par induction

a) Application de la loi de Lenz

Dans l'exemple précédent, la force de Laplace se met sous la forme : $\vec{f}_L = -\frac{(Ba)^2}{R}\vec{v}$.

Le coefficient devant la vitesse est négatif car $(Ba)^2$ est positif et une résistance électrique R est toujours positive. La force de Laplace est de direction opposée à celle de la vitesse, c'est une **force de freinage fluide**.

Il s'agit d'une manifestation de la loi de Lenz : la force magnétique qui apparaît à cause du phénomène d'induction s'oppose au mouvement du conducteur qui a été la cause du phénomène d'induction. Ainsi :

Dans tous les dispositifs où il y a conversion de puissance mécanique en puissance électrique, l'action mécanique de Laplace est une action de freinage.

b) Application : freinage électromagnétique

On en déduit que les phénomènes d'induction ont, par exemple dans le domaine de la traction automobile, deux utilisations importantes :

- le freinage par induction ;
- la récupération d'énergie lors de ce freinage, afin de convertir l'énergie cinétique du véhicule en énergie électrique.

Le freinage électromagnétique est utilisé sur le TGV et sur des camions.

c) Courants de Foucault

Lorsque le conducteur en mouvement n'est plus filiforme, mais est formé d'un bloc métallique, la modélisation des phénomènes d'induction, développée dans ce cours, n'est plus valable dans le détail, mais les phénomènes physiques restent les mêmes. Par exemple, lorsqu'on applique un champ magnétique $\vec{B}$ à une roue d'automobile, constituée d'un bloc métallique massif :

- le roue est un conducteur mobile dans un champ magnétique stationnaire dont la géométrie est choisie de telle manière qu'il y a induction et apparition de courants électriques à l'intérieur de a matière de la roue. Ces courants, répartis dans tout le volume conducteur, sont nommées **courants de Foucault**, *eddy currents* en anglais ;
- les courants de Foucault et le champ magnétique créent des efforts de Laplace qui s'opposent au mouvement de la roue, d'après la loi de Lenz : la roue est freinée.

La modélisation des phénomènes d'induction dans le volume du conducteur relève du cours de seconde année.

1.3 Alternateur

a) Présentation

Un **alternateur** sert à transformer une puissance mécanique en une puissance électrique. Ce dispositif est par exemple utilisé sur les vélos, dont une roue entraîne en rotation l'alternateur qui alimente des ampoules ou une batterie. On peut aussi citer les centrales électriques, où l'alternateur est entraîné par de la vapeur (centrales thermiques), de l'eau sous pression (centrales nucléaires françaises), de l'eau en écoulement (centrales hydrauliques). Plusieurs technologies existent, seul le principe général de l'alternateur est présenté ici.

L'alternateur est modélisé par une spire rectangulaire $\mathcal{S}$, de surface S, conductrice de résistance électrique R, dont on néglige l'auto-induction.

Cette spire qui constitue un **rotor**, est en liaison pivot d'axe (Oy) par rapport à un **stator** fixe. Elle est entraînée en rotation autour de l'axe (Oy) à la vitesse angulaire ω constante. Son moment d'inertie par rapport à l'axe (Oy) est noté J.

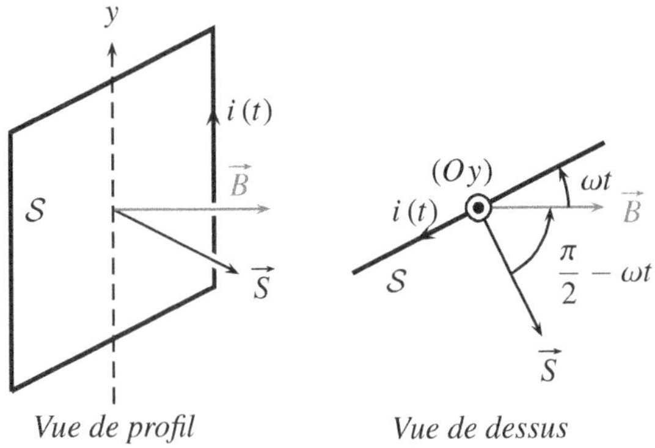

Figure 31.4 – Schéma de principe d'un alternateur.

$\mathcal{S}$ est plongée dans un champ magnétique uniforme et stationnaire $\vec{B}$ perpendiculaire à (Oy), créé par un environnement extérieur.

b) Analyse physique

- La spire $\mathcal{S}$ est entraînée en rotation dans un champ magnétique, et ses deux côtés verticaux coupent des lignes de champs : une f.é.m. e est induite.
- $\mathcal{S}$ est un circuit électrique fermé et conducteur : un courant induit i circule.
- $\mathcal{S}$ est parcourue par un courant et plongée dans un champ magnétique : un moment des forces de Laplace s'oppose à la rotation de la spire, d'après la loi de Lenz.

c) Choix des orientations

Le sens conventionnel positif du courant est arbitrairement choisi sur la figure ci-dessus. Ce sens impose le sens du vecteur surface $\vec{S}$ d'après la règle de la main droite.

d) F.é.m. induite et équation électrique

L'angle antre le vecteur $\vec{S}$ et le vecteur $\vec{B}$ est égal à $\frac{\pi}{2} - \omega t$ (voir figure 31.4). Le flux magnétique à travers $\mathcal{S}$ est :

$$\varphi(t) = \vec{B} \cdot \vec{S} = BS\cos\left(\frac{\pi}{2} - \omega t\right) = BS\sin(\omega t).$$

Ce flux varie dans le temps. De plus la spire coupe des lignes de champ magnétique lors de sa rotation, donc la f.é.m. induite dans la spire vaut :

$$e(t) = -\frac{\mathrm{d}\varphi}{\mathrm{d}t}(t) = -BS\omega\cos(\omega t).$$

La spire présente une résistance électrique R et une auto-inductance négligeable.
La f.é.m. $e(t)$ se comporte comme une source de tension, orienté dans le sens conventionnel positif du courant.
Le système est équivalent au circuit électrique de la figure 31.5.
La loi des mailles mène à l'équation électrique (EE) du circuit :

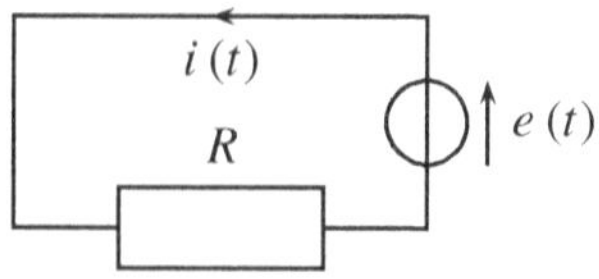

Figure 31.5 – Schéma électrique équivalent.

$$e(t) = Ri(t) \quad \text{d'où} \quad \boxed{-BS\omega\cos(\omega t) = Ri(t)\ (EE).}$$

e) Moment des forces de Laplace et équation mécanique

Le moment résultant des forces de Laplace qui s'exerce sur la spire $\mathcal{S}$ est :

$$\vec{\Gamma} = \vec{\mathcal{M}} \wedge \vec{B} = i\vec{S} \wedge \vec{B},$$

où $\vec{\mathcal{M}} = i\vec{S}$ est le moment magnétique de la spire. Ainsi :

$$\vec{\Gamma}(t) = i(t)SB\sin\left(\frac{\pi}{2} - \omega t\right)\vec{u}_y = iSB\cos(\omega t)\vec{u}_y.$$

La spire $\mathcal{S}$ est entraînée en rotation sous l'effet d'un couple extérieur $\overrightarrow{\Gamma_{\text{ext}}}(t) = \Gamma_{\text{ext}}(t)\vec{u}_y$, dû, par exemple, à la roue de vélo qui entraîne l'alternateur dans l'exemple introductif. Ce couple est nécessaire pour avoir une vitesse de rotation constante malgré le couple magnétique et les frottements de la liaison pivot de la spire, frottements que l'on négligera en supposant la liaison pivot parfaite. La loi scalaire du moment cinétique, appliquée à la spire $\mathcal{S}$, autour de l'axe (Oy), mène, puisque ω = constante, à l'équation mécanique (EM) :

$$\boxed{J\frac{\mathrm{d}\omega}{\mathrm{d}t}(t) = 0 = i(t)SB\cos(\omega t) + \Gamma_{\text{ext}}(t) \quad (EM).}$$

f) Couple moteur

L'équation mécanique (EM) donne l'expression du couple extérieur nécessaire pour entraîner la spire à vitesse angulaire constante : $\Gamma_{\text{ext}}(t) = -i(t)SB\cos(\omega t)$.

Quelle en est la valeur moyenne temporelle ?

On remplace l'expression de l'intensité obtenue avec l'équation électrique (EE) :

$$\Gamma_{\text{ext}}(t) = \frac{(BS)^2}{R}\,\omega\,\cos(\omega t)^2.$$

Attendu que $< \cos(\omega t)^2 > = \frac{1}{2}$, la moyenne temporelle du couple :

$$< \Gamma_{\text{ext}}(t) > = \frac{(BS)^2}{2R}\,\omega.$$

g) Bilan de puissance

On fournit à la spire $\mathcal{S}$ une puissance mécanique moyenne :

$$< \mathcal{P}_{\text{méca}} > = < \Gamma_{\text{ext}}(t)\,\omega > = < \Gamma_{\text{ext}}(t) > \omega = \frac{(BS)^2}{2R}\,\omega^2.$$

L'alternateur délivre en sortie une puissance électrique moyenne :

$$< \mathcal{P}_{\text{élec}} > = < Ri^2(t) > ,$$

qu'on développe avec l'équation électrique (EE) :

$$< \mathcal{P}_{\text{élec}} > = \frac{(BS)^2}{R}\,\omega^2 < \cos^2(\omega t) > = \frac{(BS)^2}{2R}\,\omega^2.$$

L'intégralité de la puissance mécanique injectée dans l'alternateur est convertie en puissance mécanique.

2 Conversion de puissance électrique en puissance mécanique

On développe ce paragraphe sur l'exemple de la machine à courant continu (MCC) à entrefer plan.

2.1 Présentation

On considère une roue d'axe (Oz) constituée d'un cercle externe et de rayons, tous conducteurs. C'est l'analogue électrique d'une roue de voiture à cheval en bois. Un dispositif, non représenté, permet à un courant électrique de circuler radialement entre le centre et la périphérie, le long des rayons. L'ensemble est plongé dans un champ magnétique uniforme et stationnaire $\overrightarrow{B} = -B\overrightarrow{u}_z$, avec $B > 0$.

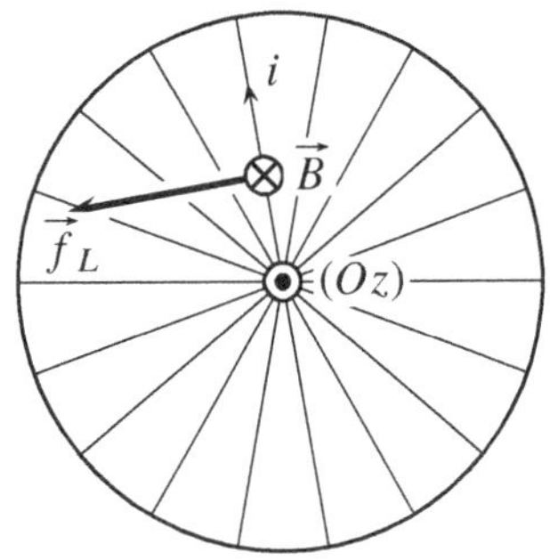

Figure 31.6 – Roue conductrice étudiée.

2.2 Analyse physique

Ce dispositif est réversible et fonctionne en générateur ou en moteur. Dans le cas **générateur** :

- la roue est entraînée en rotation; elle est un circuit mobile dans $\overrightarrow{B}$ stationnaire : une f.é.m. e est induite dans chaque rayon;
- l'ensemble des rayons forme un circuit électrique fermé et conducteur : un courant induit i circule sur chaque rayon;
- i et $\overrightarrow{B}$ créent un moment des forces de Laplace $\overrightarrow{M_L}$ qui s'oppose à la rotation de la roue (loi de Lenz).

Dans le cas **moteur** :

- un générateur extérieur impose la circulation d'un courant d'intensité i le long des rayons;
- i et $\overrightarrow{B}$ créent un moment des forces de Laplace $\overrightarrow{M_L}$ qui met en rotation de la roue;
- la roue tourne, elle devient un circuit mobile dans $\overrightarrow{B}$ stationnaire : une f.é.m. e est induite dans chaque rayon, qui s'oppose à la tension du générateur extérieur (loi de Lenz).

2.3 Choix des orientations

Le sens positif de l'intensité i du courant est arbitrairement choisi du centre vers la périphérie, comme sur le schéma.

2.4 Équations de la MCC

On admet :

> Dans une MCC, le moment de l'action mécanique de Laplace est proportionnel à l'intensité i du courant :
> $$\mathcal{M}_{L,Oz} = \phi_0 \, i,$$
> où ϕ_0 est une constante qui a la dimension d'un flux magnétique.

Avec les orientations choisies, la constante ϕ_0 est positive : si i est positive, le courant va du centre vers la périphérie de la roue et on voit sur la figure 31.6 que, dans ce cas, la force de Laplace $\overrightarrow{f}_L$ s'exerçant sur un rayon quelconque tend à faire tourner la roue dans le sens positif autour de (Oz).

Ce moment entraîne la roue en rotation autour de (Oz) (fonctionnement moteur), ou s'oppose à sa rotation (fonctionnement générateur).

La f.é.m. induite n'est pas calculable par la loi de Faraday. On utilise la relation des puissances, vue page 820 :

$$\mathcal{P}_{fém} + \mathcal{P}_L = ei + \mathcal{M}_{L,Oz}\omega \quad \Rightarrow \quad ei + \phi_0 i \, \omega = 0 \quad \Rightarrow \quad e = -\phi_0\omega.$$

> Dans une MCC, la f.é.m. est proportionnelle à la vitesse angulaire :
> $$e = -\phi_0\omega.$$

Cette f.é.m. est recueillie par l'utilisateur (fonctionnement générateur), ou s'oppose au générateur extérieur (fonctionnement moteur).

2.5 Réalisation

La machine à courant continu, nommée suivant son acronyme MCC, ici à entrefer plan, est composée d'une partie fixe, nommé **stator**, et d'une partie mobile, nommée **rotor**.

Le stator est ici constitué d'une carcasse et de deux supports fixes circulaires, sur lesquels sont montés des aimants permanents (2 jeux de 8 aimants visibles sur la figure 31.7) qui créent un champ magnétique stationnaire.

Le rotor est constitué d'un axe de rotation et d'un disque, solidaire de l'axe, sur lequel sont imprimés de nombreux circuits électriques radiaux, séparés par un isolant, non représentés afin de ne pas surcharger le schéma. Ces circuits électriques imposent une conduction radiale du courant.

Des balais, contacts métalliques frottants, assurent le passage du courant entre le circuit extérieur fixe et les circuits électriques mobiles rotoriques.

La MCC est totalement réversible, elle peut servir soit en générateur, soit en moteur. Son nom insiste sur le caractère continu des courants d'alimentation, par opposition à sinusoïdal. En effet, une vitesse de rotation ω constante est obtenue en alimentant la MCC avec une tension constante e, un couple constant C par un courant i constant.

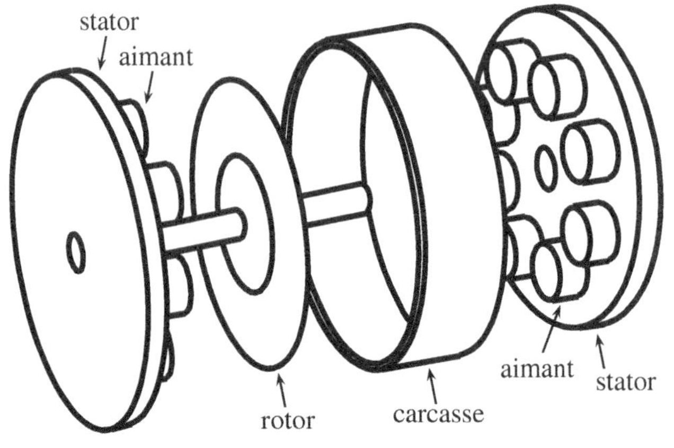

Figure 31.7 – Vue éclatée d'une MCC à entrefer plan.

L'**entrefer** est la zone située entre deux aimants. Il s'agit ici du plan du disque rotorique, d'où le substantif d'entrefer plan.

Une MCC à entrefer plan est nommé en anglais *brushed disc DC motor* ou *brushed disc DC servo*. *Brushed* signifie que le rotor est alimenté par des balais, *disc* insiste sur la forme géométrique du rotor, *DC*, pour *direct current*, s'oppose à *AC*, pour *alternative current* et *servo* indique l'utilisation possible en servomécanisme (asservissement dans lequel la grandeur de sortie est mécanique).

Un bobinage très ingénieux des circuits électriques radiaux du rotor, associé à une alternance des pôles des aimants, permet une alimentation uniquement à partir des balais, en particulier pour la gestion du retour du courant arrivé en bout de rotor. Cette réalisation technologique sort du cadre de ce cours. Le lecteur intéressée pourra, par exemple, se reporter à François Bernot, *Machines à courant continu, construction*, Techniques de l'Ingénieur, traité Génie électrique, D 3 556, 2.3 Induits discoïdaux.

2.6 Utilisations

Les avantages des MCC à entrefer plan sont une vitesse très contrôlée et stable, de 1 à 4.10^3 tr.min^{-1}, une très grande accélération angulaire, jusqu'à environ 150.10^3 rad.s^{-2}, un couple indépendant de la vitesse de rotation. De plus, la très faible inductance du rotor, ainsi que son faible moment d'inertie, produisent des constantes de temps mécanique τ_m et électrique τ_e extrêmement faibles, jusqu'à $\tau_m = 4$ ms et $\tau_e < 5.10^{-2}$ ms, ainsi qu'un très faible encombrement. Toutefois, la puissance disponible reste limitée à environ 1 kW.

Dans quels domaines utilise-t-on alors une MCC à entrefer plan ? Partout où il faut créer un mouvement de rotation soit de précision, soit dans un volume limité.

La géométrie très plate sera appréciée en motorisation des bicyclettes, des chaises roulantes ; la précision de la rotation en robotique industrielle, médicale (pompes à sang, à dialyse, respirateurs), informatique (rotation de disques de stockage), militaire (chargeurs automatiques de munitions, tourelles).

MÉTHODOLOGIE

Ce chapitre est-il important ?
▷ *Oui ! De nombreux exercices d'électromécanique sont posés chaque année aux oraux des concours.*

Rapport du Jury (CCINP) : « les questions sur l'induction posent problème. »

Rapport du Jury (Mines) : « l'induction est clairement la partie la moins bien dominée [en électromagnétisme]. »

Rapport du Jury (Centrale) : « l'étude de l'induction pose, comme toujours, de gros problèmes aux candidats : l'analyse qualitative physique est au mieux incomplète, les surfaces ne sont pas orientées et les schémas équivalents ne sont pas tracés. »

Comment étudier un système électromécanique (circuit mobile dans $\vec{B}$ stationnaire) ?
▷ *La méthode est systématique :*

- *analyse qualitative qui se termine par la loi de Lenz;*
- *orientation du courant et du vecteur surface;*
- *calcul de la f.é.m. induite, tracé du schéma électrique équivalent avec le fléchage clair de l'intensité $i(t)$ du courant et écriture de l'équation électrique (EE) avec la loi des mailles;*
- *calcul de l'action de Laplace, tracé d'un schéma clair où sont représentées les forces et écriture de l'équation mécanique (EM) avec la 2e loi de Newton;*
- *résolution du système à deux fonctions inconnues, $i(t)$ et $v(t)$ ou $\omega(t)$, obtenu avec (EE) et (EM);*
- *bilan de puissances.*

Comment mener une analyse qualitative ?
▷ *Il en existe deux, suivant le fonctionnement moteur ou générateur du dispositif.*

Exemple sur les rails de Laplace :

Cas **moteur** :

- le circuit est alimenté par un générateur de tension U ;
- le circuit est fermé et conducteur, un courant d'intensité $i(t)$ circule ;
- $i(t)$ et le champ magnétique $\vec{B}$ créent une force de Laplace sur la tige mobile ;
- la tige bouge et coupe des lignes de champ : une f.é.m. est induite dans le circuit qui s'oppose, d'après la loi de Lenz, à la tension d'alimentation U.

Cas **générateur** :

- la tige mobile est mise en mouvement par une force extérieure $\vec{f}$;
- la tige bouge et coupe des lignes de champ : une f.é.m. est induite dans le circuit ;
- le circuit est fermé et conducteur, un courant d'intensité $i(t)$ circule ;
- $i(t)$ et le champ magnétique $\vec{B}$ créent une force de Laplace sur la tige mobile qui s'oppose, d'après la loi de Lenz, à la force extérieure $\vec{f}$.

Rapport du Jury (CCINP) : *« une analyse physique de la situation devrait toujours précéder les calculs. »*

Rapport du Jury (Mines) : *« pour les exercices d'induction, une analyse physique de la situation est attendue. »*

La loi de Lenz est-elle systématique dans l'analyse qualitative ?
▷ *Oui, car elle clôture l'analyse de façon homogène (une f.é.m. induite s'oppose à une tension d'alimentation ; une action de Laplace s'oppose à une force ou à un moment extérieur).*

Rapport du Jury (Mines) : *« la loi de modération de Lenz est souvent citée de façon vague, ne permettant pas d'expliciter ce qu'est un phénomène inductif. Les conséquences successives d'une variation de flux magnétique sont rarement expliquées* in extenso *par les candidats. »*

Rapport du Jury (École navale) : *« la loi de Lenz marque la fin de l'analyse physique. Un effet mécanique (le moment des forces de Laplace) s'oppose à un autre effet mécanique (la rotation de la spire) ; un effet électrique (la tension induite) s'oppose à un autre effet électrique (la tension d'alimentation du circuit). »*

Quelle orientation choisir pour la f.é.m. induite ?
▷ *La même orientation que celle du contour qui définit le vecteur surface.*

Exemple des deux orientations possibles des rails de Laplace :

Rapport du Jury (Mines) : *« certains candidats sont attentifs à l'orientation des grandeurs électriques algébriques dans la modélisation des circuits en induction. Le jury souhaiterait que cette rigueur soit plus généralisée. Il semble en outre judicieux de fixer ces conventions en début de résolution et de s'y tenir par la suite. »*

Rapport du Jury (CCINP) : *« les candidats semblent être davantage attentifs à l'orientation des grandeurs électriques algébriques dans la modélisation des circuits en induction. La lecture des rapports des années précédentes aurait-elle porté ses fruits ? Il convient de fixer ces orientations en début de résolution et de s'y tenir par la suite. »*

Quelle orientation choisir pour le sens conventionnel positif du courant ?
▷ *Celle que vous voulez ! Mais d'habitude on la prend dans le même sens que l'orientation du contour.*

Que dire de l'intensité du courant dans un système électromécanique ?
▷ *Elle dépend du temps : $i(t)$.*

Rapport du Jury (Mines) : « un courant induit est rarement constant en induction. »

Quand la loi de Faraday est-elle valable ?
▷ *Dans le cas d'un circuit :*

- *qui coupe des lignes de champs ;*
- *et où il existe un flux magnétique $\varphi(t)$ variable.*

Comment voir qu'un circuit coupe des lignes de champs ?
▷ *Quelques vecteurs $\vec{B}$ sont représentés ci-contre. L'ensemble forme un champ de vecteurs, analogues à des épis de blé dans un champ. Si l'on imagine que la tige $\mathcal{T}$ est « tranchante », les vecteurs $\vec{B}$ sont « coupés » par $\mathcal{T}$ dans son mouvement, de façon analogue au blé moissonné.*

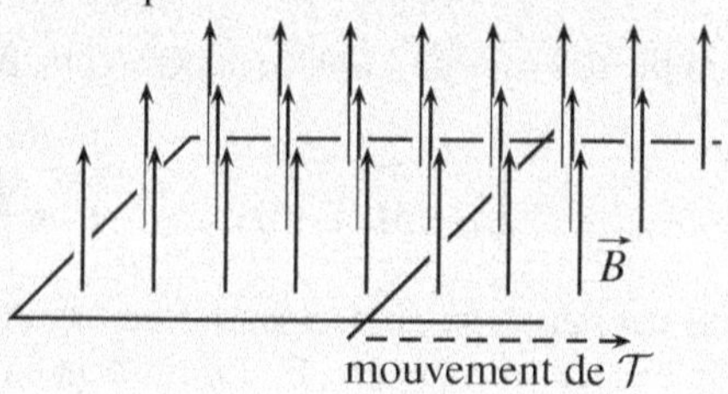

Le calcul de la force de Laplace est-il faux si celle-ci semble ne pas s'opposer au mouvement ?
▷ A priori *non, car tout dépend du signe de l'intensité du courant $i(t)$. Attendu que l'orientation du sens positif du courant est arbitraire, rien n'empêche d'obtenir $i(t) < 0$.*

Faut-il alors changer l'orientation du courant ?
▷ *Non ! On garde l'orientation choisie et on s'y tient rigoureusement. Les grandeurs physiques, comme $i(t)$ ou $v(t)$, sont algébriques, elles peuvent être négatives comme positives.*

Sur l'exemple des rails de Laplace générateur de la figure 31.1 (p. 817), la force de Laplace est $\vec{f}_L(t) = i(t)aB\vec{u}_x$ (p. 819), dans le même sens que la force $\vec{f} = f\vec{u}_x$ de traction de la tige ; mais $i(t) < 0$ après calcul (p. 820) et la loi de Lenz est bien vérifiée.

Rapport du Jury (ENS Paris-Saclay) : « dans le cadre de l'induction, la gestion des signes doit se faire absolument en fonction des conventions d'orientations choisies en énonçant clairement les règles habituelles (main droite, etc.). Les candidats qui modifièrent les signes de leurs formules sans justification, en fonction d'un signe présupposé du résultat, furent sanctionnés. »

Sous quelle forme présenter les équations électrique (EE) et mécanique (EM) ?
▷ *Elles doivent toutes deux relier la grandeur électrique $i(t)$ et la grandeur mécanique $v(t)$ ou $\omega(t)$.*

Exemple des rails de Laplace générateurs, page 819 :

$$Bav(t) + Ri(t) = 0 \ (EE) \qquad \text{et} \qquad m\frac{\mathrm{d}v}{\mathrm{d}t}(t) = i(t)aB + f \ (EM).$$

Comment mener un bilan de puissance ?
▷ *Multiplier (EE) par $i(t)$ et (EM) par $v(t)$ ou $\omega(t)$, éliminer le terme de couplage électromécanique, faire apparaître les dérivées des énergies et la puissance Joule. Écrire le bilan sous la forme ($\mathcal{E}_m$ est l'énergie mécanique) :*

$$\frac{\mathrm{d}\mathcal{E}_m}{\mathrm{d}t} = -Ri^2(t) + \mathcal{P}_{reçue}.$$

Exemple des rails de Laplace générateurs, page 819 :

$$\begin{cases} (EE) \times i(t) \\ (EM) \times v(t) \end{cases} \Rightarrow \begin{cases} Bav(t)\,i(t) + Ri^2(t) = 0 \\ m\dfrac{\mathrm{d}v}{\mathrm{d}t}(t)\,v(t) = i(t)\,aBv(t) + fv(t). \end{cases}$$

Dans ces deux équations apparaît un terme commun, $Bav(t)\,i(t)$, que l'on nomme terme de couple électromécanique. En l'éliminant entre les deux équations :

$$m\frac{\mathrm{d}v}{\mathrm{d}t}(t)\,v(t) = -Ri^2(t) + fv(t),$$

et, attendu que $v\frac{\mathrm{d}v}{\mathrm{d}t} = \frac{\mathrm{d}}{\mathrm{d}t}\left(\frac{1}{2}v^2\right)$:

$$\frac{\mathrm{d}}{\mathrm{d}t}\left(\frac{1}{2}mv^2\right) = -Ri^2(t) + fv(t),$$

où apparaissent la variation de l'énergie cinétique, la puissance Joule $-Ri^2(t)$ et la puissance de la force de traction $\vec{f} \cdot \vec{v} = fv(t)$.

<u>Rapport du Jury</u> (Mines) : « lors de l'étude des phénomènes d'induction, l'algébrisation des variables se doit d'être soignée et les bilans énergétiques correctement écrits. »

Comment interpréter un bilan de puissance ?
▷ *L'énergie mécanique du système varie, car il reçoit une puissance de la part de l'extérieur, et en perd par effet Joule.*

Dans l'exemple précédent des rails de Laplace générateurs, l'énergie cinétique du système varie car il reçoit une puissance de la part de la force de traction (donc affectée du signe plus) et perd une puissance par effet Joule (donc affectée du signe moins).

Comment vérifier les signes d'un bilan de puissance ?
▷ *Bilan écrit sous la forme* $\frac{\mathrm{d}}{\mathrm{d}t}(\mathcal{E}_m) = -Ri^2(t) + \mathcal{P}_{reçue}$, *où les pertes Joule en* $-Ri^2$ *doivent impérativement être une perte affectée du signe moins, alors que la puissance reçue de l'extérieur est affectée du signe plus (puissance mécanique d'une force* $+fv$ *ou d'un couple* $+\Gamma\omega$, *qui mettent en mouvement le dispositif en apportant de la puissance ; puissance électrique* $+Ui$ *d'un générateur extérieur qui alimente le dispositif).*

Quand utiliser la conversion de puissance électromécanique $\mathcal{P}_{\text{f.é.m.}} + \mathcal{P}_{\text{Laplace}} = 0$?
▷ *Elle sert à calculer l'action de Laplace quand on connaît la f.é.m. ou, inversement, la f.é.m. quand on connaît l'action de Laplace.* $\mathcal{P}_{\text{f.é.m.}} + \mathcal{P}_{\text{Laplace}} = 0$ *mène à :*

- $ei + \vec{f}_{\text{Laplace}} \cdot \vec{v} = 0$, *soit* $ei + f_{\text{Laplace}} v = 0$ *pour un système en translation ;*
- $ei + \vec{\Gamma}_{\text{Laplace}} \cdot \vec{\omega} = 0$, *soit* $ei + \Gamma_{\text{Laplace}}\omega = 0$ *pour un système en rotation.*

Exemple des rails de Laplace générateurs (p. 819) : une fois la f.é.m. calculée, $e = -Bav$, on aurait pu en déduire directement la force de Laplace avec

$$ei + f_{\text{Laplace}} v = 0 = -Bavi + f_{\text{Laplace}} v \quad \Rightarrow \quad f_{\text{Laplace}} = Bai.$$

Exemple de l'alternateur (p. 823) : une fois la f.é.m. calculée, $e = -BS\omega\cos(\omega t)$, on aurait pu en déduire directement le moment de Laplace avec

$$ei + \Gamma_{\text{Laplace}}\omega = 0 = -BSi\omega\cos(\omega t) + \Gamma_{\text{Laplace}}\omega \quad \Rightarrow \quad \Gamma_{\text{Laplace}} = BSi\cos(\omega t).$$

Rapport du Jury (Centrale) : « la traduction d'une conversion de puissance électromécanique parfaite constitue souvent une alternative intéressante à la loi de Faraday. »

Rapport du Jury (Mines) : « la conversion d'énergie électromécanique est rarement [...] utilisée. »

Quand la conversion de puissance électromécanique est-elle valable ?
▷ *Dans le cas d'un circuit mobile dans un champ magnétique* $\vec{B}$ *stationnaire. La relation est* a priori *fausse si* $\vec{B}(t)$ *dépend du temps.*

Que représente l'inductance L d'un circuit électromécanique ?
▷ *L'intensité* $i(t)$ *du courant dans le système crée un champ magnétique propre* $\vec{B}_p$, *différent du champ magnétique extérieur* $\vec{B}$, *qui envoie un flux* $\phi_p(t) = Li(t)$ *à travers le système lui-même. Il en résulte une f.é.m. induite supplémentaire* $e_p(t) = -L\frac{\mathrm{d}i}{\mathrm{d}t}(t)$ *(orientée en convention générateur), qu'on écrit sous forme d'une bobine soumise à la tension* $+L\frac{\mathrm{d}i}{\mathrm{d}t}(t)$ *(orientée en convention récepteur).*

Rapport du Jury (École navale) : « les candidats doivent expliquer ce que représente chaque dipôle du circuit électrique équivalent. »

Programme officiel et sommaire des exercices

Notions et contenus	Capacités exigibles
Conversion de puissance mécanique en puissance électrique : Rail de Laplace. ► 31.C1 31.C2 ▷ 31.1 31.2 31.6 Spire rectangulaire soumise à un champ magnétique extérieur uniforme et en rotation uniforme autour d'un axe fixe orthogonal au champ magnétique. ► 31.C3 ▷ 31.3 31.4 31.5 31.7	Interpréter qualitativement les phénomènes observés. Écrire les équations électrique et mécanique en précisant les conventions de signe. Effectuer un bilan énergétique. Citer des applications dans le domaine de l'industrie ou de la vie courante.
Freinage par induction. ► 31.C2	Expliquer l'origine des courants de Foucault et en citer des exemples d'utilisation. TP : Mettre en évidence qualitativement les courants de Foucault.
Conversion de puissance électrique en puissance mécanique : Moteur à courant continu à entrefer plan. ► 31.C4	Analyser le fonctionnement du moteur à courant continu à entrefer plan en s'appuyant sur la configuration des rails de Laplace. Citer des exemples d'utilisation du moteur à courant continu.

EXERCICES ★ (LE COURS)

31.C1 Rails de Laplace générateurs Sur l'exemple des rails de Laplace page 817 :

1) Interpréter qualitativement les phénomènes.

2) Établir les équations électriques et mécaniques.

3) Établir et interpréter un bilan de puissance.

31.C2 Force de frottements fluides Sur l'exemple des rails de Laplace page 817, montrer que les phénomène d'induction sont équivalent à une force de frottement fluide dont on établira l'expression en fonction de B, a et R.

31.C3 Alternateur Sur l'exemple de l'alternateur page 822 :

1) Interpréter qualitativement les phénomènes.

2) Établir les équations électriques et mécaniques.

3) Établir les expression des puissance mécanique fournie à la spire et consommée par effet Joule dans la résistance.

31.C4 MCC On admet que dans une MCC, le moment des actions de Laplace est $\mathcal{M} = \phi_0 i$; en déduire la f.é.m.

EXERCICES ★★

31.1 Cadre qui chute dans un champ localisé

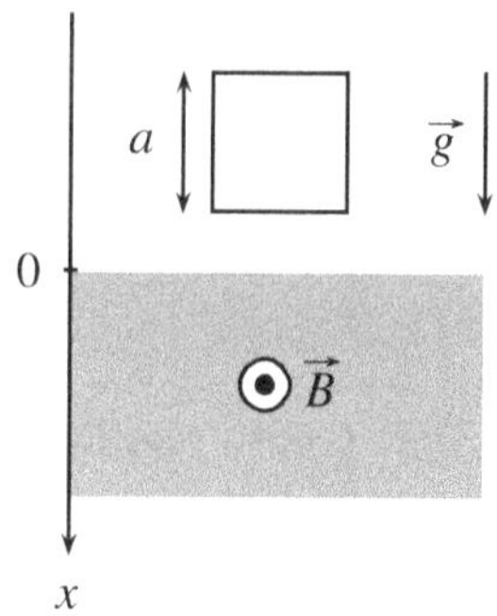

Un cadre conducteur, constitué de 4 segments de longueur a, tombe dans le plan du schéma sous l'effet de la gravité. Sa résistance électrique est notée R, son auto-inductance L.

L'espace est divisé en deux régions :

- pour $x < 0$, il n'y a pas de champ magnétique ;
- pour $x > 0$, un champ magnétique est présent. Il est uniforme, stationnaire et orthogonal au plan du schéma.

Établir les équations différentielles régissant la vitesse $v(t)$ du cadre dans les 3 régions :

1) le cadre est entièrement dans la région où $\vec{B} = \vec{0}$;

2) le cadre est à cheval sur les régions où $\vec{B} = \vec{0}$ et $\vec{B} \neq \vec{0}$;

3) le cadre est entièrement dans la région où $\vec{B} \neq \vec{0}$.

31.2 Interaction entre deux tiges

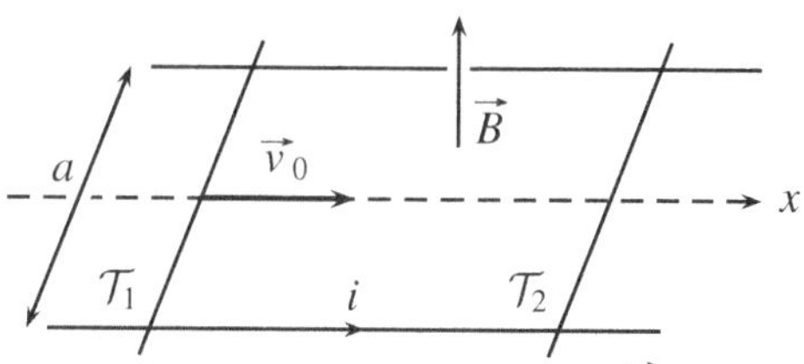

Deux tiges $\mathcal{T}_1$ et $\mathcal{T}_2$ identiques, de masse m, chacune de résistance électrique $R/2$, sont mobiles sans frottement sur deux rails parallèles horizontaux espacés d'une distance a. La résistance électrique des rails est négligeable devant R ; l'inductance propre du circuit est négligée. L'ensemble est plongé dans un champ magnétique uniforme et constant $\vec{B} = B\vec{u}_z$, et un champ de pesanteur $\vec{g} = -g\vec{u}_z$.

Initialement, $\mathcal{T}_2$ est immobile et $\mathcal{T}_1$ se déplace vers $\mathcal{T}_2$ avec la vitesse $\vec{v}_0 = v_0 \vec{u}_x$. Les deux tiges restent parallèles à $\vec{u}_y$ lors de leur mouvement.

1) Expliquer sans calcul pourquoi la tige $\mathcal{T}_1$ ralentit alors que la tige $\mathcal{T}_2$ se met en mouvement.

2) Établir une équation électrique reliant $i(t)$, intensité du courant dans le système, à $v_1(t)$ et $v_2(t)$. $\vec{v}_1 = v_1(t)\,\vec{u}_x$ et $\vec{v}_2 = v_2(t)\,\vec{u}_x$ sont les vitesses des tiges $\mathcal{T}_1$ et $\mathcal{T}_2$.

3) Établir deux équations mécaniques.

4) Établir un système d'équations différentielles couplées sur $v_1(t)$ et $v_2(t)$.

5) Découpler et résoudre le système différentiel en utilisant les fonctions somme $S(t) = v_1(t) + v_2(t)$ et différence $D(t) = v_1(t) - v_2(t)$. Représenter graphiquement sur un même schéma $v_1(t)$ et $v_2(t)$.

6) Calculer l'intensité du courant $i(t)$ qui circule dans les deux tiges.

7) Calculer la charge totale Q qui circule entre $t = 0$ et $t \to \infty$.

8) Calculer, en utilisant $i(t)$, l'énergie $\mathcal{E}_J$ dissipée par effet Joule entre $t = 0$ et $t \to \infty$.

9) Calculer la variation $\Delta\mathcal{E}_m$ d'énergie mécanique du système entre $t = 0$ et $t \to \infty$. Commenter.

31.3 Spire en rotation

Une spire circulaire de surface S est en rotation, à la vitesse angulaire constante ω, autour d'un de ses diamètres, qui constitue l'axe Δ. Elle est placée dans un champ magnétique uniforme et stationnaire $\vec{B}$, orthogonal à Δ.

1) Établir l'expression de la f.é.m. induite e dans la spire.

2) Sachant que le courant induit vaut $i = e/R$, où R est la résistance électrique de la spire, établir la valeur du moment magnétique de la spire.

3) En déduire le couple de Laplace instantané puis moyen qui s'exerce sur la spire.

EXERCICES ★★★

31.4 Cadre oscillant

Un cadre conducteur tourne sans frottement autour de l'axe Δ. Il est composé de 4 segments, 2 de longueur a, 2 de longueur b. La masse totale du cadre est m, son moment d'inertie par rapport à Δ est J, sa résistance électrique est R et son auto-inductance est négligée.

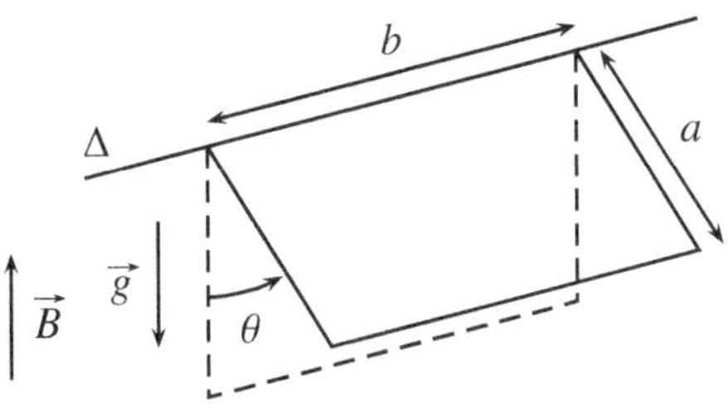

Les champs magnétique et de pesanteur sont uniformes et constants.

On écarte le cadre de sa position d'équilibre verticale (repérée en pointillé sur le schéma) d'un angle θ_0 puis on le lache sans vitesse initiale.

1) Dans quel sens l'axe Δ est-il orienté ? Justifier.

2) Établir l'équation différentielle à laquelle obéit $\theta(t)$. La linéariser.

3) Tracer l'allure de $\theta(t)$. Discuter qualitativement en fonction de la valeur du coefficient d'amortissement ξ ou du facteur de qualité Q.

31.5 Tige oscillante

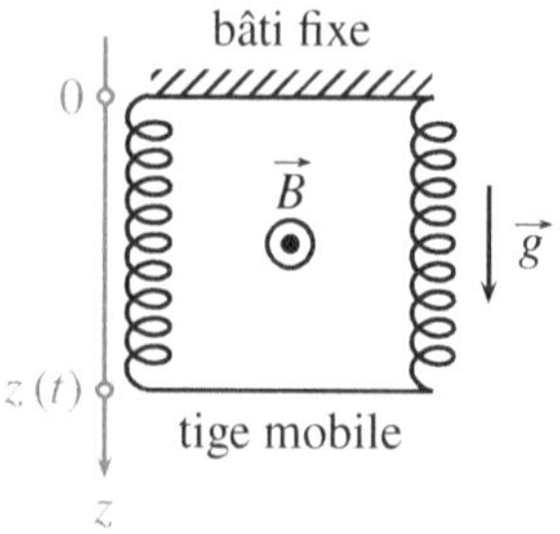

Une tige de longueur L, de masse m, est suspendue au bâti par deux ressorts identiques, de longueur à vide ℓ_0 et de constante de raideur k. Elle est mobile en translation verticalement. L'ensemble forme un circuit électrique de résistance R.

1) Quelle est la longueur au repos z_{eq} des ressorts ?

2) Expliquer, sans calcul, ce qui se passe quand la tige bouge.

3) Établir l'équation différentielle sur $z(t)$.

4) À quelle condition sur B observe-t-on des oscillations ?

5) Déterminer et représenter $z(t)$ dans le cas précédent si, $z(0) = z_{eq}$ et $\dot{z}(0) = v_0$. On posera $\omega_0 = \sqrt{\frac{2k}{m} - \frac{B^4 L^4}{4m^2 R^2}}$.

31.6 Moteur asynchrone (MAS)

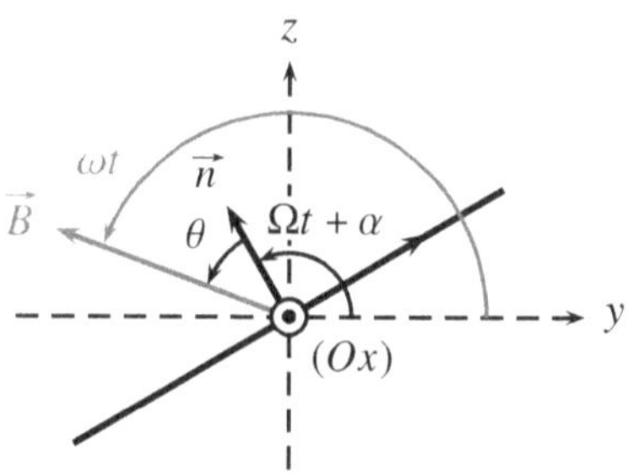

Une spire plate de résistance R, d'inductance L et de surface S, tourne à vitesse angulaire constante Ω autour d'un de l'axe (Ox). La normale $\vec{n}$ à la spire est contenue dans le plan (Oyz). La spire est plongée dans un champ magnétique $\vec{B}$ uniforme, contenu dans le plan Oyz, de norme constante, tournant à la vitesse angulaire constante ω autour de (Ox).

Ce dispositif est utilisé en moteur électrique : le champ magnétique entraîne la bobine.

1) Comment réaliser un champ magnétique tournant ?

2) Expliquer sans équation pourquoi la spire tourne. Les deux vitesses ω et Ω peuvent-elles être identiques ?

3) Établir l'équation différentielle régissant l'évolution du courant dans la bobine en fonction de l'angle instantané θ entre le champ magnétique $\vec{B}$ et la normale $\vec{n}$ à la spire. La résoudre en régime harmonique permanent grâce au passage aux complexes.

4) Établir le moment $C(\omega)$ par rapport à l'axe (Ox) du couple de Laplace auquel la spire est soumise, puis sa valeur moyenne temporelle. On précise : $\cos(\arctan x) = \frac{1}{\sqrt{1+x^2}}$.

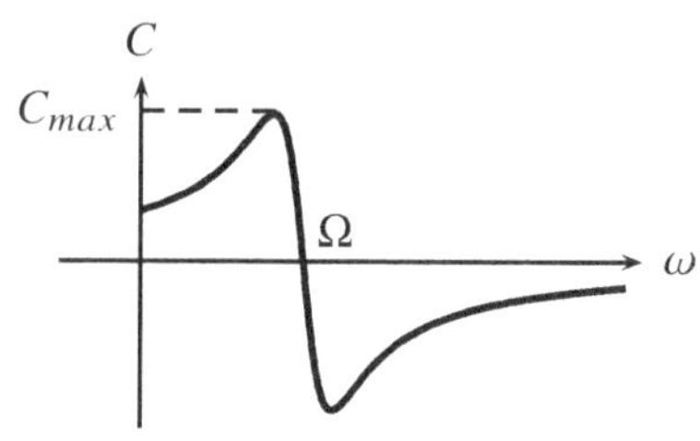

5) La courbe $C(\omega)$ est représentée ci-contre. Le moteur peut-il démarrer seul ? Étudier graphiquement la stabilité des points de fonctionnement si le moteur entraîne une charge de couple résistant constant connu.

31.7 Tige qui glisse sur un circuit capacitif

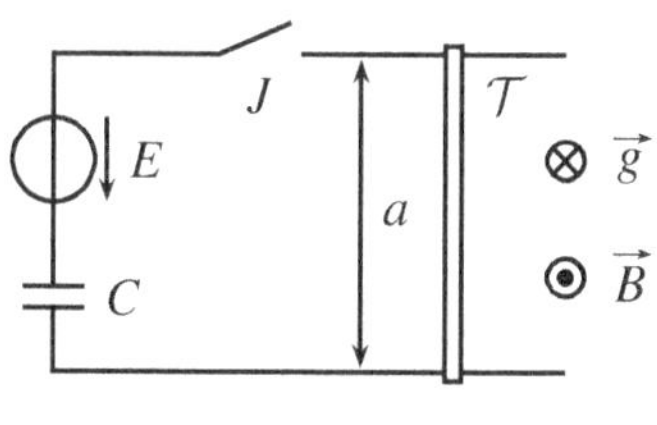

Une tige conductrice $\mathcal{T}$ glisse sur deux rails horizontaux distants de a. Elle ferme électriquement un circuit comprenant un interrupteur J, un condensateur de capacité C et un générateur de f.é.m. constante E. $\mathcal{T}$ a une résistance électrique R et une masse m. L'auto-inductance du circuit sera négligée.

L'ensemble est plongé dans des champ magnétique et de pesanteur uniformes et stationnaires. On ferme à l'instant initial l'interrupteur J alors que la tige $\mathcal{T}$ est immobile.

1) Établir une équation électrique et une équation mécanique décrivant le circuit.

2) Établir et intégrer une équation différentielle sur l'intensité du courant dans le circuit pour montrer qu'il s'écrit sous la forme : $i(t) = i_0 \exp\left(-\frac{t}{\tau}\right)$. Identifier les valeurs de i_0 et τ.

3) En déduire que la vitesse $v(t)$ de la tige se met sous le forme : $v(t) = v_0 \left(1 - \exp\left(-\frac{t}{\tau}\right)\right)$.

4) Calculer l'énergie $\mathcal{E}_G$ fournie par le générateur entre les instants initial ($t = 0$) et final ($t \to \infty$), en fonction de E, τ et R.

5) Calculer $u_C(t)$.

6) Calculer l'énergie $\mathcal{E}_C$ emmagasinée par le condensateur entre les instants initial et final.

7) Calculer l'énergie $\mathcal{E}_J$ dissipée par effet Joule entre les instants initial et final.

8) Calculer le travail W des forces de Laplace entre les instants initial et final.

9) Quelle relation existe-t-il entre $\mathcal{E}_G$, $\mathcal{E}_C$, $\mathcal{E}_J$ et W ? L'interpréter.

CORRIGÉS

31.C1 **(1)** *Cf.* paragraphe b) p. 818. **(2)** *Cf.* (EE) et (EM) 819. **(3)** *Cf.* paragraphe h) p. 820.

31.C2 $\vec{f} = -\dfrac{(Ba)^2}{R}\vec{v} = -\text{constante} \times \vec{v}$, *cf.* paragraphe f) p. 819.

31.C3 **(1)** *Cf.* paragraphe b) p. 822. **(2)** *Cf.* (EE) et (EM) p. 823. **(3)** *Cf.* paragraphe g) p. 823.

31.C4 **(3)** *Cf.* paragraphe 2.4 p. 825.

31.1 Cadre qui chute dans un champ localisé

On oriente le cadre dans le sens trigonométrique positif. Ainsi le vecteur surface $\vec{S}$ est colinéaire et de même direction que le champ magnétique $\vec{B}$.

1) $\vec{B} = \vec{0}$: aucun phénomène d'induction. Le cadre est en chute libre. Le principe fondamental de la dynamique appliqué au cadre mène à : $m\frac{\mathrm{d}\vec{v}}{\mathrm{d}t} = m\vec{g}$ soit $\frac{\mathrm{d}\vec{v}}{\mathrm{d}t} = \vec{g}$.

2) Il n'y a pas de force de Laplace sur le coté supérieur ; les forces de Laplace sur les cotés verticaux s'annulent deux à deux ; seule reste celle sur le coté inférieur : $\mathrm{d}\vec{f_L} = i\mathrm{d}\vec{\ell} \wedge \vec{B}$, soit $\mathrm{d}\vec{f_L} = -iB\mathrm{d}x\,\vec{u}_x$ d'où $\vec{f_L} = iaB\vec{u}_x$.

Le principe fondamental de la dynamique, appliqué au cadre, en projection sur $\vec{u}_x$, mène à : $m\frac{\mathrm{d}v}{\mathrm{d}t} = iaB + mg$.

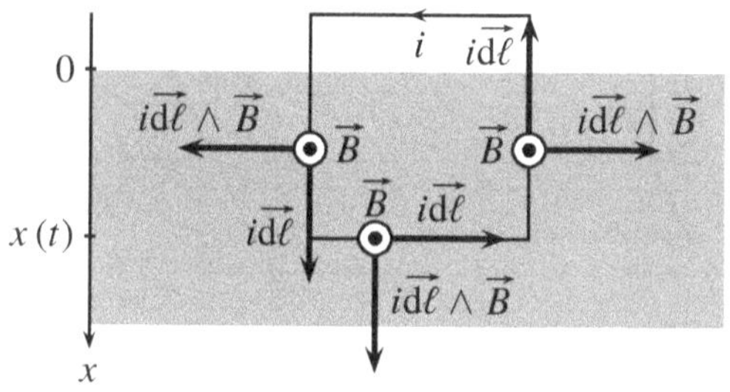

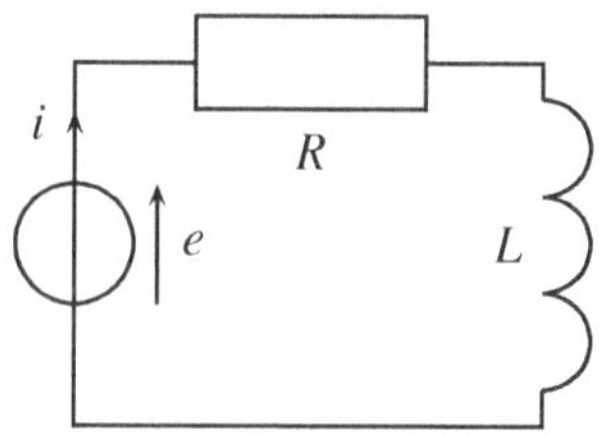

La surface du cadre offerte au champ magnétique est $S = ax$. Le flux du champ magnétique à travers le cadre et la f.é.m. induite valent : $\varphi = \vec{B} \cdot \vec{S} = Bax$ donc $e = -\frac{\mathrm{d}\varphi}{\mathrm{d}t} = -Bav$.

Le schéma électrique du circuit est dessiné ci-dessus : $e = Ri + L\frac{\mathrm{d}i}{\mathrm{d}t} = -Bva$.

On obtient une équation différentielle sur la vitesse seule en prélevant i de l'équation mécanique, $i = \frac{m}{Ba}\left(\frac{\mathrm{d}v}{\mathrm{d}t} - g\right)$, qu'on injecte dans l'équation électrique pour obtenir : $-Bva = \frac{Rm}{Ba}\left(\frac{\mathrm{d}v}{\mathrm{d}t} - g\right) + \frac{Lm}{Ba}\frac{\mathrm{d}}{\mathrm{d}t}\left(\frac{\mathrm{d}v}{\mathrm{d}t} - g\right)$.

Sous forme canonique $\left(\frac{1}{\omega_0^2}\frac{\mathrm{d}^2v}{\mathrm{d}t^2} + \frac{2\xi}{\omega_0}\frac{\mathrm{d}v}{\mathrm{d}t} + v = v_0\right)$: $\frac{Lm}{(Ba)^2}\frac{\mathrm{d}^2v}{\mathrm{d}t^2} + \frac{Rm}{(Ba)^2}\frac{\mathrm{d}v}{\mathrm{d}t} + v(t) = \frac{Rmg}{(Ba)^2}$.

3) Le cadre est complétement immergé dans le champ magnétique. Le flux magnétique à travers le cadre est constant, il n'y a pas de f.é.m. induite, aucun phénomène d'induction. On retrouve donc : $\frac{\mathrm{d}\vec{v}}{\mathrm{d}t} = \vec{g}$.

31.2 Interaction entre deux tiges

1) • $\mathcal{T}_1$ bouge.

- Le circuit formé des rails, de $\mathcal{T}_1$ et $\mathcal{T}_2$ coupe des lignes de champ et voit un flux variable : une f.é.m. e y est induite.
- Le circuit est fermé et conducteur, un courant induit i circule.
- i et $\vec{B}$ créent une force de Laplace $\vec{F_1}$ sur $\mathcal{T}_1$ qui s'oppose à son mouvement (loi de Lenz) : $\mathcal{T}_1$ **ralentit**.
- i et $\vec{B}$ créent une force de Laplace $\vec{F_2}$ sur $\mathcal{T}_2$ qui la met en **mouvement**.

2) Le circuit constitué par les rails, $\mathcal{T}_1$ et $\mathcal{T}_2$ est orienté dans le même que le courant d'intensité i. D'après la règle de la main droite, $\vec{S} = S\vec{u_z}$.

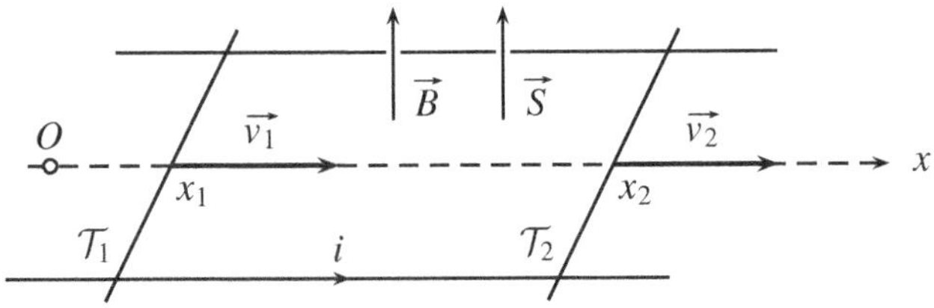

L'origine de l'axe Ox est arbitrairement choisie en O. Les positions des tiges sont notées x_1 et x_2.

Le flux magnétique à travers le circuit est : $\varphi = \vec{B} \cdot \vec{S} = BS = B(x_2 - x_1)a$. La f.é.m. induite vaut alors : $e = -\frac{\mathrm{d}\varphi}{\mathrm{d}t} = -B(v_2 - v_1)a$.

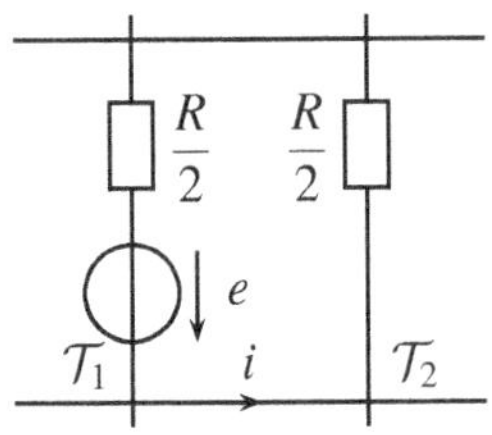

La résistance totale du circuit est R. La loi des mailles impose : $e = Ri = -B(v_2 - v_1)a$.

3) $\vec{F_1} = \int_{\mathcal{T}_1} i\,\mathrm{d}\vec{\ell} \wedge \vec{B} = -iaB\vec{u_x}$ et $\vec{F_2} = iaB\vec{u_x}$.

Les lois de la quantité de mouvement, appliquées aux tiges $\mathcal{T}_1$ et $\mathcal{T}_2$, en projection sur $\vec{u_x}$, mènent à : $m\dfrac{\mathrm{d}v_1}{\mathrm{d}t} = -iaB$ et $m\dfrac{\mathrm{d}v_2}{\mathrm{d}t} = iaB$.

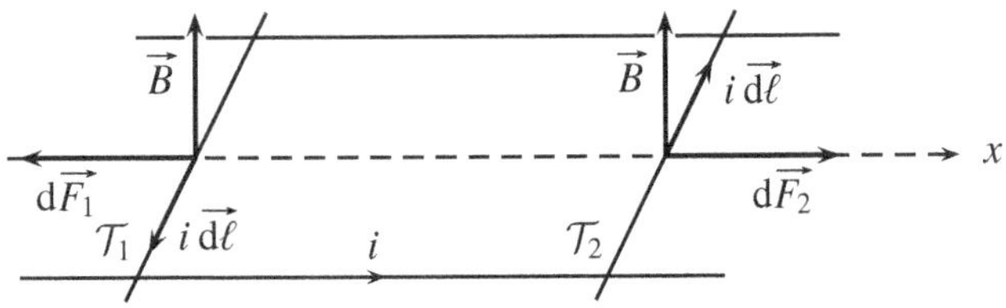

4) Avec l'équation électrique : $m\dfrac{\mathrm{d}v_1}{\mathrm{d}t} = -\dfrac{(aB)^2}{R}(v_1 - v_2)$ et $m\dfrac{\mathrm{d}v_2}{\mathrm{d}t} = \dfrac{(aB)^2}{R}(v_1 - v_2)$.

5) Sommons les 2 dernières équations : $m\dfrac{\mathrm{d}}{\mathrm{d}t}(v_1 + v_2) = 0$ soit $\dfrac{\mathrm{d}S}{\mathrm{d}t} = 0$ soit $S(t) = \text{Constante}$.

À l'instant initial, $S(0) = v_1(0) + v_2(0) = v_0$. Il vient donc : $S(t) = v_1(t) + v_2(t) = v_0$.

Faisons la différence des équations mécaniques : $m\dfrac{\mathrm{d}}{\mathrm{d}t}(v_1 - v_2) = m\dfrac{\mathrm{d}D}{\mathrm{d}t} = -\dfrac{2(aB)^2}{R}D(t)$.

On reconnaît une équation différentielle du premier ordre, de constante de temps $\tau = \dfrac{Rm}{2(aB)^2}$:

$\tau\dfrac{\mathrm{d}D}{\mathrm{d}t} + D(t) = 0$. La condition initiale est : $D(0) = v_1(0) - v_2(0) = v_0$. La solution du couple {équation différentielle, condition initiale} est donc : $D(t) = v_1(t) - v_2(t) = v_0 \exp\left(-\dfrac{t}{\tau}\right)$.

Repassons à $v_1(t)$ et $v_2(t)$:

$$v_1(t) = \frac{S(t)+D(t)}{2} = \frac{v_0}{2}\left(1+\exp\left(-\frac{t}{\tau}\right)\right)$$

$$v_2(t) = \frac{S(t)-D(t)}{2} = \frac{v_0}{2}\left(1-\exp\left(-\frac{t}{\tau}\right)\right)$$

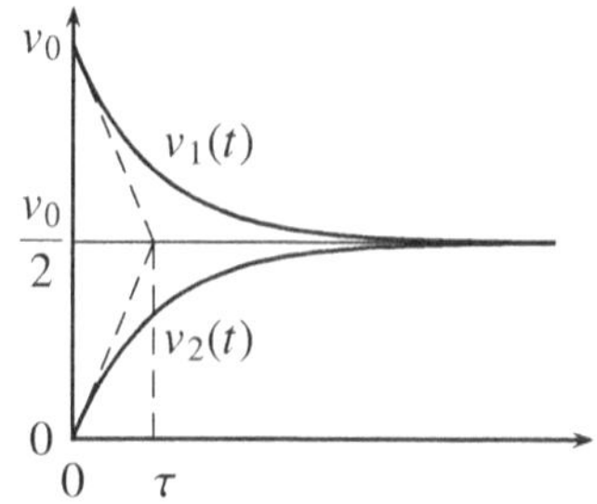

6) D'après l'équation électrique : $i(t) = \frac{Ba}{R}(v_1 - v_2) = \frac{Bav_0}{R}\exp\left(-\frac{t}{\tau}\right)$.

7) $i = \frac{\mathrm{d}Q}{\mathrm{d}t}$ ainsi $Q = \int_{t=0}^{\infty} i(t)\,\mathrm{d}t = -\tau\frac{Bav_0}{R}\left[\exp\left(-\frac{t}{\tau}\right)\right]_0^{\infty} = \frac{mv_0}{2aB}$.

8) La puissance Joule est $p = Ri^2 = \frac{\mathrm{d}\mathcal{E}_J}{\mathrm{d}t}$. L'énergie dissipée par effet Joule est :

$$\mathcal{E}_J = \int_{t=0}^{\infty} p\,\mathrm{d}t = \frac{(Bav_0)^2}{R}\int_0^{\infty}\exp\left(-2\frac{t}{\tau}\right)\mathrm{d}t$$
$$= -\frac{\tau}{2}\frac{(Bav_0)^2}{R}\left[\exp\left(-2\frac{t}{\tau}\right)\right]_0^{\infty} = \frac{1}{4}mv_0^2.$$

9) Les rails sont horizontaux, l'énergie potentielle des tiges reste nulle :

$$\Delta\mathcal{E}_m = \mathcal{E}_{C\,1}(\infty) + \mathcal{E}_{C\,2}(\infty) - \mathcal{E}_{C\,1}(0) - \mathcal{E}_{C\,2}(0)$$
$$\Delta\mathcal{E}_m = \frac{1}{2}m\left(\left(\frac{v_0}{2}\right)^2 + \left(\frac{v_0}{2}\right)^2 - v_0^2 - 0\right) = -\frac{mv_0^2}{4}.$$

La moitié de l'énergie initiale du système est dissipée en effet Joule : $\Delta\mathcal{E}_m = -\mathcal{E}_J$. C'est la version intégrée par rapport au temps, entre $t = 0$ et $t \to \infty$, du bilan énergétique :

$$\frac{\mathrm{d}}{\mathrm{d}t}\left(\frac{1}{2}mv_1^2 + \frac{1}{2}mv_2^2\right) = -Ri^2.$$

31.3 Spire en rotation

On construit l'axe (Ox) afin d'avoir $\vec{B} = B\vec{u}_x$. La spire est repérée par l'angle $\theta = \omega t$ (l'origine des temps est arbitrairement choisie à la date où $\vec{S}$ et $\vec{B}$ sont colinéaires et de même sens).

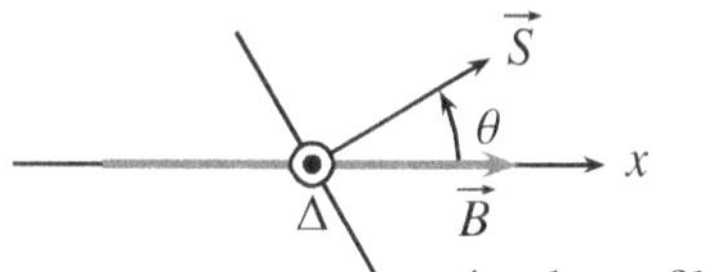

spire de profil

1) Le flux magnétique à travers la spire est : $\varphi = \vec{B}\cdot\vec{S} = BS\cos(\omega t)$. D'où la f.é.m. induite : $e = -\frac{\mathrm{d}\varphi}{\mathrm{d}t} = BS\frac{\mathrm{d}\theta}{\mathrm{d}t}\sin(\omega t) = BS\omega\sin(\omega t)$.

2) $i = \frac{e}{R} = \frac{BS}{R}\omega\sin(\omega t)$. D'où le moment magnétique de la spire : $\vec{\mathcal{M}} = i\vec{S}$ soit $\vec{\mathcal{M}} = \frac{BS}{R}\omega\sin(\omega t)\,\vec{S}$.

3) Le couple de Laplace qui s'exercent sur la spire est : $\vec{\Gamma} = \vec{\mathcal{M}}\wedge\vec{B} = \mathcal{M}B\sin(-\theta)\vec{u_\Delta}$.

Attention à l'angle orienté : pour le produit vectoriel, on part de $\vec{\mathcal{M}}$ pour arriver à $\vec{B}$, c'est-à-dire qu'on tourne d'un angle $-\theta$.

Finalement : $\vec{\Gamma} = -\frac{B^2S^2}{R}\omega\sin^2(\omega t)\vec{u_\Delta}$ et $<\vec{\Gamma}> = -\frac{B^2S^2\omega}{2R}\vec{u_\Delta}$. Ce couple, de projection négative sur $\vec{u_\Delta}$, freine la spire.

31.4 Cadre oscillant

1) L'angle θ est orienté classiquement, d'une position fixe, ici verticale, vers une position variable, celle du cadre. Cette orientation de l'angle impose, d'après la règle de la main droite, celle de l'axe Δ de la droite vers la gauche : les quatre doigts de la main épousent l'arrondi, dans le sens de la flèche, le pouce renseigne sur la direction du vecteur $\overrightarrow{u}_\Delta$.

2) On oriente le cadre arbitrairement pour avoir $\overrightarrow{S}$ vers le haut sur le schéma, d'après la règle de la main droite. Le flux magnétique à travers le circuit est : $\varphi = \overrightarrow{B} \cdot \overrightarrow{S}$ soit : $\varphi = Bab\cos\left(\frac{\pi}{2} - \theta\right)$.

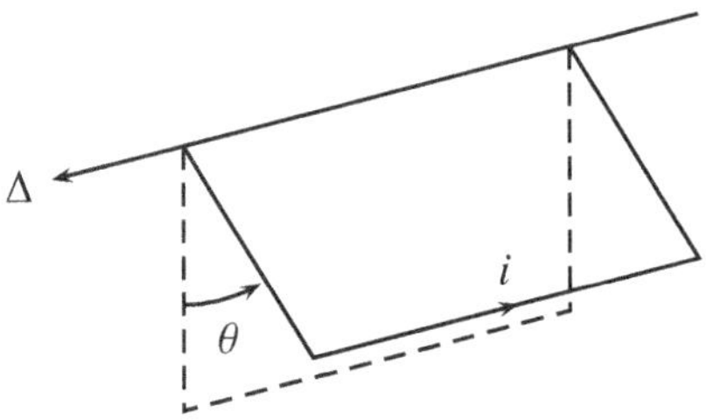

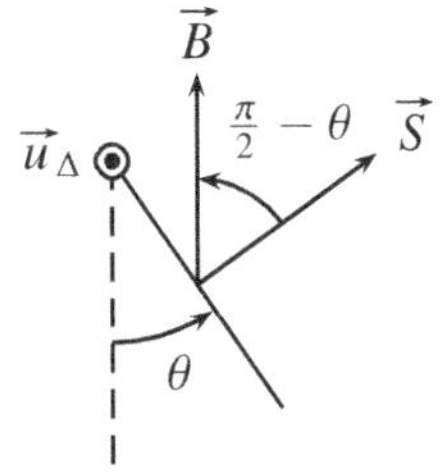

$\varphi = Bab\sin\theta$, et la f.é.m. induite : $e = -\frac{d\varphi}{dt} = -abB\frac{d\theta}{dt}\cos\theta$.

En négligeant l'auto-induction du cadre, le circuit n'est composé que de la f.é.m. e et de la résistance R. Ainsi la loi des mailles s'écrit : $e = Ri$ donc $-abB\frac{d\theta}{dt}\cos\theta = Ri \quad (EE)$, qui est l'équation électrique du système.

L'étude mécanique du système a déjà été faite dans l'exercice 28.6 du chapitre Actions d'un champ magnétique page 780. On a obtenu, en appliquant le théorème du moment cinétique :

$$J\frac{d^2\theta}{dt^2} = iabB\cos\theta - \frac{a}{2}mg\sin(\theta) \quad (EM),$$

qui est l'équation mécanique du système. En combinant les équations (EE) et (EM) on obtient l'équation différentielle en $\theta(t)$: $J\frac{d^2\theta}{dt^2} = -\frac{(abB)^2}{R}\frac{d\theta}{dt}\cos^2\theta - \frac{mga}{2}\sin\theta$.

Au premier ordre en θ, $\cos\theta \simeq 1$ et $\sin\theta \simeq \theta$ et l'équation différentielle se linéarise sous forme canonique : $\frac{2J}{mga}\frac{d^2\theta}{dt^2} + \frac{2ab^2B^2}{mgR}\frac{d\theta}{dt} + \theta(t) = 0$.

Le système est régit par une équation différentielle du deuxième ordre de paramètres canoniques :

$$\left\{\begin{array}{l} \dfrac{2J}{mga} = \dfrac{1}{\omega_0^2} \\ \dfrac{2ab^2B^2}{mgR} = \dfrac{2\xi}{\omega_0} \end{array}\right. \Rightarrow \left\{\begin{array}{l} \omega_0 = \sqrt{\dfrac{mga}{2J}} \\ \xi = \dfrac{ab^2B^2}{R}\sqrt{\dfrac{a}{2Jmg}}. \end{array}\right.$$

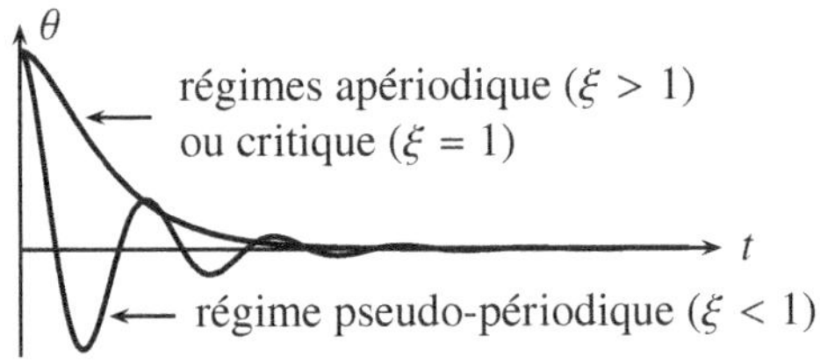

3) Les conditions initiales sont $\theta(0) = \theta_0$ et $\frac{d\theta}{dt}(0) = 0$ (vitesse initiale nulle). L'allure de $\theta(t)$ dépend de la valeur du coefficient d'amortissement ξ par rapport à 1. Dans tous les cas, θ converge vers 0 (système du deuxième ordre avec une entrée nulle).

31.5 Tige oscillante

Le circuit étudié, de résistance électrique R, est constitué du bâti, d'un ressort, de la tige mobile et de l'autre ressort.

1) Au repos, la tige mobile ne bouge pas. Le flux magnétique à travers le circuit ne varie pas, il n'y a donc aucun phénomène d'induction. La tige mobile n'est soumise qu'à son poids et aux actions des deux ressorts. Le PFD, appliqué à la tige mobile, en référentiel galiléen, est :

$$m\frac{\mathrm{d}^2 z}{\mathrm{d}t^2}(t)\,\vec{u}_z = m\vec{g} - 2k\left(z(t) - \ell_0\right)\vec{u}_z.$$

En effet, les forces exercées par les deux ressorts sont en $\pm k \times$ allongement $\times\, \vec{u}_z$. La longueur des ressorts étant $z(t) - \ell_0$, leur allongement est $(z(t) - 0) - \ell_0$ et la force $\pm k\left(z(t) - \ell_0\right)\vec{u}_z$. Si le ressort est comprimé, par exemple avec $z(t) = 0$, la force élastique est dirigée selon $+\vec{u}_z$, il convient de choisir le signe moins. De même si le ressort est étiré, si $z(t) > \ell_0$, la force élastique est dirigée selon $-\vec{u}_z$, il convient encore de choisir le signe moins.

À l'équilibre, $\ddot{z}(t) = 0$ et, en projection sur $\vec{u}_z$, $0 = mg - 2k\left(z_{eq} - \ell_0\right)$, soit $z_{eq} = \ell_0 + \frac{mg}{2k}$.

2) La tige bouge donc :

- le flux magnétique à travers le circuit varie et la tige mobile coupe des lignes de champ magnétique, une f.é.m. e est donc induite dans le circuit ;
- attendu que le circuit est fermé et conducteur, un courant d'intensité i circule dans le circuit ;
- le courant et le champ magnétique créent une force de Laplace $\vec{f}_\ell$ sur la tige mobile ;
- d'après la loi de Lenz, cette force de Laplace s'oppose au mouvement de la tige mobile (la loi de Lenz clôture toujours l'analyse physique).

3) L'analyse physique précédente recèle le plan de bataille : calcul de e, établissement de l'équation électrique (EE), calcul de $\vec{f}_\ell$, établissement de l'équation mécanique (EM).

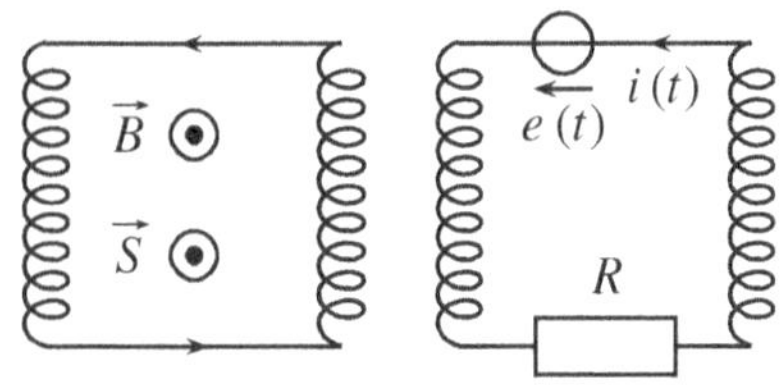

On oriente le circuit afin que le vecteur surface $\vec{S}$ soit colinéaire au champ magnétique $\vec{B}$. Le flux magnétique à travers la surface qui s'appuie sur le circuit est alors $\phi(t) = B \times S(t)$ soit $\phi(t) = BLz(t)$; d'où la f.é.m. induite $e(t) = -\frac{\mathrm{d}\phi}{\mathrm{d}t}(t) = -BL\frac{\mathrm{d}z}{\mathrm{d}t}(t)$. La loi des mailles mène alors à $e(t) = Ri(t)$ soit $-BL\frac{\mathrm{d}z}{\mathrm{d}t}(t) = Ri(t)$ (EE).

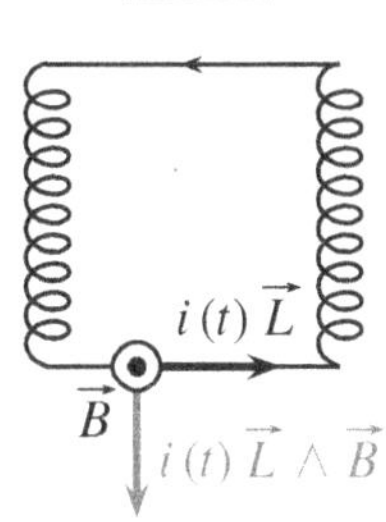

$\vec{f}_\ell(t) = i(t)\vec{L} \wedge \vec{B} = i(t)LB\vec{u}_z$ est la force de Laplace qui s'exerce sur la tige mobile. Le PFD à la tige mobile mène alors, en projection sur $\vec{u}_z$, à $m\frac{\mathrm{d}^2 z}{\mathrm{d}t^2}(t) = mg - 2k\left(z(t) - \ell_0\right) + i(t)LB$ (EM).

On découple les deux équations (EE) et (EM) en substituant $i(t)$ dans (EM), pour aboutir à $m\frac{\mathrm{d}^2 z}{\mathrm{d}t^2}(t) = mg - 2k\left(z(t) - \ell_0\right) - \frac{BL}{R}\frac{\mathrm{d}z}{\mathrm{d}t}(t)LB$, soit finalement $\frac{m}{2k}\frac{\mathrm{d}^2 z}{\mathrm{d}t^2}(t) + \frac{B^2L^2}{2kR}\frac{\mathrm{d}z}{\mathrm{d}t}(t) + z(t) = \ell_0 + \frac{mg}{2k} = z_{eq}$.

4) Trois réponses sont possibles pour un système du deuxième ordre : oscillante ($\Delta < 0$), critique ($\Delta = 0$) ou apériodique ($\Delta > 0$). Le discriminant de l'équation sans second membre est $\Delta = \left(\frac{B^2L^2}{2kR}\right)^2 - 4\frac{m}{2k}$. On observe des oscillations dès que $\frac{B^4L^4}{4k^2R^2} < \frac{2m}{k}$, soit $B < \frac{(8mk)^{1/4}}{L}\sqrt{R}$.

5) La solution particulière de l'équation différentielle de la question 3) est $z_p(t) = z_{eq}$. Quant à la solution homogène, les racines $r_{1,2}$ de l'équation réduite associées sont, avec $j^2 = -1$, $r_{1,2} = \frac{k}{m}\left(-\frac{B^2L^2}{2kR} \pm j\sqrt{-\Delta}\right) = \frac{B^2L^2}{2mr} \pm j\left(-\frac{B^4L^4}{4m^2R^2} + \frac{2k}{m}\right)^{1/2} = \frac{B^2L^2}{2mr} \pm j\omega_0$. La solution homogène est donc $s_h(t) = \exp\left(-\frac{B^2L^2}{2mr}t\right)\left(\alpha\cos(\omega_0 t) + \beta\sin(\omega_0 t)\right)$. Le solution complète est $z(t) = z_p(t) + z_h(t)$. C'est sur cette solution complète qu'on écrit les conditions initiales(CI) afin de déterminer α et β :

- $s\,(0) = z_{eq} = z_{eq} + \alpha$ donc $\alpha = 0$;
- alors $z\,(t) = z_{eq} + \beta \exp\left(-\frac{B^2L^2}{2mR}t\right)\sin(\omega_0 t)$ et la vitesse de la tige mobile est $v\,(t) = \dot{z}\,(t) = -\beta\frac{B^2L^2}{2mR}\exp\left(-\frac{B^2L^2}{2mR}t\right)\sin(\omega_0 t) + \beta\omega_0 \exp\left(-\frac{B^2L^2}{2mR}t\right)\cos(\omega_0 t)$; la CI devient $\dot{z}\,(0) = v_0 = \beta\omega_0$.

Finalement $z\,(t) = z_{eq} + \frac{v_0}{\omega_0}\exp\left(-\frac{B^2L^2}{2mR}t\right)\sin(\omega_0 t)$. Les phénomènes d'induction ramènent le système à l'équilibre.

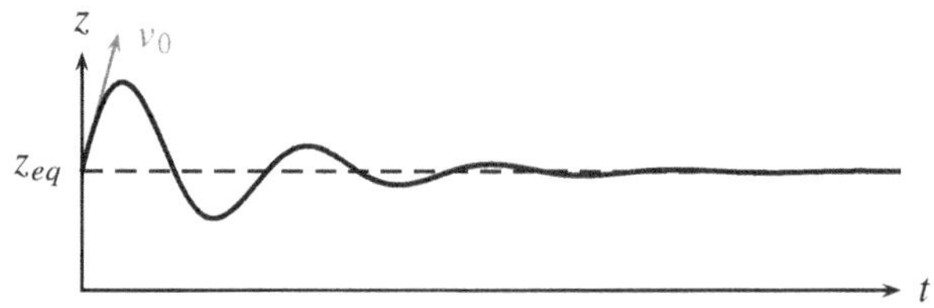

31.6 Machine asynchrone (MAS)

1) *Cf.* cours page 775.

2)
- La spire est initialement au repos et $\vec{B}$ tourne ;
- le flux de $\vec{B}$ varie à travers la spire ;
- f.é.m. induite dans la spire puis courant induit i ;
- couple de Laplace qui entraîne la spire en rotation (ou bien : la spire tourne pour orienter son moment magnétique $\vec{\mathcal{M}}$ parallèlement à $\vec{B}$) ;
- la spire essaie de rattraper $\vec{B}$ pour arrêter la variation de flux (loi de Lenz).

La spire peut-elle rattraper $\vec{B}$?

Si elle le rattrapait ($\omega = \Omega$) alors elle ne verrait plus de flux variable, il n'y aurait plus de f.é.m. induite ni de couple de Laplace. Elle s'arrêterait et serait de nouveau distancée par $\vec{B}$. On retrouverait $\omega \neq \Omega$.

Il y a donc toujours un léger **glissement** entre $\vec{B}$ et la spire, qui ne tourne pas au synchronisme avec $\vec{B}$, d'où le nom de machine asynchrone.

3) On rajoute l'angle α car $\vec{n}$ et $\vec{B}$ ne sont pas nécessairement colinéaires à $t = 0$: l'angle que fait $\vec{B}$ avec (Oy) est ωt, celui que fait $\vec{n}$ $\Omega t + \alpha$. Ainsi $\theta = (\omega - \Omega)t - \alpha$.

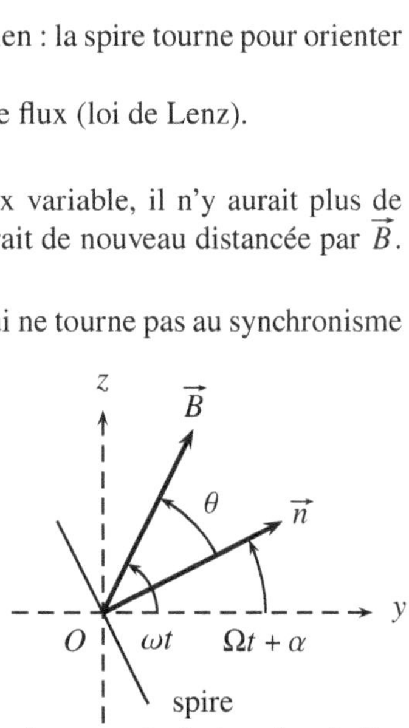

Alors : $\phi = BS\cos\theta$ donc $e = -\dfrac{\mathrm{d}\phi}{\mathrm{d}t} = BS\dot{\theta}\sin\theta$ où $\dot{\theta} = \omega - \Omega$.

D'où l'équation électrique (EE) :

$$L\frac{\mathrm{d}i}{\mathrm{d}t} + Ri = BS(\omega - \Omega)\sin((\omega - \Omega)t - \alpha).$$

En régime permanent, i est harmonique de même pulsation que le terme de droite, c'est-à-dire $\omega - \Omega$. Ainsi : $\underline{i} = \underline{i}_0 \exp(j(\omega - \Omega)t)$, et (EE) devient :

$$(jL(\omega - \Omega) + R)\,\underline{i} = BS(\omega - \Omega)\exp\left(j\left(\theta - \frac{\pi}{2}\right)\right).$$

D'où l'intensité du courant dans la spire :

$$\underline{i} = \frac{BS(\omega - \Omega)}{jL(\omega - \Omega) + R} \exp\left(j\left(\theta - \frac{\pi}{2}\right)\right)$$
$$= \frac{BS(\omega - \Omega)(R - jL(\omega - \Omega))}{R^2 + L^2(\omega - \Omega)^2} \exp\left(j\left(\theta - \frac{\pi}{2}\right)\right)$$
$$= \frac{BS(\omega - \Omega)(R - jL(\omega - \Omega))}{R^2 + L^2(\omega - \Omega)^2} \left(\cos\left(\theta - \frac{\pi}{2}\right) + j\sin\left(\theta - \frac{\pi}{2}\right)\right)$$
$$\underline{i} = \frac{BS(\omega - \Omega)}{R^2 + L^2(\omega - \Omega)^2} (R\sin\theta - L(\omega - \Omega)\cos\theta - jR\cos\theta - jL(\omega - \Omega)\sin\theta)$$
$$i(t) = Re\,(\underline{i}) = \frac{BS(\omega - \Omega)}{R^2 + L^2(\omega - \Omega)^2} (R\sin\theta(t) - L(\omega - \Omega)\cos\theta(t)).$$

4) Le couple s'exerçant sur la spire est : $\vec{\Gamma}(t) = \vec{\mathcal{M}} \wedge \vec{B} = i(t)S\vec{n} \wedge \vec{B} = i(t)SB\sin\theta(t)\,\vec{u}_x$. En moyenne, sachant $< \sin^2\theta(t) >= \frac{1}{2}$ et $< \cos\theta(t)\sin\theta(t) >= 0$:

$$\vec{C} = \frac{R(BS)^2(\omega - \Omega)}{2\left[R^2 + L^2(\omega - \Omega)^2\right]} \vec{u}_x.$$

5) Le moteur ne peut pas développer un couple supérieur à C_{max} (*cf* figure suivante). Il peut démarrer seul car $C(\omega) > 0$.

Si le couple résistant vaut C_2 alors le point de fonctionnement du moteur est en F. Il tourne avec une vitesse angulaire proche de Ω (tout en lui restant inférieure).

Si le couple résistant vaut C_1, deux points de fonctionnement sont possibles :

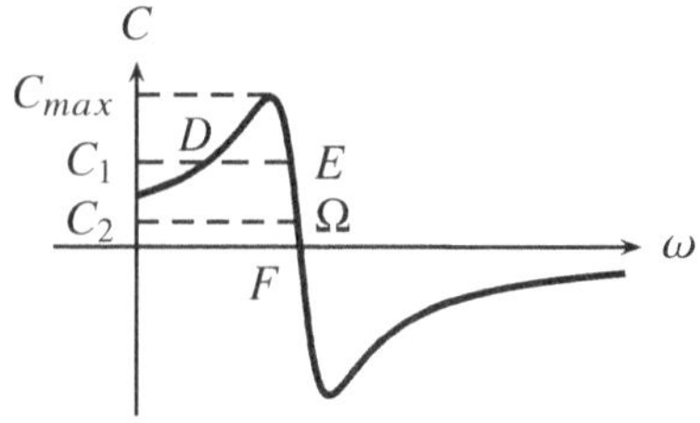

- D qui est instable : si le couple résistant augmente, alors la vitesse ω du moteur diminue (théorème du moment cinétique) et donc son couple aussi. Il ne peut plus entraîner la charge et décroche. Si le couple résistant diminue alors ω augmente et C aussi ; le moteur tourne de plus en plus vite et arrive en E.
- E qui est stable : si le couple résistant augmente, ω diminue mais C augmente. Le moteur continue à tourner normalement.

Si on entraîne le moteur par un couple extérieur $C_3 < 0$, alors $C < 0$, c'est-à-dire que la MAS fournit de la puissance. C'est un générateur (alternateur asynchrone).

31.7 Tige qui glisse sur un circuit capacitif

1) L'axe (Ox) est arbitrairement choisi vers la droite et l'axe (Oz) tel que $\vec{B} = B\vec{u}_z$ et $\vec{g} = -g\vec{u}_z$. Le circuit $\mathcal{C}$ est orienté par E, en convention générateur. Le vecteur surface du circuit est donc $\vec{S} = S\vec{u}_z$, d'après la règle de la main droite.

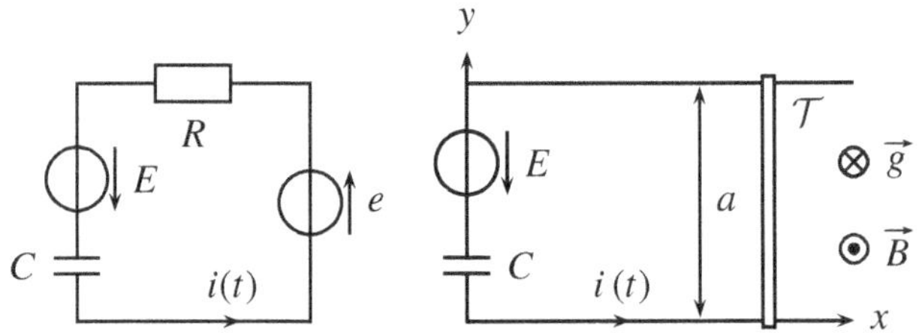

Le flux magnétique à travers $\mathcal{C}$ est $\varphi = \vec{B} \cdot \vec{S} = Bax$; d'où une f.é.m. induite $e = -Bva$.

D'où l'équation électrique (EE), avec $i = C\dfrac{du_C}{dt}$: $E - u_C + e - Ri = 0$ soit $E - Bva = Ri + u_C$.

La force de Laplace $\vec{f_L}$ sur $\mathcal{T}$ est, avec $i\vec{d\ell} = id\ell\,\vec{u}_y$: $\vec{f_L} = \int i\vec{d\ell} \wedge \vec{B} = iaB\vec{u}_x$.

Attendu que ni le poids, ni la réaction des rails n'ont de composante suivant $\vec{u}_x$, le principe fondamental de la dynamique, appliqué à $\mathcal{T}$ en projection sur $\vec{u}_x$, mène à l'équation mécanique (EM) : $m\dfrac{dv}{dt} = iaB \quad (EM)$.

2) Il faut maintenant trouver une équation sur $i(t)$ depuis (EE) et (EM). Attendu que $i = C\dfrac{du_C}{dt}$, on pense à dériver (EE) par rapport au temps : $0 - Ba\dfrac{dv}{dt} = R\dfrac{di}{dt} + \dfrac{i}{C} = -Ba\dfrac{iaB}{m}$, qui s'écrit : $\tau\dfrac{di}{dt} + i(t) = 0$ où $\tau = \dfrac{mRC}{m + C(aB)^2}$. Ainsi $i(t) = \lambda \exp\left(-\dfrac{t}{\tau}\right)$.

La tension u_C est continue donc nulle en $t = 0$, la tige initialement immobile ($e = 0$) donc (EE) devient en $t = 0$: $E - 0 = Ri(0) + 0$ donc $\lambda = \dfrac{E}{R}$, ainsi $i(t) = \dfrac{E}{R}\exp\left(-\dfrac{t}{\tau}\right)$.

3) On en déduit avec (EM) : $\dfrac{dv}{dt} = \dfrac{aB}{m}\dfrac{E}{R}\exp\left(-\dfrac{t}{\tau}\right)$ donc $v(t) = -\dfrac{aB}{m\tau}\dfrac{E}{R}\exp\left(-\dfrac{t}{\tau}\right) + \mu$, où la constante μ est trouvée avec $v(0) = 0$. Au final : $v(t) = \dfrac{aB}{m\tau}\dfrac{E}{R}\left[1 - \exp\left(-\dfrac{t}{\tau}\right)\right]$.

4) La puissance délivrée par le générateur est $Ei(t)$. Ainsi, l'énergie délivrée entre $t = 0$ et $t \to \infty$ est :

$$\mathcal{E}_G = \int_0^\infty Ei\mathrm{d}t = \frac{E^2}{R}\int_0^\infty \exp\left(-\frac{t}{\tau}\right)\mathrm{d}t = \frac{E^2\tau}{R}.$$

5) $\begin{cases} i(t) = C\dfrac{du_C}{dt} = \dfrac{E}{R}\exp\left(-\dfrac{t}{\tau}\right) \\ u_C(0) = 0 \end{cases}$ donc $u_C(t) = \dfrac{E\tau}{RC}\left(1 - \exp\left(-\dfrac{t}{\tau}\right)\right)$.

6) $\mathcal{E}_G = \displaystyle\int_0^\infty u_C i\mathrm{d}t = C\int_0^\infty u_C\frac{du_C}{dt}\mathrm{d}t = C\int_0^\infty \frac{\mathrm{d}}{\mathrm{d}t}\left(\frac{u_C^2}{2}\right)\mathrm{d}t = \frac{1}{2}u_C(\infty) - \frac{1}{2}u_C(0) = \frac{E^2\tau^2}{2R^2C}$.

7) $\mathcal{E}_J = \displaystyle\int_0^\infty Ri^2\mathrm{d}t = \frac{E^2}{R}\int_0^\infty \exp\left(-2\frac{t}{\tau}\right)\mathrm{d}t = \frac{E^2\tau}{2R}$.

8) La puissance de la force de Laplace est $\overrightarrow{f_L} \cdot \overrightarrow{v} = iaBv$. Avec l'équation mécanique, cette puissance devient $m\dfrac{\mathrm{d}v}{\mathrm{d}t}v = \dfrac{\mathrm{d}}{\mathrm{d}t}\left(\dfrac{1}{2}mv^2\right)$. D'où le travail demandé :

$$W = \int_0^{\infty} \frac{\mathrm{d}}{\mathrm{d}t}\left(\frac{1}{2}mv^2\right)\mathrm{d}t = \frac{1}{2}mv^2(\infty) - \frac{1}{2}mv^2(0) = \frac{a^2B^2E^2}{2m\tau R^2}.$$

Ce dernier résultat constitue le théorème de l'énergie cinétique.

9) $\mathcal{E}_G = \mathcal{E}_C + \mathcal{E}_J + W$: l'énergie fournie par le générateur sert à charger le condensateur, à mettre en mouvement la tige et à compenser les pertes Joule.

Mesures et incertitudes 32

DANS ce chapitre, on s'intéresse à la mesure de grandeurs physiques. La science de la mesure s'appelle la **métrologie**. C'est une discipline à part entière codifiée par des normes internationales. Un des textes de référence est le *Guide pour l'expression de l'incertitude de mesure* publié par le *Bureau International des Poids et Mesures*. Le but de ce chapitre est d'expliciter quelques méthodes utiles lors des séances de travaux pratiques sans surcharger le lecteur de subtilités. Le lecteur doit être averti qu'une partie de ces méthodes ne s'applique pas systématiquement et qu'il devra faire preuve de bon sens lors du traitement de ses données.

MÉTHODOLOGIE

Quelle forme doit prendre le résultat obtenu lors d'une séance de travaux pratique ?

▷ *Un résultat expérimental doit être accompagné d'une unité et d'une incertitude-type.*

On représente une grandeur physique par une lettre (représentation littérale) ou par un nombre accompagné d'une unité du système international (représentation numérique).

Lors d'une séance de travaux pratique, la représentation numérique de la grandeur mesurée x_{mes} est accompagnée d'une incertitude-type $u(x)$ et d'une unité :

$$x = \left(x_{\text{mes}} \pm u(x)\right) \text{ unités.}$$

On note $u(x)$ l'incertitude-type sur x en référence au mot anglais *uncertainty*.

Exemple

La mesure de la largeur ℓ d'une feuille de papier A4 à l'aide d'un pied à coulisse gradué au dixième de mm donne : $\ell = (209{,}80 \pm 0{,}58)$ mm.

Combien de chiffres significatifs faut-il utiliser pour les représentations numériques ?

▷ *2 chiffres significatifs pour $u(x)$ et un nombre cohérent pour x_{mes}.*

Les incertitudes-types doivent être données avec 2 chiffres significatifs. On doit faire coïncider le dernier chiffre significatif de x_{mes} avec le dernier chiffre significatif de $u(x)$.

Qu'est-ce qu'un incertitude-type relative ?

▷ *L'incertitude-type exprimée en pourcentage de la valeur mesurée.*

L'incertitude-type relative $u_r(x)$ s'exprime en pourcentage de la valeur mesurée à l'aide de la relation :

$$u_r(x) = \frac{u(x)}{x_{\text{mes}}}.$$

Pourquoi faut-il présenter une incertitude-type ?

▷ *Cela renseigne sur la variabilité des résultats obtenu lors d'un mesurage.*

Même en prenant toutes les précautions possibles, la répétition du mesurage d'une même grandeur présente une variabilité. Cette variabilité résulte de l'opérateur réalisant les mesures, des variations de l'environnement de travail, des instruments utilisés et de la méthode de mesure. En pratique, la répétition d'une mesure produit des valeurs qui varient aléatoirement autour d'une valeur centrale. L'incertitude-type est une mesure de cette variabilité. Il n'y a pas de raison de privilégier une mesure plutôt qu'une autre. Lorsque l'on écrit $x_{\text{mes}} \pm u(x)$, toutes les valeurs de l'intervalle peuvent raisonnablement être attribuées à la grandeur mesurée.

Comment peut-on mettre en évidence la variabilité ?

▷ *En répétant une mesure et en traçant un histogramme.*

On représente la dispersion des valeurs mesurées à l'aide d'un histogramme. Un histogramme est un diagramme qui permet de représenter la distribution d'un caractère statistique par des bandes, appelées classes, dont la hauteur est égale à l'effectif de chaque classe.

La figure 32.1 présente l'histogramme obtenu lors de la répétition de 48 pesées d'un objet sur une balance électronique. La largeur des classes (1 g) est égale à la résolution de la balance.

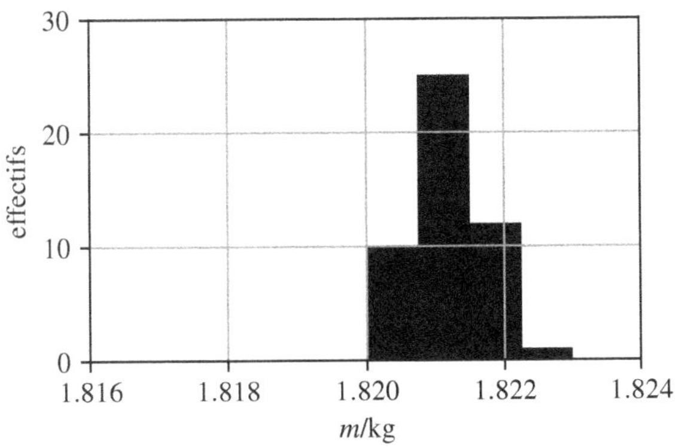

Figure 32.1 – Histogramme des mesures successives d'une masse m.

Comment choisir le nombre de classe d'un histogramme ?

▷ *Il n'y a pas de réponse simple et systématique.*

Dans l'exemple précédent, on a obtenu 4 valeurs distinctes de la masse m : 1,820 kg, 1,821 kg, 1,822 kg et 1,823 kg et on a donc utilisé 4 classes. Après avoir entré les données des mesures sous la forme d'un tableau `numpy` nommé `data`, on obtient l'histogramme en langage `Python` grâce à la suite de commandes suivante :

```
1 nb_classes=4
2 plt.hist(data, bins=nb_classes)
3 plt.axis([1.816,1.824,0,30])
4 plt.ylabel(r'nombre de mesures')
5 plt.xlabel(r'm/kg')
```

Remarque

On peut souvent laisser `Python` gérer automatiquement le nombre de classe. Pour cela, on écrit `plt.hist(data, bins='auto')` à la place de la ligne 2.

Comment déterminer une valeur expérimentale et son incertitude-type ?

▷ *Il y a 2 types de méthodes pour déterminer ces grandeurs : le type A et le type B.*

Si la variabilité est beaucoup plus grande que la précision de l'appareil de mesure, on peut utiliser une méthode de type A. Dans le cas contraire, on doit utiliser une méthode de type B.

Comment déterminer une valeur expérimentale et son incertitude-type par une méthode de type A ?

▷ *En réalisant plusieurs mesures de x puis en déterminant la valeur moyenne et l'écart-type de la moyenne.*

Si on note $x_1, x_2, ..., x_n$ les valeurs des n mesures effectuées. On peut calculer $\langle x \rangle$, la valeur moyenne de l'échantillon des n mesures et $s(x)$, son écart-type :

$$\langle x \rangle = \frac{1}{n}\sum_{i=1}^{n} x_i \qquad \text{et} \qquad s(x) = \sqrt{\frac{1}{n-1}\sum_{i=1}^{n}\left(x_i - \langle x \rangle\right)^2}.$$

$\langle x \rangle$ est la meilleure estimation de la valeur mesurée x_{mes}. $s(x)$ est l'écart-type de la série. Il caractérise la variabilité typique d'une mesure à une autre.

Les tableurs usuels et les calculatrices permettent de calculer ces deux grandeurs.

Comme on estime la valeur mesurée x_{mes} grâce à la moyenne $\langle x \rangle$, l'incertitude-type $u(x)$ de la valeur mesurée est l'écart-type de la moyenne, que l'on détermine à partir de l'écart-type de l'échantillon $s(x)$ et du nombre d'élément de l'échantillon n. Lors d'une évaluation de type A, la valeur mesurée x_{mes} et l'incertitude-type $u(x)$ valent :

$$x_{\text{mes}} = \langle x \rangle \qquad \text{et} \qquad u(x) = \frac{s(x)}{\sqrt{n}}.$$

Combien de fois faut-il répéter la mesure pour utiliser une méthode de type A ?

▷ *Au minimum 5 à 10 mesures mais inutile de dépasser 20 mesures.*

L'incertitude-type décroît avec n car en calculant la moyenne $\langle x \rangle$, on additionne des fluctuations qui se compensent statistiquement. On peut être tenté d'augmenter le nombre de mesures pour diminuer l'incertitude. Cependant, cette augmentation n'est pratiquement plus efficace au-delà de $n = 10$ mesures et quasi nulle au-delà de $n = 20$.

Comment calculer la moyenne et l'écart-type d'une série de données ?

▷ *Entrer ses relevés dans un tableur, sa calculatrice ou un tableau* numpy *puis utiliser les fonctions statistiques usuelles.*

Les tableurs usuels disposent de fonctions permettant de calculer la moyenne et l'écart-type d'une plage de données. Il s'agit généralement de `MOYENNE(plage)`, ainsi que de `ECARTYPE(plage)`. Le nom des fonctions peut varier d'un tableur à l'autre et on doit alors utiliser l'aide.

Les calculatrices permettent de calculer ces grandeurs et les notent généralement $\langle x \rangle$ pour la moyenne et s_x ou $x\sigma_{n-1}$ pour l'écart-type de la série.

Le module `numpy` permet de calculer ces grandeurs grâce aux fonctions `np.mean(data)` et `np.std(data,ddof=1)`, à condition de stocker la série de données dans le tableau `data` .

Remarque

La fonction `np.std(data)` de `numpy` donne l'écart-type : $\sigma(x) = \sqrt{\frac{1}{n}\sum_{i=1}^{n}\left(x_i - \langle x \rangle\right)^2}$. Certaines calculatrices le notent σ_x ou $x\sigma_n$. Il faut utiliser `np.std(data,ddof=1)` pour obtenir l'écart-type de l'échantillon : $s(x) = \sqrt{\frac{1}{n-1}\sum_{i=1}^{n}\left(x_i - \langle x \rangle\right)^2}$. Pour les distinguer, on peut remarquer que $s(x) > \sigma(x)$.

Comment déterminer une incertitude-type par une méthode de type B ?

▷ *Déterminer la précision de l'appareil utilisé. Lire sa notice.*

Une évaluation de type B est réalisée par tout autre moyen que le traitement statistique. Elle est utilisée lorsqu'il est impossible ou trop long de faire une évaluation de type A. Une connaissance générale de l'expérience est nécessaire pour évaluer les sources d'incertitudes et déterminer l'*intervalle des valeurs mesurées raisonnablement acceptables*. Cet intervalle a pour demi-largeur la précision de la mesure Δ et dépend du type d'instrument et de la méthode de mesure utilisés. La notion de valeur « acceptable » est relative et dépend du vécu de l'expérimentateur... On détermine ensuite, l'incertitude-type par la relation :

$$u(x) = \frac{\Delta}{\sqrt{3}}.$$

Le facteur $\frac{1}{\sqrt{3}}$, préconisé par une norme internationale, est obtenu en considérant une loi de probabilité uniforme sur l'intervalle de largeur 2Δ.

Quelle est l'incertitude-type d'une mesure effectuée sur un instrument gradué ?

▷ *La précision des instruments gradués est généralement d'une demi graduation.*

Sur une règle graduée au mm, la précision et l'incertitude-type d'une mesure valent :

$$\Delta = 0{,}5\,\text{mm} \qquad \text{et} \qquad u(x) = \frac{\Delta}{\sqrt{3}} = \frac{0{,}5}{1{,}732} = 0{,}29\,\text{mm}.$$

Quelle est l'incertitude-type d'une mesure effectuée sur un instrument numérique ?

▷ *Lire la notice du constructeur.*

Sur la notice d'un multimètre numérique utilisé en voltmètre DC sur le calibre 5 V, on lit : « Accuracy : 0.3 % rdg + 2 digits ». La précision de l'appareil est 0,3 % de la valeur lue (rdg signifie **reading**, soit valeur lue) auquel on ajoute 2 fois la valeur du dernier chiffre affiché (digits). Pour une valeur lue de 2,5463V, la précision et l'incertitude-type d'une mesure valent :

$$\Delta = \frac{0,3}{100} \times 2,5463 + 0,0002 = 0,0076\,\text{V} \qquad \text{et} \qquad u(x) = \frac{\Delta}{\sqrt{3}} = \frac{0,0076}{1,732} = 0,0044\,\text{mV}.$$

Comment déterminer l'incertitude-type lorsque la mesure fait intervenir la perception de l'opérateur ?

▷ *Essayer d'estimer expérimentalement la précision* Δ.

De nombreuses expériences font intervenir les sens de l'expérimentateur (vision, ouïe, touché). Dans ce cas, il est souvent préférable d'utiliser une méthode de type A, mais si l'on n'a pas le temps, il faut déterminer expérimentalement la précision de la méthode.

Lors d'une expérience sur un banc d'optique, on place un objet lumineux, une lentille et un écran et on déplace l'écran pour obtenir une image nette. La latitude de mise au point permet de positionner l'écran sur ± 5 mm autour d'une position centrale. La précision et l'incertitude-type d'une mesure valent :

$$\Delta = 5\,\text{mm} \qquad \text{et} \qquad u(x) = \frac{\Delta}{\sqrt{3}} = \frac{5}{1,732} = 2,9\,\text{mm}.$$

Dans ce cas, un autre expérimentateur estimera souvent différemment la précision et il faut expliquer la manière dont cette estimation a été réalisée.

Comment déterminer l'incertitude-type composée sur une grandeur calculée à partir de valeurs mesurées ?

▷ *Par le calcul dans les cas simples, ou à l'aide d'une simulation numérique.*

Il est fréquent de devoir calculer une grandeur g à partir de relevés expérimentaux. Supposons que g s'exprime en fonction des grandeurs x et y d'incertitudes-types $u(x)$ et $u(y)$. La question à laquelle on est confrontée est alors : comment détermine-t-on l'incertitude-type $u(g)$, appelée incertitude-type composée ?

Exemple

Pour déterminer la résistance d'un dipôle, on mesure la différence de potentiel U à ses bornes et le courant I qui le traverse. On calcule la résistance du dipôle comme le rapport $R = \frac{U}{I}$. Les incertitudes sur la mesure de U et de I se propagent sur leur rapport R.

Quels sont les cas simples ?

▷ *Sommes, différences, produit ou quotient.*

On note $u(g)$ l'incertitude-type composée de g et $u_r(g) = \frac{1}{g}u(g)$ son incertitude relative. On liste les formules permettant de calculer l'incertitude-type de g dans le tableau 32.1 :

- dans le cas d'une somme ou d'une différence, les carrés des incertitudes s'ajoutent ;
- dans le cas d'une produit ou d'un rapport, ce sont les carrés des incertitudes relatives.

$g(x,y)$	$x+y$	$x-y$	$x \times y$	$\frac{x}{y}$
$u(g)$	$\sqrt{u(x)^2+u(y)^2}$	$\sqrt{u(x)^2+u(y)^2}$		
$u_r(g)$			$\sqrt{u_r(x)^2+u_r(y)^2}$	$\sqrt{u_r(x)^2+u_r(y)^2}$

Tableau 32.1 – Incertitudes composées.

Et dans les cas plus compliqués ?

▷ *Adapter le script* Python *ci-dessous.*

On traite un exemple pour illustrer le problème. Lors de la mesure de la longueur d'onde de la raie verte du mercure à l'aide d'un goniomètre à réseau réglé sous incidence normale, on détermine les positions angulaires x du faisceau émergent et y du faisceau incident. Pour un réseau comptant $N = 300.10^3$ traits/m, la formule du réseau permet de déterminer la longueur d'onde λ du faisceau à l'aide de la fonction : $\lambda = g(x,y) = \frac{\sin(x-y)}{N}$. On a mesuré : $x = (199{,}80 \pm 0{,}042)\,°$ et $y = (190{,}42 \pm 0{,}031)\,°$. À l'aide de la simulation Monte-Carlo ci-dessous, on trouve la longueur d'onde : $\lambda = (543{,}3 \pm 2{,}9)$ nm.

La méthode consiste à définir la fonction g permettant de calculer la grandeur recherchée (lignes 1 à 3), à entrer les valeurs de x et y et de leurs incertitudes-types $u(x)$ et $u(y)$ (lignes 4 et 5) puis à simuler `n_sim` jeux de données selon la loi de probabilité normale associée à x, $u(x)$ et à y, $u(y)$ (lignes 6 à 8). On calcule ensuite le tableau de résultat à l'aide de la fonction g (ligne 9). Pour éviter les problèmes, il faut utiliser les fonctions `numpy` dans la définition de g pour pouvoir utiliser des tableaux comme arguments de la fonction g. On calcule et on affiche enfin la moyenne et l'écart-type du tableau de résultats (ligne 10 et 11).

On peut adapter ce code à de nombreuses situations en modifiant ses 5 premières lignes. On peut aussi changer la loi de probabilité si besoin (ligne 7 et 8). On peut également rajouter le tracé de l'histogramme du résultat de la simulation `tableau_g`, comme vu page 848.

```
1 def g(x,y):
2     N=300e3
3     return np.sin(np.radians(x-y))/N
4 x,u_x=199.80,0.042
5 y,u_y=190.42,0.031
6 n_sim=10000
7 tableau_x=np.random.normal(x,u_x,n_sim)
8 tableau_y=np.random.normal(y,u_y,n_sim)
9 tableau_g=g(tableau_x,tableau_y)
```

```
print("valeur mesurée de g :",np.mean(tableau_g))
print("incertitude-type u(g) :",np.std(tableau_g, ddof=1))
```

Comment déterminer les différentes contributions lors du calcul d'une incertitude-type composée ?

▷ *Adapter le script* Python *ci-dessus.*

Dans le script ci-dessus, on peut calculer la contribution d'une seule grandeur en rendant les autres négligeables. Par exemple, si l'on veut connaître la contribution de l'incertitude sur x sur le résultat, il suffit d'exécuter la simulation avec `u_y=0`.

Comment avoir un regard critique constructif sur le résultat d'une mesure ?

▷ *Utiliser les notions d'intervalle de confiance et d'écart-normalisé.*

Un fois que l'on a déterminé la valeur mesurée x_{mes} et son incertitude-type $u(x)$ et qu'on l'a écrit avec le bon nombre de chiffres significatifs, on doit s'interroger sur la validité de la méthode expérimentale utilisée et donc sur la validité du couple valeur mesurée, incertitude-type. Les points méthodologiques ci-dessous aident à avoir un regard critique éclairé sur les résultats obtenus et conclure.

Quel niveau de confiance attribuer à l'intervalle $[x_{\text{mes}} - u(x), x_{\text{mes}} + u(x)]$?

▷ *68 % sous l'hypothèse d'une distribution de probabilité suivant une loi normale.*

On introduit souvent la notion d'intervalle de confiance pour évaluer la précision de l'estimation de x_{mes} et $u(x)$. En statistique, un intervalle de confiance à 68 % (respectivement 95 %) est un intervalle construit à partir du sondage d'un échantillon dans lequel on a la probabilité de 68 % (resp. 95 %) de trouver la valeur vraie pour l'ensemble de la population.

Tout comme celle de x, la mesure de $x_{\text{mes}} = \langle x \rangle$ suit une fonction de densité de probabilité. En physique, on fait généralement l'hypothèse que la fonction de densité de probabilité de la moyenne des mesures suit une loi normale d'écart-type $u(x)$. Sous cette hypothèse, le niveau de confiance que l'on peut attribuer à l'intervalle $[x_{\text{mes}} - u(x), x_{\text{mes}} + u(x)]$ est d'environ 68 % (voir figure 32.2). Si l'on double l'intervalle et qu'on prend $[x_{\text{mes}} - 2 \times u(x), x_{\text{mes}} + 2 \times u(x)]$, le niveau de confiance s'élève à 95 %.

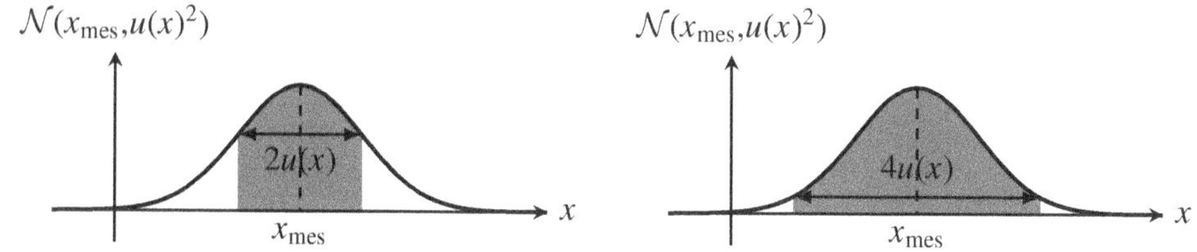

Figure 32.2 – Loi de probabilité normale et intervalle de confiance :
à gauche : le niveau de confiance de l'intervalle grisé de largeur $2u(x)$ s'élève à 68 % ;
à droite : le niveau de confiance de l'intervalle grisé de largeur $4u(x)$ s'élève à 95 %.

Comment savoir si deux valeurs mesurées sont compatibles ?

▷ *Calculer l'écart normalisé z. Les valeurs sont compatibles si $z < 2$.*

On définit l'écart normalisé z entre deux valeurs mesurées assorties d'incertitudes (x_1, u_1) et (x_2, u_2) par la relation :

$$z = \frac{|x_1 - x_2|}{\sqrt{u_1^2 + u_2^2}}.$$

On convient que les valeurs sont compatibles si $z < 2$ et qu'elles ne le sont pas si $z \geq 2$.

On doit souvent comparer une valeur expérimentale x_{mes} avec une valeur de référence $x_{\text{réf}}$ qui est une valeur mesurée de façon optimale et dont l'incertitude-type est négligeable. Dans ce cas, l'expression précédente peut être simplifiée. x_{mes} et $x_{\text{réf}}$ sont compatibles lorsque :

$$z = \frac{|x_{\text{mes}} - x_{\text{réf}}|}{u(x)} < 2.$$

Remarque

Le choix du seuil à 2 est arbitraire mais utilisé dans de nombreux domaines. Il est lié au fait que l'intervalle $[x_{\text{mes}} - 2 \times u(x), x_{\text{mes}} + 2 \times u(x)]$ est un intervalle de confiance à 95 % pour une distribution qui suit une loi normale (voir figure 32.2 à droite). De ce fait, si $z < 2$, la compatibilité de x_{mes} et $x_{\text{réf}}$ est assurée avec une probabilité d'environ 95 %.

Que faire si l'écart normalisé est supérieur à 2 lorsque l'on compare x_{mes} et $x_{\text{réf}}$?

▷ *Avoir un regard critique sur l'expérience.*

Si l'écart normalisé est supérieur à 2, le résultat de l'expérience n'est pas compatible avec la valeur de référence. Cela peut avoir différentes origines :

- la variabilité des mesures ;
- une erreur de manipulation ou une erreur dans le calcul de la valeur mesurée ou de son incertitude (conversion d'unité, report de valeurs dans une feuille de calcul, etc.) ;
- une sous-estimation des incertitudes, souvent due à l'oubli d'une source d'incertitudes.

Dans tous les cas, il faut assumer le problème et chercher à l'expliquer.

La première cause se produit environ 1 fois sur 20, elle est rare et souvent associée à une valeur de z proche de 2.

Les erreurs de manipulation ou de calcul conduisent souvent à $z > 3$. Dans ce cas, il faut vérifier ses calculs puis, si on ne détecte pas d'erreur de calcul, il faut avoir un regard critique sur l'expérience réalisée et éventuellement la reprendre.

La sous-estimation des incertitudes est un problème assez courant car on a tendance à oublier ou à sous-estimer certaines causes d'incertitudes. Une erreur courante consiste à ne tenir compte que des incertitudes dues aux instruments de mesure alors que les manipulations font intervenir la perception de l'opérateur. On doit alors reprendre l'estimation des incertitudes.

Comment avoir un regard critique constructif lorsque le résultat attendu est une relation linéaire entre deux grandeurs mesurées ?

▷ *Utiliser un logiciel de régression linéaire intégrant les barres d'incertitudes.*

Il arrive souvent que le but d'un travail expérimental soit de vérifier une loi linéaire, c'est-à-dire de vérifier que deux grandeurs x et y sont liées par une relation linéaire du type $y = ax + b$ et, en cas de réponse positive, à déterminer les valeurs de a et b ainsi que leurs incertitudes.

Pour cela, on mesure une série de $n \geq 5$ données $x_1, x_2 ... x_n$, les valeurs correspondante $y_1, y_2 ... y_n$ et leurs incertitudes-types $u(y_1), u(y_2) ... u(y_n)$. On recueille l'ensemble de ces données dans un tableur. On réalise une représentation graphique des données et de leurs incertitudes. Le tableur permet d'effectuer une régression linéaire par la méthode des moindres carrés et de représenter la droite modèle $y = ax + b$ sur le même graphique. Le logiciel fournit des valeurs optimisées pour a et b, **à condition que les incertitudes sur x soient négligeables**. Il fournit également la valeur d'un coefficient de corrélation linéaire r.

Pour juger de la validité d'un modèle linéaire, il faut se poser les deux questions suivantes :

- les valeurs mesurées sont-elles compatibles avec le modèle linéaire ?
- les incertitudes-types sont-elles compatibles avec le modèle linéaire ?

Comment vérifier que les valeurs mesurées sont compatibles avec le modèle linéaire ?

▷ *Observer l'alignement des points sur la droite de régression.*

Pour tester ce point, on vérifie que les points sont répartis aléatoirement de part et d'autre de la droite de régression.

Si ce n'est pas le cas, le modèle linéaire n'est pas optimal et néglige un paramètre physique qui a une influence visible sur les résultats. Le modèle n'est pas forcément invalidé mais on doit conclure qu'il n'est pas optimal (voir figure 32.3 à droite).

Si c'est le cas, le modèle linéaire permet d'expliquer les données et on doit vérifier que les incertitudes-types le sont également.

Existe-t-il des aides pour vérifier l'alignement ?

▷ *Tracer les résidus normalisés.*

De nombreux tableurs et les logiciels de traitement de données proposent le tracé des résidus normalisés, qui représentent les écarts entre les points de mesure et la droite de régression divisés par l'écart quadratique moyen calculé sur l'ensemble des points. Il prend des valeurs comprises entre -3 et 3 lorsque la régression linéaire est valide et qu'il n'y a pas de points aberrants (voir figure 32.3).

Si les résidus forment une courbe et ne sont pas aléatoirement répartis, le modèle linéaire n'est pas optimal (voir figure 32.3 à droite).

Si les résidus sont répartis aléatoirement de part et d'autre de 0, le modèle linéaire est optimal (voir figure 32.3 à gauche).

$$\begin{cases} a = -0{,}204 \pm 0{,}011 \\ b = 2{,}110 \pm 0{,}067 \\ r = -0{,}989 \end{cases}$$

$$\begin{cases} a = -0{,}175 \pm 0{,}013 \\ b = 1{,}657 \pm 0{,}055 \\ r = -0{,}989 \end{cases}$$

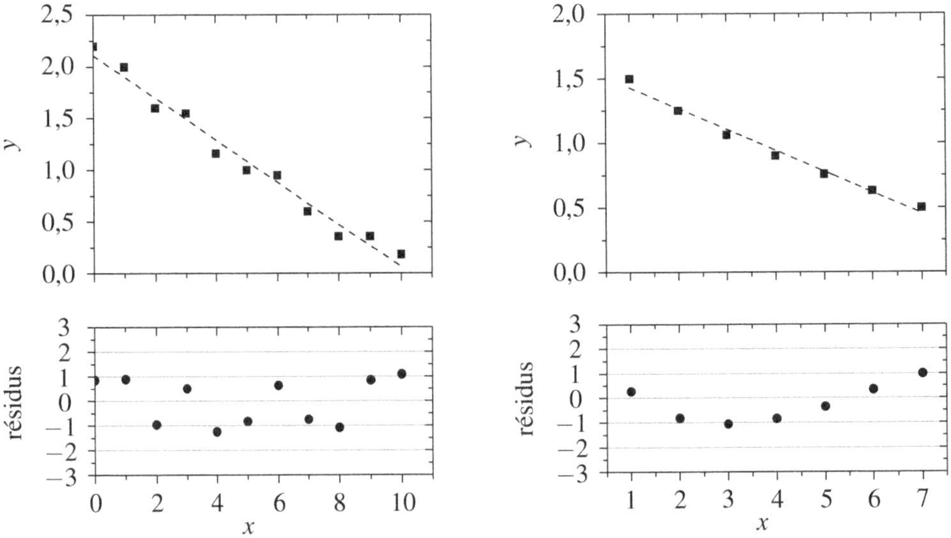

Figure 32.3 – Exemple de régression linéaire avec tracé des résidus normalisés : à gauche : résidus aléatoires (points répartis aléatoirement autour de la droite) ; à droite : résidus non aléatoires (points non répartis aléatoirement autour de la droite).

Comment vérifier que les incertitudes-types sont compatibles avec le modèle linéaire ?

▷ *Vérifier que la droite de régression passe suffisamment près des points de mesures en tenant compte des barres d'incertitudes.*

On ajoute les incertitudes-types des données sur le graphe précédent. Trois situations sont envisageables.

Si les écarts à la droite de régression sont comparables aux incertitudes-types, le modèle linéaire est validé (voir figure 32.4). Le logiciel de traitement de données donne :

$$\begin{cases} a = -0{,}204 \pm 0{,}011 \\ b = 2{,}110 \pm 0{,}067 \\ r = -0{,}989 \end{cases}$$

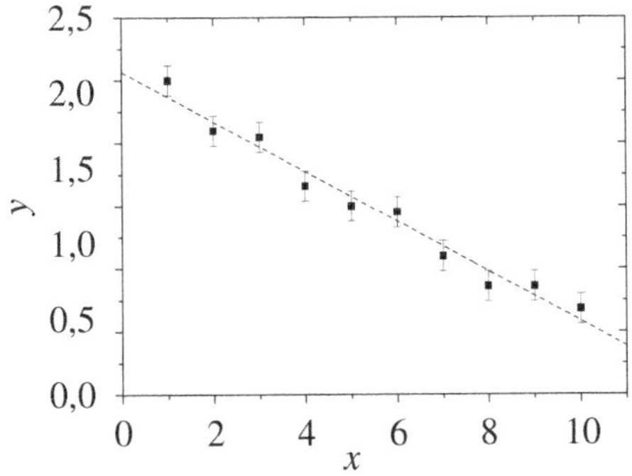

Figure 32.4 – Incertitudes-types validées.

Si les écarts à la droite de régression sont petits devant les incertitudes-types, le modèle linéaire est validé mais on a probablement sur-estimé les incertitudes (voir figure 32.5). Le logiciel de traitement de données donne :

$$\begin{cases} a = -0{,}204 \pm 0{,}038 \\ b = 2{,}11 \pm 0{,}23 \\ r = -0{,}989 \end{cases}$$

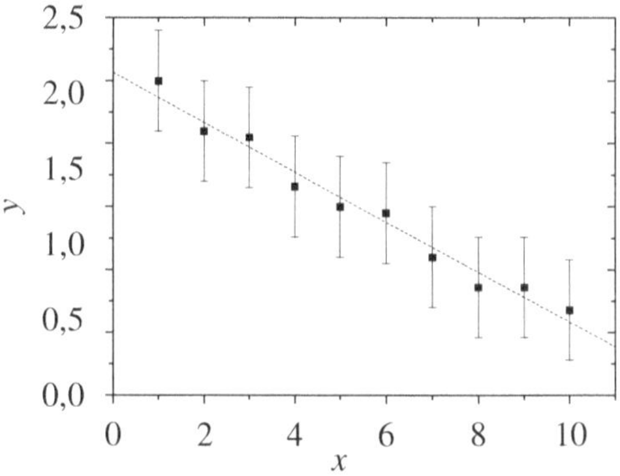

Figure 32.5 – Incertitudes-types sur-estimées.

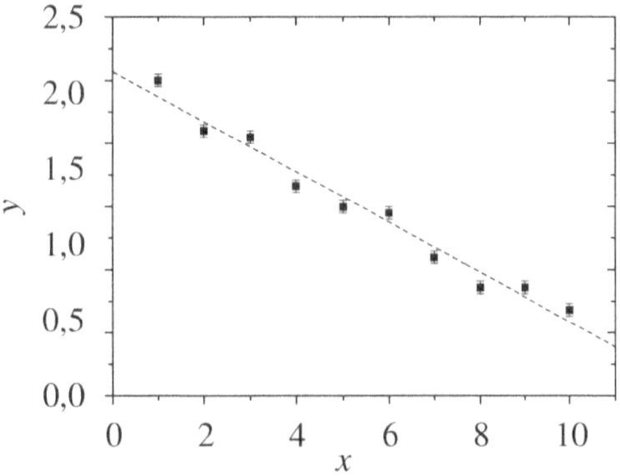

Figure 32.6 – Incertitudes-types sous-estimées.

Si les écarts à la droite de régression sont grands devant les incertitudes-types, le modèle linéaire est invalidé et il y a deux possibilités : soit le modèle est réellement réfuté par les mesures, soit on a sous-estimé les incertitudes (voir figure 32.6). Le logiciel de traitement de données donne néanmoins :

$$\begin{cases} a = -0{,}204 \pm 0{,}005 \\ b = 2{,}110 \pm 0{,}028 \\ r = -0{,}989 \end{cases}$$

Statistiquement, lorsque le modèle linéaire est validé et que les incertitudes-types sont correctement évaluées, la droite de régression passe par environ deux tiers des points assortis de leurs barres d'incertitudes et ne passe pas à plus de 3 fois l'incertitude-type d'un point. Sous réserve que les incertitudes sur x soient bien négligeables, les logiciels de traitement de données permettent alors d'obtenir les valeurs optimales de a et b, ainsi que leurs incertitudes-types.

La plupart des logiciels donne un coefficient de corrélation r. Peut-on l'exploiter ?
▷ *Très difficilement.*

Le coefficient de corrélation linéaire r est un paramètre statistique qui mesure si y est lié par une relation linéaire à x. Il est égal à ± 1 lorsque y varie de manière linéaire avec x et s'en éloigne si ce n'est pas le cas. Malheureusement, ce paramètre souffre d'un grave défaut, il ne permet pas de déterminer si l'écart à 1 est dû aux incertitudes de mesures affectant x et y ou si cet écart est dû au fait que le modèle linéaire n'est pas valide. Par exemple, les coefficients de corrélation linéaire r sont approximativement les mêmes sur les courbes tracées sur la figure 32.3 alors que la modélisation linéaire n'est valide que sur la figure 32.3 à gauche.

Par ailleurs, les différentes courbes tracées sur les figures 32.4, 32.5 et 32.6, montrent que ce coefficient donne toujours la même valeur, quelles que soient les incertitudes pesant sur y. Il ne permet donc pas d'évaluer les incertitudes sur a et b.

Finalement, r n'est utile que pour réaliser la vérification suivante : si l'on s'attend à une relation linéaire et que $|r|$ est inférieur à 0,9, il y a vraisemblablement un problème dans les mesures ou une faute de frappe dans le tableau de données. Il est alors profitable de relire et éventuellement de reprendre quelques mesures.

En pratique, le tracé du graphe est le moyen le plus efficace pour juger immédiatement de la cohérence des mesures réalisées et ainsi contrôler l'absence de points aberrants.

Peut-on calculer a, b et leurs incertitudes sans logiciel spécifique ?
▷ *Oui, par exemple sous* Python *à l'aide d'une simulation Monte-Carlo.*

Toujours sous l'hypothèse que les incertitudes sur x sont négligeables, on peut utiliser la fonction **np.polyfit**(x,y,1) qui calcule la pente et l'ordonnée à l'origine optimales par la méthode des moindres carrés à condition que x et y soient des tableaux qui contiennent les données à traiter. Pour expliciter le problème, on va se pencher sur l'exemple des données de la figure 32.4 qui donnent $a = -0{,}204 \pm 0{,}011$ et $b = 2{,}110 \pm 0{,}067$.

On commence par définir les données mesurées et leurs incertitudes (lignes 1 à 3). Les incertitudes sur x devant être négligeables, on ne les a pas définies ici. On définit ensuite le nombre de simulations `n_sim` et on initialise 2 tableaux des pentes a et des ordonnées à l'origine b de même taille `n_sim` (ligne 4 et 5). On répète alors `n_sim` fois la simulation d'un jeux de données en tenant compte des incertitudes-types (ligne 7), le calcul des caractéristiques de la régression linéaire (ligne 8) que l'on stocke dans les tableaux a et b (ligne 9). On calcule alors les moyennes des pentes et des ordonnées à l'origine (ligne 10) puis leurs incertitudes-types (ligne 11) que l'on affiche à l'écran (ligne 13 et 14).

On peut facilement modifier ce script pour effectuer cette modélisation dans n'importe quelle situation où on a besoin de déterminer les valeurs mesurées et les incertitudes sur la pente et l'ordonnée à l'origine d'une régression linéaire. Attention toutefois à bien rester dans le domaine de validité de la méthode des moindres carrés : les incertitudes sur x doivent être négligeables. Si ce n'est pas le cas, il est souvent possible d'intervertir le rôle joué par x et y.

```
1  x=np.array([0,1,2,3,4,5,6,7,8,9,10])
2  y=np.array([2.20,2.00,1.60,1.55,1.16,1.00,0.95,0.60,0.36,0.36,0.18])
3  uy=np.array([0.12,0.12,0.12,0.12,0.12,0.12,0.12,0.12,0.12,0.12,0.12])
4  n_sim=10000
5  a,b=np.zeros(n_sim),np.zeros(n_sim)
6  for i in range(n_sim):
7      y_sim=np.random.normal(y,uy)
8      res=np.polyfit(x,y_sim,1)
9      a[i],b[i]=res
10 a_opt,b_opt=np.mean(a),np.mean(b)
11 u_a,u_b=np.std(a, ddof=1),np.std(b, ddof=1)
12 print("Pente : ",a_opt,"+/-", u_a)
13 print("Ordonnée à l'origine : ",b_opt, "+/-",u_b)
```

EXERCICES ★★

32.1 Incertitudes de mesure d'une résistance à l'ohmmètre numérique

On souhaite vérifier la résistance d'un conducteur ohmique calibré. Le constructeur indique une valeur $R = 220\,\Omega$ avec une tolérance de 5 %. On dispose d'un multimètre numérique. On relève au multimètre utilisé en ohmmètre la valeur : $R_{\text{lue}} = 219{,}13\,\Omega$.

La notice du constructeur indique que la précision du multimètre utilisé en ohmmètre vaut :

$$\pm 0{,}07\ \% \times L + 5\text{UR},$$

où L est la valeur lue sur le multimètre et UR symbolise l'unité de représentation, c'est-à-dire la valeur de la plus petite résistance que l'on peut afficher sur ce calibre.

1) Déterminer la précision et l'incertitude-type de la mesure à l'ohmmètre.

2) Est-il préférable de mesurer une résistance à l'ohmmètre ou de lire la valeur donnée par le constructeur si l'on souhaite connaître sa valeur avec le moins d'incertitude possible ?

32.2 Incertitudes de mesure d'une résistance par méthode voltampèremétrique

On souhaite comparer la mesure effectuée précédemment avec la mesure obtenue par une méthode voltampèremétrique. Cette méthode consiste à mesurer la tension U aux bornes du conducteur et le courant I qui le parcourt pour en déduire la résistance à l'aide de loi d'ohm : $R = \frac{U}{I}$.

Lors de l'étude du conducteur précédent, on relève à l'aide d'un voltmètre et d'un ampèremètre les valeurs suivantes : $U_{\text{lue}} = 0{,}5593$ V et $I_{\text{lue}} = 2{,}5363$ mA.

La notice du constructeur indique que la précision du multimètre utilisé vaut :

$$\pm 0{,}05\ \% \times L + 2\text{UR} \quad \text{en voltmètre} \quad \text{et} \quad \pm\, 0{,}2\ \% \times L + 2\text{UR} \quad \text{en ampèremètre,}$$

avec les mêmes notations que dans l'exercice précédent.

1) Déterminer la précision de la mesure de U et de I et en déduire leurs incertitudes-types $u(U)$ et $u(I)$.

2) Déterminer la valeur mesurée pour R et l'incertitude-type composé sur $R = \frac{U}{I}$.

3) Les résultats de la mesure voltampèremétrique sont-ils compatibles avec ceux de la mesure à l'ohmmètre de l'exercice précédent ?

32.3 Incertitudes de mesure d'une longueur d'onde au goniomètre à réseau

La mesure répétée de la longueur d'onde de la raie verte du mercure dont la valeur de référence vaut $\lambda_{\text{réf}} = 546{,}1$ nm a donné les résultats suivants :

n°	1	2	3	4	5	6
λ/nm	543,0	545,3	547,6	542,7	545,1	545,4

1) Déterminer la valeur mesurée et son incertitude-type.

2) Comparer à la valeur de référence et conclure.

CORRIGÉS

32.1 Incertitudes de mesure d'une résistance à l'ohmmètre numérique

1) On calcule $\Delta = \left(\frac{0,07}{100} \times 219,13 + 5 \times 0,01\right)\ \Omega = 0,20\ \Omega$ et $u(R) = \frac{\Delta}{\sqrt{3}} = 0,12\ \Omega$.

2) La précision relative du processus de fabrication du constructeur est de 5 %, ce qui donne une précision : $\Delta' = \frac{5}{100} \times 220\ \Omega = 11\ \Omega$ et $u'(R) = \frac{\Delta}{\sqrt{3}} = 6,4\ \Omega$.

Le constructeur garantit que la valeur de la résistance est dans l'intervalle $[209\ \Omega, 231\ \Omega]$. La valeur mesurée à l'ohmmètre $R = (219,13 \pm 0,12)\ \Omega$ est bien dans cet intervalle. Les indication du constructeur sont donc conformes. Il est cependant préférable de mesurer la résistance du conducteur à l'ohmmètre si l'on veut limiter les incertitudes.

32.2 Incertitudes de mesure d'une résistance par méthode voltampèremétrique

1) On calcule les précisions et les incertitudes-types sur U et I :

$$\Delta_U = \left(\frac{0,05}{100} \times 0,5593 + 2 \times 0,0001\right)\ \text{V} = 0,48\ \text{mV} \quad \text{et} \quad u(U) = \frac{\Delta}{\sqrt{3}} = 0,27\ \text{mV}$$

$$\Delta_I = \left(\frac{0,2}{100} \times 2,5362 + 2 \times 0,0001\right)\ \text{mA} = 5,3\ \mu\text{A} \quad \text{et} \quad u(I) = \frac{\Delta}{\sqrt{3}} = 3,0\ \mu\text{A}.$$

2) On en déduit $R = \frac{U}{I} = \frac{0,5593}{2,5363.10^{-3}}\ \Omega = 220,52\ \Omega$ et on applique les formules des incertitudes composées : $\frac{u(R)}{R} = \sqrt{\left(\frac{u(U)}{U}\right)^2 + \left(\frac{u(I)}{I}\right)^2}$. On trouve alors :

$$\frac{u(R)}{R} = \sqrt{\left(\frac{0,48.10^{-3}}{0,5593}\right)^2 + \left(\frac{3,0.10^{-6}}{2,5363.10^{-3}}\right)^2} = 1,5.10^{-3} \quad \text{puis} \quad u(R) = 0,33\ \Omega.$$

3) On doit comparer deux mesures : $R_1 = (219,13 \pm 0,12)\ \Omega$ et $R_2 = (220,54 \pm 0,33)\ \Omega$.

On calcule l'écart normalisé : $z = \frac{|R_2 - R_1|}{\sqrt{u(R_1)^2 + u(R_2)^2}} = \frac{220,52 - 219,13}{\sqrt{0,33^2 + 0,12^2}} = 4,0 > 2$. Les résultats ne sont pas compatibles mais l'écart absolu entre les deux mesures est faible puisqu'il vaut $1,41\ \Omega$. Il y a plusieurs explications possibles :

- on a négligé la résistance des fils de connexion et des contacts électriques. On peut tester cette hypothèse en faisant attention de bien garder les mêmes fils de connexions ;
- les conditions de températures ont changé entre les deux mesures. La résistance augmente généralement avec la température. Le fait d'alimenter la résistance la fait chauffer par effet Joule et peut expliquer la différence. Pour tester cette hypothèse, il faudrait utiliser un thermostat pour imposer une température constante au conducteur ohmique ;
- les multimètres n'ont pas été étalonnés depuis plusieurs années alors que le constructeur préconise un étalonnage annuel. Pour tester cette hypothèse, il faudrait faire étalonner les multimètres en usine et recommencer l'expérience.

32.3 Incertitudes de mesure d'une longueur d'onde au goniomètre à réseau

1) On calcule la moyenne et l'écart-type de l'échantillon des observations à l'aide d'un tableur ou d'une calculatrice : $\langle\lambda\rangle = 544,85$ nm et $s(\lambda) = 1,8$ nm.

On en déduit l'écart-type de la moyenne des 6 mesures : $u(\lambda) = \frac{s(\lambda)}{\sqrt{6}} = 0,73$ nm.

Le résultat de la mesure est donc : $\lambda = 544,85$ nm ; $u(\lambda) = 0,73$ nm.

2) On calcule l'écart normalisé : $z = \frac{|\lambda - \lambda_{\text{réf}}|}{u(\lambda)} = \frac{546,1 - 544,85}{0,73} = 1,7$.

Comme z est inférieur à 2, la mesure est compatible avec la valeur de référence.

Index

87620 - (I) - OSB 70 - LUM - NRI
Dépôt légal : janvier 2025
Achevé d'impression par
la Nouvelle Imprimerie Laballery 58500 Clamecy
N° d'impression : 412085
Imprimé en France